国家科学技术学术著作出版基金资助出版

现代力学丛书

表面与界面物理力学

赵亚溥　著

科学出版社

北　京

内 容 简 介

表面与界面物理力学主要是从“固-气”“固-液”“固-固”等界面的原子、分子结构的微观物理和化学的性质出发，以分子间力为基础，预见其对纳微米结构和系统的力学性能的影响，以及所引起的接触、黏附、界面强度、摩擦润滑等问题.

本书由 3 篇、16 章和 7 个附录组成. 上篇讨论表面与界面物理力学的基础知识. 中篇讨论移动接触线问题、分离压力、前驱膜、受限液体与纳流动的界面滑移、内角润湿、液滴蒸发等. 下篇讨论表面和界面演化动力学，介绍表面与界面扩散与演化动力学、相场动力学方法在表面与界面物理力学中的应用.

本书的读者对象为应用数学、力学、表面与界面物理、化学、纳微系统、摩擦润滑、材料科学等领域高年级本科生、研究生、教师和科研人员.

图书在版编目(CIP)数据

表面与界面物理力学/赵亚溥著. —北京：科学出版社，2012

(现代力学丛书)

ISBN 978-7-03-035786-1

Ⅰ. ①表… Ⅱ. ①赵… Ⅲ. ①物理力学-研究 Ⅳ. ①O369

中国版本图书馆 CIP 数据核字 (2012) 第 243433 号

责任编辑：李 欣 刘信力 / 责任校对：刘小梅
责任印制：赵 博 / 封面设计：耕者设计工作室

科学出版社 出版
北京东黄城根北街 16 号
邮政编码：100717
http://www.sciencep.com

涿州市般润文化传播有限公司印刷
科学出版社发行 各地新华书店经销
*
2012 年 10 月第 一 版 开本：720 × 1000 1/16
2024 年 8 月第十次印刷 印张：38
字数：740 000

定价：198.00 元

(如有印装质量问题，我社负责调换)

丛 书 序

《现代力学丛书》是由中国科学院力学研究所编著的一套丛书，由科学出版社出版. 本丛书作者为中国科学院力学研究所科研人员、客座研究人员和其他相关人员. 出版本丛书的目的是为了总结和提高我们近年来的科学研究成果，并促进相关学科领域的开拓. 中国科学院力学研究所自成立以来，既从事基础研究，也以基础研究为手段，参与和承担了国家和部门委托的许多任务，取得了一系列重要的成果. 我们认为，将这些成果分类整理、系统化，并加以提高，在此基础上出版专著，是一件很有价值的事，既有利于中国科学院力学研究所科研工作的进一步提高，也有利于为广大读者获取新的知识，共同促进力学学科的繁荣发展.

本丛书可供相关专业的科研人员和研究生参考.

郑哲敏

二00九年二月于北京

前　言

我撰写《表面与界面物理力学》(Physical Mechanics of Surfaces and Interfaces) 一书的驱动力主要来自两个方面：首先，近年来随着纳微米技术的发展，表面和界面效应凸显，越来越多的力学工作者以纳微尺度的表面和界面力学这一新兴交叉学科为研究主线，国际上此方面的文献已经开始大量涌现，很多结果精彩纷呈；其次，虽然国际上表面与界面物理、表面与界面化学、表面与界面物理化学的名著很多，但令人遗憾的是，迄今仍没有一本从表面和界面的微观物理、物理化学等出发，以探讨表面或界面的变形和流动为主的专著. 虽然有的专著或多或少地包含有表面弹性力学以及纳微流动的章节，但鲜有从连续统角度出发、以分子间力为抓手，来综合讨论固–液、固–固、固–气、固–生物等界面物理力学行为的专著.

本书如能起到抛砖引玉、管窥表面与界面物理力学的初步框架之效果，吸引更多的学者和研究生进入到这个令人激动、正在成型中的研究领域的话，便欣然告慰了. 著者所领导的中国科学院力学研究所 “纳微系统与物理力学” 课题组十余年来一直结合纳微系统的研究，在纳微尺度表面与界面力学领域开展研究工作. 由于研究领域为交叉学科，通过和物理、化学、机械、微电子领域学者的多年合作，深切体会到了化学和生物学的千变万化、物理学的广博神奇、微电子加工技术的精妙实用，纳微系统中蕴含着大量的力学问题，力学将在表面和界面科学中扮演愈来愈重要的角色. 十年前本课题组从黏附、吸合 (pull-in) 等入手，开始切入 MEMS 力学的研究，就是通过和 MEMS 加工制备的几个课题组开展了深入的合作后，认识到黏附为 MEMS 的最重要的失效模式之一后开始的. 从分子间力入手研究吸合和黏附等问题，也使作者深切体会到分子间力是表面界面物理力学的重要 “抓手”，在纳尺度上很多重要的实验现象如果没有分子间力的基础是很难理解的，很多经典方程在纳尺度的修正和拓展都要用到分离压力的概念.

表面与界面物理力学是表面与界面力学、表面与界面物理、表面与界面化学、机械表面与界面科学的新兴交叉学科，它的主要目的是从表面和界面的微观结构出发，运用近代表面物理学、表面物理化学和量子化学等方法，研究表面或界面弹性变形、流动与表面其他物理和化学耦合作用的规律，是机械表面和界面科学的重要基础. 具体地讲，表面与界面物理力学是从 “固–气” “固–液” “固–固” “固–生物” “生物–流体” 等界面的原子、分子结构的微观物理和化学的性质，预见其对纳微米结构和系统的整体力学性能的影响，以及所引起的黏附、接触、界面强度、摩擦润滑等问题.

本书注重所讨论问题的来龙去脉, 既注重对该领域最新工作的介绍, 又对所讨论的问题深入研究历史溯源, 以增加读者对所讨论问题整体轮廓的理解和对所讨论问题历史脉搏的触摸.

本书主要分为上、中、下三篇和附录.

上篇主要讨论表面与界面物理力学的基础知识, 共包含 6 章的内容. 第 1 章介绍该学科的范式; 第 2~6 章分别介绍该问题的热力学框架和统计理论、联系固体宏微观变形的 Cauchy-Born 准则与近平衡态输运特性的 Green-Kubo 公式、分子间与表面力、特征尺度和无量纲数、跨尺度模拟方法.

中篇将从不同侧面详细讨论各种类型的移动接触线问题的由来、分离压力、前驱膜、受限液体与纳流动的界面滑移、内角润湿、液滴蒸发等. “Huh-Scriven 佯谬” 问题的解决途径是其中的核心学术问题之一.

下篇主要讨论表面和界面演化动力学, 共包括 4 章的内容. 将系统介绍表面与界面扩散与演化动力学、相场动力学方法在表面与界面物理力学中的应用等.

由于篇幅所限, 本书的重点是固–液界面, 并未包括固–固界面之间的黏附力学, 原因之一是该方面的名著较多, 原因之二是本课题组有关黏附力学的工作主要是针对 MEMS 的黏附失效开展的, 由于该部分内容的丰富性, 著者计划单独成书. 本书的出版获得了国家科学技术学术著作出版基金的资助, 同时还得到了中国科学院重点部署项目 (KJZD-EW-M01)、中国科学院装备研制项目 (Y2010031) 以及国家自然科学基金项目 (60936001, 11072244, 11021262) 的资助.

本书的问世, 离不开很多前辈和同行学者的指导、鼓励和帮助, 也离不开我的学生们十余年来和我日日夜夜、废寝忘食的团结奋战和拼搏. 本书在很多章节都一一提到了我学生的名字并介绍了他们的主要贡献. 近十余年来的研究得到了国家自然科学基金委员会、科技部和中国科学院的项目支持, 在此深表谢意.

由于书中讨论的问题范围广泛, 涉及很多学科的交叉, 难免出现这样或那样的错误, 敬祈学界同仁不吝指教.

赵亚溥　谨识

2012 年 5 月于中关村

目　录

中篇 移动接触线问题

下篇　表面和界面演化动力学

附　录

上篇 基础理论

第 1 章　表面和界面物理力学的范式

Depth must be hidden. Where? On the surface.
深度必须隐藏. 何处? 在表面上.

——Hugo von Hofmannsthal

1.1　零厚度的 Gibbs 界面和有限扩散层厚度的 Cahn-Hilliard 界面

表面是指凝聚相 (condensed phase) 和气体或真空之间的分界面, 而界面则是两个凝聚相之间的分界面. 1945 年诺贝尔物理奖获得者 W. Pauli 的名言: “上帝制造了固体, 魔鬼制造了表面” 很早就形象地阐明了研究表面与界面行为比研究块体 (bulk) 行为更困难、更复杂、更富有挑战性和魅力的哲理. 为叙述方便, 本书不再刻意区分表面和界面, 谈到表面 (界面) 的地方, 其性质对界面 (表面) 仍然成立.

界面是有真实厚度的, 对于纳微米系统或材料而言, 一般为几个原子层厚的过渡区域, 在工程上表面层甚至可厚达微米乃至毫米量级. 在这个过渡区内, 物质特性与体内不同, 其在垂直界面的方向上呈现连续的变化梯度 (图 1.1(a)). 而为了数学上的方便, 一般按照 Gibbs 的处理方法[1], 将界面视为没有厚度的 “数学界面”(图 1.1(b)).

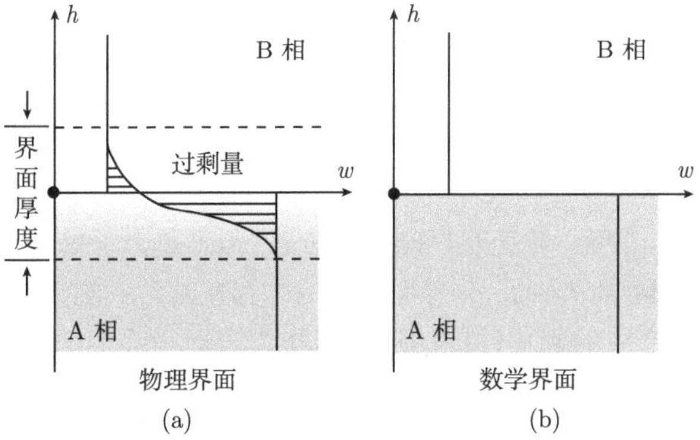

图 1.1　真实界面与数学界面

Pauli 所强调的表面的复杂性可以从其跨尺度行为及其交互作用的一个侧面理

解：一般在工程上, 表面和界面物理力学行为的相关机制跨越化学键 (0.1~1 纳米)、原子分子相互作用 (0.5~10 纳米)、晶格位错、裂纹扩展和材料损伤 (纳米 ~ 微米)、弹塑性变形场 (微米 ~ 厘米) 乃至机械系统的宏观动力学 (厘米 ~ 米), 不但需要研究每个尺度下的物理机制, 还需要研究不同尺度间的交互作用机制. 1981 年诺贝尔化学奖获得者 R. Hoffmann 在其名著 *Solids and Surfaces* (《固体与表面》)[2] 特别强调了表面和界面科学是物理、化学以及工程科学等的交叉学科以及跨尺度特性.

表面可粗分为硬或软表面. 这里所谓的 “硬” 是指其内能的作用远大于熵; 而 “软” 是指熵的作用可以和内能相比. “硬表面” 的特征尺度的量级为

$$L_{\text{hard}} \sim \frac{\gamma}{E} \sim a, \tag{1-1}$$

式中 γ 和 E 分别为凝聚相的表面能和弹性模量 (或为剪切模量), a 为原子或分子尺度. 由于硬物质的表面能从量级上可理解为其单位分子面积的键能 U_{binding} ($\gamma \sim U_{\text{binding}}/a^2$), 而弹性模量或剪切模量从量级上可理解为单位分子体积的键能 ($E \sim U_{\text{binding}}/a^3$), 所以硬表面的特征尺度的量级为分子或原子尺度. 这也是为什么研究硬表面时, 所关注的尺度往往是分子或原子尺度的原因所在.

对于软物质表面而言, 情况可能比硬表面更加复杂, 所以 1991 年诺贝尔物理奖得主 de Gennes 在他的有关软物质界面的著作中[3], “坚持 (insist on)” 地指出软物质界面的共性 (general features) 为：移动的 (mobile)、扩散的 (diffuse)、活跃的 (active). 软表面的特征尺度要比硬表面的特征尺度大得多. 事实上, 软物质的表面能在量级上可理解为 $\gamma \sim k_{\text{B}}T/a^2$, 这里 k_{B} 为 Boltzmann 常数, T 为绝对温度, 一般在室温 $k_{\text{B}}T \approx 4.1\ \text{pN}\cdot\text{nm}$; 软物质的弹性模量从量级上可理解为 $E \sim k_{\text{B}}T/\chi^3$, 这里 χ 为软物质网格 (mesh) 的尺度, 一般而言, 该网格尺度远远大于其分子尺度, 所以软表面的特征尺度为

$$L_{\text{soft}} \sim \frac{\chi^3}{a^2} \gg a. \tag{1-2}$$

从上式可看出, 软表面的特征尺度远远大于硬表面的特征尺度.

1.1.1 Gibbs 的零厚度界面模型

因为实际界面 (表面) 并无明显确定的边界, 为了热力学处理方便, J. W. Gibbs 引入一个无厚度的数学分界面, 分界面两侧的体相在其存在的整个空间范围内保持均匀, 在分界面处产生的物理性能的过剩值作为表面与界面的特性, 这就是 Gibbs 表面与界面热力学处理, 如图 1.2 所示. 则表面与界面过剩自由能 (excess free energy) γ 定义为[1]

$$\gamma = \int_0^{\infty} [F(x_3) - F_+]\mathrm{d}x_3 + \int_{-\infty}^{0} [F(x_3) - F_-]\mathrm{d}x_3, \tag{1-3}$$

其中 $F_{\pm}$ 分别为介质 1 和介质 2 体相内的自由能 (量纲为: 力/面积), 所以从上式可看出表面能的量纲为: 力/长度. 同理, 可以定义其他广延量 (extensive quantity) 在表面和界面的过剩量.

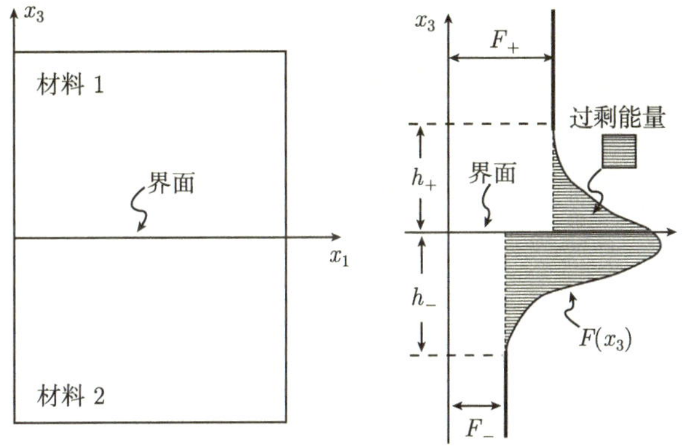

(a) 平直界面　　(b) 自由能在界面区域内的分布

图 1.2 表面和界面区域

表面能和表面应力这两个重要的表面物理性能被物理化学、材料和力学界广泛采用. 对于固体表面, 两者相互联系又有区别: 表面能是建立一个新表面在单位面积上所需要消耗的能量; 表面应力指在恒温下弹性拉伸已有的表面使其改变单位面积所引起表面能的变化值; 表面能和表面应力具有相同的量纲, 力/长度; 表面能一定为正值, 而表面应力可为正也可为负. 对于液体来说, 两者相同; 但是, 对于固体截断化学键造成新表面的形成和外载引起表面积的改变是两个不同的过程. 国内外研究者在阐明外载作用引起固体表面能改变以及表面的变形规律方面进行了大量的研究工作, 建立了相应的表面弹性和表面演化动力学模型.

1951 年, Herring 给出了在当前构型下 Euler 描述的表面应变与表面应力之间的关系式[4], 也就是目前表面弹性力学中所广泛应用的 Shuttleworth-Herring 公式 (推导过程详见 15.3 节)

$$\sigma^s_{\alpha\beta} = \gamma\delta_{\alpha\beta} + \frac{\partial\gamma}{\partial\varepsilon^s_{\alpha\beta}}, \tag{1-4}$$

其中 $\sigma^s_{\alpha\beta}$ 为表面 Cauchy 应力分量, $\delta_{\alpha\beta}$ 为 Kronecker 符号 (下标 α 和 β 取值 1 和 2, 当 $\alpha=\beta$ 时, $\delta_{\alpha\beta}=1$; 当 $\alpha\neq\beta$ 时, $\delta_{\alpha\beta}=0$), $\varepsilon^s_{\alpha\beta}$ 为表面应变分量.

1.1.2 Cahn-Hilliard 有限扩散厚度的界面模型

1. 界面物质浓度分布微分方程

对于一个体积为 V, 截面积为 A 的一维非均匀组分的各向同性体系, 其自由能

可以表达为[5]

$$F = AN_V \int_{-\infty}^{+\infty} \left[f_0(c) + \kappa \left(\frac{\mathrm{d}c}{\mathrm{d}x} \right)^2 \right] \mathrm{d}x, \tag{1-5}$$

其中, N_V 是单位体积的粒子数, $f_0(c)$ 是浓度为 c 的系统单个粒子的自由能, κ 是一个依赖于浓度和温度的参数, $\kappa(\mathrm{d}c/\mathrm{d}x)^2$ 项则为由于体系中物质浓度分布不均匀性所引入的自由能变化. 体系的界面自由能定义为单位面积界面上的体系真实自由能与两相化学势相同时体系自由能之差:

$$\begin{aligned}\gamma &= N_V \int_{-\infty}^{+\infty} \left[f_0(c) + \kappa \left(\frac{\mathrm{d}c}{\mathrm{d}x} \right)^2 - c\mu_B(e) - (1-c)\mu_A(e) \right] \mathrm{d}x \\ &= N_V \int_{-\infty}^{+\infty} \left[\Delta f(c) + \kappa \left(\frac{\mathrm{d}c}{\mathrm{d}x} \right)^2 \right] \mathrm{d}x,\end{aligned} \tag{1-6}$$

其中

$$\begin{aligned}\Delta f(c) &= f_0(c) - [c\mu_\mathrm{B}(e) + (1-c)\mu_\mathrm{A}(e)] \\ &= c[\mu_\mathrm{B}(c) - \mu_\mathrm{B}(e)] + (1-c)[\mu_\mathrm{A}(c) - \mu_\mathrm{A}(e)],\end{aligned} \tag{1-7}$$

式中, $\mu_\mathrm{A}(e)$ 和 $\mu_\mathrm{B}(e)$ 是 α 相或者 β 相中 A、B 组分的化学势, $\mu_\mathrm{A}(c)$ 和 $\mu_\mathrm{B}(c)$ 是浓度为 c 时 A、B 组分的化学势.

在平衡状态下, 体系的自由能最小, 方程 (1-6) 表示的界面能也最小. 将 (1-6) 式所表示的自由能泛函代入 Euler 方程, 得到平衡状态下浓度分布的微分方程:

$$I - \frac{\mathrm{d}c}{\mathrm{d}x} \frac{\partial I}{\partial \left(\frac{\mathrm{d}c}{\mathrm{d}x} \right)} = 0, \tag{1-8}$$

其中, $I = \Delta f(c) + \kappa(\mathrm{d}c/\mathrm{d}x)^2$. 自由能变化的表达式可进一步化简得

$$\Delta f(c) - \kappa \left(\frac{\mathrm{d}c}{\mathrm{d}x} \right)^2 = \mathrm{Const}, \tag{1-9}$$

因当 $x \to \pm\infty$ 时, 各自两相分布趋于均匀, 则 $\Delta f(c)$ 和 $\mathrm{d}c/\mathrm{d}x$ 皆趋近于零, 所以上式右端中的常数为零, 因此

$$\Delta f(c) = \kappa \left(\frac{\mathrm{d}c}{\mathrm{d}x} \right)^2. \tag{1-10}$$

2.　*界面层浓度分布*

由式 (1-10) 可以得到界面层的浓度分布微分方程为

$$\frac{\mathrm{d}c}{\mathrm{d}x} = \left(\frac{\Delta f}{\kappa} \right)^{1/2}. \tag{1-11}$$

如果 f_0 可以关于临界温度 T_c 和临界浓度 c_c 进行 Taylor 展开, 则 Δf 的表达式如下

$$\Delta f\,|_{T\sim T_c} = -\beta\,(T_c - T)\left[(\Delta c)^2 - (\Delta c_e)^2\right] + \delta\left[(\Delta c)^4 - (\Delta c_e)^4\right] + \cdots, \tag{1-12}$$

其中, $\Delta c = c - c_c$, $\Delta c_e = c_\beta - c_c = c_c - c_\alpha = (c_\beta - c_\alpha)/2$, β 和 δ 是由 f_0 在 $c = c_c$ 和 $T = T_c$ 处的导数确定的正常数:

$$\beta = \frac{1}{2}\frac{\partial^3 f_0}{\partial T \partial c^2}, \quad \delta = \frac{1}{4!}\frac{\partial^4 f_0}{\partial c^4}. \tag{1-13}$$

由 (1-12) 式的展开可以得到如下关系式:

$$(\Delta c_e)^2\,|_{T\sim T_c} = \frac{\beta\,(T_c - T)}{2\delta}, \quad \Delta f\,|_{T\sim T_c} = \delta\left[(\Delta c_e)^2 - (\Delta c)^2\right]^2, \tag{1-14}$$

将上式代入方程 (1-11) 可以得到

$$\frac{\mathrm{d}c}{(\Delta c_e)^2 - (c - c_c)^2} = \left(\frac{\delta}{\kappa}\right)^{1/2}\mathrm{d}x, \tag{1-15}$$

对上式进行积分, 得到

$$\operatorname{arc\,tanh}\left(\frac{c - c_c}{\Delta c_e}\right) = \Delta c_e\left(\frac{\delta}{\kappa}\right)^{1/2} x + C, \tag{1-16}$$

上式中 C 为待定常数. 对上式两端求反函数得到

$$\frac{c - c_c}{\Delta c_e} = \pm\tanh\left(\Delta c_e\left(\frac{\delta}{\kappa}\right)^{1/2} x + C\right), \tag{1-17}$$

再将 (1-14) 式代入上式得到

$$\frac{c - c_c}{\Delta c_e} = \pm\tanh\left(\sqrt{\beta\frac{T_c - T}{2\kappa}}x + C\right) = \pm\tanh\left(\frac{2x}{D_0} + C\right), \tag{1-18}$$

其中, D_0 是界面层的厚度:

$$D_0 = 2\sqrt{\frac{2\kappa}{\beta\,(T_c - T)}}. \tag{1-19}$$

由 (1-18) 式可知, 界面层的浓度分布符合双曲正切函数 (tanh) 的变化规律, 如图 1.3 所示, 该方法被广泛地称为 Cahn-Hilliard 有限界面层厚度的确定方法.

当界面处的浓度分布 c 确定后, 便可通过下式确定化学势的分布:

$$\mu = \mu_0 + k_B T \ln c, \tag{1-20}$$

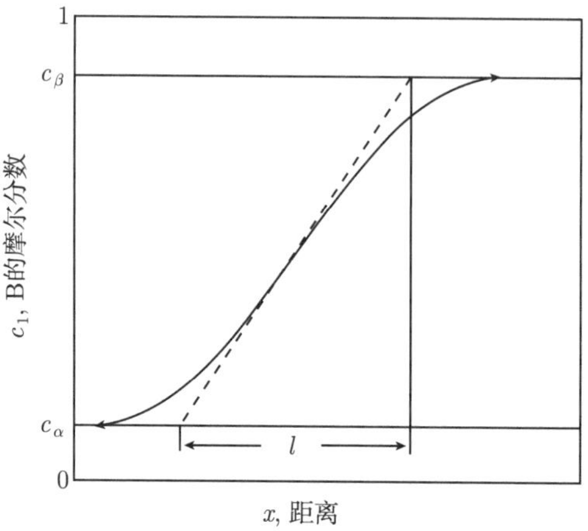

图 1.3　Cahn-Hilliard 的有限扩散层厚度界面

上式中 μ_0 为化学势的初始值. 得到化学势分布后, 即可由化学势的梯度来确定界面演化的驱动力

$$\boldsymbol{f} = -\nabla\mu. \tag{1-21}$$

当所研究的系统存在静水压力 σ_{kk} 时, (1-20) 式可修正为下式[6]

$$\mu = \mu_0 + k_{\mathrm{B}}T\ln c - \sigma_{kk}\bar{V}. \tag{1-22}$$

上式中 $\bar{V}$ 为可正可负的偏摩尔体积 (partial molar volume), 单位为: $\mathrm{cm}^3/\mathrm{atom}$.

本书将在第 15 章中详细讨论化学势和曲率 (Herring-Mullins 公式)、弹性应变能、外加电场 (Asaro-Tiller 公式) 等的依赖性, 质流的 Nernst-Einstein 公式等. 由此可看出, 表面演化动力学的驱动力来源于化学势的梯度.

3.　液–气界面密度分布

以上提到的浓度是一个广义的概念, 所以可将浓度 c 替换为密度 ρ 得到液 (ℓ)–气 (v) 界面的密度分布公式:

$$\frac{\rho-\rho_{\mathrm{c}}}{\rho_l-\rho_{\mathrm{c}}} = \pm\tanh\left(\frac{2x}{D_0}+C\right), \tag{1-23}$$

也就是

$$\rho = \rho_{\mathrm{c}} \pm (\rho_l-\rho_{\mathrm{c}})\tanh\left(\frac{2x}{D_0}+C\right), \tag{1-24}$$

其中, ρ_{c} 是临界温度下的密度, 上式中正负号对应密度分布的不同形式 (图 1.4). 将 (1-23) 式与文献 [7] 中假设进行对比得到

$$\rho = \frac{1}{2}(\rho_l+\rho_v) - \frac{1}{2}(\rho_l-\rho_v)\tanh\left(2\frac{x-R_0}{D_0}\right), \tag{1-25}$$

其中 R_0 表示等摩尔面的位置 (过渡层内划分液、气态, 使得两边分子数相等的面).

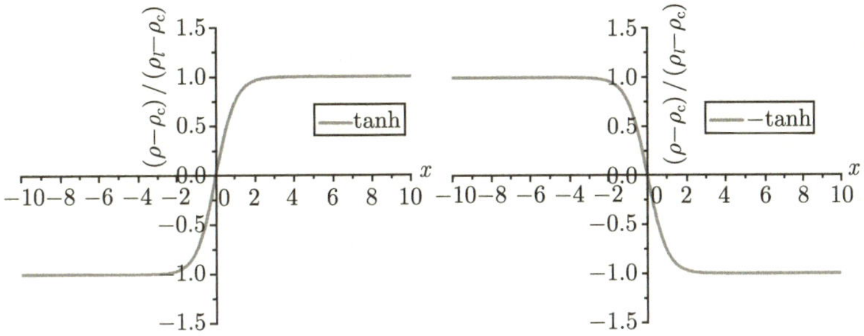

图 1.4 液–气界面密度分布

1.2 纳微米表面界面物理力学的范式

1962 年, Thomas Kuhn 出版了他的题为 *The Structure of Scientific Revolution* (《科学革命的结构》) 一书[9], 强调了范式 (paradigm) 在科学发展过程中的作用[9]. 凡具有如下两个基本特征, Kuhn 称之为 "范式": ① 它们的成就空前地吸引了一批坚定的拥护者, 使他们脱离科学活动的竞争模式; ② 这些成就又足以无限制地为一批实践者留下有待解决的问题. 因此可见, 范式是科学研究的必要条件, 是学科成熟的标志. 只有当一门学科的研究者 (至少是一部分研究者) 形成共同的范式, 该学科才从前科学时期进入科学时期. Kuhn 指出: "我选择这个术语, 意欲提出某些实际科学实践的公认范例 —— 包括定律、理论、应用和仪器在一起 —— 为特定的连贯的科学研究的传统提供模型." 范式概念是 Kuhn 范式理论的核心, 而范式从本质上讲是一种理论体系. 范式理论指常规科学所赖以运作的理论基础和实践规范. 范式是从事某一科学的研究者群体所共同遵从的世界观和行为方式, 它包括三个方面的内容: 共同的基本理论、观念和方法; 共同的信念; 某种自然观 (包括形而上学假定). 范式的基本原则可以在本体论、认识论和方法论三个层次表现出来, 分别回答的是事物存在的真实性问题、知者与被知者之间的关系问题以及研究方法的理论体系问题.

随着科技的发展, 可能与建立的范式不相容的不少反常现象将不断出现, 有时会导致一场革命, 发生范式转移 (paradigm shift), 新的范式将取代旧的范式.

钱学森于 1953 年, 发表了题为《物理力学, 工程科学的新领域》的文章, 开创了 "物理力学" 这一新的分支学科[10]. 为了能从更深层次上解决航空和火箭技术面临的难题, 钱学森认为在一些极端条件下, 需要强调用量子力学和统计力学的理论, 辅以少量必须的实验, 通过模拟计算来获得问题的解答[11]. 于 1962 年, 钱学森的

《物理力学讲义》出版[12], 系统地介绍物理力学的基本概念、研究方法和当时的主要研究进展等.

物理力学的目的是从材料的原子、分子结构的微观性质预见其宏观力学性质. 研究内容是工程所感兴趣的物质的宏观力学性质, 它包括宏观平衡态性质和宏观非平衡态性质两大类[10]. 在方法上、原则上用量子力学和统计物理, 但由于计算能力的限制, 原子、分子的性质不能单靠量子力学导出, 也要利用灵活的实验数据、物理化学和物理学的已有成果, 甚至工程技术的经验规律; 由于面临的是实际问题, 内容复杂, 因素较多, 故必须深入研究问题的机理, 构造包括最重要机理在内的简化模型; 物理力学是要解决具体问题的[13], 因此问题的答案要真正可用, 所以要运用最有效的数学工具和运算方法 (包括简化和近似方法), 把问题算到底, 而不是停留于原则上的解决. 这些范式使物理力学确实不同于统计物理、物理化学、物理学等学科. 钱学森把上述范式概括为一句话: 物理力学是用近代物理学、物理化学以及量子化学的观点来解决力学问题. 这一范式还为物理力学规范后来的发展留下了极大的空间[14]. 尽管 "物理力学" 的名称不总是被提及, 但从微观到宏观, 或者是 "从下而上 (bottom-up)" 的物理力学的学术思想已经深深地扎根于很多学科和工程应用之中[15,16].

钱学森在 1993 年明确将纳米材料的性质纳入到物理力学的研究范围中, 这极大地扩宽了 "物理力学" 这门学科的研究范围和领域, 给物理力学学科的发展注入更大的活力. 由于和宏观系统相比, 纳微米系统、结构和材料具有很大的 "比表面", 所以表面、界面等效应将在上述系统、结构和材料中占主导地位, 纳微米表面和界面物理力学这一分支学科便应运而生, 成为新的学科生长点.

纳微米尺度表面与界面物理力学的目的是从 "固–气" "固–液" "固–固" "固–生物"[17] "生物–流体" 等界面的原子、分子结构的微观性质预见其对纳微米结构和系统的整体性能, 以及所引起的黏附、接触、界面强度、摩擦润滑等问题.

纳微米表面与界面物理力学是纳微米力学、表面与界面物理学、表面与界面化学、摩擦学等学科的交叉学科. 它所研究内容是纳微系统技术界所关心的涉及纳微材料和系统所关心的设计、制备和运行中的力学问题, 它包括表面与界面平衡态性质和非平衡态性质两大类.

在研究方法上, 纳微米表面和界面物理力学用量子力学、统计物理和 (准) 连续介质力学等跨尺度方法, 将充分运用目前已经具有相当规模的 "第一原理–半经验–分子动力学–准连续介质力学" 的跨尺度模拟, 如图 1.5 所示.

实验是第一性的, 纳微米表面与界面物理力学必须结合目前迅猛发展的表面和界面科学的测试手段和方法, 从实验上发现新现象, 并为理论模型和跨尺度模拟结果提供校验标准.

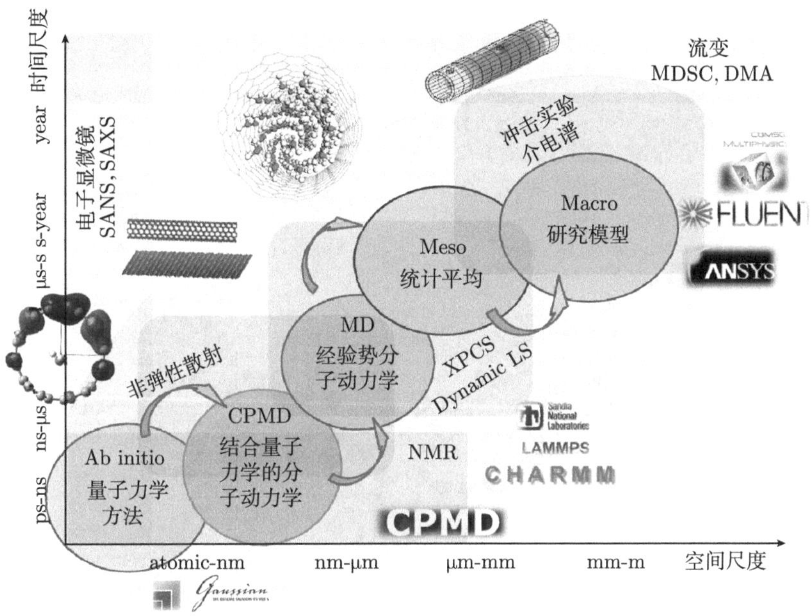

图 1.5　纳微米表面和界面物理力学的跨尺度模拟

纳微米表面与界面物理力学的鲜明特点如下：

1) 表面力 (surface force) 或分子间力 (intermolecular forces) 的作用十分重要[18,19]，如图 1.6 所示．表面力的作用也是研究纳微米摩擦、润滑、黏附等效应[20,21] 的着手点或"抓手"，这也是宏观系统与纳微米系统的重要区别，如纳微系统会在表面力的作用下发生所谓"吸合 (pull-in)"和黏附 (adhesion 或 stiction). 表面力在纳微系统中具有"两面性"．一方面，表面力有时会使结构或系统发生黏附等失效，而黏附是纳微系统中最重要的失效模式之一[19]，在纳微尺度下，黏附也在摩擦和磨损中起着重要的作用；另一方面，也可利用表面力实现对纳微系统的驱动，一个突出的例子就是基于碳纳米管的十亿赫兹振荡器的模型[22]．所以在第 3 章中将主要介绍和表面界面物理力学相关的主要表面力及其作用．

两晶体表面的接触和滑动摩擦中，"公度 (commensurate)"是一个十分重要的概念．所谓"公度"，也就是两个滑动表面的晶体尺度和取向完全相同，反之则称两个晶体表面处于非公度 (incommensurate) 状态．研究表明，滑动摩擦力的大小与两晶体表面的公度性非常敏感，一般而言，公度性越高，滑动摩擦力越大[21]．Muser 和 Robbins 的模拟结果表明[23]：两公度表面的高滑动摩擦力来源于两表面原子的钉扎 (pinning)；而非公度表面只有当界面存在移动原子或表面特别软 (particularly soft) 时才存在钉扎．Dienwiebel 基于摩擦力显微镜的实验研究表明，石墨片之间的超低摩擦 (ultralow friction) 的根源在于非公度性[24]．本书将在第 11.6 节中着重讨论从化学键层次来认识超润滑 (superlubricity) 的物理力学机制.

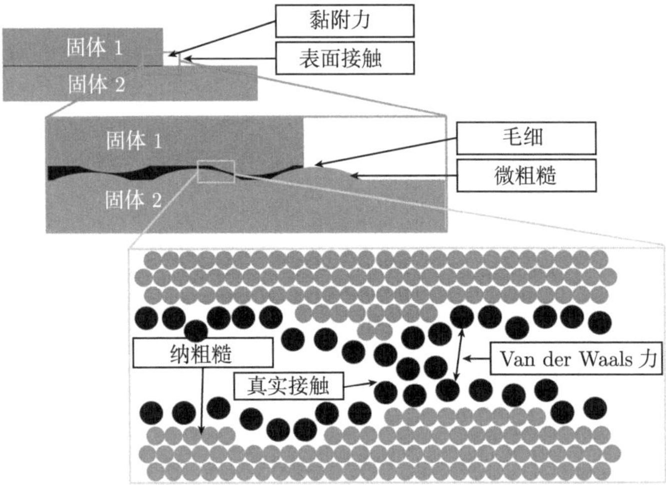

图 1.6 固–固界面中的表面力、毛细力和粗糙度等

Guerra 等[25] 的实验研究表明, 金纳米团簇在石墨表面的滑动摩擦呈现出两种截然不同的模式 (图 1.7[26])：①低速滑动时的 "扩散型摩擦 (diffusive friction)"; ② 高速滑动的 "弹道式摩擦 (ballistic friction)". 研究发现, 团簇在扩散型摩擦中其平动和转动是相互关联的, 但在弹道型摩擦中却是反关联的.

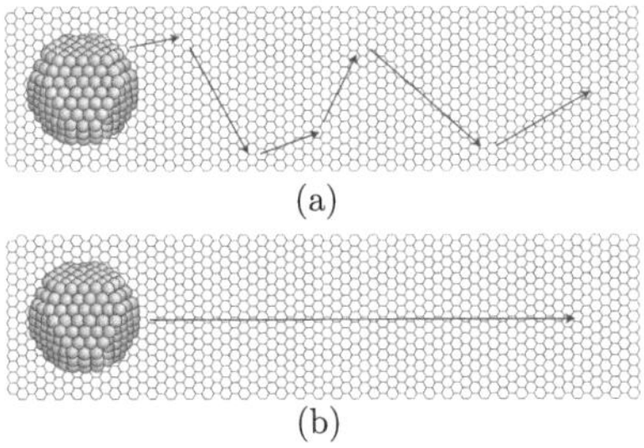

图 1.7 扩散型摩擦 (a) 与弹道型摩擦 (b) 见文献 [24,25]

2) 纳微米尺度下, 由于拥有巨大的 "比表面积", 材料的某些基本力学量 (如弹性模量、Poisson 比、断裂韧性等) 可能具有尺度效应[27,28]. 由于表面张力的存在, 根据平衡关系, 体内将诱导一个与之相平衡的残余应力场, 纳米结构有时可在此残余应力场的作用下发生失稳[29~31]. 有关表面应力在纳米结构材料中的作用, 可参阅王建祥等新近的综述与展望[32].

3) 跨尺度和多尺度特性：表面和界面力学一般跨越 "原子–纳米–微米–宏观" 等尺度, 如果热占有数 (thermal occupation number) $N_{\mathrm{th}} = k_{\mathrm{B}}T/(\hbar\omega)$ 小于或等于

1, 则量子效应 ($\hbar\omega$) 大于或等于热扰动效应 ($k_{\mathrm{B}}T$), 此时需考虑量子效应, 连接量子力学和分子动力学的跨尺度数值模拟将十分重要[33,34].

针对移动接触线问题的跨尺度以及不同尺度间的相互作用情况如图 1.8 所示. 针对该问题以及纳流动而言, 一般还会发生边界滑移[35,36]、亚连续[37,38] 等效应. 图 1.9 鲜明地给出了移动接触线问题的物理力学研究方法的分区以及跨尺度关联, 这方面的内容将在第 7 章中予以详细阐述.

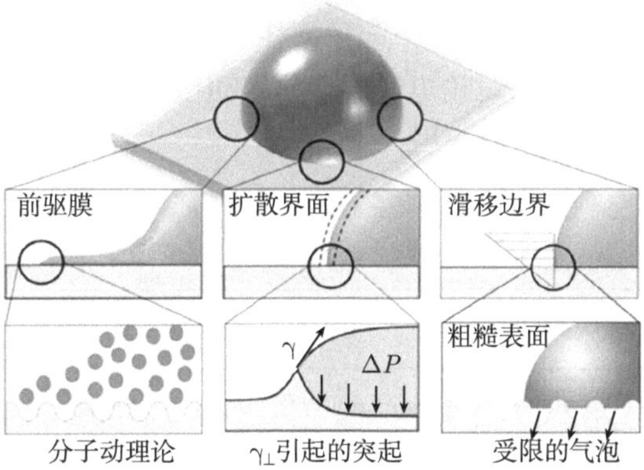

图 1.8 移动接触线问题中的跨尺度以及液–固界面相互作用

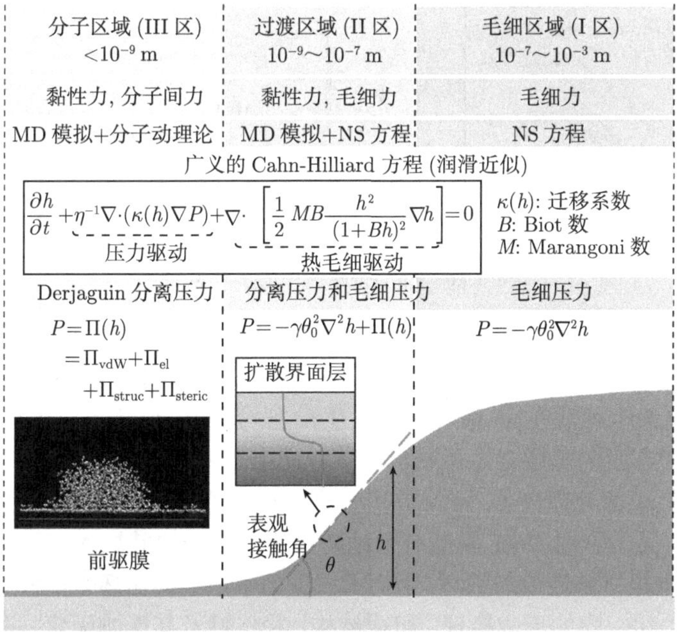

图 1.9 移动接触线问题中的分区及跨尺度

4) 空间受限: 受限液体会表现出很多和体相液体不同的奇异性质, 如液滴在平面铺展中的前驱膜[39]、在内角铺展中形成的前驱单分子链[40]、水在 CNT 传输中的形成的单水链等[37,38], 以及纳米线、单原子链在 CNT 中空间受限时所表现出的奇异特性[41] 等. 有关受限液体的力学行为将在第 11 章中予以重点阐述.

5) 多场耦合: 表面张力一般是温度、电场和化学浓度的函数, 如图 1.10 所示, 被分别称为热毛细 (thermo-capillary)、电毛细 (electro-capillary) 和化学毛细 (chemo-capillary). 当存在温度梯度、电场梯度和化学浓度梯度时, 一般会发生 Marangoni 对流[42,43]、电润湿下的液滴铺展[44] 和液滴移动等[45].

本书将在第 9 章中重点讨论电润湿下的移动接触线问题, 将在第 16 章中讨论相场动力学方法在电润湿中的应用.

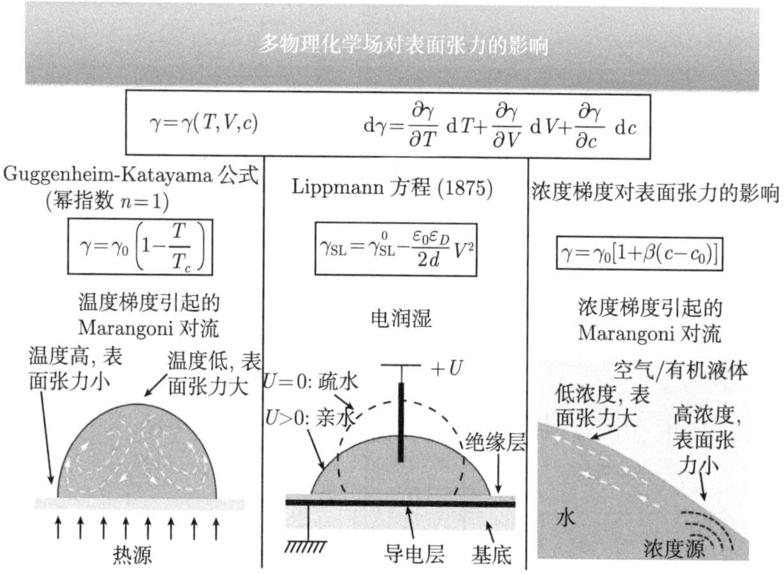

图 1.10 移动接触线中的多场耦合

6) 不同学科间的交叉性: 以锂离子电池中的固体电解质界面 (solid-electrolyte interphase, SEI) 膜为例说明 (图 1.11). SEI 是在液态锂离子电池首次充放电过程中, 电极材料与电解液在固–液界面上发生反应, 形成一层覆盖于电极材料表面的钝化层[46]. SEI 膜的形成对电极材料的性能产生至关重要的影响[47]: 一方面, SEI 膜的形成消耗了部分锂离子, 使得首次充放电不可逆容量增加, 降低了电极材料的充放电效率; 另一方面, SEI 膜能有效地防止溶剂分子的共嵌入, 避免了因溶剂分子共嵌入对电极材料造成的破坏, 因而大大提高了电极的循环性能和使用寿命. 因此, 深入研究 SEI 膜的形成机理、组成结构、稳定性及其影响因素, 并进一步寻找改善 SEI 膜性能的有效途径, 一直都是世界电化学等界研究的热点.

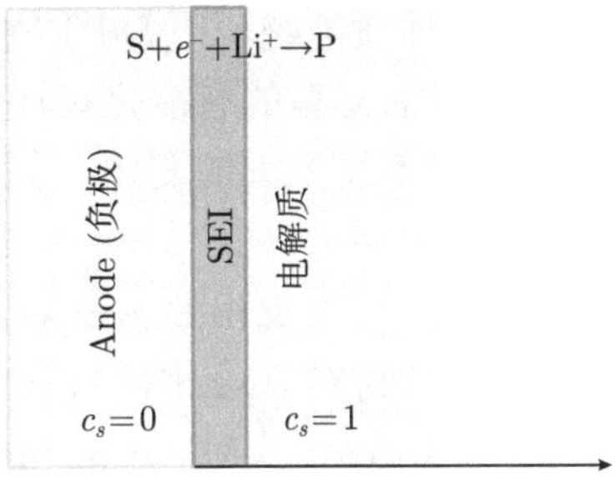

图 1.11 锂离子电池中的 SEI 界面

Kim 等[47] 的模拟研究表明, SEI 内部结构与成分是从电极向电解液的过渡区域依次形成的“反应生成气体–无机盐–有机盐”多层次结构 (hierarchical structure), 如图 1.12 所示. 模拟得到 SEI 的厚度约为 4.0 nm.

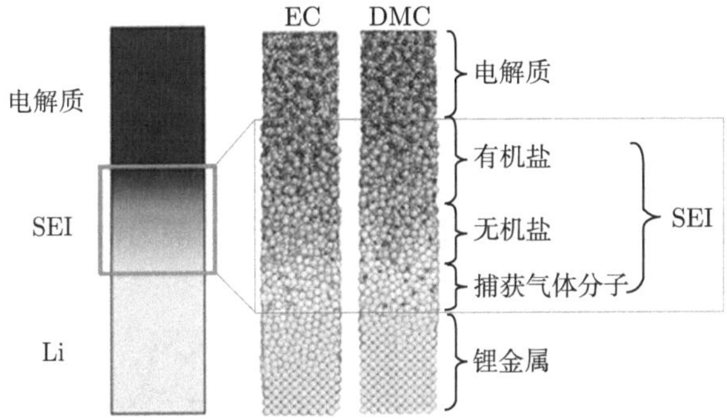

图 1.12 锂离子电池电解表面 SEI 的示意图及 MD 模拟结果[48]

由此可见, 有关 SEI 形成、生长机理以及在锂离子电池中的重要作用是一个典型的电化学、界面化学、力化学 (mechanochemistry)、物理、材料学、力学等交叉的问题. 国际上, 该领域的很多课题组在应用第一原理模拟、实验等不同方法, 试图揭开 SEI 界面膜的神秘面纱, 由此可见, 这也是一个纳微米界面物理力学的典型问题.

7) 学习和认识自然中智能表面和界面的重要性: 自然界中的生命已通过 45 亿年的进化几乎完成了功能材料智能优化的所有过程. 因此, 向自然学习是界面功能材料体系发展的永恒主题. 生命体通过长期的进化, 形成了许多具有优异性能的智能界面. 例如, 自然界中某些植物叶 (典型代表为荷叶) 及昆虫 (如蝉、蜻蜓、蝴蝶等) 翅膀表面的自清洁性; 江雷课题组有关水黾能够在水上行走[49]、蜘蛛丝能够高效地从雾气中凝结水[50] 的机理深入研究; 生命体内纳米通道的智能调控性能; 血管壁的抗黏附性; 海洋生物表面的防污减阻性能; 人工关节的润滑性能等, 都与这些界面材料的特殊微观结构密切相关. 因此, 只有从具有大自然中特殊性能的生物体系获得重要启示, 实现微观与宏观性质的统一, 模拟生物特异功能的某一侧面, 通过选择合适的材料和方法来实现界面材料的智能化设计来模仿自然, 并能保证在使役过程中优异的表面和界面性能不发生大的变化, 才可能最终在某些方面超越自然.

8) 表面与界面曲率的重要影响: 一个突出的例子是 1991 年和 1992 年发表在英国《自然》上的有关负曲率石墨碳材料 (negative curvature graphitic carbon) 的两篇文章[51,52], 如图 1.13 和图 1.14 所示. 文献 [51,52] 提出, 在理论上存在一种负曲率碳分子结构, 即其表面处处向内凹, 形成所谓周期极小曲面 (periodic minimal surface), 它由六边形和七边形构成. 图 1.14 即是一种负曲率碳分子结构模型, 共有 6 个碳键 “开口”, 各分子结构通过这些 “开口” 相互连接而形成稳定的立方体结构. 计算结果表明: 其内聚能小于石墨而远大于 C_{60}. 该种结构被称为 “汞黝矿结构 (schwarzite)”. 如图 1.15 所示, 汞黝矿结构的碳体系可以分为 schwarzite P 和 D 结构. 海绵状的碳 (sponge carbon) 是将一定数量的五元环、六元环和七元环随机摆放所形成的碳体系. 汞黝矿结构的碳含有七元环 (只有五元环和六元环才能形成封闭的结构, 如 C_{60}), 七元环的出现就使得六元环被扭曲到 “负曲率” 鞍形结构中. 因此, 不能形成闭合的结构, 只能开口, 电解液就能进入到石墨碳构成的体系中的单元结构的内外, 随着比表面积的增大, 储存电子的能力也随之增强. 五元环是造成正曲率的原因, 七元环是造成负曲率的原因.

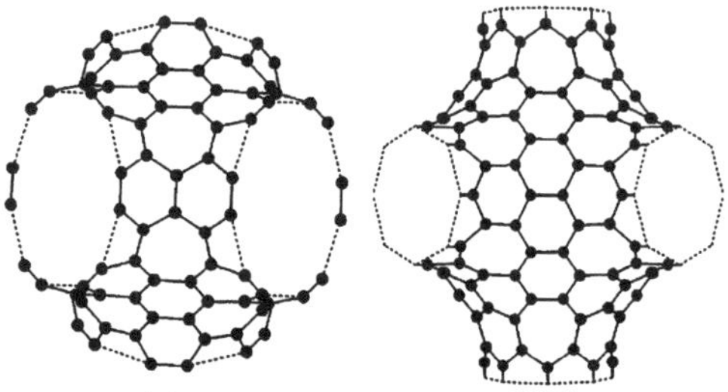

(a)　　(b)

图 1.13　负曲率石墨碳分子结构[52]

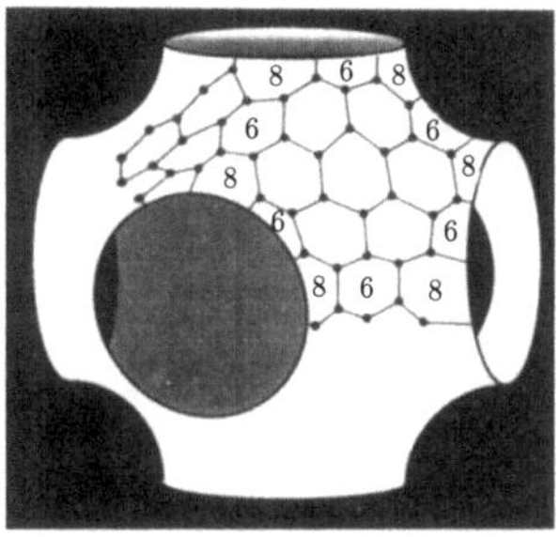

图 1.14　负曲率石墨碳分子结构[51]

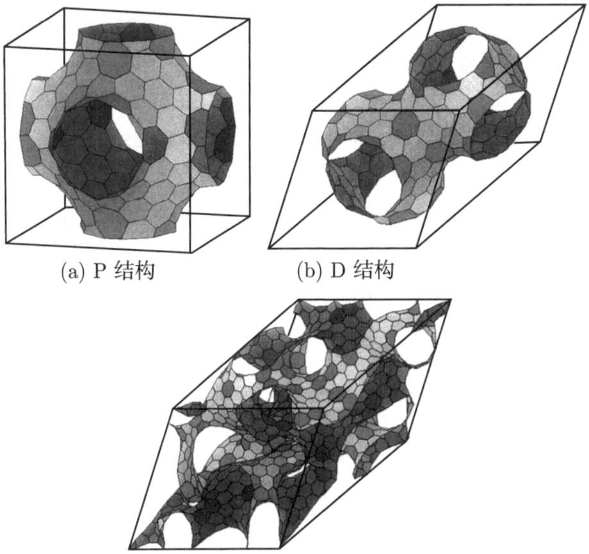

(a) P 结构　(b) D 结构

(c) 海绵结构

图 1.15　负曲率石墨碳汞黝矿结构[53]

这种负曲率结构在纳米材料的生长中有重要应用[54,55]，最近也被探索用于超级电容器的制备中[56]. 石墨碳储存电子的原理类似于海绵存水. 存储电子的能力与碳基材料表面上氧原子官能团多少有关系. 碳基材料表面上氧原子官能团多少取决于两个因素：碳基材料的比表面积; 碳基材料中的碳原子的反应活性 (抗氧化能力等).

本书第 15 章中将主要讨论的表面与界面扩散与演化动力学. 由 Nernst-Einstein 公式可知, 表面原子的平均迁移速度和表面平均曲率的表面梯度成正比[57], 表面法线方向的演化速度则和表面平均曲率的 Laplace 算子成正比. Herring-Mullins 和 Asaro-Tiller 公式等都给出了表面平均曲率对于表面化学势的贡献, 而由 (1-21) 式可知, 表面化学势的梯度则是表面演化的驱动力. 可见, 表面和界面平均曲率的不均匀性将导致其动态演化以及质量的输运.

参 考 文 献

[1] Gibbs J W. On the equilibrium of heterogeneous substance//The Scientific Papers of J. Willard Gibbs. Volume 1: Thermodynamics. New York: Dover, 1961：55–353.

[2] Hoffmann R. Solids and surfaces. New York: Wiley-VCH, 1988.

[3] De Gennes P G. Soft interfaces. Cambridge: Cambridge University Press, 1997.

[4] Herring C. Surface tension as a motivation for sintering//Kingston W E. The Physics of Powder Metallurgy. New York: McGraw Hill, 1951：143–179.

[5] Cahn J W, Hilliard J E. Free energy of a nonuniform system. I. Interfacial free energy. Journal of Chemical Physics, 1958, 28: 258–267.

[6] Wang W L, Lee S B, Chen J R. Effect of chemical stress on diffusion in a hollow cylinder. Journal of Applied Physics, 2002, 91: 9584–9590.

[7] Thompson S M, Gubbins K E, Walton J P R B, Chantry R A R, Rowlinson J S A. Molecular dynamics study of liquid drops. Journal of Chemical Physics, 1984, 81: 530–542.

[8] Kuhn T S. The structure of scientific revolution. Chicago: University of Chicago Press, 1962.

[9] 冯端, 金国钧. 凝聚态物理学. 上卷. 北京：高等教育出版社, 2003.

[10] Tsien H S. Physical mechanics, a new field in engineering science. Journal of the American Rocket Society, 1953, 23: 17–24.

[11] 郑哲敏. 学习钱学森先生技术科学思想的体会钱学森技术科学思想与力学 (庄逢甘, 郑哲敏编). 北京：国防工业出版社, 2001.

[12] 钱学森. 物理力学讲义. 北京：科学出版社, 1962.

[13] 崔季平. 钱学森物理力学思想回顾//李家春, 樊菁. 钱学森 —— 在创建力学所的日子里. 北京：科学出版社, 2011.

[14] 朱如曾. 钱学森开创的物理力学之路//庄逢甘, 郑哲敏. 钱学森技术科学思想与力学. 北京：国防工业出版社, 2001.

[15] Zhao Y P. Preface to the special issue on physical mechanics. Science China: Physics, Mechanics and Astronomy, 2012, 55(6): 915–917.

[16] Sun Z W, Xu S H. Two examples of using physical mechanics approach to evaluate the colloidal stability. Science China: Physics, Mechanics and Astronomy, 2012, 55(6): 933–939.

[17] Li B, Cao Y P, Feng X Q, Gao H J. Mechanics of morphological instabilities and surface wrinkling in soft materials: a review. Soft Matter, 2012, 8：5728–5745

[18] Ding J N, Wen S Z, Meng Y G. Theoretical study of the sticking of a membrane strip in MEMS under the Casimir effect. Journal of Micromechanics and Microengineering, 2001, 11：202–208.

[19] Zhao Y P, Wang L S, Yu T X. Mechanics of adhesion in MEMS. Journal of Adhesion Science and Technology, 2003, 17: 519–546.

[20] 温诗铸. 纳米摩擦学. 北京：清华大学出版社, 1998.

[21] 温诗铸, 黄平等. 界面科学与技术. 北京：清华大学出版社, 2011.

[22] Zheng Q S, Jiang Q. Multiwalled carbon nanotubes as gigahertz oscillators. Physical Review Letters, 2002, 88: 045503.

[23] Muser M H, Robbins M O. Conditions for static friction between flat crystalline surfaces. Physical Review B, 2000, 61：2335–2342.

[24] Dienwiebel M, Verhoeven G S, Pradeep N, Frenken J W M, Heimberg J A, Zandbergen H W. Superlubricity of graphite. Physical Review Letters, 2004, 92: 126101.

[25] Guerra R, Tartaglino U, Vanossi A, Tosatti E. Ballistic nanofriction. Nature Materials, 2010, 9: 634–637.

[26] Schirmeisen A. Surfing on graphite waves. Nature Materials, 2010, 9: 615–616.

[27] Guo J G, Zhao Y P. The size-dependent elastic properties of nanocrystals with surface effects. Journal of Applied Physics, 2005, 98: 074306.

[28] Zhang T Y, Wang Z J, Chan W K. Eigenstress model for surface stress of solids. Physical Review B, 2010, 81: 195427

[29] Wang Z Q, Zhao Y P. Thermo-hyperelastic models for nanostructured materials. Science China: Physics, Mechanics and Astronomy, 2011, 54: 948–956.

[30] Wang Z Q, Zhao Y P, Huang Z P. The effects of surface tension on the elastic properties of nano structures. International Journal of Engineering Science, 2010, 48: 140–150.

[31] Zang J L, Zhao Y P. A diffusion and curvature dependent surface elastic model with application to stress analysis of anode in lithium ion battery. International Journal of Engineering Science, 2012, 61: 156–170.

[32] Wang J X, Huang Z P, Duan H L, Yu S W, Feng X Q, Wang G F, Zhang W X, Wang T J. Surface stress effect in mechanics of nanostructured materials. Acta Mechanica Solida Sinica, 2011, 24: 52–82.

[33] Yin J, Zhao Y P. Hybrid QM/MM simulation of the hydration phenomena of dipalmitoylphosphatidylcholine headgroup. Journal of Colloid and Interface Science, 2009, 329: 410–415.

[34] Yang Z Y, Zhao Y P. QM/MM and classical molecular dynamics simulation of His-tagged peptide immobilization on nickel surface. Materials Science and Engineering A, 2006, 423: 84–91.

[35] Wang F C, Zhao Y P. Slip boundary conditions based on molecular kinetic theory: The critical shear stress and the energy dissipation at the liquid-solid interface. Soft Matter, 2011, 7: 8628–8634.

[36] Wang F C, Zhao Y P. The unique properties of the solid-like confined liquid films: A large scale molecular dynamics simulation approach. Acta Mechanica Solida Sinica, 2011, 24: 101–116.

[37] Yuan Q Z, Zhao Y P. Hydroelectric voltage generation based on water-filled single-walled carbon nanotubes. Journal of the American Chemical Society, 2009, 131: 6374–6376.

[38] Qin X C, Yuan Q Z, Zhao Y P, Xie S B, Liu Z F. Measurement of the rate of water translocation through carbon nanotubes. Nano Letters, 2011, 11: 2173–2177.

[39] Yuan Q Z, Zhao Y P. Precursor film in dynamic wetting, electrowetting and electro-elasto-capillarity. Physical Review Letters, 2010, 104: 246101.

[40] Yuan Q Z, Zhao Y P. Topology-dominated dynamic wetting of the precursor chain in a hydrophilic interior corner. Proceedings of the Royal Society A, 2012, 468: 310–322.
[41] Zang J L, Zhao Y P. Silicon nanowire reinforced by single-walled carbon nanotube and its applications to anti-pulverization electrode in lithium ion battery. Composites Part B, 2012, 43: 76–82.
[42] 胡文瑞等. 微重力科学概论. 北京：科学出版社, 2010.
[43] Wang Z Q, Zhao Y P. In situ observation of thermal Marangoni convection on the surface of a sessile droplet by infrared thermal imaging. Journal of Adhesion Science and Technology, 2012, 26: 2177–2188.
[44] Feng J T, Wang F C, Zhao Y P. Electrowetting on a lotus leaf. Biomicrofluidics, 2009, 3: 022406.
[45] Berthier. Microdrops and digital microfluidics. New York: William Andrew, 2008.
[46] Balbuena P B, Wang Y X. Lithium-lon batteries: solid-electrolyte interphase. London: Imperial College Press, 2004.
[47] 倪江锋, 周恒辉, 陈继涛, 苏光耀. 锂离子电池中固体电解质界面膜 (SEI) 研究进展. 化学进展, 2004, 16: 335–342.
[48] Kim S P, van Duin A C T, Shenoy V B. Effect of electrolytes on the structure and evolution of the solid electrolyte interphase (SEI) in Li-ion batteries: A molecular dynamics study. Journal of Power Sources, 2011, 196: 8590–8597.
[49] 江雷, 冯琳. 仿生智能纳米界面材料. 北京：化学工业出版社, 2007.
[50] Zheng Y M, Bai H, Huang Z B, Tian X L, Nie F Q, Zhao Y, Zhai J, Jiang L. Directional water collection on wetted spider silk. Nature, 2010, 463: 640–643.
[51] Mackay A L, Terrones H. Diamond from graphite. Nature, 1991, 352: 762.
[52] Lenosky T, Gonze X, Teter M, Elser V. Energetics of negatively curved graphitic carbon. Nature, 1992, 355: 333–335.
[53] Townsend S J, Lenosky T J, Muller D A, Nichols C S, Elser V. Negatively curved graphitic sheet model of amorphous carbon. Physical Review Letters, 1992, 69: 921–924.
[54] Iijima S, Ichihashi T, Ando Y. Pentagons, heptagons and negative curvature in graphite microtubule growth. Nature, 1992, 356: 776–778.
[55] Barborini E, Piseri P, Milani P, Benedek G, Ducati C, Robertson J. Negatively curved spongy carbon. Applied Physics Letters, 2002, 81: 3359–3361.
[56] Zhu Y W, Murali S, Stoller M D, Ganesh K J, Cai W W, Ferreira P J, Pirkle A, Wallace R M, Cychosz K A, Thommes M, Su D, Stach E A, Ruoff R S. Carbon-based supercapacitors produced by activation of graphene. Science, 2011, 332: 1537–1541.
[57] 杨卫. 力电失效学. 北京：清华大学出版社, 2001.

第 2 章　表面热力学、统计理论和弹道–扩散传热模型

A theory is the more impressive the greater the simplicity of its premises, the more different kinds of things it relates, and the more extended its area of applicability. Therefore the deep impression that classical thermodynamics made upon me. It is the only physical theory of universal content which I am convinced will never be overthrown, within the framework of applicability of its basic concepts.

一个理论, 如果它的前提越简单, 而且能说明各种类型的问题越多, 应用的范围越广, 那么它给人们的印象就越深刻. 因此, 经典热力学给我留下了深刻的印象. 经典热力学是具有普遍内容的唯一物理理论. 我深信在其基本概念适用的范围内是绝不会被推翻的.

——A. Einstein (1949)

2.1　体相和表面相的广延量和强度量

2.1.1　广延量和齐次函数、强度量

热力学变量可分为两类, 广延量 (extensive quantity) 与强度量 (intensive quantity). 广延量与体系质量或体系中所含的分子数成正比, 具有可加性; 而强度量则与体系质量无关, 不具有可加性. 一个广延量被总质量或被总摩尔数除后就成为强度量. 以上讨论适用于体相 (bulk).

对于表面和界面问题而言, 广延量的标志应以面积为准, 也就是说, 表面或界面的广延量是以面积 A 成比例的物理量.

常用的广延量有: 摩尔数、体积、内能、面积、质量、熵、粒子数、电量等.

常用的强度量有: 应力、压强、化学势、密度、温度、比热、表面能、表面张力、表面应力、电势等.

根据热力学定义, 表面能 γ 为在温度、压力以及成分不变的条件下, 每增加单位表面积时, Gibbs 自由能的增加值, 其量纲为 "力/长度". 同时也可以根据强度量的定义可知, 凡与物质的数量无关的热力学状态量均为强度量, 它代表了物质的内在性质, 与总体质量无关, 不可加, 并具有局域性质. 而表面能则正是强度量中的一

种, 隶属于比广延量的范畴, 表面能只与物质本身的原子排布、成分组成以及温度、压力等相关, 而与表面大小无关. 因此, 表面能是一个典型的热力学强度量. 对于液体而言, 无需区分表面能和表面张力. 但对固体表面而言, 需要区分表面能和表面张力, 表面张力也是强度量.

下面讨论广延量和齐次函数 (homogeneous function) 的关系. 所谓 m 次齐次函数是指满足下列关系的函数:

$$f(\lambda x_1, \lambda x_2, \cdots, \lambda x_n) = \lambda^m f(x_1, x_2, \cdots, x_n). \tag{2-1}$$

结论是[1]: 一个广延量是一次齐次函数 ($m=1$), 这里的函数 f 可为内能 U、熵 S 或体积 V 等广延量. 换句话说, 任何广延量都是各组元摩尔数的一次齐次函数, 也就是在温度 T 和压力 p 不变时, 若各组元的摩尔数都增加一倍, 则系统的体积 V、内能 U 和熵 S 也增加一倍.

如果函数 f 对各变量 $x_1, x_2, \cdots, x_n$ 可连续偏微商, 对 (2-1) 式两端对 λ 求微商然后令 $\lambda = 1$, 则可得到一次齐次函数 ($m=1$) 的 Euler 定理:

$$\sum_i x_i \frac{\partial f}{\partial x_i} = f. \tag{2-2}$$

2.1.2 Legendre 变换

对于任何一个强度和广延量的共轭对 (f_i, x_i), 可通过下列 Legendre 变换定义一个新的热力学势

$$L := U - f_i x_i, \tag{2-3}$$

式中 U 为系统的内能, 上述 Legendre 变换的微分为

$$\mathrm{d}L = \mathrm{d}U - x_i \mathrm{d}f_i - f_i \mathrm{d}x_i. \tag{2-4}$$

(1) Helmholtz 自由能: $F = U - TS$.

由热力学第一定律: $\mathrm{d}U = T\mathrm{d}S + \mathrm{d}w$, 这里 $\mathrm{d}w = -p\mathrm{d}V + \gamma \mathrm{d}A$ 为外力功的增量, T 和 S、p 和 V、γ 和 A 为共轭对. 因此对于 k 相系统, 进入系统的粒子数为 N_k, 内能的增量由下式确定:

$$\mathrm{d}U = T\mathrm{d}S - p\mathrm{d}V + \gamma \mathrm{d}A + \sum_{k=1}^{n} \mu_k \mathrm{d}N_k, \tag{2-5}$$

Helmholtz 自由能增量则为

$$\mathrm{d}F = -S\mathrm{d}T - p\mathrm{d}V + \gamma \mathrm{d}A + \sum_{k=1}^{n} \mu_k \mathrm{d}N_k. \tag{2-6}$$

如果考虑表面应力和表面应变对 $(\sigma_{ij}^s, \varepsilon_{ij}^s)$ 则表面 Helmholtz 自由能为

$$\mathrm{d}F^s = -S^s\mathrm{d}T + A\sigma_{ij}^s\mathrm{d}\varepsilon_{ij}^s + \sum_{k=1}^{n}\mu_k^s\mathrm{d}N_k^s \quad (i,j=1,2), \tag{2-7}$$

(2) Gibbs 自由能：$G = U - TS + pV$.

Gibbs 自由能的微分：

$$\mathrm{d}G = -S\mathrm{d}T + V\mathrm{d}p + \sum_{k=1}^{n}\mu_k\mathrm{d}N_k, \tag{2-8}$$

同理, 如果考虑表面应力和表面应变对 $(\sigma_{ij}^s, \varepsilon_{ij}^s)$, 则有

$$\mathrm{d}G^s = -S^s\mathrm{d}T - A\varepsilon_{ij}^s\mathrm{d}\sigma_{ij}^s + \sum_{k=1}^{n}\mu_k^s\mathrm{d}N_k^s \quad (i,j=1,2), \tag{2-9}$$

从而得出化学势和内能 U、Helmholtz 自由能 F 以及 Gibbs 自由能 G 的关系为

$$\mu_k = \left(\frac{\partial U}{\partial N_k}\right)_{S,V} = \left(\frac{\partial F}{\partial N_k}\right)_{T,V} = \left(\frac{\partial G}{\partial N_k}\right)_{T,p}. \tag{2-10}$$

(3) 有关表面能：$A\gamma = F^s - \sum_{k=1}^{n}\mu_k^s N_k^s - A\sigma\phi$, 这里 σ 为单位面积的电荷量, ϕ 为电势.

2.2 体相 Gibbs-Duhem 方程

将 Gibbs 函数应用于 Euler 定理 (2-2) 有 $G = \sum_{k=1}^{n} N_k \frac{\partial G}{\partial N_k}$, 并注意到 (2-8) 式, 得到[1]

$$G = U - TS + pV = \sum_{k=1}^{n}\mu_k N_k, \tag{2-11}$$

则有

$$\mathrm{d}G = \sum_{k=1}^{n}\mu_k\mathrm{d}N_k + \sum_{k=1}^{n}N_k\mathrm{d}\mu_k, \tag{2-12}$$

令 (2-8) 和 (2-12) 两式相等, 则获得著名的体相 “Gibbs-Duhem 方程”[1]

$$S\mathrm{d}T - V\mathrm{d}p + \sum_{k=1}^{n}N_k\mathrm{d}\mu_k = 0. \tag{2-13}$$

上式说明 $k+2$ 个强度量 T, p 和 μ_k 所满足的关系, 故只有 $k+1$ 个强度量是独立的. 表面 Gibbs-Duhem 方程将由 (2-24) 式给出.

2.3　复相系统的平衡

设多元复相系有 ϕ 个相, 每相有 k 个组元. α 相的平衡态参量为 $T^\alpha, p^\alpha, n_1^\alpha, n_2^\alpha, \cdots, n_k^\alpha$, 系统是否达到平衡是由强度量决定的. 为确定 α 相的性质, 除温度 T 和压强 p 外, 应用强度量变量 x_i^α 代替广延量变量 n_i^α 作为状态参量:

$$x_i^\alpha = \frac{n_i^\alpha}{n^\alpha}, \tag{2-14}$$

称为 α 相中 i 组元的摩尔分数, 式中 $n^\alpha = \sum\limits_{i=1}^{k} n_i^\alpha$ 是 α 相中的总物质的量. (2-14) 式显然满足下列关系式:

$$\sum_{i=1}^{k} x_i^\alpha = 1, \tag{2-15}$$

由上式可知, k 个 x_i^α 中只有 $k-1$ 个是独立的, 加上温度 T 和压强 p, 描述 α 相共需 k+1 个独立强度量变量. 这一点与 Gibbs-Duhem 方程一致.

整个系统有 ϕ 个相, 共有 $\phi(k+1)$ 个独立的强度量变量. 则对整个复相多组分系统的三个平衡条件为[2,3]

1) 热平衡条件: $T^1 = T^2 = \cdots = T^\phi$;

2) 力学平衡条件: $p^1 = p^2 = \cdots = p^\phi$;

3) 相变平衡条件: $\mu_i^1 = \mu_i^2 = \cdots = \mu_i^\phi$.

其中, 热力学平衡条件表明各相间没有热传导存在, 力学平衡条件表明各相间没有运动, 而各相间的化学势相等表明在 i 组元在各相间没有质量流 (或粒子流) 存在. 如上三个平衡条件也表明: $\phi(k+1)$ 个强度量变量中的独立变量个数为

$$f = \phi(k+1) - (\phi-1)(k+2) = k + 2 - \phi, \tag{2-16}$$

式中的 f 即为多元复相系的自由度数, 上述关系式被称作 Gibbs 相律 (phase rule).

事实上, 对表面和界面而言, 化学势存在曲率依赖性. 为简单起见, 考虑一半径为 R 的球形液滴或球形颗粒, 当由于蒸发、颗粒长大等原因液滴或颗粒的半径改变 $\mathrm{d}R$ 时, 其体积改变量为: $\mathrm{d}V = 4\pi R^2\mathrm{d}R$, 则粒子数目的改变量为

$$\mathrm{d}N = \frac{\mathrm{d}V}{\Omega_0} = \frac{4\pi R^2\mathrm{d}R}{\Omega_0}, \tag{2-17}$$

式中 Ω_0 为原子体积 (atomic volume). 由于半径的改变, 当忽略掉高阶小量时, 液滴或颗粒的表面积的改变量为

$$\mathrm{d}A = 4\pi\left[(R+\mathrm{d}R)^2 - R^2\right] = 8\pi R\mathrm{d}R, \tag{2-18}$$

此时系统内能的改变量为

$$dU = \mu_0 dN + \gamma dA, \tag{2-19}$$

上式中 γ 为界面能, μ_0 为平衡态的化学势, 也可称为体相 (bulk) 化学势, 体相化学势也可认为是平面的化学势, 当表面或界面存在曲率时, 将产生附加部分. 按照化学势的定义, 有下式:

$$\mu = \frac{dU}{dN} = \frac{\mu_0 dN + \gamma dA}{dN} = \mu_0 + \frac{2\gamma\Omega_0}{R}, \tag{2-20}$$

从上式可以清楚地看出, 对于一个球形液滴或颗粒而言, 其化学势由两部分组成: 体相部分 (μ_0) 和表面相部分: $\mu_s = 2\gamma\Omega_0/R$, 该部分是曲率依赖的. 对于一个半径为 R 的圆形纳米线而言, 则表面化学势和纳米线半径的依赖关系则为: $\mu_s = \gamma\Omega_0/R$. 有关更一般的曲面情况下化学势对曲率的依赖关系, 一般则称为 Herring 方程, 详见本书第 15.1.1 节的公式推导细节.

2.4 表面 Gibbs-Duhem 关系式

表面自由能的表达式为

$$F^s\left(T, \varepsilon_{ij}^s, N_k^s\right) = -S^s T + A\sigma_{ij}^s \varepsilon_{ij}^s + \sum_{k=1}^{n} \mu_k^s N_k^s \quad (i, j = 1, 2). \tag{2-21}$$

上式的全微分为

$$dF^s = -S^s dT + A\sigma_{ij}^s d\varepsilon_{ij}^s + \sum_{k=1}^{n} \mu_k^s dN_k^s \quad (i, j = 1, 2). \tag{2-22}$$

由表面平衡关系, 令 $f^s = F^s/A$ (当不考虑粒子数变动及外加电场影响时, f^s 即为表面能 γ), 则有

$$\begin{aligned} dF^s &= -S^s dT + A\sigma_{ij}^s d\varepsilon_{ij}^s + \sum_{k=1}^{n} \mu_k^s dN_k^s \\ &= d\left(Af^s\right) = Adf^s + f^s dA \\ &= Adf^s + f^s A d\varepsilon_{ll}^s \\ &= A\left(df^s + f^s \delta_{ij} d\varepsilon_{ij}^s\right) \quad (i, j, l = 1, 2). \end{aligned} \tag{2-23}$$

由上式合并同类项得到如下表面 Gibbs-Duhem 关系式:

$$-S^s dT + A\left(\sigma_{ij}^s - f^s \delta_{ij}\right) d\varepsilon_{ij}^s + \mu_k^s dN_k^s = Adf^s \quad (i, j = 1, 2). \tag{2-24}$$

在等温 ($\mathrm{d}T=0$)、等粒子数 ($\mathrm{d}N_k^s=0$) 情况下, 由上式获得著名的表面应力、表面能和表面应变之间的 Shuttleworth-Herring 关系式[4,5]:

$$\sigma_{ij}^s=f^s\delta_{ij}+\frac{\partial f^s}{\partial\varepsilon_{ij}^s}\quad(i,j=1,2). \tag{2-25}$$

如果系统有外加电场的作用, 则自由能表达式变为

$$F^s\left(T,\varepsilon_{ij},N_k^s,\sigma\right)=F^s\left(T,\varepsilon_{ij},N_k^s\right)+A\sigma\phi\quad(i,j=1,2). \tag{2-26}$$

(2-26) 式的全微分为

$$\mathrm{d}F^s=-S^s\mathrm{d}T+A\sigma_{ij}^s\mathrm{d}\varepsilon_{ij}^s+\mu_k^s\mathrm{d}N_k^s+A\phi\mathrm{d}\sigma\quad(i,j=1,2). \tag{2-27}$$

利用和 (2-23) 式相类似的表面平衡关系, 有

$$\begin{aligned}\mathrm{d}F^s\left(T,\varepsilon_{ij},N_k^s,\sigma\right)&=-S^s\mathrm{d}T+A\sigma_{ij}^s\mathrm{d}\varepsilon_{ij}^s+\mu_k^s\mathrm{d}N_k^s+A\phi\mathrm{d}\sigma\\&=A\left(\mathrm{d}f^s+f^s\delta_{ij}\mathrm{d}\varepsilon_{ij}^s\right)\quad(i,j=1,2).\end{aligned} \tag{2-28}$$

对上式合并同类项, 得到如下考虑外加电场的表面 Gibbs-Duhem 关系式:

$$-S^s\mathrm{d}T+A\left(\sigma_{ij}^s-f^s\delta_{ij}\right)\mathrm{d}\varepsilon_{ij}^s+\mu_k^s\mathrm{d}N_k^s+A\phi\mathrm{d}\sigma=A\mathrm{d}f^s\quad(i,j=1,2). \tag{2-29}$$

从上式可看出: 在等温 ($\mathrm{d}T=0$)、等粒子数 ($\mathrm{d}N_k^s=0$) 和等表面电荷 ($\mathrm{d}\sigma=0$) 的情况下, 由上式可获得 (2-25) 式. 而在等温 ($\mathrm{d}T=0$)、常表面应变 ($\mathrm{d}\varepsilon_{ij}^s=0$) 的情况下, 可获得如下 "电毛细方程 (electrocapillary equation)" 或者 "Lippmann" 方程[6]:

$$\mathrm{d}\gamma=-\Gamma_k\mathrm{d}\mu_k-\sigma\mathrm{d}\phi, \tag{2-30}$$

式中, $\Gamma_k=N_k^s/A$ 为单位面积的第 k 组元的粒子数, 当 $\mathrm{d}\mu_k=0$ 时, (2-30) 式退化为较为常用的 Lippmann 关系式:

$$\frac{\mathrm{d}\gamma}{\mathrm{d}\phi}=-\sigma. \tag{2-31}$$

2.5　Maxwell 关系式

对任意状态函数 f 而言, 存在如下 Euler 倒易关系 (the Euler reciprocal relationship):

$$\frac{\partial^2 f}{\partial x\partial y}=\frac{\partial^2 f}{\partial y\partial x}. \tag{2-32}$$

事实上, 可通过上述 Euler 倒易关系得到有关偏导数的 Maxwell 关系式, 如表 2.1 所示.

表 2.1 Maxwell 关系式

基本函数	联系变量	Maxwell 关系式
内能 $U(S,V,N)$	S,V	$(\partial T/\partial V)_{S,N} = -(\partial p/\partial S)_{V,N}$
$\mathrm{d}U = T\mathrm{d}S - p\mathrm{d}V + \mu\mathrm{d}N$	S,N	$(\partial T/\partial N)_{S,V} = (\partial \mu/\partial S)_{V,N}$
	V,N	$-(\partial p/\partial N)_{S,V} = (\partial \mu/\partial V)_{S,N}$
自由能 $U(T,V,N)$	T,V	$(\partial S/\partial V)_{T,N} = (\partial p/\partial T)_{V,N}$
$\mathrm{d}F = -S\mathrm{d}T - p\mathrm{d}V + \mu\mathrm{d}N$	T,N	$-(\partial S/\partial N)_{T,V} = (\partial \mu/\partial T)_{V,N}$
	V,N	$-(\partial p/\partial N)_{T,V} = (\partial \mu/\partial p)_{T,N}$
Gibbs 自由能 $G(T,p,N)$	T,p	$-(\partial S/\partial p)_{T,N} = (\partial V/\partial T)_{p,N}$
$\mathrm{d}G = -S\mathrm{d}T + V\mathrm{d}p + \mu\mathrm{d}N$	T,N	$-(\partial S/\partial N)_{T,p} = (\partial \mu/\partial T)_{p,N}$
	p,N	$(\partial V/\partial N)_{T,p} = (\partial \mu/\partial p)_{T,N}$

2.6 Gibbs 等摩尔面、张力面和 Tolman 尺度

2.6.1 Gibbs 分割面

本书 1.1 节中谈到, 为了数学上处理的方便, Gibbs 引入了过渡层为零的分割面 (dividing surface), Gibbs 分割面的特点为 (以固–液界面为例, 如图 2.1 所示):

1) 在实际扩散界面处的总过剩能量被 “分割面” 所取代;

2) 分割面实际上是所有过剩自由能所处的位置.

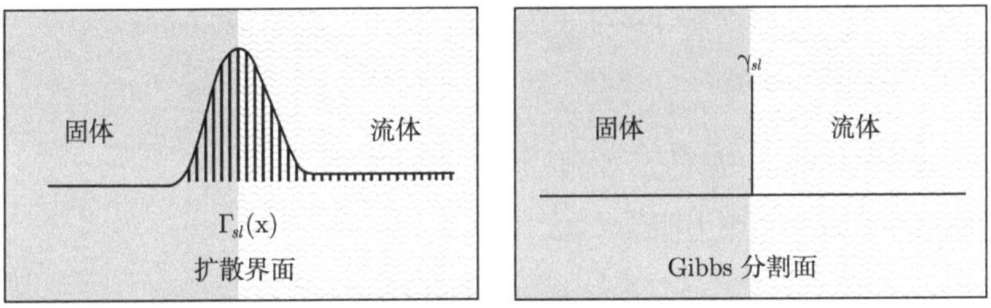

图 2.1 Gibbs 分割面

用一句话来概括: 把一切表面或界面所具有的广延量定义为由于过渡层用理想分界面代替而导致的总广延量的补充, 用公式表示如下:

$$\gamma_{sl} = \int_0^\infty \Gamma_{sl}(x)\mathrm{d}x. \tag{2-33}$$

2.6.2 Gibbs 等摩尔面

考虑由均匀的无梯度的两相 (分别用下标 1 和 2 表示) 所组成的系统, 则系统

的体积 (V)、内能 (U)、熵 (S) 和粒子数 (N) 这几个广延量之间的关系为[7]

$$\begin{cases} V = V_1 + V_2, \\ U = U_1 + U_2 + U^s, \\ S = S_1 + S_2 + S^s, \\ N = N_1 + N_2 + N^s, \end{cases} \tag{2-34}$$

式中, U^s、S^s 和 N^s 分别为内能、熵和粒子数在界面处的过剩内能、过剩熵和过剩粒子数. Gibbs 等摩尔分割面是使界面处的 $N^s = 0$, 这样, 表面自由能的表达式最为简单:

$$F^s = A\gamma + N^s\mu = A\gamma, \tag{2-35}$$

式中 A 为分割面的面积, 从而有

$$\gamma = \frac{F^s}{A}, \tag{2-36}$$

此时的表面 Gibbs-Duhem 方程 $S^s\mathrm{d}T + A\sigma_{ij}^s\mathrm{d}\varepsilon_{ij}^s + N^s\mathrm{d}\mu^s = 0$ 简化为

$$S^s\mathrm{d}T + A\sigma_{ij}^s\mathrm{d}\varepsilon_{ij}^s = 0. \tag{2-37}$$

2.6.3 张力面

考虑系统熵 S、摩尔数 N、两相体积 V_1 和 V_2、分割面面积 A、主曲率为 c_1 和 c_2, 则系统的内能变化

$$\begin{aligned} \delta U =& T\delta S^s + \mu\delta N^s - p_1\delta V_1 - p_2\delta V_2 + \gamma\delta A + B_1\delta c_1 + B_2\delta c_2 \\ =& T\delta S^s + \mu\delta N^s - p_1\delta V_1 - p_2\delta V_2 + \gamma\delta A + \frac{1}{2}(B_1 + B_2)\,\delta(c_1 + c_2) \\ &+ \frac{1}{2}(B_1 - B_2)\,\delta(c_1 - c_2) \end{aligned} \tag{2-38}$$

满足下式的界面定义为张力面:

$$\begin{cases} B_1 + B_2 = 0, \\ c_1 - c_2 \approx 0, \end{cases} \tag{2-39}$$

因此有

$$\delta U = T\delta S + \mu\delta N - p_1\delta V_1 - p_2\delta V_2 + \gamma\delta A, \tag{2-40}$$

对于固定的熵 S 和粒子数 N 下, 能量最小原理要求给出 Young-Laplace 方程:

$$p_1 - p_2 = \gamma\frac{\delta A}{\delta V} = \gamma(c_1 + c_2), \tag{2-41}$$

对于半径为 R 的球表面, 上式退化为球面的 Young-Laplace 方程:

$$p_1 - p_2 = \frac{2\gamma}{R}. \tag{2-42}$$

2.6.4 Tolman 长度

一般情形下, Gibbs 等摩尔分割面 (曲率半径 R_e) 和张力面 (曲率半径 R_s) 并不重合, 两者之差定义为 Tolman 尺度[8]:

$$\delta = R_e - R_s, \tag{2-43}$$

应该指出的是, Tolman 尺度是表面能尺度效应的来源. 该方面的内容将在第 5.2.3 节中重点介绍.

2.7 配分函数与表面吸附的统计理论

2.7.1 配分函数

配分函数 (partition function) 是一个统计物理学中的基本概念. 通过对大量微观粒子统计行为的计算, 统计物理学将微观物理状态与宏观物理量相互联系起来, 而配分函数就是联系微观物理状态和宏观物理量的桥梁. 配分函数是体系所有粒子在各个能级依最可几分布 (the most probable distribution) 时对体系状态的一个描述. 配分函数一般用 Z 表示, 其英文还可表示为[9]: sum over states, 其德文为: Zustandssumme, 这可作为配分函数一般用 "Z" 表示来源的一种解释.

由配分函数可以方便地求出体系的内能、广义力、熵、自由能等热力学参量, 如表 2.2 所示.

表 2.2 在 (T, V, N) 为常数情况下由配分函数导出的热力学量

内能 U	$U = k_B T^2 \left(\dfrac{\partial \ln Z}{\partial T}\right)_{V,N}$
熵 S	$S = k_B \ln Z + U/T$
Helmholtz 自由能 F	$F = U - TS = -k_B T \ln Z$
化学势 μ	$\mu = \left(\dfrac{\partial F}{\partial N}\right)_{T,V} = -k_B T \left(\dfrac{\partial \ln Z}{\partial V}\right)_{T,V}$
压力 p	$p = -\left(\dfrac{\partial F}{\partial V}\right)_{T,N} = k_B T \left(\dfrac{\partial \ln Z}{\partial V}\right)_{T,N}$

2.7.2 低覆盖度情况下表面吸附的统计理论

对于吸附的覆盖度较小时, 也就是吸附原子之间的相互作用可以忽略时, 吸附原子的正则配分函数可以表示为

$$Z_a = \sum_i \exp\left(-\frac{E_i}{k_B T}\right), \tag{2-44}$$

其中, E_i 是单个吸附原子在表面上的吸附能, k_{B} 是 Boltzmann 常数, T 是绝对温度. 对于化学吸附, N_a 个吸附原子分布在具有 N_s 个吸附穴位的表面上, 每个吸附原子的性质相同, 且吸附能都为 E_a, 表面的配分函数可以写作

$$Z_a = Q\left(N_a, N_s\right) q^{N_a} \exp\left(-\frac{N_a E_a}{k_{\mathrm{B}} T}\right), \tag{2-45}$$

其中, Q 表示构型数的贡献, q 是单个原子振动对配分函数的贡献. 在低覆盖度吸附的情况下, 吸附原子在表面上具有了很多排列的可能, 这就产生了构型熵 (conformational entropy). Q 定义为

$$Q\left(N_a, N_s\right) = \frac{N_s!}{N_a!\left(N_s - N_a\right)!}. \tag{2-46}$$

因此可以得到表面的 Helmholtz 自由能:

$$F^s = -k_{\mathrm{B}} T \ln Z_a = -k_{\mathrm{B}} T \ln\left[\frac{N_s! q^{N_a}}{N_a!\left(N_s - N_a\right)!} \exp\left(-\frac{N_a E_a}{k_{\mathrm{B}} T}\right)\right], \tag{2-47}$$

当 N_s 和 N_a 足够大时, 可采用 Stirling 近似关系: $\ln N! \approx N \ln N - N$, 上式可表示为

$$\begin{aligned} F^s = & -k_{\mathrm{B}} T N_s \ln N_s + k_{\mathrm{B}} T N_a \ln N_a \\ & + k_{\mathrm{B}} T\left(N_s - N_a\right) \ln\left(N_s - N_a\right) + N_a E_a - k_{\mathrm{B}} T N_a \ln q. \end{aligned} \tag{2-48}$$

假设吸附原子层不会穿过材料的表面原子层进入到材料的内部, 表面的 Helmholtz 自由能全微分可以表示为

$$\mathrm{d}F^s = -S^s \mathrm{d}T + A\sigma_{ij}^s \mathrm{d}\varepsilon_{ij}^s + \mu^s \mathrm{d}N_a \quad (i, j = 1, 2). \tag{2-49}$$

对于表面吸附的等温过程 ($\mathrm{d}T = 0$) 并且考虑表面是各向同性的材料, 如图 2.2 所示. 吸附的原子是同种元素具有相同的性质, 则 Helmholtz 自由能的全微分可以表示为

$$\mathrm{d}F^s = A\sigma_{ij}^s \mathrm{d}\varepsilon_{ij}^s + \mu^s \mathrm{d}N_a \quad (i, j = 1, 2). \tag{2-50}$$

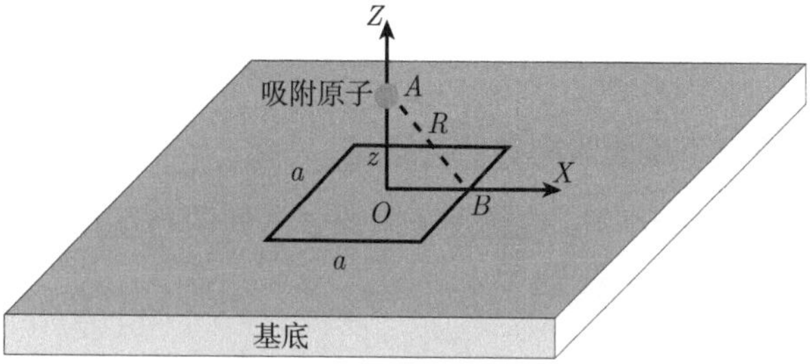

图 2.2　表面吸附的几何模型

根据覆盖度的定义 $\Theta = N_a/N_s = a^2N_a/A$ (图 2.2), a^2 是单个原子所占的面积, 可以得到 Maxwell 关系[10]

$$\left.\frac{\partial\mu^s}{\partial\varepsilon^s}\right|_{N_a,T} = a^2\left.\frac{\partial\sigma^s}{\partial\Theta}\right|_{\varepsilon^s,T}, \tag{2-51}$$

这是关于化学势对表面应变的偏导同表面应力对覆盖度的偏导之间的关系. 表面吸附原子的化学势可以表示为

$$\mu^s = \frac{\partial F^s}{\partial N_a} = k_{\mathrm{B}}T\ln\left(\frac{\Theta}{1-\Theta}\right) + E_a - k_{\mathrm{B}}T\ln q, \tag{2-52}$$

式子右边第一项是表面原子覆盖度的构型的贡献, 第二项是吸附能的贡献, 最后一项是原子自身振动的贡献.

可以得到表面能的改变为

$$\delta\gamma = \frac{k_{\mathrm{B}}T}{a^2}\ln(1-\Theta), \tag{2-53}$$

由于假设了表面均匀, 后面的表面应力和表面应变均采用平均量表示. 表面应力的改变为

$$\delta\sigma^s = \frac{k_{\mathrm{B}}T}{a^2}\ln(1-\Theta) + k_{\mathrm{B}}T\frac{\partial}{\partial\varepsilon}\left[\frac{1}{a^2}\ln(1-\Theta)\right], \tag{2-54}$$

上式右边的第一项在参考文献 [11] 的积分中丢掉了, 是值得商榷的[12]. 结合 (2-53) 式, 忽略熵随应变的改变的贡献, 可以得到吸附引起表面应力的表达式:

$$\delta\sigma^s = \frac{k_{\mathrm{B}}T}{a^2}\ln(1-\Theta) + \frac{\Theta}{a^2}\frac{\partial E_a}{\partial\varepsilon}, \tag{2-55}$$

从这个式子可以看出, 吸附引起的表面应力的改变与覆盖度具有非线性的函数关系, 并且是吸附能对表面应变的偏导的线性函数. 根据从头算起 (ab initio) 的计算结果[13], 拟合了在小变形情况下的吸附能同表面应变的关系为

$$E_a = C_1 + C_2\varepsilon, \tag{2-56}$$

这里 C_1, C_2 是具有单位 eV 的常数, 通过实验数据或者计算来拟合, 并且与吸附性质密切相关. 将该式子代入到 (2-55) 式, 就可以得到

$$\delta\sigma^s = \frac{k_{\mathrm{B}}T}{a^2}\ln(1-\Theta) + \frac{C_2}{a^2}\Theta. \tag{2-57}$$

令 $\sigma_0^s = k_{\mathrm{B}}T/a^2$, 可得到无量纲化后的表面应力的改变为

$$\bar{\sigma}^s = \frac{\delta\sigma^s}{\sigma_0^s} = \ln(1-\Theta) + \frac{C_2}{k_{\mathrm{B}}T}\Theta. \tag{2-58}$$

2.8 固–液界面的 Kapitza 阻抗和 Kapitza 长度

Kapitza 阻抗 (Kapitza resistance), 也被称为 “界面热阻 (interfacial thermal resistance)” 以及 “热边界阻抗 (thermal boundary resistance)”.

前苏联物理学家 Kapitza 在 1937 年设计了一个简单的实验. 他使用两块很光滑的玻璃片, 其间留有极窄的缝隙 (~0.1 μm), 以观察液氦在缝隙中的流动. 实验的结果表明, 在 λ 点之下的液氦 II 的黏滞性至少要比在 λ 点之上的液氦小 1500 倍, 为此, 他类比金属的超导电性, 把在 λ 点之下处于特殊状态的液氦称为 “超流体 (superfluidity)”. 如图 2.3(a) 所示, 所谓 “λ 点” 是指在饱和压力下, 从氦 I 到氦 II 在 T_λ=2.172 K 发生相变, 该相变的发生没有相变潜热, 比容也不变, 但比热和热导率都随着温度的下降而突然增大, 热导率增大约一百万倍, 比热温度的变化在相变点以对数的形式趋于无穷大, 如图 2.3(b) 所示, 由于比热曲线形状很像希腊字母 λ, 故该相变被称为 “λ 相变”, 而把该相变点称为 “λ 点”. Kapitza 的论文于 1937 年 12 月初投到英国的《自然》, 发表于 1938 年的第一期[14]. 与此同时, 英国物理学 Allen 和 Misener 也用毛细管的方法独立地得出了相同的实验结果[15]. 这两篇重要论文一起发表在 1938 年的第一期《自然》杂志上.

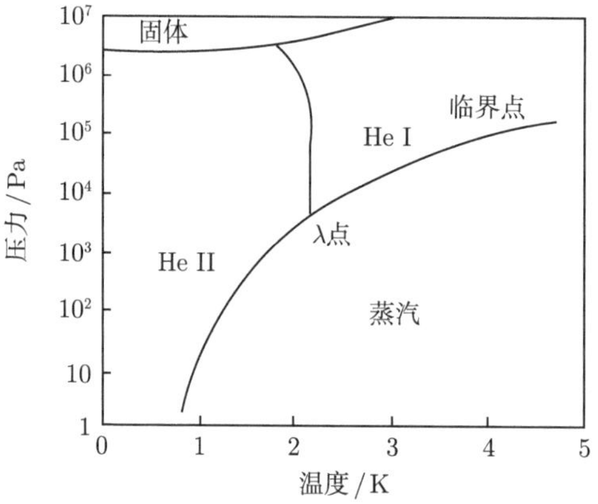

(a)

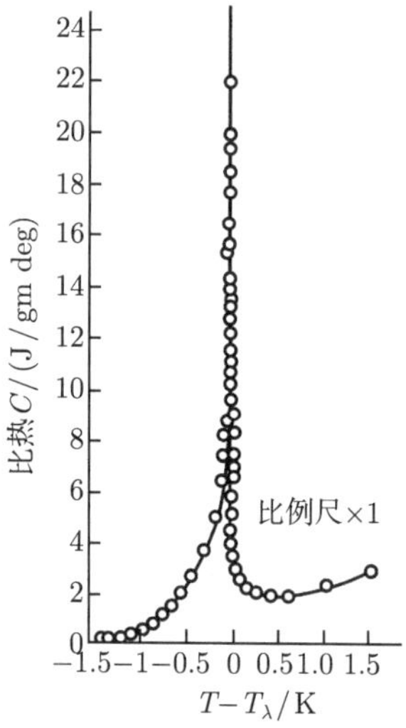

(b)

图 2.3 氦元素相图

1941 年, Kapitza 还发现[16], 当热流经过固体与超流氦的界面时, 温度在界面上有一个不连续的突跳或间断, 这一现象被称为 Kapitza 阻抗, 或 Kapitza 热阻, 如图 2.4 所示. 事实上, Kapitza 阻抗是一个十分普遍的现象, 在任何两种不同材料的接触面上均会产生 Kapitza 阻抗, 亦被称为接触阻抗[17,18].

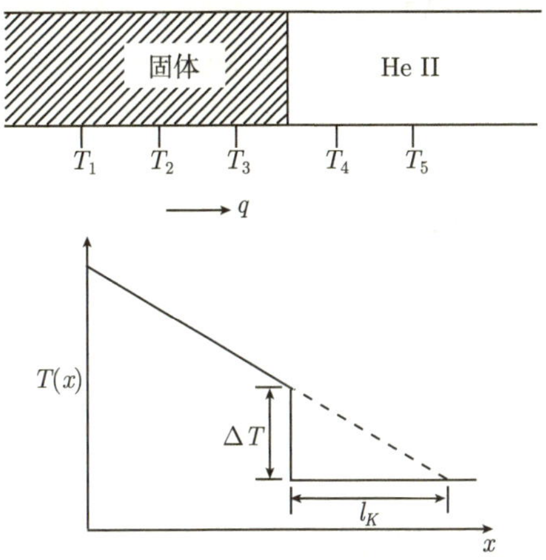

图 2.4 液氦超流中的 Kapitza 阻抗和 Kapitza 长度示意图

Kapitza 阻抗 R_K 的定义为[19]

$$\boldsymbol{j}\cdot\boldsymbol{n}_{12}=\frac{\Delta T}{R_K}, \tag{2-59}$$

式中 $\boldsymbol{n}_{12}$ 为界面的法线, 热通量和温度梯度间满足 $\boldsymbol{j}=-\lambda\nabla T$, 热导系数 λ 和 Kapitza 阻抗 R_K 均可由第 4.7 节中的 Green-Kubo 线性响应理论确定, Kapitza 阻抗 R_K 的倒数 $(1/R_K)$ 也被称为 Kapitza 热导 (conductance). 如图 2.3 所示, 可定义 Kapitza 长度 l_K 为

$$l_K=R_K\lambda. \tag{2-60}$$

由图 2.4 可知, Kapitza 长度是温度分布外延至跟固体壁面温度一致的点与固–液界面之间的距离, 它表征的是固–液界面间的热量传输引起的温度不连续. 在 5.2.8 节中, 将给出 Kapitza 长度和纳流动中 Navier 滑移长度的类比关系.

关于 Kapitza 阻抗的理论解释主要有声学失配模型 (acoustic mismatch model, AMM) 、扩散失配模型 (diffuse mismatch model, DMM) 和声子辐射极限 (phonon radiation limit) 理论等[20]. AMM 和 DMM 的区别在于, 前者不考虑声子在界面处的散射, 而后者考虑了声子在界面处的扩散型的散射 (diffusely scattering). Kapitza 阻抗的直观物理解释是, 固–液界面之间的热导主要靠声子传热, 声子通过液氦到达固–液界面时, 发生遵循类似于 Snell 定律的反射或折射. 由于固体中的声子速度比液体中声子速度大得多, 所以只有很小的立体角范围内的声子有可能进入固体, 同时固体和液氦的密度相差很大, 声速相差也很大造成失配. 因此, 只有很少一部分声子可以进入固体, 所传输的能量也就很小了, 在界面上传输能量的减小即出现了 Kapitza 阻抗.

本书由于篇幅所限, 只关注表面润湿中的 Kapitza 阻抗和 Kapitza 长度问题[19,21~24]. 对于表面润湿问题, Kapitza 长度在几个水分子直径的量级, 而对于非润湿情形 (图 7.4), Kapitza 长度可高达 50 个水分子直径的量级[19]. 文献 [21] 的研究表明: 对于亲水表面而言, Kapitza 长度在 3~6 nm 量级; 而对于疏水表面, Kapitza 长度在 10~12 nm 量级. 文献 [19] 和 [20] 的结论定性一致.

分子动力学模拟结果表明[22]: 对于非润湿情形, Kapitza 阻抗和固–液界面的结合能参数 (binding energy parameter) 呈指数依赖关系; 而对于润湿情形, Kapitza 阻抗则和固–液界面的结合能参数呈幂律依赖关系.

Kapitza 阻抗和 Kapitza 长度在纳流动的热交换中十分重要[23,24]. 在 12.8 节中将介绍 Kapitza 阻抗和 Kapitza 长度在液滴蒸发中的重要作用[24].

2.9　纳微尺度的“弹道–扩散”传热模型

经典的 Fourier 热传导定律为

$$\boldsymbol{q} = -\lambda \nabla T, \tag{2-61}$$

式中 $\boldsymbol{q}$ 为热流矢量 (heat flux vector), ∇T 为温度梯度, λ 为热导. 由能量方程可得抛物型的导热方程:

$$\frac{\partial T}{\partial t} = \chi \nabla^2 T, \tag{2-62}$$

上述方程预示着能量是以扩散形式传播的[25], 该方程也被称为导热扩散方程.

对于微电子、纳电子高速器件和脉冲激光加工而言, 由于其特征时间已经达到亚纳秒 ~ 皮秒量级, 对于快速瞬态导热问题, Fourier 定律将不再适用. 对于短热脉冲或高频过程, (2-61) 式的 Fourier 热传导定律被 Cattaneo 在 1948 年推广为如下非稳态形式[26]

$$\tau \frac{\partial \boldsymbol{q}}{\partial t} + \boldsymbol{q} = -\lambda \nabla T. \tag{2-63}$$

上述 Cattaneo 公式中, τ 为热流的弛豫时间, 当不考虑该因素, 或热脉冲时间足够长或对于低频过程, Cattaneo 公式 (2-63) 将自动退化为 Fourier 定律 (2-61). 也有一些文献将上述 Cattaneo 公式称为 “Maxwell-Cattaneo 公式”[27]. 将 Cattaneo 公式 (2-63) 应用于能量方程, 得到如下包含有弛豫时间的导热方程:

$$\frac{\partial T}{\partial t} + \tau \frac{\partial^2 T}{\partial t^2} = \chi \nabla^2 T. \tag{2-64}$$

上述方程为双曲方程, 其预示着热量是以波动形式传播的, 这与方程 (2-62) 的热量的扩散型传播有着本质上的区别.

由于 Cattaneo 公式 (2-63) 无法描述针对于小尺度系统的高的非局部效应 (highly non-local effects), 所以 Guyer 和 Krumhansl 于 1966 年在动理论 (kinetic theory) 的基础上, 将 Cattaneo 公式进一步推广到如下计及非局部效应的所谓 “Guyer-Krumhansl 公式”[28,29]:

$$\tau\frac{\partial \boldsymbol{q}}{\partial t}+\boldsymbol{q}=-\lambda\nabla T+l^2\left(\nabla^2\boldsymbol{q}+2\nabla\otimes\nabla\cdot\boldsymbol{q}\right), \tag{2-65}$$

上式中 l 为热载流子 (声子) 的平均自由程, 非局部效应反映在 $\nabla\cdot\boldsymbol{q}$ 和 $\nabla\otimes\nabla\cdot\boldsymbol{q}$ 两项中, “$\otimes$” 为张量积. 将上述 Guyer-Krumhansl 公式应用于能量方程, 得到如下既含有弛豫时间又包含有特征尺度的导温方程[30]

$$\frac{\partial T}{\partial t}-2l^2\nabla^2\left(\frac{\partial T}{\partial t}\right)+\tau\frac{\partial^2 T}{\partial t^2}=\chi\nabla^2 T-\frac{l^2}{c}\nabla\cdot\nabla^2\boldsymbol{q}, \tag{2-66}$$

上式中 c 为比热, 上述方程为抛物型方程.

Jou 等[30] 应用上述 Guyer-Krumhansl 公式 (2-65) 和对应的导温方程 (2-66), 研究了半径为 R 的一维纳米线中的传热问题, 在此类研究中由于应用的模型中既考虑弛豫时间又考虑特征尺度, 所以如何给出恰当的边界条件无疑是一个难点. Jou 等[30] 应用了如下边界条件:

$$\tau_{\text{wall}}\frac{\partial \boldsymbol{q}_{\text{wall}}}{\partial t}+\boldsymbol{q}_{\text{wall}}=Cl\left(\frac{\partial q_b}{\partial r}\right)_{r=R}-\alpha l^2\left(\frac{\partial^2 q_b}{\partial r^2}\right)_{r=R}, \tag{2-67}$$

上式中 C 反映了反射和扩散碰撞 (specular and diffusive collisions), α 则反映了背散射现象 (backscattering phenomenon), 下标 “wall” 表示纳米线的边界. C 和 α 均依赖于温度且和壁面的光滑或粗糙性质有关.

Sellitto, Jou 和 Bafaluy 于 2012 年应用上述 Guyer-Krumhansl 公式研究了二维硅薄层和石墨烯层中传热问题的非局部效应问题[31].

在陈刚于 2001 年提出的传热的 “弹道–扩散模型 (ballistic-diffusion model)” 的基础上[32,33], Lebon 等最近又进一步发展了传热的 “弹道–扩散模型”[34]. 该模型的出发点是, 对于微米和纳米系统而言, Knudsen 数 ($\mathrm{Kn}=l/L$), 也就是热载流子平均自由程和系统特征尺度之比, 满足 $\mathrm{Kn}\geqslant 1$ 时, 将必须考虑声子和边界的相互作用, 也就是说将有两种热载流子共存:

1) 在系统内部发生碰撞的扩散声子 (diffusive phonons);

2) 主要在边界和边界发生碰撞的弹道声子 (ballistic phonons).

“弹道–扩散” 模型将内能 (u) 和热流矢量分成扩散 (d) 和弹道 (b) 两组成部分:

$$\begin{cases} u=u_b+u_d, \\ \boldsymbol{q}=\boldsymbol{q}_b+\boldsymbol{q}_d, \end{cases} \tag{2-68}$$

因此, u_d 和 $\boldsymbol{q}_d$ 为描述热载流子的扩散行为的状态变量对; u_b 和 $\boldsymbol{q}_b$ 则为描述热载流子的弹道行为的状态变量对. 此时温度也可进一步划分为扩散温度 $T_d = u_d/c_d$ 和弹道温度 $T_b = u_b/c_b$, 从而有 $T = T_d + T_b$, 其中 c_d 和 c_b 分别为扩散和弹道比热.

内能的扩散和弹道两部分 u_d 和 u_b 仍然满足经典的能量平衡定律:

$$\begin{cases} \dfrac{\partial u_d}{\partial t} = -\nabla \cdot \boldsymbol{q}_d + r_d, \\ \dfrac{\partial u_b}{\partial t} = -\nabla \cdot \boldsymbol{q}_b + r_b. \end{cases} \tag{2-69}$$

上式中的 r_d 和 r_b 分别为扩散和弹道项的 “源 (sources)”. 当无内部热源的情况下, $r_d + r_b = 0$. 按照动理论, 弹道能量流矢量 $\boldsymbol{q}_b$ 的弛豫时间满足:

$$\tau_b = -\frac{u_b}{r_b}, \tag{2-70}$$

上式中的 “–” 号表示弹道载流子可转化为扩散载流子, 但扩散载流子不能转化为弹道载流子.

对于扩散声子而言, 根据其高频性质, 其满足 Cattaneo 公式:

$$\tau_d \frac{\partial \boldsymbol{q}_d}{\partial t} + \boldsymbol{q}_d = -\lambda_d \nabla T, \tag{2-71}$$

而弹道声子则满足能够反映局部效应的如下 Guyer-Krumhansl 公式

$$\tau_b \frac{\partial \boldsymbol{q}_b}{\partial t} + \boldsymbol{q}_b = -\lambda_b \nabla T + l_b^2 \left(\nabla^2 \boldsymbol{q}_b + 2\nabla \otimes \nabla \cdot \boldsymbol{q}_b \right). \tag{2-72}$$

上式中 l_b 为弹道声子的平均自由程, 其满足如下关系式:

$$l_b^2 = \frac{1}{5} v^2 \tau_{\mathrm{R}} \tau_{\mathrm{N}}, \tag{2-73}$$

其中 v 为声子的平均速度, τ_{N} 为正规过程 (normal process, 简称 N 过程) 的声子的碰撞时间 (或弛豫时间), 该碰撞过程能量和动量均守恒; τ_{R} 为阻滞过程 (resistive process, 简称 R 过程) 的声子碰撞时间, R 过程中能量守恒, 但动量不守恒[35].

根据声子动理论, (2-71) 和 (2-72) 两式中的扩散热导 λ_d 和弹道热导 λ_b 满足如下关系式:

$$\begin{cases} \lambda_d = \dfrac{1}{3} c v_d^2 \tau_d = \dfrac{1}{3} c \dfrac{l_d^2}{\tau_d}, \\ \lambda_b = \dfrac{1}{3} c v_b^2 \tau_b = \dfrac{1}{3} c \dfrac{l_b^2}{\tau_b}, \end{cases} \tag{2-74}$$

上式中 $v_d = l_d/\tau_d$ 和 $v_b = l_b/\tau_b$ 分别表示扩散和弹道声子的平均速度, 上式中认为扩散和弹道比热相等: $c_d = c_d = c$. 这样表达式 (2-69)、(2-71) 和 (2-72) 就构成了

有关 u_d、u_b、$\boldsymbol{q}_d$ 和 $\boldsymbol{q}_b$ 的八个未知数的八个方程组. 从这些方程中消去扩散和弹道热流矢量 $\boldsymbol{q}_d$ 和 $\boldsymbol{q}_b$, 则得到有关扩散内能 u_d 和弹道内能 u_b 的方程组如下:

$$\begin{cases} \tau_d \dfrac{\partial^2 u_d}{\partial t^2} + \dfrac{\partial u_d}{\partial t} - \dfrac{\tau_d}{\tau_b}\dfrac{\partial u_b}{\partial t} - \dfrac{u_b}{\tau_b} = \dfrac{\lambda_d}{c_d}\nabla^2 u_d, \\ \tau_b \dfrac{\partial^2 u_b}{\partial t^2} + 2\dfrac{\partial u_b}{\partial t} + \dfrac{u_b}{\tau_b} = \dfrac{\lambda_b}{c_b}\nabla^2 u_b + 3l_b^2 \nabla \cdot \left[\nabla\left(\dfrac{\partial u_b}{\partial t}\right) + \dfrac{1}{\tau_b}\nabla u_b\right]. \end{cases} \tag{2-75}$$

考虑特例: $\tau_b = \tau_b = \tau$, $\lambda_d = \lambda_d = \lambda$ 和 $c_d = c_d = c$, (2-74) 式中的第一式中可退化出陈刚的 “弹道–扩散传热模型”:

$$\tau \frac{\partial^2 u_d}{\partial t^2} + \frac{\partial u_d}{\partial t} + \nabla \cdot \boldsymbol{q}_b = \frac{\lambda}{c}\nabla^2 u_d. \tag{2-76}$$

参 考 文 献

[1] 王竹溪. 热力学简程. 北京: 人民教育出版社, 1954.

[2] Gibbs J W. On the equilibrium of heterogeneous substances. Transactions of the Connecticut Academy III. 第 108–248 页发表于 1875 年 10 月至 1876 年 5 月; 第 343–524 页发表于 1877 年 5 月至 1878 年 7 月 (该论文约有 300 页, 16 万词, 700 个公式).

[3] 冯端, 冯少彤. 溯源探幽: 熵的世界. 北京: 科学出版社, 2005.

[4] Shuttleworth R. The surface tension of solids. Proceedings of the Physical Society A, 1950, 63: 444–457.

[5] Herring C. Surface tension as a motivation for sintering//Kingston W E. The Physics of Powder Metallurgy. New York: McGraw Hill, 1951.

[6] Ibach H. Physics of surfaces and interfaces. Berlin: Springer, 2006.

[7] Tolman R C. Consideration of the Gibbs theory of surface tension. Journal of Chemical Physics, 1948, 16: 758–774.

[8] Tolman R C. The effect of droplet size on surface tension. Journal of Chemical Physics, 1949, 17: 333–337.

[9] Landau L D, Lifshitz E M. Statistical physics ($3^{\rm rd}$ ed., Part I). Oxford: Pergamon Press, 1963.

[10] Ibach H. The relation between the strain-dependence of the heat of adsorption and the coverage dependence of the adsorbate induced surface stress. Surface Science, 2004, 556: 71–77.

[11] Müller P, Saul A. Elastic effects on surface physics. Surface Science Report, 2004, 54: 157–258.

[12] 杨振宇. 聚合物与金属表面相互作用的多尺度力学研究. 中国科学院力学研究所博士学位论文, 2008.

[13] Hong S Y, Kara A, Rahman T S, Heid R, Bohnen K P. Ab initio calculations of adsorbate-induced stress on Ni(100). Physical Review B, 2004, 69: 195403.
[14] Kapitza P L. Viscosity of liquid helium below the λ-point. Nature, 1938, 141: 74.
[15] Allen J F, Misener A D. Flow of liquid helium II. Nature, 1938, 141: 75.
[16] Kapitza P L. The study of heat transfer in Helium II. Journal of Physics USSR, 1941, 4: 181–200.
[17] 陈国邦, 张鹏. 低温绝热与传热技术. 北京：科学出版社, 2004.
[18] Pollack G L. Kapitza resistance. Reviews of Modern Physics, 1969, 41: 48–81.
[19] Barrat J L, Chiaruttini F. Kapitza resistance at the liquid-solid interface. Molecular Physics, 2003, 101: 1605–1610.
[20] Swartz E T, Pohl R O. Thermal boundary resistance. Reviews of Modern Physics, 1989, 61: 605–668.
[21] Ge Z B, Cahill D G, Braun P V. Thermal conductance of hydrophilic and hydrophobic interfaces. Physical Review Letters, 2006, 96: 186101.
[22] Xue L, Keblinski P, Phillpot S R, Choi S U S, Eastman J A. Two regimes of thermal resistance at a liquid-solid interface. Journal of Chemical Physics, 2003, 118: 337–339.
[23] Kim B H, Beskok A, Cagin T. Molecular dynamics simulations of thermal resistance at the liquid-solid interface. Journal of Chemical Physics, 2008, 129: 174701.
[24] Ghasemi H, Ward C A. Mechanism of sessile water droplet evaporation: Kapitza resistance at the solid-liquid interface. Journal of Physical Chemistry C, 2011, 115: 21311–21319.
[25] 过增元. 国际传热研究前沿 —— 微细尺度传热. 力学进展, 2000, 30: 1–6.
[26] Cattaneo C. Sulla conduzione del calore. Atti del Seminario Matematico e Fisico delle Università di Modena, 1948, 3: 83–101.
[27] Xu M T, Hu H Y. A ballistic-diffusive heat conduction model extracted from Boltzmann transport equation. Proceedings of the Royal Society A, 2011, 467: 1851–1864.
[28] Guyer R A, Krumhansl J A. Solution of the linearized phonon Boltzmann equation. Physical Review, 1966, 148: 766–777.
[29] Guyer R A, Krumhansl J A. Thermal conductivity, second sound, and phonon hydrodynamic phenomena in nonmetallic crystals. Physical Review, 1966, 148: 778–788.
[30] Jou D, Sellitto A, Alvarez F X. Heat waves and phonon-wall collisions in nanowires. Proceedings of the Royal Society A, 2011, 467: 2520–2533.
[31] Sellitto A, Jou D, Bafaluy J. Non-local effects in radial heat transport in silicon thin layers and graphene sheets. Proceedings of the Royal Society A, 2012, 468: 1217–1229.
[32] Chen G. Ballistic-diffusive heat-conduction equation. Physical Review Letters, 2001, 86: 2297–2300.
[33] Chen G. Ballistic-diffusive equations for transient heat conduction from nano-to macroscales. ASME Journal of Heat Transfer, 2002, 124: 320–329.

[34] Lebon G, Machrafi H, Grmela M, Dubois C. An extended thermodynamic model of transient heat conduction at sub-continuum scales. Proceedings of the Royal Society A, 2011, 467: 3241–3256.

[35] Simons S. The application of high frequency thermal propagation data to the measurement of phonon relaxation times. Journal of Physics C: Solid State Physics, 1971, 4: 2089–2096.

第 3 章　分子间作用力

As we go down in size, there are a number of interesting problems that arise. All things do not simply scale down in proportion. There is the problem that materials stick together by the molecular (van der Waals) attractions.

在尺度缩小的过程中, 会产生一些有趣的问题. 并非所有的现象都随着尺度按照比例缩小. 会产生的一个问题是材料会由于分子间的 van der Waals 吸引力而黏附在一起.

——Richard P. Feynman 在题为 *There is plenty of room at the bottom* 演讲中的预言

1959 年 12 月 29 日, 美国物理学年会

正如第 1 章中所着重指出的: 分子间作用力 (表面力) 是研究纳微米表面物理力学的出发点和 "抓手". 本章将对常用的两类分子间力进行重点介绍 (图 3.1):

1) 吸引类: van der Waals 力、Casimir 力、排空 (depletion) 力、疏水相互作用等. 在本章的讨论中, 如果力的表达式为负号, 则表明该种分子间力为吸引类.

2) 排斥类: 双电层 (EDL)、溶剂化力 (包括水合力)、空间位型排斥力等. 在本章的讨论中, 如果力的表达式为正号, 则表明该种分子间力为排斥类.

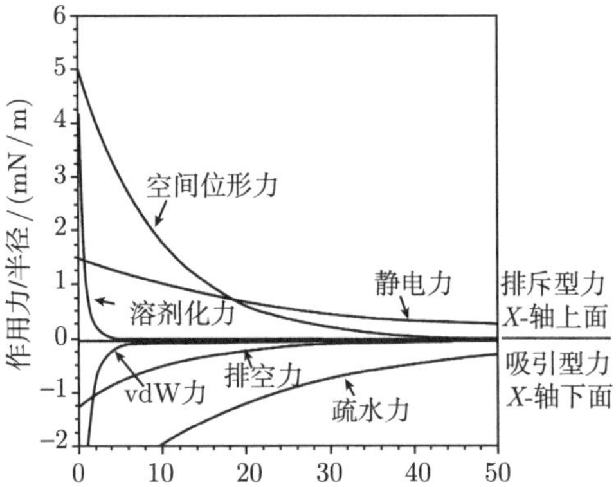

图 3.1　两种类型的分子间力: 排斥型和吸引型

由于分离压力是一个较为广泛的概念, 在本章最后将重点对其予以介绍.

3.1 Van der Waals 力和 Casimir 力

3.1.1 Van der Waals 力

1873 年 6 月 14 日在荷兰 Leiden 大学, J. D. van der Waals 对他题为 *On the continuity of the gaseous and the liquid state* (关于气态和液态的连续性) 的博士论文进行了答辩[1]. 在其博士论文中, 提出了著名的 van der Waals 气体和液体的物态方程[1,2]:

$$\left(p+\frac{a}{V^2}\right)(V-b)=RT, \tag{3-1}$$

上式中 b 为气体或液体分子有限体积的修正, 而 a/V^2 则是计及分子间引力的 van der Waals 力[2], R 为气体常数, T 为绝对温度. Van der Waals 当时是基于位力 (virial) 定理推导得到 (3-1) 式的[1]. 值得注意的是, virial 不是人名, 是从拉丁文 vires 引申得来的, 意思是 "力"[3], 是因为在经典力学中, 力等于势能对其坐标偏导数的负值而得名.

Van der Waals 力是分子间存在的一种弱相互作用力, 作用能的大小一般只有每摩尔几千焦至几十千焦, 比化学键的键能小 1~2 个数量级. Van der Waals 作用由于其普遍存在性, 故在各种表面作用中占有极其重要的地位, 如黏着、吸附、润滑等. Van der Waals 力由三方面的作用力组成[4].

1912 年由 Keesom 提出的取向 (orientation) 力 (又称 Keesom force), 认为极性分子之间具有电偶极矩, 它们之间的作用力就是偶极矩之间的相互作用而产生的[5−8]. Willem Hendrik Keesom (1876–1956) 为荷兰物理学家, 博士论文导师为 Van der Waals.

1921 年由 Debye 提出的诱导 (induction) 力 (又称 Debye force), 认为极性分子与非极性分子之间也有作用力, 因为非极性分子可以被极性分子的电场极化而产生诱导偶极矩[9,10]. Peter Joseph William Debye (1884–1966) 为国际著名物理和物理化学家, 1936 年化学诺贝尔奖得主.

1930 年 London 提出了 van der Waals 力的量子力学理论, 阐明了非极性分子的引力, 也就是色散 (dispersion) 力 (又称 London force)[11,12], 该作用可用非极性分子的瞬时偶极矩的相互作用来说明. 非极性分子, 例如惰性原子, 它们的电子云是球对称的, 不显示出永久偶极矩, 这不过表示在原子核外的四周发现电子的几率相等, 即在某段时间内, 偶极矩的平均值等于零而已. 但在某一瞬间, 电子在核外周围的分布不见得均匀, 因而可以有一个瞬时偶极矩. 这些瞬时偶极矩可以相互作用极化而产生吸引力. 也有文献指出, 该理论由理论物理学家 F. London 和 von Eisenschitz 共同提出的[13].

取向力来自永久多极矩间的相互作用, 主要是偶极矩. 偶极矩间产生静电吸引作用 (用负号表示), 其平均能量为

$$C_{\text{orient}} = -\frac{1}{(4\pi\varepsilon_0)^2 r^6} \times \frac{u_1^2 u_2^2}{3k_{\text{B}}T}, \tag{3-2}$$

其中, u_1 和 u_2 分别为两个相互作用分子的偶极矩, r 为两分子质心间距, ε_0 为真空介电常数. 由此可见, 分子间的取向力随着分子偶极矩的增加而增大, 而当温度升高时, 破坏了偶极分子的取向, 相互作用能降低, 故和热力学温度 T 成反比. 永久偶极矩将诱导邻近分子使发生电荷转移, 出现诱导偶极矩. 永久偶极矩和诱导偶极矩之间存在吸引作用, 此相互作用的能量称为诱导能

$$C_{\text{ind}} = -\frac{u_1^2\alpha_{02} + u_2^2\alpha_{01}}{(4\pi\varepsilon_0)^2 r^6}, \tag{3-3}$$

其中, α_{01} 和 α_{02} 分别为两分子的极化率. 非极性分子有瞬间的偶极矩, 瞬间的偶极矩将在邻近的分子中诱导出偶极矩, 瞬间的偶极矩与诱导偶极矩间的相互作用称为色散力

$$C_{\text{disp}} = -\frac{1}{(4\pi\varepsilon_0)^2 r^6} \times \frac{3\alpha_{01}\alpha_{02}h\nu_1\nu_2}{2(\nu_1 + \nu_2)}, \tag{3-4}$$

其中, ν_1 和 ν_2 为电子的频率, h 为 Planck 常数. 取向力和诱导力只存在于极性分子, 色散力则在极性分子与非极性分子中普遍存在的. 总结 (3-2)~(3-4) 式可得

$$w_{\text{vdW}}(r) = -\frac{1}{(4\pi\varepsilon_0)^2 r^6}\left[\left(u_1^2\alpha_{02} + u_2^2\alpha_{01}\right) + \frac{u_1^2 u_2^2}{3k_{\text{B}}T} + \frac{3\alpha_{01}\alpha_{02}h\nu_1\nu_2}{2(\nu_1 + \nu_2)}\right]. \tag{3-5}$$

设不同物体间的 van der Waals 相互作用无延迟效应并具有可加性 (additive), 这样便可计算一个和一平面距离为 D 的分子和该平面的作用势:

$$w(D) = -2\pi C_{\text{vdW}}\rho\int_{z=D}^{z=\infty}\mathrm{d}z\int_{x=0}^{x=\infty}\frac{x\mathrm{d}x}{(z^2 + x^2)^3} = -\frac{\pi C_{\text{vdW}}\rho}{6D^3}, \tag{3-6}$$

上式中 ρ 为固体中的分子数密度. Hamaker 计算了两个厚为 h, 相距为 D 的大平板间单位面积的势能为[14]

$$w(D) = -\frac{A}{12\pi}\left[\frac{1}{D^2} + \frac{1}{(D + 2h)^2} - \frac{2}{(D + h)^2}\right], \tag{3-7}$$

当板的厚度远远大于其间的距离 ($h \gg D$) 时, 它们之间单位面积上的 van der Waals 作用势退化为

$$w = -\frac{A}{12\pi D^2}, \tag{3-8}$$

其中, A 为 Hamaker 常数, 它可定义为 $A=\pi^2 C_{\mathrm{vdW}}\rho_1\rho_2$, C_{vdW} 是和原子对势相关的系数, ρ_1 和 ρ_2 是相互作用的两物体中单位体积的原子数. Hamaker 常数的取值范围一般在 $(0.4\sim4)\times10^{-19}$ J. Van der Waals 作用势对距离 D 求导就可以得到两平板间的 van der Waals 作用力:

$$F_{\mathrm{vdW}}=-\frac{\partial w}{\partial D}=-\frac{A}{6\pi D^3}. \tag{3-9}$$

几种常见的 van der Waals 作用势和作用力见表 3.1.

表 3.1 几种常见的 vdW 作用势和作用力

分子–表面	球–球
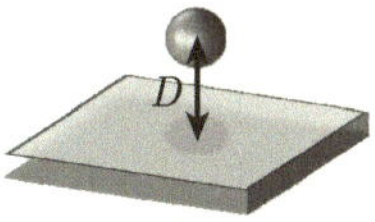 $w=-\frac{\pi C_{\mathrm{vdW}}\rho}{6D^3}$ $F=-\frac{\pi C_{\mathrm{vdW}}\rho}{2D^4}$	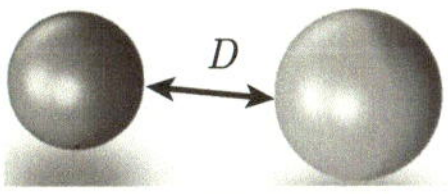 $w=-\frac{A}{6D}\frac{R_1R_2}{R_1+R_2}$ $F=-\frac{A}{6D^2}\frac{R_1R_2}{R_1+R_2}$
球–表面	**表面–表面 (单位面积)**
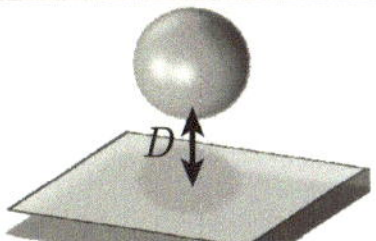 $w=-\frac{AR}{6D}$ $F=-\frac{AR}{6D^2}$	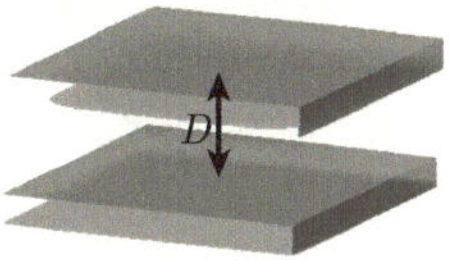 $w=-\frac{A}{12\pi D^2}$ $F=-\frac{A}{6\pi D^3}$

注: ρ: 表面、球的原子数密度; R: 球半径; D: 距离. $A=\pi^2 C_{\mathrm{vdW}}\rho_1\rho_2\sim10^{-19}$ J 为 Hamaker 常数.

Hamaker 常数是为纪念荷兰物理学家 Hugo Christiaan Hamaker (1905~1993) 而得名. Hamaker 曾于 1937 年发表了有关 van der Waals 力的重要论文[14], 他于 1934~1967 年在 Philips 公司物理实验室工作, 第二次世界大战结束多年后, 在偶然的机会得知自己因 1937 年的论文在学术界已经十分出名[2].

Lifshitz 等[15] 提出了一种宏观理论, 其基础是连续介质量子电动力学而无需假定原子间色散能的成对加和. 通过 Lifshitz 理论可计算 Hamaker 常数[16]:

$$\begin{aligned} A_H &= A_{H,\nu=0}+A_{H,\nu>0} \\ &\cong \frac{3}{4}k_{\mathrm{B}}T\frac{\varepsilon_1-\varepsilon_3}{\varepsilon_1+\varepsilon_3}\frac{\varepsilon_2-\varepsilon_3}{\varepsilon_2+\varepsilon_3}+\frac{3h\nu_e}{8\sqrt{2}}\frac{(n_1^2-n_3^2)(n_2^2-n_3^2)}{\sqrt{|n_1^2+n_3^2|}\sqrt{|n_2^2+n_3^2|}\left[\sqrt{|n_1^2+n_3^2|}+\sqrt{|n_2^2+n_3^2|}\right]}, \end{aligned} \tag{3-10}$$

上式中 ν_e 为平均吸收频率, ε_i 和 n_i 分别为材料的静态介电常数和折射因子.

Lifshitz 理论和 Hamaker 理论的主要区别在于[17]: Lifshitz 理论认为 Hamaker 常数是随粒子间距和稳定的变量, Lifshitz 理论中的累加不仅限于一个频率, 而是对电磁谱的所有频率进行累加, 因而延迟效应明显地包含在该理论中.

3.1.2 Derjaguin 近似

如图 3.2 所示, Derjaguin 于 1934 年提出了任意形状的物体间距离为 D 的 vdW

力跟两平板间单位面积的 vdW 力 $f(x)$ 的转换关系[18]：

$$F(D) = \int_D^\infty f(x) \frac{\mathrm{d}A_s}{\mathrm{d}x} \mathrm{d}x, \tag{3-11}$$

式中 A_s 为距离为 x 处物体的横截面积. 上述关系目前在文献中被广泛称为 "Derjaguin approximation". 事实上, 它不但可以用作任意形状的物体间的 vdW 力跟两平板间的 vdW 力转换关系的计算, 而且还可以用作其他类型表面力同类转换关系的计算.

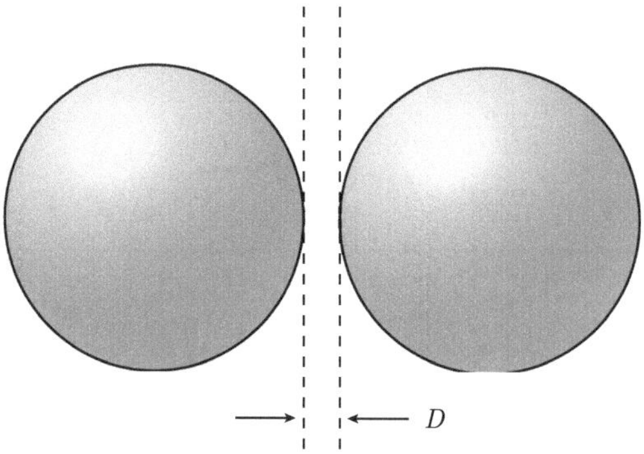

图 3.2 两球体和平面间 vdW 力转换的 Derjaguin 近似示意图

例 1 如图 3.3 所示, 求球体分子间相互作用和平板间的转换关系. 计算过程如下:

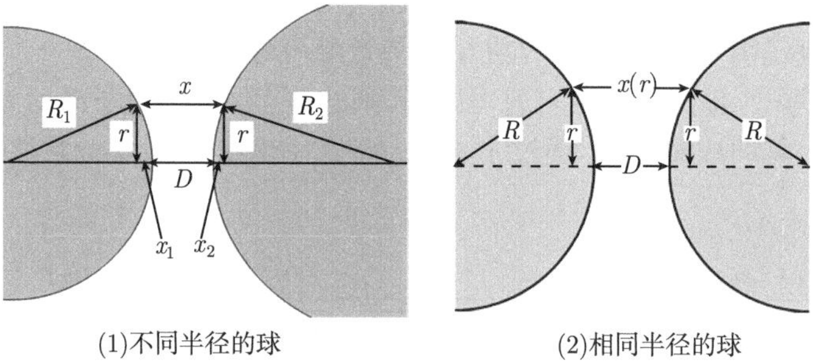

图 3.3 两球间 vdW 力的计算

对于距离为 D, 半径分别为 R_1 和 R_2 的两个球, 有下列简单几何关系:

$$\begin{cases} r^2 \approx 2R_1x_1 = 2R_2x_2, \\ x = D + x_1 + x_2 = D + \dfrac{r^2}{2}\dfrac{R_1+R_2}{R_1R_2}, \\ A_s = \pi r^2. \end{cases} \tag{3-12}$$

因而有

$$\mathrm{d}x = \frac{R_1 + R_2}{R_1 R_2} r\mathrm{d}r, \quad \mathrm{d}A_s = 2\pi r\mathrm{d}r \approx \pi \frac{R_1 R_2}{R_1 + R_2} \mathrm{d}x. \tag{3-13}$$

由 (3-9) 式可知平板间单位面积的 vdW 力 $f(x) = -A/\left(6\pi x^3\right)$, 因此由 (3-11) 式可得

$$F(D)_{\text{sphere}} = -\frac{A}{6D^2} \frac{R_1 R_2}{R_1 + R_2} = 2\pi \frac{R_1 R_2}{R_1 + R_2} w(D)_{\text{planes}}, \tag{3-14}$$

上式说明, 两个距离为 D 球间的 van der Waals 相互作用力可通过两个平板间的 van der Waals 相互作用势来确定. 如果 $R_1 = R_2 = R$, 则上式进一步退化为

$$F(D)_{\text{sphere}} = -\frac{AR}{12D^2} = 2\pi R w(D)_{\text{planes}}. \tag{3-14}'$$

例 2 对于如图 3.4 所示的距离为 D 的平板基底和圆锥体间的 vdW 力. 距离平板基底为 x 处的圆锥体的半径为: $r = (x-D)\tan\alpha$, 故而有面积 $A_s = \pi[(x-D)\tan\alpha]^2$ 和其微分 $\mathrm{d}A_s/\mathrm{d}x = 2\pi\tan^2\alpha\,(x-D)$, 所以由 (3-11) 式可得

$$F(D) = -\int_D^\infty \frac{A\tan^2\alpha}{3x^3}(x-D)\,\mathrm{d}x = -\frac{A\tan^2\alpha}{6D}. \tag{3-15}$$

上式可用来估算圆锥型探针针尖和基底的 vdW 作用力.

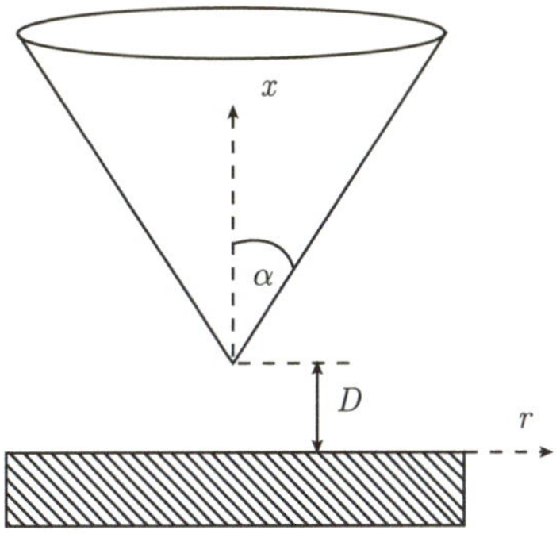

图 3.4 距离为 D 的平板基底和圆锥体间的 vdW 力计算模型

3.1.3 Casimir 力及 “一次美好的散步”

事实上, Casimir 发现 “Casimir 效应[19]” 是他开展用于制造灯泡和阴极射线管中沉积薄膜的胶体悬浮液稳定性的应用工业研究中的一个 “副产品 (byproduct)”. 在 1940 年代, 在荷兰 Philips 实验室工作的 Overbeek 在研究石英粉末悬浮液的性质, 实验结果表明: 他和 Verwey 等所发展的胶体稳定性理论 (即: Derjaguin-Landau-Verwey-Overbeek (DLVO) 理论, 颗粒之间的平衡是引力 (van der Waals 力) 和斥力 (双电层力) 的平衡) 并不总是正确的. 当颗粒之间距离较大时, 实验得出若当颗粒之间的引力比 van der Waals 力随距离衰减得更快一些则理论和实验更符合. Overbeek 建议说这可能和光速的有限性有关, 而他的建议促使他的同事 Casimir 和

Polder 重新考虑包括延迟 (retardation) 效应的 van der Waals 相互作用[20]. Casimir 和 Polder 的结论是: Overbeek 关于延迟效应的判断是正确的, 当距离较大时延迟效应使颗粒之间的相互作用力随距离 r 的 r^{-7} 而变化, 而不是 r^{-6} [20].

Casimir 于 1998 年曾回忆起他和 D. Polder 的愉快合作[21], Casimir 谈到 Polder 是一位十分缜密的学者, 如果不是他, Casimir 的理论中可能由于粗心 (sloppy) 而造成不易被察觉的差错.

谈到 "Casimir 效应" 还必须提及科学史上的一段佳话 ——"一个美好的散步 (a nice walk)": 1947 年夏天或秋天的一天, 年轻的 Casimir 在和诺贝尔奖得主 N. Bohr 教授的一次散步中提到了他的上述研究结果. Bohr 教授对 Casimir 说: 很好, 有些新意 (that is something new). 当 Casimir 告诉 Bohr 说他对当粒子之间距离较大而其相互作用力的表达式形式极其简洁所迷惑不解时, Bohr 教授喃喃自语了 (mumbled) 一些和零点能 (zero-point energy) 相关的东西. 这就是故事的全部. Casimir 认为, 和 Bohr 的这次美好散步把他推向了 "新的轨道 (new track)"[21]. 从这一段佳话中可以看出, N. Bohr 教授这样的学术权威对晚辈的鼓励和扶持, 这也是他在科学界享有崇高声誉的重要原因之一.

Casimir 力是由电磁场的量子真空波动效应引起的, 是和零点能相关的. 按照量子场论, 任何场都存在波动, 即使是在绝对零度的真空中, 电磁场也存在波动 (即真空波动). 真空波动能量的平均值就是零点能, 等于光子能量的一半 ($hf/2$, 其中 h 为 Planck 常数, f 为电磁场固有频率). 真空中的电磁波有无穷多的频率和模态, 对于两个距离很近的平板所形成的空腔, 电磁波在空腔内必须满足特定的边界条件, 结果一部分频率或模态的电磁波就被排除出空腔, 从而在空腔内外形成了一个能量梯度. 由这个能量梯度所产生的, 使两平板靠近或远离的力就是 Casimir 力[19].

对于不同的材料、温度以及几何形状, 两个介电物体间的 Casimir 力的一般形式可写为[22~31]

$$F_{\text{Casimir}} = \eta_m \eta_T \eta_g (1 + \Delta_{\text{corr}}) F_0, \tag{3-16}$$

其中, $\eta_m < 1$ 是和介质材料相关的修正因子, $\eta_T > 1$ 是温度相关的修正因子, η_g 是和物体几何形状相关的修正因子, Δ_{corr} 是不同修正因子的相关系数. F_0 被定义为两个距离为 d 的理想平板间单位面积的 Casimir 力, 在绝对零度时, 它可写为

$$F_0 = -\frac{\pi^2 \hbar c}{240 d^4}. \tag{3-17}$$

其中, $\hbar$ 为 Planck 常数除以 2π, 等于 1.055×10^{-34} J·s; c 为光速, 等于 2.998×10^8 m/s. 目前, 关于 Casimir 力的实验测量已经有了很多方法[26,30,31], 理论公式和实验测量的误差已经可以达到 1%[27].

3.1.4 Van der Waals 力和 Casimir 力的异同

Casimir 力和 van der Waals 力既有联系, 也有区别. 它们在本质上都和电磁场的波动效应有关[32], Casimir 力可以看做是迟滞的 van der Waals 力. 由于这种迟滞效应, van der Waals 力和距离的 3 次方相关, Casimir 力和距离的 4 次方相关. 而且 Casimir 力比 van der Waals 力更长程, 这里有两个特征尺度分别给出了 Casimir 力和 van der Waals 力的作用范围 (图 3.5): 第一个特征长度是 c/ω_0 (c 是光速, ω_0 是电介质的基频, 且 $c/\omega_0 \approx 5 \sim 100$ nm)[25,29]; 第二个特征长度是温度 T=300 K 时, 光子的 de Broglie 波长 $\lambda_T = \hbar c/(k_{\mathrm{B}}T) \approx 7$ μm[24,29]. 当两个介电物体间的距离 d 远小于 c/ω_0 时, 是 van der Waals 力起主导作用; 当两个介电物体间的距离 d 大于 c/ω_0, 但是小于 λ_T 时, Casimir 效应起主导作用. 另外, van der Waals 力总是引力, 而 Casimir 力与空腔的几何形状有关, 可以为引力, 也可以为斥力[33].

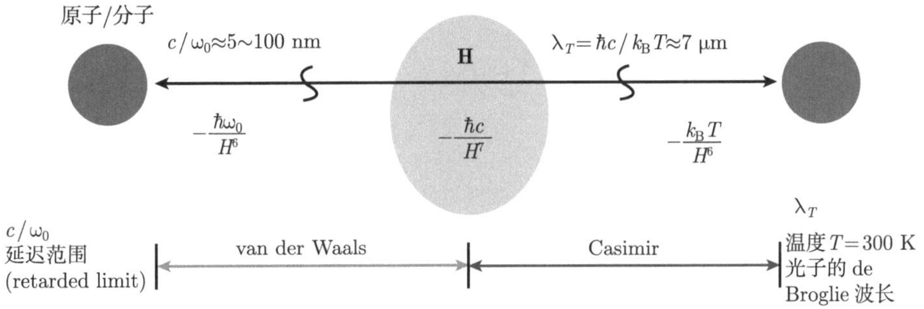

图 3.5 分子间力特征尺度示意图

3.2 双电层 (EDL) 和静电力

3.2.1 平面双电层

静电力或 Coulomb 力, 存在于带电分子或粒子之间的作用力. Coulomb 作用力大小与距离的平方成反比, 而静电能为

$$w(r) = \frac{Q_1 Q_2}{4\pi\varepsilon_0\varepsilon r} = \frac{z_1 z_2 e^2}{4\pi\varepsilon_0\varepsilon r}, \tag{3-18}$$

其中 Q_1、Q_2 分别为两个粒子的带电量, ε 为相对介电常数, e 为单位电荷 (e=1.602×10^{-19} C). z_1 和 z_2 为离子价, 对于一价阳离子 (monovalent cations) 而言, z=+1; 对于一价阴离子 (monovalent anions), $z = -1$; 对于二价阳离子 (divalent cations) 而言, z=+2; 以此类推.

下面讨论双电层的概念. 金属与溶液界面区的最早模型由 Helmholtz 于 1853 年给出[34], 该文提出了平行板电容器 (也称紧密层) 模型. Helmholtz 认为金属上的剩余电荷被溶液中贴近电极表面的、电荷符号相反的离子层中和, 如图 3.6(a) 所示. 由符号相反的两个电荷层构成界面区的这一概念, 就是双电层 (electric double layer, EDL) 一词的起源. 对于 Helmholtz 的平板电容器模型, 所储存的电荷密度 σ 和平板间距为 D 所形成的电压差 V 之间的关系为

$$\sigma = \frac{\varepsilon\varepsilon_0}{D}V, \tag{3-19}$$

式中 ε 和 ε_0 分别为介质的介电常数和真空中的介电常数, 其微分电容为

$$C_d = \frac{\partial\sigma}{\partial V} = \frac{\varepsilon\varepsilon_0}{D}. \tag{3-20}$$

上式说明 Helmholtz 的平板电容模型给出的电容是一个常数, 而上面的讨论表明其电容应该是和浓度等相关的变量. 所以需要更为精确的模型.

(a) Helmholtz 模型　　　　(b) Gouy-Chapman 模型

图 3.6　双电层最早的两个模型

Gouy 于 1910 年[35]、Chapman 于 1913[36] 和 Stern 于 1924 年[37] 等为金属和电解液界面区模型的发展作出了重要贡献. 双电层的 Gouy-Chapman 模型如图 3.6(b) 所示. 目前被广泛接受的 EDL 模型如图 3.7 所示.

由图 3.7 可以看出, 在金属和电解液的界面区, 紧靠固体表面、不能运动的离子层称作紧密层 (compact layer), 或者 Stern 层, 其边界为 "内 Helmholtz 平面 (inner Helmholtz plane, IHP)". 该紧密层的形成是由于电性吸引和 van der Waals 等吸附所共同形成的. Stern 层的厚度在数埃 (angstrom), 电势近似线性 (图 3.8).

Stern 层外是离子可移动的区域, 被称为 "扩散层 (diffuse layer)" 或 "Gouy-Chapman 区". 溶液中的反离子并非平行地被束缚在与质点表面相邻的液相中, 而是扩散分布在质点周围的空间内, 其浓度随与质点的距离增大而减小. 电泳时发生固–液滑动平面 (shear plane) 的电位与溶液内部的电位之差称 Zeta 电位 (ζ), 它是表面电位的一部分.

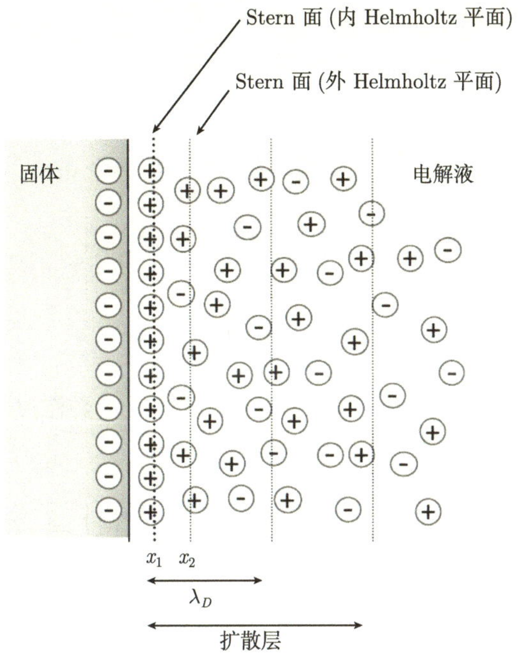

图 3.7 双电层的构成图

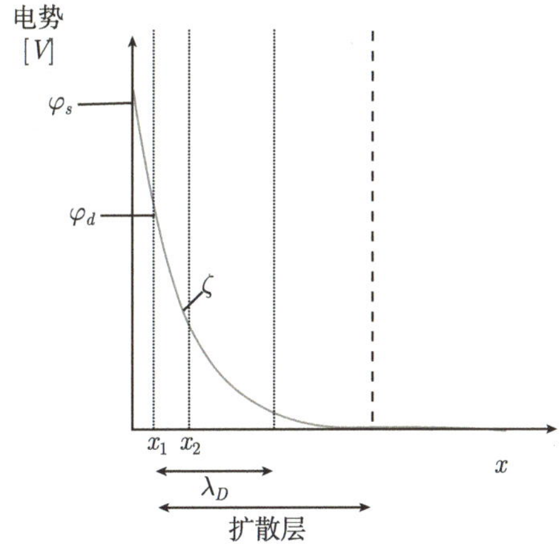

图 3.8 双电层中的电势分布

对于 Gouy-Chapman 扩散模型, 它考虑了溶液中反离子的热运动. 反离子一方面受固体表面电荷的 Coulomb 力的吸引, 另一方面又因其热运动而向远离固体表面的方向移动, 因而建立了反离子的平衡分布. Gouy-Chapman 扩散模型用两个基

本方程来进行分析. 一个是 Poisson 方程:

$$\nabla^2\psi = -\frac{4\pi\rho}{\varepsilon\varepsilon_0}, \tag{3-21}$$

式中 ρ 为电位为 ψ 处的体积电荷密度. 另一个方程为 Boltzmann 方程:

$$\begin{cases} n_+ = n_{+0}\exp\left(-\dfrac{z_+e\psi}{k_\mathrm{B}T}\right), \\ n_- = n_{-0}\exp\left(\dfrac{z_-e\psi}{k_\mathrm{B}T}\right). \end{cases} \tag{3-22}$$

上式中下标 "±" 分别对应阳离子和阴离子, n 为离子个数浓度, e 为基本电荷, $n_{\pm0}$ 为溶液主体的离子个数浓度. 对于对称电解质 ($n_{+0} = n_{-0} = n,\ z_+ = z_- = z$), 则有

$$\rho = ze(n_+ - n_-) = nze\left[\exp\left(-\frac{ze\psi}{k_\mathrm{B}T}\right) - \exp\left(\frac{ze\psi}{k_\mathrm{B}T}\right)\right] = -2nze\sinh\left(\frac{ze\psi}{k_\mathrm{B}T}\right). \tag{3-23}$$

对于平面双电层, 可从上面的 Poisson 方程 (3-21) 和 Boltzmann 方程 (3-23) 得出其 Poisson-Boltzmann 方程如下:

$$\frac{\mathrm{d}^2\psi}{\mathrm{d}x^2} = \frac{8\pi nze}{\varepsilon\varepsilon_0}\sinh\left(\frac{ze\psi}{k_\mathrm{B}T}\right). \tag{3-24}$$

当 $ze\psi/(k_\mathrm{B}T) < 1$ 时, 上式可简化为 Debye-Hückel 关系式[38]:

$$\frac{\mathrm{d}^2\psi}{\mathrm{d}x^2} = \kappa^2\psi, \tag{3-25}$$

式中 $\kappa = \sqrt{8\pi ne^2z^2/(\varepsilon\varepsilon_0k_\mathrm{B}T)}$, EDL 的特征长度称为 Debye 长度

$$\lambda_D = \kappa^{-1} = \sqrt{\frac{\varepsilon_0\varepsilon k_\mathrm{B}T}{8\pi ne^2z^2}}. \tag{3-26}$$

方程 (3 -24) 的解为

$$\psi = 2\frac{k_\mathrm{B}T}{ze}\ln\left[\frac{1+\dfrac{\exp\left(\dfrac{ze\psi_0}{2k_\mathrm{B}T}\right)-1}{\exp\left(\dfrac{ze\psi_0}{2k_\mathrm{B}T}\right)+1}\exp(-\kappa x)}{1-\dfrac{\exp\left(\dfrac{ze\psi_0}{2k_\mathrm{B}T}\right)-1}{\exp\left(\dfrac{ze\psi_0}{2k_\mathrm{B}T}\right)+1}\exp(-\kappa x)}\right], \tag{3-27}$$

上式中 ψ_0 为固体表面电势, x 是距表面的距离. 当 $\kappa x \gg 1$ 时, (3-27) 式可近似为

$$\begin{aligned}\psi &= 2\frac{k_{\mathrm{B}}T}{ze}\ln\left[1+2\frac{\exp\left(\dfrac{ze\psi_0}{2k_{\mathrm{B}}T}\right)-1}{\exp\left(\dfrac{ze\psi_0}{2k_{\mathrm{B}}T}\right)+1}\exp\left(-\kappa x\right)\right]\\ &= 4\frac{k_{\mathrm{B}}T}{ze}\frac{\exp\left(\dfrac{ze\psi_0}{2k_{\mathrm{B}}T}\right)-1}{\exp\left(\dfrac{ze\psi_0}{2k_{\mathrm{B}}T}\right)+1}\exp\left(-\kappa x\right).\end{aligned} \tag{3-28}$$

电势在扩散层中的分布情况如图 3.8 所示. 由 Debye-Hückel 近似式 (3-25) 和 (3-28) 式可得

$$\psi = \psi_0 \exp\left(-\kappa x\right), \tag{3-29}$$

在 $\psi = \psi_0/\mathrm{e}$ 处的距离 κ^{-1} 称为扩散层的厚度, 这里 e=2.718· · · .

对于半径为 a 的球状粒子, κa 是球度的度量, 对于 $\kappa a > 10$, 平板双电层可作为很好的近似[17]; 而对 $\kappa a < 0.1$, 情况与点电荷相似, 可用 Debye-Hückel 近似关系. 对于球形双电层, Poisson-Boltzmann 方程的形式为

$$\frac{\mathrm{d}^2\psi}{\mathrm{d}r^2}+\frac{2}{r}\frac{\mathrm{d}\psi}{\mathrm{d}r}=\frac{8\pi nze}{\varepsilon\varepsilon_0}\sinh\left(\frac{ze\psi}{k_{\mathrm{B}}T}\right), \tag{3-30}$$

上式的解析解无法找到, 但通过 Debye-Hückel 近似可得到

$$\psi = \frac{2}{r}\psi_0 \exp\left[\kappa\left(a-r\right)\right]. \tag{3-31}$$

3.2.2 Derjaguin 近似在球面双电层中的应用

值得注意的是, Derjaguin 近似仍然可以处理平面双电层和曲面双电层之间的转换关系. 考虑两相距最短距离为 H_0 的球形粒子, 如图 3.9 所示. 两球形粒子半径均为 a, 球心间距为 R, 则有

$$H_0 = R - 2a. \tag{3-32}$$

用 Derjaguin 积分法计算两球形双电层间的相互作用 V_R. 假定球形双电层间相互作用是无穷小的平行环的相互作用的累加, 当相互作用范围远小于粒径 a 时, 利用平板双电层间相互作用, 得到

$$V_R = \int_0^{\infty} 2\pi h \cdot 2\left(G_H - G_{\infty}\right)\mathrm{d}h, \tag{3-33}$$

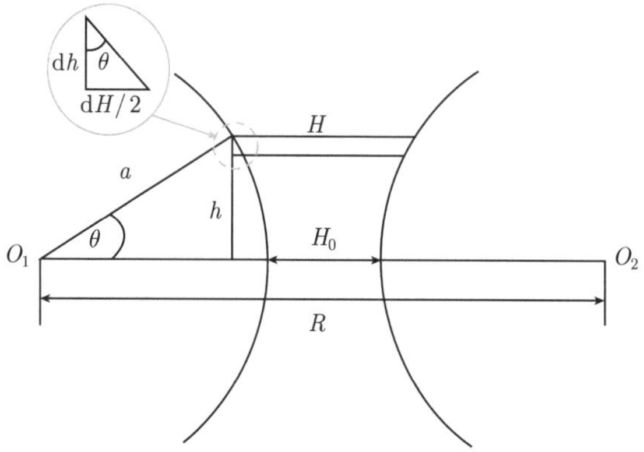

图 3.9　计算球形双电层相互作用示意图

式中, $2(G_H-G_\infty)$ 为两平板双电层的相互作用势能, 即将其从无穷远处移动到相距 H 处的自由能的变化, G 为单位面积双电层的自由能; h 为平行环距 O_1O_2 的距离. 由于

$$2h\mathrm{d}h = 2h\cdot\frac{\mathrm{d}H}{2\tan\theta} = \sqrt{a^2-h^2}\cdot\mathrm{d}H, \tag{3-34}$$

对于小 h 值, 有如下近似:

$$2h\mathrm{d}h \approx a\mathrm{d}H, \tag{3-35}$$

将 (3-35) 式代入 (3-33) 式, 得到

$$V_R = 2\pi a\int_{H_0}^{\infty}(G_H-G_\infty)\mathrm{d}H. \tag{3-36}$$

为求解 (3-36) 式, 需要知道平行环双电层微元间相互作用 $2(G_H-G_\infty)$ 的表达式. 为简便计算, 双电层的结构采用如图 3.6(b) 所示的 Gouy-Chapman 模型, 其他模型可类似求解. Gouy-Chapman 模型即扩散双电层模型, 其考虑了溶液相中反离子 (counter ion) 的热运动.

对于相距 H 的平板双电层, 其相互作用为

$$2(G_H-G_\infty) = \frac{\varepsilon\kappa\psi_0^2}{4\pi}\left(1-\tanh\frac{\kappa H}{2}\right) = \frac{2nk_\mathrm{B}T}{\kappa}Z^2\left(1-\tanh\frac{\kappa H}{2}\right), \tag{3-37}$$

式中, $Z = ze\psi_0/(k_\mathrm{B}T)$, e 为基本电荷, z 为反离子价数, ψ_0 为双电层的表面电势, n 为单位体积的离子数, ε 为介质的介电常数. 对于弱相互作用, $\kappa H \gg 1$, 此时 $1-\tanh(\kappa H/2) \approx 2\exp(-\kappa H)$, 利用近似关系 $Z = 4r$, 可得平板双电层相互作用近似为

$$2(G_H-G_\infty) = \frac{64nk_\mathrm{B}T}{\kappa}r^2\exp(-\kappa H). \tag{3-38}$$

将平板双电层相互作用 (3-37) 式代入 (3-36) 式, 积分可得到球形双电层的相互作用为

$$V_R = \frac{\varepsilon a \psi_0^2}{2} \int_{H_0}^{\infty} \left(1 - \tanh \frac{\kappa H}{2}\right) \mathrm{d}\left(\frac{\kappa H}{2}\right) = \frac{\varepsilon a \psi_0^2}{2} \ln\left[1 + \exp\left(-\kappa H_0\right)\right], \tag{3-39}$$

对于弱相互作用, $\kappa H \gg 1$, 利用平板双电层近似相互作用 (3-38) 式, 代入 (3-36) 式积分得到球形双电层间的相互作用近似为

$$V_R = 4.62 \times 10^{-6} \cdot \frac{ar^2}{z^2} \exp\left(-\kappa H_0\right). \tag{3-40}$$

上述 V_R 表达式是在小表面能、大 κa 的条件下推导得出, 由理论公式计算得到的值比真实值要大.

3.3 毛 细 力

3.3.1 几个有关毛细力古老且有趣的例子

(1) Landau-Levich-Derjaguin (LLD) 液膜

如图 3.10 所示, 当以速度 U 将一平板从液体中匀速拉出时, 残留膜厚 e 存在一重要的标度关系:

$$e \sim \kappa^{-1} (Ca)^{2/3}, \tag{3-41}$$

式中: 毛细数 $Ca = \eta U/\gamma_{lv}$ 为一表征液体黏性力和表面张力之比的无量纲量, 而 $\kappa^{-1} = \sqrt{\gamma_{lv}/(\rho g)}$ 为液体的毛细长度, 水的毛细长度约为 2.7 mm. 该问题一般文献中称为 “Landau-Levich-Derjaguin (LLD) 问题”[39].

图 3.10 LLD 问题

图 3.11 内角润湿的演示性实验

(2) B. Taylor 猜想

英国数学家、皇家学会会员 Brook Taylor (级数展开之父) 在 1712 年做了一个有关润湿的实验. 他将两片玻璃片形成 2.5° 的内角[40], 然后放在底部有水的容器中, 他观察到了水沿着内角的提升, 水提升的外包络线为双曲线. 后来文献中将液体在内角处的爬升问题称为 "Taylor 猜想 (conjecture)". 展示型实验如图 3.11 所示, 该图说明, 将一个内角放在底部红色液体中, 红色液体可爬升到内角的顶部将白色餐巾纸染红.

(3) 葡萄酒的眼泪 (tears of wine)

葡萄酒中的主要成分为水和酒精, 还有少许溶解的糖、酸、着色剂和香料等. 将葡萄酒倒入玻璃杯后, 酒在毛细力的作用下将沿玻璃杯壁面爬升. 在爬升过程中, 水和酒精都会蒸发, 但酒精比水蒸发快得多. 由于酒精的表面张力小于水的表面张力, 所以随着酒沿玻璃杯壁面的爬升, 液体的表面张力不断增大, 从而在表面张力梯度 (也就是 Marangoni 应力) 的作用下, 试图将更多的葡萄酒拉上玻璃杯的壁面 (图 3.12)[41]. 当含有少量酒精的水爬升到一定高度后, 由于重力的作用又落回到酒杯中, 从而在玻璃杯的壁面上形成如图 3.13 所示的所谓 "眼泪形状" 的 "裙摆", 液体爬升最高处那一圈突出的残留水迹正沿着杯壁缓缓下滑, 仿佛几行清泪徐徐流淌.

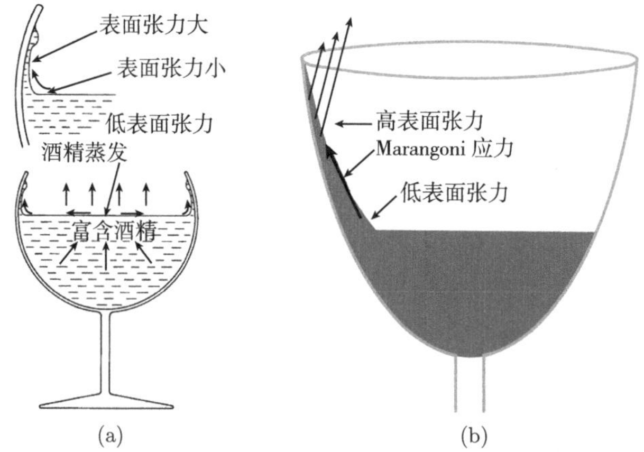

图 3.12　葡萄酒眼泪中的 Marangoni 应力示意图

该现象最早于 1855 年由物理学家 Kelvin 勋爵的兄长、物理学家 J. Thomson 所正确解释[42]. 在表面张力梯度作用下所形成的毛细流动又被称为 "Marangoni 效应"[43]. 法国学者 Cazabat 等从实验和理论上研究了葡萄酒眼泪形成的机制[44,45], 得到了葡萄酒眼泪形成过程中的两种失稳模式: 星形 (star) 和指进 (fingering) 失稳, 如图 3.14 所示. Cazabat 等还给出了液膜爬升的膜厚演化方程.

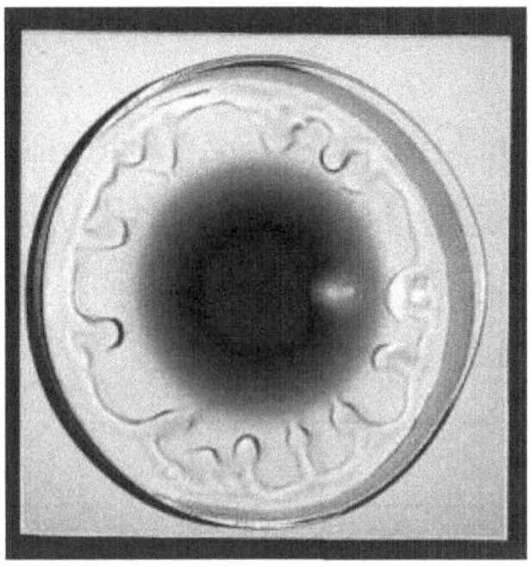

图 3.13 葡萄酒的眼泪

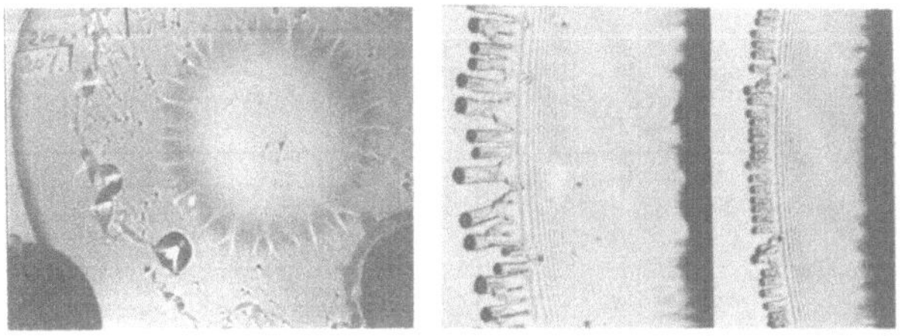

图 3.14 葡萄酒眼泪中的两种失稳：星形失稳和指进失稳[44,45]

美国学者 Hosoi 和 Bush 也从实验、理论和数值上研究了葡萄酒眼泪形成的动力学过程以及其中的指进失稳等现象[46]. 图 3.15 给出的是文献 [46] 中有关棱 (ridge) 结构和树状 (dendritic) 结构以及葡萄酒的研究的实验和分析结果的对比.

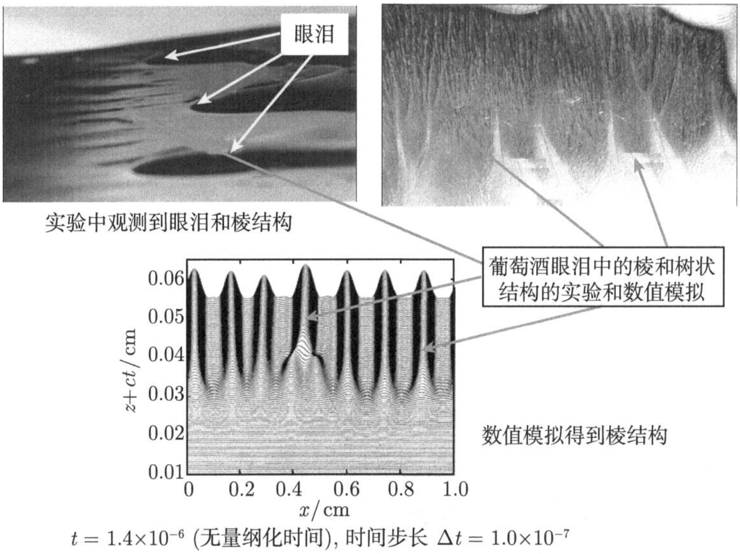

图 3.15 葡萄酒眼泪中的棱和树状结构的形成的实验和分析[46]

3.3.2　法向毛细力和横向毛细力

如图 3.16 所示, 毛细力可粗分为两类：法向 (normal) 毛细力和横向 (lateral) 毛细力[47]. 所谓法向毛细力是指, 毛细力的作用方向和液体和物体的接触线 (图 3.16 中用虚线表示) 相垂直; 而横向毛细力是指, 毛细力的作用方向和液体和物体的接触线 (图中用虚线表示) 相平行.

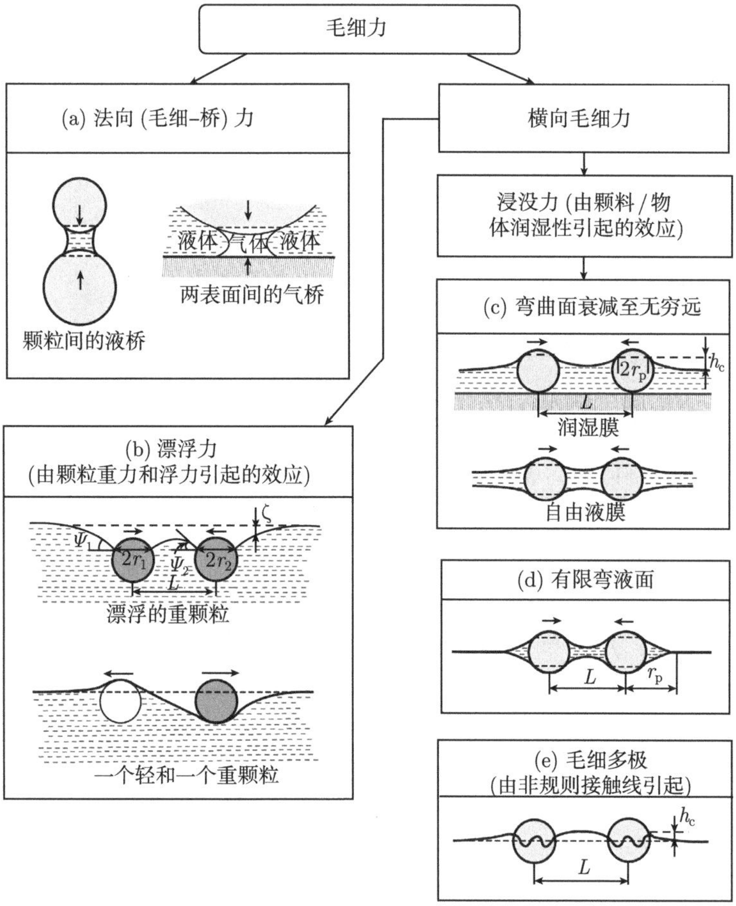

图 3.16　毛细力的分类[47]

下面将分别讨论法向毛细力和横向毛细力.

(1) 法向毛细力

法向毛细力是造成纳微系统的黏附失效的主要原因之一[48]. 在分析纳微系统中由于毛细力所造成的黏附失效时, 最为常用的模型如图 3.17 所示. 两个圆平板被半径为 x 的液膜隔开距离为 h, 设下上两圆板和中间液体的接触角分别为 θ_1 和

θ_2, 则两圆板之间的总毛细力为

$$F_{\text{capillary}} = -\pi x^2 \frac{\gamma_{lv}\left(\cos\theta_1 + \cos\theta_2\right)}{h}, \tag{3-42}$$

则单位液膜接触面积的毛细力压力 (capillary pressure) 为

$$q_{\text{capillary}} = \frac{F_{\text{capillary}}}{\pi x^2} = -\frac{\gamma_{lv}\left(\cos\theta_1 + \cos\theta_2\right)}{h}. \tag{3-43}$$

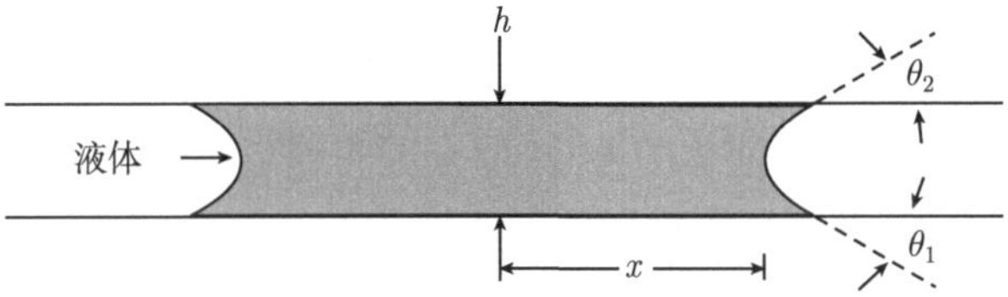

图 3.17 两个平板之间的毛细力

毛细力对于空气中的微纳米测量结果影响很大, 如图 3.18 所示, Butt 等对法向毛细力进行了综述[49], 总结了微纳米测量中一般常用毛细力的表达式.

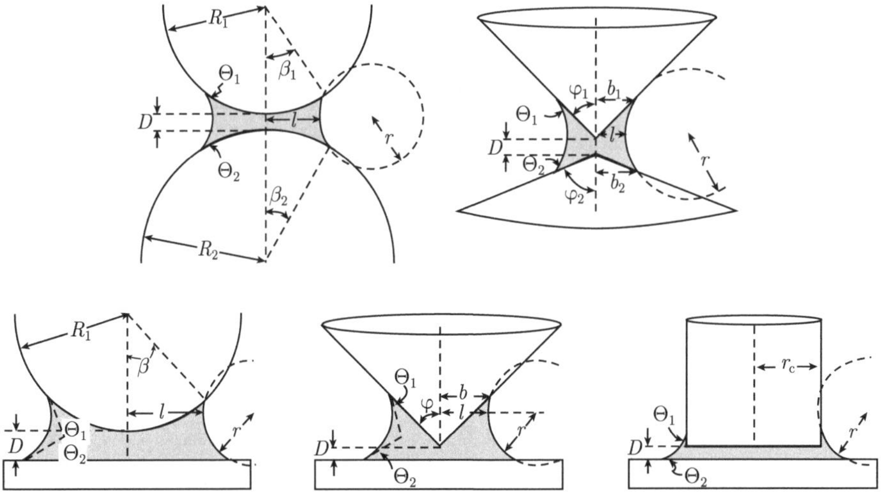

图 3.18 微纳米测量中的多种毛细力作用[49]

需特别注意的是, 在微纳米测量中, 探针和样品或基底之间的毛细力的形成和相对湿度有关, 而且需要一定时间, 魏征和赵亚溥[50] 对此进行了实验研究, 并建立了模型. 魏征和赵亚溥的实验还表明: 针尖和样品或基底之间的毛细力还和加卸载速率有关.

(2) 横向毛细力

1993 年, 英国《自然》期刊刊登了一篇在液体蒸发过程中, 应用横向毛细力进行球体自组装的短文[51], 如图 3.19 所示. 下面对其机理进行详细讨论.

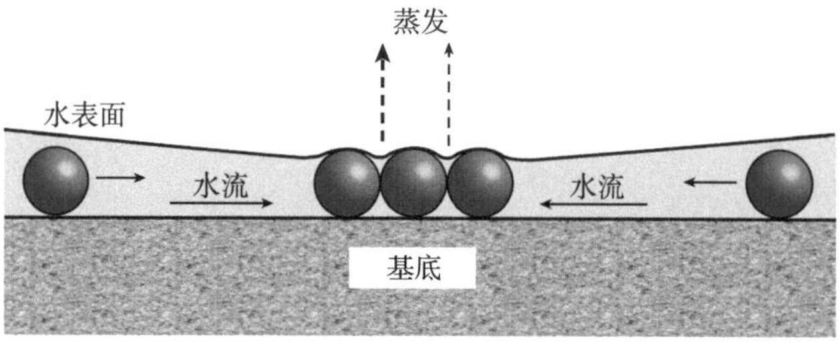

图 3.19 应用横向毛细力进行颗粒自组装

当溶液中的粒子漂浮在液体的表面时, 会因为球形粒子的形状效应使得液体表面受到扰动, 该扰动会在球形颗粒周围形成液膜凹 (凸) 曲面, 该凹 (凸) 曲面所带来的横向毛细作用力会造成球形粒子之间产生吸引或排斥作用力, 如图 3.16(b) 所示. 易知, 由凹面产生的球形颗粒间吸引力可造成球形粒子形成二维聚集或自组装现象. 事实上, 这里只是为了叙述简单才针对球形颗粒进行讨论, 横向毛细力不仅仅限于球形颗粒.

如图 3.16 所示, 横向毛细力又分为漂浮力 (floating force) 和浸没力 (immersion force) 两种.

对于图 3.16(b) 的上图, 漂浮于液面的两球形颗粒和液面有相同的接触位置时, 两球形颗粒会因重力影响致使液面形成凹曲面, 则颗粒之间必须通过相互靠近而降低因重力所造成的势能, 故此种情形对应着球体之间的吸引性横向毛细力. 而对于图 3.16(b) 的下图, 若两球重量相异, 则其与液面的接触位置不同, 两球间需要通过彼此相互远离来降低它们所受浮力差所造成的势能变化, 故两球间的横向毛细力为排斥力.

浸没力则在研究液体蒸发时十分重要. 如图 3.20 所示, 当液体蒸发过程中液面高度 h 小于球体高度 (直径 $2R$) 的情况时, 浸没力开始出现[52].

如图 3.21 所示, 当胶体液滴受液体蒸发作用而沿液滴与基底之间的接触线向液滴中心干燥的过程中, 外围的液膜厚度会低于中心液面厚度. 而当液膜厚度 h 小于球体高度 (直径) 时, 横向毛细力中的浸没力开始发挥作用, 形成左方规则的二维球形颗粒的排列 (自组装)[53]. 一旦规则排列的单层球形颗粒阵列形成, 此外围处液膜薄层开始受球形颗粒的润湿性能影响逐渐随着液体的蒸发 (J_{c}) 而增加球体之间的凹面液膜曲率. 随着凹面液膜曲率的增加, 单层球形颗粒间的毛细压力亦随之增加, 此毛细压力的增加导致液滴内部受到毛细压力差的影响而产生液体的流动 (J_{w}), 从而带动液滴内部的球形颗粒 (J_{p}) 往液滴外围 (左端) 形成单层或多层的堆垛排列. 接触线 (Z) 受液体蒸发作用而移动的速率决定了球形颗粒堆垛的层数. 由蒸发速率导致的球形颗粒流 (J_{p}) 与接触线移动的速率产生的时间落差, 即可能在移动较为缓慢的接触线右端累积多层球形粒子的堆垛 ($J_{\mathrm{p}} > Z$).

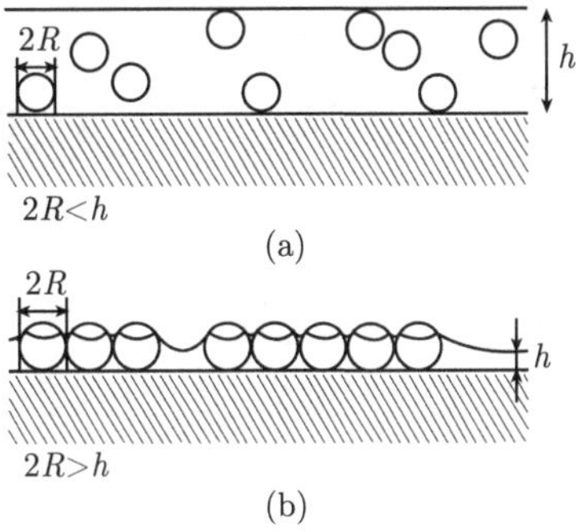

图 3.20 浸没力的出现

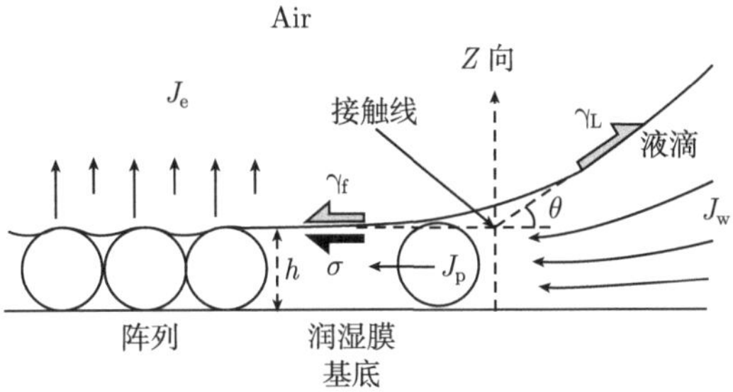

图 3.21 浸没力引起的颗粒自组装

十分有趣的是, 可以利用液滴蒸发而出现的浸没力来进行球形颗粒的环状自组装[54,55], 如图 3.22 所示. 由于本书将在第 12 章中着重讨论液滴蒸发以及咖啡环效应 (coffee ring effect) 的形成机理, 所以此处不再赘述.

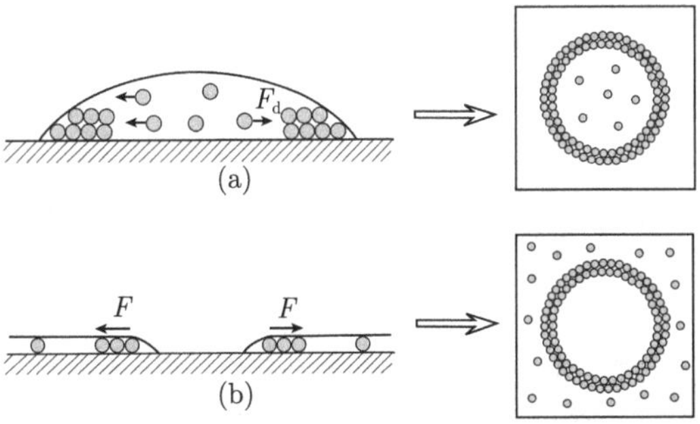

图 3.22 液滴蒸发过程中由于浸没力出现所形成的颗粒环状自组装

利用横向毛细力对漂浮于液体上的片状或更复杂的结构进行自组装引起了学术界的强烈好奇和关注. 图 3.23[56] 和图 3.24[57] 便是突出的两个例子. 虽然已经对自组装进行了大量的实验和数值模拟工作, 但对组装动力学还需要进行深入研究, 该方面研究的一个可能重要应用是, 对生命体自组装过程和机理的启示.

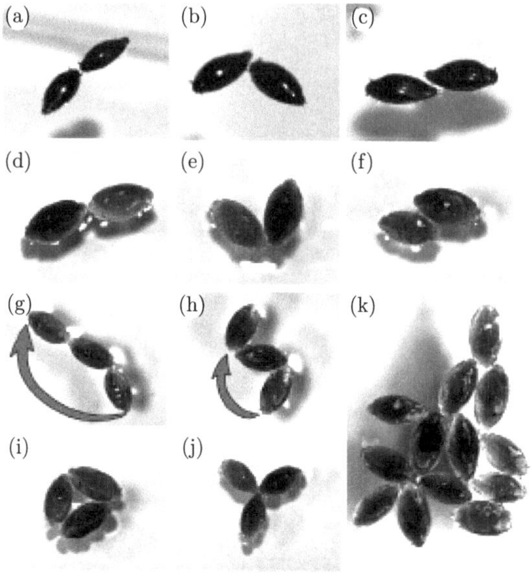

图 3.23　利用横向毛细力进行颗粒在液面自组装

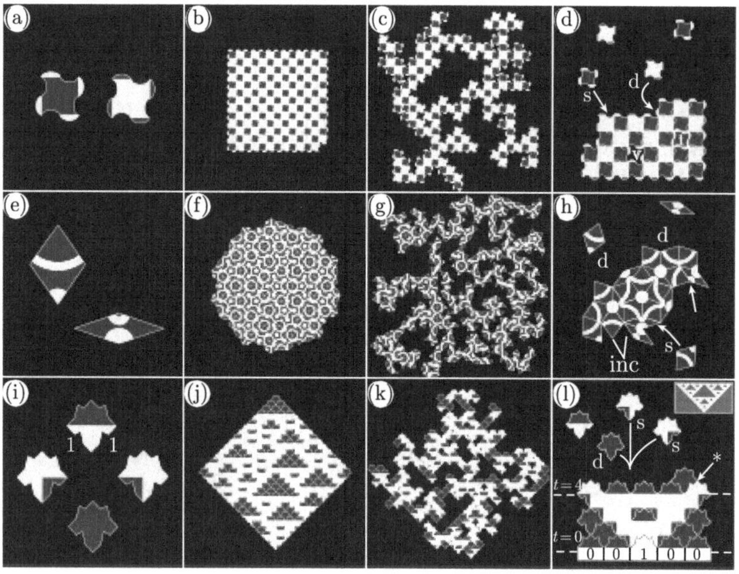

图 3.24　利用横向毛细力在液面进行片状结构多种复杂自组装

3.4 排 空 力

3.4.1 熵力的来源

在 1950 年代早期, Paul J. Flory 教授 (1974 年化学诺贝尔奖得主) 在日本名古屋大学访问. 在 Flory 教授访问期间, Asakura 和 Oosawa 向他报告了他们尚未发表的理论工作, 他们的理论工作表明在溶液中小球之间会产生吸引力. 由于 Flory 教授的正面响应促使他们两位的投稿. Asakura 和 Oosawa 在 1954 年发表的具有原创性的文章[58], 为国际上首次定量地研究排空相互作用 (depletion interaction). 在该篇仅仅半页的文章中[58], 两位作者研究了溶液中高分子链在表面附近的相互作用, 他们指出: 由于高分子链的 Brownian 运动, 引起构型熵 (configurational entropy) 的减小, 如果不存在链和表面的其他相互作用的话, 则链的浓度将因而降低, 该种浓度的降低将引起表面张力的增加. 在该短文的最后, 两位作者感谢 Flory 教授的对该工作的支持和批评讨论.

四年后, 两位作者又研究了大分子溶液中悬浮颗粒之间的排空力的吸引作用[59]. 图 3.25 是 20 世纪 60 年代 Oosawa 和 Asakura 在名古屋大学的合影. 排空力第一个模型在 1954 年的发表, 再一次鲜活地说明了学术大师对晚辈鼓励和提携的重要性.

图 3.25　20 世纪 60 年代 Oosawa 和 Asakura 在名古屋大学

我们知道一个系统的平衡状态由其 Helmholtz 自由能 “$F = U - TS$” 的极小值所决定, 其中 U 为系统的自由能, 它是系统中各个原子或自旋的相互作用能量之总和; TS 为束缚能, 也就是不能自由做功的部分, 其中 T 为热力学温度, 反映了系统中原子热运动猛烈的程度, 而熵 S 反映了系统的无序度. 在等温的情况下,

Helmholtz 自由能的增大既可以由内能的增大所致, 也可由熵的减小来达到. 内能描述了硬物质 (也就是常规固体) 的弹性性质, 而 TS 则是软物质经常出现高弹性的根源.

要使 Helmholtz 自由能 $F=U-TS$ 达到极小, 需要内能 U 尽量小, 在等温的情况下系统的熵尽量大. 而对于软物质的变形而言, 内能 U 的变化不大, 甚至可忽略, 所以软物质的平衡状态由系统的熵 S 极大为条件. 因此对于溶液中的硬球相互作用而言, 内能 U 的变化可被忽略, 此时系统的 Helmholtz 自由能的变化可由 "$\delta F=-T\delta S$" 确定.

对于硬物质而言, 其变形由 "键力 (bonding force)" 确定, 而对于溶液中硬球的相互作用的 "软物质" 而言, 其相互作用由 "熵力 (entropic force)" 确定. 对于软物质而言, 系统的平衡条件由熵极大确定, 当系统的熵偏离了其极大值时, 将产生一个回到平衡位置 (也就是熵极大值) 的 "恢复力", 也就是熵力. 这就是日本学者 Asakura 和 Oosawa 在 1954 年指出高分子链和表面相互作用来自于 "构型熵" 改变的来源.

3.4.2　排空吸引力

首先以图 3.26 来说明排空吸引相互作用. 考虑溶液中间距为 h 的刚性平板, 溶液中悬浮有半径为 R_s 的硬球, 当硬球刚好被从平板中间被排出时, 被排空的体积为

$$V_{\text{depletion}}=A\left(h-2R_s\right), \tag{3-44}$$

Asakura 和 Oosawa[58,59] 的模型告诉我们, 当 $h<2R_s$ 时, 将存在如下单位面积的排空引力

$$\frac{F_{\text{depletion}}}{A}=-\rho k_{\mathrm{B}}TH\left(2R_s-h\right), \tag{3-45}$$

式中, $H\left(2R_s-h\right)$ 为 Heaviside 阶跃函数, ρ 为硬球粒子的数密度, 上式说明, 当 $h>2R_s$ 时, 排空力将不存在.

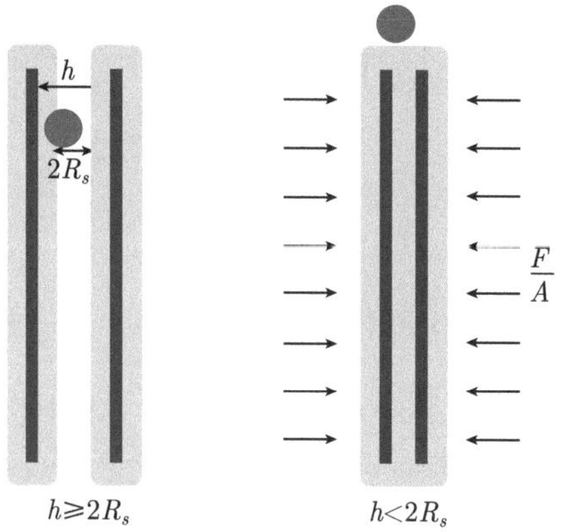

图 3.26　溶液中两平板间排空力产生示意图

Asakura 和 Oosawa 应用统计物理的方法来计算由于拥有大量粒子所引起的这种熵力问题[59]. 正则系综 (canonical ensemble) 的配分函数可写为

$$Z = \frac{1}{N!h^{3N}} \int_V \exp\left(-\frac{E}{k_{\mathrm{B}}T}\right) \mathrm{d}\Gamma, \tag{3-46}$$

式中, E 为动能 (K) 和势能 (U) 之和. Helmholtz 自由能则可表达为

$$F_{\mathrm{H}} = -k_{\mathrm{B}}T \ln Z, \tag{3-47}$$

由此可获得悬浮于溶液中颗粒之间的排空吸引力为

$$F_{\text{depletion}} = -\left(\frac{\partial F_{\mathrm{H}}}{\partial h}\right)_T, \tag{3-48}$$

式中, h 为大球球心之间的距离. 势能 U 可以看做由两部分组成: 球间势能 (interparticle potential energy) U_i 和小球和外场的作用势能 U_e (potential of interaction of small particles with some external field). 对于稀溶液而言, 可近似地认为小球之间没有相互作用, 所以球间势能 $U_i = 0$. 如果所有小球均等同 (identical), 则配分函数可写成

$$Z = \frac{1}{N!h^{3N}} \int_V \exp\left(-\frac{E+U_e}{k_{\mathrm{B}}T}\right) \mathrm{d}\Gamma = \frac{1}{N!\Lambda^{3N}} \left[\int_V \exp\left(-\frac{U_e(r,h)}{k_{\mathrm{B}}T}\right) \mathrm{d}^3 r\right]^N, \tag{3-49}$$

式中, N 为溶液中所有小球的数目, V 为溶液的总体积, 而 $\Lambda = h/\sqrt{2\pi m k_{\mathrm{B}}T}$ 为热 de Broglie 波长, 其中 h 为 Planck 常数, m 为小球质量. $U_e(r,h)$ 代表同大球距离为 h 的小球和大球的相互作用势能. 如果小球和大球之间无相互作用, 则配分函数为

$$Z = \frac{V_A^N}{N!\Lambda^{3N}}, \tag{3-50}$$

式中, V_A 为总体积减去排开的体积 V_E (excluded volume). 此种情况下, Helmholtz 自由能为

$$F_{\mathrm{H}} = -k_{\mathrm{B}}T \ln\left(\frac{V_A^N}{N!\Lambda^{3N}}\right) = F_{id} - Nk_{\mathrm{B}}T \ln\left(\frac{V_A(h)}{V}\right), \tag{3-51}$$

当粒子数目 N 足够大时, 采用 Stirling 近似 $\ln N! \approx N\ln N - N$. $F_{id} = Nk_{\mathrm{B}}T[1 - \ln(N\Lambda^3/V)]$ 为不依赖于 h 的对自由能的理想贡献.

如图 3.27 所示, 可考虑区分下列两种情况: ① 大球间的距离足够大, 小球可以穿入到大球之间; ② 大球之间离得很近, 小球不能穿入到其间. 可获得的体积 (V_A) 可表示如下:

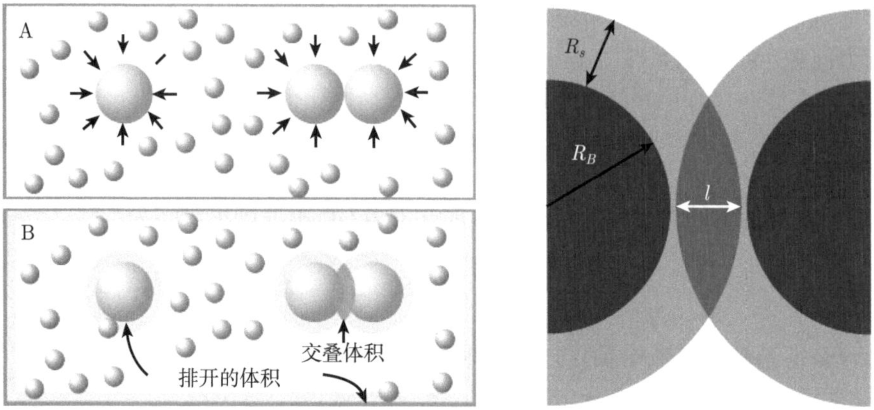

图 3.27　排空力的来源：硬球间排开的体积和交叠体积

$$V_A = \begin{cases} V - \dfrac{\pi(D+d)^3}{6}, & 若\ h \geqslant d+D, \\ V - \dfrac{\pi(D+d)^3}{6} + \dfrac{\pi}{6}(D+d-h)^2\left(D+d+\dfrac{h}{2}\right), & 若\ h < d+D, \end{cases} \tag{3-52}$$

式中, $D=2R_B$, $d=2R_s$. 最后可获得排空力的表达式如下

$$F_{\text{depletion}} = \begin{cases} 0, & 若\ h \geqslant d+D, \\ -\rho k_{\text{B}}TS, & 若\ h < d+D, \end{cases} \tag{3-53}$$

式中, $\rho = N/V$ 为小球的数密度, $S=\dfrac{\pi}{4}(D+d-h)(D+d+h)$ 为交叠体积 (overlap volume) 的投影圆的面积, 等价半径为 $r=\sqrt{(D+d)^2-h^2}/2$, 满足 $S=\pi r^2$.

3.4.3　排空力在生物中的应用

排空力有很多应用, 这里仅就在生物学中的应用举例说明[60]. 如图 3.28 所示, 主要应用在以下三个方面:

A. 蛋白质之间的相互作用: i 和 ii 排空力随着交叠面积的增加而增大, 因此大颗粒间的吸引力更大, 也更容易聚集. 在两个大颗粒间加入另外的颗粒, 三者将共同形成两个额外的重叠排空区. iii 蛋白质中的杆状体平行排列, 可产生较大的交叠排空区, 也就是较大的吸引力. iv 将管状物折叠形成螺旋结构, 可产生交叠的排空区, 从而稳定螺旋结构.

B. 染色质间的相互作用: i 当大颗粒 (比如聚合体或束缚转录因子族簇) 串在长线 (如 DNA 或染色质纤维) 上时, 吸引力由形成的圆环的熵作用相平衡. ii 微珠 (如核小体和异染色质族簇) 成串排列时, 可坍塌使相互间接触, 形成染色质纤维或有丝分裂染色体. iii 相同的微珠链间, 可形成完美的平行排列, 而不同的链之间则不能做到这一点. iv 不同链上的大球 (如核仁形成区和着丝点异染色质), 可聚集(进入核仁和染色中心).

C. 受限空间: 将一个圆球包裹在一个受限空间中 (如孔或蛋白酶体), 可产生较大的交叠排空区, 从而产生较大吸引力.

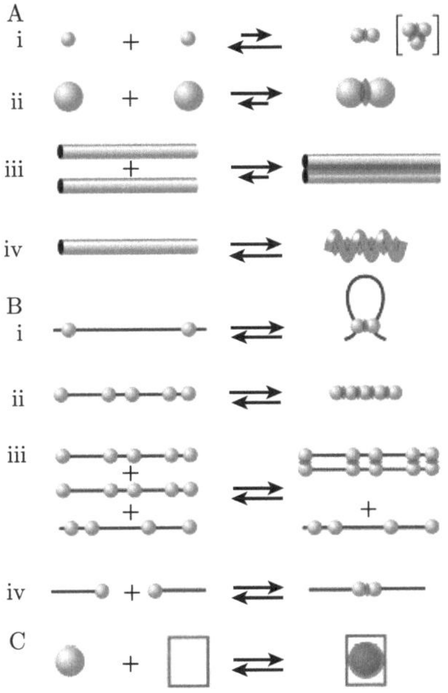

图 3.28 排空力在生物中的应用[60]

由于细胞内部非常拥挤, 不同尺度的物质形成层级结构, 从巨大的核糖体到糖到微小的单个离子, 排空作用在此中起到了巨大的作用. 虽然内在机理尚不清楚, 但这不妨碍将 Asakura 和 Oosawa 理论应用到生物中去.

3.4.4 Derjaguin 近似在计算排空力中的应用

建立于 1934 年的 Derjaguin 近似可应用于任何类型分子间作用力的计算, 对于排空力也不例外, 公式 (3-14) 和 (3-14)′ 仍然成立.

3.5 溶剂化力、结构力、水合力

3.5.1 溶剂化力

在胶体中当两个颗粒之间的距离很小时 (一般 <3 nm), 颗粒之间会产生一种排斥力, 这是由于溶剂分子 (或水分子) 在胶体粒子表面全部或局部的吸附排列结构发生变化所导致[2], 故被称为溶剂化力 (solvation force) 或溶剂分子结构化力

(solvent-mediated force), 当溶剂为水时, 则称为水合力 (hydration force).

事实上, 当胶体粒子相互靠近时, 需要排挤掉其表面间的溶剂分子, 从而造成溶剂分子的吸附排列方式发生改变, 此时溶剂分子在靠近胶体表面的密度 ($\rho_s(\delta)$) 会呈现振荡 (oscillatory) 的特点, 而远离胶体表面的溶剂分子的密度 ($\rho_s(\infty)$) 则可视为常数. 如图 3.29 所示, 由于密度的震荡性所诱导距离为 δ 时的振荡性作用力为

$$P(\delta) = k_{\mathrm{B}}T\left[\rho_s(\delta) - \rho_s(\infty)\right]. \tag{3-54}$$

而最为简化的表达式为

$$P(\delta) = -k_{\mathrm{B}}T\rho_s(\infty)\cos(2\pi\delta/\sigma)\mathrm{e}^{-\delta/\sigma}. \tag{3-55}$$

式中, σ 为溶剂分子直径.

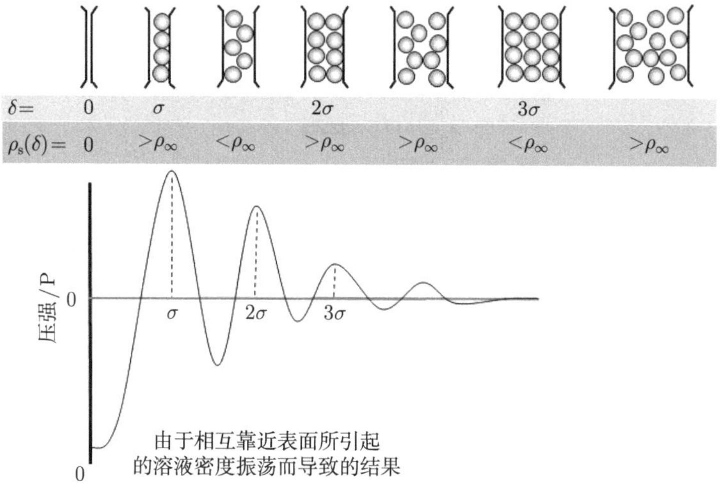

图 3.29　受限时密度和压力的振荡性

这里需要特别注意的是和 van der Waals 力的主要区别来自于不同的前提: 当两个胶体粒子靠近的距离比较近时 (<30 nm), Hamaker 在 1937 年所提出的胶体粒子间连续性 (continuous) 的 van der Waals 理论将无法描述胶体粒子实际凝聚的情形.

Non-DLVO: 总作用势能 $\phi(h)$= van der Waals 吸引势能 ϕ_{VDW}+EDL 排斥势能 ϕ_{EDL}+ 短距溶剂化斥力势能 $\phi_{\mathrm{solvation}}$.

3.5.2　水合力

对水合力的研究结果还远不如 van der Waals 力和静电力那样清晰和深刻, 但水合力以及水合作用的重要性已经非常明确. 在英文中 “hydration” 一词的基本含

义即是 "combining with water", 而水又是自然界及生命现象中最常见的溶液, 由此可见水合现象在自然界中是极其普遍的. 组成生物膜的磷脂分子的水合作用, 在生物学研究中, 显得尤为重要[61].

1. 水合力的特征和数学描述

"水合力" 最早于 1938 年由 Langmuir 提出[62], 其概念在当前的物理、生物和化学等研究中已经被广泛地应用.

大量的实验业已证明[2], 水合力普遍存在于两个相互接近的亲水表面, 如: 脂双层、云母、DNA 分子表面等. 水合力主要有两大特征: 首先, 水合力是一个短程力[2], 其作用范围在一般从离表面 1~3 nm 的距离开始, 小于 van der Waals 力和静电力等长程力. 另一个特点是, 对于云母等光滑的硬表面, 水合力随着两表面间距离的缩短以振荡的形式上升 (图 3.30(a)); 而对于磷脂膜等软物质、粗糙表面的水合力, 近似以指数的形式单调上升 (图 3.30(b)). 对于磷脂膜表面的水合力, 在文献中, 研究者用如下公式来表示

$$P = Ce^{-D/\lambda_0}, \tag{3-56}$$

其中, P 为两个表面之间的排斥压强, D 为两表面间的距离, λ_0 为衰减长度, C 为常数. 根据 (3-56) 式, 水合能密度 w_{Hyd} 可以表示为

$$w_{\mathrm{Hyd}} = w_0 e^{-D/\lambda_0}. \tag{3-57}$$

早期研究发现, (3-56) 和 (3-57) 式中衰减长度 λ_0 的特征长度为 0.2~0.3 nm, 与一个水分子的尺度相吻合. 同时, 从 (3-56) 和 (3-57) 式中可以得出, 当两个表面之间

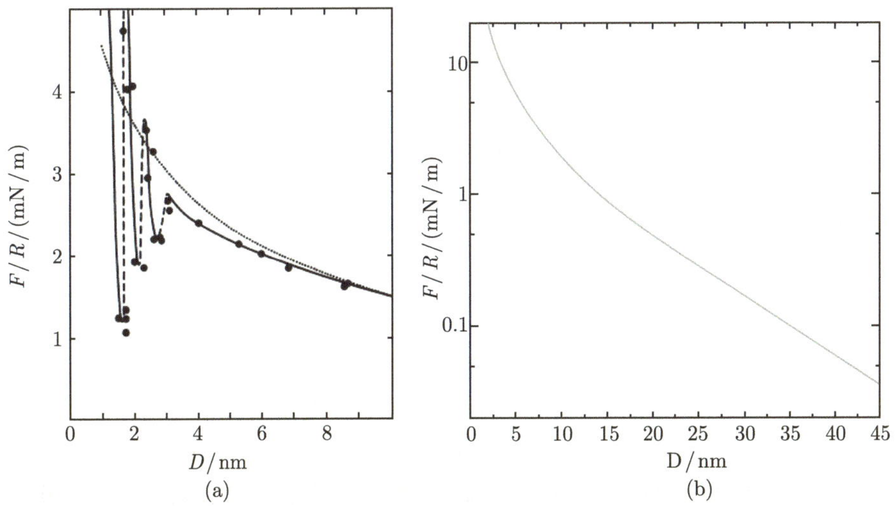

图 3.30 (a) 云母表面的水合力; (b) 磷脂膜表面的水合力

距离 $D \to 0$ 时, 无论是水合力还是水合能密度都会趋向于固定值, 而在实验中并没有测得此有限值. 在实验条件允许的情况下, 水合力和水合能密度都是随着距离的减小而单调上升的, 因此有文献将 (3-57) 式修正为[63]

$$w_{\mathrm{Hyd}} = w_0 \left(1 + \frac{\lambda_0}{D}\right) \mathrm{e}^{-D/\lambda_0}. \tag{3-58}$$

2. 水合力的物理起源

相对于 DLVO 理论中的 van der Waals 力和静电力而言, 尽管水合力同样也普遍存在, 但目前对其物理起源, 研究者尚未给出类似 van der Waals 力和静电力那样清晰明确的解释[64].

由于水合力是排斥力而在 DLVO 理论中 van der Waals 力为吸引力, 同时水合力为短程力而静电力为长程力, 并且在不带电荷的表面也同样存在水合力. 显而易见, 水合力在物理起源上同 DLVO 理论中的 van der Waals 力和静电力有着本质的区别.

在早期的研究工作中, 研究者普遍认为水合力的产生与亲水表面上水分子的结构有关[65]. 首先, 当一个亲水表面存在于水溶液中, 由于表面的亲水性, 表面上强烈吸附了一层或多层水分子. 这些被吸附的水分子, 以一定的规则自发地排列在此表面上. 而当另一个亲水表面逐渐接近到一定距离时 (对于磷脂双层膜为 1~3 nm), 这两个表面上的水分子会由于两表面之间相互作用从而发生构型的重新排列. 而这种表面水分子的重构又决定着短程相互作用力, 因此水合力也被划分为结构力 (structural force) 的一种. 而且 Marcelja 等[65,66] 由实验得到公式 (3-57) 和 (3-58) 中的衰减长度 λ_0 在 0.2 nm 左右, 使这些研究者进一步确定了水合力是由表面水分子重新排列时极性的相互作用引起的. 同时, 他们推测水合力的强度与水分子与表面结合的强度有关. 以上这种水合力物理起源的解释被称为 “水合机制”(hydration mechanism).

但是, 20 世纪 90 年代以来, 以 Israelachvili 为代表的一些学者对水合力的物理起源提出了全新的想法. 他们认为水合力是由两个亲水表面的突起所引起的空间上相互作用所导致的[67~69] (图 3.31). 相对于 “水合机制”, 这种水合力物理起源的解释被称为 “突起机制”(protrusion mechanism).

Israelachvili 等给出了水合力同水分子与表面相互作用无关的证据[68], 主要有:

- 除了水溶液, 其他溶液中也发现了类似水合力的以指数的形式单调上升的排斥力.
- 在某些情况下, 如卵磷脂表面, 电荷密度较高表面的水合力可能比不带电荷的表面更弱. 这与 “水合机制” 相矛盾.

- 对于比较软的表面, 分子热运动会导致表面较大的起伏 (图 3.31), 因此必定存在 "突起机制" 所引起的排斥力.
- 对于那些化学性质相似的表面, 实验所测得的式 (3-56) 中的常数 C 有很大的差别 (1~2 量级). 如果是 "水合机制" 所产生的排斥力的话, 化学性质相近的表面 C 的差别应该比较小.

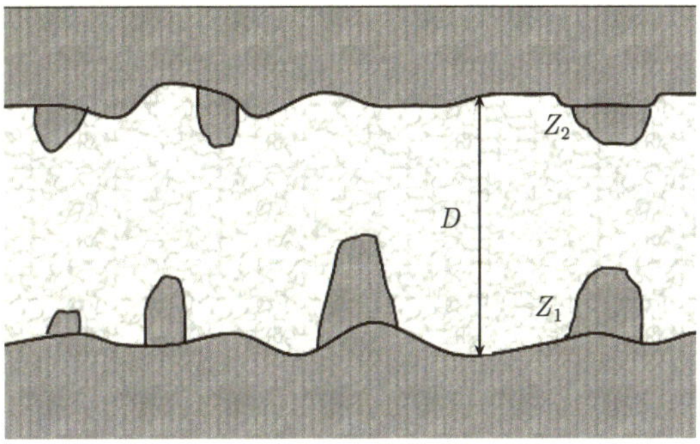

图 3.31 水合力的表面突起机制

通过以上这些证据, 可以证明 "突起机制" 在水合力物理起源中的作用, 但也无法排除 "水合机制" 在水合力物理起源中作用. 因此, 现在有一部分学者认为对于水合力的物理起源, 两种机制的可能性都是存在的. 在某些情况下, 可能是 "水合机制" 占主导地位, 而另一些情况下则是 "突起机制" 机制起主要作用. 更有可能的情况是, 两种机制同时存在, 从不同方面对水合力产生影响. Marrink 等已经从模拟的角度出发, 对两种机制并存的情况进行了研究, 而 Lipowsky 等也从理论上进行了推导[70,71].

由此可见, 对于水合力的物理起源还存在很大的争议, 因此, 这个问题也是当前水合力研究中的一个重点.

尹俊和赵亚溥通过分子动力学模拟的方法, 得到了两个 DPPC 生物膜表面间的水合力. 进一步通过 QM/MM 的方法研究了单个 DPPC 分子头基上不同水合位点的单水合和多水合作用, 得到了水合氢键的键长、键能, 并得到了打断一个水合氢键所需的作用力. 在 DPPC 分子头基发生水合作用时, 还观察到了明显的电荷转移现象[72]. 相关内容将在 6.4.3 节中予以介绍.

3.6 疏水作用 (力)

近 70 年来, 研究人员尝试对疏水作用以及疏水力有一个全面的认知[73]. 疏水力是分子之间氢键和 van der Waals 力的一种协同现象, Israelachvili 和 Pashley[74] 在水中测量了两个弯曲的疏水表面之间的疏水力得出, 在 0~10 nm 范围内疏水力呈指数衰减, 衰减长度 λ_0 大约为 1~2 nm. 一般认为疏水力随着表面疏水性的降低而衰减, 由于疏水性可以由表面能 γ 来表征, 故对于在水中的距离为 0~10 nm 的两个表面之间的疏水能可以表示为

$$w_{\text{Hyp}} = -2\gamma \mathrm{e}^{-D/\lambda_0}. \tag{3-59}$$

尽管近 20 年关于疏水力有大量的研究, 在水中以及其他水溶液中两个疏水表面之间的疏水力起源仍然没有一个深入的理解. 与水合力不同, 疏水力为吸引力、长程力.

图 3.32 为三种不同的疏水化方法处理后测得的典型力曲线[73]. 实验数据也表明大部分的疏水作用都可以与其中某一类曲线相符. 图 3.32(a) 代表了光滑的、稳定的、用化学方法进行疏水化处理的表面力曲线. 对于这种体系, 两个表面刚开始靠近的时候并没有吸引力, 当距离小于 170 Å, 会产生 “接触突跳 (jump to contact)”; 图 3.32(b) 表示的是用物理吸附的方法 (LB 方法或者分子自组装) 进行疏水化处理的表面的力曲线, 可以看出当距离减小时吸引力呈指数上升, 而且长程和短程部分的衰减指数不同, 这是由于分子的重新排列导致了表面间正负电荷的吸引. 图 3.32(c) 表示经过硅化处理接触角增大后的表面力曲线, 这种力呈陡峭台阶式变化, 一般认为这是由于先前存在相互贯通的纳米气泡. 在这三种情况中, 这种长程吸引力与疏水力只是间接有关, 比如对于光滑的 OTE (十八烷基三甲氧基硅烷) 表面, 当距离大于 150 Å 时, 就不会存在长程吸引力.

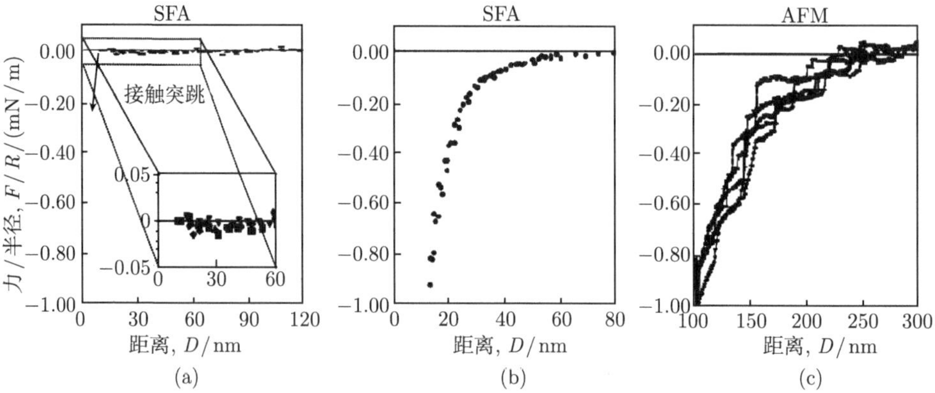

图 3.32　三种不同疏水化方法处理后表面的疏水力

疏水力与非极性分子周围的水分子结构有关. 水分子之间很容易形成氢键, 水分子和非极性分子之间则无法形成氢键. 而非极性分子可以影响周围水分子使其发生结构变化. 由于存在这样的现象, 疏水力被认为是与熵有关. 但是如同水合力一样, 疏水力的起源到目前为止还是没有一个清楚的认识. 水合力和疏水力并不是一

个简单的自然现象, 这两种力可以说是水溶液中存在的最重要, 也是认识最模糊的两种力.

3.7 空间排斥力

下面考虑链状聚合物和固体表面发生吸附的过程, 高聚物链的某一部分将和固体表面发生吸附, 高聚物的其他部分将在溶液中伸展而离开固体表面. 当不考虑溶液中分段之间的相互作用的话, 链状高聚物将最终稳定成 "无规线团 (random coil)". 这就意味着此高聚物的首尾距离发生涨落且不等于高聚物链的伸直长度. 为表征此类无规线团的链, 一般将链的首尾距离的均方值的开方 $\sqrt{\langle r_p^2 \rangle}$ 作为高聚物的尺寸, 而其均方根半径 $R_g = \sqrt{\langle r_p^2 \rangle /6}$ 称为 "回转半径".

当均吸附有高聚物的两个表面相互靠近且其末端的高聚物发生交叠 (overlap) 时, 两个表面将产生排斥 (steric) 的相互作用, 该种排斥作用来自于高聚物无规线团向各自吸附表面的压缩. 此时, 空间位型斥力的表达式为

$$F(D) = \frac{\beta k_{\mathrm{B}} T}{s^3}\left[\left(\frac{2\delta}{D}\right)^{9/4} - \left(\frac{D}{2\delta}\right)^{3/4}\right], \tag{3-60}$$

式中, D 为两个表面的间距, δ 为高聚物的层厚, s 为末端相联接的聚合物链之间的距离, β 为拟合参数.

3.8 分 离 压 力

本书中会经常提到的一个科学家的名字是 Boris Vladimirovich Derjaguin, 被认为是 20 世纪国际上最伟大的物理化学家之一. 他的名字不但和 DLVO 理论连在一起, 而且他还提出了 "分离压力 (disjoining pressure)" 的概念[75] 以及 Derjaguin 近似, Derjaguin-Broekhoff-de Boer (DBdB) 方程, 还在固体黏附接触理论中在 20 世纪 70 年代建立了 DMT 模型[76]. 所以有必要将他的生平作一简要介绍.

Derjaguin 于 1902 年 8 月 9 日出生在俄罗斯, 父亲是有名的物理学家. Derjaguin 逝世于 1994 年 5 月 16 日, 享年 92 岁. 他 1922 年在莫斯科大学物理数学系 (Physico-Mathematical Department) 毕业后, 在物理和生物物理研究所 Lasarev 院士领导下工作. 十年后即 1932 年, Derjaguin 领导的部门被划归到应用矿物学研究所, 在新研究单位他和同事 Obuchov 开始了研究分离压力的实验和理论工作.

1935 年他又到苏联科学院胶体和电化学研究所工作, 后来该所又被更名为 "物理化学研究所", 直到去世, 他一直在该所工作.

1936 年 Derjaguin 和同事 Obuchov 发表了有关分离压力的工作[75], 他们测量浸在水中的两个涂有云母平坦亲水表面的相互作用力时, 测得到了压力和平衡距离之间的关系式. 他们所测得的两个云母表面之间的相互作用是排斥力, 因此, 他们将该种作用命名为 “分离压力”. 他们认为, 这种排斥力的来源是溶剂化排斥力和静电排斥, 他们在测量中所施加的压力在 4~200 g/cm^2, 而两云母界面之间的平衡距离在 1 μm 到 40 nm 之间.

分离压力是有效界面势 $W(h) = \gamma_{lv} + \gamma_{sl} - \gamma_{sv}$ 随着液膜厚度 h 的变化, 驱动着液膜润湿 (或者去润湿) 过程[77,78]

$$\Pi(h) = \left(\frac{\mathrm{d}W(h)}{\mathrm{d}h}\right)_{T,V,A}, \tag{3-61}$$

其中温度、体积和表面积在求导过程中保持不变. 有效界面势 $W(h)$ 来源于液膜分子和液体分子能量的差别, 是单位面积液膜的过剩自由能. 如果液膜分子和固体表面的吸引力比液体分子之间的吸引力大, 此时 $W(h) > 0$. 这样, 在 $\Pi(h) > 0$ 区域内的液膜增厚以降低能量, 而在 $\Pi(h) < 0$ 区域的液膜减薄以降低能量. 下面给出两个例子.

例 1　如图 3.33 所示是 Derjaguin 和 Kussakov 于 1939 年研究的液膜所形成的气泡在分离压力和 Laplace 压力作用下的平衡问题, 液膜和固体表面之间的分离压力直接和 Laplace 压力平衡, 即分离压力等于 Laplace 压力.

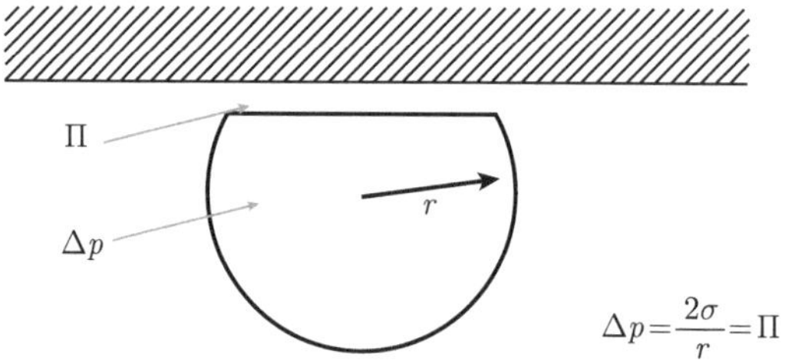

图 3.33　靠近固壁气泡和壁面之间的分离压力

例 2　对于如图 3.34 所示的亲水表面, 液体将在表面张力的作用下爬升一定的高度. 在爬升高度 h 处的分离压力为 $\Pi(h) = \rho g h$.

从分子间相互作用出发, 分离压力主要来源于三个组成部分：$\Pi = \Pi_{\mathrm{vdW}} + \Pi_{\mathrm{EDL}} + \Pi_{\mathrm{structure}}$，其中, Π_{vdW} 是 vdW 相互作用引起的、Π_{EDL} 是电荷相互作用、$\Pi_{\mathrm{structure}}$ 则是结构化力引起的相互作用. Π_{vdW} 是长距吸引力, 对于微尺度液滴铺展、薄膜的稳定性至关重要. Π_{EDL} 是长距排斥力, 对于有电荷或者电场的系统有效. $\Pi_{\mathrm{structure}}$ 是短距的排斥力 (几个纳米以内), 对于固–液界面的性质起重要作用.

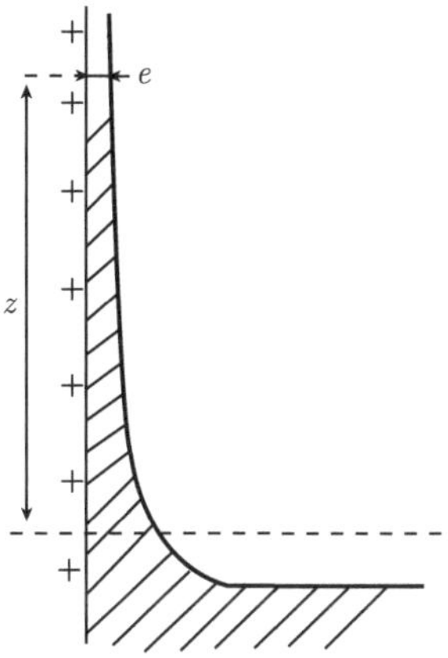

图 3.34 液面沿亲水固壁爬升中的分离压力

分离压力的应用十分广泛, 在以后多个章节 (如 7.5, 8.2, 10.2 节等) 中, 在纳微米尺度, 将应用分离压力对接触角方程、Laplace 方程以及 Kelvin 等方程进行修正.

3.9 Knudsen 力

Knudsen 力, 也称为辐射力 (radiometric force)[79], 在历史上被很多著名学者关注和研究过[80,81], 近年来 Knudsen 力受到广泛关注的原因之一就是 MEMS 和 NEMS 的迅猛发展[82]. Knudsen 力表征的是存在温度梯度的环境中, 气体分子与研究对象上下表面碰撞的动量交换的差异所引起的在研究对象上的作用力. 如图 3.35 所示, 梁和固体基底的温度不同, 从而导致梁的下表面附近的温度梯度要大于其上表面附近的温度梯度. 考虑与上下表面的距离均为一倍的平均分子自由程 (mean free path) 的两个气体分子, 分别于梁的上下表面发生碰撞. 由于温度梯度的差异, 与下表面碰撞的分子获得较少的动量. 因此, 从单次碰撞来看, 传递给梁的总动量将沿 y 轴的负方向. 但实际上, 梁将向上运动, 因为需要考虑单位时间内与梁上下表面碰撞的气体分子总数的差异[83].

Knudsen 数 Kn 是气体分子平均自由程 λ 与研究体系的特征尺度 L 之比. 它表征的是不同压强范围内, 气体分子间碰撞与气体分子与壁面间碰撞的竞争关系. 可以写为

$$\mathrm{Kn} = \frac{\lambda}{L} = \frac{\eta}{PL}\sqrt{\frac{\pi RT}{2M_m}}, \tag{3-62}$$

其中, η 是气体的黏度系数, M_m 是气体分子质量, P 和 T 分别为压强和绝对温度, $R = k_\mathrm{B}N_\mathrm{A}$ 是普适气体常数, k_B 是 Boltzmann 常数, N_A 是 Avogadro 常数. 根据 Kn 的大小, 可以将气体流动划分为：自由分子流 (free molecular flow, Kn>10)、

过渡流 (transitional flow, 0.1<Kn<10)、滑移流 (slip flow, 0.01<Kn<0.1)、连续流 (continuum flow, Kn<0.01)[84].

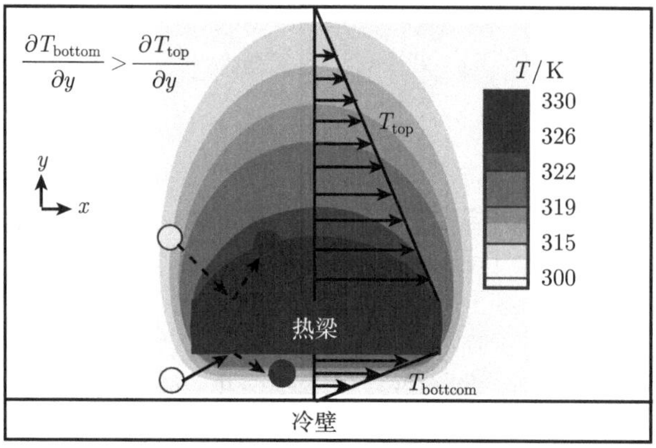

图 3.35　Knudsen 力的产生机制示意图[83]

Knudsen 指出[85]: 对自由分子流, 低压下气体的稳态条件为热流动和压强流动相互平衡, 即

$$\frac{P(x_1)}{P(x_2)} = \sqrt{\frac{T(x_1)}{T(x_2)}}, \tag{3-63}$$

其中, $x_i\,(i=1,2)$ 是气体中的两点位置. $P/\sqrt{T}$ 被称为热发散不变量 (thermal transpiration invariant).

如果存在温度梯度, 气体分子的速度分布不再满足 Maxwell 分布, 也不再具有严格的各向同性. Wu 修正了 Knudsen 提出的不变量[86], 引入了一个函数 $I(x)$ 来表征与各向同性分布相比的偏差, 并给出了新的热发散不变量为

$$K = \frac{\zeta P(x) I(x)}{\sqrt{T(x)}}, \tag{3-64}$$

其中 ζ 是热容比.

考虑图 3.36 所示的悬臂梁的受力情况, 悬臂梁和基底的温度分别为 T_c 和 T_s, 间距为 d, 且 $d \ll \lambda$. T_r 是气体温度. x_1, x_2, x_3 分别表示远离温度梯度的各向同性区域、悬臂梁与基底之间的区域, 以及悬臂梁上表面附近区域[87]. 如果已知 x_1 处的压强、温度等信息及各处的各向同性分布差异, 则根据

$$\frac{P(x_1) I(x_1)}{\sqrt{T(x_1)}} = \frac{P(x_2) I(x_2)}{\sqrt{T(x_2)}} = \frac{P(x_3) I(x_3)}{\sqrt{T(x_3)}}, \tag{3-65}$$

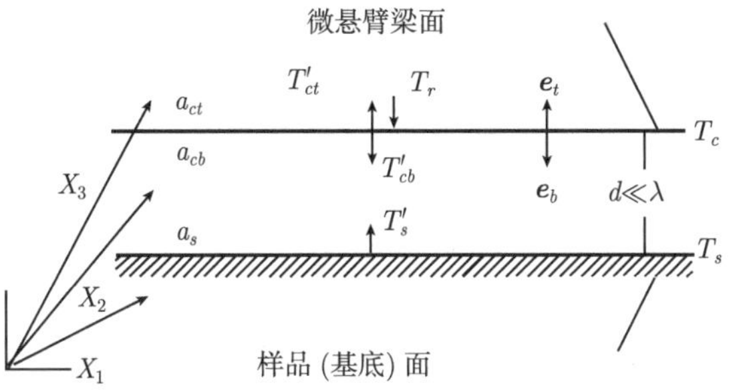

图 3.36 Knudsen 力计算模型示意图

可以计算悬臂梁所受到的 Knudsen 力为[88]

$$\boldsymbol{F} = \oint \underline{\underline{P}} \cdot \mathrm{d}\boldsymbol{S} = \left[P\left(x_2\right)\boldsymbol{e}_b + P\left(x_3\right)\boldsymbol{e}_t\right]\Delta S, \tag{3-66}$$

其中, $\boldsymbol{e}_b$ 和 $\boldsymbol{e}_t$ 分别是悬臂梁上下表面的单位法向量 $\underline{\underline{P}}$ 是悬臂梁表面处的压强分布张量, $\mathrm{d}\boldsymbol{S}$ 表示悬臂梁表面的面积微元矢量, ΔS 是悬臂梁上下表面与气体环境的接触面积.

通过对两个平板间的扩散散射的能量流 (energy fluxes in a diffuse scattering) 的平衡分析, Knudsen 引入两个反向运动的分子流 (opposite moving streams of molecules), 计算了平板的热传导 (heat conduction)[85]. 根据调节系数 (accommodation coefficient) 的定义, 单位面积的力可以计算为[87,88]

$$F = gP_r, \tag{3-67}$$

其中, g 是一个无量纲的函数, 形式为

$$g = \frac{1}{2}\left[\sqrt{\frac{a_s\tau_s + a_{cb}\left(1-a_s\right)\tau_c}{a_s + a_{cb}\left(1-a_s\right)}} + \sqrt{\frac{a_{cb}\tau_s + a_s\left(1-a_{cb}\right)\tau_c}{a_s + a_{cb}\left(1-a_s\right)}} + \sqrt{1-a_{ct}\left(1-\tau_c\right)} - 1\right], \tag{3-68}$$

其中 $\tau_s = T_s/T_r$, $\tau_c = T_c/T_r$, P_r, T_r 是气体的压强和温度. a 为调节系数, 下标 s, cb, ct 分别表示基底 (subtrate), 悬臂梁下表面 (bottom surface of the cantilever), 悬臂梁上表面 (top surface of the cantilever). $a = 1$ 和 $a = 0$ 分别表示入射气体分子的完全漫反射以及完全镜面反射, 入射前后气体分子温度不变.

Nabeth 等给出了 Knudsen 力的另外一种计算公式[83,89]

$$F_{\mathrm{Kn}} = C_{\mathrm{Kn}}\rho R\Delta Tb, \tag{3-69}$$

其中, F_{Kn} 是单位长度上的 Knudsen 力, C_{Kn} 是 Knudsen 力系数, ρ 是温度为 T_0 时的气体密度, R 是普适气体常数, ΔT 是悬臂梁和基底之间的温度差, t 和 b 分别是

悬臂梁的厚度和宽度, 则有

$$C_{\mathrm{Kn}}=\frac{F_{\mathrm{Kn}}}{\rho R\Delta Tb}=f\left(\frac{T_0}{\Delta T},\mathrm{Kn},\frac{t}{d},\frac{b}{d},\zeta,a\right), \tag{3-70}$$

d 是悬臂梁与基底之间的距离, 如前 ζ 是热容比, a 是气体的调节系数. 可以看出, Knudsen 力的主要影响因素有: 压强、几何形状、温度梯度等[89].

Passian 等[88,90] 开展了针对加热的微悬臂梁受到的 Knudsen 力的实验研究. 其实验装置如图 3.37 所示. 实验中采用的 U 型微悬臂硅梁的整体宽度为 500 μm, 长度为 263 μm, 厚度为 2 μm, 如图 3.38 所示. 悬臂梁与基底之间的初始间距为 2 μm. 实验过程中通过监测悬臂梁与基底间电容的变化以得到悬臂梁的弯曲变形. 通过激光对悬臂梁进行加热.

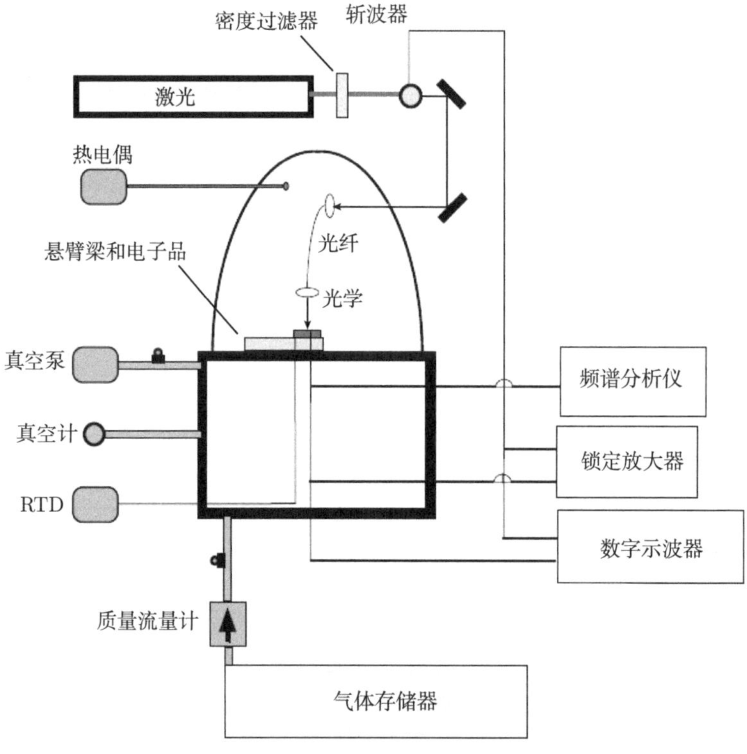

图 3.37　实验装置示意图[88]

Zhu 和 Ye 基于直接模拟 Monte Carlo (DSMC) 方法得到了负的 Knudsen 力[82,91]. Nabeth 等通过数值求解基于椭圆统计 BGK (ellipsoidal statistical Bhatnagar-Gross-Krook, ESBGK) 碰撞模型的二维准定常 Boltzmann 动力学方程 (2D quasisteady Boltzmann kinetic equation), 详细地研究了 Knudsen 力的机制及其幅值,

并和实验结果进行了对比[83,89].

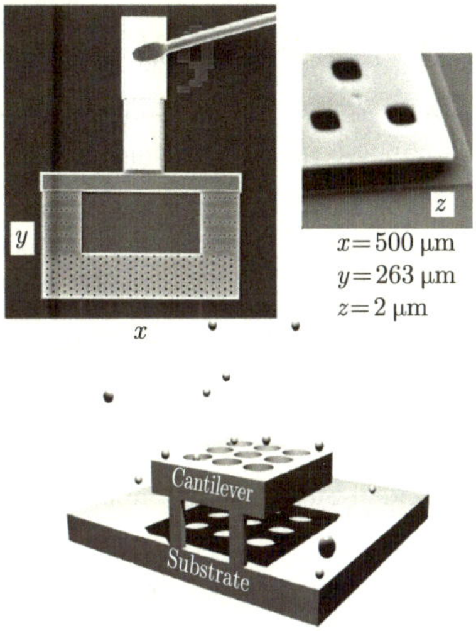

图 3.38 实验用到的微悬臂梁的示意图[90]

3.10 讨　　论

3.1.3 节中所谈到的 DLVO 理论的发展过程受到了第二次世界大战的影响. 其理论发展过程耐人寻味. 众所周知, Derjaguin 和 Landau 是两位苏联科学家, 而 Verwey 和 Overbeek 则是两位荷兰学者. 发展简史是: 二战前苏联和荷兰的两个组还知道对方的研究进展, 直到二战爆发, 两个团队的交流因此完全中断. 两个组都解决了所涉及的主要问题, 但彼此不知晓对方的具体进展情况. 直到二战结束交流恢复后, 彼此发现对该理论解决的关键步骤是一致的, 但表达方式却很不相同. 双方对该理论发现的优先权发生了争论 (dispute), 但最终以该模型命名为 DLVO 达成一致.

正如 3.1.3 节讨论过的, 胶体的稳定理论中, DLVO 力包括吸引力 van der Waals 力和排斥力 EDL; 而非 DLVO 力 (non-DLVO forces) 包括两种排斥力: 溶剂化力 (水合力) 和空间位型排斥力, 还包括一种吸引力: 疏水相互作用. 这些非 DLVO 力在胶体的稳定分析中有时需要考虑.

参 考 文 献

[1] De Boer J. Van der Waals in his time and the present revival opening address. Physica, 1974, 73: 1–27.

[2] Israelachvili J N. Intermolecular and surface forces (3rd edition). New York: Elsevier, 2011.

[3] 徐光宪, 黎乐民, 王德民. 量子化学. 上册. 第二版. 北京：科学出版社, 2007.

[4] 芶清泉. 固体物理学简明教程. 北京：人民教育出版社, 1978.

[5] Keesom W H. On the deduction of the equation of state from Boltzmann's entropy principle// Communications Physical Laboratory University of Leiden Supplement (Onnes H K ed.), Supplement 24A to No. 121–132, 3–20. Leiden: Eduard Ijdo Printer, 1912.

[6] Keesom W H. On the deduction from Boltzmann's entropy principle of the second virial-coefficient for material particles (in the limit rigid spheres of central symmetry) which exert central forces upon each other and for rigid spheres of central symmetry containing an electric doublet at their centers//Onnes H K. Communications Physical Laboratory University of Leiden Supplement. Supplement 24B to No. 121–132, 23–41. Leiden: Eduard Ijdo Printer, 1912.

[7] Keesom W H. On the second virial coefficient for di-atomic gases//Onnes H K. Communications Physical Laboratory University of Leiden Supplement. Supplement 25 to No. 121-132, 3–19. Leiden: Eduard Ijdo Printer, 1912.

[8] Keesom W H. On the second virial coefficient for monatomic gases and for hydrogen below the boyle-point//Onnes H K. Communications Physical Laboratory University of Leiden Supplement. Supplement 24A to No. 121–132, 3–9. Leiden: Eduard Ijdo Printer, 1912.

[9] Debye P J W. Die van der Waalsschen kohäsionskräfte. Physikalische Zeitschrift, 1920, 21: 178–87.

[10] Debye P J W. Molekularkräfte und ihre elektrische deutung. Physikalische Zeitschrift, 1921, 22: 302–308.

[11] London F. Zur Theorie und systematik der molekularkräfte. Zeitschrift für Physik, 1930, 63: 245–279.

[12] London F. Über einige eigenschaften und anwendungen der molekularkräfte. Zeitschrift für Physikalische Chemie, 1930, B11: 222–251.

[13] Von Eisenschitz R, London F. Über das Verhätnis der van der Waalsschen kräte zu den homöpolaren bindungskräten. Zeitschrift für Physik, 1930, 60: 491–527.

[14] Hamaker H C. The London-van der Waals attraction between spherical particles. Physica, 1937, 4: 1058–1072.

[15] Dzyaloshinskii I E, Lifshitz E M, Pitaevskii L P. The general theory of van der Waals forces. Advances in Physics, 1961, 10: 165–209.

[16] Zhao Y P, Guo L Y, Yin J, Dai W. Surface forces, surface energy, and adhesion of SAMs and superhydrophobic films: Relevance to tribological phenomena//Biresaw G, Mittal K L. Surfactants in Tribology, 133–171. New York: CRC Press, 2008.

[17] Kitahara A, Watanabe A. Electrical phenomena at interfaces. New York: Marcel Dekker, 1984.

[18] Derjaguin B V. Friction and adhesion. IV. The theory of adhesion of small articles. Kolloid Zeitschrift, 1934, 69: 155–164.

[19] Casimir H B G. On the attraction between two perfectly conducting plates. Proceedings of the Koninklijke Nederlandse Akademie van Wetenschappen, 1948, 51: 793–796.

[20] Casimir H B G, Polder D. The influence of retardation on the London-van der Waals forces. Physical Review, 1948, 73: 360–372.

[21] Casimir H B G. Some remarks on the history of the so called Casimir effect//Bordag M. The Casimir Effect 50 Years Later, Proceedings of the Fourth Workshop on Quantum Field Theory under the Influence of External Conditions, 3–9. Singapore: World Scientific, 1999.

[22] Bordag M, Mohideen U, Mostepanenko V M. New developments in the Casimir effect. Physics Reports, 2001, 353: 1–25.

[23] Buks E, Roukes M L. Stiction, adhesion energy, and the Casimir effect in micromechanical systems. Physical Review B, 2001, 63: 033402.

[24] Emig T, Buscher R. Towards a theory of molecular forces between deformed media. Nuclear Physics B, 2004, 696: 468–491.

[25] Emig T, Hanke A, Golestanian R, Kardar M. Normal and lateral Casimir forces between deformed plates. Physical Review A, 2003, 67: 022114.

[26] Harris B W, Chen F, Mohideen U. Precision measurement of the Casimir force using gold surfaces. Physical Review A, 2000, 62: 052109.

[27] Kenneth O, Klich I, Mann A, Revzen M. Repulsive Casimir forces. Physical Review Letters, 2002, 89: 033001.

[28] Lambrecht A. The Casimir effect: a force from nothing. Physics World, 2002, 15: 29–32.

[29] Lin W H, Zhao Y P. Stability and bifurcation behavior of electrostatic torsional NEMS varactor influenced by dispersion forces. Journal of Physics D: Applied Physics, 2007, 40: 1649–1654.

[30] Mohideen U, Roy A. Precision measurement of the Casimir force from 0.1 to 0.9μm. Physical Review Letters, 1998, 81: 4549–4552.

[31] Roy A, Lin C Y, Mohideen U. Improved precision measurement of the Casimir force. Physical Review D, 1999, 60: 111101.

[32] Klimchitskaya G L, Mohideen U, Mostepanenko V M. Nonadiabatic transitions in multilevel systems. Physical Review A, 2000, 61: 062104.

[33] Buks E, Roukes M L. Quantum physics: Casimir force changes sign. Nature, 2002, 419: 119–120.

[34] Helmholtz H. Ueber einige Gesetze der Vertheilung elektrischer Ströme in körperlichen Leitern mit Anwendung auf die thierisch-elektrischen Versuche. Annalen der Physik, 1853, 165: 211–233.

[35] Gouy G. Constitution of the electric charge at the surface of an electrolyte. Journal de Physique, 1910, 9: 457–468.

[36] Chapman D L. A contribution to the theory of electrocapillarity. Philosophical Magazine, 1913, 6: 475–481.

[37] Stern O. Zuer theorie der electrolytischen doppelschicht. Z Electrochem, 1924, 30: 508–516.

[38] Debye P, Hückel E. The theory of electrolytes. (I) Lowering of freezing point and related phenomena. Physikalische Zeitschrift, 1923, 24: 185–206.

[39] 陆坤全, 刘寄星. 软物质物理导论. 北京：北京大学出版社, 2006.

[40] Taylor B. Concerning the ascent of water between two glass planes. Philosophical Transactions of the Royal Society London, 1712, 27: 538.

[41] Hondros E D. Reflections on the 'Tears of wine' phenomena in materials. European Review. 1993, 1: 231–242.

[42] Thomson J. On certain curious motions observable on the surfaces of wine and other alcoholic liquors. Philosophical Magazine, 1855, 10: 330–333.

[43] Marangoni C. On the expansion of a drop of liquid floating in the surface of another liquid. PhD thesis, University of Pavia, 1865.

[44] Fournier J B, Cazabat A M. Tears of wine. Europhysics Letters, 1992, 20: 517–522.

[45] Vuilleumier R, Ego V, Neltner L, Cazabat A M. Tears of wine: the stationary state. Langmuir, 1995, 11: 4117–4121.

[46] Hosoi A E, Bush J W M. Evaporative instabilities in climbing films. Journal of Fluid Mechanics, 2001, 442: 217–239.

[47] Kralchevsky P A, Denkov N D. Capillary forces and structuring in layers of colloid particles. Current Opinion in Colloid & Interface Science, 2001, 6: 383–401.

[48] Zhao Y P. Stiction and anti-stiction in MEMS and NEMS. Acta Mechanica Sinica, 2003, 19: 1–10.

[49] Butt H J, Kappl M. Normal capillary forces. Advances in Colloid and Interface Science, 2009, 146: 48–60.

[50] Wei Z, Zhao Y P. Growth of liquid bridge in AFM. Journal of Physics D: Applied Physics, 2007, 40: 4368–4375.

[51] Denkov N D, Velev O D, Kralchevsky P A, Ivanov I B, Yoshimura H, Nagayama K. Two-dimensional crystallization. Nature, 1993, 361: 26.

[52] Kralchevsky P A, Nagayama K.Capillary forces between colloidal particles. Langmuir, 1994, 10: 23–36.

[53] Adachi E, Dimitrov A S, Nagayama K. Stripe patterns formed on a glass surface during droplet evaporation. Langmuir, 1995, 11: 1057–1060.

[54] Ohara P C, Heath J R, Gelbart W M. Self-assembly of submicrometer rings of particles from solutions of nanoparticles. Angewandte Chemie International Edition, 1997, 36: 1078–1080.

[55] Ohara P C, Gelbart W M. Interplay between hole instability and nanoparticle array formation in ultrathin liquid films. Langmuir, 1998, 14: 3418–3424.

[56] Voise J, Schindler M, Casas J, Raphaël E. Capillary-based static self-assembly in higher organisms. Journal of Royal Society Interface, 2011, 8: 1357–1366.

[57] Rothemund Paul W. K. Using lateral capillary forces to compute by self-assembly. Proceedings of the National Academy of Sciences of the United States of America, 2000, 97: 984–989.

[58] Asakura S, Oosawa F. Surface tension of high-polymer solutions. Journal of Chemical Physics, 1954, 22: 1255.

[59] Asakura S, Oosawa F. Interaction between particles suspended in solutions of macromolecules. Journal of Polymer Science, 1958, 33: 183–192.

[60] Marenduzzo D, Finan K, Cook P R.The depletion attraction: an underappreciated force driving cellular organization. Journal of Cell Biology, 2006, 175: 681–686.

[61] Jendrasiak G L. The hydration of phospholipids and its biological significance. Journal of Nutritional Biochemistry, 1996, 7: 599–609.

[62] Langmuir I. The role of attractive and repulsive forces in the formation of tactoids, thixotropic gels, protein crystals and coacervates. Journal of Chemical Physics, 1938, 6: 873–896.

[63] Yang C Y, Zhao Y P. Influences of hydration force and elastic strain energy on stability of solid film in very thin solid-on-liquid structure. Journal of Chemical Physics, 2004, 120: 5366–5376.

[64] Essmann U, Perera L, Berkowitz M L. The origin of the hydration interaction of lipid bilayers from MD simulation of dipalmitoylphosphatidylcholine membranes in gel and liquid crystalline phases. Langmuir, 1995, 11: 4519–4531.

[65] Marcelja S, Radic N. Repulsion of interfaces due to boundary water. Chemical Physics Letters, 1976, 42: 129–130.

[66] Schiby D, Ruckenstein E. The role of the polarization layers in hydration forces. Chemical Physics Letters, 1983, 95: 435–438.

[67] Israelachvili J, Wennerstrom H. Hydration in electrical double layers. Nature, 1996, 379: 219–225.

[68] Israelachvili J, Wennerstrom H. Hydration or steric forces between amphiphilic surfaces. Langmuir, 1990, 6: 873–876.

[69] Israelachvili J, Wennerstrom H. Entropic forces between amphiphilic surfaces in liquids. Journal of Physical Chemistry, 1992, 96: 520–524.

[70] Lipowsky R, Grotehans S. Hydration vs. Protrusion forces between lipid bilayers. Europhysics Letters, 1993, 23: 599–604.

[71] Lipowsky R, Grotehans S. Renormalization of hydration forces by collective protrusion modes. Biophysical Chemistry, 1994, 49: 27–37.

[72] Yin J, Zhao Y P. Hybrid QM/MM simulation of the hydration phenomena of dipalmitoylphosphatidylcholine headgroup. Journal of Colloid and Interface Science, 2009, 329: 410–415.

[73] Meyer E E, Rosenberg K J, Israelachvili J. Recent progress in understanding hydrophobic interactions. Proceedings of the National Academy of Sciences of the United States of America, 2006, 103: 15739–15746.

[74] Israelachvili J N, Pashley R. The hydrophobic interaction is long-range, decaying exponentially with distance. Nature, 1982, 300: 341–342.

[75] Derjaguin B, Obuchov E. Ultramicrometric analysis of solvate layers and elementary expansion effects. Acta Phys. Chim., 1936, 5: 1–22.

[76] Derjaguin B V, Muller V M, Toporov Y P. Effect of contact deformations on the adhesion of particles. Journal of Colloid and Interface Science, 1975, 53: 314–325.

[77] Derjaguin B V. Definition of the concept of, and the magnitude of the disjoining pressure and its role in the statics and kinetics of thin layers of liquids. Kolloidnyi Zhurnal, 1955, 17: 191–197.

[78] Derjaguin B V, Churaev N V, Muller V M. Surface forces. New York: Consultants Bureau, 1987.

[79] Loyalka S K. Knudsen forces in vacuum microbalance. Journal of Chemical Physics, 1977, 66: 4935–4940.

[80] Poulis J A, Pelupessy B, Massen C H, Thomas J M. Longitudinal Knudsen forces. Journal of Scientific Instruments, 1964, 41: 295–301.

[81] Poulis J A, Massen C H, Thomas J M. Longitudinal knudsen forces II. Journal of Scientific Instruments, 1966, 43: 234–237.

[82] Zhu T S, Ye W J. Origin of Knudsen forces on heated microbeams. Physical Review E, 2010, 82: 036308.

[83] Nabeth J S, Chigullapalli S, Alexeenko A A. Quantifying the Knudsen force on heated microbeams: a compact model and direct comparison with measurements. Physical Review E, 2011, 83: 066306.

[84] Karniadakis G E M, Beskok A. Micro flows: fundamentals and simulation. New York: Springer-Verlag, 2001.

[85] Knudsen M. The Kinetic theory of gases. London: Methuen, 1950.

[86] Wu Y. Theory of thermal transpiration in a Knudsen gas. Journal of Chemical Physics, 1968, 48: 889–894.

[87] Passian A, Wig A, Meriaudeau F, Ferrell T L, Thundat T. Knudsen forces on microcantilevers. Journal of Applied Physics, 2002, 92: 6326–6333.

[88] Passian A, Warmack R J, Wig A, Farahi R H, Meriaudeau F, Ferrell T L, Thundat T. Observation of Knudsen effect with microcantilevers. Ultramicroscopy, 2003, 97: 401–406.

[89] Nabeth J S, Chigullapalli S, Alexeenko A A. What determines Knudsen force at the microscale. AIP Conference Proceedings, 2011, 1333: 754–759.

[90] Passian A, Warmack R J, Ferrell T L, Thundat T. Thermal transpiration at the microscale: a Crookes cantilever. Physical Review Letters, 2003, 90: 124503.

[91] Zhu T S, Ye W J, Zhang J. Negative Knudsen force on heated microbeams. Physical Review E, 2011, 84: 056316.

第4章　Cauchy-Born 准则与 Green-Kubo 理论

研究具有复杂物性物质的运动, 必然联系到比以前我们习用的弹性力学方程式、纳维-斯托克斯 (Navier-Stokes) 方程式以及流变学的一些方程式更复杂得多的基本方程. 我们建立了这些宏观的方程式后, 还该仔细地看一看跟热力学、跟力学的基本定理有没有不符合的地方. 如果跟热力学、跟力学的基本定理有不符合的, 这个方程式当然是不对的, 不能用. 我们需要这样一个把关的工作, 这就是理性力学的任务. 它是有十分重要的实际意义的. 理性力学就是连续介质力学的基础理论.

我认为, 从事理性力学这样一类能概括地提高我们认识的科学研究, 不但重要, 也是一种精神享受. 我们的享受来源于感到自己站得更高了, 能洞察事物的本质了, 不单是知其所以然, 而且是透彻地知其所以然了. 这样的科学工作是很有用处的, 它使我们提高认识, 不是在那些枝枝节节的问题上钻进去拔不出来. 已故的物理大师沃尔夫刚 · 泡利受到推崇, 也是这个缘故.

—— 钱学森, 现代力学, 在 1978 年全国力学规划会议上的发言

本章作为表面与界面物理力学重要的基础知识, 将主要讨论两个基本问题: ① 联系固体微观原子尺度变形和宏观连续体变形的基本运动学关系, 也就是 Cauchy-Born 准则; ② 输运性质的 Green-Kubo 线性响应理论.

4.1　Cauchy-Born 准则的起源初探

在固体的跨尺度和准连续 (quasi-continuum) 模型建立以及计算中, 一个十分基本的问题是如何将微观尺度和宏观尺度建立联系. Cauchy-Born 准则 (rule), 也称为 Cauchy-Born 假设 (hypothesis)、Cauchy-Born 约束 (constraint), 或者简单地称为 Born 准则, 它建立了微观尺度和宏观尺度变形之间的联系. Cauchy-Born 准则主要说明的是, 在晶体变形中, 晶格的变形可以用其对应的宏观局部晶体的变形梯度 (deformation gradient) 进行变形操作.

由此可见, 通过 Cauchy-Born 准则这样一个运动学假设, 将微观原子尺度的变形和宏观连续体的变形建立起联系, 考虑原子间相互作用势, 并运用连续化、均匀

化手段, 宏观晶体的应变能密度可以表示为原子间相互作用势的函数. 因此, 宏观的物理量中包含着微观原子间势函数信息, 这就为建立原子–连续模型奠定了基础. 并且, 基于该准则所建立的跨尺度计算, 既避免了分子动力学只能计算有限体系和有限时间的局限, 又避免了在有限元计算中基于经验本构所导致的原子尺度信息的丢失.

Cauchy-Born 准则的最初思想来源于数学和力学的先驱 A. L. Cauchy (1789~1857) 和 1954 年诺贝尔物理学奖得主 M. Born (1882~1970) 的杰出工作. 弹性力学家 A. E. H. Love 在其经典名著[1] 中指出, 19 世纪 20 年代后期, Cauchy 假设固体中的微观粒子具有和宏观固体完全相同的变形模式, 且粒子有相同的质量, 粒子之间有距离相关的相互作用[2~5]. 正如文献 [6] 详细考证的那样, 与 Cauchy 同时代的许多法国学者, 包括著名的力学家 C. L. Navier (1785~1836), S. D. Poisson (1781~1840), A. J. C. B. de Saint-Venant (1797~1886) 都尝试用基于分子相互作用的学术思想建立固体的弹性理论和流体的控制方程[7]. 作为著名数学力学家 P. S. Laplace 的关门弟子, Poisson 对于弹性理论的兴趣主要来源于对分子理论的热衷[6]. 早在 1814 年, Poisson 就提出了针对二维板振动的分子理论, 他将板简化成二维分子阵列 (two-dimensional array of molecules), 通过对某给定分子周围发生位移分子所施加力的求和, 计算了对给定分子的恢复力. Navier 考虑到 Poisson 弹性板方程中边界条件仍然存在疑问, 他希望寻找一种新的方法导出边界条件. 在 1821~1822 年期间, Navier 通过结合考虑 Lagrange 虚位移原理和 Poisson 的分子理论, 得到了弹性固体平衡和运动的一般理论. 很快, Navier 又将这种方法运用到流体力学, 讨论了黏性流体的运动方程. 或许是受到 Navier 研究报告的激励, Poisson 很快又回到了该领域. 1828 年 Poisson 向法国科学院提交了他关于弹性体平衡和运动的研究报告. 他的研究报告也从分子间相互作用的理论出发, 导出了弹性体的运动方程. 但是在某种程度上, Poisson 的工作被认为是 Navier 工作的重复, 因为他们的目的都是通过叠加短程的分子相互作用得到普遍的方程和边界条件, 只是他们的假设和方法不同. 但是 Poisson 在他的研究报告中宣称他是第一个真正提出弹性体分子理论的人. 值得指出的是, 当时弹性力学分子理论的这个领域中十分活跃, 竞争也非常激烈, 以至于 Cauchy 认为直接将其计算草稿寄存在法兰西科学院供同行查阅以保证其理论的优先权是十分必要的[7]. Poisson 和 Cauchy 的弹性理论的主要区别在于他们对分子的简化, Poisson 将分子简化为 “胞体 (corpuscle)”, 而 Cauchy 则将分子简化成 “不能伸长的点 (point without extension)”[8].

基于宏观理论的 Cauchy 关系尽管具有不可比拟的优美和严谨 (with incomparable elegance and rigor), 和 Cauchy 同时代的弹性力学家们虽然接受了基于宏观和连续理论的 Cauchy 应力的理论, 但在他们的眼中, 弹性力学的真正基础只能是基于分子理论的 (the true foundation of elasticity had to be molecular)[6]. 文献 [6] 认为, Cauchy 给出了当时最为完备和严格的弹性力学的分子理论 (the most complete and rigorous molecular theory of elasticity).

19 世纪 20 年代以 Navier、Poisson 和 Cauchy 为代表的弹性力学的分子理论法国学派[8] 的理论模型的最大问题出在针对各向同性体只包含一个弹性常数, 其根源在于按照当时的认知水平, 他们对于分子模型的过度简化, 认为分子之间的作用力仅仅是距离的函数, 当时还不知道分子之间的作用力和其角度有关. 随着实验精度的提高, 越来越多的实验表明, 各向同性弹性体的弹性常数不止一个. 当时即使著名学者 Lamé、Clapeyron 和 Saint-Venant 都认为 Navier、Poisson 和 Cauchy 弹性力学的分子理论 "如此优美和准确 (so elegance and precise)", 问题出在哪里呢?

1839 年英国学者 G. Green 应用连续模型建立了含有两个弹性常数的各向同性弹性模型[9], 他假设弹性力用一个 "势" 来刻画[8]. 但 Green 的连续模型并没有很快得到法国学派的承认.

19 世纪 40 年代, 法国物理学家 A. Bravais (1811~1863) 有关结晶学的研究成果成为弹性力学理论研究的重要转折点. Bravais 给出了三维晶体原子排列的所有 14 种不同空间格子类型, 后来被称为 Bravais 点阵, 他还首次将群论的概念应用到晶体学, 为固体物理学的发展作出了奠基性的贡献. 他的相关理论总结于专著[10] 中. Bravais 的工作也表明, Cauchy 和 Poisson 所采用的简单化的 "体点 (body-point)" 分子模型是不合适的, 而应该应用 "多面体" 模型, 即分子之间的相互作用不但和距离有关, 而且还和其方向有关.

德国物理学家和力学家 W. Voigt (1850~1919) 是学矿物和晶体学专业的. 他的杰出贡献之一是, 在 1898 年引入了张量的现代应用形式[11], 被称为 "Voigt 标记法 (notation)". Voigt 在弹性理论方面的奠基性贡献是在他的专著[12] 中, 建立了既汲取 Cauchy、Navier 和 Poisson 的分子理论的优点, 又吸收了 Green 的基于势函数的连续体模型的长处的所谓 "Voigt 分子模型"[8]. 在该模型中, Voigt 采用了代表体积元 (representative volume element, RVE) 方法, 所采用的体积单元既足够小以应用微分的概念和方法, 又足够大以使该体积单元中包含充分多的粒子[8]. Voigt 的另外一个奠基性贡献是给出了晶体材料弹性常数的对称性[8]

$$C_{hk}^{mn} = C_{hk}^{nm} = C_{kh}^{mn} = C_{kh}^{nm},$$

该种对称性一般被广泛地称为 "Voigt 对称性"[13].

1915 年, Born 在简单晶格和复杂晶格中继续讨论了微观原子尺度的变形和宏观连续体之间联系的问题[14]. Born 假设晶格的变形和宏观晶体的变形完全一致, 晶格发生变形后仍然保持完整的晶格结构[15], 并且假定这种变形是均匀的, 在数学上通过一个线性齐次变换表示晶格中粒子坐标的变化. 在此基础上 Born 还假定晶格粒子以中心力相互作用. 同样, Born 也得到能量密度关于粒子间势能的函数关系, 并且得到了普遍的弹性应力和弹性应变的线性关系.

Ericksen[16] 于 1984 年有关晶体变形中 Cauchy 和 Born 假设的讨论引起了相关学术界对 Cauchy-Born 准则或假设的兴趣和后续研究[17~61].

4.2 经典 Cauchy-Born 准则

4.2.1 变形梯度张量与经典的 Cauchy-Born 准则

如图 4.1 所示, 在连续介质力学框架中, 参考构型 (reference configuration) 中点 $\boldsymbol{X}$ 和当前构型 (current configuration) 中的点 $\boldsymbol{x}$ 通过变形函数 $\varphi(\boldsymbol{X},t)$ 相联系:

$$\boldsymbol{x}=\boldsymbol{x}(\boldsymbol{X},t),\quad x_i=x_i(X_A,t)\quad(i=1,2,3;A=\mathrm{I},\mathrm{II},\mathrm{III}). \tag{4-1}$$

上式分别给出了直角坐标系下的矢量和分量表达形式, 当前构型的基矢量为 $\boldsymbol{e}_i$ $(i=1,2,3)$, 参考构型的基矢量则为 $\boldsymbol{e}_A$ $(A=\mathrm{I},\ \mathrm{II},\ \mathrm{III})$. 上式的逆函数为

$$\boldsymbol{X}=\boldsymbol{X}(\boldsymbol{x},t),\quad X_A=X_A(x_i,t). \tag{4-1$'$}$$

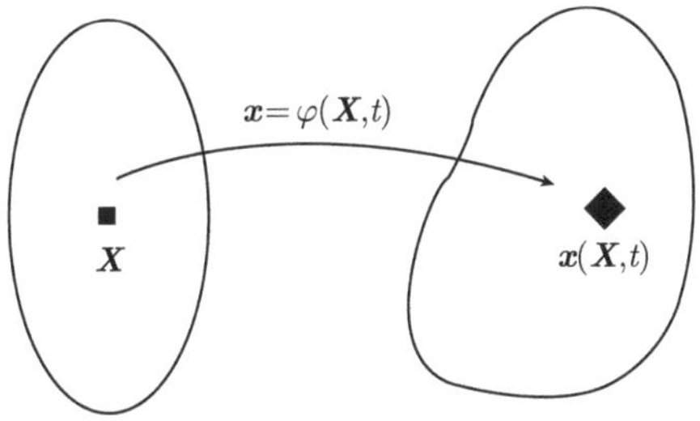

图 4.1 参考构型和当前构型

在参考构型中, 邻近两点可以取为 $\boldsymbol{X}$ 和 $\boldsymbol{X}+\mathrm{d}\boldsymbol{X}$, 在当前构型中, 相应的邻近两点为 $\boldsymbol{x}(\boldsymbol{X},t)$ 和 $\boldsymbol{x}(\boldsymbol{X}+\mathrm{d}\boldsymbol{X},t)$. 根据连续介质力学中伸长的定义, 邻近两点的伸长可表示为 $[x_i(\boldsymbol{X}+\mathrm{d}\boldsymbol{X},t)-x_i(\boldsymbol{X},t)]/\mathrm{d}X_A$, 取极限的情况下, 得到伸长为 $\partial x_i(\boldsymbol{X},t)/\partial X_A$. 引入两点张量[13,70]

$$\underline{\underline{F}}=\frac{\partial x_i}{\partial X_A}\boldsymbol{e}_i\otimes\boldsymbol{e}_A=F_{iA}\boldsymbol{e}_i\otimes\boldsymbol{e}_A, \tag{4-2}$$

由于 $\underline{\underline{F}}$ 是变形函数的梯度, 故称之为变形梯度张量 (deformation gradient tensor). 显然, 变形梯度 $\underline{\underline{F}}$ 为一个二阶张量, $\underline{\underline{F}}$ 的前矢量在当前构型, 而后矢量在参考构型, 所以它联系着当前构型和参考构型中的两点, 因此通常也称其为两点张量 (two-point tensor). 进一步, 可以得到线段的变换关系:

$$\mathrm{d}x_i=F_{iA}\mathrm{d}X_A,\quad \mathrm{d}\boldsymbol{x}=\underline{\underline{F}}\cdot\mathrm{d}\boldsymbol{X}=\mathrm{d}\boldsymbol{X}\cdot\underline{\underline{F}}^{\mathrm{T}}, \tag{4-3}$$

或者

$$\mathrm{d}\boldsymbol{X} = \underline{\underline{F}}^{-1} \cdot \mathrm{d}\boldsymbol{x} = \mathrm{d}\boldsymbol{x} \cdot \underline{\underline{F}}^{-\mathrm{T}}, \tag{4-3$'$}$$

上式中 $\underline{\underline{F}}^{\mathrm{T}}$ 为变形梯度张量的转置 (transpose), 而 $\underline{\underline{F}}^{-1}$ 为其逆 (inverse):

$$\underline{\underline{F}}^{\mathrm{T}} = \frac{\partial x_i}{\partial X_A} \boldsymbol{e}_A \otimes \boldsymbol{e}_i = F_{Ai}^{\mathrm{T}} \boldsymbol{e}_A \otimes \boldsymbol{e}_i; \quad \underline{\underline{F}}^{-1} = \frac{\partial X_A}{\partial x_i} \boldsymbol{e}_A \otimes \boldsymbol{e}_i = F_{Ai}^{-1} \boldsymbol{e}_A \otimes \boldsymbol{e}_i, \tag{4-4}$$

因此, 变形梯度作为一个线性算符, 将参考构型中的向量 $\mathrm{d}\boldsymbol{X}$ 映射为当前构型中的向量 $\mathrm{d}\boldsymbol{x}$.

同样, 为了描述微观晶格中原子间晶键矢量的变化情况, 直接引入宏观变形梯度张量, 作为晶格中晶键矢量的变换算子. 并假设参考构型中 $\boldsymbol{X}$ 局部的晶格在晶体变形中发生均匀变形, 晶格中晶键矢量的变换利用 $\boldsymbol{X}$ 点处的宏观变形梯度张量进行操作. 于是, 晶格中两原子之间的晶键矢量在参考构型和当前构型的变化情况可以表示为

$$\boldsymbol{a} = \underline{\underline{F}} \cdot \boldsymbol{A}, \tag{4-5}$$

其中, $\boldsymbol{A}$ 和 $\boldsymbol{a}$ 分别为变形前和变形后的晶键矢量, $\underline{\underline{F}}$ 表示宏观连续体的变形梯度张量. 表达式 (4-5) 就是经典的 Cauchy-Born 准则的表示形式[16,39,49]. 图 4.2 表示了经典 Cauchy-Born 准则在晶格变形中的应用[28].

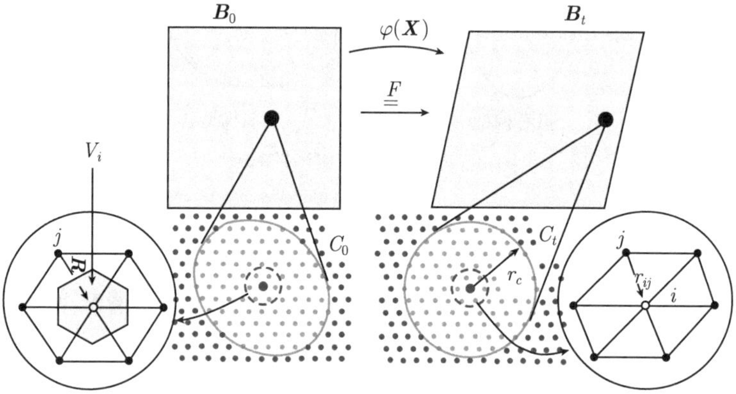

图 4.2 经典 CBR 对于局部均匀变形晶格的应用[28,29]

4.2.2 基于经典 CBR 建立连续模型

建立跨尺度连续模型的关键之一是找到体系的应变能密度, 并且在应变能密度中体现原子尺度的信息. 如果原子间的势能只是距离的函数, 可以假设两原子间的势能表示为 $\varphi(\boldsymbol{r}_{ij})$. 根据经典的 Cauchy-Born 准则, 晶格在变形前后的晶键矢量变

化可通过变形梯度张量 $\underline{\underline{F}}$ 表示为

$$\boldsymbol{r}_{ij} = \underline{\underline{F}} \cdot \boldsymbol{R}_{ij}, \tag{4-6}$$

其中, $\boldsymbol{R}_{ij}$, $\boldsymbol{r}_{ij}$ 分别表示晶格变形前参考构型和变形后当前构型中 i, j 原子的晶键矢量, 见图 4.2[28,29].

进而, 原子间的相互作用势可以表示为 $\varphi\left(\underline{\underline{F}} \cdot \boldsymbol{R}_{ij}\right)$, 由于 $\boldsymbol{R}_{ij}$ 是参考构型中的常矢量, 所以原子间的相互作用势仅仅是变形梯度张量 $\underline{\underline{F}}$ 的函数 $\varphi\left(\underline{\underline{F}}\right)$.

根据能量密度的定义, 可以得到应变能密度为

$$W = \frac{1}{2V_i} \sum_{j \neq i} \varphi\left(\boldsymbol{r}_{ij}\right) = \frac{1}{2V_i} \sum_{j \neq i} \varphi\left(\underline{\underline{F}}\right) = W\left(\underline{\underline{F}}\right), \tag{4-7}$$

其中, V_i 表示与原子 i 相应的单胞体积, 见图 4.2.

由于应变能密度仅仅是变形梯度张量的函数, 根据连续介质力学中应力的定义, 可以得到第一类 Piola-Kirchhoff 应力为

$$\underline{\underline{P}} = \frac{\partial W}{\partial \underline{\underline{F}}} = \frac{1}{2V_i} \sum_{j \neq i} \frac{\partial \varphi\left(\boldsymbol{r}_{ij}\right)}{\partial \underline{\underline{F}}}, \tag{4-8}$$

由于 $\partial \varphi\left(\boldsymbol{r}_{ij}\right) / \partial \underline{\underline{F}} = \boldsymbol{f}_{ji} \otimes \boldsymbol{R}_{ij}$, 其中 $\boldsymbol{f}_{ji}$ 表示原子 i 对原子 j 的作用力. 故第一类 Piola-Kirchhoff 应力可以表示为

$$\underline{\underline{P}} = \frac{1}{2V_i} \sum_{j \neq i} \boldsymbol{f}_{ji} \otimes \boldsymbol{R}_{ij}. \tag{4-9}$$

至此, 基于经典 Cauchy-Born 准则和连续介质力学建立起了考虑原子间相互作用势的跨尺度连续模型.

值得指出的是, Park 等在经典 Cauchy-Born 准则的基础上提出了 "表面 Cauchy-Born 准则" 模式, 用以分析纳米材料的表面效应[41~43]. 在纳米材料中随着材料尺寸的缩小, 表面效应在体系中表现得越来越明显. 为了讨论表面效应, Park 等将体系的应变能密度分为两个部分, 分别是体相应变能密度和表面应变能密度, 两部分应变能密度都是基于经典 Cauchy-Born 准则得到. 随着尺寸的缩小, 表面应变能密度在总应变能密度中占主要地位, 因此表面对体系力学性能的影响显得越来越明显. 此外, Park 将 "表面 Cauchy-Born 准则模式" 和有限元法相结合还得到了一套分析纳米材料表面效应的跨尺度计算模式.

4.3 经典 Cauchy-Born 准则的适用性

虽然经典 Cauchy-Born 准则为跨尺度模型和跨尺度计算开辟了途径, 但它是有适用条件的. 根据其基本假设, 经典 Cauchy-Born 准则只是适用于晶格产生均匀

变形的情况[28,29], 并且经典 Cauchy-Born 准则也只能在绝对零度或者不考虑温度效应的情况下适用[31~33,39,49], 而且经典 Cauchy-Born 准则假设晶格为理想晶格, 内部不存在任何缺陷[49]. 为了深刻认识经典的 Cauchy-Born 准则的适用性, 不同学者从不同的角度对该问题进行了讨论.

Friesecke 和 Theil 通过建立如图 4.3 和图 4.4 所示的二维质量弹簧系统模拟晶格 (图 4.4 中 K_1, K_2 表示弹簧常数, a_1 和 a_2 表示平衡长度), 从数学上讨论了经典 Cauchy-Born 准则的适用性问题[19]. 通过对质量弹簧系统的分析, 他们指出, 只有选择合适的弹簧常数和平衡长度, 弹簧系统的变形才满足经典的 Cauchy-Born 准则, 并且对于大变形的情况, 经典的 Cauchy-Born 准则无法满足. Conti 等[35] 在 n 维质量弹簧系统中进一步推广了 Friesecke 和 Theil 的结论[19].

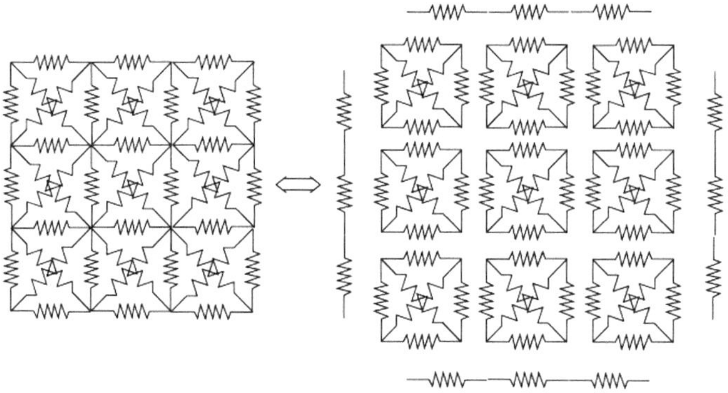

图 4.3　二维弹簧系统

图 4.4　二维弹簧系统单元

鄂维南等进一步考察了经典的 Cauchy-Born 准则在弹性静力学和动力学问题中的适用性[36,37]. 在弹性静力学中[36], 鄂维南等首先指出, 弹性变形状态的应变能并不是全局最小值, 而只是局部极小值, 并指出只要晶格满足稳定条件, 经典 Cauchy-Born 准则对于弹性问题是适用的. 在弹性动力学问题中[37], 通过分子动力学模型和基于经典 Cauchy-Born 准则的连续模型比较, 鄂维南等指出, 只要变形梯度处于使晶格稳定的区域中, 那么两个模型得到的结果是一致的, 经典的 Cauchy-Born 准则在动力学问题中就是适用的. 同时, 鄂维南等通过连续极限理论证明了紧束缚模型的能量密度收敛到经典的 Cauchy-Born 准则模型中的能量密度[38].

Ericksen[16,49] 和 Zanzotto[17] 从晶格对称群的角度讨论了经典 Cauchy-Born 准则的适用范围. Ericksen 重点讨论了在孪晶和相变中经典 Cauchy-Born 准则的适用性问题, 指出仍需要大量的实验来验证经典 Cauchy-Born 准则的适用性[16,49].

Steinmann 等通过对比基于经典 Cauchy-Born 准则的连续模型和基于分子动力学的分子模型讨论了 Cauchy-Born 准则的适用性问题[30]. 在连续模型中, Steinmann 对应变能密度秩 −1 凸的讨论得到晶格变形从均匀到非均匀的转变条件; 通过分子动力学计算, 直接得到晶格的变形从均匀到非均匀的转变条件, 对纯剪切情形见图 4.5. Steinmann 等指出, 两种方法给出了相同的结果, 也证明了经典的 Cauchy-Born 准则只有在一定的变形范围内才能适用.

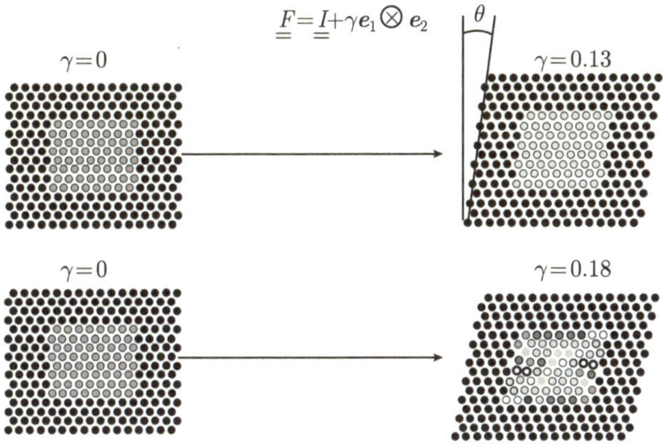

图 4.5 在纯剪切情况中, 当 $\gamma = 0.13$ 时, 晶格均匀变形, 经典 Cauchy-Born 准则适用; 当 $\gamma = 0.18$ 时, 晶格产生非均匀变形, 经典 Cauchy-Born 准则不适用

4.4 非均匀变形下的高阶 Cauchy-Born 准则

4.4.1 高阶 Cauchy-Born 准则的基本概念

如前面所述, 经典的 Cauchy-Born 准则只适用于晶格发生均匀变形的情况. 如果晶格的变形是不均匀的 (比如经过能量弛豫的过程), 那么经典的 Cauchy-Born 准则将无法描述这种形变过程.

Sunky 和 Steinmann 通过图 4.6 形象地说明了这一过程[28]. Sunky 和 Steinmann 指出, 可以将变形函数进行 Taylor 展开, 并视经典 Cauchy-Born 准则中的变形梯度张量为变形函数的一阶梯度项. 对于非均匀的变形, 可以进一步对变形函数取二阶梯度项, 得到一个三阶张量:

$$\begin{cases} \underline{\underline{F}} = F_{iA}\boldsymbol{e}_i \otimes \boldsymbol{e}_A, \\ \underline{\underline{\underline{G}}} = F_{iAB}\boldsymbol{e}_i \otimes \boldsymbol{e}_A \otimes \boldsymbol{e}_B \end{cases} \quad (i=1,2,3; A,B=\mathrm{I},\mathrm{II},\mathrm{III}). \tag{4-10}$$

由上式可知, $\underline{\underline{F}}$ 和 $\underline{\underline{\underline{G}}}$ 分别表示变形函数的一阶变形梯度和二阶变形梯度项. 变形函数的二阶梯度项可以很好地将非均匀变形考虑进来, 见图 4.7.

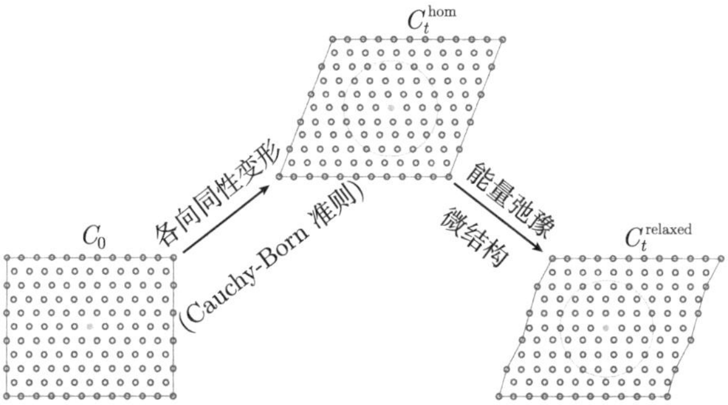

图 4.6　经典的 Cauchy-Born 准则无法描述非均匀变形

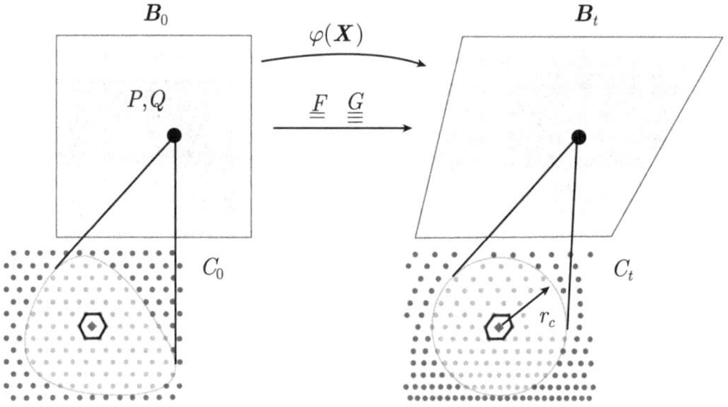

图 4.7　二阶 Cauchy-Born 准则应用于非均匀变形

修正后的 Cauchy-Born 准则称为二阶 Cauchy-Born 准则或高阶 Cauchy-Born 准则, 变形前和变形后的晶键矢量 $\boldsymbol{A}$ 和 $\boldsymbol{a}$ 可通过一阶和二阶变形梯度表示为

$$\boldsymbol{a} = \underline{\underline{F}} \cdot \boldsymbol{A} + \frac{1}{2}\underline{\underline{\underline{G}}} : (\boldsymbol{A} \otimes \boldsymbol{A}). \tag{4-11}$$

4.4.2 基于高阶 CBR 建立连续模型

基于高阶 Cauchy-Born 准则的连续模型和基于经典的 Cauchy-Born 准则的连续模型类似, 只是在高阶 Cauchy-Born 准则中, 晶格变形后晶键矢量不仅与变形函数的一阶梯度项 ($\underline{\underline{F}}$) 有关, 而且还和变形函数的二阶梯度项 ($\underline{\underline{\underline{G}}}$) 相关, 从而应变能密度也是此二者的函数[28,29]

$$\begin{aligned} W =& W\left(\boldsymbol{r}_{i1},\cdots,\boldsymbol{r}_{iN}\right)\\ =& W\left(\left|\underline{\underline{F}}\cdot\boldsymbol{R}_{i1}+\frac{1}{2}\underline{\underline{\underline{G}}}:[\boldsymbol{R}_{i1}\otimes\boldsymbol{R}_{iN}]\right|,\cdots,\left|\underline{\underline{F}}\cdot\boldsymbol{R}_{iN}\ +\frac{1}{2}\underline{\underline{\underline{G}}}:[\boldsymbol{R}_{iN}\otimes\boldsymbol{R}_{iN}]\right|\right)\\ =& W\left(\underline{\underline{F}},\underline{\underline{\underline{G}}}\right). \end{aligned} \tag{4-12}$$

由于引入了 $\underline{\underline{\underline{G}}}$, 在连续模型中需要同时引入与之共轭的应力张量 $\underline{\underline{\underline{Q}}}$, 且有

$$\underline{\underline{\underline{Q}}}=\frac{\partial W}{\partial\underline{\underline{\underline{G}}}}, \tag{4-13}$$

并且该应力张量可以显式地表示为

$$\underline{\underline{\underline{Q}}}=\frac{1}{4V_i}\sum_{j\neq i}\boldsymbol{f}_{ji}\otimes\boldsymbol{R}_{ij}\otimes\boldsymbol{R}_{ij}, \tag{4-14}$$

如前 $\boldsymbol{f}_{ji}$ 表示 i 原子对 j 原子的作用力.

4.5 有限温度下的 Cauchy-Born 准则

在经典的 Cauchy-Born 准则中, 普遍接受温度为绝对零度, 即不考虑温度对体系的影响. Xiao 和 Yang 在经典 Cauchy-Born 准则的基础上, 讨论了温度对体系的影响[31~33]. 在有限温度下, Xiao 和 Yang 将应变能用 Helmholtz 自由能代替, 并在 Helmholtz 自由能中考虑分子的振动, 再结合经典的 Cauchy-Born 准则得到包含温度影响的能量密度函数.

对于一个包含 N 个原子, 在温度 T 下的晶格系统, 为简化, 考虑所有原子在温度 T 下都做相同的简谐振动, 并且不考虑原子之间的振动耦合. 则系统的 Helmholtz 自由能可以表示为

$$F_{\mathrm{H}}=\varphi(\boldsymbol{x})+k_{\mathrm{B}}T\sum_{j}\ln\left[2\sinh\left(\frac{\hbar\omega_j}{4\pi k_{\mathrm{B}}T}\right)\right], \tag{4-15}$$

其中 F_{H} 为 Helmholtz 自由能, $\varphi(\boldsymbol{x})$ 表示温度为绝对零度时所有原子在其平衡位置处的势能, $\hbar$ 为约化 Planck 常数, k_{B} 为 Boltzmann 常数, 求和号表示对系统所有

非零的振动模态求和, ω_j 为频率, 频率通过对动态矩阵求特征值得到. 又有

$$D_{I\alpha J\beta}=\frac{1}{\sqrt{m_I m_J}}\left(\frac{\partial^2\varphi}{\partial x_{I\alpha}\partial x_{J\beta}}\right), \tag{4-16}$$

其中, $x_{I\alpha}$ 表示 I 原子在 α 方向的振动坐标, $x_{J\beta}$ 表示 J 原子在 β 方向的振动坐标, m_I 表示 I 原子的质量, m_J 表示 J 原子的质量. 当采用局部简谐模式时, I 原子的主频率可以通过直接对角化局部动态矩阵. 因此, (4-15) 可以简化为

$$F_{\mathrm{H}}=\varphi(\boldsymbol{x})+nk_{\mathrm{B}}T\sum_{I}^{N}\ln\left[\left(\frac{\hbar\overline{D}_I^{1/2n}}{2\pi k_{\mathrm{B}}T}\right)\right], \tag{4-17}$$

其中, n 表示原子的自由度, $\overline{D}_I=\left(\prod_{j}^{n}\omega_{Ij}\right)^2$ 表示 I 原子的局部动态矩阵的行列式.

保持经典 Cauchy-Born 准则中均匀变形的假设, 并且假定在给定温度下当地的原子按相同的模式振动, 从而得到系统的自由能表示为

$$W_{\mathrm{H}}\left(\underline{\underline{F}},T\right)=\int_{\Omega_0}w_c\left(\underline{\underline{F}}\right)\mathrm{d}\Omega_0+nk_{\mathrm{B}}T\sum_{i}^{N_q}n_i^q\ln\left[\frac{\hbar\left\{\overline{D}\left[\underline{\underline{F}}\left(\boldsymbol{X}_i^q\right)\right]\right\}^{1/2n}}{2\pi k_{\mathrm{B}}T}\right], \tag{4-18}$$

其中, Ω_0 表示参考构型, N_q 表示连续模型中积分点的个数. 在积分点 $\boldsymbol{X}_i^q$, 表示有 n_i^q 个原子. 表达式中的第一项通过经典的 Cauchy-Born 准则求得. 从而, 容易进一步求得自由能密度 w_{H} 并得到考虑温度影响的第一类 Piola-Kirchhoff 应力

$$\underline{\underline{P}}\left(\underline{\underline{F}},T\right)=\frac{\partial w_{\mathrm{H}}\left(\underline{\underline{F}},T\right)}{\partial\underline{\underline{F}}}. \tag{4-19}$$

为了检验考虑温度效应的 Cauchy-Born 准则的有效性, Xiao 和 Yang 建立一维原子链和二维原子平板模型, 通过考虑温度效应的 Cauchy-Born 准则计算在给定温度和变形梯度下的模型中的 Cauchy 应力, 并将结果和经典的 Cauchy-Born 准则结果和分子动力学结果进行比较 (图 4.8 和图 4.9). 结果表明, 考虑温度效应得到的 Cauchy 应力和分子动力学得到的结果基本一致[31].

郭旭等讨论了碳纳米管在有限温度下的热学性质以及热力耦合特性[48]. 在有限温度下, 郭旭等将应变能密度用包含有原子振动能量项的 Helmholtz 自由能代替. 不同的是, 碳纳米管是有曲率影响的单原子膜结构, 经典的 Cauchy-Born 准则无法适用, 故郭旭的连续模型是基于高阶 Cauchy-Born 准则建立的.

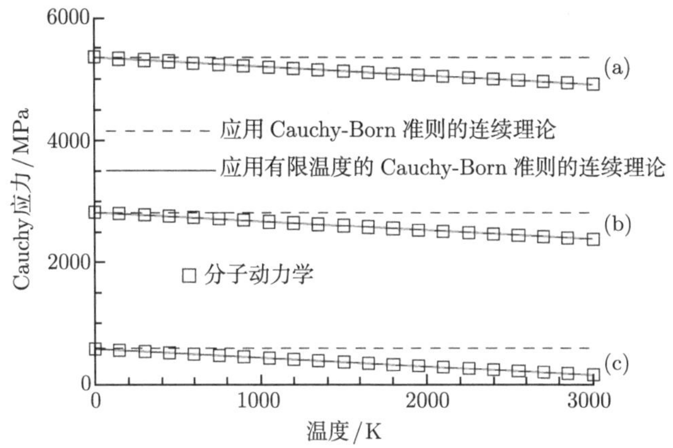

图 4.8 一维原子链中三种方法计算 Cauchy 应力的对比

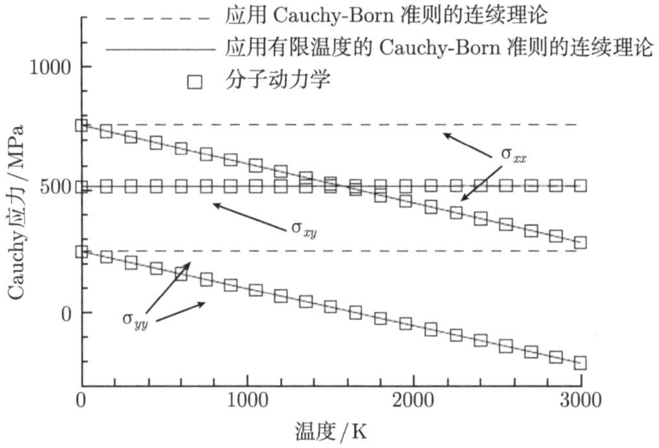

图 4.9 二维晶格中三种方法 Cauchy 应力的对比

鄂维南指出, 到目前为止, 考虑有限温度下的 Cauchy-Born 准则仍然是一个"未解决的问题 (open problem)"[39].

4.6 单原子膜结构的表面 Cauchy-Born 准则

当讨论的体系是石墨烯或者 CNT 这样的单原子膜结构或者多层原子膜结构时, 体系中表面曲率对变形的影响将变得十分重要, 比如石墨烯的折叠, CNT 的弯曲、扭转等. Arroyo 和 Belytschko 首先意识到这种情况, 并指出[22~27], 经典 Cauchy-Born 准则中的变形梯度张量仅仅能够描述曲面流形切空间中的变形情况, 依靠经典的 Cauchy-Born 准则将无法准确描述曲率对体系变形造成的影响. 在微观上, 依靠经典的 Cauchy-Born 准则无法准确反映晶键矢量在变形后的变化情况,从而也就无法建立准确的基于原子间相互作用的连续模型. 同样, Leamy 等[34] 和郭旭、王晋宝、张洪武等[44~48] 也认识到这一点. 图 4.10 直观地反映出经典的 Cauchy-Born 准则仅仅描述曲面流形切空间中的变形情况[44].

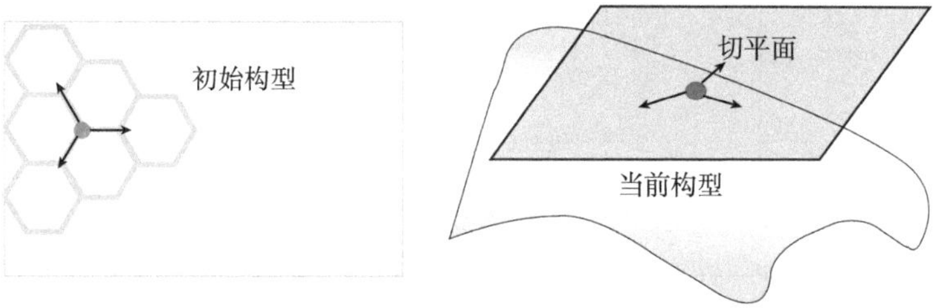

图 4.10　经典 Cauchy-Born 准则无法直接用到单原子膜弯曲表面情形

因此, 在表面曲率占主要地位的单原子膜结构中需要对经典的 Cauchy-Born 准则进行修正. Arroyo 和 Leamy 分别提出了对经典 Cauchy-Born 准则修正的两种方式. Arroyo 和 Belytschko 指出[23], 可以依靠微分几何的指数映射将曲率的影响考虑进来. Leamy 利用 Taylor 展开得到变形函数的高阶梯度项, 通过变形函数的高阶项表达曲率的影响[34].

4.6.1　指数式 Cauchy-Born 准则

Arroyo 和 Belytschko 通过微分几何指数映射对经典 Cauchy-Born 准则进行修正[23]. 其核心思想是利用一个指数映射将位于变形后曲面某点处切平面上的有限长线段在保持其长度不变的前提下拉回到变形曲面上. 对于一般的情况, 其做法大致可以分为三步进行, 见图 4.11.

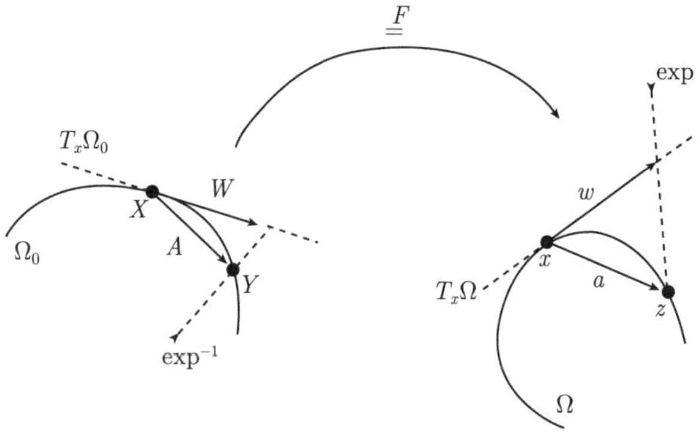

图 4.11　指数式 Cauchy-Born 准则的一般过程[23]

首先, 将参考构型中的弦矢量通过逆指数映射变换到参考构型的切空间中

$$\boldsymbol{W} = \exp_{\boldsymbol{X}}^{-1}(\boldsymbol{A}), \tag{4-20}$$

其中, $\boldsymbol{A}$ 表示参考构型中的弦矢量, $\boldsymbol{X}$ 表示矢量的起始点, $\boldsymbol{W}$ 表示在参考构型切空间中与弦矢量 $\boldsymbol{A}$ 对应的矢量, $\exp^{-1}$ 表示逆指数映射.

其次, 将参考构型切空间的矢量通过经典 Cauchy-Born 准则变换到当前构型切空间中

$$\boldsymbol{w} = \underline{\underline{F}} \cdot \boldsymbol{W}, \tag{4-21}$$

其中, $\boldsymbol{w}$ 表示当前构型切空间中与参考构型切空间中矢量 $\boldsymbol{W}$ 对应的矢量, $\underline{\underline{F}}$ 表示经典 Cauchy-Born 准则中的变形梯度张量.

最后, 在当前构型中将切空间中的矢量通过指数映射变换为弦矢量:

$$\boldsymbol{a} = \exp_{\boldsymbol{x}}(\boldsymbol{w}) = \exp_{\varphi(\boldsymbol{X})}(\boldsymbol{w}), \tag{4-22}$$

其中, $\boldsymbol{a}$ 表示当前构型中与参考构型弦矢量 $\boldsymbol{A}$ 对应的弦矢量, exp 表示指数映射, $\varphi(\boldsymbol{X})$ 表示变形函数.

总结上述三步, 可以将指数式 Cauchy-Born 准则表示为如下形式:

$$\boldsymbol{a} = \exp_{\varphi(\boldsymbol{X})}\left[\underline{\underline{F}} \cdot \exp_{\boldsymbol{X}}^{-1}(\boldsymbol{A})\right]. \tag{4-23}$$

通常情况下, 总是取参考构型为平面状态, 所以就省去了第一步的逆映射, 从而得到指数式 Cauchy-Born 准则的简洁表达式为

$$\boldsymbol{a} = \exp\left(\underline{\underline{F}} \cdot \boldsymbol{A}\right), \tag{4-24}$$

正是由于使用了微分几何中的指数映射, 所以称为指数式 Cauchy-Born 准则.

4.6.2 基于指数式 Cauchy-Born 准则建立连续本构模型

Arroyo 和 Belytschko 将指数式 Cauchy-Born 准则运用到单壁和多壁碳纳米管的力学性质的研究中. 在构造连续本构模型的过程中主要是通过指数式 Cauchy-Born 准则计算变形后当前构型中点的位置和取合适的原子间势函数. 下面给出以单原子膜平整状态为参考构型的变形操作, 将参考构型中点 $\boldsymbol{X}$ 变换到当前构型中点 $\boldsymbol{x}$, 并建立连续本构模型[26]:

$$\boldsymbol{X} = \begin{pmatrix} X_1 \\ X_2 \\ 0 \end{pmatrix}, \quad \boldsymbol{x} = \begin{pmatrix} x_1 \\ x_2 \\ x_3 \end{pmatrix} = \begin{pmatrix} X_1 \\ X_2 \\ 0 \end{pmatrix} + \begin{pmatrix} u_1(X_1, X_2) \\ u_2(X_1, X_2) \\ u_3(X_1, X_2) \end{pmatrix}. \tag{4-25}$$

在切空间中通过经典 Cauchy-Born 准则进行变换:

$$\boldsymbol{w} = \begin{pmatrix} w_1 \\ w_2 \end{pmatrix} = (\underline{\underline{I}} + \underline{\underline{F}}) \cdot \underline{\underline{X}} = (\underline{\underline{I}} + \underline{\underline{F}}) \cdot \begin{pmatrix} X_1 \\ X_2 \end{pmatrix}. \tag{4-26}$$

其次, 在第一和第二主曲率方向分别以曲率 k_1, k_2 进行弯曲变换, 修正曲率影响:

$$\Delta \boldsymbol{w}^1 = \begin{pmatrix} k_1^{-1}\sin(k_1 w_1) - w_1 \\ 0 \\ k_1^{-1}[1-\cos(k_1 w_1)] \end{pmatrix}, \quad \Delta \boldsymbol{w}^2 = \begin{pmatrix} 0 \\ k_2^{-1}\sin(k_2 w_2) - w_2 \\ k_2^{-1}[1-\cos(k_2 w_2)] \end{pmatrix}, \tag{4-27}$$

式中, k_1, k_2 通过对曲率张量求特征值得到.

综合起来, 变形后的位置 $\boldsymbol{x}$ 表示为

$$\boldsymbol{x} = \boldsymbol{w} + \Delta \boldsymbol{w}^1 + \Delta \boldsymbol{w}^2 = \begin{pmatrix} k_1^{-1}\sin(k_1 w_1) \\ k_2^{-1}\sin(k_2 w_2) \\ 2k_1^{-1}\sin^2(k_1 w_1/2) + 2k_2^{-1}\sin^2(k_2 w_2/2) \end{pmatrix}. \tag{4-28}$$

选择合适的原子间势函数后, 应变能密度最终表示为 Green 应变张量 ($\underline{\underline{C}}$) 和曲率张量 ($\underline{\underline{\kappa}}$) 的函数:

$$W = W\left(\underline{\underline{C}}, \underline{\underline{\kappa}}\right), \tag{4-29}$$

其中 Green 应变张量 ($\underline{\underline{C}}$) 和曲率张量 ($\underline{\underline{\kappa}}$)[62] 可分别表示为

$$\underline{\underline{C}} = \frac{1}{2}\left(\underline{\underline{F}}^{\mathrm{T}} \cdot \underline{\underline{F}} - I\right), \quad \underline{\underline{\kappa}} = -\nabla_s \boldsymbol{n},$$

上式中 ∇_s 为表面梯度算子, 可见本书 (15-58) 式的定义, $\boldsymbol{n}$ 为表面的单位外法线. 进一步可以得到第二类 Piola-Kirchhoff 应力和 Lagrange 弯曲张量:

$$\underline{\underline{S}} = 2\frac{\partial W}{\partial \underline{\underline{C}}}, \quad \underline{\underline{m}} = \frac{\partial W}{\partial \underline{\underline{\kappa}}}, \tag{4-30}$$

曲率张量 ($\underline{\underline{\kappa}}$) 的共轭对 ——Lagrange 弯曲张量的量纲为单位面积的弯矩.

这里就一般情况考虑了建立连续本构模型, 若是针对石墨烯或者碳纳米管而言, 原子间的势函数通常取为 Tersoff-Brenner 经验势函数, 该势描述碳原子间的势能不仅与共价键的键长有关, 也和键–键间的夹角有关, 而基于指数式 Cauchy-Born 准则得到的键长和键角总可以表示为 Green 变形张量和曲率张量的函数. 并且石墨烯和碳纳米管的晶格结构是非中心对称的结构, 为了正确描述其本构模型, 应该引入一个由单胞内部的能量极小化得到的内位移矢量. 于是应变能密度可以表示为

$$W = W\left(\underline{\underline{C}}, \underline{\underline{\kappa}}, \boldsymbol{\eta}\right), \tag{4-31}$$

其中, $\boldsymbol{\eta}$ 表示内位移矢量. 内位移矢量可以进一步表示为 Green 应变张量和曲率张量的函数, 并且最终的内位移矢量使得应变能密度弛豫到最小值:

$$\eta^*\left(\underline{\underline{C}}, \underline{\underline{\kappa}}\right) = \arg\left[\min_{\boldsymbol{\eta}} W\left(\underline{\underline{C}}, \underline{\underline{\kappa}}, \boldsymbol{\eta}\right)\right] \Rightarrow \left.\frac{\partial W}{\partial \boldsymbol{\eta}}\right|_{\boldsymbol{\eta}=\boldsymbol{\eta}^*} = 0, \tag{4-32}$$

上式中的 "arg min" 是指 "argument of the minimum", 意为使某函数或泛函达到最小值时变量的取值. 经过内位移矢量的弛豫后的应变能密度最终表示为

$$W^* = W\left[\underline{\underline{C}}, \underline{\underline{\kappa}}, \boldsymbol{\eta}^*\left(\underline{\underline{C}}, \underline{\underline{\kappa}}\right)\right] = W^*\left(\underline{\underline{C}}, \underline{\underline{\kappa}}\right), \tag{4-33}$$

因此, 最终可以得到连续本构模型为

$$\underline{\underline{S}} = 2\frac{\partial W^*}{\partial \underline{\underline{C}}} = 2\frac{\partial W}{\partial \underline{\underline{C}}}\bigg|_{\boldsymbol{\eta}=\boldsymbol{\eta}^*}, \quad \underline{\underline{m}} = \frac{\partial W^*}{\partial \underline{\underline{\kappa}}} = \frac{\partial W}{\partial \underline{\underline{\kappa}}}\bigg|_{\boldsymbol{\eta}=\boldsymbol{\eta}^*}. \tag{4-34}$$

4.6.3 高阶 Cauchy-Born 准则

虽然通过指数映射可以有效地讨论曲率造成的影响, 但是 Leamy 等认为这种方法不是一种 "直截了当" 的方法[34]. Leamy 等指出变形梯度张量具有所需要的光滑性, 可以利用 Taylor 展开得到高阶的变形梯度. 郭旭等也指出[44], 要实现指数映射, 需要知道在变形后曲面流形上某点的测地线方程, 这涉及到一组非线性偏微分方程的求解问题, 在数值上有很大困难. 同时郭旭等考虑到 Sunky 利用变形函数的二阶梯度项描述了块状晶体体相中的非均匀变形, 因此他们指出通过 Taylor 展开得到高阶的变形梯度张量也可以有效描述由于曲率影响造成的非均匀变形.

变形梯度张量的 Taylor 展开为

$$\underline{\underline{F}}(\boldsymbol{s}) = \underline{\underline{F}}(0) + \nabla\underline{\underline{F}}(0)\cdot\boldsymbol{s} + \frac{1}{2}\nabla\otimes\nabla\underline{\underline{F}}(0):(\boldsymbol{s}\otimes\boldsymbol{s}) + \mathrm{O}\left(\|\boldsymbol{s}\|^3\right), \tag{4-35}$$

变形前和变形后的晶键矢量 $\boldsymbol{A}$ 和 $\boldsymbol{a}$ 由于满足:

$$\boldsymbol{a} = \int_0^{\boldsymbol{A}} \underline{\underline{F}}(\boldsymbol{s})\cdot\mathrm{d}\boldsymbol{s}, \tag{4-36}$$

所以得到高阶 Cauchy-Born 准则为

$$\boldsymbol{a} = \underline{\underline{F}}(0)\cdot\boldsymbol{A} + \frac{1}{2}\nabla\underline{\underline{F}}(0):(\boldsymbol{A}\otimes\boldsymbol{A}), \tag{4-37}$$

其中, $\underline{\underline{F}}$, $\nabla\underline{\underline{F}}$ 分别表示一阶和二阶变形梯度. 根据实际问题中精度要求, 还可以得到三阶甚至更高阶的 Cauchy-Born 准则.

4.6.4 基于高阶 Cauchy-Born 准则建立超弹性本构模型

郭旭等将高阶 Cauchy-Born 准则运用于碳纳米管的热力学性质研究, 并根据高阶 Cauchy-Born 准则建立碳纳米管的超弹性本构模型. 为了得到晶键矢量的变化, 郭旭等将碳纳米管视为通过石墨烯卷曲而成, 将平整的石墨烯作为参考构型, 碳纳米管作为当前构型 (图 4.12[44]), 引入高阶 Cauchy-Born 准则得到碳纳米管中的晶键矢量. 从石墨烯到碳纳米管可通过如下变形函数进行映射变换:

$$x_1 = X_1, \quad x_2 = R\sin\frac{X_2}{R}, \quad x_3 = R\cos\frac{X_2}{R} - R, \tag{4-38}$$

其中 R 为 CNT 的半径, 并由一对参数 (n,m) 决定, $R=a\sqrt{3\left(m^2+n^2+mn\right)}/(2\pi)$, $a=a_0\sqrt{3}$, a_0 表示平衡状态下石墨烯上晶键长度, (X_1,X_2) 表示初始构型中的点, (x_1,x_2,x_3) 表示当前构型中的映射像点.

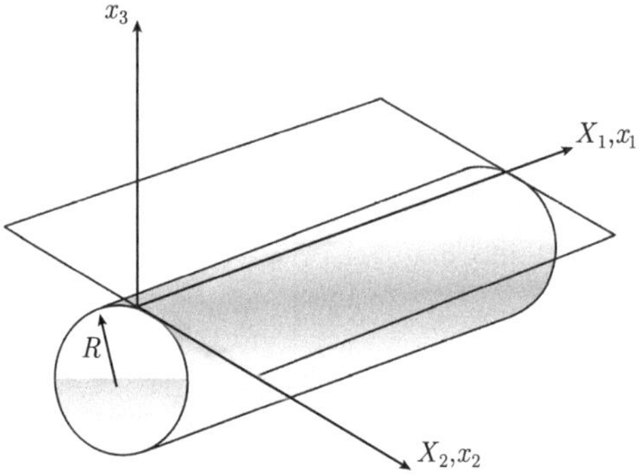

图 4.12　石墨烯卷曲形成 SWCNT

根据高阶 Cauchy-Born 准则可以得到变形函数的一阶变形梯度 ($\underline{\underline{F}}$) 和二阶变形梯度 ($\underline{\underline{G}}$) 的分量分别为

$$F_{ij}=\frac{\partial x_i}{\partial X_j}=\begin{bmatrix}1 & 0 & 0\\ 0 & \cos\left(X_2R^{-1}\right) & 0\\ 0 & -\sin\left(X_2R^{-1}\right) & 0\end{bmatrix},$$

$$G_{ijk}=\frac{\partial F_{ij}}{\partial X_k}\Rightarrow\left\{\begin{array}{l}F_{22,k}=\left\{\begin{array}{c}0\\ -R^{-1}\sin\left(X_2R^{-1}\right)\\ 0\end{array}\right\},\\ F_{32,k}=\left\{\begin{array}{c}0\\ -R^{-1}\cos\left(X_2R^{-1}\right)\\ 0\end{array}\right\}.\end{array}\right. \tag{4-39}$$

求到一阶变形梯度和二阶变形梯度后, 利用高阶 Cauchy-Born 准则, 得到当前构型中晶键矢量:

$$\boldsymbol{r}_{ij}=\underline{\underline{F}}\cdot\boldsymbol{R}_{ij}+\frac{1}{2}\underline{\underline{G}}:\left(\boldsymbol{R}_{ij}\otimes\boldsymbol{R}_{ij}\right), \tag{4-40}$$

结合原子之间具体的势函数形式, 代入到能量密度中, 得到 CNT 能量密度的表达式为

$$W(r_{i1},r_{i2},r_{i3})=\frac{1}{2V_i}\sum_{j=1}^{3}\varphi_{ij}(r_{i1},r_{i2},r_{i3})=W\left(\underline{\underline{F}},\underline{\underline{G}}\right), \tag{4-41}$$

其中 φ_{ij} 表示原子之间具体所取的势函数, V_i 表示与原子 i 相应的单胞体积.

同样考虑到非中心对称晶格结构, 需要引入内位移矢量, 使得单胞内的能量极小化

$$W = W\left(\underline{\underline{F}}, \underline{\underline{\underline{G}}}, \boldsymbol{\eta}\right), \tag{4-42}$$

内位移矢量可以表示为变形函数的一阶变形梯度 ($\underline{\underline{F}}$) 和二阶变形梯度 ($\underline{\underline{\underline{G}}}$) 的函数, 并且使应变能密度弛豫到最小值

$$\eta^*\left(\underline{\underline{F}}, \underline{\underline{\underline{G}}}\right) = \arg\left[\min_{\boldsymbol{\eta}} W\left(\underline{\underline{F}}, \underline{\underline{\underline{G}}}, \boldsymbol{\eta}\right)\right] \Rightarrow \left.\frac{\partial W}{\partial \boldsymbol{\eta}}\right|_{\boldsymbol{\eta}=\boldsymbol{\eta}^*} = 0, \tag{4-43}$$

最终应变能密度表示为

$$W^* = W\left[\underline{\underline{F}}, \underline{\underline{\underline{G}}}, \boldsymbol{\eta}^*\left(\underline{\underline{F}}, \underline{\underline{\underline{G}}}\right)\right] = W^*\left(\underline{\underline{F}}, \underline{\underline{\underline{G}}}\right), \tag{4-44}$$

从而得到基于高阶 Cauchy-Born 准则的超弹性本构模型

$$\underline{\underline{P}} = \frac{\partial W^*}{\partial \underline{\underline{F}}}, \quad \underline{\underline{\underline{Q}}} = \frac{\partial W^*}{\partial \underline{\underline{\underline{G}}}}, \tag{4-45}$$

其中, $\underline{\underline{P}}$ 为第一类 Piola-Kirchhoff 应力, $\underline{\underline{\underline{Q}}}$ 为与 $\underline{\underline{\underline{G}}}$ 共轭的应力张量.

4.6.5 石墨烯、碳纳米管与 Cauchy-Born 准则

石墨烯本身的单原子膜结构决定了分析它的困难所在. 在理论分析上, 如果用连续介质力学中的模型, 石墨烯的厚度等参数很难确定; 如果采用膜的理论, 石墨烯应没有弯曲刚度, 但是不论实验还是数值模拟的结果都表明石墨烯是有弯曲刚度的. 因此在数值分析上确定石墨烯的弹性常数, 包括弹性模量、Poisson 比和弯曲刚度显得很重要. 许多学者直接通过第一性原理计算[50]、分子结构力学[51]、分子动力学方法[52] 和分子力学[53] 计算得到石墨烯的弹性常数以及变形破坏机制, 当然也有学者通过 Cauchy-Born 准则建立连续模型得到石墨烯的相关力学性能.

Arroyo 基于指数式 Cauchy-Born 准则从连续介质模型中讨论了石墨烯的弹性常数[23,25]. 如上节所述, 经过内位移场的弛豫后的应变能密度最终表示为

$$W^* = W\left[\underline{\underline{C}}, \underline{\underline{\kappa}}, \boldsymbol{\eta}^*\left(\underline{\underline{C}}, \underline{\underline{\kappa}}\right)\right] = W^*\left(\underline{\underline{C}}, \underline{\underline{\kappa}}\right), \tag{4-46}$$

根据连续介质力学理论, 可以定义如下三个弹性张量:

$$\underline{\underline{C}}_{\text{in-plane}} = 4\frac{\partial^2 W^*}{\partial \underline{\underline{C}}^2}, \quad \underline{\underline{C}}_{\text{bending}} = \frac{\partial^2 W^*}{\partial \underline{\underline{\kappa}}^2}, \quad \underline{\underline{C}}_{\text{mixed}} = 2\frac{\partial^2 W^*}{\partial \underline{\underline{C}} \partial \underline{\underline{\kappa}}}, \tag{4-47}$$

其中, 第一项代表面内刚度, 第二项代表弯曲刚度, 第三项代表面内弯曲耦合刚度. 至此, 建立起了分子间相互作用势和宏观弹性常数之间的关系. 选取具体的原子间相互作用势函数, 并根据上述弹性张量和 Lamé 常数以及 Lamé 常数和杨氏模

量、Poisson 比之间的关系, 可以得到石墨烯的弹性模量、Poisson 比和弯曲刚度. Arroyo 给出了取不同经验势函数时得到的石墨烯的弹性模量、Poisson 比和弯曲刚度结果并和第一性原理计算结果进行比较, 见表 4.1.

表 4.1

	$Y_s/(\mathrm{J/m^2})$	v_s	$C_{\mathrm{bending}}/(\mathrm{eV\AA^2/atom})$
Brenner (1990)	236	0.412	2.2
Brenner (2002)	243	0.397	1.8
Kudin et al.	345	0.149	3.9

Reddy 等基于经典 Cauchy-Born 准则, 计算了有限尺寸的石墨烯的弹性模量和 Poisson 比以及尺寸对弹性常数的影响[54]. Larsson 等[55,56] 改进了经典 Cauchy-Born 准则, 加入了考虑原子在代表性体积内弛豫造成原子位移波动的影响的修正项, 利用修正后的经典 Cauchy-Born 准则, 在微观上选取合适的代表性单元并结合有限单元方法建立了石墨烯的跨尺度计算模型.

黄永刚等针对碳纳米管的晶格结构, 在经典 Cauchy-Born 准则基础上通过引入内自由度的概念改进了经典 Cauchy-Born 准则[20,21], 建立了碳纳米管的连续模型, 并分析了碳纳米管的弹性模量等一系列力学性能.

Arroyo 和 Belytschko 将基于指数式 Cauchy-Born 准则得到的碳纳米管超弹性本构模型, 结合变分原理和有限单元方法, 得到关于处理碳纳米管力学问题的跨尺度方法, 并系统研究了碳纳米管的屈曲、弯曲、扭转、径向变形、褶皱变形等问题. 这里给出扭转和褶皱变形的计算结果[27](图 4.13 和图 4.14).

在扭转计算中, 通过和分子动力学结果对比, 基于指数式 Cauchy-Born 准则的连续模型的计算结果和分子动力学的计算结果很好地吻合.

郭旭等利用基于高阶 Cauchy-Born 准则建立的碳纳米管超弹性本构模型对碳纳米管的力学性质进行了计算[44~48], 并且其结果和 Hernandez 紧束缚模型的结果, Popov 晶格动力学的结果以及 Arroyo 基于指数式 Cauchy-Born 准则的计算结果进行了对比. 这里给出其计算碳纳米管的弹性模量和 Poisson 比随管径变化的结

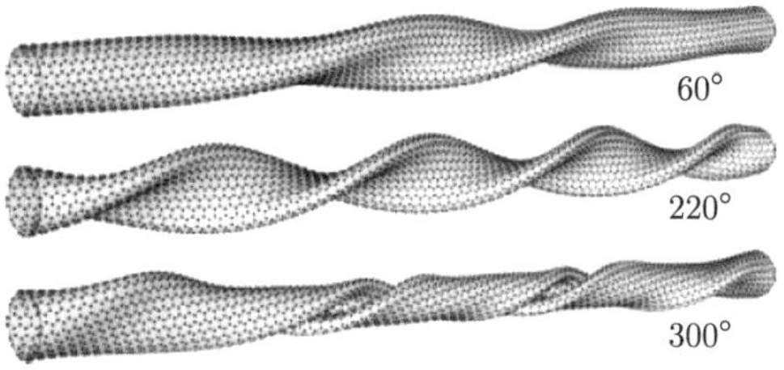

图 4.13　(10,10) CNT 的扭转

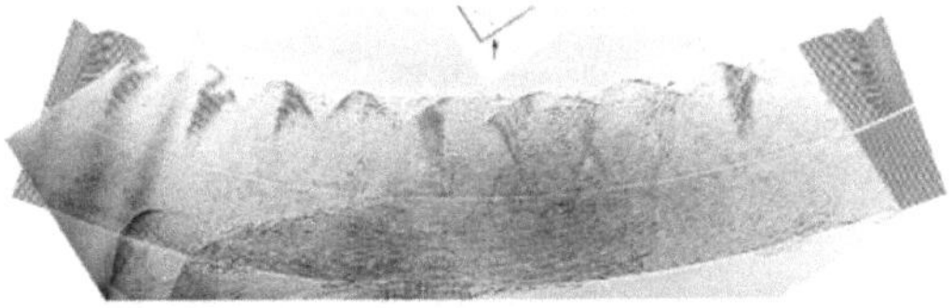

(a) 与实验结果对比

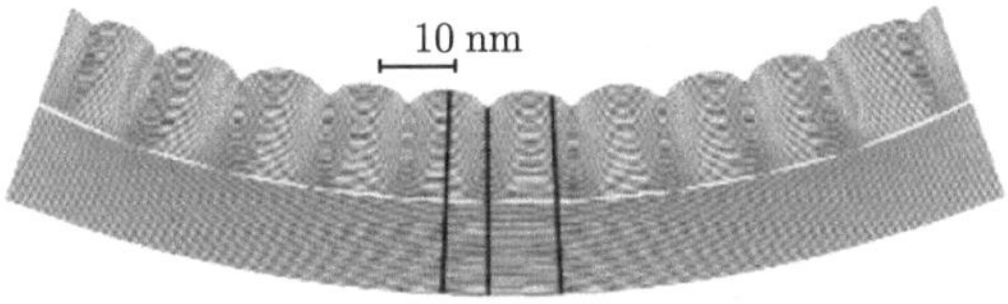

(b) 侧视图

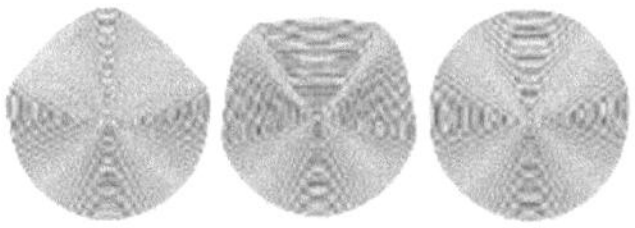

(c) 横截面图

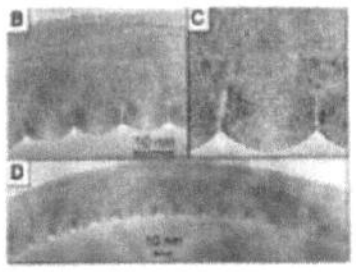

(d) 多壁

图 4.14 多壁碳纳米管的褶皱变形

果[44](图 4.15). 不同方法对比的结果表明, 基于高阶 Cauchy-Born 准则的计算结果和 Hernandez 紧束缚模型, Popov 晶格动力学的结果相差很大, 但是随管径的变化趋势是一致的. 不同模型结果的差异很可能来源于不同模型采用不同的原子间势函数. 但是基于高阶 Cauchy-Born 准则的计算结果和基于指数式 Cauchy-Born 准则的计算结果十分接近.

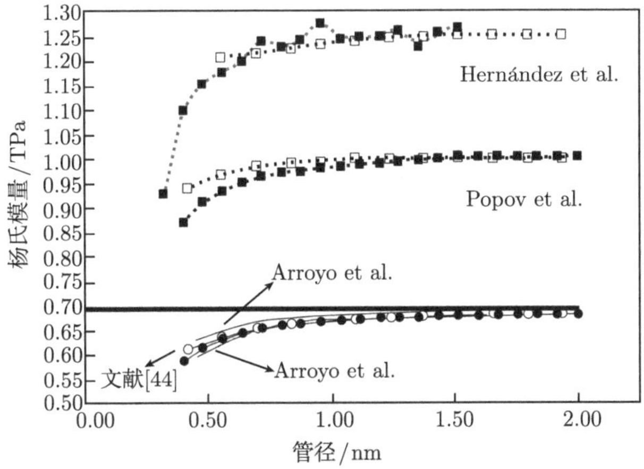

(a) 弹性模量

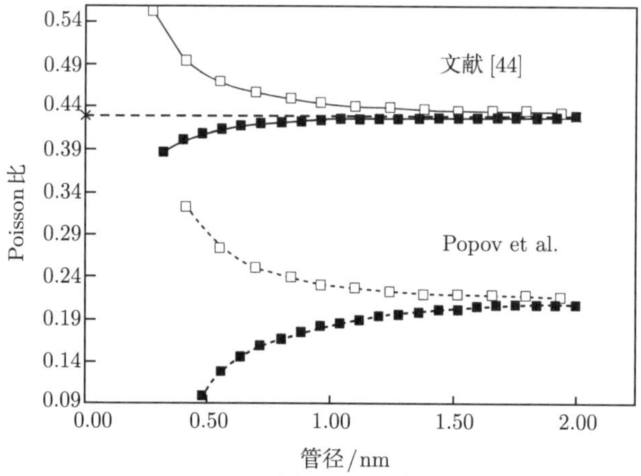

(b) Poisson 比

图 4.15　碳纳米管的弹性模量和 Poisson 比随管径的变化, 空心符号代表扶手型, 实心代表锯齿型

虚直线代表基于高阶 Cauchy-Born 准则得到的结果, 实直线代表基于指数式 Cauchy-Born 准则得到的结果

4.7　输运性质的 Green-Kubo 线性响应理论

物理力学的问题可分为两类[63], 一类是属于平衡现象的, 像物态方程、比热、化学平衡等; 第二类则是属于非平衡现象的, 如物质的扩散、热传导、黏滞性、化学反应等.

当一个处于平衡态的体系在外场 (热–电–化–力等) 的作用下到达非平衡态时, 介质的内部将存在温度梯度、电势梯度、化学势梯度等. 在这些梯度场的作用下, 处于非平衡态的体系内的能量、粒子或电荷等将发生迁移, 也就是发生 “输运 (transport)”, 而与输运过程相关的性质则被称为 “输运性质 (transport properties)”. 如图 1.10 所示, 液滴的表面张力是热场、电场和化学浓度场的函数, 一旦这些场产生梯度, 则液滴将其在作用下发生输运.

当外场较弱时, 体系仅仅处在离开平衡态不远的线性非平衡态区域, 也称为 “近平衡态”. 在近平衡态, 外场 (如压力梯度、浓度梯度、温度梯度、电势梯度等) 与所造成的 “流 (flux)”(即渗流、扩散流、热流、电流等) 呈线性关系.

本节仅介绍应用 Green-Kubo 线性响应理论 (linear response theory)[64,65] 来确定输运性质. 值得注意的是, 线性响应理论中的 “线性” 只是指微扰处理时省略二阶小量的意思[66]. 以下给出几个常用的输运性质的计算公式:

(1) 自扩散系数

$$D=\frac{1}{3}\int_0^{\infty}\langle\boldsymbol{v}(t)\cdot\boldsymbol{v}(0)\rangle\,\mathrm{d}t=\lim_{t\to\infty}\frac{\left\langle|\boldsymbol{r}(t)-\boldsymbol{r}(0)|^2\right\rangle}{6t},\tag{4-48}$$

上式中 $|\boldsymbol{r}(t)-\boldsymbol{r}(0)|$ 是分子 i 在时间间隔 Δt 内移动的距离. 从上式可以看出, 应用 Green-Kubo 关系确定自扩散系数和应用 Einstein 关系所得到的自扩散系数的两种方法完全等价[67]. 上式中的速度 $\boldsymbol{v}(t)$ 的 "时间自相关函数 (auto time correlation function, auto-TCF)" 定义为[66]

$$\langle\boldsymbol{v}(t)\cdot\boldsymbol{v}(0)\rangle=\lim_{T\to\infty}\frac{1}{T}\int_0^{T}\boldsymbol{v}(\tau)\cdot\boldsymbol{v}(\tau+t)\mathrm{d}\tau.\tag{4-49}$$

上式可理解为一种系综平均, 描述的是前后不同时刻速度场的关联性.

(2) 热导率

$$\lambda=\frac{V}{3k_{\mathrm{B}}T^2}\int_0^{\infty}\langle\boldsymbol{j}(t)\cdot\boldsymbol{j}(0)\rangle\,\mathrm{d}t=\frac{V}{k_{\mathrm{B}}T^2}\int_0^{\infty}\langle j_x(t)\cdot j_x(0)\rangle\,\mathrm{d}t,\tag{4-50}$$

上式中, k_{B} 为 Boltzmann 常数, T 为绝对温度, V 为体系的体积, $\boldsymbol{j}$ 为热流矢量. 例如, 本书第 2.8 节中所讨论的 Kapitza 阻抗中的热导系数即可由上式确定.

(3) 剪切黏度

$$\eta=\frac{V}{k_{\mathrm{B}}T}\int_0^{\infty}\langle P_{xy}(t)\cdot P_{xy}(0)\rangle\,\mathrm{d}t,\tag{4-51}$$

上式中 P_{xy} 为剪应力张量的非对角元素 (off-diagonal element), 其表达式为[67]

$$P_{xy}(t)=\sum_{i=1}^{N}\left[mv_{ix}v_{iy}-\frac{1}{2}\sum_{j\neq i}^{N}\frac{x_{ij}y_{ij}}{r_{ij}}\frac{\partial\Phi(r_{ij})}{\partial r_{ij}}\right],\tag{4-52}$$

上式中 i 和 j 代表不同的粒子, N 为粒子总数目, m 为粒子质量, $r_{ij}=|\boldsymbol{r}_i-\boldsymbol{r}_j|$ 为 i 和 j 粒子之间的距离, $x_{ij}=x_i-x_j$ 为 i 和 j 粒子横坐标之差, $y_{ij}=y_i-y_j$ 则为 i 和 j 粒子纵坐标之差, $\boldsymbol{r}_i=(x_i,y_i)$ 为 i 粒子的位置矢量, $\Phi(r_{ij})$ 为粒子的势能. 对于面积为 S 的二维 (2D) 情形, 剪切黏度的表达式变为[68]

$$\eta=\frac{1}{Sk_{\mathrm{B}}T}\int_0^{\infty}\langle P_{xy}(t)\cdot P_{xy}(0)\rangle\,\mathrm{d}t.\tag{4-53}$$

(4) 体黏度

$$\eta_V=\frac{1}{Vk_{\mathrm{B}}T}\int_0^{\infty}\langle(p(t)V(t)-\langle pV\rangle)(p(0)V(0)-\langle pV\rangle)\rangle\,\mathrm{d}t.\tag{4-54}$$

(5) 液体中的摩擦系数

$$\zeta=\frac{1}{3k_{\mathrm{B}}T}\int_0^{\infty}\langle\boldsymbol{P}(t)\cdot\boldsymbol{P}(0)\rangle\,\mathrm{d}t.\tag{4-55}$$

上式中, $\boldsymbol{P}(t)$ 为 t 时刻液体分子周围总的作用力.

纳微流动中, 有关应用 Green-Kubo 理论确定固–液界面的摩擦系数将在本书 11.3.6 节中讨论.

(6) 化学反应速度常数

$$\varsigma=\frac{1}{k_{\mathrm{B}}T}\int_0^{\infty}\mathrm{e}^{-\mathrm{i}\omega t}\left\langle \dot{N}(t)\cdot\dot{N}(0)\right\rangle\mathrm{d}t, \tag{4-56}$$

式中 $\dot{N}(t)$ 为 t 时刻粒子数 $N(t)$ 随时间的导数.

(7) 电导率张量

$$\sigma_{\mu\nu}=\frac{1}{k_{\mathrm{B}}T}\int_0^{\infty}\mathrm{e}^{-\mathrm{i}\omega t}\left\langle J_{\mu}(t)\cdot\tilde{J}_{\nu}(0)\right\rangle\mathrm{d}t, \tag{4-57}$$

上式中 $J_{\mu}(t)$ 为 μ 方向的电流密度, $\tilde{J}_{\nu}\equiv\dfrac{1}{\beta}\displaystyle\int_0^{\beta}\mathrm{e}^{\lambda H}J_{\nu}\mathrm{e}^{-\lambda H}\mathrm{d}\lambda$ 是 J_{ν} 的 Kubo 变换.

(8) 电极化率

$$\alpha(\omega)=\frac{1}{3Vk_{\mathrm{B}}T}\left\langle M^2\right\rangle-\frac{\mathrm{i}\omega}{3Vk_{\mathrm{B}}T}\int_0^{\infty}\mathrm{e}^{-\mathrm{i}\omega t}\left\langle \boldsymbol{M}(t)\cdot\boldsymbol{M}(0)\right\rangle\mathrm{d}t, \tag{4-58}$$

式中 $\boldsymbol{M}(t)$ 为 t 时刻体系的总电偶极矩向量, ω 为角频率.

(9) 吸收光谱的谱密度

$$I(\omega)=\frac{1}{2\pi}\int_{-\infty}^{\infty}\mathrm{e}^{-\mathrm{i}\omega t}\left\langle \boldsymbol{M}(t)\cdot\boldsymbol{M}(0)\right\rangle\mathrm{d}t. \tag{4-59}$$

上式表明极性分子的各向同性体系在外电场的作用下, 其吸收光谱取决于体系总的分子电偶极矩 $\boldsymbol{M}(t)$ 的时间自相关函数 $\left\langle \boldsymbol{M}(t)\cdot\boldsymbol{M}(0)\right\rangle$.

(10) Kapitza 阻抗

$$\frac{1}{R_{\mathrm{K}}}=\frac{1}{Sk_{\mathrm{B}}T^2}\int_0^{\infty}\left\langle q(t)\cdot q(0)\right\rangle\mathrm{d}t, \tag{4-60}$$

上式中 $q(t)=\displaystyle\iint\boldsymbol{j}(t)\cdot\mathrm{d}\boldsymbol{S}$ 为跨越界面面积为 S 的能量流[69].

以上的几个例子明确地表明, 很多输运性质都可以在量子统计力学的基础上统一规划为求解某个力学量的时间自相关函数. 可通过分子动力学方法求得输运体系的时间演化过程.

参考文献

[1] Love A E H. A treatise on the mathematical theory of elasticity (1st American Printing). New York: Dover Publications, 1944.

[2] Cauchy A L. De la pression ou tension dans un système de points matériels. Exercices de Mathematiques, 1828, 3: 213–236.

[3] Cauchy A L. Sur l'équilibre et le mouvement d'un système de points matériels sollicités par des forces d'attraction ou de répulsion mutuelle. Exercices de Mathematiques, 1828, 3: 188–212.

[4] Cauchy A L. Sur l'équilibre et le mouvement intérieur des corps considérés comme des masses continues. Exercices de Mathematiques, 1829, 4: 293–319.

[5] Cauchy A L. Sur les équations différentielles d'équilibre ou de mouvements pour système de points matériels sollicités par des forces d'attraction ou de répulsion mutuelle. Exercices de Mathematiques, 1829, 4: 129–139.

[6] Darrigol O. Between Hydrodynamics and elasticity theory: The first five births of the Navier-Stokes equation. Archive for History of Exact Science, 2002, 56: 95–150.

[7] 武际可. 力学史. 重庆: 重庆大学出版社, 1999.

[8] Capecchi D, Ruta G, Trovalusci P. From classical to Voigt's molecular models in elasticity. Archive for History of Exact Science, 2010, 64: 525–559.

[9] Green G. On the reflection and refraction of light at the common surface of two non-crystallized media//Ferrers N M. Mathematical papers: 245–269. London: MacMillan, 1839.

[10] Bravais A. Études cristallographiques. Paris: Gauthier-Villars, 1866.

[11] Voigt W. Die fundamentalen physikalischen Eigenschaften der Krystalle in elementarer Darstellung. Von Veit, 1898.

[12] Voigt W. Lehrbuch der Kristallphysik. Leipzig: B.G. Teubner, 1910.

[13] 黄克智, 黄永刚. 固体本构关系. 北京：清华大学出版社, 1999.

[14] Born M. Dynamik der Kristallgitter. Leipzig: B.G. Teubner, 1915.

[15] Born M, Huang K. Dynamical theory of crystal lattices. Oxford: Oxford University Press, 1954.

[16] Ericksen J L. The Cauchy and Born hypotheses for crystals//Gurtin M E. Phase Transformations and Instabilities in Solids: 61–77. New York: Academic Press, 1984.

[17] Zanzotto G. On the material symmetry group of elastic crystals and the Born rule. Archive for Rational Mechanics and Analysis, 1992, 121: 1–36.

[18] Tadmor E B, Smith G S, Bernstein N, Kaxiras E. Mixed finite element and atomistic formation for complex crystals. Physical Review B, 1999, 59: 235–245.

[19] Friesecke G, Theil F. Validity and failure of the Cauchy-Born Hypothesis in a two-dimensional mass-spring lattice. Journal of Nonlinear Science, 2002, 12: 445–478.

[20] Zhang P, Huang Y G, Gao H J, Hwang K C. Fracture nucleation in single-wall carbon nanotubes under tension: A continuum analysis incorporating interatomic potentials. Journal of Applied Mechanics, 2002, 69: 454–458.

[21] Zhang P, Huang Y G, Geubelle P H, Klein P A, Hwang K C. The elastic modulus of single-wall carbon nanotubes: A continuum analysis incorporating interatomic potentials. International Journal of Solids and Structures, 2002, 39: 3893–3906.

[22] Arroyo M. Finite crystal elasticity for curved single layer lattices: Applications to carbon nanotubes. Ph.D. Thesis, Northwestern University, 2003.

[23] Arroyo M, Belytschko T. An atomistic-based finite deformation membrane for single layer crystalline films. Journal of the Mechanics and Physics of Solids, 2002, 50: 1941–1977.

[24] Arroyo M, Belytschko T. A finite deformation membrane based on inter-atomic potentials for the transverse mechanics of nanotubes. Mechanics of Materials, 2003, 35: 193–215.

[25] Arroyo M, Belytschko T. Finite crystal elasticity of carbon nanotubes based on the exponential Cauchy-Born rule. Physics Review B, 69, 2004: 115415.

[26] Arroyo M, Belytschko T. Finite element methods for the non-linear mechanics of crystalline sheets and nanotubes. International Journal for Numerical Methods in Engineering, 2004, 59: 419–456.

[27] Arroyo M, Belytschko T. Continuum mechanics modeling and simulation of carbon nanotubes. Meccanica, 2005, 40: 455–469.

[28] Sunky R, Steinmann P. On higher gradients in continuum-atomistic modeling. International Journal of Solids and Structures, 2003, 40: 6877–6896.

[29] Sunky R. On aspects of mixed continuum-atomistic material modeling. Ph.D. Thesis, TU Kaiserslautern, 2004.

[30] Steinmann P, Elizondo A, Sunky R. Studies of validity of the Cauchy-Born rule by direct comparison of continuum and atomistic modeling. Modelling and Simulation in Materials Science and Engineering, 2007, 15: S271–S281.

[31] Xiao S P, Yang W X. Temperature-related Cauchy-Born rule for multiscale modeling of crystalline solids. Computational Materials Science, 2006, 37: 374–379.

[32] Xiao S P, Yang W X. A temperature-related homogenization technique and its implementation in the meshfree particle method for nanoscale simulations. International Journal for Numerical Methods in Engineering, 2007, 69: 2099–2125.

[33] Yang W X, Xiao S P. Extension of the temperature-related Cauchy-Born rule: Material stability analysis and thermo-mechanical coupling. Computational Materials Science, 2008, 41: 431–439.

[34] Leamy M J, Chung P W, Namburu R. On an exact mapping and a higher order Born rule for use in analyzing graphene carbon nanotubes. Proceedings of the 11th Annual ARL-USMA Technical Symposium, November 5, 2003.

[35] Conti S, Dolzmann G, Kirchheim B, Muller S. Sufficient conditions for the validity of the Cauchy-Born rule close to SO(n). Journal of the European Mathematical Society,

2006, 8: 515–530.

[36] E W N, Ming P B. Cauchy-Born rule and the stability of crystalline solids: Static problems. Archive for Rational Mechanics and Analysis, 2006, 183: 241–297.

[37] E W N, Ming P B. Cauchy-Born rule and the stability of crystalline solids: Dynamic problems. Acta Mathematicae Applicatae Sinica-English Series, 2007, 23: 529–550.

[38] E W N, Lu J F. The elasitc continuum limit of the tight binding model. Chinese Annals of Mathematics B, 2007, 28: 665–676.

[39] E W N. Principles of multiscale modeling. Cambrige: Cambrige University Press, 2011.

[40] E W N, Lu J F. The electronic structure of smoothly deformed crystals: Wannier functions and the Cauchy-Born rule. Archive for Rational Mechanics and Analysis, 2011, 199: 407–433.

[41] Park H S, Klein P A, Wagner G J. A surface Cauchy-Born model for nanoscale materials. International Journal for Numerical Methods in Engineering, 2006, 68: 1072–1095.

[42] Park H S, Klein P A. Surface Cauchy-Born analysis of surface stress effects on metallic nanowires. Physical Review B, 2007, 75: 085408.

[43] Park H S, Klein P A. A surface Cauchy-Born model for silicon nanostructures. Computer Methods in Applied Mechanics and Engineering, 2008, 197: 3249–3260.

[44] Guo X, Wang J B, Zhang H W. Mechanical properties of single-walled carbon nanotubes based on higher order Cauchy-Born rule. International Journal of Solids and Structures, 2006, 43: 1276–1290.

[45] Wang J B, Guo X, Zhang H W, Wang L, Liao J B. Energy and mechanical properties of single-walled carbon nanotubes predicted using the higher order Cauchy-Born rule. Physical Review B, 2006, 73: 115428.

[46] Wang J B, Guo X, Zhang H W. Nonlinear extension of single-walled carbon nanotubes analyzed by a continuum model based on a higher-order Cauchy-Born rule. Journal of Computational and Theoretical Nanoscience, 2006, 3: 798–802.

[47] Wang J B, Guo X, Zhang H W. Higher order Cauchy-Born rule based study of chiral single-walled carbon nanotubes. Journal of Computational and Theoretical Nanoscience, 2009, 6: 1617–1621.

[48] Guo X, Liao J B, Wang X Y. Investigation of the thermo-mechanical properties of single-walled carbon nanotubes based on the temperature-related higher order Cauchy-Born rule. Computational Materials Science, 2012, 51: 445–454.

[49] Ericksen J L. On the Cauchy-Born rule. Mathematics and Mechanics of Solids, 2008, 13: 199–220.

[50] Liu F, Ming P B, Li J. Ab initio calculation of ideal strength and phonon instability of graphene under tension. Physical Review B, 2007, 76: 064120.

[51] Pour A S. Elastic properties of single-layered graphene sheet. Solid State Communications, 2009, 149: 91–95.

[52] Bao W X, Zhu C C, Cui W Z. Simulation of Young's modulus of single-walled carbon nanotubes by molecular dynamics. Physica B, 2004, 352: 156–163.

[53] Lu Q, Huang R. Nonlinear mechanics of single-atomic-layer graphene sheets. International Journal of Applied Mechanics, 2009, 3: 443–467.

[54] Reddy C D, Rajendran S, Liew K M. Equilibrium configuration and continuum elastic properties of finite sized graphene. Nanotechnology, 2006, 17: 864–870.

[55] Larsson R, Samadikhah K. Atomistic continuum modeling of graphene membranes. Computational Materials Science, 2011, 50: 1744–1753.

[56] Samadikhah K, Larsson R, Bazooyar F, Bolton K. Continuum-molecular modeling of graphene. Computational Materials Science, 2012, 53: 37–43.

[57] Szefer G, Jasinska D. Modeling of strains and stresses of material nanostructures. Bulletin of the Polish Academy of Sciences-Technical Sciences, 2009, 57: 41–46.

[58] Li J, van Vliet K J, Zhu T, Yip S, Suresh S. Atomistic mechanisms governing elastic limit and incipient plasticity in crystals. Nature, 2002, 418: 307–310.

[59] Steinmann P, Ricker S, Aifantis E. Unconstrained and Cauchy-Born-constrained atomistic systems: Deformational and configurational mechanics. Archive of Applied Mechanics, 2011, 81: 669–684.

[60] Le Dret H, Raoult A. Homogenization of hexagonal lattices. Comptes Rendus Mathematique, 2011, 349: 111–114.

[61] Liu F, Fu Q, Chen C, Liang N G. An elasto-plastic damage constitutive theory and its prediction of evolution of subsequent yield surfaces and elastic constants. International Journal of Plasticity, 2011, 27: 1355–1383.

[62] Gurtin M E, Jabbour M E. Interface evolution in three dimensions with curvature-dependent energy and surface diffusion: Interface-controlled evolution, phase transitions, epitaxial growth of elastic films. Archive for Rational Mechanics and Analysis, 2002, 163: 171–208.

[63] 钱学森. 物理力学讲义. 北京：科学出版社, 1964.

[64] Green M S. Markoff random processes and the statistical mechanics of time-dependent phenomena. II. Irreversible processes in fluids. Journal of Chemical Physics, 1954, 22: 398–413.

[65] Kubo R. Statistical-mechanical theory of irreversible processes. I. General theory and simple applications to magnetic and conduction problems. Journal of Physical Society of Japan, 1957, 12: 570–586.

[66] 陈敏伯. 计算化学 —— 从理论化学到分子模拟. 北京：科学出版社, 2009.

[67] Leach A R. Molecular modelling: principles and applications ($2^{\rm nd}$ Edition). New York: Prentice Hall, 2001.

[68] Feng Y, Goree J, Liu B, Cohen E G D. Green-Kubo relation for viscosity tested using experimental data for a two-dimensional dusty plasma. Physical Review E, 2011, 84:

046412.

[69] Barrat J L, Chiaruttini F. Kapitza resistance at the liquid-solid interface. Molecular Physics, 2003, 101: 1605–1610.

[70] 王自强. 理性力学基础. 北京: 科学出版社, 2000.

第 5 章　与表面问题相关的特征尺度、时间与无量纲量

The boundary is the best place for acquiring knowledge.
边界是获取知识的最佳地方.

——Paul Tillich, 1929

纳微系统和宏观系统相比, 最重要的特点是拥有很大的 “比表面积”, 所以, 表面 (界面) 效应在纳微系统中将占主导地位. 正确理解纳微系统中和表面能相关的特征尺度以及相关无量纲量, 对于深入研究和理解纳微系统中的 “尺度效应”、“表面效应” 和跨尺度力学行为非常重要; 而对其特征时间的深入认识是研究和理解其动态过程的关键.

本章旨在给出和表面和界面效应相关的某些特征参量和无量纲量. 与纳微系统中相关的表面 (分子间) 力的总结和评述请参阅文献 [1, 2], 与微纳尺度相关的黏着弹塑性接触相关的无量纲量可参阅文献 [3~5].

5.1　与表面能相关的几个特征时间和无量纲数

Lord Rayleigh 在 1879 年曾给出完整液滴的自由振动周期为[6]

$$T = \frac{\pi}{4}\sqrt{\frac{\rho d^3}{\gamma_{lv}}}, \tag{5-1}$$

式中, γ_{lv} 为液滴的液–气界面张力, ρ 和 d 则分别为液滴的密度和直径. 对于我们课题组常用的液滴, 参数为 $d \cong 2\times10^{-3}$ m, $\gamma_{lv} = 72\times10^{-3}$ N/m (室温 25°C), $\rho \approx 10^3$ kg/m^3, 则 $T \approx 8.3\times10^{-3}$ s.

另外, 文献中针对质量为 m 的液滴, 还有一个常用的毛细特征时间[7]

$$\tau_c = \sqrt{\frac{m}{\gamma_{lv}}}, \tag{5-2}$$

比较 (5-1) 和 (5-2) 两式, 可知对于球状液滴: $\tau_c = \sqrt{\dfrac{8}{3\pi}}T \approx 0.92T$.

如考虑液滴的黏性 η, 液–气界面张力 γ_{lv} 和结构的特征尺度 l, 则由毛细数 (capillary number) $\mathrm{Ca} = \eta V/\gamma_{lv} = \eta l/(\gamma_{lv}\tau)$ 可以得到另外一个和毛细相互作用相

关的所谓黏性毛细特征时间为

$$\tau_{vis} \sim \frac{\eta l}{\gamma_{lv}}, \tag{5-3}$$

该特征时间在利用毛细力对微电子机械系统 (MEMS) 进行装配 (assembly) 时, 有重要应用[8], 如图 5.1 所示.

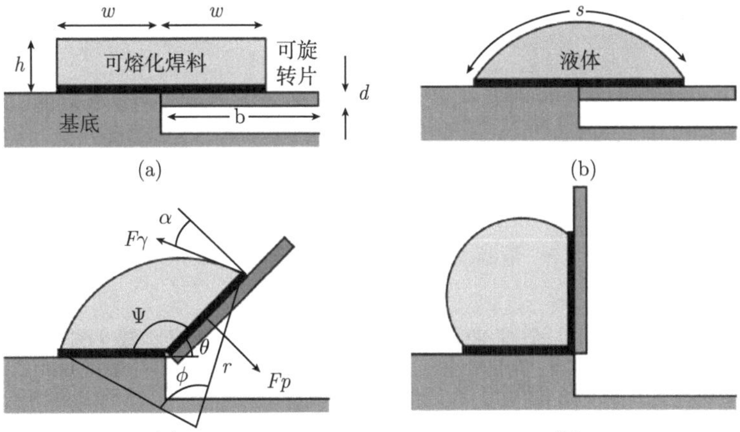

图 5.1 利用毛细力进行 MEMS 器件装配过程示意图[8]

事实上, 由 Weber 数的定义 $\mathrm{We} = \rho V^2 l/\gamma_{lv} = \rho l^3/\left(\gamma_{lv}\tau^2\right)$, 则可得到类似于 Lord Rayleigh 特征时间尺度

$$\tau_R \sim \sqrt{\frac{\rho l^3}{\gamma_{lv}}}. \tag{5-4}$$

十分有趣的是, 由黏性毛细时间 (5-3) 和 Lord Rayleigh 时间尺度 (5-4), 可以组合出另外一个十分常用的无量纲数 ——Ohnesorge 数:

$$\mathrm{On} = \frac{\tau_{vis}}{\tau_R} = \frac{\eta}{\sqrt{\rho l \gamma_{lv}}}, \tag{5-5}$$

则从上式可看出, Ohnesorge 数既可以采用经典的解释, 也就是黏性力/$\sqrt{\text{惯性力} \times \text{表面张力}}$, 也可以用类似 Deborah 数的概念来解释.

在纳流动、液滴动力学和电润湿中, 有几个重要的特征时间尺度:

1) 正常条件下, 体相水 (bulk water) 的 Maxwell 弛豫时间[9] 为 $\tau \sim 10^{-12}$ s.

2) 纳米界面水的偶极子翻转时间尺度为 "数纳秒" 量级[10].

3) 基于毫米尺度液滴电润湿显示器件的响应时间为 10 个毫秒量级, 本课题组从实验上发现, 用电极去触及一个毫米尺度的液滴, 液滴会发生失稳 (图 5.2), 特征时间也为 10 毫秒量级 [11], 也从一个侧面揭示了基于电润湿显示器件的响应时间问题. 而该响应、失稳时间均和 Rayleigh 时间或毛细特征时间有直接的联系.

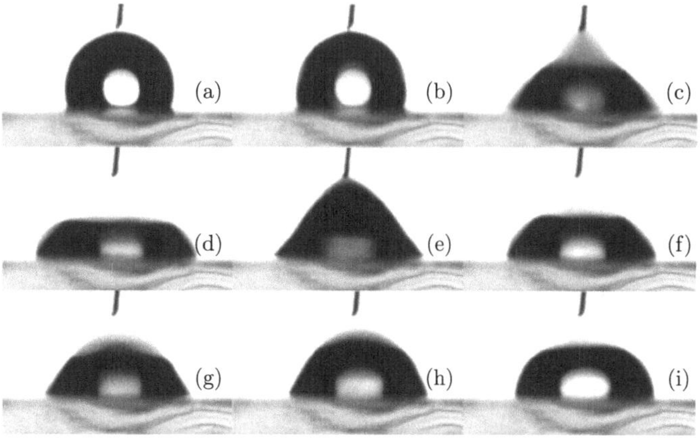

图 5.2　液滴在电极触及下的动态失稳过程[11]

4) 本课题组开展了两个毫米尺度液滴的弹性对心碰撞实验 (图 5.3), 两个液滴的碰撞接触时间为 20 毫秒量级[12].

图 5.3　液滴的对心 “弹性” 碰撞[12]

有人在 1917 年发现在给予一定的流量和电压后, 在毛细管口的液体会形成一个锥状凸起. G. I. Taylor 在 1964 年对其给与了理论上的解释, 因此以后被广泛称为 “Taylor 锥 (cone)”(图 5.4). Taylor 发现有良好导电性能的液体会形成一个锥形的等电势面, 锥形的产生是因为电场力和液体的表面张力互相平衡的而导致的, 他计算出锥顶半角为 49.3°. 文献 [13] 指出, 需要在 Taylor 锥中区分四个特征时间: ① 高 Reynolds 数时, 液体的形状改变的特征时间, 由 Lord Rayleigh 特征时间 (5-4) 式给出. ② 低 Reynolds 数时, 液体的形状改变的特征时间, 由黏性特征时间 (5-3) 式给出. ③ 电弛豫时间 $\tau_e=\varepsilon\varepsilon_0/K$, 式中 ε_0 为真空介电常数 ($\varepsilon_0=8.85\times10^{-12}$ F/m), ε 为相对介电系数, K 为电导率. 常温常压下, 一些液体的电弛豫时间由表 5.1 给出. ④ 射流喷射时间.

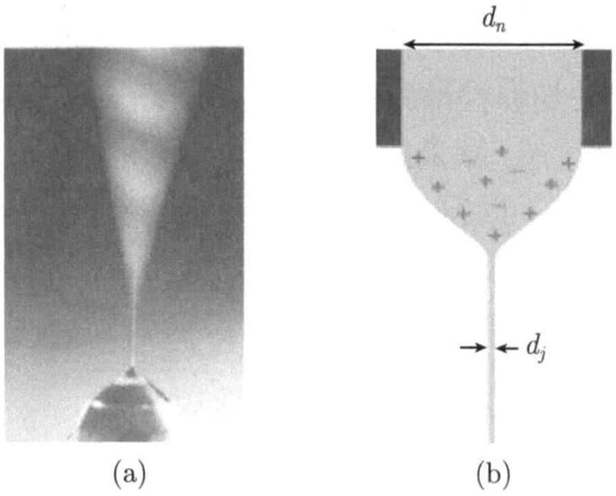

图 5.4 (a) Taylor 锥的喷射情形[13]; (b) d_n/d_j 比值范围: 10~1000

表 5.1 常温常压下, 一些典型液体的电弛豫时间

液体名称	相对介电系数	电导率/(S/cm)	电弛豫时间/μs
水	78.5	4.0×10^{-8}	170
乙醇	24.3	1.35×10^{-9}	1.6×10^3
丙酮	20.7	6.0×10^{-8}	30.5
苯	2.284	7.6×10^{-8}	2.6
庚烷	1.92	1.0×10^{-8}	17

纳微系统中与表界面效应相关的几个特征时间汇总于表 5.2.

表 5.2 纳微系统中与表界面效应相关的特征时间一览表

名称	表达式	含义
毛细特征时间	$\tau_c = \sqrt{m/\gamma_{lv}}$	已知液滴质量和液–气界面张力, 可知其特征时间尺度
Lord Rayleigh 周期	$T = \frac{\pi}{4}\sqrt{\rho d^3/\gamma_{lv}}$	可得出液滴自由振动的周期
Lord Rayleigh 特征时间	$\tau_R \sim \sqrt{\rho l^3/\gamma_{lv}}$	可得出与液滴动力学相关的特征时间
黏性特征时间	$\tau_{vis} \sim \eta l/\gamma_{lv}$	和液体黏性相关的特征时间尺度; 文献 [26] 将黏性特征时间中的特征尺度以毛细尺度 $l_c = \sqrt{\gamma_{lv}/(\rho g)}$ 替代时, 得到毛细的弯月爬升特征时间 (rise time of meniscus)

5.2 与表面能相关的几个特征尺度及相关无量纲数

与表面能 (表面张力) 相关的特征尺度很多, 主要有:

5.2.1　弹性毛细长度及基底在液滴作用下的凸起特征高度

考虑半径为 R 的液柱与弹性薄膜的相互作用 (图 5.5). 在液–气界面张力垂直分量的作用下, 薄膜逐渐弯曲, 原来的固–气界面逐渐被固–液界面所取代. 在忽略各种耗散及膜自重的影响下, 根据功能守恒原理知, 液–气界面张力与弹性薄膜的弯曲变形之间存在一个特征尺度, 即弹性毛细长度 (elastocapillary length)[14]

$$L_{EC}=\sqrt{\frac{D}{2\left(1+\cos\theta\right)\gamma_{lv}}}. \tag{5-6}$$

式中, $D=Eh^3/\left[12\left(1-\nu^2\right)\right]$ 为弹性薄膜的弯曲刚度, θ 为接触角. 当液柱半径 R 大于 L_{EC} 时, 薄膜吸附到液膜上时所需的能量是小于表面张力所作的功, 因此薄膜极易实现自包裹 (wrapping), 当液柱半径 R 小于 L_{EC} 时, 膜完全吸附到液膜表面上所需的能量大于表面张力所作的功, 即此时薄膜不能实现完全的自包裹.

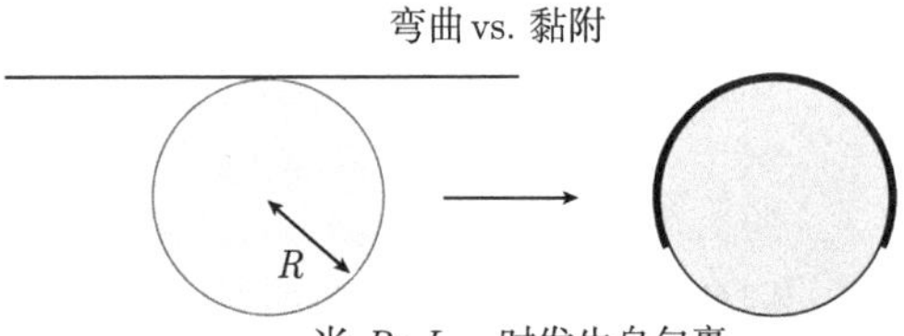

图 5.5　弹性毛细尺度示意图

如图 5.6 所示, 表面润湿的 Young 方程只是给出了三个界面张力水平方向的平衡, 液–气界面张力的垂直分量 τ 如何平衡? 这是自 1805 年 Young 方程提出以来, 一直悬而未决的问题.

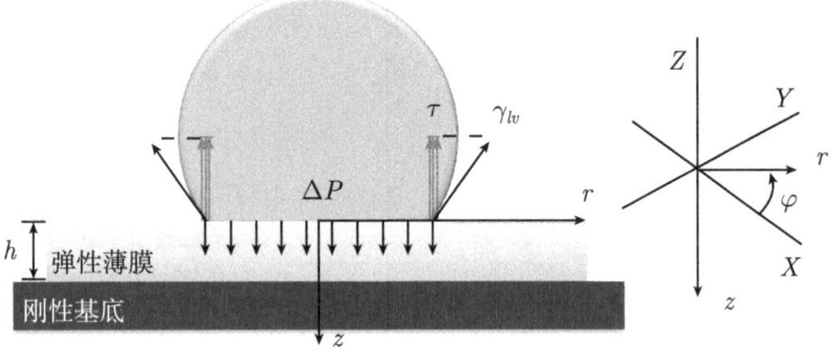

图 5.6　液–气界面张力垂直分量的平衡问题一直是一个悬而未决的问题

法国学者 Shanahan 给出了弹性基底在液–气界面张力垂直分量 $\tau=\gamma_{lv}\sin\theta$ 作用下, 基底凸起的特征高度 (图 5.7) 的量级为[15]

$$h\sim\frac{\gamma_{lv}\sin\theta}{G}, \tag{5-7}$$

式中 G 为基底的剪切弹性模量. 对于硅等硬基底, 上述凸起的高度很小, 可以忽略; 而对于目前芯片上实验室 (lab-on-a-chip) 常用的软基底 PDMS 而言, 该凸起高度可达数百纳米量级, 不能再被忽略. 余迎松和赵亚溥系统地研究了该问题[16~18].

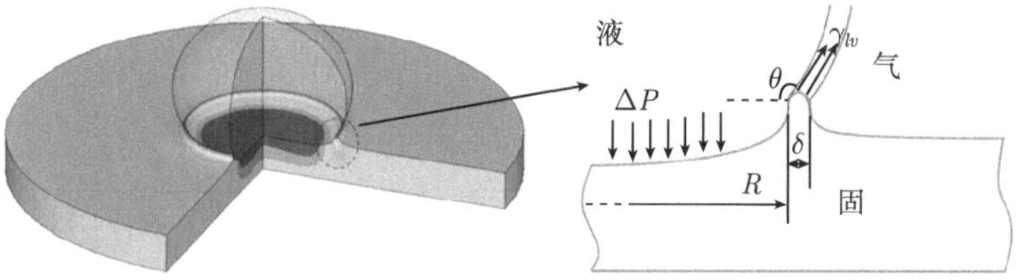

图 5.7 基底在液–气界面张力垂直分量作用下凸起的示意图[16]

5.2.2 疏水特征尺度

研究表明[19], 表面的疏水性和特征尺度有关. 图 5.8 比较了小尺度和较大尺度疏水性的结构. 如图 5.8(a) 所示, 当疏水单元足够小时, 水分子可以识别该小疏水单元而并不贡献氢键 (without sacrificing hydrogen bonds). 而对于较大尺度的疏水结构 (图 5.8(b)), 存在一个疏水特征尺度 (hydrophobic lengthscale)

$$D_c \approx \frac{2\gamma_{lv}}{n_l\left|\mu_l - \mu_v\right|}. \tag{5-8}$$

式中, μ_l 和 μ_v 分别为液体和气体的化学势, n_l 为液体单位体积的平均分子数 (密度). 当 $D \leqslant D_c$ 时, 表面 (界面) 效应占主导地位, 两板之间将以气体分子为主; 而当 $D > D_c$ 时, 体积效应将占主导地位, 水分子将会浸润到两疏水平板之间. 同样可以预见, 碳纳米管等不同的纳米管、槽、孔等也存在疏水特征尺度.

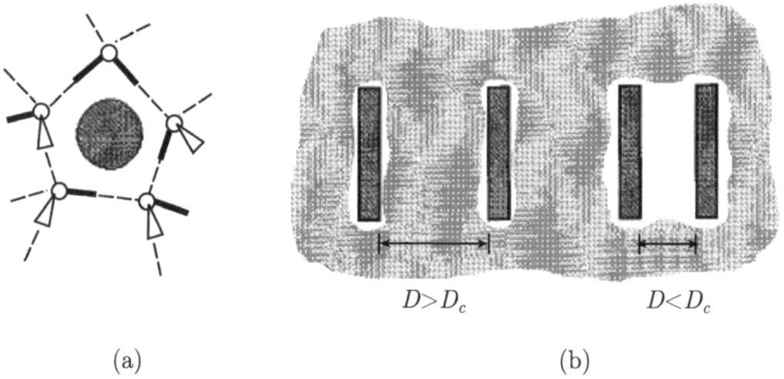

图 5.8 (a) 疏水小球附近的局部水结构, 虚线表示氢键; (b) 两个浸润在水中的平行疏水平板

5.2.3　GTKB 方程与 Tolman 长度

1949 年, Tolman 发表了一篇题为 "液滴尺寸对表面张力的作用 (*The Effect of Droplet Size on Surface Tension*)" 的经典论文[20], 该文讨论了微小液滴表面张力的曲率依赖性. Tolman 尺度还可以从著名的 "Gibbs-Tolman-Koenig-Buff (GTKB) 微分方程" 得到

$$\frac{\mathrm{d}\left[\ln \gamma_{lv}\left(R_s\right)\right]}{\mathrm{d}\left[\ln R_s\right]}=\frac{2\delta\left(R_s\right)}{R_s}\frac{1+\dfrac{\delta\left(R_s\right)}{R_s}+\dfrac{1}{3}\left(\dfrac{\delta\left(R_s\right)}{R_s}\right)^2}{1+\dfrac{2\delta\left(R_s\right)}{R_s}\left[1+\dfrac{\delta\left(R_s\right)}{R_s}+\dfrac{1}{3}\left(\dfrac{\delta\left(R_s\right)}{R_s}\right)^2\right]}, \tag{5-9}$$

式中, δ 为 Tolman 长度 (在文献中还被称为 Tolman's delta), 它度量的是微小液滴的液–气界面张力 γ_{lv} 和其平面值 γ_{lv}^{∞} (planar value) 的差异程度:

$$\frac{\gamma_{lv}}{\gamma_{lv}^{\infty}}=\frac{1}{1+\dfrac{2\delta}{R_s}}\approx 1-\frac{2\delta}{R_s}. \tag{5-10}$$

此时 Young-Laplace 方程则相应修正为

$$\Delta p=\frac{2\gamma_{lv}}{R_s}\left(1-\frac{2\delta}{R_s}\right), \tag{5-11}$$

Tolman 长度 δ 定义为

$$\delta=\lim_{R_e,R_s\to\infty} R_e-R_s, \tag{5-12}$$

表示等摩尔面 (equimolar surface) 和张力面 (surface of tension) 之间的距离. 迄今为止, Tolman 长度是正还是负 (positive or negative) 的基本问题尚在争论和研究中.

5.2.4　Egelstaff-Widom 尺度

Egelstaff 和 Widom 在 1970 年所发表的短文中指出[21]: 液体在三相点附近 (near triple point) 的等温可压缩性 (isothermal compressibility) χ 和表面张力 γ_{lv} 的乘积为液体的一个重要特征尺度 (lengthscale):

$$\chi\gamma_{lv}\sim 0.05a, \tag{5-13}$$

式中 a 为有效分子半径 (effective molecular diameter).

Rajamani 等应用分子动力学 (molecular dynamics, MD) 模拟研究了纳米尺度水合作用 (hydration) 从小尺度到大尺度的跨越 (small-to-large crossover), 所得到的结论是: 大小尺度的跨越直接和 Egelstaff-Widom 尺度有关[22].

5.2.5 线张力发生作用的特征尺度

考虑线张力 (line tension) 时, 表面润湿的 Young 方程修正为

$$\cos\theta = \cos\theta_{\mathrm{Y}} - \frac{\tau}{\gamma_{lv} r_B}, \tag{5-14}$$

式中, $\theta_{\mathrm{Y}} = \arccos\left[\left(\gamma_{sv} - \gamma_{sl}\right)/\gamma_{lv}\right]$ 为经典的 Young 方程 (1805), τ 为线张力, γ_{sv} 和 γ_{sl} 分别为 "固–气" 和 "固–液" 界面张力, r_B^{-1} 则为三相接触线的局部曲率, 也有多篇文章认为 r_B 可用液滴和基底的接触半径代替. 当 $r_B \to \infty$ 时, 则方程 (5-14) 完全退化为经典的 Young 方程.

线张力可正可负[23], 其近似表达式为

$$\tau \approx 4\delta\sqrt{\gamma_{sv}\gamma_{lv}}\cot\theta_{\mathrm{Y}}, \tag{5-15}$$

式中, δ 为液体的分子间距. 从 (5-15) 式可以看出, 对于亲水表面 (接触角小于 90°), 线张力为正; 反之, 对于疏水表面 (接触角大于 90°), 线张力为负. 文献 [24] 认为, 线张力的大小具体由液体性质、固体表面和液滴在固体表面上的成核过程等诸多因素决定, 其量级的范围可以从 10^{-12} N 到 10^{-5} N. 从公式 (5-14) 可以看出, 由线张力和液–气界面张力可以定义一个特征尺度:

$$l_B = \frac{|\tau|}{\gamma_{lv}}. \tag{5-16}$$

考虑到水的液–气界面张力大小为 72×10^{-3} N/m, 这样从上式可以看出, 只有当液滴的尺度小于微米量级时, 才需要考虑线张力对 Young 方程的修正.

5.2.6 分子特征尺度与前驱膜的特征尺度

Van der Waals 力和表面张力的竞争中存在一个特征尺度 ——"分子特征尺度 (molecular length)"[25]:

$$a = \sqrt{\frac{A}{6\pi\gamma_{lv}}}. \tag{5-17}$$

式中, A 为 Hamaker 常数, 定义见本书 3.1.1 节. 由上式给出的分子特征尺度一般为 "数埃 (Å)" 量级.

当液滴铺展时, 由于分离压力 (disjoining pressure) 的作用, 在液滴铺展的顶端存在着一个厚度为由 (5-17) 式表示的分子尺度的前驱膜 (precursor film), 如图 5.9 所示. 该前驱膜的存在也在一定程度上消除了动态接触线处的能量耗散的奇异性 (即: Huh and Scriven's paradox, 1971). 而前驱膜的长度 L_P 和上述分子特征尺度 a、Ca 数、铺展系数 (spreading coefficient) S 等的关系式为[26]

$$L_P = \frac{a}{\mathrm{Ca}}\sqrt{\frac{S}{\gamma_{lv}}} = \frac{1}{\mathrm{Ca}}\sqrt{\frac{SA}{6\pi\gamma_{lv}^2}}, \tag{5-18}$$

式中, $S = \gamma_{sv} - (\gamma_{sl} + \gamma_{lv})$ 为铺展系数, 其物理意义将在图 7.4 中予以解释.

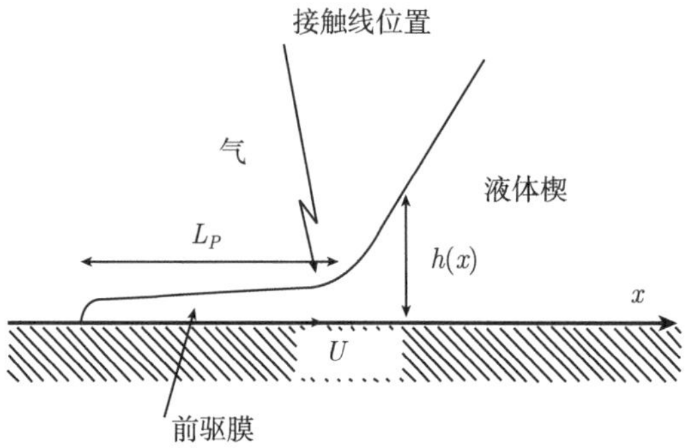

图 5.9　液滴铺展过程中的前驱膜

5.2.7　Navier 滑移尺度与广义滑移尺度

Navier 首先于 1823 年给出了如下液体在固壁流动的滑移边界条件[27]:

$$\boldsymbol{v}_{\text{slip}} = l_s \boldsymbol{n} \cdot (\nabla \boldsymbol{v} + \boldsymbol{v} \nabla), \tag{5-19}$$

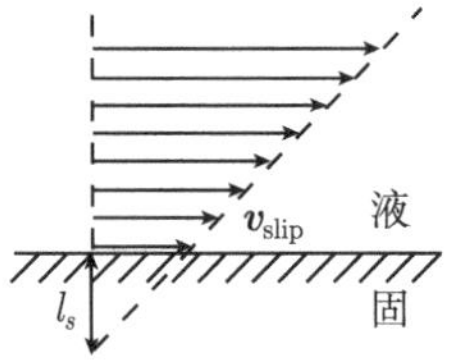

图 5.10　Navier 滑移边界条件 (1823)

式中滑移长度 l_s 的直观解释如图 5.10 所示, 上式中 $\boldsymbol{n}$ 为固壁单位法向矢量, $\boldsymbol{v}$ 为速度矢量. Bazant 和 Vinogradova 将标量的滑移长度推广到张量情形[28], 以利于研究非各项同性固体表面的流动滑移.

Thompson 和 Troian 于 1997 年经过大量的 MD 研究[29], 认为滑移长度依赖于剪切速率 $\dot{\gamma}$:

$$l_s = l_s^0 \left(1 - \frac{\dot{\gamma}}{\dot{\gamma}_c}\right)^{-\alpha}. \tag{5-20}$$

式中 $\dot{\gamma}_c$ 为临界剪切速率, 大量模拟证明: $\alpha = 0.5$. 式 (5-20) 被称为 “广义滑移边界条件”.

Vinogradova 于 1999 年还建议了一个和黏度变化有关的滑移长度[30], 她假定在靠近疏水壁面很近的一个距离为 δ 的边界层内, 其黏度由于剪切致稀效应 (shear thinning) 由体相的黏度 η_b 下降为 η_s, 则滑移长度定义为

$$l_s = \delta \left(\frac{\eta_b}{\eta_s} - 1\right). \tag{5-21}$$

例如可取: 边界层厚度 $\delta = 10$ nm, 剪切致稀效果为 $\eta_b/\eta_s = 3$, 则可得滑移长度为 $l_s = 20$ nm.

5.2.8 Navier 滑移尺度与 Kapitza 长度的类比

本书在 2.8 节中介绍过固–液界面的 Kapitza 长度的概念, 该长度概念事实上源于固–液界面处的温度间断 (Kapitza 阻抗). 对于亲水表面而言, Kapitza 长度在 3~6 nm 量级; 而对于疏水表面, Kapitza 长度在 10~12 nm 量级. 图 5.11 给出了 Kapitza 长度与 Navier 滑移长度的类比关系, 参量之间的类比见表 5.3.

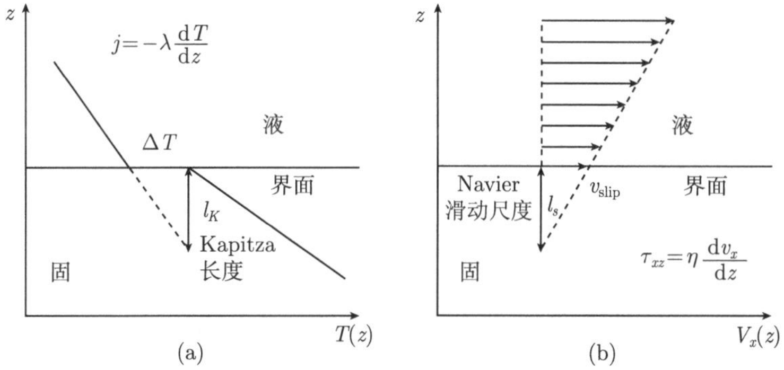

图 5.11 Kapitza 长度与 Navier 滑移长度的类比

表 5.3 Kapitza 长度与 Navier 滑移长度的参数类比关系

Kapitza 阻抗有关参量	Navier 滑移有关参量	类比关系
界面温度间断 ΔT	界面滑移速度 v_{slip}	固–液界面的温度间断和滑移速度类比
Kapitza 长度 l_K	Navier 滑移长度 l_s	均可通过画延长线的办法获得
热导系数 λ	黏度系数 η	均可用 Green-Kubo 公式确定, 本书 4.7 节
热通量 j	剪切应力 τ_{xz}	Green-Kubo 公式中的自相关函数
Kapitza 热导 $1/R_K$	固–液界面摩擦系数 ξ	$1/R_K = \lambda/l_K$; $\xi = \eta/l_s$

5.2.9 Debye 屏蔽长度与纳米电润湿

该尺度在电润湿中是一个基本的特征尺度. 如在介质中放入一带正电量为 q 的小球, 由于该电荷的静电场的作用, 它将对介质中的电子进行吸引, 而对离子进行排斥, 从而在它周围将形成一个带负电的球状 “电子云”. 这时, 带电小球在等离子体中产生的静电势不再是一简单的裸 Coulomb 势, 而是一屏蔽的 Coulomb 势, 如: $V(r)=\frac{q}{r}\exp(-r/\lambda_{\text{D}})$, 其中特征尺度

$$\lambda_D=\sqrt{\frac{\varepsilon\varepsilon_0 k_{\text{B}}T}{e^2 N_A\sum\limits_i z_i^2 M_i}} \tag{5-22}$$

为 Debye 屏蔽长度 (Debye shielding length, Debye screening length). 上式中 N_A 为

Avogadro 常数, $\varepsilon\varepsilon_0$ 为液体的总介电常数, e 为单位电荷, M_i 为摩尔浓度, z_i 为化合价. 可见电子云对带电小球产生的 Coulomb 势 (或场) 起着屏蔽作用, 这种现象被称为 Debye 屏蔽. Debye 屏蔽长度是电润湿中的一个重要特征尺度. Debye 屏蔽长度对纳微流动的影响可用无量纲数 ——Debye 数来表征[31]

$$\mathrm{De} = \frac{L}{\lambda_D}, \tag{5-23}$$

上式中 L 为特征尺度, 当 De 数足够小时, 将对纳微流动影响明显.

对于宏观电润湿, 液滴的特征尺度 L 在毫米量级 (一般小于毛细长度, 从而可以近似忽略重力的影响), 可见液滴的特征尺度 R 远大于 Debye 屏蔽长度, 即 $L \gg \lambda_{\mathrm{D}}$; 而对于纳米电润湿而言[32], $L \ll \lambda_{\mathrm{D}}$. 关于宏观电润湿原理的研究, 目前主要有两种观点：一种观点认为是改变 “固–液界面张力”, 另外一个观点是电动力的作用. 这两个观点都有各自的物理意义和适用条件.

众所周知, 在电极与溶液接触形成新的界面时, 来自体相中的游离电荷或偶极子, 必然要在界面上重新排布, 形成双电层. 双电层的作用范围主要集中在 Debye 长度内. 通常电解质溶液的 Debye 长度在埃和几十纳米范围内, 随着浓度的降低长度会增加, 纯水的 Debye 长度能达到 1 μm. Lippmann 在 1875 年开创性地研究了汞和盐溶液之间的电毛细现象, 并且设计出毛细管静电计 (capillary electrometer) 来测量给定电位和汞-溶液界面上表面张力的关系[33]. 积分形式的 Lippmann 第一方程给出了固–液界面张力和电压的关系式[34]

$$\gamma_{sl} = \gamma_{sl0} - \frac{1}{2} C_H U^2, \tag{5-24}$$

γ_{sl0} 是未加电场时的固–液界面张力, C_H 为双电层电容, 固–液界面张力随着电压的增加而减小.

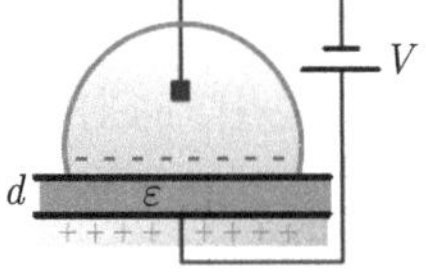

图 5.12　EWOD 原理示意图

由于电极和溶液直接接触的电润湿很容易发生电解反应, 所以通过双电层只能加载一个很小的电压, 对接触角的改变不会很大, 极大地限制了电润湿的应用. 直到近些年来, 人们在电极和溶液之间用一层薄的绝缘膜隔开进行电润湿, 可以得到类似双电层的效果. 这样的电润湿就是电介质上的电润湿 (EWOD, 如图 5.12 所示), 由于 EWOD 能方便地应用到微器件当中去, 所以目前在 MEMS 中得到广泛应用的基本上就是指 EWOD[34~36]. 在 EWOD 中, 绝缘膜的厚度通常在微米量级才能有足够的厚度防止击穿的发生. 设电介质的电容为 C_d, 电场相当于作用在双电层电容和电介质电容串联的电路上. 设总的电容为 C, 则根据串联电容的方程有：$1/C = 1/C_H + 1/C_d$. 因为在一般的 EWOD 中, 电解质溶液被认为双电层的厚度比绝缘膜的厚度小很多, $C_d \ll C_H$, 所以总电容 C 的大小主要由绝缘膜的电容决定 $C \approx C_d$. 由电场方程可知, $C_d = \varepsilon\varepsilon_0/d$, 其中 ε_0 是真空介电常数, ε 是绝缘膜的介电常数, d 是绝缘膜的厚度. 因此可以得到下列表达式：

$$\gamma_{sl}^{eff} = \gamma_{sl0} - \frac{1}{2}\frac{\varepsilon\varepsilon_0 U^2}{d}, \tag{5-25}$$

γ_{sl}^{eff} 称为有效固–液界面张力, 相当于把介电层作为固–液界面的一部分来考虑, 但静电能通过电介质层对固–液界面张力的影响不同于通过双电层对固–液界面张力的影响. 由于电介质层的存在, 电场的能量主要被储存在了这层绝缘膜中, 少量能量用于改变固–液界面张力, 因此把这种方式对界面张力变化称为改变有效界面张力. 把式 (5-25) 代入润湿基本方程 Young 方程中, 就可以得到 EWOD 中的 Lippmann-Young 方程：

$$\cos\theta_e = \cos\theta_0 + \eta_{\text{EW}}. \tag{5-26}$$

式中, 电润湿数 $\eta_{\text{EW}} = \varepsilon\varepsilon_0 U^2/(2d\gamma_{lv})$, 是比较静电能和界面张力大小的无量纲量 (表 5.4).

表 5.4　纳微系统中与表界面效应相关的无量纲数一览表

名称	表达式	含义
Adhesion (黏附) 数	$N_{\text{a}} = \cos\theta_{\text{a}} - \cos\theta_{\text{r}}$	θ_{a} 和 θ_{r} 分别为前进角和后退角
Bond 数	$\text{Bo} = \rho g l^2/\gamma_{lv}$	由此数可确定毛细尺度 $l_c = \sqrt{\gamma_{lv}/(\rho g)}$
Capillary (毛细) 数	$\text{Ca} = \eta V/\gamma_{lv}$	$\text{Ca} = \text{On}\cdot\sqrt{\text{We}}$, 由此无量纲数可定义毛细速度 $V = \gamma_{lv}/\eta$
Deborah 数	$\text{De} = \tau/\tau_R = \tau/\sqrt{\rho l^3/\gamma_{lv}}$	τ 为弛豫时间, 由此式可得出 Rayleigh 特征时间
Elasto-capillary (弹性毛细) 数	$\text{Ec} = \tau\gamma_{lv}/(\eta l)$	τ 为弛豫时间, 由此式可得出黏性特征时间
Electrowetting (电润湿) 数	$\eta_{\text{EW}} = \varepsilon\varepsilon_0 U^2/(2d\gamma_{lv})$	电场力与毛细力之比
Laplace 数	$\text{La} = (1/\text{On})^2$	见 Ohnersorge 数
Marangoni 数	$\text{Ma} = -\dfrac{\text{d}\gamma_{lv}}{\text{d}T}\dfrac{L\cdot\Delta T}{\eta\alpha}$	热表面张力与黏性力之比
Ohnersorge 数	$\text{On} = \eta/\sqrt{\rho l\gamma_{lv}}$	黏性力/$\sqrt{\text{惯性力}\times\text{表面张力}}$
Weber 数	$\text{We} = \rho V^2 l/\gamma_{lv}$	惯性力与表面张力之比

与宏观液滴不同, 当纳米水滴被置于电容的两个极板之间, 因为液滴尺寸远远小于 Debye 屏蔽长度, 纳米水滴一般可作为导体. 尽管由于液滴的极化而屏蔽掉一些电场, 电场仍然能够穿透整个液滴. 极性在液滴表面最强. 因此, 极性分子被吸引到界面, 减少界面自由能. 一个自由的偶极子 $\boldsymbol{\mu}_i$ 和外场 $\boldsymbol{E}$ 之间的平均作用可以

表示为[32]

$$w = -|\boldsymbol{E}| \times |\boldsymbol{\mu}_i| \times L\left(\frac{|\boldsymbol{E}| \times |\boldsymbol{\mu}_i|}{k_{\mathrm{B}}T}\right), \tag{5-27}$$

其中 $L(x)=\coth(3x)-1/(3x)$ 为 Langevin 函数. 在弱电场中, $w \to -\left(|\boldsymbol{E}|^2 \times |\boldsymbol{\mu}_i|^2\right)/(3k_{\mathrm{B}}T)$, 请见本书 9.6 节, 9.9 节, 10.4 节对公式 (5-27) 的后续讨论和应用. 该式表明表面自由能和接触角仅仅取决于外场的绝对值而与其方向无关, 这与宏观下 Young-Lippmann 方程相一致.

有关纳米电润湿的进一步讨论还可参阅专著 [37] 中第 6 章的相关内容.

参考文献

[1] 赵亚溥. 纳电子机械系统中的若干物理力学问题. 中国力学文摘, 2007, 21: 1–21.

[2] Zhao Y P, Guo L Y, Yin J, Dai W. Surface forces, surface energy, and adhesion of SAMs and superhydrophobic films relevance to tribological Phenomena//Biresaw G and Mittal K L. Surfactants in Tribology. New York: CRC Press, 2008.

[3] 赵亚溥. 微尺度黏着塑性接触理论//徐秉业, 黄筑平. 塑性力学和地球动力学进展 — 王仁院士八十寿辰庆贺文集. 北京: 世界图书出版公司, 万国学术出版社, 2000.

[4] Zhao Y P, Wang L S, Yu T X. Mechanics of adhesion in MEMS-a review. Journal of Adhesion Science and Technology, 2003, 17: 519–546.

[5] Zhang L X, Zhao Y P. Adhesion of rough surfaces with plastic deformation. Journal of Adhesion Science and Technology, 2004, 18: 715–729.

[6] Rayleigh L. On the instability of jets. Proceedings of the London Mathematical Society, 1879, 10: 4–13.

[7] 冯江涛. 聚二甲基硅氧烷 (PDMS) 表面液滴动力学的实验研究. 北京: 中国科学院力学研究所博士学位论文, 2009.

[8] Syms R A A, Yeatman E M, Bright V M, et al.. Surface tension-powered self-assembly of micro structures—The state of the art. Journal of Microelectromechanical Systems, 2003, 12: 387–417.

[9] Barenblatt G I. Micromechanics of fracture//Bodner S R, Singer J, Solan A and Hashin Z. Theoretical and Applied Mechanics 1992. Elservier Science Publishers BV, 1992.

[10] Yuan Q Z, Zhao Y P. Hydroelectric voltage generation based on water-filled single-walled carbon nanotubes. Journal of the American Chemical Society, 2009, 131: 6374–6376.

[11] Feng J T, Zhao Y P. Experimental observation of electrical instability of droplets on dielectric layer. Journal of Physics D: Applied Physics, 2008, 41: 052004.

[12] Wang F C, Feng J T, Zhao Y P. The head-on colliding process of binary liquid droplets at low velocity: High-speed photography experiments and modeling. Journal of Colloid

and Interface Science, 2008, 326: 196–200.

[13] De la Mora J F. The fluid dynamics of Taylor cones. Annual Review of Fluid Mechanics, 2007, 39: 217–243.

[14] 余迎松. 液–气界面张力垂直分量在软基底和微悬臂梁表面润湿中的作用. 北京: 中国科学院力学研究所博士学位论文, 2010.

[15] Shanahan M E R, Carré A. Nanometric solid deformation of soft materials in capillary phenomena//Rosoff M. Nano-Surface Chemistry. New York: Marcel Dekker, Inc., 2002.

[16] Yu Y S, Zhao Y P. Elastic deformation of soft membrane with finite thickness induced by a sessile liquid droplet. Journal of Colloid and Interface Science, 2009, 339: 489–494.

[17] Yu Y S, Zhao Y P. Deformation of PDMS membrane and microcantilever by a water droplet: Comparison between Mooney-Rivlin and linear elastic constitutive models. Journal of Colloid and Interface Science, 2009, 332: 467–476.

[18] Yu Y S, Yang Z Y, Zhao Y P. Role of vertical component of surface tension of the droplet on the elastic deformation of PDMS membrane. Journal of Adhesion Science and Technology, 2008, 22: 687–698.

[19] Lum K, Chandler D, Weeks J D. Hydrophobicity at small and large length scales. Journal of Physical Chemistry B, 1999, 103: 4570–4577.

[20] Tolman R C. The effect of droplet size on surface tension. Journal of Chemical Physics, 1949, 17: 333–337.

[21] Egelstaff P A, Widom B. Liquid surface tension near the triple point. Journal of Chemical Physics, 1970, 53: 2667–2679.

[22] Rajamani S, Truskett T M, Garde S. Hydrophobic hydration from small to large lengthscales: Understanding and manipulating the crossover. Proceedings of the National Academy of Sciences of the United States of America, 2005, 102: 9475–9480.

[23] Marmur A. Line tension and the intrinsic contact angle in solid-liquid-fluid systems. Journal of Colloid and Interface Science, 1997, 186: 462–466.

[24] Drelich J. The significance and magnitude of the line tension in three-phase (solid/liquid /fluid) systems. Colloids and Surfaces A: Physicochemical and Engineering Aspects, 1996, 116: 43–54.

[25] De Gennes P G, Brochard-Wyart F, Quere D. Capillarity and wetting phenomena: Drops, bubbles, pearls, waves. New York: Springer, 2004.

[26] Joanny J F, de Gennes P G. Upward creep of a wetting fluid: A scaling analysis. Journal de Physique (Paris), 1986, 47: 121–127.

[27] Navier C L M H. Memoire sur les lois du movement des fluides. Mémoires de l'Académie Royale des Sciences de l'Institut de France, 1823, 6: 389–440.

[28] Bazant M Z, Vinogradova O I. Tensorial hydrodynamic slip. Journal of Fluid Mechanics, 2008, 613: 125–134.

[29] Thompson P A, Troian S M. A general boundary condition for liquid flow at solid surfaces. Nature, 1997, 389: 360–362.

[30] Vinogradova O I. Slippage of water over hydrophobic surfaces. International Journal of Mineral Processing, 1999, 56: 31–60.

[31] Colin S. Microfluidics. London: Wiley, 2010.

[32] Daub C D, Bratko D, Leung K, Luzar A. Electrowetting at the nanoscale. Journal of Physical Chemistry C, 2007, 111: 505–509.

[33] Lippmann G. Relations entre les phénomènes electriques et capillaries. Annales de Chimie et de Physique, 1875, 5: 494–548.

[34] Dai W, Zhao Y P. The nonlinear phenomena of thin polydimethylsiloxane (PDMS) films in electrowetting. International Journal of Nonlinear Sciences and Numerical Simulation, 2007, 8: 519–526.

[35] Dai W, Zhao Y P. An electrowetting model for rough surfaces under low voltage. Journal of Adhesion Science and Technology, 2008, 22: 217–229.

[36] Feng J T, Wang F C, Zhao Y P. Electrowetting on a lotus leaf. Biomicrofluidics, 2009, 3: 022406.

[37] 李战华, 吴健康, 胡国庆, 胡国辉. 微流控芯片中的流体流动. 北京：科学出版社, 2012.

第6章 表面和界面物理力学中的跨尺度模拟方法

Irving 和 Kirkwood 于 1950 年最早提出分子动力学 (molecular dynamics, MD) 理论[1], 但是由于其方法的计算量过于巨大, 在早期时并未引起人们的注意.

Alder 和 Wainwright 在 1957 年的短文中采用硬球模型[2], 首先采用 MD 研究气体和液体的状态方程, 从而开创了利用 MD 模拟方法研究物质宏观性质的先河.

从 1959 年到 1964 年, Alder 发表了总题目为 *Studies in Molecular Dynamics* (分子动力学研究) 的三篇系列文章：1959 年发表的第一篇的分题目为 *I. General Method* (总论)[3], 该文和 Wainwright 联名发表; 第二篇发表于 1960 年, 分题目为 *II. Behavior of a Small Number of Elastic Spheres* (小数目弹性球的行为)[4], 该文也和 Wainwright 联名发表; 第三篇则是由 Alder 独立发表于 1964 年, 分题目为 *III. Mixture of Hard Spheres* (硬球的混合)[5].

后来学术界对 MD 方法作了许多改进, 并运用到缺陷固体以及液体的研究. 之后, 计算量子力学 (quantum mechanics, QM) 的蓬勃发展, 帮助人们从电子层次上全新的认识问题. 自此分子和原子模拟有了两个明确的发展方向：高计算精度和高计算速度. 但由于受计算机速度和内存的限制, 早期模拟的空间尺度和时间尺度都受到很大限制. 80 年代以后, 随着计算机技术的飞速发展, 这些限制逐渐缩小, 再次激发了分子和原子模拟研究的高潮, 并被广泛应用到物理、化学、材料、生物、信息乃至制造等诸多领域, 发挥了重要的作用. 目前, 分子和原子模拟已经成为物理力学研究的基本手段.

通常分子和原子模拟研究包括三个阶段[6]：第一个阶段, 选择一个模型用于描述系统中分子间和分子内部的相互作用. 分子模拟中应用最为普遍的两个方法是分子力学和量子力学. 这些方法可以计算任意排列的原子的能量, 还可以计算当原子或者分子的位置变化时候系统能量的变化. 第二阶段是分子模拟的自身计算, 比如能量最小化、MD 或者 Monte Carlo 模拟, 以及构型寻找. 第三阶段是计算的结果必须要进行分析, 不仅仅是要计算性质还要检查是否计算得正确.

目前材料模拟可以分为如下四个特征尺度：

1) 原子尺度 (atomic scale), 其特征长度尺度为 $10^{-10} \sim 10^{-9}$ m, 特征时间尺度 $10^{-15} \sim 10^{-12}$ s. 这个尺度里, 电子起重要作用, 电子的量子态决定了原子之间的相互作用.

2) 微观尺度 (microscopic scale), 其特征长度尺度为 $10^{-9} \sim 10^{-6}$ m, 特征时间

尺度 $10^{-12} \sim 10^{-9}$ s. 在这个尺度范围里, 原子之间的相互作用可以通过经典的相互作用势函数来描述. 正如钱学森指出的[7]: 将微观范围的力学问题称为物理力学.

3) 细观尺度 (mesoscopic scale), 其特征长度尺度为 $10^{-6} \sim 10^{-2}$ m, 特征时间尺度 $10^{-9} \sim 10^{-3}$ s. 晶格缺陷如位错、晶界和其他微结构单元在这个尺度范围起重要作用. 钱学森在讲话[7] 中指出, "细观" 这个汉语名词是物理力学学家苟清泉起的.

4) 宏观尺度 (macroscopic scale), 其特征长度尺度为 10^{-2} m 以上, 特征时间尺度 10^{-3} s 以上. 这个尺度里, 材料通常看做连续介质, 本构关系决定了材料的物理性质. 密度、速度、温度、位移和应力场等是重要的参量.

随着 MD 和计算量子化学的出现, 从纳米尺度到宏观尺度都有了与之相对应的模拟手段和方法 (如图 1.5 所示), 包括了 QM、MD 和分子力学 (molecular mechanics, MM)、细观动力学、有限元法 (finite element method, FEM) 等. 很多时候我们遇到的问题不是单纯属于哪一个尺度, 通常是跨尺度的问题, 比如研究 Bio-MEMS 时, 单一的模拟手段无法覆盖所有的现象, 所以多尺度模拟方法正好为不同尺度之间架起桥梁, 这也是材料以及纳微系统模拟一个重要的发展方向.

6.1 分子动力学与分子力学模拟方法概述

6.1.1 分子动力学理论

MD 方法, 从本质上来说是求一系列运动方程的数值解. 考虑一个由 N 个作用单元组成的体系, 这个体系的 Hamilton 量可以用广义坐标的形式表示[8]:

$$H(q,p) = K(p) + V(q). \tag{6-1}$$

其中, p 和 q 分别为广义动量和广义坐标:

$$\begin{cases} q = (q_1, q_2, \cdots, q_n), \\ p = (p_1, p_2, \cdots, p_n), \end{cases} \tag{6-2}$$

动能部分 $K(p)$ 有如下形式:

$$K(p) = \sum_{i=1}^{N} \frac{1}{2m} \left(p_{i,x}^2 + p_{i,y}^2 + p_{i,z}^2 \right), \tag{6-3}$$

而势能部分 $V(q)$ 则包含了所有分子内/分子间相互作用的全部信息

$$V(q) = \sum_i v_1(r_i) + \sum_i \sum_{j>i} v_2(r_i, r_j) + \sum_i \sum_{j>i} \sum_{k>j>i} v_3(r_i, r_j, r_k) + \cdots. \tag{6-4}$$

在经典力学中, Hamilton 量可以导出不同形式的运动方程, 求解不同方程的算法各有特点. 虽然, 在数学上各种形式的运动方程是等价的, 但是它们在数值计算上是有区别的. 从众所周知的 Newton 方程出发:

$$m_i\frac{\mathrm{d}^2X_i}{\mathrm{d}t^2}=F_i, \tag{6-5}$$

在计算中, 时间被划分为 n 等份

$$t_n=nh, \tag{6-6}$$

其中, t_n 是到达第 n 步的时间; h 是时间增量. 定义

$$\frac{\mathrm{d}X_n}{\mathrm{d}t}=\frac{X_{n+1}-X_{n-1}}{2h}, \tag{6-7}$$

从而有

$$\frac{\mathrm{d}^2X_n}{\mathrm{d}t^2}=\frac{\left(\dot{X}_{n+1}-\dot{X}_{n-1}\right)}{2h}=\frac{X_{n+2}-2X_n+X_{n-2}}{4h^2}\approx\frac{X_{n+1}-2X_n+X_{n-1}}{h^2}. \tag{6-8}$$

由此就导出了标准 Verlet 算法[9]:

$$X_{n+1}=2X_n-X_{n-1}+\ddot{X}h^2. \tag{6-9}$$

这样, 在确定的空间位置 X_n, 时间间隔 h, 该作用单元所受的力 (进而有 $\ddot{X}$), 以及上一步原子的位置 X_{n-1}, 就可以直接求得下一步该作用单元的位置.

Verlet 算法执行简明, 存储要求适度, 但它的缺点是 X_{n+1} 要通过小项 $\ddot{X}h^2$ 与两个大项 $2X_n$ 和 $-X_{n-1}$ 相加得到, 这容易造成精度的损失. 同时, 方程中没有显式的速度项, 在下一步的位置没有得到之前, 难以得到速度项. 而且它不是一个自启动算法, 新位置必须由 t 时刻与前一时刻 $t-h$ 的位置得到.

在实际的 MD 模拟中, 还经常用到另一种算法: Leap-frog 算法[10]. 将速度离散化, 得到

$$\frac{\mathrm{d}X_{n+1/2}}{\mathrm{d}t}=\frac{X_{n+1}-X_n}{h}, \tag{6-10}$$

$$\frac{\mathrm{d}X_{n-1/2}}{\mathrm{d}t}=\frac{X_n-X_{n-1}}{h}. \tag{6-11}$$

所以, 由 (6-8), (6-10) 和 (6-11) 式可以推得

$$\frac{\mathrm{d}X_{n+1/2}}{\mathrm{d}t}=\frac{\mathrm{d}X_{n-1/2}}{\mathrm{d}t}+\ddot{X}h. \tag{6-12}$$

另外从式 (6-10), 有

$$X_{n+1}=X_n+h\dot{X}_{n+1/2}. \tag{6-13}$$

同时

$$\frac{\mathrm{d}X_n}{\mathrm{d}t}=\frac{1}{2}\left(\frac{\mathrm{d}X_{n+1/2}}{\mathrm{d}t}+\frac{\mathrm{d}X_{n-1/2}}{\mathrm{d}t}\right), \tag{6-14}$$

(6-12)~(6-14) 式就构成了 Leap-frog 算法. 同 Verlet 算法相比, Leap-frog 算法包含显式的速度项, 并且计算量较小.

系统的初始构型可以通过实验数据得到, 也可以通过理论模型, 或者通过二者结合得到. 给系统中的原子赋予初始的速度还是必须的. 这可以通过初始温度为 T 的 Maxwell-Boltzmann 分布

$$p\left(v_{ix}\right)=\sqrt{\frac{m_i}{2\pi k_{\mathrm{B}}T}}\exp\left(-\frac{1}{2}\frac{m_i v_{ix}^2}{k_{\mathrm{B}}T}\right), \tag{6-15}$$

上选取. Maxwell-Boltzmann 分布给出了绝对温度为 T 时, 质量为 m_i 的原子 i 在沿 x 方向速度为 v_{ix} 的概率.

6.1.2 平衡系统分子动力学模拟的系综

系综 (ensemble) 是指在一定的宏观条件下 (约束条件), 大量性质和结构完全相同的、处于各种运动状态的、各自独立的系统的集合, 全称为统计系综. 系综是用统计方法描述热力学系统的统计规律性时引入的一个基本概念; 系综是统计理论的一种表述方式, 系综理论使统计物理成为普遍的微观统计理论; 系综并不是实际的物体, 构成系综的系统才是实际物体.

约束条件是由一组外加宏观参量来表示. 在平衡统计力学范畴下, 可以用来处理稳定系综. 平衡态的 MD 模拟, 总是在一定的系综下进行. 平衡系综的分类主要有以下几类:

(1) 微正则系综 (micro-canonical ensemble)

又称为 NVE 系综, 它是孤立的、保守的系统的统计系综. 在这种系综里, 系统沿着相空间中的恒定能量轨道演化. 在 MD 模拟的过程中, 系统中的原子数 N, 体积 V 和能量 E 都保持不变.

一般来说, 对于给定能量的精确初始条件是无法知道的, 为了把系统调节到给定的能量, 先给出一个合理的初始条件, 然后对能量进行增减, 直至系统达到所要到达的状态为止. 能量的调整一般是通过对速度进行特别的标度来实现的. 这种标度会使系统偏离平衡, 必须给系统足够的时间以再次建立平衡.

(2) 正则系综 (canonical ensemble)

又称为 NVT 系综, 在此系综中, 系统的原子数 N, 体积 V 和绝对温度 T 都保持不变, 并且总动量为零. 保持系统的温度不变的通常方法是让系统与虚拟的热浴处于热平衡状态. 由于温度与系统的动能有直接的关系, 通常的做法是把系统的动

能固定. 这可以通过对原子的速度进行标度来实现, 也可以对运动方程中出现的力加一个约束力来实现.

“Canonical” 一词首先是 C. G. J. Jacobi 于 1837 年最先使用的[11,12]. 英文中的 “canon” 有 “正经” 的含义, 犹太人的 “正经” 就是希伯来圣经[13], 所以 “canonical” 一词对西方人而言, 带有一丝神圣感. 文献 [12] 中, Kelvin 勋爵和 Tait 被 “正则的 (canonical)” 这个形容词感动得尖叫道: “为什么用 canonical 来称呼真是美不可言呀.” (Thomas (Lord Kelvin) and Tait were moved by the adjective “canonical” to exclaim: “Why it has been so called would be hard to say.”). 由于文化的差异, 中国人可能不会对该词有神圣的感觉, 但掌握一些该方面的知识也是十分有趣的, 也表明高深的理论同时也是鲜活的.

(3) 等温等压系综 (isothermal-isopiestic ensemble)

即 NPT 系综, 就是系统的原子数 N, 压力 P 和绝对温度 T 都保持不变. 温度的恒定和以前一样, 是通过调节系统的加速度或加一约束力来实现. 对于压力进行调节比较复杂, 由于系统的压力 P 与其体积 V 是共轭量, 要调节压力值可以通过标度系统的体积来实现. 目前有许多调压的方法都是采用的这个原理.

(4) 等压等焓系综 (contant-pressure, constant-enthalpy ensemble)

即 NPH 系综, 就是保持系统的原子数 N、压力 P 和焓值 H 都不变. 由于 $H = E + PV$, 故在该系综下进行模拟时要保持压力与焓值为固定值, 其调节技术的实现也有一定的难度. 事实上, 这种系综在实际的 MD 模拟中出现的情况比较少.

(5) 巨正则系综 (grand canonical ensembles)

简写为 $VT\mu$, 即表示具有确定的体积 V、绝对温度 T 和化学势 μ. 巨正则系综通常是 Monte Carlo 模拟的对象. 此时, 系统能量 E、压强 P 和粒子数 N 会在某一平均值附近有一个起伏. 体系是一个开放系统, 特征函数是 Massieu 函数 $J(V, T, \mu)$.

其中, 微正则系综描述孤立系统的平衡性质, 正则系综描述与大热源平衡的恒温系统的性质, 巨正则系综描述与大热源, 大粒子源平衡的开放系统的性质. 三种典型统计系综的关系是等价的, 但应用的广泛程度不同, 适用的条件不同. 虽然组成三种系综的系统所处的宏观条件有原则上的区别, 但在热力学极限下用三种系综计算同一个宏观系统的热力学量时, 会得到相同的结果. 但是考虑到计算的便利, 常常需要针对特定的问题选择最适合的系综. 系综选择的基本原则为:

1) 微正则系综能够简单的求得近似独立, 定域粒子系统, 并且每个粒子只能有两个不同的可能状态, 例如简单的铁磁、顺磁模型;

2) 微正则系综难求的系统, 可用正则系综求解;

3) 当微正则和正则系综均难求时, 可用巨正则系综求解.

系综调节主要是指在进行 MD 计算过程中, 对温度和压力参数的调节, 分为调温技术和调压技术.

(1) 调温技术

在 NVT 系综或 NPT 中, 即使在 NVE 系综模拟的平衡态中, 也经常调整温度到期望值. 如果希望知道系统的平衡态性质怎样依赖于温度, 那么就必须在不同的温度下进行模拟. 目前实现对温度的调节有 4 种方式: 速度标度、Berendsen 热浴、Gaussian 热浴、Nosé-Hoover 热浴.

速度标度是改变温度最简单和最直观的方法. 如果 t 时刻的温度是 $T(t)$, 速度乘以因子 λ 后, 温度的变化为

$$\Delta T = \left(\lambda^2 - 1\right) T(t), \tag{6-16}$$

$$\lambda = \sqrt{\frac{T_{\text{req}}}{T(t)}}. \tag{6-17}$$

控制温度最简单的方法就是在每一步乘上标度因子 λ, 这里, T_{req} 是期望的参考温度.

Berendsen 热浴[14]: 是 Berendsen 等于 1984 年提出的保持温度的方法. 通过假设系统和一个温度为期望值的虚拟热浴相接触, 对速度每一步进行标度, 以保持温度的变化率与热浴和系统的温差成比例, 每一步的温度变化为

$$\Delta T = \frac{\delta t}{\tau}\left[T_{\text{bath}} - T(t)\right], \tag{6-18}$$

因此速度的标度因子为

$$\lambda^2 = 1 + \frac{\delta t}{\tau}\left[\frac{T_{\text{bath}}}{T(t)} - 1\right]. \tag{6-19}$$

当耦合参数 τ 等于步长 δt 时, 这个算法就退化为简单的速度标度方法. τ 的理想值约为 0.4 ps, 如果步长为 1 fs, 则给出 $\delta t/\tau = 0.0025$. 这种方法的优点在于它允许系统的温度在设定温度值上下波动.

Gaussian 热浴[15]: 在运动方程中加上一项 “摩擦力” 项, 这个力与系统的速度联系在一起. 运动方程由下式给出

$$m_i \frac{\mathrm{d}^2 \boldsymbol{r}_i}{\mathrm{d}t^2} = \boldsymbol{F}_i - m_i \zeta_G \boldsymbol{v}_i, \tag{6-20}$$

这里, $\zeta_G = \left(\sum_j \boldsymbol{v}_j \cdot \boldsymbol{F}_j\right)\left(\sum_k m_k \boldsymbol{v}_k \cdot \boldsymbol{v}_k\right)^{-1}$, 以保持总动能守恒, 为了把温度调节到期望的温度, 需要将初始的温度设定为期望值.

Nosé-Hoover 热浴[16,17]: 采用了同 Gaussian 热浴方法相同的运动方程, 但是 ζ 值给出的方式不同

$$\frac{\mathrm{d}\zeta}{\mathrm{d}t} = -\frac{1}{\tau_{\text{NH}}^2}\left(\frac{T}{T_0} - 1\right). \tag{6-21}$$

当 $\tau_{\rm NH}\to\infty$, $\zeta=0$, 就相当于绝热系统, 而当 $\tau_{\rm NH}\to\delta t$, $\zeta=\zeta_G$, 就等价于 Gaussian 方法. $\tau_{\rm NH}$ 的取值要根据实际模拟情况来选取.

(2) 调压技术

在等压模拟中, 可以通过改变模拟原胞的三个方向或一个方向的尺寸来实现体积的变化. 类似于温度控制的方法, 也有许多方法用于压力控制, 总的来说有以下 3 种技术：Berendsen 方法、Anderson 方法、Parrinello-Rahman 方法.

6.1.3 MD 的力场

分子力场是 MD 模拟的基石, 它是原子尺度上的势能场, 其描述形式决定了分子中原子拓扑结构与运动行为. 系统中原子之间的相互作用势的准确性对计算结果的精度具有很大的影响, 计算机模拟所需要的计算机机时则取决于势函数的复杂程度. 原子间势函数的发展经历了从对势到多体势的过程. 这里只介绍几种会在以后章节中用到的势函数 (附录 A 较全面地概述了 MD 的模拟势函数).

(1) CHARMM 力场

CHARMM (Chemistry at HARvard Macromolecular Mechanics)：是一个被广泛承认并应用的 MD 模拟程序, 用于生物大分子的模拟, 包括能量最小化、MD 和 Monte Carlo 模拟等. CHARMM 包含具有专家特点的标准最小化和 MD 方法, 包括正则模式计算、相关性分析、量子力学与分子力学相结合的方法等. 程序采用由哈佛大学 Martin Karplus 教授等建立的 CHARMM 力场[18]

$$
\begin{aligned}
E =&E_{\rm bond}+E_{\rm angle}+E_{\rm dihedral}+E_{\rm impropers}+E_{\rm vdw}+E_{\rm elec}\\
=&\frac{1}{2}\sum_{\rm bonds}K_b\left(b-b_0\right)^2\\
&+\frac{1}{2}\sum_{\rm angles}K_\theta\left(\theta-\theta_0\right)^2\\
&+\frac{1}{2}\sum_{\rm dihedrals}K_\phi\left[1+\cos\left(n\phi-\Delta\phi\right)\right]^2\\
&+\frac{1}{2}\sum_{\rm impropers}K_w\left(\omega-\omega_0\right)^2\\
&+\sum_{\rm non-bonds}\left\{\begin{array}{l}4\varepsilon_0\left[\left(\dfrac{\sigma}{r}\right)^{12}-\left(\dfrac{\sigma}{r}\right)^{6}\right]\\+\dfrac{q_1q_2}{4\pi\varepsilon_0 r}\end{array}\right.
\end{aligned}
\tag{6-22}
$$

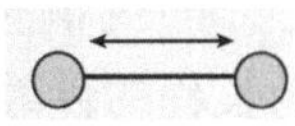
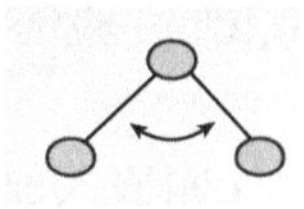
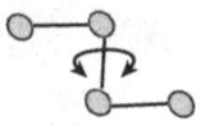
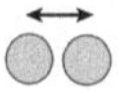

其中第一项是键伸缩的贡献, K_b 是键的力常数, $b-b_0$ 是原子偏离平衡位置的距离; 方程的第二项是键角改变的贡献, K_θ 是键角的力常数, $\theta-\theta_0$ 是三个原子形成的键

角偏离平衡位置的角度; 第三项是二面角改变的贡献 (键角扭转), K_ϕ 是二面角的力常数, n 是函数的多重度, ϕ 是二面角, $\Delta\phi$ 是相移. 第四项是面外角改变的贡献, K_ω 是面外角的力常数, $\omega-\omega_0$ 是它的扭转角. 最后非成键的作用包括了 van der Waals 力和静电力的作用. 该力场可以用于提供处理各种小分子、大分子 (包括蛋白质、核酸和糖) 的经验化能量计算, 包括: 相互作用能及构象能量、局域最小化、旋转势垒、与时间相关的动力学行为、振动频率等.

(2) COMPASS 力场[19,20]

COMPASS 力场是 "condensed-phase optimized molecular potentials for atomistic simulation studies" 的缩写. 这是第一个出自量子力学从头算的力场. 该力场不但能够模拟孤立分子的结构、振动频率、热力学性质等, 重要的是它还能够模拟出更准确的凝聚态的结构和性质.

此外, COMPASS 力场还是第一个把以往分别处理的有机力场体系与无机分子体系的力场统一起来, 对金属和过渡金属氧化物采用了一个准离子模型, 该模型的能量由两部分组成: 直接接触原子间的能量和不接触原子间的能量. 对于不接触原子间的能量仍然用静电能与 van der Waals 能公式. 对于直接接触的原子间的能量采用下面的公式[8]:

$$E_{ij}=\varepsilon\left\{\exp\left[-2\alpha\left(r_{ij}-r_{ij}^0\right)\right]-2\exp\left[-\alpha\left(r_{ij}-r_{ij}^0\right)\right]\right\}f_s+(1-f_s)\frac{C_6}{r_{ij}^6}+\frac{q_iq_j}{r_{ij}}, \tag{6-23}$$

即 Morse 色散函数与静电相互作用的和, 其中 f_s 是一个连续转换函数:

$$f_s=\frac{1}{1+\mathrm{e}^{20(r_{ij}-r_c)}}, \tag{6-24}$$

它将矩程的 Morse 函数转变为长程的色散函数. 研究者们[21,22] 对于金属、金属氧化物的分子力场进行了参数化, 并验证了其有效性.

(3) 嵌入原子势[23]

采用嵌入原子势的方法又叫嵌入原子法 (embedded atom method, EAM), 是一种多体势方法. EAM 势的基本思想是把晶体的总势能分成两部分: 一部分位于晶格点阵上的原子核之间的相互作用对势, 另一部分是原子镶嵌在电子云背景中的嵌入能, 它代表多体相互作用. 构成 EAM 势的对势与镶嵌势的函数形式都是根据经验选取.

对于 EAM, 系统的总势能表示为

$$U=\sum_i^N\left[F_i\left(\bar{\rho}_i\right)+\frac{1}{2}\sum_{j\neq i}^N\phi_{ij}\left(R_{ij}\right)\right], \tag{6-25}$$

其中, F_i 是嵌入函数, $\bar{\rho}_i$ 是原子 i 的电子密度, ϕ_{ij} 是对相互作用, R_{ij} 是原子 i 和 j 之间的距离. 以上的求和遍历系统中的所有 N 个原子. EAM 能量的表达式主要用到了两个近似: 总能量可以表示为嵌入能和对势之和; 体系的电荷分布近似为各原子电荷的简单线性叠加.

EAM 表达式中一个很重要的假设就是在每个原子周围的电子云是球形的. 因此, 键的方向对于系统的总能量并不重要. 这种假设对于 FCC 晶体结构的材料来说是正确的, 但是对于那些需要考虑方向依赖性的系统, EAM 的使用就受到了限制.

6.1.4 边界条件

MD 相比量子力学虽然可以模拟更大的体系, 但是这对于宏观的研究对象的尺寸还是相差甚远. 所以如何选取边界条件, 使得在可以允许的计算量内尽可能反应出宏观的性质, 成为了 MD 模拟的一个关键性问题. 针对不同的问题, 一般分为周期性边界条件和非周期性边界条件.

(1) 周期性边界条件 (periodic boundary conditions, PBC)

周期性边界条件又叫 "Born-von Kármán 条件"[24], 该条件使得可以模拟相对小数量的原子来研究物质的宏观性质, 沿所有方向的原子原胞的影像提供了周期性的排列 (如图 6.1 所示). 比如在晶体中, 对于任意一个晶胞, 其前后左右上下都有一个一模一样的晶胞. 该晶胞的六个面都是周期边界. 如果一个原子在模拟中离开了这个晶胞, 就等于它的影像从反方向进入这个晶胞. 因此, 每一个周期结构中原子数可以保持一定. 但是对于有些情况, 并不是所有方向上都是周期边界条件, 比如对于研究对象是薄膜, 垂直薄膜表面的方向不能用周期边界条件, 而仅仅在平行于表面的两个方向需要应用周期边界条件.

(2) 非周期边界条件

有的系统不需要周期边界条件, 比如液滴、原子团簇、非均匀系统以及孤立的生物大分子等, 它们本身就含有边界或者不具有空间上的对称重复性. 例如如图 6.2 所示, 图中的外壳即阴影部分是体系的边界区域. 这个区域内的分子可以设计为速度为零, 而体系中部的分子是可以移动的, 这样就形成一个非周期边界条件. 此外,

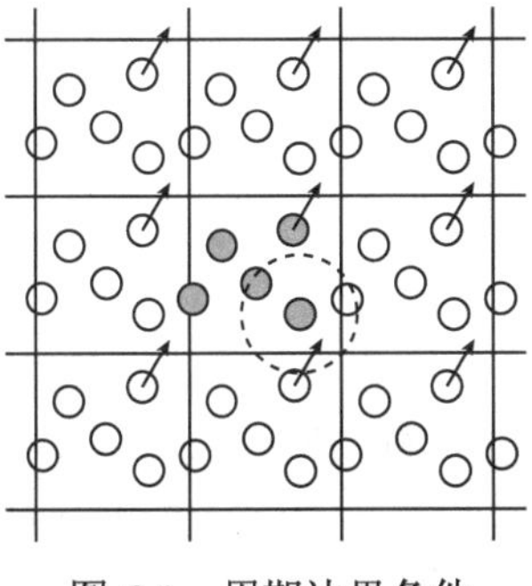

图 6.1 周期边界条件

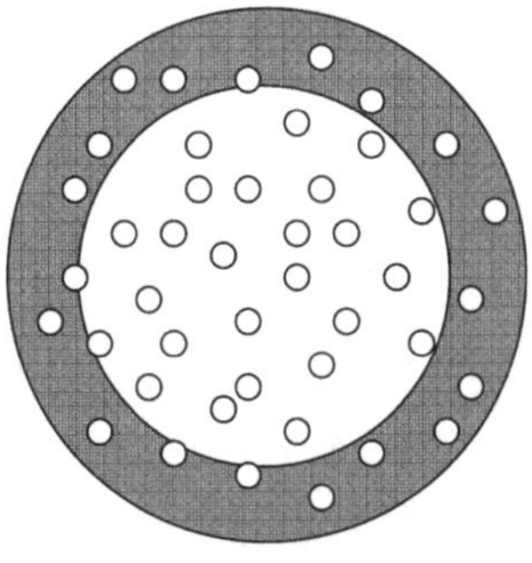

图 6.2 非周期边界条件

在某些载荷施加模拟中, 也需要用到固定边界条件, 有时候还要采用以上介绍的几种边界条件的结合, 也就是混合边界条件. 边界条件的选取需要根据具体问题具体分析.

6.1.5 分子动力学的流程

第一步: 得到正确的最小能量构型 ($\boldsymbol{r}_0$);

第二步: 根据 Maxwell-Boltzmann 分布, 给每个原子随机赋予速度 ($\boldsymbol{r}_0, \boldsymbol{v}_0$);

第三步: 基于给定的势函数 (力场), 计算所有原子的受力 ($\boldsymbol{r}_0, \boldsymbol{v}_0, \boldsymbol{F}_0$);

第四步: 给定了位置、速度和力, 通过 Newton 方程预测原子下一时刻的位置和速度 $(\boldsymbol{r}_0, \boldsymbol{v}_0, \boldsymbol{F}_0) \to (\boldsymbol{r}_t, \boldsymbol{v}_t)$;

第五步: 在新的位置上, 计算原子的受力情况 $(\boldsymbol{r}_t, \boldsymbol{v}_t) \to (\boldsymbol{r}_t, \boldsymbol{v}_t, \boldsymbol{F}_t)$;

第六步: 重复第四和第五步来得到系统随时间变化的动态过程

$$(\boldsymbol{r}_t, \boldsymbol{v}_t, \boldsymbol{F}_t) \to (\boldsymbol{r}_{t2}, \boldsymbol{v}_{t2}, \boldsymbol{F}_{t2}) \Rightarrow (\boldsymbol{r}_T, \boldsymbol{v}_T, \boldsymbol{F}_T).$$

6.1.6 分子力学

分子力学 (molecular mechanics, MM) 可以看做是一种用经典力学方法描述分子间的结构与几何变化的方法[8]. 20 世纪 60 年代, 分子力学方法开始用来计算分子的结构性质. 分子力学方法依赖于分子间力场, 另外该方法无法描述体系的动能, 也就是说其得到的结构应当是在绝对零度条件下. 而大多数分子力场描述的分子内的几何是以室温的结构为根据的.

MM 的几个基本的假定:

1) 采用 "Born-Oppenheimer" 近似下对势能面的经验性拟合;

2) 原子间的相互作用满足简单的模型, 如 Hooke 定律这样的简单函数;

3) 小分子的作用参数可以用到类似大分子的研究中.

MM 方法忽略了电子的运动只计算原子核位置相关的体系能量, 忽略分子的振动、转动、平动. MM 优化分子几何结构的过程实际是一个求解势能面的过程[8], 体系的平衡几何结构由能量最低原理确定. 在一些情况下, 分子力学可以提供与高水平量子力学计算同样精确的结果. 此外, MM 的势函数可以用于 MD 模拟.

6.2 计算量子力学

20 世纪 20 年代, Schrödinger, Heisenberg 和 Dirac 等著名的科学家创立了量子力学体系, 标志着物理学的研究对象从宏观进入微观领域. 20 年代末, 科学家们开始应用量子力学处理化学问题. Heitler-London 采用量子力学方法处理了 H 原子、H_2 分子, 说明了两个氢原子能够结合成一个稳定的氢分子的原因, 并且利用相当近似的计算方法, 算出其结合能. 由此, 人们认识到可以用量子力学原理讨论分子结构问题, 从而逐渐形成了量子化学这一分支学科. 随着计算机的飞速发展, 计算量子力学的理论也得到了很好的发展并且广泛地应用到了各个领域的研究当中, 研究对象不断扩大, 计算精度也不断提高.

图 6.3 给出了分子模拟中的几种不同选择途径和特点.

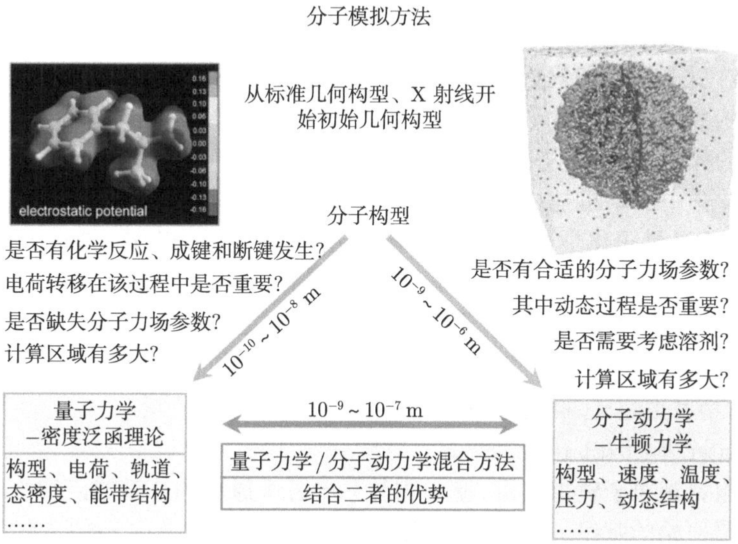

图 6.3 分子模拟中的不同选择

6.2.1 量子力学的基本理论

计算量子力学的理论依据是 Schrödinger 方程. 若要确定一个分子体系某状态的电子结构, 需要在非相对论近似下, 求解定态 Schrödinger 方程 $H\psi = E\psi$.

Hamilton 算符包含电子动能、核动能、电子间排斥能、电子与核吸引能和核间排斥能, 分子波函数依赖于电子与核的坐标, 即

$$\left[\underbrace{-\sum_{A}\frac{1}{2M_A}\nabla_A^2}_{\text{核动能}}\underbrace{-\sum_{p}\frac{1}{2}\nabla_p^2}_{\text{电子动能}}+\underbrace{\sum_{p<q}\frac{1}{r_{pq}}}_{\text{电子静电能}}\underbrace{-\sum_{A}\sum_{p}\frac{Z_A}{r_{pA}}}_{\text{核与电子吸引能}}+\underbrace{\sum_{A<B}\frac{Z_A Z_B}{R_{AB}}}_{\text{核与核排斥能}}\right]\psi = E_T\psi, \tag{6-26}$$

式中, Z 和 R 分别为核电荷、核间距, M 为核质量, r 为电子间距. 等式左端括号内前两项分别为核动能、电子动能项, 第 3 项为电子静电能, 第 4 项为核与电子间吸引能, 第 5 项为核与核之间的排斥能.

从头计算法 (ab initio) 采用了三个近似: 非相对论近似、绝热近似和轨道近似. Born 和 Oppenheimer 根据电子运动速率比核运动速率高 3 个数量级, 可以将方程中的一些项忽略, 使其分离为电子运动和核运动两个方程

$$\frac{1}{2}\sum_{p}\nabla_{p}^{2}\psi' + V\left(R,r\right)\psi' = E\left(R\right)\psi', \tag{6-27}$$

$$-\sum_{A}\frac{1}{2M_{A}}\nabla_{A}^{2}\psi'' + E\left(R\right)\psi'' = E_{T}\psi'', \tag{6-28}$$

其中 (6-27) 式是固定核坐标时电子运动方程, 而 (6-28) 式是核运动方程. ψ' 是电子运动波函数, ψ'' 是核运动波函数, $E\left(R\right)$ 是核固定时体系的电子能量, 又是核运动方程中的势能, 体系的总能量用 E_T 表示.

量子化学中的基组是在量子化学中用于描述体系波函数的若干具有一定性质的函数, 基组是量子化学从头计算的基础, 在量子化学中有着非常重要的意义. 基组的概念最早脱胎于原子轨道, 随着量子化学的发展, 现在量子化学中基组的概念已经大大扩展, 不局限于原子轨道的原始概念了. 在量子化学计算中, 根据体系的不同, 需要选择不同的基组, 构成基组的函数越多, 基组便越大, 对计算的限制就越小, 计算的精度也越高, 同时计算量也会随基组的增大而剧增.

(1) Slater 基组 (Slater basis sets)

该基组就是原子轨道基组, 基组由体系中各个原子的轨道波函数组成. Slater 型基组是最原始的基组, 函数形式有明确的物理意义, 但是这一类型的函数, 数学性质并不好, 在计算多中心双电子积分时, 计算量很大.

(2) Gauss 基组 (Gaussian basis sets)

该基组用 Gauss 函数替代了原来的 Slater 函数. Gauss 函数在计算中有较好的性质, 可以将三中心和四中心的双电子积分轻易转化为二中心的双电子积分, 因而可以在相当程度上简化计算, 但是 Gauss 函数与 Slater 函数在近核处的行为差异较大, 直接使用 Gauss 函数构成基组会使得量子化学计算的精度下降.

(3) 压缩 Gauss 基组 (compressed Gaussian basis sets)

该基组是用压缩 Gauss 函数构成的量子化学基组. 为了弥补 Gauss 函数与 Slater 型函数在近核处行为的巨大差异, 量子化学家使用多个 Gauss 函数进行线性组合, 以组合获得的新函数作为基函数参与量子化学计算, 这样获得的基组一方面可以较好地模拟原子轨道波函数的形态, 另一方面可以利用 Gauss 函数在数学上的良好性质, 简化计算. 压缩 Gauss 基组是目前应用最多的基组, 根据研究体系的不同性质, 量子化学家会选择不同形式的压缩 Gauss 基组进行计算. 压缩型 Gauss 基组包括以下几种基组.

a. 最小基组 (minimal basis sets)

该基组又叫 STO-3G 基组, STO 是 Slater 型原子轨道 (Slater type orbital) 的

缩写, 3G 表示每个 Slater 型原子轨道是由三个 Gauss 函数线性组合获得. STO-3G 基组是规模最小的压缩 Gauss 基组. STO-3G 基组用三个 Gauss 函数的线性组合来描述一个原子轨道, 对原子轨道给出 Hartree-Fock 方程进行自洽场计算, 以获得 Gauss 函数的指数和组合系数. STO-3G 基组规模小, 计算精度相对差, 但是计算量最小, 适合较大分子体系的计算.

b. 劈裂价键基组 (split valence sets)

根据量子化学理论, 基组规模越大, 量化计算的精度就越高, 当基组规模趋于无限大时, 量化计算的结果也就逼近真实值, 为了提高量子化学计算精度, 需要加大基组的规模, 即增加基组中基函数的数量, 增大基组规模的一个方法是劈裂原子轨道, 即使用多于一个基函数来表示一个原子轨道. 劈裂价键基组就是应用上述方法构造的较大型基组, 所谓劈裂价键就是将价层电子的原子轨道用两个或以上基函数来表示. 常见的劈裂价键基组有 3-21G、4-21G、4-31G、6-31G、6-311G 等, 在这些表示中前一个数字用来表示构成内层电子原子轨道的 Gauss 函数数目, “-” 以后的数字表示构成价层电子原子轨道的 Gauss 函数数目. 如 6-31G 所代表的基组, 每个内层电子轨道是由 6 个 Gauss 函数线性组合而成, 每个价层电子轨道则会被劈裂成两个基函数, 分别由 3 个和 1 个 Gauss 函数线性组合而成. 劈裂价键基组能够比 STO-3G 基组更好地描述体系波函数, 同时计算量也比最小基组有显著的上升, 需要根据研究的体系不同而选择相应的基组进行计算.

c. 极化基组 (polarized sets)

劈裂价键基组对于电子云的变型等性质不能较好地描述, 为了解决这一问题, 方便强共轭体系的计算, 量子化学家在劈裂价键基组的基础上引入新的函数, 构成了极化基组. 所谓极化基组就是在劈裂价键基组的基础上添加更高能级原子轨道所对应的基函数, 如在第一周期的氢原子上添加 p 轨道波函数, 在第二周期的碳原子上添加 d 轨道波函数, 在过渡金属原子上添加 f 轨道波函数等. 这些新引入的基函数虽然经过计算没有电子分布, 但是实际上会对内层电子构成影响, 因而考虑了极化基函数的极化基组能够比劈裂价键基组更好地描述体系. 极化基组的表示方法基本沿用劈裂价键基组, 所不同的是需要在劈裂价键基组符号的后面添加 * 号以示区别, 如 6-31G** 就是在 6-31G 基组基础上扩大而形成的极化基组, 两个 * 符号表示基组中不仅对重原子添加了极化基函数, 而且对氢也添加了极化基函数.

d. 弥散基组 (diffuse sets)

该基组是对劈裂价键基组的另一种扩大. 所谓弥散基组就是在劈裂价键基组的基础上添加了弥散函数的基组, 该基组可以用于非键相互作用体系的计算.

e. 高角动量基组 (high angular momentum sets)

该基组是对极化基组的进一步扩大, 它在极化基组的基础上进一步添加高能级原子轨道所对应的基函数, 这一基组通常用于在电子相关方法中描述电子间相互作用.

6.2.2 密度泛函理论 (DFT)

在 Hartree-Fock 近似下, 波函数 ψ 被看做是满足 Schrödinger 方程的一个基本变量, 从 ψ 可以得出分子和固体中的电子密度 $\rho(r)$ 的分布以及系统的其他信息. 在求解多电子体系的 Schrödinger 方程的过程中遇到最大的困难就是求解电子间重叠积分, 即考察单个电子与其他电子间的相互作用, 其计算量令现在的计算机难以承受. 1927 年, Thomas-Fermi 理论首先运用 $\rho(r)$ 作为计算原子中电子结构的基本变量, 从而给出一个简化处理方法. 如果能够证明, 对任意电子系统的基态电子密度 $\rho(r)$ 的分布唯一地决定电子系统的情况, 则基于 $\rho(r)$ 的一个计算电子结构的新的理论框架就可以建立起来. 这就是表述密度泛函理论 (density functional theory, DFT) 的出发点. 由于 DFT 可以不用去考虑每一个电子的运动状态 (波函数), 只要知道空间任一处的平均电子数 (电荷密度) 就可以了, 这就导致了计算的极大简化, 使得可以对多电子体系进行严格的第一性原理求解. 近年来, DFT 已经成为现代计算物理与量子化学的主要方法之一. 在凝聚态物理理论中, 如何处理多电子复杂体系的电子状态及有关基本物理性质, 一直是一个重要的研究课题. 20 世纪 60 年代发展起来的 DFT, 在研究原子、分子以及固体的电子结构方面取得了很大成功, 现已经成为第一原理电子结构计算方法的重要理论基础. 在 DFT 中, 将电子密度作为描述体系状态的基本变量, 可追溯到 Thomas 和 Fermi 用简并的非均匀电子气来描述单个原子的多电子结构. 但直到 Hohenberg 和 Kohn 提出了两个基本定理才奠定了 DFT 的基石. 随后 Kohn 和 Sham 的工作使 DFT 成为实际可行的理论方法.

(1) Thomas-Fermi 模型

以电荷密度代替波函数作为基本变量来描述体系的想法由来已久. 在 Schrödinger 方程发表的第二年, 即 1927 年, Thomas 和 Fermi 就提出了建立在均匀电子气模型上的 Thomas-Fermi 模型[25,26]. 均匀电子气模型中, 电子不受外力, 彼此之间也无相互作用. 这时, 电子运动的 Schrödinger 方程就成为最简单的波动方程

$$-\frac{\hbar^2}{2m}\nabla^2\psi(r) = E\psi(r), \tag{6-29}$$

该方程的解为

$$\psi_k(r) = \frac{1}{\sqrt{V}}\exp(\mathrm{i}\boldsymbol{k}\cdot\boldsymbol{r}). \tag{6-30}$$

考虑绝对零度下电子在能级上的排布情况, 经推导[27], 可以得到电子密度:

$$\rho = \frac{1}{3\pi^2}\left(\frac{2m}{\hbar^2}\right)^{3/2} E_F^{3/2}, \tag{6-31}$$

和单个电子的动能为

$$T_e = \frac{3E_F}{5}, \tag{6-32}$$

其中 E_F 是体系的 Fermi 能. 于是体系的动能密度

$$t[\rho] = \rho T_e = \frac{3}{5}\frac{\hbar^2}{2m}\left(3\pi^2\right)^{2/3}\rho^{5/3} \equiv C_k \rho^{5/3}. \tag{6-33}$$

考虑到原子核等因素产生的外场 $v(r)$ 和电子间的经典 Coulomb 相互作用, 可以得到电子体系的总能量

$$E_{\text{TF}}[\rho] = C_k \int \rho^{5/3}\text{d}r + \int \rho(r)v(r)\text{d}r + \frac{1}{2}\int \frac{\rho(r)\rho(r')}{|r-r'|}\text{d}r\text{d}r'. \tag{6-34}$$

这样, 能量被表示为仅决定于电子密度函数 $\rho(r)$ 的函数, 称为电子密度的泛函, 密度泛函理论由此得名. Hohenberg 和 Kohn 也正是在研究这一模型时受到启发, 开创了 DFT. 但是, Thomas-Fermi 模型是一个比较粗糙的模型, 它以均匀电子气的密度得到动能的表达式, 忽略了电子间的交换关联作用, 因此很少直接使用.

为了考虑电子的交换关联效应, 一个最简单的方法就是在上面的能量公式里直接加入一项或几项修正项. 例如, 所谓的 Thomas-Fermi-Dirac 理论, 就是在上面公式 (6-34) 加上一个电子交换项

$$E_x[\rho] = -C_x \int \rho^{4/3}(r)\text{d}r, \tag{6-35}$$

其中 $C_x = 3\left(3/\pi\right)^{1/3}/4$. 此外, 电子关联项也可以被方便地加入, 例如 Wingner 提出的关联项

$$E_x[\rho] = -0.056 \int \frac{\rho^{4/3}(r)}{0.079 + \rho^{1/3}(r)}\text{d}r. \tag{6-36}$$

甚至非局域项等更高阶的修正, 也被不断地加入到这个简单的泛函中, 修正后的模型可以用来解决某些实际问题[28~31]. 1964 年, Hohenberg 和 Kohn 在这个模型的基础上, 但同时又打破了其能量泛函形式的束缚, 创立了严格的密度泛函方法.

(2) Hohenberg-Kohn 定理[32]

同 Hartree-Fock 方法一样, DFT 也引入了三个近似: Born-Oppenheimer 近似, 非相对论近似和单电子近似. 对于 Hartree-Fock 方法中引入误差最大的单电子近似, DFT 里采用了各种方法减小误差. 而对于相对论效应, DFT 也采用了赝势基组等方法予以部分修正. 在这三个近似的前提下, DFT 的基本原理是严格的, 和 Hartree-Fock 方法不同, 它至少在原则上可以获得任意高的精度.

DFT 的严格理论基础是 Hohenberg-Kohn (HK) 第一和第二定理. 这两个定理是 1964 年 Hohenberg 和 Kohn 在巴黎研究均匀电子气 Thomas-Fermi 模型的理论基础时提出来的. 定理有多种表述形式[33,34], 这里采用较为简单常用的形式.

第一定理 (H-K-1): 处于外势 $V(r)$ 中的不计自旋的电子体系, 其外势 $V(r)$ 由电子密度唯一决定 (可相差一个常数).

所谓外势, 是指除了电子相互作用以外的势, 例如一般体系中原子核的 Coulomb 势等. 系统的 Hamilton 量

$$H = T + U + V, \tag{6-37}$$

其中 T 为电子动能, U 是电子相互作用势, V 为外势. 不同体系的 H 中, T 和 U 的表达式是一样的, 只有外势 V 是不同的, 确定了外势, 也就唯一确定了体系的 H. 因此, 这一定理表明, 由电子密度可以决定系统 Hamilton 量 H 所决定的所有性质. 由 H 通过 $H\psi = E_0\psi$ 可唯一确定系统的波函数, 因此电子密度也决定了系统波函数所决定的所有性质, 即由波函数到电子密度, 没有损失任何信息. 这一结论是惊人的, 而其对非简并基态情况的证明却非常简单.

定理二给出了 DFT 的变分法, 是使用 DFT 进行实际应用的基础.

第二定理 (H-K-2): 对于给定的外势, 体系基态能量等于能量泛函的最小值.

关于 DFT, 由于其推导过程以及大部分的应用, 都是对于基态进行的, 因此常常被误解, 认为它是一个关于基态的理论. 但从以上分析过程可以看出, 实际情况并非如此. 因为由基态的电荷密度, 可以得到确定的唯一的外势, 从而得到系统 Hamilton 量, 于是可以求解系统的基态以及激发态波函数. 导致这一误解的直接原因, 是因为下面的 Kohn-Sham 方程, 确实是只适用于基态计算的.

(3) Kohn-Sham 方法

有了上述两个定理, 剩下的问题就是能量泛函的具体表述形式了. 在式 (6-37) 中 T 和 U 的具体形式是未知的.

1964 年沈吕九开始到 Walter Kohn 教授处做博士后研究, Kohn 和沈吕九在 1965 年提出了 Kohn-Sham 方程[35], 通过提取 T 和 U 中的主要部分, 把其余次要部分合并为一个交换相关项, 在理论上解决了这一问题. 他们引进了一个与相互作用 N 电子体系有相同电子密度的假想的非相互作用 N 电子体系作为参照体系 R. 为了表述简单, 下面的讨论均忽略电子的自旋自由度, 并采用原子单位制, 即 $e = m = \hbar = 4\pi\varepsilon_0 = 1$. 忽略电子的相互作用, 因此其 Hamilton 量、基态波函数和动能算符都可以写成简单的形式:

$$H_R = -\frac{1}{2}\nabla^2 + V_R(r) = \sum_{i=1}^{N}\left(-\frac{1}{2}\nabla_i^2 + V_{Ri}(r_i)\right), \tag{6-38}$$

$$\Psi_R(r)=\frac{1}{\sqrt{N!}}\left|\phi_1(r_1)\phi_2(r_2)\cdots\phi_N(r_N)\right| \quad (\phi_i(r_i)\text{ 被称为 KS 轨道}), \tag{6-39}$$

$$T_R=-\frac{1}{2}\sum_{i=1}^{N}\int \mathrm{d}^3 r\phi_i^*(r)\nabla^2\phi_i(r). \tag{6-40}$$

真实体系的电子总能量 $E=T+V+U$, 其中 T, V, U 分别是电子动能、外势能、电子相互作用能. 取电子关联能为

$$E_{XC}=(T-T_R)+\left(U-\frac{1}{2}\int\frac{\rho(r)\rho(r')}{|r-r'|}\mathrm{d}r\mathrm{d}r'\right), \tag{6-41}$$

则电子总能量

$$\begin{aligned}E[\rho]=&T_R+V+\frac{1}{2}\int\frac{\rho(r)\rho(r')}{|r-r'|}\mathrm{d}r\mathrm{d}r'+E_{XC}\\=&T_R+\int\rho(r)v(r)\mathrm{d}r+\frac{1}{2}\int\frac{\rho(r)\rho(r')}{|r-r'|}\mathrm{d}r\mathrm{d}r'+\int\rho(r)\varepsilon_{XC}[\rho]\mathrm{d}r.\end{aligned} \tag{6-42}$$

由约束条件 $\int\rho(r)\mathrm{d}r=N$, 根据变分

$$\frac{\delta\left(E-\varepsilon_i\int\rho(r)\mathrm{d}r\right)}{\delta\phi_i}=\frac{\delta\left(E-\varepsilon_i\int\rho(r)\mathrm{d}r\right)}{\delta\rho}\frac{\delta\rho}{\delta\phi_i}=0, \tag{6-43}$$

利用式 (6-42) 中的展开式计算上式的左边, 计算时除了

$$\frac{\delta(T_R)}{\delta\phi_i}=-\frac{1}{2}\nabla^2\phi_i(r), \tag{6-44}$$

其他均使用变分的链法则, 由

$$\rho(r)=\sum_{i=1}^{N}|\phi_i(r)|^2\Rightarrow\frac{\delta\rho}{\delta\phi_i}=2\phi_i, \tag{6-45}$$

即可得到

$$\left[-\frac{1}{2}\nabla^2+v(r)+\int\frac{\rho(r')}{|r-r'|}\mathrm{d}r'+v_{XC}[\rho]\right]\phi_i=\varepsilon_i\phi_i, \tag{6-46}$$

其中 $v(r)+\int\frac{\rho(r')}{|r-r'|}\mathrm{d}r'+v_{XC}[\rho]$ 为有效势 v_{eff}, $v_{XC}[\rho]=\delta\int\varepsilon_{XC}[\rho]\rho(r)\mathrm{d}r/\delta\rho$ 是交换关联势密度. 式 (6-46) 即为著名的 Kohn-Sham 方程[35], Kohn 因此获得了 1998 年度的诺贝尔化学奖, 该文截止到 2012 年 8 月的 SCI 引用已近两万次.

在 Kohn-Sham 方程中, 有效势 v_{eff} 由电子密度决定, 而电子密度又由 Kohn-Sham 方程的本征函数 (即 Kohn-Sham 轨道) 式 (6-46) 求得, 所以我们需要自洽求解 Kohn-Sham 方程. 这种自洽求解过程通常被称为自洽场 (SCF) 方法. 当得到一个自洽收敛的电荷密度 ρ_0 后, 就可以得到系统的总能

$$E_0 = \sum_i^N \varepsilon_i - \frac{1}{2}\int \frac{\rho_0(r)\rho_0(r')}{|r-r'|}\mathrm{d}r\mathrm{d}r' - \int \rho_0(r)\varepsilon_{XC}(r)\mathrm{d}r + E_{XC}[\rho_0]. \tag{6-47}$$

关于 Kohn-Sham 轨道及其本征值的意义, Stowasser 和 Hoffmann[36] 给出了很好的讨论. 从得到 Kohn-Sham 方程的过程可以看出, Kohn-Sham 本征值和 Kohn-Sham 轨道都只是一个辅助量, 本身没有直接的物理意义. 一般来说, 相比于 HF 轨道, Kohn-Sham 轨道的占据轨道能量偏高, 非占据能量偏低, 给出相对较小的能隙. 唯一的例外是最高占据 Kohn-Sham 轨道的本征值. 如果用 $\varepsilon_N(M)$ 表示 N 电子体系的第 M 个 Kohn-Sham 本征值, 那么可以严格证明 $\varepsilon_N(N) = -IP$ 和 $\varepsilon_{N+1}(N+1) = -EA$, 其中 IP 和 EA 分别是 N 电子体系的电离能和电子亲和能. 但由于目前实际使用的泛函形式的渐近行为很差, 往往给出高达 5 eV 的单电子能量的虚假上移, 因此一般不能直接使用这一结论来计算 IP 和 EA. 另一方面, 从实用角度来说, Kohn-Sham 本征值和 Kohn-Sham 轨道已经是体系真实单粒子能级和波函数的很好的近似[36,37], 与 HF 轨道和扩展的 Huckel 轨道相比, 形状和对称性都非常相近, 占据轨道的能量顺序也基本一致[38]. 对某些合适的交换关联近似 (如杂化密度泛函), 基于 Kohn-Sham 本征值的带结构能隙可以和实验数据吻合得很好[39].

(4) 交换关联泛函 (exchange-correlation functional)

Kohn-Sham 方程是 DFT 计算的基础. Kohn-Sham 方程式 (6-46) 中, 能量泛函的所有未知量均被归并到交换相关项 E_{XC} 中, 由于交换关联项包含许多非经典项, 至今仍没有准确的函数描述. 一般把交换关联项分为两个部分, 即交换部分 E_X 和关联部分 E_C. 粗略的划分, 交换是考虑到 Fermi 子的特性, 即由 Pauli 不相容原理, 相同自旋的电子之间的排斥作用引起的能量; 而关联则是不同自旋电子之间的关联作用. 此外, 对于动能的近似, 也被归并到交换关联项中. 一般来说, 交换项和关联项的比重分别是 90% 和 10%, 即交换项起着更重要的作用. 虽然交换关联泛函的准确形式还没有得到, 但人们通过各种近似方法, 得到了许多实用的泛函形式, 包括局域密度近似泛函、广义梯度近似泛函等.

➢ 局域密度近似 (LDA)

局域密度近似 (local density approximation, LDA) 是所有的近似交换关联泛函 E_{XC} 的基础[40~44]. 考虑一个电子密度缓变的系统, 把 E_{XC} 写成局域量 $\varepsilon_{XC}[\rho(r)]$ 的积分形式:

$$E_{XC}^{\mathrm{LDA}}[\rho]=\int\rho(r)\varepsilon_{XC}[\rho(r)]\mathrm{d}r, \tag{6-48}$$

其中, $\varepsilon_{XC}[\rho(r)]$ 是每个粒子的交换关联能, 可进一步分解成交换能 ε_X 和关联能 ε_C 两个部分

$$\varepsilon_{XC}[\rho(r)]=\varepsilon_X[\rho(r)]+\varepsilon_C[\rho(r)]. \tag{6-49}$$

在确定 E_{XC} 后, 求出交换关联势 v_{XC}. 对于均匀电子气, $\varepsilon_{XC}[\rho(r)]$ 和 v_{XC} 可以通过忽略电子关联得到

$$\varepsilon_{XC}[\rho(r)]\approx-\frac{3\mathrm{e}^2}{2\pi}\left(3\pi^2\rho(r)\right)^{1/3}\rho(r), \tag{6-50}$$

$$v_{XC}[\rho(r)]\approx-2\mathrm{e}^2\left(\frac{3}{\pi}\right)^{1/3}\rho^{1/3}(r). \tag{6-51}$$

对于磁学系统, 必须考虑未配对自旋的问题. 引入自旋向上电子密度 $\rho_\uparrow(r)$ 和自旋向下电子密度 $\rho_\downarrow(r)$, 则总电子密度 $\rho(r)=\rho_\uparrow(r)+\rho_\downarrow(r)$, 磁化电子密度

$$\zeta(r)=\frac{\rho_\uparrow(r)-\rho_\downarrow(r)}{\rho(r)}. \tag{6-52}$$

在自旋极化的系统中, LDA 演化为局域自旋密度近似 (local spin density approximation, LSDA), 其交换关联泛函表达式如下[44]:

$$E_{XC}^{\mathrm{LSDA}}[\rho_\uparrow(r),\rho_\downarrow(r)]=\int[\rho_\uparrow(r)+\rho_\downarrow(r)]\,\varepsilon_{XC}^h[\rho_\uparrow(r),\rho_\downarrow(r)]\mathrm{d}r. \tag{6-53}$$

常见的 ε_{XC}^h 形式由 Barth 和 Hedin 通过插值法给出

$$\varepsilon_{XC}^h[\rho_\uparrow,\rho_\downarrow]=f(\zeta)\varepsilon_p[\rho]+[1-f(\zeta)]\,\varepsilon_U[\rho], \tag{6-54}$$

其中 $f(\zeta)=\dfrac{(1+\zeta)^{4/3}+(1-\zeta)^{4/3}-2}{2^{4/3}-2}$.

LDA 方法虽然形式简单, 但由于实际计算中的加和效应和平均效应, 故 LDA 对许多体系都能给出很好的结果. 在共价键、离子键和金属键结合的体系中, LDA 都可以很好地预测分子的几何构型, 对键长、键角、振动频率等也都可以给出很好的结果. 正是由于 LDA 的简单实用性, 推动了 DFT 的广泛应用. 但是, LDA 方法普遍过高地估计了结合能, 特别是对于结合较弱的体系, 过高的结合力使得键长过短, 误差较大. 此外, 它在 $r\to\infty$ 时的渐近行为不是理论上的 $-1/r$, 而是指数下降.

➤ 广义梯度近似 (GGA)[45–54]

局域 (自旋) 密度近似是在均匀电子气或电子密度变化足够缓慢的系统中提出的, 用于描述密度变化大的非均匀电子气系统并不适合. 因此在 LDA 的基础上,

引入电子密度的梯度展开因子 $\nabla\rho(r)$, 提出了广义梯度近似 (generalized gradient approximation, GGA), 其一般表达式如下:

$$\begin{aligned} E_{XC}^{\mathrm{GGA}}\left[\rho(r)\right] &= \int f\left[\rho(r), \nabla\rho(r)\right] \mathrm{d}r \\ &= \int \rho(r)\varepsilon_{XC}\left[\rho(r)\right] \mathrm{d}r + \int F_{XC}\left[\rho(r), \nabla\rho(r)\right] \mathrm{d}r. \end{aligned} \tag{6-55}$$

迄今已经发展出很多种 GGA 的具体形式, 常见的有下面几种.

1) Langreth-Mehl (LM) 交换关联泛函:

$$\varepsilon_X = \varepsilon_X^{\mathrm{LDA}} - a\frac{\left|\nabla\rho(r)\right|^2}{\rho(r)^{4/3}}\left(\frac{7}{9} + 18f^2\right), \tag{6-56}$$

$$\varepsilon_C = \varepsilon_C^{\mathrm{RPA}} - a\frac{\left|\nabla\rho(r)\right|^2}{\rho(r)^{4/3}}\left(2\mathrm{e}^{-F} + 18f^2\right), \tag{6-57}$$

其中 $F = b\left|\nabla\rho(r)\right|/\rho(r)^{7/6}$, $b = (9\pi)^{1/6}f$, $a = \pi/(16(3\pi^2))^{4/3}$, $f = 0.15$.

2) Perdew-Wang 91 (PW91) 交换泛函:

$$\varepsilon_X = \varepsilon_X^{\mathrm{LDA}}\left[\frac{1 + a_1 s \sinh^{-1}(a_2 s) + \left(a_3 + a_4\mathrm{e}^{-100s^2}\right)s^2}{1 + a_1 s \sinh^{-1}(a_2 s) + a_5 s^4}\right], \tag{6-58}$$

其中 $s(r) = \dfrac{\left|\nabla\rho(r)\right|}{(24\pi^2)^{1/3}\rho^{4/3}(r)}$ 是引入的约化梯度, 反映的是约化的局域非均匀性, 其较大值出现在梯度大或电荷密度小的区域, $a_1 = 0.19645$, $a_2 = 7.7956$, $a_3 = 0.2743$, $a_4 = -0.1508$, $a_5 = 0.004$.

Perdew-Wang 91 (PW91) 关联泛函:

$$\begin{aligned} \varepsilon_C &= \varepsilon_C^{\mathrm{LDA}} + \rho H[\rho, s, t], \\ H[\rho, s, t] &= \frac{\beta}{\alpha}\ln\left(1 + \frac{2\alpha}{\beta}\frac{t^2 + At^4}{1 + At^2 + A^2t^4}\right) + C_{C0}\left[C_C[\rho] - C_{C1}\right]t^2\mathrm{e}^{-100s^2}, \\ A &= \frac{2\alpha}{\beta}\left[\exp\left(\frac{-2\alpha\varepsilon_C[\rho]}{\beta^2}\right) - 1\right]^{-1}, \end{aligned} \tag{6-59}$$

其中 $\alpha = 0.09, \beta = 0.0667263212, C_{C0} = 15.7559, C_{C1} = 0.003521, n\varepsilon_C[\rho] = \varepsilon_C^{\mathrm{LDA}}[\rho]$, $t = \left|\nabla\rho(r)\right|/(2k_s\rho)$, $k_s = (4k_F/\pi)^{1/2}$.

3) Perdew-Burke-Ernzerhof (PBE) 交换关联泛函:

PBE 泛函强调了局域交换作用, 其交换关联能为

$$E_{XC}[\rho] = \int \rho(r)\varepsilon_X^{\rm LDA}[\rho(r)]F_{XC}[\rho,\zeta,s]{\rm d}r, \tag{6-60}$$

其中 ρ 是局域密度, ζ 是相对自旋极化, $s = |\nabla\rho(r)|/(2k_F\rho)$ 是无量纲密度梯度.

$$F_X(s) = 1 + \kappa - \frac{\kappa}{1+\mu s^2/\kappa}, \tag{6-61}$$

其中 $\mu = \beta(\pi^2/3) = 0.21951$, $\beta = 0.066725$, $\kappa \leqslant 0.804$.

$$E_C^{\rm GGA} = \int \rho(r)\left[\varepsilon_C^{\rm LDA}[\rho,\zeta] + H[\rho,\zeta,t]\right]{\rm d}r,$$

$$H[\rho,\zeta,t] = \left(\frac{{\rm e}^2}{a_0}\right)\gamma\phi^3\ln\left[1+\frac{\beta\gamma^2}{t}\left(\frac{1+At^2}{1+At^2+A^2t^4}\right)\right], \tag{6-62}$$

其中 $t = |\nabla\rho(r)|/(2\phi k_s\rho)$ 是无量纲密度梯度, $k_s = (4k_F/\pi a_0)^{1/2}$ 是 Thomas-Fermi 屏蔽波数, 而

$$\phi(\zeta) = \frac{(1+\zeta)^{2/3}+(1-\zeta)^{2/3}}{2}$$

是自旋标度因子, $\gamma = (1-\ln 2)/\pi^2$. 函数 A 有如下形式:

$$A = \frac{\beta}{\gamma}\left\{\exp\left[-\frac{\varepsilon_C^{\rm LDA}[\rho]}{(\gamma\phi^3{\rm e}^2/a_0)}\right]-1\right\}^{-1}. \tag{6-63}$$

6.3 Car-Parrinello 分子动力学

传统的 MD 选用半经验原子间势函数, 通过求解原子运动的 Newton 运动方程得到体系的热力学性质. 进行 MD 模拟的前提条件是已知原子间的相互作用势. 通常的方法是采用经验势场代替原子间的实际作用势或者采用从头算法 (ab initio) 得到原子间相互作用势的拟合参数, 这样可以很大程度地提高计算效率, 扩展了模拟的规模, 但是通过已知的原子间相互作用势进行 MD 模拟的缺点在于不能模拟原子在不同化学条件下可能出现的断键成键的情况, 对多体问题以及可能的化学反应更是无能为力. 另外, 已知势场的模拟本身有一个很大的局限性, 它丢失了局域电子结构之间存在着的相关作用信息, 而这些相关作用很难通过统一的势函数来准确描述, 从而导致可能在模拟结构中不能体现出与电子结构相关的重要性质. 而计算量子力学的蓬勃发展为计算精度提供了保证, 可以精确地预测各种中小分子的物理、化学特性, 研究化学反应机理. 对于结构规整的较大体系, 周期性理论方法也可以给出合理描述. 然而对于一些复杂的体系如非晶态纳米材料等, 目前用量子化

学直接计算仍有很大的难度. 即使目前基于 DFT 计算效率最高的算法, 仍然局限在含有相当少的原子数量的对象上, 这要直接应用于 MEMS 的模拟仿真还有相当远的距离.

1985 年由 Car 和 Parrinello 在传统的 MD 中引入了电子的虚拟动力学, 把电子和核的自由度作统一的考虑, 首次将 DFT 与 MD 有效的结合, 提出从头计算分子动力学方法 (*ab initio* molecular dynamics), 也称 CPMD (Car-Parrinello molecular dynamics) 方法[55], 使基于局域密度泛函理论的第一原理计算直接用于统计力学模拟成为可能, 极大地扩展了计算机模拟实验的广度和深度. Car 和 Parrinello 于 1985 年在 PRL 上发表的关于 CPMD 方法的原始文献曾评为在 PRL 上引用率最高的十篇论文中排第五 (2003 年评出, 请参考网页: http://www.aps.org/publications/apsnews/200304/prl-5.cfm), 到 2012 年 8 月, SCI 引用已经达到六千次.

CPMD 方法的核心思想仍然为对量子多体问题进行求解, 类似 DFT 方法, 通过单电子近似, 将多电子体的求解化为单电子问题的本征波函数求解. 但是区别于传统 DFT 的方法, CPMD 方法将电子波函数当做一个 "假想经典粒子" 来处理, 并赋予其一个 "虚拟" 的电子质量来控制这个 "假想经典粒子" 的对整个体系的能量贡献. 就可以将对波函数的自洽迭代求解过程, 转化为对 "经典假想粒子" 的 "运动" 求解. 进一步与 "原子核" 或 "离子实" 的运动求解可以在同一步数值计算中完成, 从而使得将 DFT 方法应用于 MD 计算成为可能.

臧金良、袁泉子、王奉超和赵亚溥采用 DFT、CPMD 以及 MD 的方法对碳纳米管 (CNT) 的杨氏模量进行了详细的比较与计算, 系统地比较了不同方法在对体系性质计算过程中各自的优缺点[56]. 发现使用 DFT 可以较多的得到体系电子层次的信息, 但同时计算量也为最大; 而 MD 方法则能对体系的动力学过程进行长时间的模拟, 但是无法得到体系电子层次的信息; 使用 CPMD 则可以摆脱经典 MD 对经验势函数的依赖性, 同时能得到电子层次的物理信息, 但是对于动力学的求解过程, 还仅限于少原子体系.

6.4　QM/MM 杂交方法

由于从头算方法的时间复杂度大多在 $N^3 \sim N^7$ (N 为原子数) 的数量级, 对于规模较大的复杂体系, 如生物大分子、溶液中溶质行为、固体表面吸附问题等, 其计算量随体系的增大而迅速增大, 目前用量子力学 (QM) 直接计算依然相当困难. 而建立在分子力学 (MM) 基础上的 Monte Carlo 或 MD 模拟等方法, 将体系的总能量表达为原子间能量项的加和, 而这些能量项又可以用简单的解析式表达, 这样体系总能量并不与电子结构直接发生关系, 无需直接求解复杂的 Schrödinger 方程, 因而计算十分简便快速. MM 方法在研究模拟生物大分子、大块合金材料等方面获得了广泛的应用. 但由于 MM 是建立在原子层次上, 无法考虑电子的运动, 所以有不可避免的缺陷：第一, 由于 MM 方法中体系的能量依赖于经验势函数与力场参数, 而对于不同体系不同势函数和参数的选择既复杂又无确切的物理意义, 所以对不同体系 MM 很难得到统一并且精确的结果. 第二, MM 不能有效地描述化学键的形成和断裂过程, 因此不能用来研究化学反应和与电子行为有关的物理性质.

为了解决计算精度与计算效率的矛盾, 近年兴起的 QM 和 MM 杂交的方法 (QM/MM hybrid method) 有效地包括了 QM 的精确性和 MM 的高效性, 成为研究较大化学体系与生物体系的重要工具.

6.4.1 QM/MM 杂交方法的基本概念

使用 QM/MM 方法最基本的一步就是要把研究的整个系统划分为两个部分 (图 6.4)：由那些直接参与化学键形成或断裂的原子构成的区域, 采用 QM 从头算的方法来描述, 称为 QM 区域; 对于 QM 区域之外的原子, 作为外围环境, 采用 MM 的方法来描述, 因此该部分又称为 MM 区域.

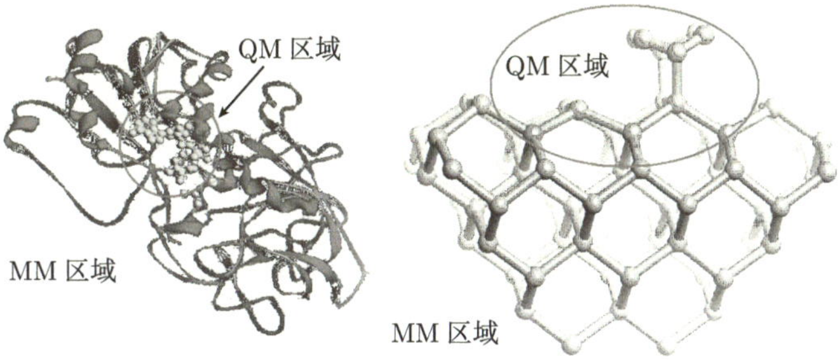

图 6.4 生物大分子和晶体中 QM 和 MM 区域的划分

在 QM/MM 方法中, 最核心的问题就是如何用 Hamilton 算符来描述整个体系的能量. 当前, 在处理这个问题上已经有了多种成熟的方案, 主要有 “连接模式” 和 “嵌入模式” 两种[57].

在 “连接模式” 中, 整个体系的有效 Hamilton 量 (effective Hamiltonian) 可以表述为[58]

$$H_{\text{eff}} = H_{\text{QM}} + H_{\text{MM}} + H_{\text{QM/MM}}, \tag{6-64}$$

式中等号右边三项分别是 QM 区域、MM 区域以及 QM 与 MM 区域相互作用的 Hamilton 量, 其中, $H_{\text{QM/MM}}$ 是 QM/MM 方法的核心部分, QM 与 MM 区域的相互作用包括 Coulomb 作用和 van der Waals 作用两个部分, 其 Hamilton 量可表达

为

$$H_{\mathrm{QM/MM}} = -\underbrace{\sum_i \sum_j \frac{q_i}{|r_{ij}|}}_{\substack{\text{MM 原子同 QM}\\ \text{电子之间的作用}}} + \underbrace{\sum_i \sum_A \frac{q_i Z_A}{|R_{iA}|}}_{\substack{\text{MM 原子单点电荷}\\ \text{同 QM 原子核的作用}}} + \underbrace{\sum_i \sum_A \left[\left(\frac{\sigma_{iA}}{R_{iA}}\right)^{12} - \left(\frac{\sigma_{iA}}{R_{iA}}\right)^{6}\right]}_{\text{MM 区域与 QM 区域间的 vdW 相互作用}}, \tag{6-65}$$

其中, q_i 是 MM 区域原子 i 上的电荷, Z_A 是 QM 区域原子 A 的核电荷数, r_{ij} 和 R_{iA} 分别表示 QM 区域电子和原子核与 MM 区域原子 i 的作用距离. σ_{iA} 是 QM 区域原子 A 与 MM 区域 i 原子 van der Waals 作用的 Lennard-Jones 参数. 式 (6-65) 中的第一和第三项包括 QM 区域中的电子坐标, 从而必须用量子化学的方法求得.

"嵌入模式" 是 QM/MM 算法中描述体系能量的另一种方法, 其主体思想是对不同区域进行各种不同精度的计算, 然后通过对能量进行加减运算, 达到 QM/MM 的计算效果.

在 "嵌入模式" 中, 最著名的是由 Morokuma 等提出的 3 种此类方法: 一种是分子轨道 (molecular orbital) 方法和 MM 组合成的 IMOMM (integrated molecular orbital + molecular mechanics) 方法[59]; 另一种是 MO+MO 的 IMOMO (integrated molecular orbital + molecular orbital) 方法[60]; 还有一种也是 QM 和 MM 结合的 ONIOM (our own N-layered integrated molecular orbital and molecular mechanics) 方法[61], 它允许不同精度的计算方法组合在一起. 下面以在我们工作中用到的 ONIOM 方法为例来介绍一下 "嵌入模式" 中, 系统能量的表述.

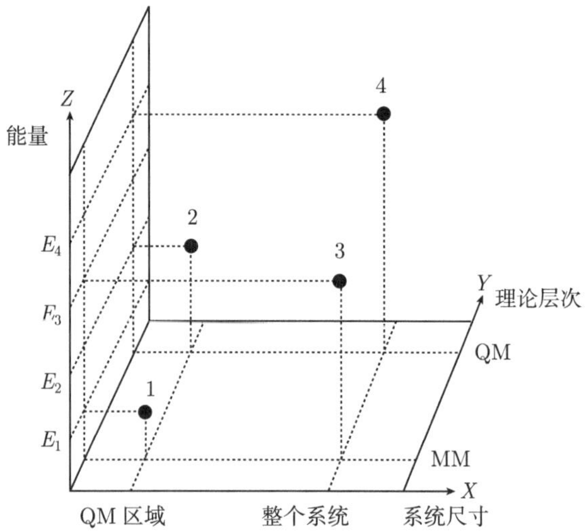

图 6.5 ONIOM 算法的能量图示

假设把整个系统分为 QM 区域和 MM 区域两个部分, 则整个体系的能量可以表达为

$$E_{\text{total}} = E_3 - E_1 + E_2, \tag{6-66}$$

式中, E_1、E_2、E_3 由图 6.5 所示: E_1 和 E_2 分别是 QM 区域在 MM 算法和 QM 算法下计算所得的能量, 而 E_3 为整个系统在 MM 算法下计算所得的能量. 这里假设

$$E_3 - E_1 \approx E_4 - E_2, \tag{6-67}$$

这样可得, 由式 (6-66) 计算所得的 E_{total} 是整个体系在 QM 算法下计算所得能量 E_4 的一个近似.

6.4.2 QM/MM 的边界处理方法

将不同尺度的计算方法组合起来形成一种多尺度的计算方法, 其中最关键的问题在于两种计算方法的相互耦合, 也就是如何处理 QM 与 MM 区域的边界问题. 这里有两种情况: 第一种是 QM 区域同 MM 区域之间没有直接的化学键的连接, 比如在溶液体系中, 溶质分子作为 QM 区域, 溶液分子则成为 MM 区域 (这里不包括形成水合的情况); 第二种是 QM 区域同 MM 区域之间存在化学键的连接, 将原来的系统剖分成两个区域就意味着要打破化学键, 从而影响原来系统的电子分布. 如何合理修复这种化学键断裂的关键问题, 到目前已经发展出来了很多不同的方法. 比较有代表性的有以下几种方法:

(1) 连接原子法 (link-atom method)[62]

通过引入氢原子 (或者甲基) 来修复被打破的化学键 (图 6.6), 并且保持 QM 同

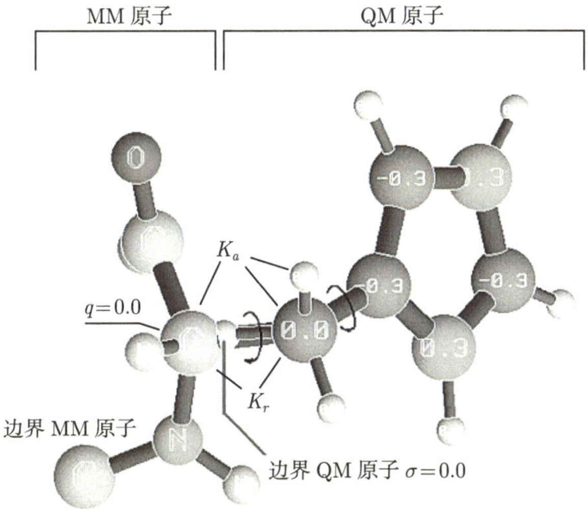

图 6.6 采用连接原子处理 QM 和 MM 的边界

MM 连接的化学键的键长、键角以及二面角. 连接原子参与到 QM 的计算中, 但是不参与 MM 计算. 这种方法简单而且实用, 但是由于需要引入修正项以消除氢原子对体系总能量的影响, QM/MM 组合体系的总势能表达式将不再唯一.

(2) 前线轨道法 (frontier orbitals)

通过增加分子轨道来填充化学键, 这样的方法可以避免引入多余的连接原子. 具有代表性的方法有广义杂化轨道 (general hybridized oribital, GHO)[63~69], 局域自洽场 (local self-consistent field, LSCF)[70], 如图 6.7 所示. 其中应用比较广泛的 GHO 方法, 通过定义一组原子轨道取代边界原子, 其中的一个杂化原子轨道与 QM 区域成键并参与量化自洽计算.

广义杂化轨道 (GHO)　　局域自洽场 (LSCF) 方法

图 6.7 分子轨道处理 QM/MM 连接问题

(3) 虚键法 (pseudobond method)[71]

采用一个具有有效核心势 (effective core potential) 的原子替换边界上的 MM 原子, 这个原子可以同 QM 边界上对应的原子形成 "虚键 (pseudobond)". 这个 "虚键" 是专门设计来模拟此处被打破的化学键, 它们之间具有相同的键长和键能, 对 QM 部分的影响也是相似的. 这个方法相比连接原子法, 在 QM/MM 计算中更好地还原了系统.

几种模拟方法之间的比较和常用模拟软件见表 6.1.

表 6.1 几种模拟方法之间的比较

	优点	缺点	常用软件
MM 和 MD	计算速度快, 计算成本低, 可研究体系较大	精度不高, 得到的结果很大程度上依赖力场参数的选取; 常规势函数不能够准确描述化学反应 (断键、成键)	CHARMM, Gromacs, Tinker, LAMMPS, DL_POLY, Amber, NAMD 等
QM	精确度高, 可获得电子层次的细节信息 (如极化率、电荷分布等)	计算速度慢, 研究对象受到尺度的较大限制, 计算成本高, 周期长	Gaussian03, ADF, GAMESS, CPMD, CASTEP 等
CPMD	从头算分子动力学, 结合了 DFT 和 MD 的优点	限于小体系的动力学过程	CPMD
QM/MM	结合量子力学和分子力学的优点, 既可以保证相当的计算精度, 有可以研究比较大的体系		Gaussian03, GAMESS-UK/Tinker, CPMD/Gromacs 等

6.4.3 QM/MM 杂交方法在 DPPC 生物膜水合力计算中的应用

尹俊和赵亚溥通过 MD 模拟的方法[72], 得到了两个二棕榈酰卵磷脂 (dipalmitoylphosphatidylcholine, 简称为 DPPC) 生物膜表面间的水合力 (图 6.8) 和不同靠近速度时 (0.005、0.01、0.02 nm/ps) 的水合力 (图 6.9). 如上两个排斥压曲线中可以看出, 其特点与实验中测得的生物膜水合力的两大特征符合得都比较好. 由此可见, 当两个 DPPC 生物膜相互接近时, 两表面之间存在明显的水合力. 同时, 从两幅图中都可以清晰地发现, 两 DPPC 生物膜表面间的排斥力从 2 nm 左右处开始, 随着两表面间距离的减小而迅速上升. 由此可知, 两 DPPC 生物膜表面间相互作用的距离为 2 nm 左右.

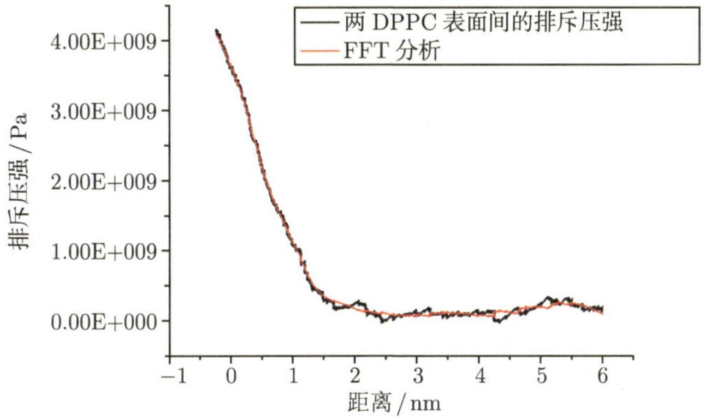

图 6.8 排除溶液黏滞作用以后的两 DPPC 生物膜表面排斥压曲线[72]

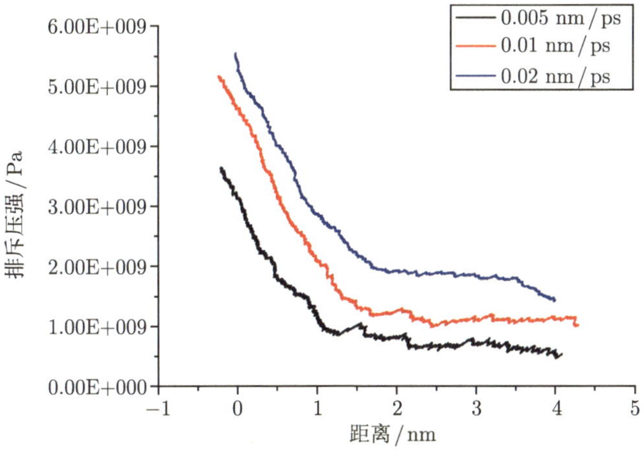

图 6.9 两 DPPC 生物膜表面不同接近速度时的排斥压曲线[72]

尹俊和赵亚溥还通过 QM/MM 的多尺度模拟方法研究了 DPPC 分子头基的

水合作用[72]. 作为一个亲疏水两性分子, DPPC 分子的典型特征是亲水的头基以及两条疏水的碳氢长尾链, 已有的计算量子化学工作发现, 磷脂分子头基在真空环境下会形成折叠的构型, 其中头基中的阳离子和磷酸根会产生强烈的静电吸引或者形成分子内氢键 (图 6.10). 磷脂头基极强的极性作用, 使其具有强大的亲水性. 在水溶液中, 磷脂分子头基很容易与水分子形成氢键, 从而发生水合作用. 氢键以 X—H···Y 表示, 其中, X—H 中 σ 键的电子云趋向高电负性的 X 原子, 导致出现屏蔽小的带正电性的氢原子核, 它强烈地被另一个高电负性的 Y 原子所吸引, 从而形成氢键. X—H···Y 中, H 为氢键给体, Y 为氢键受体. 磷脂分子头基中的磷酸根、羧基、羰基等官能团都是典型的氢键受体, 因此, 由于这些官能团的参与, 磷脂分子的头基很容易与水分子形成氢键. 而对这种由水分子和磷脂分子相互作用形成复杂体系的研究在生物学上比单纯对磷脂分子的研究更为有意义. 而磷脂分子的碳氢尾链由于其强烈的疏水性, 所以其对磷脂分子水合作用的贡献并不明显. 因此, 当前对磷脂分子水合作用的研究, 都集中在其头基部分. 由于 DPPC 水合作用主要与头基有关, 而尾链对水合作用的贡献并不大, 故在进行 QM 和 MM 的区域划分时, 把 DPPC 分子的头基以及参加水合作用的水分子划分为 QM 区域, 而 DPPC 分子的两条尾链为 MM 区域 (图 6.11). 而 QM 和 MM 区域之间, 采用氢原子为连接原

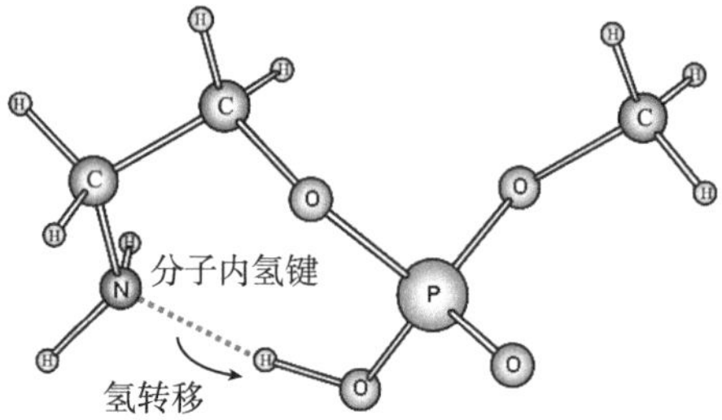

图 6.10　磷脂分子头基内氢键示意图[72]

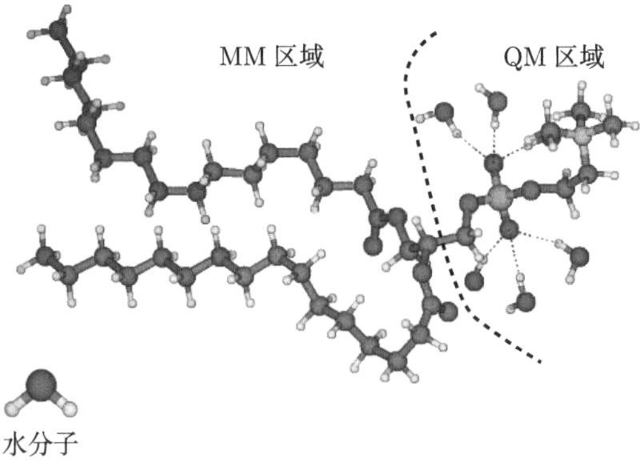

图 6.11　DPPC 分子头基水合作用模拟的 QM/MM 区域划分[72]

子来联系 QM 区域和 MM 区域之间的相互作用. 本小节中所有的 QM/MM 计算都是采用量化计算软件 Gaussian03[73] 中的 ONIOM 算法程序包完成的.

对于 QM 区域, 采用的第一原理的 DFT 算法, 并采用 B3LYP 方案. B3LYP 方案的 DFT 算法已经被证明在计算氢键体系的键能和几何优化时能达到 MP2 (second-order perturbation) 算法的精度[74,75]. 同时, 在 DFT 计算中, 选取的基组为 6-31++G(d), 因为对于 DPPC 分子头基中的磷原子的计算, 需要在基组中增加极性基组 (d 轨道). 而为了描述水合作用形成的氢键, 所以需要添加弥散基组来描述长程键.

对于 MM 区域, 采用的势函数为普适力场 (universal force field, UFF)[76], 见附录 A 有关该力场的介绍.

为了计算水合氢键的强度, 通过平缓势能曲面 (potential energy surface, PES) 扫描, 在 QM/MM 的水平上计算打断一个水合氢键所需要的作用力. 通过平缓 PES 扫描方法, 氢键的键长从 1 nm 拉伸到 3 nm, 每隔 0.05 nm 进行一次 PES 扫描. 通过对所得到的势能面求导, 从而得到作用力. 由于平缓 PES 扫描算法在每个扫描点首先进行结构优化然后再进行单点能计算, 故这样就消除了拉伸速率的影响, 能够模拟准静态情况下打断氢键所需要的作用力.

尹俊和赵亚溥的 QM/MM 模拟结果与分析如下[72]:

(1) 真空中的 DPPC 分子头基构型

对真空中 DPPC 分子头基构型的 QM/MM 模拟目的有两个: 第一, 与水合作用以后的 DPPC 分子头基构型进行对比; 第二, 验证本小节中所采用 QM/MM 算法以及 QM/MM 区域划分的有效性和精确性.

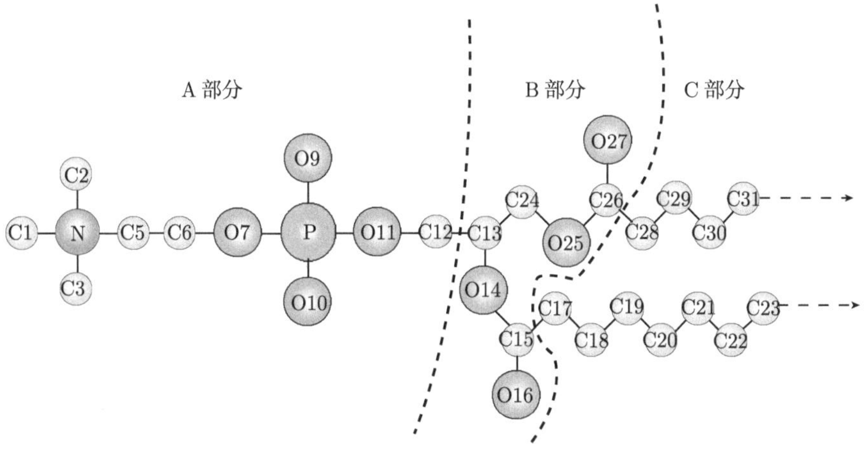

图 6.12 把 DPPC 分子划分为 A、B、C 三个区域[72]

为了验证 QM/MM 算法以及 QM/MM 区域划分的有效性和精确性, 首先对 DPPC 分子 QM 和 MM 区域进行了四种不同的划分. 把整个 DPPC 分子划分为如图 6.12 所示的 A、B、C 三个部分, 第一种 QM/MM 的划分模式 (Model I) 为, QM 区域为 A 部分, 而 B 部分和 C 部分为 MM 区域; 在模式二 (Model II) 中, A 部分和 B 部分为 QM 区域, 而 C 部分为 MM 区域; 模式三 (Model III) 是在模式二的基础上, 把原先属于 C 部分的两个碳原子 C17 和碳原子 C28 (包括碳原子上所带的氢原子) 划入 QM 区域, 其余部分为 MM 区域; 在模式四 (Model IV) 中进一步把另两个碳原子 C18 和 C29 划入 QM 区域, 其余部分为 MM 区域. 从模式一到模式四, 随着 QM 区域的扩大, 计算量也逐步增加.

表 6.2 给出了由四种不同的 QM/MM 区域划分模式下, QM/MM 模拟所得的 DPPC 分子头基的几何构型参数. 从表 6.2 中可以发现, 尽管从模式 I 到模式 IV, QM 区域的不断扩大, 但由 QM/MM 模拟得到的 DPPC 分子头基的构型却没有明显的改变. 对于 P-O 键, 键长改变最大的是模式 I 与模式 II 中的 P-O7 键, 相差为 0.01 Å. 作为 DPPC 分子头基构型的重要参数, P---N 键长最大改变为 0.03 Å (模式 I 和模式 IV). 对于键角而言, 最大差异为模式 I 和模式 III 中的角 O7-P-O11, 差值为 0.18°. 二面角是所有头基几何参数中波动最大的, 最大差值为模式 I 和模式 IV 中的 α_3 二面角, 为 8.58°. 从以上分析可以看出, 虽然 QM 区域不断增大, 计算精度不断增高, 而头基构型并没有明显的变化. 由此可见, DPPC 分子的两条尾链对于头基构型的影响很小, 在考虑计算量的情况下, 模式 I 对 DPPC 分子 QM 和 MM 区域的划分, 在计算中已经足够精确. 因此, 在 QM/MM 模拟中, 采用的都是模式 I 的划分方法.

表 6.2 四种不同 QM/MM 区域划分模式下的 DPPC 分子头基几何构型参数[72]

		模式 I	模式 II	模式 III	模式 IV
键长/Å	P-O7	1.7192	1.7078	1.7098	1.7137
	P-O9	1.4979	1.5001	1.4993	1.4977
	P-O10	1.5139	1.5106	1.5118	1.5118
	P-O11	1.6266	1.6350	1.6331	1.6346
非键长/Å	P---N	4.0016	3.9901	3.9976	3.9725
键角	O9-P-O10	123.09	122.96	123.00	122.96
	O7-P-O11	96.95	97.02	97.13	97.05
二面角	α_1	−151.17	−149.39	−150.33	−153.71
	α_2	−78.61	−74.80	−76.50	−76.56
	α_3	175.30	171.09	173.68	166.72
	α_4	123.53	122.42	123.09	121.29
	α_5	−66.24	−66.19	−66.30	−65.26
	α_6	−169.57	−168.17	−168.93	−167.19

注：二面角的范围从 −180° 到 180°.

DPPC 分子在真空中, 通过 QM/MM 模拟进行结构优化后所得的构型如图 6.13 所示. 从图 6.13 中可以清晰地观察到 DPPC 分子头基的折叠构型. 此折叠构型是由于胺基中的氢原子 (H1 和 H2) 与磷酸根中的氧原子 (O10) 形成内氢键所导致的. 其中 H1---O10 键长为 2.046 Å, 而 H2---O10 键长为 2.051 Å, 这两个键长都远远小于氧原子和氢原子的 van der Waals 半径之和 2.72 Å (氧原子 van der Waals 半径为 1.52 Å, 氢原子 van der Waals 半径为 1.2 Å)[77]. 由于 DPPC 分子中胺基的三个甲基所占空间相对较大, 故 P---N 键的键长为 4.001 Å (在文献 [78] 中为 3.94 Å). DPPC 分子的头基在真空中形成了两个内氢键 (H1---O10 和 H2---O10), 但由于胺基中氢原子的电正性较低, 并没有出现图 6.10 中所出现的氢原子转移现象. 不过电荷转移的现象还是比较明显的: 从表 6.3 的第一列中可以看出, 形成氢键的氢原子 (H1 和 H2) 的电正性要大于胺基中其他的氢原子 (其余氢原子的电荷值都小于 0.3); 而形成氢键的氧原子 (O10) 的电负性也要明显高于磷酸根中的其他氧原子. 电荷转移以后引起的强烈 Coulomb 作用是导致 DPPC 分子头基在真空中呈折叠构型的重要原因.

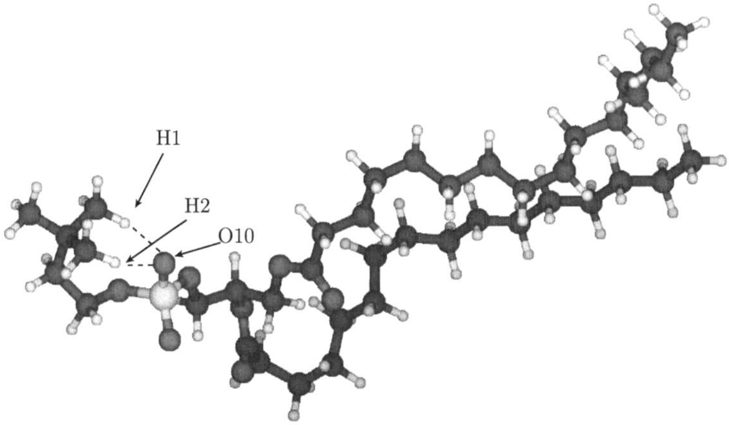

图 6.13 QM/MM 模拟所得 DPPC 分子在真空中的构型[72]

(2) DPPC 分子头基的单水合作用 (monohydration)

DPPC 分子与一个水分子发生水合作用, 则称为单水合作用. 对于 DPPC 分子头基, 有两个明确的水合位点: 胺基 $N^+(CH_3)_3$ 中的氢原子和磷酸根中的氧原子[79]. 而水分子与磷酸根中氧原子的水合形式有两种: 一种是单键水合, 即水分子中的一个 H-O 键正对氧原子, 而另一个 H-O 键指向外侧不与氧原子作用; 另一种是桥形的水合方式, 即水分子的两个氢原子分别与两个氧原子作用, 形成两个氢键 (图 6.14).

表 6.3 DPPC 分子头基在真空中以及单水合情况下的 Mulliken 电荷分布[72]

	气相	和 O7 水合	和 O9 水合	和 O10 水合	和 O11 水合	桥形水合	和 $N^+(CH_3)_3$ 水合
C1	−0.29	−0.28	−0.32	−0.28	−0.30	−0.25	−0.30
C2	−0.43	−0.44	−0.41	−0.45	−0.35	−0.38	−0.40
C3	−0.43	−0.44	−0.48	−0.41	−0.43	−0.32	−0.46
N	−0.74	−0.76	−0.72	−0.76	−0.75	−0.82	−0.70
C5	−0.05	−0.02	−0.08	−0.06	−0.05	−0.06	−0.04
C6	−0.46	−0.51	−0.48	−0.45	−0.40	−0.42	−0.50
O7	−0.64	−0.77	−0.65	−0.64	−0.62	−0.63	−0.64
P	1.93	1.96	1.85	2.08	1.97	1.90	2.12
O9	−0.76	−0.74	−0.92	−0.74	−0.73	−0.86	−0.76
O10	−0.84	−0.87	−0.87	−1.14	−0.83	−0.98	−0.86
O11	−0.57	−0.51	−0.53	−0.57	−0.76	−0.53	−0.62
C12	0.14	−0.01	−0.16	0.12	0.17	0.03	0.16
H1	0.32	0.33	0.32	0.34	0.33	0.37	0.26
H2	0.35	0.35	0.38	0.32	0.36	0.21	0.37

注: 在 Mulliken 电荷分布中, 电荷量采用单位电荷.

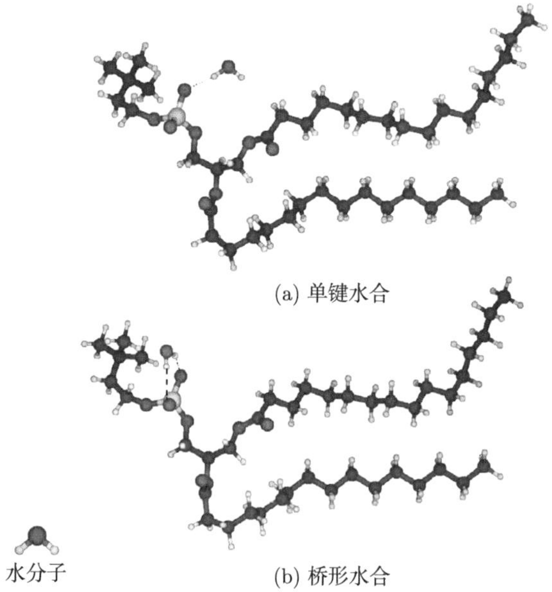

(a) 单键水合

(b) 桥形水合

图 6.14 DPPC 分子头基两种不同的单水合形式[72]

水合能的计算是通过公式

$$\Delta E_{\text{hydration}} = \frac{1}{n}\left\{E\left[\text{DPPC}\cdot(\text{H}_2\text{O})_n\right] - E\left(\text{DPPC}\right) - E\left[(\text{H}_2\text{O})_n\right]\right\} \tag{6-68}$$

来计算的. 式 (6-68) 中 $n=1$ 时, 即为单水合的水合能. 从表 6.4 中可以发现, 水

分子与胺基 $N^+(CH_3)_3$ 的水合能要明显低于与磷酸根中的氧原子的水合能, 而且水分子与胺基 $N^+(CH_3)_3$ 形成的氢键也要比水分子与氧原子形成的氢键长. 由此可见, 水分子与胺基 $N^+(CH_3)_3$ 的水合作用是相对较弱的. 与此同时, 水分子与胺基 $N^+(CH_3)_3$ 之间的水合能要低于两个水分子之间的结合能 (大约 28 kJ/mol), 所以相对于同 DPPC 分子中的胺基 $N^+(CH_3)_3$ 发生水合作用, 水分子更倾向于自身结合. 这也进一步说明了水分子与胺基 $N^+(CH_3)_3$ 的水合作用是比较弱的.

表 6.4 DPPC 分子单水合作用 QM/MM 模拟所得参数[72]

		和 O7 水合	和 O9 水合	和 O10 水合	和 O11 水合	桥形水合	和 $N^+(CH_3)_3$ 水合
水分子的 Mulliken 布居分析	H*	0.66	0.64	0.65	0.54	0.60	0.49
	H	0.50	0.50	0.48	0.49	0.53	0.48
	O	−1.07	−1.07	−1.06	−1.00	−1.00	−0.97
水分子键长 /Å	O-H*	0.9842	0.9950	0.9874	0.9820	0.9846	0.9704
	O-H	0.9680	0.9677	0.9677	0.9687	0.9753	0.9702
氢原子键长 /Å	O---H	1.8500	1.7461	1.7683	1.8622	1.9053 2.1990	2.4190
水合能 /(kJ/mol)		48.57	66.69	59.86	45.16	71.15	22.84
键力/pN		322.6	505.7	645.3	357.5	—	—

注: 在 Mulliken 电荷分布中, 电荷量采用单位电荷.

从表 6.3 和表 6.4 中发现, 磷酸根中的氧原子的水合作用是比较强的, 尤其是 O9 和 O10 两个氧原子. 主要有以下几个特点:

- 氧原子和水分子的单水合能明显高于两个水分子之间的结合能 (大约 28 kJ /mol). 这就说明水分子更倾向于同 DPPC 分子中磷酸根的氧原子形成氢键, 而不是自身结合.
- 磷酸根中氧原子与水分子形成的水合氢键的长度要远远小于氧原子和氢原子的 van der Waals 半径之和 (2.72 Å).
- 水分子中发生水合作用的 O-H* 键 (氢原子 H* 为形成水合氢键的氢原子) 由于静电吸引的作用, 故要长于水分子中的另一个 O-H 键.
- 有明显的电荷转移现象. 发生水合作用的氧原子的电负性和氢原子的电正性要明显高于同类原子.

从以上这些特点都可以看出, 磷酸根中的氧原子的水合作用是比较强的, 其同水分子所形成的氢键也比较强, 可见磷酸根中的氧原子是一个比较强的水合位点.

而对于水分子呈桥状的水合形式, 所形成的两个氢键中每个氢键平均水合能要低于成单键的水合形式, 不过仍然高于水分子自身的结合能 (大约 28 kJ/mol).

为了进一步研究水合氢键的强度, 在 QM/MM 的水平上计算了打断一个水合氢键所需要的作用力. 通过势能面平缓扫描方法所得的 PES 曲线如图 6.15 所示, 作用力是对势能面进一步求导而得的

$$F_{\text{H-bond}} = \max\left(\left|-\frac{\partial E}{\partial x}\right|\right). \tag{6-69}$$

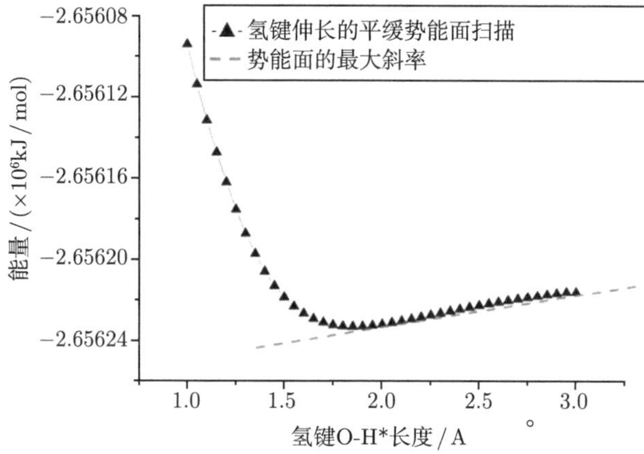

图 6.15 氢键拉伸的势能面曲线[72]

通过式 (6-69) 所求得的作用力即为打断水合氢键所需的作用力. 由于 DPPC 分子主要的水合位点为磷酸根中的氧原子, 故只对氧原子所形成的水合氢键进行了平缓 PES 扫描.

从表 6.4 中可以看出, DPPC 分子头基中氧原子形成的单水合氢键的强度在 10^2 pN 的量级, 这与实验中所测得的生物分子中氢键强度在量级上是吻合的. 同时可以发现, 酯氧原子 (O9 和 O10) 所形成的水合氢键强度要大于另两个氧原子 (O7 和 O11). 主要原因为是酯氧原子 (O9 和 O10) 有三对孤对电子, 因此更易于同水分子中的氢原子形成氢键, 是极其敏感的水合位点.

(3) DPPC 分子头基的多水合作用 (polyhydration)

在水溶液环境中, 由于 DPPC 分子头基周围大量水分子的存在, 所以在实际情况中 DPPC 分子头基一般都处于多水合状态. 现在已有实验证明, 在 DPPC 生物膜中, 平均每个 DPPC 分子与 6 个水分子发生水合作用[80]. 因此, 进一步研究了用 QM/MM 模拟 DPPC 分子头基的多水合作用. 由于在单水合作用中已经证

明, 在 DPPC 分子头基的两个水合位点中, 磷酸根中氧原子的能力要远远强于胺基 $N^+(CH_3)_3$ 中的氢原子, 故在多水合研究中, 主要关注磷酸根中氧原子所引起的多水合现象.

从理论上分析, 氧原子 O9 和 O10 分别有 3 对孤对电子, 分别能与 3 个水分子结合生成 3 个氢键; 而氧原子 O7 和 O11 分别有 2 对孤对电子, 分别能结合 2 个水分子, 因此理论上说 DPPC 分子头基可以结合 10 个水分子. 但是由于氧原子同一个水分子结合后其本身极性会降低, 继续与水分子结合的能力也会降低; 同时水分子自身的相互作用也会影响 DPPC 分子头基的水合能力, 所以实际上 DPPC 分子在多水合情况下能结合的水分子要少于 10 个. 首先用 QM/MM 方法研究了氧原子 O9 和 O10 分别与 3 个水分子结合的情况; 进而模拟了氧原子 O9 和 O10 同时与 6 个水分子发生水合作用的情况 (图 6.11); 最后进一步模拟了 DPPC 分子的磷酸根同时与 10 个水分子发生水合作用的情况 (图 6.16).

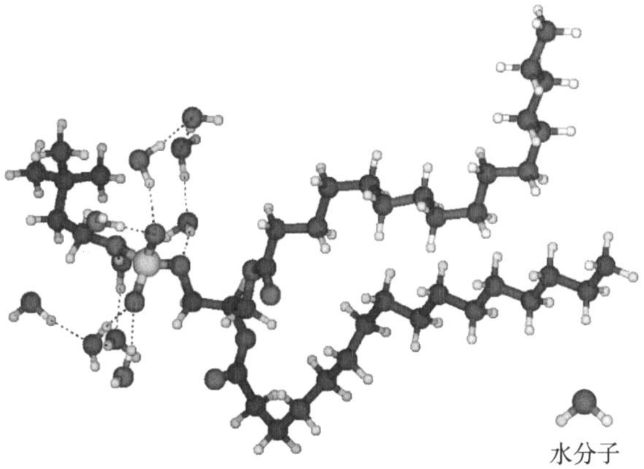

图 6.16 DPPC 分子头基的多水合作用[72]

当 DPPC 分子同时与 10 个水分子发生水合作用时, 并不是所有水分子直接与 DPPC 分子相结合的. 从图 6-16 中发现, 共有 6 个水分子直接与 DPPC 分子头基的磷酸根相结合, 其中 O9 和 O10 氧原子分别结合 2 个水分子; 而 O7 和 O11 氧原子各有一个 1 个水分子与之相结合. 这 6 个水分子组成了第一水合层, 而其余 4 个水分子则处于第二水合层主要与第一水合层的水分子发生作用.

从表 6.5 中可以发现, 多水合作用中每个水分子的平均水合能要低于单水合作用水合能. 主要原因是多水合作用中, 水分子的位阻 (steric hindrance) 作用以及水分子之间的静电排斥使水分子不能同 DPPC 分子结合得像单水合作用时那样紧密. 但多水合作用却使 DPPC 分子头基的整体极性增强, 使电荷转移的现象进一步明显, 氧原子 O9 和 O10 在多水合作用时电负性比单水合作用增大. 从多水合作用对

DPPC 分子头基构型的影响上来看, 从表 6.2 和表 6.5 的比较中发现二面角的变化是最剧烈的, 尤其是 α_1-α_5, 但多水合作用对 α_6 的影响并不大. 对于 DPPC 分子头基构型的另一个参数 P---N 距离, 由于多水合作用中水分子极性作用的增强, 以及位组作用, 随着水合分子的增多, P---N 距离也不断增大. 同时在多水合作用时, DPPC 分子头基在真空状态下存在的内氢键现象也被破坏[81].

表 6.5 DPPC 分子多水合作用 QM/MM 模拟所得参数[72]

		O9 结合三个水分子	O10 结合三个水分子	O9 和 O10 结合六个水分子	十个水分子水合
水分子的平均水合能/(kJ/mol)		45.33	58.62	53.71	37.81
平均氢键长度/Å		2.0346	1.8802	1.9233	—
H1---O10 长度/Å		2.0359	3.1743	3.4903	3.7761
H2---O10 长度/Å		2.3124	2.3257	3.2857	4.1128
Mulliken 布局分布	O9	−1.15	−0.74	−1.13	−1.15
	O10	−0.91	−1.30	−1.18	−1.02
N---P 距离/Å		4.0143	4.2706	4.5402	4.7567
DPPC 分子的 Debye 偶极矩 (Debye)		15.24	18.85	21.49	22.48
二面角	α_1	−118.80	−159.80	153.23	−128.80
	α_2	−101.74	−76.48	−74.47	−107.27
	α_3	162.48	173.29	171.85	−172.12
	α_4	119.62	146.73	166.87	−179.08
	α_5	−70.00	−62.04	−68.13	−78.81
	α_6	−163.08	−163.16	−167.53	−179.87

注: 二面角的范围从 −180° 到 180°.

参 考 文 献

[1] Irving J H, Kirkwood J G. The statistical mechanical theory of transport processes. IV. The equations of hydrodynamics. Journal of Chemical Physics, 1950, 18: 817–829.

[2] Alder B J, Wainwright T E. Phase transition for a hard sphere system. Journal of Chemical Physics, 1957, 27: 1208–1209.

[3] Alder B J, Wainwright T E. Studies in molecular dynamics. I. General method. Journal of Chemical Physics, 1959, 31: 459–466.

[4] Alder B J, Wainwright T E. Studies in molecular dynamics. II. Behavior of a small

number of elastic spheres. Journal of Chemical Physics, 1960, 33: 1439–1451.

[5] Alder B J. Studies in molecular dynamics. III. Mixture of hard spheres. Journal of Chemical Physics, 1964, 40: 2724–2730.

[6] Andrew R L. Molecular modeling-principles and applications. Addison Wesley Longman, 1996.

[7] 钱学森. 现代力学 —— 在 1978 年全国力学规划会上的发言. 力学与实践, 1979 , 1(1): 4–9.

[8] 杨小震. 分子模拟与高分子材料. 北京：科学出版社, 2002.

[9] Verlet L. Computer 'experiment' on classical fluids. I. Thermodynamical properties of Lennard-Jones molecules. Physical Review, 1967, 159: 98–105.

[10] Hockney R W. The potential calculation and some applications. Methods in Computational Physics, 1970, 9: 136–211.

[11] Jacobi C G J. Note sur l'intégration des équations différentielles de la dynamique. Comptes. Rendus de l'Académie des sciences de Paris, 1837, 5: 61–67.

[12] Goldstein H, Poole C, Safko J. Classical mechanics. San Francisco: Addison Wesley, 2002.

[13] 曹则贤. 物理学咬文嚼字. 新加坡: 世界科技出版公司, 2010.

[14] Berendsen H J C, Postma J P M, Gunsteren W F V. Molecular dynamics with coupling to an external bath. Journal of Chemical Physics, 1984, 81: 3684–3690.

[15] Hoover W G. Computational statistical mechanics. New York: Elsevier, 1991.

[16] Nosé S. A unified formulation of the constant temperature molecular dynamics methods. Journal of Chemical Physics, 1984, 81: 5-11.

[17] Hoover W G. Canonical dynamics: Equilibrium phase-space distributions. Physical Review A, 1985, 31: 1695–1702.

[18] Brooks B R, Bruccoleri R E, Olafson B D, States D J, Swaminathan S, Karplus M. CHARMM—a program for macromolecular energy, minimization, and dynamics calculations. Journal of Computational Chemistry, 1983, 4: 187–217.

[19] Sun H. COMPASS: An ab initio force-field optimized for condensed-phase applications—overview with details on alkane and benzene compounds. Journal of Physical Chemistry B, 1998, 102: 7338–7364.

[20] Sun H, Ren P, Fried J R. The COMPASS force field: Parameterization and validation for phosphazenes. Computational and Theoretical Polymer Science, 1998, 8: 229–246.

[21] Hwang M J, Stockfisch T P, Hagler A T. Derivation of class-II force-fields 2. Derivation and characterization of a class-II force-field, cff93, for the alkyl functional-group and alkane molecules. Journal of the American Chemical Society, 1994, 116: 2515–2525.

[22] Maple J R, Hwang M J, Stockfisch T P, Dinur U, Waldman M, Ewig C S, Hagler A T. Derivation of class-II force-fields 1. Methodology and quantum force-field for the alkyl

functional-group and alkane molecules. Journal of Computational Chemistry, 1994, 15: 162–182.

[23] Daw M S, Baskes M I. Embedded atom method derivation and applicatioin to impurities, surfaces, and other defects in metals. Physical Review B, 1984, 29: 8486–8495.

[24] Born M. Atomtheorie des festen Zustandes. (Dynamik der Kristallgitter) (The International Series of Monographs on Physics), 25 (Leipzig-Berlin: G. B. Teubner), 1923: 587–588.

[25] Thomas L H. The calculation of atomic fields. Proceedings of the Cambridge Philosophical Society, 1927, 23: 542–548.

[26] Fermi E. Eine statistische methode zur bestimmung einiger eigenschaften des atoms und ihre anwendung auf die theories des periodischen systems der elemente. Zeitschrift für Physik, 1928, 48: 73–79.

[27] 徐克尊, 陈宏芳, 周子舫. 近代物理学. 北京: 高等教育出版社, 1993.

[28] Von Weizsacker C F. Zur theorie der Kernmassen. Zeitschrift für Physik, 1935, 96: 431–458.

[29] Perrot F. Hydrogen-hydrogen interaction in an electron gas. Journal of Physics: Condensed Mattter, 1994, 6: 431–446.

[30] Wang L W, Teter M P. Kinetic-energy functional of the electron density. Physical Review B, 1992, 45: 13196–13220.

[31] Smargiassi E, Madden P A. Orbital-free kinetic-energy functionals for first-principles molecular dynamics. Physical Review B, 1994, 49: 5220–5226.

[32] Hohenberg Pierre, Kohn W. Inhomogeneous electron gas. Physical Review B, 1964, 136: 864–871.

[33] 李震宇. 新材料物性的第一性原理研究. 安徽: 中国科学技术大学博士学位论文, 2004.

[34] 代兵. 过渡金属化合物团簇激发态性质及过渡金属表面吸附系统的第一性原理研究. 安徽: 中国科学技术大学博士学位论文, 2004.

[35] Kohn W, Sham L J. Self-consistent equations including exchange and correlation effects. Physical Review, 1965, 140: 1133–1138.

[36] Stowasser R, Hoffmann R. What do the Kohn-Sham orbitals and eigenvalues mean? Journal of the American Chemical Society, 1999, 121: 3414–3420.

[37] Luders M, Ernst A, Temmerman W M, Szotek Z, Durham P J. Ab initio angle-resolved photoemission in multiple-scattering formulation. Journal of Physics: Condensed Matter, 2001, 13: 8587–8606.

[38] Hoffmann R. An extended Hückel theory. I. Hydrocarbons. Journal of Chemical Physics, 1963, 39: 1397–1412.

[39] Yang W T, Ayers P W, Wu Q. Potential functionals: Dual to density functionals and solution to the v-representability problem. Physical Review Letters, 2004, 92: 146404.

[40] Hedin L, Lundqvist B I. Explicit local exchange-correlation potentials. Journal of Physics C: Solid State Physics, 1971, 14: 2064–2083.

[41] Barth U V, Hendin L. A local exchange-correlation potential for the spin polarizied. Journal of Physics C: Solid State Physics, 1972, 13: 1629–1642.

[42] Ceperley D M, Alder B J. Ground state of the electron gas by a stochastic method. Physical Review Letters, 1980, 45: 566–569.

[43] Janak J F. Itinerant ferromagnetism in fcc cobalt. Solid State Communications, 1978, 25: 53–55.

[44] Perdew J P, Wang Y. Accurate and simple analytic representation of the electron-gas correlation energy. Physical Review B, 1992, 45: 13244–13249.

[45] Langreth D C, Mehl M J. Beyond the local-density approximation in calculations of ground-state electronic properties. Physical Review B, 1983, 28: 1809–1834.

[46] Perdew J P. Accurate density functional for the energy: Real-space cutoff of the gradient expansion for the exchange hole. Physical Review Letters, 1985, 55: 1665–1668.

[47] Perdew J P, Wang Y. Accurate and simple density functional for the electronic exchange energy: Generalized gradient approximation. Physical Review B, 1986, 33: 8800–8802.

[48] Perdew J P. Density-functional approximation for the correlation energy of the inhomogeneous electron gas. Physical Review B, 1986, 33: 8822–8828.

[49] Becke A D. Density functional calculations of molecular bond energies. Journal of Chemical Physics, 1986, 84: 4524–4529.

[50] Becke A D. Density-functional exchange-energy approximation with correct asymptotic behavior. Physical Review A, 1988, 38: 3098–3100.

[51] Lee C, Yang W, Parr R G. Development of the Colle-Salvetti correlation-energy formula into a functional of the electron density. Physical Review B, 1988, 37: 785–789.

[52] Perdew J P. Electronic structure of solids (Ziesche P, Eschrig H eds.). Berlin: Akademie Verlag, 1991.

[53] Perdew J P, Chevary J A, Vosko S H, Jackson K A, Pederson M R, Singh D J, Fiolhais C. Atoms, molecules, solids, and surfaces: Applications of the generalized gradient approximation for exchange and correlation. Physical Review B, 1992, 46: 6671–6687.

[54] Perdew J P, Burke K, Ernzerhof M. Generalized gradient approximation made simple. Physical Review Letters, 1996, 77: 3865–3868.

[55] Car R, Parrinello M. Unified approach for molecular dynamics and density-functional theory. Physical Review Letters, 1985, 55: 2471–2474.

[56] Zang J L, Yuan Q Z, Wang F C, Zhao Y P. A comparative study of Young's modulus of single-walled carbon nanotube by CPMD, MD, and first principle simulations. Computational Materials Science, 2009, 46: 621–625.

[57] Dapprich S, Komaromi I, Byun K S, Morokuma K, Frisch M J. A new ONIOM implementation in Gaussian98. I. The calculation of energies, gradients, vibrational fre-

quencies and electric field derivatives. Journal of Molecular Structure: THEOCHEM, 1999, 462: 1–21.

[58] Gao J L. Hybrid quantum and molecular mechanical simulations: An alternative avenue to solvent effects in organic chemistry. Accounts of Chemical Research, 1996, 29: 298–305.

[59] Maseras F, Morokuma K. IMOMM—a new integrated ab-initio plus molecular mechanics geometry optimization scheme of equilibrium structures and transition-states. Journal of Computational Chemistry, 1995, 16: 1170–1179.

[60] Humbel S, Sieber S, Morokuma K. The IMOMO method: Integration of different levels of molecular orbital approximations for geometry optimization of large systems: Test for n-butane conformation and S(N)2 reaction: RCl+Cl. Journal of Chemical Physics, 1996, 105: 1959–1967.

[61] Svensson M, Humbel S, Froese R D J, Matsubara T, Sieber S, Morokuma K. ONIOM: A multilayered integrated MO+MM method for geometry optimizations and single point energy predictions. A test for Diels-Alder reactions and Pt(P(t-Bu)(3))(2)+H-2 oxidative addition. Journal of Physical Chemistry, 1996, 100: 19357–19363.

[62] Field M J, Bash P A, Karplus M. A combined quantum mechanical and molecular mechanical potential for molecular dynamics simulations. Journal of Computational Chemistry, 1990, 11: 700–733.

[63] Gao J L. Hybrid quantum and molecular mechanical simulations: An alternative avenue to solvent effects in organic chemistry. Accounts of Chemical Research, 1998, 29: 298–305.

[64] Gao J L. Potential of mean force for the isomerization of DMF in aqueous-solution—A Monte-Carlo QM/MM simulation study. Journal of the American Chemical Society, 1993, 115: 2930–2935.

[65] Gao J L, Xia X F. A priori evaluation of aqueous polarization effects through Monte-Carlo QM/MM simulations. Science, 1992, 258(5082): 631–635.

[66] Gao J L, Byun K. Force fields, vibrational frequencies, and solvent effects on the frequency shifts from hybrid QM/MM simulations. Abstracts of Papers of the American Chemical Society, 1998, 216: U626–U626.

[67] Gao J L. A molecular-orbital derived polarization potential for liquid water. Journal of Chemical Physics, 1998, 109: 2346–2354.

[68] Gao J L, Amara P, Alhambra C, Field M J. A generalized hybrid orbital (GHO) method for the treatment of boundary atoms in combined QM/MM calculations. Journal of Physical Chemistry A, 1998, 102: 4714–4721.

[69] Gao J L. Energy components of aqueous solution: Insight from hybrid QM/MM simulations using a polarizable solvent model. Journal of Computational Chemistry, 1997, 18: 1061–1071.

[70] Assfeld X, Rivail J L. Quantum chemical computations on parts of large molecules: The ab initio local self consistent field method. Chemical Physics Letters, 1996, 263: 100–106.

[71] Zhang Y K, Lee T S, Yang W T. A pseudobond approach to combining quantum mechanical and molecular mechanical methods. Journal of Chemical Physics, 1999, 110: 46–54.

[72] Yin J, Zhao Y P. Hybrid QM/MM simulation of the hydration phenomena of dipalmitoylphosphatidylcholine headgroup. Journal of Colloid and Interface Science, 2009, 329: 410–415.

[73] Frisch M J, Trucks G W, Schlegel H B, et al.. Gaussian 03. Gaussian, Inc., Wallingford CT, 2004.

[74] Murashov V V, Leszczynski J. A comparison of the B3LYP and MP2 methods in the calculation of phosphate complexes. Journal of Molecular Structure: THEOCHEM, 2000, 529: 1–14.

[75] Delbene J E, Person W B, Szczepaniak K. Properties of hydrogen-bonded complexes obtained from the B3LYP Functional with 6-31g(D,P) and 6-31+G(D,P) basis-sets—comparison with Mp2/6-31+G(D,P) results and experimental-data. Journal of Physical Chemistry, 1995, 99: 10705–10707.

[76] Rappe A K, Casewit C J, Colwell K S, Goddard W A, Skiff W M. UFF, a full periodic-table force-field for molecular mechanics and molecular-dynamics simulations. Journal of the American Chemical Society, 1992, 114: 10024–10035.

[77] Frischleder H, Lochmann R. Quantum-chemical and semiclassical calculations of intermolecular interactions of phospholipids. International Journal of Quantum Chemistry, 1979, 16: 203–213.

[78] Li W, Lagowski J B. Ab initio study of phospholipid headgroups: GPE and GPC. Chemistry and Physics of Lipids, 1999, 103: 137–160.

[79] Schiby D, Ruckenstein E. The role of the polarization layers in hydration forces. Chemical Physics Letters, 1983, 95: 435–438.

[80] Bach D, Miller I R. Hydration of phospholipid bilayers in the presence and absence of cholesterol. Chemistry and Physics of Lipids, 2005, 136: 67–72.

[81] 尹俊. 生物膜黏附和水合作用的多尺度数值模拟. 中国科学院力学研究所硕士学位论文, 2007.

中篇　移动接触线问题

第 7 章　表面润湿与移动接触线问题中的物理力学

In reading Young we are reading 18th century natural philosophy; in reading Laplace we are reading 19th theoretical physics.

当我们阅读 Young 的文章, 我们就像读 18 世纪的自然哲学; 而当我们阅读 Laplace 的文章, 我们就像读 19 世纪的理论物理.

——John Rowlinson

7.1　从 Leidenfrost 液滴谈起

1490 年, Leonardo da Vinci 第一次观察到了液体在垂直细管中的毛细爬升现象, 当时该现象被认为是重力定律的 "例外情况 (exceptional case)", 还并没有 "表面张力" 的概念. 在本书 "毛细力" 一节 (3.3 节) 中谈到, 1712 年数学家 B. Taylor 有关对内角液体爬升的实验观测[1] 和 1855 年物理学家 J. Thomson 所研究的 "葡萄酒的眼泪"[2] 等都是有关表面润湿研究的鲜活例子.

历史上还有一个有关液滴动力学研究有趣的例子, 那就是 "Leidenfrost 液滴"[3], 至今仍在被广泛研究中. 将一个金属板加热到 200°C 左右, 然后将一个小水滴释放到该热板上, 水滴将在数秒内剧烈蒸发掉; 而当你将金属板加热到 250°C 左右, 然后释放同样一个水滴时, 整个水滴的蒸发时间要花一分钟左右的时间. 这究竟是何原因呢?

德国医生 Johann Gottlob Leidenfrost 在 1756 年发表了题为 *A Tract about Some Qualities of Common Water* 的小册子[3], 给出了上述问题的答案: 当热板的温度低于 "Leidenfrost 点"(对水而言约 220°C), 水滴将和热板直接接触, 由于热板温度高于水的蒸发温度, 所以很容易理解水滴此时将在数秒内的时间蒸发掉; 而当热板温度高于 "Leidenfrost 点" 时, 水滴和热板界面接触的界面层将气化, 导致在水滴和热板之间形成一个厚度约为 0.1~0.2 mm 的气垫 (图 7.1), 此时水滴实际上被该气垫托起而不和热板直接接触, 从而形成一个 "跳舞的液滴 (dancing droplet)". 所以, 此时液滴的蒸发时间反而延长到一分钟左右的时间 (图 7.2).

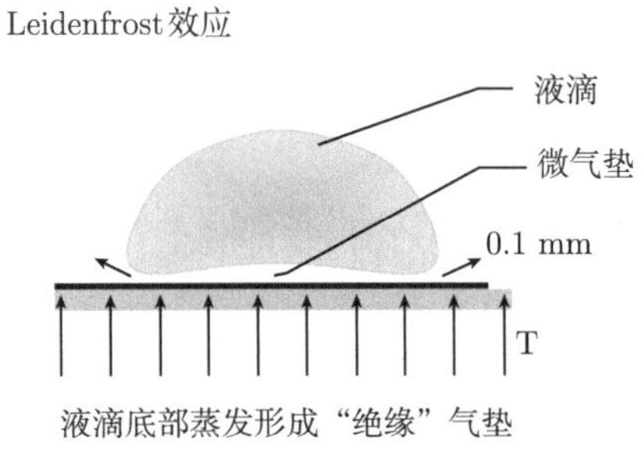

图 7.1 Leidenfrost 水滴被气垫托起示意图

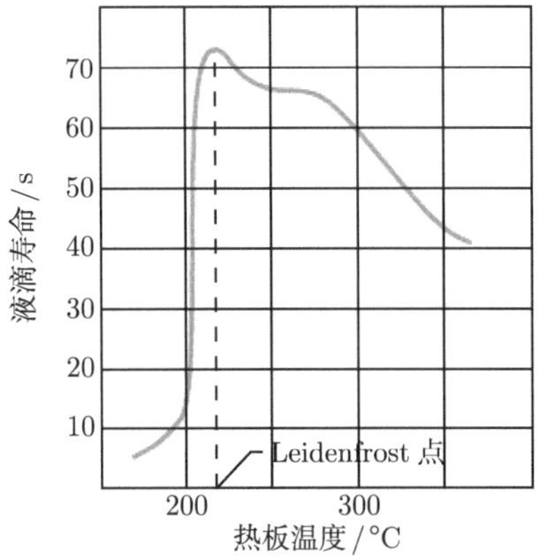

图 7.2 水滴寿命随热板温度的变化关系

文献 [4] 给出了 Leidenfrost 液滴和热板之间气垫的厚度分析. 当液滴半径 R 大于毛细尺度 a 时 ($R > a = \sqrt{\gamma_{lv}/(\rho g)}$), 液滴和热板之间气垫的特征厚度为

$$e = \left(\frac{3\kappa\Delta T\eta}{4L\rho_v\rho g a}\right)^{\frac{1}{4}} R^{\frac{1}{2}}, \tag{7-1}$$

式中: κ 为蒸发气垫的热导系数, ΔT 为热板温度和液体蒸发温度之差, η 为蒸发气垫的黏度, ρ 和 γ_{lv} 分别为液体的密度和表面张力, L 为蒸发潜热, ρ_v 为蒸发气垫的密度, g 为重力加速度. 而当液滴半径 R 小于毛细尺度 a 时 ($R < a = \sqrt{\gamma_{lv}/(\rho g)}$), 液滴和热板之间气垫的特征厚度的标度关系为

$$e \sim \left(\frac{\kappa\Delta T\eta\rho g}{L\rho_v\gamma_{lv}^2}\right)^{\frac{1}{3}} R^{\frac{4}{3}}. \tag{7-2}$$

近年来, Leidenfrost 液滴的相关研究不断取得新进展. 其中, 2010 年刊登于美国国家科学院院刊 (PNAS) 中的一篇文献[5] 研究了当向极低温的液氮 (liquid nitrogen) 中释放一个液滴时, 液滴由于急速冷却从而发生玻璃化, 所释放出的热量

很快使液氮气化, 这样就在玻璃化的液滴和液氮之间产生一个气垫将玻璃化液滴托起, 从而发生极低温下的 Leidenfrost 效应[5]. 2008 年, 美国和以色列学者联合研究了向基底的甘油黏性液体上面释放一个液氮液滴, 由于液氮液滴和甘油液面之间迅速形成气垫, 从而将液氮液滴托起, 实现了另外一种 Leidenfrost 效应[6], 作者还应用公式 (7-1) 计算了液氮液滴 (半径 0.5 cm) 和甘油黏性液体间气垫的厚度 e 在 (0.15~0.18) mm 量级, 这和水滴和热板之间气垫厚度在同一个量级.

所谓 “移动接触线 (moving contact line, MCL)” 问题是一个广泛的概念, 主要是指两种互不溶的流体 (如流体 1 为气体, 流体 2 为液体) 在固体表面形成移动的三相接触线 (triple contact line), 如图 7.3 所示.

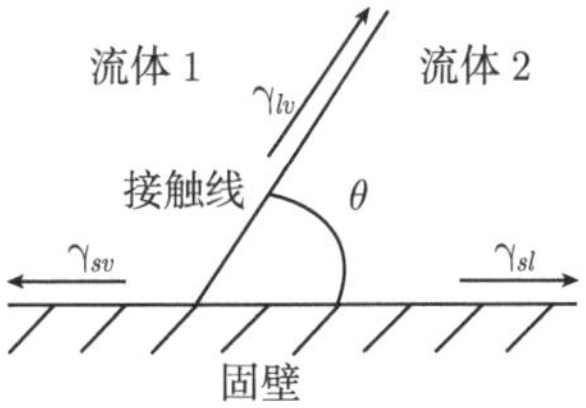

图 7.3 移动接触线问题示意图

移动接触线中的核心力学问题是三相接触线处的应力和能量耗散的奇异性. 实际上这种奇异性是不存在的, 但如果在连续介质力学框架下, 该种奇异性确实存在, 这和断裂力学中裂纹顶端应力的奇异性可类比.

7.2 Young 方程及其基底粗糙度和曲率的修正

在于 1876 年为《大英百科全书》(*Encyclopedia Britannica*) 所写的有关毛细方面的条目中, 物理学家 J. C. Maxwell 指出: 匈牙利数学家 J. A. von Segner 为第一个建立表面张力概念的人[7], 而英国物理学家 T. Young 则应用该概念详细地解释了有关毛细实验中的很多实验现象.

7.2.1 光滑、平坦表面的 Young 方程

当将一个小液滴释放到固体表面上时, 一般液滴将在固体表面进行铺展, 即固–液界面逐渐取代固–气界面, 且同时扩大了液–气界面, 如图 7.4 所示. 在一定的温度压力等条件下, 体系 Gibbs 函数的变化量为

$$\Delta G = \gamma_{sl} + \gamma_{lv} - \gamma_{sv} \tag{7-3}$$

或

$$S = \gamma_{sv} - (\gamma_{sl} + \gamma_{lv}), \tag{7-4}$$

上式中 S 称为铺展系数 (spreading parameter), 其意义为表面润湿前后单位面积上的表面能的变化量, γ_{sl}, γ_{lv} 和 γ_{sv} 分别为 “固–液”, “液–气” 和 “固–气” 界面张力. 铺展系数还可以做如下理解: 按照黏着功 (work of adhesion) 的定义, 固–液界面的

黏着功为: $W_{\text{solid-liquid}} = \gamma_{lv} + \gamma_{sv} - \gamma_{sl}$, 也就是将固–液界面分开, 形成两个等面积的液–气和固–气界面单位面积所需要的能量; 而将液体分开形成两个液–气界面单位面积所需要的能量, 也就是内聚功 (work of cohesion) 为: $W_{\text{liquid-cohesion}} = 2\gamma_{lv}$. 铺展系数亦可理解为黏附功和内聚功之差: $S = W_{\text{solid-liquid}} - W_{\text{liquid-cohesion}} = \gamma_{sv} - (\gamma_{sl} + \gamma_{lv})$. 当 $S > 0$ 时, 液体将自发地在固体表面铺展, 该过程称为完全润湿 (total wetting), 当 $S < 0$ 时, 对应的是部分润湿 (partial wetting), 此时处于固体表面的液体以液滴的形式存在并具有一个平衡形状[8~11].

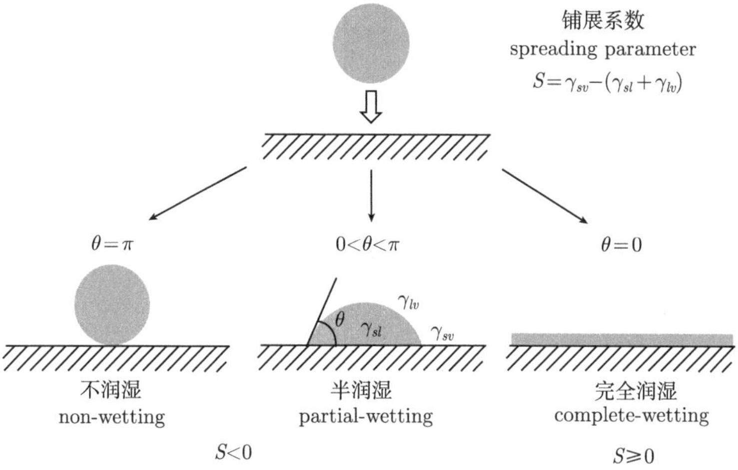

图 7.4 液体在固体表面上的铺展

大多数情况下, 附着在固体上的液体往往不会在固体表面上完全铺展开来, 而是以具有一定形貌的液滴的形式存在, 且液相和固相之间形成一定的角度, 该角度被称为接触角 θ, 如图 7.5 所示. 一般认为, 当 $\theta < 90°$ 时, 认为固体表面是亲水的; 当 $\theta > 90°$ 时, 表面是疏水的.

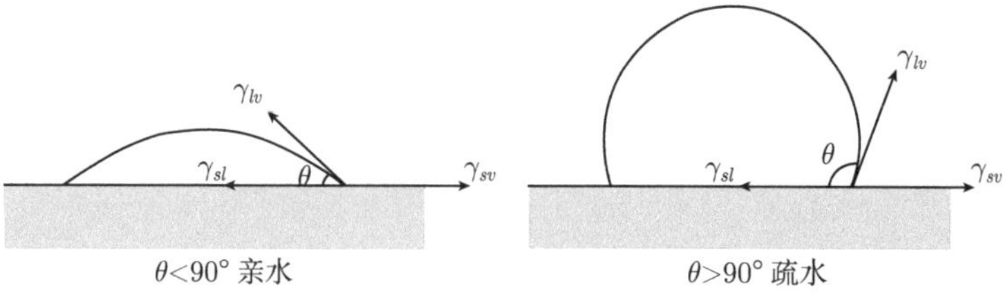

图 7.5 Young 方程示意图

1805 年, Thomas Young 在假设固体表面为各向同性、均质和平坦的情况下, 给出了三相接触点处沿水平方向的力平衡条件, 也即润湿基本方程[12]

$$\cos\theta = \frac{\gamma_{sv} - \gamma_{sl}}{\gamma_{lv}}, \tag{7-5}$$

上式被广泛地称为 Young 方程, 它奠定了毛细理论的基础. 之后, 基于黏着功的定义, Dupré 于 1869 年给出了 Young 方程的等价方程[13], 因此, 式 (7-5) 也被有的文献称为 Young-Dupré 方程.

有些文献也指出: 在 Young 的 1805 年的文献中, Young 第一次提出用作为常数的接触角来表征液滴在固体表面的行为, 但只是陈述了三相接触点处沿水平方向力的平衡, 并没有写出方程[14]. 在本书著者多年前和学生的一次投稿中, 其中一位匿名审稿人也在其审稿意见中明确指出了该问题.

7.2.2 粗糙表面的润湿方程

当考虑到固体表面的粗糙性对润湿的影响时, Wenzel 于 1936 年引入粗糙因子 (又称粗糙度) R_f 来描述表面的粗糙性, 定义为固体真实表面积和其投影面积的比[15]

$$R_f = \frac{A_{sl(\text{true})}}{A_{sl(\text{apparent})}}, \tag{7-6}$$

显然 $R_f \geqslant 1$, R_f 越大, 表面越粗糙. 考虑粗糙因子时, Young 方程可修正为

$$\cos\theta = R_f \cos\theta_0, \tag{7-7}$$

式 (7-7) 就是粗糙表面的润湿方程 (Wenzel 方程). 很显然根据 Wenzel 方程, 如果原来平坦表面是疏水的话, 增加粗糙度将更疏水; 原来平坦表面是亲水表面的话, 增加粗糙度将更亲水, 如图 7.6 所示. 这样定义的粗糙度事实上没能体现表面形貌的特征, 相同粗糙度、不同形貌的表面也会对润湿产生不同的影响[16].

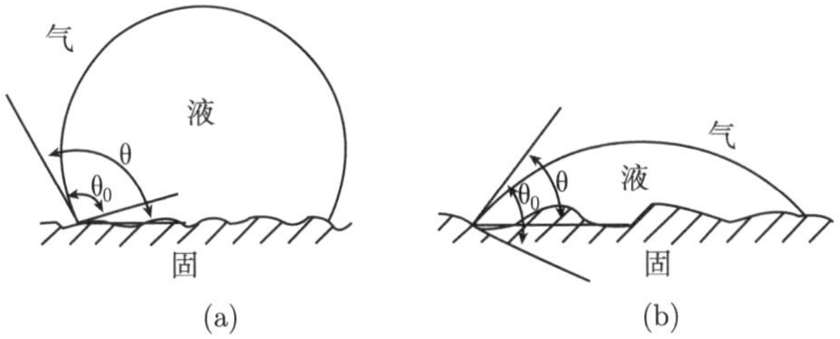

图 7.6 (a) 平坦表面是疏水的话, 增加粗糙度将更疏水; (b) 平坦表面是亲水的话, 增加粗糙度将更亲水

分形几何 (fractal geometry) 的发展为研究固体表面以及解释一些相关的物理化学现象开辟了新的研究途径[17,18], 也有人从分形的角度研究表面粗糙形貌对润湿的影响[19,20].

Packham 利用表面吸附探测分子的方法来描述表面的分形情况[18], 假设固体表面吸附的单层探测分子数为 n, 测量的线性标度为 λ, 分形维度为 D, 则根据盒子计数法[21], 有如下关系:

$$n(\lambda) = \beta\lambda^{-D}, \tag{7-8}$$

其中 β 是常数, 因为面积 $A = n(\lambda)\lambda^2$ 表示, 所以

$$A = \beta'\lambda^{2-D}. \tag{7-9}$$

因为平面的分形维数为 2, 所以对于粗糙因子 R_f 有

$$R_f = \frac{A}{A_0} = \frac{\beta'\lambda^{2-D}}{\beta'\lambda^0} = \lambda^{2-D}. \tag{7-10}$$

如果 L 和 l 分别表示具有分形表面的上限和下限极限尺度, 那么 $\lambda = l/L$, 则

$$R = \left(\frac{L}{l}\right)^{D-2}. \tag{7-11}$$

由此得到 Wenzel 方程在分形表面上的表达式

$$\cos\theta = \left(\frac{L}{l}\right)^{D-2}\cos\theta_0. \tag{7-12}$$

在 20 世纪 40 年代, Cassie 和 Baxter 进一步开拓了 Wenzel 方程, 把粗糙不均匀的固体表面设想为由各种材料组成的复合或异质表面 (heterogeneous surface), 则这种情况下润湿方程被拓展为

$$\gamma_{lv}\cos\theta_c = f_1(\gamma_{sv1} - \gamma_{sl1}) + f_2(\gamma_{sv2} - \gamma_{sl2}), \tag{7-13}$$

或者

$$\cos\theta_c = f_1\cos\theta_1 + f_2\cos\theta_2. \tag{7-14}$$

上式被称为 Cassie 方程[22], 其中 f_1 和 f_2 分别是接触角为 θ_1 和 θ_2 时的两种表面的表面积所占总体表面积的分数, θ_c 是复合表面的接触角.

如果复合表面中的一种为气相, 如图 7.7 所示, 相当于有一部分封闭气体在液滴底下起到托起液滴的作用. 假设 f_2 为封闭气体部分或者筛孔的分数, 此时在式 (7-14) 中, 气体的接触角为 180°, 可得到 Cassie-Baxter 方程[23]

$$\cos\theta_c = f_1\cos\theta_0 - f_2, \tag{7-15}$$

如果再考虑固体表面的粗糙度, 则得到

$$\cos\theta_c = R_f f_1\cos\theta_0 - f_2. \tag{7-16}$$

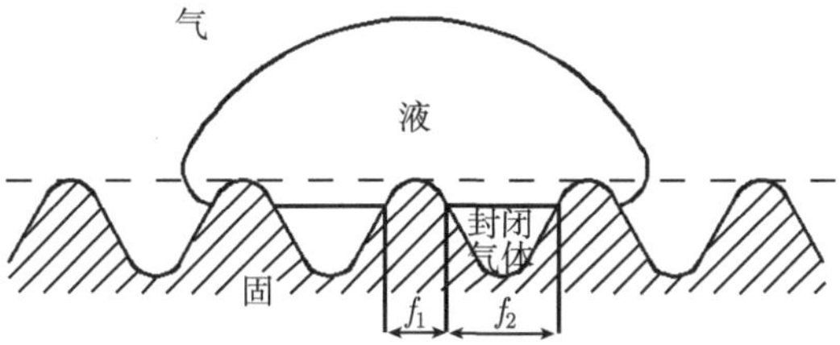

图 7.7 固–气–液复合表面示意图

通常 Cassie-Baxter 方程都被用于解释超疏水表面的原因, 以及用于超疏水表面的设计、制作当中[24,25].

如果从分形的角度考虑表面粗糙度, 则有[20]

$$\cos\theta_c = f_1\left(\frac{L}{l}\right)^{D-2}\cos\theta_0 - f_2, \tag{7-17}$$

Feng 等用微米和纳米结构相结合的分级结构解释了荷叶的超疏水性质[20].

7.2.3 线张力对表面润湿方程的修正

如果把液滴的尺度减小到微纳米量级时, 则会出现和宏观的情况下不同的新现象. 早在一个世纪以前, Gibbs 就提出了线张力的概念[26], Boruvka 和 Neumann 从热力学的角度推导出了考虑线张力修正的 Young 方程[27]:

$$\cos\theta = \frac{\gamma_{sv}-\gamma_{sl}}{\gamma_{lv}} - \frac{\tau}{\gamma_{lv}R}, \tag{7-18}$$

上式中 τ 是线张力, $1/R$ 是三相接触线的局部曲率. 如果当 $R\to\infty$, 上式就退化成为 Young 方程. τ 是可正可负的量, 具体由液体性质、固体表面、液滴在固体表面上的成核过程等决定, 量级的范围[28] 可以从 10^{-12} N 到 10^{-5} N. 公式 (7-18) 的推导过程可参阅图 7.8, 考虑三相接触线处的一个角度增量 $\delta\varphi$, 那么其对应的弧长为 $R\delta\varphi$, 此时考虑到近似关系: $\sin(\delta\varphi/2)\approx\delta\varphi/2$, 则三相接触线处线张力 τ 对沿径向的表面张力分量的贡献为 $\dfrac{2\tau\sin(\delta\varphi/2)}{R\delta\varphi}\approx\dfrac{\tau}{R}$, 对图 7.8 而言, 其方向指向圆心.

由 (7-18) 式可以得到: 当线张力为正值时, 接触角随着液滴与基底接触半径的增大而减小; 反之, 当线张力为负值时, 接触角则随着液滴与基底接触半径的增加而增大.

Marmur 从理论上近似地给出了线张力的表达式为[29]

$$\tau \approx 4\delta'\sqrt{\gamma_{sv}\gamma_{lv}}\cot\theta, \tag{7-19}$$

式中 δ' 表示固–液界面间原子的平均距离, 根据该表达式可知当接触角 $\theta>90°$ 时即固体表面疏水时, 线张力为负 (方向背离润湿区域); 当接触角 $\theta<90°$ 时, 即固

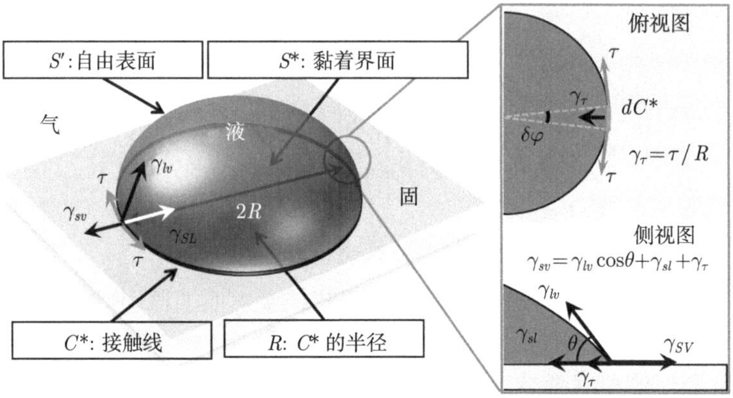

图 7.8 线张力及对三相接触线平衡影响示意图

体表面亲水时, 线张力为正 (方向指向润湿区域). 值得注意的是, 线张力 τ 与液–气界面张力 γ_{lv} 之比为一长度单位, 在一定程度上反映了线张力的影响范围, 以室温下的水为例, 其液–气界面张力一般为 72 mN/m, 此时线张力 τ 与液–气界面张力 γ_{lv} 之比小于 10 μm 量级, 由此进一步分析知, 当润湿半径 a 小于 200 μm 量级时 $(\tau/(a\gamma_{lv})>0.05)$, 线张力的影响才可以不被忽略.

7.2.4 曲面上的润湿方程

Young 方程中接触角关于表面张力的表达式是平面的情况, 但是在自然界或者应用中, 更常见的是具有球或圆柱特征的表面, 例如球状颗粒、圆柱纤维等. Young 方程是否适用于具有曲率基底的情况呢？为简单起见, 将只讨论球面上的情况. 如图 7.9 所示, Extrand 和 Moon 推导得出球面上的接触角表达式为[30]

$$\theta_{a,0}=\theta_a-\arcsin\left(\frac{a}{R}\right), \tag{7-20}$$

式中 $\theta_{a,0}$ 为内禀接触角 (intrinsic contact angle), θ_a 为表观接触角 (apparent contact angle), a 为三相接触线围成平面的半弦长, R 为球面基底半径.

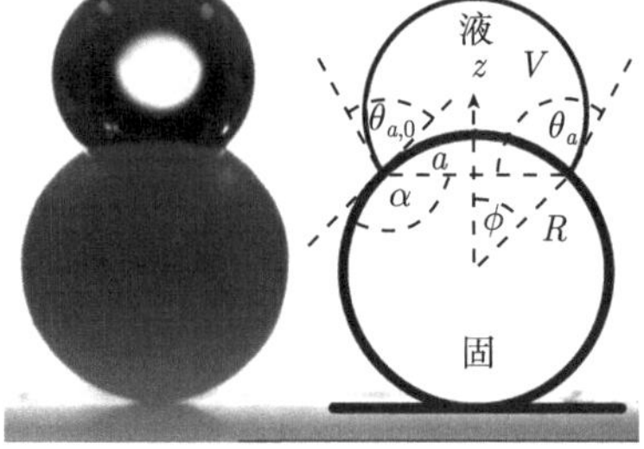

图 7.9 球面润湿示意图[30]

Extrand 和 Moon 做了一系列实验, 观察 $\theta_{a,0}$、θ_a 与基底半径 R 和液滴体积 V 之间的关系[30]. 如图 7.10 所示是纯水液滴在不同半径 R 的聚四氟乙烯 (PTFE) 球基底上 $\theta_{a,0}$、θ_a 随液滴体积 V 变化的实验值. 实验发现, 固有接触角 $\theta_{a,0}$ 不随液滴尺寸和基底半径变化, 并且等于相同实验条件下液滴置于平面基底上的接触角. 也就是说, 从应用内禀接触角的角度来看, Young 方程对于球面仍然成立.

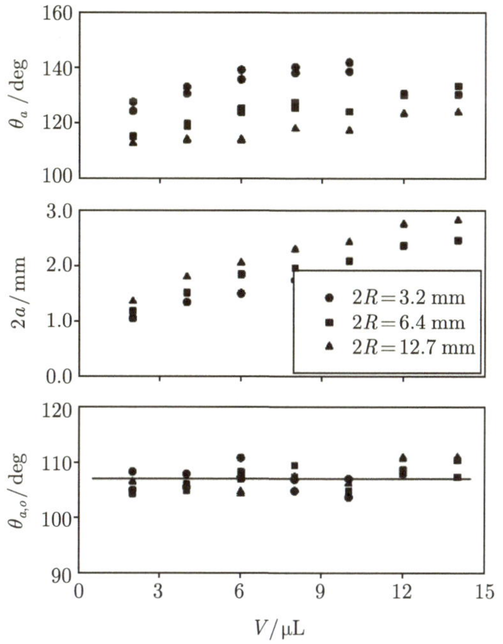

图 7.10 纯水液滴在不同半径 R 的 PTFE 球基底上的 $\theta_{a,0} - V$、$\theta_a - V$ 实验值[30]

以色列学者 Bormashenko 研究了粗糙曲面上的润湿行为[31], 分为两种情形: “类 Wenzel 型” 和 “类 Cassie 型”(图 7.11).

Bormashenko 所给出的光滑曲面的润湿方程为

$$\cos\left(\tilde{\theta}-\theta\right)=\frac{\gamma_{sv}-\gamma_{sl}}{\gamma_{lv}}, \tag{7-21}$$

式中: θ 和 $\tilde{\theta}$ 分别代表三相接触点处曲面的局部切线和水平线的夹角以及液滴的切线和水平线的夹角 (图 7.11(a)).

针对于图 7.11(b), “类 Wenzel 型” 曲面的润湿方程为

$$\cos\left(\tilde{\theta}-\theta^*\right)=R_f\frac{\gamma_{sv}-\gamma_{sl}}{\gamma_{lv}}, \tag{7-22}$$

上式中的 $R_f \geqslant 1$ 为类似于 (7.6) 中的曲面粗糙比, 对于二维的情形则为与液滴接触的实际曲线长度和其对应的光滑弧长之比, 上式中 $\theta^* = -\arctan\left(\partial h(x)/\partial x\right)|_{x=a}$,

而 $h(x)$ 为局部液体的高度.

针对于图 7-11(c), "类 Cassie 型" 曲面的润湿方程为

$$\cos\left(\tilde{\theta}-\theta^{*}\right)=\frac{\sum\limits_{1}^{n}\alpha_{i}\left(\gamma_{i,sv}-\gamma_{i,sl}\right)}{\gamma_{lv}}, \tag{7-23}$$

上式被称为 "修正的 Cassie-Baxter 方程". 容易看出, (7-21)~(7-23) 将退化为所对应的平面情形.

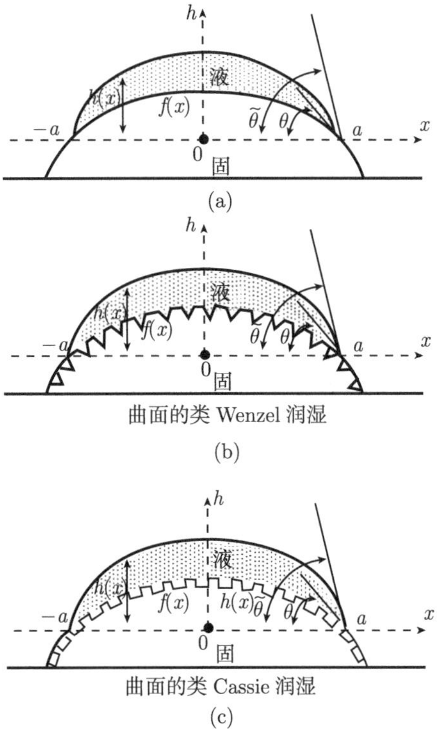

图 7.11　光滑曲面和两种粗糙曲面的润湿行为[31]

本节最后介绍由 Wolansky 和 Marmur 所给出的考虑线张力时的球面润湿问题 (图 7.9), 他们给出的结果如下[32]

$$\cos\theta=\frac{\gamma_{sv}-\gamma_{sl}}{\gamma_{lv}}-\frac{\tau}{\gamma_{lv}a}\sqrt{1-\left(\frac{a}{R}\right)^{2}}, \tag{7-24}$$

由上式可看出, 当 $R\gg a$ 时, 上式即可退化为平面情形.

7.3 Young-Laplace 方程

该方程主要反映的是液面曲率所产生的附加压力. 但在对该方程的称呼上国际学术界一直没有统一说法, 有的称 "Laplace 方程", 有的称 "Young-Laplace 方程", 有的称 "Laplace-Young 方程", 还有的则称 "Gauss-Laplace 方程". 美国和加拿大三位学者在 1971 年, 针对当时胶体和界面学术界存在着很大的争论, 经过对历史文献的调研, 联名发表了题为 *On the attribution of an equation of capillarity to Young and Laplace* (关于毛细方程归属于 Young 和 Laplace 的问题) 的文章[33].

文献 [33] 的主要结论如下: ① 将该方程写为或说成 (to write and speak of) "Young-Laplace 方程" 是完全正确的 (entirely correct); ② 称为 "Laplace-Young 方程" 是很合理的 (quite appropriate), 原因是 Young 在 1805 年的经典文献[12] 中是以散文句子 "prose sentences" 的方式阐述的, 而 Laplace 则是在他的著作《天体力学》的附录中以公式的形式给出的[34], 对于学术界更倾向于 "公式化" 表达的今天, 是可以理解的; ③ 单单称为 "Laplace 方程", 很多专著和文章都是这样做的, 而且还会继续持续下去, 这样做对 Young 是不公平的 (injustice).

对于一般弯曲液面而言, Young-Laplace 压力差为

$$\Delta P = \gamma_{lv}\left(\frac{1}{R_1}+\frac{1}{R_2}\right), \tag{7-25}$$

式中 R_1 和 R_2 分别是曲面的两个主曲率半径. 当液滴是半径为 R 的球体时, Young-Laplace 压力差退化为

$$\Delta P = \frac{2\gamma_{lv}}{R}. \tag{7-26}$$

上述 Young-Laplace 方程是表面润湿中的又一重要方程.

对于容器中液体在壁面的爬升问题 (图 7.12), 为了以后章节叙述的方便, 这里给出 Young 润湿方程和 Young-Laplace 方程的矢量形式. 两倍的平均曲率为

$$2\kappa = \nabla\cdot\boldsymbol{N}_S = \nabla\cdot\frac{\nabla u}{\sqrt{1+(\nabla u)^2}}, \tag{7-27}$$

用两个主曲率半径 R_1 和 R_2 来表示的话, 还可表示为: $2\kappa = \left(R_1^{-1}+R_2^{-1}\right)$. 则 Young 润湿方程为

$$\boldsymbol{N}_S\cdot\boldsymbol{N}_\Gamma = \cos\theta_0, \tag{7-28}$$

Young-Laplace 方程为

$$\frac{\Delta p}{\gamma_{lv}} = \nabla\cdot\boldsymbol{N}_S = 2\kappa = \nabla\cdot\frac{\nabla u}{\sqrt{1+(\nabla u)^2}} = \mathrm{div}\bar{T}u. \tag{7-29}$$

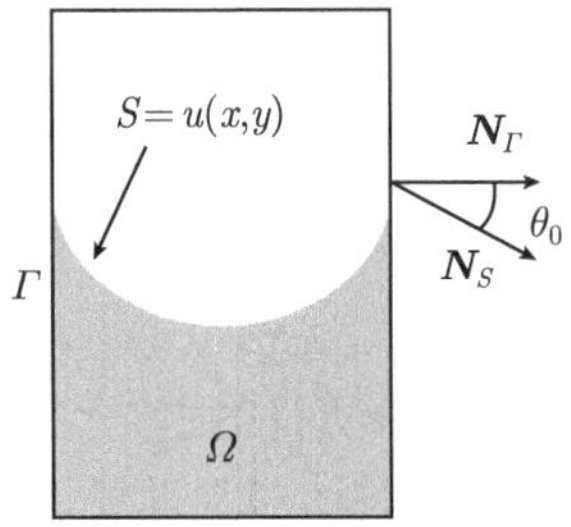

图 7.12 表面润湿示意图

$\boldsymbol{N}_\Gamma$: 容器法向, $\boldsymbol{N}_S$: 液面法向, Γ: 壁面, Ω: 液体

7.4 Kelvin 方程

1871 年, Kelvin 勋爵 (W. Thomson) 发表了题为 *On the equilibrium of a vapour at a curved surface of liquid* 的论文[35], 建立了弯曲表面平衡蒸汽压公式:

$$RT\ln\frac{p}{p_{\text{sat}}}=\frac{\gamma_{lv}V_m}{r_m}. \tag{7-30}$$

式中: p 为液滴的平衡蒸气压, p_{sat} 为饱和蒸气压, R 为气体常数, T 为绝对温度, V_m 为摩尔体积, r_m 为平均曲率半径. 由上述 Kelvin 方程可知, 凸液面的曲率半径越小, 液体的蒸气压越大; 凹液面的曲率半径越小, 蒸气压越小, 而对于平液面情形, 蒸气压内外相等. 对于半径为 r 的球形液滴而言, $r_m=r/2$, 故此时 Kelvin 方程为

$$RT\ln\frac{p}{p_{\text{sat}}}=\frac{2\gamma_{lv}V_m}{r}, \tag{7-31}$$

或者

$$p=p_{\text{sat}}\exp\left(\frac{2\gamma_{lv}V_m}{RTr}\right). \tag{7-32}$$

从上式可看出, $\dfrac{2\gamma_{lv}V_m}{RT}$ 为一长度量纲, 对于 25°C 的水, 该长度为 1.05 nm; 对于 20°C 的水, 该长度为 1.08 nm.

式 (7-32) 还可以表示成[36]

$$p=p_{\text{sat}}\exp\left(\frac{2\gamma_{lv}}{\rho_l k_{\text{B}}Tr}\right) \text{ 或 } p=p_{\text{sat}}\exp\left(\frac{2\gamma_{lv}V_m}{N_A k_{\text{B}}Tr}\right), \tag{7-33}$$

式中: N_A 为 Avogadro 常数, ρ_l 为液体的数密度, k_{B} 为 Boltzmann 常数.

对于毛细凝聚 (capillary condensation) 而言, Kelvin 半径是一个十分重要的概念, 对于基于 MEMS 的湿度计的设计具有重要的指导意义. 如果凝聚后的水和某

材料的接触角为 θ, 则此时的 Kelvin 半径为 (对球形液滴而言)[37~40]

$$r_k = -\frac{2\gamma_{lv} V_m \cos\theta}{RT \ln \dfrac{p}{p_{\text{sat}}}}. \tag{7-34}$$

上式取 "−" 的原因是 $p \leqslant p_{\text{sat}}$, 这样可保证 Kelvin 半径为正值. Butt 等在其著作[40] 的一个例子中, 计算了 20°C 水的相对湿度为 90% 的 Kelvin 半径, Butt 等在[40] 中给出的 $r_k/\cos\theta$ 值为

$$\frac{r_k}{\cos\theta} = -\frac{2\gamma_{lv} V_m}{RT \ln 0.9} = -\frac{2 \times 0.072\ \text{Jm}^{-2} \times 18 \times 10^{-6}\ \text{m}^{-3}}{8.31\ \text{JK}^{-1} \times 293\ \text{K} \times \ln 0.9} = 10\ \text{nm}. \tag{7-35}$$

如果有多种尺度的空胞 (pore) 组成的多胞材料, 所以只有 10 nm 的空胞中充满了水. 由此可见, 在毛细凝聚时, Kelvin 方程还可以由相对湿度 (RH) 来表示:

$$RT \ln(\text{RH}) = -\frac{2\gamma_{lv} V_m}{r}. \tag{7-36}$$

由于 Kelvin 方程在弯曲液面的曲率附加压力方面和 Young-Laplace 方程的内在联系, 有很多文献将上述 Kelvin 方程亦称为 "Kelvin-Laplace 方程".

这样, 接触角的 Young 方程 (7-5), 弯曲液面附加压强的 Young-Laplace 方程 (7-25) 或 (7-29), 和弯曲液面蒸汽压的 Kelvin 方程 (7-30) 构成了表面或界面润湿的三大基本方程.

7.5 分离压力对表面润湿三大基本方程的修正

在本书 3.8 节中已经简要介绍过分离压力的概念. 当液膜厚度达到微观尺度时, 此时则需要考虑分子间的相互作用, 即分离压力 Π.

首先来看分离压力对 Young 方程的修正. 如图 7.13 的两种接触角处理办法, 第一种是宏观办法, 此时用 Young 方程表征. Neogi 指出[41]: Frumkin[42] 和 Derjaguin[43] 对接触线的处理上, 认为在液滴的前端有一个厚度为 h_0 的薄层, 事实上就是前驱膜, 考虑分离压力 Π 对薄层的影响并采用能量最小原理, 可得到分离压力对 Young 方程修正的 Frumkin-Derjaguin 方程[44,45]

$$\cos\theta = 1 + \frac{1}{\gamma_{lv}} \int_{h_0}^{\infty} \Pi \mathrm{d}h, \tag{7-37}$$

当分离压力 Π 和 h_0 已知时, 可通过上式确定接触角. 如果考虑分离压力由 van der Waals, 静电力和结构力三部分组成的话, 则有[44]

$$\Pi(h) = \Pi_{\text{vdW}} + \Pi_{\text{EDL}} + \Pi_{\text{Structure}} = \frac{A}{6\pi h^3} - \frac{\varepsilon_0(\phi_1 - \phi_2)^2}{8\pi h^2} + K\exp\left(-\frac{h}{\lambda}\right). \tag{7-38}$$

式中：A 为 Hamaker 常数, ε_0 为液体的介电常数, $\phi_1-\phi_2$ 为电势差, λ 为结构力的衰减长度, 一般在纳米量级. 将上式代入到 (7-37) 中时, 得到同时考虑 van der Waals, 静电力和结构力的 Frumkin-Derjaguin 方程：

$$\cos\theta=1+\frac{1}{\gamma_{lv}}\left[\frac{A}{12\pi h_0^2}-\frac{\varepsilon_0\left(\phi_1-\phi_2\right)^2}{8\pi h_0}+K\lambda\exp\left(-\frac{h_0}{\lambda}\right)\right], \tag{7-39}$$

平衡膜厚 h_0 可由条件 $\Pi\left(h_0\right)=0$ 确定, 即满足：

$$\Pi\left(h_0\right)=\frac{A}{6\pi h_0^3}-\frac{\varepsilon_0\left(\phi_1-\phi_2\right)^2}{8\pi h_0^2}+K\exp\left(-\frac{h_0}{\lambda}\right)=0. \tag{7-40}$$

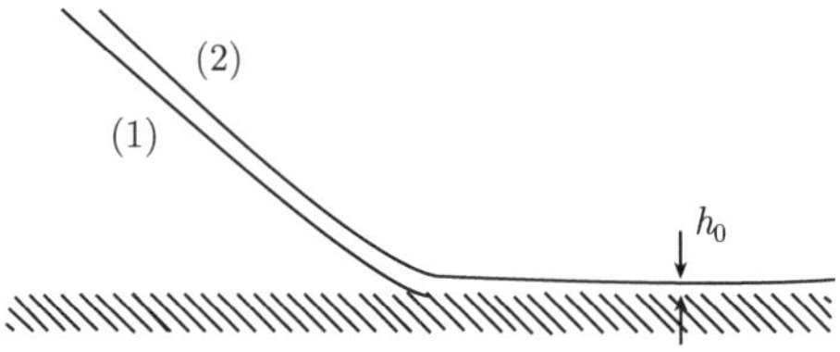

图 7.13　接触角的两种处理办法：(1) 宏观方法; (2) 微观方法 (前驱膜)

分离压力 Π 对 Young-Laplace 方程 (7-29) 的修正：

$$\frac{\Delta p+\Pi}{\gamma_{lv}}=\nabla\cdot\frac{\nabla u}{\sqrt{1+\left(\nabla u\right)^2}}=\operatorname{div}\bar{T}u. \tag{7-41}$$

考虑到分离压的作用, Kelvin 方程可修正为 Derjaguin-Broekhoff-de Boer (DBdB) 方程[46~50], 对半径为 R_0 的柱状截面而言, DBdB 方程为

$$\Pi\left(h\right)V_m+\frac{\gamma_{lv}V_m}{R_0-h}=\pm RT\ln\frac{p}{p_{\text{sat}}}, \tag{7-42}$$

而对半径为 R_0 的球截面而言, 相应的 DBdB 方程为

$$\Pi\left(h\right)V_m+\frac{2\gamma_{lv}V_m}{R_0-h}=\pm RT\ln\frac{p}{p_{\text{sat}}}, \tag{7-43}$$

如上两式中：h 为凝聚液体膜的厚度.

7.6　毛细提升和液滴铺展的动力学方程与标度律

7.6.1　毛细管中液体毛细提升或铺展的 Washburn 标度律

1921 年, Washburn 建立了液体在竖直毛细管中提升高度的时间标度律 (scaling law)[51]

$$z^2(t)=\frac{\gamma_{lv}\cos\theta}{\eta}rt. \tag{7-44}$$

式中：r 为竖直毛细管的半径, θ 为液体和壁面的接触角, η 为液体黏度. 这个定律被称为 Washburn 定律, 只是在液体提升初期成立. (7-44) 式所给出的液体毛细提升高度随时间的标度律为 $z(t) \sim \sqrt{t}$. Washburn 在其文章中特别指出 γ_{lv}/η 的量纲为速度, 该特征速度表征的是表面润湿中毛细主动力和黏性阻力之间的竞争关系, 被称为 "毛细特征速度". 毛细数 $\mathrm{Ca} = \eta V/\gamma_{lv}$ 即由此得来.

公式 (7-44) 同样适用于水平毛细管中液体的毛细铺展. Summ 等[52] 于 1980 年, Mann 等[53] 于 1995 年研究了张开角为 β 的 V 型槽中液体的铺展, 和 Washburn 标度律 (6-39) 相类似, V 型槽中液体铺展前沿长度也存在如下类 Washburn 标度律 (Washburn-like scaling law)：

$$L^2(t) \sim \frac{\gamma_{lv}}{\eta} K(\beta, \theta)\, h_0 t, \tag{7-45}$$

式中：$K(\beta, \theta)$ 为和 V 型槽张开角 β 以及液体和壁面接触角 θ 相关的几何因子, h_0 则为 V 型槽流入端液体的高度, 理论和实验符合得相当好.

7.6.2 润滑近似和液滴铺展的动力学方程

为了数学上处理方便, 黏性液滴铺展过程的研究一般均采用润滑近似 (lubrication approximation)[54,55], 该近似通常假定：

(I) 黏性流体流动处于层流状态; (II) 润滑膜的厚度远小于它的长度和宽度; (III) 惯性力和重力均忽略不计, 液滴铺展由毛细力主导; (IV) 液滴铺展是不可压缩 Newton 流体等温流动; (V) 在所述几何条件下可以忽略表面法线方向上的任何运动.

下面给出润滑近似下液滴铺展动力学方程的两种推导方法. 更为全面的推导过程见附录 C.

应用上述润滑近似, 液滴铺展过程可用两个量来描述：膜的高度 h; 液体速度 $\boldsymbol{u}$ 水平分量 u^x 在垂直方向 z 上的平均量 u, 也就是：$\int_0^h u^x \mathrm{d}z = hu$.

由连续性方程：

$$\frac{\mathrm{d}}{\mathrm{d}t} \int h(x) \mathrm{d}x = 0, \tag{7-46}$$

应用输运方程, 上式变为

$$\int \left[\frac{\partial h}{\partial t} + \frac{\partial (hu)}{\partial x} \right] \mathrm{d}x = 0, \tag{7-47}$$

可得液滴铺展薄膜的连续性方程：

$$\frac{\partial h}{\partial t} + \frac{\partial (hu)}{\partial x} = 0, \tag{7-48}$$

需要注意的是, 由于上述方程中考虑的只是二维情况速度的平均量 u, 故不再区分散度和梯度的区别, 但若考虑的是三维问题且不是平均量时, 则需要区分.

Navier-Stokes 方程为

$$\rho\left[\frac{\partial \boldsymbol{u}}{\partial t}+(\boldsymbol{u}\cdot \mathrm{grad})\,\boldsymbol{u}\right]=-\mathrm{grad}p+\eta\nabla^2\boldsymbol{u}+\left(\zeta+\frac{1}{3}\eta\right)\mathrm{graddiv}\boldsymbol{u}, \tag{7-49}$$

在润滑近似下, 可忽略惯性力 (上面方程左边项), 当考虑液滴铺展过程中的不可压缩性 $\mathrm{div}\boldsymbol{u}=0$, 则上述 Navier-Stokes 方程简化为

$$\mathrm{grad}p=\eta\nabla^2\boldsymbol{u}. \tag{7-50}$$

针对于本问题, 在润滑近似下, 不失一般性可近似可得到下式:

$$\frac{\partial p}{\partial x}=\eta\frac{\partial^2 u^x}{\partial z^2}. \tag{7-51}$$

由 (7-29) 式可知, 此时方程的位移变量为膜厚 h, 当 ∇h 为小量时, $(\nabla h)^2$ 可被忽略, 此时 Young-Laplace 压力可写为

$$p=-\gamma_{lv}\nabla^2 h, \tag{7-52}$$

上式取 "–" 号的原因是该压力指向液体内部, 为所建坐标系 z 方向的负向.

在润滑近似的条件下, 可近似认为 $\dfrac{\partial p}{\partial x}$ 沿膜厚的变化可略去不计, 此时方程 (7-51) 的解为

$$u^x=\frac{1}{\eta}\frac{\partial p}{\partial x}\left(\frac{1}{2}z^2+C_1 z+C_2\right). \tag{7-53}$$

应用无滑移边界条件 $(u^x|_{z=0}=0)$ 和自由面上的无剪切边界条件 $\left(\left.\dfrac{\partial u^x}{\partial z}\right|_{z=h}=0\right)$, 上式中的两个积分常数确定为: $C_1=-h$, $C_2=0$, 则水平方向的速度分量为

$$u^x=\frac{1}{\eta}\frac{\partial p}{\partial x}\left(\frac{1}{2}z^2-hz\right), \tag{7-54}$$

应用 $\displaystyle\int_0^h u^x\mathrm{d}z=hu$, 积分上式可得液体铺展速度的水平分量 u^x 在垂直方向 z 上的平均量 u 为

$$u=-\frac{1}{3\eta}\frac{\partial p}{\partial x}h^2, \tag{7-55}$$

将 (7-52) 式代入 (7-55) 式可得

$$u=\frac{\gamma_{lv}h^2}{3\eta}\frac{\partial}{\partial x}\left(\nabla^2 h\right). \tag{7-56}$$

将上式代回到连续性方程 (7-48), 则得到在润滑近似下的液滴铺展过程中膜厚 h 的方程:

$$\frac{\partial h}{\partial t}+\frac{\gamma_{lv}}{3\eta}\frac{\partial}{\partial x}\left[h^3\nabla\left(\nabla^2 h\right)\right]=0. \tag{7-57}$$

当只考虑二维问题时, (7-57) 式退化为

$$\frac{\partial h}{\partial t}+\frac{\gamma_{lv}}{3\eta}\frac{\partial}{\partial x}\left(h^3\frac{\partial^3 h}{\partial x^3}\right)=0, \tag{7-58}$$

很多文献将上式简写为

$$h_t+\frac{\gamma_{lv}}{3\eta}\left(h^3 h_{xxx}\right)_x=0. \tag*{(7-58)$'$}$$

下面给出二维情形时基于能量平衡方法, 方程 (7-58) 的另外一种推导方法. 应用润滑近似, 液滴铺展过程中表面能的改变为

$$\delta E^s=\gamma_{lv}\left\{\int\left[\sqrt{1+\left(\frac{\partial h}{\partial x}\right)^2}-1\right]\mathrm{d}x\right\}\approx\frac{\gamma_{lv}}{2}\int\left(\frac{\partial h}{\partial x}\right)^2\mathrm{d}x, \tag{7-59}$$

表面能的时间变化率为

$$\begin{aligned}\frac{1}{\gamma_{lv}}\frac{\partial\left(\delta E^s\right)}{\partial t}&=\frac{1}{2}\frac{\partial}{\partial t}\int\left(\frac{\partial h}{\partial x}\right)^2\mathrm{d}x=\int\frac{\partial h}{\partial x}\frac{\partial^2 h}{\partial x\partial t}\mathrm{d}x\\&=\int\frac{\partial h}{\partial x}\mathrm{d}\left(\frac{\partial h}{\partial t}\right)=\frac{\partial h}{\partial x}\frac{\partial h}{\partial t}\bigg|_{-x_0}^{x_0}-\int\frac{\partial h}{\partial t}\frac{\partial^2 h}{\partial x^2}\mathrm{d}x,\end{aligned} \tag{7-60}$$

上式中的 $\frac{\partial h}{\partial x}\frac{\partial h}{\partial t}$ 为关于 z 轴的偶函数, 原因: $\frac{\partial h}{\partial x}$ 表征的是液滴铺展过程中的斜率为关于 z 轴反对称, 而 $\frac{\partial(hu)}{\partial x}$ 为关于 z 轴反对称, 运用连续性方程 $\frac{\partial h}{\partial t}=-\frac{\partial(hu)}{\partial x}$, 所以 $\frac{\partial h}{\partial x}\frac{\partial h}{\partial t}=-\frac{\partial h}{\partial x}\frac{\partial(hu)}{\partial x}$ 为关于 z 轴的偶函数, 因此 $\frac{\partial h}{\partial x}\frac{\partial h}{\partial t}\Big|_{-x_0}^{x_0}=0$. 进一步运用连续性方程, 可对 (7-60) 式进一步运算为

$$\begin{aligned}\frac{1}{\gamma_{lv}}\frac{\partial\left(\delta E^s\right)}{\partial t}&=-\int\frac{\partial h}{\partial t}\frac{\partial^2 h}{\partial x^2}\mathrm{d}x=\int\frac{\partial(hu)}{\partial x}\frac{\partial^2 h}{\partial x^2}\mathrm{d}x\\&=hu\frac{\partial^2 h}{\partial x^2}\bigg|_{-x_0}^{x_0}-\int hu\frac{\partial^3 h}{\partial x^3}\mathrm{d}x,\end{aligned} \tag{7-61}$$

由于 $hu\frac{\partial^2 h}{\partial x^2}$ 关于 z 轴对称, 所以上式中 $hu\frac{\partial^2 h}{\partial x^2}\Big|_{-x_0}^{x_0}=0$, 故有表面能变化率为

$$\frac{\partial\left(\delta E^s\right)}{\partial t}=-\gamma_{lv}\int hu\frac{\partial^3 h}{\partial x^3}\mathrm{d}x. \tag{7-62}$$

在润滑假设下, Poiseuille 流动的水平速度分量 u^x 和其垂直方向 z 的平均量 u 的关系为

$$u^x = \frac{3}{2}\left[2\frac{z}{h} - \left(\frac{z}{h}\right)^2\right]u, \tag{7-63}$$

上式满足: $\int_0^h u^x \mathrm{d}z = hu$ 和边界条件: $u^x(z=0)=0,\ \left.\frac{\partial u^x}{\partial z}\right|_{z=h}=0$. 黏性耗散率为

$$D = \eta \int\int_0^h \left(u_z^x\right)^2 \mathrm{d}z\mathrm{d}x = 3\eta\int \frac{u^2}{h}\mathrm{d}x, \tag{7-64}$$

(7-62) 式中的表面能变化率和 (7-64) 式黏性耗散之间的平衡 $\partial\left(\delta E^s\right)/\partial t + D = 0$ 导致

$$3\eta \int \frac{u^2}{h}\mathrm{d}x = \gamma_{lv}\int hu\frac{\partial^3 h}{\partial x^3}\mathrm{d}x. \tag{7-65}$$

从上式得到

$$hu = \frac{\gamma_{lv}}{3\eta}h^3\frac{\partial^3 h}{\partial x^3}. \tag{7-66}$$

将上式带入到连续性方程 $\partial h/\partial t = -\partial(hu)/\partial x$, 即可得到在润滑近似时的二维情况下, 液滴铺展过程中膜厚 h 的方程 (7-58). 方程 (7-57) 和 (7-58) 属于非线性扩散方程. 关于该方程的进一步讨论, 可参阅综述[56]. 关于固体基底上润滑近似下液体薄膜运动方程的推导过程及其各种简化情况可参阅附录 C.

7.6.3 一维情况下液滴铺展的动力学方程的解

一维情况下, 如果液滴润湿铺展前沿的特征速度为 $V_0(t)$, 且时间依赖性不大时, 可有如下近似:

$$\frac{\partial h}{\partial t} = \frac{\partial h}{\partial x}\frac{\partial x}{\partial t} \approx V_0(t)\frac{\partial h}{\partial x},$$

此时一维情况下, 液体薄膜的铺展方程 (7-58) 或 (7-58)′ 可近似表示为

$$\frac{\partial}{\partial x}\left(\mathrm{Ca}\cdot h + \frac{1}{3}h^3\frac{\partial^3 h}{\partial x^3}\right) = 0, \tag{7-67}$$

上式中 $\mathrm{Ca} = \eta V_0/\gamma_{lv}$ 为毛细数, 在该情况下满足 $\mathrm{Ca} \ll 1$. 对于宏观液滴的铺展而言, 不失一般性, 方程 (7-67) 的解可表达为

$$h^2\frac{\partial^3 h}{\partial x^3} + 3\mathrm{Ca} = 0, \tag{7-68}$$

上式的近似解为

$$h \sim x\left[\mathrm{Ca}\cdot\ln\left(\frac{x}{x_0}\right)\right]^{1/3}. \tag{7-69}$$

式中的 x_0 由边界条件确定, 其物理意义将在第 7.9 节中详细讨论. 上式给出了在润湿近似下液滴铺展时其高度随毛细数 Ca 的 1/3 标度关系, 或者液膜高度随铺展速度的 1/3 标度关系. 因此, 对于宏观液滴的铺展而言, 接触角可近似表示为

$$\theta \sim \left[\mathrm{Ca} \cdot \ln\left(\frac{x}{x_0}\right)\right]^{1/3}. \tag{7-70}$$

应该指出的是, 上式给出了润滑近似下宏观液滴铺展时, 接触角和毛细数、铺展位置的标度关系, 该标度关系十分重要, 还将在第 7.9 节中着重予以讨论.

7.6.4 液滴自相似铺展的标度律

不论二维还是三维液滴在平滑基底上的铺展过程都是自相似 (self-similar) 的. 1997 年, Barenblatt 等[55] 采用如下关于膜厚 h 和三相接触线位置 x_0 的自相似变换:

$$h = \frac{A}{t^{\alpha}} f\left(\frac{x}{Bt^{\beta}}\right), \quad x_0 = Bt^{\beta}. \tag{7-71}$$

对于二维情况, 利用其边界条件, 确定出: $\alpha = \beta = 1/7$, 从而得出二维液滴在平滑表面的三相接触线位置随时间的 "1/7" 次方的标度律. 1998 年, Schwatz 和 Eley 利用类似自相似变换[57], 获得了对于三维情况下的严格解, 此时液滴在平滑表面的三相接触线位置随时间的标度律为 "1/10" 方, 该标度律也被称为 Tanner 律 (Tanner's law)[58].

对于驱动力和能量耗散方式不同的液滴铺展情况标度律的总结, 列于表 7.1 中[11].

表 7.1 不同的液滴铺展系统中的标度律

维数	驱动力	能量耗散方式	理论 n	实验
3D	表面张力	接触线	1/10	[59]
2D	表面张力	接触线	1/7	[60]
3D	重力	接触线	1/7	[61]
2D	重力	接触线	1/4	无
3D	重力	黏性	1/8	[62]
2D	重力	黏性	1/5	无

7.7 接触角滞后

通常在实验上能发现, 用液滴在新的固体表面测定的接触角, 和液滴在已经被液体润湿的固体表面上测定的接触角不一样, 前者称为前进角 (advancing angle), 以 θ_a 表示, 后者称为后退角 (receding angle), 以 θ_r 表示, 如图 7.14 所示. 前进角

和后退角不等的现象称为接触角滞后 (contact angle hysteresis, CAH), 通常前进角大于后退角.

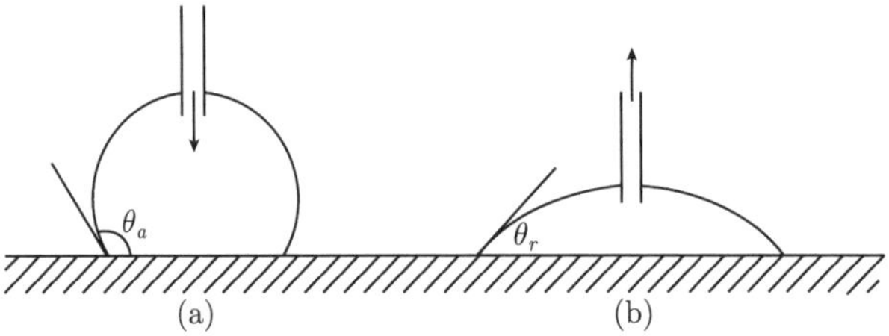

图 7.14　(a) 前进角示意图; (b) 后退角示意图

目前已经发现至少六种可以导致接触角滞后的因素[63]. 这六种因素可以被分为两类: 热动力学接触角滞后和动力学接触角滞后. 表面粗糙度和表面多级结构属于热动力学导致的接触角滞后的范畴, 这两个因素同时也是自然界中导致接触滞后最普遍的两种因素. 第二类, 即动力学导致的接触角滞后是通过接触角的时间相关或周期相关性来定义的. 在第二个类别中, 目前已知有如下四种因素: 表面取向、表面变形、液滴侵蚀以及表面移动性. 详细的信息见表 7.2.

表 7.2　接触角滞后来源的详细描述

接触角滞后来源	一般描述	假定	对接触滞后的影响	时间相关性
热动力学接触角滞后	平坦表面	· 表面粗糙度在 0.1 到 0.5 μm 范围内	· 随着粗糙度增加 θ_a 增加, θ_r 减小	否
	各向同性表面	· 表面在 0.1 μm 范围内是均匀的	· θ_a 依赖于低能量位置; · θ_r 依赖于高能量位置	否
动力学接触角滞后	表面不能变形	· 表面弹性模量 $>\sim 3\times 10^4$ Pa	· 未知	是
	表面不能重取向	· 重取向时间远大于观测时间	· 重取向趋势越强则接触滞后越明显	是
	表面不能移动	· 构型熵与局部环境无关	· 表面移动性增加可能会导致接触滞后增加	是
	液滴不能侵蚀表面	· 液体分子体积 $> 6\sim 7\times 10^{-2}$ m^3/kg-mole	· 液体侵蚀越强导致较大接触滞后	是

接触角滞后与更加直观的黏附滞后有密切联系. 从物理学的角度来看, 接触角滞后是液滴在表面上流动时能量损耗的度量. 接触角滞后与黏附滞后的关系可以由下式表示:

$$\frac{F_a}{R} = K\gamma_{lv}\left(\cos\theta_r - \cos\theta_a\right), \tag{7-72}$$

其中 F_a 指的是黏附力, R 为固–液接触面的半径, K 是比例常数 (一般取为 1), 无量纲黏附数 N_a 可以被定义为黏附力与毛细力之比[64]

$$N_a \cong \frac{\gamma_{lv}\left(\cos\theta_r - \cos\theta_a\right)}{\gamma_{lv}} = \cos\theta_r - \cos\theta_a. \tag{7-73}$$

黏附数 (adhesion parameter) 与黏附功之间的关系可以表示为

$$N_a = \cos\theta_a - \cos\theta_r = \frac{\Delta W}{\gamma_{lv}} = \frac{F_a}{RK\gamma_{lv}}, \tag{7-74}$$

其中 ΔW 为黏附功. 因此接触角滞后可以看做是黏附和摩擦的度量指标. 为了充分表征一个平面, 测量前进接触角和后退角并给出接触角滞后是非常重要的[65].

虽然国际学术界对接触角滞后进行了广泛深入的研究, 文献浩瀚, 但目前国际上并未形成一致的认识, 该领域国际期刊 *Colloid and Polymer Science* 将于 2012 年举办接触角滞后研究的特刊 (special issue), 邀请该领域的专家共同对接触角滞后问题发表最新综述和研究进展.

7.8 分子动理论 (MKT)—— 移动接触线问题中的跨尺度理论

1968 年, 美国 Ford 汽车公司的 Newman 研究了高分子的毛细运动学和动力学[66], 得到了不考虑重力时高分子管道毛细流动的平均速度为

$$\bar{v} = \frac{R}{l}\frac{\gamma_{lv}}{\eta}\frac{\cos\theta}{4}. \tag{7-75}$$

上式表明毛细流动速度正比于毛细特征速度 γ_{lv}/η, 式中: $2R$ 和 l 分别为管径和管长, θ 为高分子和管壁的接触角. 此外, Newman 还得到了高分子在毛细流动中动态接触角和静态接触角之间的关系:

$$\cos\theta_t = \cos\theta_\infty\left(1 - a\mathrm{e}^{-ct}\right), \tag{7-76}$$

式中 a 和 c 为和温度等相关的材料参数.

在 Newman 上述工作的基础上, Cherry 和 Holmes[67] 于 1969 年第一次给出了基于液体分子和基底相互作用的统计理论[68], 奠定了液体和固体表面相互作用的 "分子动理论 (molecular kinetic theory, MKT)" 的基础. Blake 和 Haynes[69] 也于 1969 年在 Cherry 和 Holmes[67] 工作的基础上, 进一步发展了液体和固体表面相互作用的 MKT 理论, 目前在该领域的 MKT 框架基本上成型于文献 [67, 69]. 文献 [69] 的 SCI 引用截止到 2012 年 8 月已近 500 次. 该领域理论开拓者之一的 Blake

于 2006 年发表题为 *The physics of moving wetting lines* (移动润湿线物理) 的专题文章 (feature article)[70], 是该领域截止到 2006 年的研究进展评述.

液体和固体表面相互作用的分子动理论将液体毛细运动的过程看做是应力导致分子速率改变的过程. 如图 7.15 和图 7.16 所示, 认为液体分子黏着到固体表面, 或者从固体表面分离, 导致了能量耗散. 通过这一理论, 将动态摩擦和移动接触线有效地联系了起来. 在这里有两个尺度: 分子尺度 (能量耗散的尺度) 和观测尺度 (观测物理量的尺度).

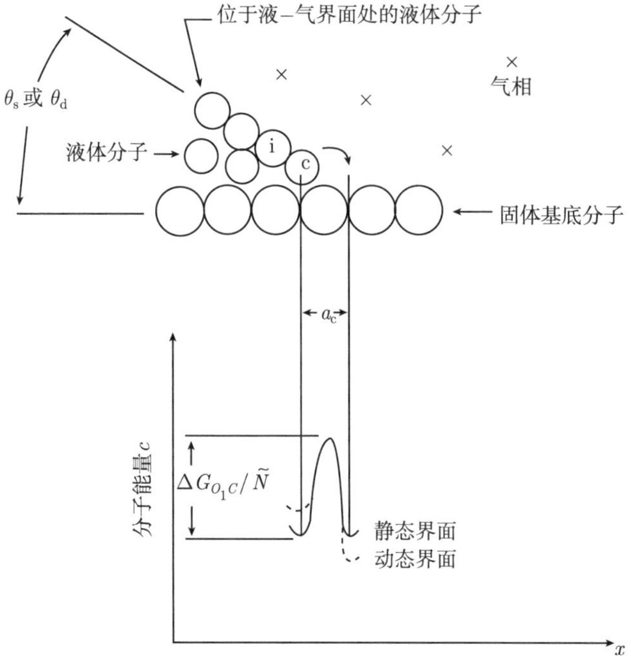

图 7.15　液体分子和固体表面相互作用示意图

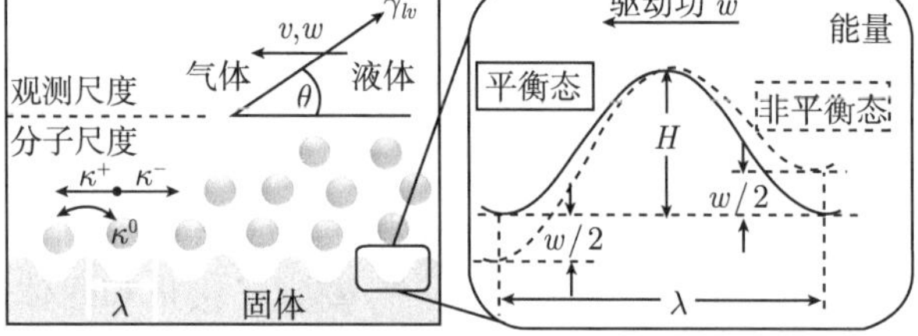

图 7.16　分子动理论描述的动态润湿过程

接触线的行为由在三相接触区域内分子的统计动力学决定. 考虑相互饱和的液体和气体相互接触, 并且和固体表面相交于三相接触线 (triple phase line, TPL).

固体表面有很多可以吸附液体分子的位点. 液体不能完全润湿固体表面, 固/液界面的吸附和固/气界面的吸附存在区别. 在跨越数个吸附位点、特征厚度约为 10^{-9} m 的三相接触区域, 吸附将可能实现在不同情况间的过渡. 然而, 在分子尺度, 这一厚度不是稳定的. 当系统平衡时, 在三相接触线处与固体表面相互作用液体分子向前 (κ^+) 和向后 (κ^-) 振动的频率相等. 此时, 平衡态的振动频率 κ^0 为

$$\kappa^+ = \kappa^- = \kappa^0 = \frac{k_\mathrm{B}T}{h}\exp\left(\frac{-H}{k_\mathrm{B}T}\right), \tag{7-77}$$

式中, k_B 为 Boltzmann 常数, T 为绝对温度, h 为 Planck 常数, H 为固体表面的势阱深度. 定义液体分子通过三相接触区域中一个位点向气相的移动为向前, 即正向. 三相接触线的速度取决于外力对于平衡态的扰动. 在外力 (表面能、外加压力、电场力等等) 的驱动下, 液体分子受到固体表面的势能作用发生倾斜 (图 7.16). 液体分子正向移动的可能性变大, 其振动频率为 κ^+:

$$\kappa^+ = \frac{k_\mathrm{B}T}{h}\exp\left(\frac{-H}{k_\mathrm{B}T} + \frac{w}{2nk_\mathrm{B}T}\right), \tag{7-78}$$

其中, 单位面积的驱动力做功 w. n 表示单位面积上耗散功的原子数. 相应地, 在反向的活化能 ε^- 的激励下, 液体分子反向的振动频率为 κ^-:

$$\kappa^- = \frac{k_\mathrm{B}T}{h}\exp\left(\frac{-H}{k_\mathrm{B}T} - \frac{w}{2nk_\mathrm{B}T}\right). \tag{7-79}$$

这样, 液体分子向前移动的速度就可以表示为

$$v = \lambda\left(\kappa^+ - \kappa^-\right) = 2\kappa^0\lambda\sinh\left(\frac{w}{2nk_\mathrm{B}T}\right) = 2\lambda\frac{k_\mathrm{B}T}{h}\exp\left(\frac{-H}{k_\mathrm{B}T}\right)\sinh\left(\frac{w}{2nk_\mathrm{B}T}\right), \tag{7-80}$$

其中, λ 表示单位长度固体表面的势阱数. 一般来说, $n\lambda^2 = 1$. 这样, 通过 MKT 的推导, 三相接触线的问题简化为由固体表面的势阱深度 H 和驱动功 w 控制.

公式 (7-77)~(7-80) 中均包含有一个量纲为 "时间$^{-1}$" (即频率) 的因子 $k_\mathrm{B}T/h$, 被称为 "基本频率 (fundamental frequency)", 该因子是 1919 年由奥地利物理学家 Karl Ferdinand Herzfeld 第一次引入速率方程中, 它是过渡态理论 (transition-state theory, TST) 中至关重要的部分. 室温 (300 K) 时, 该因子的量级为

$$\left.\frac{k_\mathrm{B}T}{h}\right|_{T=300\ \mathrm{K}} \approx 0.618\times 10^{13}\ \mathrm{s}^{-1}.$$

之后, Blake 等又推广了该模型, 提出了 κ^0 和黏性之间的简单关系[71]

$$\kappa^0 = \frac{\kappa_s^0 h}{\eta v_m}, \tag{7-81}$$

其中, κ_s^0 是当分子位移仅受固–液间相互作用阻碍时的频率, v_m 是分子流动体积. 因此, 如实验一样, κ^0 与黏性系数呈反比例关系. 最近, 有研究表明 κ^0 和固–液之间黏附功 Wa 之间的关系[72]:

$$\kappa^0 \sim \frac{k_\mathrm{B}T}{\eta v_m}\exp\left(-\frac{Wa}{k_\mathrm{B}T}\right). \tag{7-82}$$

当 $w \ll 2nk_BT$ 时, 公式 (7-80) 退化为

$$v \approx \frac{w}{\zeta}, \tag{7-83}$$

而液体分子在固体表面单位长度的摩擦因子为

$$\zeta = \frac{k_\mathrm{B}T}{\kappa^0\lambda^3} = \frac{h}{\lambda^3}\exp\left(\frac{H}{k_\mathrm{B}T}\right). \tag{7-84}$$

从上式可看出: ζ 和动态黏性系数 η 的量纲一致 (单位为 Pa·s). ζ 的表达式和 Eyring 给出的动态黏性的形式相同, 而用 λ^3 替换了分子流动体积 v_m—— 这一 Eyring 分析中的重要参数. 可以得到

$$\zeta \sim \eta\frac{v_m}{\lambda^3}\exp\left(\frac{Wa}{k_\mathrm{B}T}\right). \tag{7-85}$$

上式表明: ζ 的值总是比动态黏性系数 η 大, 该值随着黏性和固–液作用的增加而增加. 表 7.3 中给出了文献中实验数据应用 MKT 得到的参数.

表 7.3 对于实验数据应用 MKT 得到的参数[71,73]

液–固系统	η/(Pa·s)	γ_{lv}/(mN/m)	接触角 θ/°	λ/nm	κ^0/GHz	ζ/(Pa·s)
水/PET(1)	0.001	72.4	82	0.36	8.6	0.01
16%甘油水溶液/PET	0.0015	69.7	72.5	0.46	3.6	0.012
86%甘油水溶液/PET	0.104	65.8	65	0.46	3.5	1.2
DBP/PET(2)	0.196	34.3	<5	1.8	1.1	6.4
硅油/玻璃	0.958	21.3	0	0.80	2.3	35.9
硅油/玻璃	98.8	21.7	0	0.80	2.3	3580

注: (1) 聚对苯二甲酸乙二醇酯 (polyethelene terephthalate, PET).

(2) 邻苯二甲酸二正丁酯 (Di-n-butyl phthalate, DBP).

对于一个给定的固–液系统, λ, κ^0 和 ζ 的值难以通过实验方法确定, 这样动态润湿的行为也很难通过单独测量的物理量来预测. λ 和 κ^0 (或者 ζ) 通常作为可调参数从实验数据的曲线拟合过程中得到. 也可以采用统计物理学的方法, 对于原子层次的计算模拟进行统计平均得到 H 和 w, 将大量的原子信息传递到可观测的尺度. 进而, 和实验现象进行对比和分析. 通过 MKT 可以将理论中涉及的分子尺度和观测尺度联系起来, 实现将模拟得到的微观物理量统计并传递到可观测的宏观物理量[74].

以常见的液滴润湿为例, 如果不考虑液滴的蒸发, 粗略地假设液滴保持体积 V 不变, 以球冠形状进行铺展, 此时单位面积的驱动功可以和接触角滞后联系起来: $w=\gamma_{lv}\left(\cos\theta-\cos\theta^0\right)$, 其中 θ 和 θ^0 分别表示瞬时的接触角和平衡时的接触角, 此时可得到

$$v=2\lambda\kappa^0\sinh\left[\frac{\gamma_{lv}\left(\cos\theta-\cos\theta^0\right)}{2nk_{\mathrm{B}}T}\right]. \tag{7-86}$$

若 $\gamma_{lv}\left(\cos\theta-\cos\theta^0\right)\ll 2nk_{\mathrm{B}}T$, 则可得到液体分子的运动速度和摩擦因子的关系:

$$v\approx\frac{\gamma_{lv}\left(\cos\theta-\cos\theta^0\right)}{\zeta}, \tag{7-87}$$

其中摩擦因子为: $\zeta=k_{\mathrm{B}}T/\left(\kappa^0\lambda^3\right)$.

袁泉子、王奉超和赵亚溥将 MKT 推广到电润湿以及纳流动界面滑移的物理力学分析中[75~77], 在以后章节中将予以介绍.

7.9 三相接触线处的水动力模型

移动接触线问题中的水动力学模型 (hydrodynamic model) 将运动中的弯液面划分成三个区域[78]. 如图 7.17 所示, 在远离三相接触线的区域, 毛细力和重力等平衡, 在液-气界面处满足 Young-Laplace 方程, 将此区称为 “毛细区 (capillary region)”; 在三相接触线附近区域, 液体和固体表面间的相互作用起到了关键的作用, 常规的水动力理论不能描述该区域, 需要考虑分离压力的影响, 分子动理论的分析以及分子动力学计算相结合将在此区发挥很大的作用, 将该区称为 “分子区域 (molecular region)”; 而介于 “毛细区域” 和 “分子区域” 的所谓 “过渡区域 (transition region)”, 很多文献也称为 “中间区域 (intermediate region)”, 符合润滑近似, 有时也需要考虑分离压力的影响.

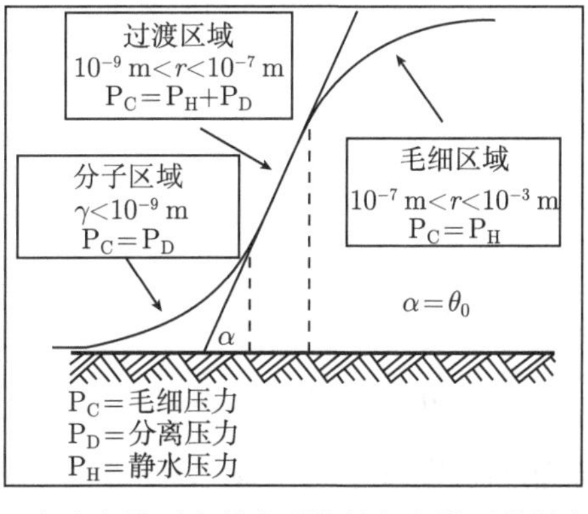

图 7.17 水动力模型中的表观接触角和微观接触角示意图

由此而见, “分子区域” 最为复杂, 不但需要解决三相接触线处应力和能量耗散的奇异性问题 (见 7.10 节), 还需要考虑液体分子和固体表面相互作用而产生的分离压力的影响, 因此, 该区域正是物理力学发挥其长处的地方.

基于上述水动力的分区模型, Cox[79] 和 Dussan 等[80] 研究了如图 7.18 所示的表观接触角 θ_a (有文献称为实际接触角)、微观接触角 θ_m 以及滑移长度和毛细数等之间的关系[81].

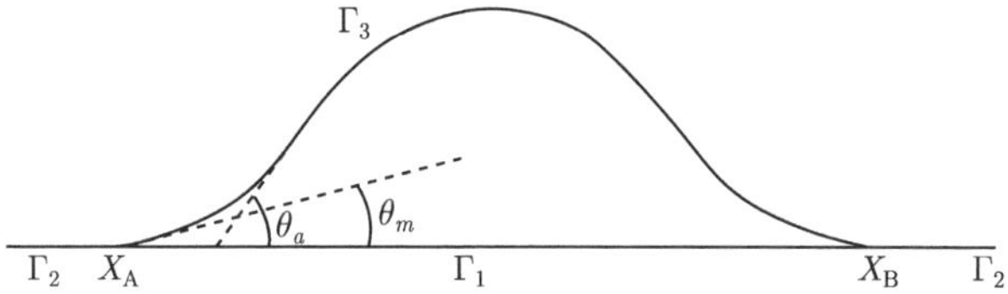

图 7.18 水动力模型中的表观接触角和微观接触角示意图

表观接触角 (apparent contact angle) θ_a 和微观接触角 (microscopic contact angle) θ_m 之间的一般性关系为[78]

$$G(\theta_a) = G(\theta_m) + \mathrm{Ca} \cdot \ln\left(\frac{L_H}{L_S}\right), \tag{7-88}$$

上式只适用于小 Reynolds 数 (Re) 和小毛细数 (Ca), 式中: L_H 和 L_S 分别为液滴毛细区的特征尺度以及在分子区域的滑移长度等表征液体分子和固体表面相互作用的截断长度 (cut-off length). 函数 $G(\theta)$ 依赖于两种流体的黏度之比, 对于液体和气体界面, 两种流体的黏度之比为零, 此时, 函数 $G(\theta)$ 可表示为

$$G(\theta) = \int_0^\theta \frac{\theta' - \sin\theta' \cos\theta'}{2\sin\theta'} \mathrm{d}\theta'. \tag{7-89}$$

对上式应用 Taylor 展开, 当 $\theta < 3\pi/4$ 时, $G(\theta) \approx \theta^3/9$. 所以, 表观接触角和微观接触角之间的关系可简化为

$$\theta_a^3 - \theta_m^3 = 9\mathrm{Ca} \cdot \ln\left(\frac{L_H}{L_S}\right). \tag{7-90}$$

另外, 一些学者将液滴铺展的 MKT 模型 (7-87) 和水动力学关系 (7-90) 相结合, 相关的工作进展可参阅新近综述[78,81].

作为 (7-90) 式的一个应用, 这里给出应用该模型来推导液滴在平滑固体表面二维和三维铺展随时间的 “1/7” 和 “1/10” 标度律. 在液体黏性和表面张力为定值时, 由 (7-90) 式可得到如下近似关系:

$$\theta^3 \sim C_1 U = C_1 \frac{\mathrm{d}x}{\mathrm{d}t}, \tag{7-91}$$

上式中 $x(t)$ 为三相接触线的位置, C_1 为常量. 以下分为二维和三维铺展情况分别讨论:

1) 二维情况：此时应用不可压缩条件，二维液滴在铺展过程中，面积保持不变，所以液膜高度 h 和 $x(t)$ 之间满足：$h \times x(t) = C_2$，在润滑近似下，接触角可以定义为液膜在接触点处的斜率，故有

$$\theta^3 = \left(\frac{\mathrm{d}h}{\mathrm{d}x}\right)^3 \sim \left(\frac{h}{x}\right)^3 = \frac{C_2^3}{x^6} \sim C_1 \frac{\mathrm{d}x}{\mathrm{d}t}, \tag{7-92}$$

由上式容易得到：$x\,(t) \sim t^{1/7}$.

2) 三维情况：此时的不可压缩条件为近似的球冠在铺展过程中体积不变，也就是液膜高度 h 和 $x(t)$ 之间满足：$h \times x^2(t) = C_2$，故有

$$\theta^3 = \left(\frac{\mathrm{d}h}{\mathrm{d}x}\right)^3 \sim \left(\frac{h}{x}\right)^3 = \frac{C_2^3}{x^9} \sim C_1 \frac{\mathrm{d}x}{\mathrm{d}t}, \tag{7-93}$$

由上式容易得到：$x\,(t) \sim t^{1/10}$.

7.10 Huh-Scriven 佯谬

佯谬 (paradox) 亦称 “悖论”，来自希腊语 “para+dokein”，意思是 “多想一想”. 这个词的意义比较丰富，它包括一切与人的直觉和日常经验相矛盾的结论，那些结论会使我们惊异无比. 佯谬的出现往往是因为人们对某些概念的理解认识不够深刻正确所致. 佯谬的提出一方面激发了人们求知的欲望和精密的思考，吸引学术界的注意力；另一方面，解决佯谬难题需要创造性的思考，悖论的解决又往往可以给人带来全新的观念. 对佯谬的深入研究有助于推动学科的发展，因此具有重要意义.

一个著名的例子是 Gibbs 佯谬. J. W. Gibbs 曾对带隔板容器内的同种分子组成的理想气体，计算隔板抽去前后熵的变化. 最初他用了经典配分函数得出的结果却是隔板抽去后，气体的熵增加，这就是所谓的 Gibbs 佯谬 (Gibbs paradox).

实际上，若一隔板将固定容器中的同一种理想气体分成温度和压力都相等的两部分，则抽去隔板的过程总熵不应改变. 为了解决这一矛盾，Gibbs 对最初的配分函数进行了修正，加上了一个 $1/N!$ 的因子，N 为系统的粒子数. 用修正后的配分函数计算熵变，就得到了合理的结论，消除了佯谬. 尽管这样，Gibbs 仍不理解为什么要加上因子 $1/N!$，直到量子统计法建立后，才从根本上解释了这一疑问. 经典统计理论把粒子看做可分辨的，交换任何两个处于不同位置的粒子，系统就属于两种不同的微观态. 如果 N 个粒子交换位置，就要产生 $N!$ 个新的不同的微观态. 而量子统计理论则把粒子看做不可分辨的，对调任何两个粒子都不会增加新的微观态，分子间 $N!$ 种可能的排列不会引起物理上不同的情况，故原来的配分函数中不同的状态数大了 $N!$ 倍，于是用量子统计理论导出的配分函数中自然地出现了因子 $1/N!$.

移动接触线问题中有一个著名的佯谬：Huh-Scriven 佯谬. 1971 年美国 Minnesota 大学化学工程与材料科学系的博士生 Chun Huh 与导师 L. E. Scriven 发表

了题为 *Hydrodynamic Model of Steady Movement of a Solid/Liquid/Fluid Contact Line* (固/液/流接触线稳态运动的水动力模型) 的著名论文[82]. 对于如图 7.19 所示的移动接触线问题, 他们分析三相接触线处黏性应力的奇异性:

$$\tau_{r\theta} = \frac{2\eta}{r}\left(c\cos\theta - d\sin\theta\right), \quad \tau_{rr} = \tau_{\theta\theta} = 0, \tag{7-94}$$

在接触线处单位长度的能量耗散率为: $\dot{E} \sim -\frac{\eta U^2}{\theta}\ln\left(\frac{L}{0}\right)$, L 是远离接触线的尺度, 比如: 液滴的直径. 因此可见移动接触线处应力具有 r^{-1} 奇异性, 对该应力进行积分从而得到的合力则具有对数奇异性, 所以 Huh 和 Scriven[82] 指出: "The total force exerted on the solid surface is logarithmically infinite: not even Herakles could sink a solid if the physical model were entirely valid, which it is not. (施加在固体表面的合力为对数无穷大: 如果物理模型完全有效的话, 即使是希腊大力神 Herakles 也不能将一个固体沉入水中, 而物理模型不是完全有效的)".

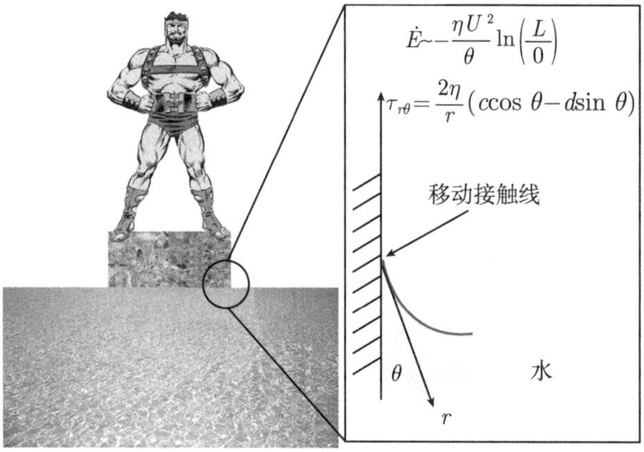

图 7.19 Huh-Scriven 佯谬: 接触线上无穷大的能量耗散和剪切应力

Huh 和 Scriven 的上述陈述后来被文献广泛地称为 "Huh-Scriven 佯谬", 至今有关该佯谬的研究仍在继续中[11], 不但激发了表面润湿学术界 (数学[81]、物理[83]、力学[75]、化学等相关领域) 对该问题的广泛兴趣, 也对有关概念的澄清起到了很大促进作用.

有关文献 [82], 该文的第一作者, 本科毕业于韩国国立汉城大学, 现为美国 University of Texas at Austin 石油和地质系统工程系 (Dept of Petroleum & Geosystems Eng) 教授的 Chun Huh 在 2011 年 7 月 6 日给本书作者的邮件中, 谈到了该工作提出过程的回忆: "My Ph.D. advisor Prof. Skip Scriven (U. Minnesota, Chem. Eng.; who passed away two years ago) was a highly respected fluid mechanics expert who is also known for his early work on the interfacial fluid mechanics ("Marangoni effects").

The “corner flow” problem was a simple exercise problem that he assigned to me; and even when I reported to him the strange solution, I did not of course recognize its meaning. Prof. Scriven however immediately realized its significance and let other people know. I was fortunate enough to piggy back along.” 从该回忆可看出, 该题目原来是 Scriven 布置给 Huh 的一个 “简单的” 习题, 当 Huh 将问题的 “奇怪的” 解给他的导师 Scriven 报告时, 并未认识到问题的重要性, 而 Scriven 立刻就认识到了问题的重要性并告诉了同行, Huh 说他是 “幸运沾了光”.

Huh-Scriven 佯谬来源于四个理想假设[84]:

1) 不可压缩 Newton 流体 (incompressible Newtonian fluid);

2) 光滑刚性固体表面 (smooth rigid solid walls);

3) 不可穿透的液–液界面 (impenetrable fluid-fluid interface), 对于液–气界面而言, 一般采用有一定厚度的扩散层界面;

4) 无滑移边界条件 (no-slip boundary condition).

应该说, 放松上面任何一个条件, 都可以消除在移动接触线处的应力和能量耗散的奇异性.

表 7.4　消除三相接触点处应力奇异性的几种机制和参考文献

机制	代表性文献和年代
前驱膜 (precursor film)	Hervet and de Gennes, 1984 年[85]
分子膜 (molecular film)	Eres 等, 2000 年[86]
Navier 滑移 (Navier slip)	Huh and Scriven, 1971 年[82]
非线性滑移 (nonlinear slip)	Thompson and Troian, 1997 年[87]
表面粗糙度 (surface roughness)	Hocking, 1976 年[88]
剪切致稀 (shear thinning)	Weidner and Schwartz, 1994 年[89]
蒸发和凝聚 (evaporation and condensation)	Wayner, 1993 年[90]
扩散界面 (diffuse interface)	Seppecher, 1996 年[91]
法向应力 (normal stresses)	Boudaoud, 2007 年[92]

表 7.4 中的几种主要机制如图 1.8 所示.

鉴于前驱膜、边界滑移、扩散界面等问题的重要性, 将在后面的章节中予以重点介绍, 此不再赘述.

7.11　讨　论

1952 年, 黄昆在北京大学物理系开设普通物理课, 在讲授 “表面张力” 时, 他从分子间吸引力与排斥力有不同作用距离的物理图像出发, 使学生得到了深刻而清晰的理解, 他连续在《物理通报》发表了题为 “表面张力”[93]、“液体的性质”[94]、“弯月面和毛细现象”[95] 的教学论文, 这些论文至今对分子间作用力层次上理解表面张力和毛细力等概念仍有重要参考价值.

有关移动接触线问题的研究方兴未艾, 本书将在第 8 章中着重讨论有关移动接触线中前驱膜的实验、理论和分子动力学的模拟进展, 将在第 9 章中着重讨论电润湿中的移动接触线问题, 将在第 10 章中集中讨论内角润湿中的移动接触线问题, 将在第 11 章中讨论移动接触线问题的边界滑移机制, 将在第 12 章中集中讨论液滴蒸发过程中移动接触线的 "黏-滑" 机制. 因此, 有关移动接触线问题中的液体和固体表面的分子作用机制将是全书的重点之一.

本章主要讨论的是 Newton 流体的移动接触线问题, 而对于非 Newton 流体的铺展动力学近年来也得到了比较深入的研究. 对于非 Newton 流体, 表观黏性系数 η 和剪切率 γ 之间满足 Ostwald-de Waele 幂律关系: $\eta = k\gamma^{n-1}$, 其中 k 为一致性系数 (量纲为 $\mathrm{Pa{\cdot}s}^n$), n 为无量纲指数 (对于 Newton 流体 $n = 1$; 对于伪塑性 (pseudoplastic) 流体 $n < 1$; 而对于膨胀型 (dilatant) 流体 $n > 1$), 此时可得到如下液滴铺展半径 $R(t)$ 随时间 t 的标度律[96]:

$$\begin{cases} R(t) \sim t^{\frac{n}{3n+5}}, & \text{重力 vs 黏性力}, \\ R(t) \sim t^{\frac{n}{3n+7}}, & \text{表面张力 vs 黏性力}, \end{cases} \tag{7-95}$$

对于 Newton 流体 ($n = 1$), (7-95) 式可退化为 $R(t) \sim t^{1/8}$ (重力 vs 黏性力) 或 $R(t) \sim t^{1/10}$ (表面张力 vs 黏性力), 这些退化结果和本章表 7.1 中所对应的结果相同.

有关细胞在固体基底铺展动力学的研究进展可进一步参阅文献 [97].

参 考 文 献

[1] Taylor B. Concerning the ascent of water between two glass planes. Philosophical Transactions of the Royal Society London, 1712, 27: 538.

[2] Thomson J. On certain curious motions observable at the surfaces of wine and other alcoholic liquors. Philosophical Magazine, 1855, 10: 330–333.

[3] Leidenfrost J G. De Aquae communis nonnullis qualitatibus tractatus. Duisburg, 1756.

[4] Biance A L, Clanet C, Quere D. Leidenfrost drops. Physics of Fluids, 2003, 15: 1632–1637.

[5] Song YS, Adler D, Xu F, et al. Vitrification and levitation of a liquid droplet on liquid nitrogen. Proceedings of the National Academy of Sciences of the United States of America, 2010, 107: 4596–4600.

[6] Snezhko A, Eshel Ben Jacob E B, Aranson I S. Pulsating gliding transition in the dynamics of levitating liquid nitrogen droplets. New Journal of Physics, 2008, 10: 043034.

[7] Pomeau Y, Villermaux E. Two hundred years of capillarity research. Physics Today, 2006, 59: 39–44.

[8] De Gennes P G. Wetting: Statics and dynamics. Reviews of Modern Physics, 1985, 57: 827–863.

[9] Adamson A W, Gast A P. Physical chemistry of surfaces (6th Edition). New York: A Wiley-Interscience Publication, 1997.
[10] De Gennes P G, Brochard W F, Quéré D. Capillarity and wetting phenomena. Berlin: Springer, 2004.
[11] Bonn D, Eggers J, Indekeu J, Meunier J, Rolley E. Wetting and spreading. Reviews of Modern Physics, 2009, 81: 739–805.
[12] Young T. An essay on the cohesion of fluids. Philosophical Transactions of the Royal Society of London, 1805, 95: 65–87.
[13] Dupré A. Théorie Méchanique de la Chaleur. Paris: Gauthier-Villars, 1869.
[14] Craik A D D. Thomas Young on fluid mechanics. Journal of Engineering Mathematics, 2010, 67: 95–113.
[15] Wenzel R N. Resistance of solid surfaces to wetting by water. Industrial and Engineering Chemistry, 1936, 28: 988–994.
[16] 任嗣利. 自组装有序分子薄膜的设计、制备与性能研究. 中国科学院博士学位论文, 2003.
[17] Harrison A. Fractals in chemistry. Oxford: Oxford University Press, 1995.
[18] Packham D E. Surface energy, surface topography and adhesion. International Journal of Adhesion and Adhesives, 2003, 23: 437–448.
[19] Onda T, Shibuichi S, Satoh N, Tsujii K. Super-water-repellent fractal surfaces. Langmuir, 1996, 12: 2125–2127.
[20] Feng L, Li S H, Li Y S, Li H J, Zhang L J, Zhai J, Song Y L, Liu B Q, Jiang L, Zhu D B. Super-hydrophobic surfaces: From natural to artificial. Advanced Materials, 2002, 14: 1857–1860.
[21] 张济忠. 分形. 北京: 清华大学出版社, 1995.
[22] Cassie A B D. Contact angles. Discussions of the Faraday Society, 1948, 3: 11–16.
[23] Cassie A B D, Baxter S. Wettability of porous surfaces. Transactions of the Faraday Society, 1944, 40: 546–551.
[24] Ren S L, Yang S R, Zhao Y P. Nano-tribological study on a super-hydrophobic film formed on rough aluminum substrates. Acta Mechanica Sinica, 2004, 20: 159–164.
[25] Ren S L, Yang S R, Zhao Y P, Yu T X, Xiao X D. Preparation and characterization of an ultrahydrophobic surface based on a stearic acid self-assembled monolayer over polyethyleneimine thin films. Surface Science, 2003, 546: 64–74.
[26] Gibbs J. The scientific papers of J. Willard Gibbs. 1. Thermodynamics. New-York: Dover, 1961.
[27] Boruvka L, Neumann A W. Generalization of the classical theory of capillarity. Journal of Chemical Physics, 1977, 66: 5464–5476.
[28] Drelich J. The significance and magnitude of the line tension in three-phase (solid-liquid-fluid) systems. Colloids and Surfaces A: Physicochemical and Engineering Aspects, 1996, 116: 43–54.

[29] Marmur A. Line tension and the intrinsic contact angle in solid-liquid-fluid systems. Journal of Colloid and Interface Science, 1997, 186: 462–466.

[30] Extrand C W, Moon S I. Contact angles on spherical surfaces. Langmuir, 2008, 24: 9470–9473.

[31] Bormashenko E. Wetting of flat and rough curved surfaces. Journal of Physical Chemistry C, 2009, 113: 17275–17277.

[32] Wolansky G, Marmur A. The actual contact angle on a heterogeneous rough surface in three dimensios. Langmuir, 1998, 14: 5292–5294.

[33] Pujado P R, Huh C, Scriven L E. On the attribution of an equation of capillarity to Young and Laplace. Journal of Colloid and Interface Science, 1972, 38: 662–663.

[34] Laplace P S. Theory of capillary attraction. Supplements to the 10th Book of Celestial Mechanics, 1806, 1807.

[35] Thomson W (Kelvin L). On the equilibrium of a vapour at a curved surface of liquid. Philosophical Magazine, 1871, 42: 448–452.

[36] Powles J G. On the validity of the Kelvin equation. Journal of Physics A: Mathematical and General, 1985, 18: 1551–1560.

[37] Shimizu Y, Arai H, Seiyama T. Theoretical studies on the impedance-humidity characteristics of ceramic humidity sensors. Sensors and Actuators B, 1985, 7: 11–22.

[38] Chen W P, Zhao Z G, Liu X W, Zhang Z X, Suo C G. A capacitive humidity sensor based on multi-wall carbon nanotubes (MWCNTs). Sensors, 2009, 9, 7431–7444.

[39] Pandey N K, Tiwari K. Morphological and relative humidity sensing properties of pure ZnO nanomaterial. Sensors & Transducers Journal, 2010, 122: 9–19.

[40] Butt H J, Graf K, Kappl M. Physics and chemistry of interfaces (2nd Edition). Weinheim: Wiley-VCH, 2006.

[41] Neogi P. Stable drop shapes under disjoining pressure. III. Sharp contact lines. Journal of Colloid and Interface Science, 2003, 265: 404–408.

[42] Frumkin A N. Wetting and adherence of bubbles. Zhurnal Fizicheskoi Khimii, 1938, 12: 337–345.

[43] Derjaguin B V. Theory of capillary condensation and related capillary effects. Calculation of spreading action of polymolecular liquid films. Zhurnal Fizicheskoi Khimii, 1940, 14: 137–147.

[44] Churaev N V, Sobolev V D. Prediction of contact angles on the basis of the Frumkin-Derjaguin approach. Advances in Colloid and Interface Science, 1995, 61: 1–16.

[45] Ghosh M, Stebe K J. Spreading and retraction as a function of drop size. Advances in Colloid and Interface Science, 2010, 161: 61–76.

[46] Broekhoff J C P, de Boer J H. Studies on pore systems in catalysts. IX. Calculations of pore distributions from the adsorption branch of nitrogen sorption isotherms in the

case of open cylindrical pores. A. Fundamental equations. Journal of Catalysis, 1967, 9: 8–14.

[47] Broekhoff J C P, de Boer J H. Studies on pore systems in catalysts. X. Calculations of pore distributions from the adsorption branch of nitrogen sorption isotherms in the case of open cylindrical pores. B. Applications. Journal of Catalysis, 1967, 9: 15–27.

[48] Broekhoff J C P, de Boer J H. Studies on pore systems in catalysts. XII. Pore distributions from the desorption branch of a nitrogen sorption isotherm in the case of cylindrical pores. A. An analysis of the capillary evaporation process. Journal of Catalysis, 1968, 10: 368–376.

[49] Broekhoff J C P, de Boer J H. Studies on pore systems in catalysts. XIII. Pore distributions from the desorption branch of a nitrogen sorption isotherm in the case of cylindrical pores. B. Applications. Journal of Catalysis, 1968, 10: 377–390.

[50] Neimark A V, Ravikovitch P I, Vishnyakov A. Bridging scales from molecular simulations to classical thermodynamics: Density functional theory of capillary condensation in nanopores. Journal of Physics: Condensed Matter, 2003, 15: 347–365.

[51] Washburn E W. The dynamics of capillary flow. Physical Review, 1921, 17: 273–283.

[52] Summ B D, Chadov A V, Raud E A, Goryunov Y V. Laws governing the spreading of liquids over the surface of solids. Kolloidnyi Zhurnal, 1980, 42: 1010–1014.

[53] Mann J A, Romero L, Rye R R, Yost F G. Flow of simple liquids down narrow V grooves. Physical Review E, 1995, 52: 3967–3972.

[54] Greenspan H P. On the motion of a small viscous droplet that wets a surface. Journal of Fluid Mechanics, 1978, 84: 125–143.

[55] Barenblatt G I, Beretta E, Bertsch M. The problem of the spreading of a liquid film along a solid surface: A new mathematical formulation. Proceedings of the National Academy of Sciences of the United States of America, 1997, 94: 10024–10030.

[56] Oron A, Davis S H, Bankoff S G. Long-scale evolution of thin liquid films. Reviews of Modern Physics, 1997, 69: 931–980.

[57] Schwartz L W, Eley R R. Simulation of droplet motion on low-energy and heterogeneous surfaces. Journal of Colloid and Interface Science, 1998, 202: 173–188.

[58] Tanner L. The spreading of silicone oil drops on horizontal surfaces. Journal of Physics D: Applied Physics, 1979, 12: 1473–1484.

[59] Cazabat A M, Cohen-Stuart M A. Dynamics of wetting: Effects of surface roughness. Journal of Physical Chemistry, 1986, 90: 5845–5849.

[60] Mchale G, Newton M, Rowan S, Banerjee M. The spreading of small viscous stripes of oil. Journal of Physics D: Applied Physics, 1995, 28: 1925–1929.

[61] Ehrhard P. Experiments on isothermal and non-isothermal spreading. Journal of Fluid Mechanics, 1993, 257: 463–483.

[62] Huppert H E. The propagation of two-dimensional and axisymmetric viscous gravity currents over a rigid horizontal surface. Journal of Fluid Mechanics, 1982, 121: 43–58.

[63] Andrade J D, Smith L M, Gregonis D E. The contact angle and interface energetic// Andrade J D. Surface and Interfacial Aspects of Biomedical Polymers, Volume 1. New York: Plenum Press, 1985.

[64] Rao D N. The concept, characterization, concerns and consequences of contact angles in solid-liquid-liquid systems//Mittal K L. Contact Angle, Wettability and Adhesion. Utrecht: VSP, 2003, 3: 191–210.

[65] Wang B B, Zhao Y P, Yu T X. Fabrication of novel superhydrophobic surfaces and droplet bouncing behavior—Part 2: Water droplet impact experiment on superhydrophobic surfaces constructed using ZnO nanoparticles. Journal of Adhesion Science and Technology, 2011, 25: 93–108.

[66] Newman S. Kinetics of wetting of surfaces by polymers: Capillary flow. Journal of Colloid and Interface Science, 1968, 26: 209–213.

[67] Cherry B W, Holmes C M. Kinetics of wetting of surfaces by polymers. Journal of Colloid and Interface Science, 1969, 29: 174–176.

[68] Hoffman R L. A study of the advancing interface. II. Theoretical prediction of the dynamic contact angle in liquid gas systems. Journal of Colloid and Interface Science, 1983, 94: 470–486.

[69] Blake T D, Haynes J M. Kinetics of liquid-liquid displacement. Journal of Colloid and Interface Science, 1969, 30: 421–423.

[70] Blake T D. The physics of moving wetting lines. Journal of Colloid and Interface Science, 2006, 299: 1–13.

[71] Blake T D. Wettability. New York: Dekker, 1993.

[72] Blake T D, de Coninck J. The influence of solid-liquid interactions on dynamic wetting. Advances in Colloid and Interface, 2002, 96: 21–36.

[73] Hoffman R L. A study of the advancing interface. I. Interface shape in liquid-gas systems. Journal of Colloid and Interface Science, 1975, 50: 228–241.

[74] 袁泉子. 纳米润湿中力电耦合的拓扑界面动力学. 中国科学院力学研究所博士学位论文, 2011.

[75] Yuan Q Z, Zhao Y P. Precursor film in dynamic wetting, electrowetting and electro-elasto-capillarity. Physical Review Letters, 2010, 104: 246101.

[76] Wang F C, Zhao Y P. Slip boundary conditions based on molecular kinetic theory: The critical shear stress and the energy dissipation at the liquid-solid interface. Soft Matter, 2011, 7: 8628–8634.

[77] Qin X C, Yuan Q Z, Zhao Y P, Xie S B, Liu Z F. Measurement of the rate of water translocation through carbon nanotubes. Nano Letters, 2011, 11: 2173–2177.

[78] Ralston J, Popescu M, Sedev R. Dynamics of wetting from an experimental point of view. Annual Review of Materials Research, 2008, 38: 23–43.

[79] Cox R G. The dynamics of the spreading of liquids on a solid surface. Part 1. Viscous flow. Journal of Fluid Mechanics, 1986, 168: 169–194.

[80] Dussan E B, Rame E, Garoff S. On identifying the appropriate boundary conditions at a moving contact line: An experimental investigation. Journal of Fluid Mechanics, 1991, 230: 97–116.

[81] Ren W Q, Hu D, E W N. Continuum models for the contact line problem. Physics of Fluids, 2010, 22: 102103.

[82] Huh C, Scriven L. Hydrodynamic model of steady movement of a solid/liquid/fluid contact line. Journal of Colloid and Interface Science, 1971, 35: 85–101.

[83] Qian T Z, Wang X P, Sheng P. A variational approach to the moving contact line hydrodynamics. Journal of Fluid Mechanics, 2006, 564: 333–360.

[84] Dussan V E B, Davis S. On the motion of a fluid-fluid interface along a solid surface. Journal of Fluid Mechanics, 1974, 65: 71–95.

[85] Hervet H, de Gennes P G. The dynamics of wetting: Precursor films in the wetting of "dry" solids. C. R. Acad. Sci., Ser. II: Mec., Phys., Chim., Sci. Terre Univers, 1984, 299: 499–503.

[86] Eres M H, Schwartz L W, Roy R V. Fingering phenomena for driven coating films. Physics of Fluids, 2000, 12: 1278–1295.

[87] Thompson P A, Troian S M. A general boundary condition for liquid flow at solid surfaces. Nature, 1997, 389: 360–362.

[88] Hocking L M. A moving fluid interface on a rough surface. Journal of Fluid Mechanics, 1976, 76: 801–817.

[89] Weidner D E, Schwartz L W. Contact-line motion of shear-thinning liquids. Physics of Fluids, 1994, 6: 3535–3539.

[90] Wayner P C. Spreading of a liquid film with a finite contact angle by the evaporation/condensation process. Langmuir, 1993, 9: 294–299.

[91] Seppecher P. Moving contact lines in the Cahn-Hilliard theory. International Journal of Engineering Science, 1996, 34: 977–992.

[92] Boudaoud A. Non-Newtonian thin films with normal stresses: Dynamics and spreading. European Physical Journal E: Soft Matter, 2007, 22: 107–109.

[93] 黄昆. 表面张力. 物理通报, 1953, 4 月号: 155–166.

[94] 黄昆. 液体的性质. 物理通报, 1955, 9 月号: 526–532.

[95] 黄昆. 弯月面和毛细现象. 物理通报, 1956, 2 月号: 82–86.

[96] Liang Z P, Wang X D, Lee D J, Peng X F, Su A. Spreading dynamics of power-law fluid droplets. Journal of Physics: Condensed Matter, 2009, 21: 464117.

[97] 李建军, 赵亚溥. 细胞铺展动力学的研究进展. 力学学报, 2012, 44: 807–823.

第 8 章　前驱膜的物理力学性质

It is only by a patient separation of different physical regimes that one may hope to reach general laws.

—— P. G. de Gennes 在 1985 年的综述文章中讨论前驱膜的性质时所发出的感叹

前驱膜的英文是 precursor film, “precursor” 源自拉丁文 “*praecursor*”, 是 “跑在前面” 的意思. 如图 8.1 所示, 利用水动力模型可定义宏观接触线, 利用分子区域的定义, 可确定微观接触线, “跑在微观接触线前面” 的几个液体分子厚度的微观膜称为 “前驱膜”.

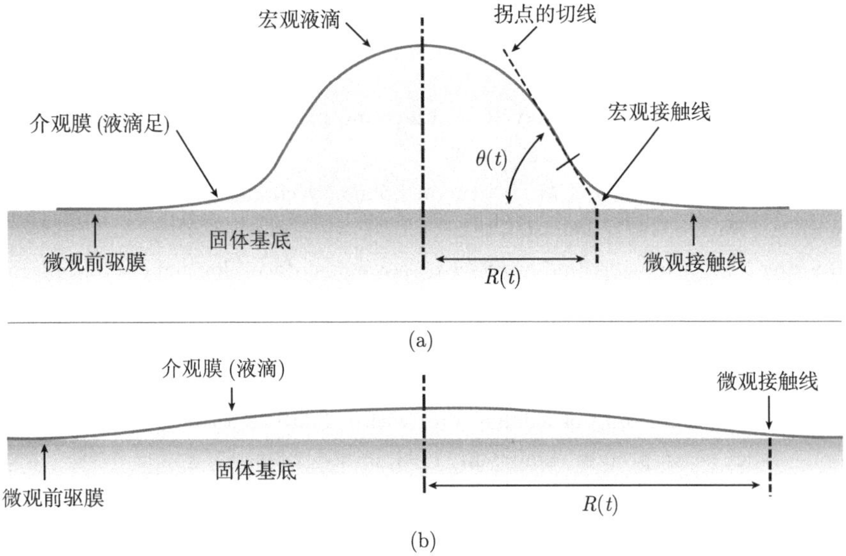

图 8.1　液滴铺展过程中宏观接触线、微观接触线与前驱膜

本书 5.2.6 节中曾十分简要地给出前驱膜的特征尺度, 本书 7.10 节中也简要谈到前驱膜的引入是解决 “Huh-Scriven 佯谬” 的最重要的途径和机制之一. 本章将深入讨论前驱膜的物理力学概念及其实验观测、分子动力学模拟等研究进展.

Hardy 在 1919 年发表了题为 *The spreading of fluids on glass* (液体在玻璃上的铺展) 一文中[1], 将铺展划分成 “初级膜 (primary film)” 和 “次级膜 (secondary film)", 并明确指出, 初级膜的厚度约为 1 微米量级, 而次级膜的厚度在 50~500 微米量级, 该原始文献清楚地刻画了类似于图 8.1(a) 的跨尺度液滴铺展的图像. 很多权威文献均将液滴铺展中 "前驱膜" 概念的提出源自 Hardy 的这篇文章[2].

Adamson 和 Gast 在其名著 *Physical Chemistry of Surfaces*[3] 明确指出: Marmur 和 Lelah[4] 在 1980 年研究铺展速率和固体表面尺寸的依赖关系时, 第一次认识到了前驱膜在润湿中的重要性, 此后前驱膜的行为得到了广泛的关注[5~8].

事实上, Marmur 和 Lelah 在 1980 年的文章中[4], 仍沿用的是 "primary film" 的名称, 并未用 "precursor film" 这个词汇.

本章首先讨论有关前驱膜的实验研究进展, 然后讨论有关前驱膜的模型建立和分子动力学模拟的研究进展.

8.1 有关前驱膜的实验研究

由于 de Gennes 在 1985 年的著名综述[5] 中已经简要介绍了 1985 年以前的有关前驱膜的实验, 所以本节只介绍 1985 年以后的几个主要的实验研究进展.

1986 年, 法国学者 Ausserré, Picard 和 Léger 在《物理评论快报》上发表了他们第一个有关前驱膜的系统性实验结果[6]. 他们利用高分子量、非挥发性的 PDMS 液体, 其毛细尺度约为 2 mm, 实验中 PDMS 液滴小于该毛细尺度, 所以在液滴铺展过程中可忽略重力的影响. 固体基底为表面粗糙度小于 30 Å 的硅晶片, 为了做对比实验, 将硅片进行两种化学处理: ① 进行超清洁的光硅片 (bare ultraclean wafer), 具有高能表面; ② 为了获得低能表面, 将硅片进行 OTS 化学枝接处理 (chemical grafting of octadecyltrichlorosilane).

PDMS 液体宏观的铺展部分用光反射技术进行测量, 对宏观铺展半径和表观接触角的测量结果表明和 Tanner 铺展标度律符合很好[6].

为了进行微观尺度的观察, 作者发展了基于偏振反射光中的薄绝缘薄膜光学性质的 (based on the optical properties of thin dielectric films in polarized reflected light) 灵敏可视化技术. 作者用椭偏对比显微镜 (ellipsometric contrast microscope) 所获得的前驱膜形貌如图 8.2 所示[6]. 实验发现:

1) 对于给定分子量的 PDMS 液体和给定基底, 表观接触角越小时, 前驱膜铺展速度越快, 数周后前驱膜可铺展 1 mm 的距离.

2) 前驱膜在高能表面的铺展速度明显高于硅烷化低能表面.

3) 对比粗糙度相同的两种表面, 发现: 前驱膜在高能表面分布更为均匀, 其厚度逐渐减薄至其分子距离; 而前驱膜在低能表面分布则很不均匀, 前驱膜可突然停止铺展.

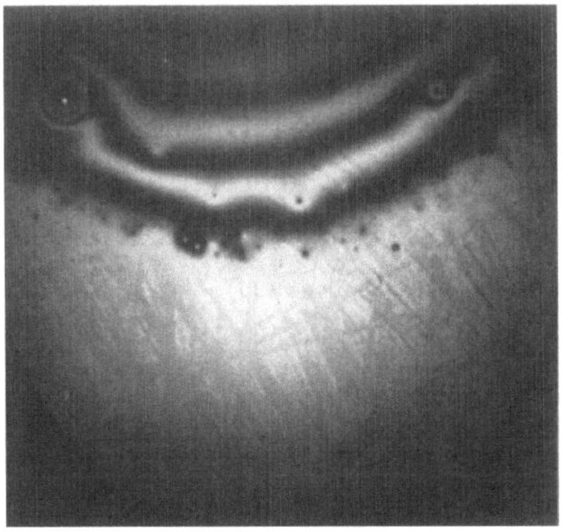

图 8.2　1986 年用椭偏对比显微镜获得的前驱膜照片[6]

作者[6] 实验测得的 PDMS 液体的前驱膜厚度为数百埃 (a few hundred angstroms thick), 实验还表明前驱膜的铺展动力学行为强烈地依赖铺展系数 S.

两年后的 1988 年, Léger 等[9] 在其文献 [6] 实验的基础上, 应用椭偏显微镜 (垂直分辨率为 1 Å) 详细测量了 PDMS 液体在铺展过程中前驱膜的行为, 基底的粗糙度为 4~5 Å. 文献 [9] 明确指出: 第一个前驱膜形貌演化的实验确定值由图 8.3 给出.

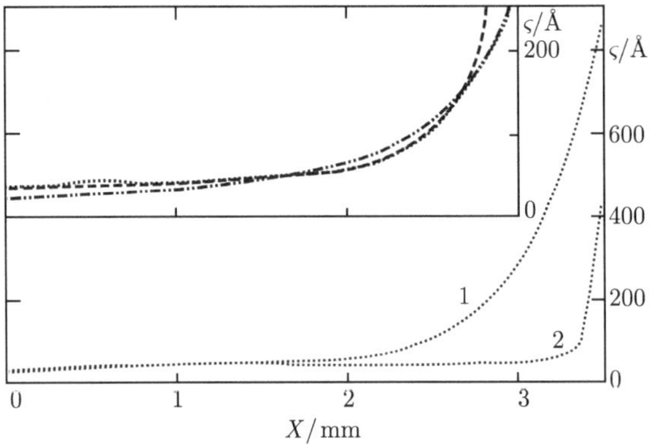

图 8.3　国际上第一个有关前驱膜厚度演化过程的实验值[9]

从图 8.3 中可看出[9]: 两种不同分子量非挥发性的 PDMS 液体铺展过程中所分别对应的两个前驱膜 1 和 2 可以从实验上清楚地观察其光滑的形貌变化, 前驱膜的厚度和铺展的区域都随着表观接触角的减小而增大, 这和 de Gennes[5] 等的理论预测符合较好, de Gennes 在文献 [5] 所给出的模型 (4.40) 认为: 前驱膜在过渡区的厚度反比于表观接触角 (见下节前驱膜的理论模型). 该文的实验结果再一次支持了在毛细区域液体的铺展符合 Tanner 标度律, 主要受 Laplace 压力的作用, 而在分子区域, 前驱膜的行为受分离压力梯度和 Laplace 压力梯度的共同作用.

1988~1989 年有关前驱膜的实验研究进入了高潮. 1989 年, 法国学者 Heslot, Fraysse 和 Cazabat 在英国《自然》发表了他们有关应用椭偏仪实验研究非挥发性 PDMS 溶滴 (体积为 10^{-4} μL 量级) 在光滑硅片上的铺展过程[10]. 经测量, 液滴铺展在一周的时间尺度内保持体积不变, 亦即不存在蒸发. 对于体积为 1.9×10^{-4} μL 的 PDMS 液滴, 其铺展过程如图 8.4 所示, 其中 a, b 和 c 曲线分别对应 47 小时、56 小时和 96 小时. 从该图中可明显看出在底部有一个厚度约为 6 Å 的 PDMS 液体单层 (monolayer) 的前驱膜存在.

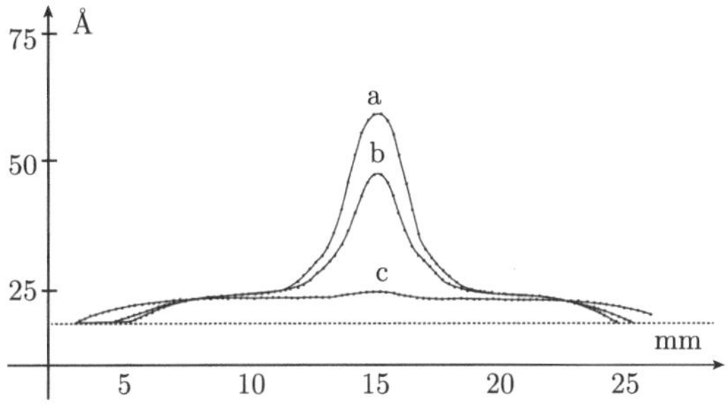

图 8.4 体积为 1.9×10^{-4} μl 的 PDMS 液滴的铺展过程[10]

Heslot, Fraysse 和 Cazabat 在文献 [10] 中, 还对四 (2-乙基己氧基) 硅烷 (tetrakis (2-ethylhexoxy)-silane) 液滴的铺展过程进行了实验研究, 得到了更为有趣的结果. 实验观测到多个厚度为 10 Å 的台阶的分层铺展过程, 可理解为在铺展过程中形成了多个前驱膜, 如图 8.5 所示, 其中 (a)~(e) 所对应的铺展时间分别为: 71 小时、83 小时、118 小时、144 小时和 168 小时.

1989 年, 法国学者 Heslot, Cazabat 和 Levinson 在《物理评论快报》上发表了有关应用椭偏仪实验研究非挥发性 PDMS 溶滴和异三十烷 (squalane) 液滴在光滑硅片上的铺展过程[11]. 体积为 9×10^{-5} μL 的 PDMS 液滴在硅片上的铺展过程和文献 [10] 类似, 在液滴的底部有一个厚度约为 5~6 Å 的 PDMS 液体的前驱膜存在. 作者在实验上发现, 在铺展的最后阶段, 液滴的形状并不是 "薄饼状 (pancake)", 而很可能是表面气体 (surface gas), 也就是说, 分子扩散胜过了流体的结合力.

1989 年, 美国学者 Garoff 等[7] 利用 X 射线反射测量 (X-ray Reflectometry (XRR)) 在实验上研究了水在玻璃粗糙基底上的铺展, 具有 "挥发性" 的水在玻璃基底上的铺展可划分为三个区域: ① 宏观毛细区域 (也称为 "体 (bulk)" 区); ② 厚度小于 100 Å 的前驱膜区域; ③ 在前驱膜的顶端存在水蒸汽 (water vapor) 区. 当然本书作者认为在宏观毛细区和前驱膜区之间, 还应存在一个过渡区.

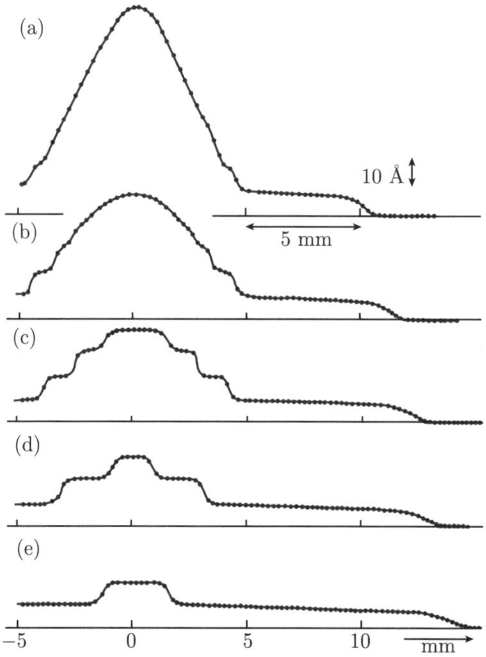

图 8.5 四 (2-乙基己氧基) 硅烷液滴的铺展过程中多个台阶形成的过程[10]

Heslot 等于 1990 年应用椭偏光学显微镜实验研究了表面能对纳米尺度 PDMS 液滴铺展的影响[12]. 实验上采用了两种表面：高能表面为紫外臭氧清洗后的硅片, 水在其上可完全铺展; 低能表面为在经过紫外臭氧清洗后的硅片上沉积了 Langmuir-Blodgett (LB) 单层膜的表面. 实验发现, PDMS 液滴体积分别为 2×10^{-5} μL 和 8×10^{-6} μL 在低能和高能表面的铺展动力学在初期很不相同, 对于低能表面的铺展只出现一层前驱膜; 而对于高能表面的铺展, 则出现多个单分子层厚度的前驱膜, 形成层级 (hierarchical) 结构. 但在铺展的后期, 则趋向一致, 所有 PDMS 液滴均铺展成为具有单层厚度的 PDMS 膜.

美国学者 Kavehpour, Ovryn 和 McKinley 于 2003 年在《物理评论快报》上发表了他们利用结合了光电相移激光反馈干涉仪 (electro-optically phase-shifting laser feedback interferometer, psLFI) 和反射光显微镜 (reflecting light microscope) 技术对非挥发性的硅油在硅片上铺展过程中前驱膜发生和发展过程的实验观测结果[13], 如图 8.6 所示. 他们的实验表明：

1) 在宏观毛细区 (又称为 “外区 (outer region)”), 水动力模型依然成立, 本书第 7 章介绍过的表观接触角 θ_a 和毛细数 Ca 的标度关系 ($\theta_a \sim \mathrm{Ca}^{1/3}$) 满足;

2) 测量的 “绝热的” 前驱膜的长度 (L_P) 和毛细数 Ca 成反比, 与 Hervet 和 de Gennes 的理论模型预测[5,14] 相符合.

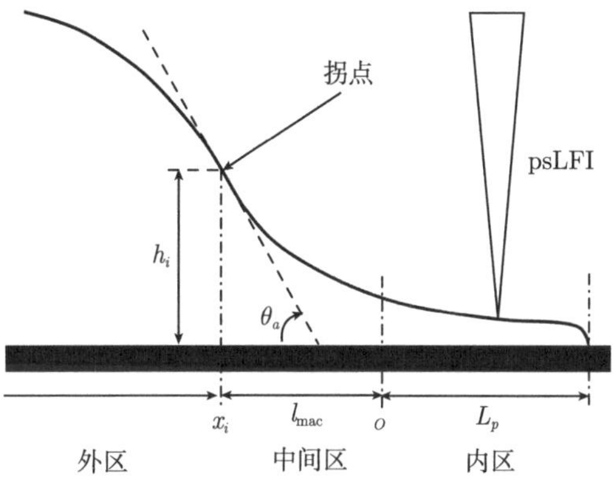

图 8.6 利用结合了 psLFI 和反射光显微镜观测前驱膜[13]

美国学者于 2004 年使用原子力显微镜 (atomic force microcopy, AFM) 开展了如图 8.7 所示的针对前驱膜的实验研究[15]. 所研究的液滴为聚合物熔体, 体积约为 1 纳升, 半径约为 100 μm. 液体成分为圆柱形分子刷, 其结构如图 8.7(b) 所示, 中间的骨干为聚甲基丙烯酸酯 (polymethacrylate), 侧链为聚丙烯酸丁酯 (poly(n-butyl acrylate), PBA). 基底为高取向度热解石墨表面. 室温下, 该液体的黏度为 8349 Pa·s. 实验在温度为 25°C, 相对湿度为 25% 的环境中进行.

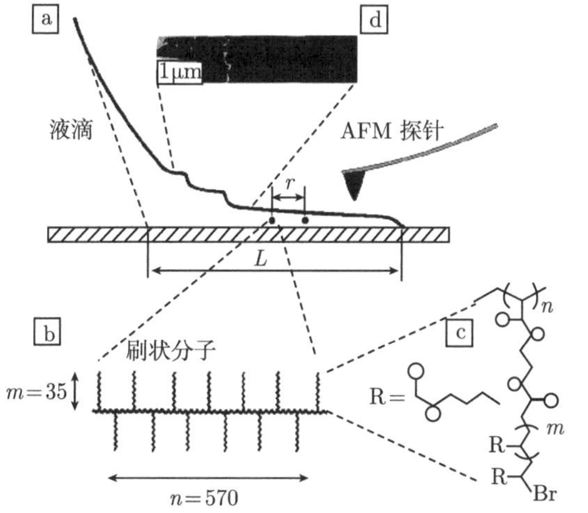

图 8.7 应用 AFM 针对分子刷铺展过程中前驱膜的形成过程[15]

虽然 AFM 针尖和样品之间的接触会影响单个分子的扩散运动, AFM 的优势在于它可以对单个分子 (纳米尺度) 的移动以及前驱膜 (微米甚至毫米尺度) 的运动进行跨尺度观测. 实验观测到基底上分子刷的高度为 0.7~2.2 nm, 伸直长度约为

105 nm, 分子间距在 40 nm 左右. 该实验中还发现了三个特征率:

1) 前驱膜的铺展率 (spreading rate) $D_{\mathrm{spread}} = (3.9 \pm 0.2) \times 10^3\ \mathrm{nm^2/s}$;

2) 流动引起的膜内分子的扩散率 $D_{\mathrm{induced}} = 1.3 \pm 0.1\ \mathrm{nm^2/s}$;

3) 单个分子的热扩散系数 $D_{\mathrm{therm}} \leqslant 0.10 \pm 0.03\ \mathrm{nm^2/s}$. $D_{\mathrm{spread}} \gg D_{\mathrm{induced}}$ 表明前驱膜铺展过程中质量输运主要机制是由于基底上分子刷的流动引起的, 而分子扩散贡献很小.

2005 年, 和文献 [15] 相同课题组还在类似的实验中 (图 8.8) 发现了一种新的流动指进失稳 (fingering instability)[16]. 实验中的分子刷液滴体积约为 100 pL, 半径约为 50 μm, 如图 8.9(a) 所示. 图 8.9(b) 给出了指进形态, 其分形维数为 1.32±0.06. 从图 8.9(b) 中还可以发现, 前驱膜的铺展分为两个明显的相 (phase). 失稳模式的分子细节如图 8.9(c)~(e) 所示. 在第一相中, 压力大, 分子排列比较致密. 在第二相中, 分子间距增加, 分子排列相对松散. 这种明显的相分离是圆柱形分子刷转变成平面状分子刷的一级构型相变结果.

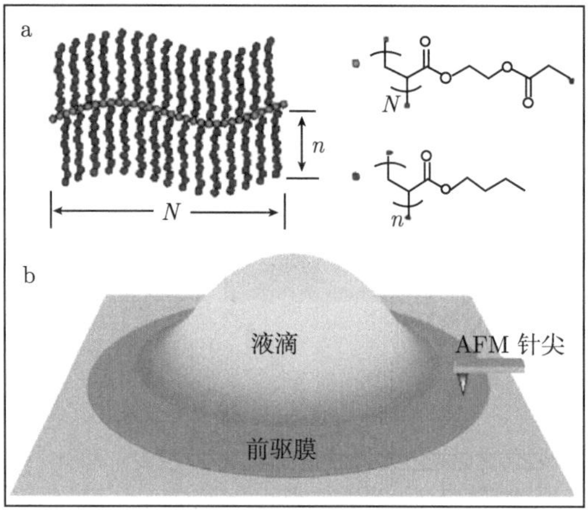

图 8.8　应用 AFM 观测分子刷前驱膜的指进失稳[16]

指进失稳的机制可以解释为: 在前驱膜的铺展过程中, 驱动力和摩擦力相平衡. 驱动力的贡献来自于 van der Waals 分离压力和固体表面引起的附加压力. 而在实验观测中, 前驱膜的厚度基本不变, 在 100 μm 长度内只减少 0.1 nm, 分离压力减少约 0.01 mN/m, 跟 PBA 的表面能 (约为 33 mN/m) 相比可忽略不计. 根据质量守恒, 密度高的相中的分子运动速度慢. 不同相之间的速度差异会导致压强梯度的突变. 与两相间的黏度差异引起的 Saffman-Taylor 失稳不同, 而在指进失稳中, 主要是由两相间的速度差异引起的.

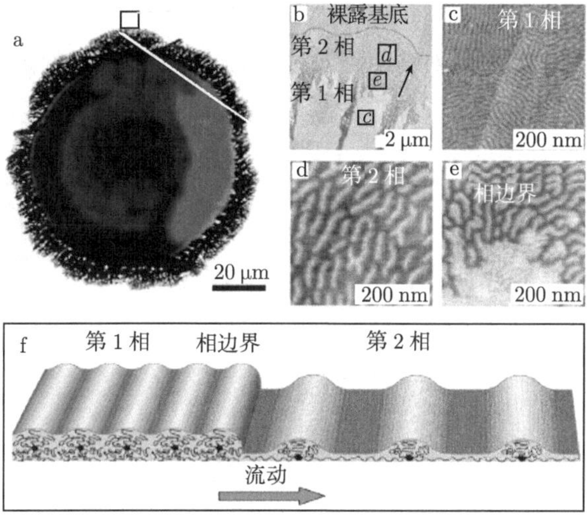

图 8.9　前驱膜铺展过程中的指进失稳[16]

日本学者近年来也应用激光测试技术开展了硅油在硅片上铺展过程中前驱膜发展过程的实验观测研究工作[17~19], 如图 8.10 所示. 有价值的结论包括:

1) 在基底有温度梯度存在时前驱膜的长度要比一般情况要长 [18], 如图 8.11

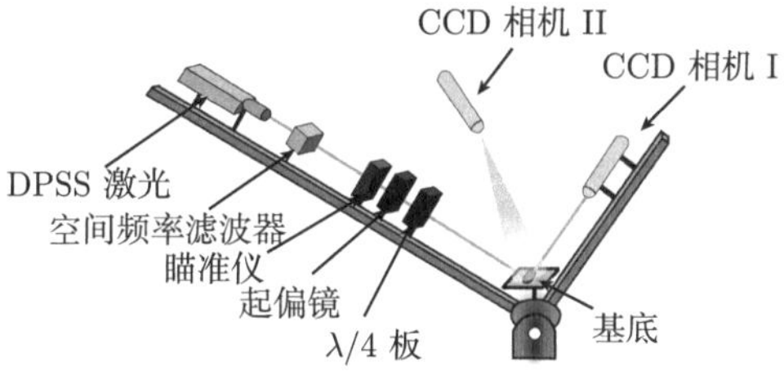

图 8.10　日本学者应用激光测试技术对硅油在硅片上铺展前驱膜形成的实验

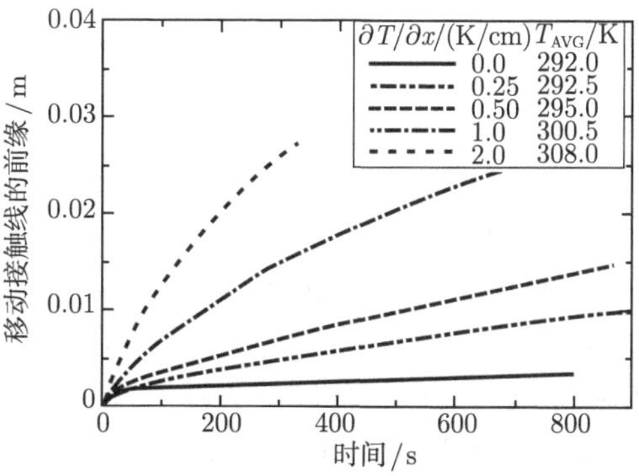

图 8.11　基底温度梯度对前驱膜的影响[18]

所示;

2) 固体基底的倾斜角度对前驱膜长度具有重要的影响, 如图 8.12 所示.

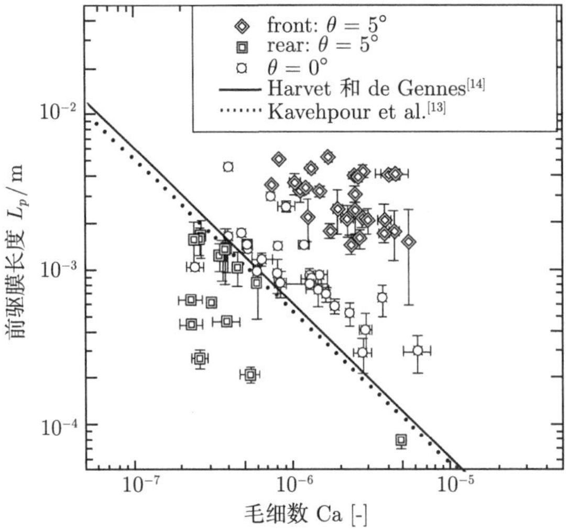

图 8.12　固体基底倾斜角度和毛细数对前驱膜长度的影响[17]

8.2　有关前驱膜的理论模型

8.2.1　De Gennes 有关前驱膜的理论模型

1991 年诺贝尔物理奖获得者 P. G. de Gennes 在 1985 年有关润湿的著名综述中[5] 曾提到: "··· for the spreading of liquids on solids, progress, has been slow (对于液体在固体上的铺展而言, 研究进展很慢)". 和 de Gennes 合作了 35 年的 Francoise Brochard-Wyart[20] 在文中指出: de Gennes 在 1980 年投入到润湿物理的研究中 (He plunged into the physics of wetting), 他通过设计很多自称为的 "简易实验 (easy experiments)", 澄清了液滴在固体表面铺展动力学的很多基本问题, 包括对前驱膜的认识在内, 将该领域在数年之内向前推进了一大步. 事实上, 上面谈到的有关前驱膜实验[6,9~11] 的作者就是当时 de Gennes 同一个实验室的同事, 其实验结果都同 de Gennes 的有关前驱膜的理论模型进行了对比. 法国学者 L. Bocquet 在 2009 年发表的纪念 de Gennes 的文章中[21], 也提到 de Gennes 设计有关润湿的 "简易实验" 的能力, 并通过介绍他短短几年在润湿研究中的杰出贡献, 对 de Gennes 的研究风格总结为: "几笔粗线条便可勾画出问题的关键所在, 而将不必要的细节丢在一边 (by drawing a few main lines, he catched the key point, leaving aside unnecessary details)".

结合本书 5.2.6 节, de Gennes 所给出的前驱膜的特征厚度 (a)、传播长度 (L_P)、液滴铺展过渡区的特征膜厚 (h_0) 和过渡区的特征宽度 (r_0) 分别为

$$\begin{cases} a=\sqrt{\dfrac{A}{6\pi\gamma_{lv}}}, \\ L_P=\dfrac{a}{\mathrm{Ca}}\sqrt{\dfrac{S}{\gamma_{lv}}}=\dfrac{1}{\mathrm{Ca}}\sqrt{\dfrac{SA}{6\pi\gamma_{lv}^2}}, \\ h_0\approx\dfrac{a}{\theta_a}, \\ r_0=\dfrac{a}{\theta_a^2}, \end{cases} \tag{8-1}$$

式中：A 为 Hamaker 常数, S 为铺展系数, Ca 为毛细数, θ_a 为表观接触角, 而 γ_{lv} 则为液–气界面张力. 8.1 节谈到, 文献 [9] 在实验上, 测得的过渡区的膜厚就和上述公式中的第三式对比, 表观接触角越小, 过渡区的膜越厚, 文献 [9] 在实验上支持该结论.

Hervet 和 de Gennes 在 1984 年同时考虑 Young-Laplace 压力和分离压力梯度对前驱膜的共同作用的影响, 将润滑近似下有关膜厚 h 的方程 (7-58) 推广为[14]

$$\frac{3\eta U}{h^2}=\frac{\mathrm{d}}{\mathrm{d}x}\left[-\gamma_{lv}\frac{\mathrm{d}^2h}{\mathrm{d}x^2}-\Pi(h)\right], \tag{8-2}$$

上式右端的第一项是 Young-Laplace 压力的影响, 第二项为分离压力梯度的影响, 当只考虑 van der Waals 力时 $\Pi(h)\sim A/\left(6\pi h^3\right)$, 而 h 则为距离表观接触角处的过渡区为 x 处的前驱膜厚度; 当距离过渡区较远时, 可忽略 Young-Laplace 压力的影响, 此时由 (8-2) 式得到 $\dfrac{a^2}{h^2}\dfrac{\mathrm{d}h}{\mathrm{d}x}=\mathrm{Ca}$, 由此可得前驱膜膜厚 $h(x)$ 的标度关系：

$$h(x)\sim\frac{a^2}{\mathrm{Ca}\,(x-x_0)}, \tag{8-3}$$

上式中 $a=\sqrt{A/\left(6\pi\gamma_{lv}\right)}$ 为分子尺度, Ca 为毛细数, x_0 为待定积分常数. 文献 [9] 的实验表明, 上述标度关系和其实验符合较好.

当考虑 Young-Laplace 压力的影响时, 此时 Hervet 和 de Gennes 所得到的方程 (8-2) 的无量纲形式为[14]

$$\begin{cases} 1=\zeta'\zeta^{-2}-\zeta'''\zeta^2, \\ h=a\left(\dfrac{9}{\mathrm{Ca}}\right)^{1/3}\zeta\left(y\right), \\ x=\dfrac{a}{3^{1/6}\left(\mathrm{Ca}\right)^{2/3}}y. \end{cases} \tag{8-4}$$

文献 [9] 中将其实验结果和方程 (8-4) 中第一个关系式的数值解进行了对比, 如图 8.13 所示, 该图中的实线是方程 (8-4) 中第一式的数值解, 虚线为图 8.3 中的实验值, 方程的解和实验结果对比表明, 两者差距很大, 说明前驱膜的发展过程远比理论预测要快[9].

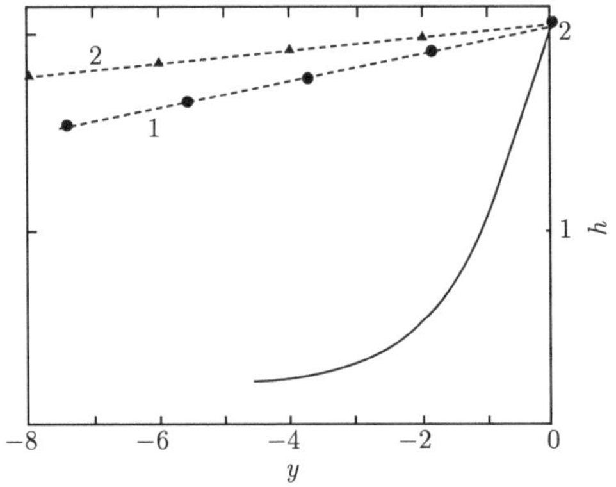

图 8.13　方程 (8-4) 第一式的数值解和实验结果的对比[9]

8.2.2　前驱膜模型和滑移边界模型的对比

前驱膜和滑移边界是解决 “Huh-Scriven 佯谬” 的两种重要途径. 一些学者应用润滑近似下的薄膜方程对这两种方法进行了对比[22,23].

Diez, Kondic 和 Bertozzi 利用薄膜方程分别对前驱膜模型和边界滑移模型进行了数值计算[22], 如图 8.14 所示. 两种模型的结果对比表明：两种模型均可有效地消除三相接触点处的应力奇异性, 但从计算效率上来讲, 前驱膜模型比滑移边界模型效率高很多, 所以该文作者强烈推荐使用前驱膜模型 (the use of precursor film model is highly advisable).

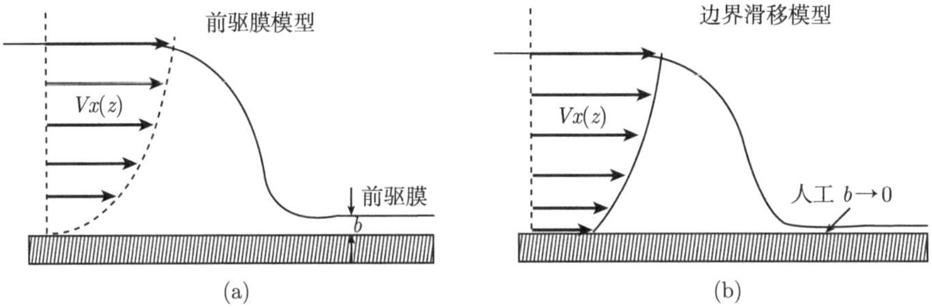

图 8.14　前驱膜模型和滑移边界模型的对比[22]

如考虑分离压力 $\Pi(h)$ 时, 润滑近似下的薄膜方程 (7-58) 可写为

$$3\eta\frac{\partial h}{\partial t}+\frac{\partial}{\partial x}\left\{h^3\frac{\partial}{\partial x}\left[\gamma_{lv}\frac{\partial^2 h}{\partial x^2}-\Pi(h)\right]\right\}=0, \tag{8-5}$$

Savva 等[23] 于 2011 年考虑了两种分离压力模型的影响, 即 VDW 型[24]

$$\Pi(h)=\frac{A}{h_*^m}\left[\left(\frac{h_*}{h}\right)^m-\left(\frac{h_*}{h}\right)^n\right] \tag{8-6}$$

和 Sharma 型[25]

$$\Pi(h)=\frac{A}{h_*^m}\left[\left(\frac{h_*}{h}\right)^m-\exp\left(-\frac{h-h_*}{h_*d}\right)\right]. \tag{8-7}$$

上两式中：h_* 为前驱膜的特征厚度, A 为 Hamaker 常数, m 和 n 为正整数, $n>m$, $d<1/(m-1)$. 上两式中的第一项为吸引相互作用, 而第二项为排斥相互作用.

当考虑边界滑移效应时, 润滑近似下的薄膜方程 (7-58) 变为

$$\frac{\partial h}{\partial t}+\frac{\gamma_{lv}}{3\eta}\frac{\partial}{\partial x}\left\{h\left[h^2+3r(h)\right]\frac{\partial^3 h}{\partial x^3}\right\}=0, \tag{8-8}$$

上式中 $r(h)$ 为联系膜厚 h 与滑移系数的函数. 在 5.2.7 节中曾讨论过 Navier 等滑移模型, 对于 Navier 模型 (N 模型), $r(h)$ 表达式为

$$r(h)=\beta h, \tag{8-9}$$

上式中 β 为长度量纲的滑移长度. 而对于 Ruckenstein 和 Dunn 的滑移模型 (RD 模型)[26], $r(h)$ 表达式为

$$r(h)=\bar{\beta}^2, \tag{8-10}$$

上式中 $\bar{\beta}$ 的量纲亦为长度. 设沿 x 轴的速度为 u, 对于 N 和 RD 模型, 其边界条件可分别表示为

$$u|_{z=0}=\beta\frac{\partial u}{\partial z}\bigg|_{z=0};\quad u|_{z=0}=\frac{\bar{\beta}^2}{h}\frac{\partial u}{\partial z}\bigg|_{z=0}. \tag{8-11}$$

考虑滑移边界的膜厚方程 (8-8) 可通过下列参数变换进行无量纲化[23,27,28]

$$(X,T,H)\to\left(\frac{x}{l},\frac{\gamma_{lv}\tan^3\alpha_s}{3\eta l}T,\frac{h}{l\tan\alpha_s}\right), \tag{8-12}$$

$$(\lambda,\bar{\lambda})\to\left(\frac{3\beta}{l\tan\alpha_s},\frac{\sqrt{3}\bar{\beta}}{l\tan\alpha_s}\right), \tag{8-13}$$

则方程 (8-8) 的无量纲形式为

$$\frac{\partial H}{\partial T}+\frac{\partial}{\partial X}\left\{H\left[H^2+R(H)\right]\frac{\partial^3 H}{\partial X^3}\right\}=0. \tag{8-14}$$

式中：对于 Navier 模型而言有 $R(H)=\lambda H$，而对于 RD 模型而言有 $R(H)=\bar{\lambda}^2$，液体的特征尺度 $l=\sqrt{2S_{\text{drop}}/\tan\alpha_s}$，而 S_{drop} 为液滴的铺展面积，α_s 为静态接触角.

方程 (8-5) 的无量纲化仍用由 (8-12) 式所给出的参数变换，但需要找到静态接触角 α_s 和分离压力的关系. 按照分离压力的定义 $\Pi(h)=\partial V/\partial h$，所以有 $\tan^2\alpha_s=-2V\left(h_*\right)/\gamma_{lv}$，对于 VDW 模型有

$$\tan^2\alpha_s=\frac{2A\left(n-m\right)}{\gamma_{lv}h_*^{m-1}\left(m-1\right)\left(n-1\right)},\tag{8-15}$$

对于 S 模型有

$$\tan^2\alpha_s=\frac{2A}{\gamma_{lv}h_*^{m-1}}\left(\frac{1}{m-1}-d\right).\tag{8-16}$$

方程 (8-5) 的无量纲化形式为

$$\frac{\partial H}{\partial T}+\frac{\partial}{\partial X}\left\{H^3\frac{\partial}{\partial X}\left[\frac{\partial^2 H}{\partial X^2}-\tilde{\Pi}(H)\right]\right\}=0,\tag{8-17}$$

式中对 VDW 模型而言，无量纲分离压力的表达式为

$$\tilde{\Pi}(H)=\frac{(m-1)\left(n-1\right)}{2\varepsilon\left(n-m\right)}\left[\left(\frac{\varepsilon}{H}\right)^m-\left(\frac{\varepsilon}{H}\right)^n\right].\tag{8-18}$$

对于 S 模型，其无量纲分离压力为

$$\tilde{\Pi}(H)=\frac{m-1}{2\varepsilon\left[1-(m-1)\,d\right]}\left[\left(\frac{\varepsilon}{H}\right)^m-\exp\left(-\frac{H-\varepsilon}{\varepsilon d}\right)\right].\tag{8-19}$$

式中：$\varepsilon=h_*/\left(l\tan\alpha_s\right)\ll 1$ 对于前驱膜模型而言为一个小参数.

文献 [23] 对考虑滑移边界的无量纲方程 (8-14) 和考虑前驱膜的无量纲方程 (8-17) 进行了渐近分析. 研究发现：当 $\lambda=\bar{\lambda}$ 时，两种滑移模型 (N 和 RD) 具有等同的主阶 (leading-order) 渐近关系：

$$-\frac{\partial H}{\partial X}\sim 1+\dot{A}\ln\left(\mathrm{e}\frac{A-X}{\lambda}\right),\tag{8-20}$$

而对于前驱膜模型而言，在过渡区有下列主阶渐近关系：

$$-\frac{\partial H}{\partial X}\sim 1+\dot{A}\ln\left(\mathrm{e}\frac{A-X}{l\varepsilon}\right),\tag{8-21}$$

两上式中：$\dot{A}$ 和 e 均为无量纲量.

通过 (8-20) 和 (8-21) 两方程的直接对比可得出结论：当满足 $l\varepsilon=\lambda$ (也就是滑移长度 $\beta=h_*l/3$) 时，滑移边界模型和前驱膜模型从液滴准静态铺展的角度来看是等价的. 这就建立起了滑移边界条件和前驱膜模型之间的联系，对从更深层次理解这两种模型有很大好处.

8.3 有关前驱膜的 Langevin 动力学和 Monte Carlo 模拟

1908 年, Langevin 通过给粒子添加两个额外的作用力, 即摩擦力和随机力, 成功地将 Newton 动力学方程应用到 Brown 粒子, 从而提出了 Langevin 动力学方程[29]. 该方程描述作为 Ornstein-Uhlenbeck 过程的布朗粒子的速度以及通过积分速度而获得的粒子位置. Langevin 动力学中的摩擦力大小为粒子速度乘于其质量和一个摩擦因子, 其方向与原子速度相反. 而随机力可以理解为来自溶液分子的随机相互作用等. 这两个力一起调节系统中各个粒子的运动, 以达到对整个系统能量的调控, 即调控系统温度、压强等参量. 针对前驱膜只有 1~2 个液体分子层厚度应该具有一定随机性这一特点, Langevin 动力学和 Monte Carlo 模拟将对前驱膜的发生和发展过程给出很多重要的细节信息.

Abraham 等于 1990 年, 将 Langevin 动力学用于液滴铺展多层前驱膜发生和发展 (相关实验参见文献 [10]) 的动力学模拟[30,31]. Abraham 等于 1991~1992 年期间, 还进行了多层前驱膜发生和发展过程的 Langevin 动力学和 Monte Carlo 模拟对比[32~35].

Abraham 于 1980 年[36] 严格应用平面 Ising 模型从微观水平上研究了平衡态的润湿问题, 从该研究[36] 中引申出一个重要的模型是随机行走 (random walk) 的 “solid-on-solid (SOS) 模型”[31]. 对于多层前驱膜产生的液滴铺展问题, SOS 模型如图 8.15 所示. SOS 模型只是在空间粗粒化的意义上用于平衡问题. 将 Langevin 动力学应用于多层的热运动, 设连续变量 h_i $(i=0,1,\cdots,L)$ 为第 i 层膜的位移, 则 h_i 在时间演化上满足如下 Langevin 方程:

$$\frac{\mathrm{d}h_j}{\mathrm{d}t}=-\lambda\frac{\partial F\left(\{h_i\}\right)}{\partial h_j}+\xi_j,\quad j=0,1,\cdots,L, \tag{8-22}$$

式中 λ^{-1} 为方程量纲平衡所需的任意时间尺度, 白噪声 ξ_j 则满足下式:

$$\langle\xi_i(t)\xi_j\left(u\right)\rangle=2k_{\mathrm{B}}T\lambda\delta_{ij}\delta\left(t-u\right), \tag{8-23}$$

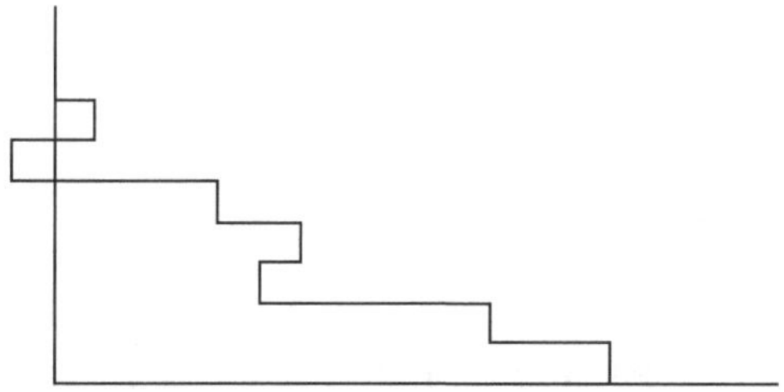

图 8.15 位移平行于基底、膜厚为高度函数的 SOS 模型[30]

式中：k_B 为 Boltzmann 常数, T 为绝对温度, $F(\{h_i\})$ 为粗粒化的自由能泛函：

$$F(h_0, \cdots, h_L) = \sum_1^L P(h_{j-1} - h_j) - \mu_0 h_0, \tag{8-24}$$

式中：h_0 为第一层前驱膜的厚度[35], μ_0 可表示为

$$\mu_0 = \gamma_{sv} - \gamma_{sl}, \tag{8-25}$$

即为固–气界面张力与固–液界面张力之差. $P(h_{j-1} - h_j)$ 则可表示为下列函数[35]

$$P(x) = \gamma_{lv}\sqrt{1 + x^2}, \tag{8-26}$$

这样可得：$\cos\theta = \mu_0/\gamma_{lv}$. 经过 Langevin 动力学分析可得如下多层前驱膜铺展随时间的标度律：

$$\begin{cases} \langle h_0 \rangle \approx \lambda(\mu_0 - \gamma_{lv})\, t, \\ \langle h_i \rangle \approx c_i\sqrt{t\ln t}, \quad i \geqslant 1. \end{cases} \tag{8-27}$$

上式说明, 第一层前驱膜将以 $\lambda(\mu_0 - \gamma_{lv})$ 匀速铺展, 随时间为线性标度律; 而上层前驱膜的铺展随时间的标度律为 $\sqrt{t\ln t}$.

和 Langevin 动力学类似, Monte Carlo 模拟仍然可描述液滴铺展前驱膜行为的随机性. 这里的“随机性”是指, 动力学并不描述系统的微观行为, 而描述的是相空间 (构型空间) 中系统的演化行为. 对于二维液滴铺展问题, 应用水平 SOS (horizontal solid-on-solid, HSOS) 模型, 此时系统的能量可用如下 Hamilton 量来刻画：

$$H = \gamma_{lv}\sum_1^L |h_j - h_{j-1}| - \mu_0\sum_0^L (1 + j)^{-3}\left[1 - \Theta(j - j_c)\right] h_j, \tag{8-28}$$

式中 j_c 为势的截断范围 (cut-off range), $\Theta(j - j_c)$ 为 Heaviside 函数, 满足下式：

$$\Theta(j - j_c) = \begin{cases} 0, & j < j_c, \\ 1, & j \geqslant j_c. \end{cases} \tag{8-29}$$

(8-28) 式中右边第二项反映的是 van der Waals 型分离压力的作用. 模拟中采用 Metropolis 重要抽样 (importance sampling) 方法. Monte Carlo 模拟结果仍然支持通过 Langevin 动力学模拟得到的结论, 即第一次前驱膜是随时间的线性标度律铺展; 而第一层上面的前驱膜则呈现出近似扩散类型 (nearly diffusive), 随时间的标度律为 $\sqrt{t\ln t}$.

Cheng 和 Ebner 于 1993 年应用非挥发 Ising 格子气模型对液滴铺展进行了 Monte Carlo 模拟[37], 模拟应用了 Kawasaki 动力学并极大地限制了液体分子的蒸

发. 模拟了润湿和非润湿两种情况. 对于润湿情况, 得到了液滴铺展前端的前驱膜结构, 并获得了前驱膜铺展速度从对数依赖于长距作用势的强度到和该长距作用无关之间的过渡 (crossover).

8.4 有关前驱膜的分子动力学模拟

从 8.1 节的有关前驱膜的实验可以看出, 不但难度极大而且对于非挥发性液滴铺展实验而言, 一般一个实验通常要持续一周的时间. 理论分析方面, 虽然以 de Gennes 为代表的学者们针对前驱膜的发生和发展过程建立了一些具有重要影响的理论模型, 但模型本身对于液滴铺展的动力学细节不可能太清楚, 况且上面所述及的实验结果也有明显与模型预测不一致的地方, 因此针对前驱膜的发生和发展过程进行分子动力学 (MD) 模拟就变得十分必要, MD 模拟的主要优点之一就是能够反映出润湿过程中分子运动的细节.

Yang, Koplik 和 Banavar 在 1991 年应用 Lennard-Jones 势函数对挥发性 (volatile) 液滴在固体表面的铺展过程进行了 MD 模拟[38]. 模拟结果发现, 随着液体和固体表面吸引的增强, 液体的铺展也将从部分铺展 (partial wetting) 平稳过渡为类似于文献 [10] 中的多台阶前驱膜的铺展行为, 每个台阶的厚度为分子尺度且传播速度不同, 前驱膜层内不同前驱膜层间均存在分子扩散. Yang, Koplik 和 Banavar 在文献 [38] 中假设液体分子和固体基底粒子尺寸相同, 因此从 MD 模拟中拟合出了前驱膜铺展标度律为

$$x^2(t) \sim a \log\left(\frac{t}{t_0}\right), \tag{8-30}$$

文献 [38] 更为详细的模拟结果发表于 1992 年的文献 [39].

Nieminen 等于 1992 年应用 Lennard-Jones 势函数对非挥发性 (nonvolatile) 液滴在固体表面的铺展过程进行了 MD 模拟[40], 与文献 [38,39] 的结论不同, 文献 [40] 通过 MD 模拟发现: 前驱膜在发生的初期阶段几乎以匀速铺展, 此时前驱膜铺展的标度律可表示为线性关系: $x(t) = a + bt$, 即为时间的线性函数; 后期将为 "扩散铺展 (diffusive spreading)", 此时前驱膜铺展的标度律可表示为 $x(t) = \sqrt{D_{\mathrm{app}}t}$, 式中 D_{app} 为前驱膜液体的表观扩散系数.

De Coninck, D'Ortona, Koplik 和 Banavar 于 1995 年[41] 和 1996 年[42], 应用 MD 模拟了链状高分子液体 (如 PDMS 液滴) 的铺展过程, 模拟拟合得到的前驱膜随时间发展的标度律为 $x(t) \sim \sqrt{t}$, 和多个实验结果定性一致.

He 和 Hadjiconstantinou 于 2003 年应用 Lennard-Jones 势对 6799 个高分子链状分子液滴的铺展问题进行了 MD 模拟[43]. 模拟中获得了前驱膜的发生与发展过程, 如图 8.16 所示, 在接触线附近, 前驱膜的厚度约为三个分子层, 随着前驱膜在分

离压力的作用下发生铺展, 在前驱膜的头部减薄到一个分子层的厚度. 事实上, 前驱膜存在厚度差将造成分离压力梯度, 有利于驱动前驱膜的铺展. 通过跟踪前驱膜上液体分子的相对运动轨迹, 得出的结论是, 接触线做毛毛虫式运动 (caterpillar-like motion), 前驱膜的前端沿基底发生滑移运动.

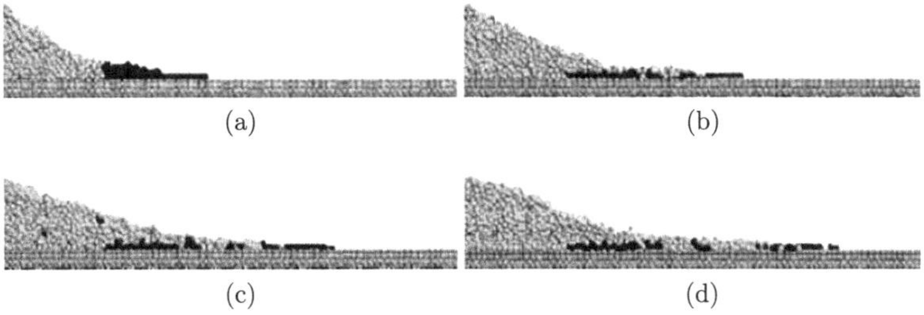

图 8.16　高分子链状液滴铺展过程中前驱膜的形成过程[43]

李欣、胡元中等于 2006 年, 采用基于 Lennard-Jones 势函数和如图 8.17 所示的粗粒珠簧模型的 MD 模拟方法, 研究了磁盘润滑膜极性全氟聚醚 (perfluoropolyether, 简称 PFPE) 在无定型碳表面的结构和铺展特性[44~46]. 结构特性的模拟结果表明: 极性 PFPE 膜具有复杂的层状结构, 在近壁面层以一个单体直径的层厚层状堆叠, 在体相层以 4~5 倍综合回转半径的层厚呈现二聚体结构. 铺展特性的模拟结果表明: 极性 PFPE 呈现具有前驱膜 (图 8.18)、肩状结构和垂直台阶的复杂台阶状铺展形貌, 与结构特性的结果具有良好的对应. 此外, 比较具有不同极性端基的 PFPE 的铺展形貌, 表面端基与壁面的作用和端基间的作用, 尤其后者, 对铺展行为具有重要的影响.

Sedighi, Murad 和 Aggarwal 于 2011 年应用 Lennard-Jones 势对氩液滴的铺展进行了 MD 模拟[47]. 针对液滴直径分别为 6 nm, 9 nm 和 12 nm 的前驱膜的铺展规律进行了拟合, 近似满足铺展直径随时间的标度律: $d \sim t^{0.5\pm0.03}$, 反映出铺展过程的 "赝扩散行为 (pseudo-diffusive behavior)"[48], 与实验定性一致[48].

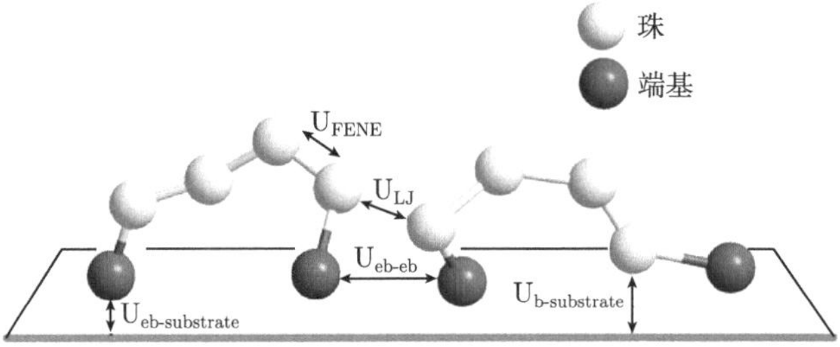

图 8.17　MD 模拟的粗粒珠簧模型[44~46]

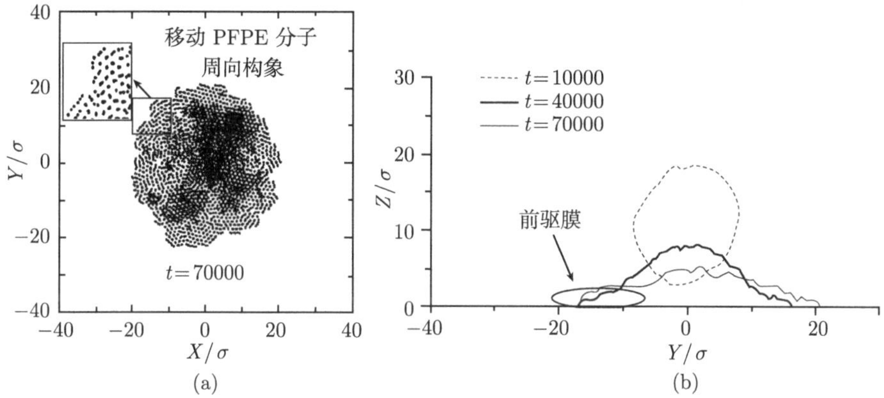

图 8.18 PFPE 铺展过程中前驱膜的形成

8.5 讨 论

袁泉子和赵亚溥结合 MD 模拟与 MKT 分析对动态润湿和电润湿中前驱膜的的发生和铺展规律进行了研究[49], 该部分工作将在下章作重点介绍.

从以上本章在实验、理论建模和数值模拟方面对移动接触线中的前驱膜的研究进展来看, 仍然有很多问题不清楚, 或结论不一致. 尚待进一步研究和解决的问题有:

1) 前驱膜相关的特征时间量级问题, 该问题涉及前驱膜是 "绝热的" 还是 "赝扩散型的".

2) 前驱膜铺展直径随时间的标度律并没有统一的结论, 一方面和基底与液体的相互作用势相关; 另一方面还和液滴是否具有挥发性等有关.

3) 多层前驱膜产生的初步机理解释为高能固体表面与液体的强相互作用, 虽然从实验和模拟上已经有多篇文献, 但在模型建立上仍未见到有文献发表.

4) 两个相邻液滴在铺展过程中前驱膜的相互作用问题是一个十分有趣的问题, 目前尚未见有文献报道.

5) 前驱膜在粗糙表面上的铺展问题仍然没有系统和深入的研究[50].

6) 目前的文献仅限于平直表面上前驱膜的发生和发展过程[51], 尚未见到有文献系统深入地研究基底曲率对前驱膜的影响.

参 考 文 献

[1] Hardy W B. The spreading of fluids on glass. Philosophical Magazine, 1919, 38: 49–55.

[2] De Gennes P G. Soft interfaces. Cambridge University Press, 1997.

[3] Adamson A W, Gast A P. Physical chemistry of surfaces (6th Ed.). New York: John Wiley & Sons, Inc., 1997.
[4] Marmur A, Lelah M D. The dependence of drop spreading on the size of the solid surface. Journal of Colloid and Interface Science, 1980, 78: 262–265.
[5] De Gennes P G. Wetting: Statics and dynamics. Reviews of Modern Physics, 1985, 57: 827–863.
[6] Ausserré D, Picard A M, Léger L. Existence and role of the precursor film in the spreading of polymer liquids. Physical Review Letters, 1986, 57: 2671–2674.
[7] Garoff S, Sirota E B, Sinha S K, Stanley H B. The effects of substrate roughness on ultrathin water films. Journal of Chemical Physics, 1989, 90: 7505–7515.
[8] Tiberg F, Cazabat A M. Spreading of thin-films of ordered nonionic surfactants - Origin of the stepped shape of the spreading precursor. Langmuir, 1994, 10: 2301–2306.
[9] Léger L, Erman M, Guinet-Picard AM, Ausserre D, Strazielle C. Precursor film profiles of spreading liquid drops. Physical Review Letters, 1988, 60: 2390–2393.
[10] Heslot F, Fraysse N, Cazabat A M. Molecular layering in the spreading of wetting liquid drops. Nature, 1989, 338: 640–642.
[11] Heslot F, Cazabat A M, Levinson P. Dynamics of wetting of tiny drops: Ellipsometric study of the late stages of spreading. Physical Review Letters, 1989, 62: 1286–1289.
[12] Heslot F, Cazabat A M, Levinson P, Fraysse N. Experiments on wetting on the scale of nanometers: Influence of the surface energy. Physical Review Letters, 1990, 65: 599–602.
[13] Kavehpour H P, Ovryn B, McKinley G H. Microscopic and macroscopic structure of the precursor layer in spreading viscous drops. Physical Review Letters, 2003, 91: 196104.
[14] Hervet H, de Gennes P G. The dynamics of wetting: Precursor films in the wetting of 'dry' solids. C. R. Acad. Sc. Paris, Serie II, 1984, 299: 499–503.
[15] Xu H, Shirvanyants D, Beers K, Matyjaszewski K, Rubinstein M, Sheiko S S. Molecular motion in a spreading precursor film. Physical Review Letters, 2004, 93: 206103.
[16] Xu H, Shirvanyants D, Beers K L, Matyjaszewski K, Dobrynin A V, Rubinstein M, Sheiko S S. Molecular visualization of conformation-triggered flow instability. Physical Review Letters, 2005, 94: 237801.
[17] Hirose K, Konisho T, Ueno I. Existing length of precursor film on inclined solid substrate. Microgravity Science and Technology, 2007, 19: 81–83.
[18] Kizaki Y, Konisho T, Ueno I. Precursor film ahead droplet on solid with temperature gradient. Microgravity Science and Technology, 2007, 19: 106–108.
[19] Ueno I, Hirose K, Kizaki Y, et al.. Precursor film formation process ahead macroscopic contact line of spreading droplet on smooth substrate. Proceedings of the ASME Micro/Nanoscale Heat and Mass Transfer International Conference (MNHMT2009), DEC 18–21, 2009, Shanghai, China, 2010, 2: 675–678.

[20] Brochard-Wyart F. Pierre-Gilles de Gennes (1932–2007) – Obituary. Nature, 2007, 448: 149.

[21] Bocquet L. Spreading made a Splash // Bok J, Prost J, Françoise Brochard-Wyart F. P.G. de Gennes' impact on science. Volume II. Soft matter and biophysics. Singapore: World Scientific Publishing Co., 2009: 146–159.

[22] Diez J A, Kondic L, Bertozzi A. Global models for moving contact lines. Physical Review E, 2000, 63: 011208.

[23] Savva N, Kalliadasis S. Dynamics of moving contact lines: A comparison between slip and precursor film models. EPL, 2011, 94: 64004.

[24] Schwartz L W, Eley R R. Simulation of droplet motion on low-energy and heterogeneous surfaces. Journal of Colloid and Interface Science, 1998, 202: 173–188.

[25] Sharma A. Relationship of thin film stability and morphology to macroscopic parameters of wetting in the apolar and polar systems. Langmuir, 1993, 9: 861–869.

[26] Ruckenstein E, Dunn C S. Slip velocity during wetting of solids. Journal of Colloid and Interface Science, 1977, 59: 135–138.

[27] Savva N, Kalliadasis S. Two-dimensional droplet spreading over topographical substrate. Physics of Fluids, 2009, 21: 092102.

[28] Savva N, Kalliadasis S. Influence of gravity on the spreading of two-dimensional droplets over topographical substrates. Journal of Engineering Mathematics, 2012, 73: 3–16.

[29] Langevin P. Sur la the'orie du mouvement brownien. C. R. Acad. Sci. Paris, 1908, 146: 530–533.

[30] Abraham D B, Collet P, de Coninck J, Dunlop F. Langevin dynamics of spreading and wetting. Physical Review Letters, 1990, 65: 195–198.

[31] Abraham D B, Collet P, de Coninck J, Dunlop F. Langevin dynamics of an interface near a wall. Journal of Statistical Physics, 1990, 61: 509–532.

[32] Abraham D B, Heinio J, Kaski K. Computer simulation studies of fluid spreading. Journal of Physics A: Mathematical and General, 1991, 24: L309–L315.

[33] Heiniö J, Kaski K, Abraham D B. Modeling the dynamics of molecular films by Monte Carlo simulation. Physica Scripta, 1991, T38: 28–32.

[34] Abraham D B, Collet P, de Coninck J, Dunlop F, Heiniö J, Kaski K, Ko L F. Theory of wetting and spreading. Physica A: Statistical and Theoretical Physics, 1991, 172: 125–136.

[35] Heiniö J, Kaski K, Abraham D B. Dynamics of a microscopic droplet on a solid surface: Theory and simulation. Physical Review B, 1992, 45: 4409–4416.

[36] Abraham D B. Solvable model with a roughening transition for a planar Ising ferromagnet. Physical Review Letters, 1980, 44: 1165–1168.

[37] Cheng E, Ebner C. Dynamics of liquid-droplet spreading: A Monte Carlo study. Physical Review B, 1993, 47: 13808–13811.

[38] Yang J X, Koplik J, Banavar J. Molecular dynamics of drop spreading on a solid surface. Physical Review Letters, 1991, 67: 3539–3542.

[39] Yang J X, Koplik J, Banavar J R. Terraced spreading of simple liquids on solid surfaces. Physical Review A, 1992, 46: 7738–7749.

[40] Nieminen J A, Abraham D B, Karttunen M, Kaski K. Molecular dynamics of a microscopic droplet on solid surface. Physical Review Letters, 1992, 69: 124–127.

[41] De Coninck J, D'Ortona U, Koplik J, Banavar J R. Terraced spreading of chain molecules via molecular dynamics. Physical Review Letters, 1995, 74: 928–931.

[42] D'Ortona U, de Coninck Joël, Koplik J, Banavar J R. Terraced spreading mechanisms for chain molecules. Physical Review E, 1996, 53: 562–569.

[43] He G, Hadjiconstantinou N G. A molecular view of Tanner's law: Molecular dynamics simulations of droplet spreading. Journal of Fluid Mechanics, 2003, 497: 123–132.

[44] Li X, Hu Y Z, Wang H. Modeling of lubricant spreading on a solid substrate. Journal of Applied Physics, 2006, 99: 024905.

[45] Li X, Hu Y Z, Wang H. Functional perfluoropolyether spreading on a solid substrate. Journal of Applied Physics, 2006, 100: 074901.

[46] Li X, Hu Y Z, Ma T B, Wang H, Zhang J. Molecular dynamics simulations of lubricant spreading on lubricantpatterned substrates. Journal of Applied Physics, 2006, 100: 084902.

[47] Sedighi N, Murad S, Aggarwal SK. Molecular dynamics simulations of spontaneous spreading of a nanodroplet on solid surfaces. Fluid Dynamics Research, 2011, 43: 015507.

[48] Voué M, de Coninck J. Spreading and wetting at the microscopic scale: Recent developments and perspectives. Acta Materialia, 2000, 48: 4405–4417.

[49] Yuan Q Z, Zhao Y P. Precursor film in dynamic wetting, electrowetting and electro-elasto-capillarity. Physical Review Letters, 2010, 104: 246101.

[50] Chibbaro S, Biferale L, Binder K, Dimitrov D, Diotallevi F, Milchev A, Succi S. Hydrokinetic simulations of nanoscopic precursor films in rough channels. Journal of Statistical Mechanics: Theory and Experiment, 2009, 2009: P06007.

[51] 黄祖洽, 丁鄂江. 表面浸润和浸润相变. 上海：上海科学技术出版社, 1994.

第 9 章　电润湿中的移动接触线问题

Everyone believes in the normal law, the experimenters because they imagine that it is a mathematical theorem, and the mathematicians because they think it is an experimental fact.

——Gabriel Lippmann

Conversation with Henri Poincaré. In Henri Poincaré, *Calcul des Probabilités* (1896), 171.

目前在国际电润湿领域已有专著[1] 和多篇有影响的综述[2~4], 出发点均集中在有关电润湿在纳微系统中的应用方面, 包括电润湿广泛用于液滴产生、合并、输运、混合效率的提高; 由于电润湿可以实现液滴接触角从疏水到亲水的可逆性转变, 基于电润湿原理的电子变焦微透镜、电子纸、电润湿显示器也已经问世. 本章则主要从电场下液滴的移动接触线的物理力学行为方面进行讨论, 着重从机理方面进行讨论.

2012 年本书著者作为特邀客座编辑, 主编了国际期刊 *Journal of Adhesion Science and Technology* 的电润湿特刊 (special issue on electrowetting, volume 26, issue 12-17)[5]. 该特刊从一方面反映出电润湿在国际上的最新发展情况.

9.1　电润湿历史的简要回顾以及 Berge 提出的 Lippmann-Young 方程

9.1.1　Lippmann 于 1875 年有关电毛细的博士论文

作为电润湿研究历史的简要回顾, 首先必须提及的是 Gabriel Lippmann, 他因发明基于干涉现象的彩色照相术于 1908 年成为诺贝尔物理奖获得者. 他于 1872 年设计出如图 9.1 所示的毛细管静电计 (capillary electrometer), 1875 年 7 月 24 日, Lippmann 向巴黎大学提交了他的有关电毛细 (electro-capillarity) 方面的博士论文.

Lippmann 研究了汞和盐溶液之间的电毛细现象, 利用毛细管静电计测量给定电位和汞–溶液界面上表面张力的关系[6]. 电极电位的变化对应于电极表面剩余电荷数量的变化. 电极表面出现剩余电荷时 (无论正负), 同性电荷的排斥作用呈现出使界面面积增大的倾向. 这正好和界面张力使界面面积缩小的作用相反, 因此剩余表面电荷密度越大, 界面张力越小. 如图 9.2 是一张表面张力对电势的电毛细曲线

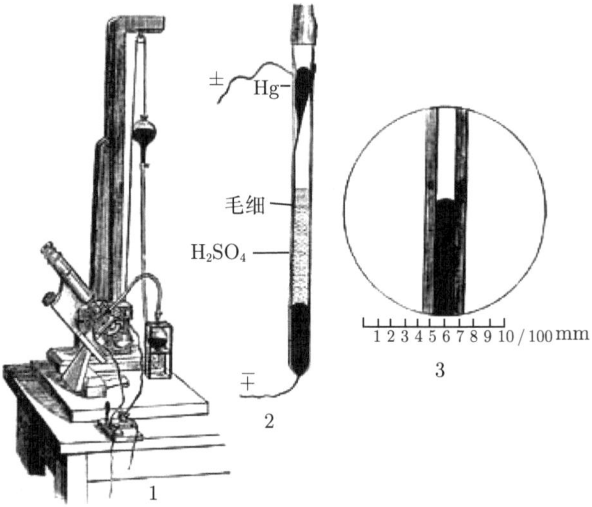

图 9.1　Lippmann 毛细静电计 (1872 年)

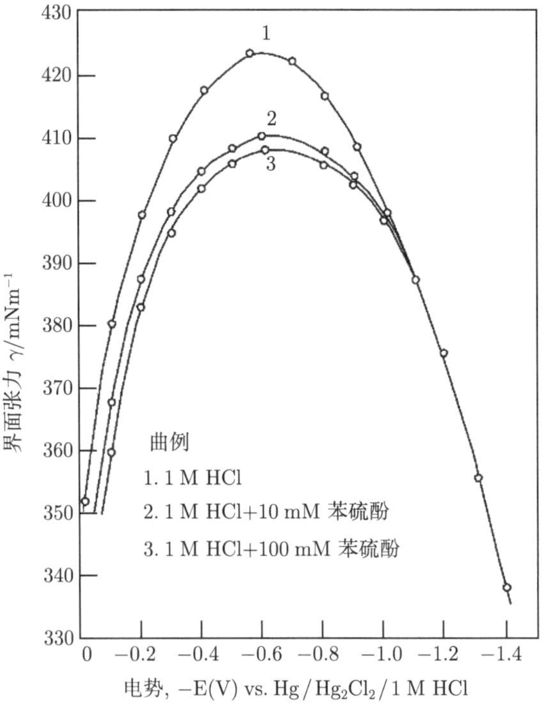

图 9.2　电毛细曲线

图. 从该图可以看到, 当汞的表面带正电荷时, 若施加一个电势, 可使汞表面所带电荷降低, 表面张力增加. 当汞表面电荷被全部中和为零时, 表面张力达到最大值. 若接着增加电势, 则汞表面出现负电荷, 表面张力开始下降.

Lippmann 导出了描述电毛细曲线形状并确定汞–溶液界面上界面张力、电位和电荷关系的方程:

$$\sigma_e = -\frac{\partial \gamma_{sl}}{\partial U}. \tag{9-1}$$

该方程被称为 Lippmann 第一方程, 阐明了电毛细曲线上每一点斜率的负值等于在给定电位 U 时表面上的电荷密度 σ_e.

双电层的性质和平面电容板的性质类似, 因此也可以用微分电容 C_H, 来表征电荷随电位变化的量:

$$C_H = \frac{\partial \sigma_e}{\partial U}, \tag{9-2}$$

该方程被称为 Lippmann 第二方程.

对 (9-1) 式进行积分, 可得与 (5-24) 相同的固–液界面张力和电压的关系式:

$$\gamma_{sl} = \gamma_{sl0} - \frac{1}{2} C_H U^2, \tag{9-3}$$

γ_{sl0} 是初始的固–液界面张力, 可见随着电压的增加, 固–液界面张力减小, 电场改变了表面张力.

9.1.2 Berge 有关 Lippmann-Young 方程的提出

把式 (9-3) 代入润湿 Young 方程中便可得到目前称为 Lippmann-Young 方程的电润湿基本方程:

$$\cos\theta_e = \cos\theta_0 + \frac{1}{2}\frac{C_H U^2}{\gamma_{lv}}, \tag{9-4}$$

式中 $\eta_{\mathrm{EW}} = C_H U^2/(2\gamma_{lv})$ 为无量纲电润湿数 (electrowetting number)[2].

如 5.2.9 节讨论过的, 电介质上的电润湿 (EWOD) 中的 Lippmann-Young 方程为

$$\cos\theta_e = \cos\theta_0 + \eta_{\mathrm{EW}}, \tag{9-5}$$

其中电润湿数 $\eta_{\mathrm{EW}} = \varepsilon\varepsilon_0 U^2/(2d\gamma_{lv})$ 是比较静电能和界面张力大小的无量纲量. 这个方程最先由 Berge[7] 从系统表面自由能最小的角度推出, 所以也有文献将此方程称为 "Berge 方程"[8].

9.1.3 粗糙表面的电润湿方程

一般实际应用的基底都是粗糙的, 因此研究表面粗糙度对电润湿的影响具有重要的实际意义. 2006 年, Herbertson 等[9] 用 SU-8 胶做出具有微结构的电介质

层 (如图 9.3(a) 所示), 在上面覆盖 Teflon 膜并进行了电润湿实验, 研究了 Wenzel 情形下接触角随电压的变化, 此时可很自然地将粗糙表面接触角的 Wenzel 公式和 Lippmann-Young 公式联合起来:

$$\cos\theta_e = R\left(\cos\theta_0 + \eta_{\mathrm{EW}}\right). \tag{9-6}$$

上述方程中的 R 为 Teflon 膜表面的粗糙比, 当电润湿数 $\eta_{\mathrm{EW}} = 0$ 时, 上式可退化为著名的 Wenzel 公式.

戴维和赵亚溥[10] 进一步将 Wenzel 情况下的电润湿方程推广到适合于 Cassie-Baxter 形式下 (如图 9.3(b) 所示) 的电润湿方程:

$$\cos\theta_c = R_1 f_1\left(\cos\theta_0 + \eta_{\mathrm{EW}}\right) - f_2. \tag{9-7}$$

上式适合于描述固–气–液复合表面上进行的电润湿中接触角的变化. 若将电场作用移去, $\eta_{\mathrm{EW}} = 0$, 方程 (9-7) 就退化为有粗糙度的 Cassie-Baxter 方程. 如果不考虑固–液接触部分的粗糙, 而只考虑表面的非均匀性, 则 $R_1 = 1$, 式 (9-7) 就进一步退化为 Cassie-Baxter 方程. 如果只是粗糙表面, 没有封闭气体, 则 f_2 为零, 式 (9-7) 就退化为 Wenzel 方程. 同样的处理方法, 如果表面是均匀光滑的话, $R_1 = f_1 = 1, f_2 = 0$, 方程 (9-7) 就直接退化为 Lippmann-Young 方程.

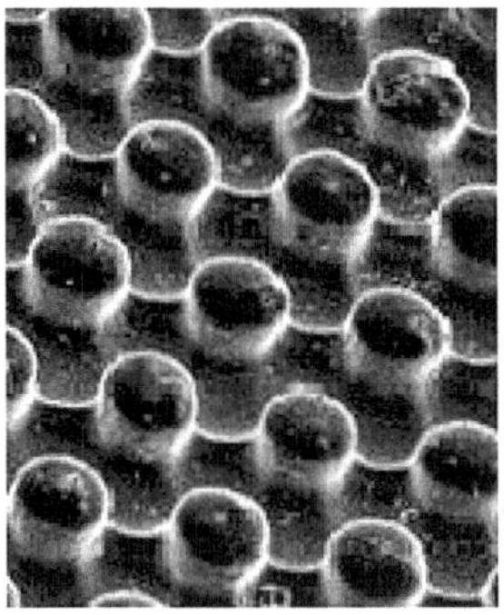

(a) 绝缘膜的表面形貌[9]

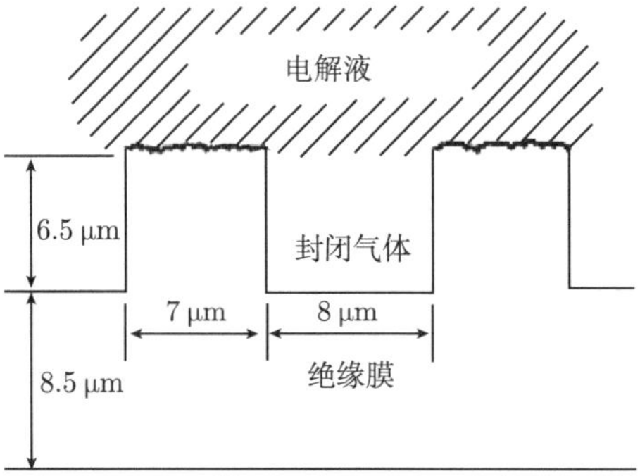

(b) 表面形貌示意图[10]

图 9.3

9.1.4　电润湿下的三相接触点的特点

从上节的分析可看出, 静电能影响的是有效固–液界面张力, 并不是实际的表面张力, 衡量的是一个包含绝缘膜在内的系统的能量变化. 如果研究固–气–液三相接触线附近区域的接触角时, 会发现并不符合 Lippmann-Young 方程所预测的接触角变化[3,11~13].

如图 9.4 所示, 在 EWOD 中电荷会集中在三相接触线附近, 局部电场会发

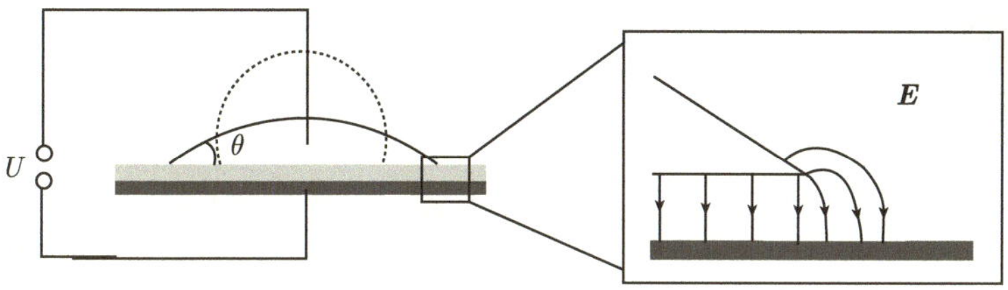

(a) 电润湿示意图 (b) 在三相线附近的电场示意图[11]

图 9.4

生畸变, 电场中的 Maxwell 压力作用在边界上, 而与之平衡的力则是 Laplace 压力[3,11~13]. 设 $\boldsymbol{E}$ 是局部电场强度, 则 Maxwell 应力 $\sigma_{el}=\varepsilon_0 E^2/2$:

$$\frac{\varepsilon_0 E^2}{2}=2\gamma_{lv}\kappa, \tag{9-8}$$

式中 $\kappa=(1/r_1+1/r_2)/2$ 是曲面的平均曲率. 若三相线附近的表面形貌曲线用方程 $x=f(y)$ 来描述, 则通过求解方程

$$\gamma_{lv}\frac{f''(y)}{(1+f'(y)^2)^{3/2}}=\frac{\varepsilon_0}{2}E^2, \tag{9-9}$$

可以得到在三相接触线附近曲线和电场能的关系. 图 9.5(a) 是在接触线附近的液滴形貌曲线随着 η 不同而变化的图. 为了更好地分析形貌曲线的斜率, 引入归一化形式

$$\chi=\frac{f'(y)-\cot\theta_{\rm Y}}{\cot\theta_A-\cot\theta_{\rm Y}}, \tag{9-10}$$

其中 θ_A 表示通过 Lippmann-Young 方程所得到的接触角的值, $\theta_{\rm Y}$ 表示由 Young 方程得出的初始的接触角. 当 $\chi\to 0$ 时表示曲线斜率接近 $\cot\theta_{\rm Y}$, 当 $\chi\to 1$ 时表示曲线斜率接近 $\cot\theta_A$. 从图 9.5(b) 中可以看到在离三相接触线非常近的地方, 斜率接近 $\cot\theta_{\rm Y}$, 离三相线较远的地方, 斜率接近 $\cot\theta_A$. 因此电润湿现象中, 电场力的作

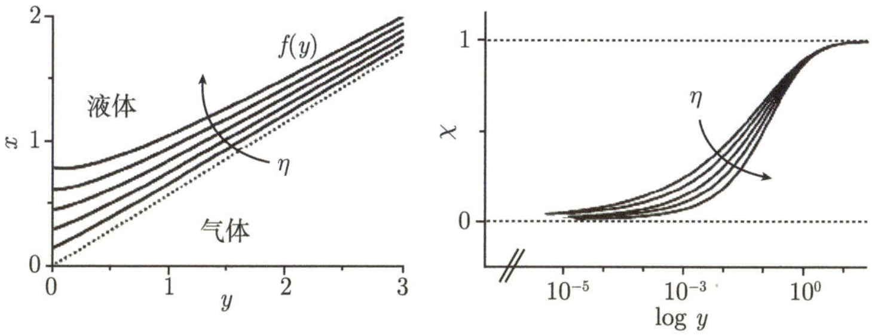

(a) 平衡时的表面形貌曲线 (b) 归一化斜率和离基底高度的关系, 数据同 (a) 中[10]

图 9.5

用在三相接触线附近消失了, 局部接触角保持初始的 Young 接触角, 不依赖电压的变化[12], 而在离三相接触线远的地方则符合 Lippmann-Young 方程的预测.

9.2 电润湿的基本控制方程

9.2.1 电润湿中三相接触点处电场的奇异性分析

考虑如图 9.6 所示的电润湿示意图. 由于对称性, 可以只考虑系统的右半部分. 液滴视为良导体, 因此其内无电场. 忽略电场泄露, 作用于液滴表面的电场力为

$$\boldsymbol{F}_d = \int_{S_{12}+S_{13}} \underline{\underline{T}}^{\mathrm{M}} \cdot \boldsymbol{n} \mathrm{d}S, \tag{9-11}$$

式中, $\boldsymbol{n}$ 为液滴的法向矢量, $\underline{\underline{T}}^{\mathrm{M}}$ 是 Maxwell 应力:

$$\underline{\underline{T}}^{\mathrm{M}} = \varepsilon_0\varepsilon \boldsymbol{E} \otimes \boldsymbol{E} - \frac{\varepsilon_0\varepsilon}{2}(\boldsymbol{E}\cdot\boldsymbol{E})\underline{\underline{I}}, \tag{9-12}$$

上式中 $\underline{\underline{I}}$ 为二阶单位张量, "$\otimes$" 为张量积 (dyadic product), 或称二重并矢, 其含义是不作任何运算, 只表示两侧的矢量相连, 但是二者顺序固定. (9-12) 式的分量形式为

$$T_{ij}^{\mathrm{M}} = \varepsilon_0\varepsilon\left(E_iE_j - \frac{1}{2}\delta_{ij}E^2\right), \tag{9-12$'$}$$

式中 E^2 等同于 $|\boldsymbol{E}|^2$, δ_{ij} 为 Kronecker delta (当 $i \neq j$ 时, $\delta_{ij}=0$; 当 $i=j$ 时, $\delta_{ij}=1$, 其中 $i,j=x,y,z$).

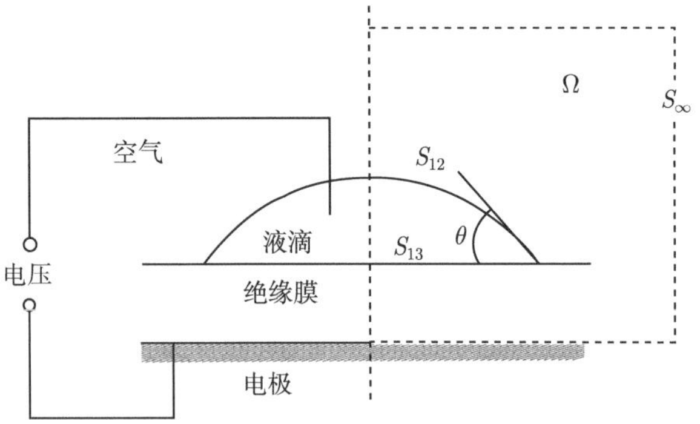

图 9.6 电润湿电场分析模型示意图[14]

将 (9-12) 代回到 (9-11) 式中, 得到液滴表面所受到的电场力为

$$\boldsymbol{F}_d = \int_{S_{12}+S_{13}} \frac{1}{2}\varepsilon_0\varepsilon(\boldsymbol{E}\cdot\boldsymbol{n})\boldsymbol{E}\mathrm{d}S = \int_{S_{12}+S_{13}} \frac{1}{2}\varepsilon_0\varepsilon\boldsymbol{n}E^2\mathrm{d}S = \int_{S_{12}+S_{13}} \frac{1}{2}\sigma\boldsymbol{E}\mathrm{d}S, \tag{9-13}$$

为了求解式 (9-13), 需要用到保角变换[14], 将液滴接触角边缘区域视为半无穷大的楔形, 假设绝缘层的介电常数与液滴周围流体 (如空气) 的介电常数相同, 如图 9.7 所示.

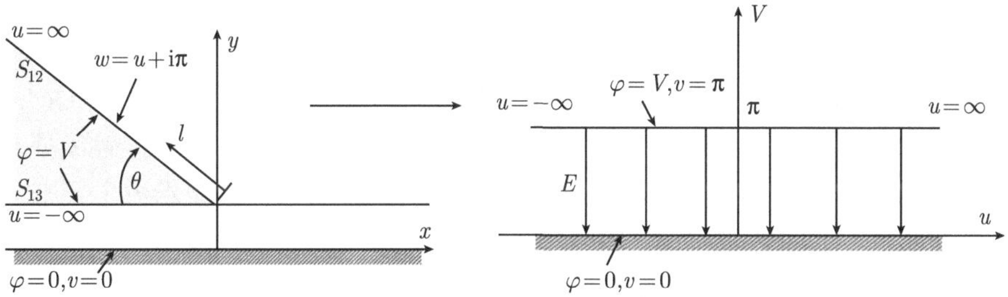

图 9.7 液滴接触角边缘区域的保角变换[14]

保角变换公式为

$$Z=\int_{\mathrm{i}\pi}^{w}\left(\mathrm{e}^{w'}+1\right)^{\alpha}\mathrm{d}w'+\mathrm{i}\pi, \tag{9-14}$$

式中 $\alpha=1-\theta/\pi$. 此公式将 $Z=x+\mathrm{i}y$ 平面变换到 $w=u+\mathrm{i}v$ 平面, u 和 v 分别按比例 d/π、V/π 进行缩放. 变换后的 w 平面内, 液滴表面 $(v=\pi,\varphi=V)$ 与极板 $(v=0,\varphi=0)$ 平行, 其间为均匀电场, 场强 $E=V/d$. 由于液滴是良导体, 电场垂直于液滴表面, 于是 $E_t=0,E=E_n$, Z 平面内

$$E_n=\frac{V}{d}\frac{1}{\dfrac{\mathrm{d}Z}{\mathrm{d}w}}=\frac{V}{d}\frac{1}{|\mathrm{e}^u-1|^{\alpha}}, \tag{9-15}$$

w 平面内, 液滴表面 $w=u+\mathrm{i}\pi$, 于是有

$$\frac{\mathrm{d}Z}{\mathrm{d}w}=\frac{\mathrm{d}Z}{\mathrm{d}u}=\frac{\mathrm{d}x+\mathrm{i}\mathrm{d}y}{\mathrm{d}u}=\frac{\mathrm{d}x}{\mathrm{d}u}+\mathrm{i}\frac{\mathrm{d}y}{\mathrm{d}u}. \tag{9-16}$$

液滴表面上距离楔形顶点的距离 l (图 9.6) 为

$$\frac{\mathrm{d}l}{\mathrm{d}u}=\frac{d}{\pi}\frac{\sqrt{(\mathrm{d}x)^2+(\mathrm{d}y)^2}}{\mathrm{d}u}=\frac{d}{\pi}\left|\frac{\mathrm{d}Z}{\mathrm{d}w}\right|=\frac{d}{\pi}|\mathrm{e}^u-1|^{\alpha}, \tag{9-17}$$

$$l=\frac{d}{\pi}\int_0^u|\mathrm{e}^{u'}-1|^{\alpha}\mathrm{d}u'. \tag{9-18}$$

对于小接触角情形, 即 $\theta\to 0$, 则 $\alpha=1-\theta/\pi\to 1$, 则有法向电场的分布为

$$E_n=\frac{V}{d}\frac{1}{|\mathrm{e}^u-1|^{\alpha}}\to\frac{V}{d}\frac{1}{|\mathrm{e}^u-1|}=\frac{V}{d}\frac{1}{\left(1+u+\dfrac{u^2}{2}+\cdots\right)-1}\to\frac{V}{d}\frac{1}{|u|}, \tag{9-19}$$

$$l = \frac{d}{\pi}\int_0^u |e^{u'}-1|^{\alpha}du' = \frac{d}{\pi}\int_0^u |e^{u'}-1|du' = \frac{d}{\pi}(e^u-1-u) \to \frac{d}{\pi}\frac{u^2}{2}. \tag{9-20}$$

从而得到法向电场强度的标度关系如下:

$$E_n \sim \frac{1}{|l|^{1/2}}. \tag{9-21}$$

由 (9-21) 式可知, 电场在三相接触线处具有 “$-1/2$” 阶奇异性[15], 如图 9.8 所示; Maxwell 应力不为 0 的分量正比于 E_n^2, 因此 Maxwell 应力在三项接触线处具有 “-1” 阶奇异性. 奇异性作用范围为 O(d), 即作用在液滴表面的电场力主要来自于接触线附近 O(d) 的区域[14,15]. 奇异性的产生是因为三线接触线的楔形模型有尖点, 消除奇异性需要对尖点进行修正, 目前对于消除电场奇异性的模型的研究较少.

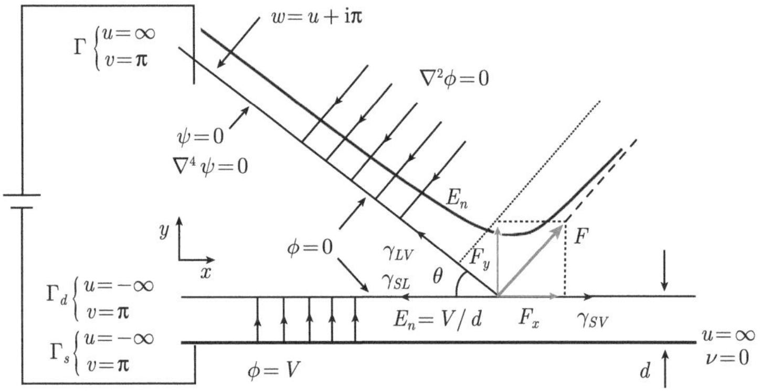

图 9.8　三相接触线附近的楔形模型分析[15]

式 (9-12) 中面电荷密度 $\sigma=\varepsilon_0\varepsilon E$, 于是有

$$\frac{\sigma}{\sigma_0} = \begin{cases} \dfrac{1}{(e^u-1)^{\alpha}}, & \text{在 } S_{12} \text{ 上}, \\ \dfrac{1}{(1-e^u)^{\alpha}}, & \text{在 } S_{13} \text{ 上}. \end{cases} \tag{9-22}$$

式中 $\sigma_0=\varepsilon V/d$ 为远离三相接触线的液滴与绝缘层接触面的面电荷密度. 将其代入 (9-13) 式中, 得到作用在液–气界面上的电场力为

$$F_e = \int_{S_{12}} \frac{\sigma^2}{2e}dl = \frac{\varepsilon V^2}{2d^2}\int_{S_{12}} \frac{1}{(e^u-1)^{2\alpha}}dl, \tag{9-23}$$

利用 (9-17) 式, 得到

$$F_e = \frac{\varepsilon V^2}{2\pi d}\int_0^{\infty} \frac{1}{(e^u-1)^{\alpha}}du = \frac{\varepsilon V^2}{2d}\mathrm{cosec}\theta, \tag{9-24}$$

其水平分量和垂直分量分别为

$$\begin{cases} F_{ex} = \dfrac{\varepsilon V^2}{2d}, \\ F_{ey} = \dfrac{\varepsilon V^2}{2d} \cot\theta. \end{cases} \tag{9-25}$$

从 (9-25) 式看出, 由外加电场在液滴三相接触点处所诱导的 Maxwell 力使液滴发生铺展, 如图 9.9 所示. 三相接触点附件的应力分布如图 9.10 所示.

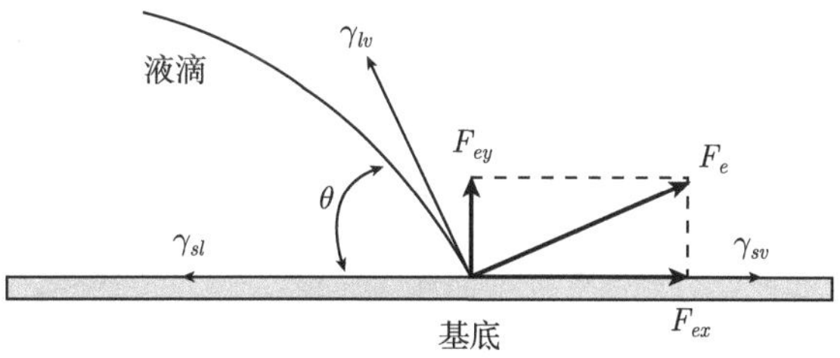

图 9.9 Maxwell 应力在三相接触点处的合力

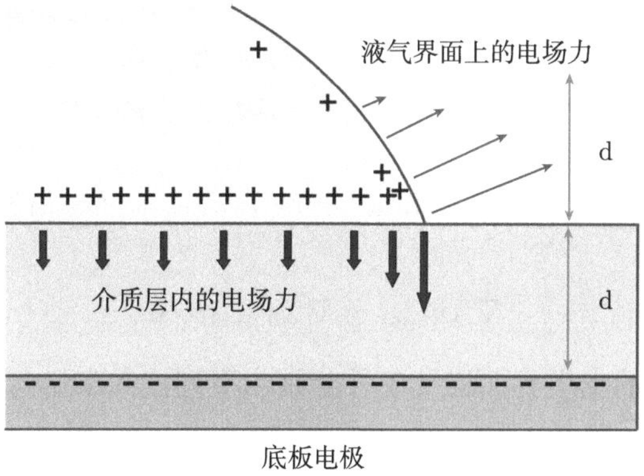

图 9.10 三相线附近电荷和电场力分布示意图

9.2.2 自发电润湿的控制方程

如图 9.11 所示, 考虑放置在水平平直表面上的高介电常数极性电解质 Newton 流体液滴 (体积为 V, 密度为 ρ, 黏性为 η), 两个电极之间的距离为 R_e, 液滴在外加电场下铺展的特征高度和长度分别为 $\bar{H}$ 和 $\bar{L}$, 当 $\Lambda = \bar{H}/\bar{L} \to 0$ 时, 润滑近似 (lubrication approximation) 成立[15,16].

在液体中, 电荷所受电场力的体密度由如下 Maxwell 力 (也称为 Korteweg-Helmholtz 力密度) 所描述[1,15,17]

$$\boldsymbol{F} = \rho_f \boldsymbol{E} - \frac{\varepsilon_0}{2} \nabla \left[\varepsilon - \rho \left(\frac{\partial \varepsilon}{\partial \rho} \right)_T \right] \boldsymbol{E} \cdot \boldsymbol{E}, \tag{9-26}$$

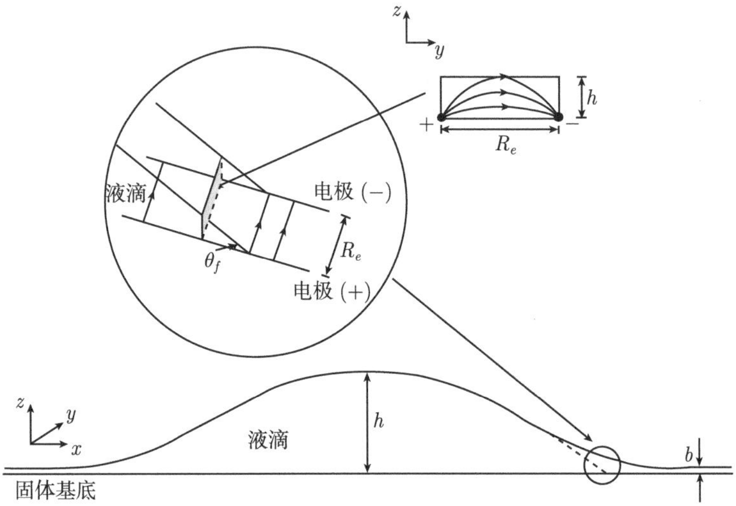

图 9.11　电润湿示意图[15,16]

上式中 ε_0 为真空介电常数, ε 为液滴介电常数, ρ 为液滴的质量密度、ρ_f 为电荷密度, $\boldsymbol{E}=-\nabla\phi=E_n\boldsymbol{n}+E_t\boldsymbol{t}$ 为电场强度, 这里 ϕ 为电势, E_n 和 E_t 分别为沿法线 $\boldsymbol{n}$ 和切线 $\boldsymbol{t}$ 方向的电场强度. $\partial\varepsilon/\partial\rho$ 为电致伸缩项, 由于液体的不可压缩性, 所以忽略该项的影响.

在不考虑自由空间电荷的情况下, 空气和液体中的静电势满足下列 Laplace 方程:

$$\nabla^2\phi_{\text{vapor}}=\nabla^2\phi_{\text{liquid}}=0. \tag{9-27}$$

气相和液相间的电学界面连续条件分别由下列法向和切向两个方程给出:

$$\left[\varepsilon_0\varepsilon_i\frac{\partial\phi_i}{\partial\boldsymbol{n}}\right]_v^l=\left[\frac{\partial\phi_i}{\partial\boldsymbol{t}}\right]_v^l=0,\quad \text{在边界 }\Gamma, \tag{9-28}$$

上式中的下标 i 分别对应 "气相 (vapor)" 和 "液相 (liquid)", $[\cdot]_v^l$ 表示某参量在气–液界面处的间断量 (jump).

液滴的流体动力学方程由质量和动量守恒方程组成:

$$\nabla\cdot\boldsymbol{u}=0, \tag{9-29}$$

$$\rho\left(\frac{\partial\boldsymbol{u}}{\partial t}+\boldsymbol{u}\cdot\nabla\boldsymbol{u}\right)=\nabla\cdot\underline{\underline{T}}. \tag{9-30}$$

上式中 $\boldsymbol{u}$ 为液体的速度, $\underline{\underline{T}}$ 为总应力二阶张量, 其表达式如下:

$$\underline{\underline{T}}=-p\underline{\underline{I}}+\underline{\underline{T}}^{\text{vis}}+\underline{\underline{T}}^{\text{M}}. \tag{9-31}$$

式中 p 为静水压力, 黏性应力张量 $\underline{\underline{T}}^{\text{vis}} = \eta(\nabla \boldsymbol{u} + \boldsymbol{u}\nabla)$, 而电场所诱导的 Maxwell 应力已经由 (9-12) 式给出.

电场强度的无旋性满足 $\nabla \times \boldsymbol{E} = \boldsymbol{0}$, 由方程 (9-30), (9-31) 和 (9-12) 三式可得

$$\rho\left(\frac{\partial \boldsymbol{u}}{\partial t} + \boldsymbol{u} \cdot \nabla \boldsymbol{u}\right) = -\nabla p + \eta \nabla^2 \boldsymbol{u}, \tag{9-32}$$

在液滴和基底的界面处速度场满足如下无滑移边界条件:

$$\boldsymbol{u}|_{z=0} = \boldsymbol{0}. \tag{9-33}$$

在润滑近似下液–气界面处 $z = h$ 的运动边界条件为

$$\frac{\partial h}{\partial t} + \frac{\partial(h\bar{u})}{\partial x} + \frac{\partial(h\bar{w})}{\partial y} = v. \tag{9-34}$$

上式中 v 为垂直方向的速度, $\bar{u} = \dfrac{1}{h}\displaystyle\int_0^h u\mathrm{d}z$ 和 $\bar{w} = \dfrac{1}{h}\displaystyle\int_0^h w\mathrm{d}z$ 分别为流向 (streamwise) 和横向 (transverse) 速度沿膜厚截面的平均值.

液–气界面应力边界条件表示为

$$\begin{cases} \left[\boldsymbol{t} \cdot \underline{\underline{T}} \cdot \boldsymbol{n}\right]_v^l = 0, \\ \left[\boldsymbol{n} \cdot \underline{\underline{T}} \cdot \boldsymbol{n}\right]_v^l = \kappa\gamma_{lv} = \gamma_{lv}\nabla \cdot \boldsymbol{n}. \end{cases} \tag{9-35}$$

上式中第一式表示的是在液–气界面的切线方面无外力作用, 而在法线方向 Young-Laplace 压力和电场力相平衡.

事实上, 由 (9-13) 表示的液滴表面的电场力还可表示为

$$F_i = \int_\Omega T_{ij} n_j \mathrm{d}A, \tag{9-36}$$

对于良导电液体的液–气界面来说, 电场方向是垂直于液面的, 如图 9.12 所示.

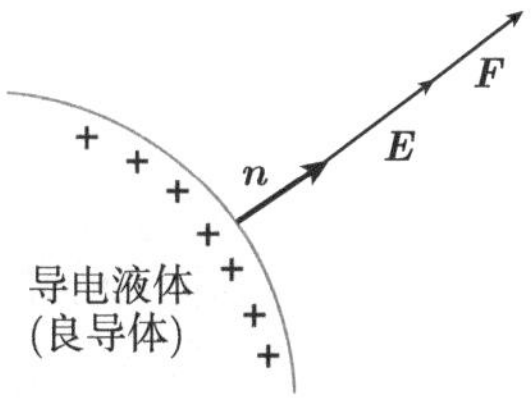

图 9.12 液滴表面电场力作用方向示意图

由 Gauss 定律可得, 液滴表面电荷的分布密度为

$$\rho_{\mathrm{s}} = \varepsilon_0 \boldsymbol{E} \cdot \boldsymbol{n}, \tag{9-37}$$

对于良导体导电液滴来说, 液滴内部并没有电场存在. 取坐标系为 x 轴指向外法线方向, 气相中的电场强度为 $(E_x, 0, 0)$ 而液相中的电场强度分布为 $(0, 0, 0)$. 气相中的 Maxwell 应力张量为

$$[\underline{\underline{T}}] = \varepsilon \begin{pmatrix} \frac{1}{2}\varepsilon_0 E_x^2 & 0 & 0 \\ 0 & -\frac{1}{2}\varepsilon_0 E_x^2 & 0 \\ 0 & 0 & -\frac{1}{2}\varepsilon_0 E_x^2 \end{pmatrix}, \tag{9-38}$$

而在液相中的 Maxwell 应力张量则为

$$[\underline{\underline{T}}] = [\mathbf{0}]. \tag{9-39}$$

对式 (9-36) 进行积分, 由于 y, z 方向上的力相互抵消, 且 xy、yz、zx 等交叉项均为零, 所得结果为

$$\frac{\boldsymbol{F}}{\delta A} = P_e \boldsymbol{n} = \frac{\varepsilon_0}{2} E^2 \boldsymbol{n} = \frac{\rho_s}{2} \boldsymbol{E}, \tag{9-40}$$

其中 δA 为界面上的面积元, P_e 为静电压:

$$P_e = \frac{\varepsilon_0 E^2}{2}. \tag{9-41}$$

为求解液滴内部电势所满足的方程 (9-27) 中的第二式, 需要给出固体基底 Γ_{s} 的电边界条件为

$$\phi = \pm V, \quad 在\ y = \mp \frac{R_e}{2}, \tag{9-42}$$

如图 9.11 所示, R_e 为电极的间距. 在液 (l)–气 (v) 界面 Γ 处, 在介电常数满足 $\varepsilon_l \gg \varepsilon_v$ 条件的情况下, 液–气界面处满足:

$$E_{nl} = \frac{\partial \phi}{\partial z} = 0. \tag{9-43}$$

求解液滴内部电势所满足的方程 (9-27) 中的第二式, 考虑 (9-42) 和 (9-43) 边界条件以及润滑近似 $(h/R_e \to 0)$, 得到液滴在液–气界面处的法向和切向电场强度分别为

$$\begin{cases} E_{tl} = \dfrac{4V}{\pi R_e}\left(1 - \dfrac{8h^2}{R_e^2}\right), \\ E_{nl} = 0. \end{cases} \tag{9-44}$$

考虑到法向和切向电场对 Maxwell 应力的贡献, 界面 Maxwell 压力可表示为[15]

$$p^M = \frac{\varepsilon_0 \varepsilon_l}{2}\left(E_n^2 - E_t^2\right). \tag{9-45}$$

在液–气界面处, 考虑到 Young-Laplace 压力和 Maxwell 压力 (9-47) 的共同作用, 则有

$$p = \gamma_{lv} \frac{\partial^2 h}{\partial x^2} + p^M, \quad 在\ \Gamma\ 上. \tag{9-46}$$

将 (9-44) 和 (9-45) 代入 (9-46), 并考虑到 $h=(x_f-x)\tan\theta_f$, 这里 x_f 为三相接触点的位置, θ_f 为毛细凸峰 (capillary ridge) 的接触角, 如图 9.13 所示, 则可以得到在液–气界面处 Young-Laplace 压力和 Maxwell 压力共同的压力为

$$p=\gamma_{lv}\frac{\partial^2 h}{\partial x^2}-\frac{8\varepsilon_0\varepsilon_l V^2}{\pi^2 R_e^2}\left[1-\frac{16\tan^2\theta_f}{R_e^2}(x_f-x)^2\right]. \tag{9-47}$$

(9-44) 第一式和上式表明, Maxwell 切向压力分量在三相接触点处最大 ($h=0$, $x=x_f$).

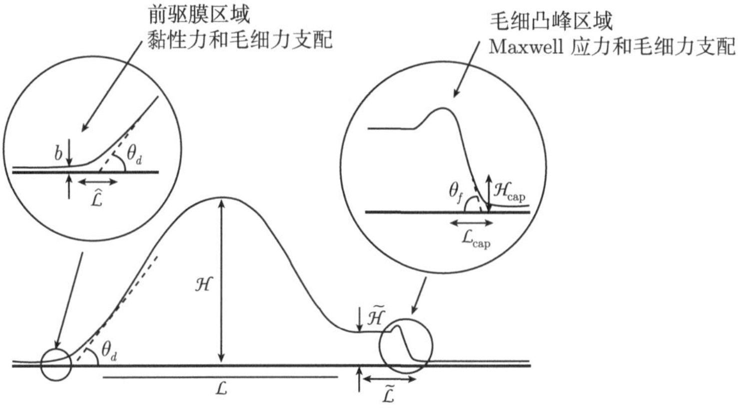

图 9.13　电场作用下液滴的铺展示意图[15]

和 9.2.1 节中电场下静止液滴不同, 液滴铺展中电场和 Maxwell 压力在三相接触点处并不存在奇异性. 正是该宏观的 Maxwell 压力导致了在三相接触点处形成毛细负压, 该负压促使在液滴的顶端形成了 “前驱膜”.

将方程 (9-47) 无量纲化, 可得到如下无量纲参数 ——“Maxwell Bond 数”:

$$\mathrm{Bo}^{\mathrm{M}}=\frac{8\varepsilon_0\varepsilon_l V^2\tilde{L}}{\pi^2 R_{\mathrm{e}}^2\gamma_{lv}}, \tag{9-48}$$

该无量纲数表征的是电场力和毛细力之比, 式中 $\tilde{L}$ 为毛细凸峰的特征宽度 (图 9.13), 研究表明[16], 当 Maxwell Bond 数大于 10 时, 才会有电润湿情况下的前驱膜形成.

9.3　接触模式的电润湿的实验和理论分析

9.3.1　接触式电润湿的实验[18]

以前的电润湿实验往往是实验开始前将电极插到液滴中. 冯江涛和赵亚溥提出了一种新的电润湿模式 —— 接触模式[18]. 在该接触模式中, 电极并非一开始就

插入液滴中, 而是先加电压, 再通过操控台逐渐的触碰液滴达到使接触角减小的目的. 以在厚度为 7.6 μm 的 PDMS 上进行的电润湿为例说明, 实验共分四步:

- 第一步: 保持电极在液滴上方, 增加电压到 350 V.
- 第二步: 降低电极触碰液滴, 此时液滴会发生振荡并且稳定下来后接触角从 108.7° 变为 86.1°. 这是一个非稳态过程, 它的特征时间为 10 ms, 这也正是目前同种尺度下的电润湿器件最快响应时间. 动态过程截图如图 9.14 所示.

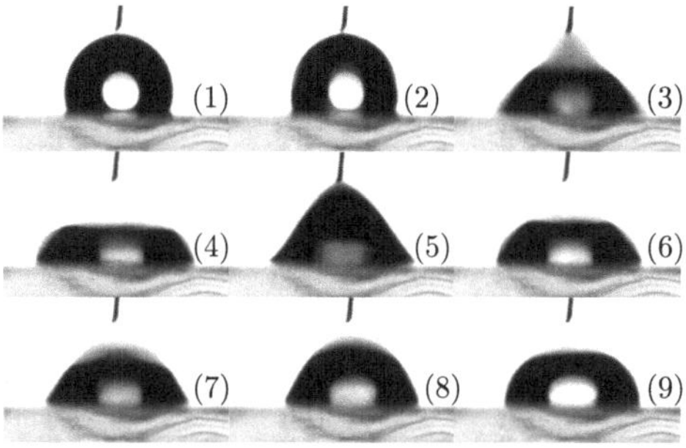

图 9.14　第一次失稳动态过程, 每张图间隔为 5 ms

- 第三步: 进一步降低电极并且再次触碰液滴, 这时液滴会发生第二次振荡, 稳定后接触角由 86.6° 变为 79.0°, 动态过程截图如图 9.15 所示. 其稳定后的接触角变化情况如图 9.16 所示.

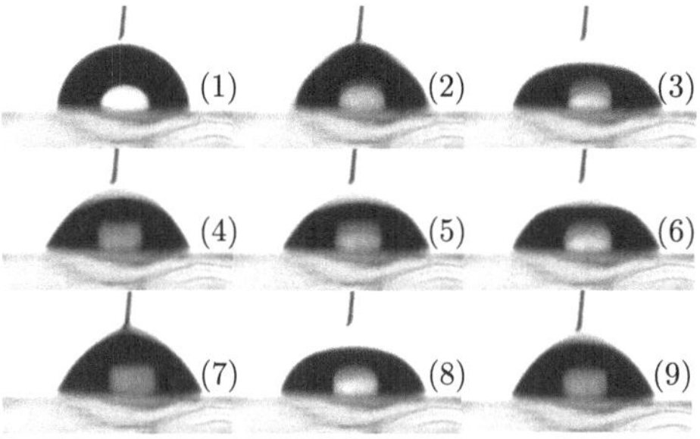

图 9.15　第二次失稳动态过程, 每张图间隔为 5 ms

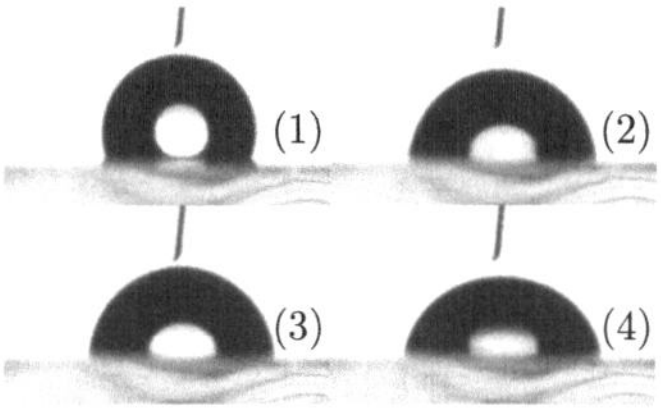

图 9.16　两次失稳过程完成后的接触角变化, 每张图间隔为 5 ms

把前三步称为接触模式的电润湿. 这种模式下由于电极可以不用插入液滴即可实现电润湿, 避免了对液滴的污染. 而且还可以大大提高绝缘膜的击穿电压.

- 第四步: 进一步降低电极并让电极插入液滴当中, 接触角进一步从 79.2° 变为 61.8°.

9.3.2 接触式电润湿中电荷量的估算

在接触模式当中, 每次接触角的变化都说明一定量的电荷残留于液滴之中. 而这个电荷的密度 σ 可由 Lippmann 方程得到即为 $-\left(\partial\gamma_{sl}/\partial V\right)_{\mu,T}^{[19]}$. 由于在接触模式中, 接触电压同液滴上的电压相差较多, 本小节采用普通模式中电压同接触角的关系来估算液滴上的电压大小.

从图 9.17 中可知, 当接触角从 108.7° 变为 86.1° 时, 电压变化为从 0 V 到 180 V. 当接触角从 86.1° 变为 79.0° 时, 电压从 180 V 增加到 230 V. 而液滴的半径约为 1 mm, 作为估算, 可以不考虑液滴的底面面积变化对电容大小的影响. PDMS 的介电常数为 25.14 pF/m[20], 液滴同 PDMS 表面所组成的电容大小近似为 10 pF. 则当接触角从 108.7° 变为 86.1° 时, 液滴中的残余电荷量约为 1.8 nC. 当接触角从 86.1° 变为 79.0° 时, 液滴中的残余电荷量增加了 0.5 nC, 变为 2.3 nC.

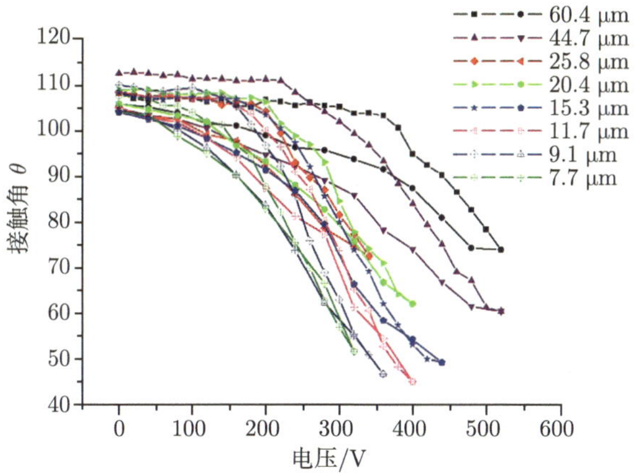

图 9.17 普通模式电润湿中电压同接触角的关系[19]

9.3.3 液滴失稳特征时间的理论估算

实验发现电极与液滴接触失稳的特征时间约为 10 ms, 这跟采用同种尺度液滴的电润湿器件的最快响应时间约在同一量级上.

1. **自由振动模型**

为了简化计算, 首先不考虑基底的润湿性的影响, 认为是一个完整的液滴. 完

整的液滴自由振动的周期可以由下式得出[18]

$$T = \frac{\pi}{4}\sqrt{\frac{\rho d^3}{\gamma_{lv}}} \approx 8.3 \times 10^{-3}\ \mathrm{s}, \tag{9-49}$$

其中 $d \cong 2 \times 10^{-3}$ m, $\gamma_{lv} = 72 \times 10^{-3}$ N/m (室温 25°C), $\rho \approx 10^3$ kg/m^3. 这个结果同实验中的失稳时间约为 10 ms 比较接近. 而且此特征尺度下的毛细时间也约为 10 ms, 毛细时间同液滴的自由振动频率有一定的等同性.

2. **基底润湿性对液滴振动的影响**

基底的润湿性对于其上的液滴振动周期也有一定的影响. Strani 和 Sabetta 忽略重力影响、黏度影响、液体不可压缩, 同时基于小变形假设, 分析了浸没在外流体环境中并与球状碗型基底部分接触的轴对称液滴的自由振动问题[21]. 主要有以下结论:

- 相比孤立液滴, 受约束的液滴有一个额外振动模态, 它在接触角趋于 180° 时近似为零频率的刚体运动, 其他模态跟 Lamb 提出的自由液滴振动模态很相近.
- 随着接触角的增大, 液滴振动的频率减小, 当接触角趋近于 180° 时, 各阶振动频率趋向于 Lamb 理论得到的数值.

这里采用文献 [21] 中的数学模型, 并考虑外围流体为空气. 对 PDMS 基底对液滴振动的影响进行了理论估算.

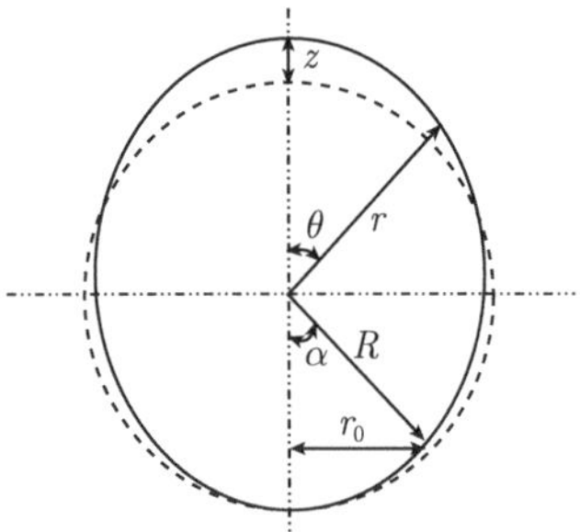

图 9.18　液滴振动受基底影响示意图

(1) 基底对液滴振动影响数学模型

在文献 [18] 的实验中, 空气的密度相比水可以忽略. 球型碗状基底的影响等同于基底的影响 (其接触角为球冠球心角的补角). 其示意图如图 9.18 所示, 采用球极坐标 (r, θ, ψ), 只考虑对称变形, 下标 i, e 分别表示内、外流体 (内液体为 KCl 溶液, 外流体为空气). 若没有下标, 则表示对内外流体均适用. 压强 $p(r, \theta, t)$ 通过线性的 Bernoulli 方程可得到: $p = p_0 + \rho\phi_t$.

液滴的速度势 ϕ 满足 Laplace 方程:

$$\nabla^2\phi = \sin\theta\frac{\partial}{\partial r}\left(r^2\frac{\partial\phi}{\partial r}\right) + \frac{\partial}{\partial\theta}\left(\sin\theta\frac{\partial\phi}{\partial\theta}\right) = 0,$$

在

$$\begin{cases} D^i \equiv \{(r,\theta)|\, 0 \leqslant r \leqslant R, 0 \leqslant \theta \leqslant \pi\}, \\ D^e \equiv \{(r,\theta)|\, R \leqslant r \leqslant +\infty, 0 \leqslant \theta \leqslant \pi\}. \end{cases} \tag{9-50}$$

液滴同固壁接触的边界上 $\partial D^s \equiv \{(r,\theta)|\, r = R, \pi - \alpha \leqslant \theta \leqslant \pi\}$, 认为法向速度和自

由面变形 $Z(\theta,t)$ 均为 0:

$$\frac{\partial\phi}{\partial r}=0,\quad Z=0, \tag{9-51}$$

在自由液面边界 $\partial D^f\equiv\{(r,\theta)|\, r=R, 0\leqslant\theta\leqslant\pi-\alpha\}$, 考虑自由面法向速度的连续性以及液滴径向的动量平衡:

$$\frac{\partial\phi}{\partial r}=-\frac{\partial Z}{\partial t}, \tag{9-52}$$

$$p^i-p^e=\gamma_{lv}\left[\frac{2}{R}-\frac{1}{R^2}\left(\frac{1}{\sin\theta}\frac{\partial}{\partial\theta}\left(\sin\theta\frac{\partial Z}{\partial\theta}\right)+2Z\right)\right], \tag{9-53}$$

其中方括号中的内容为变形的自由表面曲率. 考虑质量守恒的积分条件, 有

$$\int_0^\pi Z\sin\theta\mathrm{d}\theta=0. \tag{9-54}$$

考虑到液滴做周期运动, 设

$$\phi=\varphi(r,\theta)\,\mathrm{e}^{\mathrm{i}\omega t}, \tag{9-55}$$

$$Z=z(\theta)\,\mathrm{e}^{\mathrm{i}(\omega t+\frac{1}{2}\pi)}, \tag{9-56}$$

其中 $\pi/2$ 的相角是由边界条件中得到. 将式 (9-55), (9-56) 代入式 (9-53) 中可得

$$p^i-p^e=\frac{2\gamma_{lv}}{R}, \tag{9-57}$$

这是描述液滴内外压力差的 Young-Laplace 方程.

最终数学问题可归结为下式:

$$\begin{cases}\nabla^2\varphi=0, & \text{在 } D \text{ 上},\\ \dfrac{\partial\varphi}{\partial r}=\omega z, & \text{在 } \partial D^f \text{ 上},\\ \omega\left(p^i\varphi^i-p^e\varphi^e\right)=-\dfrac{\gamma_{lv}}{R^2}\left[\dfrac{1}{\sin\theta}\dfrac{\partial}{\partial\theta}\left(\sin\theta\dfrac{\partial z}{\partial\theta}\right)+2z\right], & \text{在 } \partial D^f \text{ 上},\\ \varphi_r=0, & \text{在 } \partial D^s \text{ 上},\\ z=0, & \text{在 } \partial D^s \text{ 上}.\\ \displaystyle\int_0^\pi z\sin\theta\mathrm{d}\theta=0. \end{cases} \tag{9-58}$$

(2) 速度势求解

引入变量 $\psi=\cos\theta$, $z(\psi)$ 是 $L^2(-1,1)$ 空间上的平方可积函数. 转化为 Neumann 问题:

$$\begin{cases}\nabla^2\varphi=0, & \text{在 } D \text{ 上},\\ \dfrac{\partial\varphi}{\partial r}=\omega z, & \text{在 } \partial D^f \text{ 上},\\ \varphi^e\to 0, & \text{当 } r\to\infty.\end{cases} \tag{9-59}$$

解为

$$\begin{cases} \varphi^i(r,\psi)=\omega R\left(\varphi_0+\displaystyle\sum_{k=1}^{\infty}\frac{\varphi_k}{k}\frac{r^k}{R^k}P_k(\psi)\right), \\ \varphi^e(r,\psi)=-\omega R\displaystyle\sum_{k=1}^{\infty}\frac{\varphi_k}{k+1}\frac{R^{k+1}}{r^{k+1}}P_k(\psi), \end{cases} \tag{9-60}$$

其中 $P_k(\psi)$ 是 k 阶 Legendre 多项式, φ_0 是常数, $\varphi_k=\langle z,P_k\rangle/\langle P_k,P_k\rangle$, $\langle f,g\rangle=\displaystyle\int_{-1}^{1}fg\mathrm{d}\psi$, 其中在 $L^2(-1,1)$ 上, $\langle P_k,P_k\rangle=2/(2k+1)$.

(3) 表面变形的积分方程

自由表面变形满足式 (9-58) 中的第三项, 当取代换 $\psi=\cos\theta$ 形式变为

$$\begin{aligned} &\frac{\partial}{\partial\psi}\left[\left(1-\psi^2\right)\frac{\partial z}{\partial\psi}\right]+2z=f(\psi) \\ =&-\frac{\rho^i\omega R^2}{\gamma_{lv}}\left[\varphi^i(R,\psi)-\frac{\rho^e}{\rho^i}\varphi^e(R,\psi)\right],\quad a\leqslant\psi\leqslant 1, \end{aligned} \tag{9-61}$$

边界条件为 $z(a)=0$. 方程 (9-61) 的解可由 Green 函数法得到. 当 $f(\psi)=0$ 时, 齐次方程 $\dfrac{\partial}{\partial\psi}\left[\left(1-\psi^2\right)\dfrac{\partial z}{\partial\psi}\right]+2z=0$ 的两个线性无关解:

$$\begin{cases} P_1(\psi)=\psi, \\ Q_1(\psi)=\dfrac{1}{2}\psi\ln\dfrac{1+\psi}{1-\psi}-1, \end{cases} \tag{9-62}$$

方程的解可表示为

$$\frac{\partial z}{\partial\psi}=\int_a^1 G(\psi,\tau)f(\tau)\mathrm{d}\tau,\quad a\leqslant\psi\leqslant 1. \tag{9-63}$$

当 $a\to 0$ 或 $a\to -1$ 时, Green 函数发散, 这里不考虑这种情况. 其中 Green 函数可由下式表示:

$$G(\psi,\tau)=\begin{cases} P_1(\tau)\left[\dfrac{Q_1(a)}{a}P_1(\psi)-\dfrac{P_1(a)}{a}Q_1(\psi)\right],\quad a\leqslant\psi\leqslant\tau\leqslant 1, \\ P_1(\psi)\left[\dfrac{Q_1(a)}{a}P_1(\tau)-\dfrac{P_1(a)}{a}Q_1(\tau)\right],\quad a\leqslant\tau\leqslant\psi\leqslant 1. \end{cases} \tag{9-64}$$

当 $1\leqslant\psi\leqslant a$ 时, 由边界条件式 (9-51) 可知 $z(\psi)=0$, 方程 (9-63) 则表示为

$$z(\psi)=\int_{-1}^{1}G(\psi,\tau)f(\tau)\mathrm{d}\tau. \tag{9-65}$$

(4) 特征值问题

通过方程 (9-63), $f(\tau)$ 可由下式表示:

$$f(\psi)=-\frac{1}{\lambda}\left[\varphi_0+\int_{-1}^{1}\Gamma(\psi,\tau)z(\tau)\mathrm{d}\tau\right], \tag{9-66}$$

其中 $\lambda=\gamma_{lv}/\left(\rho^i\omega R^2\right)$, $\Gamma(\psi,\tau)=\sum\limits_{k=1}^{\infty}\frac{2k+1}{2}\left[\frac{1}{k}+\frac{\rho^e}{\rho^i}\frac{1}{k+1}\right]P_k(\psi)P_k(\tau)$. 将 $f(\psi)$ 代入方程 (9-64) 中得

$$z(\psi)=-\frac{1}{\lambda}\left[\varphi_0\int_{-1}^{1}G(\psi,\tau)\mathrm{d}\tau+\int_{-1}^{1}\int_{-1}^{1}G(\psi,\tau)\Gamma\left(\tau,\sigma\right)z\left(\sigma\right)\mathrm{d}\sigma\mathrm{d}\tau\right], \tag{9-67}$$

其中 φ_0 可以由质量守恒式 (9-54) 得到

$$\varphi_0=\frac{\displaystyle\int_{-1}^{1}\int_{-1}^{1}\int_{-1}^{1}G(v,\tau)\Gamma(\tau,\sigma)z(\sigma)\mathrm{d}v\mathrm{d}\sigma\mathrm{d}\tau}{\displaystyle\int_{-1}^{1}\int_{-1}^{1}G(v,\tau)\mathrm{d}v\mathrm{d}\tau}, \tag{9-68}$$

式 (9-67) 可表示为

$$\lambda z(\psi)=\int_{-1}^{1}K(\psi,\sigma)z\left(\sigma\right)\mathrm{d}\sigma\quad(-1\leqslant\psi\leqslant 1), \tag{9-69}$$

其中

$$K\left(\psi,\sigma\right)=\frac{\displaystyle\int_{-1}^{1}\int_{-1}^{1}\int_{-1}^{1}G(\psi,\varepsilon)G(v,\tau)\Gamma(\tau,\sigma)\mathrm{d}\tau\mathrm{d}v\mathrm{d}\varepsilon}{\displaystyle\int_{-1}^{1}\int_{-1}^{1}G(v,\tau)\mathrm{d}v\mathrm{d}\tau}-\int_{-1}^{1}G(\psi,\tau)\Gamma(\tau,\sigma)\mathrm{d}\tau. \tag{9-70}$$

将 $z(\psi)$ 和 $K\left(\psi,\sigma\right)$ 展开为 Legendre 多项式:

$$\begin{cases} z(\psi)=\sum\limits_{k=1}^{\infty}z_kP_k(\psi), \quad z_k=\dfrac{\langle z,P_k\rangle}{\langle P_k,P_k\rangle}, \\ K(\psi,\sigma)=\sum\limits_{h,l=1}^{\infty}K_{hl}P_h(\psi)P_l(\sigma), \end{cases} \tag{9-71}$$

其中系数 K_{hl} 可由对应的展开式得出

$$G(\psi,\sigma)=\sum_{h,l=0}^{\infty}G_{hl}P_h(\psi)P_l(\sigma). \tag{9-72}$$

由式 (9-63) 可得

$$G_{hl}=G_{lh}=\frac{\langle\langle G,P_h\rangle,P_l\rangle}{\langle P_h,P_h\rangle\langle P_l,P_l\rangle}$$

$$=\frac{(2h+1)(2l+1)}{4}\int_a^1\int_a^1 G(\psi,\sigma)P_h(\psi)P_l(\sigma)\mathrm{d}\psi\mathrm{d}\sigma. \tag{9-73}$$

将式 (9-72), (9-73) 及 $\Gamma(\psi,\tau)=\sum\limits_{k=1}^{\infty}\frac{2k+1}{2}\left[\frac{1}{k}+\frac{\rho^e}{\rho^i}\frac{1}{k+1}\right]P_k(\psi)P_k(\tau)$ 代入 (9-70) 式得

$$K_{hl}=\left(\frac{G_{0l}G_{h0}}{G_{00}}-G_{lh}\right)\left(\frac{1}{l}+\frac{\rho^e}{\rho^i(l+1)}\right). \tag{9-74}$$

由式 (9-70) 和 (9-71) 可得

$$\lambda z_h=\sum_{l=1}^{\infty}\left[\frac{2}{2l+1}\left(\frac{G_{h0}G_{0l}}{G_{00}}-G_{lh}\right)\left(\frac{1}{l}+\frac{1}{l+1}\right)\right]z_l. \tag{9-75}$$

设 $x_h=z_h\sqrt{\left(\frac{1}{h}+\frac{\rho^e}{\rho^i}\frac{1}{h+1}\right)/(2h+1)}$, 可得

$$\lambda x_h=\sum_{k=1}^{\infty}A_{hk}x_k, \tag{9-76}$$

其中:

$$A_{hk}=A_{kh}=2\left(\frac{G_{h0}G_{0k}}{G_{00}}-G_{hk}\right)\sqrt{\frac{\left(\frac{1}{h}+\frac{\rho^e}{\rho^i}\frac{1}{h+1}\right)}{2h+1}\frac{\left(\frac{1}{k}+\frac{\rho^e}{\rho^i}\frac{1}{k+1}\right)}{2k+1}}. \tag{9-77}$$

通过 Legendre 多项式的性质以及上式可得

$$\begin{aligned}G_{hk}=&\frac{(2h+1)(2k+1)}{4}\left\{\left[\int_a^1 P_1(\tau)P_k(\tau)\mathrm{d}\tau\right]\right.\\&\cdot\left[\int_a^1\left(\frac{Q_1(a)}{a}P_1(\psi)-\frac{P_1(a)}{a}Q_1(\psi)\right)P_h(\psi)\mathrm{d}\psi\right]\\&+\frac{P_1(a)}{a}\int_a^1\left[P_k(\tau)P_1(\tau)\int_\tau^1 Q_1(\psi)P_h(\psi)\mathrm{d}\psi\right.\\&\left.\left.-Q_1(\tau)P_k(\tau)\int_\tau^1 P_1(\psi)P_h(\psi)\mathrm{d}\psi\right]\mathrm{d}\tau\right\}.\end{aligned} \tag{9-78}$$

当 $h\neq 1$ 时, 可简化为

$$G_{hk}=G_{kh}=\frac{(2h+1)(2k+1)}{4}\frac{P_h(a)\int_a^1 P_1(\tau)P_k(\tau)\mathrm{d}\tau-P_1(a)\int_a^1 P_h(\tau)P_k(\tau)\mathrm{d}\tau}{a\left[h(h+1)-2\right]}, \tag{9-79}$$

在确定各个系数后, 即可确定基底润湿性对液滴振动的影响.

图 9.19 是液滴外围为空气的计算结果, 从该图可知, 当取 PDMS 接触角为 120° 时, 振动周期约为 12 ms. 这同实验中的 10 ms 左右比较符合.

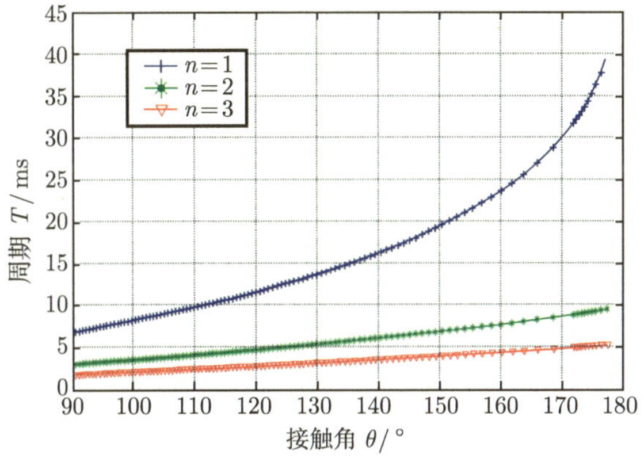

图 9.19 基底润湿性对液滴振动不同模态的影响

9.4 绝缘膜击穿动态过程的观测

电润湿实验中经常遇到的问题是当电压足够大时, 绝缘膜就会被击穿. 绝缘膜发生电击穿和液滴三相接触点处的电场奇异性有密切关系 (公式 (9-21)). 图 9.20 给出了当所施加的电压足够大时, 绝缘膜发生的 “树状” 击穿 (breakdown). 绝缘膜发生电击穿的临界电压 V_{BD} 是电润湿实验中的重要设计参数.

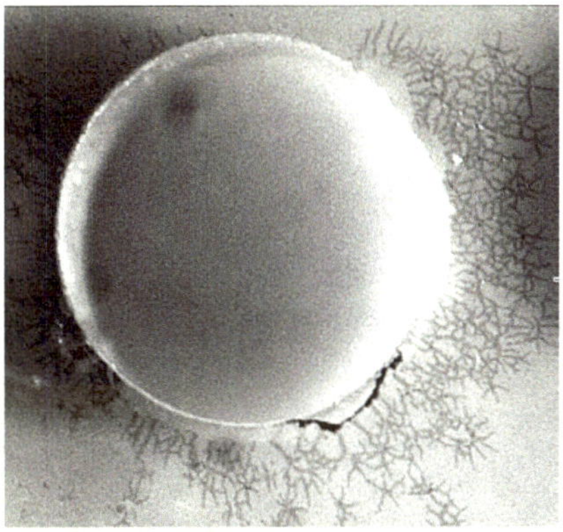

图 9.20 电润湿中绝缘膜 “树状” 击穿[1]

Moon 等[22] 研究了 EWOD 中常用的绝缘膜 Teflon 的电润湿行为和电击穿

阈值电压之间的关系. 表明：电润湿要求所达到的亲水角的改变值 $\Delta\theta$ 与绝缘膜的膜厚的开方成比例 (接触角范围：120° ~ 80°), 从 Lippmann-Young 方程 (9-5) 式可知

$$\cos\theta_a-\cos\theta_0=\frac{\varepsilon\varepsilon_0U^2}{2d\gamma_{lv}}, \tag{9-80}$$

式中 θ_a 为电润湿时的 Lippmann 接触角, θ_0 为静态接触角. 由上式可获得电润湿的所需电压和绝缘层膜厚的关系：

$$U_{\rm EW}=\sqrt{\frac{2d\gamma_{lv}}{\varepsilon\varepsilon_0}\left(\cos\theta_a-\cos\theta_0\right)}\sim\sqrt{d}. \tag{9-81}$$

Moon 等[22] 的研究还表明, 绝缘膜的电击穿电压和膜厚成正比 (图 9.21 中的直线). 从图 9.21 可看出, 当绝缘膜的膜厚太薄时, 电击穿首先发生, 此时不能获得所期待的电润湿效果.

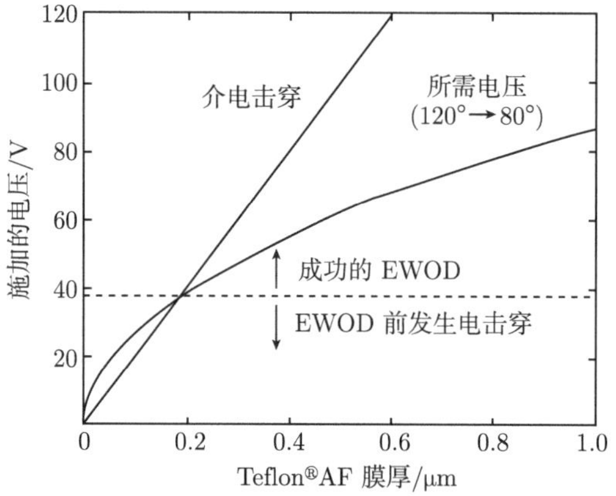

图 9.21　Teflon 绝缘膜的电润湿和电击穿行为[22]

绝缘膜的电击穿被认为存在一个临界电场强度 $E_{\rm BD}$, 因此电击穿的阈值电压为和膜厚成正比的如下线性关系：

$$U_{\rm BD}=E_{\rm BD}d. \tag{9-82}$$

一些典型材料的临界击穿电场强度 $E_{\rm BD}$ 由表 9.1 给出.

表 9.1　一些典型材料的临界击穿电场强度[1]

材料	石蜡	油	Teflon	玻璃	云母
$E_{\rm BD}$/(V/μm)	10	15	59	100	197

本书著者课题组也从实验上获得了 PDMS 绝缘膜的膜厚和电击穿电压之间的关系. PDMS 膜厚同临界击穿电压的关系如表 9.2 所示.

表 9.2 临界击穿电压同 PDMS 膜厚的关系

旋涂速度/(转/分钟)	膜厚/μm	击穿电压/V
3000	11.7	664
4000	7.6	320
5000	4.8	228

表 9.2 中数据显示, 介质层击穿临界电压随着 PDMS 膜厚的增加而增加, 其临界击穿电场强度在 42 V/μm~57 V/μm 之间. 整个击穿的动态过程如图 9.22 所示. 击穿过程中会出现短暂的电流并产生热量. 液滴迅速升温, 由于电解和液滴的沸腾会产生许多气泡. 事实上, 许多因素都会影响绝缘膜的击穿临界电压, 比如电极同液滴的接触时间、电极同绝缘膜的距离、绝缘膜本身的性质等. Papathanasiou 等还研究了电润湿饱和与绝缘层电击穿之间的关系[23,24].

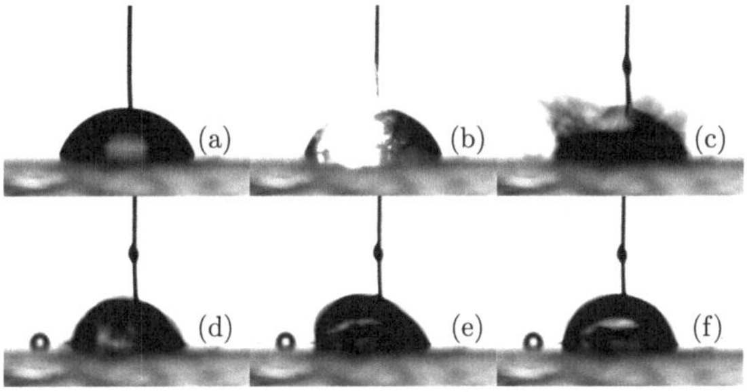

图 9.22 击穿的动态过程, 每张图的时间间隔为 5 ms, 整个过程约为 30 ms[18]

接触模式可以有效地防止击穿的发生, 同样 4.8 μm 厚的 PDMS 膜, 普通模式的电润湿过程中击穿临界电压约为 228 V, 而接触模式则为 800 V 以上. 这是由于击穿电压受电极同基底的距离、接触时间等因素的影响, 而接触模式当中, 电极同基底之间距离较大, 而且电极同液滴的接触时间非常短, 所以可以大大提高临界击穿电压. 同样接触时间短致使液滴受到电极的污染可能性减小.

虽然国际上很多课题组从实验上研究了绝缘膜的电击穿行为, 但电击穿机理仍然有待进一步深入研究.

9.5 电场作用下荷叶上的液滴启动

电润湿启动液滴由于具有方法简单、响应时间快等特点, 在数字式微流系统 (digital microfluidics) 中得到了广泛的应用. 外场 (热场、电场、化学场等) 作用下, 液滴是如何启动的? 有的文献认为是滚动, 有的文献则认为液滴启动是滚动和滑动的复合运动. 因此, 目前国际上对液滴的启动机理仍缺乏统一认识.

冯江涛、王奉超和赵亚溥从实验上开展了荷叶表面液滴的电润湿的启动的研究[25]. 荷叶表面被广泛地认为是超疏水表面.

9.5.1 实验装置和材料制备

电润湿装置如图 9.23 所示. 其中包括铂丝电极、底板电极、微操纵台、荷叶、直流电源、导电液体、接触角测量仪 (OCA20, Dataphysics 公司, 德国, 精度 $\pm 0.1°$)、高速摄影装置. 当施加电压时, 正负电极、导电液滴、直流电源同荷叶之间形成一个通路, 电流通过荷叶在其表面产生电势的梯度. 通过电势的梯度使液滴的两边不对称变形. 由于变形的不对称造成左右两边 Young-Laplace 压力不同进而产生 Young-Laplace 压力差. 这个压力差产生的电润湿力最终克服阻力启动了液滴, 如图 9.24 所示.

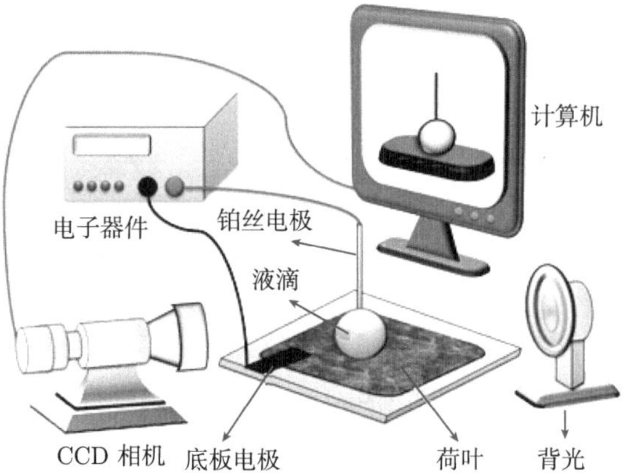

图 9.23 荷叶表面液滴启动装置示意图

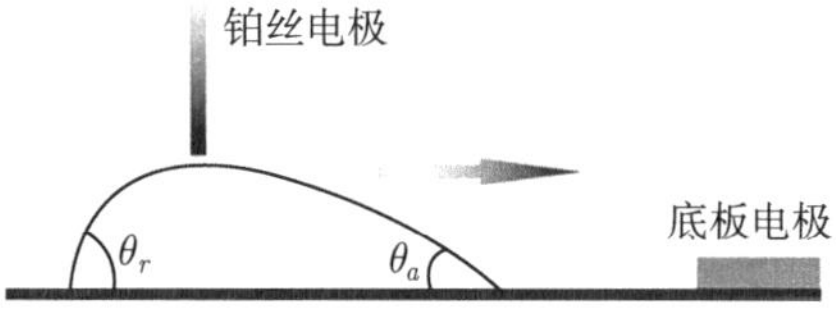

图 9.24 Laplace 压力差导致液滴运动

使用扫描电子显微镜 (SEM) 对荷叶表面以及背面进行了扫描, 如图 9.25 所示. 荷叶表面有许多微小的突起, 其半径大约为 4 μm. 叶脉的高度约为 1 mm. 使用万用表对荷叶上两点间电阻进行测量得到表 9.3. 从表 9.3 可以看到, 荷叶具有导电性, 但是电阻很大是一种不良导体.

选用 0.1 mol/L 氯化钾溶液作为导电液体, 液滴的体积约为 3 微升. 此条件下的 Bond 数 $\sqrt{g\rho d^2/4\gamma_{lv}} \approx 0.37$, 其中液滴直径: $d \cong 2 \times 10^{-3}$ m, 液–气界面张

力: $\gamma_{lv} = 72 \times 10^{-3}$ N/m, 液体密度: $\rho \approx 10^3$ kg/m^3, 这里采用的液体参数均为室温 25°C 下的参数. 由于 Bond 数小于 1, 可以在计算时忽略重力效应. 荷叶正面的接触角为 159° 而其背面的接触角为 141° (为 6 个测量值的平均值).

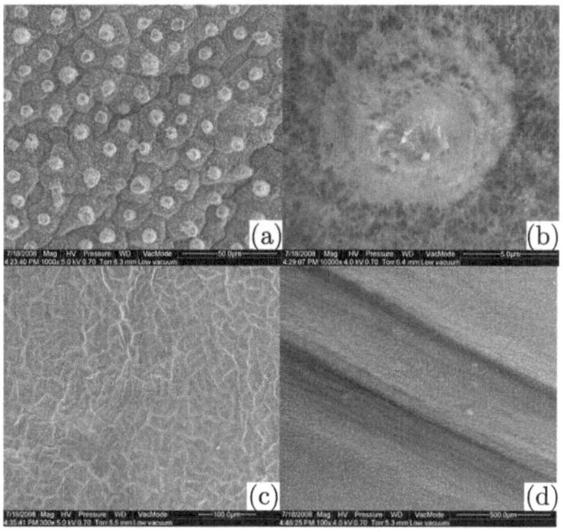

图 9.25 (a) 为荷叶表面微小的突起; (b) 微小突起的放大图; (c) 荷叶背面的形貌; (d) 叶脉

表 9.3 荷叶表面上两点间电阻同距离之间的关系

两点间距离/cm	电阻/MΩ
1	4.16
2	5.86
3	7.47

9.5.2 通过电势梯度实现液滴的启动

在施加电压的情况下, 荷叶表面会有微弱电流通过, 进而在荷叶表面产生电势梯度. 电场方向为由液滴指向底电极方向. 用电压为 150 V 下的情况作为示例来说明整个液滴的启动过程. 图 9.26 是由 SONY 摄像机拍摄的液滴启动过程, 其每幅

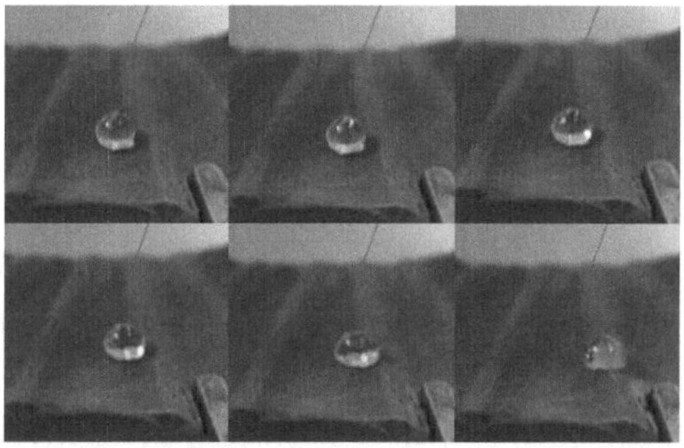

图 9.26 液滴启动过程, 每图时间间隔为 200 ms

图的时间间隔为 200 ms. 从图中可以看出, 液滴启动完成后爬上了叶脉. 叶脉相对荷叶叶面的高度约为 1.3 mm. Maxwell 应力在液滴三相接触线处所形成的合力以及分力由 (9-24) 和 (9-25) 两式给出.

当施加电压时, 由于 Maxwell 应力水平分量的作用, 液滴接触角将会减小. 而荷叶上的电润湿同普通电润湿不同, 基底并非一个等电势面. 电势的梯度造成了液滴的不对称变形, 进而产生了 Young-Laplace 压力差, 称之为电润湿力. 从另一个角度来说这个电润湿力也是电场作用下 Maxwell 应力的集中体现.

下面将分别介绍荷叶正反面的液滴启动情况. 图 9.27 (每张图片的时间间隔为 10 ms) 显示了荷叶正面的液滴启动情况. 将其过程分为两步:

- 第一步: 增加电压至 150 V.
- 第二步: 提升样品台使得液滴同电极相接触. 这时正负电极、导电液滴、直流电源同荷叶之间形成一个通路, 电流通过荷叶在其表面产生电势的梯度. 通过电势的梯度使液滴的两边不对称变形. 由于变形的不对称造成左右两边 Laplace 压力不同进而产生 Laplace 压力差. 这个压力差产生的电润湿力最终克服阻力启动了液滴. 在电压的作用下液滴的前进角从 154° 跳变到 114°. 这个跳变过程是一个非稳态过程. 其特征时间约为 10 ms 量级. 这个量级也是采用同种尺度液滴的电润湿器件响应时间的量级. 当液滴停止振动后, 液滴的接触角逐渐从 114° 恢复到 124°. 这可能是由液滴中的残余电荷通过荷叶释放出去造成的.

图 9.28 (每张图片的时间间隔为 10 ms) 显示了荷叶背面的液滴启动情况, 施加电压为 150 V. 将启动过程分为两步:

图 9.27　荷叶正面的液滴启动过程

图 9.28　荷叶背面的液滴启动过程

- 第一步: 施加直流电压 150 V.
- 第二步: 提升样品台使得液滴同电极相接触. 电流通过荷叶在其表面产生电势的梯度. 通过电势的梯度使液滴的两边不对称变形. 在电压的作用下液滴的前进角从 141° 跳变到 79°. 这个跳变过程是一个非稳态过程. 其特征时间约为 10 ms 量级. 当液滴停止振动后, 由于液滴中残余电荷的释放, 液滴的接触角逐渐从 79° 恢复到 96°.

当施加电压超过 300 V 时, 液滴会出现多次失稳的现象. 在此使用电压为 400 V 的情况为例来说明两次失稳的情况, 如图 9.29 和图 9.30 所示, 每张图的时间间隔均为 10 ms.

图 9.29 第一次失稳过程

图 9.30 第二次失稳过程

将整个过程分为三个部分:

- 第一步: 升高直流电源的电压至 400 V.
- 第二步: 提升样品台使得液滴同电极第一次相接触. 电流通过荷叶在其表面产生电势的梯度. 通过电势的梯度使液滴的两边不对称变形. 在电压的作用下液滴的前进角从 155° 跳变到 104°. 这个接触角的跳变过程是一个特征时间为 10 ms 量级的非稳态过程. 当液滴停止振动后, 由于液滴中残余电荷的释放, 液滴的接触角逐渐从 104° 恢复到 107°.
- 第三步: 由于第一次液滴移动了一定距离, 此时铂丝电极偏离了液滴的正上方. 水平移动样品台使得铂丝电极处于液滴的正上方, 然后提升样品台使得液滴第二次同铂丝电极相接触. 接触角从 107° 跳变到 84°. 同前, 该跳变过程持续约 10 ms. 当液滴停止振动后, 由于液滴中残余电荷的释放, 液滴的接触角逐渐从 84° 恢复到 97°.

当电压在 400 V 左右时, 由于通过荷叶的电流较大, 将会产生大量的热量. 荷叶中的水分会被蒸发致使荷叶脱水并变黄 (类似于其他绝缘膜的电击穿). 这种情况下的荷叶表面如图 9.31 所示.

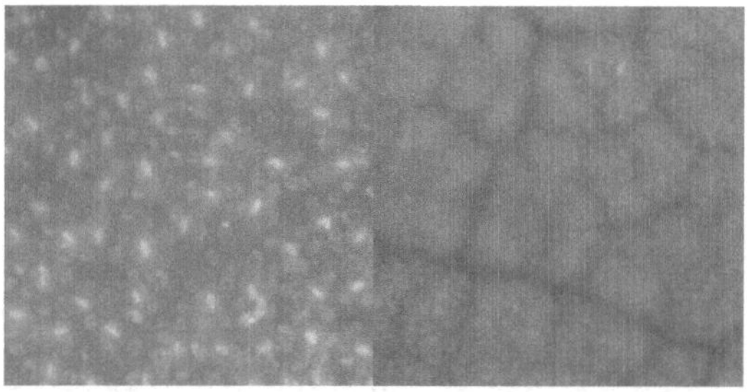

图 9.31 较高的电压 (400 V) 使荷叶发生脱水

9.5.3　结果分析

液滴启动的驱动力为电润湿力 F_{elec} 的水平分量, 阻力则包括: 黏性阻力 F_{viscous}, 由于接触角滞后产生的阻力 F_f, 电极同液滴的相互作用力 F_{drag}. 其中电润湿的水平分量可以表示为下式:

$$F_{\text{elec}} \approx 2r\gamma_{lv}\left(\cos\theta_a - \cos\theta_r\right), \tag{9-83}$$

其中 r 是液滴同荷叶接触区域的半径, $\gamma_{lv} \approx 72\times10^{-3}$ N/m (室温 25°C) 是导电液滴的表面张力的近似值, θ_a 和 θ_r 分别为施加电压后的前进角和后退角. 在开放的电润湿系统中, 黏性阻力 F_{viscous} 可以由下式描述:

$$F_{\text{viscous}} \approx \pi r^2 \tau_w, \tag{9-84}$$

其中剪切应力 τ_w 的近似表达式为[1]

$$\tau_w \approx \frac{5\eta v_{\text{open}}}{2h}, \tag{9-85}$$

其中 $h \approx 2$ mm 是液滴的高度, $\eta \approx 0.89\times10^{-3}$ Pa · s 是 25°C 液滴的黏度. 另外一个阻力 F_f 为接触角滞后引起的. 可由下式近似的估算:

$$\begin{aligned} F_f &\approx 2r\gamma_{lv}(\cos\theta_{r0} - \cos\theta_{a0}) = 4r\gamma_{lv}\sin\left(\frac{\theta_{r0}+\theta_{a0}}{2}\right)\sin\left(\frac{\theta_{a0}-\theta_{r0}}{2}\right) \\ &= 4r\gamma_{lv}\sin\left(\frac{\theta_{r0}+\theta_{a0}}{2}\right)\sin 1.5^\circ, \end{aligned} \tag{9-86}$$

其中 θ_{a0} 和 θ_{r0} 分别为未施加电压时的前进角和后退角. 由于荷叶的接触角滞后只有 3° 而 $(\theta_{r0}+\theta_{a0})/2$ 大约为 155°, F_f 远小于 F_{elec}. Pt 电极同液滴的相互作用力可以由下式来描述:

$$F_{\text{viscous}} \approx \pi D_{\text{Pt}}\gamma_{lv}, \tag{9-87}$$

其中铂丝电极的直径 $D_{\text{Pt}} \approx 120$ μm.

液滴的启动力为

$$F_a = F_{\text{elec}} - (F_f + F_{\text{viscous}} + F_{\text{drag}}) > 0, \tag{9-88}$$

故能够满足实现液滴启动的要求. 质量为 m 液滴的启动速度可以由下式来估算:

$$v_{\text{open}} = \int_0^\tau a\mathrm{d}t \approx \int_0^\tau \frac{F_a(t)}{m}\mathrm{d}t, \tag{9-89}$$

其中 τ 为在 10 ms 的量级启动时间, a 是由启动力引起的加速度.

图 9.32 表示了液滴同电极接触后前进角和后退角随时间的变化关系 (电压 150 V), 通过图 9.32 可近似得到 $F_a(t)$. 由方程 (9-89) 得到的理论解 v_{open} 大致为

55 mm/s 而实验观测到的液滴启动速度约为 30 mm/s. 理论解在一定程度能够解释实验结果.

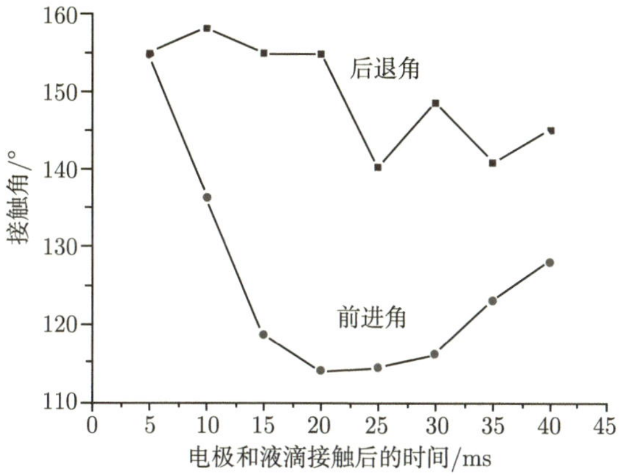

图 9.32 电极和液滴接触后的接触角随时间变化曲线

分别测量了电压 50 V、80 V、100 V、150 V、400 V 的液滴启动情况. 其中电压为 100 V、150 V、400 V 的情况实现了液滴的启动. 在电压为 50 V 和 80 V 的情况下, 液滴不能实现启动而且由于电解作用会产生大量气泡. 荷叶单位面积上的电容可以通过临界启动电压由下式来估算:

$$\frac{C}{2\gamma_{lv}}V_{\min}^2=\frac{\alpha}{1-\alpha}\left[\sin\theta(V_{\min})+\sin\theta_0\right], \tag{9-90}$$

其中 C 为荷叶单位面积上的电容大小, $V_{\min}$ 为临界启动电压, θ_0 为没有施加电压的荷叶接触角, α 为接触角滞后. 在 $\theta(V_{\min})\approx\theta_0$ 和 α 足够小的情况下, 方程 (9-90) 可以简写为

$$C\approx\frac{4\gamma_{lv}\alpha\sin\theta_0}{V_{\min}^2}, \tag{9-91}$$

通过方程 (9-91) 可以估算出荷叶表面单位面积上的电容 C 为 0.63 μF/m^2.

9.6 纳米电润湿中的标度律和前驱膜

袁泉子和赵亚溥应用分子动力学模拟, 研究了亲水基底上电润湿的标度律和前驱膜的物理力学行为[26].

对于亲水平面上微液滴的润湿和电润湿过程, 通过 LAMMPS 程序来执行 MD 模拟, 在 300 K 的固定温度下, 探索在亲水的金基底上前驱膜在动态润湿中的输运性质. 采用 SPC/E 水模型[27](附录 B), 金原子模拟为 Lennard-Jones 粒子, 参数

设置为 $\sigma_{\text{Au-Au}} = 0.264$ nm, $\varepsilon_{\text{Au-Au}} = 42.572$ kJ/mol. 当 O-O 距离小于 3.5 Å 且 O-H···O 角大于 100° 时, 水分子之间形成氢键.

如图 9.33 所示, 固定的金表面 (每层 180 个金原子)、圆柱形二维液滴 (直径: 4 nm)、顶部一层固定的金原子 (180 个金原子). 红色小球表示氧原子、白色小球表示氢原子、黄色小球表示金原子. 上下两层金原子之间的距离为 10 nm. 首先, 液滴在金基底上铺展, 直到达到一个平衡态, 这与实验观测到的平衡构型是一致的[28,29]. 然后, 为了模拟真实电润湿的实验设置, 金基底的最上一层和顶部的一层分别被设置成带电 –1.8~–90 e 和 1.8~90 e. 这样就可以就算出计算区域内的电场: $E = Q/(A\varepsilon_0\varepsilon)$, 沿着 $-y$ 方向. Q 表示每一层的电荷, A 表示每一层的面积, ε_0 表示真空介电常数, ε 表示水的介电常数. 电场 E 从 0.0275 V/nm 变化到 1.36 V/nm, 这与纯水的电润湿实验设置中的电场强度在一个量级[3]. MD 的模拟时间和时间步长都仔细地选择, 可以兼顾到液滴和水分子的行为.

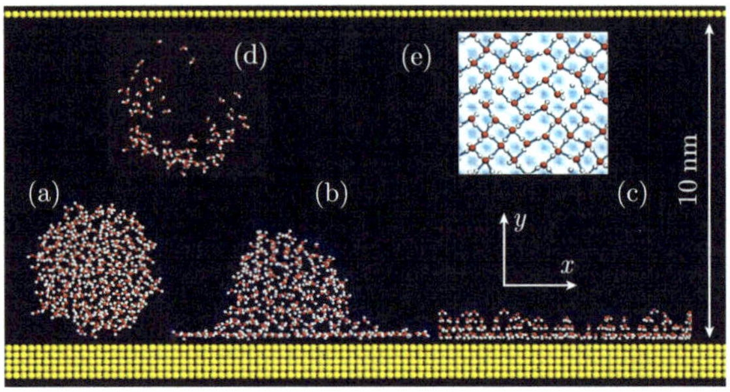

图 9.33　(a) 初始构型; (b) 液滴自由润湿的构型; (c) 液滴在电场下完全润湿的构型; (d) 在 (b) 中构成前驱膜的水分子在 (a) 中的位置; (e) 前驱膜中二维的氢键网络. 蓝色虚线表示氢键. 背景的蓝色和白色表示金基底势能表面的峰和谷

如图 9.34 所示, 在液滴自由铺展时, 前驱膜 (高度: 3 Å) 的铺展很快, 符合标度律: $R \sim t^{0.1554}$. 这与实验观测到的 $R \sim t^{1/7}$ 现象是一致的[30]. 更进一步, 可采用

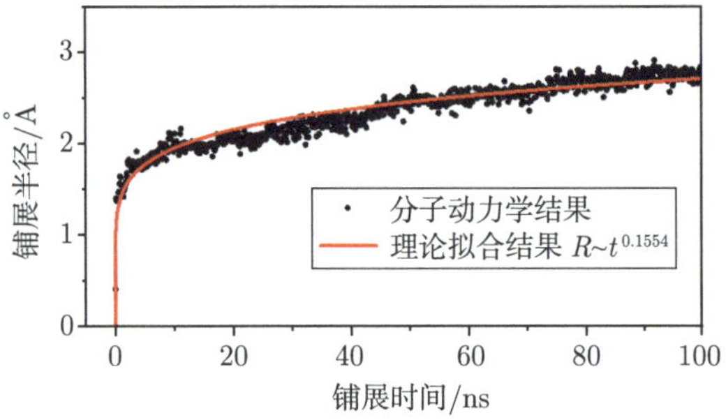

图 9.34　液滴润湿过程中, 前驱膜的铺展半径 R 随着铺展时间 t 的变化

本书 7.8 节介绍过的由 Erying 等提出的分子动理论 (MKT) 来解释这些现象的物理机制. 在间隔距离为 λ 的表面金原子位点之间振动的水分子处于平衡态时, 平衡振动频率为 κ_0. 当液滴受到外力, 水分子向前振动的频率将大于向后振动的频率. 于是, 可以得到水分子的前进速度 $v = 2\kappa_0\lambda\sinh[w/(2nk_{\rm B}T)]$, 其中 w 是单位面积的驱动功、n 是固体金表面的位点密度.

对于液滴铺展的情况, Blake 和 Haynes 未考虑前驱膜的影响, 认为是界面能的相互竞争驱动了液滴, 得到 $w = \gamma_{lv}(\cos\theta_0 - \cos\theta)$[31], 其中 θ_0 和 θ 分别表示液滴的平衡时和动态接触角. 这样, 对于二维的圆柱形液滴, 不考虑液滴蒸发时, 如果 θ 趋近于 0, 标度律为 $R \sim t^{1/5}$. 但是, 当液滴很小时, w 变得非常复杂. Derjaguin 和 Churaev 从分子间相互作用出发[32], 给出了考虑分离压力的铺展液滴的驱动功: $w = w_{\rm vdW} + w_{\rm P} + w_{\rm S}$. 其中, $w_{\rm vdW}$ 是 vdW 相互作用引起的功, $w_{\rm P}$ 是水分子之间极性相互作用引起的功, $w_{\rm S}$ 是前驱膜与体态水结构不同引起的功. 在电润湿中, 使用附加的平均电场能 $w_{\rm E}$ 来描述电场矢量和偶极矢量之间的相互作用 $w_{\rm E} \sim \sum\limits_i\{-|\boldsymbol{E}|\times|\boldsymbol{\mu}_{\rm i}|\times L[|\boldsymbol{E}|\times|\boldsymbol{\mu}_{\rm i}|/(k_{\rm B}T)]\}$, 其中 $|\cdot|$ 表示向量的模, $L(x)$ 是 Langevin 函数[33], 见本书 (5-27) 式的相关说明. 则润湿和电润湿中的控制方程可写为

$$v = 2\kappa_0\lambda\sinh\left(\frac{w_{\rm vdW} + w_{\rm P} + w_{\rm S} + w_{\rm E}}{2nk_{\rm B}T}\right), \tag{9-92}$$

对于 $w_{\rm vdW} + w_{\rm P} + w_{\rm S} + w_{\rm E} \ll nk_{\rm B}T$ 的情况, $v \sim (w_{\rm vdW} + w_{\rm P} + w_{\rm S} + w_{\rm E})/\zeta_0$, 其中

$$\zeta_0 = \frac{nk_{\rm B}T}{\kappa_0\lambda} \tag{9-93}$$

表示单位长度上的摩擦系数. 可使用标度律 $R \sim t^{n(E)}$ 来拟合铺展半径和时间之间的关系[34], 其中 $n(E)$ 随着 E 变化.

如图 9.35 所示, 当 $E = 0.245$ V/nm 时, MD 结果的拟合结果为: $R \sim t^{0.1819}$. 由于水偶极子对于电场的弛豫时间约为 1 ns, 图中出现了一些平台.

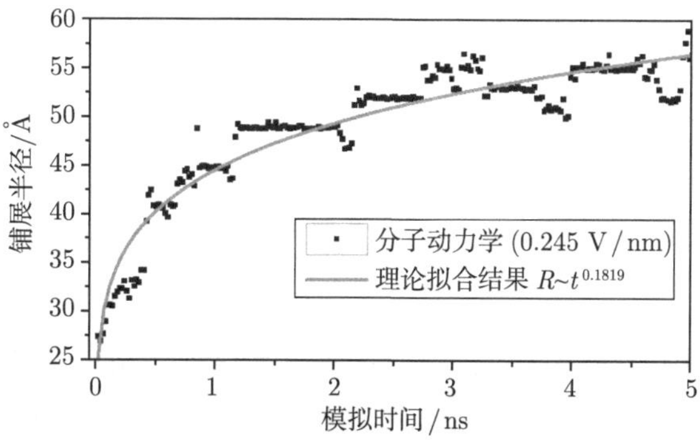

图 9.35 电润湿过程中, 前驱膜铺展半径的时间标度律

图 9.36 显示 $n(E)$ 是随着电场强度 E 变化的关系, 在电场强度约为 0.175 V/nm 和 0.625 V/nm 附近有临界电场 E_c 和饱和电场 E_s, 区分着未发生电润湿、部分润湿和完全润湿三个过程, 和实验观测一致[3].

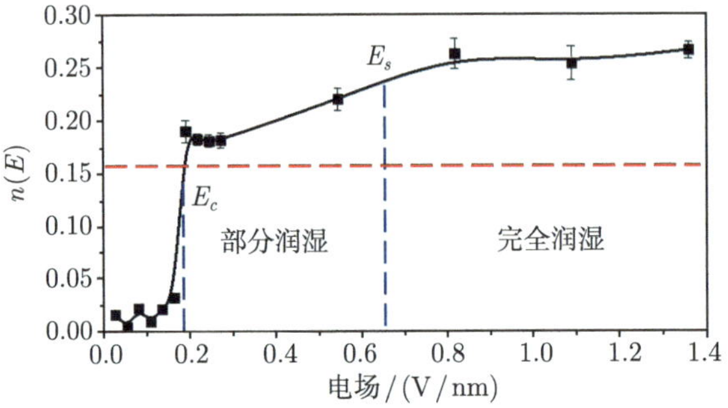

图 9.36 $n(E)$ 随着电场 E 的变化

红线虚线表示 $n = 0.1554$, 液滴自由铺展时的 n. 在电润湿过程中, 左侧的蓝色虚线代表临界电场强度 E_c; 右侧的蓝色虚线代表饱和电场强度 E_s

从上述的讨论中, 可以看到前驱膜的铺展速度很快. 主要结论如下:

1) 观察到最终形成前驱膜的水分子在液滴的初始构型中都是来自液滴的表面. 如果前驱膜滑动铺展, 很难想象是表面的水分子最终形成了前驱膜, 而不是来自体内的水分子最终形成了前驱膜.

2) 如果前驱膜像液体一样铺展, 前驱膜内的平均分子间距应该变小, 来承受更多的压力.

图 9.37 表示在水分子周围的平均局域密度分布. 在润湿情况下, 黑色实线表示的体态水的平均分子间距 d_w 约为 2.675 Å. 此时, 前驱膜内 (红色实线) 的平均分子间距约为 2.715 Å 比体态水的稍大. 随着电场强度的增加, 前驱膜的平均分子间距也增加. 当电场强度为 1.36 V/nm 时, d_w 增加到 2.985 Å.

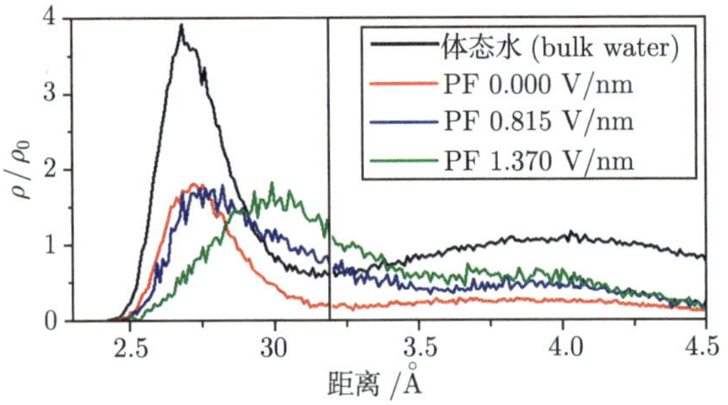

图 9.37 水分子周围的平均局域密度分布 $(\rho/\rho_0, \rho_0 = 1000\ \mathrm{kg/m^3})$. 每条线的第一个峰表示水分子之间的平均分子距离 d_w. 虚线表示金原子之间的平均原子间距 d_g

为了回答这些问题, 模拟过程中跟踪了在液滴铺展过程中的每个水分子, 取其中一些迹线得到了图 9.38. 如果迹线聚集, 表示水分子扩散得很慢; 如果迹线分散, 表示水分子扩散得很快. 液滴分为五个区域:

1) 体态水分子 (灰色) 在热能 $k_{\mathrm{B}}T$ 的作用下随机扩散.

2) 表面水分子 (红色) 移动能力最高. 由于受到的限制最小, 它们在表面上移动得很快.

3) 名义接触线区域的水分子 (橙色) 也移动得很快. 从左侧的橙色区域中, 分子迹线很复杂, 有涡的存在. 需要进一步的研究.

4) 在前驱膜中的水分子 (蓝色) 移动能力最弱. 聚集的迹线表示前驱膜的水分子只在一个位点处振动, 其振幅不超过 3 Å, 很少会离开位点附近和其他区域的水分子交换.

5) 一些水分子 (紫色) 在表面上移动得很快. 一旦它们移动到前驱膜区域, 就被金表面牵制, 速度很快地降低. 直到这些水分子变为前驱膜的一部分, 移动能力变得很弱.

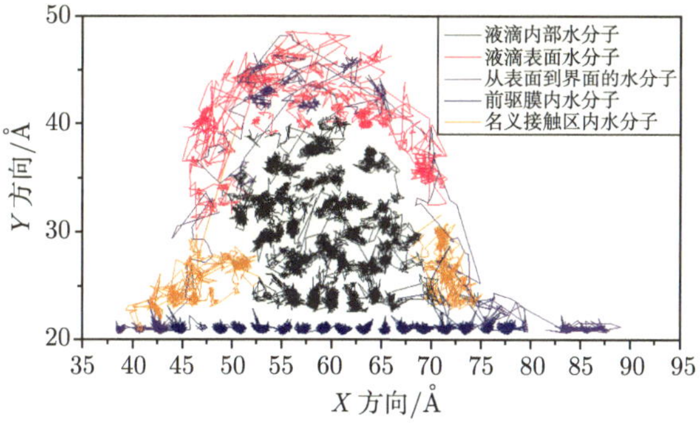

图 9.38 液滴不同区域内水分子的迹线

因为表面水分子连续、快速地扩散到前驱膜的前端, 前驱膜才能快速地铺展而没有很高的能量消耗. 电润湿的水分子迹线与润湿时类似, 也证实了上面的结论. 在表面、体内和名义接触线区域的水分子经常相互交换. 这里, 为了清楚地显示每个水分子的运动轨迹, 图 9.38 没有画出这些交换的过程.

为了对观察到的现象定量化, 通过计算润湿和电润湿过程中水分子的自扩散系数 D 来评估它们的输运性质. 因为在模拟中液滴是二维的圆柱形液滴, 计算中只考虑在 x 和 y 方向上水分子的扩散行为. 通过 Einstein 方程, 计算水分子的均方根位移的斜率来得到二维情况下的自扩散系数:

$$D=\frac{1}{4}\lim_{t\to\infty}\left[\frac{\langle|\boldsymbol{r}(t)-\boldsymbol{r}(0)|^2\rangle}{\Delta t}\right], \tag{9-94}$$

其中符号说明请见本书 (4-48) 式的定义. 前驱膜内的 $D = 1.132 \times 10^{-5}\ \mathrm{cm^2/s}$ (图 9.39 中 $20 \leqslant y \leqslant 22$), 这是体态水 (bulk water) $D = 2.246 \times 10^{-5}\ \mathrm{cm^2/s}$[35] 的 50.4%. 表面区域的自扩散系数是 $7.354\times10^{-5}\ \mathrm{cm^2/s}$, 名义接触线区域的自扩散系数为 $5.434\times10^{-5}\ \mathrm{cm^2/s}$. 施加外电场时, 自扩散系数下降到 $10^{-6}\ \mathrm{cm^2/s}$ 的量级, 约为体态水的 6%. 这些结果证实, 前驱膜显示出受限液体的类固体 (solid-like) 性质.

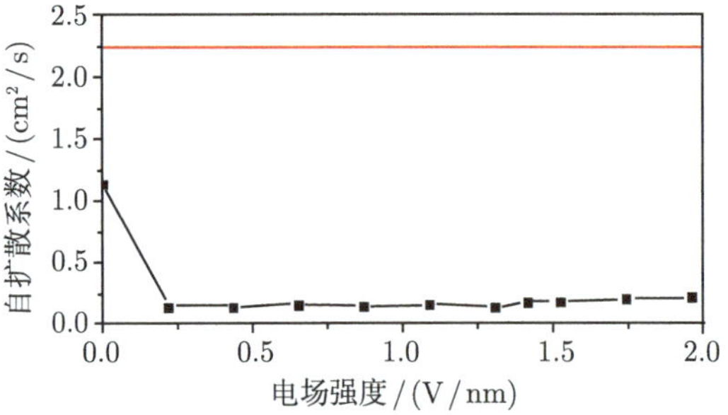

图 9.39 前驱膜内水分子自扩散系数 D 随着电场强度的改变. 红线表示体态水的自扩散系数

从上述的讨论可以看出: 表面水分子连续和快速地扩散到前驱膜的前端导致了前驱膜快速的铺展. 其次, 前驱膜内的平均分子间距为什么随着电场强度的增加而增加? 在润湿中, 前驱膜内的水分子受到基底金原子的 vdW 吸引力; 在电润湿中, 吸引力中又加上了静电力的贡献. 前驱膜内的水分子喜欢处于基底金原子的势阱中, 来降低界面能. 金原子之间的平均原子间距 $d_g = 3.195$ Å 大于 d_w, 导致了 d_w 的增加.

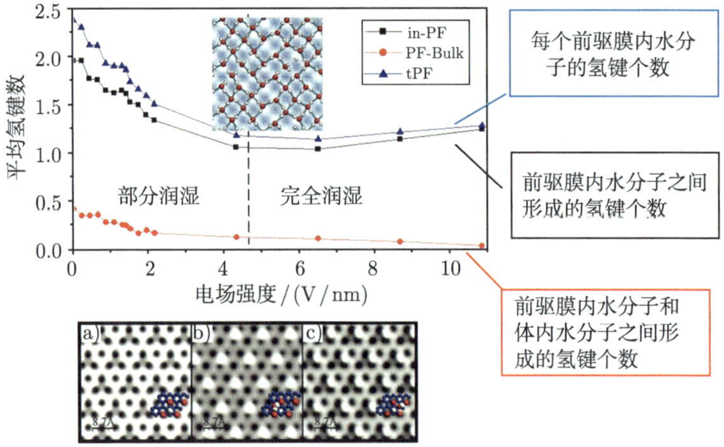

图 9.40 上图: 前驱膜内的平均氢键数; 插图: 前驱膜内水分子构型及其间氢键的 MD 模拟结果; 下图: 前驱膜内水分子构型的第一原理模拟和实验结果[36,37]

前驱膜内独特的氢键网络导致了前驱膜独特的行为. 文献 [26] 计算了下列的平均氢键数:

1) $N_{\text{in-PF}}$ 是前驱膜内水分子和前驱膜内相邻水分子之间氢键数;

2) $N_{\text{PF-Bulk}}$ 是前驱膜内水分子和前驱膜上方水分子之间氢键数;

3) N_{tPF} 是前驱膜内水分子和其他水分子之间形成氢键的总数.

结果如图 9.40 所示: $N_{\text{in-PF}}$ 占了 N_{tPF} 的 89.8±7.4%, 说明在前驱膜内形成了二维的氢键网络, 该现象被实验[36,37] 所证实. $N_{\text{PF-Bulk}}$ 占了 N_{tPF} 的 17.67%, 说明前驱膜内的水分子有一些悬键, 而与其上的水分子相互作用很小. 前驱膜内的二维氢键网络主导着前驱膜内水分子的行为, 使得前驱膜之上的水分子更易扩散.

9.7 电弹性毛细动力学

9.7.1 弹性毛细

近年来, 弹性毛细 (elasto-capillarity, EC) 的相关研究已成为表面和界面科学、MEMS/NEMS 中的重要热点问题 (图 9.41~ 图 9.44)[38~42].

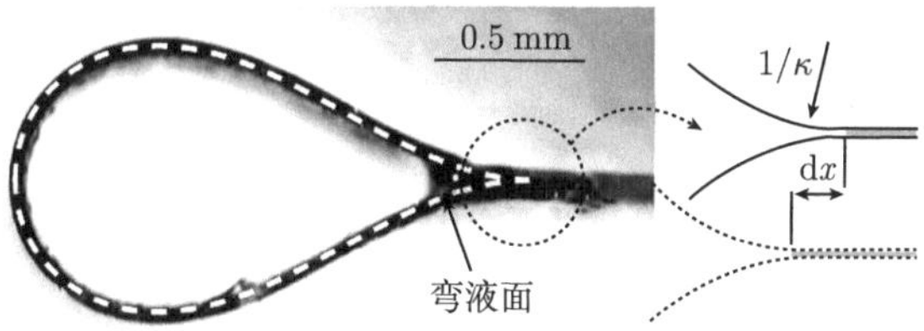

图 9.41 毛细作用下毛发的变形[38]

所谓 "弹性毛细" 也被文献称为 "毛细折纸 (capillary origami)"[39], 是指: 存在一个特征尺度 L_{EC}, 当液滴半径 R 大于 L_{EC} 时 (图 5.5), 弹性薄膜将在液滴液–气界面张力的垂直分量作用下, 实现单向自发包覆 (wrapping). 图 9.41 给出的是毛细力导致毛发大变形的实验; 图 9.42 给出的是三种形貌的硅薄膜在液–气界面张力垂直分量的作用下, 对液滴的包覆实验; 图 9.43 则给出了三种复杂形貌的 PDMS 弹性薄膜对于液滴的自发包覆过程实验; 图 9.44 则给出了纳米尺度下石墨烯对液滴包覆过程的分子动力学模拟. 事实上, 制备和加工界已经利用弹性毛细效应实现了 MEMS 器件的装配 (图 5.1)[43].

弹性毛细特征尺度的表达式为

$$L_{\text{EC}} = \sqrt{\frac{D}{(1+\cos\theta)\,\gamma_{lv}}}, \tag{9-95}$$

图 9.42　液–气界面张力垂直分量的作用下, 硅薄膜对液滴的包覆现象[42]

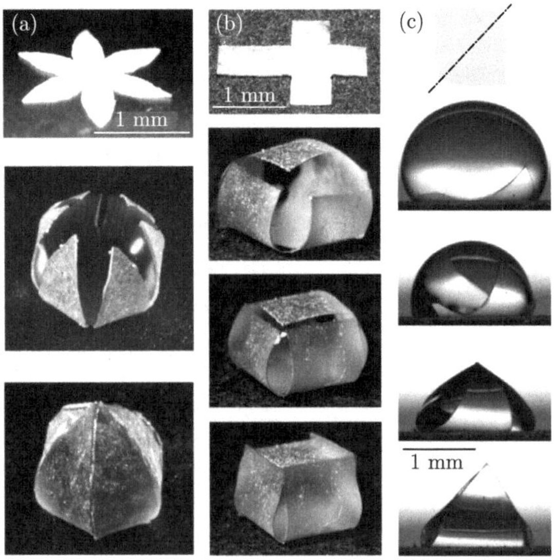

图 9.43　PDMS 弹性薄膜对于液滴的自发包覆过程[39]

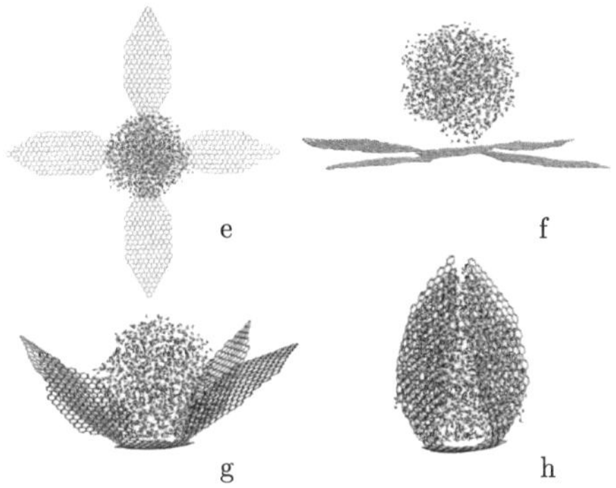

图 9.44 纳米尺度下石墨烯对液滴包覆的 MD 模拟[41]

式中 θ 为包覆材料和被包覆液体之间的接触角, $D = Eh^3/[12(1-\nu^2)]$ 为弹性薄膜的弯曲刚度, E, ν 和 h 分别为薄膜的弹性模量, Poisson 比和膜厚. (9-95) 式反映出: 弹性毛细尺度是薄膜的弯曲特性与液滴界面能的竞争. 当液滴半径满足 $R > L_{\text{EC}}$ 时, 弹性膜将自发包覆液滴.

从能量的数量级分析角度出发, 如图 9.45 所示, 如果此二维系统的特征尺度为 L, 则固–液界面能的量级为 $E_{\text{interface}} \sim \gamma_{lv} L$, 而考虑到 L 和 R 在一个量级, 弹性变形能的量级为 $E_{\text{bending}} \sim DL/R^2 \sim D/L$, 从 $E_{\text{interface}} \sim E_{\text{bending}}$, 便可得到 (9-95) 的标度关系.

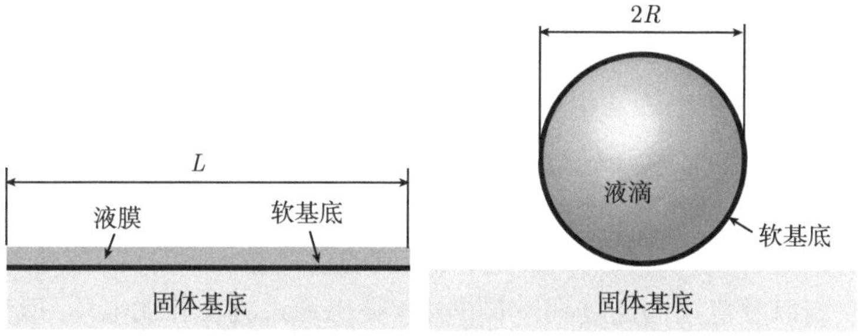

图 9.45 弹性毛细的能量分析简图

如图 9.46 所示, 本课题组应用所制备的超疏水基底进行了 PDMS 的 EC 实验. 超疏水基底由微纳米四足型 ZnO 和 PDMS 制备[44], 其接触角为 155°~159°, 接触滞后约为 3°. 如不使用超疏水基底, PDMS 膜将不能从基底上释放.

在估算 PDMS 膜和超疏水基底之间的黏附力时, 考虑液–气界面张力的横向分量与该黏附力以及 PDMS 膜重力之间的平衡, 可估算出 PDMS 膜和超疏水基底之间单位面积的黏附力量级为 6 N/m^2.

有关弹性毛细或毛细折纸方面的最新综述可参阅文献 [45].

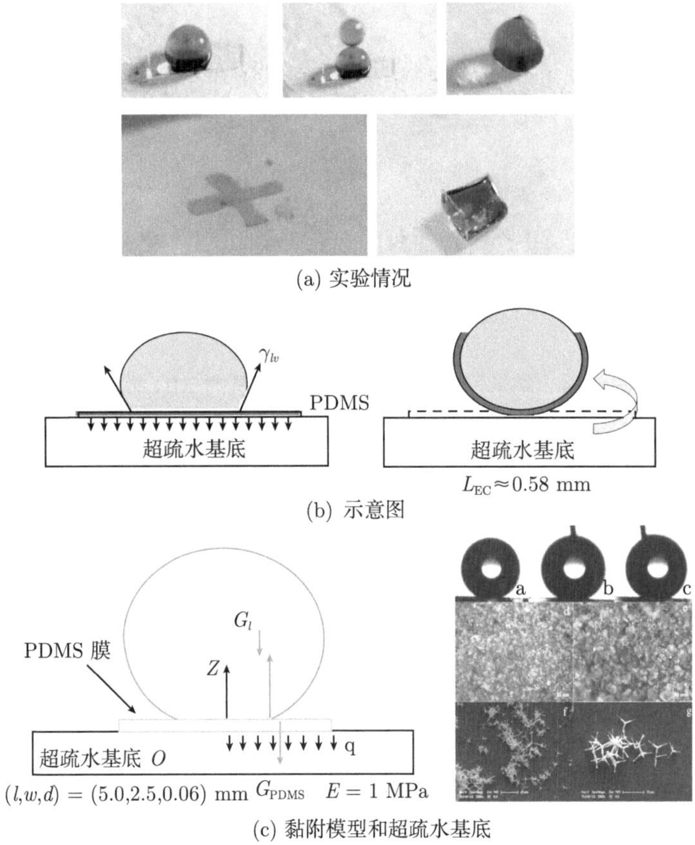

图 9.46　本课题组所开展的 EC 实验

9.7.2　电弹性毛细动力学

在应用领域中, 仅仅实现弹性薄膜对液滴的包覆是不够的, 还需要对于液滴包覆过程的控制以及包覆的逆过程. 本书著者提出通过施加外加电场, 改变固–液界面张力, 或者施加 Maxwell 应力, 实现了弹性薄膜对于液滴的解包覆过程, 并实现了可控–可逆的液滴封装, 本书著者将之命名为 "电弹性毛细 (electro-elasto-capillarity, EEC)" 作用 (图 9.47).

袁泉子和赵亚溥针对 EEC 开展了 MD 模拟, 其结果以封面论文发表在《物理评论快报 (PRL)》上[26]. 如图 9.48 所示, 在沿着 $-y$ 方向的电场强度 $E=0.544$ V/nm 作用下, 被包裹的液滴在金基底上解包裹. 由于前驱膜的铺展远比其上的液体快, 而且前驱膜是类固体性质的, 在模拟中前驱膜以 1 nN/nm 量级的力推着石墨烯铺展. 该种前驱膜和弹性结构动态作用的工作以前在文献中从未出现过, 这从一个侧面丰富了对前驱膜的认识.

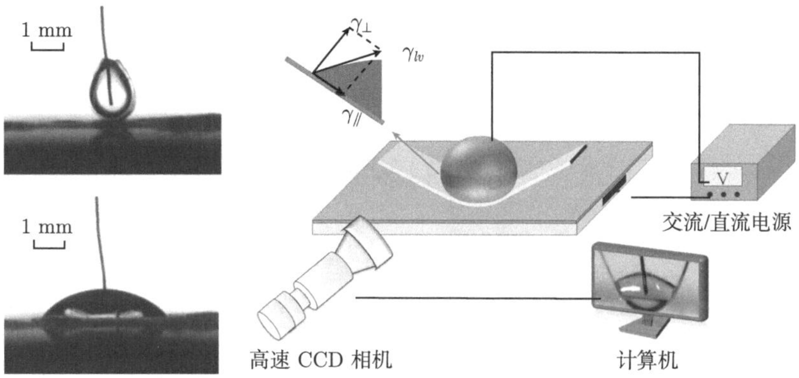

图 9.47 电弹性毛细作用的实验照片及实验设置图

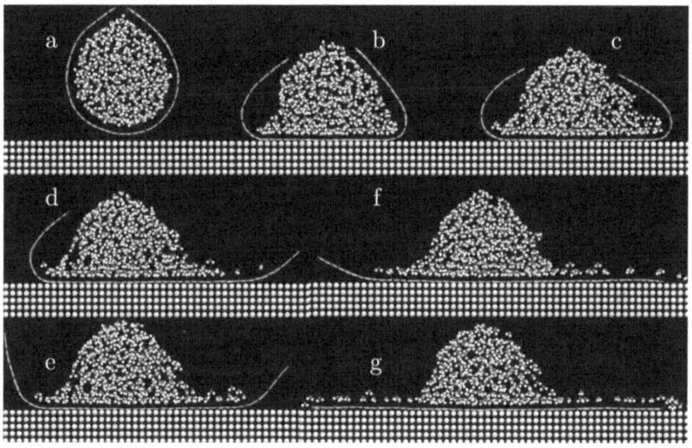

图 9.48 EEC 的 MD 模拟[26]

需要指出的是, 此时液滴的尺度由于远远小于 Debye 尺度, 所以属于纳米电润湿范畴, 请参阅本书 5.2.9 节.

王子千、王奉超和赵亚溥对 EEC 动力学开展了实验研究和模型建立[46]. 采用的薄膜材料是 PDMS (PDMS 与交联剂比例 10:1, 弹性模量在 MPa 量级以下), 尺寸约为 5 mm×1 mm, 厚度约为 80 μm, 旋涂法制备. 液滴直径约 2 mm. 实验时, 将弹性 PDMS 薄膜, 铺附在超疏水 ZnO 基底表面 (接触角约 160°, 接触滞后约为 3°). 之后, 将 0.1 mol/L KCl 溶液滴至薄膜表面, 并逐渐增大. 随着液滴增大, 弹性薄膜包覆液滴. 之后在通过插入液滴和基底内预设的电极为液滴施加电场. 随着电场的增高, 弹性薄膜将会逐渐解包覆液滴 (图 9.49); 撤去电场后, 弹性薄膜又会自发包覆液滴, 恢复到初始状态.

由于 EEC 过程的可逆性, 我们将外加电场由直流电场替换为交流电场, 发现液滴将会带动弹性薄膜发生振动, 就像一位 “液滴舞者” 一样翩翩起舞, 称之为液

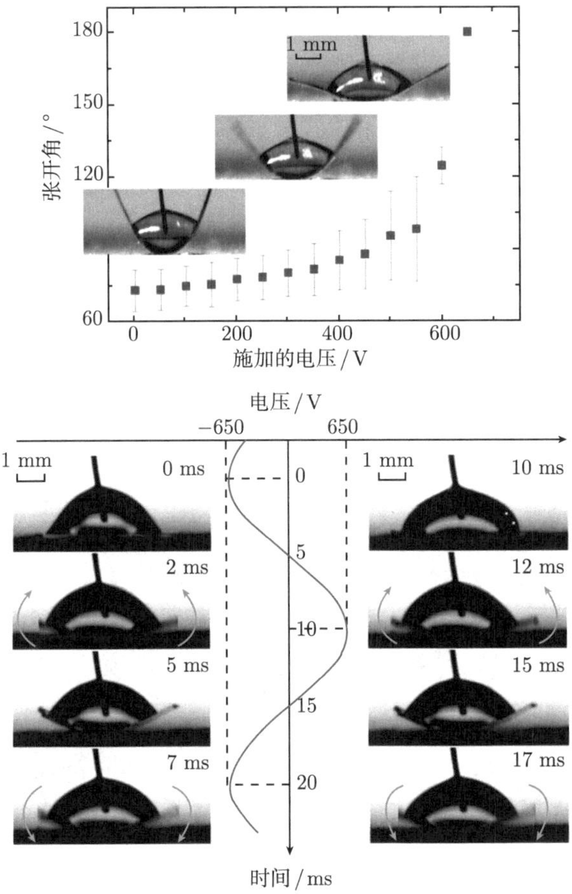

图 9.49　外加直流 (上)、交流 (下) 电场下, 液滴与弹性薄膜的相互作用. 液滴的运动强度由薄膜的张开角描述, 即薄膜两端延长线夹角[46]

滴的 "踢踏舞 (tap dance of droplet)". 更有意思的是, 这位 "液滴舞者" 舞动的旋律恰恰比外加激励的旋律高一个八度, 也就是说液滴振动的频率是外加电场的两倍, 也就是所谓的 "倍频 (frequency-doubling)" 现象. 为了解释这个现象, 我们对液滴–薄膜系统建立了如下动力学模型[46]

$$2I\frac{\mathrm{d}^2\Theta}{\mathrm{d}t^2}=-\frac{4Bw\Theta}{l_1}-\frac{\gamma_{lv}wl_1\Delta}{\sin\Delta}\frac{\Theta\cos\Theta-\sin\Theta}{\Theta^2}-\frac{\pi\varepsilon w\sqrt{l_1/h'}V_0^2\sin^2\omega t}{4\Theta^{3/2}}-C\frac{\mathrm{d}\Theta}{\mathrm{d}t},\quad(9\text{-}96)$$

其中等号左边为惯性项, 等号右边从左往右依次描述薄膜形变能、液滴表面能、电场能以及能量耗散. 由于电场能中电场的角频率项被平方, 导致整个系统的振动频率比输入电场的频率高出一倍. 而且通过数值计算得出, 理论解与实验测量符合的很好 (图 9.50).

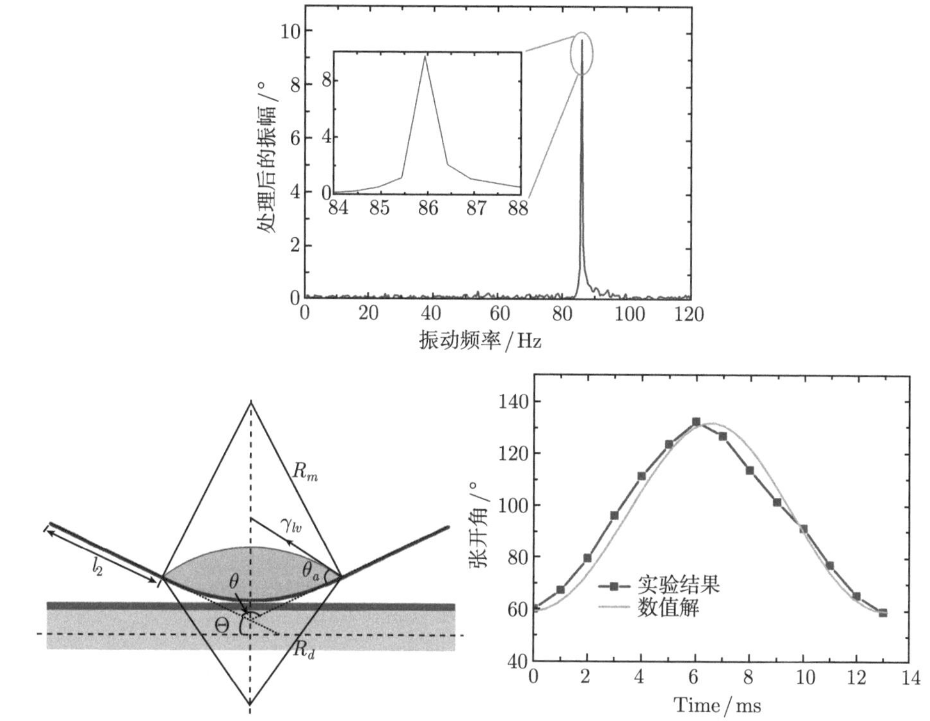

图 9.50 EEC 的倍频现象：液滴的振动频率是激励电场的 2 倍[46]

对系统在不同频率下的响应情况也开展了研究 (图 9.51)[46]. 实验发现, 这个系统在外加电场频率为 40 Hz (液滴振动频率 80 Hz) 时出现第一个谐振峰, 并在 146 Hz, 246 Hz 频率下分别出现更高阶的谐振峰. 对于自由液滴, Lord Rayleigh 给出了自由振动周期解 $T=\dfrac{\pi}{4}\sqrt{\rho d^3/\gamma_{lv}}$, 对于实验中尺寸的液滴, 其自由振动周期约为

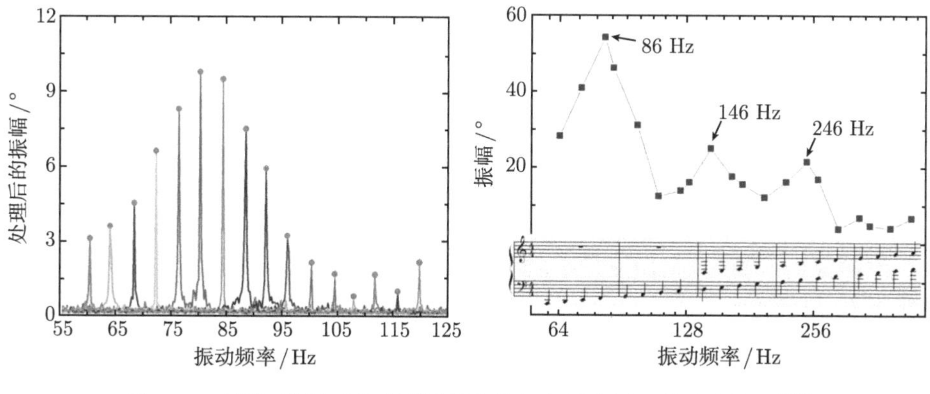

图 9.51 液滴–薄膜系统在不同频率外加电场作用下的响应情况[46]

8.3 ms, 对应频率大于 100 Hz, 但由于薄膜对系统提供的阻尼以及基底黏附的影响, 这个频率被降低至实验所测得的 80 Hz.

9.8　曲面电润湿

本章 (9-4) 或 (9-5) 式的 Lippmann-Young 方程只适用于平面基底. 随着电润湿广泛用于显示技术等, 曲面电润湿已经成为一种发展方向, 但目前, 仍没有适用于曲面的电润湿方程.

王樱和赵亚溥针对曲面电润湿, 通过考虑基底曲率对能量的贡献, 应用能量最小原理, 将 Lippmann-Young 方程推广到曲面电润湿情况[47].

图 9.52 给出了凸面和凹面基底上的电润湿示意图. 先研究凸面基底情况, 凹面基底可类似得到. 将液滴、绝缘层、导电基底和外加电源视为一个热力学系统, 在理想假设下 (即: 基底光滑, 液滴是良导体并对称置于基底上, 忽略接触角滞后), 系统自由能的变化可以表示为

$$\mathrm{d}F=\gamma_{sl}\mathrm{d}A-\gamma_{sv}\mathrm{d}A+\gamma_{lv}\mathrm{d}A\cos\theta+\mathrm{d}U-\mathrm{d}W_B, \tag{9-97}$$

其中, γ_{sl}、γ_{sv}、γ_{lv} 分别是固–液、固–气、液–气界面张力, U 是储存在绝缘层中的电场能, W_B 是电源做的功, A 是固–液界面面积, 如图 9.53 所示.

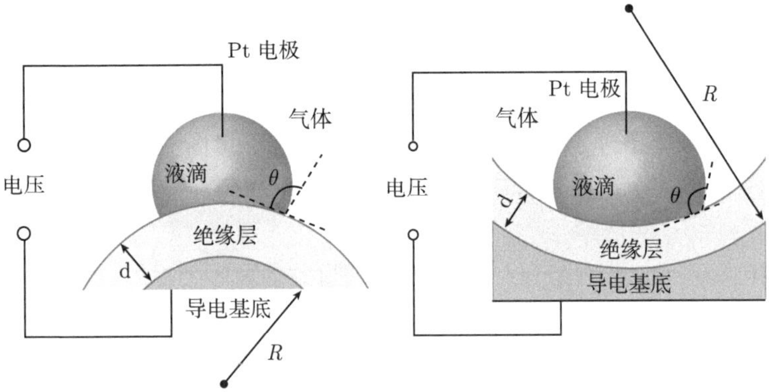

图 9.52　曲面基底上的电润湿

液滴稳定平衡时, 自由能最小, 即 $\mathrm{d}F=0$. 将 (9-97) 式两边同时除以 $\mathrm{d}A$ 并令其等于 0, 得到

$$\gamma_{sl}-\gamma_{sv}+\gamma_{lv}\cos\theta+\frac{\mathrm{d}U}{\mathrm{d}A}-\frac{\mathrm{d}W_B}{\mathrm{d}A}=0. \tag{9-98}$$

为得到接触角 θ, 需要知道 $\mathrm{d}U/\mathrm{d}A$ 和 $\mathrm{d}W_B/\mathrm{d}A$ 的值.

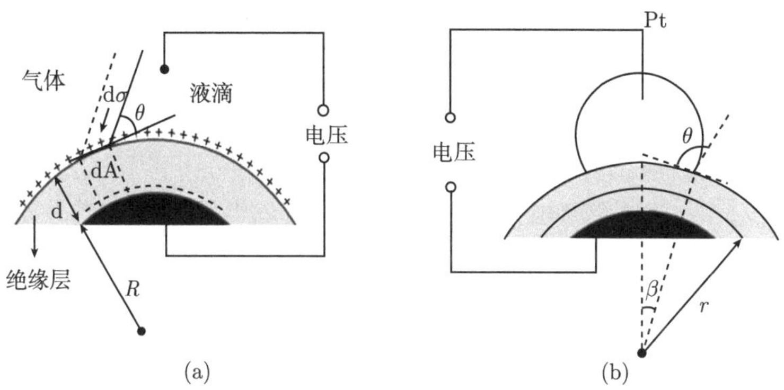

图 9.53 凸面基底上的接触角求解示意图

由电磁学知识, U 可由 $\mathrm{d}U = \frac{1}{2}\varepsilon E^2 \mathrm{d}v$ 得到, 其中 E 是电场场强, v 是液滴下绝缘层中的电场体积. 电场的分布对于 $\mathrm{d}U$ 的求解起决定性作用, 而电场的分布又与系统的几何形状有关. 在三相接触线附近, 电场分布十分复杂, 为简化计算, 但不失一般性, 假设电场奇异性的区域相对于其均匀区域可忽略. 在下面的推导中, d/R 是一个小量 ($\leqslant 0.3$), 绝缘层中的电场在相同的 r 处均匀分布. 于是 $\mathrm{d}v = \frac{\mathrm{d}A}{(R+d)^2} r^2 \mathrm{d}r$, 得到 $\mathrm{d}U/\mathrm{d}A$ 为

$$\frac{\mathrm{d}U}{\mathrm{d}A} = \int_R^{R+d} \frac{1}{2}\varepsilon E^2 \frac{r^2}{(R+d)^2} \mathrm{d}r. \tag{9-99}$$

对于部分球体电容, 如图 9.53 (b), 可以计算半径 r 处的液滴下覆盖面积为

$$A = \iint\limits_{\substack{0\leqslant\varphi\leqslant\beta \\ 0\leqslant\phi\leqslant 2\pi}} r^2 \sin\varphi \mathrm{d}\varphi \mathrm{d}\phi = 2\pi r^2 (1-\cos\beta), \tag{9-100}$$

其中, β 是液滴覆盖面积张角的一半. 应用 Gauss 通量定理, 考虑到 E 值在相同 r 处相等, 得到

$$E = \frac{Q}{\varepsilon A} = \frac{Q}{2\pi\varepsilon r^2 (1-\cos\beta)}, \tag{9-101}$$

$$V = \int_R^{R+d} E \mathrm{d}r = \frac{Q}{2\pi\varepsilon (1-\cos\beta)} \left(\frac{1}{R} - \frac{1}{R+d}\right), \tag{9-102}$$

式中 Q 是电荷量. 联立 (9-101) 和 (9-102) 式得到 V 和 E 的关系式:

$$V = E\left(\frac{1}{R} - \frac{1}{R+d}\right) r^2, \tag{9-103}$$

于是

$$\frac{\mathrm{d}U}{\mathrm{d}A} = \int_R^{R+d} \frac{1}{2}\varepsilon E^2 \frac{r^2}{(R+d)^2} \mathrm{d}r = \frac{\varepsilon V^2}{2d} \cdot \frac{R}{R+d}, \tag{9-104}$$

单位面积的电源做功为

$$\frac{\mathrm{d}W_B}{\mathrm{d}A}=V\sigma=V\varepsilon E=\frac{\varepsilon V^2 R}{(R+d)\,d},\tag{9-105}$$

式中 σ 是面电荷密度. 将 (9-104) 和 (9-105) 式代入 (9-98) 式中, 结合 Young 方程 $\gamma_{lv}\cos\theta_0=\gamma_{sv}-\gamma_{sl}$, 得到接触角 θ 与电压 V 及基底半径 R 之间的关系:

$$\cos\theta(V)=\cos\theta_0+\frac{\varepsilon V^2}{2\gamma_{lv}d}\cdot\frac{1}{1+\dfrac{d}{R}}.\tag{9-106}$$

经类似推导, 可得到半径 R 的凹球面基底上接触角表达式:

$$\cos\theta(V)=\cos\theta_0+\frac{\varepsilon V^2}{2\gamma_{lv}d}\cdot\frac{1}{1-\dfrac{d}{R}}.\tag{9-107}$$

如果将基底半径视为一个代数值, 即凸基底半径为正值而凹基底半径为负值, 记 $\alpha=d/R$, 则 (9-106) 和 (9-107) 式可以写成统一的形式:

$$\cos\theta(V)=\cos\theta_0+\frac{\varepsilon V^2}{2\gamma_{lv}d}\cdot\frac{1}{1\pm\alpha},\tag{9-108}$$

引入一个新的无量纲参数:

$$\eta_R=\frac{\varepsilon V^2}{2\gamma_{lv}d}\cdot\frac{1}{1\pm\alpha},\tag{9-109}$$

我们将其称之为曲率修正的电润湿数, 表示考虑基底曲率情况下电场能与表面能的比值, (9-109) 式可以表示为

$$\cos\theta(V)=\cos\theta_0+\eta_R,\tag{9-110}$$

可以看出, 当基底曲率无限小, 即 $1/R\to 0$ 时, (9-108) 式便退化为平面基底的 Lippmann-Young 方程.

对于球电容器, 其单位面积的电容为 $c=\varepsilon/[d(1\pm\alpha)]$, 因此曲面基底的接触角表达式还可以表示为

$$\cos\theta(V)=\cos\theta_0+\frac{1}{2}\cdot\frac{cV^2}{\gamma_{lv}},\tag{9-111}$$

其中 c 是单位面积的电容值. (9-111) 式虽然是在球面基底情况下推得, 但可以证明对于一般曲面也同样成立. 需要注意的是, 上文中所用到的假设是固–液界面张力不变, 电场直接改变接触角. 现在对于电润湿改变接触角有多种解释, 其机理并不清晰. 其中有两种得到广泛认同的解释: 一个是电场改变有效固–液界面张力; 另一个是电场力作用于三相接触线, "拉动" 三相接触线移动. 事实上, 这两种解释有着十分紧密的联系, 还有待更多更深入的研究.

最后, 考虑到三相接触点处线张力 τ 的影响, 给出更一般的表达式:

$$\cos\theta(V) = \cos\theta_0 - \frac{\tau\chi}{\gamma_{lv}} + \frac{1}{2}\cdot\frac{cV^2}{\gamma_{lv}}, \tag{9-112}$$

式中, χ 是当地曲率. 曲面上的润湿如图 9.54 所示, 在三相接触线处线张力对于切线方向力的平衡有贡献: $\gamma_{sv} = \gamma_{lv}\cos\theta + \gamma_{sl} + \gamma_\tau\cos\alpha$. 当施加一个外界电场时, 静电力会影响切线方向的力平衡, 由于曲面上静电力的大小和方向很复杂, 目前仍不清晰, 有待进一步工作的开展.

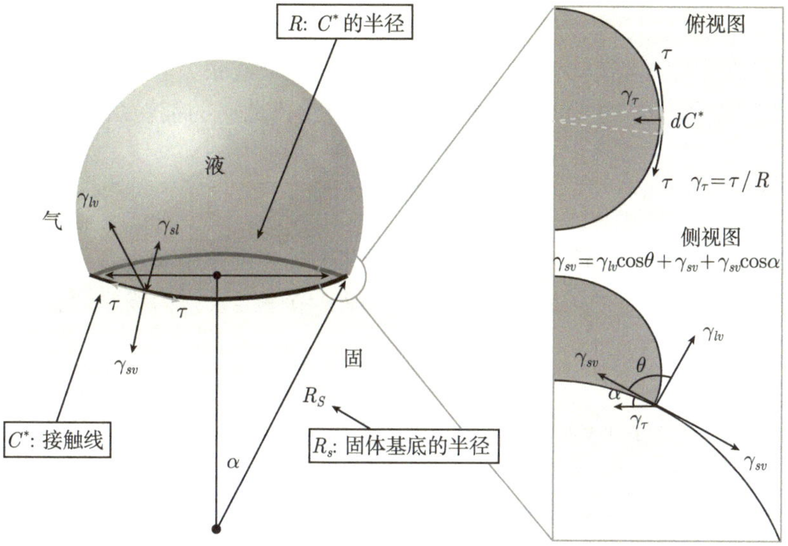

图 9.54 考虑线张力的曲面润湿示意图

9.9 铺展系数的线张力、分离压力和电场力修正

本书 7.2 节讨论了铺展系数的定义. 本节将给出线张力、分离压力以及电场下 Maxwell 应力对铺展系数的修正.

(1) 宏观液滴的电润湿情形

对于宏观电润湿, 液滴尺寸通常在毫米及以上量级, 这时需要考虑电场对铺展系数的贡献. 由 (5-25) 和 (9-3) 两式可知, 电场下等效固–液界面能为

$$\gamma_{sl} = \gamma_{sl0} - \frac{\varepsilon\varepsilon_0 V^2}{2d}, \tag{9-113}$$

上式中 γ_{sl0} 为未施加电场时的固–液界面张力, ε_0 为真空介电常数, ε 为液滴介电常数, d 为 EWOD 中绝缘层的厚度. 此时, 按照本书 7.2 节中铺展系数的定义, 也

就是黏着功和内聚能之差, 考虑电场时的铺展系数可修正为

$$S=\gamma_{sv}-(\gamma_{sl}+\gamma_{lv})+\frac{\varepsilon_0\varepsilon V^2}{2d}. \tag{9-114}$$

(2) 线张力、Maxwell 应力对微米液滴铺展系数的修正

对于微米液滴的电润湿情形, 需要进一步考虑线张力的影响, 由图 9.54, τ/R 项是将线张力对固–液表面张力的等效贡献, 此时 (9-115) 可进一步修正为

$$S=\gamma_{sv}-(\gamma_{sl}+\gamma_{lv})+\frac{\varepsilon_0\varepsilon V^2}{2d}-\frac{\tau}{R}. \tag{9-115}$$

(3) 分离压力、线张力和电场力对纳米电润湿铺展系数的修正

对于纳米电润湿情形, 需要综合考虑分离压力、线张力和电场力对铺展系数的修正, 此时综合考虑 (9-115) 和 (5-27) 两式, 可给出此时的铺展系数为

$$S=\gamma_{sv}-(\gamma_{sl}+\gamma_{lv})+\sum_i\left\{|\boldsymbol{E}|\times|\boldsymbol{\mu}_i|\times L\left[\frac{|\boldsymbol{E}|\times|\boldsymbol{\mu}_i|}{k_{\mathrm{B}}T}\right]\right\}-\frac{\tau}{R}+\frac{A}{12\pi h^2}. \tag{9-116}$$

这里需要进一步强调的是, 目前有关线张力的作用范围和正负号问题依然是一个学术界尚未弄清楚的问题, 本书将在第 12.4 节中继续讨论线张力在液滴蒸发中的作用.

9.10 电润湿物理力学机制的进一步讨论

如图 9.55 所示, 可从三个方面对电场作用下液滴铺展的物理力学机制进行归纳:

(1) 三相接触线附近同性电荷聚集、排斥

这是一种较为直观的物理力学解释. 如图 9.55(a) 所示, 三相接触线附近电荷聚集, 同性电荷的排斥作用使得液滴铺展, 从而接触角减小.

(2) 等效固–液界面张力的改变

该解释于 1875 年由 Lippmann 在其博士论文中给出, 本章 (9-3) 式给出了外加电场对固–液界面张力的影响. 如图 9.55(b) 所示, 将绝缘层视为固–液界面的一部分, 施加电压, 等效固–液界面能减小, 从而接触角减小.

(3) 静电力学

如图 9.55(c) 所示, 该解释认为接触角减小是一种静电力学效应, 作用在液滴表面静电力的水平分量拉动液滴发生铺展, 进一步如本章 (9-25) 式和图 9.9 所示. 随着电润湿研究的发展, 静电力学解释得到越来越多的支持.

Mugele 和 Buehrle 认为[48], 上述后两种解释其实是相互联系的, 在不同尺度上起作用. 他认为 Lippmann-Young 方程 (9-4) 式给出的接触角是表观接触角, 而实

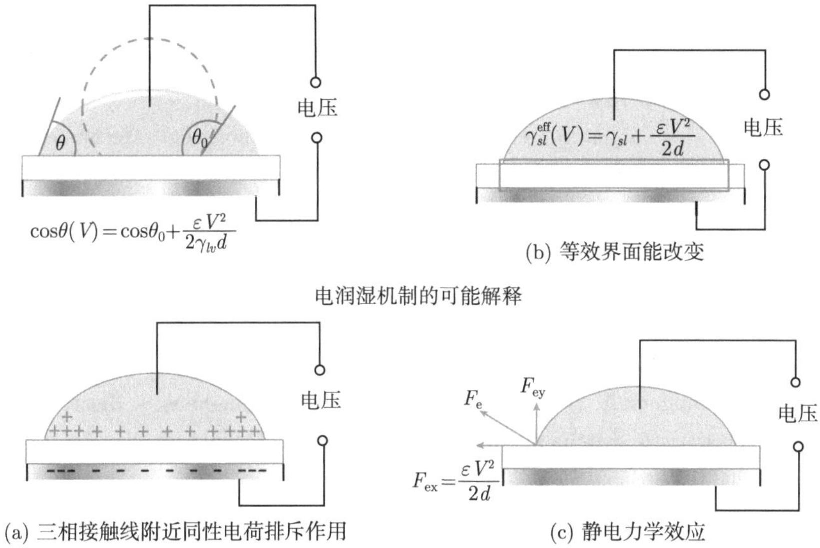

图 9.55 电润湿物理力学机制的三种可能解释

际电压作用下三相接触线附近, 液滴表面变形, 液滴整体不再是一个球冠, 这个变形区域在 O(d) 量级, d 是绝缘层厚度. 也就是说, 在 O(d) 及以下尺度时, 微观接触角不再由 Lippmann-Young 方程 (9-4) 式描述; 在 O(d) 以上尺度时, 表现为表观接触角, 由 Lippmann-Young 方程 (9-4) 式确定. 更进一步, 他们指出电润湿本质上是一种静电力学效应: 静电力在离接触线 O(d) 范围内减小, 在接触线上消失, 即在接触线 O(d) 范围内电场力对接触角无影响, 保持 Young 接触角, 在远离此区域的地方, 沿液滴表面的静电力之和表现为等效固–液界面能减小.

参 考 文 献

[1] Berthier J. Microdrops and digital microfluidics. New York: William Andrew Publishing, 2008.

[2] Quillieta C, Berge B. Electrowetting: A recent outbreak. Current Opinion in Colloid & Interface Science, 2001, 6: 34–39.

[3] Mugele F, Baret J C. Electrowetting: From basics to applications. Journal of Physics: Condensed Matter, 2005, 17: R705–R774.

[4] Shamai R, Andelman D, Berge B, Hayes R. Water, electricity, and between... On electrowetting and its applications. Soft Matter, 2008, 4: 38–45.

[5] Zhao Y P. Guest editorial of the special issue on electrowetting. Journal of Adhesion Science and Technology, 2012, 26(12–17): 1745–1746.

[6] Vallet M, Vallade M, Berge B. Limiting phenomena for the spreading of water on

polymer films by electrowetting. European Physical Journal B, 1999, 11: 583–591.

[7] Berge B. Electrocapillarite et mouillage de films isolants par l'eau. C. R. Acad. Sci. III, 1993, 317: 157–163.

[8] Jones T B. More about the electromechanics of electrowetting. Mechanics Research Communications, 2009, 36: 2–9.

[9] Herbertson D L, Evans C R, Shirtcliffe N J, McHale G, Newton M I. Electrowetting on superhydrophobic SU-8 patterned surfaces. Sensors and Actuators A, 2006, 130–131: 189–193.

[10] Dai W, Zhao Y P. An electrowetting model for rough surfaces under low voltage. Journal of Adhesion Science and Technology, 2008, 22: 217–229.

[11] Mugele F, Klingner A, Buehrle J, Steinhauser D, Herminghaus S. Electrowetting: A convenient way to switchable wettability patterns. Journal of Physics: Condensed Matter, 2005, 17: S559–S576.

[12] Buehrle J, Herminghaus S, Mugele F. Interface profiles near three-phase contact lines in electric fields. Physical Review Letters, 2003, 91: 086101.

[13] Bienia M, Vallade M, Quilliet C, Mugele F. Electrical-field-induced curvature increase on a drop of conducting liquid. Europhysical Letters, 2006, 74: 103–109.

[14] Kang K H. How electrostatic fields change contact angle in electrowetting. Langmuir, 2002, 18: 10318–10322.

[15] Yeo LY, Chang HC. Static and spontaneous electrowetting. Modern Physics Letters B, 2005, 19: 549–569.

[16] Yeo L Y, Chang H C. Electrowetting films on parallel line electrodes. Physical Review E, 2006, 73: 011605.

[17] Landau L D, Lifshitz E M. Electrodynamics of continuous media. Oxford: Pergamon Press, 1984.

[18] Feng J T, Zhao Y P. Experimental observation of electrical instability of droplets on dielectric layer. J. Phys. D: Appl. Phys., 2008, 41: 052004.

[19] Dai W, Zhao Y P. The nonlinear phenomena of thin polydimethylsiloxane (PDMS) films in electrowetting. International Journal of Nonlinear Sciences and Numerical Simulation, 2007, 8: 519–526.

[20] Berry S, Kedzierski J, Abedian B. Low voltage electrowetting using thin fluoroploymer films. Journal of Colloid and Interface Science, 2006, 303: 517–524.

[21] Strani M, Sabetta F. Free vibrations of a drop in partial contact with a solid support. Journal of Fluid Mechanics, 2006, 141: 233–247.

[22] Moon H, Cho S K, Garrell R L, Kim C J. Low voltage electrowetting-on- dielectric. Journal of Applied Physics, 2002, 92: 4080–4087.

[23] Papathanasiou A G, Papaioannou A T, Boudouvis A G. Illuminating the connection between contact angle saturation and dielectric breakdown in electrowetting through

leakage current measurements. Journal of Applied Physics, 2008, 103: 034901.

[24] Papathanasiou A G, Boudouvis A G. Manifestation of the connection between dielectric breakdown strength and contact angle saturation in electrowetting. Applied Physics Letters, 2005, 86: 164102.

[25] Feng J T, Wang F C, Zhao Y P. Electrowetting on a lotus leaf. Biomicrofluidics, 2009, 3: 022406.

[26] Yuan Q Z, Zhao Y P. Precursor film in dynamic wetting, electrowetting and electro-elasto-capillarity. Physical Review Letters, 2010, 104: 246101.

[27] Berendsen H J C, Grigera J R, Straatsma T P. The missing term in effective pair potentials. Journal of Physical Chemistry, 1987, 91: 6269–6271.

[28] Kavehpour H P, Ovryn B, Mckinley G H. Microscopic and macroscopic structure of the precursor layer in spreading viscous drops. Physical Review Letters, 2003, 91: 196104.

[29] Leger L, Erman M, Guinet-Picard A M, Ausserre D, Strazielle C. Precursor film profiles of spreading liquid drops. Physical Review Letters, 1988, 60: 2390–2393.

[30] Mchale G, Newton M, Rowan S, Banerjee M. The spreading of small viscous stripes of oil. Journal of Physics D: Applied Physics, 1995, 28: 1925–1929.

[31] Blake T D, Haynes J M. Kinetics of liquid/liquid displacement. Journal of Colloid and Interface Science, 1969, 30: 421–423.

[32] Derjaguin B, Churaev N. Structural component of disjoining pressure. Journal of Colloid and Interface Science, 1974, 49: 249–255.

[33] Daub C D, Bratko D, Leung K, Luzar A. Electrowetting at the nanoscale. Journal of Physical Chemistry C, 2007, 111: 505–509.

[34] Tanner L. The spreading of silicone oil drops on horizontal surfaces. Journal of Physics D: Applied Physics, 1979, 12: 1473–1484.

[35] Yuan Q Z, Zhao Y P. Transport properties and induced voltage in the structure of water-filled single-walled Boron-Nitrogen nanotubes. Biomicrofluidics, 2009, 3: 022411.

[36] Mugarza A, Shimizu T K, Cabrera-Sanfelix P, SáNchez-Portal D, Arnau A, Salmeron M. Adsorption of water on O(2×2)/Ru(0001): Thermal stability and inhibition of dissociation. Journal of Physical Chemistry C, 2008, 112: 14052–14057.

[37] Reedijk M F, Arsic J, Hollander F F A, De Vries S A, Vlieg E. Liquid order at the interface of KDP crystals with water: Evidence for icelike layers. Physical Review Letters, 2003, 90: 066103.

[38] Bico J, Roman B, Moulin L, Boudaoud A. Elastocapillary coalescence in wet hair. Nature, 2004, 432: 690.

[39] Py C, Reverdy P, Doppler L, Bico J, Roman B, Baroud C. Capillary origami: Spontaneous wrapping of a droplet with an elastic sheet. Physical Review Letters, 2007, 98: 156103.

[40] Neukirch S, Roman B, de Gaudemaris B, Bico J. Piercing a liquid surface with an elastic rod: Buckling under capillary forces. Journal of the Mechanics and Physics of Solids, 2007, 55: 1212–1235.

[41] Patra N, Wang B, Král P. Nanodroplet activated and guided folding of grapheme nanostructures. Nano Letters, 2009, 9: 3766–3771.

[42] Guo X, Li H, Ahn B, Duoss E, Hsia K, Lewis J, Nuzzo R. Two-and three-dimensional folding of thin film single-crystalline silicon for photovoltaic power applications. Proceedings of the National Academy of Sciences of the United States of America, 2009, 106: 20149–20154.

[43] Syms R, Yeatman E, Bright V, Whitesides G. Surface tension-powered self-assembly of microstructures—the state-of-the-art. Journal of Microeletromechanical Systems, 2003, 12: 387–417.

[44] Wang B B, Feng J T, Zhao Y P, Yu T X. Fabrication of novel superhydrophobic surfaces and water droplet bouncing behavior. Part 1. Stable ZnO-PDMS superhydrophobic surface with low hysteresis constructed using ZnO nanoparticles. Journal of Adshesion Science and Technology, 2010, 24: 2693–2705.

[45] Roman B, Bico J. Elasto-capillarity: Deforming an elastic structure with a liquid droplet. Journal of Physics: Condensed Matter, 2010, 22: 493101.

[46] Wang Z Q, Wang F C, Zhao Y P. Tap dance of droplet. Proceedings of the Royal Society A, 2012, 468: 2485–2495.

[47] Wang Y, Zhao Y P. Electrowetting on curved surfaces. Soft Matter, 2012, 8: 2599–2606.

[48] Mugele F, Buehrle J. Equilibrium drop surface profiles in electric fields. Journal of Physics: Condensed Matter, 2007, 19: 375112.

第 10 章　内角润湿和电润湿的移动接触线问题

陈金次: 我记得你对毛细面在尖端附近的行为做了一个美妙的结果, 关于解的存在的不连续性, 那是从实验还是从数学看出来的?

R. Finn: 那是我们研究方程式在尖端附近的行为时得到的, 是纯数学的结果, 当时还没有做任何实验. 不过我们是受了不收敛的电脑计算的启发, 原因是 Concus 刚好选了一个使方程式无解的接触角, 那是不收敛的真正原因. 起初我们并不明了真正的原因, 所以我们开始研究不同条件下会发生什么事. 不久, 我们就发现在某些条件下解可以写下来, 所以我们想不透为什么其他情况不行. 最后, 我们发现了这个存在性的二分的现象: 当接触角大于或等于某个临界值时, 甚至可以把解写下来, 但超过这个临界值, 就完全无解了. 这个结果是从纯数学上得到的, 并不困难, 但是我们花了很多时间才找到对的路. 后来我们请太空总署一位非常优秀的工程师 W. Masica 在落塔帮我们做实验, 实验结果支持我们的理论.

—— 摘自 “有朋自远方来 —— 专访 Robert Finn 教授”,
数学传播, 2003, 27: 3–16

10.1　宏观内角润湿的 Taylor 猜想和 Concus-Finn 条件

在本书 3.3.1 节中, 对 1712 年 B. Taylor 针对夹角为 2.5° 两玻璃片所形成的内角中液体的爬升实验[1] (Taylor 猜想) 进行了简要介绍.

正如本章引子中的针对美国 Stanford 大学数学系 Robert Finn 教授访谈中所谈到的, 20 世纪 60 年代末期 Finn 对毛细问题产生了兴趣. 当时还在美国 Lockheed 公司当顾问的 Paul Concus 多次给 Finn 打电话, 当时 Finn 担心 Concus 利用他所给出的解答而领取 Lockheed 公司的顾问费, 而没有接 Concus 的电话.

后来 Concus 执着地给 Finn 打了很多次电话, Finn 终于接了 Concus 的电话. Finn 回忆道: “他的问题非常特别、非常有趣, 他正在用电脑计算, 结果不收敛. 于是我们碰面谈这个问题, 后来便写出了我们第一篇关于毛细的论文, 然后相关的问题便一个接着一个出现. ”

Concus 和 Finn 成为毛细领域科学家合作的典范, 从纯数学分析得到的 “Concus-Finn 条件”[2,3] 奠定了内角润湿的理论基础.

图 10.1 所示的内角润湿, 设楔形的张开角为 2α, 液体和壁面的接触角为 θ_0, 则

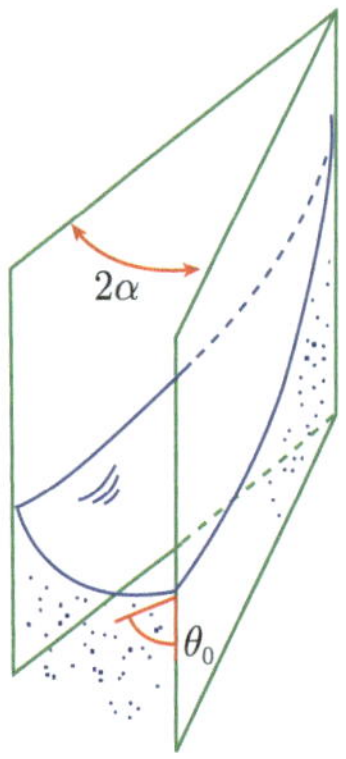

图 10.1　内角润湿示意图

Concus-Finn 条件为[3,4]

$$\theta_0 < 90^\circ - \alpha. \tag{10-1}$$

也就是说, 当接触角 θ_0 和张开半角 α 满足 (10-1) 式时, 液体在无重力的情况下, 将沿着内角往上流动. 大量实验已经证明了 "Concus-Finn 条件"[4~7].

以往的移动接触线 (MCL) 问题的研究往往结合平面润湿情况开展, 本书第 7~9 章中讨论了平面润湿的三个分区和跨尺度问题, 如图 1.9 所示. 对于内角的移动接触线问题, 我们自然要问: 内角润湿情况中的何种结构对应于平面润湿动力学中的前驱膜? 分离压力在内角润湿中的作用如何? 本章将重点回答上述两个基本问题.

10.2　纳米液滴在内角毛细流动的分子动力学模拟

袁泉子和赵亚溥通过分子动力学 (MD) 模拟和理论分析, 研究了纳米水滴在亲水内角毛细流动的移动接触线问题, 为了消除水滴在内角处铺展的能量耗散以及黏性应力的奇异性, 第一次得到了内角毛细流动的 "前驱链 (precursor chain)"[8]. 事实上, 该前驱链的形成是水滴在两个壁面铺展所形成的前驱膜在内角处汇聚的结果, 其中分离压力扮演了决定性的角色.

通过 LAMMPS 程序[9] 执行 MD 模拟, 温度稳定在 300 K, 计算总时长为 0.1 μs, 来探索亲水内角处前驱膜的输运性质和现象背后的机制. 计算区域如图 10.2 (a)、(b)

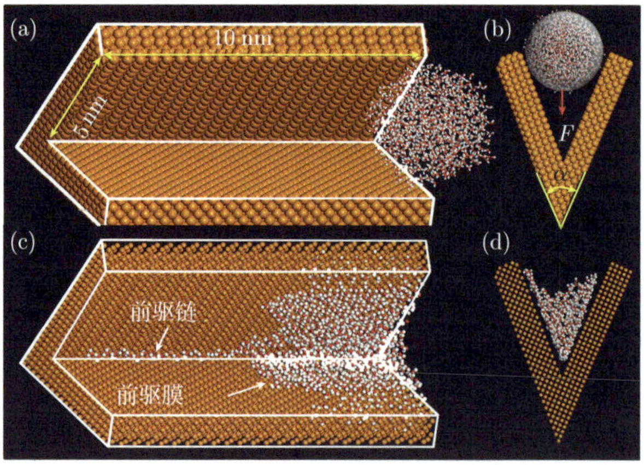

图 10.2　计算区域的 (a) 斜视图; (b) 截面图. 计算结果的 (c) 斜视图; (d) 截面图. 橙色小球表示 Au 原子、红色小球表示氧原子、白色小球表示氢原子

所示. 直径为 4 nm 的液滴置于长 10 nm、宽 5 nm 的 Au 内角. 内角角度 2α 为 26.6°、45.0°、63.4°、90.0°、116.6° 或者 135.0°. 使用 SPC/E 水模型[10](见附录 B), 氧原子和氢原子都模拟为带电的 Lennard-Jones (LJ) 粒子.

在内角角度 $2\alpha < 135°$ 的情况下, 初始模拟区域的截面和当前驱链充满内角区域时的模拟结果如图 10.3 图 (a)~(e) 所示. 模拟结果是从内角右侧楔形面的法线方向观测的. 前驱链沿着内角铺展, 同时前驱膜沿着楔形表面铺展.

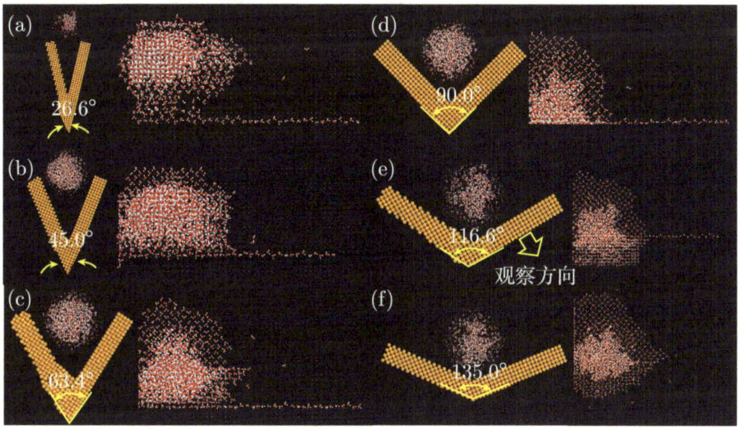

图 10.3 当内角角度 2α = (a) 26.6°; (b) 45.0°; (c) 63.4°; (d) 90.0°; (e) 116.6° 时, 初始计算区域和前驱链充满内角区域时计算结果的截面视图; (f) 当内角角度 $2\alpha = 135.0°$、时间 $t = 0.1\ \mu s$ 时, 计算结果的截面视图. 计算结果沿右侧楔形表面的法线方向显示

在内角角度 $2\alpha = 135°$ 的情况下, 初始模拟区域的截面和当模拟时间 $t = 0.1\ \mu s$ 时的模拟结果如图 10.3(f) 所示. 从上述的讨论可知, 前驱链此时的速度略大于前驱膜. 因此, 在整个模拟时间内都不能观测到明显的前驱链, 只看到前驱膜在内角铺展.

通过观察 MD 的模拟结果, 可得出内角角度控制着润湿的转变的结论. 模拟结果为

1) 在 $2\alpha < 135°$ 的情况下, 可以清楚地看到前驱链沿着内角前进, 而前驱膜在楔形表面前进. 在图 10.2 (c)~(d) 中显示了 $2\alpha = 45°$ 的情况. 显然, 前驱链比前驱膜铺展得快很多, 完全润湿了内角区域.

2) 在 $2\alpha \geqslant 135°$ 的情况下, 只看到前驱膜部分地润湿了内角区域, 而不能清楚地分辨前驱链. 图 10.4 给出的是在不同的内角角度下, 前驱链的铺展长度随时间的演化过程. 铺展长度和时间的关系很好地符合幂函数法则, 这与前驱膜的情况相似[11]. 前驱链的速度 v_{PC}, 是铺展长度–时间曲线的斜率, 在 10^{-1} m/s 的量级. 这比前驱膜的铺展速度 $v_{PF} \sim 10^{-2}$ m/s 快了一个量级[11]. 当内角角度较小时, 比

如：$2\alpha = 26.6°$ 或者 45.0° 时，一开始铺展长度保持为零，这是由于液滴需要 10 ns 量级的特征时间来落到内角处.

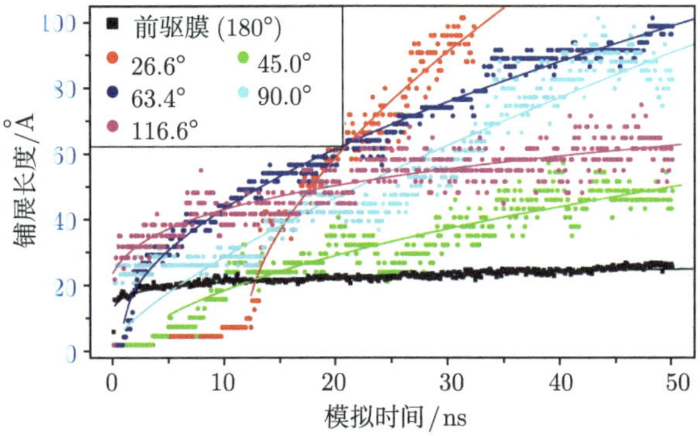

图 10.4　前驱链的铺展距离随着模拟时间的发展 (点：MD 模拟结果；线：幂函数拟合曲线) 红色、绿色、蓝色、青色分别表示内角角度为 26.6°、45.0°、63.4°、90° 时前驱链的铺展长度，黑色表示前驱膜的铺展长度

采用分子动理论 (MKT) 来解释前驱链形成的物理机制. 对于在相距 λ (对于 Au[100] 表面，$\lambda = 4.08$ Å)、势阱深度为 H 的金表面位点之间振动的水分子来说，平衡振动频率 $\kappa_0 = (k_BT/h)\exp(-H/k_BT)$，其中 k_B 为 Boltzmann 常数，h 为 Planck 常数. 当外力驱动水分子前进时，水分子的前进速度为

$$v = 2\kappa_0\lambda\sinh\left(\frac{w}{2nk_BT}\right) = 2\lambda\left(\frac{k_BT}{h}\right)\exp\left(\frac{-H}{k_BT}\right)\sinh\left(\frac{w}{2nk_BT}\right), \tag{10-2}$$

其中，w 是单位面积上分离压力作的驱动功，n 是 Au 表面的位点密度 ($n = \lambda^{-2}$). 在公式 (10-2) 中，只有 H 和 w 是变量，需要通过理论推导或者 MD 统计得到；其他均为常数.

首先要确定 Au 基底和水分子之间的 van der Waals 吸引力引起的 w 值. 在内角润湿的情况中，可以理论地推导 w 的解析值. 参照 Philip 的理论工作[12]，采用如图 10.5(a) 所示的极坐标 (r,θ)，内角处的分离压力 Π 的分布为

$$\Pi(r,\theta) = \frac{A_{\text{Au-Water}}}{48\pi r^3}\left(3\cot\frac{\alpha+\theta}{2}+3\cot\frac{\alpha-\theta}{2}+\cot^3\frac{\alpha+\theta}{2}+\cot^3\frac{\alpha-\theta}{2}\right), \tag{10-3}$$

其中，$A_{\text{Au-Water}}$ 是 Au 基底和水分子之间的 Hamaker 常数

$$A_{\text{Au-Water}} = C\pi^2\rho_{\text{Au}}\rho_{\text{Water}} = 4.9769\times10^{-19}\ \text{J}, \tag{10-4}$$

其中吸引系数 $C = 4\varepsilon_{\text{Au-Water}}\sigma^6_{\text{Au-Water}}$ 来自 LJ 参数，ρ 是单位体积的原子数密度. 对于特定的内角角度，由于分离压力 Π 遵循 $1/r^3$ 的幂函数法则，当 r 趋近于 0 时，

分离压力 Π 存在奇异性. 前驱链能够引入原子细节来消除该奇异性. 此时当考虑分离压力时, Young-Laplace 方程可修正为 (7-41) 式.

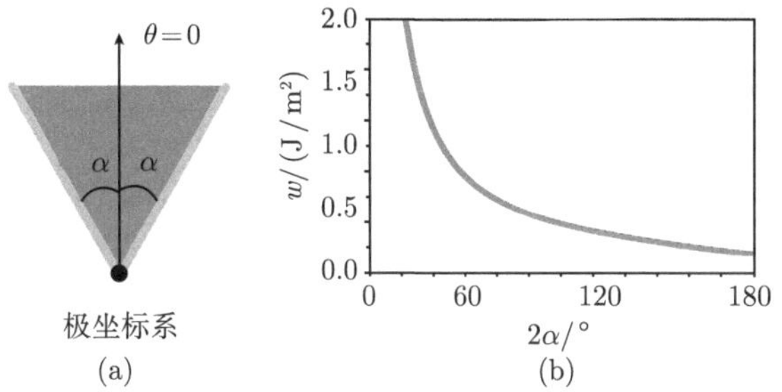

图 10.5　(a) 极坐标 (r,θ) 下的内角情况. $\theta=-\alpha$, $\theta=\alpha$ 表示楔形表面, $\theta\leqslant-\alpha$ 和 $\theta\geqslant-\alpha$ 区域表示 Au 固体占据的区域, $-\alpha\leqslant\theta\leqslant\alpha$ 区域充满了水. $\theta=0$ 表示内角的角平分线. (b) 沿着 $\theta=0$ 单位面积的驱动功 w 随着内角角度 2α 的变化

考虑沿着内角平分线的情况, 即 $\theta=0$, 分离压力作的驱动功为

$$
\begin{aligned}
w(\alpha) &= \int_{r_1\sec\alpha}^{r_2\sec\alpha}\frac{A_{\text{Au-Water}}}{24\pi r^3}\left(3\cot\frac{\alpha}{2}+\cot^3\frac{\alpha}{2}\right)\mathrm{d}r \\
&= \frac{A_{\text{Au-Water}}}{48\pi}\sin^2\alpha\left(3\cot\frac{\alpha}{2}+\cot^3\frac{\alpha}{2}\right)\left(\frac{1}{r_1^2}-\frac{1}{r_2^2}\right),
\end{aligned}
\tag{10-5}
$$

由于前驱链的存在, r_1 不能无限趋近于零, 而是等于 $\sigma_{\text{Au-Water}}$. 因为 r_1 很小, w 对于 r_2 不太敏感. 这里, 取 $r_2=5$ nm (模型宽度). 然后, 可以得到图 10.5 (b) 所示的驱动功和内角角度之间的关系. 理论推导的驱动功不考虑水分子之间的极性相互作用, 以及由于吸附导致液滴结构变化引起的能量变化. 所以, 我们还通过对于 MD 结果进行统计平均来得到 w, 列于表 10.1.

表 10.1　MD 结果统计的内角角度 2α 和单位面积的平均驱动功 w 之间的关系

$2\alpha/°$	26.6	45.0	63.4	90.0	116.6	135.0
$w/(\text{J/m}^2)$	0.0630	0.0920	0.1095	0.1342	0.1485	0.0943

当内角角度不是很小时, 理论推导和 MD 结果都表明驱动功 $w\sim10^{-1}\ \text{J/m}^2$, 和液滴的表面张力在一个量级 ($\gamma_{lv}=0.072\ \text{J/m}^2$, 298 K).

如图 10.6 所示, 当一层水分子覆盖 Au 基底时, 水分子的最可能位置在基底上方 $d_0=2.575$ Å 处. 所以, 如图 10.7 所示, 扫描了不同内角角度 2α (= 45°、90° 和 135°) 时距离基底 $d_0=2.575$ Å 处 (图 10.7 和图 10.6 中蓝线位置) 的势能面, 来得到势阱深度 H. 因为, 前驱链和前驱膜沿着内角方向铺展 (Y 方向), 我们对势能面沿着 Y 方向在 X-能量面上作了投影, 得到了图 10.8.

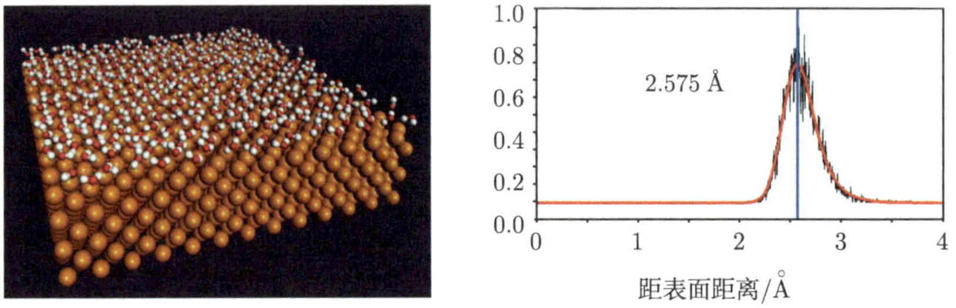

图 10.6　金表面上一层水分子. Au 表面水分子的最可能距离是 2.575 Å

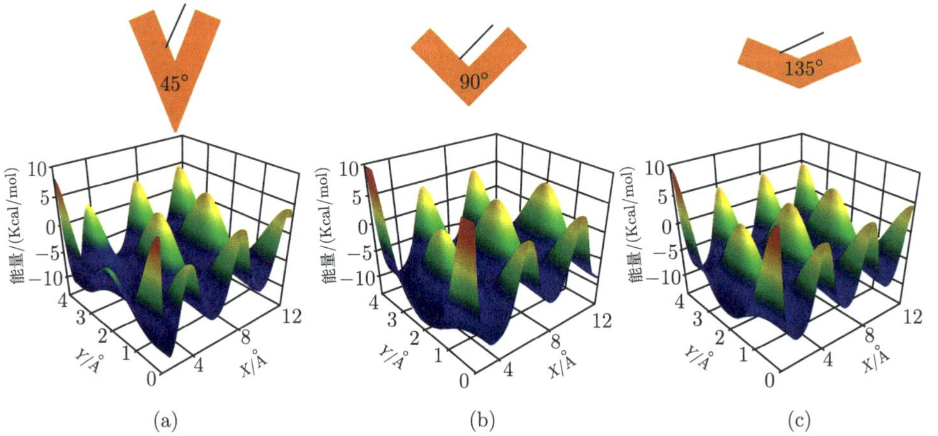

图 10.7　对于 (a) $2\alpha = 45°$; (b) $2\alpha = 90°$; (c) $2\alpha = 135°$ 情况, 距离金表面 $d_0 = 2.575$ Å 处的势能面. 蓝色线表示势能面的位置和 X 方向. Y 方向沿着内角方向向内

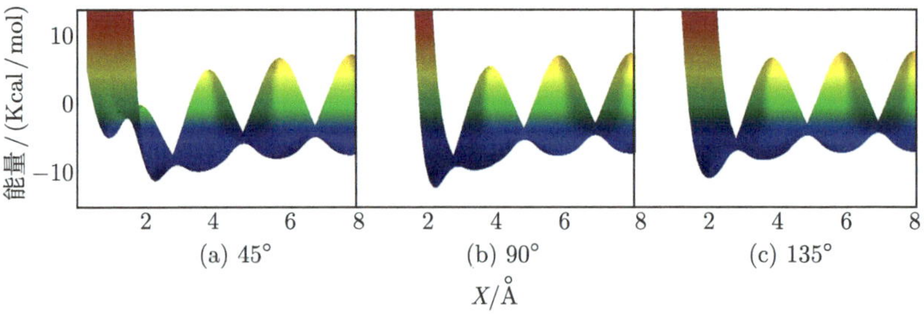

图 10.8　对于 (a) $2\alpha = 45°$; (b) $2\alpha = 90°$; (c) $2\alpha = 135°$ 情况, 势能面在 X-能量方向上的投影. 长度为 2.75 Å 的红色和蓝色线分别表示前驱链和前驱膜水分子所处的位置

对于远离内角区域, 也就是前驱膜铺展的区域, 由于 Au[100] 面的面心立方晶格, 势能面是周期重复的. 对于靠近内角区域, 也就是前驱链铺展的区域. 这些区域的宽度选取为水分子的直径：2.75 Å. 由于在内角处水分子受限, 在两个楔形表面的 van der Waals 相互作用导致内角处势能面的能量降低. 这样, 前驱链内水分子

的吸附能比前驱膜的高, 也就是说前驱链比前驱膜更加稳定, 且不易扩散到内角区域之外. 内角处的受限效应随着距离很快的衰减, 在约为一个水分子的距离就衰减到和表面的势能面相近, 因此只能看到一个单分子水前驱链.

随着内角角度的增加, 在前驱链和前驱膜铺展区域的能量差别逐渐消失. 我们对前驱链和前驱膜铺展区域的势阱深度进行了平均. 更进一步, 通过公式 (10-2) 计算了两个区域内的平均速度, 得到了表 10.2. 和 MD 模拟中观察到的现象一致, 对 $2\alpha = 45°$, 计算得到的 $v_{\rm PC} = 0.1309$ m/s, 此时 $v_{\rm PF} = 0.0216$ m/s. 随着内角角度的增加, $v_{\rm PC}$ 逐渐减小. 在 $2\alpha = 135°$ 的情况下, $v_{\rm PC} = 0.0297$ m/s 和 $v_{\rm PF}$ 已经几乎一致, 导致了在 MD 的模拟中看不到明显的前驱链的产生. 当 $w \ll 2nk_{\rm B}T$ 时, 公式 (10-2) 可简化为 $v \approx w/\zeta$, 其中

$$\zeta = \frac{k_{\rm B}T}{\kappa_0\lambda^3} = \frac{h}{\lambda^3}\exp\left(\frac{H}{k_{\rm B}T}\right) \tag{10-6}$$

表示单位长度的基底对于水分子的动态摩擦系数, 即吸附–解吸附过程导致的能量耗散, 单位是 Pa·s 和黏性系数的量纲相同. 这里, 尽管在目前的系统中 $w \approx 2nk_{\rm B}T \sim 0.1\ {\rm J/m^2}$, 仍然可计算 ζ 的量级用以理解系统中能量耗散的方式. 计算得到的前驱链的 $\zeta_{\rm PC}$ 量级为 10^0 Pa·s, 并随着内角角度的增加而增加. 计算得到前驱膜的 $\zeta_{\rm PF}$ 量级为 10^1 Pa·s. 前驱链承受的摩擦比前驱膜的小, 耗散能量也比前驱膜小, 所以前驱链比前驱膜铺展得快. 实际上, 摩擦面积 $A(t)$ 随着时间的变化非常复杂. 由于摩擦面积在 $10^0\ {\rm nm^2}$ 的量级, 在计算中可估计摩擦面积为 $1\ {\rm nm^2}$.

表 10.2 前驱链和前驱膜的势阱平均深度 H、平均速度 v 和动态摩擦系数 ζ

	前驱链区域			前驱膜区域
2α/°	45.0	90.0	135.0	
$H/(10^{-20}$J)	4.8462	5.3820	5.4806	5.7206
v/(m/s)	0.1309	0.0856	0.0297	0.0216
ζ/(Pa·s)	1.1766	4.2899	5.4429	9.7157

从上述关于 w、H、ζ 和 v 的讨论中, 可以看到:

1) 由于内角处的能量很低, 前驱链可以产生并且稳定地存在.

2) 由于内角处的摩擦很小, 前驱链可以比前驱膜的速度快. 接下来, 观察前驱链中的水分子铺展的原子细节. 如图 10.9 所示, 在前驱链的每两个相邻的水分子之间存在氢键, 将分离压力传递给相邻的水分子, 促使水分子向前扩散. 在前驱链中的水分子的顺序在整个铺展过程中都不发生改变. 前驱链中一维的氢键长链促使单分子水链整体移动, 在内角滑行前进.

为了使观察定量化, 可通过计算前驱链水分子的自扩散系数来评估前驱链的输运性质. 因为前驱链是单分子水链, 可只考虑 Z 方向的水分子扩散. 通过 Einstein

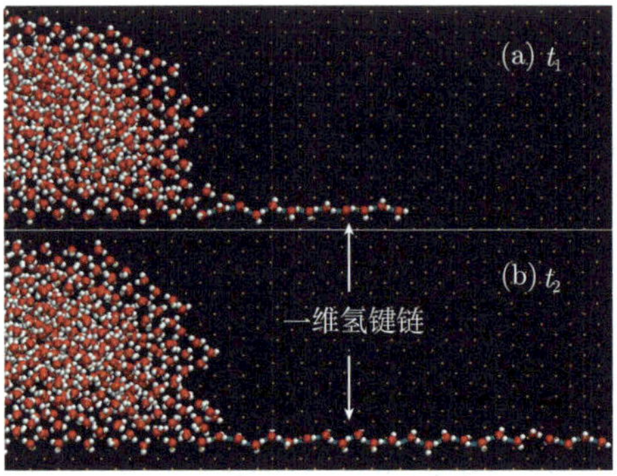

图 10.9　在前驱链铺展过程中的两个瞬时的侧视图

蓝色虚线表示水分子之间的氢键

公式, 可计算水分子均方根位移的斜率来得到一维情况下的自扩散系数 D[13,14]

$$D = \frac{1}{2}\lim_{t\to\infty}\frac{\langle|\boldsymbol{r}(t)-\boldsymbol{r}(0)|^2\rangle}{\Delta t}, \tag{10-7}$$

其中 $|\boldsymbol{r}(t)-\boldsymbol{r}(0)|$ 是水分子 i 在时间间隔 Δt 内移动的距离 (在计算每个水分子移动的距离之前, 已经减去了前驱链质心移动的效果). 然后, 对很多这样的时间间隔内的位移的平方做平均. 一维前驱链的自扩散系数 $D=(0.117\pm0.002)\times10^{-5}\ \mathrm{cm^2/s}$ 比三维体态水的自扩散系数 $D=2.246\times10^{-5}\ \mathrm{cm^2/s}$ 和二维前驱膜的自扩散系数 $D=1.132\times10^{-5}\ \mathrm{cm^2/s}$ 小一个量级[11]. 这个结果表明前驱链实际上是类固体性质的. 从原子细节, 可发现: ① 通过一维氢键长链传递的分离压力驱动前驱链前进; ② 前驱链是类固体的 (solid-like), 在内角滑行前进.

前驱链和纳米管内的水链有很多相似的方面[15]. 由于受到的表面势垒更低、更光滑[16], 前驱链和纳米管内的水链都前进得很快, 呈类固体性质[17]. 独特的一维氢键链驱动它们前进. 但是, 不同之处也是明显的: ① 边界条件. 因为内角的顶部是开放的, 前驱链部分受限. 而纳米管内的水链是完全受限的. ② 驱动力. 分离压力驱动液滴在内角铺展. 而纳米管内的水链由外压力驱动. ③ 几何构型. 前驱链取决于内角的形状, 在上述模拟的情况下是直的. 而纳米管内的水链是螺旋形的[17].

10.3　内角润湿在金属单原子链形成方面的应用

作为内角润湿中前驱链的一种可能潜在应用, 袁泉子和赵亚溥采用融化金属液滴的前驱链来形成金属单原子链[8]. 由于其最细的一维结构和独特的物化性质, 金属单原子链在纳米电子、新材料等领域显示出极大的潜力[18~20]. 但是, 目前的金属单原子链不能做到很长, 寿命很短. 使用前驱链的输运性质, 可能发现生成长且稳定的金属单原子链的解决方案. 在 2500 K 的温度下, 将融化的金液滴置于钨制内角处, 如图 10.10(a) 所示. 钨的熔点 ($T_m = 3683$ K) 远高于金的熔点 ($T_m = 1337$ K). 在基底的分离压力下, 金液滴沿着内角铺展. 金分子会自动的在金液滴之前形成一条单原子金链. 然后, 对系统快速冷却. 由于内角的能量很低, 可以形成一条长且稳定的单原子金链. 基底和液滴的类型可以改变. 但是, 基底的熔点必须比液滴的熔点高, 而且内角的角度需要慎重地选择.

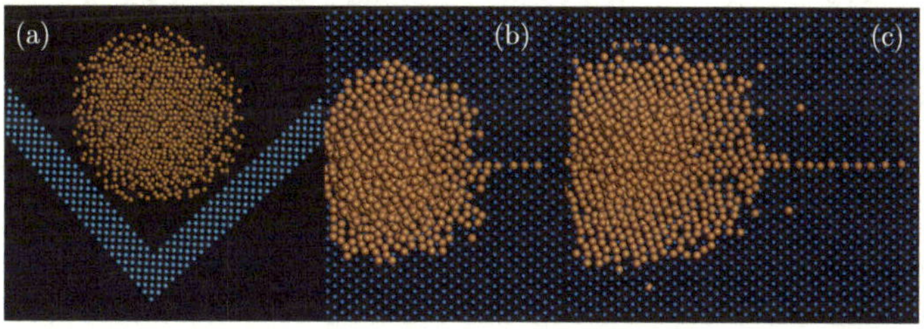

图 10.10 (a) 在钨内角制备金单原子长链的初始构型截面视图. 橙色和蓝色小球分别表示 Au 原子和钨原子. (b)、(c) 进单原子长链形成的两个瞬时的顶视图

10.4 前驱链在亲水内角的动态电润湿

当系统中引入电场的作用, 可通过 w_E 来描述电场矢量 $\boldsymbol{E}$ 和液滴内偶极矢量 $\boldsymbol{\mu}_i$ 之间的相互作用 $w_E \sim \sum_i \{-|\boldsymbol{E}| \times |\boldsymbol{\mu}_i| \times L[|\boldsymbol{E}| \times |\boldsymbol{\mu}_i|/(k_{\mathrm{B}}T)]\}$, 其中 $|\cdot|$ 表示向量的模, $L(x)$ 是 Langevin 函数[21]. 因此, 亲水内角液滴电润湿中的控制方程可以写为

$$v = 2\kappa_0\lambda \sinh\left(\frac{w + w_E}{2nk_{\mathrm{B}}T}\right), \tag{10-8}$$

可以看到, 由于电驱动功 w_E 的作用, 前驱链的速度发生变化.

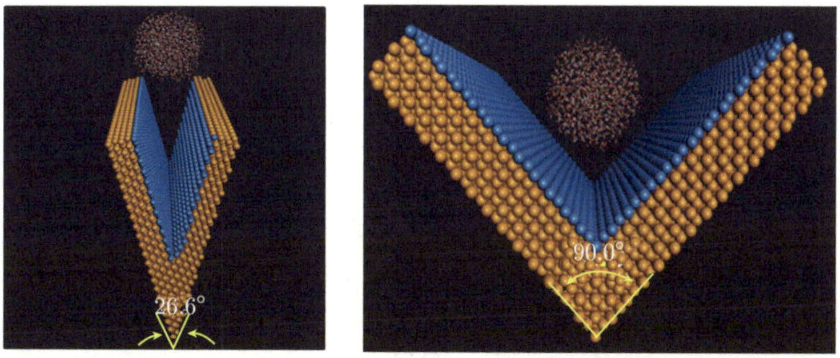

(a) 内角为 26.6°　　(b) 内角为 90°

图 10.11 内角电润湿示意图

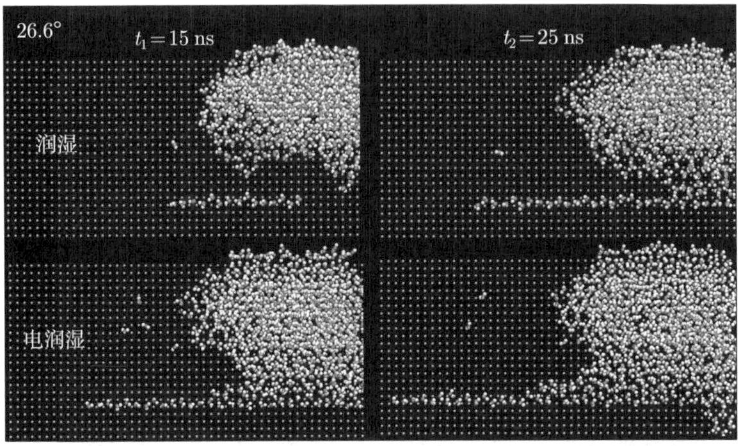

图 10.12　内角角度为 26.6° 时, 润湿和电润湿中相同瞬时, 前驱链的铺展情况比较

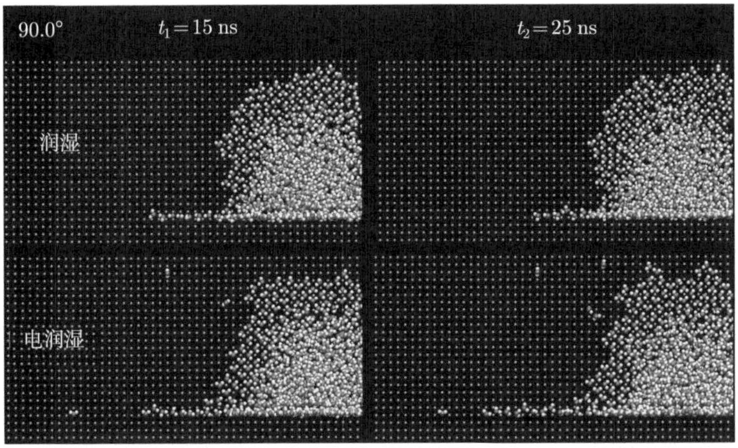

图 10.13　内角角度为 90.0° 时, 润湿和电润湿中相同瞬时, 前驱链的铺展情况比较

为了模拟真实电润湿试验中的情况, 这里采用使得表面 Au 原子带电的方法, 如图 10.11 所示. 每个 Au 原子带电 0.02 e. 这样就可以就算出计算区域内的电场: $E = Q/(A\varepsilon_0\varepsilon)$, $E \sim 10^{-1}$ V/nm, 沿内角平分线的方向. 其中 Q 表示电荷, A 表示面积, ε_0 表示真空介电常数, ε 表示水的介电常数. 这与纯水的电润湿实验设置中的电场强度在一个量级[22]. Au 表面的润湿性由于电场强度而增加. 如图 10.12 和图 10.13 所示, 可以看到由于在电润湿中电驱动功的作用, 前驱链的铺展速度比润湿中的速度快, 速度提高的量级在 10^{-1} m/s. 当内角角度较小时, 在内角处电荷密度较高, 前驱链铺展速度的增加更加明显.

10.5 本章结束语

内角润湿是移动接触线问题中的一个新问题. 本章通过 MD 模拟, 特别是分析了分离压力在纳米液滴在楔形内角润湿中的作用, 给出了如图 10.14 所示的前驱链产生的物理图像: 首先我们遇到的是常规平面情况下的移动接触线问题, 液滴水分子在固壁面铺展时, 在分离压力作用下, 在两个固壁面产生前驱膜, 前驱膜在内角处进行汇聚, 由于内角处分离压力的奇异性, 为了消除该非物理性的奇异性, 则产生了一种水在内角毛细流动的新模式: 前驱单分子水链.

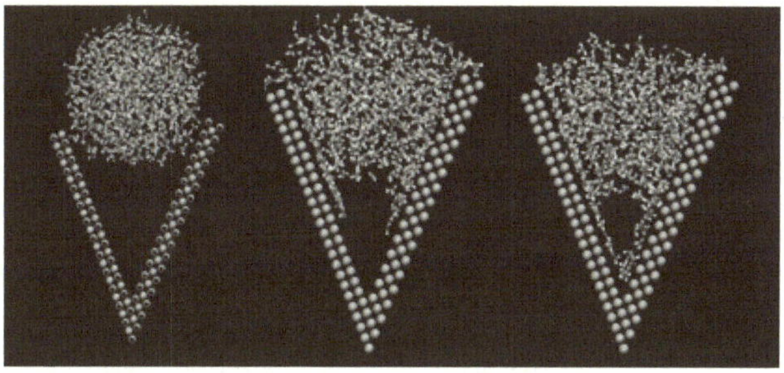

图 10.14 两个前驱膜在内角处汇聚, 在分离压力作用下形成前驱链

纳米楔形内角流动是否存在边界滑移等新的流动机制? 实际中内角不可能完全尖锐, 内角处的一定圆弧度是否对前驱水链的形成有影响? 以及进一步的实验研究, 仍有待进一步进行深入研究.

参 考 文 献

[1] Taylor B. Concerning the ascent of water between two glass planes. Philosophical Transactions of the Royal Society London, 1712, 27: 538.

[2] Concus P, Finn R. On the behavior of a capillary surface in a wedge. Proceedings of the National Academy of Sciences of the United States of America, 1969, 63: 292–299.

[3] Concus P, Finn R. On capillary free surfaces in the absence of gravity. Acta Mathematica, 1974, 132: 177–198.

[4] Weislogel M M, Lichter S. Capillary flow in an interior flow. Journal of Fluid Mechanics, 1998, 373: 349–378.

[5] Wang C X, Xu S H, Sun Z W, Hu W R. Influence of contact angle and tube size on capillary-driven flow under microgravity. AIAA Journal, 2009, 47: 2642–2648.

[6] Wang C X, Xu S H, Sun Z W, Hu W R. A study of the influence of initial liquid volume on the capillary flow in an interior corner under microgravity. International Journal of Heat and Mass Transfer, 2010, 53: 1801–1807.

[7] Xu S H, Wang C X, Sun Z W, Hu W R. The influence of contact line velocity and acceleration on the dynamic contact angle: An experimental study in microgravity. International Journal of Heat and Mass Transfer, 2011, 54: 2222–2225.

[8] Yuan Q Z, Zhao Y P. Topology-dominated dynamic wetting of the precursor chain in a hydrophilic interior corner. Proceedings of the Royal Society A, 2012, 468: 310–322.

[9] Plimpton S. Fast parallel algorithms for short-range molecular dynamics. Journal of Computational Physics, 1995, 117: 1–19.

[10] Berendsen H J C, Grigera J R, Straatsma T P. The missing term in effective pair potentials. Journal of Physical Chemistry, 1987, 91: 6269–6271.

[11] Yuan Q Z, Zhao Y P. Precursor film in dynamic wetting, electrowetting and electro-elasto-capillarity. Physical Review Letters, 2010, 104: 246101.

[12] Philip J R. Adsorption and geometry: The boundary layer approximation. Journal of Chemical Physics, 1977, 67: 1732–1741.

[13] Kubo R. The fluctuation-dissipation theorem. Reports on Progress in Physics, 1966, 29: 255–284.

[14] 袁泉子. 纳米润湿中力电耦合的拓扑界面动力学. 北京：中国科学院力学研究所博士学位论文, 2011, 4.

[15] Yuan Q Z, Zhao Y P. Hydroelectric voltage generation based on water-filled single-walled carbon nanotubes. Journal of the American Chemical Society, 2009, 131: 6374–6376.

[16] Falk K, Sedlmeier F, Joly L, Netz R R, Bocquet L. Molecular origin of fast water transport in carbon nanotube membranes: Superlubricity versus curvature dependent friction. Nano Letters, 2010, 10: 4067–4073.

[17] Yuan Q Z, Zhao Y P. Transport properties and induced voltage in the structure of water-filled single-walled boron-nitrogen nanotubes. Biomicrofluidics, 2009, 3: 022411.

[18] Sun C Q. Size dependence of nanostructures: Impact of bond order deficiency. Progress in Solid State Chemistry, 2007, 35: 1–159.

[19] Zhang Y Y, Wang F C, Zhao Y P. Negative differential resistance behavior of silicon monatomic chain encapsulated in carbon nanotubes. Computational Material Science, 2012, 62: 87–92.

[20] Wang B B, Wang F C, Zhao Y P. Understanding formation mechanism of ZnO diatomic chain and multi-shell structure using physical mechanics: Molecular dynamics and first-principle simulations. Science China: Physics, Mechanics and Astronomy, 2012, 55: 1138–1146.

[21] Daub C D, Bratko D, Leung K, Luzar A. Electrowetting at the nanoscale. Journal of Physical Chemistry C, 2007, 111: 505–509.

[22] Mugele F, Baret J C. Electrowetting: From basics to applications. Journal of Physics: Condensed Matter, 2005, 17: R705–R774.

第 11 章　受限液体和纳流动中的边界滑移

The mountains flowed before the Lord.
山在上帝面前流动.

—— Prophetess Deborah recorded in the Bible

11.1　纳米流变学 —— 受限液体的若干力学行为

在纳米制造中, 有时空间成型的特征尺度在几十纳米以下, 因此会涉及诸如受限液体 (confined liquids, confined fluids)、类固体 (solid-like) 等一些新的纳米流变学的问题. 类固化是由于在靠近固体壁面的液体分子和固壁间的相互作用, 因而靠近固壁一层或数层的液体发生固化 (solidification), 称为介于传统流体和固体之间的 "流变体". 图 11.1 为美国 *Physics Today* 期刊以封面论文形式所发表的有关受限液体的文章[1]. 目前, 有关空间受限液体和空间受限极性液体行为的研究由于具有广阔的应用前景并具有重大的学术意义, 已经成为学术界的研究热点[2].

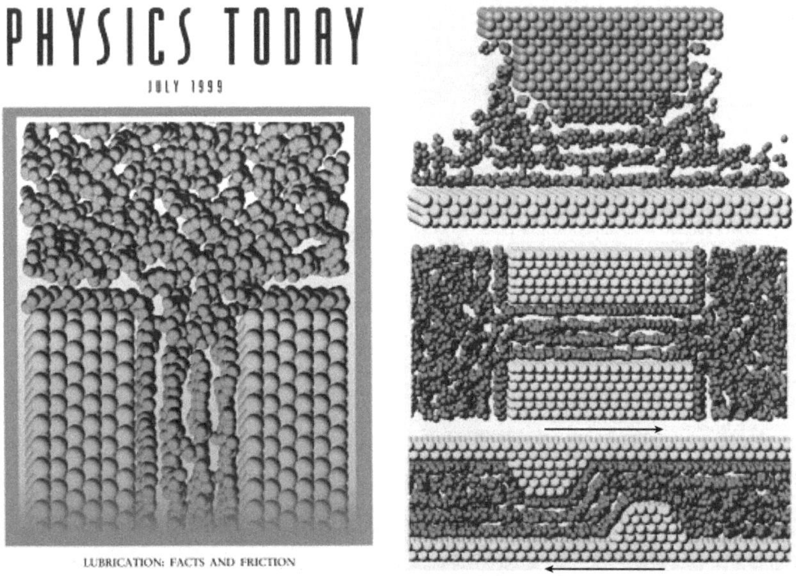

图 11.1　美国 *Physics Today* 期刊于 1999 年刊登的受限液体的封面文章[1]

如图 11.2 所示, 将一液滴放置于球体和一固体表面之间, 然后将球体下落. 初始时, 液体会被快速挤出, 液体被挤出的速度会随着液体厚度的减小而逐渐放慢. 1886 年, Reynolds 基于经典分析方法解决了这一问题[3]. Israelachvili 等通过实验表明, 液膜最终将稳定在几个分子层的厚度, 这几个液体分子层厚度的液膜就是受限液体[4,5]. 如果再想将这几个分子层厚度的液膜挤出, 则需要异常大的压力 (extraordinarily large pressure)[6].

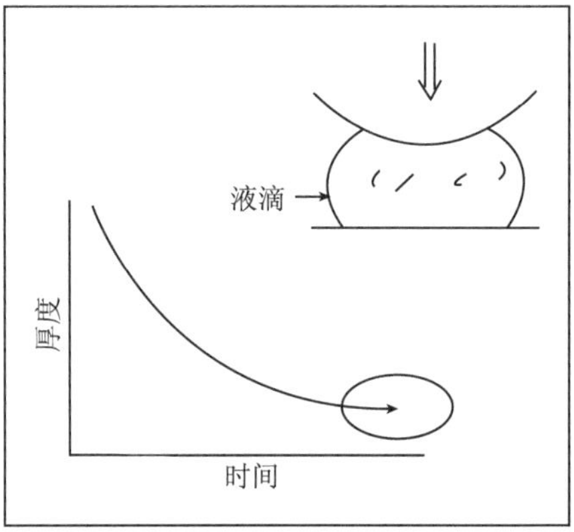

图 11.2 球体和固体表面之间的液体最后会稳定在几个液体分子层的厚度

Persson 等对受限液体的挤出过程开展了分子动力学 (MD) 模拟[7,8], 如图 11.3 所示, 当膜厚减小到数液体分子层时, 受限液体将呈现出明显的分层现象, 其 MD 模拟结果表明, 液体是一层一层被逐渐挤出的.

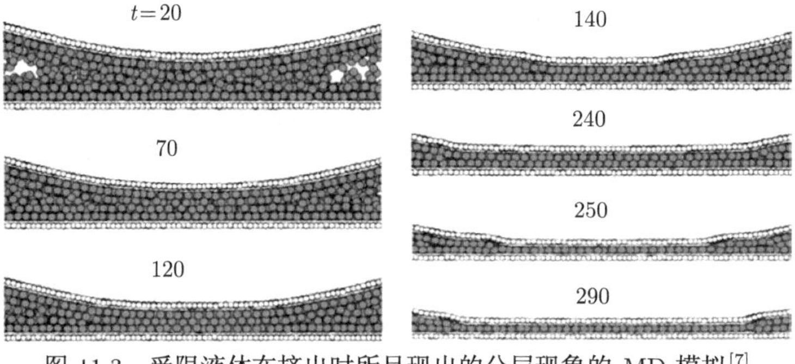

图 11.3 受限液体在挤出时所呈现出的分层现象的 MD 模拟[7]

Persson 等获得了在受限液体被挤出过程中由 n 层减小为 $n-1$ 层时的平均压力变化, 如图 11.4 所示[8]. 由该图可看出, 随着被挤出液体最后层数的减小, 所需的平均压力在增大, 而且还呈现出线性关系, 使得受限液体具有一定承载能力. 对于丙烷, 最后一层液体分子的挤出压力约为 300 MPa, 而对于正十四烷, 最后一层分子的挤出压力约为 800 MPa.

因此, 所谓 “受限液体” 是指被限制在一个很小的空间中的液体薄层, 如两个固体平板间纳米狭缝中的液体[9]、原子力显微镜 (AFM) 压头下的液体[10]、CNT

(CNTs) 中的液体[11,12]、液滴铺展中的前驱膜[13]、V 型槽中的纳米流动[14] 等.

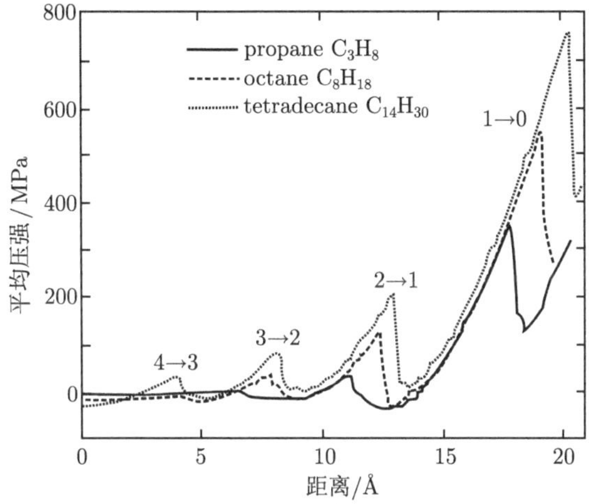

(a)

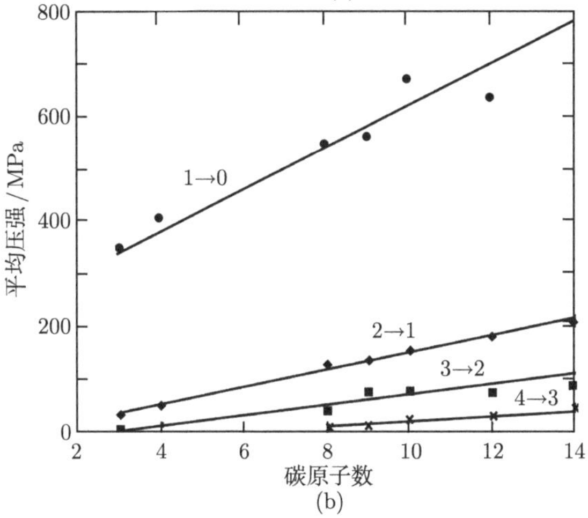

(b)

图 11.4 受限液体在被挤出过程中由 n 层减小为 $n-1$ 层时的平均压力变化

相对于体相液体 (bulk liquids), 受限液体分子的自由运动受到很大的限制, 这使得受限液体表现出来很奇特的结构和力学性质 (如分层和类固化等). 其相关机制在纳生物传感器、纳米摩擦和润滑、纳米制造中有着重要的应用背景, 已经引起研究人员的广泛关注. 以下将从几个侧面来分别阐述空间受限液体和体相液体的主要差别.

11.1.1 垂直壁面方向受限液体分子呈现分层结构, 密度呈现振荡分布

受限液体的重要特征之一就是在固体表面 (壁面) 呈现出的分层 (layering) 结

构, 从而引起两个壁面间的受限液体的密度分布呈现振荡 (fluctuation) 特性, 如图 11.5 所示. 由于这种分层现象的出现, 狭缝的尺寸不能随施加压力的增加而连续变化[15].

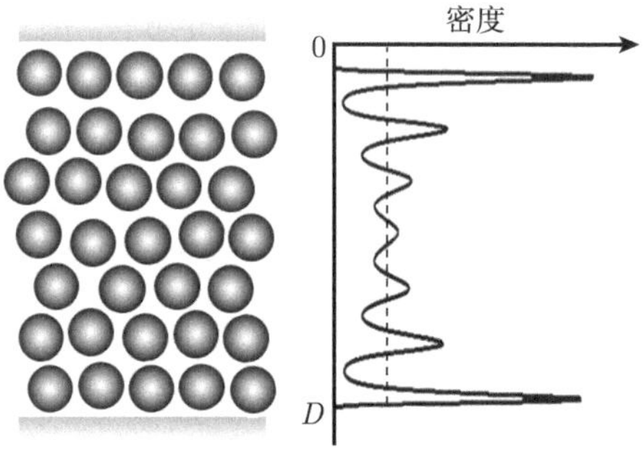

图 11.5　受限液体密度分布的振荡特性图示

本课题组开展了 1.02 亿水分子 Couette 流的大型分子动力学 (MD) 模拟, 如图 11.6(a) 所示, 特征尺度为 144.4 nm×144.4 nm×145.3 nm[16]. 得到了如 11.6(b) 所示的固壁附近水密度的震荡特性.

受限液体界面上起主导作用的是 "结构化力"(structural force), 这是由于两个贴近表面迫使液体分子规则排列而产生的力. 1981 年, Israelachvili 等在研究两个光滑云母片间的八甲基环四硅氧烷 (octamethylcyclotetrasiloxane, OMCTS) 的受力时, 首次在实验中发现了这种结构化力的奇异振荡特性[4]: 力的大小是间距的函数, 并且表现出在引力和斥力之间的振荡特性, 振荡的周期近似为 OMCTS 分子直径 (图 11.7). 这些现象是当时认识的 van der Waals 力和静电力所不能解释的 (图 11.8), 这表明受限液体出现了分层现象.

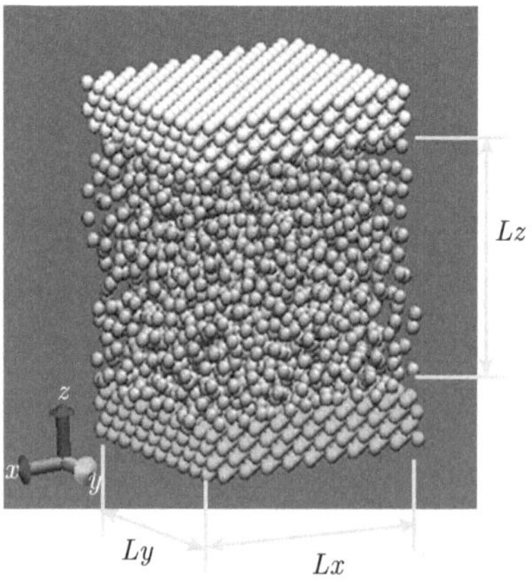

(a) MD 模拟构型

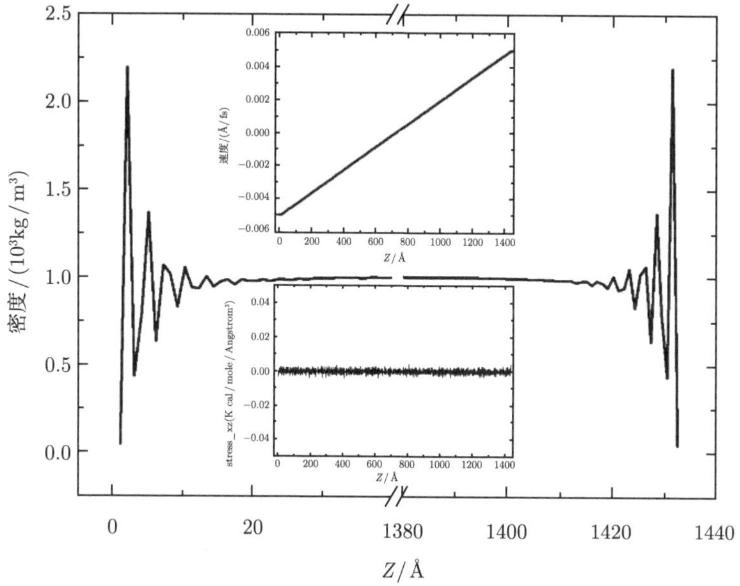

(b) 密度、速度和剪应力的 MD 模拟结果

图 11.6 本课题组开展了 1.02 亿水分子 Couette 流的大型 MD 模拟[16]

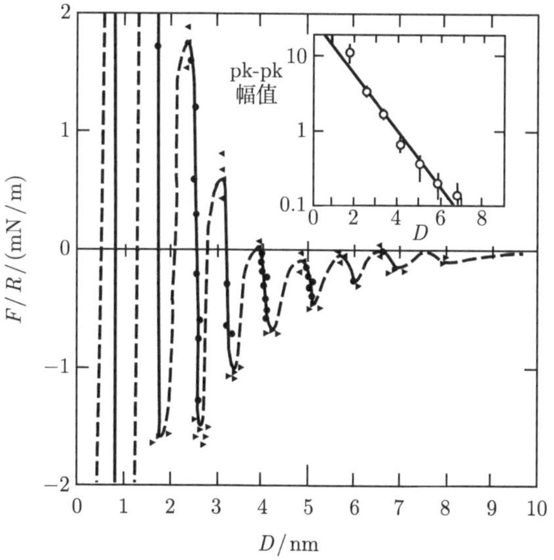

图 11.7 结构化力的奇异振荡关系[4]

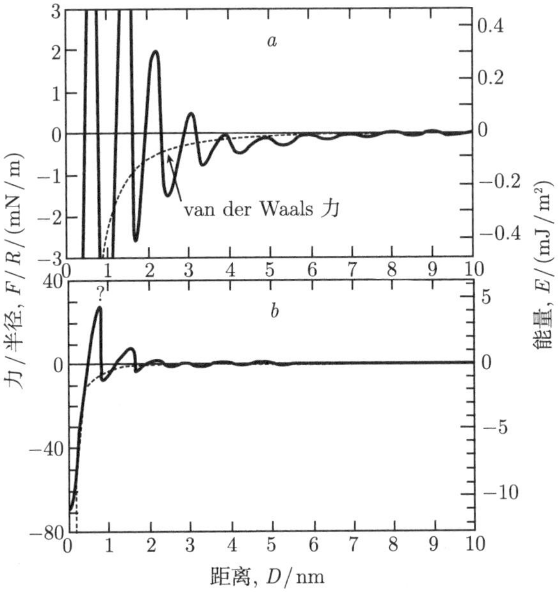

图 11.8　受限液体中结构化力与 van der Waals 力的比较[3]

11.1.2　等效剪切黏度呈现数量级的提高

Granick 等在 28°C 和低剪应变率条件下, 测得十二烷的等效黏度与受限液体膜厚的关系[6], 如图 11.9 所示. 十二烷是简单液体, 体相黏度仅为 0.01 Poise, 这比受限液体的黏度低许多数量级. 同时, 随着膜厚减小, 等效黏度剧增, 当间隙尺寸与十二烷的分子尺寸相近时, 十二烷的流动被阻止, 等效黏度突然发散.

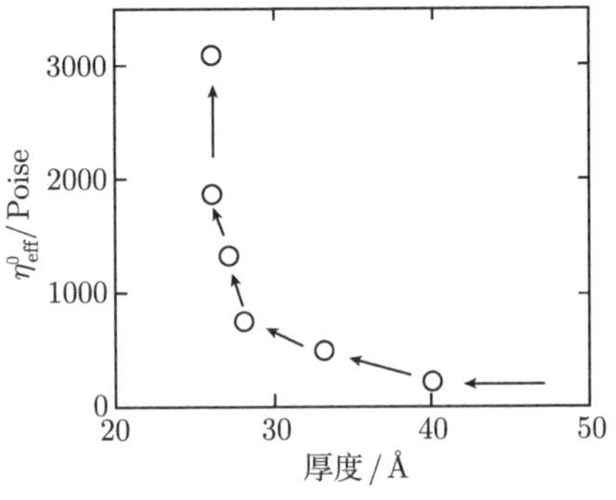

图 11.9　受限液体的剪切黏度[6]

受限液体的等效黏度的大小还跟形成过程有关, 快速压缩得到的受限液体表现出了很大的剪切黏度, 但准静态压缩得到的受限液体承受的摩擦力很小[17]. 不同的压缩速率得到的受限液体 (异三十烷, squalane) 的剪切响应如图 11.10 所示.

Granick 认为不同的压缩速率得到受限液体的结构是不同的, 高压缩速率导致的液体分层不是很规则, 在剪切作用下层与层之间相互作用会发生 “拥堵”, 等效黏度就很大; 低压缩速率导致的液体分层更为规则, 所以层间的滑移更为容易. 这使得在低压缩速率下受限液体变形时的摩擦力很低, 产生一种 “超润滑 (superlubricity)” 的现象[18].

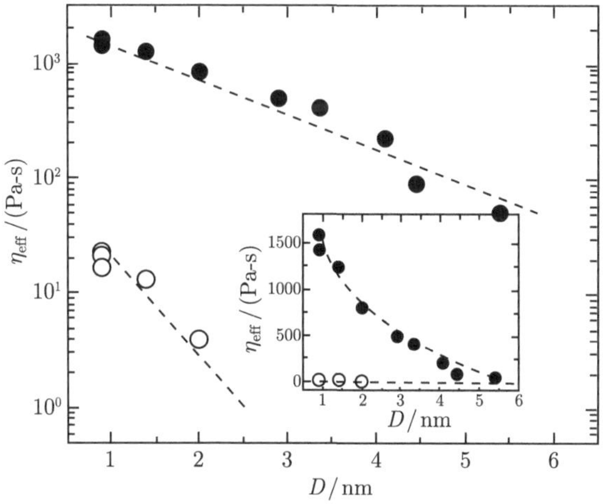

图 11.10 等效黏度与受限液体形成过程有关

11.1.3 剪切黏度的流变特性 —— 剪切致稀

受限液体的剪切黏度要比体相状态高出许多数量级, 而且呈现强烈的非 Newton 流体特性. 十二烷 (dodecane) 体相液体的剪切黏度为 0.01 Poise, 当剪切速率高达达到 $10^{10}\ \mathrm{s}^{-1}$, 其等效黏度仍是与剪切速率无关的. 受限的十二烷在极低的剪应变率时, 等效黏度基本保持为常数, 呈现 Newton 流体性质. 随着剪应变率升高, 等效黏度按指数规律衰减, 出现非线性的剪切致稀 (shear thinning) 现象, 而且这种衰减变化是可逆的. 图 11.11 中的三角形数据点表明受限的 OMCTS 也会发生剪切致稀现象[19].

11.1.4 弛豫时间若干个数量级的提高

通常体相的非极性液体最长的弛豫时间也小于 10^{-10} s. 当实验的时间尺度小于 Brown 运动的特征尺度时, 液体就会表现出非线性的黏性响应. 以图 11.11 为例, 通过延长曲线水平部分和指数关系部分得到的交点确定液体开始出现非线性黏性响应的剪应变率, 其倒数即为受限液体的弛豫时间. 如果把这个临界剪应变率取为最大的 $20\ \mathrm{s}^{-1}$ 则受限液体 (dodecane 和 OMCTS) 的弛豫时间至少为 5×10^{-2} s, 这至少比体相液体的弛豫时间大 8 个数量级[19].

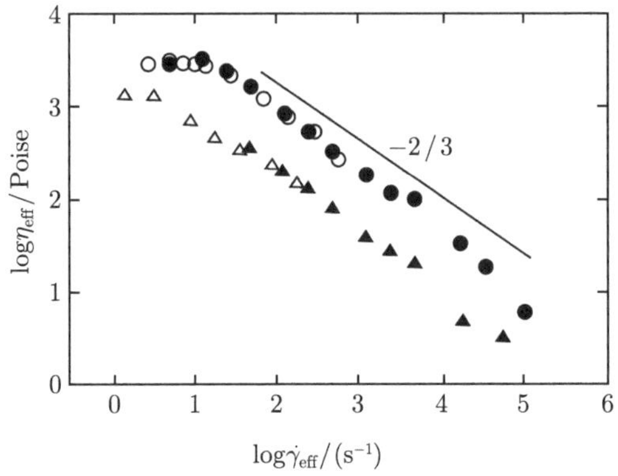

图 11.11　受限液体的剪切致稀现象[19]

Granick 等的实验研究表明, 膜厚对其弛豫时间也有数量级的影响[20]. 图 11.12 给出的是 OMCTS 受限液体膜厚在 7 个液体分子层内对其弛豫时间大约有 5 个数量级的影响, 表明受限液体的类固化行为随着膜厚的减小而迅速增强.

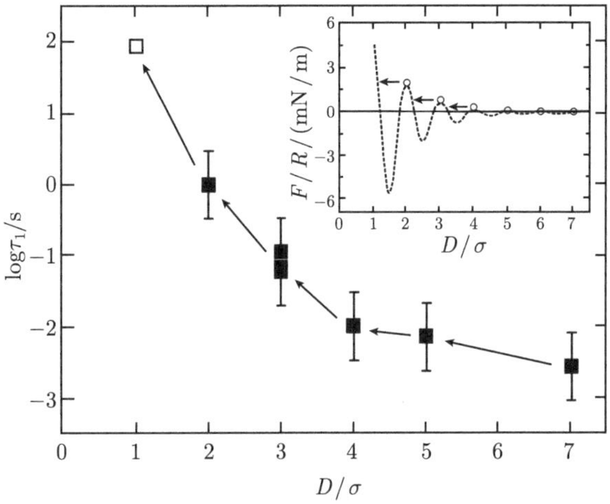

图 11.12　受限液体 OMCTS 膜厚对其弛豫时间的影响[20]

11.1.5　扩散, 分子的协同运动

在垂直与壁面的方向上, 受限液体分子出现层状分布, 但是在平行于壁面的方向上的分子结构却没有形成统一明确的认识. 受限液体同固壁之间的相互作用使其在平行壁面方向也形成了有序化结构[21].

活化体积 (activation volume) 被认为是分子协同运动的一个量度, 被定义为 $\Delta V_{\rm act}=\Delta E/\Delta P$, 其中 ΔE 是能量, ΔP 是法向的净压差. Granick 等在实验中得到十二烷在不同的剪应变率下的活化体积分别为: 80 nm^3 ($\dot{\gamma}<20\ {\rm s}^{-1}$), 40 nm^3 ($\dot{\gamma}=$

$10^3\ s^{-1}$), 20 nm^3 ($\dot{\gamma} = 10^5\ s^{-1}$), 分别相应于 200 个、100 个、50 个分子. 与之相比, 体相液体的活化体积小于 0.03 nm^3 (近似于一个甲基所占的体积). 随着剪应变率的增大, 活化体积减小. 这预示着剪切致稀现象的发生是因为剪切破坏了分子协同运动的结构[21].

2002 年, Granick 等通过荧光关联光谱 (fluorescence correlation spectroscopy, FCS) 方法研究受限状态下的丙二醇和 OMCTS, 得出受限液体的扩散系数从边缘到中间呈指数规律递减 (图 11.13)[21]. 受限液体的活化体积为 15~20 nm^3, 而体相活化体积约为 0.2 nm^3 , 差了约 3 个数量级.

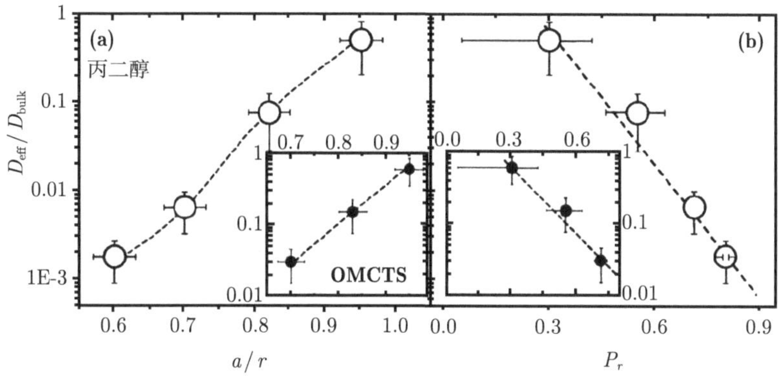

图 11.13 受限液体扩散系数分布和随压力的变化关系[21]

这表明受限液体在层内会形成横向的有序化结构, 分子的运动由体相液体中单个分子的运动变为受限液体中分子集团的协同运动[22]. Hoffmann 等基于受限液体分子协同运动的模型解释了受限液体的弛豫时间显著增大的原因[23].

11.1.6 固化与相变

实验表明: 简单的低黏度液体受限在单晶的或者覆盖了自组装有机膜 (无长程有序的晶格结构) 的云母片间时会发生 “固化” 现象, 滑移运动需要克服一定的屈服应力才能实现[1,6].

目前对受限液体固化的机理仍存在不同的解释. 一种观点认为受限液体由于强烈的表面吸附作用而形成牢固的表面膜. 有计算机模拟结果表明固化现象的产生是由于球形液体分子在固体表面形成的外延晶体[24]. 这层晶体膜在剪切作用下会被破坏, 故从静摩擦到动摩擦的转变类似于剪切引起的熔融. 而 Granick 等认为, 各种液体处于受限状态而发生固化是一种普遍现象. 固化的过程是受限液体随着膜厚的减少而刚度缓慢增加的一种转变, 类似于体相的玻璃化转变. 固化后的膜更可能是非晶态, 液体流动性的降低是由于受限液体与表面作用引起非晶化的结果[20], 他们的实验结果不支持从液体到固态的一级相变, 而是到玻璃态的一种连续变化[25].

图 11.14 给出是云母表面间的 OMCTS 受限液体所测得的储存模量和损失模量随液体分子层数的变化关系[25], 表明: 在十层液体分子层数的范围内, 随着液体分子层数的减小, 液体的刚性几乎线性增强, 也就是类固体性明显增强.

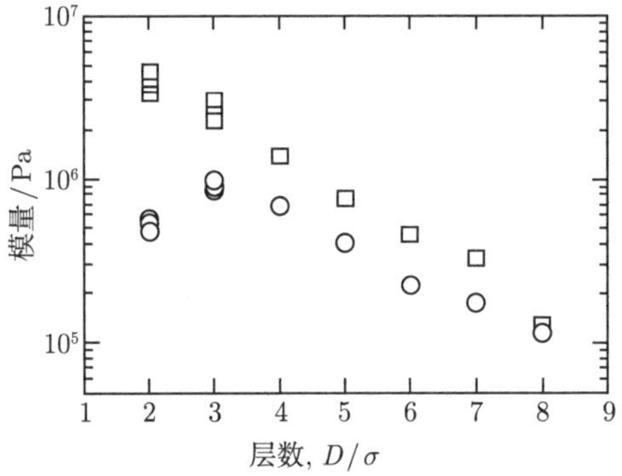

图 11.14 云母平板间 OMCTS 溶液的剪切模量随层数的变化关系. 图中方框为测得的储存模量, 圆圈为损失模量

11.1.7 亚连续性

近十余年来, 有关 CNTs 中水的传输性质的实验研究、MD 模拟和理论分析精彩纷呈, 该研究方向已经成为纳米科技中的阆苑奇葩. 其中的关键科学问题就是水作为一种极性分子在 CNTs 中由于受限所表现出来的奇特传输性质. 美国学者 Aluru 等的 MD 模拟结果表明, 管内受限水的性质与体相水的已知相不同, 被称为水的一种新相[26].

美国学者 Thomas 和 McGaughey 的新近 MD 模拟结果表明[27]: 采用水分子的轴向分布函数 (axial distribution function, ADF) 的分析可以看出 (图 11.15(b)), 直径为 1.39 nm 的 CNT 中水传输的性质大体和更大直径的 CNT 中水的传输性质差别不大; 另外, 从图 11.15(c) 的水分子的概率分布 (在特征流动时间 t_c 内有 n 个水分子跨越系统的中面) 也可看出, 直径为 1.39 nm 的 CNT 中水分子的概率分布已经和直径为 1.66 nm CNT 中水的传输类似, 呈现出连续性.

另外, Thomas 和 McGaughey 还从 CNT 水传输的流动增强因子和碳管直径的关系 (图 11.16), 得出结论: 在 CNT 直径介于 1.39 nm 和 1.25 nm 之间时, 流动性质将由连续性向亚连续性 (sub-continuum) 发生转变[27].

我们知道, 在流变力学中介质的分类是基于一个重要的无量纲量: Deborah 数[28,29], 其定义为弛豫时间和观测时间之比:

$$\mathrm{De}=\frac{\text{弛豫时间}\ (\tau)}{\text{观察时间}\ (T)}. \tag{11-1}$$

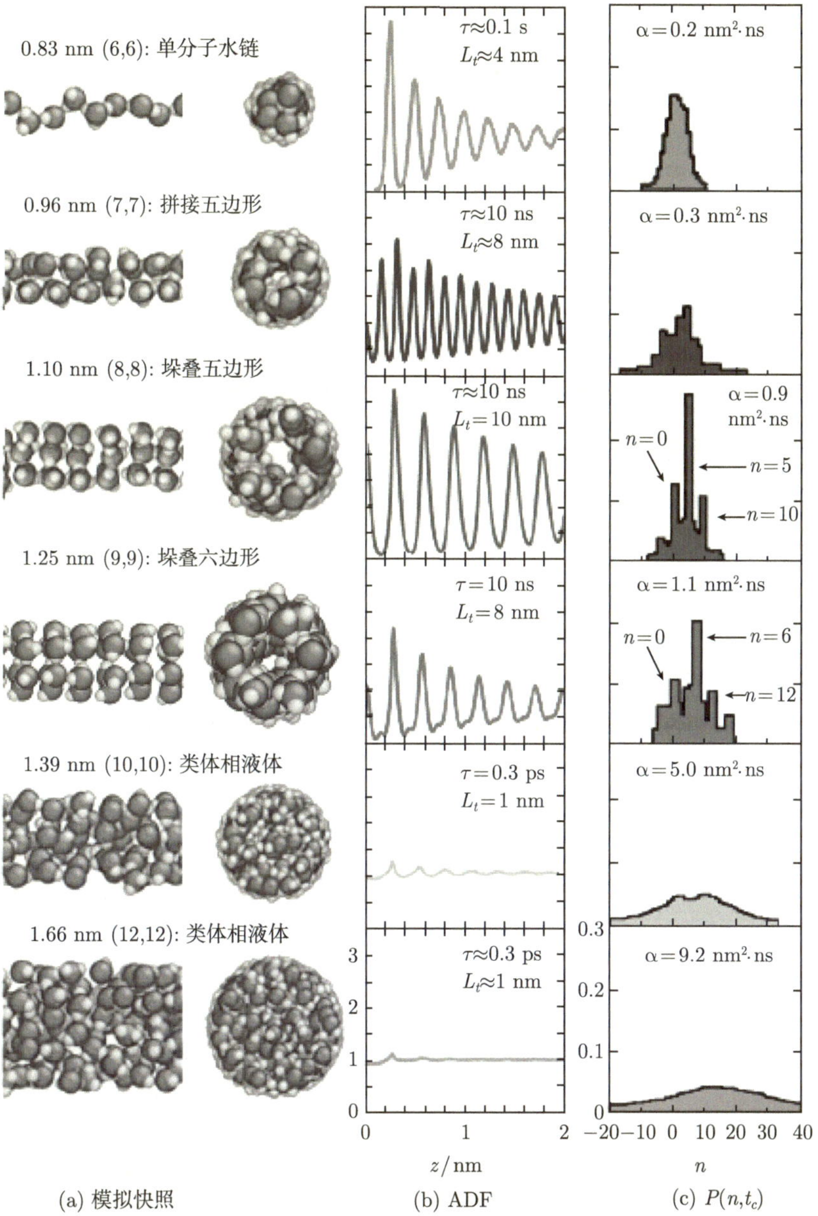

图 11.15 CNT 中水的传输随管径的减小, 传输性质由连续性向亚连续性转变

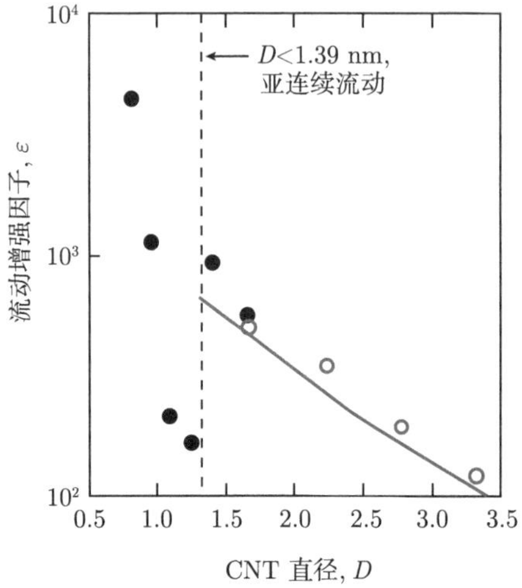

图 11.16　从 CNT 中水传输的流动增强因子来判断连续性向亚连续性的转变

基于 De 数, 介质分类如下:

1) 类固体 (solid-like material): $\text{De} \gg 1$;

2) 类流体 (fluid-like material): $\text{De} \ll 1$;

3) 中间态 (intermediate material): $\text{De} \sim 1$.

从上面的分析可知, 受限液体的弛豫时间 (τ) 由于有几个数量级的提高, 所以其 De 数从 $\text{De} \ll 1$ 向中间态 ($\text{De} \sim 1$) 过渡, 而发生类固体行为.

有关体相液体和受限液体的多种异同点可以见表 11.1 的总结.

表 11.1　受限液体和体相液体性质的比较

	受限液体 (confined liquids)	体相液体 (bulk liquids)
分子分布	垂直壁面方向: 层状分布 平行壁面方向: 有序化结构	有一定的结构, 液体分子群比固体晶粒小得多, “短程有序”
等效剪切黏度	比体相液体大几个数量级, 且随液膜厚度减少而剧增	0.01 Poise (dodecane)
等效黏度与剪应变率的关系	剪应变率大于一定值时, 随剪应变率的增大而减小, 符合一定的指数关系	即便是剪应变速率高达 10^{10} s^{-1} 仍与剪应变速率无关 (dodecane)
弛豫时间	大于 5×10^{-2} s, 比体相约大 8 个量级	一般小于 10^{-10} s
活化体积	比体相大 3 个数量级	
扩散系数	变小, 面内不均匀分布	
形态, 介质类型	类固体, 类液体及其相互转变	液体

11.2 原子尺度界面摩擦模型

由于纳流动中的边界滑移和原子尺度的界面摩擦有很大关系, 故而在讨论边界滑移前, 首先对原子尺度的界面摩擦模型予以简要介绍.

11.2.1 Tomlinson 模型

建立于 1929 年的 Tomlinson 模型[30], 又被广泛地称为 Prandtl-Tomlinson 模型[31,32], 其原因是 Prandtl 于 1928 年建议该模型考虑晶体的塑性变形以及干摩擦效应.

考虑如图 11.17 所示的 Prandtl-Tomlinson 模型, 可以看成是摩擦力显微镜 (FFM) 针尖 (tip) 和所扫描的样品 (sample) 系统的简化. 和周期性晶体表面相互作用的振子通过弹簧链接到运动物体 M 上. 可看出, 尽管该模型十分简单, 但已经包括了原子尺度摩擦的主要元素: 可移动的表面原子、周期性晶体表面作用势和表面原子产生振动能量的耗散机制. 如果忽略掉惯性的话, 系统的总能量可表示为

$$E = V(x) + \frac{1}{2}k\left(x - X\right)^2, \tag{11-2}$$

式中 k 为弹簧常数. 考虑周期性的振子–基底相互作用势[33]:

$$V(x) = -\frac{V_0}{2}\cos\left(\frac{2\pi x}{a}\right), \tag{11-3}$$

式中 V_0 为晶体表面的势垒, a 为样品的晶格常数, 若 FFM 系统以匀速 v_M 运动的话, 则在式 (11-2) 中弹簧的变形能中 $X = v_M t$.

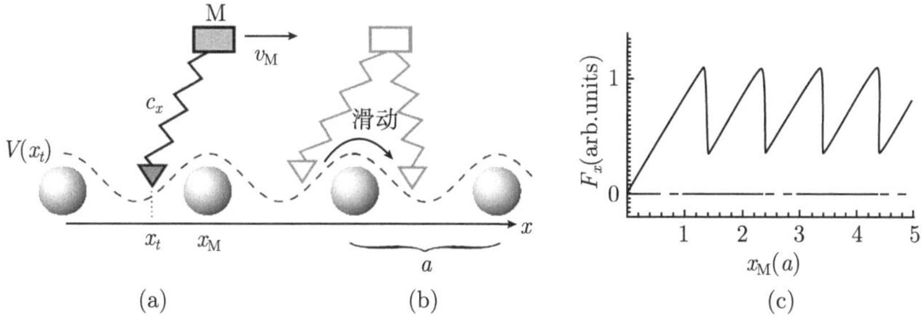

图 11.17 Prandtl-Tomlinson 模型

针尖的平衡位置 $x_{\min}$ 由 $\partial E/\partial x = 0$ 确定, 亦即

$$\frac{\partial E}{\partial x} = \frac{\pi V_0}{a}\sin\left(\frac{2\pi x}{a}\right) + k\left(x - v_M t\right) = 0, \tag{11-4}$$

在上式中利用近似 $\sin\left(2\pi x/a\right) \approx 2\pi x/a$, 则针尖的初始速度为

$$\left.\frac{\mathrm{d}x_{\min}}{\mathrm{d}t}\right|_{t\to 0}=\frac{v_M}{1+\eta},\tag{11-5}$$

式中无量纲参数:

$$\eta=\frac{2\pi^2 V_0}{ka^2},\tag{11-6}$$

该无量纲量表征的是针尖–样品相互作用能和弹簧变形能之比. 由 (11-4) 式可获得样品表面的势垒 V_0 和最大横向力 $F_L^{\max}$ 的关系, 由 $F_L=-k\left(x_{\text{tip}}-X\right)$, 所以有

$$F_L=-\frac{\pi V_0}{a}\sin\left(\frac{2\pi x_{\text{tip}}}{a}\right).\tag{11-7}$$

当 $x_{\text{tip}}=a/4$ 时, (11-7) 式有最大值, 由此可得样品表面的势垒 V_0 和最大横向力 $F_L^{\max}$ 的关系如下:

$$V_0=\frac{a}{\pi}F_L^{\max}.\tag{11-8}$$

针尖 (振子) 的失稳点由下式确定:

$$\frac{\partial^2 E}{\partial x^2}=\frac{2\pi^2 V_0}{a^2}\cos\left(\frac{2\pi x}{a}\right)+k=0,\tag{11-9}$$

由上式可确定针尖的失稳位置:

$$x^*=\frac{a}{2\pi}\arccos\left(-\frac{1}{\eta}\right).\tag{11-10}$$

在位置 x^* 和失稳时刻 t^*, 针尖将跳到另一个能量局部最小的位置, 针尖的该种运动被称为 “黏 - 滑 (stick-slip)”. 应用恒等式 $\cos^2 x+\sin^2 x=1$, 此时针尖发生跳跃的横向力可由 (11-4) 和 (11-9) 式确定:

$$F_L^*=\frac{ka}{2\pi}\sqrt{\eta^2-1},\tag{11-11}$$

由上式可以看出, 只有当 $\eta^2-1\geqslant 0$ 时, (11-11) 中的发生 “黏–滑” 的临界力才有意义. 分为两种情况讨论如下:

如果 $\eta>1$, 系统将发生黏–滑, 其内禀、原子层次的能量耗散的机制可有两种: ① 纯机械型, 也就是声子在晶体和振子产生的模式; ② 纯电子型: 也就是电子 - 空穴对激发 (electron-hole pair excitations) 模式. 如果 $\eta\leqslant 1$, 振子将发生连续性滑移, 能量没有耗散.

下面讨论速度依赖的 Prandtl-Tomlinson 模型[34~36], 也被称为热激活的 (thermally activated) Prandtl-Tomlinson 模型.

Gnecco 等[34] 应用摩擦力显微镜 (FFM) 针对 NaCl(100) 开展的不同扫描速度下所获得的速度依赖的摩擦力曲线如图 11.18 所示. 故而, Gnecco 等[34] 给出了如下对数速度依赖的摩擦力关系为

$$F_L=F_{L0}+F_{L1}\ln\left(\frac{v}{v_1}\right),\tag{11-12}$$

上式中 $v_1 = 1\ \text{nm/s}$ 是为了量纲平衡所引进的特征速度，上式还表明，最大横向摩擦力 $F_L^{\max}$ 也同样满足类似的速度对数依赖关系. 由 (11-11) 式所给出的针尖发生跳跃的横向摩擦力的速度依赖关系可表示为

$$F_L^*(v) = \frac{k_B T}{\lambda} \ln\left(\frac{v}{v_1}\right) + \text{const}, \tag{11-13}$$

上式中 λ 为一特征长度. 图 11.19 给出的是云母表面的速度对数依赖的摩擦力实验曲线[35].

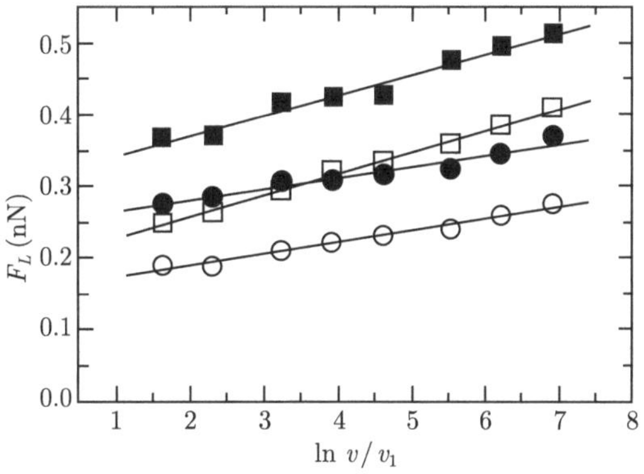

图 11.18 应用 FFM 针对 NaCl(100) 实验获得的速度依赖的摩擦力曲线

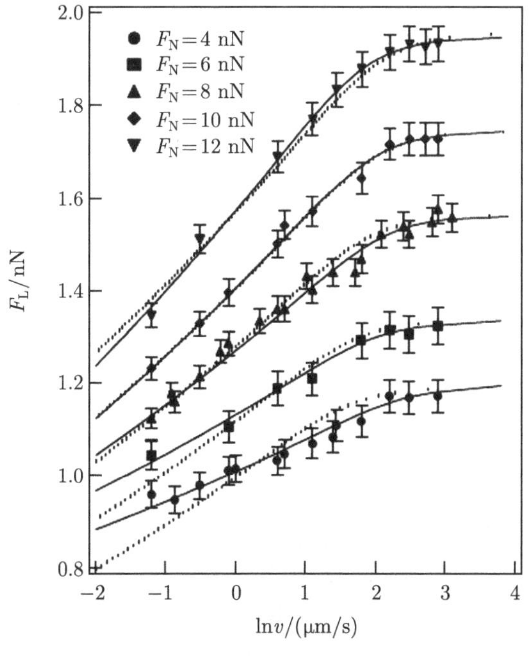

图 11.19 云母表面速度依赖的摩擦力实验曲线[35]

值得注意的是, 在 Prandtl-Tomlinson 模型中, 针尖的动力学方程可写为

$$m\frac{\partial^2 x}{\partial t^2}+\zeta\frac{\partial x}{\partial t}+k\left(x-Vt\right)=-\frac{\partial V(x)}{\partial x}, \tag{11-14}$$

上式中 m 为针尖质量, ζ 为阻尼系数, 考虑到 (11-3) 式的针尖–样品相互作用势, 上式变为

$$m\frac{\partial^2 x}{\partial t^2}+\zeta\frac{\partial x}{\partial t}+k\left(x-Vt\right)=-\frac{\pi V_0}{a}\sin\left(\frac{2\pi x}{a}\right). \tag{11-15}$$

11.2.2 Frenkel-Kontorova 模型与 Frenkel-Kontorova-Tomlinson 模型

考虑如图 11.20(a) 所示的 Frenkel-Kontorova (FK) 模型[37,38], 它描述了一维原子链在周期势场下的运动, 和 Prandtl-Tomlinson 模型相比, FK 模型更真实地描述了原子尺度界面的摩擦行为. 设所有振子 (针尖) 具有相同的质量 m, 所有的弹簧具有相同的刚度 k, 则对任意一个振子, 应用 Newton 第二定律, 可得如下动力学方程:

$$m\frac{\partial^2 x_i}{\partial t^2}+\zeta\frac{\partial x_i}{\partial t}+k\left(2x_i-x_{i+1}-x_{i-1}\right)=-\frac{\pi V_0}{a}\sin\left(\frac{2\pi x_i}{a}\right). \tag{11-16}$$

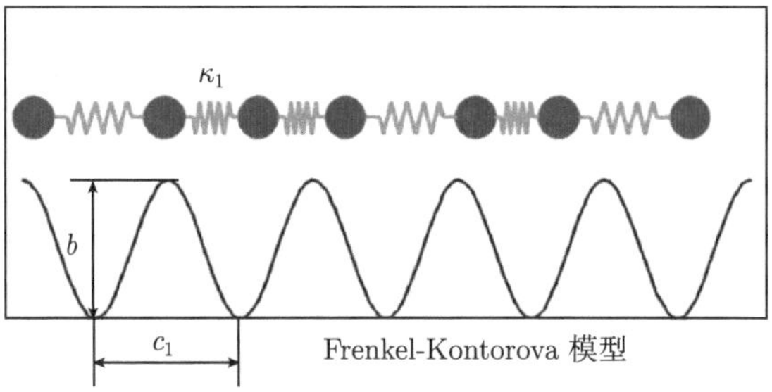

(a)

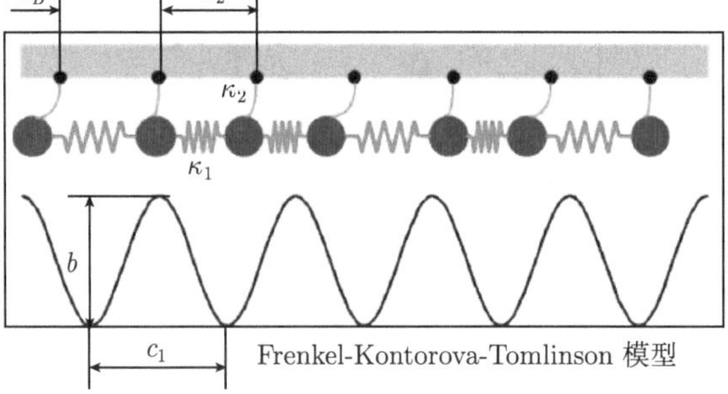

(b)

图 11.20　FK 模型与 FKT 模型

值得特别指出的是, Frenkel-Kontorova 模型可以划分为两种模式:

- 钉扎模式 (pinned mode): 在该模式中, 系统粒子的平均速度为零;
- 滑移模式 (sliding mode): 在该模式中, 系统粒子的平均速度不为零.

这两种模式说明 Frenkel-Kontorova 模型很适合于用来研究纳流动中的边界滑移、液滴蒸发过程中的钉扎和等接触角的滑移等物理力学机制.

为了研究方程的性质, 不失一般性, 在钉扎模式下 Frenkel-Kontorova 模型可写为如下形式:

$$x_{i+1}+x_{i-1}-2x_i+b\sin x_i+F=0. \tag{11-17}$$

上式中 F 为外载所引起的位移, 上式解的一般形式为

$$x_i=-\pi+\arcsin\left(\frac{F}{b}\right)+2\pi \mathrm{i},\quad F\leqslant b. \tag{11-18}$$

Frenkel-Kontorova 模型中的滑移模式又可细分为两种类型: (a) 固体滑移 (solid sliding), 所有粒子像刚体一样运动, 粒子之间没有相对运动, 所以该模式称为 "刚性滑移" 更为合适; (b) 均匀滑移 (uniform sliding), 在该模式中, 系统由不同的粒子密度, 各自的粒子密度或集团有其平均的滑移速度.

Weiss 和 Elmer 等综合考虑了 FK 模型和 Prandtl-Tomlinson 模型的优点, 提出了如图 11.20(b) 所示的具有两种弹簧的 "Frenkel-Kontorova-Tomlinson (FKT)" 模型[39,40].

11.2.3 可变密度的 Frenkel-Kontorova (vdFK) 模型

Lichter 等为了研究纳流动的边界滑移, 提出了可变密度的 FK 模型 (variable density Frenkel-Kontorova model, vdFK model)[41~43]. vdFK 模型描述了紧邻固体壁面的第一层液体 (first liquid layer) 内的第 i 个液体分子的运动方程:

$$m\frac{\partial^2 x_i}{\partial t^2}=-\frac{\pi V_0}{a}\sin\left(\frac{2\pi x_i}{a}\right)+k\left(x_{i+1}-2x_i+x_{i-1}\right)+\eta_{LL}\left(v-\frac{\partial x_i}{\partial t}\right)-\eta_{LS}\frac{\partial x_i}{\partial t}. \tag{11-19}$$

上式中左端项为第一个液体层内第 i 个液体分子的惯性力, 方程右端第一项为该第 i 个液体分子和固壁的相互作用, 右端第二项为同为第一层中紧邻液体分子之间的弹簧力, 右端第三项为上层液体分子对紧邻固壁液体分子的作用 (η_{LL} 为液体体相黏性系数), 而最后一项表示由于边界滑移所引起的紧邻固壁液体层和固壁之间的摩擦力 (η_{LS} 为摩擦系数).

有关 vdFK 模型和边界滑移之间的密切联系将在下节中予以详细介绍.

11.3 纳流动中的边界滑移模型与机制

流体沿固体壁面流动的 “标准” 边界条件是无滑移条件[44], 该假设最早由 Coulomb 通过实验进行过验证[45~48]. Coulomb 的无滑移边界的 “巧妙 (brilliant)” 实验是和他 1781 年的干摩擦 (dry friction) 实验密切相连的, Coulomb 将一个金属盘放在水中运动, 然后将金属盘上涂抹上动物油脂, 最后再将上述动物油脂上覆盖砂岩粉, 他惊奇地发现：在金属盘上涂抹动物油脂以及再在油脂上覆盖砂岩粉并不改变金属盘在水中运动的阻力. 由该实验可推断出无滑移边界的假设. 另外, Whetham 则于 1890 年针对无滑移边界条件进行过较为精细的实验研究[49]. 文献 [48,50] 较详细地述及了无滑移边界条件的由来, 感兴趣者可参阅.

11.3.1 Navier 线性滑移模型

Navier 同时是流体力学和弹性力学的重要奠基人之一. 他于 1821 年通过推广 Euler 的流体运动方程, 从分子模型出发, 建立了只包含一个黏性常数的流体平衡和运动的基本方程, 后来通过 Stokes 于 1845 年的发展, 成为流体力学的基本方程: Navier-Stokes 方程; 1820 年代, Navier 还从分子模型出发, 导出了弹性固体的平衡和运动方程, 弹性力学中平衡微分方程的位移表示的方程一般称为 “Lamé-Navier 方程”.

1823 年, Navier 引入了线性边界条件 (linear boundary condition)[51], 如图 11.21(a) 所示. 该边界条件认为切向速度 $\boldsymbol{u}_{//}$ 和应变率张量的法向分量成正比：

$$\boldsymbol{u}_{//} = b\dot{\gamma}\boldsymbol{n}, \tag{11-20}$$

式中 $\dot{\gamma}$ 为应变率, $\boldsymbol{n}$ 为边界的法线, 而 b 则为通过外推得到的 Navier 滑移长度. 考虑沿 x 方向的简单剪切, 则 Navier 滑移长度可表示为

$$b = \left.\frac{u_x}{\partial u_x/\partial z}\right|_{z=0} = \frac{u_x\eta}{\tau} = \frac{\eta}{\zeta}. \tag{11-21}$$

式中 u_x 为流体在 x 方向的速度, η 为体相黏度, τ 为剪切应力, 而 $\zeta = \tau/u_x$ 则为固–液界面处的摩擦系数.

如果 $b = 0$ 即为经典的无滑移边界条件; 而 $b \to \infty$ 则对应 “全滑移 (full slip)” 以及纳管道流动中的 “活塞流 (plug flow)” 情形, 如图 11.22 所示.

图 11.21(b) 的表观滑移模型是指, 在固–液边界附近有一液体薄层, 在该薄层内黏度由于发生了剪切致稀, 而有很多程度上的下降, 虽然在固–液边界处满足 $u_x|_{z=0} = 0$, 但仍可测得一个相当大的滑移长度.

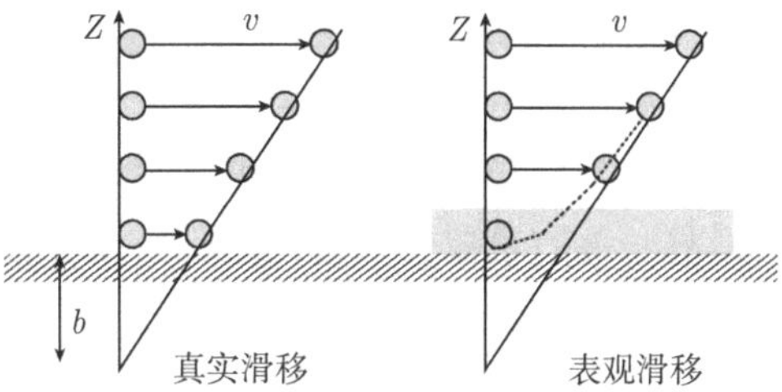

(a) Navier 的线性滑移模型　(b) 表观滑移模型

图 11.21 纳流动中的滑移模型

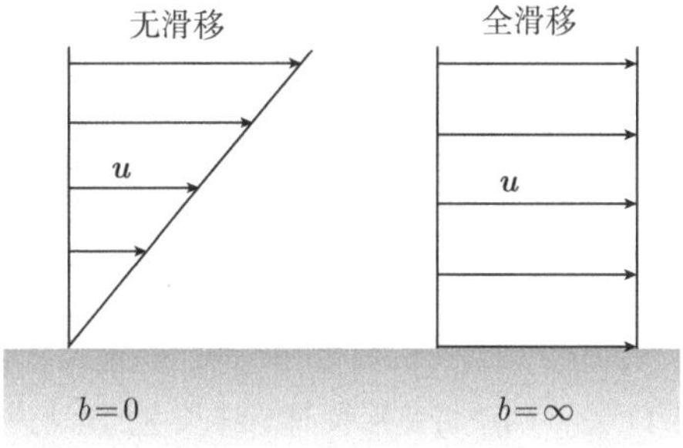

图 11.22 无滑移和全滑移边界条件

11.3.2 动理滑移模型 (kinetic slip model)

2001 年, 以色列学者 Pismen 和 Rubinstein 提出了该滑移模型[52], 主要是认为固–液界面的滑移是基于化学势梯度所诱导的剪应力, 此时和固壁相邻的第一层液体分子的边界滑移速度可表示为

$$\boldsymbol{u}_{//}=-\frac{D}{nk_{\mathrm{B}}T}\nabla\mu, \tag{11-22}$$

上式中 μ 为化学势, D 为扩散系数, n 为液体粒子密度, k_{B} 为 Boltzmann 常数, T 则为绝对温度. 则有效滑移长度 (effective slip length) 为

$$b=\sqrt{\frac{D}{nk_{\mathrm{B}}T}}. \tag{11-23}$$

11.3.3 VDFK 滑移模型 (variable density Frenkel-Kontorova slip model)

11.2.3 小节已经初步介绍过可变密度的 Frenkel-Kontorova (vdFK) 模型在纳流动中的初步应用. 从上面的分析可看出, 该模型所对应的滑移长度为[43]

$$b=\frac{\eta_{LL}}{\eta_{LS}}d, \tag{11-24}$$

式中 η_{LL}/η_{LS} 为液体体相黏度和固–液界面摩擦系数之比, d 为两液面的垂直间距.

由于 Navier 滑移长度可表示为液体体相黏度和固–液界面的摩擦系数之比 (如 (11-21) 式), 故可容易看出 vdFK 模型和 Navier 模型的内在联系. MD 的模拟结果表明, 固壁可变形性对滑移长度有重要的影响, 如图 11.23 所示[43].

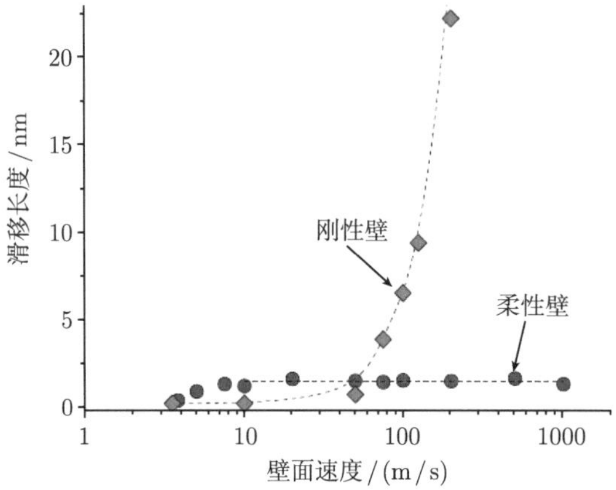

图 11.23 固壁可变形性对滑移长度的影响[43]

11.3.4 疏水固壁的黏度滑移模型

该模型由俄国女学者 Vinogradova 于 1995 年建议[53,54]. Vinogradova 注意到液体在疏水固壁面受到剪切时, 黏度在固壁附件的一个极薄的边界层内将发生剪切致稀, 因此, 她建议的疏水固壁的滑移长度为

$$b = \delta\left(\frac{\eta_b}{\eta_s} - 1\right). \tag{11-25}$$

上式中 η_b 和 η_s 分别为液体的体相黏度和近壁 (near-wall) 黏度, δ 为边界层的特征厚度, 可参阅图 11.21(b).

11.3.5 两个曲面固壁间液体流动的滑移模型

如图 11.24 所示, 考虑浸润在溶液中的半径为 r 的球体以速度 V 趋向固壁, 此时球体所受到的法向动压力 (运动阻力) 为[47,55]

$$F_h = \frac{6\pi\eta r^2 V}{h}, \tag{11-26}$$

式中 h 为球体和固壁之间的最小距离 (closest approach of the sphere to the plane).

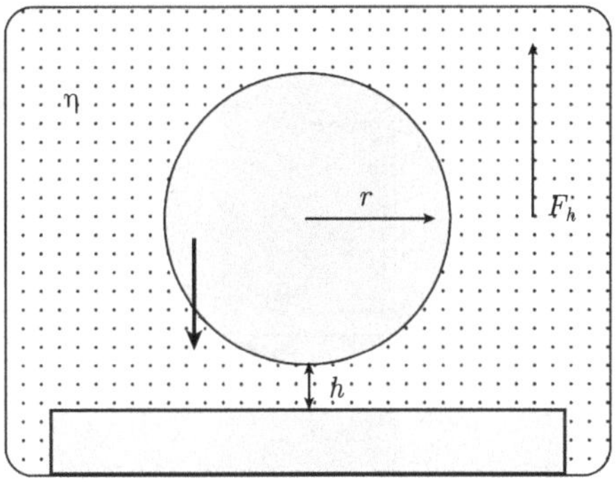

图 11.24 溶液中球体靠近固壁之间运动所导致的作用力示意图

若考虑边界滑移, Vinogradova 则通过引入边界滑移修正因子 f^* 对公式 (11-26) 进行边界滑移的修正[53,54,56]

$$F_h = \frac{6\pi\eta r^2 V}{h} f^*. \tag{11-27}$$

如果两个表面具有相同的滑移长度 b, 也就是球体和固壁润湿性相同时, 有

$$f^* = \frac{h}{3b}\left[\left(1+\frac{h}{6b}\right)\ln\left(1+\frac{6b}{h}\right)-1\right], \tag{11-28}$$

对于一个亲水和一个疏水的球面或固壁, 假设滑移只发生在疏水的壁面上, 此时被称为非对称情况, 边界滑移修正因子则为

$$f^* = \frac{1}{4}\left\{1+\frac{3h}{2b}\left[\left(1+\frac{h}{4b}\right)\ln\left(1+\frac{4b}{h}\right)-1\right]\right\}. \tag{11-29}$$

针对 (11-27) 式 ~ (11-29) 式讨论如下:

1) $f^* \leqslant 1$, 等式在无滑移情况下 (b=0) 成立. 说明当存在边界滑移时, 球体趋向固壁运动时所受到的的阻力减小, 换言之, 边界滑移增加了球体和固壁间液体排出的速率.

2) 当 $h \gg b$ 时, $f^* \approx 1$. 说明只有当球体和固壁间的距离和滑移长度相当时, 才需考虑边界滑移的修正.

11.3.6 考虑接触角的滑移模型

Huang 等应用 MD 开展了如图 11.25 所示的水在不同接触角表面的 Couette 流动的模拟研究[57]. 水的势函数为 SPC/E (附录 B), 图 11.25 给出了水分子的密度在固体壁面附近的涨落以及速度分布曲线, 表面水分子在固体壁面的存在滑移.

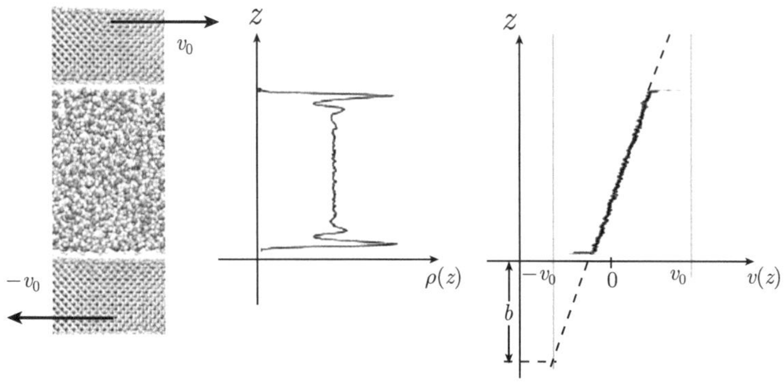

图 11.25 Couette 流的 MD 模拟[57]

Huang 等的 MD 模拟表明, Couette 流的滑移长度和固体壁面接触角之间存在一个 "准普适 (quasi-universal)" 关系 (图 11.26):

$$b \propto \frac{1}{(1+\cos\theta_c)^2}, \tag{11-30}$$

式中 θ_c 为固体壁面的接触角. 图 11.26 表明, 滑移长度在亲水表面很小, 当固壁表面的接触角超过 120° 时滑移长度将随接触角的增加而迅速增加, 但即使接触角达到 150°, 滑移长度将始终小于 20 nm, 从直观上来讲, 结果较合理.

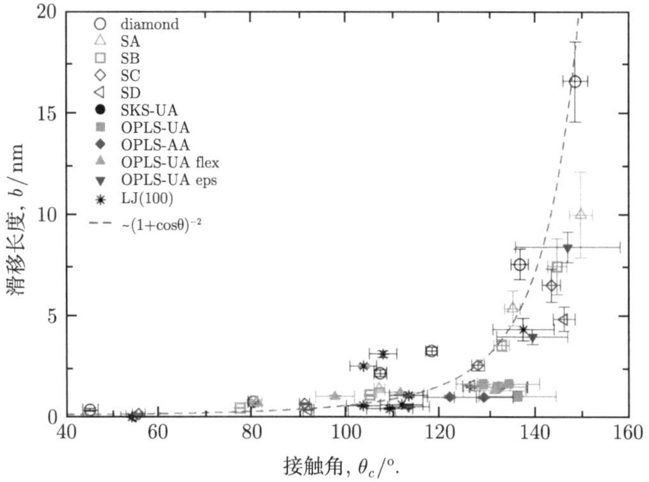

图 11.26 滑移长度和接触角之间的准普适关系[57]

事实上, 滑移长度与黏性系数 η 和固–液界面的摩擦系数 ζ 之间存在如下关系:

$$b = \frac{\eta}{\zeta}. \tag{11-31}$$

而按照 Green-Kubo 理论 (参见本书第 4.7 节), 固–液界面的摩擦系数可写为

$$\zeta = \frac{1}{Sk_{\mathrm{B}}T}\int_0^\infty \langle F_x(t)\cdot F_x(0)\rangle\,\mathrm{d}t, \tag{11-32}$$

式中 F_x 为液体作用在面积 S 固体壁面的总横向力, 上式中的平均针对平衡构型进行. 通过数量级分析, (11-32) 式可近似写为

$$\int_0^\infty \langle F_x(t)\cdot F_x(0)\rangle\,\mathrm{d}t \sim \left\langle F_x^2\right\rangle\cdot\tau, \tag{11-33}$$

式中 $\left\langle F_x^2\right\rangle$ 为平衡态时表面力的均方, 而弛豫时间 τ 可理解为水在一个微观横向尺度 σ 上扩散所需要的时间:

$$\tau = \frac{\sigma^2}{D}, \tag{11-34}$$

如果液体和固体表面的相互作用用 Lennard-Jones (LJ) 势函数来表征的话, 从量纲上可得到平衡态时表面力的均方的量级为

$$\left\langle F_x^2\right\rangle \propto \left(\frac{\varepsilon_{sf}}{\sigma^2}\right)^2 S, \tag{11-35}$$

上式中 ε_{sf} 为液体和固壁相互作用的 LJ 势函数中的势阱, σ 为平衡位置, 则 $\varepsilon_{sf}/\sigma^2$ 的量纲为表面应力, 这样 (11-35) 式两端的量纲是平衡的. 将 (11-32)~(11-35) 式代回到 (11-31) 式, 得到滑移长度 b 和 LJ 势函数中的势阱 ε_{sf} 的关系为

$$b \propto \frac{\eta k_{\mathrm{B}}TD\sigma^2}{\varepsilon_{sf}^2}. \tag{11-36}$$

再利用 Young-Dupré 关系式:

$$\gamma_{lv}\left(1+\cos\theta_c\right) = \delta W_{sl}, \tag{11-37}$$

上式中 δW_{sl} 为固–液界面处的黏着功 (work of adhesion), 按照黏附功的定义有 $\delta W_{sl} = \gamma_{sv}+\gamma_{lv}-\gamma_{sl}$. 如果用 LJ 势函数来表征固–液界面的相互作用, 则有: $\varepsilon_{sf} \propto \delta W_{sl} \propto 1+\cos\theta_c$, 将该关系式代入 (11-36) 式, 则可得到 (11-30) 的滑移长度和接触角之间的 “准普适” 关系式.

一些文献认为当水在疏水表面流动时, 滑移的起因可能是在固壁表面存在一薄层水汽 (water vapor)[58], 此时滑移长度可表示为类似 (11-25) 式的如下关系:

$$b = \delta\left(\frac{\eta_w}{\eta_v}-1\right). \tag{11-38}$$

上式中 δ 为固–液界面处水汽层的厚度, 也被称为 “排空长度 (depletion length)”, η_w 和 η_v 分别为体相水和水汽的黏度系数. 如图 11.27 所示, Huang 等的 MD 模拟

结果归一化表明, 排空长度和滑移长度之间满足下列关系式:

$$\delta \propto b^{1/4} \propto \frac{1}{\sqrt{1+\cos\theta_c}}. \tag{11-39}$$

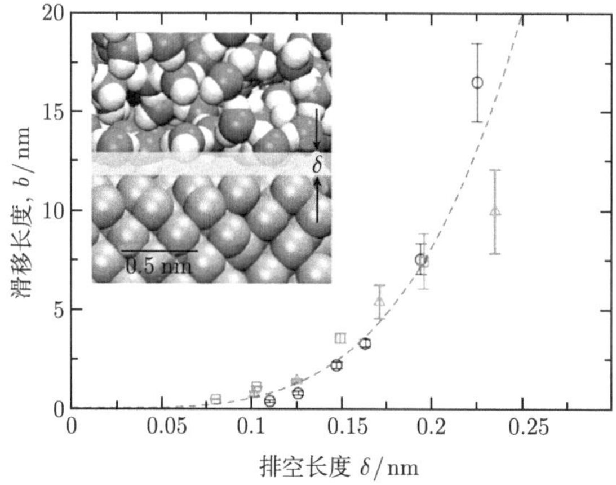

图 11.27 滑移长度和排空长度之间的关系[57]

进一步的分析表明, 固–液界面的黏着功 δW_{sl} 可以认为主要来自间距为 δ 的水和固体壁面的 van der Waals 相互作用, 也就是

$$\delta W_{sl} \propto -\frac{A}{\delta^2}, \tag{11-40}$$

上式中的 Hamaker 常数的量级为

$$A \propto k_{\mathrm{B}}T \propto \varepsilon_{sf}, \tag{11-41}$$

故而可建立分子间力和排空长度以及接触角之间的关系式:

$$1+\cos\theta_c \propto \frac{A}{\gamma_{lv}\delta^2}. \tag{11-42}$$

如何从实验上确定疏水表面的 “排空长度” 具有很大的难度. 文献 [58] 采用无创中子反射 (noninvasive neutron reflectivity) 测量手段发现, 在疏水表面和体相水之间存在一个低密度的水汽混合区域, 如图 11.28 所示. 界面层的低密度分布既可用误差函数来拟合, 也可使用双曲正切函数 (tanh) 来拟合界面处的密度分布. 实验测得的界面水层厚度约为 0.6 nm, 界面层中心位置与超疏水表面间的距离 δ 约为 1 nm. 文献 [59] 采用 x 射线反射 (x-ray reflectivity) 实验也观测到了类似的结果, 固–液界面间超疏水间隙的厚度约为 4.0 Å. 该工作排除了该排空层 (depletion layer) 的产生是由于液态水中溶有气体的原因. 文献 [60] 也应用 x 射线反射的实验发现超疏水界面处的排空层的厚度约为 2~4 Å.

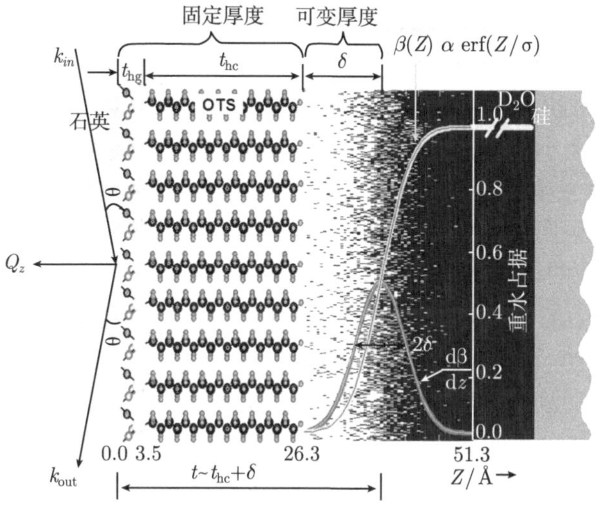

图 11.28 无创中子反射测量界面水结构的示意图[58]

11.3.7 超疏水固壁的滑移模型

考虑如图 7.7 所示的固–气–液复合表面, 此时的有效滑移长度为[61~65]

$$b_{\text{eff}} = -\frac{L}{\pi}\log\left\{\cos\left[\frac{\pi}{2}(1-\phi_s)\right]\right\}, \tag{11-43}$$

上式中 L 和 ϕ_s 分别为粗糙峰的横向特征尺度 (如表面方形凸起的横向尺度等) 和液体和固壁相接触 (固–液界面) 的比较系数. 该模型最早在 1972 年由 Philip 提出[61,62], 文献 [63,64] 做了进一步发展, 综述文献 [65] 对该模型进行了进行了详细的介绍和讨论.

11.3.8 Thompson 和 Troian 剪切应变率滑移模型

1997 年, Thompson 和 Troian 通过对 Couette 流分子动力学模拟的总结和归一化, 得到下列广义的依赖于剪切速率的滑移长度关系式[66]:

$$\frac{b}{b^0} = \left(1-\frac{\dot{\gamma}}{\dot{\gamma}_0}\right)^{-\frac{1}{2}}, \tag{11-44}$$

上式中 b^0 和 $\dot{\gamma}_0$ 分别为滑移长度的渐近值和极限剪切速率.

11.3.9 基于分子动理论 (MKT) 的滑移模型

纳流动中的滑移边界条件是否应该存在类似晶体中位错滑移需要一个 “极限剪应力”? 这无疑是一个十分有趣的问题, 也是该领域学者们长期关注的中心问题之一[67]. 2010 年, 杨福前[68] 基于和晶体中位错滑移相类比的方法, 基于分子动理

论 (molecular kinetic theory, MKT) 给出了一个理论模型, 揭示了纳流动中边界滑移的微观机制.

2011 年, 王奉超和赵亚溥基于 MD 和 MKT 相结合的方法, 发现边界滑移的发生需要克服一定大小的 "极限剪应力"[69]. 同时, MD 结果表明, 边界滑移既发生在固–液界面处, 也发生在近壁面的液体层之间, 且边界滑移导致的能量耗散将进一步对流动行为产生影响. 基于扩展的 MKT 理论提出了新的滑移边界条件, 和 MD 结果相符合. 下面的讨论主要基于文献 [69].

从图 11.29 中的 MD 模拟结果可以看出, CNT 中的受限流体呈现出近壁面密度分布的震荡特性, 这表面在近壁面处流体形成了分层结构. 通过对管中流体施加一定的体力来驱动流体运动, 流体所承受的剪应力可以通过 $\tau_{\text{ext}} = \rho a_{\text{ext}} R/2$ 计算, a_{ext} 为对每个流体分子施加的加速度. MD 结果表明, 施加的剪应力需要超过一定的极限值, 在管壁处才会发生边界滑移, 如图 11.30 所示. 也即边界滑移的发生需要克服一定大小的 "极限剪应力".

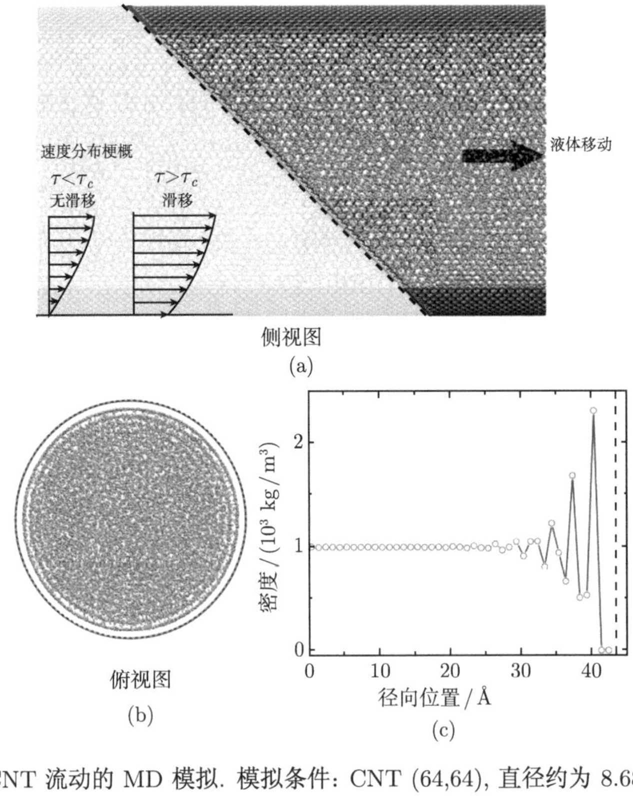

图 11.29　CNT 流动的 MD 模拟. 模拟条件: CNT (64,64), 直径约为 8.68 nm, 长度为 14.76 nm, 在沿管轴方向施加周期性边界条件[69]

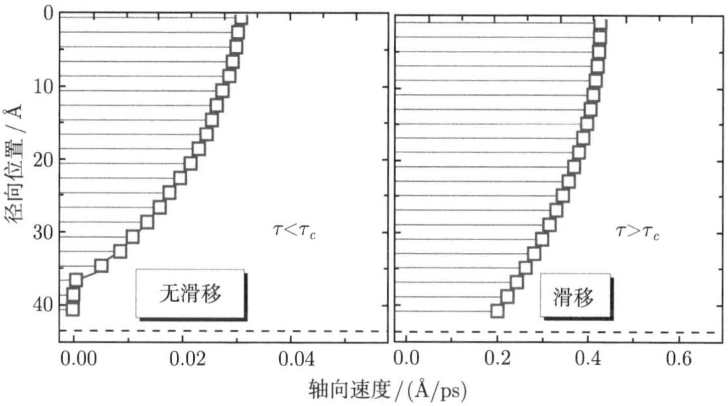

图 11.30 不同剪应力作用下径向流速分布. 当剪应力小于极限剪应力时, 在壁面处无滑移发生 (左图); 反之, 壁面处出现明显的滑移 (右图). 图中水平虚线表示 CNT 壁的位置[69]

固–液边界处的流动可以采用 MKT 理论来进行描述, 将流体分子的运动视为处在周期性势能曲面中的跳跃, 如图 11.31 所示. 而跳跃的频率由一个特征频率和一个热力学因子确定. 该热力学因子一方面可以理解为流体分子成功跨过势阱的概率, 也可以理解为大量的流体分子成功跨越势阱的比例, 对于大量流体分子的行为, 体系服从 Boltzmann 统计分布, 该比例可以写为势阱高度 E_0 的指数形式, 即 $\kappa=(k_\mathrm{B}TF_+/hF_0)\exp(-E_0/k_\mathrm{B}T)$, 其中 F_+ 和 F_0 分别为液体分子在激发态和初始平衡态时的配分函数 (见第 7 章文献 [69]), 一般可令 $F_+=F_0$. 当对流体施加剪应力时, 流体分子朝前后两个方向上跨越势阱的频率将发生改变:

$$\kappa_\pm=\frac{k_\mathrm{B}T}{h}\frac{F_+}{F_0}\exp\left(-\frac{E_0\mp\tau\lambda S/2}{k_\mathrm{B}T}\right), \tag{11-45}$$

式中 S 为每个液体分子在流动方向上的平均有效面积, λ 是相邻平衡位置的距离也表征了固体表面势能面的褶皱情况. 据以上两式可得到流体分子定向移动的净

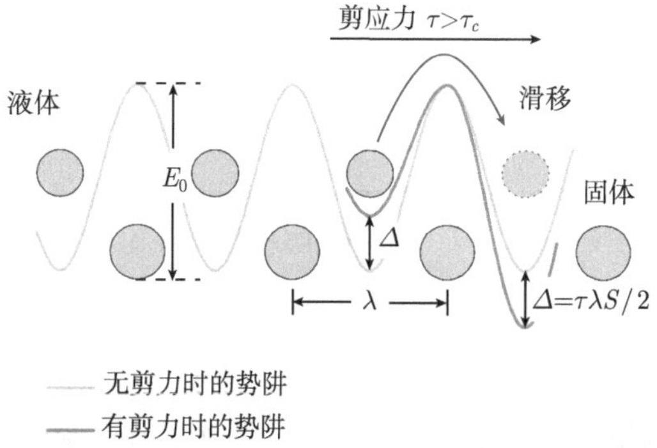

图 11.31 基于 MKT 理论解释边界滑移的示意图

频率, 进而得到流体分子运动的速度:

$$V_s = \lambda(\kappa_+ - \kappa_-) = 2\lambda \frac{k_B T}{h} \frac{F_+}{F_0} \exp\left(-\frac{E_0}{k_B T}\right) \sinh\left(\frac{\tau S \lambda}{2 k_B T}\right). \tag{11-46}$$

特别地, 当驱动功 $\tau S\lambda/2$ 的大小跟 $k_B T$ 相比是小量的时候, 双曲正弦函数关系可以简化为线性函数:

$$V_s = \frac{\tau}{\zeta} = \frac{\tau S \lambda^2}{h} \frac{F_+}{F_0} \exp\left(-\frac{E_0}{k_B T}\right), \tag{11-47}$$

其中 ζ 为摩擦因子.

根据 MKT 理论, 可以估算 “极限剪应力” 的大小. 当施加的剪应力在极限剪应力量级时, 根据式 (11-47) 可以得到施加极限剪应力后的最小滑移速度, 即 $V_s = \tau_c/\zeta$. 另一方面, 模拟中得到的最小滑移速度需要跟流体分子本身热运动的涨落 V_f 在同一数量级, 即 $V_s \sim V_f$. 否则施加的剪切力仅仅是增强了流体分子的热运动. 综合这两方面分析, 可以得到决定滑移发生的极限剪应力的理论估计:

$$\tau_c = V_f \left(\frac{\lambda^2 S}{h} \frac{F_+}{F_0}\right)^{-1} \exp\left(\frac{E_0}{k_B T}\right). \tag{11-48}$$

由于固–液界面处势能面的势阱高度与固–液相互作用强度相关, 由式 (11-48) 可以看出, 极限剪应力的大小同固–液相互作用之间呈指数函数关系, 这跟 MD 的结果是一致的, 如图 11.32 所示.

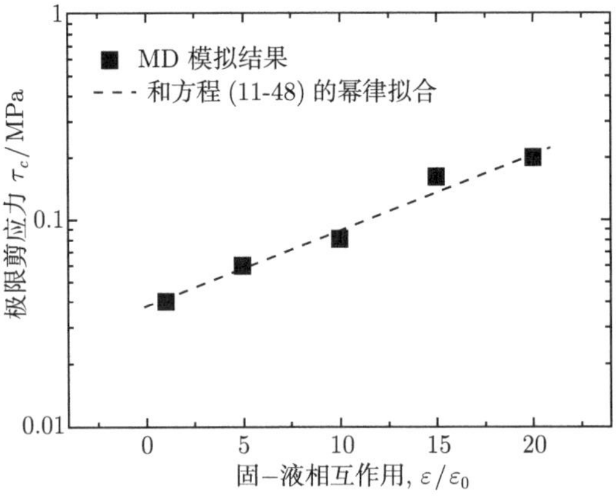

图 11.32　MD 得到的极限剪应力的大小与 MKT 理论估计值的对比

以上是基于 MKT 理论给出了极限剪应力的大小. 在对边界滑移的研究中, 极限剪应力是无滑移和滑移两种情况的分界点. 而实验和模拟研究都表明, 滑移发生后, 如果施加的剪应力足够大, 边界滑移会发生从线性向非线性情形的转变. 对于

Newton 流体, $\tau = \eta\dot{\gamma}$, 式 (11-47) 可以进一步写为 $V_s = \eta\dot{\gamma}/\zeta = L_s\dot{\gamma}$. 这跟 Navier 滑移边界条件是一致的, 表明滑移速度跟剪切率成线性关系. MD 结果表明, 如果施加的剪应力比较小, 式 (11-46) 本身就可以描述相应的线性及非线性边界滑移, 如图 11.33 所示. 但是当剪应力足够大时, MD 结果与式 (11-46) 的理论值有一定的偏差. 对于亲水表面或者柔性表面, 滑移速度或者滑移长度随剪切率或剪切应力增大的趋势逐渐平缓, 这在前人的模拟结果中也得到体现.

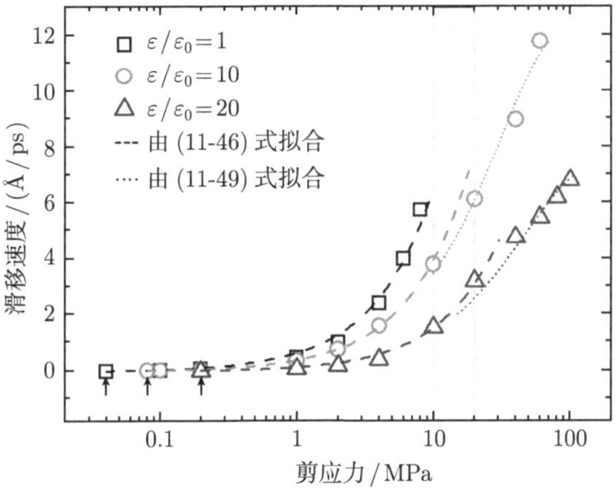

图 11.33 考虑极限剪应力和近壁面处能量耗散的滑移边界条件. 图中数据点为不同固–液相互作用及剪应力条件下的 MD 模拟结果, 箭头指示极限剪应力的大小, 虚线表示理论结果

通过进一步分析可知, 边界滑移不仅发生在固–液界面处, 而且发生在近壁面液体层之间, 如图 11.34 所示. 高剪应力作用下的各流体分子层的协同运动对滑移行为有显著影响. 在经典的 MKT 理论中, 仅考虑了壁面处的固–液相互作用对流动的影响, 而没有考虑液体之间的相互作用对边界滑移的影响. 通过对纳流动中的能量耗散, 特别是近壁面处的能量耗散的分析, 可以给出对 MKT 理论进行的修正, 引入一个描述近壁面液体分子层间滑移耗散的耗散因子 $f_d = C_1 \exp(-C_2\tau)$. 于是王奉超和赵亚溥提出了基于 MKT 的新的滑移边界条件

$$V_s = f_d V_0 \sinh\left(\frac{\tau}{\tau_0}\right), \tag{11-49}$$

式中 $V_0 = 2\lambda\dfrac{k_{\mathrm{B}}T}{h}\dfrac{F_+}{F_0}\exp\left(-\dfrac{E_0}{k_{\mathrm{B}}T}\right)$ 为特征速度, $\tau_0 = \dfrac{2k_{\mathrm{B}}T}{s\lambda}$ 为特征剪应力. 通过引进该耗散因子, 新的滑移边界条件可以描述整个施加的剪应力的范围内的 MD 模拟结果, 如图 11.33 所示.

王奉超和赵亚溥认为, 滑移速度与剪应力之间之所以呈现这种关系, 跟施加驱动力和流体本身的响应有密切联系. 从图 11.34 中 MD 模拟结果还可发现, 随着剪应力的进一步增大, 近壁面处的层间边界滑移逐渐增大. 而且, CNT 中流动的径向速度分布由原来典型的 Poiseuille 解的抛物线型逐渐向活塞型转变. 分析对比 CNT 流动中驱动力和流体本身的黏性力, 可以得到一个无量纲数, 称作修正的 Galilei 数 (modified Galilei number), 来表征流体驱动力和黏性力的比值大小, 简记为 Ga. 该无量纲数同 Galilei 数在形式上具有相似性. CNT 中流动的径向速度分布的转变是由于驱动力超过流体的黏性效应而占主导地位的结果. 比较有意思的是, Ga 还可以通过对纳米管流动问题进行量纲分析得到

$$f\left(\rho, L, R, a_{\text{ext}}, \eta, V\right)=0. \tag{11-50}$$

根据 Buckingham 的 $\prod$ 定理, 可以得到该问题中的三个独立无量纲量:

$$f\left(\mathrm{Ga}, \mathrm{Re}, L/R\right)=0, \tag{11-51}$$

其中之一就是 $\mathrm{Ga}=a_{\text{ext}}\rho^2R^2L/\eta^2$, 而另外两个分别是 Re 数和 CNT 的长细比.

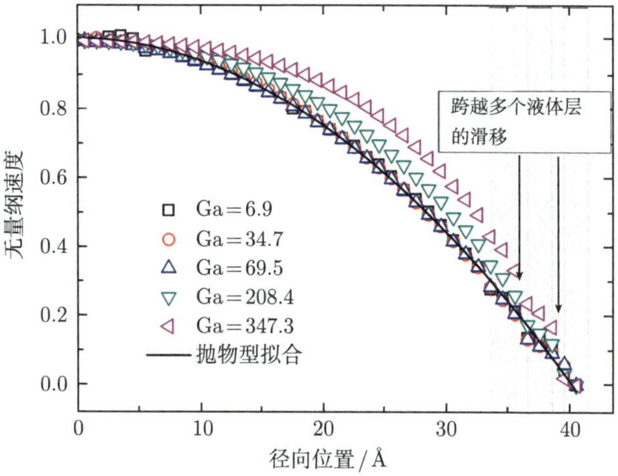

图 11.34　随着 Ga 的增大, 流动的径向速度分布由原来抛物线型逐渐向活塞型转变

综合上面的分析, 王奉超和赵亚溥提出了基于 MKT 理论, 同时考虑极限剪应力和近壁面处能量耗散的滑移边界条件. 该滑移边界条件, 不仅可以同 MD 结果符合的比较好, 如图 11.33 所示; 而且, 如果将式 (11-49) 中的滑移速度改写成滑移长度的形式, 可以跟文献中报道的其他滑移模型[41,66] 进行很好的对比, 如图 11.35 所示. 该滑移边界条件的提出, 是建立在 MKT 模型基础之上, 具有明确的物理意义. 而且, 针对经典的 MKT 仅考虑固体表面和最近液体分子层之间的相互作用的这一缺点, 结合 MD 模拟, 研究了近壁面的液体分子层间的滑移引起的能量耗散对固–液界面处滑移的影响, 进一步拓展了 MKT 模型. 这些发现将进一步加深我们对边界滑移的认知.

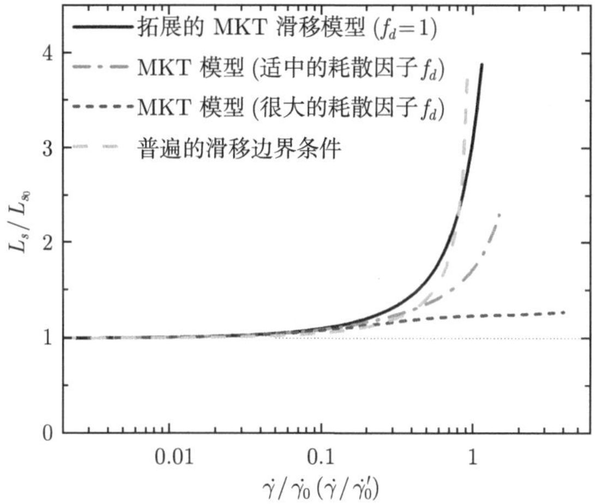

图 11.35 新的滑移边界条件与文献中的滑移模型的对比

11.4 水在超长 CNT 流动实验和计算

11.4.1 CNT 管径和手性对毛细流动的影响

袁泉子采用 MD 使用相同的压力对于管径相近 (8~9 Å) 的几种 CNT (6, 6)、(12, 0)、(11, 1)、(10, 4) 内的流速进行了模拟[70], 结果列于表 11.2. 对于速度和手性角的关系进行二次曲线的拟合可以看到对于该半径范围, 可能存在有最优的手性角 ~18°.

表 11.2 (6, 6)、(12, 0)、(11, 1)、(10, 4) CNT 内的流速

CNT	半径/ Å	手性角/ °	速度/ (m/s)
(6, 6)	4.07	30.00	8.6
(10, 4)	4.88	16.10	5.3
(11, 1)	4.514	4.31	8.1
(12, 0)	4.70	0.00	9.8

在 CNT 内的毛细流动和宏观的 Hagen-Poiseuille 流动不同, 由于滑移长度很大, 通常呈活塞型 (plug-like) 流动[71,72]. 因此, 主要由于水分子在 CNT 表面的"黏–滑" 过程, 不但导致了能量耗散, 而且还导致了速度的区别, 可以采用 MKT 的分析方法, 如图 11.36 所示. 在驱动功 w 的驱使下, 水分子的速度可表示为 $v = 2\lambda\,(k_{\rm B}T/h)\exp\left[-H\,(D,\theta)\,/\,(k_{\rm B}T)\right]\sinh\left[w/\,(2nk_{\rm B}T)\right]$, 其中 λ 为碳原子的间隔, $H\,(D,\theta)$ 是管壁的势阱深度, 用来表征导致能量耗散、液体受到管壁的摩擦, 该势阱深度是管径 D 和手性角 θ 的函数, h 为 Planck 常数, $n = 1/\lambda^2$ 为 CNT 的原子

数密度. 假设对于不同的 CNT 直径 D 和手性角 θ, 驱动功 w 都相同, 则上式可以简化为 $v = v_0 \exp\left[-H(D,\theta)/(k_{\mathrm{B}}T)\right]$, 其中 v_0 是不考虑液体受到管壁摩擦时的速度. 这样, 对于 CNT 的表面进行势能面扫描, 就可以得到管径和手性对于流动的影响, 形成 $H(D,\theta) - v$ 的关系. 其中, $H(D,\theta)$ 越小, v 越大. 对于石墨烯表面, (10, 10) 和 (6, 6) CNT 表面相同高度的势能面扫描, 如图 11.37 所示, 可以看到: 随着管径的减小, 势阱的深度也减小. 这就是疏水表面的 CNT 在管径很小时, 管内流体快速输运的原因: 流体受到管壁对其更小的阻力和摩擦.

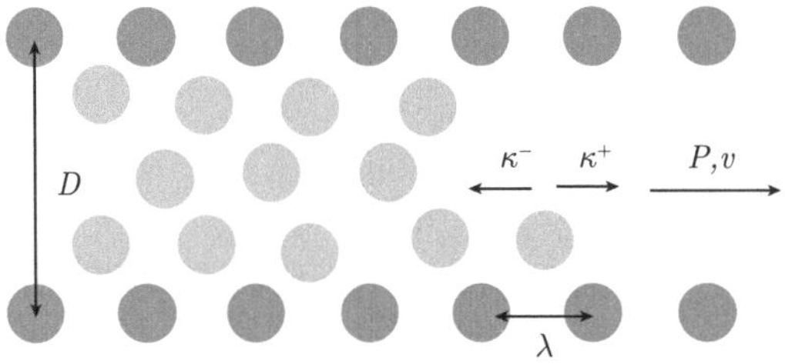

图 11.36　CNT 内毛细流动的 MKT 示意图

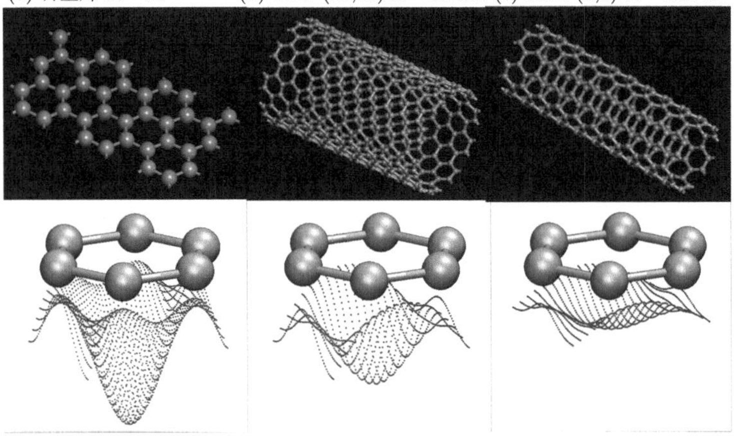

图 11.37　(a) 石墨烯; (b) (10, 10) CNT; (c) (6, 6) CNT 表面势能面的情况

采用该方法, 对 (5, 5) 到 (23, 23) 之间, 管径大于 3 Å 的、所有 275 种的管径和手性的 CNT 表面的势能面进行扫描, 并计算势阱深度, 得到图 11.38.

从图 11.38 (a-b) 可以看出, CNT 拓扑结构对于流动的影响存在一个特征尺度: r_{c1}～8 Å: ① 当 $r > r_{c1}$ 时, 势阱深度主要受到管径的影响, 而手性的影响可以忽略; ② 当 $r < r_{c1}$ 时, 势阱深度主要受到手性的影响. 当 $r > r_c$ 时, 随着管径的增加, 势阱深度越来越浅, 逐渐趋近于石墨烯的势阱深度. 换言之, 随着管径的增加, 流速越来越慢, 逐渐趋近于石墨烯表面的流速. 和上述的 MD 模拟的结果一致,

CNT 半径在 4.5 Å 左右时, 最低的势阱深度位于手性角为 18° 左右, 也即流速最快的手性角在 18° 左右.

从图 11.38(c) 可以看出, CNT 拓扑结构对于 CNT 壁润湿性的改变: CNT 壁的润湿性只随其管径发生变化, 而和手性无关. 石墨烯是疏水性表面; 随着管径的减小, CNT 壁的润湿性逐渐增加, 直到半径到一个临界值 r_{c2}=3.60 Å 处, 润湿性突然迅速减小. 根据势能面扫描的方法只能得到一个面上的势能曲面, 因此得到的 r_{c2} 略小于真实的 r_{c2}.

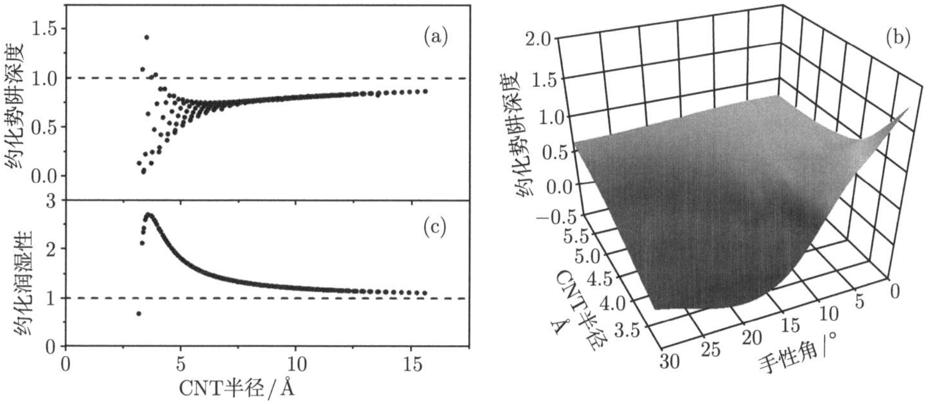

图 11.38 (a)(b) 约化势阱深度与纳米管拓扑结构 (半径、手性角) 的关系. 约化势阱深度是势阱深度除以石墨烯的势阱深度. 虚线表示石墨烯表面的势阱深度. (c) 约化润湿性和 CNT 拓扑结构 (半径、手性角) 的关系. 虚线表示石墨烯表面的润湿性. 约化润湿性为零, 表示接触角为 180°

11.4.2 水进入 CNT 所需的临界压力

袁泉子通过第一原理 DFT 计算了液体进入 CNT 的临界压力[70]. 具体计算方法如图 11.39 内的插图所示. 将一个水分子放置在 CNT 的不同位置, 计算每一步的能量, 通过对能量微分 $P_c = \Delta E/(\Delta d \cdot A)$, 得到临界压力的值. 其中, $\Delta E/\Delta d$ 是线性拟合的斜率, A 是 CNT 截面积. 结论是: ① (6, 6) CNT (直径: 8.14 Å), 临界压力量级为 Pc~102 MPa; ② (12, 12) CNT (直径: 16.27 Å), 临界压力量级为 Pc~10 MPa. 可以看到随着管径的增加, 临界压力减小的很快. 尽管采用固定位置的方式让水分子进入 CNT, 会对结果有干扰, 但是不会改变临界压力的量级. 计算得到的临界压力与文献中一致[73].

11.4.3 CNT 内毛细流动的力电耦合的 DFT/MD 迭代模拟

袁泉子和赵亚溥对水在 CNT 和硼氮纳米管中的毛细流动而导致发电的机理

进行了 DFT/MD 迭代模拟[11,74].

首先, 对有限长的、不封口的、扶手椅型 (6, 6) 单壁 CNT (长度: 12.3 Å、直径: 8.14 Å) 进行 MD 模拟, 以得到充满水的 CNT 结构. 初始状态将碳原子模拟为不带电荷的 LJ 原子. MD 计算区域如图 11.40(a) 所示.

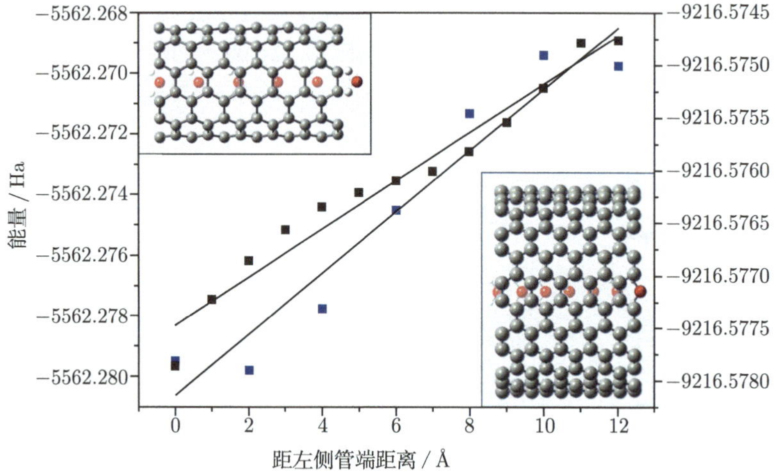

图 11.39　随在 CNT 轴心处水分子位置变化的总能量. X 坐标为水分子和 CNT 左端的距离

黑点是 (6, 6) CNT, 黑线是线性拟合; 蓝点是 (12, 12) CNT, 蓝线是线性拟合

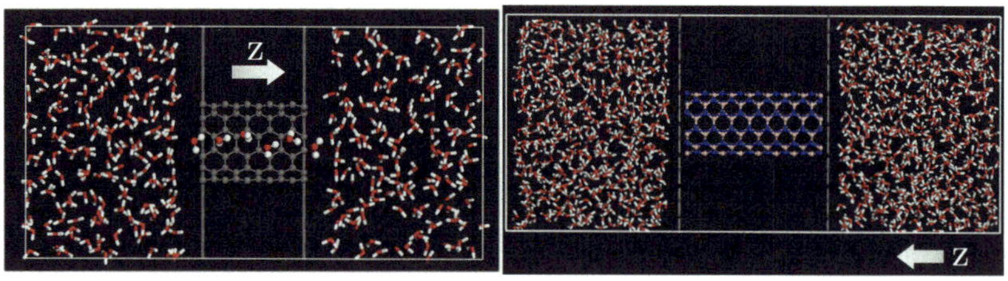

(a) CNT　　　　(b) 硼氮纳米管

图 11.40　MD 模拟区域. 由球–棍形式显示的原子将带入 DFT 耦合计算

红色为氧原子、白色为氢原子、灰色为碳原子、蓝色为氮原子、粉色为硼原子

对有限长、不封口、扶手椅型 (6, 6) 单壁硼氮纳米管 (长度: 12.56 Å、直径: 8.31 Å) 进行 MD 模拟, 来得到充满水的纳米管结构. 初始状态将硼原子和氮原子模拟为带电荷的 LJ 原子: $q_B = 0.39$ e, $q_N = -0.39$ e. MD 计算区域如图 11.40 (b) 所示. 整个 MD 模拟采用 1 fs 的时间步长模拟 10 ns. 单分子水链的偶极翻转的特征时间是 10^{-9} s, 而单个水分子的弛豫时间是 10^{-12} s (见附录 G, 20°C 时水分子的弛豫时间的计算值为 3.46×10^{-12} s). 因此, 选取的时间步长和模拟总时长可完全地反映出整个模拟体系的细节. 在纳米管内, 水分子形成一个沿着纳米管轴向的水分子单链, 水分子之间通过氢键推动, 如图 11.41 (b) 所示.

为了探索水分子对 CNT 电荷分布的影响, 使用 DFT 来计算 MD 模拟得到的四个不同瞬时构型下的电荷分布, 并对四个构型平均化. 每个构型都包括一个单壁 CNT (SWCNT) 和其内的水分子, 以及最靠近管端的外部的水分子. 图 11.41 (a) 和 (b) 分别显示了 (6,6) SWCNT 内没有水和充满水时, 碳原子上的 CHELPG 电荷分布. 考虑到几何对称性, 相同轴向位置上的碳原子的电荷进行了平均化处理. 对比图 11.41 (a) 和 (b), 可以发现: ① SWCNT 上的碳原子作为施主, 将电子转移到水分子上, 使得纳米管呈正电性; ② 水分子的偶极链导致了 SWCNT 的极性. 纳米管左侧的总电荷为 0.134 e 而右侧的总电荷为 −0.005 e.

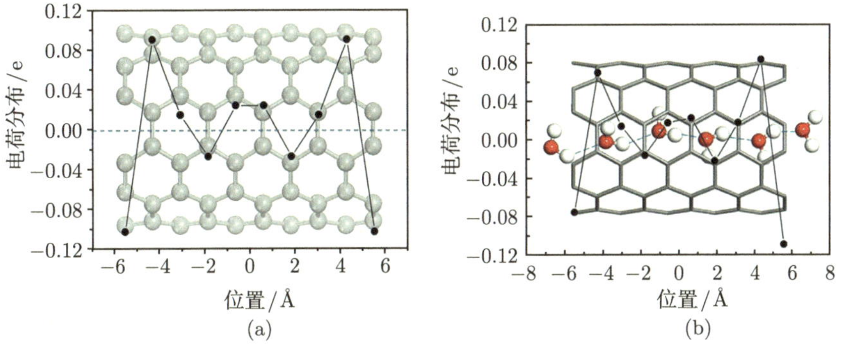

图 11.41 DFT 计算的 (6, 6) CNT 的碳原子上的电荷分布. (a) 无水分子; (b) 有水分子. (b) 中蓝色虚线表示水分子之间的氢键. 同一轴向位置的碳原子之上的电荷已做了平均化处理

图 11.42 中 (a) 和 (b) 两曲线分别显示了 (6,6) 单壁硼氮纳米管内没有水和充满水时, 硼原子和氮原子上的 CHELPG 电荷分布. 同一轴向位置的硼原子和氮原子之上的电荷已作了平均化处理. 对比图 11.42 中 (a) 和 (b), 可以发现: ① 硼氮纳米管作为受主, 从水分子上得到电子, 使得整个纳米管呈负电性. 这与 CNT 的情况正好相反. ② 单分子水链导致了单壁硼氮纳米管上的极性. 纳米管左侧的总电荷为 −0.0427 e, 右侧的总电荷为 0.0305 e.

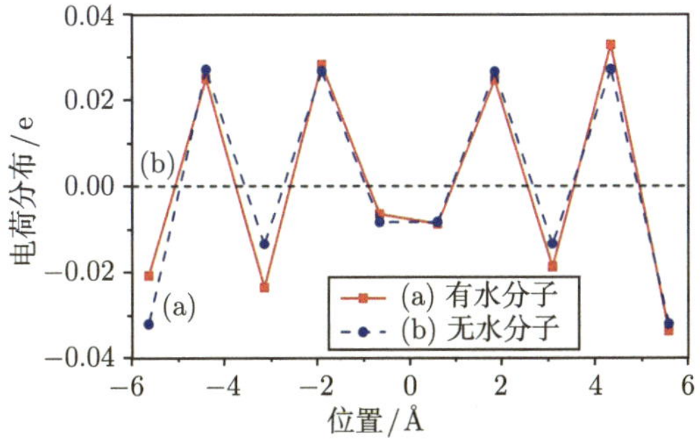

图 11.42 DFT 计算的 (6, 6) 硼氮纳米管内原子的电荷分布. (a) 无水分子; (b) 有水分子. 同一轴向位置的硼原子和氮原子之上的电荷已做了平均化处理

这样, 通过对计算区域内自洽场电荷密度积分, 可得到特定位置的静电势:

$$U_i = \int \frac{q(\tau)}{4\pi\varepsilon_0 r_{ik}} \mathrm{d}^3\tau, \tag{11-52}$$

其中, U_i 是位置 i 处的静电势, $q(\tau)$ 表示电荷密度, ε_0 表示真空介电常数 (8.854×10^{-12} F/m), r_{ik} 表示原子 k 和位置 i 之间的距离. 在 CNT 两端之间的电压差为 $\Delta U = U_{\rm right} - U_{\rm left} = 17.2$ mV, 在硼氮纳米管两端的电压差为 $\Delta U = U_{\rm right} - U_{\rm left}$=0.853 mV, 这和实验上观测到的结果在一个量级上[75,76]. 但是, 比较 CNT 的情况, 硼氮纳米管内诱导的电压小了很多, 这是由于水偶极链与硼氮纳米管的载流子之间相互作用较小导致的. 在 MD 模拟中对称的边界条件, 如果水流方向反向, 静电势也会发生反转, 这一现象已经被孙连峰和解思深等的实验证实[74]. 模拟也证实了这一现象的发生, 表明水分子的偶极属性对水分子和纳米管的相互作用至关重要. 因为纳米管是金属性的, 管端之间有电压差, 因此会产生电流. 理论上预测 SWCNT 的电阻为 $R = h/e^2 \sim 10^4$ Ω, Maiti 的计算也证实了长为 13.5 Å 的 (6,6) SWCNT 的电阻约为 10^4 Ω. 因此, 纳米管内的电流 $I = U/R \sim 17.2$ mV/10^4 Ω ~ 10^{-6} A.

在纳米管内水输运的过程中, 有两个问题干扰电压差的产生: ① CNT 的管端效应; ② 水偶极链的翻转. CNT 的管端效应如图 10.41 示: 管端的电荷分布远大于管中间的电荷分布. 水偶极子受到管端效应的影响[77], 会导致纳米管内的平均水偶极大小变为几乎零, 致使 L 缺陷的发生而没有电压差产生. 以硼氮纳米管为例: 由于管端效应的影响, 如图 11.43(a) 所示, 水偶极链每 2 ns 就翻转一次, 单只平均的偶极角约为零. 这样, 管内诱导的电压就不稳定.

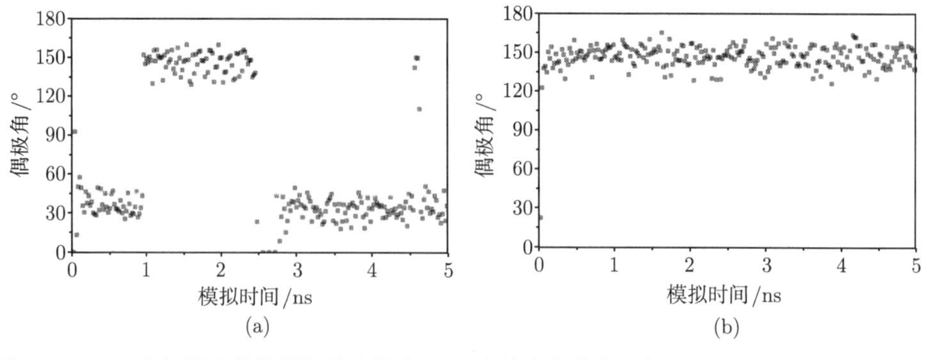

图 11.43 (a) 在初始电荷的硼氮纳米管内; (b) 在差分电荷的硼氮纳米管内, 水分子偶极角随着模拟时间的变化. 每帧中所有的水偶极子都进行了平均化. 水偶极方向角定义为水偶极矢量和纳米管轴线 z 之间的夹角. 90° 表示水偶极矢量指向纳米管轴线的法向. 0° 表示水偶极矢量指向纳米管轴向 ($+z$ 方向)

使用充满水时纳米管的电荷分布减去没有水时纳米管的电荷分布, 可以得到差分电荷分布, 如图 11.44 所示. 差分电荷分布可以表示不受管端效应的、很长的纳米管的电荷分布情况. 将差分电荷分布带入 MD 模拟, 水偶极子都会指向一个方向, 并且由于水偶极子诱导的管内相反方向的偶极子而不容易发生翻转了, 如图 11.43 (b) 和图 11.45 所示. 不改变方向的水链会在纳米管的两端之间产生稳定的电压差 (方向和电压差会有些许改变).

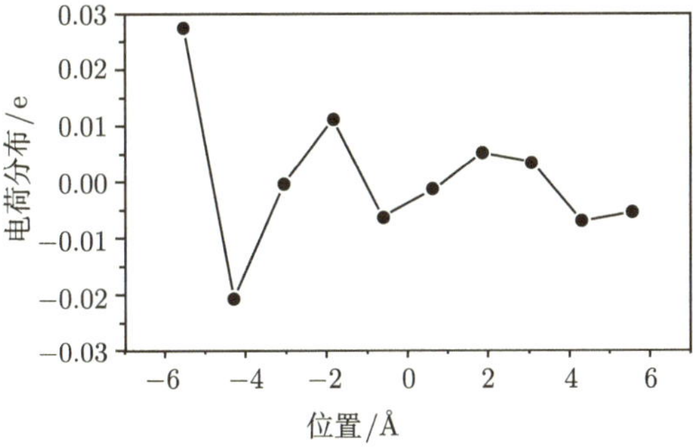

图 11.44 (6,6) CNT 内的差分电荷分布

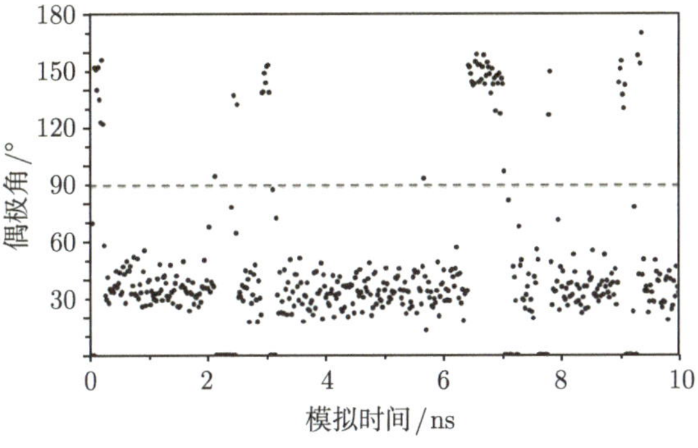

图 11.45 纳米管内水分子偶极角随着模拟时间的变化. 每帧中所有的水偶极子都进行了平均化. 水偶极方向角定义为水偶极矢量和纳米管轴线 z 之间的夹角. 蓝色虚线 (90°) 表示水偶极矢量指向纳米管轴线的法向. 0° 表示水偶极矢量指向纳米管轴向 ($+z$ 方向)

现在, 模拟中有两种状态: ① 充满水的不带电的纳米管; ② 充满水的带电的纳米管. 需要比较这两种状态下的输运性质的异同点: 平均水偶极角、径向局域水密度和自由能. 如图 11.45 所示, 对 CNT 来说, 在不带电的状态下, 平均水偶极角为 37.5°; 而在带电的状态下, 平均水偶极角为 36.0°. 纳米管两端的电压会形成一个电场: $E = U/d \sim 10^7$ V/m.

图 11.41 (b) 和图 11.42 所示的高度方向性的水链, 导致了纳米管内很强的电

场, 因为纳米管的直径与水分子的大小已经相近. 实际上, 纳米管内的水分子甚至不能相互跨越, 它们只能以一个单分子水链的性质移动. 首先, 寻找最小自由能的趋势使得水分子之间形成氢键来得到结合能. 这样, 充满水的纳米管变得很稳定. 几何优化[77] 和 MD 模拟[78] 均证实：高度方向性的单分子水链最稳定. 其次, 纳米管内诱导出的偶极子和水偶极子有着相反的方向, 吸引着水链方向性更强. 充满水分子的纳米管的结构和双电层 (EDL) 结构类似. 纳米管内诱导的电压和电场强度分别为 17.2 mV 和 10^7 V/m, 和双电层的特征电压 25 mV 和电场 10^7 V/m 非常接近.

水力发电过程可以通过图 11.46 来表示. 外加压力将水分子推入 CNT 内, 水偶极子可以形成单分子水链. 因此, 系统的对称性被破坏了. CNT 的载流子和水分子之间相互作用, 重新分布. 这样, 在 SWCNT 两端就会诱导出电压差. 在 CNT 内部也会形成一个偶极子, 与方向相反的水偶极链相互作用、影响, 使得偶极的方向翻转, 产生稳定的电压.

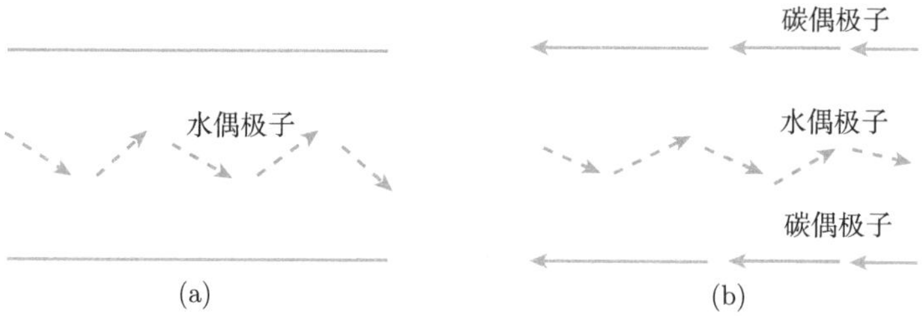

图 11.46 (a) 不带电的; (b) 带电的 SWCNT 内偶极子的示意图 (不考虑管端效应)

11.4.4 超长 CNT 中毛细流动的实验研究

为进一步增进对 CNT 内力电耦合的毛细流动的认识, 本课题组和北京大学化学系刘忠范课题组在实验方面 (临界压力、流动速度、力电耦合属性等) 展开合作研究[12,70,79].

(1) CNT 内毛细流动的测试系统 (图 11.47)

根据 CNT 内毛细流动的特点, 整个测试系统如下：

整套测试系统符合下面的几个要求：

- 在线原位 (in situ) 的流速测量 (图 11.48);
- 多点快速的电学测量 (图 11.49);
- 环境湿度的精确控制 (图 11.50)：

(2) CNT 内力电耦合的流动和流速测量

由于 CNT 内力电耦合的毛细流动会在 CNT 内形成电压差, 导致水分子流经处测得的电流突然增大, 图 11.51 为实验得到的电流曲线变化图. 测量电压为 10 mV, 初始平均电流约为 24 nA, 得到平均电阻约为 0.4 MΩ. 水分子流经 CNT 后,电流增加约 63 nA, 则诱导电压为 15.2 mV, 和 11.3 节中 DFT/MD 耦合迭代计算得到的电压 17.2 mV 相近, 其误差可能来自于实验中的管径 1.417 nm 略大于模拟中的管径 0.814 nm.

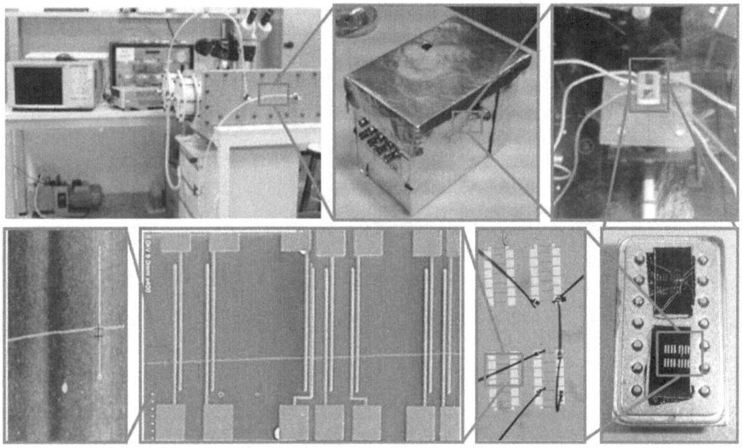

图 11.47 CNT 内毛细流动测试系统

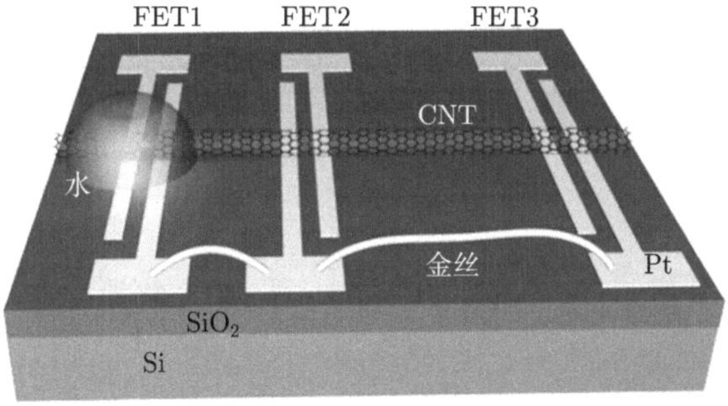

图 11.48 在线原位流速测试示意图

从上图可以明显看出滴水之前, 两个测量点的电流曲线很平, 说明构造的 CNT 场效应晶体管 (FET) 电学性质稳定, 同时还说明对仪器所做的防震、屏蔽等措施很好地保护了测量器件. 在滴水填充后, 电流则呈现出明显的增大, 而且变化点斜率极大, 几乎是一个数据点的时间内即发生了这种变化, 而变化之后电流又基本稳定在一个数值上. 这个曲线说明填充后的 CNT 内水的结构是比较稳定的, 所以在两个测量点的距离内水的量保持在一个恒定值, 因此 CNT 的电流才会保持在一个稳定值.

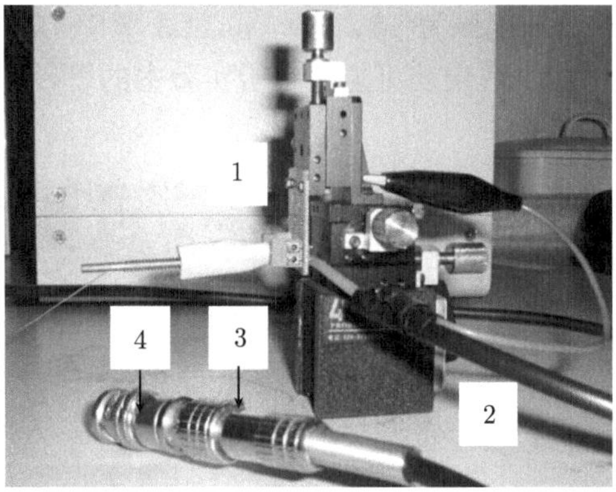

图 11.49　三维电学测量探针：1. 三维电学测量基座 (包括悬臂和探针); 2. 同轴电缆; 3. BNC 接头; 4. TNC-BNC 转接头

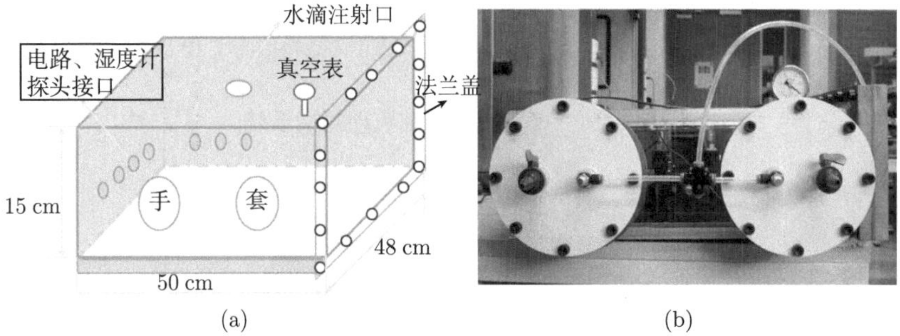

图 11.50　湿度控制系统

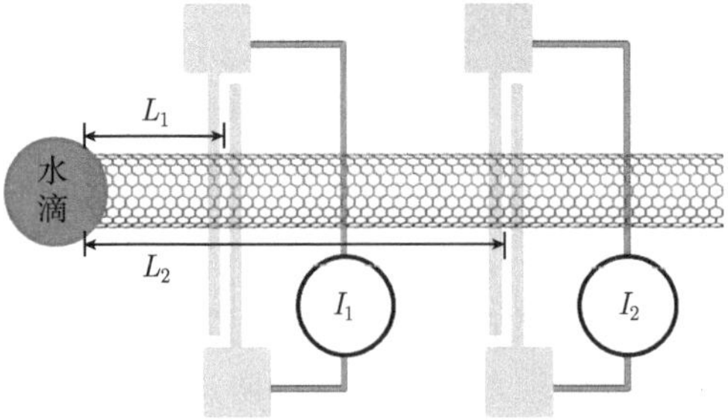

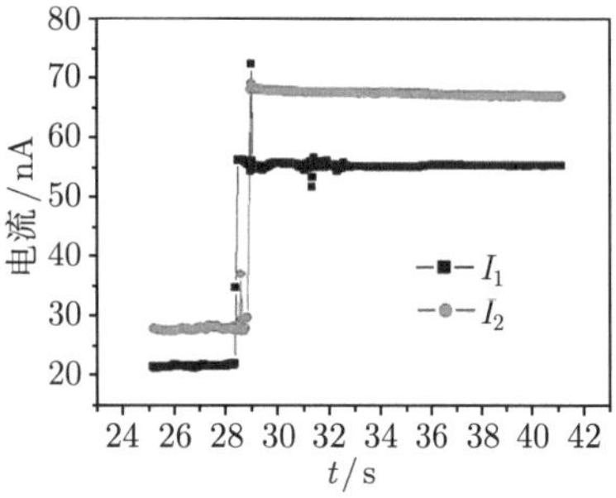

图 11.51　CNT 内毛细流动时, 在线电流的变化曲线测量电压为 0.01 V, 管径 1.417 nm, $L_2 - L_1 = 6\ \mu m$

水从 CNT 的一端向另一端流动, 当水到达第一个测量点时引起第一个测量点的电流变化, 此时间标记为 t_1; 当水在管内流动到第二个测量点时, 引起第二点的电流变化, 标记为 t_2; 从开口端到第一点的距离为 L_1, 到第二点的距离为 L_2, $L_2 - L_1$=6 μm. 那么, 平均速度 $v = (L_2 - L_1)/(t_2 - t_1)$. 测得的平均速度列于表 11.3 中, 其中理论速度是采用无滑移边界条件的 Hagen-Poiseuille 流动计算得到.

图 11.52 给出了流动速度的两个参数随 CNT 内管径的关系. CNT 管径从 0.81 nm 到 1.59 nm. 图中, 方块连线 (–■–) 代表流速增强因子和管径的关系, 对应左坐标轴; 圆点连线 (– ● –) 代表滑移长度和管径的关系, 对应右坐标轴. 小图则给出了表观流动速度和管径的关系. 从图中可以看出三条曲线在趋势上都大致相同: CNT 管径越小, 其内的毛细流动速度越快.

表 11.3 CNT 内毛细流动的参数, 压力为 108 Pa

样品	测量速度/(μm/s)	管径/ nm	理论速度/ (μm/s)	滑移长度/ nm
1	928±107	0.81	0.751	74
2	671±40	0.87	0.940	48
3	312±8	0.99	1.32	19.5
4	366±10	1.11	1.45	24.5
5	73±1	1.41	2.63	3.6
6	49±0.5	1.53	3.02	2.3
7	46±0.5	1.59	3.20	2.1

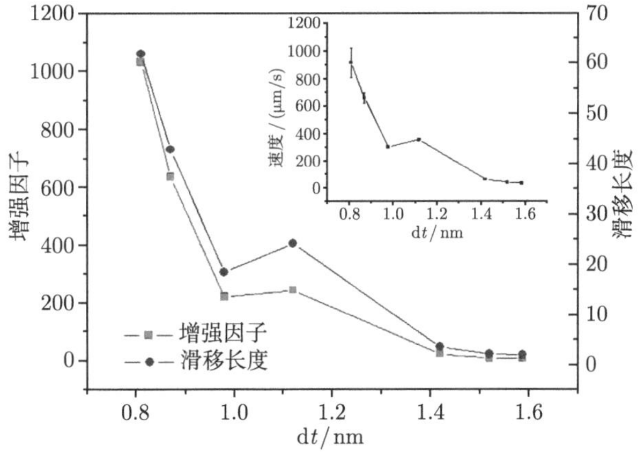

图 11.52 流速增强因子和滑移长度与 CNT 直径之间的关系

(3) 实验和模拟纳米管内流速差异的原因

在上述实验观测中, CNT 内毛细流动的速度为 $10^{-4} \sim 10^{-3}$ m/s. 而通常 MD 模拟得到的流速为 $10^{0} \sim 10^{1}$ m/s[80]. 4 个数量级的误差来源于理想化的模拟模型和存在缺陷的实验设置. 分子模拟的模型中, CNT 是笔直、没有缺陷、单一手性、不考虑基底、不考虑外场的. 然而, 基于下列原因, 造成了 MD 模拟结果和实际测量结果的差异:

1) 受制备条件限制, 实际 CNT 通常是弯曲的. 该实验中, CNT 架在相距 6 μm、高为 100 μm 的电极对之间, 由于在纳米尺度下基底对于 CNT 强 vdW 吸引力和 CNT 有限的抗弯刚度, CNT 向基底弯曲的, 当纳米管径较小时, 纳米管会轻微变形; 而当纳米管径较大时, 甚至有可能发生横向失稳[81], 如图 11.53 所示; CNT 弯折处甚至可能会发生弯曲失稳, 导致其内水流速度的减缓. 这可能是测量和模拟流速之间差异的最主要来源.

2) 实际中, CNT 管壁有缺陷, 手性也不能保持一致, 导致了管壁对于其内水流的摩擦力增强. Aluru 课题组的 MD 模拟表明了手性改变导致的管壁粗糙, 会导致管内毛细流动性质的改变[82].

3) 在实验测量中, 测量电路导致的外电场对流动也有很大的影响. 通过 MD 模拟, 本课题组发现: 实验中的外电场 10^3 V/m 会导致流速下降 10% 左右.

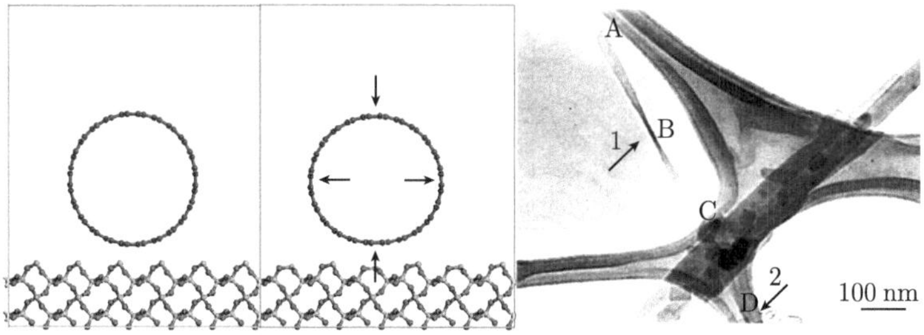

图 11.53　由于基底的 vdW 作用导致 CNT 的变形. 左侧: 本课题组 DFT 模拟的 SiO_2 基底上 CNT 的变形; 右侧: 实验中观测到大管径 CNT 的横向失稳

上述导致实验和模拟流速之间差异的因素都是真实的纳米管内毛细流动中的重要问题, 需要理论、模拟和实验相辅相成地继续进行探索.

11.5　受限流体中的对称性破缺

11.5.1　对称性破缺

对称性破缺 (symmetry breaking) 是描述物质性态变化的一种理论, 已经在描述铁磁体磁性变化、材料相变等方面有了诸多应用[83]. 首先, 对称性是指在一些 "操作" 下, 某些物理量的不变性. 而这些 "操作" 可能形成一个封闭的集合, 叫做对称群. 在这个对称群中, 作任何操作, 物质体系的物理性质都保持不变. 当物质体系发生变化之后, 体系的对称性操作可能变少, 从而形成的新的对称群是原对称群的子集. 这样, 物质性态变化的同时, 其对称性也发生了变化. 当对称性减少时, 可以称之为对称性破缺. 而在对称性破缺的数学描述上, 可定义系统的某一个物理量 η 为序参量 (order parameter), 将从高对称相中的零值转变为低对称相中的非零值. 换言之, 系统的对称性仅当 η 变为非零值时才会发生变化.

以金属的相变过程为例, 当金属为熔融态液体金属时, 其物理性质在任何一点都应该是相同的; 而当液态金属相变为晶体时, 其物理性质则只有在特定的晶格位置上才可能相同, 已经不再具有液态金属中的任取两点物质性质都相同的特点. 从而出现了对称性的降低, 发生了对称性破缺. 而描述这个过程的序参量 η 可以取为在结晶的过程中, 原子位置对平衡位置的偏移量. 一般地, 对称性破缺可以分为两类: 连续性变化的对称性破缺和离散性的对称性破缺. 液滴的凝结形成、水的固–液相变都是典型连续性变化的对称性破缺, 其序参量也是连续变化的; 铁磁材料在居里温度 (Cuire temperature) 发生的铁磁相变则是典型的离散性的对称破缺, 其序参量也是突变的.

原来具有较高对称性的系统出现不对称因素, 其对称程度自发降低, 这种现象叫做对称性自发破缺 (spontaneous symmetry breaking). 也就是, 控制参量跨越某临界值时, 系统原有对称性较高的状态失稳, 新出现若干个等价的、对称性较低的稳定状态, 系统将向其中之一过渡.

Rayleigh-Bénard 对流是一种通过对称性自发破缺而产生的自组织行为, 如图 11.54 所示. 1900 年法国学者 H. Bénard 发现[84]: 从下面均匀加热水平容器中薄层液体时, 若上下温差超过一临界值, 液体中突现类似蜂房的六边形网格, 液体的传热方式由热传导过渡到了对流, 每个六角形中心的液体向上流动, 边界处液体向下流动. 这是对流与抑止因素 (黏性和热扩散) 竞争的结果. Lord Rayleigh 和 Pearson 分别在 1916 年和 1958 年都对该现象的物理解释作出了贡献[85,86].

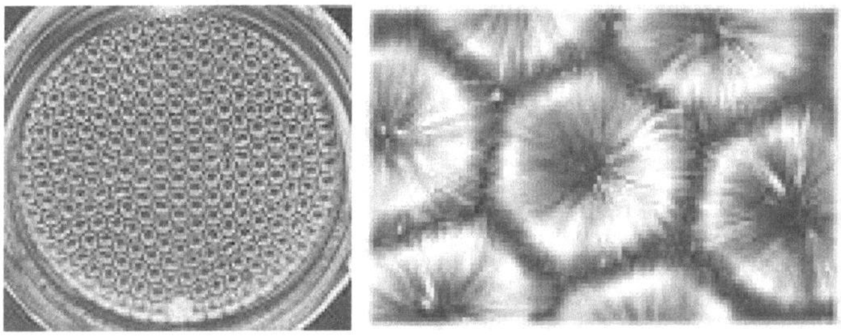

图 11.54 Rayleigh-Bénard 对流

以上简单介绍了对称性自发破缺及其在物理问题研究中的应用. 近些年, 已经有学者将对称性破缺引入纳微尺度受限流体的流动行为, 从对称性破缺的角度给以了阐释.

11.5.2 纳微受限流动中的对称性破缺

在宏观流体的流动当中, 平板 Poiseuille 流是一种经典的流动模型: 在两块处于相对静止的无限大平行平板之间充满了流体, 沿着与平板平行的某一方向在流体内作用一个不变的压强梯度, 则流体在此压力场作用下运动. 当流动充分发展之后, 作用在流体上的压力与黏性相平衡, 使得流体达到定常流动. 在宏观情况下, 整个流场内流体密度为常值 (不可压缩流). 其速度分布则是沿着与板面垂直方向呈抛物线, 并且沿中心线对称分布 (图 11.55).

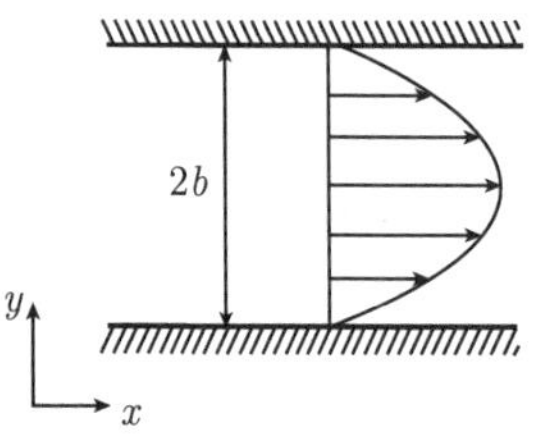

图 11.55 平板 Poiseuille 流动及速度分布

然而, 当上述的 Poiseuille 流动发生在纳微尺度时, 由于平板表面的表面力作用, 狭缝中的 Poiseuille 流动出现了明显区别于宏观平板流的特点: 出现了明显的近壁面流体密度振荡. 在小尺度描述 "狭缝平板流" 时, 需要考虑平板与流体间存在一个势场 $U_s(\boldsymbol{r})$, 用以描述 "流–固" 分子间的相互作用. 而在考虑到该势场作用后, 整个流场内的流体自由能则可以写成如下形式:

$$\Omega[\rho(\boldsymbol{r})]=F_{HS}+\frac{1}{2}\int_V \mathrm{d}\boldsymbol{r}\mathrm{d}\boldsymbol{r}'\rho(\boldsymbol{r})\rho(\boldsymbol{r}')\phi_{ff}(|\boldsymbol{r}-\boldsymbol{r}'|)+\int_V \mathrm{d}\boldsymbol{r}\rho(\boldsymbol{r})U_s(\boldsymbol{r})-\mu\int_V \mathrm{d}\boldsymbol{r}\rho(\boldsymbol{r}). \tag{11-53}$$

在上式中, 第一项为考虑同样体系经典流体的 Helmholtz 自由能项, 在这里作为一个参考值; 第二项中的 $\phi_{ff}(|\boldsymbol{r}-\boldsymbol{r}'|)$ 则是在流体占据区域 V 内 "流体–流体" 分子间的相互作用势; 第三项是固体壁面对流体分子的作用项; 最后一项, 则是流体分子自身的化学势项. 对于式中各项的具体形式, 可以参见文献 [87]. 将体系的自由能表达式带入 Euler-Lagrange 方程得到具体的流场内流动的控制方程. 由于 $\phi_{ff}(|\boldsymbol{r}-\boldsymbol{r}'|)$ 和 $U_s(\boldsymbol{r})$ 的表达式的复杂性以及非线性等性质, 导致了最后得到的控制方程出现了明显的非线性性质. 有学者根据不同的研究体系, 通过数值迭代求解[88,89] 以及摄动求解[90] 得到了流场内流体的密度分布曲线. 也正是由于这种控制方程的非线性性质, 使得满足方程的解答不唯一, 而出现了密度分布的对称性缺失.

11.5.3 封闭狭缝内受限流体的对称性破缺

图 11.56 给出了一个封闭的狭缝流动模型图[91], W_1 和 W_2 为两固壁, 流体流动的方向沿 x 方向, 两固壁间距离为 L, h_r 为壁面固体原子与流体原子相互作用的

禁锢区, 这是由于势场 $U_s(\boldsymbol{r})$ 存在一个液体分子无法穿透的势垒, 而 h_m 则是流体分子所能充满的有效区域, h_l 则是两流体分子球心间距. 在经典 Poiseuille 流动中, 流场中存在两种对称性：以壁面对称中心线的镜面反射对称; 沿着流动方向的平移对称. 而在纳微尺度下, 这两种对称就会相继出现缺失, 目前所发现的, 在特定的板间距离以及作用势场下, 流场中的密度不会继续保持对称的分布, 而会出现：

1) 一维对称性破缺, 发生在垂直于壁面的方向上, 流体密度关于平板中线出现不对称分布, 但在平行于板面的同一高度处为仍为相同值. 即镜面反射对称出现缺失, 但沿流场方向的平移对称性仍存在;

2) 二维对称性破缺, 流体密度在平行于平板中线出现不对称分布的同时, 在平行于板面同一高度处也出现了密度的非均匀分布. 即同时出现了镜面反射对称性和平移对称性的同时缺失. 下面仅举一简单的例子说明这种对称性破缺.

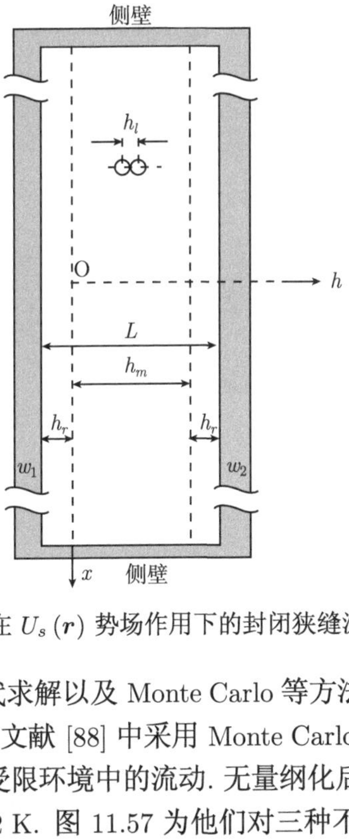

图 11.56　在 $U_s(\boldsymbol{r})$ 势场作用下的封闭狭缝流动模型[91]

Berim 等通过数值迭代求解以及 Monte Carlo 等方法对受限流体的对称性破缺做过一系列的研究. 他们在文献 [88] 中采用 Monte Carlo 的方法研究了氩气分子在二氧化碳固体壁面组成的受限环境中的流动. 无量纲化后的有效狭缝厚度 $h_m^* = 20$, 模拟体系温度为 $T = 89.82$ K. 图 11.57 为他们对三种不同平均流体密度情况进行模拟后得到的稳态形貌：$\rho_{av,(a)}^* = 0.123$, $\rho_{av,(b)}^* = 0.246$, $\rho_{av,(c)}^* = 0.556$.

进一步统计可以得到垂直于壁面的氩气分子密度统计, 如图 11.58 所示. 可以明显看出：在 (a) 和 (b) 的情况下, 都出现了明显的沿着固壁中线的镜面反射对称性的缺失, 而 (c) 则是保持了完整的对称性. 同时, 通过三组密度分布图也可以看出, 近壁面处会发生明显的密度分层的现象.

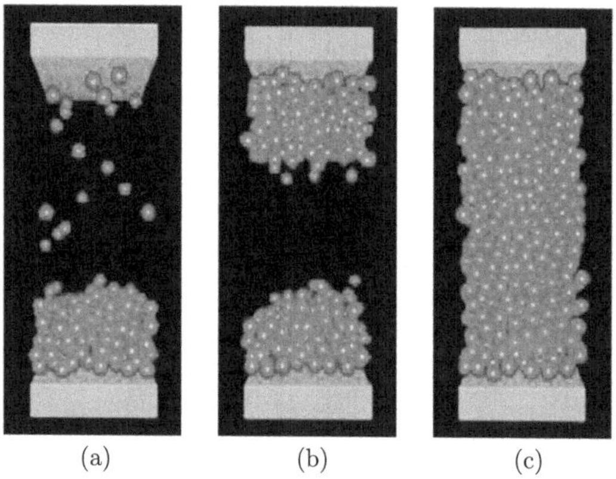

图 11.57　不同初始平均密度氩气分子在固体二氧化碳受限环境中的分布

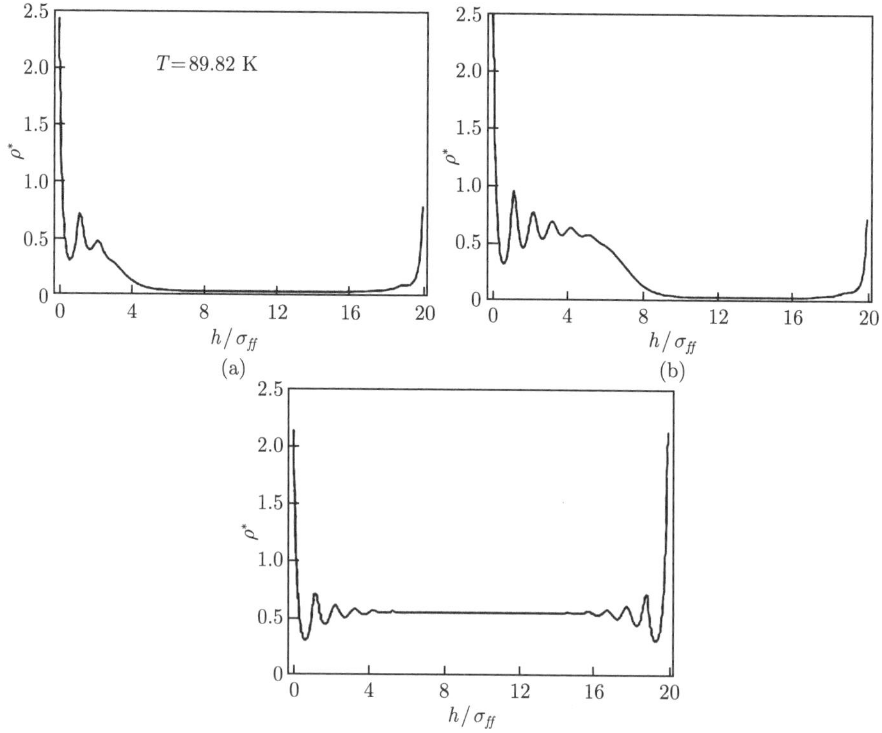

图 11.58　不同初始平均密度下的流场在稳定流动后密度分布

上面所举的一例仅发生了一维对称性破缺, 没有出现流动方向上的平移对称性缺失. 而在其他的如量子流体等更复杂的受限流体环境中, 会出现二维的对称性缺失, 从而导致出现了纳微受限流动异于经典宏观流动的特点.

11.6 化学键层次对超润滑机理的理解

超润滑 (superlubricity) 为两个相互接触的界面在摩擦力超低, 即近似无阻力滑动的一种性质[92]. 最早是由日本的 Hirano 和 Shinjo 根据宏观力学的理论通过计算提出的[92,93]. 超润滑的严格定义目前还存在争议, 普遍认为是一些摩擦系数小于 0.01 的润滑材料或体系, 也有些研究者认为是摩擦系数小于 0.001 或者更小的材料或体系[93].

到目前为止, 主要是两大类材料或体系具有超润滑性质. 一类是由于非公度 (incommensurate) 接触[94] 或是有弱的相互作用的固体润滑材料, 如高定向热解石墨 (highly oriented pyrolytic graphite)[95,96], MoS_2[97,98], 非晶氮化碳涂层 (amorphous carbon nitride coatings, a-CN_x)[99] 和类似金刚石薄膜材料 (diamond-like carbon films, DLC)[100,101]; 另外一类是固体在受限液体中发生摩擦的润滑体系, 如固体陶瓷材料在甘油和硼酸混合水溶液[102]、磷酸和水混合溶液[103] 以及聚合物与水体系中的超润滑性质[104].

下面将分别针对这两类体系展开对超润滑性质的讨论.

Hirano 和 Shinjo 研究了界面的对称性对干摩擦的影响[92,93]. 通过分别计算了面心立方 (Face-Centred-Cubic, FCC) 晶体和体心立方 (Body-Centered-Cubic, BCC) 晶体结构金属高度均匀表面静摩擦力产生的条件, 发现在固体严格不动时, 其非公度的静摩擦力会消失. 同时, 随着固体之间的相互作用变强, 会发生一个 Aubry 转化, 导致静摩擦力的产生. Hirano 和 Shinjo 认为 Aubry 转化与晶向有关系, 并指出按照一定规律排列的两个晶体表面作相对运动时, 由于分子间力的弱作用和时效作用, 在特定匹配对偶面和滑动方向条件下, 摩擦阻力为零, 即处于超润滑状态, 如图 11.59 所示. 其超润滑的条件为 ① 准静态; ② 弱黏附力; ③ 接触面非公度接触程度大; ④ 存在出现超润滑的特定方向 (如塑性变形中的滑移方向). 但当两个滑动表面的晶格常数和取向完全相同, 即微观结构处于公度 (commensurate) 状态时, 未观察到这种零摩擦状态.

Robbins 等通过 MD 方法, 对 LJ 粒子采用经典的 6-12 势函数以及截断的 (truncated) 6-12 势函数[105~109,111,112,114], 在静摩擦的产生机制的理论方面做了大量的研究工作, 并且提出静摩擦产生的两种机制 —— 超薄膜的相变理论和协同理论. 这两种理论都能解释静摩擦的起源, 但协同理论同时还可解释表面膜和磨损颗粒等其他 “第三介质” 的作用, 因此适用范围更广.

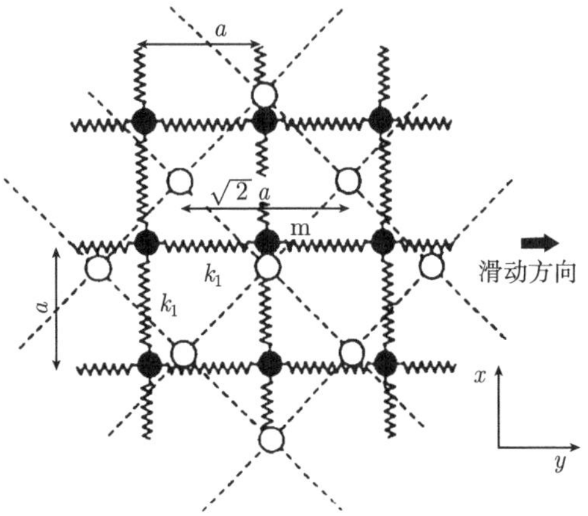

图 11.59　对偶滑移晶面原子分布, 晶格的非公度角为 45°, 滑动动量随位置和滑移方向的变化情况[92,93]

他们研究了边界润滑中黏–滑运动的起源[105], 提出了滑动面间超薄膜的相变理论. 通过对分子膜的结构进行分析, 揭示出黏–滑运动与分子膜有序和无序的两种状态的周期性的相转变有关. 在滑动启动的过程中, 滑动面之间的受限液体分子经历了周期性的剪切–融化相变 (shear-melting transition) 和液体分子的重结晶 (recrystallization). 静止的滑动面为理想的晶面, 其有序结构诱导受限液体分子发生从无序到有序的相转变, 从而形成晶态有序 (crystalline order) 的超薄膜. 在足够大的剪切作用下, 薄膜从晶态有序的稳定结构转变为不稳定的融化态. 两个滑动面自由的滑动释放应力, 当融化状态分子膜的应力降低到某一临界值时, 分子膜就会发生瞬间的重结晶. 他们发现滑动面的临界速度 v_c 与刚要发生重结晶之前的滑动面速度有关[106], 在此之前的融化态滑动是不稳定的. 此速度为临界速度 v_c 的下限. 临界速度的上限为滑动面的晶格参数除以液膜从无序到有序的弛豫时间. 模拟中的液体为球状分子, 重结晶的速度非常快, 临界速度约为声速的十分之一. 为了让运动的滑动面停止运动, 动能必须转化为液膜的势能. 储存在液膜中的最大势能与静摩擦力 F_s 量级相当, 为滑动面晶格参数 σ 的数倍, 从而得出滑动面的临界速度为

$$v_c = c\sqrt{\frac{\sigma F_s}{M}}, \tag{11-54}$$

其中 M 为滑动面的质量, σ 为晶格参数, F_s 为最大静摩擦力, 系数 c 的值变化范围为 0.05~0.5, 主要取决于负载、液体与滑动面是否公度、滑动面的晶格整齐程度.

滑动面微观结构公度性对摩擦也会产生明显影响[107,108]. 当吸附层的分子与滑动面的晶面为公度时, 明显表现出静摩擦的特征 (图 11.60 中实心方格曲线所示), 即摩擦力在启动瞬间迅速增大, 此后大体保持不变. 而当二者处于非公度时, 摩擦

力 (图 11.60 空心圆圈曲线所示) 则随速度线性增加, 其数值甚至比晶体与液体吸附层之间的摩擦力 (图 11.60 实心圆点曲线所示) 还要小. 这表明两接触表面微观结构及取向的公度性对其摩擦有明显的影响.

Robbins 等通过模拟发现, 表面上没有吸附层的非公度摩擦表面在热力学极限时, 几乎不存在静摩擦力[109]. 但是如果滑动面裸露在空气中, 当滑动面间有非常薄的一层吸附层时, 也足以产生静摩擦力. 当两个公度的滑动面之间在侧向力为零和压力为正压力的情况下, 两个滑动面相互钉扎在一起. 非公度的两个滑动面只有在原子在两个界面上移动或者是两个滑动面非常软的情况下, 才能钉扎在一起. 若滑动面为硬质材料所构成, 无论两个滑动面是在公度的情况下还是在非公度的情况下, 滑动面间都存在静摩擦力. 表面上没有吸附层的非公度摩擦表面通常被周期性的势能所钉扎, 并且随着体系的增大而变大. 但是, 如果势能足够小, 足够大的体系的滑动面将出现不被钉扎的情况. 通常情况下, 非公度的滑动面之间是不被钉扎的, 只有当滑动面可以变形到在一定距离内有序并且与相反的滑动面相对称的时候才会被钉扎. 当有单分子层的薄膜被引入到两个公度的滑动面之间的时候, 尽管膜的硬度非常大, 两滑动面之间仍然被钉扎. 在无限的体系中, 单分子层扩散到非平衡的位点将引起上面的滑动面的部分取代, 并单分子层将扩散到使上部的滑动面具有最低表面能的位点, 然后通过势能垒将滑动面钉扎. 分子在几乎无阻力扩散的情况下, 仍然在大面积内产生静摩擦力. 并且, 无论是否有不被钉扎的状态产生, 还是温度增加或在两滑动面之间引入更多的分子, 都有静摩擦力产生. 模拟中还发现, 在两个滑动面之间的吸附单层必须是晶态有序的或是玻璃态的结构.

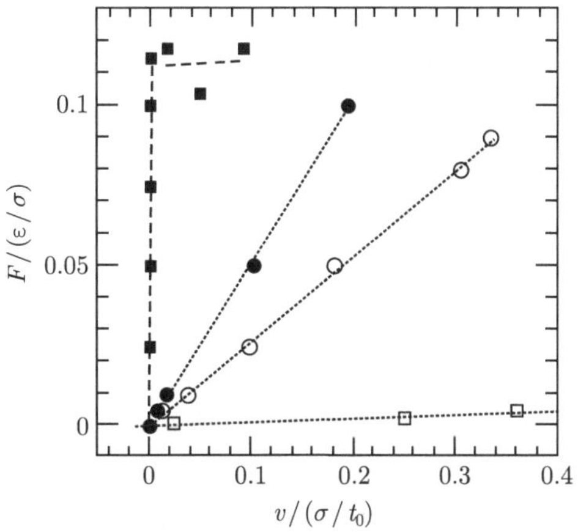

图 11.60　微观结构公度性对摩擦影响的模拟结果[107,108]

胡元中等综述了相应的摩擦实验的研究结果[110], 与 Robbins 等的模拟符合得较好. 理想晶体表面相对滑动的摩擦系数在较大的范围内变化, 滑动摩擦的大小与表面的公度性有关, 当表面微观结构非公度时, 滑动中没有探测到静摩擦力, 摩擦随滑动速度线性增加, 表现出类似黏性耗散的特性.

由于相对滑动表面的微观结构一般是非公度的, Robbins 等通过模拟从理论上解释了静摩擦现象普遍存在的根源[111,112]. Robbins 等认为表面间 "第三介质" (third bodies) 的存在是导致静摩擦的关键因素. 第三介质可能是液体润滑剂、有序分子膜、各种表面膜或磨损颗粒等. 小分子作为吸附单层产生静摩擦力, 满足 Amontons 摩擦定律, 并且几乎不随着实验条件的变化 (如化学吸附层的厚度、摩擦表面的取向、摩擦滑动的方向等外界条件) 而变化, 而温度、分子的构型、相互作用势能对摩擦力的大小有很大的影响. 两个滑动面之间分子的实际接触面积为 A_{real} 只是表观面积中很小的一部分. 接触区域的弹性形变将接触区域变成了一个微米尺度的平面接触区域. 静摩擦力与平均屈服应力的关系为 $\tau_s = F_s/A_{\text{real}}$. 在一些情况下, Bowden 和 Tabor 用简单的 τ_s 的形式成功地解释了 Amontons 定律, 但是在另外一些情况下, 则不成立. 如果屈服应力随着压力 $P = L/A_{\text{real}}$ 线性增加, 那么

$$\tau_s = \tau_0 + \alpha P, \tag{11-55}$$

$$\begin{cases} F_s = \tau_0 A_{\text{real}} + \alpha L, \\ \mu_s = \alpha + \tau_0/P. \end{cases} \tag{11-56}$$

上式中 L 为法向载荷 (normal force). 如果 P 远大于 τ_0 或是个常数, 那么 μ_s 与负载和宏观的面积无关. 方程 (11-55) 和 (11-56) 适用于理想弹塑性表面. 当 P 明显的发生变化或者 τ_0 很大时, Amontons 定律不再适用.

非零的 τ_s 要求摩擦表面齿合在一起在保证表面能量最小化的同时, 阻止摩擦表面的滑动. 如图 11.61(a) 所示, 两个滑动面公度时, 两个界面能量最小化, 起相互协同的作用. 如果两个滑动面相同, 但为非公度时 (在 a 种情况下旋转一定的角度, 如图 11.61(b) 和 (c) 所示) 或者两个滑动面晶格参数不相同 (图 11.61(d)), 阻止侧面滑动的原子数恰好等于协助它的原子数. 从摩擦的公度性理论来看, 介于表面间的液体膜层能对原来非公度的晶体表面起一种协同作用, 产生类似公度的界面结构, 从而引起滑动势垒和静摩擦. 对比固体之间的相互作用, 除非在非公度滑动面之间的作用非常强, 否则非公度滑动面之间是不存在静摩擦的. 此时, 表面原子重排将产生能量最低的界面. 绝对光滑和洁净的界面在现有的条件下是难以达到的, 但在现有的条件下开展的实验所得到的结果可以充分支持这个结论. Krim 等测得非公度的基底和界面吸附层之间不存在静摩擦[113]. 在摩擦表面上存在烷烃等 "第三种介质" 时, 烷烃之间可以很容易改变结构来使得表面能量最低, 而不会影响基本结构的变形. 因此, 润滑剂存在可能是产生静摩擦的根源.

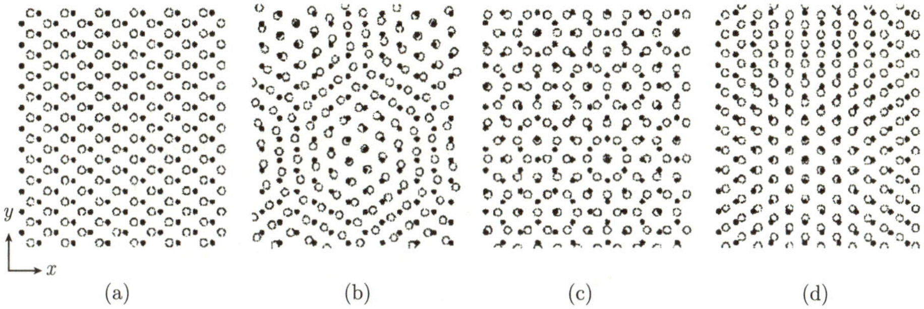

图 11.61 上层滑动面原子 (实心点) 与下层滑动面的原子 (空心点) 的不同公度性[111]

Robbins 等从理论上对零摩擦状态进行了解释[114], 他们认为, 在界面摩擦条件下, 摩擦主要来自分子间力的相互作用, 即取决于两个表面的原子分子间相互作用. 当接触表面达到能量最低状态, 即势能处在某个谷底时, 表面须克服势垒才能发生相对运动, 这就是静摩擦力的发生机制. 如果两个表面的微结构为非公度时, 表面间相互作用的能量将与表面的位置无关, 而不可能形成能量最低的势谷, 结果导致超滑状态的产生.

在超润滑现象发现的早期的一些实验中, 如采用超高真空下特定滑移方向的二硫化钼[115~117]、取向热解石墨[118] 等纳米尺度摩擦体系, 已观察到沿特定方向滑移时, 摩擦系数迅速减少 (如 MoS_2 在真空下摩擦因数小于 0.001) 的现象. 然而由于当时的实验条件限制, 实验精度不太确切, 这些研究结果未得到世人的公认. 之后, 研究者采用 MD 模拟这一手段针对固体润滑材料的超润滑性质开展了研究.

Sorensen 通过 MD 模拟发现在足够大的铜针尖和一个非公度的铜基底之间没有静摩擦力[119]. Perry 和 Harrision 通过在甲烷和乙炔表面随机替换八分之一的氢来研究分子尺度粗糙度对于摩擦力的影响, 发现在高负载下用氢替换甲烷能够减小动摩擦力[120~122]. Glosli 和 Ohzono 等模拟了两层长链烷烃链有序单分子之间的摩擦, 模拟结果证实了 Tomlinson 模型, 模拟的过程发现两种能量耗散机制. 一种为烷基链自由端因剪切变形恢复瞬间释放能量的 "拉拽" 机制 ("plucking" mechanism): 在两列烷基链摩擦过程中, 其机械能转化为弹性应变能然后以热的形式从界面耗散; 另外一种机制为因一侧烷烃分子与另一侧烷烃分子连续的相互碰撞引起的黏性耗散[123,124]. Harrison 模拟了末端连接氢原子的金刚石和末端不连接氢原子的金刚石接触, 发现了循环滑动时发生弹性变形的滞后现象[125,126].

Sasaki 和 Itamura 等发现石墨/C_{60}/石墨体系在 $[10\bar{1}0]$ 晶向上具有超润滑的性质[127,128], 模拟示意图如图 11.62 所示, 在 $[10\bar{1}0]$ 方向上产生的机理如图 11.63 所示. 模拟中在三个维度来旋转 C_{60} 分子, 小的倾斜 (small tilting) 和倾侧运动 (rolling motion) 是在 $[10\bar{1}0]$ 晶向上产生超润滑性质的本源. 在 $[10\bar{1}0]$ 晶向上 C_{60} 分子和上下两层石墨之间属于公度的接触. 而沿着这个在 $[10\bar{1}0]$ 晶向上扫描, 可以诱发边界层的非公度的接触, 这很可能是石墨/C_{60}/石墨体系在 $[10\bar{1}0]$ 晶向产生超低摩擦的原因.

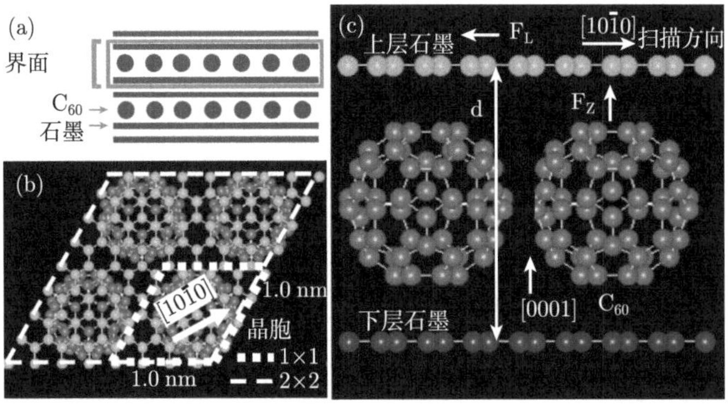

图 11.62　(a) C_{60} 夹在两层石墨中的示意图; (b) 1×1 和 2×2 单元示意图; (c) 两层石墨被钉扎住, 两层石墨烯之间的距离为 d, F_L 为侧向力, F_Z 为负载[128]

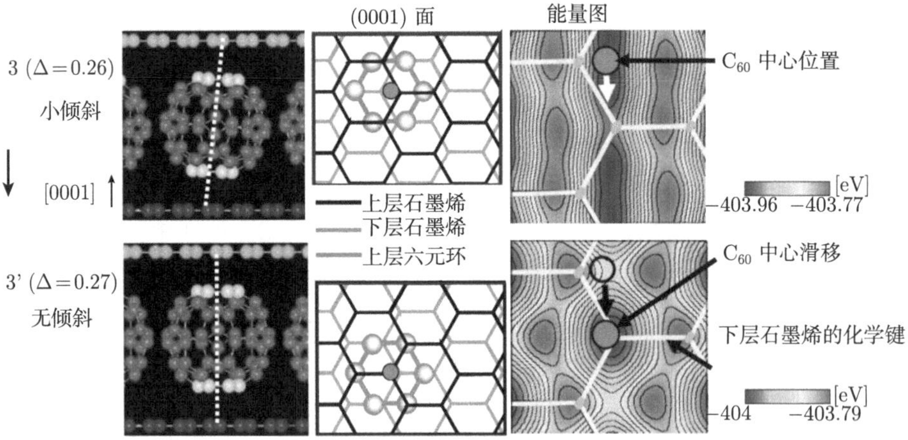

图 11.63　C_{60} 分子小的倾斜 (左), C_{60} 在两层石墨不同的堆叠形式 (中间) 及能量分布 (右)[128]

Dienwiebel 等[129] 模拟了不同尺寸的石墨与石墨基底的不同角度的摩擦性质. 如图 11.64(a) 所示. 在模拟中, 开始时保持 $\theta = 70°$, 石墨片视作刚性, N 个原子的石墨层与有限的基底接触. (b) 为摩擦力随着失配角 (misfit angle) ϕ 变化关系图. 在失配角度为 60° 的时候, 体系表现出超低的摩擦. 为了对比, 在模拟中统计了其他角度的摩擦力. 在失配角为 0°, 摩擦力最大, 此时石墨片与基底为公度的接触, 其他取向的摩擦力都比 0° 时小. 最终得到的结论为非公度接触的摩擦力很低, 当石墨之间由非公度的接触逐渐转变成公度的接触时, 摩擦力就变的很大. 该模拟指出黏–滑运动产生的非公度的接触是能量耗散的一种形式. 除此之外, 能量耗散的形式还有电子、声子等方式. 即使在完全非公度的接触情况下, 摩擦系数减小几个数量级但是仍然不为零.

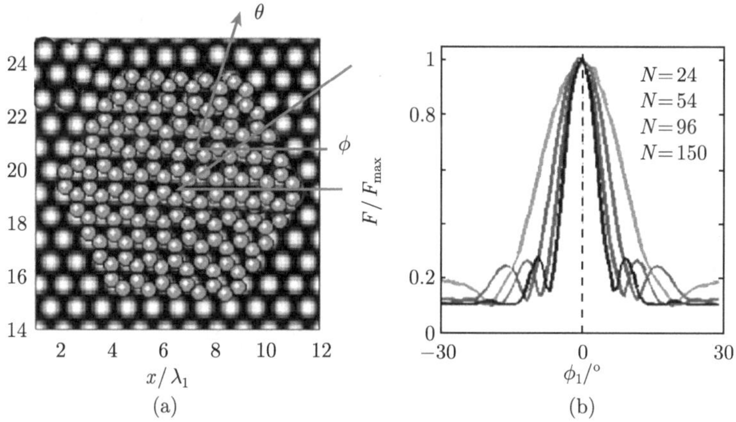

图 11.64 (a) 石墨片与石墨基底摩擦示意图. (b) 不同原子数 (N) 的石墨与基底的失配角与摩擦力变化的关系[119]

Brndiar 等模拟了锑纳米颗粒在高定向裂解石墨上的摩擦行为[130]. 模拟结果也

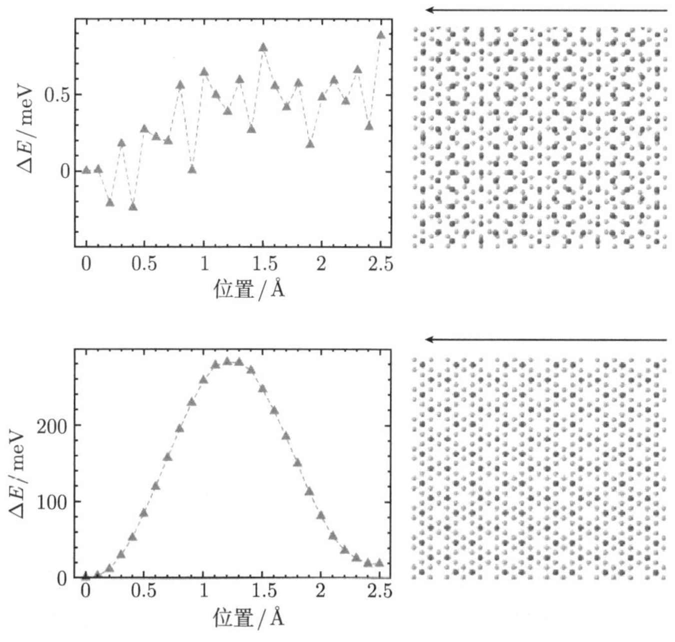

图 11.65 上图代表非公度的接触, 下图代表公度的接触. 曲线为相应的结构与能量变化的关系, 箭头为滑动的方向[130]

验证了基底与粒子的非公度接触引起了超低的摩擦系数, 如图 11.65 所示. Brndiar 等在锑纳米颗粒和高定向裂解石墨中间加入各种不同的小分子, 如水分子、氧气分子、丙烷、Sb_4 和氧化物纳米颗粒等. 图 11.66 给出了不同位置的 Sb_4 与定向裂解石墨的能量变化关系. 这些放置于石墨层上的小分子影响石墨的电子云分布, 从而影响整个体系的摩擦行为.

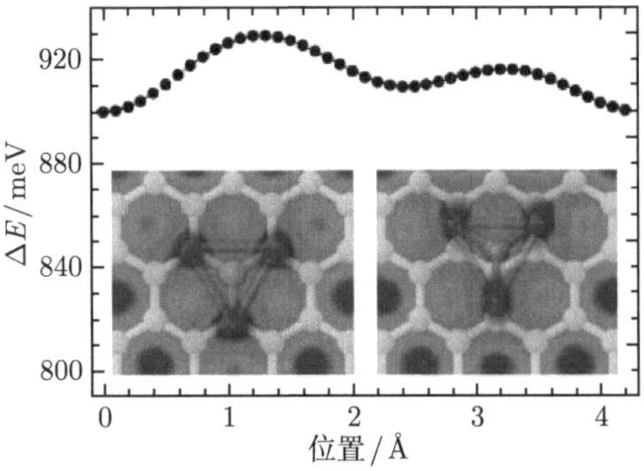

图 11.66 Sb_4 在石墨位置处的能量变化关系[128]

另外一类典型的超润滑体系是固体在液体中发生摩擦的润滑体系. 下面主要从受限液体的角度讨论固体材料在液体中产生超润滑性质的机理.

固体材料在液体中实现超润滑曾被 Klein 等所报道[131]. 实验发现两片原子级平滑的云母在一定浓度的 NaCl 水溶液中, 当两片云母之间的接触距离约为 1 nm 时, 它们之间的摩擦力变的非常小, 表现出理想的润滑性质, 机理如图 11.67 所示, 绿色表面为云母片的界面, 红色球体为钠离子, 蓝色的半球体或球体为水合钠离子. 当云母浸入水中一段时间后, 云母表面的钾离子扩散到水溶液中, 云母表面晶格中会出现阳离子空位, 此时云母表面显负电性, 溶液中的水合钠离子扩散到云母表面形成双电层. 其中水分子直径约为 0.25 nm, 水合钠离子的直径约为 0.7~0.8 nm, 钠离子显正电性, 水分子中的氧原子显负电性, 水分子中的氧原子和钠离子距离较氢原子较近, 因此水分子因为与钠离子之间存在静电相互作用, 水分子被 "束缚" 在钠离子的周围. 当两片云母间距为 1 nm 时发生相互滑动, 两层水合层之间势必要相互摩擦来通过对方的水合层. 但同时, 实验结果也表明, 表面束缚层水的流动性与体相水的流动性差别并不大. 通过对比上述的两个结论, 不禁会产生这样的疑问: 为何因表面强烈束缚而显示出类固体性质的表面水分子层, 在两个表面接触、摩擦的过程中很难被挤出, 却同时又显示出与体相水相类似的优异的超润滑性质. 作者认为, 因为要消耗巨大的能量, 被 "束缚" 的水分子从钠离子周围全部被挤走相当困难. 但是, 水合层中被 "束缚" 的水分子和体相中水分子发生交换只需跨越一个较小的势能垒. 通过这种交换, 被 "束缚" 的水合层中的水分子只要发生很小的熵变就能达到重新排列的目的, 通过这种持续不断的交换, 从而既保持被“束缚”水层的流动性又能达到惊人的润滑效果.

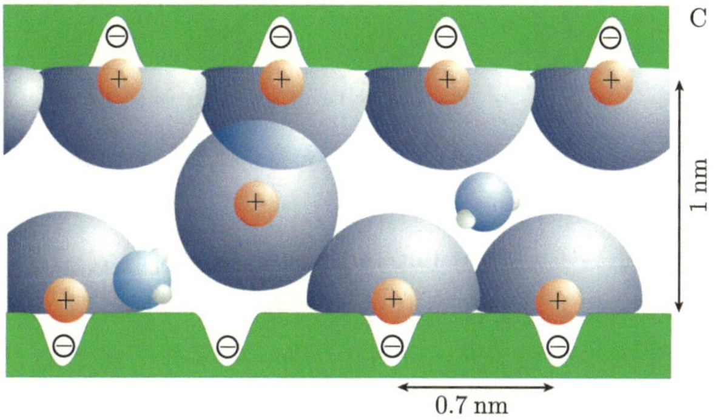

图 11.67 两片云母相距 1 nm, 带负电的云母晶格常数为 0.7 nm, 水分子直径约为 0.25 nm[131]

在上述工作的基础上, Klein 等[132] 进一步将两层云母进行修饰, 首先用十八烷基三甲基碘化铵 (stearic trimethylammonium iodide, STAI) 将云母修饰成疏水性云母, 进一步用“刷子形”聚电解质 (polymer brushes or brush-like polymer) 进行修饰, 两层修饰的云母滑动时最小的摩擦系数为 0.0006~0.001. 这归因于两个因素: 第一, “刷子形”聚电解质因为其特殊的空间结构出现已占体积效应 (excluded volume effect), 在良溶剂中分子链之间相互挤压以阻止相互渗透. 另外, 聚电解质抗衡离子巨大的渗透压进一步增加这空间效应. 第二, 聚电解质表面也有一层水合层, 水合层中的水和体相中的水相互交换, 从而也具有到超润滑的性质. 对于端基不带电荷的聚合物与水的超润滑也被 Yan 等所报道[104]. 实验发现, 将带正电荷的“刷子形”接枝共聚物 PEG-PLL 通过静电相互作用吸附在带负电的云母基底上, “刷子形”的聚合物中的片段带有极性, 极易形成氢键网络结构的水合物, 将水束缚在聚合物链的周围. 此种结构的聚合物因此具有超润滑的性质.

周飞等将 a-CN_x 沉积在硅片上, 在水的润滑作用下, a-CN_x 层和 Si_3N_4 球之间的摩擦系数最低可以达到 0.007 超润滑的水平[99]. 该实验表明在两种固体接触滑动的过程中, 会发生一系列的物理过程和化学反应. 因为 a-CN_x 是亲水性物质, 水分子首先以物理吸附的形式吸附于涂层表面, 涂层中的氮原子的电负性为 3.04, 仅次于氟原子和氧原子, 氮原子和水之间可以形成氢键网络结构. 氢键的形成将水分子束缚在涂层的表面. 经过一定的时间, 两种固体会在水中发生摩擦化学反应:

$$\mathrm{SiC} + 4\mathrm{H_2O} = \mathrm{Si(OH)_4} + \mathrm{CH_4}; \quad \Delta G_f^{298} = -598.91\ \mathrm{kJ/mol}, \tag{11-57}$$

$$\mathrm{Si_3N_4} + 12\mathrm{H_2O} = 3\mathrm{Si(OH)_4} + 4\mathrm{NH_3}; \quad \Delta G_f^{298} = -1268.72\ \mathrm{kJ/mol}. \tag{11-58}$$

可以看出 Si_3N_4 比 SiC 更容易发生水合反应, 水合产物 $Si(OH)_4$ 摩擦滑动的过程中极易溶解于水中. 此时水溶液变为电解质溶液, 固体表面带电, 从而形成双电层结构. Si_3N_4 和 a-CN_x 涂层的界面发生摩擦时都发生自消耗, 从而使体系达到很低的摩擦系数.

雒建斌等在 1997 年综述了超润滑发展早期的研究进展和机理[133], 其中超润滑机理讨论了有序与超润滑的关系. 润滑分子有序化是纳米级润滑薄膜重要特性之一[134], 也是实现常温超润滑态的一个重要条件. 雒建斌等认为, 因为无序的流体分子在摩擦剪切过程中不仅会因分子的缠绕、碰撞等原因造成能量损失, 而无法建立稳定的斥力场. 只有在润滑分子发生有序化转变后, 才可能消除分子的缠绕与碰撞, 并通过改变分子特性以平衡载荷的分子间力场. 有序分子膜具有性能稳定、摩擦系数低、厚度可控、与基体结合性能好等特点. 特别是一些高分子或具有极性端头的大分子优点更为突出[135].

雒建斌等[102] 发现 Si_3N_4 与表面羟基化的玻璃在混合甘油和硼酸溶液中, 在一定的时间后可以发现, 体系可以达到超润滑效果. 如图 11.68 所示, 在测试时间达到 200 秒左右时, 摩擦系数发生突变.

原子力显微镜 (AFM) 下观察羟基化的玻璃表面在硼酸溶液中会生成 “纳米凸起”(nano-bumps), 而在甘油和硼酸的混合溶液中尽管也存在 “条纹状的凸起”(strip-like bumps), 玻璃表面较前者更光滑. 在混合溶液中能实现超低摩擦, 主要是因为玻璃表面生成了一种均一的吸附层. 这层吸附层的存在可以维持很高的接触压力和超低的剪切阻力. 具体来说, 混合溶液中的甘油、硼酸以及玻璃表面的羟基相互作用而发生化学反应. 甘油和硼酸可以生成一种四面体的配合物 (tetrahedral coordination compound). 反应的方程式如下：

$$2C_3H_8O_3 + H_3BO_3 = [C_6H_{12}BO_6]\,H \ + \ 3H_2. \tag{11-59}$$

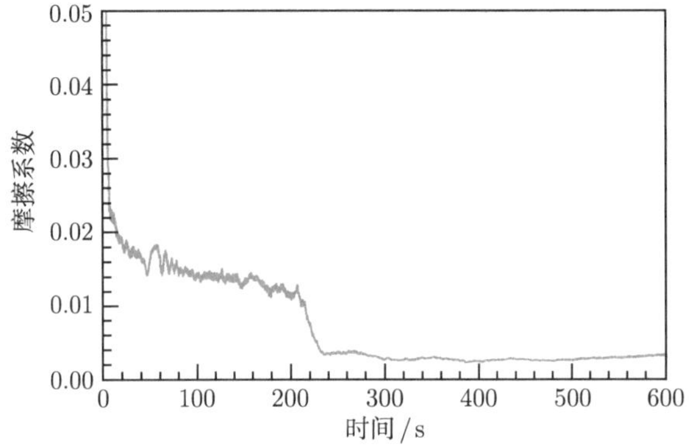

图 11.68　Si_3N_4 和羟基化的玻璃在甘油和硼酸的混合溶液中, 摩擦系数随时间的变化[102]

这种配合物被称之为双甘油硼酸酯 (diglycerin borate). 配合物中的羟基与玻璃表面上的羟基发生脱水接枝共聚反应. 这就是上文中提到的玻璃表面生成均一的膜层. 这种配合物带负电荷, 水分子被带负电荷的配合物所吸引, 在配合物表面形成受 "束缚" 的水合层. 上文中提到 Si_3N_4 也能和水反应生成受 "束缚" 的水合层. 接触摩擦时, 水合层之间起到超润滑的效果. 从图 11.68 中可以看出前 120 s 中摩擦系数约降为 0.014, 230 s 左右发现超润滑现象发生. 这种摩擦系数突变是固体之间摩擦诱导甘油和硼酸发生化学反应所引起的.

最近, 雒建斌等[103] 报道了 Si_3N_4/玻璃和蓝宝石/蓝宝石摩擦诱导的磷酸与水溶液所形成的网络结构也具有超润滑的性质, 并且这种超润滑现象可以维持 3 个小时之久, 如图 11.69 所示. 雒建斌等指出, 在摩擦的诱导的过程中, 磷酸和水在固体表面生成氢键连接的具有空间网络结构的类固体的膜层. 因为氢键的存在, 水分子被定向束缚在固体表面, 水分子具有极性. 许多水分子会在固体表面形成较大的偶极 - 偶极效应, 这种效应所产生的 Coulomb 排斥力引起体系产生超润滑性质. 如图 11.69 所示, 在实验进行到 600 s 后, 体系产生超润滑性质. 在实验的过程中发现, 当实验开始时, 磷酸溶液具有流体的性质, 磷酸溶液在 Si_3N_4 球与玻璃基底之间缓慢地相对运动. 实验结束后, 发现在 Si_3N_4 球与玻璃基底的表面上都生成一层透明的薄膜. 这层薄膜不具有流动性, 更像是一层 100 nm 厚的软凝胶. Raman 光谱证明, 这层薄膜中不仅存在氢键网络结构, 随着氢键/水分子比例的增加, 水合磷酸还生成氢键连接的磷酸的二聚物或聚合物. 另外 Raman 光谱同时证明固体表面生成的薄膜具有很强的偶极–偶极相互作用.

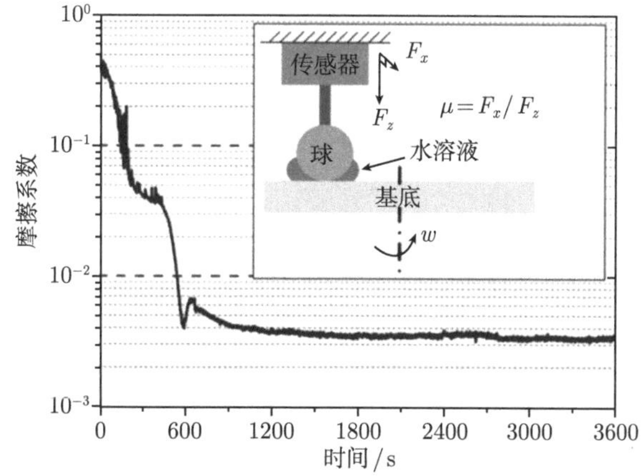

图 11.69 在 pH 为 1.5 的磷酸溶液中, 摩擦系数随时间的变化. 负载为 3 N, 摩擦速率为 180 rpm. 插图代表测量系统, F_x 为测的摩擦力, F_z 为负载, μ 代表摩擦系数[103]

为进一步研究氢键在超润滑过程中的作用, 雒建斌等设计了一个巧妙的实验,在玻璃表面上的溶液中加入不同体积的水来跟踪破坏氢键的网络结构. 实验结果如图 11.70 所示, 体系的摩擦系数在水加入后随着时间成周期性变化.

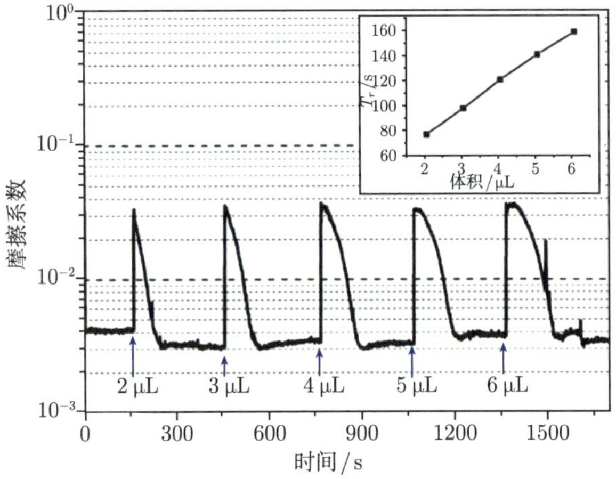

图 11.70　在加入不同体积的去离子水 (3 μL~6 μL, 间隔为 1 μL), 体系的摩擦系数随时间的变化. 负载为 3 N, 转速为 180 rpm[103]

实验发现在水加入的瞬间, 摩擦系数突然变的很高 (从 0.004 变到 0.03), 从而证明了体系的超润滑性质是由氢键的网络结构所引起. 换句话说, 氢键网络结构在加水时被破坏, 超润滑性质瞬间消失. 随着过多的水分子被蒸发, 氢键网络结构再次生成, 体系又重新获得超润滑的性质.

另外, 雒建斌等将 Si_3N_4/玻璃摩擦材料体系换成蓝宝石/蓝宝石摩擦材料体系, 同样也产生超润滑的性质, 这样就排除摩擦材料体系决定实验的超润滑性质. 因为体系中不存在其他链状的极性分子自组装的单层, 所以体系产生超润滑的机理就如图 11.71 所示, 摩擦诱导水分子和磷酸分子之间形成氢键的网络结构的类固体的薄膜.

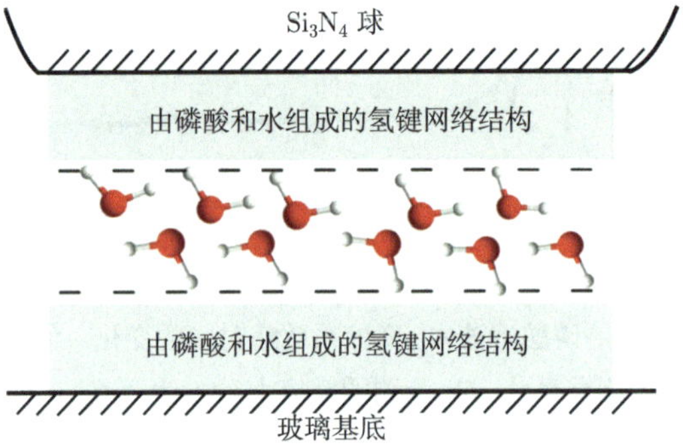

图 11.71　两个摩擦的表面可能的结构, 红球代表氧原子, 白球代表氢原子[103]

水分子被束缚在固定的位置, 因为水分子是极性分子. 定向排列必然导致偶极–偶极效应的产生, 两个固体表面在相互摩擦的过程中, 因为偶极的存在, 产生 Coulomb 排斥力从而维持很高的接触压力. 这种机理就与水合层机理区分开来. 关于这层类固体的水合层的结构还需要进一步的研究.

Ye 等[136] 报道了无氢–DLC 膜 (Hydrogen-free DLC) 在甘油一油酸酯的油相中产生超润滑的性质, 如图 11.72 所示. Ye 等认为产生超润滑的机理在于: 无氢–DLC 膜的界面上存在羟基、羰基和酯基等悬键位点, 在摩擦的过程中, 甘油一油酸酯被接枝到 DLC 膜的表面与悬键相结合形成以氢为端基的碳氢链, “刷子形” 碳氢集合物链可以维持很高的接触压力和超低的剪切阻力, 因为碳氢链上的氢原子之间的相互排斥而达到超润滑的水平.

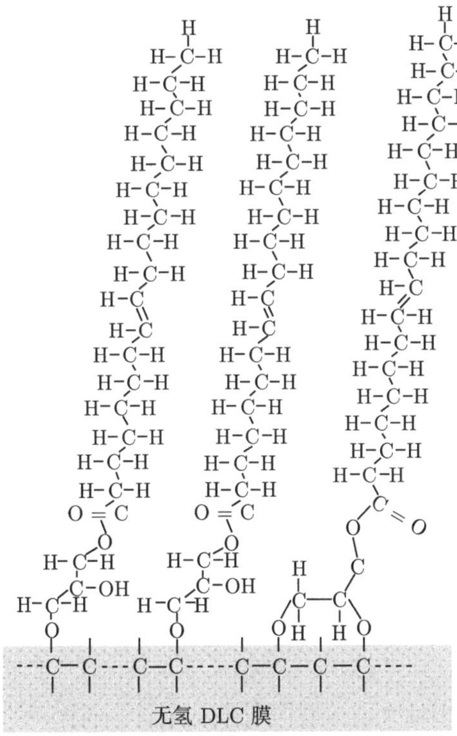

图 11.72 基于 XPS 分析自然界中超润滑的模型, 含有碳的烷基链和新生成的 DLC 的表面通过羟基上的氧原子生成润滑层, 滑移面上烷烃链以氢原子为端基, 氢原子之间产生强烈的排斥[136]

Feiler 等[137] 发现, 在环己烷介质中, 巯基化金球与吸附在云母表面的聚四氟乙烯体系中摩擦系数最低能达到 0.0003. 在环己烷的诱导下, 巯基金球与聚四氟乙烯都带上电荷, 从而相互排斥而产生超低的摩擦.

超润滑实验现象主要在纳米尺度以及高真空条件下实现, 并且被认为在大尺度下不存在该现象. 近期, 郑泉水等通过实验实现了在微米尺度 1~10 μm 以及大气环境下的超润滑[138]. 根据表面能驱动力和接触面积估算的摩擦剪应力上界 0.02~0.04 MPa 远远小于目前公认的超润滑摩擦剪应力 0.1~1.0 MPa. 当利用微机械臂旋转移出的石墨岛顶层, 郑泉水等发现在特定的角度下, 自回复现象完全消失. 这些自锁角度成 6 次面内对称, 和石墨的面内晶格对称性完全吻合. 同时, 实验证实在自锁情况下, 摩擦剪应力极限提高了 3 个量级 (约为 0.1 GPa). 这说明石墨岛的自缩回现象是超润滑的直接体现, 清楚地展现了微米尺度的超润滑可以出现. 此实验证明超润滑现象可以在大气环境中实现, 并且具有极好的重复性.

从以上具体实例的分析中不难看出, 出现固体与液体的超润滑的性质既与固体自身的结构性质有关, 又与液体的性质有关. 固体大多是本身就带有润滑性质的材料, 对于两种固体之间, 因为非公度的接触而产生超润滑的性质. 产生超润滑的体系不同, 机理也不尽相同. 两种具有润滑性质的固体在受限液体中产生超润滑性质有以下几种机理:

第一, 固体本身很容易和水相互作用而带电, 溶液中的抗衡离子的水合物会扩散到带电固体表面, 从而形成双电层. 水合抗衡离子中水分子被束缚在固体表面, 当发生相对摩擦滑动时. 水合层中水分子通过与体相水分子相互交换起到超润滑的效果.

第二, 在摩擦的过程中会诱导溶剂与固体表面发生摩擦化学. 从而形成易脱离表面的水合物如 $Si_x(OH)_y$[139], 在摩擦的过程中, 固体表面通过自消耗来达到超润滑的效果.

第三, 高分子膜造成的界面斥力场而出现的超滑现象, 固体表面先被修饰一层 “刷子形” 聚合物或是在摩擦的过程生成一种 “刷子形” 的碳氢链. 有时是因为聚合物部分基团电负性大而和水溶液产生氢键网络结构, 有时是因为在有机溶剂中碳氢链端基氢原子之间相互排斥从而具有超润滑的性质.

第四, 高速剪切导致润滑剂分子有序排列而出现的超润滑性质. 固体本身不容易与水相互作用而带电也不与水发生摩擦化学反应, 而是在摩擦诱导的过程中, 溶液中的分子因为较高的电负性, 与周围的水分子形成氢键网络的水合层.

固体与受限液滴之间发生超润滑的机理目前尚缺乏统一的论断. 但究其根本, 是不同固体表面通过各种方式带有电荷, 因为水分子既具有显负电性的氧原子又具有显正电性的氢原子, 既水分子具有很强的极性, 水分子与其他分子形成氢键网络结构或是被其他带电粒子所束缚在固体表面而形成水合层. 水合层中的水分子不像体相中的水一样杂乱无章的排列, 而是具有一定的取向. 体相中水分的偶极因为水分子杂乱无章的排列而相互抵消. 水合层的水分子因为具有统一的取向, 众多水分子的偶极的矢量和较大. 固体与固体在液体中接触时, 会产生强大的 Coulomb 排斥力使水合层之间不容易相互接触, 即使在外界的压力下水合层之间相互挤压以通过对方的水合层, 水合层的水分子和体相中的水分子通过快速的交换而使摩擦过程中水合层仍具有流体的性质, 从而使体系维持超低的摩擦即超润滑的性质.

Bowden-Tabor 模型可以解释界面生成的薄膜层能够极大限度的降低摩擦系数[140]. 假设摩擦系数取决于负载 W, 实际的接触面积 A 和对薄膜的剪切强度 S. 摩擦系数和相应的参量的关系式:

$$\mu = \frac{SA}{W}, \tag{11-60}$$

固体的剪切强度 S 取决于压力关系式:

$$S = S_0 + \alpha P. \tag{11-61}$$

通过 Hertz 接触模型可以知道球面上的摩擦系数 μ 取决于三个变量:

$$\mu = S_0 \pi \left(\frac{3R}{4E}\right)^{2/3} W^{-1/3} + \alpha. \tag{11-62}$$

这里 E 为接触材料的复合弹性模量, R 为球面的曲率半径, S_0 和 α 可以通过不同的系统的实验测得. 由 (11-62) 式可知, 最小的摩擦系数值为 α, 因此摩擦系数不可能为 0. 如果剪切的强度非常的低, 假如为 25 MPa, $\mu < 0.01$, 测量将变的十分困难. 在生成非常薄的薄层的例子中 (厚度小于 2 nm), 方程 (11-61) 可能不再适用然而 (11-62) 公式仍然适用. 但是摩擦系数的极限值尚未确定.

近期, 孙长庆[141] 综述了超润滑、超疏水和超流体的界面的电荷排斥机理. 他认为固体或液体的界面层的趋肤深度与局部电荷受限 (localized charge trapping) 和极化 (polarizing) 有关, 界面层被设想成具有一定厚度 (约为 2~3 个原子层) 的薄壳 (sheet) 或薄层 (skin), 而非曾经认为的无厚度的二维薄壳. 界面因为电荷局部受限和极化而带电, 带电体之间相互产生排斥. 这种解释给超流体、超润滑和超疏水等非常有趣的现象提供一个可能的机理. 研究超疏水、超流体和超润滑只考虑 Young 方程和气穴机理 (air pockets mechanism) 是不够的, 同时还要考虑到接触的弹性行为和带电行为.

固体表面首先熔化成液体, 液体表面的凝结要比体相中的核心处的液体凝结更为容易, 在小液滴表面形成一个能够变形并且有序排列的类固体膜层, 该膜层要比液滴核心的硬度大很多, 并且, 此层膜为液体或气泡的生成提供了一个具有弹性的保护膜. 因此, 根据键级–键长–键能理论 (bond order-length-strength, BOLS), 小液滴可以看成内部的液体为液核, 液体表面覆盖一层具有一定电荷密度和弹性的类固体薄层, 并且能量密度、电荷密度和势阱的深度依赖有效配位数.

两种固体浸没在液体之中, 两固体界面层之间形成充满液体的微通道, 密集的势阱以及因此而产生的极化的表面与电偶极子在通道处或其他特殊的纳米结构处相互排斥, 因此产生静电排斥力. 小液滴最外面的两层原子层能量密度非常高而能级非常低, 因此钉扎效应 (effect of pinning) 和捕获效应 (effect of trapping) 非常明显. 由于类固体的壳层上密集的势阱和极化电荷与周围环境中相互作用, 故表面带有电荷和弹性壳层的液滴的性质和其他大的液滴有很大的区别. 例如, 固体界面带有电荷与环境中的带有极性的粒子 (如水分子) 相互排斥可以产生超疏水. 微通道的内表面因为断键诱导效应也带有一定密度的电荷. 最近报道发现, 液滴界面的电荷密度随着液滴尺寸的减小而增大[142]. 因此, 在两个固体与液体界面形成的微通道以及类固体的液滴之间都观察到类似于电荷排斥的现象. 这种电荷排斥的现象可以很好的解释超流体、超疏水和超润滑等现象. 当然, 这一电荷排斥机理有待进一步的深入研究.

参 考 文 献

[1] Granick S. Soft matter in a tight spot. Physics Today, 1999, 52(7): 26–31.

[2] 温诗铸. 纳米摩擦学. 北京: 清华大学出版社, 1998.

[3] Reynolds O. On the theory of lubrication and its application to Mr. Beauchamp Tower's experiments. Philosophical Transactions of the Royal Society London, 1886, 177: 157–234.

[4] Horn R G, Israelachvili J N. Direct measurement of structural forces between two surfaces in a nonpolar liquid. Journal of Chemical Physics, 1981, 75: 1400–1411.

[5] Christenson H K, Gruen D W R, Horn R G, Israelachvili J N. Structuring in liquid alkanes between solid surfaces: Force measurements and mean-field theory. Journal of Chemical Physics, 1987, 87: 1834–1841.

[6] Granick S. Motions and relaxations of confined liquids. Science, 1991, 253: 1374–1379.

[7] Persson B N J, Mugele F. Squeeze-out and wear: Fundamental principles and applications. Journal of Physics: Condensed Matter, 2004, 16: R295–R355.

[8] Sivebaeka I M, Samoilova V N, Persson B N J. Squeezing molecularly thin alkane lubrication films: Layering transitions and wear. Tribology Letters, 2004, 16: 195–200.

[9] Wang F C, Zhao Y P. Slip boundary conditions based on molecular kinetic theory: The critical shear stress and the energy dissipation at the liquid-solid interface. Soft Matter, 2011, 7: 8628–8634.

[10] Wei Z, Zhao Y P. Growth of liquid bridge in AFM. Journal of Physics D: Applied Physics, 2007, 40: 4368–4375.

[11] Yuan Q Z, Zhao Y P. Hydroelectric voltage generation based on water-filled single-

walled carbon nanotubes. Journal of the American Chemical Society, 2009, 131: 6374–6376.

[12] Qin X C, Yuan Q Z, Zhao Y P, Xie S B, Liu Z F. Measurement of the rate of water translocation through carbon nanotubes. Nano Letters, 2011, 11: 2173–2177.

[13] Yuan Q Z, Zhao Y P. Precursor film in dynamic wetting, electrowetting and electro-elasto-capillarity. Physical Review Letters, 2010, 104: 246101.

[14] Yuan Q Z, Zhao Y P. Topology-dominated dynamic wetting of the precursor chain in a hydrophilic interior corner. Proceedings of the Royal Society A, 2012, 468: 310–322.

[15] Seeck O H, Kim H, Lee D R, Shu D, Kaendler I D, Basu J K, Sinha S K. Observation of thickness quantization in liquid films confined to molecular dimension. Europhysics Letters, 2002, 60: 376–382.

[16] Wang F C, Zhao Y P. The unique properties of the solid-like confined liquid films: A large scale molecular dynamics simulation approach. Acta Mechanica Solida Sinica, 2011, 24: 101–116.

[17] Zhu Y, Granick S. Reassessment of solidification in confined fluids between mica sheets, Langmuir, 2003, 19: 8148–8151.

[18] Zhu Y, Granick S. Superlubricity: A paradox about confined fluids resolved. Physical Review Letters, 2004, 93: 096101.

[19] Hu H W, Carson G, Granick S. Relaxation time of confined liquids under shear. Physical Review Letters, 1991, 66: 2758–2761.

[20] Demirel A L, Granick S. Glasslike transition of a confined simple fluid. Physical Review Letters, 1996, 77: 2261–2264.

[21] Mukhopadyay A, Zhao J, Bae S C, Granick S. Contrasting diffusion and viscosity in molecularly-thin films. Physical Review letters, 2002, 89: 136103.

[22] Mukhophadyay A, Bae S C, Zhao J, Granick S. How confined lubricants diffuse during shear, Physical Review Letters, 2004, 93: 235105.

[23] Patil S, Matei G, Oral A, Hoffmann P M. Solid or liquid? Solidification of a nanoconfined liquid under nonequilibrium conditions. Langmuir, 2006, 22: 6485–6488.

[24] Gao J P, Luedtke W D, Landman U. Layering transitions and dynamics of confined liquid films. Physical Review Letters, 1997, 79: 705–708.

[25] Demirel A L, Granick S. Origins of solidification when a simple molecular fluid is confined between two plates. Journal of Chemical Physics, 2001, 115: 1498–1512.

[26] Mashl R J, Joseph S, Aluru N R, Jakobsson E. Anomalously immobilized water: A new water phase induced by confinement in nanotubes. Nano Letters, 2003, 3: 589–592.

[27] Thomas J A, McGaughey A J H. Water flow in carbon nanotubes: Transition to subcontinuum transport. Physical Review Letters, 2009, 102: 184502.

[28] Reiner M. The Deborah number. Physics Today, 1964, 17: 62.

[29] Barenblatt G I. Micromechanics of fracture // Bodner S R, Singer J, Solan A, Hashin Z. Theoretical and Applied Mechanics 1992. Elsevier Science Publishers B.V., 1992: 25–52.

[30] Tomlinson G A. A molecular theory of friction. Philosophical Magazine, 1929, 7: 905–939.

[31] Prandtl L. Ein Gedankenmodell zur kinetischen Theorie der festen Körper. Journal of Applied Mathematics and Mechanics, 1928, 8: 85–106.

[32] Hölscher H, Schirmeisen A, Schwarz U D. Principles of atomic friction: From sticking atoms to superlubric sliding. Philosophical Transactions of the Royal Society A, 2008, 366: 1383–1404.

[33] Socoliuc A, Bennewitz R, Gnecco E, Meyer E. Transition from stick-slip to continuous sliding in atomic friction: Entering a new regime of ultralow friction. Physical Review Letters, 2004, 92: 134301.

[34] Gnecco E, Bennewitz R, Gyalog T, Loppacher Ch, Bammerlin M, Meyer E, Güntherodt H J. Velocity dependence of atomic friction. Physical Review Letters, 2000, 84: 1172–1175.

[35] Riedo E, Gnecco E, Bennewitz R, Meyer E, Brune H. Interaction potential and hopping dynamics governing sliding friction. Physical Review Letters, 2003, 91: 084502.

[36] Gnecco E, Bennewitz R, Gyalog T, Meyer E. Friction experiments on the nanometre scale. Journal of Physics: Condensed Matter, 2001, 13: R619–R642.

[37] Kontorova T A, Frenkel, Ya I. On the theory of plastic deformation and twinning, Part I, Zh. Eksp. Teor. Fiz. The Journal of Experimental and Theoretical Physics (JETP), 1938, 8: 89–95.

[38] Kontorova T A, Frenkel, Ya I. On the theory of plastic deformation and twinning, Part II, Zh. Eksp. Teor. Fiz. The Journal of Experimental and Theoretical Physics (JETP), 1938, 8: 1340–1348.

[39] Weiss M, Elmer F J. Dry friction in the Frenkel-Kontorova-Tomlinson model: Static properties. Physical Review B, 1996, 53: 7539–7549.

[40] Weiss M, Elmer F J. Dry friction in the Frenkel–Kontorova–Tomlinson model: Dynamical properties. Zeitschrift für Physik B: Condensed Matter, 1997, 104: 55–69.

[41] Lichter S, Roxin A, Mandre S. Mechanisms for liquid slip at solid surfaces. Physical Review Letters, 93: 086001.

[42] Martini A, Roxin A, Snurr R Q, Wang Q, Lichter S. Molecular mechanisms of liquid slip. Journal of Fluid Mechanics, 2008, 600: 257–269.

[43] Martini A, Hsu H Y, Patankar N A, Lichter S. Slip at high shear rates. Physical Review Letters, 2008, 100: 206001.

[44] De Gennes P G. On fluid/wall slippage. Langmuir, 2002, 18: 3413–3414.

[45] Coulomb C A. Mémoires relatifs á la physique. Société Française de Physique, 1784.

[46] Coulomb C A. Mémoires de l'Institut National des Sciences et des Arts: Sciences Mathématiques et Physiques vol 3, 1801.

[47] Neto C, Evans D R, Bonaccurso E, Butt H J, Craig V S J. Boundary slip in Newtonian liquids: A review of experimental studies. Reports on Progress in Physics, 2005, 68: 2859–2897.

[48] Sandeep P, Deshpande M D. The no-slip boundary condition in fluid mechanics. National Aerospace Laboratories, PD CF 0304, 2003.

[49] Whetham W C D. On the alleged slipping at the boundary of liquid motion. Philosophical Transactions of the Royal Society A, 1890, 181: 559–582.

[50] Lauga E, Brenner M P, Stone H A. Microfluidics: The no-slip Boundary Condition // Tropea C, Yarin A, Foss J F. Springer Handbook of Experimental Fluid Mechanics. Berlin: Springer, 2007: 1219–1240.

[51] Navier C L M H. Mémoire sur les lois du movement des fluides. Mémoires de l'Académie Royale des Sciences de l'Institut de France VI, 1823, 6: 389–440.

[52] Pismen L M, Rubinstein B Y. Kinetic slip condition, van der Waals forces, and dynamic contact angle. Langmuir, 2001, 17: 5265–5270.

[53] Vinogradova O I. Drainage of a thin liquid film confined between hydrophobic surfaces. Langmuir, 1995, 11: 2213–2220.

[54] Vinogradova O I. Slippage of water over hydrophobic surfaces. International Journal of Mineral Processing, 1999, 56: 31–60.

[55] Chan D Y C, Horn R G. The drainage of thin liquid films between solid surfaces. Journal of Chemical Physics, 1985, 83: 5311–5324.

[56] Vinogradova O I. Hydrodynamic interaction of curved bodies allowing slip on their surfaces. Langmuir, 1996, 12: 5963–5968.

[57] Huang D M, Sendner C, Horinek D, Netz R R, Bocquet L. Water slippage versus contact angle: A quasiuniversal relationship. Physical Review Letters, 2008, 101: 226101.

[58] Doshi D A, Watkins E B, Israelachvili J N, Majewski J. Reduced water density at hydrophobic surfaces: Effect of dissolved gases. Proceedings of the National Academy of Sciences of the United States of America, 2005, 102: 9458–9462.

[59] Mezger M, Reichert H, Schöder S, Okasinski J, Schröder H, Dosch H, Palms D, Ralston J, Honkimäki V. High-resolution in situ x-ray study of the hydrophobic gap at the water-octadecyl-trichlorosilane interface. Proceedings of the National Academy of Sciences of the United States of America, 2006, 103: 18401–18404.

[60] Poynor A, Hong L, Robinson I K, Granick S, Zhang Z, Fenter P A. How water meets a hydrophobic surface. Physical Review Letters, 2006, 97: 266101.

[61] Philip J R. Flows satisfying mixed no-slip and no-shear conditions. Zeitschrift fur Angewandte Mathematik und Physik, 1972, 23: 353–370.

[62] Philip J R. Integral properties of flows satisfying mixed no-slip and no-shear conditions. Zeitschrift fur Angewandte Mathematik und Physik, 1972, 23: 960–968.

[63] Lauga E, Stone H A. Effective slip in pressure driven Stokes flow. Journal of Fluid Mechanics, 2003, 489: 55–77.

[64] Ybert C, Barentin C, Cottin-Bizonne C, Joseph P, Bocquet L. Achieving large slip with superhydrophobic surfaces: Scaling laws for generic geometries. Physics of Fluids, 2007, 19: 123601.

[65] Bocquet L, Barrat J L. Flow boundary conditions from nano- to micro-scales. Soft Matter, 2007, 3: 685–693.

[66] Thompson P A, Troian S M. A general boundary condition for liquid flow at solid surfaces. Nature, 1997, 389: 360–362.

[67] Spikes H, Granick S. Equation for slip of simple liquids at smooth solid surfaces. Langmuir, 2003, 19: 5065–5071.

[68] Yang F Q. Slip boundary condition for viscous flow over solid surfaces. Chemical Engineering Communications, 2010, 197: 544–550.

[69] Wang F C, Zhao Y P. Slip boundary conditions based on molecular kinetic theory: The critical shear stress and the energy dissipation at the liquid–solid interface. Soft Matter, 2011, 7: 8628–8634.

[70] 袁泉子. 纳米润湿中力电耦合的拓扑界面动力学. 北京：中国科学院力学研究所博士学位论文, 2011,4.

[71] Hanasaki I, Nakatani A. Flow structure of water in carbon nanotubes: Poiseuille type or plug-like? Journal of Chemical Physics, 2006, 124: 144708.

[72] Hanasaki I, Nakatani A. Water flow through carbon nanotube junctions as molecular convergent nozzles. Nanotechnology, 2006, 17: 2794.

[73] Thomas J A, Mcgaughey A J H. Reassessing fast water transport through carbon nanotubes. Nano Letters, 2008, 8: 2788–2793.

[74] Yuan Q Z, Zhao Y P. Transport properties and induced voltage in the structure of water-filled single-walled boron-nitrogen nanotubes. Biomicrofluidics, 2009, 3: 022411.

[75] Ghosh S, Sood A K, Kumar N. Carbon nanotube flow sensors. Science, 2003, 299: 1042–1044.

[76] Zhao Y C, Song L, Deng K, Liu Z, Zhang Z X, Yang Y L, Wang C, Yang H F, Jin A Z, Luo Q, Gu C Z, Xie S S, Sun L F. Individual water-filled single-walled carbon nanotubes as hydroelectric power converters. Advanced Materials, 2008, 20: 1772–1776.

[77] Won C Y, Joseph S, Aluru N R. Effect of quantum partial charges on the structure and dynamics of water in single-walled carbon nanotubes. Journal of Chemical Physics, 2006, 125: 114701.

[78] Waghe A, Rasaiah J C, Hummer G. Filling and emptying kinetics of carbon nanotubes in water. Journal of Chemical Physics, 2002, 117: 10789–10795.

[79] 秦兴才. 水在 CNT 内的纳流体流动特性研究. 北京：北京大学化学与分子工程学院博士论文, 2010.

[80] Hummer G, Rasaiah J C, Noworyta J P. Water conduction through the hydrophobic channel of a carbon nanotube. Nature, 2001, 414: 188–190.

[81] Yu M F, Dyer M J, Chen J, Qian D, Liu WK, Ruoff R S. Locked twist in multiwalled carbon-nanotube ribbons. Physical Review B, 2001, 64: 241403.

[82] Joseph S, Aluru N. Why are carbon nanotubes fast transporters of water? Nano Letters, 2008, 8: 452–458.

[83] 冯端，金国钧. 凝聚态物理学 (上卷). 北京：高等教育出版社, 2003.

[84] Bénard H. Les tourbillons cellulaires dans une nappe liquid. Rev. Gén. Sci. pures et appl., 1900, 11: 1261–1271 & 1309–1328.

[85] Rayleigh L. On the convective currents in a horizontal layer of fluid, when the higher temperature is on the under side. Philosophical Magazine, 1916, 32: 529–546.

[86] Pearson J R A. On convection cells induced by surface tension. Journal of Fluid Mechanics, 1958, 4: 489–500.

[87] Ruckenstein E, Berim G O. Symmetry breaking in confined fluids. Advances in Colloid and Interface Science, 2010,154: 56–76.

[88] Berim G O, Ruckenstein E. Two-dimensional symmetry breaking of fluid density distribution in closed nanoslits. Journal of Chemical Physics, 2008,128: 024704.

[89] Berim G O, Ruckenstein E. Symmetry breaking in binary mixtures in closed nanoslits. Journal of Chemical Physics, 2008,128: 134713.

[90] Vishnyakov A, Neimark A V. Nucleation of liquid bridges and bubbles in nanoscale capillaries. Journal of Chemical Physics, 2003,119: 9755–9764.

[91] Berim G O, Ruckenstein E. Symmetry breaking of the fluid density profiles in closed nanoslits. Journal of Chemical Physics, 2007,126: 124503.

[92] Hirano M, Shinjo K. Atomistic locking and friction. Physical Review B, 1990, 41: 11837–11851.

[93] Shinjo K, Hirano M. Dynamics of friction: Superlubric state. Surface Science, 1993, 283: 473–478.

[94] Hirano M, Shinjo K, Kaneko R, Murata Y. Observation of superlubricity by scanning tunneling microscopy. Physical Review Letters, 1997, 78: 1448–1451.

[95] Dienwiebel M, Verhoeven G S, Pradeep N, Frenken J W M, Heimberg J A, Zandbergen H W. Superlubricity of graphite. Physical Review Letters, 2004, 92: 126101.

[96] Steiner P, Roth R, Gnecco E, Baratoff A, Maier S, Glatzel T, Meyer E. Two-dimensional simulation of superlubricity on NaCl and highly oriented pyrolytic graphite. Physical Review B, 2009, 79: 045414.

[97] Donnet C, Martin J M, LeMogne T, Belin M. Super-low friction of MoS_2 coatings in various environments. Tribology International, 1996, 29: 123–128.

[98] Chhowalla M, Amaratunga G A J. Thin films of fullerene-like MoS_2 nanoparticles with ultra-low friction and wear. Nature, 2000, 407: 164–167.

[99] Zhou F, Wang X L, Kato K J, Dai Z D. Friction and wear property of a-CN_x coatings sliding against Si_3N_4 balls in water. Wear, 2007, 263: 1253–1258.

[100] Erdemir A, Eryilmaz O L, Nilufer I B, Fenske G R. Effect of source gas chemistry on tribological performance of diamond-like carbon films. Diamond and Related Materials, 2000, 9: 632–637.

[101] Heimberg J A, Wahl K J, Singer I L, Erdemir A. Superlow friction behavior of diamond-like carbon coatings: Time and speed effects. Applied Physics Letters, 2001, 78: 2449–2451.

[102] Ma Z Z, Zhang C H, Luo J B, Lu X C, Wen S Z. Superlubricity of a mixed aqueous solution. Chinese Physics Letters, 2011, 28: 056201.

[103] Li J J, Zhang C H, Luo J B. Superlubricity behavior with phosphoric acid-water network induced by rubbing. Langmuir, 2011, 27: 9413–9417.

[104] Yan X P, Perry S S, Spencer N D, Pasche S, De Paul S M, Textor M, Lim M S. Reduction of friction at oxide interfaces upon polymer adsorption from aqueous solutions. Langmuir, 2004, 20: 423–428.

[105] Thompson P A, Robbins M O. Origin of stick-slip motion in boundary lubrication. Science, 1990, 250: 792–794.

[106] Robbins M O, Thompson P A. Critical velocity of stick-slip Motion. Science, 1991, 253: 916–916.

[107] Cleplak M, Smith E D, Robbins M O. Molecular-origins of friction: The Force on adsorbed layers. Science, 1994, 265: 1209–1212.

[108] Smith E D, Robbins M O, Cieplak M. Friction on adsorbed monolayers. Physical Review B, 1996, 54: 8252–8260.

[109] Muser M H, Robbins M O. Conditions for static friction between flat crystalline surfaces. Physical Review B, 2000, 61: 2335–2342.

[110] 胡元中, 王慧, 邹鲲, 张涛. 超滑和界面摩擦及耗散过程 —— 关于摩擦机理微观研究的思考与展望. 摩擦学报, 2000, 20: 313–315.

[111] He G, Muser M H, Robbins M O. Adsorbed layers and the origin of static friction. Science, 1999, 284: 1650–1652.

[112] He G, Robbins M O. Simulations of the static friction due to adsorbed molecules. Physical Review B, 2001, 64: 035413.

[113] Mak C, Krim J. Quartz-crystal microbalance studies of the velocity dependence of interfacial friction. Physical Review B, 1998, 58: 5157–5159.

[114] Robbins M O, Krim J. Energy dissipation in interfacial friction. MRS Bulletin, 1998, 23: 23–26.

[115] Martin J M, Pascal H, Donnet C, Mogne T L, Loube. J L, Epicier T. Superlubricity of MoS_2: Crystal orientation mechanisms. Surface and Coating Technology, 1994, 68: 427–432.

[116] Martin J M, Donnet C, Mogne T L. Superlubricity of molybdenum disulphide. Physical Review B, 1993, 48: 10583–10586.

[117] Donnet C, Mogne T L, Martin J M, Belin M. Super low friction of oxygen-free MoS_2 coatings in ultrahigh vacuum. Surface and Coating Technology, 1993, 62: 406–411.

[118] Haneko R. Micro tribology today and tomorrow. Wear, 1993, 168: 1–5.

[119] Sorensen M R, Jacobsen K W, Stoltze P. Simulations of atomic-scale sliding friction. Physical Review B, 1996, 53: 2101–2113.

[120] Perry M D, Harrison J A. Molecular dynamics investigations of the effects of debris molecules on the friction and wear of diamond. Thin Solid Films, 1996, 290: 211–215.

[121] Perry M D, Harrison J A. Friction between diamond surfaces in the presence of small third-body molecules. Journal of Physical Chemistry B, 1997, 101: 1364–1373.

[122] Harrison J A, White C T, Colton R J, Brenner D W. Effects of chemically bound, flexible hydrocarbon species on the frictional properties of diamond surfaces. Journal of Physical Chemistry, 1993, 97: 6573–6576.

[123] Glosli J N, McClelland G. Molecular dynamics study of sliding friction of ordered organic monolayers. Physical Review Letters, 1993, 70: 1960–1961.

[124] Ohzono T, Glosli J N, Fujihara M. Simulations of wearless friction at a sliding interface between ordered organic monolayers. Japanese Journal of Applied Physics, 1998, 37: 6535–6543.

[125] Harrison J A, White C T, Colton R J. Brenner D W. Nanoscale investigation of indentation, adhesion and fracture of diamond (111) surfaces. Surface Science, 1992, 271: 57–67.

[126] Harrison J A , White C T, Colton R J, Brenner D W. Molecular-dynamic simulations of atomic-scale friction of diamond surfaces. Physical Review B, 1992, 46: 9700–9708.

[127] Sasaki N, Itamura N, Miura K. Simulation of atomic-scale ultralow friction of graphite/C_{60}/graphite interface along $[10\bar{1}0]$dirction. Japanese Journal of Applied Physics, 2007, 46: L1237–L1239.

[128] Sasaki N, Itamura N, Miura K. Atomic-scale ultralow friction- Simulation of superlubricity of C_{60} molecular bearing. Journal of Physics: Conference Series, 2007, 89: 012001.

[129] Filippov A E, Dienwiebel M, Frenken J, Klafter J, Urbakh M. Torque and twist against superlubricity. Physical Review B, 2008, 100: 046102.

[130] Brndiar J, Turanský R, Štich I. Simulation of frictional behavior of Sb nanoparticles on HOPG: Frictional duality and biduality. Physical Review B, 2011, 84: 085449.

[131] Raviv U, Klein J. Fluidity of bound hydration layers. Science, 2002, 297: 1540–1543.

[132] Raviv U, Giasson S, Kampf N, Gohy J F, Jérôme R, Klein J. Lubrication by charged polymers. Nature, 2003, 425: 163–165.

[133] 雒建斌, 史兵, 钱林茂, 温诗铸, 沙耀武. 超滑研究进展与机理分析. 清华大学学报 (自然科学版), 1997, 37: 104–109.

[134] 王竹溪. 中国大百科全书 —— 物理学. 上海: 中国大百科全书出版社, 1987, 690.

[135] Klein J, Kumacheva E, Mahalu D, Perahla D, Fetters L. Reduction of frictional forces between solid surfaces bearing polymer brushes. Nature, 1994, 370: 634–636.

[136] Ye J, Okamoto Y, Yasuda Y. Direct insight into near-frictionless behavior displayed by diamond-like carbon coatings in lubricants. Tribology Letters, 2007, 29: 53–56.

[137] Feiler A A, Bergstrom L, Rutland M W. Superlubricity using repulsive van der Waals forces. Langmuir, 2008, 24: 2274–2276.

[138] Liu Z, Yang J R, Grey F, Liu J Z, Liu Y L, Wang Y B, Yang Y L, Cheng Y, Zheng Q S. Observation of microscale superlubricity of graphite. Physical Review Letters, 2012, 108: 205503.

[139] Jiang J L, Hao J Y, Wang P, Liu W M. Superlow friction of titanium/silicon codoped hydrogenated amorphous carbon film in the ambient air. Journal of Applied Physics, 2010, 108: 033510.

[140] Matta C, Joly-Pottuz L, Bouchet M I D, Martin J M, Kano M, Zhang Q, Goddard III W A. Superlubricity and tribochemistry of polyhydric alcohols. Physical Review B, 2008, 78: 085436.

[141] Sun C Q. Thermo-mechanical behavior of low-dimensional systems: The local bond average approach. Progress in Materials Science, 2009, 54: 179–307.

[142] Abbas Z, Labbez C, Nordholm S, Ahlberg E. Size-dependent surface charging of nanoparticles. Journal of Physical Chemistry C, 2008, 112: 5715–5723.

第 12 章 液滴在固体表面蒸发的物理力学行为

12.1 咖啡环效应：蒸发与 Marangoni 对流

(1) 液滴蒸发的常接触面积 (CCA) 模式以及蒸发通量的分布

喝咖啡、红酒或牛奶时，溅几滴在桌子上是很平常的事情. 如果略微留心一下桌子上液体蒸发后的痕迹，就会发现液滴边缘位置形成了一个比中间区域颜色要深很多的暗环，这意味着在边缘位置沉积的咖啡小颗粒浓度比中间区域的浓度要高得多，该效应就是著名的 “咖啡 (渍) 环效应 (coffee ring, coffee-stain ring effect)”，红酒渍环、牛奶渍环、血液渍环、唾液渍环等也是同样的道理.

“咖啡环效应” 首先由美国 James Franck 学院的 Robert D. Deegan 等在 1997 年发表于 Nature 的题为 *Capillary flow as the cause of ring stains from dried liquid drops* 的文章给出了建立在物理模型上的机理解释 [1]. 该文认为，溅落在桌上的液滴，由于三相接触点被钉扎住 (pinned)，在液滴蒸发过程中，液滴和固体基底的常接触面积 (constant contact area, CCA)，所以边缘的蒸发液体会由液滴内的液体加以补充 (图 12.1(a))，其所产生的向外液流几乎能将大部分的球形颗粒推向被钉扎住的液滴边缘，造成球形小颗粒浓度比内部高很多的环状构型.

文献 [1] 给出了如图 12.1(c) 表示的液滴蒸发通量 (evaporating flux) 随半径的标度律为

$$J(r) \propto (R-r)^{-\lambda}, \quad \lambda = \frac{\pi - 2\theta_c}{2(\pi - \theta_c)}, \tag{12-1}$$

上式中 θ_c 为液滴蒸发过程中的接触角，当 $\theta_c \to 0$ 时，$\lambda \to 1/2$. 从上式看出，蒸发通量在液滴中心处最小，随着靠近三相接触线处而迅速增大，在三相接触线处存在奇异性. 如图 12.1(c) 所示，当接触角 $\theta_c \approx 0$ 时，沿液滴厚度方向平均的由中心向三相接触线补给的速度和半径的关系为

$$\bar{v}(r)\Big|_{\theta_c \approx 0} \propto \frac{1}{\sqrt{R-r}}, \tag{12-2}$$

上式表明平均速度 $\bar{v}(r)$ 在三相接触线处也存在奇异性.

Deegan 等用去离子水中加有体积分数为 10^{-4} 聚苯乙烯 (polystyrene) 微球的溶液开展了实验研究. 图 12.1(b) 为 1 μm 聚苯乙烯微球的实验图，图中明显地给出了微球在基底附近的运动轨迹. 实验验证了环中颗粒质量的时间标度律为

$$M - M_0 \approx (t+t_0)^{1.3\pm0.1}. \tag{12-3}$$

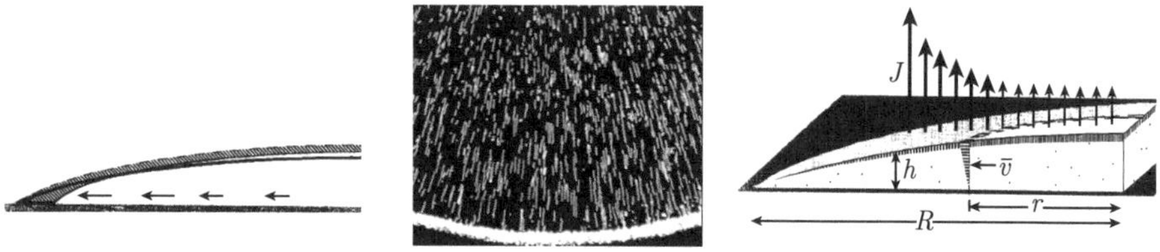

(a) 内部流动　　(b) 实验观测　　(c) 蒸发通量分布

图 12.1　咖啡环效应[1]

(2) Marangoni 对流的影响

进一步的研究工作指出, Marangoni 对流也是 "咖啡环效应" 重要成因之一. Hu 和 Larson 的工作从实验及理论方面同时证实了这种观点[2]. Hu 和 Larson 首先做了演示性实验, 如图 12.2 所示.

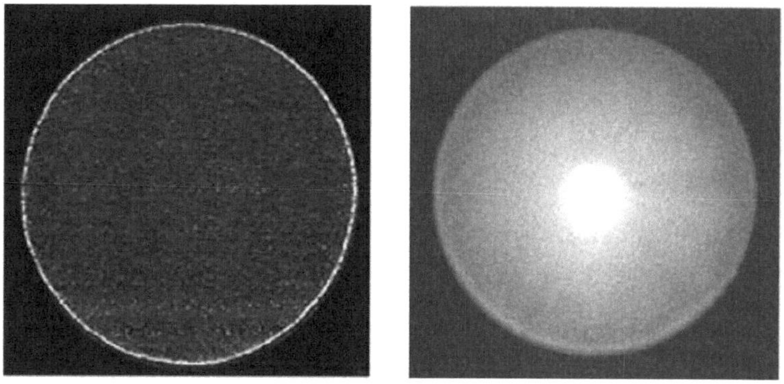

(a)　　(b)

图 12.2　(a) 水中掺有荧光颗粒的溶液, 在三相接触线处形成环状结构; (b) 掺有 PMMA 颗粒的辛烷溶液颗粒往中心汇聚, 形不成环状结构[2]

Hu 和 Larson 通过图 12.2 表明, 要形成 "咖啡环效应", 除了三相接触线处液体在固体表面的 "钉扎" 外, 还必须抑制 Marangoni 对流. 作者观察了玻璃表面 (康宁 No. 1 盖玻片) 水和辛烷的蒸发过程, 在液滴中加入了荧光粒子表征流场, 并观测蒸发后的结构. 在针对辛烷液滴的蒸发实验中, 作者采用 4.7 μm 直径 PMMA 荧光颗粒, 其激发光和发射光波长分别是 645 nm 和 670 nm, 辛烷液滴半径 2 mm (体积 10 μL). 经过实验中取得数据的计算, 得到液滴的 Marangoni 数约为 45800, 如图 12.3 所示, 在表面张力梯度的作用下, 在液滴表面三相接触线处的液体向液滴顶部流动; 而在液滴内部则液体向三相接触线处流动. 正是液滴表面液体的流动将三相接触点处的微颗粒带到液滴的中心附近. 在液滴蒸发结束后, 溶质粒子在液滴正中附近聚集, 形成一个点状残留, 并没有形成 "咖啡环".

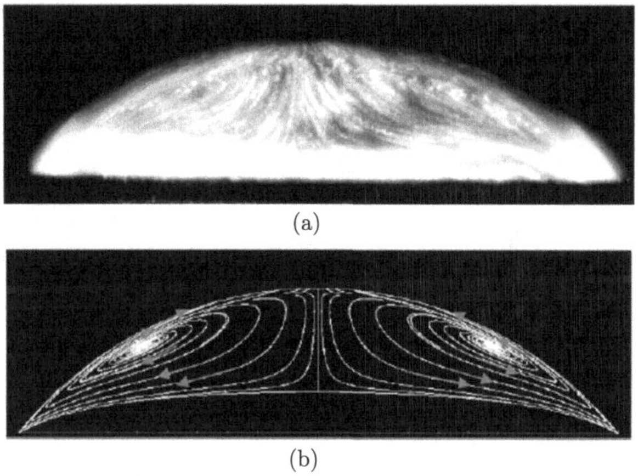

图 12.3 掺有 4.7 μm 直径 PMMA 荧光颗粒的辛烷液滴蒸发中的 Marangoni 对流, 蒸发完后, PMMA 颗粒在液滴的中心处汇聚[2]

在 Hu 和 Larson 针对水的实验中, 水滴的热毛细对流非常弱. 实验在 0.5 μL 水滴中掺入聚苯乙烯荧光小球, 其激发光与发射光的波长分别为 480 nm 和 510 nm. 理论预计其 Marangoni 数应为 1000 左右, 但实验数据计算得到实际 Marangoni 数仅为 8 (误差可能是由于液滴受到表面活化剂的污染). 液滴蒸发后颗粒在接触线处聚集, 形成典型 "咖啡环" 残留. 对比两个实验, 可以发现液滴表面张力梯度所引起的 Marangoni 对流对咖啡环的形成具有非常重要的影响. 如图 12.4 所示, 实验和 Brown 动力学模拟符合良好.

Weon 和 Je 开展的工作发现 "咖啡环" 的形成还有其 "逆过程"[3]. Weon 和 Je 发现 "咖啡环" 的形成仅限于溶质颗粒较小的情况, 如图 12.5 所示. 而在溶质颗粒较大时, 溶质会趋向流动到液滴中间部位. 作者在实验中针对掺有 20 μm 直径的颗

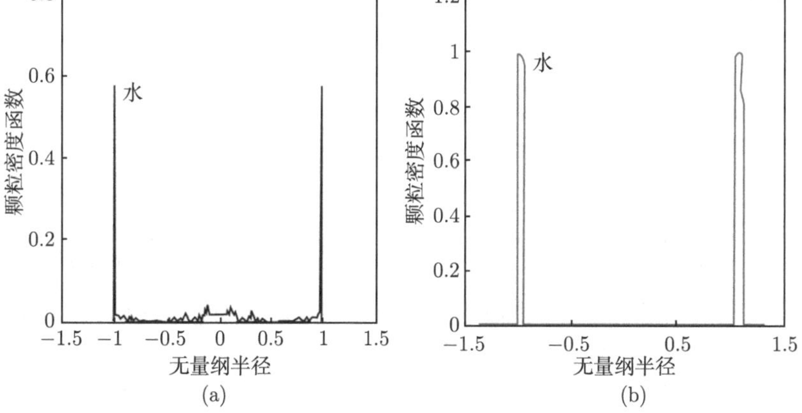

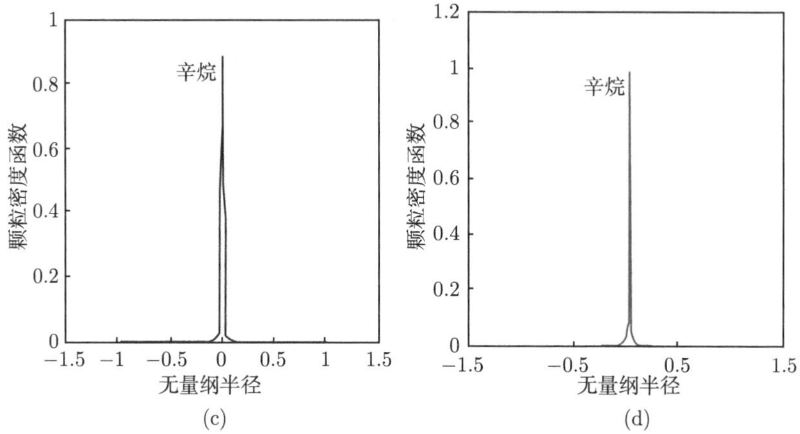

图 12.4　掺有微颗粒的水溶液形成 “咖啡环效应”; 掺有颗粒的辛烷溶液颗粒在中心附近汇聚. (a) 和 (c) 为实验; (b) 和 (d) 为 Brown 动力学模拟结果[2]

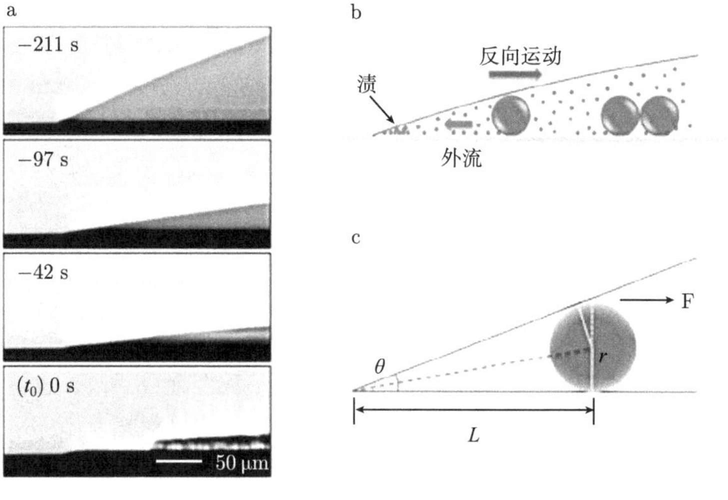

图 12.5　液滴蒸发过程中由毛细力引起颗粒的逆运动, 大颗粒被挤到中心部位[3]

粒的水滴进行研究, 发现蒸发最终形成的结构并不在液滴三相接触线附近, 而是在其内部, 距离接触线 L 处. 通过实验数据拟合, 发现 L 随时间的变化遵循 $L(t) \approx L_0(t_0-t)^{-\alpha}$ 的规律. 其中 $L_0=5467$, $\alpha=0.942\pm0.008$. Weon 和 Je 同时针对接触线附近水与颗粒相互作用的表面张力进行分析, 认为 $L(t)=(2r/\theta_0)(t_0-t)^{-\beta}$, 其中 $2r/\theta_0=5405$, $\beta=0.935\pm0.005$. 实验与理论符合的非常好. 因此他们认为随着粒子的增大与液滴的蒸发, 当粒径逐渐接近并超过液滴局部厚度时, 液滴表面张力将会向液滴内部推动颗粒, 直至某一位置 L 处, 最终形成较小的一圈残留痕迹. 而小粒径的颗粒则不会出现这样的情况, 所以会在接触线处形成 “咖啡环”. 实验还同时验证, 若液滴中同时存在多种粒径的颗粒, 随着液滴蒸发, 会形成多个环状残留痕迹 (图 12.6), 并且靠近液滴中间的环状痕迹是由粒径较大的颗粒形成的. 因此这也提出了一种颗粒分离的新方法.

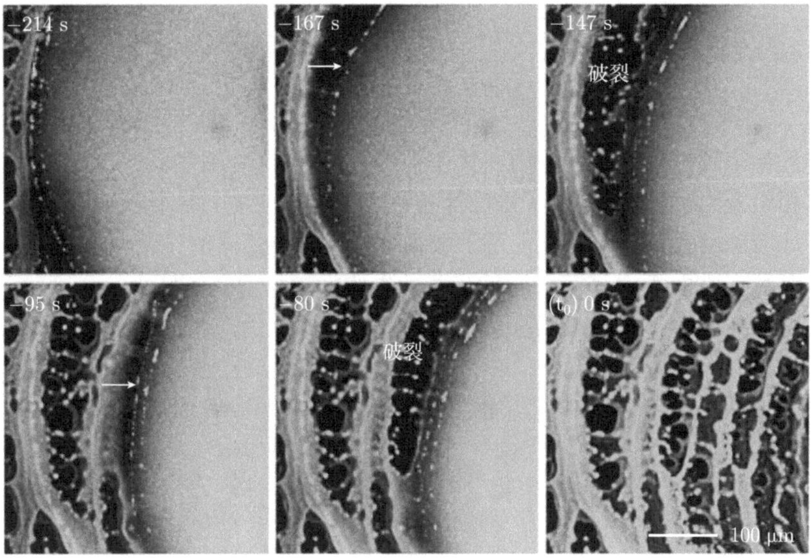

图 12.6　多个环状残留痕迹的形成[3], 外部为小颗粒, 内部为大颗粒

(3) 咖啡环效应的极限尺寸以及特征尺度

最近, 美国 UCLA 的 Shen, Ho C M (何志明) 和 Wong T S (黄德胜) 的实验研究表明, 咖啡环效应存在一个尺寸极限[4]. 其原因是液滴蒸发的速度会随着液滴尺寸的减小而大大增加, 而液滴内固体颗粒的运动速度却变化不大. 如果液滴的尺寸小到一定程度, 那么液滴蒸发的速度将远远大于固体颗粒运动速度, 在液滴蒸发完之前, 颗粒没有足够时间沉淀成环状结构. 这些来不及运动的小颗粒就会近乎均匀地沉积在整个液滴覆盖的面积上而非液滴的边缘区域.

为了找到咖啡环效应的尺寸极限, 在文献 [4] 中作者制作了一种特殊的格子结构表面, 相邻格子因涂抹了不同涂层而具有不同的亲疏水性, 即表面不同位置保留液体或排斥液体的能力不同. 利用这样的结构可以在表面上形成所需要尺寸的液滴. 作者随后尝试将不同尺寸的乳胶颗粒溶解在水中进行实验, 这些小颗粒的直径在 20 nm 到 100 nm 之间, 这正是生物传感器所检测的生物标志小颗粒的尺寸. 接着, 作者将溶解了小颗粒的溶液滴到准备好的格子结构表面上, 倾斜表面使多余液体滑落后, 亲水表面的格子上就会形成所需直径的液滴. 作者通过逐渐缩小液滴尺寸发现, 对于溶解有 100 nm 直径的小颗粒的溶液, 当液滴尺寸缩小到近 10 μm 量级时, 咖啡环效应就不再出现, 如图 12.7 所示.

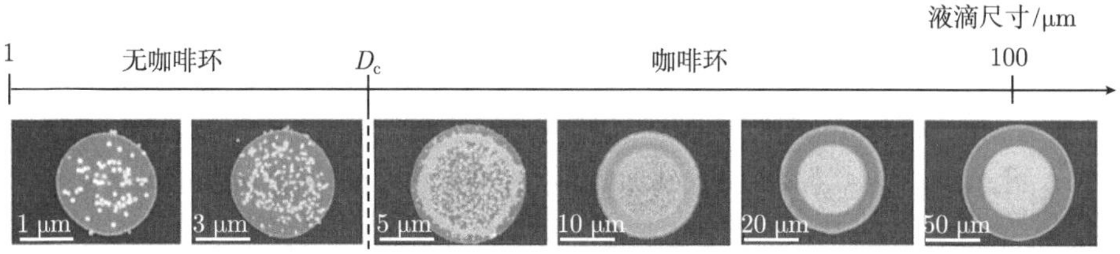

图 12.7　咖啡环效应出现的极限尺度 D_c[4]

得到咖啡环效应尺寸极限的意义在于, 可以将这一生活中的常见现象与生物传感技术相结合, 用于检测唾液、血液等各种体液中的生物标志物, 以进行医学诊断. 咖啡环效应出现尺寸极限的发现对于微纳生物医学传感器的设计有积极意义, 可使得单个芯片在小面积上具有同时进行多种生物标志物检测的能力.

如图 12.8 所示, 文献 [4] 通过实验还发现在初始三相接触线钉扎位置和咖啡环的边界存在一个有限距离

$$L_P = \frac{r}{\tan \dfrac{\theta_{\rm local}}{2}}. \tag{12-4}$$

上式中 r 为纳米颗粒的半径, $\theta_{\rm local}$ 为局部接触角, 其与初始和后退接触角的关系为: $\theta_{\rm initial} < \theta_{\rm local} < \theta_{\rm receding}$. 为了研究 D_c 和 L_P 的机理, 还需要认识两个特征时间 (液滴蒸发特征时间 $\tau_{\rm evap}$ 和在三相接触点附近和如图 12.9 所示两个颗粒相遇的特征时间 $\tau_{\rm particle}$).

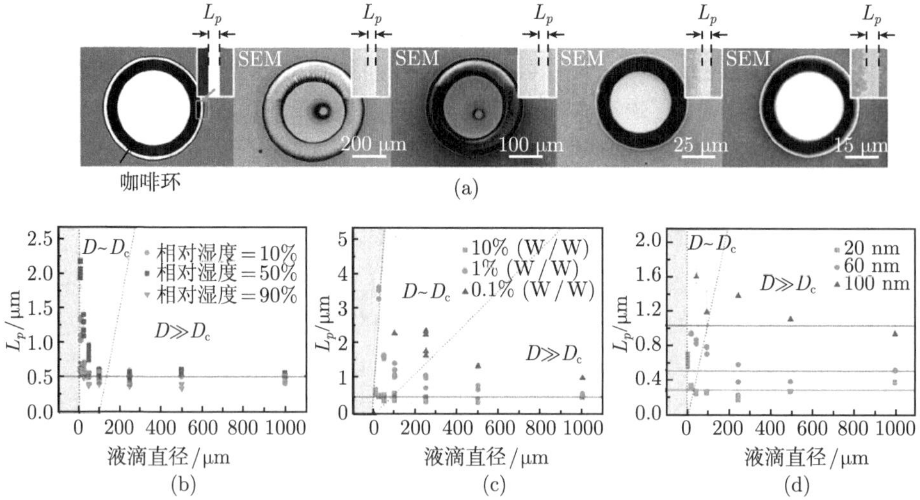

图 12.8　(a) 咖啡环的边界和初始三相接触线钉扎位置存在一个有限距离 L_P[4]; (b) 相对湿度对 L_P 的影响; (c) 颗粒浓度对 L_P 的影响; (d) 颗粒尺度对 L_P 的影响

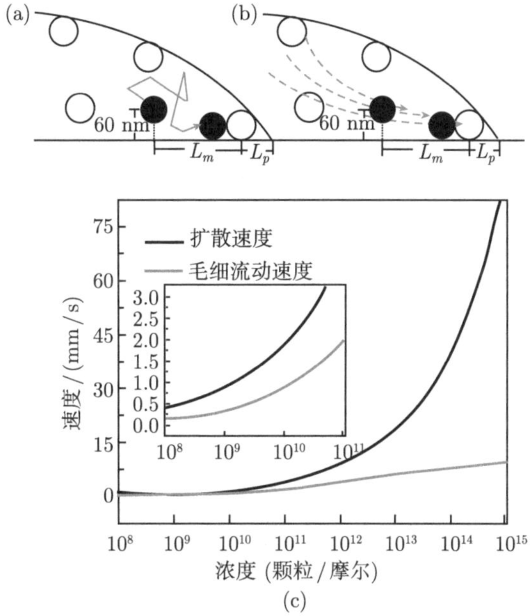

图 12.9 (a) 颗粒的扩散运动; (b) 毛细流动; (c) 扩散和毛细流动速度的比较[4]

在常接触面积 (CCA) 的蒸发模式下，液滴蒸发特征时间为

$$\tau_{\mathrm{evap}}=\frac{\theta_{\mathrm{initial}}-\theta_{\mathrm{receding}}}{16D_v}\frac{\rho_L}{c_0-c_\infty}\pi r^2. \tag{12-5}$$

式中 D_v 为空气中的分子扩散系数，ρ_L 为液体密度，c_0 和 c_∞ 分别为液–气界面层处饱和蒸汽密度和环境气体密度，r 为颗粒半径. 假设颗粒在溶液中均匀分布，则可给出溶液体积 V_d、液滴中颗粒个数 n 以及粒子间的平均间距 L_m 之间的关系：$L_m=\sqrt[3]{V_d/n}$，这样通过 Einstein 扩散方程，可给出两颗粒相遇的特征时间：

$$\tau_{\mathrm{particle}}=\frac{L_m^2}{2D_p}, \tag{12-6}$$

式中 $D_p=k_{\mathrm{B}}T/(6\pi\eta r)$ 为颗粒在低黏度液体中的扩散系数，η 为液滴的黏度系数.

文献 [4] 给出的咖啡环效极限尺度 D_c 出现的条件 (图 12.10) 为

$$C_R=\frac{\tau_{\mathrm{particle}}}{\tau_{\mathrm{evap}}}=1, \tag{12-7}$$

从而可获得咖啡环效应极限尺度 D_c 为

$$D_c=\sqrt{\frac{32D_v(c_0-c_\infty)}{\pi(\theta_{\mathrm{initial}}-\theta_{\mathrm{receding}})\rho_L D_p}}L_m,\quad r\ll D_c. \tag{12-8}$$

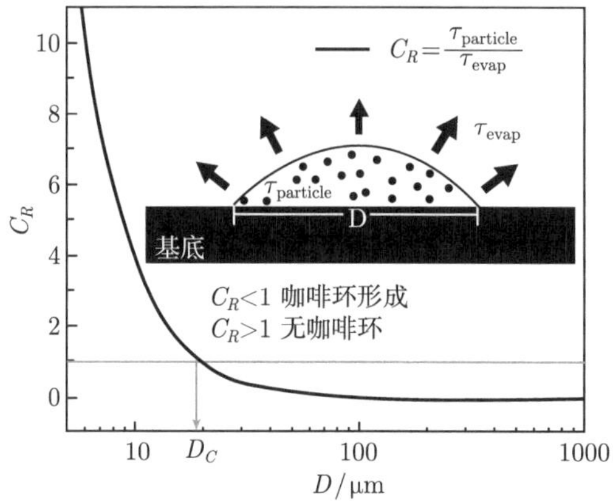

图 12.10　咖啡环出现的极限尺度和两个特征时间尺度之间的关系[4]

(4) DLVO 理论在咖啡环效应中的应用

美国 Columbia 大学的 Bhardwaj 等研究了 van der Waals 吸引力和双电层排斥力 (DLVO 理论) 对形成咖啡环的影响[5]. 其中, 固体基底和颗粒间 van der Waals 吸引力为

$$\boldsymbol{F}_{\text{vdW}} = \frac{1}{12}Ad_p^3\frac{\alpha_{\text{rtd}}}{z^2\left(z+d_p\right)^2}\boldsymbol{n}_z = 2.03\times10^{-21}\frac{d_p^3\alpha_{\text{rtd}}}{z^2\left(z+d_p\right)^2}\boldsymbol{n}_z, \tag{12-9}$$

上式中 Hamaker 常数 $A = 2.43\times10^{-20}$ J, α_{rtd} 为 van der Waals 力的延迟 (retardation) 系数, d_p 为颗粒直径, z 为颗粒和固体基底之间的距离, $\boldsymbol{n}_z$ 为固体基底的单位法向矢量.

通过 Gouy-Chapman 关系, 可以给出颗粒表面电荷密度 (σ_p) 和表面电势 (ψ_p) 之间的关系式:

$$\sigma_p = \frac{2\varepsilon\varepsilon_0k_{\text{B}}T}{e\kappa^{-1}}\sinh\left(\frac{e\psi_p}{2k_{\text{B}}T}\right). \tag{12-10}$$

上式中 $\varepsilon\varepsilon_0$ 为水的总介电常数, e 为单位电荷, 而 Debye 屏蔽尺度 κ^{-1} 的表达式由 (5-22) 式给出. 颗粒和固体基底之间的静电力为

$$\boldsymbol{F}_{\text{el}} = -64\pi d_p\gamma_s\gamma_p nk_{\text{B}}T\kappa^{-1}\exp\left(-\frac{z}{\kappa^{-1}}\right)\boldsymbol{n}_z, \tag{12-11}$$

式中 $\gamma_s = \tanh\left[e\psi_s/\left(4k_{\text{B}}T\right)\right]$ 和 $\gamma_p = \tanh\left[e\psi_p/\left(4k_{\text{B}}T\right)\right]$ 分别为基底表面电势 ψ_s 的函数和颗粒表面电势 ψ_p 的函数. 综合 (12-9) 和 (12-11) 两式, 得到 DLVO 合力

$$\boldsymbol{F}_{\text{DLVO}} = \boldsymbol{F}_{\text{el}} + \boldsymbol{F}_{\text{vdW}}. \tag{12-12}$$

颗粒传输的控制方程为[5]

$$\frac{\partial X}{\partial t} + \nabla\cdot(X\boldsymbol{v}) = D_{pl}\nabla^2X, \tag{12-13}$$

式中 X 为颗粒的浓度, D_{pl} 为液滴中颗粒的扩散系数, 由 Stokes-Einstein 公式求得. 上式中对流速度可表达为

$$\boldsymbol{v}=\boldsymbol{v}_{\text{fluid}}+\boldsymbol{v}_{\text{DLVO}},\tag{12-14}$$

由吸引型 DLVO 合力 (DLVO+) 引起的速度分量为

$$\boldsymbol{v}_{\text{DLVO+}}=-\frac{2\boldsymbol{F}_{\text{DLVO+}}}{6\pi\eta d_p}.\tag{12-15}$$

由于 $\boldsymbol{F}_{\text{DLVO+}}$ 的方向沿 $\boldsymbol{n}_z$, 所以 $\boldsymbol{v}_{\text{DLVO+}}$ 的方向亦为 $\boldsymbol{\eta}_z$.

文献 [5] 通过实验得到了如图 12.11 所示的 pH 对咖啡环形成的影响. 对于 pH=1.4 和 2.8, 整个部位均有颗粒沉积薄层, 但在三相接触线处颗粒沉积更厚些; 对于 pH=5.8 和 6.7, 整个部位有随机分布的颗粒沉积; 对于 pH=11.7, 颗粒只沉积在三相接触线处, 从而形成咖啡环, 而在内部几乎无残留. 该文献还给出了三种颗粒沉积的对流竞争机制 (图 12.12):

1) 第一种机制为蒸发引起的径向流动模式. 该模式中, 在三相接触点钉扎处液滴蒸发最快, 从而在钉扎处形成咖啡环, 此时径向流动特征速度的量级为[6] $v_{\text{rad}}\sim J/\rho$, J 为蒸发质量通量, ρ 为液滴密度.

2) 第二种机制为由于颗粒和基底之间的 DLVO 吸引力所产生的颗粒沿固体基底的垂直向下的输运, 从而造成颗粒在基底均匀的沉积, 没有咖啡环效应的形成, 此时颗粒速度的量级为 $v_{\text{DLVO+}}\sim 2F_{\text{DLVO+}}/(6\pi\eta d_p)$.

3) 第三种机制为 Marangoni 再循环的形成, 颗粒在液滴中心部分沉积, 形成 "中心隆起 (central bump)", 此时 Marangoni 对流的特征速度量级为[7] $v_{\text{Ma}}\sim(1/32)\left(\beta\phi_i^2\Delta T/\eta\right)$.

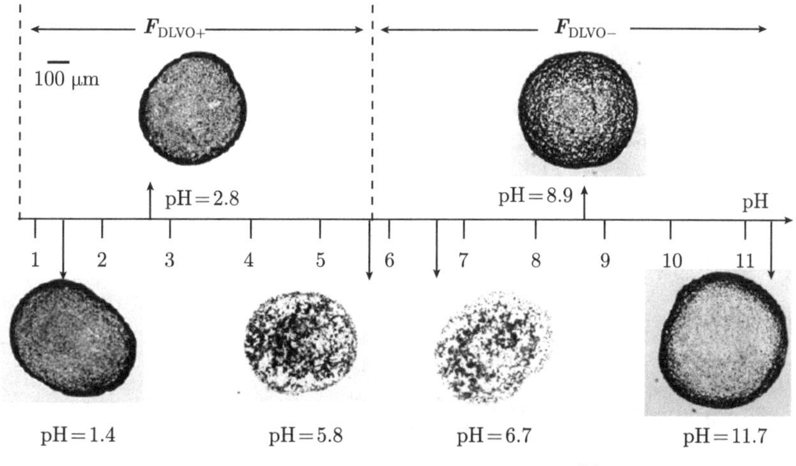

图 12.11 pH 值对咖啡环形成的影响[5]

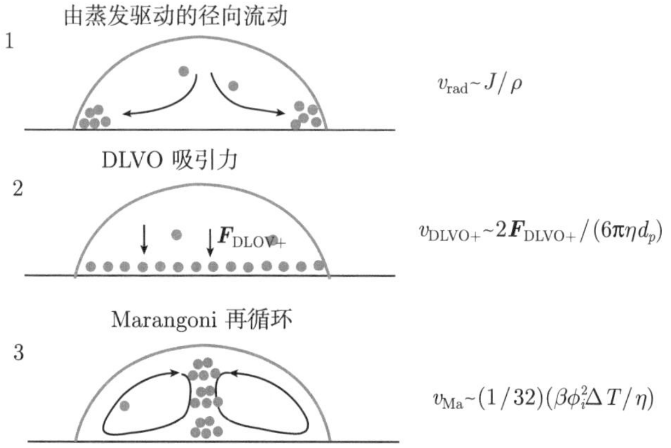

图 12.12 颗粒沉积的三种对流竞争机制[5]

文献 [5] 还给出了颗粒沉积的 "相图 (phase diagram)", 如图 12.13 所示. 该图反映出如图 12.12 所示的三种机制之间的竞争. 图 12.13 中横坐标是 Marangoni 对流特征速度和径向流动速度之比 $v_{\mathrm{Ma}}/v_{\mathrm{rad}}$, 而纵坐标为 DLVO 吸引力和径向流动

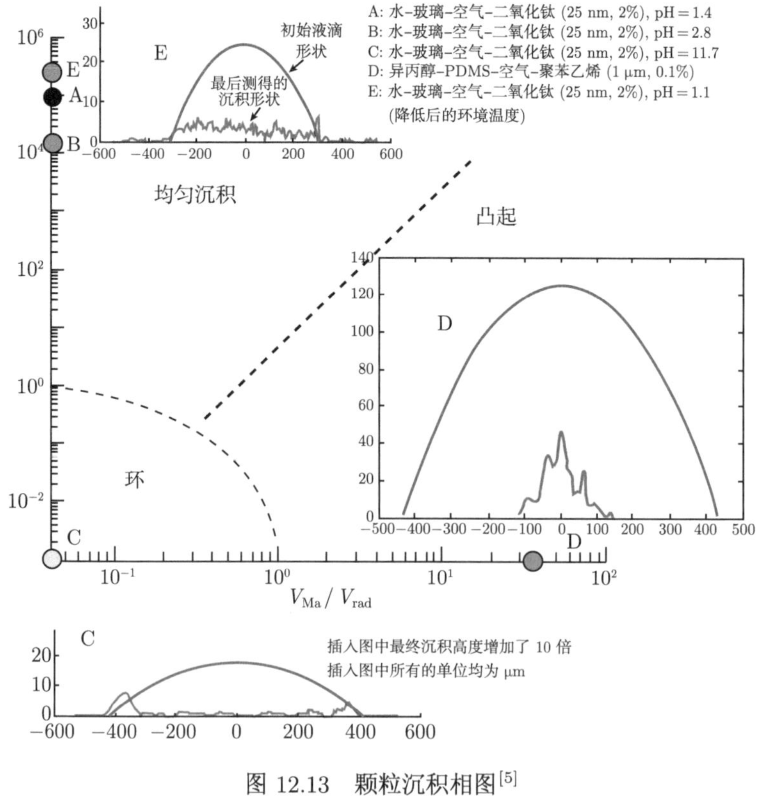

图 12.13 颗粒沉积相图[5]

之间的沉积速率之比. 从图 11.13 可以清楚地看出, 该相图共有三个区组成：(a) 咖啡环形成区; (b) 中心隆起区; (c) 均匀沉积区.

(5) 电润湿对咖啡环效应的抑制

由于液滴蒸发中的咖啡渍环效应会引起液滴中溶质浓度分布的不均匀, 从而导致实验的不稳定, 各国学者针对抑制液滴蒸发过程中的咖啡渍环现象开展了多方面的研究工作.

Mugele 研究组在最近的工作中指出[8], 电润湿将有效地抑制蒸发过程中咖啡渍环现象的发生, 如图 12.14 所示. 实验中, 掺有聚苯乙烯荧光小球的导电液滴被置于复合基底之上, 基底由玻璃-ITO 导电层-SU8 (一种常见的光刻胶) 绝缘层组成. 在液滴中插入铂丝电极, 铂丝电极与基底中 ITO 薄膜间形成电场. 随着外加电场的增大, 原本疏水的 SU8 材料表面将会变得亲水, 液滴接触角逐渐减小. 实验中发现 (图 12.15), 如果没有外加电场, 液滴蒸发后, 荧光颗粒将在三相接触线处形成环状残留 (咖啡渍环). 在液滴上施加交变电场后, 残留痕迹将发生变化. 如果交变电场频率远小于液滴自由振动频率 (<10 Hz), 此时液滴接触线随电压升降而移动. 由于接触线并不固定, 并由此导致液滴内部流动加强, 三相接触线处荧光粒子将被流动带走, 不容易使接触线钉扎在基底表面, 故蒸发残留一个较小的荧光斑. 如果外加电场频率在液滴振动周期附近 (几百 Hz 至几万 Hz), 三相接触线高频移动, 造成液滴内部对流显著, 使得荧光颗粒更难在基底表面聚集沉积, 因此残留痕迹集中在液滴中间一个很小的斑点. 当外加频率达到 100 kHz 甚至更高时, 由于频率远高于液滴振动周期, 液滴内部对流减弱, 而且高频交流电通过液滴产生热量, 造成电热流动, 进一步抑制了液滴内部对流. 由此蒸发后荧光颗粒均匀铺展在液滴底部, 形成一片荧光区域. 由此可得出结论, 在液滴自由振动频率附近的交流电场下的电润湿效应, 将有效地抑制液滴蒸发后咖啡渍环现象.

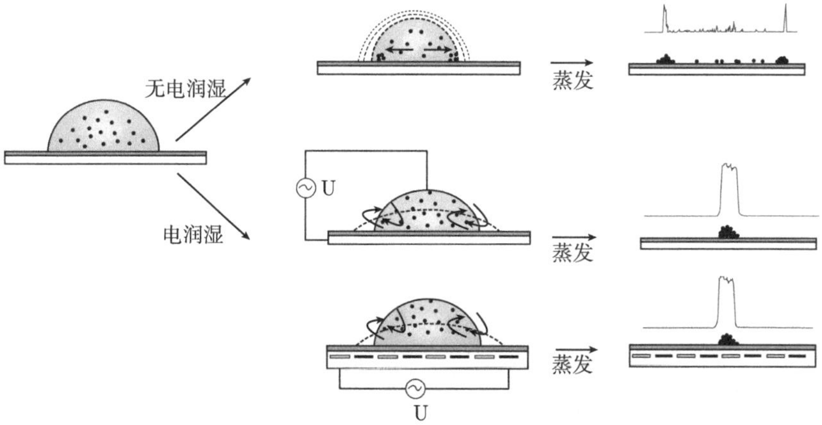

图 12.14 电润湿对咖啡环效应抑制的示意图[8]

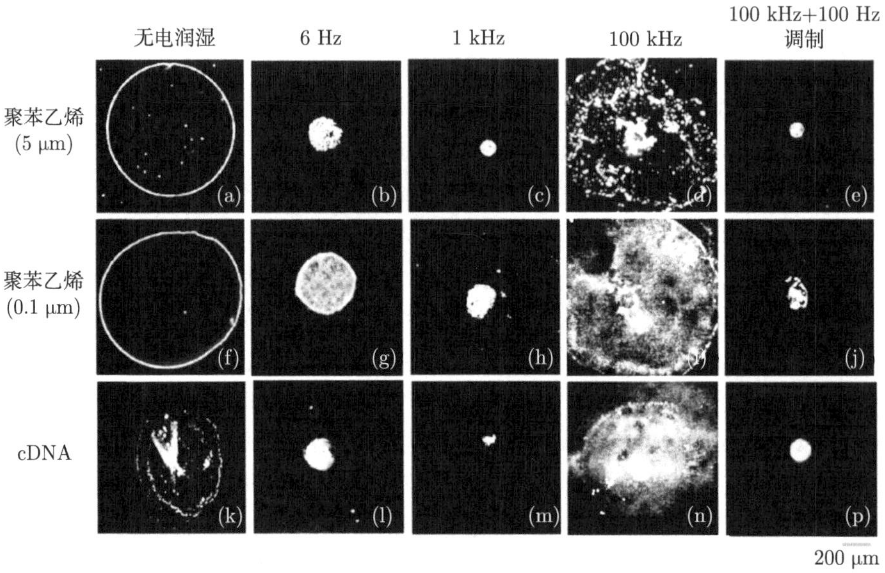

图 12.15　外加电场对咖啡环抑制的效果实验[8]

同样, Kumar 等也研究了电润湿条件下液滴蒸发后残留痕迹的情况[9]. 他们在已经制备好的多层复合基底表面开展光电润湿 (OEW) 实验, 如图 12.16 所示. 基底由玻璃、ITO 电极层、感光材料层 (Photoconductor)、绝缘层以及 Teflon 疏水层组成. 如果通过外加 He-Ne 激光器产生的 632.8 nm 激光引导, 表面液滴将随着光

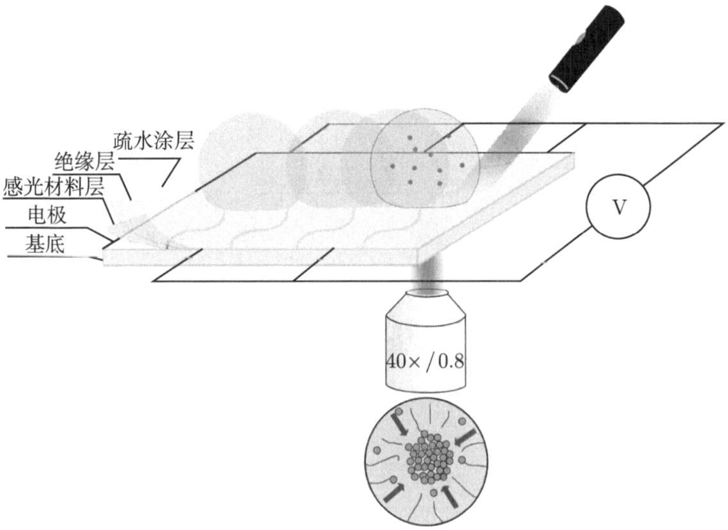

图 12.16　多层复合基底表面的光电润湿 (OEW) 实验[9]

斑位置进行移动. 同时, 实验中通过 1064 nm 红外激光从基底下面进行照射. 红外激光通过透镜聚集在液滴中的某个位置. 由于 ITO 薄膜对于红外激光的吸收很强, 所以会产生一个固–液界面处的点热源. 由于这个热源的存在, 液滴内部产生热对流, 将荧光颗粒汇聚于这个热源处. 随着液滴的蒸发, 咖啡渍效应将被减弱, 与此同时, 在红外激光照射处会产生荧光颗粒聚集的残留痕迹. 如果不存在这个热源, 咖啡渍效应不被抑制, 会在三相接触线处产生环状残留.

(6) 悬浮颗粒形状和表面活性剂对咖啡环效应的影响

2011 年 8 月, Yunker 等在 Nature 发表了有关咖啡环效应的封面文章 (图 12.17)[10], 实验发现椭球形颗粒能抑制 "咖啡环效应", 也就是在液滴蒸发结束后, 颗粒在固体基底近似于均匀排列. 发生在椭球体颗粒间的相互吸引作用, 强大到足以抵消在液滴蒸发时将球状颗粒向液滴边缘驱动的力, 含有球形颗粒的悬浮液与其他文献的结果类似, 可以形成咖啡环效应, 如图 12.18 所示. 但如果在含有球形颗粒的悬浮液中加入少量的 (例如大约 20%) 椭球形颗粒的话, 液体蒸发结束后, 颗粒在固体基底亦发生近似的均匀的排列.

Yunker 等的实验还表明[10], 在含有表面活性剂的溶液中, 椭圆形颗粒的 "咖啡环效应" 可以恢复, 如图 12.19(c) 所示, 在含有椭球颗粒的悬浮液中加入表面活性剂后, 由于减小了液体的界面张力, 所以在固–气–液三相接触点处形成了咖啡环效应.

Yunker 等还利用三维共聚焦显微镜从实验上证实了椭球颗粒易于悬浮在液–气界面处, 如图 12.19(d) 所示; 而球形颗粒则在液滴的内部, 如图 12.19(e) 所示.

图 12.17 有关咖啡环效应的 Nature 封面文章

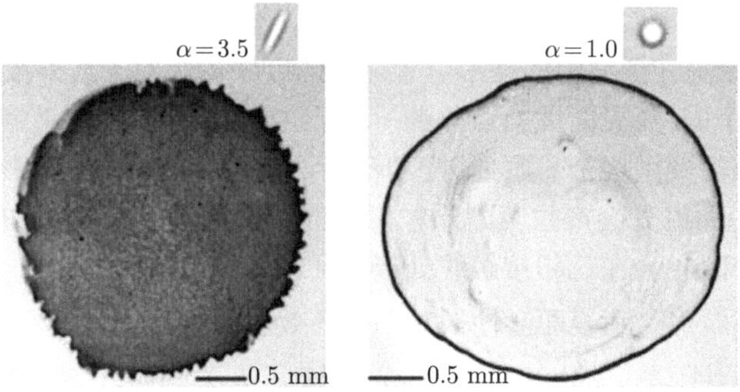

图 12.18　含有椭球颗粒 (a) 和球颗粒 (b) 蒸发后的颗粒排布[10]

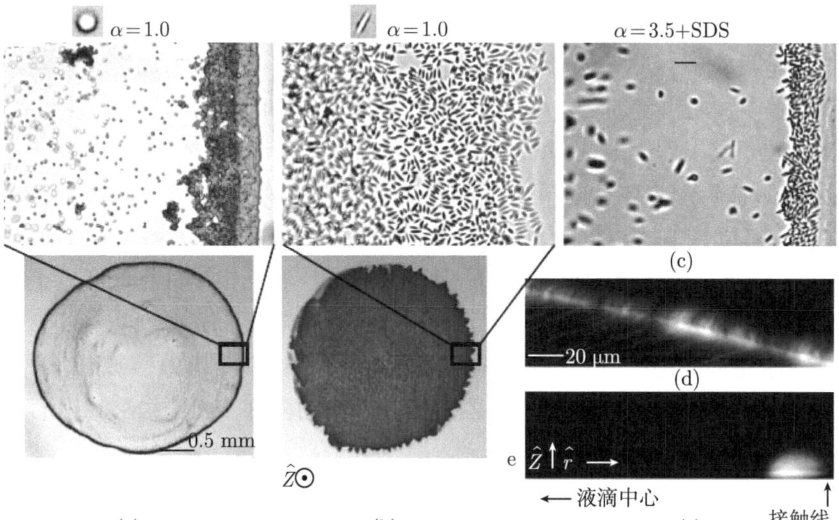

图 12.19　(a) 球形颗粒形成咖啡环; (b) 椭球颗粒均匀分布; (c) 表面活性剂使椭球颗粒形成咖啡环; (d) 悬浮在液–气界面处的椭球颗粒; (e) 液滴内部的球形颗粒

(7) 咖啡环效应在微纳器件中的应用

针对 “咖啡环” 形成机理的研究工作开始确实源于人们对该日常现象的好奇心, 它还在很多实际应用领域具备广泛的应用前景, 如 DNA/RNA 微阵列的形成、药物输运以及新型光电材料的制备等众多领域. 在这里给出几个典型案例.

这种微阵列的形成通常需要将溶液液滴限制在一个微尺寸空间里, 通过蒸发过程中的毛细力驱动组装成所需的特定结构. 目前比较有效的方法是通过化学刻蚀或者印章法诱导沉积 (stamp-assisted deposition) 来制备微尺寸空间, 从而引发非挥发性溶解物的蒸发自组装 (evaporative self-assembly). 通过这两种方法形成的结构可以更好地控制液滴的形状并且有效地稳定所形成的结构, 从而形成高度有序的表面结构.

在毛细力驱动的微型成模过程中, 首先将处于蒸发过程中的液滴滴在 (液滴完全覆盖住表面) 固定的疏水基底上, 然后将表面已有微型结构的 PDMS (polydimethylsiloxane, 聚二甲基硅氧烷) 模板覆盖在该表面上. 当 PDMS 与基底接触后, 液滴将填满 PDMS 与基片间的空隙. 这个填充过程通常由两种机理所致：由非极性溶剂与疏水性 PDMS 表面间的润湿引起的毛细上升; 或者是由极性溶剂与 PDMS 模版间的去润湿 (dewetting) 引起的毛细下降. 在这两种机理中, 前者得到了广泛的研究与应用. 然而后者, 由于难以控制溶液的去润湿作用, 一直很少被用做制备表面图案或者结构. 文献 [11] 给出了一种简单的方法来控制去润湿作用, 并成功地制备了 DNA 环列, 如图 12.20 所示. 通过光刻和电镀法, 在 PDMS 表面制备了半球形阵列 (图 12.20(a)). 当 PDMS 与附着液滴的基底接触后, 可以形成一种液态毛细微桥, 此微桥可以帮助实现去润湿自组装. 当液滴蒸发后, 将在涂有 PMMA 的 Si 基底上形成 λ-DNA 微环阵列. 当然, 还可通过改变溶液的成分, 制备各种其他阵列：如蛋白质、多肽、抗体、碳纳米管[12], 纳米粒子 (图 12.21)[13], 透明、导电金属环 (图 12.22)[14] 等.

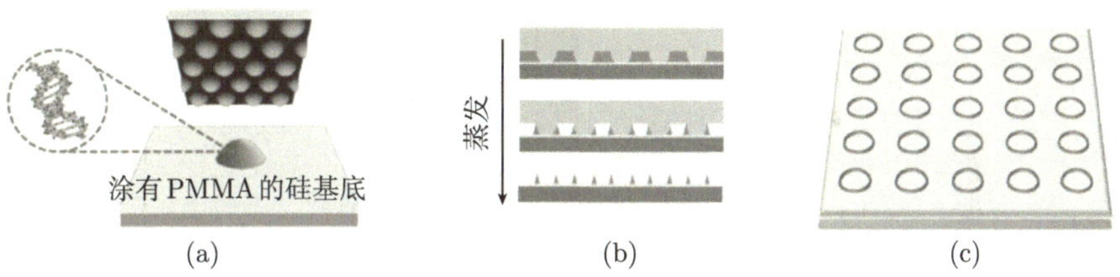

图 12.20 λ-DNA 微环阵列的制备过程[10]：(a) 5 微升的 λ-DNA 液滴放置在涂有 PMMA 的 Si 基底上; (b) 液滴蒸发后得到的二维 λ-DNA 微环阵列; (c) 三维微环阵列[11]

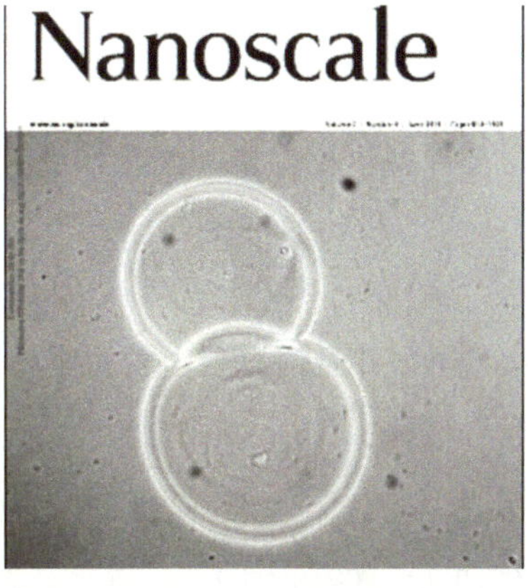

图 12.21 通过咖啡环效应自组装的 CdSe/CdS 芯/壳胶体量子棒环[13]

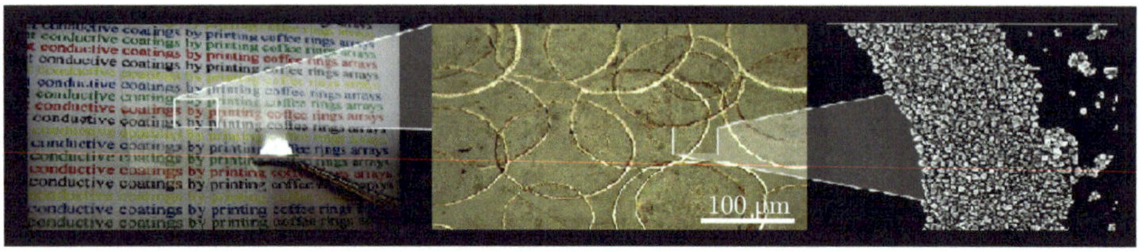

图 12.22　通过咖啡环效应制备的透明、导电金属环[14]

12.2　平面和曲面上的二维蒸发液滴的温度分布

(1) 理论推导

建立双极坐标系 (α, β), 与 Cartesian 坐标系有如下转换关系 (图 12.23):

$$\begin{cases} x = c\dfrac{\sinh\alpha}{\cosh\alpha+\cos\beta}, \\ y = c\dfrac{\sin\beta}{\cosh\alpha+\cos\beta}. \end{cases} \tag{12-16}$$

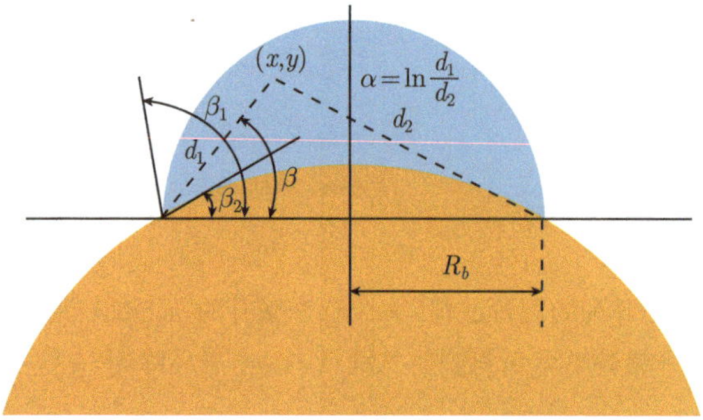

图 12.23　双极坐标系示意图

其中, $-\infty<\alpha<+\infty$, $-\pi\leqslant\beta\leqslant\pi$, c 是双极坐标系中给出两极之间距离的正常数. 忽略由对流引起的热传导, 建立双极坐标系中的热传导方程, 亦即 Laplace 方程:

$$\frac{\partial^2 T}{\partial\alpha^2}+\frac{\partial^2 T}{\partial\beta^2}=0. \tag{12-17}$$

基底表面可近似地认为是等温面, 并且假设自由表面对环境进行的热传导仅仅是由蒸发引起的, 则边界条件可以写成[15]

$$\begin{cases} T\left|_{\beta=\beta_2}\right. = T_w, \\ k_l\dfrac{\cosh\alpha+\cos\beta_1}{R_b}\left.\dfrac{\partial T}{\partial\beta}\right|_{\beta=\beta_1} = -\Lambda J(\alpha). \end{cases} \tag{12-18}$$

上述边界条件第一式表示基底温度与液滴边缘温度相等, 第二式是在液滴表面满足 Fourier 热传导定律, 其中 T_w 是基底温度, k_l 是热传导系数, Λ 是蒸发潜热. $J(\alpha)$ 是蒸发通量 (在垂直于液滴表面的方向上, 单位时间内通过单位表面的质量).

使用无量纲温度 $\Theta = (T_w - T)/T_w$, 则 (12-17) 和 (12-18) 两式变为

$$\begin{cases} \dfrac{\partial^2\Theta}{\partial\alpha^2} + \dfrac{\partial^2\Theta}{\partial\beta^2} = 0, \\ \Theta\,|_{\beta=\beta_2} = 0, \\ \left.\dfrac{\partial\Theta}{\partial\beta}\right|_{\beta=\beta_1} = \dfrac{\Lambda R_b}{k_l T_w}\dfrac{J(\alpha)}{\cosh\alpha + \cos\beta_1}. \end{cases} \tag{12-19}$$

解上述方程可得到无量纲温度的分布为[15]

$$\Theta = \frac{2}{\pi}\frac{\Lambda R_b}{k_l T_w}\int_0^{+\infty}\frac{\sinh[\lambda(\beta-\beta_2)]}{\lambda\cosh[\lambda(\beta_1-\beta_2)]}\Omega(\lambda)\cos(\lambda\alpha)\mathrm{d}\lambda, \tag{12-20}$$

其中

$$\Omega(\lambda) = \int_0^{+\infty}\frac{J(\alpha)}{\cosh\alpha + \cos\beta_1}\cos(\lambda\alpha)\mathrm{d}\alpha. \tag{12-21}$$

特别地, 在平面基底的情况下, $\beta_1 = \theta_c$, $\beta_2 = 0$, (12-20) 和 (12-21) 两式则可以简化为

$$\Theta\big|_{\text{planar}} = \frac{2}{\pi}\frac{\Lambda R_b}{k_l T_w}\int_0^{+\infty}\frac{\sinh(\lambda\beta)}{\lambda\cosh(\lambda\theta_c)}\Omega(\lambda)\cos(\lambda\alpha)\mathrm{d}\lambda \tag{12-22}$$

和

$$\Omega(\lambda) = \int_0^{+\infty}\frac{J(\alpha)}{\cosh\alpha + \cos\theta_c}\cos(\lambda\alpha)\mathrm{d}\alpha. \tag{12-23}$$

上式中 θ_c 即为液滴的接触角, 不同基底上接触角的定义如图 12.24 所示.

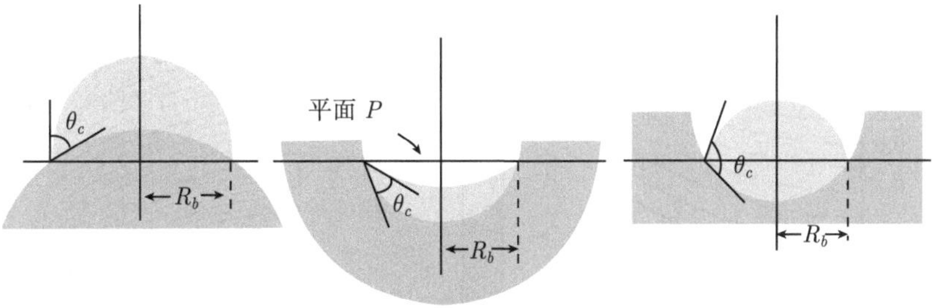

图 12.24 圆柱基底上二维液滴示意图

只要知道液滴表面蒸发流 $J(\alpha)$ 的分布, 就可以得到液滴内部的温度场分布. 本节给出了两种方式: ① 认为蒸发流在液滴表面是均匀分布的; ② 由 Fick 第一定律和浓度分布得出的蒸发流分布.

(2) 结果分析

Petsi 和 Burganos 比较了两种不同的计算蒸发流的方式得出的液滴内部的最大温差与接触角的关系[15]：温差随着接触角的增大而增大; 同一接触角, 由均匀蒸发流计算出的温差比扩散控制的蒸发流所计算出的温差要大 (图 12.25).

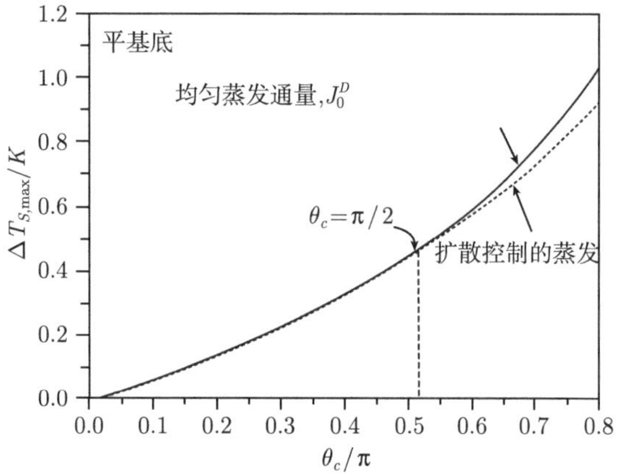

图 12.25　液滴内部最大温差与接触角的关系 (均匀流与扩散控制流对比)[15]

文献 [15] 给出了凸面基底 ($\beta_2=\pi/4$) 与凹面基底 ($\beta_2=-\pi/4$) 情况下的温度分布. 凹面情况下由基底到液滴表面的温度降低的值比凸面情况下要小得多. 这是因为凹面基底的润湿面积比自由蒸发表面的面积要大, 而凸面情况下却正好相反. 并且凸面基底的最大温差要比凹面或者平面基底的最大温差要大一个数量级 (图 12.26).

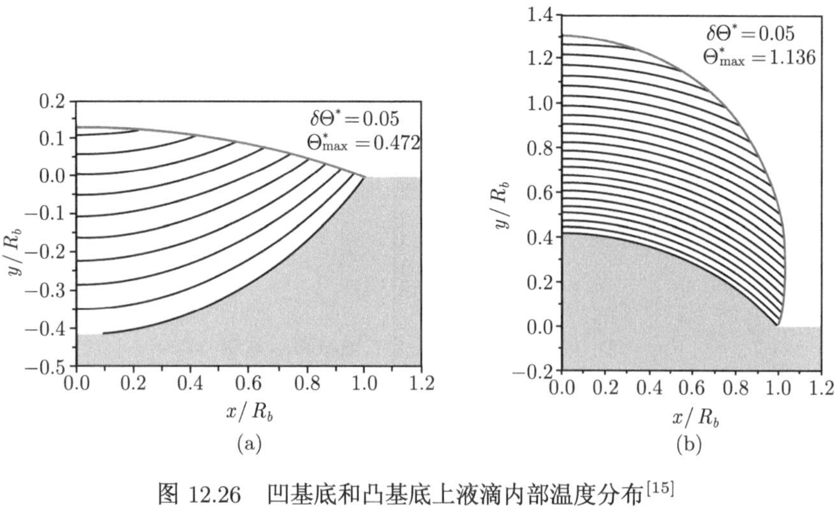

图 12.26　凹基底和凸基底上液滴内部温度分布[15]

由图 12.25 和图 12.27 可以看出, 在蒸发接触角逐渐减小的过程中, 液滴内部的最大温差是逐渐减小的, 并且在同一接触角的情况下, 凸面基底的最大温差比平面基底的大, 平面基底的比凹面基底的大, 这种差异随着接触角的增大而增大.

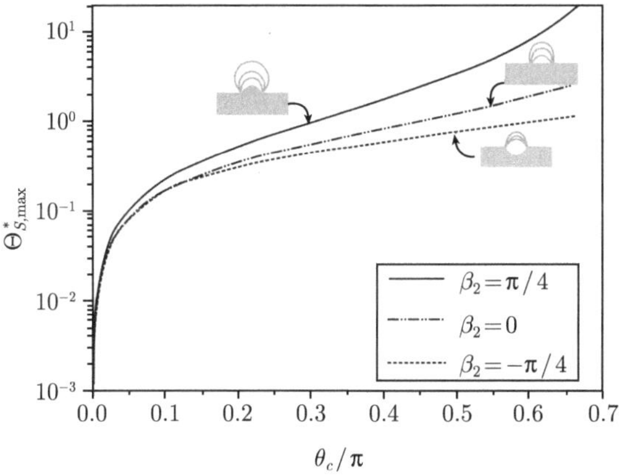

图 12.27 不同基底上液滴内部最大温差与接触角的关系[15]

文献 [15] 还给出了基底与表面温差的径向分布, 中心处的温差最大, 而三相接触线处的温差为零, 接触角越大, 温差越大 (图 12.28). 文献 [15] 给出了自由表面温度的一种估计方法, 这种估计与其给出的解析结果随着接触角的增大差别也越来越大, 在接触角小于 $\pi/3$ 的情况下可以使用这种估计方法.

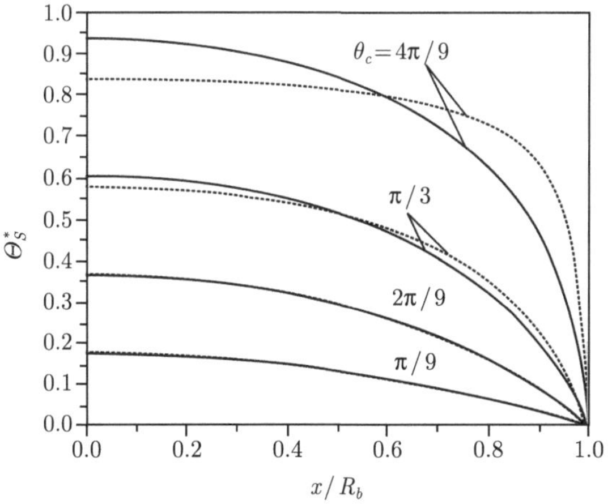

图 12.28 基底与表面温差的径向分布[15]

文献 [15] 还基于上述温度分布的分析解释了 Marangoni 对流现象. 液滴表面中心处的温度最低使得该处的表面张力最大, 而液体趋向于向表面张力大的地方流动, 使得三相接触线处的液体向液滴表面中心处流动, 在中心处汇合后再流入液体内部, 这样就形成了液滴内部的一种对流, 即为 Marangoni 对流.

12.3 液滴蒸发的两种模式

有关大气中悬浮液滴 (aerosol droplets) 的蒸发, 已有较长的研究历史, 可追溯到 1877 年的 Maxwell[16] 和 1918 年的 Langmuir[17]. 而研究在固体基底上液滴的蒸发则比悬浮液滴的蒸发要困难些, 原因是需要考虑液滴和基底之间的相互作用.

1977 年, 英国学者 Picknett 和 Bexon 在假设液滴为理想球冠状的条件下提出了固体基底上液滴的两种蒸发模式, 即常接触面积 (constant contact area) 模式和常接触角 (constant contact angle) 模式[18], 如图 12.29 所示.

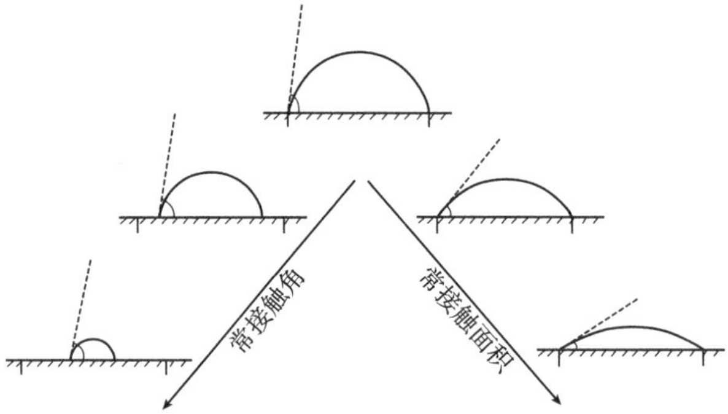

图 12.29 液滴在固体基底上蒸发的两种模式: 常接触角和常接触面积[18]

(1) 常接触角蒸发模式

在固体基底上液滴的常接触角模式蒸发过程中, 接触角 θ_0 保持不变, 而固–液界面逐渐缩小即固–气–液三相接触线往回收缩. 在假设液滴形貌为球冠状的情况下, Picknett 和 Bexon 得到了两种模式下液滴蒸发率与润湿半径和接触角之间的关系.

常接触角模式下液滴的蒸发率可表示为[18]

$$\frac{\mathrm{d}M}{\mathrm{d}t} = -\frac{kH}{2}\frac{C}{r}\sqrt[3]{\frac{M}{\rho}}, \tag{12-24}$$

式中 M 和 ρ 分别为液滴的质量和密度, k, H, ρ 和 C/r 均为常数, 且

$$H^3 = \frac{3}{\pi\left(1-\cos\theta_0\right)^2\left(2+\cos\theta_0\right)}, \tag{12-25}$$

$$\frac{C}{r} = \begin{cases} 0.6366\theta + 0.09591\theta^2 - 0.06144\theta^3, & 0 \leqslant \theta < 0.175\,(10^\circ)\,, \\ 0.00008957 + 0.6333\theta + 0.1160\theta^2 - 0.08878\theta^3 + 0.01033\theta^4, & 0.175 \leqslant \theta < \pi. \end{cases} \tag{12-26}$$

可将式 (12-24) 进一步简化为

$$\frac{\mathrm{d}V}{\mathrm{d}t} = -k'V^{\frac{1}{3}}, \tag{12-27}$$

式中 V 为液滴的体积, k' 为常数. 对上式进行积分, 即有

$$t = k'\left(V_0^{\frac{2}{3}} - V^{\frac{2}{3}}\right), \tag{12-28}$$

式中 V_0 和 V 分别为液滴在初始时刻和时刻 t 的体积.

在假设液滴为球冠状的条件下, 如图 12.30 所示, 时刻 t 时液滴的体积 $V(t)$ 与常接触角 θ_0、球半径 r 的几何关系为

$$V(t) = \frac{1}{3}\pi r^3 (1-\cos\theta_0)^2 (2+\cos\theta_0), \tag{12-29}$$

则 (12-28) 式还可表示为

$$t = k''\left[R_0^2 - R^2(t)\right], \tag{12-30}$$

上式中 R_0 为初始润湿半径, k'' 为常数.

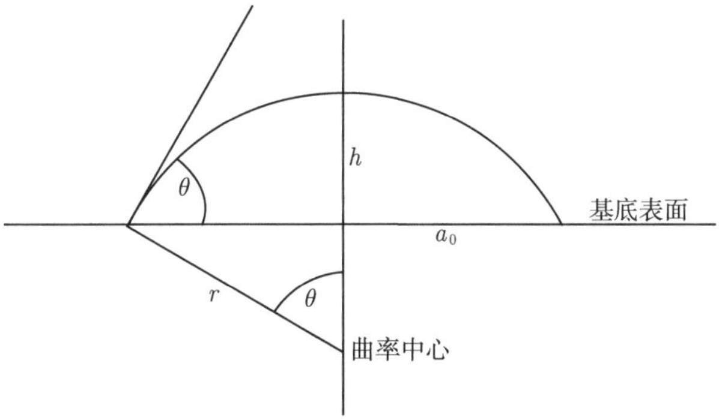

图 12.30 球冠型液滴的几何关系

(2) 常接触面积蒸发模式

12.1 节讨论的液滴蒸发形成咖啡环的机制就是常接触面积模式, 也就是液滴在蒸发过程中 “固–气–液” 三相接触线处被钉扎, 该种钉扎效应的微观机理目前仍没有令人满意的解释.

如图 12.30 所示, 在常接触面积 (半径为 a_0) 的情况下, 有下列关系:

$$r\sin\theta = r_0\sin\theta_0 = a_0. \tag{12-31}$$

常接触面积模式下液滴的蒸发率可表示为[18]

$$\frac{\mathrm{d}M}{\mathrm{d}t}=-\frac{kH}{2}\frac{C}{r}\sqrt[3]{\frac{M_0}{\rho}}\frac{\sin\theta_0}{\sin\theta}=-\frac{kH}{2}\frac{C}{r}\sqrt[3]{V_0}\frac{\sin\theta_0}{\sin\theta}. \tag{12-32}$$

式中 M_0 为液滴的初始质量, θ_0 为初始接触角, V_0 为液滴初始体积. 在 t 时刻的液滴质量和体积和常接触半径 a_0 之间的关系为

$$\begin{cases} M(t)=\dfrac{\pi\rho a_0^3}{3}\dfrac{(1-\cos\theta)^2(2+\cos\theta)}{\sin^3\theta}, \\ V(t)=\dfrac{\pi a_0^3}{3}\dfrac{(1-\cos\theta)^2(2+\cos\theta)}{\sin^3\theta}. \end{cases} \tag{12-33}$$

英国学者 Rowan , Newton 和 McHale 于 1995 年, 实验研究了 PMMA 上水滴的蒸发[19]. 实验结果表明水滴在 PMMA 基底上的蒸发呈现出常接触半径 (constant contact radius, CCR), 亦即常接触面积模式. 多组水滴蒸发实验 (初始接触变化范围为：0.293~0.585 mm) 表明蒸发过程中的接触角随时间和初始接触半径 a_0 为 $(\theta=90^\circ\sim30^\circ)$

$$F(\theta)=1.632\theta-1.592=-\frac{2\lambda(t-t_0)}{\pi a_0^2}, \tag{12-34}$$

接触角随时间的变化实验曲线如图 12.31 所示. 式中, $\lambda=2\pi D(c_\infty-c_0)/\rho$, 其中 D 为环境气体的扩散系数, c_∞ 和 c_0 分别为无穷远处和水滴界面处的浓度, ρ 为水的密度.

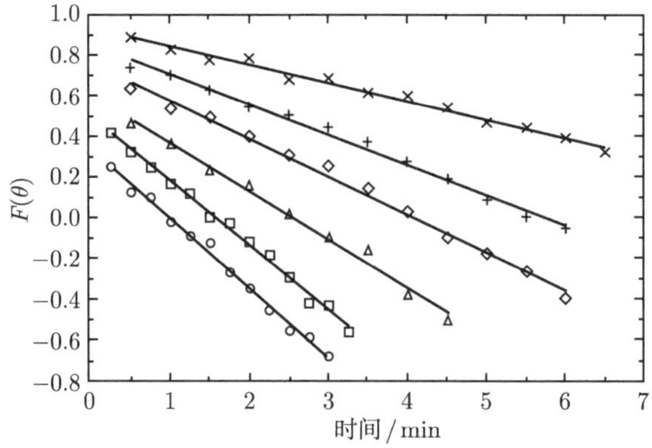

图 12.31　水滴在 PMMA 基底蒸发表明接触角随时间线性减小[19]

文献 [19] 的多组实验还表明, 在蒸发过程中水滴的高度随时间线性减小, 如图 12.32 所示.

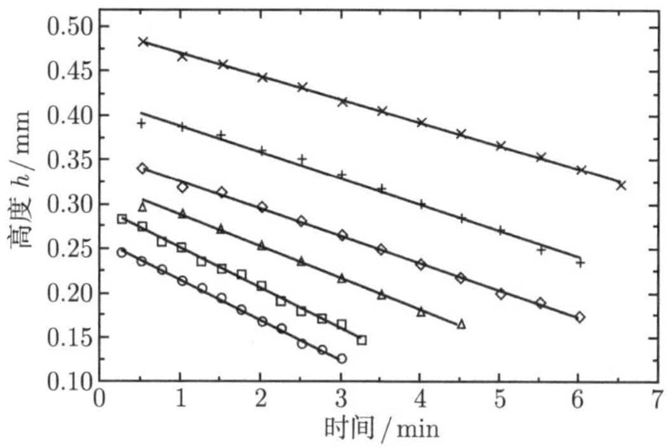

图 12.32 水滴在 PMMA 基底蒸发表明水滴高度随时间线性减小[19]

12.4 液滴蒸发中固–气–液三相接触线钉扎和去钉扎的物理力学机制

从本章前三节的讨论中可以看出, 液滴蒸发中的重要模式之一 “常接触面积” 是基于固–气–液三相接触线处的液体在固体表面的钉扎 (pinning) 效应. 而液滴在蒸发过程中也可能存在多个模式共存, 由常接触面积模式过渡到常接触角模式时, 固–气–液三相接触线便由钉扎开始移动, 因此存在 “去钉扎 (de-pinning)” 效应. 固–气–液三相接触线处的液体和固体表面的 “钉扎” 和 “去钉扎” 的物理力学机理是什么? 这无疑是一个核心学术问题.

(1) 接触角滞后与钉扎效应

文献 [20] 和 [21] 在超疏水表面的液滴蒸发实验都表明, 高接触角滞后 (CAH) 对应着液滴蒸发的常接触面积模式; 而低接触角滞后对应着液滴蒸发的常接触角模式. 文献 [21] 给出的直观解释是, 高接触角滞后的表面对应着 “黏着状态 (sticky state)”; 而低接触角滞后表面对应着 “滑移状态 (slippery state)”.

从本书第 7 章 (7-74) 式可以看出, 接触角滞后可以看做是表面黏附和摩擦度量的指标. 因此, 高接触角滞后对应着高的液体在固体表面固–气–液三相接触线运动的阻力, 所以从接触角滞后和表面黏附以及摩擦的对应关系上可以得到很好的解释.

从本书第 7 章 (7-87) 式中的接触角滞后和分子动理论 (MKT) 中的微观的摩擦因子也可看出, 高的接触角滞后对应着液体分子在固体表面高的微观摩擦因子, 所以从 MKT 理论出发, 接触角滞后和液滴蒸发的常接触面积模式的对应关系也能得到很好的解释.

(2) 液滴蒸发中的去钉扎效应与实现 “黏–滑” 转变所需的能垒

多篇有关液滴在具有微结构的固体超疏水基底上蒸发的实验观察到蒸发模式

从常接触面积 (或被钉扎的三相接触线) 向移动三相接触线 (或常接触角) 模式的过渡, 如图 12.33 所示[22]. 在 "常接触面积" 蒸发阶段, 由于液滴体积的不断蒸发, 所以接触角在逐渐减小.

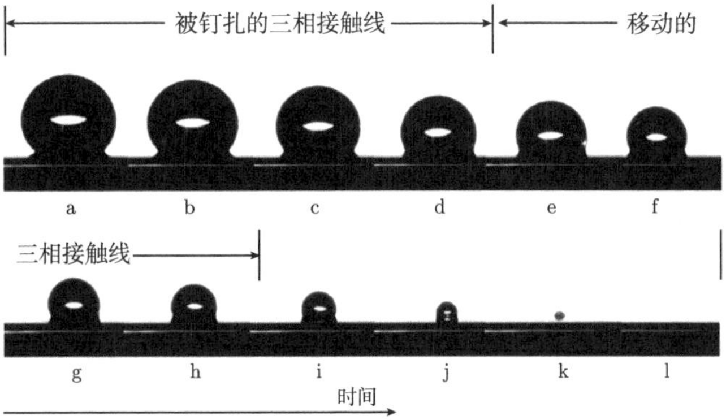

图 12.33　在超疏水表面液滴蒸发由常接触面积模式向常接触角模式的过渡[22]

在接触角减小到一定值后, 液滴的蒸发将由常接触面积阶段过渡到常接触角 (移动三相接触线) 模式阶段, 在此阶段, 液滴和固体基底的接触面积将持续减小. 图 12.33 的实验还表明, 在接触面积减小到一定程度后, 液滴的蒸发将进入最后一个阶段, 接触面积和接触角均在迅速减小, 该阶段一般称为 "混合模式 (mixed mode)" 阶段.

图 12.34 给出了在液滴蒸发过程中接触角和接触面积随时间的变化实验曲线. 从该图中可获得三个不同阶段发生的时间量级.

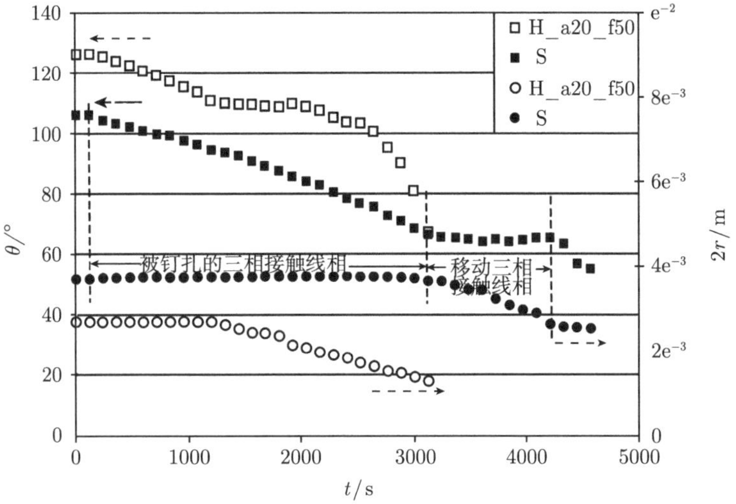

图 12.34　接触角和接触面积随时间的变化实验曲线[22]

文献 [22] 在由微型方柱构成的微结构表面的液滴蒸发实验中还观察到多次蒸发模式的转变现象, 如图 12.35 所示. 该图中的第一次 “黏–滑” 跳跃发生在由常接触面积模式向常接触角蒸发模式的转变. 而在常接触角蒸发模式阶段, 则有多次 “黏–滑” 跳跃发生, 这也就是 “去钉扎 (de-pinning)” 效应[23].

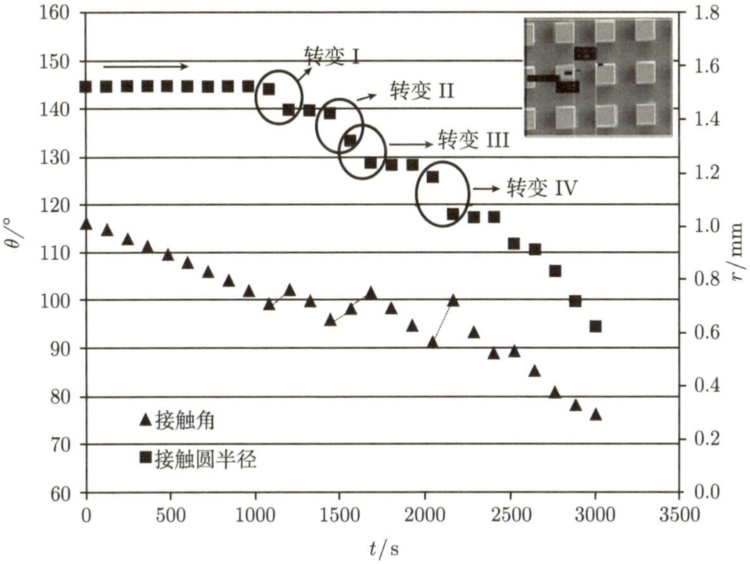

图 12.35 在方柱微结构表面液体蒸发的多过渡现象[22]

Shanahan 认为, 在液滴蒸发过程中所出现的这种 “黏–滑” 转变需要跨越一定的能量势垒[24,25], 单位长度的三相接触线实现 “黏–滑” 转变所需的能垒表达式为

$$\delta G \approx \frac{\gamma_{lv}\sin^2\theta_r\,(2+\cos\theta_r)\,(\delta R)^2}{2R}, \tag{12-35}$$

式中, γ_{lv} 为液–气界面张力, θ_r 为后退角, R 为被钉扎的三相接触线在滑动之前和固体基底的接触半径, δR 为在 “黏–滑” 转变中的滑移距离. 对于图 12.35 中的微型方柱组成的微结构表面情况, “黏–滑” 转变中的滑移距离 δR 可认为是方柱之间的距离[22], 由此计算所得出的文献 [22] 相关实验的单位长度三相接触线实现 “黏–滑” 转变所需的能垒约为 2.23×10^{-6} N, 这和三相接触线的线张力在同一个量级, 因此具有明确的物理意义.

应该指出的是, 如图 12.36 所示的 Shanahan 的 “黏–滑” 转变能垒模型 (12-35) 中的后退角 θ_r 有时也用平衡接触角 θ_0 来代替[25]. 在能量平衡中如果不用 δR 作 Taylor 展开, 而代之于角度的增量 $\delta\theta$ 作 Taylor 展开的话, 则与 (12-35) 所对应的

Shanahan “黏–滑” 转变的能垒模型为[25]

$$\delta G \approx \frac{\gamma_{lv} R (\delta\theta)^2}{2(2+\cos\theta_r)}. \tag{12-36}$$

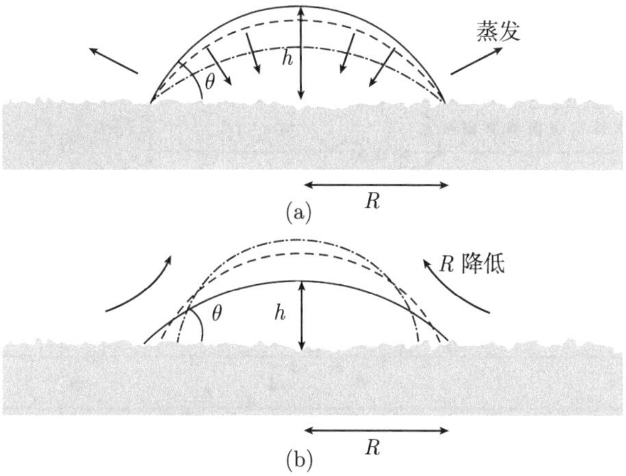

图 12.36　液滴在固体基底蒸发的 “黏–滑” 转变示意图

文献 [25] 开展了 Teflon 基底温度介于 20~60°C 上的乙醇液滴的蒸发实验, 图 12.37 给出的是基底温度为 60°C 时的实验结果, 从该图可看出, 液滴蒸发的第一阶段为持续时间约为 10 s 的常接触面积 (被钉扎三相接触线) 模式, 在此阶段接触角减小了大约 13°, 这是三相接触线的第一个 “黏着 (sticky) 阶段”. 后面紧跟着的即是 “滑移 (slippery) 阶段”. 有趣的是, 该蒸发过程存在多个黏着和滑移阶段.

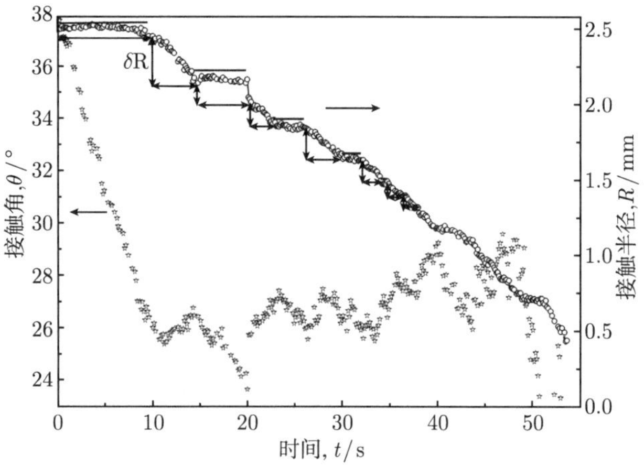

图 12.37　基底温度为 60°C 时乙醇在 Teflon 表面的蒸发实验曲线[25]

图 12.38 表明, “黏–滑” 转变的第一个循环的能垒增量在 10^{-7} N 量级, 第二个

"黏–滑" 转变循环的能垒增量在 10^{-8} N 量级. 由于固–气–液三相接触线的线张力的实验值可达 10^{-6} N 量级, 理论预测值在 10^{-12} N~10^{-10} N 量级, 所以得到的液滴蒸发 "黏–滑" 转变的能垒介于三相接触线的线张力的实验值和理论预测值之间, 因此文献 [25] 问: 这是一种巧合? 还是 "黏–滑" 转变能垒和三相接触线的线张力有内在的密切联系? 文献 [22] 的相关结果支持这一观点.

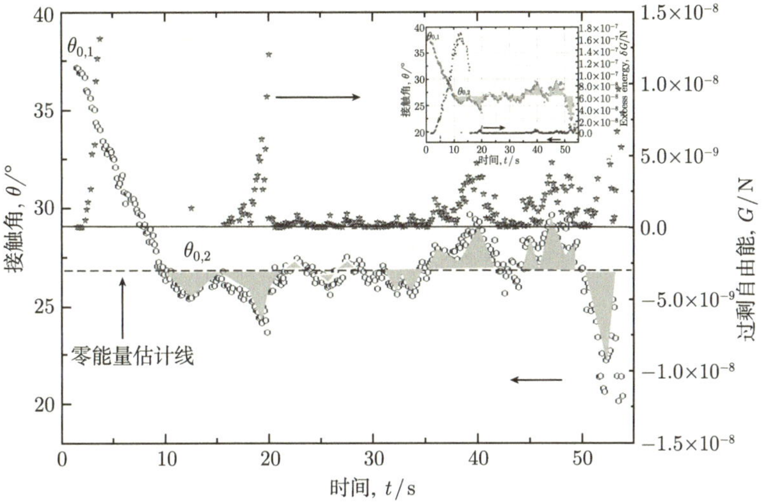

图 12.38 液滴蒸发实验中接触角和过剩自由能的变化[25]

12.5 分离压力在液滴蒸发中的作用

在润滑近似下, 局部守恒方程可写为[16,27]

$$\frac{\partial h}{\partial t}+\nabla\cdot(h\boldsymbol{U})=-J(r,t), \tag{12-37}$$

式中 h 为蒸发液滴的局部厚度, $h\boldsymbol{U}$ 为水动力流量, $J(r,t)$ 为单位基底面积的蒸发率 ("−" 号表示液体分子不断被带走, 液滴凝聚时可用 "+" 号), $\boldsymbol{U}$ 为沿膜厚平均的速度, 其表达式为

$$\boldsymbol{U}(h,t)=\frac{h^2}{3\eta}\nabla\left[\gamma_{lv}\nabla^2h-\rho gh+\Pi(h)\right]+\frac{h}{2\eta}\nabla\gamma_{lv}, \tag{12-38}$$

式中 η 为液滴的黏性系数, ρ 为液滴密度, $\Pi(h)=A/\left(6\pi h^3\right)$ 为分离压力, 此时只考虑 van der Waals 力的贡献, 该分离压力的影响范围为 $l\propto a/\theta^2$ (图 12.39), 基本上是三相接触线附近从抛物线到宏观楔形液滴轮廓的过渡, 而 $a=\sqrt{A/(6\pi\gamma_{lv})}$ 为分子尺度. 上式右端 $\gamma_{lv}\nabla^2h$ 为 Young-Laplace 压力项, ρgh 为重力项, $(h/2\eta)\nabla\gamma_{lv}$ 为液–气界面张力梯度项, 此情况可忽略此项的贡献.

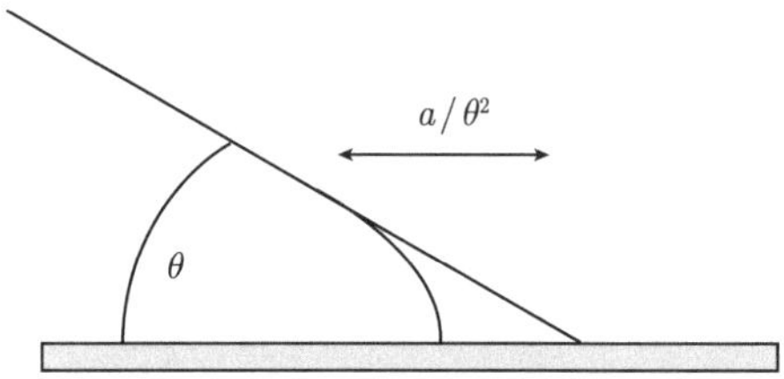

图 12.39　分离压力在液滴三相接触线附近的影响范围

式 (12-37) 中的蒸发率可通过带电圆盘的静电类比 (electrostatic analogy) 获得. 一个半径为 R、表面电势为 Φ_s 的静电场为

$$E = -\frac{2\Phi_s}{\pi}\frac{1}{\sqrt{R^2 - r^2}}, \tag{12-39}$$

式中 r 为至该圆盘中心的径向距离. 基于静电类比, 蒸发率的表达式为

$$J(r,t) = \frac{j_0}{\sqrt{R^2(t) - r^2}}. \tag{12-40}$$

式中 j_0 为常数 (量纲为单位时间的面积), 守恒方程对半径为 R 圆盘的积分给出液体体积的变化率:

$$\frac{\mathrm{d}V}{\mathrm{d}t} \approx 2\pi j_0 R. \tag{12-41}$$

对于满足润滑近似的球冠液滴, $\theta \ll 1$, 此时液滴的体积可近似表示为

$$V \approx \frac{\pi}{4}R^3\theta. \tag{12-42}$$

在液滴蒸发三相接触线后退过程中, 多个实验表明, 液滴和固体基底接触圆的半径满足如下随时间的标度关系:

$$R(t) \propto (t_0 - t)^{\alpha}. \tag{12-43}$$

对于扩散主导的液滴蒸发, $\alpha = 1/2$, 而对于水的蒸发 $\alpha = 0.6$[28,29]. 上式中 t_0 为液滴蒸发的结束时间.

下面对液滴铺展的守恒方程 (12-37) 作数量级分析:

1) 在润滑近似下 $\theta \ll 1$, 此时液滴的高度的数量级为 $h \propto R\tan\theta \sim R\theta$, 因此: $\partial h/\partial t \propto \theta \cdot \mathrm{d}R/\mathrm{d}t$, 这里假设 θ 不随时间变化或变化不大.

2) 式 (12-38) 的主项 (leading term) 为 $\dfrac{h^2}{3\eta}\nabla\left(\gamma_{lv}\nabla^2 h\right)$, 在守恒方程 (12-37) 左边第二式数量级为 $\nabla\left[\dfrac{h^3}{3\eta}\nabla\left(\gamma_{lv}\nabla^2 h\right)\right]$, 由于梯度算子的量级为 $\nabla \propto 1/R$, 故而有 $\nabla\left[\dfrac{h^3}{3\eta}\nabla\left(\gamma_{lv}\nabla^2 h\right)\right] \propto \dfrac{\gamma_{lv}}{3\eta}\left(\dfrac{h}{R}\right)^4 \sim \dfrac{\gamma_{lv}}{3\eta}\theta^4.$

3) 考虑到分离压力的作用范围 $l \approx R-r \propto a/\theta^2$[30], 而 $R+r \approx 2R$, 所以基底单位面积的通量的数量级 $J(r,t) = j_0/\sqrt{R^2-r^2} \propto j_0\theta/\sqrt{2Ra}$, 其中 a 作为分子尺度, 已经反映了分离压力的作用.

4) 由于 j_0 的量纲为单位时间的面积, 所以和液滴蒸发相关的特征时间尺度为 $\tau \propto R^2\theta/j_0$, 这样 $\mathrm{d}R/\mathrm{d}t \propto j_0/(R\theta)$.

综上, 液滴铺展的守恒方程 (12-37) 的整体数量级关系如下:

$$\frac{\mathrm{d}R}{\mathrm{d}t} - \frac{\gamma_{lv}}{3\eta}\theta^3 \approx -\frac{j_0}{\sqrt{2Ra}}. \tag{12-44}$$

上式左端第二项的符号是考虑到由于液滴蒸发, 液滴整体在收缩的原因 (U 的方向和坐标轴的方向相反). 当 $\mathrm{d}R/\mathrm{d}t = 0$ 时, 可得到此时的接触角为

$$\theta^3\bigg|_{\frac{\mathrm{d}R}{\mathrm{d}t}=0} \approx \frac{3\eta j_0}{\gamma_{lv}\sqrt{2Ra}}. \tag{12-45}$$

考虑 (12-44) 式左端两项的量纲平衡, $\dfrac{j_0}{R_0\theta_0} \sim \dfrac{\gamma_{lv}}{3\eta}\theta_0^3$, 则可得到方程 (12-44) 无量纲化中的一个重要的和液滴蒸发相关的无量纲数 —— 毛细数:

$$\mathrm{Ca} = \frac{\eta j_0}{\gamma_{lv} R_0 \theta_0^4}, \tag{12-46}$$

式中 R_0 和 θ_0 为特征半径和特征接触角.

在分离压力 $\Pi(h) = A/\left(6\pi h^3\right)$ 和界面张力之间的竞争可定义一个无量纲数 ——Hamaker 数:

$$\mathrm{Ha} = \frac{A}{6\pi\gamma_{lv}R_0^2\theta_0^4}. \tag{12-47}$$

12.6 水滴蒸发的 μ-PIV 观测

Dhavaleswarapu 等[31] 通过微粒子图像测速 (μ-PIV) 的方式对水滴蒸发过程中的液滴内部流场进行了实验研究. 由于水的表面张力等重要参量很容易受到表面活性剂、溶质分子等影响, 并对实验结果产生巨大的影响, 故在实验开始之前, 需要对整个设备以及实验材料进行彻底的清洗. 而且, 清洗过程要贯彻实验开展的每一个环节, 以保证实验从头至尾不受污染. 首先, 实验中采用的水是经过特殊处理的去离子水, 洁净度达到超净间使用等级. 其次, 实验中使用的粒子是密度为 1.05 g/cm^3, 粒径 0.5 μm 的荧光聚合物颗粒, 并且保证颗粒不受表面活性剂污染. 颗粒与水按照 1:33000 的体积比例混合, 以保证颗粒浓度极低, 不对水滴流场进行干扰, 同时保证流场可视化的要求. 实验开始前通过超声波处理溶液 15 min, 保证颗粒在水中保持分散, 并且在每次实验前都要重复超声波处理. 之后, 通过针管转移 0.44 μL 液滴, 并将其缓慢放置于玻璃表面, 防止液滴与基底碰撞引起液滴内部对流. 玻

璃基底是显微镜用盖玻片, 并将其在 2% 洗涤剂条件下清洗 15 min, 通过纯水清洗后在氮气环境下烘干.

实验需要获得水滴形貌以及接触角信息. 由于 μ-PIV 光源会影响轮廓观测, 故轮廓测量单独进行. 水滴轮廓通过背景光源照明下的侧视显微镜观测, 并获取接触角信息. 在接触线附近的精细接触角信息, 通过观测接触线处的干涉光斑获得. 通过接触线处的干涉条纹可以获得接触角的细节信息. 水滴内部流场通过 μ-PIV 获得. 实验采用 3D μ-PIV 对水滴进行研究, 即在距离基底三个不同距离的聚焦平面上观测粒子流动, 从而获得三维流场信息. 三个聚焦平面分别为 4 μm, 8 μm 和 13 μm.

图 12.40 的实验表明, 上述实验条件下水滴蒸发分三阶段进行: ① 接触线钉扎, 接触角逐渐减小; ② 接触线突然移动; ③ 水滴完全蒸发. 通过实验数据计算以及球形水滴假设, 水滴初始质量为 0.437±0.02 mg; 接触线移动时水滴质量为 0.08±0.02 mg; 平均接触半径为 1810±17 μm. 图 12.41 给出了固–气–液三相接触线附件水滴的三维形貌, 实验结果表明: 水滴蒸发过程中接触角随时间接近线性减小.

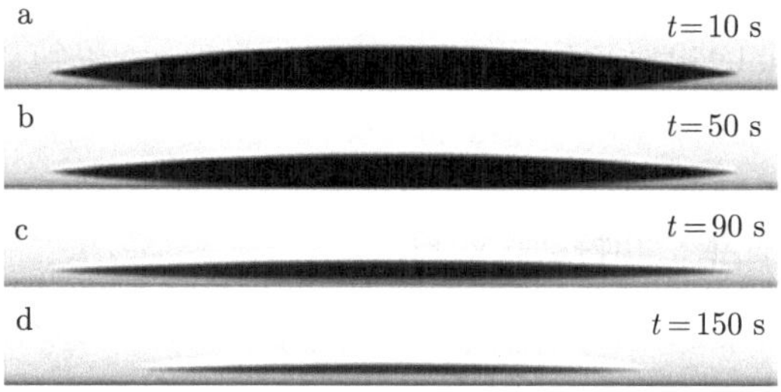

图 12.40　水滴蒸发的三个阶段[31]

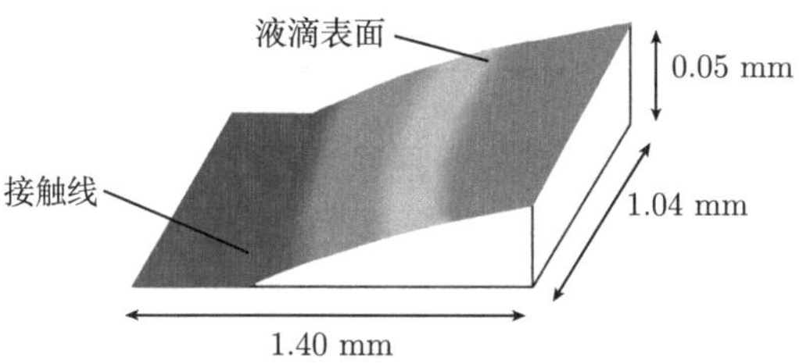

图 12.41　三相接触线附近蒸发的三维形貌[31]

水滴蒸发流场信息在实验进行第 53 s, 63 s 以及 73 s 获得, 如图 12.42 所示. 流场观察范围为接触线附近 250 μm×450 μm. 图 12.43 的实验结果实验显示, 在接触线附近, 随时间推移, 不同水平面内的水滴流场始终指向接触线处. 并且, 随着水平面高度的上升, 水滴内部对流速度逐渐接近并达到最高流速. 实验结果指出, 在实验刚开始时, 距离接触线 400 μm 范围内的流动几乎占据整个液滴内物质输运的全部.

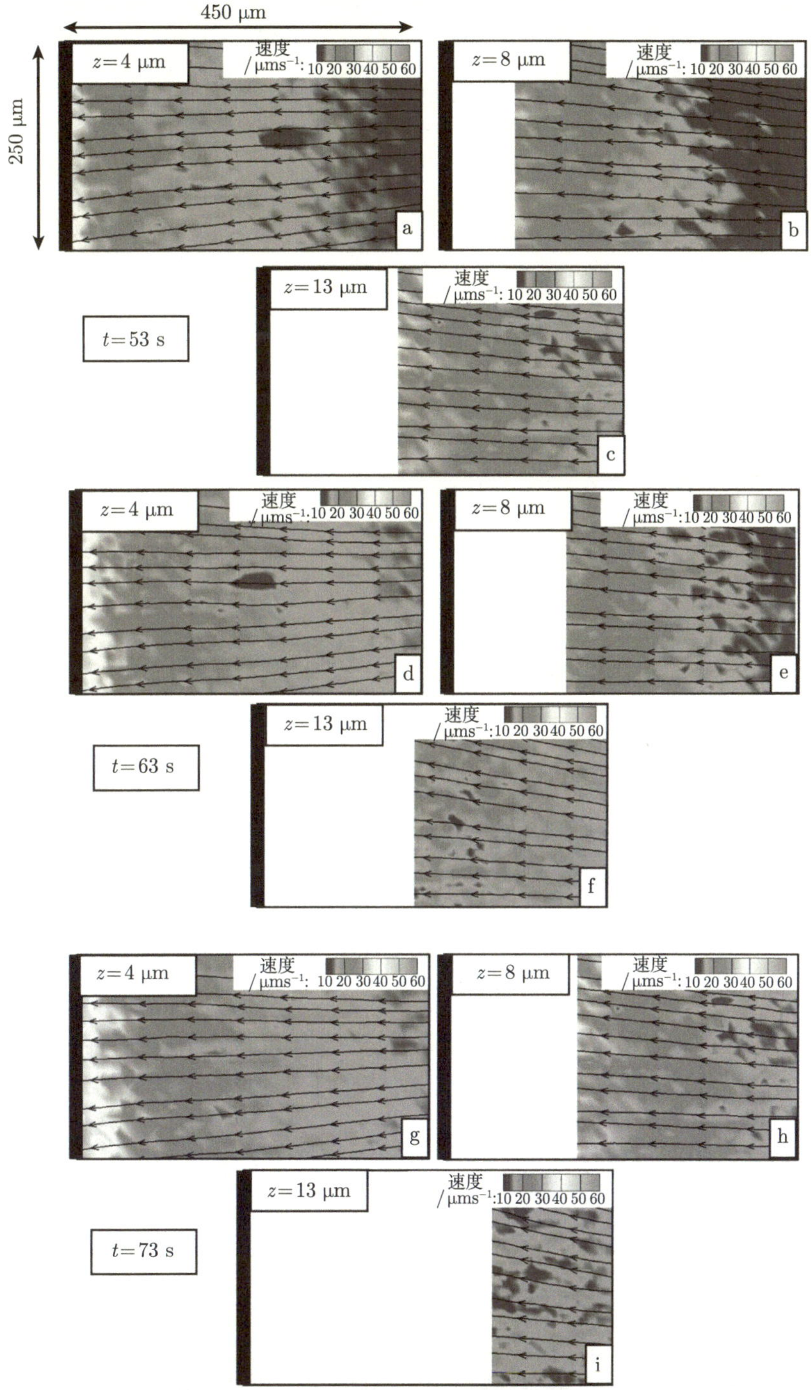

图 12.42　水滴蒸发流场信息[31]

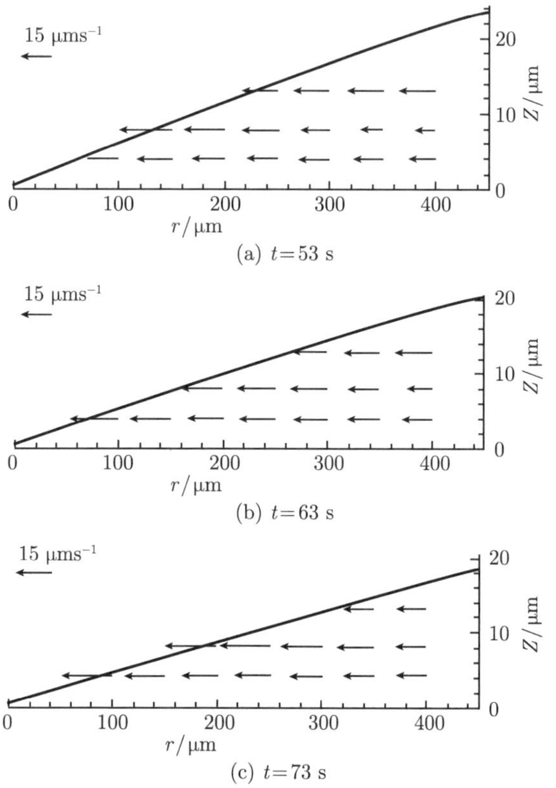

图 12.43　水滴蒸发时的速度向量图[31]

12.7　水滴在疏水 PDMS 和 Teflon 表面的蒸发

PDMS 是目前生物微系统中最常用的材料, Teflon 是电润湿中最常用的绝缘层材料, 二者均为疏水表面. 研究液滴在该两种材料上的蒸发对于生物微系统的应用具有重要实际意义.

余迎松、王子千和赵亚溥从实验上观测了固着液滴在 PDMS 和 Teflon 表面上的蒸发, 观察到其先后经历常接触半径模式 (constant contact radius mode, CCR)、常接触角模式 (constant contact angle mode, CCA) 和混合模式 (图 12.44)[32]. 与 Teflon 表面不同, PDMS 表面上液滴蒸发从 CCR 到 CCA 的过渡存在着明显的失稳过程 (图 12.44(b)).

在球状液滴的假设下, 并忽略固体表面对液滴蒸发的影响, 给出了固体表面上液滴 CCR 蒸发时接触角的理论计算公式:

$$F(\theta) - F(\theta_0) = -\frac{2D(c_0 - c_\infty)t}{\rho r_0^2}. \tag{12-48}$$

式中 $F(\theta) = \ln[\tan(\theta/2)] + 1/(1+\cos\theta)$, θ_0 为液滴蒸发时的初始接触角, r_1 为 CCA 蒸发时的初始接触半径. 值得注意的是, 式 (12-48) 适用于亲水和疏水情形.

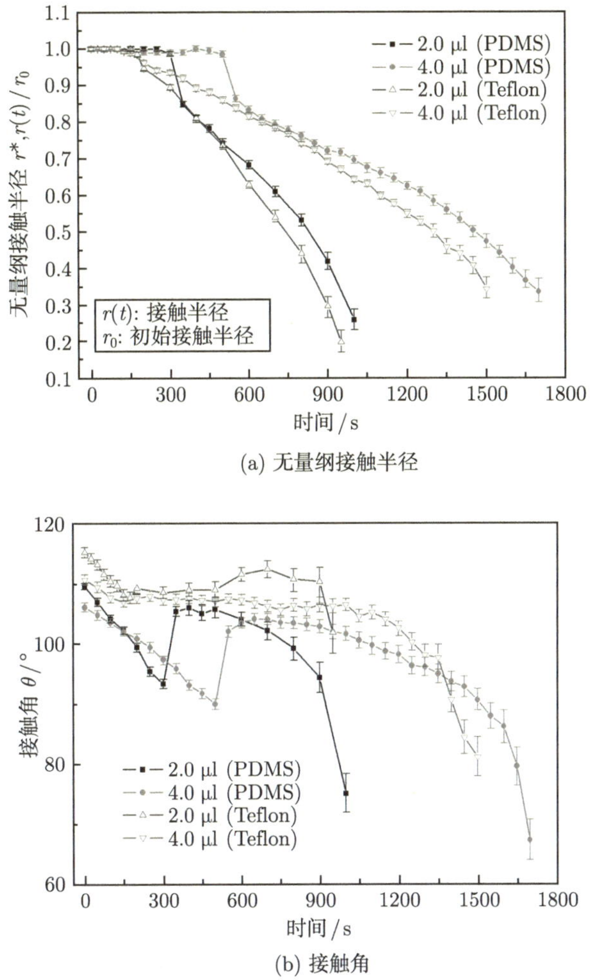

(a) 无量纲接触半径

(b) 接触角

图 12.44 PDMS 和 Teflon 表面上的液滴蒸发实验曲线

将此工作所得理论解 (疏水表面, 图 12.45(a)) 和 Kim 等实验 (亲水表面, 图 12.45(b)) 进行比较[33], 结果显示理论解与实验符合得很好. 此外, 以 CCR 蒸发的解析解为基础, 对 CCR 蒸发时间进行了讨论.

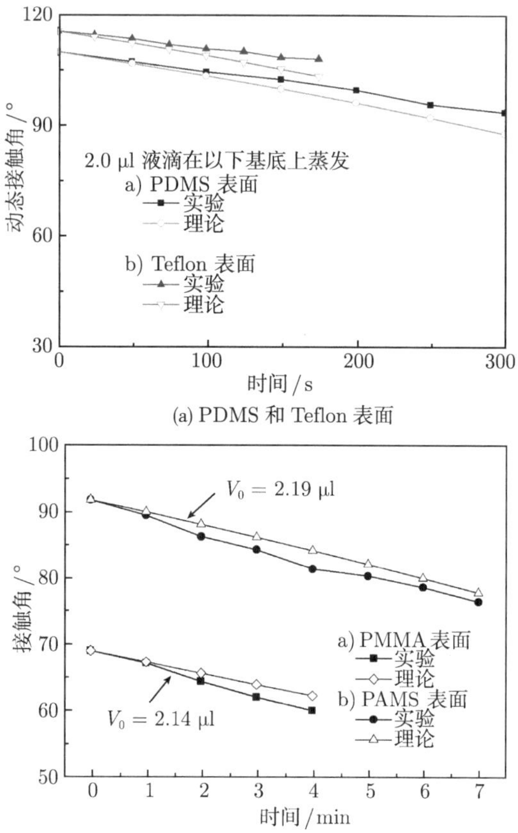

(a) PDMS 和 Teflon 表面

(b) PMMA 和 PAMS 表面

图 12.45 CCR 蒸发时接触角的比较

12.8 本章结束语

固体基底上液滴的蒸发, 特别是咖啡环效应, 虽然已经研究了很多年, 但目前仍是十分热门的研究课题[10,34]. 现仍有下列主要科学问题尚待深入研究:

- 三相接触线处液体在固体表面钉扎的物理力学机制有待更深层次的研究和认识. 目前较为统一的认识是由于接触角滞后 (CAH), 为液体在固体表面的后退 (receding) 运动提供了阻力, 当驱动力不超过接触角滞后所带来的运动阻力的话, 三相接触线处的液体分子被固体基底表面钉扎住. 但接触角滞后的物理力学本质是什么? 虽然已经研究了很多年, 文献十分浩瀚, 解释很多, 但到目前仍没有一个学术界普遍接受的微观模型, 特别是分子间力是如何影响接触角滞后的? 仍需进一步深入研究.

- 液滴蒸发过程中从固定接触面积 (半径) 到固定接触角之间的跳跃从本质上讲，应该是一个 “黏–滑 (stick-slip)” 的过程，Shanahan 所提出的能垒模型得出 “线张力” 可能在 “黏–滑” 跳跃中扮演者重要的角色，但仍然需要进一步的实验和跨尺度模拟的验证. 如何从更深层次，如从分子摩擦理论等，来认识液滴蒸发的这种模式的转变，仍有很长的路要走.
- 文献 [15] 的研究表明，基底的曲率对液滴蒸发中的温度分布有重要的影响，固体基底的曲率对咖啡环效应的形成的影响是一个尚待开展的实验工作.
- 本书在 2.8 节讨论了固–液界面的 Kapitza 阻抗，Ghasemi 和 Ward 的新近的液滴蒸发实验表明[35]，固–液界面的 Kapitza 阻抗起到了阻碍了能量在界面处的传导，因而对液滴的蒸发行为有重要的影响. 这方面的实验研究需要进一步深入开展.
- 由 (12-1) 式可知，CCR 模式下液滴蒸发时的蒸发通量在三相接触线处存在奇异性，由本书 7.10 所讨论的 “Huh-Scriven 佯谬” 可知，在三相接触线处剪应力存在奇异性，能量耗散率存在对数奇异性. 对于 CCR 模式下的液滴蒸发，在三相接触线处热耗散率亦存在对数奇异性：$\dot{Q} \to \ln(L/0)$. 因此，理论上讲，蒸发掉一个小液滴需要无限大的能量. “Huh-Scriven 佯谬” 陈述的是：即使希腊大力神 Herakles 也不能将一个固体沉入水中. 对于液滴蒸发问题，可建议一个新的 “液滴蒸发佯谬”：not even Helios could evaporate a water droplet (即使希腊太阳神阿波罗也不能蒸发一个水滴). 需要像解决 “Huh-Scriven 佯谬” 那样，引入新的物理机制来解决该 “液滴蒸发佯谬”(图 12.46).

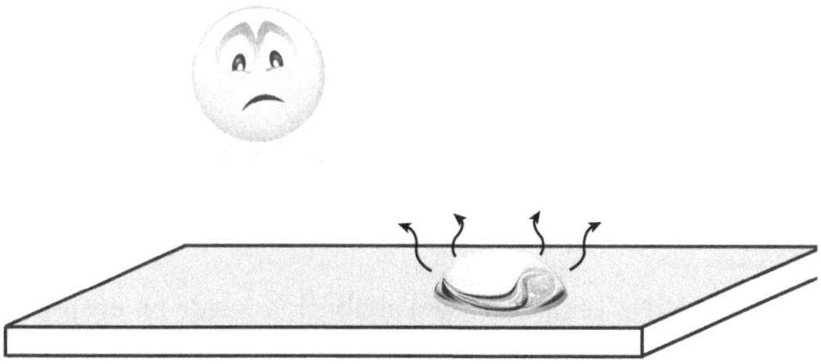

图 12.46　液滴蒸发的太阳神佯谬

参 考 文 献

[1] Deegan R D, Bakajin O, Dupont T F, Huber G, Nagel S R, Witten T A. Capillary flow as the cause of ring stains from dried liquid drops. Nature, 1997, 389: 827–829.

[2] Hu H, Larson R. Marangoni effect reverses coffee-ring depositions. Journal of Physical Chemistry B, 2006, 110: 7090–7094.

[3] Weon B M, Je J H. Capillary force repels coffee-ring effect. Physical Review E, 2010, 82: 015305.

[4] Shen X Y, Ho C M, Wong T S. Minimal size of coffee ring structure. Journal of Physical Chemistry B, 2010, 114: 5269–5274.

[5] Bhardwaj R, Fang X H, Somasundaran P, Attinger D. Self-assembly of colloidal particles from evaporating droplets: Role of DLVO interactions and proposition of a phase diagram. Langmuir, 2010, 26: 7833–7842.

[6] Hu H, Larson R G. Analysis of the microfluid flow in an evaporating sessile droplet. Langmuir, 2005, 21: 3963–3971.

[7] Hu H, Larson R G. Analysis of the effects of Marangoni stresses on the microflow in an evaporating sessile droplet. Langmuir, 2005, 21: 3972–3980.

[8] Eral H B, Mampallil Augustine D, Duits M H G, Mugele F. Suppressing the coffee stain effect: How to control colloidal self-assembly in evaporating drops using electrowetting. Soft Matter, 2011, 7: 4954–4958.

[9] Kumar A, Chuang H S, Wereley S T. Dynamic manipulation by light and electric fields: Micrometer particles to microliter droplets. Langmuir, 2010, 26: 7656–7660.

[10] Yunker P J, Still T, Lohr M. A, Yodh A G. Suppression of the coffee-ring effect by shape-dependent capillary interactions. Nature, 2011, 476: 308–311.

[11] Byun M, Han W, Li B, Hong S W, Cho J W, Zou Q Z, Lin Z Q. Guided organization of λ-DNA into microring arrays from liquid capillary bridges. Small, 2011, 7: 1641–1646.

[12] Zhang S J, Li Q W, Kinloch I A, Windle A H. Ordering in a droplet of an aqueous suspension of single-wall carbon nanotubes on a solid substrate. Langmuir, 2010, 26: 2107–2112.

[13] Zavelani-Rossi M, Lupo M G, Krahne R, Mannab L, Lanzani G. Lasing in self-assembled microcavities of CdSe/CdS core/shell colloidal quantum rods. Nanoscale, 2010, 2: 931–935.

[14] Layani M, Gruchko M, Milo O, Balberg I, Azulay D, Magdassi S. Transparent conductive coatings by printing coffee ring arrays obtained at room temperature. ACS Nano, 2009: 3537–3542.

[15] Petsi A J, Burganos V N. Temperature distribution inside an evaporating two-dimensional droplet lying on curved or flat substrates. Physical Review E, 2011, 84: 011201.

[16] Maxwell J C. Diffusion—Collected scientific papers. Cambridge: Encyclopedia Britannica, 1877.

[17] Langmuir I. Evaporation of small spheres. Physical Review, 1918, 12: 368–370.

[18] Picknett R G, Bexon R. The evaporation of sessile or pendant drops in still air. Journal of Colloid and Interface Science, 1977, 61: 336–350.

[19] Rowan S M, Newton M I, McHale G. Evaporation of microdroplets and the wetting of solid surfaces. Journal of Physical Chemistry, 1995, 99: 13268–13271.

[20] McHale G, Aqil S, Shirtcliffe N J, Newton M I, Erbil H Y. Analysis of droplet evaporation on a super-hydrophobic surface. Langmuir, 2005, 21: 11053–11060.

[21] Kulinich S A, Farzaneh M. Effect of contact angle hysteresis on water droplet evaporation from super-hydrophobic surfaces. Applied Surface Science, 2009, 255: 4056–4060.

[22] Anantharaju N, Panchagnula M, Neti S. Evaporating drops on patterned surfaces: Transition from pinned to moving triple line. Journal of Colloid and Interface Science, 2009, 337: 176–182.

[23] Sefiane K, Tadrist L. Experimental investigation of the de-pinning phenomenon on rough surfaces of volatile drops. International Communications in Heat and Mass Transfer, 2006, 33: 482–490.

[24] Shanahan M E R. Simple theory of "stick-slip" wetting hysteresis. Langmuir, 1995, 11: 1041–1043.

[25] Shanahan M E R, Sefiane K. Kinetics of triple line motion during evaporation// Mittal K L. Contact Angle, Wettability and Adhesion. Leiden: Koninklijke Brill NV, 2009, 6: 19–31.

[26] Poulard C, Guéna G, Cazabat A M. Diffusion-driven evaporation of sessile drops. Journal of Physics: Condensend Matter, 2005, 17: S4213–S4227.

[27] Guéna G, Poulard C, Cazabat A M. The leading edge of evaporating droplets. Journal of Colloid and Interface Science, 2007, 312: 164–171.

[28] Deegan R D. Pattern formation in drying drops. Physical Review E, 2000, 61: 475–485.

[29] Shahidzadeh B N, Rafaï S, Azouni A, Bonn D. Evaporating droplets. Journal of Fluid Mechanics, 2006, 549: 307–313.

[30] Poulard C, Guéna G, Cazabat A M, Boudaoud A, Amar M B. Rescaling the dynamics of evaporating drops. Langmuir, 2005, 21: 8226–8233.

[31] Dhavaleswarapu H K, Migliaccio C P, Garimella S V, Murthy J Y. Experimental investigation of evaporation from low-contact-angle sessile droplets. Langmuir 2010, 26: 880–888.

[32] Yu Y S, Wang Z Q, Zhao Y P. Experimental and theoretical investigations of evaporation of sessile water droplet on hydrophobic surfaces. Journal of Colloid and Interface Science, 2012, 365: 254–259.

[33] Kim J H, Ahn S I, Kim J H, Zin W C. Evaporation of water droplets on polymer surfaces. Langmuir, 2007, 23: 6163–6169.

[34] Marin A G, Gelderblom H, Lohse D, Snoeijer J H. Order-to-disorder transition in ring-shaped colloidal stains. Physical Review Letters, 2011, 107: 085502.

[35] Ghasemi H, Ward C A. Mechanism of sessile water droplet evaporation: Kapitza resistance at the solid-liquid interface. Journal of Physical Chemistry C, 2011, 115: 21311–21319.

下篇　表面和界面演化动力学

第 13 章 分子马达和微悬臂梁传感器中的界面力学

13.1 分子机器中的一些重要力学问题

分子马达是那些能够利用化学能来做功的生物大分子的统称, 它们包括肌球蛋白 (myosin, 图 13.1)、驱动蛋白 (kinesin, 图 13.2)、RNA 聚合酶 (RNA-polymerase, RNAP)、拓扑异构酶 (topoisomerases)、ATP 酶 (ATPase) 等. 纳米技术与仿生学的结合可以使科学家仿照生命过程的各个环节制造出各种各样的纳米机器或分子机器.

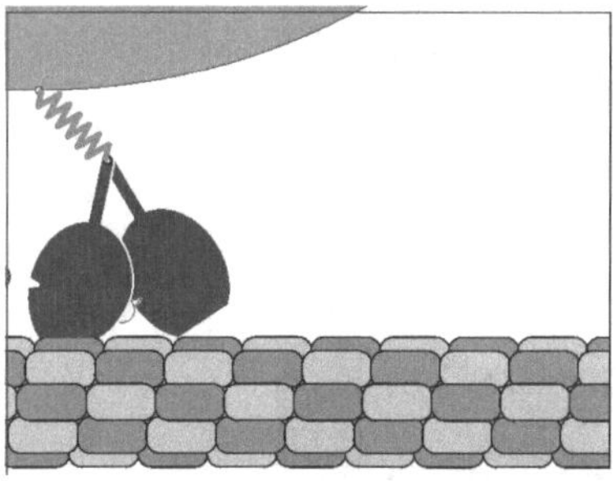

图 13.1 直线型分子马达: 肌球蛋白

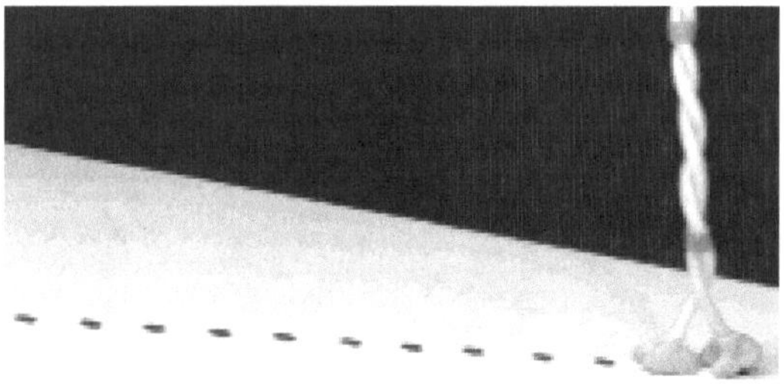

图 13.2 直线型分子马达: 驱动蛋白

各种分子马达之间的比较可见表 13.1.

表 13.1 不同分子马达之间的比较

分子质量				最大速度		步幅		堵转载荷	
马达	驱动	10^5Da	效率, %	nm/s	转/s	nm	deg	pN	pN·nm
驱动蛋白	ATP	1	100	800		8		6	
肌球蛋白	ATP	5	1	8000		15		4	
RNAP	NTP	7	100			0.35		30	

续表

分子质量				最大速度		步幅		堵转载荷	
马达	驱动	10^5Da	效率, %	nm/s	转/s	nm	deg	pN	pN·nm
F_1	ATP	4	100	1	00		120		40
F_0	PMF	1.5	100	1500	100	(1100)	30	(16)	(40)
Flag	PMF	≈100	100	45000	300	(< 0.4)	< 1	(300)	4800

1960 年, 美国科学家 E. Racker 从线粒体中分离出合成 ATP 的酶, 称该酶为 F_0F_1-ATPase, 或称为 ATP synthase (ATP 合成, 图 13.3). Boyer 和 Walker 曾因为研究 ATP 的合成和转化方面的贡献获得 1997 年度化学诺贝尔奖 (图 13.4). ATP

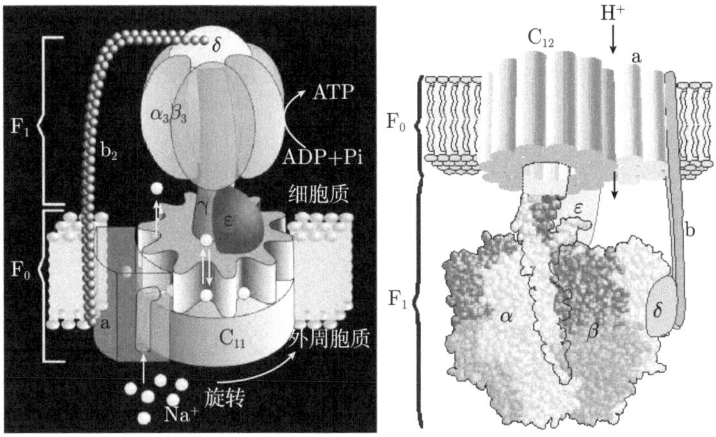

图 13.3　F_0F_1-ATPase 示意图

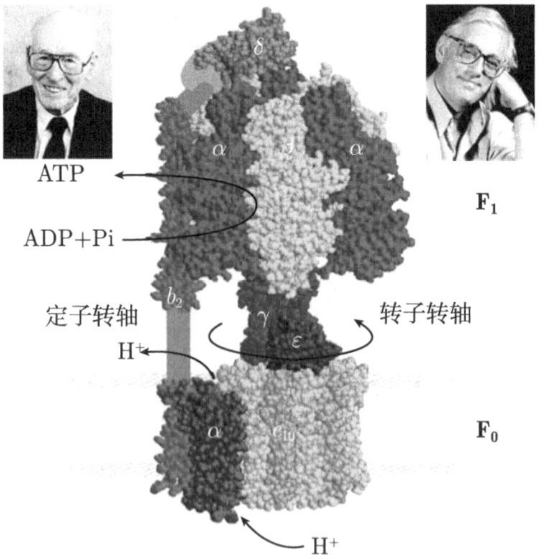

图 13.4　Boyer (上左) 和 Walker 因研究 ATP 的能量转化机理获得 1997 年诺贝尔奖

synthase 的反应机制很像是利用水流力量来铸造钱币的机器, F_0 部分像一个转盘轮, 氢离子流束像水流瀑布, 而 F_1 部分结构的变化正像每旋转一周就产生钱币的机器, 于是 Boyer 称 ATP synthase 是分子机器 (molecular machine).

1997 年, Yoshida 所领导的小组看到了单个 ATP 酶 (F_1-ATPase) 分子中的亚单元在 "生物燃料分子" 三磷酸腺苷 (ATP) 供应下的 "步进电机" 式转动 (图 13.5), 即 360° 是由三次 120° 完成, 而 120° 转动是由 90° 加 30° 两个档级进行的[1].

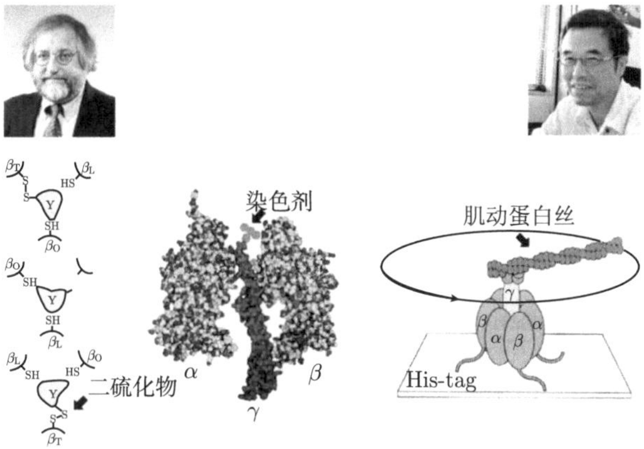

图 13.5 Cross 课题组以及 Yoshida 课题组[1] 为证明分子马达的旋转机理作出了重要贡献

2000 年, Montemagno 课题组将 F_1 分子马达与一个金属螺旋桨组装在一起, 如图 13.6, 在 ATP 的驱动下, 使螺旋桨能够以一定的角速度旋转[2]. 由于该分子马达也是从给细胞提供能量的分子中获得能量, 所以 Montemagno 认为科学家有朝一日也许能够建造出比细菌还小的机器人. 这类机器人将能够修复细胞损伤, 制造药物并且攻击癌细胞.

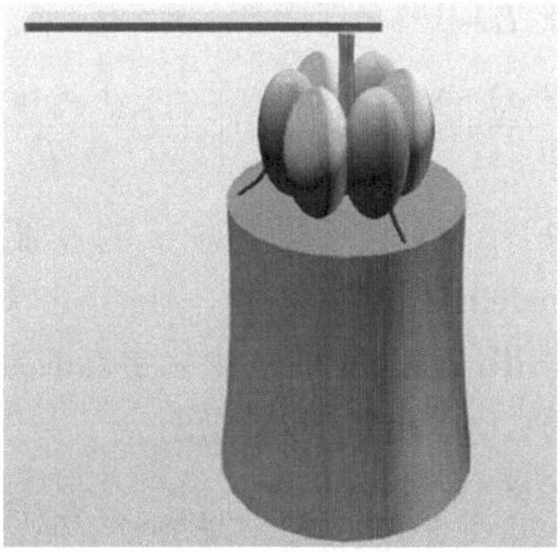

图 13.6 特征尺度为 10 nm 的与金属螺旋桨组装在一起的纳米马达[2]

近年来, 该领域的发展日新月异, 尺寸更小、功能更强的马达分子层出不穷.

13.1.1 分子马达的效率

F_1-ATPase 的效率被认为可以近似达到 100%[3], 其机制是化学能直接向机械能的转换, 如此高效率的能量转换引起了科学家的极大研究兴趣, 揭示其中的奥秘并对人类所设计的机器有所启示是科学家开展分子马达的重要动力之一.

一个 ATP 分子水解后自由能的减低为

$$\Delta F = \Delta F_0 + k_{\mathrm{B}}T \ln \frac{[\mathrm{ADP}][\mathrm{P_i}]}{[\mathrm{ATP}]}, \tag{13-1}$$

式中 $\Delta F_0 = -50\ \mathrm{pN \cdot nm}$ 为 pH=7 时的标准自由能变化, $k_{\mathrm{B}}T = 4.1\ \mathrm{pN \cdot nm}$ 为室温时的热能 (thermal energy). 当 $[\mathrm{ATP}] \sim 10^{-3}$ M, $[\mathrm{ADP}] \sim 10^{-4}$ M 和 $[\mathrm{Pi}] \sim 10^{-3}$ M, 式 (13-1) 的估算值为 $\Delta F \approx (-80 \sim -90)\ \mathrm{pN \cdot nm}$. 而一个 ATP 分子水解的能量驱动 F_1 马达旋转 120°, 这样一个 ATP 分子水解后所做的功为

$$(40-44)\ \mathrm{pN \cdot nm} \times \frac{2\pi}{3}\ \text{弧度} \approx (8 \sim 90)\ \mathrm{pN \cdot nm}.$$

所以, F_1 马达的效率理论上可以高达

$$F_1\ \text{马达的效率} = \frac{\text{旋转 } 120^\circ \text{ 所做的功}}{-\Delta F} \approx 100\%.$$

13.1.2 F_0F_1-ATPase 的化学态及动力学方程

如图 13.4、图 13.5 所示, F_1 部分由三个 α 和 β 亚基 (subunit) 和中间作为转轴的 γ 亚基所组成. F_1 部分有三个位于 β 亚基的催化位点 (catalytic sites), 每个催化位点有四个占有态 (occupancy states): Empty (E), ADP bound (D), ADP+P_i bound (DP), ATP bound (T). 所以 F_1 部分有 $4^3 = 64$ 个化学态 (chemical states), 而 F_0 部分有 $2^3 = 8$ 个化学态.

设 γ 亚基位置的角概率密度 (angular probability density) 为 $\rho_\sigma(\theta)$, 该概率密度满足如下 Fokker-Planck 方程[4]

$$\frac{\partial \rho_\sigma(\theta,t)}{\partial t} = \frac{1}{\zeta}\frac{\partial}{\partial \theta}\left[\left(\frac{\partial \Psi(\theta;\sigma)}{\partial \theta} + f_{\mathrm{load}}\right)\rho_\sigma(\theta)\right] + D\frac{\partial^2 \rho_\sigma(\theta)}{\partial \theta^2} + \sum_{\sigma'=1}^{N} k_{\sigma\sigma'}(\theta)\rho_{\sigma'}. \tag{13-2}$$

式中 $\sigma = 1, 2, \cdots, 64$, $\Psi(\theta;\sigma)$ 为对应于化学态 σ 的 γ 亚基的弹性势, 扩散系数 D 和黏滞性系数 ζ 通过 Einstein 公式联系 $D = k_{\mathrm{B}}T/\zeta$, $k_{\sigma\sigma'}$ 为各态间的跃迁矩阵 (transition matrix). 值得指出的是, F_0 的 8 个化学态的方程仍然由 (13-2) 式描述.

γ 亚基轴的旋转由下列 Langevin 方程确定:

$$\zeta\frac{\mathrm{d}\theta}{\mathrm{d}t} = -\frac{\partial \Psi(\theta;\sigma)}{\partial \theta} - f_{\mathrm{load}} + f_{\mathrm{B}}(t). \tag{13-3}$$

式中 f_{load} 为外部所施加保守力的力矩, f_{B} 为由于热涨落所引起的 Brown 力矩.

13.1.3 F_1 分子马达低 Reynolds 数流体动力学

由于 F_0F_1-ATPase 一般是在水溶液中工作, 所以确定其黏滞系数十分重要. 对于 F_1 马达而言, 如果其携带载荷的特征尺度在微米量级, 特征速度在数微米/秒量级的话, 则 Reynolds 数 Re$\sim10^{-6}$, 属于低 Re 数流动问题, 一般惯性影响较小. 对于马达携带载荷的情况, 分下列几种情况讨论:

(1) 所携带的载荷为球状

如果球的半径为 R, 球心离转轴的距离为 a, 当球离基底的距离较远时, 则转动的黏滞系数为[5]

$$\zeta = 8\pi\eta R^3 + 6\pi\eta R a^2, \tag{13-4}$$

式中 η 为水的黏性系数. 驱动力矩 T_{ATP}、马达转速 ω 和黏滞系数的关系为

$$T_{\mathrm{ATP}} = \omega\zeta. \tag{13-5}$$

则马达的转速为: $\omega = T_{\mathrm{ATP}}/\left(8\pi\eta R^3 + 6\pi\eta R a^2\right)$. 一般, $T_{\mathrm{ATP}} \sim 10k_{\mathrm{B}}T$.

但当马达所携带的球离基底较近时, 此时必须考虑壁面对运动阻力的影响. 当球心离基底的距离为 h 时, 旋转黏滞系数为

$$\zeta = \left(8\pi\eta R^3 + 6\pi\eta R a^2\right)\left[1 + \sinh^3\gamma_0 \sum_{n=2}^{\infty} \frac{1}{\sinh^3(n\gamma_0)}\right]. \tag{13-6}$$

式中 $\gamma_0 = \operatorname{arch}(h/R)$, 上述修正则可以进一步简化为[6,7]

$$\zeta = \frac{8\pi\eta R^3 + 6\pi\eta R a^2}{1 - \dfrac{1}{8}\left(\dfrac{R}{h}\right)^3 - \dfrac{3}{256}\left(\dfrac{R}{h}\right)^8 + O\left[\left(\dfrac{R}{h}\right)^{10}\right]}, \tag{13-7}$$

则转速为

$$\omega = \frac{T_{\mathrm{ATP}}}{8\pi\eta R^3 + 6\pi\eta R a^2}\left\{1 - \frac{1}{8}\left(\frac{R}{h}\right)^3 - \frac{3}{256}\left(\frac{R}{h}\right)^8 + O\left[\left(\frac{R}{h}\right)^{10}\right]\right\}. \tag{13-8}$$

从式 (13-6)~(13-8) 可以看出, 壁面的影响是使旋转黏滞系数增大, 马达转速减小.

(2) 所携带的载荷为长圆柱形

当携带的载荷为端点固定在 γ 亚基的半径为 R、长度为 L 的长圆柱体且离基底较远时 (图 13.4), 旋转黏滞系数为[8]

$$\zeta = \frac{4\pi}{3}\eta L^3\left[\ln\left(\frac{L}{2R}\right) - 0.447\right]^{-1}, \tag{13-9}$$

则马达的旋转速度为

$$\omega = \frac{3T_{\text{ATP}}}{4\pi\eta L^3}\left[\ln\left(\frac{L}{2R}\right) - 0.447\right]. \tag{13-10}$$

当圆柱体离基底较近时, 需要考虑壁面对运动阻力的影响. 如果圆柱体的轴心离基底的距离为 h 时, 此时的旋转黏滞系数为

$$\zeta \cong \frac{4\pi\eta L^3}{3}\frac{1}{\cosh^{-1}(h/R)} = \frac{4\pi\eta L^3}{3}\frac{1}{\ln\left[(h/R) + \left[(h/R)^2 - 1\right]^{1/2}\right]}, \tag{13-11}$$

此时马达的转速为

$$\omega = \frac{3T_{\text{ATP}}}{4\pi\eta L^3}\ln\left\{\left(\frac{h}{R}\right) + \left[\left(\frac{h}{R}\right)^2 - 1\right]^{1/2}\right\}. \tag{13-12}$$

13.1.4 来自生物系统的摩擦与润滑的启示以及分子马达的组装

正如 Israelachvili 等在 *Nature* 杂志上一篇评述文章中指出的[9]: 通过大自然的演化与选择, 生物系统的基于水的润滑系统 (water-based lubricant system) 远远超过 (far outclass) 目前各类机械中的基于油的润滑系统 (oil-based lubricant system), 如何揭示其中的奥秘是我们面临的巨大挑战 (great challenges). 事实上, 分子马达也为我们研究生物系统的摩擦与润滑机理提供了一个很好的平台, 会给我们提供很多仿生学意义上的启示.

生物系统中基于水的润滑系统对于亲水表面效果明显, 除了空间构型 (steric) 所形成的排斥性外, 表面电荷会在表面附近形成一个具有排斥性的 "双电层 (EDL)". 目前关于这方面的研究已经引起了学术界和工程界的极大兴趣.

生物大分子是自然界最优化的马达, 利用其模仿和制造类似于生物大分子的分子机器, 从某种意义上说是目前纳米科技的核心领域之一. 由于有十分广阔的应用前景和巨大的学术价值, 目前美国、日本和德国等在分子马达研究方面竞争日趋激烈, 投资十分巨大. 要想在分子马达这一领域取得具有真正意义上的突破, 需要生物、化学、力学、物理、机械等多学科学者的联合攻关.

任权等和乐家昌等[10] 在 ATP 酶马达 -F_1 分子马达及相关的力学问题开展了研究. 首先是将纳米金属镍丝 (或者镍和金相连的纳米细丝) 与分子马达连接在一起实现转动, 该分子马达旋转的序列如图 13.7 所示. 所需的纳米金属镍丝–分子马达螺旋桨 (推进器) 利用电化学沉积的方法得到. 还可改变纳米细丝的成分, 使得镍丝和其他金属交叉出现, 从而实现分子马达对螺旋桨的定位, 如图 13.8 所示, 安装有多段纳米线组装在 F_1 分子马达的旋转序列图如图 13.9 所示.

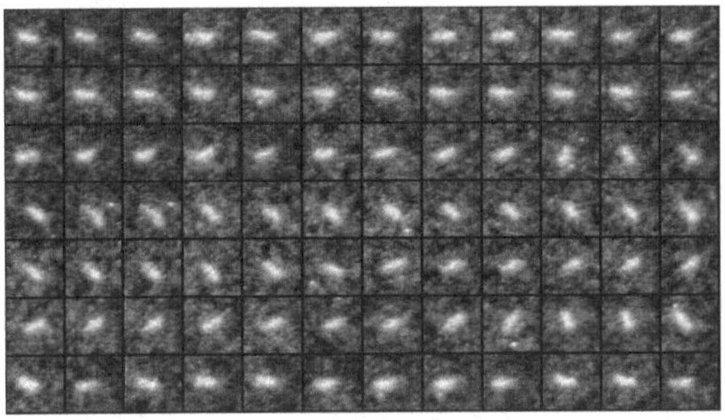

图 13.7 分子马达旋转序列图[10], 间隔时间 40 毫秒

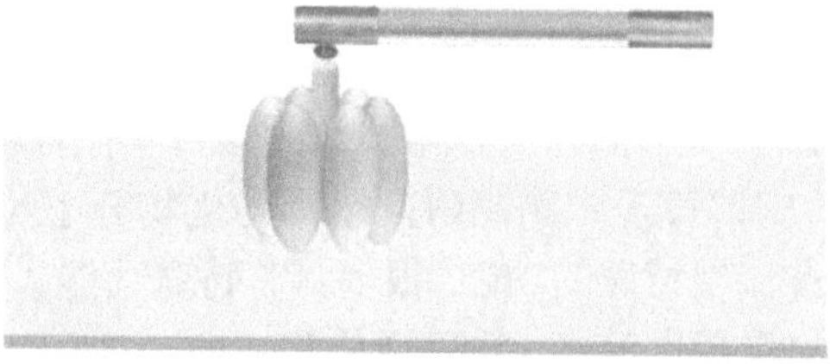

图 13.8 安装有分段修饰螺旋桨的分子马达[10]

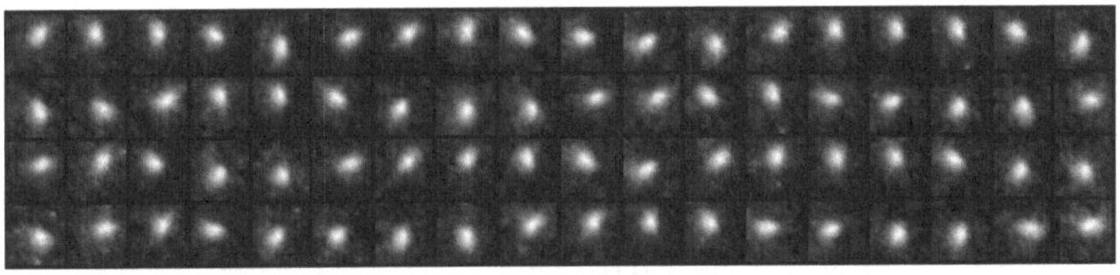

图 13.9 多段纳米线组装在 F_1 分子马达的旋转序列图片, 间隔时间 40 毫秒[11]

其次根据磁镊的工作原理, 任权还设计了用于分子马达的调控磁场, 并对在 ATP 驱动下旋转的分子马达实现了调控: 磁场既可以加速分子马达的旋转, 也可以减速、停止转动、实现了分子马达反方向的旋转运动. 这种运动调控的实现, 对于分子马达的实用化具有重要意义. 对分子马达进行了局部流场的动力学研究, 对以后分子马达的进一步实用化研究奠定了一定基础[11].

美国学者在相关的综述文章中[12], 对任权等的上述研究工作进行了大篇幅引用, 文献 [12] 结合任权等的工作着重指出: "These have potential in advanced biosensors and force bioactuators··· (在先进生物传感器和力生物致动器方面有潜在应用 ···)"、"It also highlights the potential of combining biologically active moieties with inorganic nanorods. Such hybrid inorganic-biological nanorod systems have shown significant potential in gene and drug delivery applications. (该工作也凸显了将生物活性分子同无机纳米线组合的潜力. 这种杂交无机–生物纳米线系统已经在基因和药物输运应用中显示出极大的前景.)"

13.2　分子机器固定问题的多尺度模拟

分子机器可作为血管或管道纳米机器人, 而最为广泛的应用需要固定在基底上. 杨振宇和赵亚溥应用多尺度模拟的方法研究了分子马达在基底上的固定 (immobilization) 的机理[13~16].

生物分子在金属表面的吸附被广泛地应用在 Bio-MEMS 中, 起到功能性作用. 生物分子在基底上的固定在纳米技术中具有十分重要的作用, 并逐渐成为了分子机器等元件应用的重要先决条件[17]. 例如, 自组装单分子膜 (SAMs) 是将生物分子有序地吸附到一个固体表面而形成的. 这些生物分子的头基 (Head-group) 在基底上的强化学吸附以及分子间的相互作用被认为是自发性自组装的根源所在. Bio-MEMS 和 Bio-NEMS 中的许多生物黏附问题都与生物分子的固定相关. 为了将分子器件组装到系统中并实现特殊的功能, 很多具有特殊功能基团的生物分子被广泛地应用到特异性黏附、选择性链接、精确定位和定向.

许多固定的方法都基于连续的组氨酸残基具有可以同金属离子接合的能力. 由于具有特殊的咪唑环 (imidazole ring) 结构, 组氨酸标记 (His-tags) 广泛应用于 Bio-NEMS 中, 起到链接和固定的作用. Hochuli 等将组氨酸应用到蛋白选择性结合的研究中, 发现了末端具有两个连续的组氨酸形成的化合物比单个的组氨酸形成的更加稳定[18]. 在此基础之上, 一段具有六个连续的组氨酸的结构通常被标记到蛋白质的一级结构上[19], 使其有可能应用在分子马达或生物传感器的固定问题中.

Noji 等[1] 开发出了多个组氨酸标记的肽链, 利用其与镍–氨基三乙酸 (Ni-NTA) 的强亲和力可以将 F_1-ATPase 分子马达固定在固体表面 (图 13.10). 他们发现这样

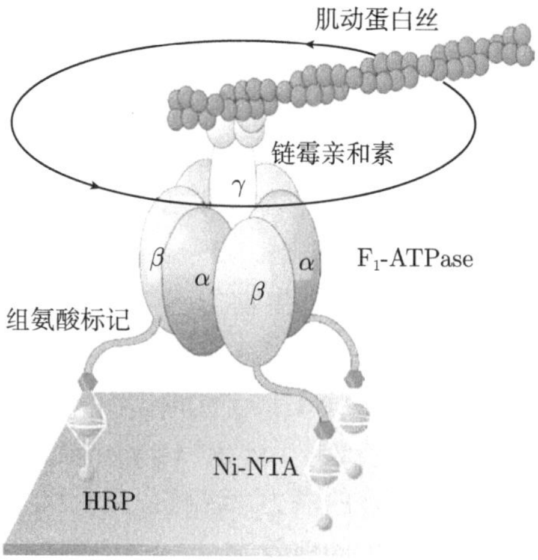

图 13.10　分子马达通过末端标记了组氨酸的肽链与 Ni-NTA 的作用固定在基底上[1]

的结构可以将分子马达的 $\alpha_3\beta_3\gamma$ 部分牢固地固定在基底上, 即使在 ATP 水解使得肌动蛋白丝旋转时产生的较高的扭矩 (~40 pN·nm) 也不能破坏这种结构.

如图 13.11 所示, Montemagno 和 Bachand 采用标记了组氨酸的 β 折叠的序列上[20], 然后吸附到用纳米技术加工的 Ni 表面, 并应用于分子马达, 定位精度达到 30 nm.

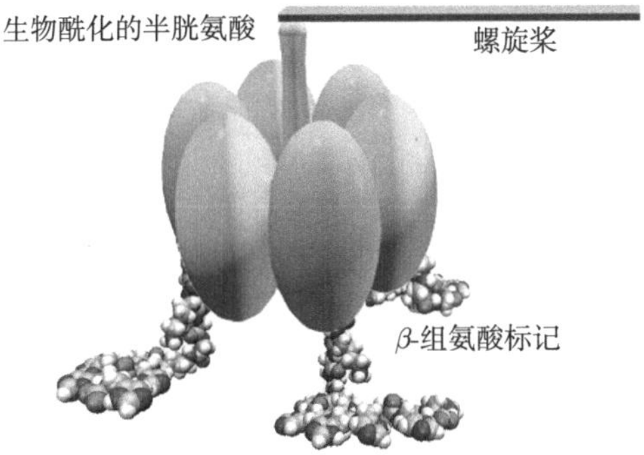

图 13.11 F_1-ATPase 分子马达固定的示意图

Agarwal 等[21] 通过具有电位差的 AFM 装置设计了蘸笔纳米光刻 (dip pen nanolithography, 简称 DPN) 实验, 这样可以将末端标记了组氨酸的肽链螯合到离子化的金属 Ni 表面, 如图 13.12 所示. 他们的实验还表明 $(His)_6$ 这样的标记不能沉积在中性的 Ni 表面上. Montemagno 等对 $(His)_6$ 在不同表面上的吸附强度在不同的应变率下进行了研究[22], 结果表明 $(His)_6$ 在金属 Ni 表面上的吸附可以用在杂交 NEMS 系统中起到固定和精确定位的作用. 上面两组实验在 $(His)_6$ 与 Ni 表面的吸附产生了一些分歧.

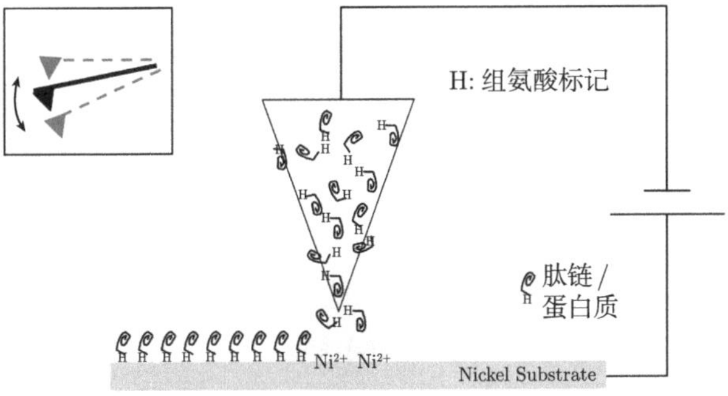

图 13.12 末端标记了组氨酸的肽链在 Ni 基底上的固定[21]

13.2.1 分子马达固定中的螯合作用

组氨酸具有一个特殊的基团 —— 咪唑环 (imidazole ring), 咪唑环上有一个氮原子具有孤对电子, 在一定的条件下可以与金属离子共享这些电子并形成配位键. 通过金属与两个原子成键并且形成杂环结构的配位化合物的过程叫做螯合作用 (chelation, 动词和形容词为：chelate). “chelation” 一词来源于希腊文的 “chelè”, 意思是螃蟹或虾的螯 (claw). 如图 13.13 所示, R.J. Lanchashire 依据此画了一个形象的螯合作用示意图.

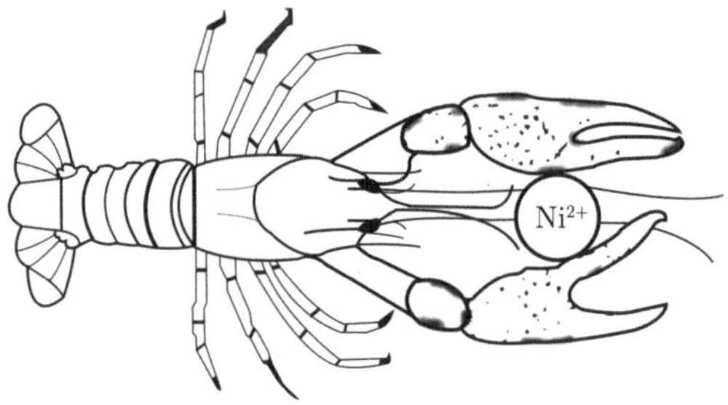

图 13.13　螯合作用的示意草图

已有的实验证明组氨酸中的咪唑环上的氮原子可以同 Ni-NTA 中的 Ni 离子发生螯合作用形成较强的配位键 (图 13.14). 这种高亲和力的螯合剂甚至可以用到定向固定蛋白质, 并且可以形成可逆的开关功能. 多肽可以精确地同无机材料结合, 这就使得不同的材料在马达驱动下进行组装成为可能[23]. 这样的纳米技术在单分子技术和 Bio-NEMS 合成中的应用越来越广泛, 并且具有很大的潜力[24].

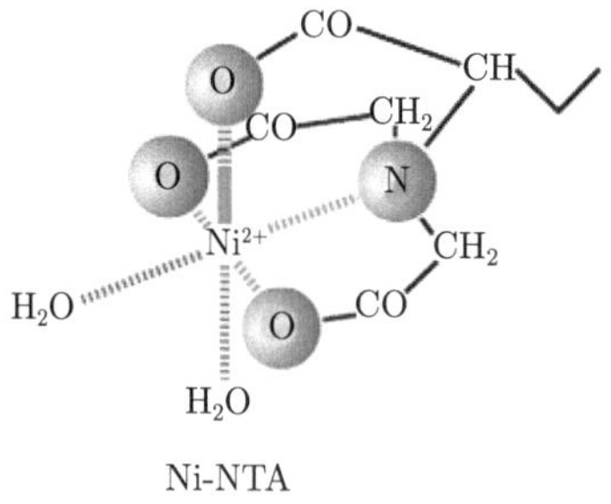

(a) Ni-NTA 在水中的状态

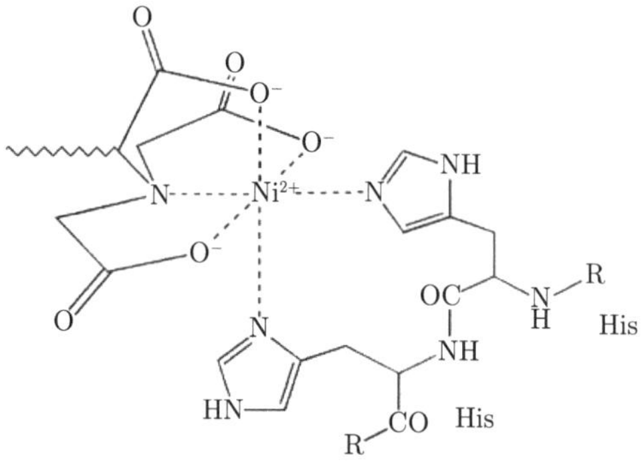

(b) Ni-NTA 同 $(His)_6$ 的螯合

图 13.14　Ni-NTA 同 $(His)_6$ 作用

13.2.2　QM/MM 跨尺度模拟

这里采用常见的连接原子法来处理 QM/MM 的边界. 连接原子 (图 13.15) 通过 QM 氢原子来代替, 但是连接原子同 MM 原子之间的相互作用不纳入运算. 每一个穿过 QM/MM 边界的共价键都需要定义一个连接原子. 连接原子放置在 QM

原子和 MM 原子之间的共价键上, 距离 QM 原子约 1.0 Å 的地方. 连接原子确切的相对位置在后面的结构优化计算中加以确定. 对于集成分子轨道/分子力学方法 (integrated molecular orbital/molecular mechanics, IMOMM)[25], 对连接原子的引入进行了修正, 减去经典的 MM 部分同真正的 QM 部分的作用, 并应用到有机金属反应研究中[26~28].

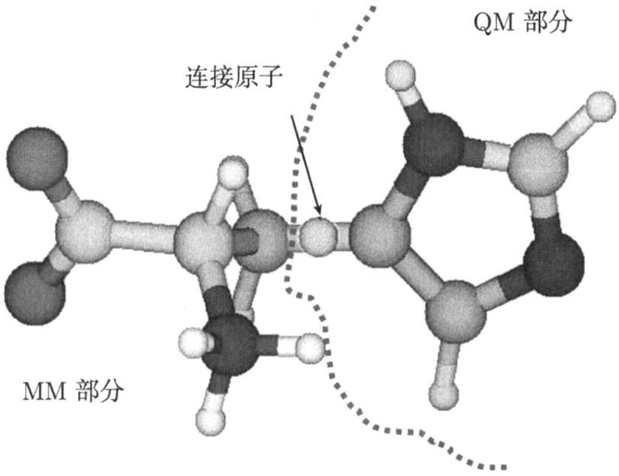

图 13.15 组氨酸分子剖分为 QM 和 MM 区域

(1) QM/MM 模型

这里研究的对象是由 14 个氨基酸残基组成的多肽链, 包括了 6 个苷氨酸 (Glycine)、两个赖氨酸 (Lysine) 和末端的 6 个组氨酸 (Histidine)($(His)_6$)(图 13.16)[20]. 已有的实验表明这样的肽链可以与 Ni 离子[21]、Ni-NTA 修饰的表面以及纳米技术加工的金属表面相互作用, 并起到固定的作用.

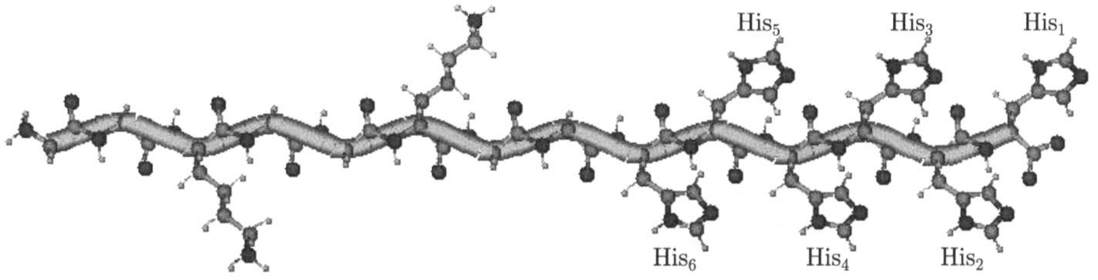

图 13.16 末端标记了 $(His)_6$ 的肽链

Conti 等[29] 的实验显示 6 个组氨酸标记的肽链可以同 Ni 的二价离子形成螯合物, 并且具有不同的稳定性. 在后面的工作中, 2、4、6 个组氨酸同 Ni 离子形成的螯合进行了分别考虑, 研究了其螯合结构和稳定性. 这里的研究目标是标记的组氨酸同 Ni 离子之间的相互作用, 而螯合作用涉及配位键的形成, 经典的 MD 不能描述这个问题, 所以采用 QM/MM 的方法来研究螯合作用.

根据 QM/MM 方法的规则, 将与核心反应相关的区域选择为 QM 区域, 而对这个中心区域的作用可以忽略不计的区域则选择为 MM 区域. 首先考虑 $(His)_6$-Ni^{2+} 的构成的系统, 对于 2 个组氨酸同 Ni 离子螯合的结构, 选取了 2 个咪唑环和 Ni 离子, 以及同 Ni 离子形成水合的 4 个水分子共 33 个原子作为 QM 原子 (图 13.17(a)); 对于 4 个组氨酸同 Ni 离子螯合的结构, 选取了 4 个咪唑环和 Ni 离子以及同 Ni 离子形成水合的 2 个水分子共 45 个原子作为 QM 原子 (图 13.17(b)); 而对于 6 个组氨酸同 Ni 离子形成的螯合物, 已经完全占据了所有的配位数, 所以 QM 原子包括了 6 个咪唑环和 Ni 离子, 共计 55 个 QM 原子 (图 13.17(c)). 剩下的肽链上的其他所有的原子以及溶剂水分子都被选取为 MM 部分. QM 和 MM 部分的边界问题通过 IMOMM 方法来处理, 通过量化软件 GAMESS 同分子力学计算软件 TINKER 结合执行计算.

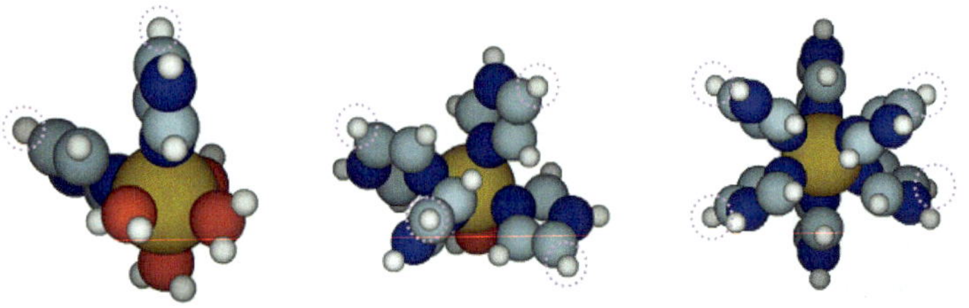

(a) 2 个 His 参加螯合 (b) 4 个 His 参加螯合 (c) 6 个 His 参加螯合

图 13.17 三种螯合结构的 QM 模型, 虚线圆圈里面的氢原子是连接原子

此外, 采用同样的方法, 还进一步研究了 $(His)_6$ 标记的肽链同 Ni-NTA 之间的相互作用. 以 Ni 离子为中心的核心区域设定为 QM 区域, 采用分子轨道的方法处理; 其余原子则设定为 MM 区域, 采用 MM3 全原子力场来描述 (图 13.18).

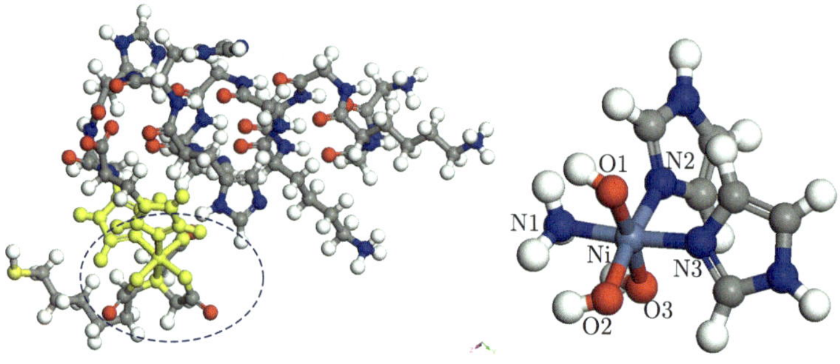

(a) 虚线框中的黄色原子为 QM 原子
其余的原子为 MM 原子 (包括水分子)

(b) QM 模型以及原子标记

图 13.18 组氨酸标记的肽链同 Ni-NTA 之间的螯合

(2) QM/MM 计算结果

对于螯合结构, 结合能定义为

$$\Delta E = E_{\text{tot}}\left(\text{Ni}^{2+} - \text{Peptide}\right) - E_{\text{tot}}\left(\text{Ni}^{2+}\right) - E_{\text{tot}}\left(\text{Peptide}\right), \tag{13-13}$$

其中, $E_{\text{tot}}\left(\text{Ni}^{2+} - \text{Peptide}\right)$ 是系统总能量, $E_{\text{tot}}\left(\text{Ni}^{2+}\right)$ 是孤立 Ni 离子的单点能, $E_{\text{tot}}\left(\text{Peptide}\right)$ 是不含有 Ni 离子时系统的总能量. 连接原子的能量出现在 $E_{\text{tot}}\left(\text{Ni}^{2+} - \text{Peptide}\right)$ 和 $E_{\text{tot}}\left(\text{Peptide}\right)$ 中, 通过 (13-13) 式的运算后则不会出现在 ΔE 中, 故不会在结果中引入多余的原子的能量, 从而减小了连接原子的影响.

对于不同的螯合结构进行优化, 得到的螯合结构和结合能如表 13.2 所示. 计算结果显示两个组氨酸同 Ni 离子螯合, 当 QM 部分的计算采用 HF 计算得到的结合能为 −231.626 kJ/mol, 而在 B3LYP 水平上得到的能量要低约 15 kJ/mol. 由于 HF 方法是采用一种自适应迭代程序来计算在固定的原子核的 Coulomb 势作用下的多电子系统的 Schrödinger 方程. 所以它只是计算了交换能, 而没有考虑电子间的相关作用. B3LYP 是一种混合 DFT 方法, 给出了交换能和相关能的近似求解. 所以在 B3LYP 水平上的计算给出的结合能能量值更低, 并且在一定程度上更加精确. 提供孤对电子的氮原子同 Ni 离子中间的配位键的平均长度分别约为 2.065 Å (HF) 和 2.056 Å (B3LYP). 其中相邻两个组氨酸中的 N 原子同中心的 Ni 离子形成的角度 ∠N-Ni-N 度稍小于 90°.

表 13.2 优化后的螯合结构的结合能和结构数据

	ΔE	D(N-Ni)	D(C1-L)	D(C1-C2)	D(Ni-O)	∠(N-Ni-N)
2 个组氨酸标记同 Ni^{2+} 螯合						
HF(6-31+G**)/MM	−231.626	2.056	1.081	1.347	1.962	86.43
B3LYP(6-31+G**)/MM	−247.913	2.065	1.083	1.350	1.969	89.62
4 个组氨酸标记同 Ni^{2+} 螯合						
HF(6-31+G**)/MM	−314.077	2.083	1.072	1.341	1.973	93.38
B3LYP(6-31+G**)/MM	−326.062	2.090	1.075	1.342	1.976	93.40
6 个组氨酸标记同 Ni^{2+} 螯合						
HF(6-31+G**)/MM	−382.331	2.092	1.071	1.345	—	91.60
B3LYP(6-31+G**)/MM	−399.462	2.095	1.076	1.348	—	92.02
实验[181,182]	—	2.112	—	1.355	2.065	93.50

计算得到 $(\text{His})_6$ 与 Ni-NTA 之间的结合能为 −286.810 kJ/mol, 这比 $(\text{His})_6$-Ni^{2+} 之间的结合能低近 40 kJ/mol, 说明了 $(\text{His})_6$-Ni-NTA 系统更加稳定. 通过对螯合结构的 Mulliken 布居分析 (Mulliken population analysis, MPA)(表 13.3), 咪唑环中标记为 N2 和 N3 的氮原子 (图 13.18(b)) 在同 Ni 离子螯合之后得到了更多的负电荷, 而且 Ni 离子的正电荷也增加了约一倍, 这表明了螯合之后以 Ni 离子为中心的核心区域的电子结构发生了改变, 咪唑环上的氮原子由于具有孤对电子, 可以

在它们之间和 Ni 离子之间形成较强的配位键, 而这种结构也被证明是一种非常稳定的结构. 价键的量化分析也表明 QM 原子在螯合之后提高了价键的饱和度, 从而增强了结合强度.

表 13.3　主要 QM 原子上的 MPA 以及价键分布

	Mulliken 电荷		总价键	
	孤立的	肽-Ni-NTA	孤立的	肽-Ni-NTA
Ni ion	0.608	1.334	3.055	3.692
O1	−0.880	−0.740	1.543	1.780
O2	−0.867	−0.753	1.608	1.773
O3	−0.836	−0.703	1.656	1.802
N1	−0.934	−0.972	2.809	2.911
N2	−0.230	−0.542	2.959	3.277
N3	−0.230	−0.551	2.959	3.185

13.2.3　分子马达旋转的 MD 模拟

(1) 模拟细节

为了研究整个标记了组氨酸的多肽链在金属 Ni 表面的吸附特性, 对其吸附特性进行了 MD 模拟. 此外还比较了这个多肽在不同的金属表面的吸附选择性, 并且估算了 His-tag 可以为分子马达提供的最大扭矩. 图 13.19 给出了旋转分子马达的示意图. MD 模拟中, 采用了 TIP3P (transferable intermolecular potential 3-point)(附录 B) 模型来描述水分子同水分子以及水分子同溶质之间的相互作用. TIP3P 模型采用原子中心的点电荷来替代静电势的相互作用. Kohlmeyer 等[30] 的研究工作表明电子极化率对金属表面水分子的结构影响很小, 可以忽略不计.

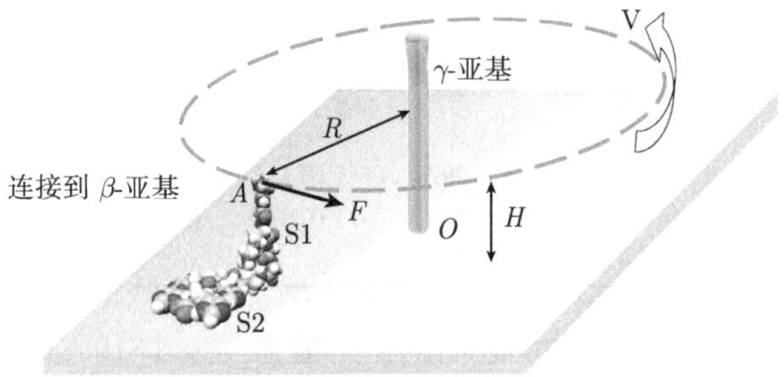

图 13.19　旋转马达的示意图

金属 Ni、Cu 和 Au 都是面心立方晶体, 沿着 (100) 方向截取 5 层原子层来模拟金属表面, 在 XY 方向的尺寸都约为 30 Å, 并在模拟过程中始终固定. 对于多肽链, 选取了基于 CHARMM 全原子参数的标准氨基酸残基拓扑结构和参数.

其中非键的作用采用 Lennard-Jones 6-12 势

$$U\left(r_{ij}\right)=4\varepsilon\left[\left(\frac{\sigma}{r_{ij}}\right)^{12}-\left(\frac{\sigma}{r_{ij}}\right)^{6}\right]. \tag{13-14}$$

金属原子的参数如表 13.4 所示, 金属原子同氨基酸原子之间的相互作用通过几何平均的结合律得到. 电荷之间的作用采用 Coulomb 势描述.

表 13.4 金属模型的参数选取[31]

	$\varepsilon/k_{\rm B}$/deg.	σ/Å	晶格常数/Å
Ni	6030	2.282	3.543
Cu	4750	2.338	3.615
Au	5123	2.637	4.070

模拟的初始状态, 多肽链被放置在距离金属基底距离为 7 Å 的位置 (图 13.20), 然后系统在 300 K 平衡 200 ps. 需要指出的是, 初始构型选择了多肽链很靠近金属表面的位置然后进行 MD 模拟, 这个位置实际上是肽链需要通过分子运动才能到达的地方, 而这个运动过程的时间尺度大约在纳秒量级甚至更大, 这样需要大得多的计算量. 因此初始构型就选择了靠近金属表面的位置, 重点也放在临近吸附到吸附后这个区间的动力学过程. 每 100 步输出温度, 通过改变速度来调节系统温度在 300 K±10 K 的范围内, 这样可以近似认为系统处在 300 K 的温度. 在模拟的动力学过程中, 水盒子的体积保持不变. 为了研究肽链在金属表面的各项特性, 模拟了肽链在金属表面的剥离以及在金属表面的滑移现象. 为了模拟这一系列的动力学现象, 一个虚拟的原子与肽链的 N 端通过刚度系数为 $K = 8$ kcal/mol/Å^2 的弹簧相连接, 并以恒定的速度运动. 这种方法可以模拟 AFM 对 DNA 或蛋白质进行的单分子操纵[32,33].

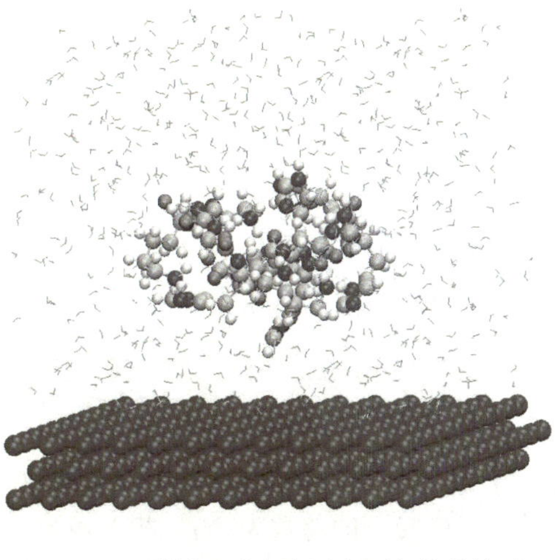

图 13.20 肽链吸附在金属表面之前的构型

(2) 不同金属基底上的吸附特性

• 吸附能

在 MD 模拟过程中, 组氨酸标记的肽链与金属表面在温度为 298 K 的水溶液环境相互作用. 针对不同的金属表面, 通过温度变化得到表面上吸附肽链的不同的构型, 选取其中的最低能构型作为后续研究的初始构型. 肽链在金属表面的平衡构型如图 13.21 所示. 从图中可以看到, 肽链上的咪唑环由于受到表面的吸附作用都具有保持平行于表面的趋势, 这样可以增加肽链与金属表面的接触面积, 提高了吸附能, 因此增强了吸附稳定性.

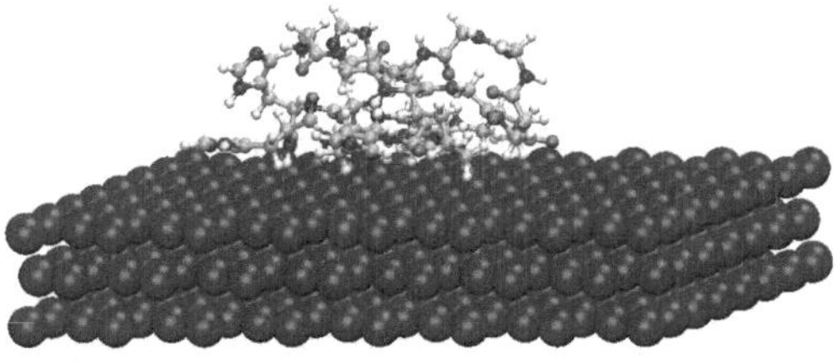

图 13.21　肽链在金属表面的平衡构型

分别比较了单个 Lys、Gly 和 His 分子在金属表面的吸附能, 如表 13.5 所示. 通过比较吸附能, 可以看到 His 与金属表面的相互作用能最大, 然后依次是 Lys 和 Gly. 而且在不同金属表面的吸附能也有差别, 从表 13.5 的数据可以看出, 这三个分子在 Ni 表面的吸附最为稳定, 然后依次是 Cu 和 Au 表面.

表 13.5　His、Lys 和 Gly 分子与不同金属表面的吸附能/(kcal/mol)

	His	Lys	Gly
Ni(100)	−171.31	−141.48	−54.41
Cu(100)	−155.64	−124.84	−48.28
Au(100)	−145.77	−123.90	−44.42

• 对相关函数

采用了对相关函数 (pair correlation function, PCF) 分别来分析肽链在溶液中和在金属表面上同其他原子的相互作用[34,35]. 相关函数 $G(r)$ 可以表示为

$$G(r) = \frac{\langle \rho(r) \rangle}{\langle \rho_A \rangle_{\text{local}}} = \frac{1}{\langle \rho_A \rangle_{\text{local}}} \frac{1}{N_B} \sum_i \sum_j \frac{\delta(r_{ij} - r)}{V(r)}, \tag{13-15}$$

其中, $\rho(r)$ 是距离 B 粒子为 r 的 A 粒子的密度, $V(r)$ 是选取的球壳的体积, $\langle \rho \rangle_{\text{local}}$ 是整个体积内的平均密度, B 粒子的总数为 N_B. 相关函数 $G(r)$ 描述了在给定了距离一个粒子适当半径内能找到另一个粒子的可能性.

肽链与金属表面之间的作用如图 13.22 所示. 从图 13.22(a) 可以看出, Gly 在金属表面的吸附并不强, 它与金属表面的距离超过了 4.0 Å. Lys 也表现出类似的性质 (图 13.22(b)), 残基与金属表面之间的距离超过了 3.0 Å. 而 His 相比之下 (图 13.22(c)) 表现出对金属的较强的亲和力, 这与吸附能计算的结果相符.

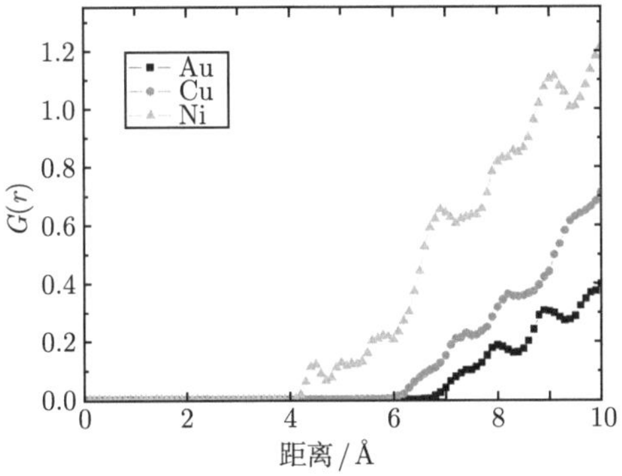

(a) Gly 与金属表面

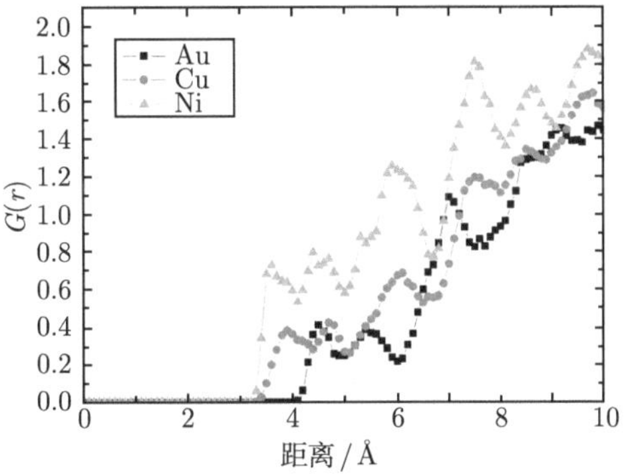

(b) Lys 与金属表面

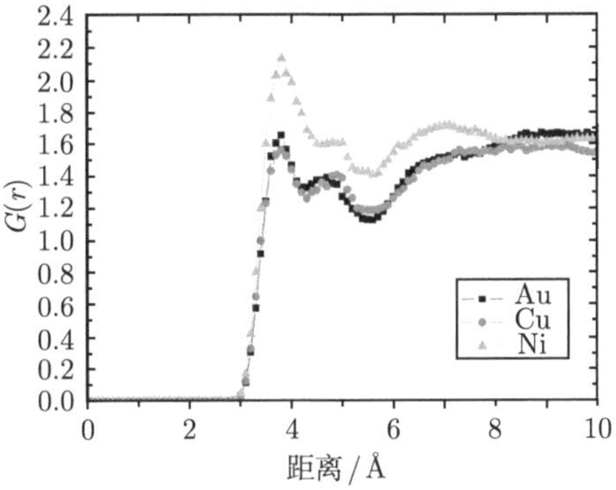

(c) His 与金属表面

图 13.22　金属表面与氨基酸分子之间的对相关函数

• 均方根位移 (root mean square displacement, RMSD)

RMSD 提供了分子吸附过程中构型变化的量化的手段, 计算公式是

$$\Delta d\left(t\right)=\sqrt{\frac{1}{N}\sum_{1}^{N}\left(d_i\left(t\right)-d_i\left(0\right)\right)^2},\tag{13-16}$$

其中 N 是总原子数, $d_i\left(t\right)$ 和 $d_i\left(0\right)$ 分别是原子 i 在 t 时刻和一个参考时刻的坐标.

图 13.23 和图 13.24 分别给出了肽链分子在金属表面的 RMSD 以及肽链主链上的 C^{α} 原子在金属表面上的 RMSD, 从图中可以看出肽链分子更容易稳定在金属 Ni 的表面, 而铜和金表面的吸附作用则显得弱一些. 分子链的构型柔度和可能

的排列方式由吸附性质来决定, 也就是说, 肽链分子与金属表面之间的相互作用限制了肽链分子的振动. 可以从热力学出发来理解这个问题, 构型熵在吸附过程中起到了重要的作用[36]. 肽链分子吸附在金属表面, 由于肽链上原子同基底原子之间的相互作用, 显示了肽链分子的运动, 包括平动和转动的自由度, 从而导致了熵的减小[37]. 所以生物分子在固体表面吸附的过程, 是熵减小的过程.

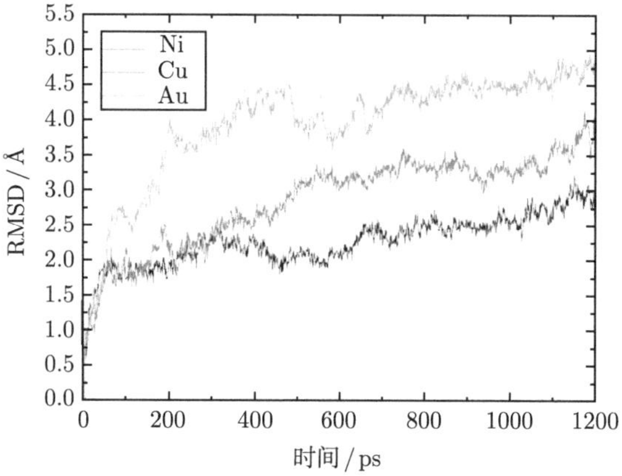

图 13.23　标记组氨酸的肽链分子的 RMSD

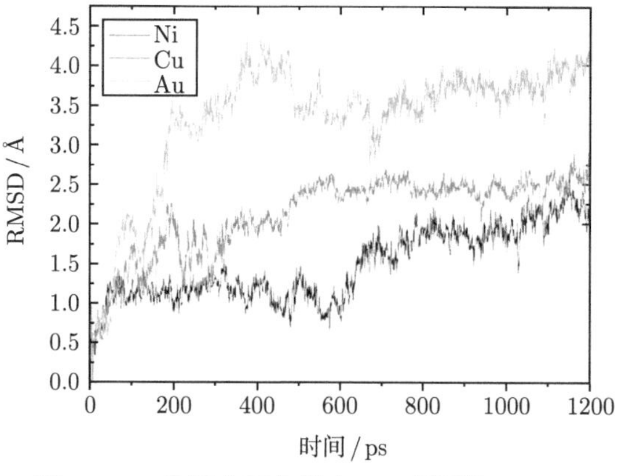

图 13.24　肽链分子主链上 C^{α} 原子的 RMSD

(3) 吸附的纵向剥离

为了研究肽链在金属表面吸附的动力学特性, 采用 MD 模拟将肽链从金属表面剥离的动态过程. 由于这是一个非平衡的过程, 通过对弛豫时间的讨论, 采用近似的平衡 MD 模拟这个动态过程. 弛豫时间是聚合物模拟中的关键性参数, 并且把分子运动的各种模态同溶液的动力学性质联系了起来. 在平衡态附近, 生物分子的运动通过弛豫时间来更好的描述[38]. 对于动态性质的 MD 模拟, 尹俊等通过估计蛋白质拉伸的时间尺度来预测模拟时间, 剥离模型的时间尺度基于准静态条件[33].

通过比较吸附能和弹性能, 溶液的黏性做功和动能可以忽略不计.

尹俊、赵亚溥和朱如曾的工作如下: 将黏着功和弹性能的和表示为[33]

$$E_T = \left(\frac{1}{2}k\varepsilon^2 + \Delta\gamma\right)L, \tag{13-17}$$

溶液的黏性做功写为

$$E_v = \eta_0 L^2 \frac{\mathrm{d}L}{\mathrm{d}t}, \tag{13-18}$$

分子链的动能为

$$E_k = \frac{1}{2}\rho L v^2. \tag{13-19}$$

其中 k 是生物分子的拉伸模量, ε 是拉伸应变, $\Delta\gamma$ 是单位长度生物分子链在表面吸附引起黏着功, η_0 是溶液中的动力学黏性系数, ρ 是生物分子链的线密度, L 是拉伸长度, v 是拉伸速度. 由于忽略溶液黏性的影响和生物分子链的动能就意味着 $E_T \gg E_v$ 以及 $E_T \gg E_k$ 故文献 [33] 得到了两个与该过程相关的特征时间 $\tau_v = 2\eta_0 L^2 \sin^2\frac{\theta}{2}\Big/\left(k\varepsilon^2 + 2\Delta\gamma\right)$ 和 $\tau_k = 2L\sin\frac{\theta}{2}\sqrt{\rho/\left(k\varepsilon^2 + 2\Delta\gamma\right)}$.

选取 $L \approx 1$ nm, $k \approx 10^3$ pN[39], $\Delta\gamma \approx 10^2$ pN, $\rho \approx 10^{-10}$ kg/m 和 $\eta_0 \approx 10^{-3}$ N·m^{-2}·s[32] 并且假定 $\varepsilon \sim 0.1$, 所以拉伸生物分子的特征时间为

$$\tau \gg \mathrm{Max}\left(\tau_v, \tau_k\right) \sim 10^{-11}\ \mathrm{s}. \tag{13-20}$$

在 MD 模拟中, 剥离的动力学过程大约为 1.2×10^{-9} s, 这比特征时间大两个量级, 所以拉伸过程可以近似看成是准静态的过程.

在剥离过程的 MD 的模拟中, 对肽链的 N 端施加了垂直金属表面向上的拉伸速度 $V = 0.01$ Å/ps. 由于拉伸过程中, 水分子的黏性会对最后统计的黏附力有影响, 分别比较了在水环境下和真空环境下的黏附力随时间变化的趋势, 分别如图 13.25 和图 13.26 所示.

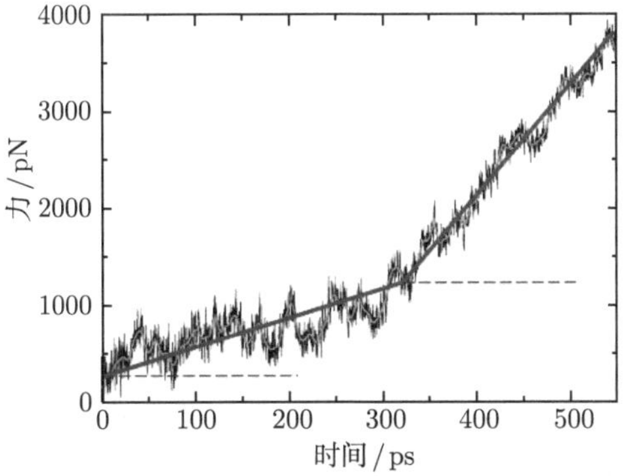

图 13.25 在水环境下将肽链剥离 Ni 表面, 图中红线是作 100 个点的快速 Fourier 变换 (FFT), 来消除热噪声影响

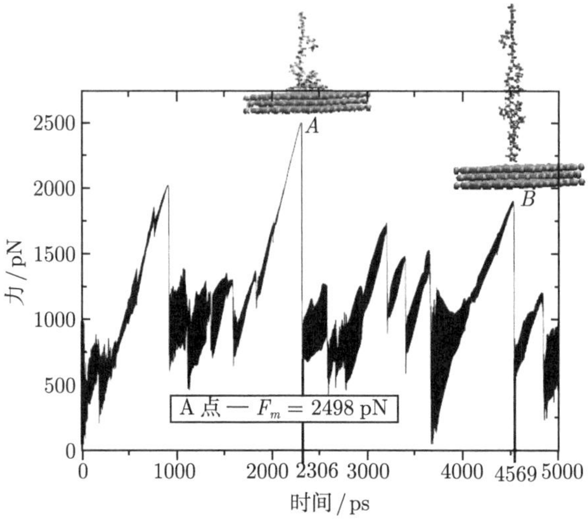

图 13.26　在真空环境下将肽链剥离 Ni 表面

在水环境下, 力随加载时间的变化可分为两个阶段: 第一个阶段主要是 Gly 和 Lys 与金属表面吸附产生的黏附力, 从图 13.25 可看出, 这部分的黏附力比较小; 第二个阶段是 His 同金属 Ni 表面之间的黏附力的体现, 这部分的黏附力明显大于第一阶段的黏附力. 在真空条件下, 如图 13.26 所示, 共出现了 3 个明显的峰值, 其中第一个峰值是由于 Lys 同基底金属之间的相互作用产生的, 但是在水环境下 Lys 同基底是较弱的相互作用. 最大的黏附力出现在 A 点, $F_m = 2498$ pN, 该点正好是 $(\mathrm{His})_6$ 刚刚开始剥离的时刻. B 点是最后一个组氨酸脱离金属基底的时刻. 这说明肽链上的咪唑环同金属 Ni 基底之间有着较强的相互作用. 此外, 从肽链在金属 Ni 基底上的吸附构型来看 (图 13.27), 当肽链在金属表面上吸附平衡时, 其中的环状

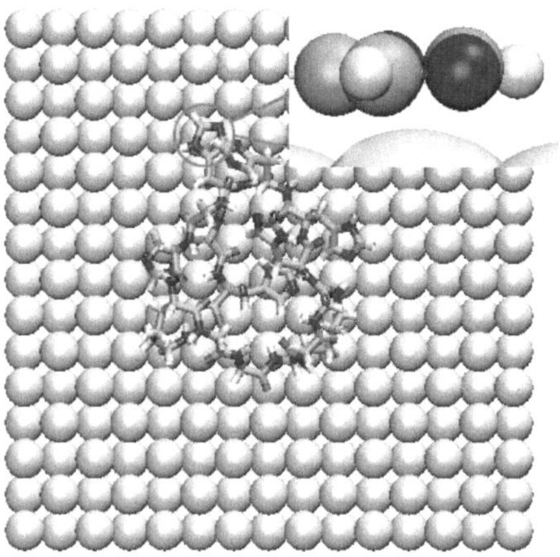

图 13.27　组氨酸标记的肽链在吸附在金属 Ni 表面

基团–咪唑环基本上同基底保持平行, 这样可以增加肽链同金属基底之间的接触面积, 从而提高了他们之间的黏附力. 图 13.28 给出了肽链的剥离过程, 可看到其中咪唑环像吸盘一样吸附在表面的构型, 当最后一个咪唑环被拉离表面时, 整个肽链已经完全展开.

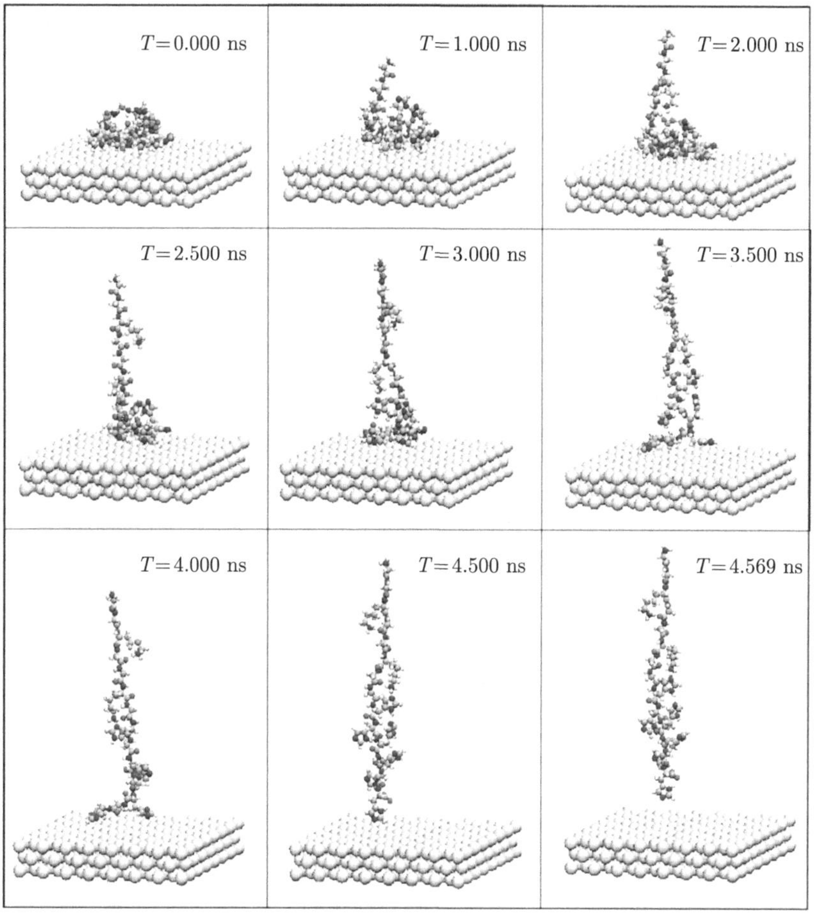

图 13.28 将标记组氨酸的肽链从金属 Ni 表面剥离的过程

肽链作为重要连接元件应用在分子马达系统中起到定位、连接、定向等作用. 肽链同被连接元件之间的连接强度对系统的使用寿命具有重要的意义. 表 13.6 给出了计算得到肽链在不同基底上的剥离力与实验结果的比较. Montemagno 等[22] 通过 AFM 实验得到加载率为 10^4 pN/s 时, $(His)_6$ 同 Ni、Au 和 Ni-NTA 的剥离力分别约为 150 pN、75 pN 和 220 pN. 计算结果比实验结果高出一个量级, 主要是由于模拟剥离过程的拉伸速度很高造成的 (V = 0.01 Å/ps). Soong 等[40] 将 $(His)_6$

标记在微球上, 然后测试了在 Ni, Cu, Au 表面移除微球所需的力分别为大于 160 nN、150 nN、41 nN, 由于每个微球上可能吸附了很多标记了 $(His)_6$ 的分子, 所以所得力并非单个分子与基底之间的相互作用, 所得到 $(His)_6$ 与不同表面之间的相互作用强度与模拟结果定性一致.

表 13.6　MD 计算得到的肽链在不同基底上的剥离力与实验结果的比较

基底	模拟结果/pN	实验结果/pN
Ni	1560	150[22]
Cu	1280	—
Au	980	75[22]
Ni-NTA	—	300[29], 220[22]

(4) 分子马达的扭矩

为了得到末端标记了组氨酸的肽链能为分子马达提供的临界扭矩, 杨振宇和赵亚溥采用一个剪切力试图从金属表面上移出肽链分子. 针对已有的实验研究, 分别设定了中性的金属表面以及带电荷的金属表面, 为了模拟离子化的金属表面, 通过修改残基拓扑文件 (RTF) 给表层原子附上等量电荷, 然后进行比较不同表面的吸附特性. 图 13.29 和图 13.30 分别给出了在这两个不同表面上的移出过程. 如图 13.19 所示, 把肽链定义为两段, 序列 Gly-Gly-Lys-Gly-Gly-Lys-Gly-Gly 定义为 S1, $(His)_6$ 定义为 S2. 在中性表面上, S1 同基底之间的夹角约为 41.5°, 而在带电荷的表面上该角度约为 38.0°. 在移除过程中, S2 部分则始终保持同基底的吸附状态. 通过统计移除过程中力的信息, 得到 S2 提供的力随时间变化情况如图 13.27 所示. 带电荷的表面移出肽链所需要的力约是在中性表面上的 4 倍.

肽链分子所能提供来固定分子马达的最大扭矩可以通过简单的公式来估算 $M = F \times R$, 其中 R 是分子马达中 $\alpha_3\beta_3$ 形成的旋转体的半径, F 是从表面移除肽链分子所需的最小剪力 (图 13.19). 对于 F_1-ATPase 分子马达, R 大约为 10 nm

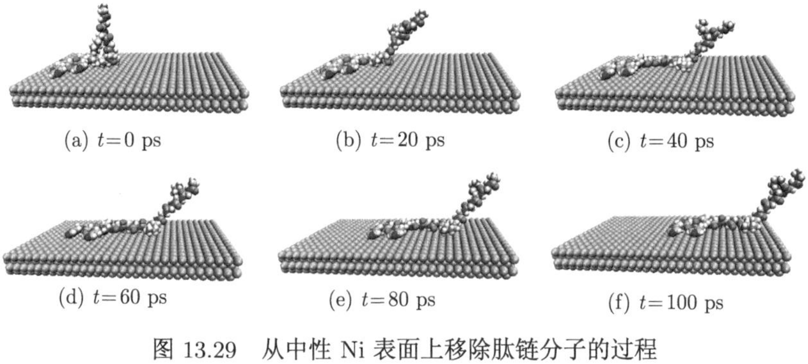

图 13.29　从中性 Ni 表面上移除肽链分子的过程

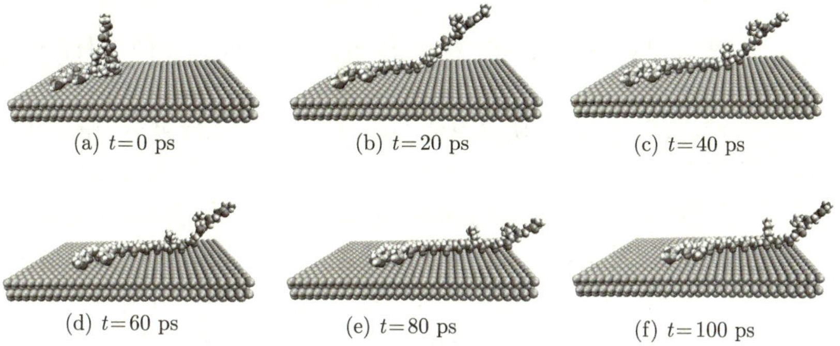

图 13.30 从带电 Ni 表面上移除肽链分子的过程

的量级[41]. 中性表面的最小剪力约为 2×10^3 pN, 在带电的金属表面最小剪力约为 8×10^3 pN. 所以在不同性质的表面上, 肽链可以提供的最大扭矩可以估算为 $M_n \approx 2 \times 10^4$ pN·nm 和 $M_c = 8 \times 10^4$ pN·nm.

F_1-ATPase 分子马达的旋桨的扭矩可以通过下式计算[42]

$$M = \frac{4}{3}\frac{\pi\eta\omega L^3}{\cosh^{-1}\left(\dfrac{h}{r}\right)}, \tag{13-21}$$

其中, η 是溶液的动力学黏性系数 ($\sim 10^{-3}\ \mathrm{N\cdot m^{-2}\cdot s}$), h 是马达中心的轴与旋桨连接点到基底之间的距离 ($\sim$ 200 nm), r 是旋桨的半宽度 ($\sim$75 nm), ω 是旋转角速度, L 是旋桨长度. 根据实验参数, 分子马达产生的扭矩为 $\sim$40 pN·nm[42], 该值远小于通过 MD 估算的固定结构所能提供的极限扭矩. 可知, 在带电荷的表面上固定分子马达要比在中性表面上稳定得多. 这也提示我们, 在 Bio-NEMS 的固定问题中, 适当时, 通过使表面离子化, 或者产生一个电位差可以起到增强结合能的作用, 并且可望提高整个器件的稳定性和使用寿命.

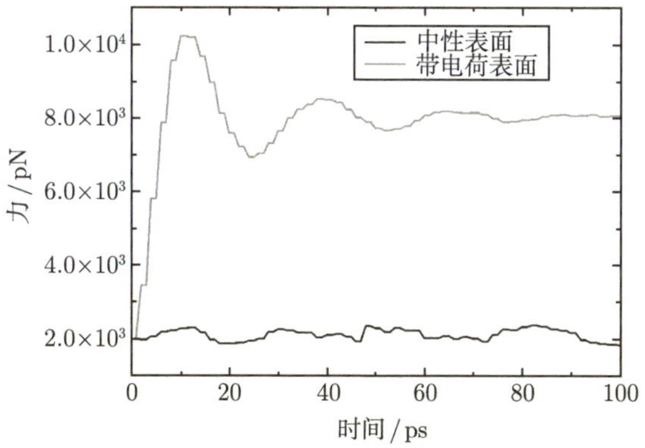

图 13.31 移除过程所施加的剪力随时间的变化

13.3 基于微悬臂梁的微生化传感器中表面应力起源

在用原子力显微镜 (AFM) 研究表面性质时发现, 微悬臂梁对力的变化非常敏感, 在微弱力的作用下, 就可以发生力学响应, 因此人们逐渐把用于 AFM 的微机械悬臂梁推广应用到物理、化学和生物领域, 用来构建各种传感器, 其基本原理就是在微悬臂梁表面敏感层发生物理、化学吸附或者发生化学反应时, 微悬臂梁表面会产生质量的变化、热转化以及表面应力的改变, 这些变化对应可使微悬臂梁的频率偏移[43] 或者挠度改变[44~46], 从而使得微悬臂梁作为传感器元件, 反映其表面发生的物理吸附或者化学反应.

13.3.1 表面应力产生的物理机制

表面应力产生的原因比较复杂, 针对不同的情况有不同的解释, 目前有许多实验利用表面应力产生微悬臂梁挠度的变化机理来开发基于微悬臂梁的传感器. 总的来说表面应力一般发生在气体–固体界面和流体–固体界面. 对化学传感器, 表面应力一般产生在气体–固体的界面; 对生物传感器, 表面应力一般产生在流体–固体的界面. 对于生物传感器而言, 表面应力的产生可以大致归结为三种情况[47]: 溶液中的被探测物质扩散在微悬臂梁表面, 由于浓度扩散产生表面应力; 在微悬臂梁表面发生核酸配体–受体相互作用产生表面应力; 微悬臂梁表面由于蛋白质相互作用产生表面电荷的重新分布, 以及微悬臂梁表面和生物分子之间的电子密度差引起表面应力等.

(1) 扩散引起表面应力的物理机制

对于物质的浓度扩散引起的表面应力的改变, 最初的研究认为当物质扩散到半导体材料会引起位错以及材料物性的改变, 进而引起残余应力的变化[48,49]. 当此原理应用在基于微悬臂梁的生化传感器时, 由于生化物质扩散到微悬臂梁的表面生化敏感层, 引起物质的不均一性, 导致表面应力的产生[50]. 研究认为当有物质扩散到微悬臂梁表面的生化敏感层时, 由于扩散物质的浓度和摩尔体积会直接引起微悬臂梁的应变:

$$\varepsilon_{ij} = \frac{1}{E}\left[(1+\nu)\,\sigma_{ij} - \nu\sigma_{kk}\delta_{ij}\right] + \frac{C\Omega}{3}\delta_{ij}. \tag{13-22}$$

其中 E 和 ν 分别为微悬臂梁材料的弹性模量和 Poisson 比. ε_{ij} 和 σ_{ij} 是应变张量和应力张量, Ω 是扩散物质摩尔体积倒数 ($\mathrm{m^3/mol}$), C 是扩散物质的浓度 ($\mathrm{mol/m^3}$), δ_{ij} 为 Kronecker 符号. 对微悬臂梁进行简化, 得到微悬臂梁的轴向应变和轴向应力分别为

$$\begin{cases} \varepsilon_{xx} = \dfrac{\partial u\,(x,z)}{\partial x} = f_0'\,(x) + z f_1'\,(x)\,, \\ \sigma_{xx} = E\left[f_0'\,(x) + z f_1'\,(x) - \dfrac{1}{3}C\Omega\right]. \end{cases} \tag{13-23}$$

其中 $f_0(x)=\Omega\bar{C}/3$, $f_1'(x)=\Omega M/(3I)$, $\bar{C}=\dfrac{1}{A}\displaystyle\int_A C\mathrm{d}A$, $M=\displaystyle\int_A Cz\mathrm{d}A$, 微悬臂梁的截面惯性矩为 $I=\displaystyle\int_A z^2\mathrm{d}A$. 基于 MEMS 加工的传感器, 由于物质扩散对微悬臂梁的弯曲有很大的影响, 根据这一理论, 扩散引起的弯曲是由于扩散物质浓度分布不均一引起的, 也就是说扩散过程中, 物质扩散引起应变导致微悬臂梁的弯曲, 但是这一理论没有涉及具体的化学反应.

另外一种关于物质浓度引起微悬臂梁弯曲的理论是：把表面应力和表面自由能相联系[45]. 认为表面应力直接和生化物质浓度有关, 是一个过程量. 也就是说生化物质扩散吸附在微悬臂梁表面, 是一个动态平衡的过程, 分子吸附伴随分子解离, 把生化分子扩散吸附的过程用 Langmuir 等温 (isotherm) 模型描述：

$$\begin{cases}\theta\propto 1-\exp\left(-k_{\mathrm{obs}}t\right),\\ k_{\mathrm{obs}}=k_{\mathrm{abs}}\left[C_{\mathrm{B}}\right]+k_{\mathrm{des}}.\end{cases}\tag{13-24}$$

其中 k_{obs} 表示测到的吸附常数, k_{abs} 表示吸附常数, k_{des} 表示解离常数, $[C_{\mathrm{B}}]$ 表示生化物质的浓度. 那么吸附过程的自由能就可以表示为

$$\Delta G=-RT\cdot\ln\frac{k_{\mathrm{abs}}}{k_{\mathrm{des}}}.\tag{13-25}$$

其中 ΔG 表示自由能, R 表示普适气体常数, T 表示绝对温度. 根据对表面应力的定义, 直接把分子吸附的自由能认为是表面应力, 从而用这一理论解释单链 DNA 吸附过程产生的表面应力.

(2) 核酸相互作用产生双电层引起表面应力的物理机制

当微悬臂梁表面发生核酸配体–受体相互作用时, 表面应力不能够简单地用浓度扩散的方法来进行解释. 比如核酸序列吸附在微悬臂梁表面以后, 它的配对核酸通过氢键可以发生配体–受体的相互作用, 如果还用浓度扩散来解释就不妥. Wu 等认为表面应力的产生主要是由于核酸序列相互之间的排斥作用, 涉及 DNA 分子之间的 van der Waals 力、静电力、空间构型熵等. 当分子紧密排列在微悬臂梁表面时, 由于静电和空间排斥比较大, 分子被限制在比溶液中自然状态尺寸更小的空间里, 空间的束缚使分子构像数减少, 导致悬臂梁和单链 DNA 系统有较小的熵. 分子之间的相互作用使悬臂梁的表面自由能最小, 使分子可能占用比较大的空间从而使得平面变成凸面, 产生表面应力的改变[46], 也就是说分子构型熵最终决定弯曲的大小和方向. 但是这种解释从量级上无法解释已有的实验结果[51]. 因此 Liu 和 Ou-Yang 等认为 "挠曲电效应" (flexoelectric effect) 是引起微悬臂梁挠度变化的主要原因[51], 如图 13.32 所示. 从表面电势的角度出发研究 DNA 吸附在微悬臂梁表面以及在表面发生 DNA 杂交的微悬臂梁的弯曲机理. 认为 DNA 吸附在微悬臂梁

表面后, 在微悬臂梁表面产生一个双电层, 双电层产生的 "挠曲电效应" 造成微悬臂梁的弯曲[51]. 因此微悬臂梁表面黏附有核酸分子以后, 其挠度可以表示为

$$\Delta z \approx -\frac{c_0 L^2}{2}. \tag{13-26}$$

其中 L 表示微悬臂梁的长度, $c_0 = e_{11}\Delta\varphi/k$ 表示微悬臂梁的自发曲率, e_{11} 表示挠曲电系数 (flexoelectric coefficient), k 表示微悬臂梁的弯曲刚度, $\Delta\varphi$ 表示微悬臂梁表面的跨膜电势差. 他们的研究给出对于 DNA 这种简单的带电分子吸附在表面时产生挠度的物理机制, 模型考虑了溶液环境的性质, 比如溶液离子浓度、环境温度, 也考虑了 DNA 分子的性质, 比如长度和带电性质. 这一观点与自由能的观点不同, 它认为当微悬臂梁的一侧吸附带电的核酸分子以后, 在微悬臂梁表面产生电势差, 由于静电场引起自由能的改变导致微悬臂梁的挠度改变. 利用这一原理, 成功地解释了核酸序列吸附在微悬臂梁表面, 或者与微悬臂梁表面的核酸序列杂交配对时产生的挠度的物理机制. 但是正如前面所述, 产生表面应力的原因是复杂的, 某种解释机理只适用于特种的物质和特殊条件. 而核酸分子结构相对于蛋白分子来说比较简单, 可以用上述原理进行解释. 对于蛋白分子来说, 虽然蛋白分子也带有电荷, 但是由于蛋白分子具有空间构像的变化, 故它的电荷分布不均一, 而且电荷分布也没有一定的规律, 所以上述理论就不再适用, 因此需要对蛋白分子吸附在微悬臂梁表面产生的表面应力进行分析归类, 从而对它在微悬臂梁表面产生的表面应力有一个清楚的认识.

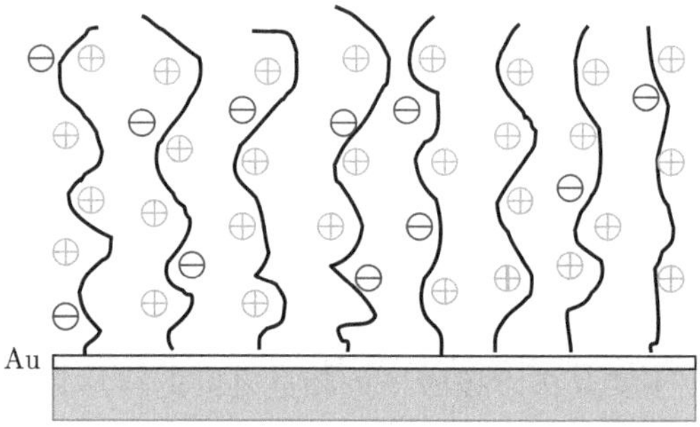

图 13.32　"挠曲电效应" 引起微悬臂梁位移挠度

(3) 蛋白电荷分布及电子密度差产生表面应力的物理机制

蛋白吸附在微悬臂梁表面所产生表面应力有两种情况：一种是蛋白直接吸附在微悬臂梁表面引起表面应力变化; 另一种是受体蛋白分子和吸附在微悬臂梁表面的配体蛋白分子相互作用引起表面应力的变化. 表面应力是由于蛋白和蛋白之间相互作用或者蛋白和表面之间的相互作用所引起的. 当蛋白分子黏附在微悬臂梁表面时, 由于吸附在微悬臂梁的蛋白分子具有一定的流动性, 蛋白分子之间的相互吸引, 引起蛋白分子重新排列, 造成压应力[52,53], 如图 13.33(a) 所示; 另外当蛋白

分子固定在微悬臂梁的金表面时, 蛋白分子的疏水区域起主导作用, 蛋白分子吸附在金表面发生变性, 蛋白分子打开折叠, 让内部疏水区和金表面结合, 从而蛋白分子的展开使蛋白分子倾向 "铺展" (spread) 固体表面, 产生正的拉伸表面应力, 如图 13.33(b) 所示; 吸附在微悬臂梁表面的蛋白分子之间相互吸引造成蛋白分子的重新排列并拉伸蛋白分子, 造成拉应力. 在蛋白重新排列过程中, 由于蛋白分子带负电或者正电, 带电基团的位置分布以及相互之间的静电吸引或者排斥力将对蛋白分子的重新排列起关键作用, 所以溶液的 pH 值对表面应力的大小也相应起作用. 对于蛋白分子来说, 当它吸附在固体表面或者配体蛋白分子和已经吸附在表面的受体蛋白分子发生作用时, 蛋白分子的分布、蛋白分子带电基团的分布、电荷密度、蛋白分子亲疏水基团和固体的相互作用都将对表面应力的大小和方向有贡献. 总之, 根据 QM/MM 的模拟结果, 可认为蛋白质和微悬臂梁表面的相互作用会引起表面电荷的重新分布以及电子的迁移, 形成表面电子密度差. 正是这种表面电荷在空间的三维重新分布, 以及微悬臂梁和生物分子之间的表面电子密度差引起了表面应力的改变[54].

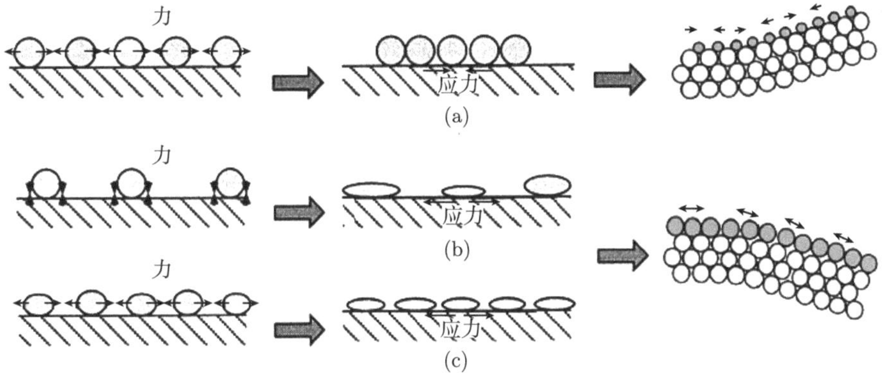

图 13.33 由于蛋白质分子的作用产生表面应力的示意图

中国科大李凯等[55] 最近通过分子自组装将热敏性的聚 N-异丙基丙烯酰胺 (PNIPAM) 分子链修饰到微悬臂梁的单侧表面, 实验表明变化温度使 PNIPAM 分子构象 (构型) 转变会引起微悬臂梁变形. 最近又有微悬臂梁的相关实验表明[56]: 改变溶液离子浓度使吸附的蛋白质构型产生变化, 从而产生表面应力最终导致悬臂弯曲, 实验结果说明构型熵改变引起了表面应力的改变, 但是文章并没有从理论上进一步解释. 这些实验结果[55,56] 都有力地证明了吸附分子的构型变化对表面应力的影响.

(4) 构型熵与熵力机制

综上所述, 有关微生化传感器中表面应力的研究已经开展了大量的研究, 已有的实验结果表明[46,51,55,56], 生物分子吸附到微悬臂梁表面时环境温度、吸附分子的长度、大小、浓度, 以及带电性质等都会对生物分子吸附后的构型产生影响, 是一个综合的效果. 但当前所提出的理论只能针对某些特殊的情况, 每种解释机理只适用于特定物质和特殊条件. 在上述理论中, 一些重要的基本问题上还存在争议, 如分子之间的相互作用如何影响表面应力？微悬臂梁弯曲随时间怎么变化？在微悬臂梁黏附生物链状分子后的弯曲过程中, 最根本的影响因素是什么？正如本书 3.4.1 节中所谈到的, 一个系统的平衡状态是其 Helmholtz 自由能 “$F = U - TS$” (其中 U 为内能, T 为绝对温度, S 为熵) 的极小值所决定的, 而常规弹性 (“硬物质”, 也就是 S 变化不大) 的弹性变形行为是由内能决定的 (恢复力为 “键力”), 而软物质 (U 一项变化不大, 但构型熵在变形中变化很大) 的弹性行为是由熵决定的 (恢复力为 “熵力”, 也被称为熵致形变), 这就是为什么像 DNA 等链状分子的弹性被称为 “熵弹性” 的原因[57]. 生物体基本上由软物质组成, 如细胞、体液、蛋白质、DNA 等. 由于内能的变化与体系受力相关, 那么在一定温度下, 对于软物质, 如果受到的力不大, 那么其内能也不会有较大改变, 而在这样的弱力作用下, 如果体系发生比较大的变化, 必然是体系中熵产生剧烈变化所导致的. 因此, 在软物质中体系的变化主要是由熵引起的, 或者说熵占据了主导地位. 这样软物质就可称为由熵操纵的物质. 在熵力的作用下, 软物质体系会出现很多新奇的行为, 比如原本混乱的微观体系会变得井然有序, 复杂的蛋白质分子会自行折叠成特殊的结构等. 大量实验表明, 在生物大分子吸附到微悬臂梁表面的过程中, 首先达到最大吸附, 但此时微悬臂梁并没有发生变形. 当生物大分子由于分子间的相互作用产生形变的时候, 微悬臂梁才逐渐发生弯曲[46,56,58~60]. 作者课题组认为, 当生物分子产生形变时, 构型熵发生变化从而产生熵力, 熵力进一步与微悬臂梁表面相互作用从而引起了表面应力的变化. 由于表面应力的变化最终导致悬臂的弯曲, 也就是说软物质的体系变化是根本的影响因素, 而吸附分子的长度、大小、浓度, 以及带电性质等只是不同程度的影响吸附分子的构型, 所以我们应该从构型熵的角度着手考虑微悬臂梁的弯曲.

13.3.2　微悬臂梁表面应力模型

关于微悬臂梁在表面应力作用下弯曲的模型, 目前广泛采用 Stoney 模型来描述. Stoney 在 1909 年就建立了薄膜–基底系统中薄膜表面应力与基底曲率的关系式[61], 该理论公式如下:

$$\sigma = \frac{Eh^2}{6\left(1-\nu\right)Rt_f}, \tag{13-27}$$

式中 σ 为薄膜表面应力值, E 为金属薄片基底的弹性模量, ν 为 Poisson 比, h 为金属薄片基板的厚度, R 为弯曲薄片的曲率半径, t_f 为薄膜厚度. 薄膜应力是反映薄膜单位截面所承受的来自基底约束的作用力, 在作用方向上有张应力和压应力之分. 薄膜与基底之间附着力的存在是薄膜应力产生的前提条件, 但薄膜应力的存在对附着力又有重要影响. 由于薄膜在成长过程中, 应力现象非常复杂, 至今还没有严格的物理模型能确切的描述这种现象, 所以现在很多研究人员仍然采用 Stoney 公式来反推薄膜表面应力.

(1) 目前对薄膜表面应力计算的讨论

由于 Stoney 公式在推导的过程中是假定薄膜厚度远小于基板的厚度, 忽略薄膜的效应, 所以得到的薄膜应力值为近似值, 这个值和实验结果对比有时会有误差, 而且薄膜厚度还会影响公式误差的大小. 因此, 近年来许多学者针对薄膜应力的计算提出了讨论. 在 1988 年 Nix 等介绍了薄膜应力的测量方法、薄膜的力学性质以及薄膜应力起源的模式, 讨论了微小结构的影响和薄膜–基底系统的变形程序[62]. Freund 等于 1999 年又将薄膜的厚度效应考虑进来[63], 提出有厚度的单层薄膜附着在基底系统上时, 计算薄膜表面应力的修正公式. 2000 年 Klein 提出薄膜厚度与薄膜的材料性质, 对使用 Stoney 公式的误差影响以及适用范围[64]. Chen 和 Ou 于 2002 年考虑几何非线性情况下, 假设系统位移的变形函数, 利用最小势能原理, 求出位移和薄膜应力的关系, 并用有限元的方法来模拟估算使用 Stoney 公式误差的大小, 验证其合理性[65]. Hu 和 Huang 于 2004 年分析了多层薄膜材料且其整体厚度仍然为相对与基板很薄的情况下, 弹性和弹塑性两种情况时多层薄膜附着在基板上时的应力公式[66]. Blech 等于 2005 年指出, 先前计算薄膜表面应力的方法都是以薄膜应力是均匀理想化的条件下推导出曲率–应力的关系, 探讨了在实际情况下应力分布为非均匀时应力与基底弯曲变形之间的关系[67]. Zhu 和 Kirky 于 2006 年又针对其文章的缺失, 修正并推导了非均匀情况下薄膜应力与基底弯曲变形的控制方程式[68]. 2006 年张吟和赵亚溥提出, 薄膜–基底系统在没有侧向力的作用下, 系统曲率值才是常数[69].

(2) 三种不同的表面应力模型

在考虑表面应力与微悬臂梁的变形关系中, Stoney 模型是假设在微悬臂梁的末端施加力矩, 本节将介绍三种不同的加载模式, 如图 13.34 所示. 图 13.34(a) 为模型一, 假设悬臂表面应力均匀分布, 末端加载集中力矩 M, 图 13.34(b) 中模型二假设悬臂末端加载集中弯矩 M 和集中轴向载荷 P, 图中 Δ 为悬臂末端的挠度. 图 13.34(c) 模型三假设悬臂上表面均匀分布面应力 s.

张吟、任权和赵亚溥通过分析得出了不同加载模式、不同加载下悬臂梁的偏移, 如图 13.35 所示. 在图 13.35(a) 中, 加载载荷为 0.1, 这种情况下, 模型一和模型二几乎没有区别, 在这种比较小的载荷下, 模型二轴向集中载荷 P 影响并不是很明显. 图 13.35(b) 中加载载荷为 1, 这时模型二计算得出的偏移要明显小于模型一, 这是由于假设末端存在力 P 的原因. 图 13.35(c) 中加载载荷为 4, 此时模型三算出的结果要比模型二大很多. 集中力矩的假设忽略了拉应力的硬度影响, 误差偏大, 这种情况下, Stoney 公式则不够准确[70].

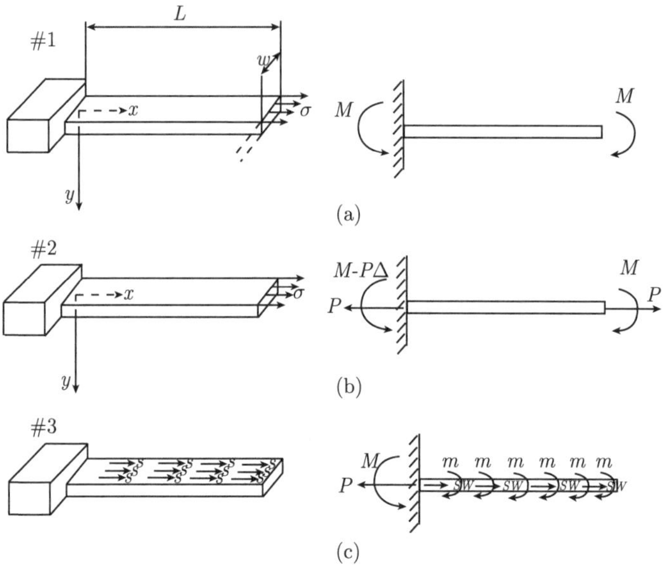

图 13.34　三种不同加载模式示意图

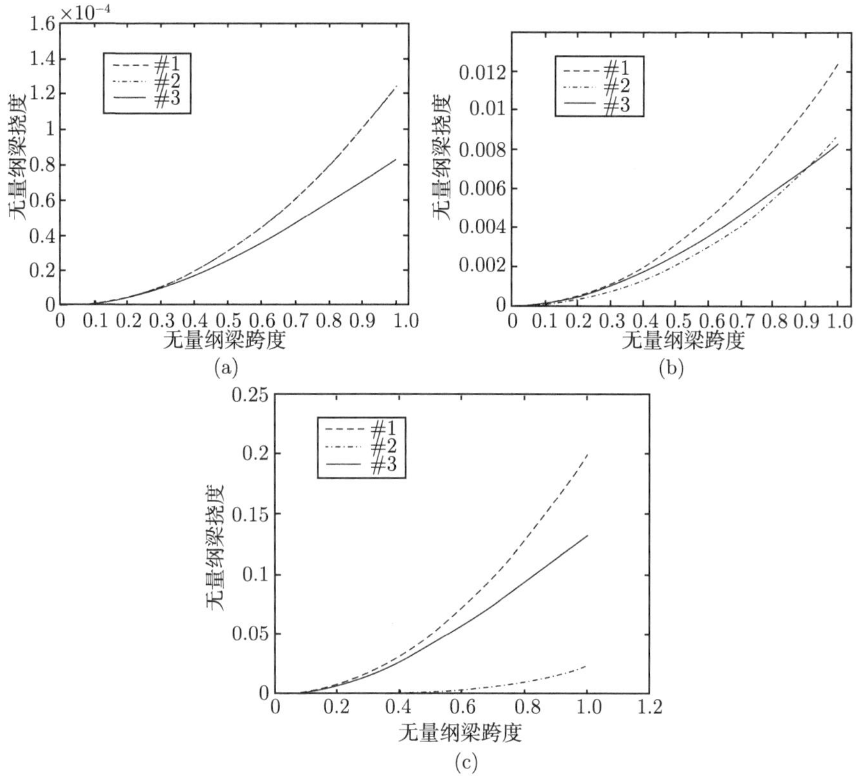

图 13.35　不同加载载荷下悬臂梁的偏移

(3) 基于微悬臂梁的生物功能器件

任权和赵亚溥等利用自组装技术, 把 bR 蛋白定向、有序地组装在微悬臂梁表面, 成功构建了一个新型生化功能器件. 这一器件在光照的条件下, 可以激发微悬臂梁表面的蛋白质分子, 把溶液中的氢质子传输到膜蛋白和微悬臂梁之间的空间, 产生的表面应力会把微悬臂梁压弯, 实验数据表明: 微悬臂梁的挠度和溶液离子浓度、膜厚度以及空间高度有非线性的关系[71]. 在利用 bR 蛋白分子开发功能器件时, 它的性能很大程度上依赖 bR 膜在固体表面上的定向程度[72]. 目前, 有很多的方法可以用来固定 bR 膜, 诸如 Langmuir-Blodgett 沉积法 (LB)[73]、电场沉降法[74]、静电吸附法 (LBL)[75,76]、免疫分子识别 (antigen-antibody molecular recognition)[77]、矩阵固定法 (immobilizing matrixes)[78,79]、溶胶–凝胶法 (sol-gel encapsulation)[80] 等. 这些方法都有各自的优缺点, 只是针对某种特殊用途. 在本研究中, 为得到比较好的有序定向的 bR 膜, 采用自组装技术实现 bR 膜的组装. 为将 bR 膜固定在微悬臂梁的金表面, 需要对其表面进行功能化修饰, 图 13.36(a) 表示根据文献 [81, 82] 的方法把膜组装在固体表面的示意图.

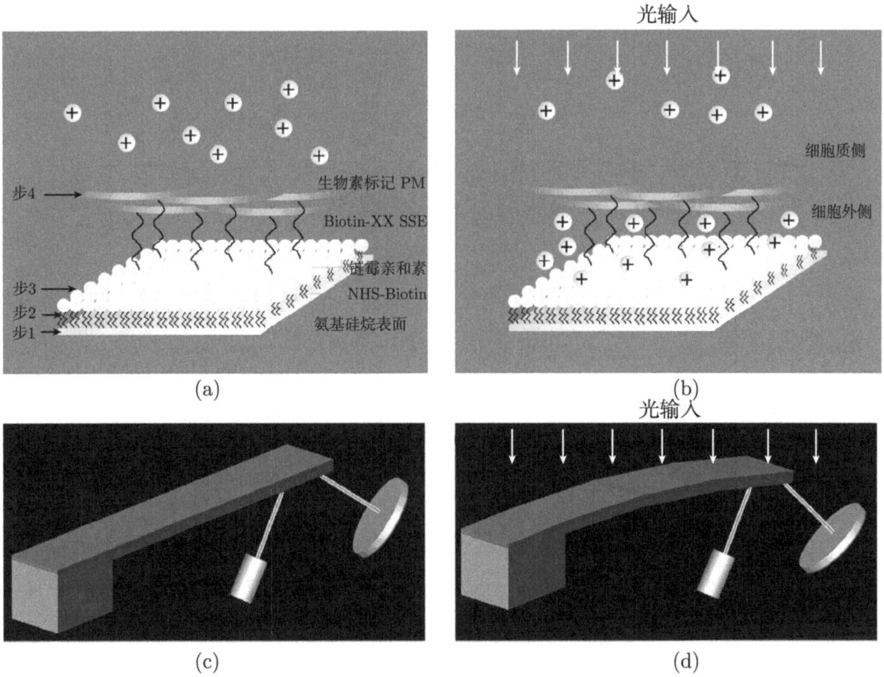

图 13.36 基于 bR 蛋白构建生化功能器件

图 13.37 表示不断打开和关闭光源时, bR 组装在悬臂梁金表面时构建的生化功能器件随时间变化的挠度曲线. 在图 13.37 中, 线 2 表示微悬臂梁表面组装有 bR

蛋白的情况; 线 1 表示微悬臂梁表面没有组装 bR 蛋白的情况, 它作为对照实验排除了热和光对位移挠度的影响. 在实验中, 所采用的光的能量很小, 因此只有很小部分的光会引起热能把微悬臂梁压弯, 根据已有的文献报道[83], 当 1 nW 的光输入, 微悬臂梁只会产生 0.05 nm 的位移. 由于自组装膜的热导系数和硅的一样小[45], 所以在 1 mW/cm^2 光照条件下, 大约可以产生 3.6 nm 位移[83]. 在实验中, 把反应池放在一个热控制器上, 使得它总能够处于热平衡状态, 因此可以把光照产生的热影响忽略. 根据上述分析, 微悬臂梁产生的位移挠度只能由于 bR 蛋白传输氢质子的跨膜梯度所引起.

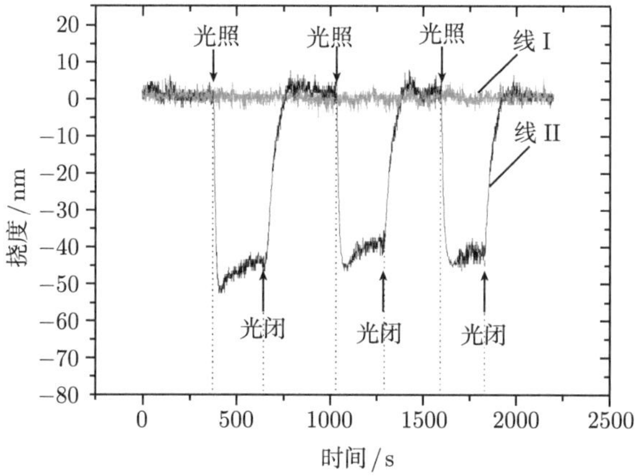

图 13.37　光照情况下, bR 膜蛋白组装在悬臂梁金表面时的挠度曲线

根据图 13.37, 当光照在微悬臂梁表面上的 bR 蛋白后, bR 蛋白被光激发, 把 KCl 电解液中的氢质子从反应池中传输到 bR 膜蛋白和微悬臂梁表面之间的空间, 使得在微悬臂梁的表面的双电层发生变化. 由于双电层中的氢质子间的相互排斥作用, 微悬臂梁被压弯. 从图 13.37 可以看出, 挠度达到饱和大约几十秒时间, 然后慢慢减少回复到平衡. 连续的两个峰值大约 10 nm, 而且逐渐递减. 原因可能是光照可以漂白 bR 膜蛋白, 致使 bR 蛋白活性下降[84]. 这个挠度大小是由质子梯度所引起, 其挠度大小和以前把线性分子马达安装在悬臂梁表面[85] 以及把光驱动分子组装在微悬臂梁表面的机制类似[86]. 从开始光照到挠度峰值的时间大约 50 秒, 这和文献 [85] 的响应时间 60 秒一致但比文献 [86] 中的小一些. 可认为它的响应时间和单链 DNA 分子吸附在悬臂梁表面的响应时间在一个量级[45,87].

在实验中, 通过改变电解液的浓度, 发现微悬臂梁的挠度也发生改变, 随着电解液浓度的降低, 位移挠度变大, 如图 13.38 所示.

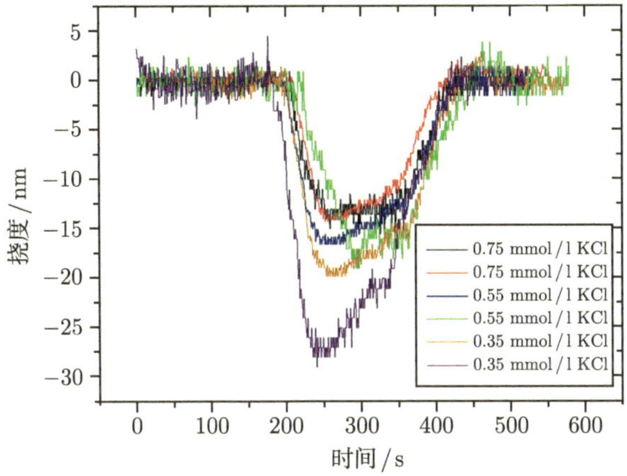

图 13.38 微悬臂梁位移挠度随电解液浓度的变化

(4) 光驱动质子泵功能器件的力学模型

表面应力可用 Stoney 公式 (13-27) 计算, 根据图 13.37 所示的位移挠度, 得到微悬臂梁产生的平均应力约为 $15\ \text{mN}\cdot\text{m}^{-1}$. 由于微悬臂梁的位移挠度随着电解液的浓度发生变化, 所以利用 Stoney 公式难以获得微悬臂梁弯曲的物理力学机制.

根据 bR 蛋白的光化学特性以及改变电解液的浓度可以控制微悬臂梁的挠度特性, 可认为引起微悬臂梁的位移挠度是由于 bR 蛋白传输的氢质子在微悬臂梁表面产生一个电化学梯度势, 而电化学梯度势造成表面应力的改变, 从而把微悬臂梁压弯. 当把 bR 膜构建在微悬臂梁的表面时, 可把 bR 膜蛋白和微悬臂梁整体看做一个非对称的膜, 那么由于氢质子会产生表面电势, 微悬臂梁的位移挠度就和电势有关系, $\Delta w \propto \Delta\varphi$[51,88,89]. 而且跨膜电势受到双电层里面氢质子密度影响[90,91], 以及电解液的离子浓度[92] 这两个因素的影响.

对比文献 [51] 的模型, 任权把实验简化为如图 13.39 所示的模型[11], 认为膜体系非对称而且局部近似为平行. 从而膜电势 $\psi(z)$ 可由线性化的 Poisson-Boltzmann 方程描述:

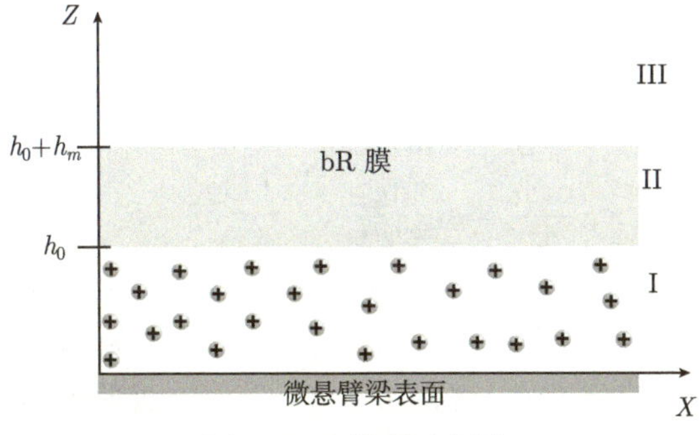

图 13.39 模型示意图

$$
\begin{cases}
\dfrac{\mathrm{d}^2\psi_{\mathrm{I}}}{\mathrm{d}z^2}=\left[e^2\sum\limits_{i=1}^{2}C_iz_i^2/\left(\varepsilon_{\mathrm{I}}\varepsilon_0\cdot k_{\mathrm{B}}T\right)\right]\psi_{\mathrm{I}}-\dfrac{z_{\mathrm{P}}\mathrm{e}}{\varepsilon_{\mathrm{I}}\varepsilon_0}\phi, & 0\leqslant z\leqslant h_0,\\
\dfrac{\mathrm{d}^2\psi_{\mathrm{II}}}{\mathrm{d}z^2}=\left[e^2\sum\limits_{i=1}^{2}C_iz_i^2/\left(\varepsilon_{\mathrm{II}}\varepsilon_0\cdot k_{\mathrm{B}}T\right)\right]\psi_{\mathrm{II}}, & h_0\leqslant z\leqslant h_0+h_m,\\
\dfrac{\mathrm{d}^2\psi_{\mathrm{III}}}{\mathrm{d}z^2}=\left[e^2\sum\limits_{i=1}^{2}C_iz_i^2/\left(\varepsilon_{\mathrm{III}}\varepsilon_0\cdot k_{\mathrm{B}}T\right)\right]\psi_{\mathrm{III}}, & h_m\leqslant z.
\end{cases}
\tag{13-28}
$$

其中 C_i 和 z_i 分别为电解液中各种离子的浓度和离子的价数, $z_{\mathrm{P}}=1$ 表示带正电荷的价数, e 为基本电荷, k_{B} 为 Boltzmann 常数, T 为绝对温度, ε_0 为真空介电常数, ε_{I}、$\varepsilon_{\mathrm{II}}$ 和 $\varepsilon_{\mathrm{III}}$ 分别代表如图 13.39 所示不同区域的相对介电常数, ϕ 等于 S/h_0, 这里 S 和 h_0 分别表示氢质子表面密度和 bR 膜蛋白和微悬臂梁表面之间的高度, h_m 表示 bR 膜的厚度. 求解式 (13-28), 各个区域由于氢质子密度的重新分布引起的电势可分别表示为

$$
\begin{cases}
\psi_{\mathrm{I}}=\mathrm{A}\cdot\exp(\kappa_{\mathrm{I}}z)+\mathrm{B}\cdot\exp(-\kappa_{\mathrm{I}}z)+\left(\dfrac{z_{\mathrm{P}}e}{\varepsilon_{\mathrm{I}}\varepsilon_0}\right)\cdot\phi\cdot\kappa_{\mathrm{I}}^{-2},\\
\psi_{\mathrm{II}}=\mathrm{C}\cdot\exp(\kappa_{\mathrm{II}}z)+\mathrm{D}\cdot\exp(-\kappa_{\mathrm{II}}z),\\
\psi_{\mathrm{III}}=\mathrm{E}\cdot\exp(\kappa_{\mathrm{III}}z)+\mathrm{F}\cdot\exp(-\kappa_{\mathrm{III}}z).
\end{cases}
\tag{13-29}
$$

其中 $\kappa_i=\sqrt{e^2\sum\limits_{i=1}^{2}C_iz_i^2/\left(\varepsilon_i\varepsilon_0\cdot k_{\mathrm{B}}T\right)}$ $(i=\mathrm{I},\mathrm{II},\mathrm{III})$ 分别表示图 13.39 所示不同区域的 Debye 长度的倒数. 方程 (13-29) 中, A, B, C, D, E 和 F 为待定常数, 需要根据边界条件来求解. 根据膜电势理论, 最外层的电势随着距离的增加呈指数递减, 即 $\psi_{\mathrm{III}}\propto\exp(-\kappa_{\mathrm{III}}z)$, 因此方程 (13-29) 中的常数 $\mathrm{E}=0$. 其他边界条件可以由如下方程描述:

$$\frac{\mathrm{d}\psi_{\mathrm{I}}}{\mathrm{d}z}=0,\quad z=0, \tag{13-30}$$

$$\psi_{\mathrm{I}}=\psi_{\mathrm{II}},\quad z=h_0 \tag{13-31}$$

$$\varepsilon_{\mathrm{I}}\frac{\mathrm{d}\psi_{\mathrm{I}}}{\mathrm{d}z}=\varepsilon_{\mathrm{II}}\frac{\mathrm{d}\psi_{\mathrm{I}}}{\mathrm{d}z},\quad z=h_0 \tag{13-32}$$

$$\psi_{\mathrm{II}}=\psi_{\mathrm{III}},\quad z=h_0+h_m, \tag{13-33}$$

$$\varepsilon_{\mathrm{II}}\frac{\mathrm{d}\psi_{\mathrm{II}}}{\mathrm{d}z}=\varepsilon_{\mathrm{III}}\frac{\mathrm{d}\psi_{\mathrm{III}}}{\mathrm{d}z},\quad z=h_0+h_m. \tag{13-34}$$

方程 (13-30) 表示在微悬臂梁表面是不可穿透的, 因此电荷密度为零[92]. 方程 (13-31)、(13-33) 表示电势在 $z=h_0$ 和 $z=h_0+h_m$ 是连续的. 由于膜是可穿透的, 方程 (13-32) 和 (13-34) 表示在 $z=h_0$ 和 $z=h_0+h_m$ 处的电场连续[51,92]. 把公式 (13-29) 代入边界条件 (13-30)~(13-34), 求得公式 (13-29) 中的待定常数为

$$\mathrm{A}=\frac{\alpha}{\beta\cdot\sinh\left(\kappa_{\mathrm{I}}h_0\right)-\alpha\cdot\cosh\left(\kappa_{\mathrm{I}}h_0\right)}\cdot\left(\frac{z_{\mathrm{P}}e}{\varepsilon_{\mathrm{I}}\varepsilon_0}\right)\cdot\phi\cdot\kappa_{\mathrm{I}}^{-2}, \tag{13-35}$$

$$\mathrm{B}=\frac{\alpha}{\beta\cdot\sinh\left(\kappa_{\mathrm{I}}h_0\right)-\alpha\cdot\cosh\left(\kappa_{\mathrm{I}}h_0\right)}\cdot\left(\frac{z_{\mathrm{P}}e}{\varepsilon_{\mathrm{I}}\varepsilon_0}\right)\cdot\phi\cdot\kappa_{\mathrm{I}}^{-2}, \tag{13-36}$$

$$\mathrm{C}=\Xi_{\mathrm{III,II}}\cdot\exp\left(-2\kappa_{\mathrm{II}}\left(h_0+h_m\right)\right)\cdot\frac{\sinh\left(\kappa_{\mathrm{I}}h_0\right)}{\beta\cdot\sinh\left(\kappa_{\mathrm{I}}h_0\right)-\alpha\cdot\cosh\left(\kappa_{\mathrm{I}}h_0\right)}\cdot\left(\frac{z_{\mathrm{P}}e}{\varepsilon_{\mathrm{I}}\varepsilon_0}\right)\cdot\varphi\kappa_{\mathrm{I}}^{-2}, \tag{13-37}$$

$$\mathrm{D}=\frac{\sinh\left(\kappa_{\mathrm{I}}h_0\right)}{\beta\cdot\sinh\left(\kappa_{\mathrm{I}}h_0\right)-\alpha\cdot\cosh\left(\kappa_{\mathrm{I}}h_0\right)}\cdot\left(\frac{z_{\mathrm{P}}e}{\varepsilon_{\mathrm{I}}\varepsilon_0}\right)\cdot\phi\cdot\kappa_{\mathrm{I}}^{-2}, \tag{13-38}$$

$$\begin{aligned}\mathrm{F}=&\left\{\Xi_{\mathrm{III,II}}-\exp\left[-2\kappa_{\mathrm{II}}\left(h_0+h_m\right)\right]\right\}\\&\cdot\frac{\sqrt{\dfrac{\varepsilon_{\mathrm{III}}}{\varepsilon_{\mathrm{II}}}}\cdot\sinh\left(\kappa_{\mathrm{I}}\mathrm{h}_0\right)\cdot\left(\dfrac{z_{\mathrm{P}}e}{\varepsilon_{\mathrm{I}}\varepsilon_0}\right)\cdot\varphi\cdot\kappa_{\mathrm{I}}^{-2}}{\left(\beta\cdot\sinh\left(\kappa_{\mathrm{I}}h_0\right)-\alpha\cdot\cosh\left(\kappa_{\mathrm{I}}\mathrm{h}_0\right)\right)\cdot\exp\left(-2\kappa_{\mathrm{III}}\left(h_0+h_m\right)\right)},\end{aligned} \tag{13-39}$$

其中 $\Xi_{\mathrm{III,II}}=\left(1-\sqrt{\varepsilon_{\mathrm{III}}/\varepsilon_{\mathrm{II}}}\right)/\left(1+\sqrt{\varepsilon_{\mathrm{III}}/\varepsilon_{\mathrm{II}}}\right)$. 其他参数为

$$\alpha=\sqrt{\frac{\varepsilon_{\mathrm{II}}}{\varepsilon_{\mathrm{I}}}}\cdot\left[\Xi_{\mathrm{III,II}}\cdot\exp(-\kappa_{\mathrm{II}}h_0-2\kappa_{\mathrm{II}}h_m)-\exp\left(-\kappa_{\mathrm{II}}h_0\right)\right], \tag{13-40}$$

$$\beta=\left[\Xi_{\mathrm{III,II}}\cdot\exp(-\kappa_{\mathrm{II}}h_0-2\kappa_{\mathrm{II}}h_m)+\exp\left(-\kappa_{\mathrm{II}}h_0\right)\right]. \tag{13-41}$$

综上, 可计算电势分布, 将表面应力表示为[93~95]

$$\sigma=\frac{1}{2}\varepsilon_r\varepsilon_0\int_0^{h_0+h_m}\left(\frac{\mathrm{d}\psi}{\mathrm{d}z}\right)^2\mathrm{d}z=\frac{1}{2}\varepsilon_{\mathrm{I}}\varepsilon_0\int_0^{h_0}\left(\frac{\mathrm{d}\psi}{\mathrm{d}z}\right)^2\mathrm{d}z+\frac{1}{2}\varepsilon_{\mathrm{II}}\varepsilon_0\int_{h_0}^{h_0+h_m}\left(\frac{\mathrm{d}\psi}{\mathrm{d}z}\right)^2\mathrm{d}z. \tag{13-42}$$

最终关于表面应力的表达式只和上述求得的常数有关, 表示如下:

$$\begin{aligned}\sigma=&\frac{1}{4}\varepsilon_{\mathrm{I}}\varepsilon_0\kappa_{\mathrm{I}}\left[\mathrm{A}^2\cdot\exp\left(2\kappa_{\mathrm{I}}z\right)-\mathrm{B}^2\cdot\exp\left(-2\kappa_{\mathrm{I}}z\right)-4\mathrm{A}\cdot\mathrm{B}\cdot\kappa_{\mathrm{I}}z\right]\Big|_0^{h_0}\\&+\frac{1}{4}\varepsilon_{\mathrm{II}}\varepsilon_0\kappa_{\mathrm{II}}\left[\mathrm{C}^2\cdot\exp\left(2\kappa_{\mathrm{II}}z\right)-\mathrm{D}^2\cdot\exp\left(-2\kappa_{\mathrm{II}}z\right)-4\mathrm{C}\cdot\mathrm{D}\cdot\kappa_{\mathrm{II}}z\right]\Big|_{h_0}^{h_0+h_m}.\end{aligned} \tag{13-43}$$

把 (13-43) 式代入 Stoney 公式, 挠度曲线可以最终表示为如下形式

$$\begin{aligned}\Delta w=&\frac{(1-\upsilon)L^2}{\mathrm{E}t^2}\cdot\left(\varepsilon_{\mathrm{I}}\varepsilon_0\kappa_{\mathrm{I}}\left[\mathrm{A}^2\cdot\exp\left(2\kappa_{\mathrm{I}}z\right)-\mathrm{B}^2\cdot\exp\left(-2\kappa_{\mathrm{I}}z\right)-4\mathrm{A}\cdot\mathrm{B}\cdot\kappa_{\mathrm{I}}z\right]\Big|_0^{h_0}\right.\\&\left.+\varepsilon_{\mathrm{II}}\varepsilon_0\kappa_{\mathrm{II}}\left[\mathrm{C}^2\cdot\exp\left(2\kappa_{\mathrm{II}}z\right)-\mathrm{D}^2\cdot\exp\left(-2\kappa_{\mathrm{II}}z\right)-4\mathrm{C}\cdot\mathrm{D}\cdot\kappa_{\mathrm{II}}z\right]\Big|_{h_0}^{h_0+h_m}\right).\end{aligned} \tag{13-44}$$

根据式 (13-44), 得到溶液的离子浓度和表面质子密度对微悬臂梁挠度的影响关系式. 图 13.40 表示在不同离子浓度情况下, 对微悬臂梁位移挠度的拟合曲线. 在

计算中采取了一些模型简化. 对生物膜来说, 当膜厚度为 5 nm 时, 取 $\varepsilon_{\mathrm{II}} = 2.0$; 在第一和第三区域, 由于处于溶液状态, 所以 ε_{I} 和 $\varepsilon_{\mathrm{III}}$ 大小为水溶液的数值 80[93,94]. 根据已有的数据可知微悬臂梁表面到膜的距离大约 1.3 nm[72]. 通过曲线拟合, 得到在空间的质子面密度为 $10^{16}\ \mathrm{m}^{-2}$, 那么表面电荷密度为 0.001 Asm^{-2} 量级. 这一数值小于最大表面电荷密度[90], 除此之外, 由于电荷、电容以及电势之间满足如下关系式:

$$\Delta Q = C_e \cdot \Delta\psi. \tag{13-45}$$

其中 C_e 表示膜的电容, $\Delta\psi$ 表示跨膜电势, ΔQ 表示电荷密度. 根据已知参数拟合所得到电势为 100 mV, 把它代入公式 (13-45) 可以得到电容 $C_e \approx 10^4\ \mu\mathrm{F{\cdot}m^{-2}}$ 和已知的膜的最大电容 $0.5 \times 10^4\ \mu\mathrm{F{\cdot}m^{-2}}$ 一个量级[96]. 由图 13.41 可知, bR 膜和微悬臂梁之间的空间距离对微悬臂梁的位移挠度也有影响.

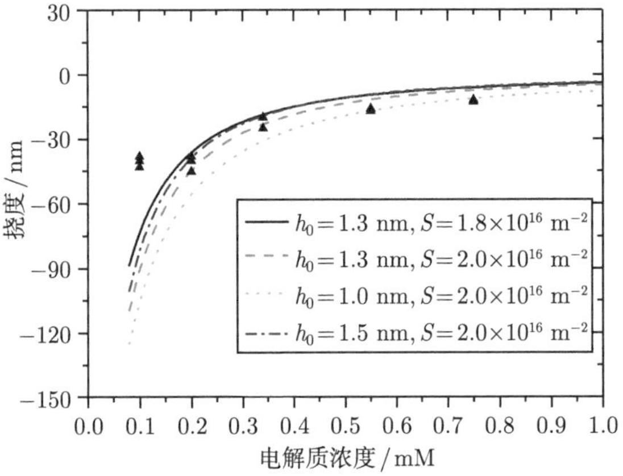

图 13.40　不同离子浓度情况下挠度的拟合曲线

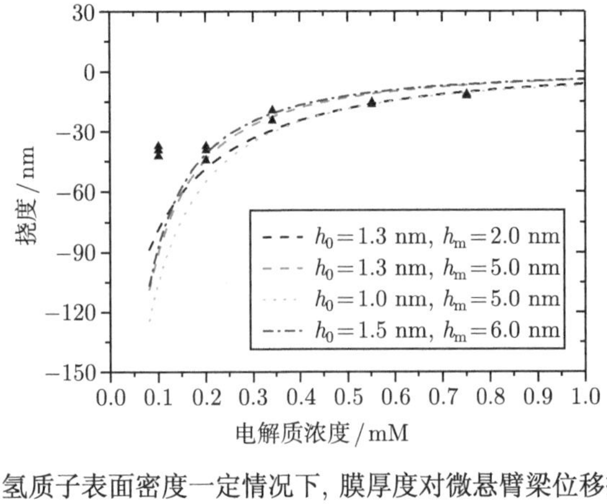

图 13.41　氢质子表面密度一定情况下, 膜厚度对微悬臂梁位移挠度的影响

根据已有的测量数据, 可知标记生物素后膜的厚度约为 63 Å ± 18 Å[97], 而一般认为膜的厚度比较均一, 因此通过计算可以得出膜的厚度对微悬臂梁的挠度的影响. 图 13.41 表示在氢质子面密度一定情况下, 膜厚度对微悬臂梁位移挠度的影响. 从图中可知当氢质子表面密度为 $2 \times 10^{16}\ \mathrm{m}^{-2}$, 用已知膜的厚度为 5 nm 进行计算得到的结果与实验数据相接近. 因此, 用双电层理论模型可以解释基于微悬臂梁的生化功能器件的力学响应[11].

13.4 本章结束语

本书第 3 章和本章都涉及了 "软物质" 的概念. 概括起来, 软物质的主要特点有:

1) 相关能量大体为 $k_{\mathrm{B}}T$ 的倍数. 如一个 ATP 分子水解所释放出的能量约为 $12k_{\mathrm{B}}T$; 磷脂膜 (phospholipid membrane) 的弯曲刚度 (bending stiffness) 约为 $20k_{\mathrm{B}}T$; 氢键的能量约为 $6 \sim 10k_{\mathrm{B}}T$; 化学键的能量则约为 $80k_{\mathrm{B}}T$. 为了利于数量级估计, 建议读者能够熟悉室温 ($T = 300$ K) 时相关的能量数量级: $k_{\mathrm{B}}T \approx 4.1\ \mathrm{pN \cdot nm} = 4.1 \times 10^{-21}\ \mathrm{J} = 2.5 \times 10^{-2}\ \mathrm{eV}$.

2) 低能量密度. 如正常晶体 (也就是硬物质) 的弹性模量一般在 $E \approx 100\ \mathrm{GPa} \approx 25k_{\mathrm{B}}T/\text{Å}^3$ 量级; 而高分子以及橡胶等软物质的弹性模量一般在 $E \approx (10 \sim 10^3)$ MPa$\approx \left(10^{-4} \sim 10^{-2}\right) \times 25k_{\mathrm{B}}T/\text{Å}^3$ 量级. 例如, 芯片上实验室常用的 PDMS 的弹性模量一般是单晶硅材料的三十万分之一.

3) 第 3 章讨论过硬物质是 "键力" 主导, 软物质是 "熵力" 主导, 以及软物质的 "小扰动大效果" 等;

4) 在表面和界面效应方面, 表面能估计关系 $\gamma \approx U/\left(2a^2\right)$, 式中 U 和 a 分别为分子的内聚能 (cohesion) 和分子尺度, 对于软物质而言 $U \approx k_{\mathrm{B}}T$, 要远小于硬物质.

5) 在纳米尺度空间受限时, 软物质有时呈现出 "类固体" 的性质. 即使对于大尺度的液滴, 也有文献认为在液滴的表面由于曲率和断键的影响, 液滴的表层实际上也是一层 "类固体".

6) 当考虑高分子与固体表面相互作用时, 如生物大分子和微悬臂梁表面的吸附时 (图 13.42). 针对该图左端的成键情况, 当考虑的尺度在 1~3 Å 时, 此时能量将占主导, 特征时间尺度在 10^{-13} s 量级, 而当考虑的尺度较大 (特征尺度在 10~50 Å 以上时) 且主要关注链状 (chain-like) 分子的变形时, 构型熵将占主导地位. 对于图 13.42 右端情形, 由于链状分子和固体表面不成键, 所以整个系统则是熵主导.

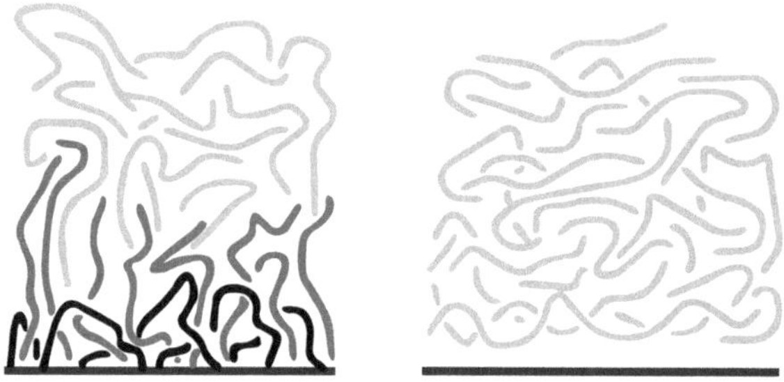

图 13.42 高分子与表面相互作用示意图

参 考 文 献

[1] Noji H, Yasuda R, Yoshida M, Kinosita K. Direct observation of the rotation of F_1-ATPase. Nature, 1997, 386: 299–302.

[2] Soong R K, Bachand G D, Neves H P, Olkhovets A G, Craighead H G, Montemagno C D. Powering an inorganic nanodevice with a biomolecular motor. Science, 2000, 290: 1555–1558.

[3] Kinosita K, Yasuda R, Noji H, Adachi K. A rotary molecular motor that can work at near 100% efficiency. Philosophical Transactions of the Royal Society B Biological Sciences, 2000, 355: 473–489.

[4] Sun S X, Wang H Y, Oster G. Asymmetry in the F_1-ATPase and its implications for the rotational cycle. Biophysical Journal, 2004, 86: 1373–1384.

[5] Happel J, Brenner H. Low Reynolds number hydrodynamics. Martinus Nijhoff Publishers, 1983.

[6] Jeffrey G B. On the steady rotation of a solid of revolution in a viscous fluid. Proceedings of the London Mathematical Society, 1915, 14: 327–338.

[7] 严宗毅. 低雷诺数流理论. 北京：北京大学出版社, 2002.

[8] Hunt A J, Gittes F, Howard J. The force exerted by a single kinesin molecule against a viscous load. Biophysical Journal, 1994, 67: 766–781.

[9] Urbakh M, Klafter J, Gourdon D, Israelachvili J. The nonlinear nature of friction. Nature, 2004, 430: 525–528.

[10] Ren Q, Zhao Y P, Yue J C, Cui Y B. Biological application of multi-component nanowires in hybrid devices powered by F_1-ATPase motors. Biomedical Microdevices, 2006, 8: 201–208.

[11] 任权. 两种微纳生化功能器件的构建与力学分析. 北京：中国科学院力学研究所博士学位论文, 2006.

[12] Pearce M E, Melanko J B, Salem A K. Multifunctional nanorods for biomedical applications. Pharmaceutical Research, 2007, 24: 2335–2352.

[13] Yang Z Y, Zhao Y P. QM/MM and classical molecular dynamics simulation of His-tagged peptide immobilization on nickel surface. Materials Science and Engineering A, 2006, 423: 84–91.

[14] Yang Z Y, Zhao Y P. Adsorption of His-tagged peptide to Ni, Cu and Au (100) surfaces: Molecular dynamics simulation. Engineering Analysis with Boundary Elements, 2007, 31: 402–409.

[15] Yang Z Y, Zhao Y P. Multi-scale simulation of immobilizing F_1-ATPase molecular motor. Journal of the Korean Physical Society, 2008, 52: 1211–1216.

[16] 杨振宇. 聚合物与金属表面相互作用的多尺度力学研究. 北京：中国科学院力学研究所博士学位论文, 2008.

[17] Mavroidis C, Dubey A, Yarmush M L. Molecular machines. Annual Review Biomedical Engineering, 2004, 6: 363–395.

[18] Hochuli E, Döbeli H, Schacher A. New metal chelate adsorbent selective for proteins and peptides containing neighbouring histidine residues. Journal of Chromatography, 1987, 411: 177–184.

[19] Crowe J, Döbeli H, Gentz R, Hochuli E, Stbüer D. 6xHis-Ni-NTA chromatography as a superior technique in recombinant protein expression/purification. Methods in Molecular Biology, 1994, 31: 371–387.

[20] Montemagno C D, Bachand G. Constructing nanomechanical devices powered by biomolecular motors. Nanotechnology, 1999, 10: 225–231.

[21] Agarwal G, Naik R R, Stone M O. Immobilization of histidine-tagged proteins on nickel by electrochemical dip pen nanolithography. Journal of American Chemical Society, 2003, 125: 7408–7412.

[22] Schmidt J J, Jiang X Q, Montemagno C D. Force tolerances of hybrid nanodevices. Nano Letters, 2002, 2: 1229–1233.

[23] Van den Heuvel M G L, Dekker C. Motor proteins at work for nanotechnology. Science, 2007, 317: 333–336.

[24] Phillips R, Quake S R. The biological frontier of physics. Physics Today, 2006, 59: 38–43.

[25] Maseras F. The IMOMM method opens the way for the accurate calculation of real transition metal complexes. Chemical Communications, 2000, 19: 1821–1827.

[26] Woo T K, Cavallo L, Ziegler T. Implementation of the IMOMM methodology for performing combined QM/MM molecular dynamics simulations and frequency calculations. Theoretical Chemistry Accounts, 1998, 100: 307–313.

[27] Ujaque G, Maseras F, Eisenstein O. Different van der Waals radii for organic and inorganic halogen atoms: A significant improvement in IMOMM performance. Theoretical

Chemistry Accounts, 1997, 96: 146–150.

[28] Matsubara T, Sieber S, Morokuma K. A test of the new 'integrated MO+MM' (IMOMM) method for the conformational energy of ethane and n-butane. International Journal of Quantum Chemistry, 1996, 60: 1101–1109.

[29] Conti M, Falini G, Samori B. How strong is the coordination bond between a histidine tag and Ni-nitrilotriacetate? An experiment of mechanochemistry on single molecules. Angew. Chem. Int. Edit., 2000, 39: 215–217.

[30] Kohlmeyer A, Witschel W, Spohr E. Molecular dynamics simulations of water/metal and water/vacuum interfaces with a polarizable water model. Chemical Physics, 1996, 213: 211–216.

[31] Erkoç Ş. Empirical potential energy functions used in the simulations of materials properties. Annual Reviews of Computational Physics IX. 2001: 1–103.

[32] Shi X H, Yong K, Zhao Y P, Gao H J. Molecular dynamics simulation of peeling a DNA molecule on substrate. Acta Mechanica Sinica, 2005, 21: 249–256.

[33] Yin J, Zhao Y P, Zhu R Z. Molecular dynamics simulation of barnacle cement. Materials Science and Engineering A, 2005, 409: 160–166.

[34] Stillinger F H, Rahman A. Improved simulation of liquid water by molecular dynamics. Journal of Chemical Physics, 1974, 60: 1545–1557.

[35] Kantarci N, Tamerler C, Sarikaya M, Haliloglu T, Doruker P. Molecular dynamics simulations on constraint metal binding peptides. Polymer, 2005, 46: 4307–4313.

[36] Delle Site L, Kremer K. Multiscale modeling of polymers on a surface: From ab initio density functional calculations of molecular adsorption to large-scale properties. International Journal of Quantum Chemistry, 2005, 101: 733–739.

[37] Ben-Tal N, Honig B, Bagdassarian C K, Ben-Shaul A. Association entropy in adsorption processes. Biophysical Journal, 2000, 79: 1180–1187.

[38] Wong P K, Lee Y K, Ho C M. Deformation of DNA molecules by hydrodynamic focusing. Journal of Fluid Mechanics, 2003, 497: 55–65.

[39] Smith S B, Cui Y J, Bustamante C. Overstretching B-DNA: The elastic response of individual double-stranded and single-stranded DNA molecules. Science, 1996, 271: 795–799.

[40] Soong R K, Stelick S J, Bachand G D, Montemagno C D. Evaluating adhesion strength of biological molecules to nanofabricated substrates//Technical Proceedings of the Second Conference on Modeling and Simulation of Microsystems. Cambridge: Computational Publications, 1999: 95–98.

[41] Abrahams J P, Leslie A G W, Lutter R, Walker J E. Structure at 2.8-angstrom resolution of F_1-ATPase from bovine heart-mitochondria. Nature, 1994, 370: 621–628.

[42] Itoh H, Takahashi A, Adachi K, Noji H, Yasuda R, Yoshida M, Kinosita K. Mechanically driven ATP synthesis by F_1-ATPase. Nature, 2004, 427: 465–468.

[43] Huang G Y, Gao W, Yu S W. Model for the adsorption-induced change in resonance frequency of a cantilever. Applied Physics Letters, 2006, 89: 043506.

[44] Hansen K M, Ji H F, Wu G. H, Datar R, Cote R, Majumdar A, Thundat T. Cantilever-based optical deflection assay for discrimination of DNA single-nucleotide mismatches. Analytical Chemistry, 2001, 73: 1567–1571.

[45] Marie R, Jensenius H, Thaysen J, Christensen C B, Boisen A. Adsorption kinetics and mechanical properties of thiol-modified DNA-oligos on gold investigated by microcantilever sensors. Ultramicroscopy, 2002, 91: 29–36.

[46] Wu G H, Ji H F, Hansen K, Thundat T, Datar R, Cote R, Hagan M F, Chakraborty A K, Majumdar A. Origin of nanomechanical cantilever motion generated from biomolecular interactions. Proceedings of the National Academy of Sciences of the United States of America, 2001, 98: 1560–1564.

[47] Raiteri R, Butt H J, Grattarola M. Changes in surface stress at the liquid/solid interface measured with a microcantilever. Electrochimica Acta, 2000, 46: 157–163.

[48] Miller D P, Moore J E, Moore C R. Boron induced dislocations in silicon. Journal of Applied Physics, 1962, 33: 2648–2652.

[49] Prussin S. Generation and distribution of dislocations by solute diffusion. Journal of Applied Physics, 1961, 32: 1876–1881.

[50] Yang F Q, Li J C M. Diffusion-induced beam bending in hydrogen sensors. Journal of Applied Physics, 2003, 93: 9304–9309.

[51] Liu F, Zhang Y, Ou-Yang Z C. Flexoelectric origin of nanomechanic deflection in DNA-microcantilever system. Biosensors & Bioelectronics, 2003, 18: 655–660.

[52] Huber F, Hegner M, Gerber Ch, Güntherodt H J, Lang H P. Label free analysis of transcription factors using microcantilever arrays. Biosensors and Bioelectronics, 2006, 21: 1599–1605.

[53] Moulin A M, O'Shea S J, Welland M E. Microcantilever-based biosensors. Ultramicroscopy, 2000, 82: 23–31.

[54] 钱劲. 一种新型微流量计的设计、制备及力学分析. 北京：中国科学院研究生院硕士学位论文, 2003.

[55] 李凯, 刘红, 张青川, 侯毅, 张广照, 伍小平. 利用微悬臂梁表面应力研究聚 N-异丙基丙烯酰胺分子的构象转变. 物理学报, 2006, 55: 4111–4116.

[56] Yan X D, Hill K, Gao H Y, Ji H F. Surface stress changes induced by conformational changes of proteins. Langmuir, 2006, 22: 11241–11244.

[57] 冯端, 冯少彤. 熵的世界. 北京：科学出版社, 2005.

[58] Álvarez M, Carrascosa L G, Moreno M, Calle A, Zaballos Á, Lechuga L M, Martinze-A C, Tamayo J. Nanomechanics of the formation of DNA self-assembled monolayers and hybridization on microcantilevers. Langmuir, 2004, 20: 9663–9668.

[59] Moulin A M, O'Shea S J, Badley R A, Doyle P, Welland M E. Measuring surface induced conformational changes in proteins. Langmuir, 1999, 15: 8776–8779.

[60] Yang M, Yau H C M, Chan H L. Adsorption kinetics and ligand-binding properties of thiol-modified double-stranded DNA on a gold surface. Langmuir, 1998, 14: 6162–6129.

[61] Stoney G G. The tension of metallic films deposited by electrolysis. Proceedings of the Royal Society of London A, 1909, 82: 172–175.

[62] Nix W D, Doerner M F. Stresses and deformation processes in thin films on substrates. CRC Critical Review Solid State Materials Science, 1988, 14: 225–268.

[63] Freund L B, Floro J A, Chason E. Extension of the Stoney formula for substrate curvature to configurations with thin substrate or large deformations. Applied Physics Letters, 1999, 74: 1987–1989.

[64] Klein C A. How accurate are Stoney's equation and recent modifications. Journal of Applied Physics, 2000, 88: 5487–5489.

[65] Chen K S, Ou K S. Modification of curvature-based thin-film residual stress measurement for MEMS applications. Journal of Micromechanics and Microengineering, 2002, 12: 917–924.

[66] Hu Y Y, Huang W M. Elastic and elastic-plastic analysis of multilayer thin films: Closed-form solutions. Journal of Applied Physics, 2004, 96: 4154–4160.

[67] Blech I A, Blech I, Finot M. Determination of thin-film stresses on round substrate. Journal of Applied Physics, 2005, 97: 113525.

[68] Zhu M L, Kirby P B. Governing equation for the measurement of nonuniform stress distributions in thin films using a substrate deformation technique. Applied Physics Letters, 2006, 88: 171903.

[69] Zhang Y, Zhao Y P. Applicability range of Stoney's formula and modified formulae for a film/substrate bilayer. Journal of Applied Physics, 2006, 99: 053513.

[70] Zhang Y, Ren Q, Zhao Y P. Modelling analysis of surface stress on rectangular cantilever beam. Journal of Physics D: Applied Physics, 2004, 37: 2140–2145.

[71] Ren Q, Zhao Y P, Han L, Zhao H B. A nanomechanical device based on light-driven proton pumps. Nanotechnology, 2006, 17: 1778–1785.

[72] Chen D L, Lu Y J, Sui S F, Xu B, Hu K S. Oriented assembly of purple membrane on solid support, mediated by molecular recognition. Journal of Physical Chemistry B, 2003, 107: 3598–3605.

[73] Chi L F, Anders M, Fuchs H, Johnston R R, Ringsdorf H. Domain structures in Langmuir-Blodgett films investigated by atomic force microscopy. Science, 1993, 259: 213–216.

[74] Kononenko A A, Lukashev E P, Maximychev A V. The vectorial character of the external electric field effect on the dark state and the photocycle of bacteriorhodopsin. Biochimica et Biophysica Acta, 1986, 850: 162–169.

[75] He J A, Samuelson L, Li L, Kumar J, Tripathy S K. Oriented bacteriorhodopsin /polycation multilayers by electrostatic layer-by-layer assembly. Langmuir, 1998, 14: 1674–1679.

[76] Chu J F, Li X C, Zhang J P, Tang J. Fabrication and photoelectric response of poly(allylamine hydrochloride)/pm thin films by layer-by-layer deposition technique. Biochemical and Biophysical Research Communications, 2003, 305: 116–121.

[77] Koyama K, Yamaguchi N, Miyasaka T. Antibody-mediated bacteriorhodopsin orientation for molecular device architectures. Science, 1994, 265: 762–765.

[78] Eklund K, Vuorinen J, Mikkola J, Virtanen J, Kinnunen P. Ca^{2+}-induced lateral phase separation in phosphatidic acid/phosphatidylcholine monolayers as revealed by fluorescence microscopy. Biochemistry, 1988, 27: 3433–3427.

[79] Chen Z P, Lewis A, Takei H Y, Nebenzahl I. Bacteriorhodopsin oriented in polyvinyl alcohol films as an erasable optical storage medium. Applied Optics, 1991, 30: 5188–5196.

[80] Wu S G, Ellerby L M, Cohan J S, Dunn B, El-Sayed M A, Valentine J S, Zink J I. Bacteriorhodopsin encapsulated in transparent Sol-Gel glass: A new biomaterial. Chemistry of Materials, 1993, 5: 115–120.

[81] Müller W, Ringsdorf H, Rump E, Wildburg G, Zhang X, Angermaier L, Knoll W, Liley M, Spinke J. Attempts to mimic docking processes of the immune system: Recognition-induced formation of protein multilayers. Science, 1993, 262: 1706–1708.

[82] Yam C M, Pradier C M, Salmain M, Marcus P, Jaouen G J. Binding of biotin to gold surfaces functionalized by self-assembled monolayers of cystamine and cysteamine: Combined FT-IRRAS and XPS characterization. Journal of Colloid and Interface Science, 2001, 235: 183–189.

[83] Gimzewski J K, Gerber Ch, Meyer E, Schlittler R R. Translating bio-molecular recognition into nanomechanics. Chemical Physics Letters, 1994, 217: 589–594.

[84] Dancsházy Z, Tokaji Z, Dér A. Bleaching of bacteriorhodopsin by continuous light. FEBS Letters, 1999, 450: 154–157.

[85] Schreiber F. Self-assembled monolayers: from 'simple' model systems to biofunctionalized interfaces. Journal of Physics-Condensed Matter, 2004, 16: R881–R900.

[86] Ji H-F, Feng Y, Xu X H, Purushotham V, Thundat T, Brown G M. Photon-driven nanomechanical cyclic motion. Chemical Communications, 2004, 22: 2532–2533.

[87] Fritz J, Baller M K, Lang H P, Rothuizen H, Vettiger P, Meyer E, Güntherodt H J, Gerber C, Gimzewski J K. Translating biomolecular recognition into nanomechanics. Science, 2000, 288: 316–318.

[88] Ou-Yang Z C, Hu J G, Liu J X. Determination of spontaneous curvature and internal pressure of vesicles and red cells by their shape and the flexoelectric effect of membrane. Modern Physics Letters B, 1992, 6: 1577–1582.

[89] Ou-Yang Z C, Liu S, Xie Y Z. On the curvature elasticity theory of fluid membranes. Molecular Crystals & Liquid Crystals, 1991, 204: 143–154.

[90] Hunter R J. Foundations of colloid science. Oxford: Oxford University Press, 2004.

[91] Misra S, Varanasi S. A poly-electrolyte brush theory. Macromolecules, 1989, 22: 4173–4179.

[92] Poortinga A T, Bos R, Norde W, Busscher H J. Electric double layer interactions in bacterial adhesion to surfaces. Surface Science Reports, 2002, 47: 1–32.

[93] Winterhalter M, Helfrich W J. Effect of surface charge on the curvature elasticity of membranes. Journal of Physical Chemistry, 1988, 92: 6865–6867.

[94] Winterhalter M, Helfrich W. Bending elasticity of electrically charged bilayers: Coupled monolayers, neutral surfaces, and balancing stresses. Journal of Physical Chemistry, 1992, 96: 327–330.

[95] Helfrich W. Physics of defects. Amsterdam: North Holland Press, 1981.

[96] Dolfi A, Buoninsegni F T, Moncelli M R, Guidelli R. DC photoelectric signals from bacteriorhodopsin adsorbed on lipid monolayers and thiol/lipid bilayers supporeted by mercury. Bioelectrochemistry, 2002, 56: 151–156.

[97] Puu G, Artrusson E, Gustafson I, Lundström M, Jass J. Distribution and stability of membrane proteins in lipid membranes on solid supports. Biosensors and Bioelectronics, 2000, 15: 31–41.

第 14 章　超灵敏微纳传感机理的表面物理力学基础

14.1　微纳生物传感器的机理概述

由于重大传染性疾病、反恐、食品卫生、环境监测等的重大需求, 微纳生物医学传感器近年来得到了广泛的应用. 事实上, 微纳生物医学传感机理是一个典型的表面与界面物理力学问题, 其传感机理可划分为如下三类:

1) 通过一维纳米材料载流子浓度的变化来检测生物分子. 当材料尺寸小于 100 纳米时, 其表面原子占总原子的百分比将会显著增加, 这时的表面效应将不容忽视. 对半导体纳米线 (管) 而言, 其表面电荷的变化将显著影响载流子的浓度, 从而引起电导的变化.

2001 年美国哈佛大学 Lieber 研究组将生物分子固定在硅纳米线纳米场效应晶体管上[1], 待测分子与固定的生物分子杂交后, 引起纳米线表面电荷的变化从而实现无需标记生物分子的实时检测, 如图 14.1 所示. 2005 年 Lieber 研究组研制出一种经过特定化学修饰的硅基纳米线阵列, 可高灵敏度地检测出血清中五种癌细胞的特定标记蛋白, 如图 14.2 所示. 如果对每一根纳米线修饰上特定的抗体物质, 通过检测一滴血就可以同时筛选出不同的癌细胞. 其优点是: 直接测量, 无需标记, 可实时, 易集成. 但亦存在缺点: 灵敏度优势不十分明显, 检测范围有限, 制备重现性有待提高等. 所以目前只是简单化合物检测.

2) 通过敏感材料界面介电常数的变化来探测生物分子. 生物分子杂交后, 界面的介电常数会发生变化, 利用表面等离子体共振技术可以探测这种变化. 近年来, 美国 Applied Biosystem 公司、英国 Iasys 公司等, 纷纷推出表面等离子体生物传感器. 这种传感器的制备成本高, 体积大, 使用不方便, 且灵敏度不高. 优点: 待测物无需标记, 适用于混浊、不透明或者有色溶液. 缺点包括: ① 难以区分非特异性吸附; ② 抗干扰能力差; ③ 可集成性差; ④ 样品需要前处理, 不能现场检测; ⑤ 仪器昂贵; ⑥ 操作麻烦, 成本极高; ⑦ 虽然国际上研发 20 余年, 但一直未见在医院和临床推广.

3) 通过微纳悬臂梁的挠度或谐振频率变化来探测. 生物分子杂交后, 微纳悬臂梁的表面应力将发生改变, 另外质量也将增加, 表面应力和质量均可导致其谐振频率发生变化, 通过监测挠度变化以及谐振频率变化可检测生物分子. 2002 年 IBM 研究组制备出阵列式的悬臂梁可同时检测多项指标[3]. 这种传感器的制备过程非常昂贵, 容易受环境干扰, 灵敏度也很低. 主要缺点是: 定量性差, 工艺复杂, 器件重复性待提高, 实验误差大, 生物特异性差.

在进行单分子操控研究中, 人们发现微悬臂梁对力的变化非常敏感, 在微弱力的作用下都可以发生力学响应, 因此人们逐渐把用于 AFM 的微机械悬臂梁推广应用到物理、化学和生物领域[3], 去构建各种功能器件, 如图 14.3 所示. 基本原理就是当微悬臂梁表面涂有敏感层, 在微悬臂梁表面敏感层发生物理、化学黏附以及发生化学反应时, 悬臂梁表面会产生质量以及表面应力的改变, 这些改变或者转化可以引起微悬臂梁振动频率的偏移或者挠度的改变, 从而使得微悬臂梁可以作为传感器元件. 1994 年, 美国橡树岭国家实验室 (Oak Ridge National Laboratory) 以及瑞士苏黎世 IBM 研究中心分别利用微悬臂梁开发出新型传感器[4,5], 他们的研究工作推进了对基于微悬臂梁的生化功能器件的研究.

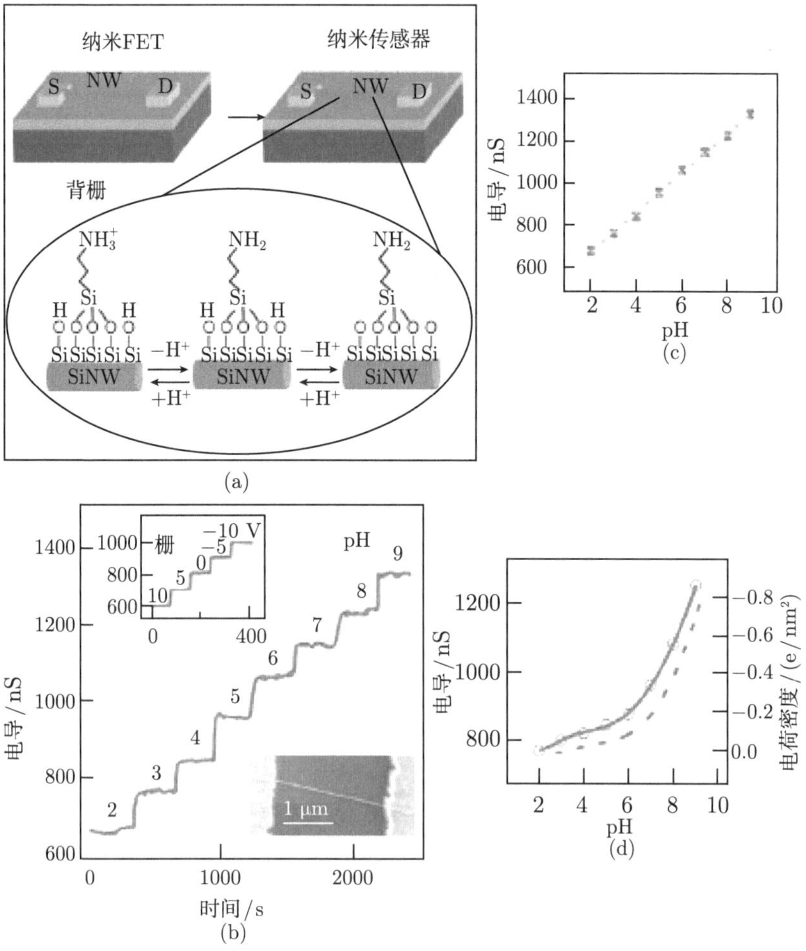

图 14.1　硅基纳米线的纳米场效应晶体管生物传感器[1]

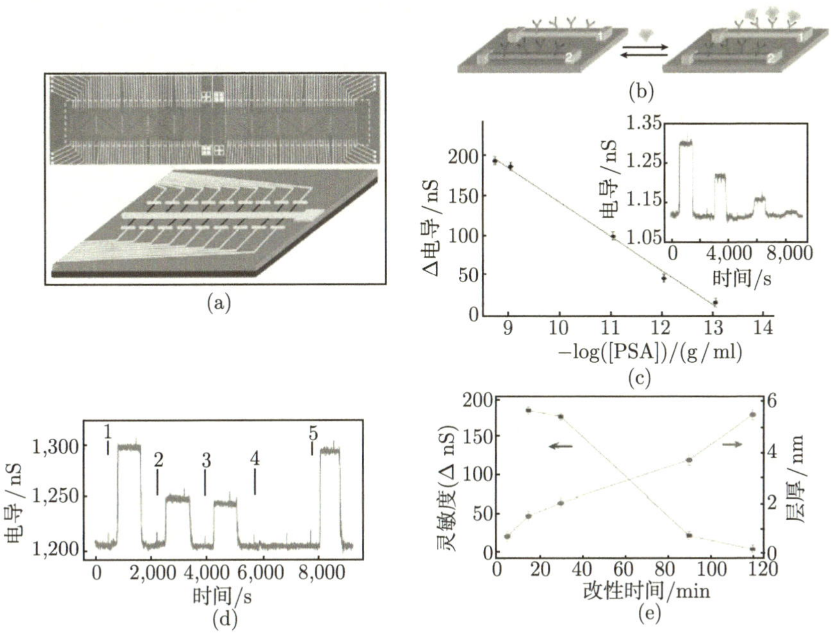

图 14.2 硅基纳米线的纳米场生物传感器阵列[2]

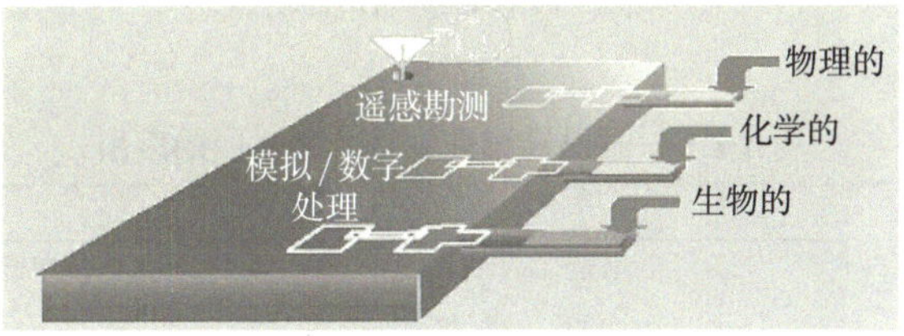

图 14.3 微悬臂梁在物理、化学和生物领域的应用

按检测方法可以把基于微悬臂梁的传感器分为图 14.4 的几种形式[6], 其中包括光杠杆法[7,8]、压电法[9]、压阻法[10]、电容法[11] 等; 按检测环境可以分为气体传感器和液体传感器[12,13]; 按检测对象可分为化学传感器和生物传感器[14~16]. 对于化学传感器来说, 微悬臂梁表面涂有化学敏感层, 当被检测的化学物质与表面化学敏感层发生化学反应时, 造成表面应力变化, 引起其挠度或者频率的变化, 用其可以检测甲苯和丁醇、乙醇、芳香剂[17,18]、炔类有机物[19~21]、氧气[22]、检测空气湿度[23]、水银气体[24]、混和爆炸物质等[25~27]. 生物传感器一般在液体环境下工作, 主要用于核酸、蛋白质等微量生物分子的识别. 其工作原理与气体传感器类似, 在微悬臂梁的一面涂有生物敏感膜, 当被测生物分子黏附在生物敏感膜上时, 表面应力或者质量发生改变, 从而引起微悬臂梁频率的偏移或挠度的变化, 就可以应用于生物大分子相互作用以及疾病分子检测, 如表 14.1 所示. 其中最有代

表性的工作是 IBM 苏黎世实验室的 Fritz 等在 2000 年利用如图 14.5 所示微悬臂梁列阵研究单链 DNA 黏附以及核酸配对原理[28], 美国橡树林国家实验室用微悬臂梁光测方法研究单链 DNA 分子产生挠度的起源[29] 以及 DNA 的双链错配问题[30].

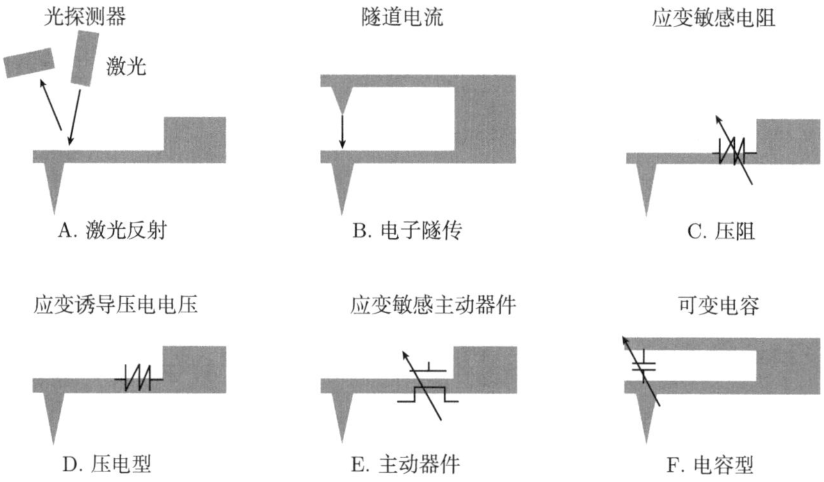

图 14.4　微悬臂梁的检测方法[6]

表 14.1　微悬臂梁在生物传感器中的应用

	检测物质	相互作用
分子相互作用研究	单链 DNA 黏附[28,31]	单链 DNA—金基底
	DNA 配对[29,32]	DNA—DNA
	DNA 错配[30]	DNA—DNA
	双链 DNA[33]	双链 DNA— 固体基底
	抗体[34]	抗体 — 抗原
	免疫球蛋白[35]	蛋白 — 蛋白
	牛血清白蛋白[35]	蛋白 — 金基底
	蛋白、双链 DNA[36]	蛋白 —DNA
	蛋白配体[37]	蛋白 — 配体
疾病检测应用研究	心脏疾病[38]	抗体 — 抗原
	前列腺癌症[39]	蛋白 — 蛋白
	胆固醇[14]	蛋白 — 蛋白
	大肠杆菌[40]	抗体 — 抗原
	黑曲酶孢子[41]	抗体 — 抗原

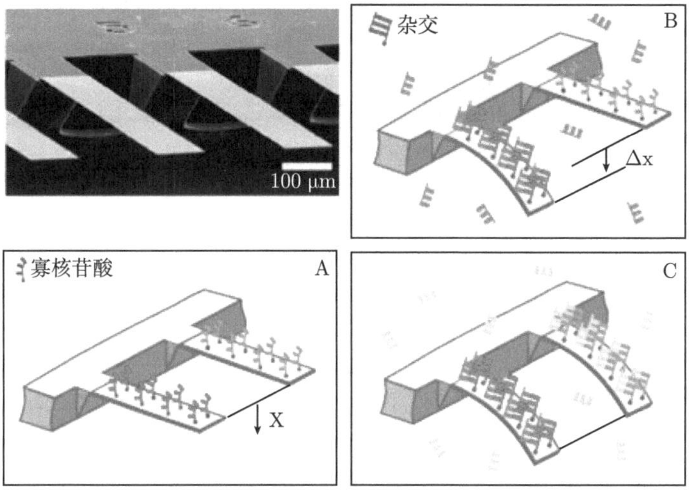

图 14.5 微悬臂梁列阵检测单链 DNA[28]

14.2 金属氧化物半导体气体传感器的耗尽层模型

微纳米尺度金属氧化物半导体由于具有灵敏度高、造价低廉、在大气环境中稳定性好、检测电路简单等突出优点, 在气体检测方面得到了越来越广泛的应用. 气体敏感的核心问题是待测环境对氧化物半导体本身的调控作用. 金属氧化物半导体传感器利用了气体在表面发生的化学过程对半导体本身电学性质的调控作用. 由于纳米材料具有比表面很大的特点, 因此通过表面吸附过程发生作用的外界环境对其性质的调控作用相对变大; 由于表面原子的悬挂键 (dangling bond), 纳米材料也具有更高的表面活性使得表面吸附过程更容易发生[42].

目前, 金属氧化物半导体气体传感器领域得到广泛承认的模式是 "表面耗尽层 (surface depletion layer) 模型"[43,44], 对于单根纳米线而言如图 14.6 所示, 对于纳米颗粒而言如图 14.7 所示. 以 N 型半导体在还原性气体中的敏感为例, 放置在空气中的纳米颗粒会有氧分子在其表面发生化学吸附, 形成氧离子. 氧离子的形成过程是氧分子结合表面及其附近的电子载流子的过程. 对于 N 型半导体而言, 上述过程发生后导致电子载流子的数量下降, 表面附近的散射中心增加, 形成 "表面耗尽层", 纳米颗粒的导电能力将下降.

从能带的角度看, 表面氧吸附会导致电荷层的形成, 能带向上弯曲, 如图 14.7 所示, 从而形成表面电子势垒, 阻止载流子由体内向表面的继续迁移.

图 14.8 全面总结了针对 SnO_2 材料的纳米线、晶界、纳米多晶和 Schottky 接触型气体的能带弯曲和等效电路示意图[43], 对全面理解表面或界面耗尽层模型有

重要意义.

应该说金属氧化物半导体的表面耗尽层模型只是一个唯像模型, 只能定性解释其传感机理, 还需在定量计算方面继续发展.

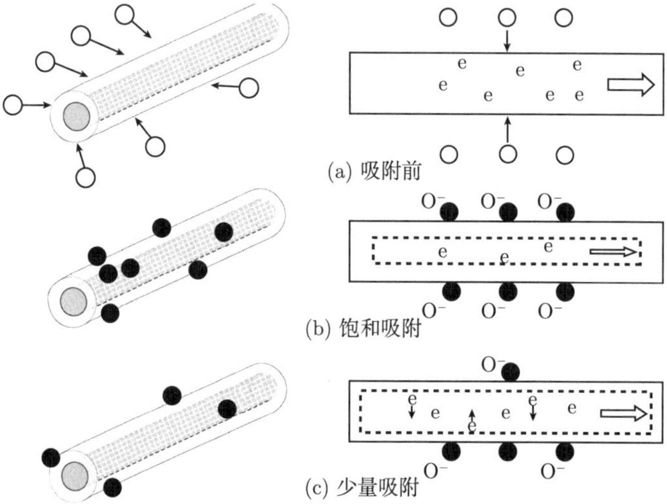

图 14.6　纳米线氧气吸附的示意图与导电示意图

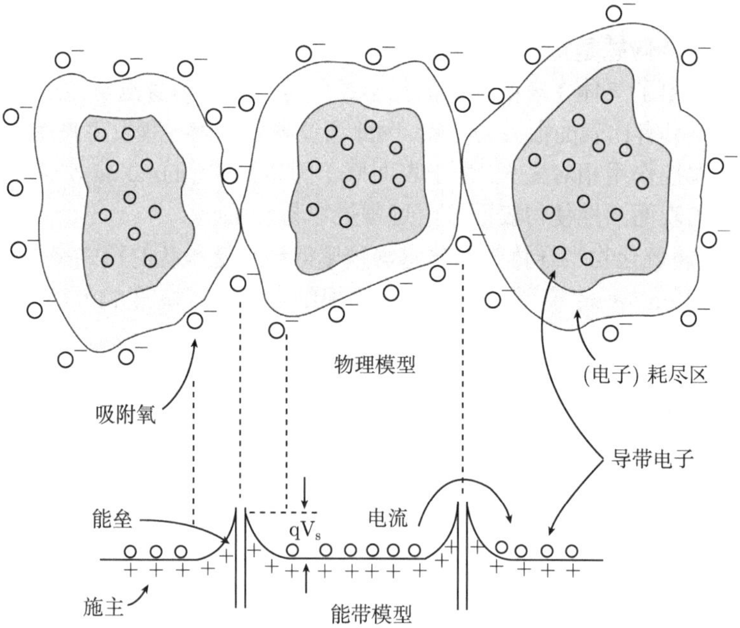

图 14.7　纳米颗粒由于气体吸附形成耗尽层后所造成能带的向上弯曲

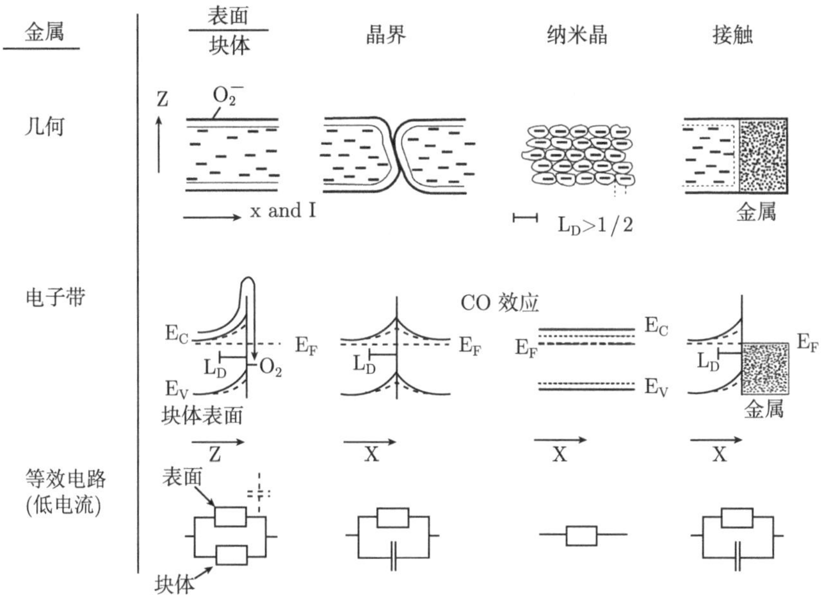

图 14.8 气体传感的耗尽层模型的能带弯曲和等效电路示意图

14.3 氧化锌表面气体传感机理的 DFT 模拟–表面重构和电荷转移

14.3.1 研究背景概述

如 14.2 节所述, 基于金属氧化半导体材料的气体传感器受到人们越来越多的关注[45]. 由于氧化锌 (ZnO) 和氧化锡的低消耗、高灵敏、快响应和速回复等极好的性能, 目前被广泛地选为传感材料[46,47], 在探测被污染的或者有毒的气体方面有潜在的应用[48~50].

ZnO 是一种宽能隙 (3.37 eV) 的 N 型半导体, 相邻的氧原子和锌原子之间成混合的共价/离子键[51,52]. 最近, 有学者成功地使用 ZnO 纳米线作为传感材料, 制成高性能气体传感器, 可以在室温下探测比如氢气、氨气和酒精等气体[46]. 将基于 ZnO 材料的传感器放置在酒精气体环境中, 其电阻会迅速下降, 展现出高灵敏度和快速响应的特性. 然而, 基于实验现象并不能充分地理解和解释气体传感的机理. 之前的研究为了揭示气体传感的机理, 建立了很多模型, 比如：点接触模型[53]、面接触模型[54]、表面耗尽模型[46,47,55] 等. 这些模型都强调在传感过程中电荷转移的重要性. 而且, 这些模型只能定性地描述吸附过程, 却不能预测气体传感的结果.

袁泉子和赵亚溥等使用密度泛函理论 (density functional theory, DFT) 的方法, 在电子层次对于 ZnO 材料和若干中气体的吸附过程进行了详细的模拟计算和理论分析, 并通过可视化的模拟结果和半导体理论的分析, 清晰地呈现了传感机理[56], 本节主要介绍文献 [56] 的主要结果. 由于电子稳定性[57] 和最低能量面[58] 等特性, 这里只研究 ZnO 的氧、锌混合终结面 -$(10\bar{1}0)$ 表面.

随着纳米技术的发展, ZnO 传感器的尺寸越来越小. 因此, 对于由纳米线组成的传感器, 表面弛豫和表面重构对于材料性质的影响将越来越大. 之前的研究[59] 使用三层洋葱 (oniom) 算法 (分子力学–低精度量子力学–高精度量子力学) 来研究一氧化碳分子、氢分子、水分子、氨分子和二氧化碳分子和一个由 348 个 ZnO 原子形成的 $(10\bar{1}0)$ 表面之间的相互作用. 受到计算能力的限制, 文献 [56] 没有考虑表面弛豫和表面重构对于表面吸附的影响. 这里考虑了表面弛豫和表面重构在传感过程中的作用.

14.3.2 DFT 模拟方法

应用 Dmol^3 商业程序[60,61] 开展第一原理 DFT 的计算, 探索气体分子在 ZnO $(10\bar{1}0)$ 表面的吸附过程. 在计算中, 采用常用的广义梯度近似 (generalized gradient approximation, GGA), 交换关联函数采用 PW91 参数, 计算中采用约束自旋. 和局域密度近似 (local density approximation, LDA) 不同, 广义梯度近似不会导致分子间的强键作用. 这样, 如果计算中得到分子吸附到 ZnO 表面的结果, 那么在真实系统中, 该结果一定会发生. 然而, 广义梯度近似往往会低估结合能, 而高估结合距离.

采用平面波基组来解 Schrödinger 方程, 其轨道截断距离为 3.9 Å. 采用全电子计算和带有极性项的双精度数值基组 (double numerical basis set with polarization functions, DNP). 在倒易空间中, 通过间距为 0.02 Å 的密网格 k 点取样来进行波函数的积分. 而对于态密度 (density of states, DOS) 的计算, 在每个单胞中, 采用 $5\times8\times3$ 的 Monkhorst-Pack 网格. 使用 Mulliken 布居分析 (MPA)[62] 来计算电荷转移.

在块体中, 锌原子和氧原子的配位数都是 4; 而在表面上由于锌原子和氧原子的一个最近邻键断裂, 因此, 在表面上的锌原子和氧原子的配位数变成 3. 表面上相邻的锌原子和氧原子形成一个二聚体, 其中锌原子向表面外移动形成平面的 sp^2 键, 而氧原子向表面内移动形成四面体的 sp^3 键. 在计算模型中, 采用上面的两层原子表示表面层, 而固定了底部的两层原子表示块体. 为了减少近邻周期镜像之间的相互作用, 将 4 个单胞形成一个超胞, 并在表面上放置了一个 15 Å 的真空层. 对 ZnO 表面优化 (图 14.9), 然后将一个气体分子置于其上.

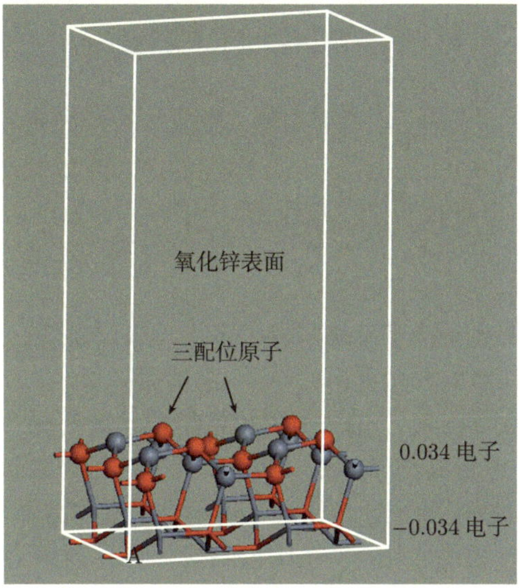

图 14.9 ZnO(10$\bar{1}$0) 表面 (红色小球表示氧原子, 灰蓝色小球表示锌原子). 右侧数字表示优化后, 表面层和块体层的电荷

首先, 优化整个系统来计算吸附系统的物理属性. 然后, 将重构的 ZnO 表面的静电荷设置为零, 来计算表面的物理属性. 通过这个方法, 就能够得到表面重构在吸附过程中的贡献. 结合能 E_{b} 定义为 $E_{\mathrm{b}}=E_{\mathrm{ad}}-(E_{\mathrm{gas}}+E_{\mathrm{ZnO}})$. 其中, E_{gas} 表示自由气体分子的能量, E_{ZnO} 表示氧化性表面的能量, E_{ad} 表示吸附后系统的总能量. 对于 N 型半导体, 带隙 E_g 定义为

$$E_g=E_c-E_v. \tag{14-1}$$

其中, E_c 表示最低未占据轨道 (lowest unoccupied molecular orbital, LUMO) 能级, E_v 表示最高占据轨道 (highest occupied molecular orbital, HOMO) 能级. 电子浓度 n_0 和空穴浓度 p_0 分别定义为

$$\begin{cases} n_0=2\dfrac{\left(2\pi m_n^* k_{\mathrm{B}}T\right)^{3/2}}{h^3}\exp\left(-\dfrac{E_c-E_F}{k_{\mathrm{B}}T}\right), \\ p_0=2\dfrac{\left(2\pi m_p^* k_{\mathrm{B}}T\right)^{3/2}}{h^3}\exp\left(\dfrac{E_v-E_F}{k_{\mathrm{B}}T}\right). \end{cases} \tag{14-2}$$

其中, k_{B} 为 Boltzmann 常数、h 为 Planck 常数、m_n^* 为电子有效质量、m_p^* 为空穴有效质量、T 为绝对温度、E_F 为 Fermi 能级. 因为对于 N 型半导体, E_F 在 E_c 和 $(E_c+E_v)/2$ 之间. 这里为了简化问题, 文献 [56] 认为 E_F 是 $(E_c+E_v)/2$. 载流子浓度的乘积 n_0p_0 可以表示为

$$n_0p_0 = 4\left(\frac{2\pi k_B}{h^2}\right)^3 \left(m_n^* m_p^*\right)^{3/2} T^3 \exp\left(-\frac{E_g}{k_B T}\right). \tag{14-3}$$

在一定温度下, k_B, h, m_n^* 和 m_p^* 都是常数. 载流子浓度的乘积 n_0p_0 只随着 E_g 改变. 当气体分子吸附到 ZnO 表面时, ZnO 表面的 E_g 会发生改变. 而电导是正比于载流子浓度的, 因此, 电导也随之发生改变.

14.3.3　结果和讨论

如图 14.10 所示的电子能带结构, 极性 ZnO$(10\bar{1}0)$ 表面在伽马点 (gamma point) 处有一个直接的带隙. 由于表面重构的原因, 总能量降低, 在一个超胞中 0.034 电子从表面转移到体内 (图 14.9), 产生一个阻止电子移动的势垒. 带隙从 0.98 eV 增加到 1.20 eV. ZnO$(10\bar{1}0)$ 表面的带隙是 1.20 eV, 比实验测得的带隙要小. 这是由于 DFT 会低估半导体的带隙. 但是, 由于在采用相同的吸附体系和计算方法来比较不同的气体分子在 ZnO 表面吸附时, 在比较中这一计算误差会被忽略, 不会影响对于能带结构的分析. ZnO 表面的 Fermi 能级为 -4.368 eV.

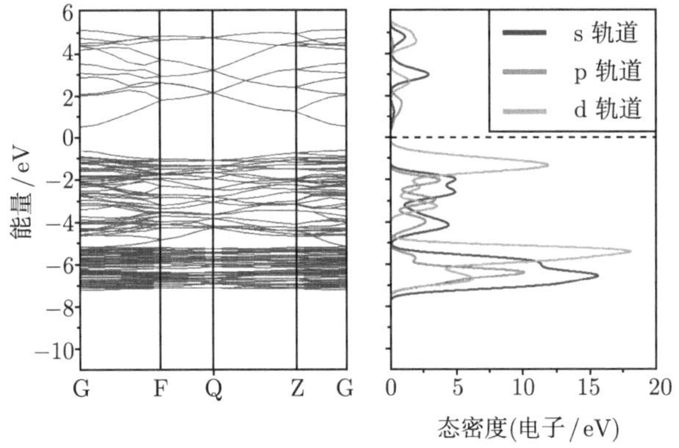

图 14.10　优化后 ZnO 表面的能带结构和分态密度 (虚线表示 Fermi 能级)

包含有一个气体分子和氧化锌表面的超胞的势能面非常复杂. 气体分子 (比如: 氢分子、二氧化碳分子、氨分子、一氧化碳分子和乙醇分子) 在 ZnO 表面的吸附有一个稳定态和很多的亚稳态. 想要得到整个势能面是不现实的. 因此, 对于每个吸附分子, 文献 [56] 采用很多不同的初始吸附位点来进行优化. 然后, 选取其中结合能最高的情况作为稳定吸附态. 这样, 不同气体分子在 ZnO 表面吸附的模拟结果才能够相互比较.

当 ZnO 表面暴露在气体分子的氛围中, 在传感过程中, 文献 [56] 可以看到两种吸附的机制:

1) 当吸附分子靠近表面时, 吸附过程会导致表面重构. 取决于不同的吸附气体分子类型和结合能的大小, 能带结构和 Fermi 能级都会相应地改变.

2) 由于吸附气体分子的电子亲和能和 ZnO 表面功函数的相互竞争, 导致电荷转移的发生, 能带结构和 Fermi 能级都会相应地改变.

这两种机制都导致了表面能隙的改变. 因为在一定的温度下, 本征电导由 $\exp(E_g/k_{\rm B}T)$ 控制, 在试验中, 会观测到电导率由于气体分子的吸附而改变. 下面, 按照结合能的升序来讨论不同的气体分子.

(1) 氢分子 (H_2)

图 14.11 显示了 ZnO 表面吸附氢分子的优化系统. θ 表示表面法向和分子轴线之间的夹角. 优化后氢分子的 θ 为 53.9°. 氢分子在 ZnO 表面的结合能很低, 为 2.47 kcal/mol. 这一计算结果和低温下的实验结果一致[63]. 优化系统的 Fermi 能级从 −4.368 eV 降低到 −4.373 eV, 降低了 0.006 eV. 计算带隙还是 1.20 eV. 如图 14.10 所示, 0.005 电子从 ZnO 的表面转移到氢分子上, 也就是说: 氢分子作为受体, 而 ZnO 表面作为施体. 由于超胞内的不明显的表面重构, 表面能提高了 0.0008 J/m^2, 这导致 Fermi 能增加了 0.003 eV, 能隙下降了 0.01 eV.

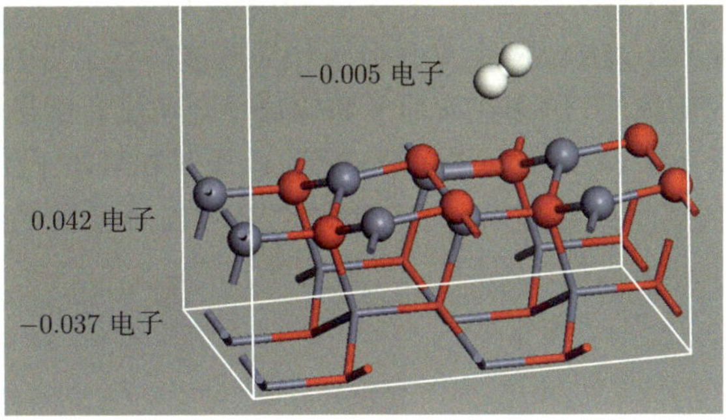

图 14.11 ZnO 表面吸附氢分子的优化构型. 红色小球表示氧原子, 灰蓝色小球表示锌原子, 白色小球表示氢原子. 数字表示分子、表面层和块体层上的电荷

(2) 一氧化碳分子 (CO)

图 14.12 显示了 ZnO 表面吸附 CO 分子的优化系统. 当 CO 分子稳定地吸附在 ZnO 表面, 碳原子与 3 配位的锌原子成键, 这与实验上观测到的结果是一致的[64]. CO 分子吸附的 θ 是 41.7°, 这与实验上测得的 30° 大致相近[64]. 计算得到 CO 分子和键长为 1.140 Å, 实验测得 CO 分子的键长为 1.128 Å[65]. 吸附后 CO 键长缩短 0.03 Å, 与实验中观测的结果一致[66]. CO 分子与 ZnO 表面的结合能为 45.61 kJ/mol, 实验上测得的结合能约为 45.61 kJ/mol[67].

优化系统的 Fermi 能级从 −4.368 eV 增加到 −4.191 eV, 增加了 0.174 eV. 能隙为 1.24 eV, 导致表面电阻增加. 因为 CO 分子与表面原子成键, 结合能为 10.87 kcal/mol. 这一吸附过程导致 ZnO 表面能增加 0.0346J /m^2, 导致 ZnO 表面的明显变形. 重构导致 Fermi 能级增加了 0.006 eV, 能隙降低 0.08 eV.

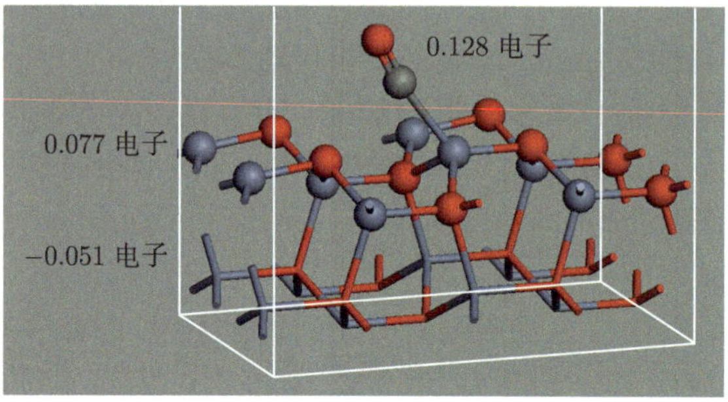

图 14.12　ZnO 表面吸附一氧化碳分子的优化构型. 灰色小球表示碳原子

为了理解吸附过程中成键的机理, 计算了差分电子密度 $\Delta\rho$, 可以直观地反映在吸附过程中电荷密度的改变. $\Delta\rho$ 定义为 $\Delta\rho = \rho_{\text{total}} - (\Sigma\rho_i)$, 其中 ρ_{total} 表示总电荷密度, ρ_i 表示每个孤立原子的电荷密度. 如图 14.13 所示, 在碳原子和氧原子之间聚集了一些电子形成 C≡O 三键 (一个 σ 键和两个 π 键), 这使得碳原子和锌原子之间成键成为可能[68]. MPA 显示, CO 分子作为施体转移了 0.111 电子到 ZnO 表面层, 0.017 电子到块体层. 因为在碳原子和锌原子之间没有明显的电荷聚集, 又进行了态密度的分析 (图 14.14). 对于 CO 分子, 碳原子和氧原子的态密度主峰分别位于 −2 eV 和 −7 eV (图 14.14(a)). 这一能量位置与 ZnO 表面的主峰 (图 14.14(c))

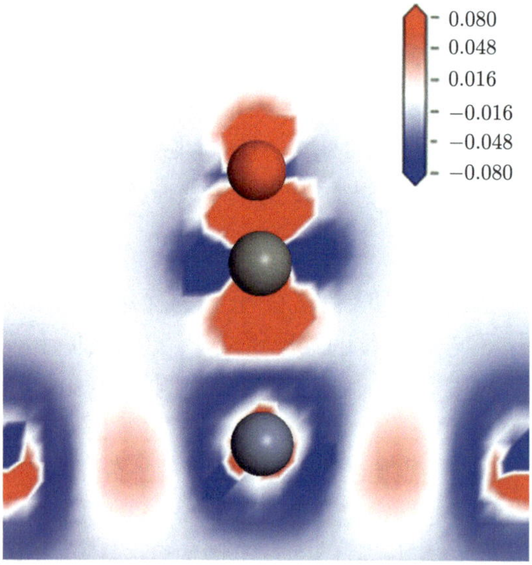

图 14.13　ZnO 表面吸附 CO 分子的差分电荷密度分布. 蓝色表示失去电子的区域, 红色表示得到电子的区域, 白色表示电荷密度变化很小

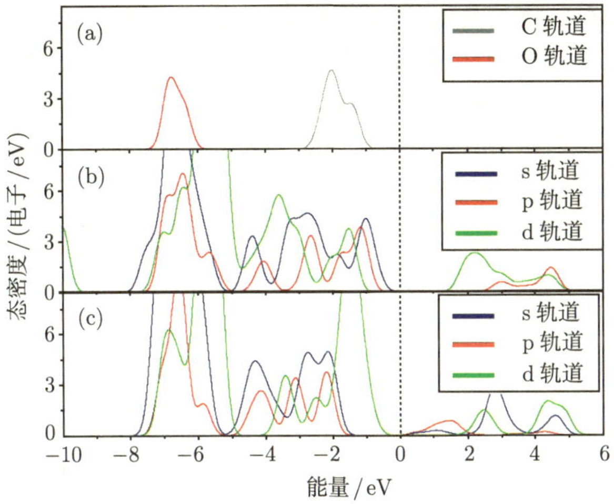

图 14.14 (a) 吸附后 CO 分子的 DOS; (b) 吸附 CO 分子后 ZnO 表面的分态密度; (c) 吸附前 ZnO 表面的分态密度

重叠. 气体吸附后 (图 14.13(c)), ZnO 表面 d 轨道的主峰向左移动, 而 s 和 p 轨道的主峰向右移动. 整体的效果使得能隙变宽. 这样, 电荷转移导致了离子键的形成, 轨道重叠导致了共价键的形成. 吸附过程中碳原子和锌原子之间的成键有离子键和共价键两方面的贡献.

(3) 乙醇分子 (C_2H_5OH)

图 14.15 显示了乙醇分子在 ZnO 表面的吸附系统. 当乙醇分子靠近 ZnO 表面, 原子核和电子之间的静电相互作用导致气体分子向 ZnO 表面的吸附. 乙醇分子中的氧原子与表面上的锌原子成键. 乙醇分子的氢原子和表面的氧原子之间的距离时 1.464 Å, 其几何构型说明了它们之间形成了氢键. 气体分子和表面原子之间的相互作用导致了碳–碳键的扭转.

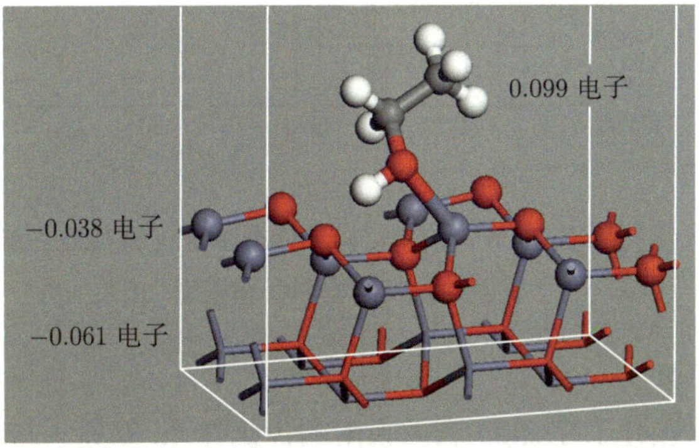

图 14.15 ZnO 表面吸附乙醇分子的优化构型. 蓝线表示氢原子和氧原子之间形成的氢键

这一吸附过程导致了 ZnO 表面的重构, 电荷从乙醇分子转移到 ZnO 表面. 计算结果显示, 与表面重构相关的结合能使得表面能增加了 1.18 eV. 比较图 14.9 和图 14.16(a)、(b), d 轨道的主峰向低能量移动, 而 s 和 p 的主峰向高能量移动. 在吸附导致的重构以后, 在图 14.16(a) 中可以清楚地看到由于对称性破缺导致的能级分裂. 而与此同时, 电荷从气体分子转移动表面层, 0.072 电子转移到表面层、0.027 电子转移到块体层. 使得两层都呈电负性, 形成沿表面法向的附加电场. 如图 14.16(b), 由于电荷转移的原因, 能带结构发生弯曲. 优化体系的 Fermi 能级和能效分别为 −4.233 eV 和 1.18 eV. 重构使得表面能上升 0.0543 J/m^2, 导致 Fermi 能级上升 0.001 eV, 能隙降低 0.07 eV. 在实验上会观测到电导的提高.

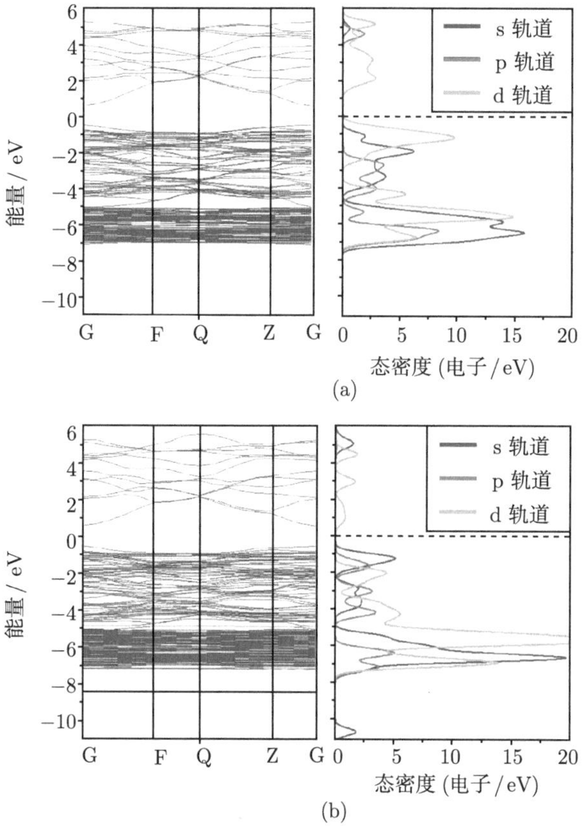

图 14.16　(a) 重构后 ZnO 表面能带结构和分态密度; (b) 吸附乙醇分子后 ZnO 表面的能带结构和分态密度

(4) 氨分子 (NH_3)

图 14.17 显示氨分子在 ZnO 表面吸附的优化体系. 氮原子与锌原子成键. 氨分子的氢原子和表面的氧原子之间的距离为 1.799 Å, 其几何构型说明它们之间形成

了氢键, 这与实验结果一致[69]. 氨分子在 ZnO 表面的结合能为 127.92 kJ/mol, 这与实验测得的 115.4 kJ/mol 相一致[70]. 氨分子作为施主, 转移 0.184 电子到 ZnO 表面. 吸附后, Fermi 能级为 −4.004 eV, 能隙为 1.19 eV. 在这个过程中, 表面重构导致表面能增加 0.0565 J/m^2, Fermi 能上升 0.05 eV, 能隙下降 0.07 eV.

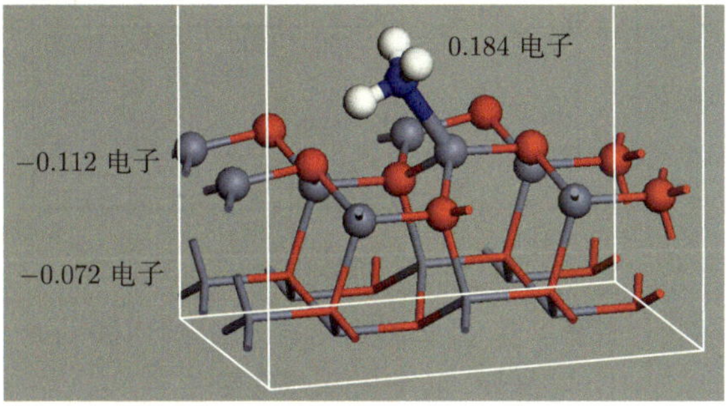

图 14.17 ZnO 表面吸附氨分子的优化构型. 蓝色小球表示氮原子

(5) 氧分子

在快速恢复的方面, 还计算了氧分子在 ZnO 表面的吸附. 将 ZnO 表面置于氧分子的氛围中, 氧分子会与 ZnO 表面形成一个结合能为 13.83 eV 的物理吸附. 电荷会从 ZnO 表面转移到氧分子上, 导致 Fermi 能级和电导的快速下降. 其他分子导致的表面重构也会消失. 这样, 当 ZnO 表面置于氧分子的氛围内, 传感性能就很快恢复了.

(6) 和实验的比较

使用简单的湿法化学过程可以制备 ZnO 纳米线[47,71]. 传感器的制作过程如下: 在陶瓷管的表面放置两个铂电极, 在陶瓷管内插入加热电阻. 在酒精中分散 15 nm 直径的纳米线, 然后均匀地黏贴在陶瓷管上. 首先, 将传感器在 400°C 加热一个小时; 然后, 在 100°C 使用老化法 2 小时. 将传感器和外部的电路连接, 来监测传感器的电阻改变. 灵敏度 S 定义为 $S = R_a/R_g$, 其中 R_a 是在空气中的电阻, R_g 是在乙醇和空气混合气体中的电阻. 将 ZnO 纳米线分别放置于 100 ppm 的乙醇气体、氨气和氢气中, 可以得到灵敏度的改变 (图 14.18). 在注入目标气体之后, 传感器的电阻明显地改变了. 在 300°C 的操作温度下, ZnO 纳米线对于 100 ppm 的乙醇气体、氨气和氢气的灵敏度分别为 30, 3.3 和 1.9.

使用公式 (14-3) 可以计算 ZnO 表面的载流子浓度, 而电导率正比于载流子浓度. 因此

$$S = \frac{R_a}{R_g} = \exp\left(\frac{E_{g0} - E_{g1}}{k_B T}\right). \tag{14-4}$$

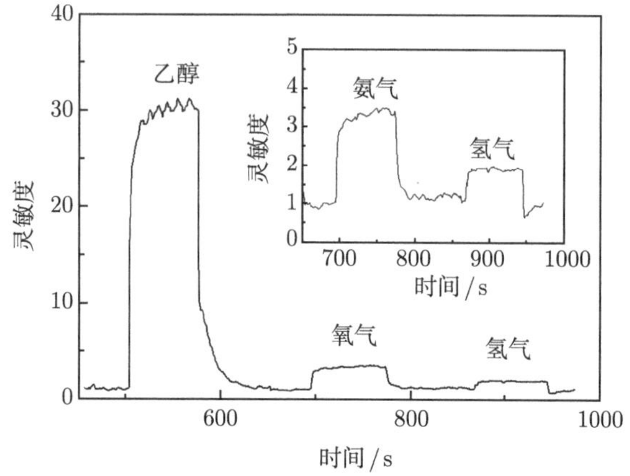

图 14.18 在 300°C 的稳定下, 将 ZnO 纳米线分别置于 100 ppm 的乙醇气体、氨气、氢气中, 灵敏度变化

其中, E_{g1} 是 ZnO 表面吸附气体分子后的能隙, $E_{g0} = 1.2$ eV 是为吸附气体的 ZnO 表面的能隙. 灵敏度随能隙 E_{g1} 的减小而呈指数型增加. 文献 [56] 还修正公式 (13-4) 来考虑环境因素的影响. 因为 DFT 计算低估了 ZnO 的能隙, 故引入因子 $c_1 = 3.37\ \text{eV}/0.98\ \text{eV} = 3.44$, 其中 0.98 eV 和 3.37 eV 分别是块体 ZnO 的计算和实验得到的能隙. 由于计算的超胞覆盖率为 0.25, 故引入 c_2 来考虑实验中覆盖率的影响. 和上述实验结果对比, 采用 $c_2 = 2.4$. 这样就得到了修正的公式

$$\mathrm{S} = \frac{R_a}{R_g} = \exp\left(c_1 c_2 \frac{E_{g0} - E_{g1}}{k_\mathrm{B} T}\right). \tag{14-5}$$

将实验中使用的 $k_\mathrm{B} = 8.617\times10^{-5}$ eV/ K、$T = 573$ K 等常数代入, 可得到 ZnO 表面对于氢气、氨气和乙醇气体的灵敏度分别为 1.0, 5.3 和 28.3, 这和实验数值符合的很好.

(7) 本节结论

本节主要介绍了袁泉子和赵亚溥等使用 DFT 来揭示 ZnO 表面传感气体的机理[56]. 由于静电稳定和最低能量的性质, 这里只研究了 ZnO($10\bar{1}0$) 表面. 所有的结果都按照能隙的大小顺序, 列在表 14.2 中. 模拟得到现象与实验观测的现象是一致的: 当传感器置于不同的气体氛围中, ZnO 表面的电导率发生改变, 展现出选择性和不同的灵敏度.

基于上述分析, 有两个机理控制了整个传感的过程: ① 气体吸附导致的 ZnO 表面的重构, 该种机制是文献 [56] 首次提出的; ② 电荷转移导致的能带结构的改变. 这两种机制都导致了传感器电导率的改变.

表 14.2 不同气体在 ZnO 表面吸附的结合能、能隙、电荷转移、Fermi 能级和表面能的改变

	E_b/(kcal/mol)	E_g/eV	电荷转移/电子	Fermi 能级/eV	表面能改变/(J/m^2)
乙醇	27.27	1.18	0.099	−4.233	0.054336
氨气	30.61	1.19	0.184	−4.004	0.056549
氢气	2.47	1.20	−0.005	−4.374	0.000843
一氧化碳	10.87	1.24	0.128	−4.194	0.034620
氧气	13.83		−0.104	−5.814	
ZnO 表面		1.20		−4.368	

14.4 石墨烯的超灵敏探测与改性

14.4.1 引言

石墨烯由于独特的二维蜂窝网状结构, 自发现以来, 受到了广泛的关注. 独特的电子和输运性能, 使其有望成为继硅材料之后的新型电子器件材料[72~77]. 石墨烯由于以下的特性, 被认为是一种极优异的传感器材料[78]: (1) 只有表面的单原子层石墨, 从而可以使表面掺杂剂和吸附物之间的相互作用最大; (2) 具有比纳米碳管更小的能隙, 因而它的 Johnson 影响很小[72,79,80], 所以, 微量载流子浓度的变化就会对电导产生显著影响; (3) 晶体学质量优异, 晶体缺陷相对较少[72,79~81], 从而保证了由热振动引起的背底相对较小[82]. 石墨烯是一种优秀的低噪声电子材料, 这使得石墨烯不仅可以在化学检测方面得到潜在的应用, 也可以作为在外电场、磁场或外力等特殊实验条件下的检测材料.

H_2CO、CO 和 NH_3 均为毒性气体, 吸入过量会对人类和牲畜产生很强的危害性. 因此, 对工业和居住环境内的有毒气体的检测具有十分重要的意义. 但目前常用的监测方法或选择性低或需要复杂昂贵的设备或具有较多的检测限制, 或响应时间长等缺点. 所以, 目前许多研究机构致力于开发新的安全快速检测方法. 同时, 基于石墨烯的特殊二维性质, 很多研究寄希望于制造基于石墨烯的半导体器件. 最近, Chen 等[83] 通过在石墨烯表面结合有机物分子四氟四氰二甲基对苯醌 (F4TCNQ), 成功地实现了石墨烯的 p 型掺杂. 这为研究通过有机物吸附改变石墨烯电子输运特性开启了一扇大门. 因此研究不同有机物类型对石墨烯性能变化之间的关系具有重要的意义.

迟美和赵亚溥使用第一性原理方法对本征石墨烯, 电场存在下本征石墨烯以及 Al 原子掺杂石墨烯对三种毒性气体的吸附性能进行了研究[84]. 同时选取了五种最具代表性的有机物分子, 采用第一性原理方法, 对石墨烯与有机分子之间的相互作用进行了计算[85]. 这五种有机物分别为亲电子性的强得电子有机物四氰乙烯

(TCNE), 四氰基对醌二甲烷 (TCNQ) 和 F4TCNQ, 其绝热电子亲和能分别为 3.17 eV, 2.80 eV 和 3.38 eV. 亲核性的强得电子有机物四 (二甲氨基) 乙烯 (TDAE) 和蒽 (ANTR), 其绝热电离能分别为 5.36 eV 和 7.36 eV.

14.4.2 计算模型及方法

迟美和赵亚溥在计算中, 采用广义梯度近似 (GGA) 中的 PBE[86] 交换关联势和 DND (double numerical plus *d*-function)[87] 基组. 应用半核赝势电子核心处理 (DSPP) 方法进行核势的处理, 即用一个势函数来代替核心电子. 为了使计算结果可直接比较, 模拟过程中对气体分子、本征石墨烯及吸附后体系采用相同的参数设置. 电子结构通过在自旋非限制条件 (spin-unrestricted) 下自洽 Kohn-Sham (KS) 方程得到.

在研究有机物在石墨烯片层上的吸附时, 选取了五种高对称性吸附位点, 如图 14.19 所示. 优化初始, 将有机分子的中心分别置于五个位点上, 同时, 使其长轴方向 (C=C 双键方向, 除了 ANTR) 沿锯齿方向 (位点 1 和 2) 或沿扶手椅方向 (位点 3, 4 和 5). 对于位点 1 和 5, 有机分子中心位于六圆环正上方, 位点 2 和 4, 有机分子中心位于 C-C 键上方, 位点 3 中, 有机分子中心位于 C 原子正上方. 在对吸附体系进行结构优化之前, 先对有机分子 (TCNE, TCNQ, F4-TCNQ, TDAE 和 ANTR) 及 8×8 本征石墨烯片层进行了优化. 优化后得到石墨烯片层的键长为 1.42 Å, 与之前报道结果相符.

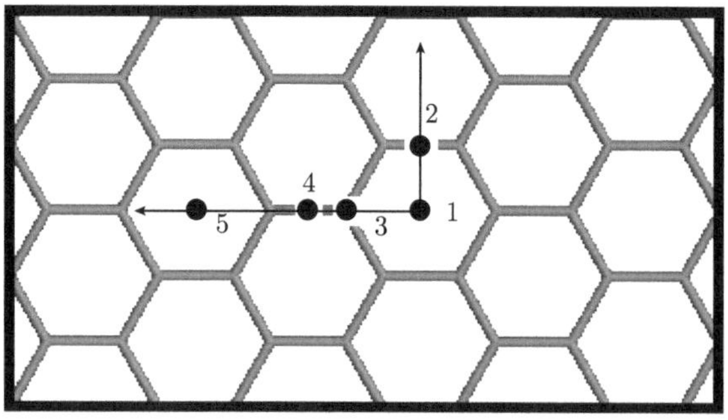

图 14.19 有机分子在石墨烯上吸附时的五个高对称吸附位点示意图. 垂直和水平方向箭头分别表示吸附时有机物的长轴沿锯齿方向或沿扶手椅方向

14.4.3 有毒气体分子的检测与计算

为研究 H_2CO、CO 和 NH_3 气体分子与本征石墨烯片层或 Al 原子掺杂石墨烯片层间相互作用的大小, 计算了吸附体系的吸附能 E_b. 其计算公式定义为

$$E_b = (E_{\text{片层}} + E_{\text{气体分子}}) - E_{\text{总}}. \tag{14-6}$$

其中 $E_{\text{片层}}$ 和 $E_{\text{气体分子}}$ 分别为石墨烯或 Al 掺杂石墨烯片层的能量及单个气体分

子的能量, $E_{总}$ 为气体分子吸附在本征石墨烯或 Al 掺杂石墨烯表面后, 体系具有的总能量. 若 $E_b > 0$, 则表示该吸附过程为放热过程, 所获得的结构为稳定构型, 反之, 则该构型不存在. 定义吸附距离 d 为片层中心原子 (C 或 Al) 与 H_2CO、CO 或 NH_3 分子中最靠近片层原子之间的长度. 同时, 为了研究吸附前后, 体系电子结构的变化, 我们计算了由吸附片层向气体分子转移的电荷数 q, 为研究体系电子响应提供重要信息.

通过计算发现, 本征石墨烯对 H_2CO 的吸附性能很弱, 对体系施加电场之后, 体系的吸附有所增强, 但所引起的电荷转移数量仍然很小, 且均为物理吸附, 因此本征石墨烯是不适合做超灵敏探测器件的. 然而, 针对纳米碳管的研究已经表明, Al 团簇和 Al 掺杂的单壁碳纳米管 (SWCNT) 对 NH_3[88] 和 CO[89] 的敏感性很高, 同时 B 掺杂的 SWCNT 对气相的氰化物和 H_2CO 有着很高的灵敏度[90]. 此处主要对 Al 掺杂石墨烯对 H_2CO、CO 和 NH_3 气体分子的吸附性能进行介绍.

在本征石墨烯超胞中用一个 Al 原子取代中心的 C 原子, 即可获得掺杂浓度为 3.125%的 Al 掺杂石墨烯结构, 如图 14.20 所示. Al 原子掺杂后使得其周围的键长由原来的 $l_{\text{c-c}} = 1.420$ Å 增长到 $l_{\text{Al-c}} = 1.702$ Å, 该结果与 Ao 等[91] 的研究结果一致. 与本征石墨烯体系相比, 我们同样考虑了 H_2CO-Al 掺杂石墨烯体系的三个典型的构型, 分别对应于 H_2CO 中的 C, O 和 H 原子接近片层中的 Al 原子. 表 14.3 给出了三种结构优化后所具有的吸附能和吸附距离. 其中 O 原子靠近掺杂片层的结构为最稳定构型, 如图 14.21 所示. H_2CO 吸附之后使得片层结构发生很大变化. Al 原子周围三个 Al-C 键的键长由原来的 1.702 Å 增加到 1.887 Å, 这使得 Al 原子突出了石墨烯片层. 最稳定构型所具有的吸附能为 3.721 eV, 是本征石墨烯吸附体系的 44 倍. 与 H_2CO 分子在其他体系的吸附能相比, 如 B 掺杂 SWCNT 体系的 0.881 eV[92] 和 Si 掺杂 BNNT 体系 1.824 eV[93], Al 掺杂石墨烯更容易实现 H_2CO 的吸附. 此外, H_2CO 分子与 Al 原子之间的距离为 1.876 Å, 较本征石墨烯及施加电场后的吸附体系所具有的吸附距离均小很多.

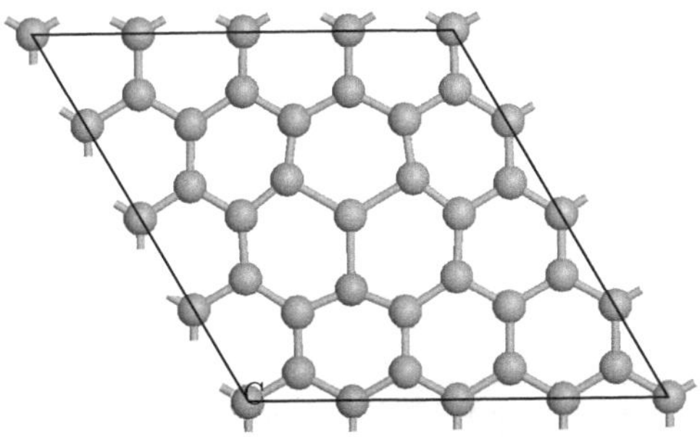

图 14.20 Al 掺杂石墨烯的最稳定构型

表 14.3 Al 掺杂石墨烯吸附 H_2CO 分子的三种初始构型具有的吸附能,吸附距离及最稳定构型的电荷转移数量

	Al 掺杂石墨烯		
	E_b/eV	d/Å	q
C 靠近	3.703	1.877	
O 靠近	3.721	1.876	0.085
H 靠近	2.525	2.319	

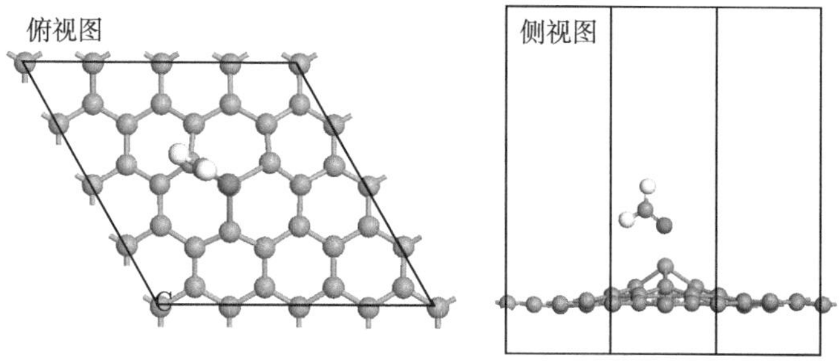

图 14.21 几何优化后 Al 掺杂石墨烯吸附 H_2CO 分子体系的最稳定结构

接下来对掺杂吸附体系最稳定构型的电子结构进行分析. 图 14.22 为吸附体系的差分电荷密度分布图, 从图中可明显看到 H_2CO 和 Al 掺杂石墨烯之间为化学吸附. 图中 Al 原子失电子而 O 和 C 原子得电子. 并且, 图中可以看到 H_2CO 中的 O 原子与 Al 原子之间存在电荷积聚现象, 进一步证明了二者之间的吸附为化学吸附. Mulliken 布居分析 (MPA) 结果进一步支持了以上的判断. O 原子的电荷由 0.304 e 增加到 −0.442 e, C 原子的电荷由 0.001 e 变为 −0.115 e. 整个体系的电荷转移数量为 0.085 e, 是本征石墨烯吸附体系电荷转移数量 0.019 e 的 4 倍左右. 以上结果进一步证实了 Al 原子的加入改变了石墨烯的电子传输性能.

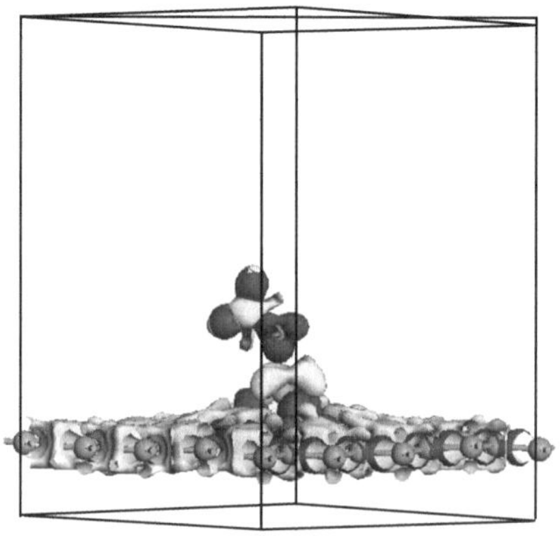

图 14.22 Al 掺杂石墨烯吸附 H_2CO 分子体系最稳定构型的差分电荷分布图

为了更好的理解 Al 原子掺杂石墨烯片层与 H_2CO 分子之间的相互作用, 进一步对该吸附体系的总态密度 (TDOS) 及分态密度 (PDOS) 结果进行详细地分析. 图 14.23 为计算所得的 TDOS 和 PDOS 图. 与本征石墨烯吸附体系不同, H_2CO 分子的吸附使得 Al 掺杂体系的电子结构发生很大程度的改变. PDOS 的结果表明, H_2CO 分子与片层中的 Al 原子和 C 原子在能量为 −12.5, −9, −4 和 0.6 eV 处发生了轨道杂化. H_2CO 分子的最高占据轨道 (HOMO) 距离 Fermi 能级较远, 约为 −2.5 eV 处, 而其最低未占据轨道 (LUMO) 距离 Fermi 能级较近, 约为 0.6 eV 处, 因此, 在温度出现波动的情况下, 该轨道 (H_2CO-$2\pi^*$) 最易受到石墨烯片层电子的影响. 通过以上的分析表明, 吸附过程使得 H_2CO 分子与 Al 掺杂石墨烯片层即存在由电荷转移引起的离子键, 又存在由轨道杂化引起的共价键. Al 掺杂石墨烯有望作为检测 H_2CO 分子的潜在传感器材料.

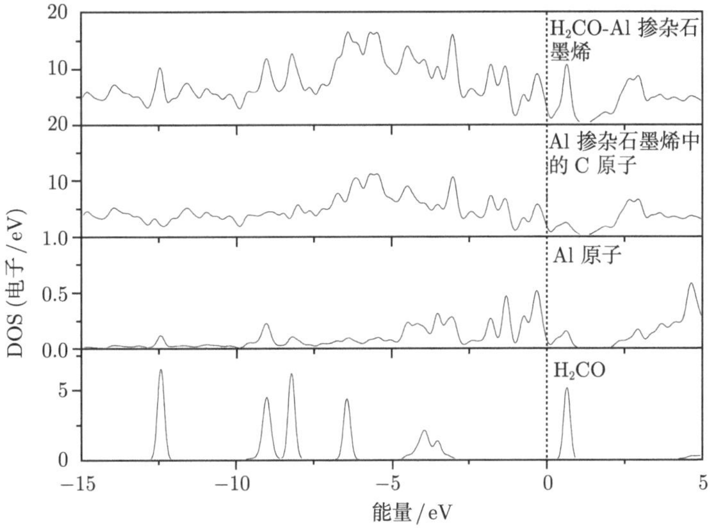

图 14.23 Al 掺杂石墨烯吸附 H_2CO 分子体系最稳定构型的总态密度图和分态密度图

进一步通过相似的方法考虑了 CO 体系以及 NH_3 的吸附, 发现, 对于 CO 吸附之后片层结构发生很大变化. Al 原子周围三个 Al-C 键的键长由原来的 1.702 Å 增加到 1.881 Å, 这使得 Al 原子突出了石墨烯片层. 最稳定构型具有的吸附能为 3.179 eV, 是本征石墨烯吸附体系的 50 倍. 与 CO 分子在其他体系的吸附能相比, 如 B 掺杂 SWCNT 体系的 0.986 eV 和 Al 掺杂 SWCNT 体系的 1.280 eV[89] 以及 B 掺杂石墨烯体系的 0.1401 eV[94], Al 掺杂石墨烯更容易实现 CO 的吸附. 此外, CO 分子与 Al 原子之间的距离为 2.057 Å, 较本征石墨烯及施加电场后的吸附体系所具有的吸附距离均小得多. 而对于 NH_3 的吸附, Al 原子周围三个 Al-C 键的键长由原来的 1.702 Å 增加到 1.869 Å, 这使得 Al 原子突出了石墨烯片层. 最稳定构型所具有的吸附能为 4.071 eV, 是本征石墨烯吸附体系的 33 倍. 与 NH_3 分子在其他体系的吸附能相比, 如 B 掺杂 SWCNT 体系的 0.700 eV[88] 和 B 掺杂石墨烯体系的 0.500 eV[94], Al 掺杂石墨烯也更易实现 NH_3 的吸附.

因此, 与本征石墨烯以及石墨烯在加电场之后相比较, 使用 Al 原子掺杂, 片层对气体分子显示出强烈的敏感性, 体系的吸附能增加, 吸附距离缩小, 电荷转移数量提高. 态密度结果表明, 气体分子与 Al 原子之间形成了共价键, 增强了吸附. 因此, Al 原子掺杂石墨烯片层可作为检测分子毒性气体 H_2CO, CO, NH_3 的超敏感材料.

14.4.4 有机物分子的吸附检测与计算

(1) 几何结构

类似地为了得到有机物吸附体系的最稳定结构, 首先计算了吸附体系的吸附能, 与前述的吸附能定义类似, 并区别于前述的有毒无机体系, 采用如下定义式:

$$E_b = (E_G + E_{OM}) - E_{OM\text{-}G}. \tag{14-7}$$

式中 E_G , E_{OM} 和 $E_{OM\text{-}G}$ 分别代表本征石墨烯, 有机分子和吸附体系所具有的能量. TCNE, TCNQ, F4TCNQ, TDAE 和 ANTR 吸附石墨烯后的最稳定构型如图 14.24 所示. 计算所得最稳定构型的更详细信息包括吸附能、吸附距离 (定义为有机物分子上的原子与石墨烯片层之间的最小距离) 及 Mulliken 电荷转移数量均列于表 14.4. 从表中可以看到, 五种有机物吸附体系吸附能均大于 0, 从热力学角度来看, 这五种体系均能够稳定存在. 其中 F4TCNQ 分子与石墨烯片层间的吸附最强, 其次为 TDAE 分子, 而 ANTR 与石墨烯间的吸附最弱.

计算结果表明吸附后 TDAE 分子距离石墨烯距离最近, 而 ANTR 距离石墨烯片层最远. 有机分子的吸附并未对石墨烯片层的几何结构产生影响. 如此大的吸附距离表明有机分子与石墨烯之间未形成化学键. 图 14.24 为五种最稳定构型的俯视图, 从图中可以看到, 对于 TCNE 和 ANTR 吸附体系, 有机物长轴沿锯齿方向体系能量最低.

作为对比, 对于 TCNQ, F4TCNQ 和 TDAE 吸附体系, 其长轴沿扶手椅方向为最稳定结构. TCNE 分子中心 C=C 键位于石墨烯的六圆环上方, 其 C=C 键指向石墨烯的锯齿方向. 该优化结果与 Lu 等[95] 的结果相符. 尽管该结构的吸附能最大, 但其与其他四种可能构型之间的能量差仅在 0.03 eV 之内. 因此判断室温情况下 TCNE 分子在石墨烯片层上的活动概率很大. TCNQ 分子中心的苯环结构位于 C-C 键的上方, 其长轴沿扶手椅方向. 这种趋势与 TCNQ 分子掺杂到 (5,5) 扶手椅型单壁纳米碳管的稳定构型相符[96]. F4TCNQ 的分子结构与 TCNQ 相似, 将 TCNQ 分子中的四个 H 原子替换成 F 原子即可得到 F4TCNQ 分子. 优化结

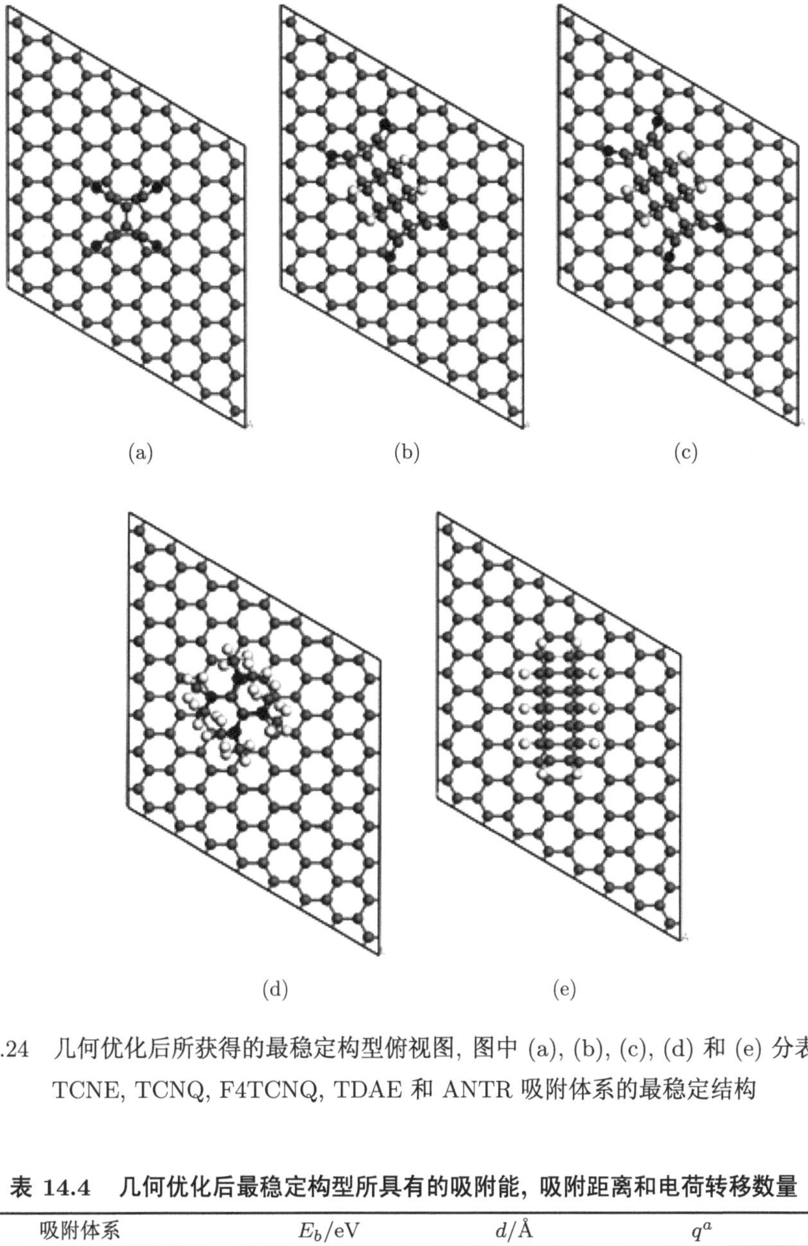

图 14.24 几何优化后所获得的最稳定构型俯视图, 图中 (a), (b), (c), (d) 和 (e) 分表代表 TCNE, TCNQ, F4TCNQ, TDAE 和 ANTR 吸附体系的最稳定结构

表 14.4 几何优化后最稳定构型所具有的吸附能, 吸附距离和电荷转移数量

吸附体系	E_b/eV	d/Å	q^a
TCNE+ 石墨烯	0.233	3.401	0.274
TCNQ+ 石墨烯	0.255	3.497	0.263
F4TCNQ+ 石墨烯	0.635	3.508	0.506
TDAE+ 石墨烯	0.417	3.082	−0.454
ANTR+ 石墨烯	0.151	3.748	−0.002

[a] 由石墨烯向有机分子上转移的电荷数量.

果显示, F4TCNQ 的最稳定构型其长轴指向扶手椅方向, 中心苯环结构位于 C-C 键的上方. F4TCNQ 的气象或分子晶体结构为平面醌型结构, 但当其在石墨烯片层上吸附之后, 这种结构发生了变化. 平面结构发生了弯曲, 4 个氮原子向石墨烯发生弯曲, 其原子坐标较 π 骨架结构靠近石墨烯约 0.188 Å, 如图 14.25 所示, 该现象表明 -CN 基团与石墨烯片层之间具有较强的相互作用. 同时, 该有机分子骨架从醌型结构向芳香型结构转变, 这种转变可以从表 14.5 给出的键长变化得到验证, 表中键长符号如图 14.26 所示. 正是这种结构上的变化, 导致该系统具有较大的电荷转移量, 该结果将在后面给出. TDAE 吸附后最稳定构型如图 14.24(d) 所示, 分子中心的 C=C 双键位于石墨烯片层 C-C 键上方, 4 个 N 原子位于石墨烯片层四个 C 原子上方, 分子的长轴指向石墨烯的锯齿方向. ANTR 吸附后的最稳定构型如图 14.24(e) 所示, 分子中心的类苯环结构位于石墨烯层 C-C 键的上方, 长轴方向指向扶手椅方向. 该结构与石墨烯间的吸附能最低, 吸附距离最大, 吸附作用最弱.

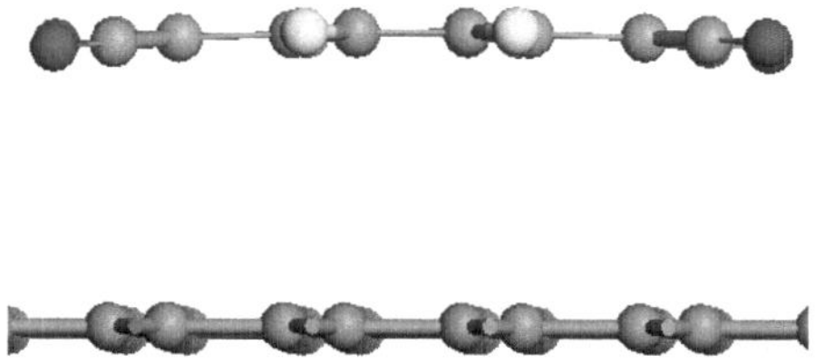

图 14.25　F4TCNQ 吸附后最稳定构型的侧视图

表 14.5　F4TCNQ 分子吸附前后的键长变化

Bond	Nb	$r_{\text{isolated F4TCNQ}}$/Å	$r_{\text{adsorbed F4TCNQ}}$/Å	Δr/Å
N≡C	1	1.171	1.173	+0.002
C-C	2	1.422	1.419	−0.003
C=C	3	1.400	1.414	+0.014
C-C	4	1.438	1.429	−0.009
C=C	5	1.368	1.373	+0.005
C-F	6	1.338	1.345	−0.007

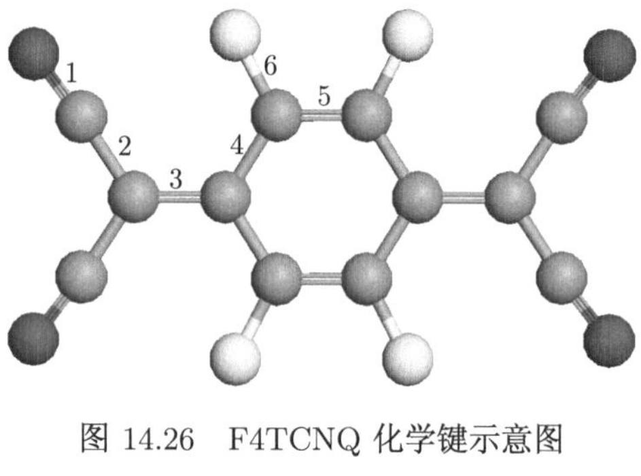

图 14.26　F4TCNQ 化学键示意图

(2) 电荷分析

Mulliken 布居分析 (MPA) 表明石墨烯片层向 TCNE 分子转移的电荷数为 0.274 e, 其中 0.242 e 的电荷转移来自四个 -CN 基团, 其余 0.032 e 来自分子中心的两个 C 原子, 使得石墨烯片层上出现空穴, 实现了 p 型掺杂. 对于 TCNQ 体系, 石墨烯片层向有机分子转移的电荷数为 0.263 e, 实现了 p 型掺杂. 对于 F4TCNQ 体系, 石墨烯片层向有机分子转移的电荷数为 0.506 e, 实现了 p 型掺杂. 为了更好地理解 F4TCNQ 分子与石墨烯片层之间的电荷分布情况, 进一步计算了吸附体系的差分电荷密度 $\Delta\rho$. 其定义为

$$\Delta\rho = \rho_T - (\rho_G + \rho_{OM}). \tag{14-8}$$

其中 ρ_T, ρ_G 和 ρ_{OM} 分别代表吸附体系, 吸附体系中石墨烯及有机分子的电荷密度. 依据上式计算得到的差分电荷密度分布云图, 如图 14.27 所示. 图中电子从蓝色区域转移到黄色区域. 对比表 14.5 和图 14.27 中的数据, 发现电荷主要积聚在图 14.26 中的键 2, 4, 和 6 处, 而键 1, 3 和 5 为失电子区域. 而电荷积聚处对应表 14.5 中由于吸附而变短的键所在区域, 失电子处对应变长的键所在区域. F4TCNQ 吸附在石墨烯上之后, 这种结构上的变化和电荷转移情况与其在 Ag (111) 表面进行吸附的结果类似[97]. 这是因为, C 与 Ag 的电子亲和势十分接近, 前者为 1.26 eV, 后者为 1.30 eV[98]. 与前面三种有机分子吸附不同, 对于 TDAE 体系, 有机分子向石墨烯片层转移电荷, 转移数目为 0.454 e, 实现了 n 型掺杂. 而对于 ANTR 吸附体系, 几乎未发生任何的电荷转移, 因此 ANTR 不适合作为改善石墨烯输运行为的分子材料.

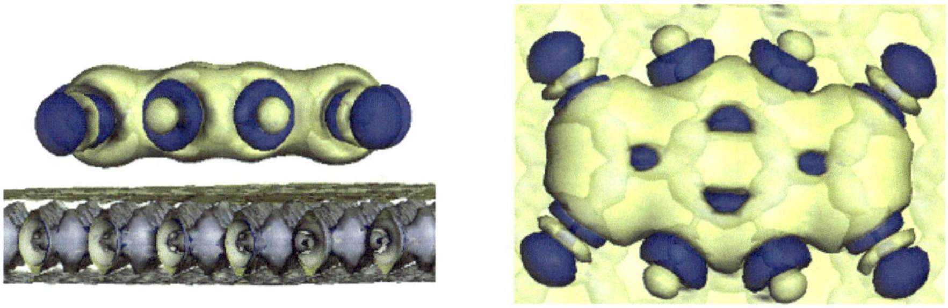

(a) (b)

图 14.27 F4TCNQ 最稳定构型的差分电荷密度分布图

图中蓝色为失电子区域, 黄色为得电子区域

(3) 态密度分析

为了更好的分析有机分子与石墨烯之间的相互作用, 进一步计算了吸附体系的总态密度 (TDOS) 和分态密度 (PDOS) 图, 同时也给出了本征石墨烯片层的态密度

图进行对比, 如图 14.28 所示. 计算过程中采用 8×8×1 的 Brillouin 区 k 点采样. 计算结果表明, 本征的石墨烯为零能隙半导体材料, 其 Fermi 能级穿越 Dirac 点. 有机分子的吸附使得石墨烯的态密度在 Fermi 能级处发生改变. 尽管在态密度图中, 吸附体系的 Dirac 点仍然存在, 但其位置不再处于 Fermi 能级处. 对于 TCNE, TCNQ 和 F4TCNQ 吸附体系, 有机分子轨道使得 Dirac 点位于 Fermi 能级的高能量处移动, 使得石墨烯价带上的电子向 TCNE, TCNQ 和 F4TCNQ 分子上转移. 而对于 TDAE 吸附体系, 有机分子使得 Dirac 点向 Fermi 能级的低能量处移动, 使得有机分子上的电子向石墨烯的导带上转移. ANTR 的吸附则未对 Fermi 能级处 Dirac 位置

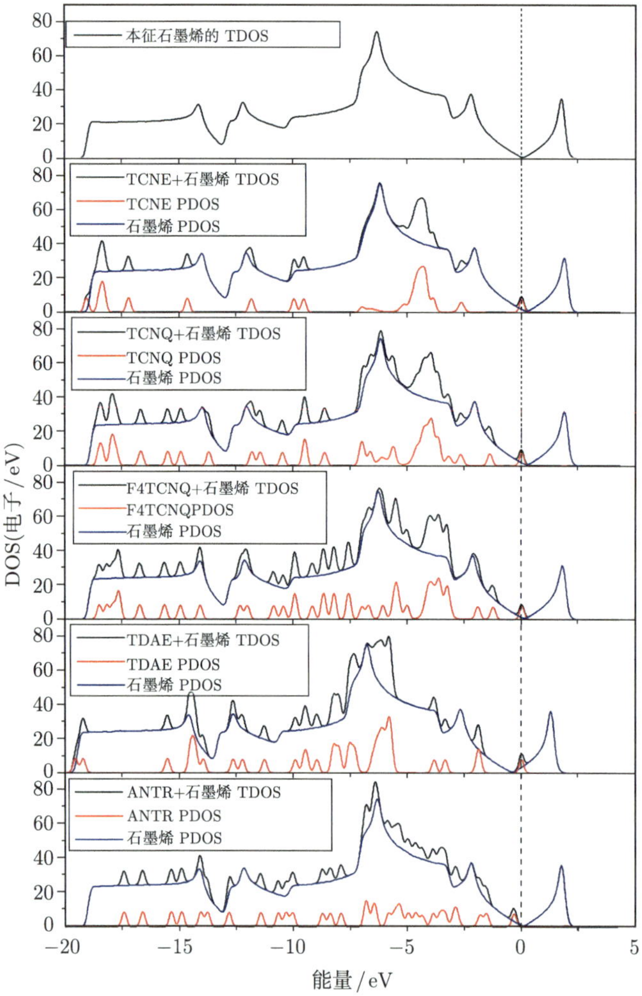

图 14.28　五种掺杂体系稳定构型的总态密度和分态密度图. 虚线代表 Fermi 能级, 黑色线为吸附体系的总态密度, 蓝色线为石墨烯片层的分态密度, 红色线为有机分子的分态密度图

产生任何影响, 该结果与 Mulliken 布居分析 (MPA) 结果相符, 二者之间几乎未发生电荷转移现象. 此外, 从分态密度图上, 几乎未看到有机物与石墨烯间发生轨道杂化现象, 因此, 石墨烯与有机物之间的作用主要为电荷转移所引起的 Coulomb 相互作用.

因此, 通过计算表明 [99], 具有高亲电子性的有机分子 (TCNE, TCNQ 和 F4TCNQ) 和高亲核性的有机分子 (TDAE 和 ANTR) 在本征石墨烯上的吸附, 其较小的吸附能和较大的吸附距离证明二者之间为物理吸附方式. Mulliken 布居分布 (MPA) 结果表明, 石墨烯与有机分子之间存在明显的电荷转移现象, 其中, 石墨烯向 TCNE, TCNQ 和 F4TCNQ 分子上转移电荷, 而 TDAE 向石墨烯上转移电荷, ANTR 则未发生电荷转移. 态密度的计算结果同样证明了上述的结果. 因此, 通过吸附不同的有机物分子, 可以有效的改变石墨烯的能带结构和载流子的类型. 可以设想通过一定的方法来制备石墨烯基电子器件, 例如同时使用 F4TCNQ 和 TDAE 来制备 p-n 结.

参 考 文 献

[1] Cui Y, Wei Q, Park H, Lieber C M. Nanowire nanosensors for highly sensitive and selective detection of biological and chemical species. Science, 2001, 293: 1289–1292.

[2] Zheng G, Patolsky F, Cui Y, Wang W M, Lieber C M. Multiplexed electrical detection of cancer markers with nanowire sensor arrays. Nature Biotechnology, 2005, 23: 1294–1301.

[3] Sepaniak M, Datskos P, Lavrik N, Tipple C. Microcantilever transducers: A new approach in sensor technology. Analytical Chemistry, 2002, 74: 568A–575A.

[4] Thundat T, Warmack R J, Chen G Y, Allison D P. Thermal and ambient-induced deflections of scanning force microscope cantilevers. Applied Physics Letters, 1994, 64: 2894–2903.

[5] Barnes J R, Stephenson R J, Welland M E, Gerber C, Gimzewski J K. Photothermal spectroscopy with femtojoule sensitivity using a micromechanical device. Nature, 1994, 372: 79–81.

[6] Sarid D. Scanning force microscopy. Oxford: Oxford University Press, 1994.

[7] Rugar D, Mamin H J, Guethner P. Improved fiber-optic interferometer for atomic force microscopy. Applied Physics Letters, 1989, 55: 2588–2590.

[8] Tortonese M, Yamada H, Barrett R C, Quate C F. Proceedings of Transducers ‘91 IEEE, New York, 1991, 91: CH2817-5, 448.

[9] 于小梅, 尚庆虎, 江兴流. 微机械生化传感器. 物理, 2001, 31: 224–228.

[10] Kloek B. Piezoresistive sensors//Göpel W, Hesse J, Zemel J N. Mechanical Sensors. VCH, Weinheim, Germany, 1994, 7: 145–172.

[11] iMEMS_ accelerometer family. Analog Devices Inc.. www.analog.com.

[12] Moulin A M, O'Shea S J, Welland M E. Microcantilever-based biosensors. Ultramicroscopy, 2000, 82: 23–31.

[13] Thundat T, Oden P I, Warmack R J. Microcantilever sensors. Microscale Thermophysical Engineering, 1997, 1: 185–199.

[14] Raiteri R, Grattarola M, Berger R. Micromechanics senses biomolecules. Materials Today, 2002, 5: 22–29.

[15] Baller M K, Lang H P, Fritz J, Gerber Ch, Gimzewski J K, Drechsler U, Rothuizen H, Despont M, Vettiger P, Battiston F M, Ramseyer J P, Fornaro P, Meyer E, Güntherodt H J. A cantilever array-based artificial nose. Ultramicroscopy, 2000, 82: 1–9.

[16] Tamayo J, Humphris A D L, Malloy A M, Miles M J. Chemical sensors and biosensors in liquid environment based on microcantilevers with amplified quality factor. Ultramicroscopy, 2001, 86: 167–173.

[17] D'Amico A, Zemel J N. Pyroelectric entalpimetric detection. Journal of Applied Physics, 1985, 57: 2460–2465.

[18] Thomas R C, Sun L, Crooks R M. Real-time measurements of the gas phase adsorption of n-alkylthiol mono- and multilayers on gold. Langmuir, 1991, 7: 620–622.

[19] Godin M, Williams P J, Tabard-Cossa V, Laroche O, Beaulieu L Y, Lennox R B, Grütter P. Surface stress, Kinetics and structure of alkanethiol self-assembled monolayers. Langmuir, 2004, 20: 7090–7096.

[20] Berger R, Delamarche E, Lang H P, Gerber Ch, Gimzewski J K, Meyer E, Guntherodt H J. Surface stress in the self-assembly of alkanethiols on gold. Science, 1997, 276: 2021–2024.

[21] Maute M, Raible S, Prins F E, Kern D P, Ulmer H, Weimar U, Gopel W. Detection of volatile organic compounds (VOCs) with polymer-coated cantilevers. Sensors and Actuators B, 1999, 58: 505–511.

[22] Gimzewski J K, Gerber C, Meyer E, Schlittler R R. Observation of a chemical reaction using a micromechanical sensor. Chemical Physics Letters, 1994, 28: 589–594.

[23] Thundat T, Chen G Y, Warmack R J, Allison D P, Wachter E A. Vapor detection using resonating microcantilevers. Analytical Chemistry, 1995, 67: 519–521.

[24] Thundat T, Wachter E A, Sharp S L, Warmack R J. Detection of mercury vapor using resonating microcantilevers. Applied Physics Letters, 1995, 66: 1695–1697.

[25] Battiston F M, Ramseyer J P, Lang H P, Baller M K, Gerber C, Gimzewski J K, Meyer E, Güntherodt H. A chemical sensor based on resonance-frequency and bending readout. Sensors Actuators B, 2001, 77: 122–131.

[26] Lang H P, Berger R, Battiston F, Ramseyer J P, Meyer E, Andreoli C, Brugger J, Vettinger P, Despont M, Mezzacasa T, Sandella L, Gutherodt H J, Gerber C, Gimzewski

J K. A chemical sensor based on a micromechanical cantilever array for the identification of gases and vapors. Applied Physics A, 1998, 66: S61–S64.

[27] Kim B H, Pins F E, Kern D P, Raible S, Weimar U. Multicomponent analysis and prediction with a cantilever array based gas sensors. Sensor Actuators B, 2001, 78: 12–18.

[28] Fritz J, Baller M K, Lang H P, Rothuizen H, Vettiger P, Meyer E, Güntherodt H J, Gerber C, Gimzewski J K. Translating biomolecular recognition into nanomechanics. Science, 2000, 288: 316–318.

[29] Wu G, Ji H F, Hansen K, Thundat T, Datar R, Cote R, Hagan M F, Chakraborty A K, Majumdar A. Origin of nanomechanical cantilever motion generated from biomolecular interactions. Proceedings of the National Academy of Sciences of the United States of America, 2001, 98: 1560–1564.

[30] Hansen K M, Ji H F, Wu G, Datar R H, Cote R J, Majumdar A, Thundat T. Cantilever-based optical defection assay for discrimination of DNA single-nucleotide mismatches. Analytical Chemistry, 2001, 73: 1567–1571.

[31] Marie R, Jensenius H, Thaysen J, Christensen C B, Boisen A. Adsorption kinetics and mechanical properties of thiol-modified DNA-oligos on gold investigated by microcantilever sensors. Ultramicroscopy, 2002, 91: 29–36.

[32] Álvarez M, Carrascosa L G, Moreno M, Calle A, Zaballos Á, Lechuga L M, Martinze A C, Tamayo J. Nanomechanics of the formation of DNA self-assembled monolayers and hybridization on microcantilevers. Langmuir, 2004, 20: 9663–9668.

[33] Yang M, Yau H C M, Chan H L. Adsorption kinetics and ligand-binding properties of thiol-modified double-stranded DNA on a gold surface. Langmuir, 1998, 14: 6162–6129.

[34] Grogan C, Raiteri R, O′Connor G M, Glynn T J, Cunningham V, Kane M, Charlton M, Leech D. Characterisation of an antibody coated microcantilever as a potential immune-based biosensor. Biosensors and Bioelectronics, 2002, 17: 201–207.

[35] Moulin A M, O'Shea S J, Badley R A, Doyle P, Welland M E. Measuring surface induced conformational changes in proteins. Langmuir, 1999, 15: 8776–8779.

[36] Huber F, Hegner M, Gerber C, Güntherodt H J, Lang H P. Label free analysis of transcription factors using microcantilever arrays. Biosensors and Bioelectronics, 2006, 21: 1599–1605.

[37] Braun T, Barwich V, Ghatkesar M K, Bredekamp A H, Gerber C, Hegner M, Lang H P. Micromechanical mass sensors for biomolecular detection in a physiological environment. Physical Review E, 2005, 72: 031907.

[38] Arntz Y, Seelig J D, Lang H P, Zhang J, Hunziker P, Ramseyer J P, Meyer E, Hegner M, Gerber C. Label-free protein assay based on a nanomechanical cantilever array. Nanotechnology, 2003, 14: 86-90.

[39] Wu G, Datar R H, Hansen K M, Thundat T, Cote R J, Majumdar A. Bioassay of prostate-specific antigen (PSA) using microcantilevers. Nature Biotechnology, 2001, 19: 856–860.

[40] Gfeller K Y, Nugaeva N, Hegner M. Micromechanical oscillators as rapid biosensor for the detection of active growth of Escherichia coli. Biosensors and Bioelectronics, 2005, 21: 528–533.

[41] Nugaeva N, Gfeller K, Backmann N, Lang L, Güntherodt H J, Hegner M. An antibody-sensitized microfabricated cantilever for the growth detection of Aspergillus niger spores. Microscopy and Microanalysis, 2007, 13: 13–17.

[42] 王翀. 低维氧化物半导体的制备及相关器件研究. 中国科学院研究生院博士学位论文, 2007.

[43] Göpel W, Schierbaum K D. SnO_2 sensors: Current status and future prospects. Sensors and Actuators B, 1995, 26: 1–12.

[44] Shimizu Y, Egashira M. Basic aspects and challenges of semiconductor gas sensors. MRS Bulletin, 1999, 24: 18–24.

[45] Azad A M, Akbar S A, Mhaisalkar S G, Birkefeld L D, Goto K S. Solid-state gas sensors- A review. Journal of Electrochemical Society, 1992, 139: 3690–3704.

[46] Chen Y J, Xue X Y, Wang Y G, Wang T H. Synthesis and ethanol sensing characteristics of single crystalline SnO_2 nanorods. Applied Physics Letters, 2005, 87: 233503.

[47] Li C C, Du Z F, Li L M, Yu H C, Wan Q, Wang T H. Surface-depletion controlled gas sensing of ZnO nanorods grown at room temperature. Applied Physics Letters, 2007, 91: 032101.

[48] Chen Y J, Nie L, Xue X Y, Wang Y G, Wang T H. Linear ethanol sensing of SnO_2 nanorods with extremely high sensitivity. Applied Physics Letters, 2006, 88: 083105.

[49] Devi G S, Subrahmanyam V B, Gadkari S C, Gupta S K. NH_3 gas sensing properties of nanocrystalline ZnO based thick films. Analytical Chimica Acta, 2006, 568: 41–46.

[50] Moon W J, Yu J H, Choi G M. The CO and H_2 gas selectivity of CuO-doped SnO_2-ZnO composite gas sensor. Sensors and Actuators B, 2002, 87: 464–470.

[51] He F Q, Zhao Y P. Growth of ZnO nanotetrapods with hexagonal crown. Applied Physics Letters, 2006, 88: 193113.

[52] Wang B B, Xie J J, Yuan Q Z, Zhao Y P. Growth mechanism and joint structure of ZnO tetrapods. Journal of Physics D: Applied Physics, 2008, 41: 102005.

[53] Feng P, Wan Q, Wang T H. Contact-controlled sensing properties of flowerlike ZnO nanostructures. Applied Physics Letters, 2005, 87: 213111.

[54] Feng P, Xue X Y, Liu Y G, Wang T H. Highly sensitive ethanol sensors based on {100}-bounded In_2O_3 nanocrystals due to face contact. Applied Physics Letters, 2006, 89: 243514.

[55] Dayan N J, Sainkar S R, Karekar R N, Aiyer R C. Formulation and characterization of ZnO: Sb thick-film gas sensors. Thin Solid Films, 1998, 325: 254–258.

[56] Yuan Q Z, Zhao Y P, Li L M, Wang T H. Ab initio study of ZnO based gas sensing mechanisms: Surface reconstruction and charge transfer. The Journal of Physical Chemistry C, 2009, 113: 6107–6113.

[57] Staemmler V, Fink K, Meyer B, Marx D, Kunat M, S. Girol G, Burghaus U, Wöll C. Stabilization of polar ZnO surfaces: Validating microscopic models by using CO as a probe molecule. Physical Review Letters, 2003, 90: 106102.

[58] Meyer B, Marx D. Density-functional study of the structure and stability of ZnO surfaces. Physical Review B, 2003, 67: 035403.

[59] Martins J B L, Longo E, Salmon O D R, Espinoza V A A, Taft C A. The interaction of H_2, CO, CO_2, H_2O and NH_3 on ZnO surfaces: An Oniom Study. Chemical Physics Letters, 2004, 400: 481–486.

[60] Delley B. An all-electron numerical method for solving the local density functional for polyatomic molecules. Journal of Chemical Physics, 1990, 92: 508–517.

[61] Delley B. From molecules to solids with the $DMol^3$ approach. Journal of Chemical Physics, 2000, 113: 7756–7764.

[62] Mulliken R S. Electronic population analysis on LCAO-MO molecular wave functions. I. Journal of Chemical Physics, 1955, 23: 1833–1840.

[63] Bolis V, Fubini B, Giamello E, Reller A. Effect of form of the surface reactivity of differently prepared zinc oxides. Journal of the Chemical Society-Faraday Transactions 1: Physical Chemistry in Condensed Phases, 1989, 85: 855–867.

[64] Martins J B L, Andres J, Longo E, Taft C A. H_2O and H_2 interaction with ZnO surfaces: A MNDO, AM1, and PM3 theoretical study with large cluster models. International Journal of Quantum Chemistry, 1996, 57: 861–870.

[65] Herzberg G. Electronic spectra of polyatomic molecules. New York: Van Nostrand, 1966.

[66] Solomon E I, Jones P M, May J A. Electronic structures of active sites on metal oxide surfaces: Definition of the Cu/ZnO methanol synthesis catalyst by photoelectron spectroscopy. Chemical Reviews, 1993, 93: 2623–2644.

[67] Gay R R, Nodine M H, Henrich V E, Zeiger H J, Solomon E I. Photoelectron study of the interaction of CO with ZnO. Journal of the American Chemical Society, 1980, 102: 6752–6761.

[68] Davlieva M G, Lindeman S V, Neretin I S, Kochi J K. Structural effects of carbon monoxide coordination to carbon centers. pi and sigma bindings in aliphatic acyl versus aromatic aroyl cations. New Journal of Chemistry, 2004, 28: 1568–1574.

[69] Ozawa K, Edamoto K. Photoelectron spectroscopy study of ammonia adsorption on ZnO($10\bar{1}0$). Surface Review Letters, 2002, 9: 717–722.

[70] Lin J Y, Jones P M, Lowery M D, Gay R R, Cohen S L, Solomon E I. Coordination chemistry of ammonia on zinc oxide(0001) and cuprous chloride(111) surfaces: σ-bonding interactions with d10 metal ion sites. Inorganic Chemistry, 1992, 31: 686–695.

[71] Liu B, Zeng H C. Room temperature solution synthesis of monodispersed single-crystalline ZnO nanorods and derived hierarchical nanostructures. Langmuir, 2004, 20: 4196–4204.

[72] Geim A K, Novoselov K S. The rise of graphene. Nature Materials, 2007, 6: 183–191.

[73] Berger C, Song Z M, Li X B, Wu X S, Brown N, Naud C, Mayou D, Li T B, Hass J, Marchenkov A N, Conrad E H, First P N, de Heer W A. Electronic confinement and coherence in patterned epitaxial graphene. Science, 2006, 312: 1191–1196.

[74] Han M Y, Özyilmaz B, Zhang Y B, Kim P. Energy band-gap engineering of graphene nanoribbons. Physical Review Letters, 2007, 98: 206805.

[75] Rycerz A, Tworzydlo J, Beenakker C W J. Valley filter and valley valve in graphene. Nature Physics, 2007, 3: 172–175.

[76] Huard B, Sulpizio J A, Stander N, Todd K, Yang B, Goldhaber G D. Transport measurements across a tunable potential barrier in graphene. Physical Review Letters, 2007, 98: 236803.

[77] Novoselov K S, Geim A K, Morozov S V, Jiang D, Zhang Y, Dubonos S V, Grigorieva I V, Firsov A A. Electric field effect in atomically thin carbon films. Science, 2004, 306: 666–669.

[78] 敖志敏. 纳米材料玻璃化转变和石墨烯界面及其吸附性能的计算机模拟研究. 吉林：吉林大学博士论文, 2008.

[79] Novoselov K S, Geim A K, Morozov S V, Jiang D, Katsnelson M I, Grigorieva I V, Dubonos S V, Firsov A A. Two-dimensional gas of massless Dirac fermions in graphene. Nature, 2005, 438: 197–200.

[80] Zhang Y, Tan J W, Stormer H L, Kim P. Experimental observation of the quantum Hall effect and Berry's phase in graphene. Nature, 2005, 438: 201–204.

[81] Dresselhaus M S, Dresselhaus G. Intercalation compound of graphite. Advances in Physics, 2002, 51: 1–186.

[82] Dutta P, Horn P M. Low-frequency fluctuations in solids: $1/f$ noise. Review of Modern Physics, 1981, 53: 497–516.

[83] Chen W, Chen S, Qi D C, Gao X Y, Wee A T S. Surface transfer p-type doping of epitaxial graphene. Journal of the American Chemical Society, 2007, 129: 10418–10422.

[84] Chi M, Zhao Y P. Adsorption of formaldehyde molecule on the intrinsic and Al-doped graphene: A first principle study. Computational Material Science, 2009, 46: 1085–1090.

[85] Chi M, Zhao Y P. First principle study of the interaction and charge transfer between graphene and organic molecules. Computational Material Science, 2012, 56: 79–84.

[86] Perdew J P, Burke K, Ernzerhof M. Generalized gradient approximation made simple. Physical Review Letters, 1996, 77: 13244–13249.

[87] Dolg M, Liu W, Kalvoda S. Performance of relativistic density functional and ab initio pseudopotential approaches for systems with high-spin multiplicities: Gadolinium diatomics GdX (X=H, N, O, F, P, S, Cl, Gd). International Journal of Quantum Chemistry, 2000, 76: 359–370.

[88] Zhao Q, Nardelli M B, Lu W, Bernholc J. Carbon nanotube-metal cluster composites: a new road to chemical sensors? Nano Letters, 2005, 5: 847–851.

[89] Wang R, Zhang D, Sun W, Han Z, Liu C. A novel aluminum-doped carbon nanotubes sensor for carbon monoxide. Journal of Molecular Structure: Theochem, 2007, 806: 93–97.

[90] Zhang Y M, Zhang D J, Liu C B. Novel chemical sensor for cyanides: Boron-doped carbon nanotubes. Journal of Physical Chemistry B, 2006, 110: 4671–4674.

[91] Ao Z M, Yang J, Li S, Jiang Q. Enhancement of CO detection in Al doped graphene. Chemical Physics Letters, 2008, 461: 276–279.

[92] Wang R X, Zhu R X, Zhang D J. Adsorption of formaldehyde molecule on the pristine and silicon-doped boron nitride nanotubes. Chemical Physics Letters, 2008, 467: 131–135.

[93] Wang R X, Zhang D J, Zhang Y M, Liu C B. Boron-doped carbon nanotubes serving as a novel chemical sensor for formaldehyde. Journal of Physical Chemistry B, 2006, 110: 18267–18271.

[94] Zhang Y H, Chen Y B, Zhou K G, Liu C H, Zeng J, Zhang H L, Peng Y. Improving gas sensing properties of graphene by introducing dopants and defects: A first-principles study. Nanotechnology, 2009, 20: 185504.

[95] Lu Y H, Chen W, Feng Y P. Tuning the electronic structure of graphene by an organic molecule. Journal of Physical Chemistry B, 2009, 113: 2–5.

[96] Veiga R G A, Miwa R H. Ab initio study of TCNQ-doped carbon nanotubes. Physical Review B, 2006, 73: 245422.

[97] Rangger G M, Hofmann O T, Romaner L, Heimel G, Bröker B, Blum R, Johnson R L, Koch N, Zojer E. F4TCNQ on Cu, Ag, and Au as prototypical example for a strong organic acceptor on coinage metals. Physical Review B, 2009, 79: 165306.

[98] Saito R, Dresselhaus G, Dresselhaus M S. Physical properties of carbon nanotubes. London: Imperial College, 1998.

[99] 迟美. 石墨烯吸附性能的第一原理研究. 中国科学院力学研究所博士后研究工作报告, 2010.

第 15 章　表面扩散与表面演化动力学

物理世界的基本结构是几何的，这是爱因斯坦再三强调的，也是今天许多理论物理学家所坚信的.

—— 杨振宁, 2011

15.1　Herring-Mullins 公式和 Asaro-Tiller 公式

15.1.1　Herring 公式 (1951) 的推导细节

如图 15.1 所示, 考虑一个光滑曲面, 它既可以是液滴的表面, 也可以是固体晶粒的表面, 设其界面张力 $\gamma(\boldsymbol{n})$ 各向异性, 二阶可导, $\boldsymbol{n}$ 为单位法向矢量.

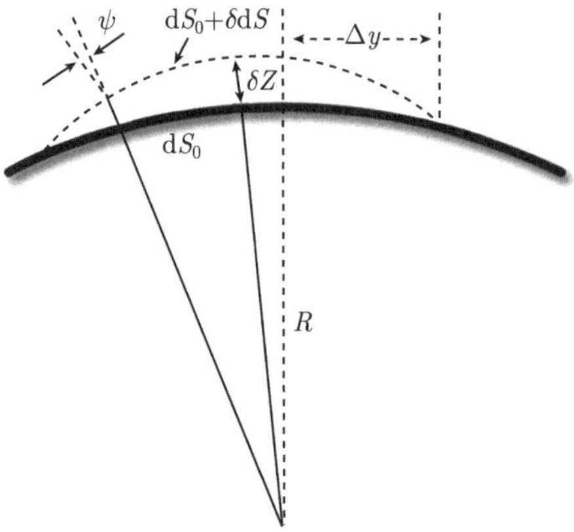

图 15.1　曲面上的微小隆起. 实线: 原始曲面; 虚线: 新曲面

若由于液滴进一步凝聚或晶粒进一步长大而引起原曲面表面有一个微小隆起, 如图 15.1 的虚线所示, 则表面能变化的一阶近似为[1]

$$\delta\int\gamma\mathrm{d}S=\int\delta\gamma\mathrm{d}S_0+\int\gamma\delta\mathrm{d}S, \tag{15-1}$$

式中, $\mathrm{d}S_0$ 是原始曲面微元面积, $\mathrm{d}S_0+\delta\mathrm{d}S$ 是对应的新曲面微元面积. $\mathrm{d}S_0$ 微元上的隆起高度记为 δz, 新曲面与原始曲面切线夹角记为 ψ, 则

$$\delta\mathrm{d}S=(\sec\psi-1)\,\mathrm{d}S_0+\delta z\left(\frac{1}{R_1}+\frac{1}{R_2}\right)\mathrm{d}S_0, \tag{15-2}$$

式中 R_1 和 R_2 是 $\mathrm{d}S_0$ 的主曲率半径. $(\sec\psi-1)\sim O\left(\psi^2\right)$ 以及 $\psi\sim(\delta z_{\max}/\Delta y)$, 其中 Δy 是隆起的切向半径; 对于任意给定的 Δy, $(\sec\psi-1)$ 是隆起体积中的二阶项, 可忽略. 当 Δy 很小时, 在隆起面积上 R_1 与 R_2 可视为常数, 于是积分 $\int\gamma\delta\mathrm{d}S$ 的一阶近似为

$$\int\gamma\delta\mathrm{d}S=\gamma\left(\frac{1}{R_1}+\frac{1}{R_2}\right)\delta v. \tag{15-3}$$

在 (15-1) 式中, 等号右边第一项的 $\delta\gamma$ 取决于表面微元 $\mathrm{d}S$ 和 $\mathrm{d}S_0$ 间的取向变化 (与晶轴相关) 以及 γ 的方向依赖性:

$$\delta\gamma=\sum_\mu\frac{\partial\gamma}{\partial n_\mu}\delta n_\mu+O\left(\delta n^2\right). \tag{15-4}$$

式中, δn_μ 是原始曲面与新曲面单位法向变化的 μ 分量. δn 的长度为 $2\sin\dfrac{\psi}{2}\sim\psi$, 因此 $O\left(\delta n^2\right)$ 可以忽略. (15-4) 式等号右边第一项的两个量均随着隆起表面的位置而变化:

$$\frac{\partial\gamma}{\partial n_\mu}=\left(\frac{\partial\gamma}{\partial n_\mu}\right)_P+\sum_\nu\left(\frac{\partial^2\gamma}{\partial n_\mu\partial n_\nu}\right)_{,P}\Delta n_\nu+O\left(\Delta n^2\right), \tag{15-5}$$

其中 P 为隆起中心附近某一参考点, Δn 是上式中原始曲面上一点与参考点处的单位法向变化量. 若隆起半径 Δy 远小于原始曲面半径, 则 $O\left(\Delta n^2\right)$ 项可忽略, 有

$$\int\delta\gamma\mathrm{d}S_0=\sum_\mu\left(\frac{\partial\gamma}{\partial n_\mu}\right)_P\int\delta n_\mu\mathrm{d}S_0+\sum_{\mu,\nu}\left(\frac{\partial^2\gamma}{\partial n_\mu\partial n_\nu}\right)_{,P}\int\delta n_\mu\Delta n_\nu\mathrm{d}S_0. \tag{15-6}$$

在隆起高度 $\delta z\,(x,y)$ 处, $\delta n_\mu=-\left(\partial/\partial x_\mu\right)\delta z$, 将其代入 (15-6) 式中, 右边第一项为零, Δy 很小时第二项中的积分为

$$-\int\frac{\partial\delta z}{\partial x_\mu}\Delta n_\nu\mathrm{d}S_0=\int\delta z\frac{\partial\Delta n_\nu}{\partial x_\mu}\mathrm{d}S_0\approx\left(\frac{\partial\Delta n}{\partial x_\mu}\right)_P\delta v, \tag{15-7}$$

选取 x 和 y 轴为曲面主曲率方向, 则有下列关系式:

$$\begin{cases}\dfrac{\partial\Delta n_x}{\partial x}=\dfrac{1}{R_1},\\[2ex]\dfrac{\partial\Delta n_y}{\partial y}=\dfrac{1}{R_2},\\[2ex]\dfrac{\partial\Delta n_y}{\partial x}=\dfrac{\partial\Delta n_x}{\partial y}=0.\end{cases} \tag{15-8}$$

得到 (15-1) 中右端第一项为

$$\int\delta\gamma\mathrm{d}S_0=\left(\frac{\partial^2\gamma}{\partial n_x^2}\cdot\frac{1}{R_1}+\frac{\partial^2\gamma}{\partial n_y^2}\cdot\frac{1}{R_2}\right)\delta v. \tag{15-9}$$

表面隆起后自由能的体积项变化为 $-p\delta v + \mu_h \delta v/\Omega_0$, 其中 p 为所研究曲面微元下晶体的平均静压力, Ω_0 为原子体积, 则 $\delta v/\Omega_0$ 表示晶位空格数, μ_h 为晶位空格或晶格缺陷的化学势. 新的曲面达到平衡, 则自由能变化的体积项与表面项之和为零 (取到一阶 δv), 于是有化学势

$$\mu_h = p\Omega_0 - \left[\gamma\left(\frac{1}{R_1}+\frac{1}{R_2}\right)+\frac{\partial^2\gamma}{\partial n_x^2}\cdot\frac{1}{R_1}+\frac{\partial^2\gamma}{\partial n_y^2}\cdot\frac{1}{R_2}\right]\Omega_0. \tag{15-10}$$

当晶位空格密度 $x_h \ll 1$ 时, 由 $(\partial\mu/\partial p)_{x_h,T} = \Omega_0$ 得到

$$\mu = \mu_0 + p\Omega_0, \tag{15-11}$$

式中 μ_0 是参考量, 为常数. 联合 (15-10) 和 (15-11) 式, 给出驱动扩散或蒸发的化学势表达式为[1]

$$\mu - \mu_h - \mu_0 = \left[\gamma\left(\frac{1}{R_1}+\frac{1}{R_2}\right)+\frac{\partial^2\gamma}{\partial n_x^2}\cdot\frac{1}{R_1}+\frac{\partial^2\gamma}{\partial n_y^2}\cdot\frac{1}{R_2}\right]\Omega_0. \tag{15-12}$$

只要 γ 关于法线 $\boldsymbol{n}$ 二次可导, 上式均成立. 上式则为 Herring 公式 (1951).

由于一般情况下 γ 的量级为 10^3 ergs/cm^2, Ω_0 的量级为 10^{-23} cc, 故 (15-12) 式与 $k_{\mathrm{B}}T$ 相比是小量, 当 R 为数纳米量级时才需要考虑曲率的修正.

如果 (15-12) 式中界面张力为各向同性, 亦即其随法线分量的二阶导数项可忽略的话, 则可进一步简化为如下熟知形式:

$$\mu - \mu_h - \mu_0 = \gamma\left(\frac{1}{R_1}+\frac{1}{R_2}\right)\Omega_0 = \gamma\kappa\Omega_0, \tag{15-13}$$

上式中 $\kappa = 1/R_1 + 1/R_2$ 为平均曲率. 1953 年, Herring 进一步考虑了施加应力 p_{xx} 情形, 此时, 曲面的化学势 μ_c 为

$$\mu_c = \mu_c^0 + \left[\gamma\left(\frac{1}{R_1}+\frac{1}{R_2}\right)+\frac{\partial^2\gamma}{\partial n_x^2}\cdot\frac{1}{R_1}+\frac{\partial^2\gamma}{\partial n_y^2}\cdot\frac{1}{R_2} - p_{xx}\right]\Omega_0. \tag{15-14}$$

则按照 Gibbs 对于两相曲面接触的局部平衡条件之一为: $\mu_c^{(1)} = \mu_c^{(2)}$.

15.1.2 Mullins 的贡献 (1963)

在 Herring 公式的基础上, Mullins 在文献 [3] 中讨论了毛细对化学势的影响. 考虑流–固界面的一个截面曲线 $y(x)$, 流体和固体分别位于界面曲线 $y(x)$ 的上部和下部. 设界面张力为 γ, 它是界面曲线导数的函数, 考虑界面曲线的始点和终点分别为 A 和 B, 由于曲线的长度为 $\mathrm{d}s = \sqrt{1+(\mathrm{d}y/\mathrm{d}x)^2}\mathrm{d}x$, 则界面自由能为

$$F = \int_A^B \gamma \mathrm{d}s = \int_A^B \gamma\left(\frac{\mathrm{d}y}{\mathrm{d}x}\right)\sqrt{1+\left(\frac{\mathrm{d}y}{\mathrm{d}x}\right)^2}\mathrm{d}x = \int_A^B G\left(\frac{\mathrm{d}y}{\mathrm{d}x}\right)\mathrm{d}x, \tag{15-15}$$

式中 $G(\mathrm{d}y/\mathrm{d}x)=\gamma(\mathrm{d}y/\mathrm{d}x)\sqrt{1+(\mathrm{d}y/\mathrm{d}x)^2}$. 考虑界面材料的一个微小变化, 使得 $y(x)+\delta y(x)$, 为简单起见, 假设 $\delta y(A)=\delta y(B)=0$, $\int_A^B\delta y(x)\mathrm{d}x=0$, 化学势的变化为: $\mu_0+\mu$. 考虑到链式法则 $\delta\frac{\mathrm{d}y}{\mathrm{d}x}=\frac{\mathrm{d}}{\mathrm{d}x}\delta y$, 界面自由能的变分为

$$\delta F=\int_A^B\frac{\mathrm{d}G}{\mathrm{d}\left(\frac{\mathrm{d}y}{\mathrm{d}x}\right)}\delta\left(\frac{\mathrm{d}y}{\mathrm{d}x}\right)\mathrm{d}x=\int_A^B\frac{\mathrm{d}G}{\mathrm{d}\left(\frac{\mathrm{d}y}{\mathrm{d}x}\right)}\frac{\mathrm{d}}{\mathrm{d}x}(\delta y)\mathrm{d}x=-\int_A^B\frac{\mathrm{d}}{\mathrm{d}x}\frac{\mathrm{d}G}{\mathrm{d}\left(\frac{\mathrm{d}y}{\mathrm{d}x}\right)}\delta y\mathrm{d}x. \tag{15-16}$$

按照自由能的定义, 界面自由能的变分还可表示为

$$\delta F=\frac{1}{\Omega_0}\int_A^B(\mu_0+\mu)\,\delta y\mathrm{d}x=\frac{1}{\Omega_0}\int_A^B\mu\delta y\mathrm{d}x. \tag{15-17}$$

上式中 Ω_0 为原子体积, 则 $(\delta y\mathrm{d}x)/\Omega_0$ 给出的是区间 $\mathrm{d}x$ 的新增原子个数. 由 (15-16) 和 (15-17) 两式相减得到

$$\int_A^B\left[\frac{\mu}{\Omega_0}+\frac{\mathrm{d}}{\mathrm{d}x}\frac{\mathrm{d}G}{\mathrm{d}\left(\frac{\mathrm{d}y}{\mathrm{d}x}\right)}\right]\delta y\mathrm{d}x=0. \tag{15-18}$$

由变分 δy 的任意性, 得到

$$\mu=-\Omega_0\frac{\mathrm{d}}{\mathrm{d}x}\frac{\mathrm{d}G}{\mathrm{d}\left(\frac{\mathrm{d}y}{\mathrm{d}x}\right)}=-\Omega_0\frac{\mathrm{d}}{\mathrm{d}x}\left\{\frac{\mathrm{d}}{\mathrm{d}\left(\frac{\mathrm{d}y}{\mathrm{d}x}\right)}\left[\gamma\left(\frac{\mathrm{d}y}{\mathrm{d}x}\right)\sqrt{1+\left(\frac{\mathrm{d}y}{\mathrm{d}x}\right)^2}\right]\right\}. \tag{15-19}$$

在微分中考虑到如下关系式存在

$$\begin{cases}\dfrac{\mathrm{d}}{\mathrm{d}x}=\dfrac{\mathrm{d}\left(\frac{\mathrm{d}y}{\mathrm{d}x}\right)}{\mathrm{d}x}\dfrac{\mathrm{d}}{\mathrm{d}\left(\frac{\mathrm{d}y}{\mathrm{d}x}\right)}=\dfrac{\mathrm{d}^2y}{\mathrm{d}x^2}\dfrac{\mathrm{d}}{\mathrm{d}\left(\frac{\mathrm{d}y}{\mathrm{d}x}\right)},\\ \dfrac{\mathrm{d}\gamma}{\mathrm{d}\left(\frac{\mathrm{d}y}{\mathrm{d}x}\right)}=\dfrac{1}{1+\left(\frac{\mathrm{d}y}{\mathrm{d}x}\right)^2}\dfrac{\mathrm{d}\gamma}{\mathrm{d}\theta},\\ \theta=\arctan\left(\dfrac{\mathrm{d}y}{\mathrm{d}x}\right),\end{cases} \tag{15-20}$$

则 Mullins 得到的自由能和曲率的依赖关系式为

$$\mu=-\Omega_0\left(\gamma+\frac{\mathrm{d}^2\gamma}{\mathrm{d}\theta^2}\right)\kappa, \tag{15-21}$$

上式中 $\kappa=-\dfrac{\mathrm{d}^2y}{\mathrm{d}x^2}\left[1+\left(\dfrac{\mathrm{d}y}{\mathrm{d}x}\right)^2\right]^{-\frac{3}{2}}$ 为曲线上某点的曲率, 当凹向固体一侧时为正.

Mullins 指出[3]：(15-21) 式为 Herring 公式在二维的退化形式, 由于曲率的影响, 曲率表面和平直表面的化学势差异为

$$\Delta\mu=\left[\left(\gamma+\frac{\partial^2\gamma}{\partial\theta_1^2}\right)\frac{1}{R_1}+\left(\gamma+\frac{\partial^2\gamma}{\partial\theta_2^2}\right)\frac{1}{R_2}\right]\Omega_0. \tag{15-22}$$

上式中 R_1 和 R_2 为所研究的表面上某点 P 的主曲率半径, θ_1 则是 P 点的法线与包含主曲率方向 $\kappa_1=1/R_1$ 的主平面内的 x 轴的夹角, θ_2 则是相应的 P 点的法线与包含主曲率方向 $\kappa_2=1/R_2$ 的主平面内的 x 轴的夹角. 当界面张力为各项同性时, (15-22) 式退化为经典的 Gibbs-Thomson 公式：

$$\Delta\mu=\Omega_0\gamma\left(\frac{1}{R_1}+\frac{1}{R_2}\right)=\gamma\kappa\Omega_0. \tag{15-23}$$

式 (15-22) 中,

$$\gamma_\alpha^*=\gamma+\frac{\partial^2\gamma}{\partial\theta_\alpha^2}\quad(\alpha=1,2) \tag{15-24}$$

被称为表面刚度 (surface stiffness)[4].

15.1.3　Asaro-Tiller 公式 (1972)

1972 年, Asaro 和 Tiller 在研究应力腐蚀现象时, 在 Herring 工作[1] 的基础上, 推导了有外力场存在的弹性体中化学势和应变能密度的关系[5], 一般在文献中称为 "Asaro-Tiller 公式". Asaro 和 Tiller 还将该关系式运用到表面得到了表面化学势的表达式, 从而提出了由于化学势梯度的存在而导致的表面扩散现象, 这个现象就是后来在文献中称为 "Asaro-Tiller-Grinfeld 失稳" 现象, Grinfeld 的原始文献见文献 [6]. 下面将介绍 Asaro 和 Tiller 是如何将应变能引入化学势表达式中的.

在经典的弹性理论中, 对于一个在外力作用下处于平衡状态的弹性体, 定义体系势能为

$$V=\int_v W\mathrm{d}\tau-\int_v f_i\cdot u_i\mathrm{d}\tau-\int_A T_i\cdot u_i\mathrm{d}s, \tag{15-25}$$

其中 $\int_v W\mathrm{d}\tau$ 是应变能, $\int_v f_i\cdot u_i\mathrm{d}\tau$ 是体力功, $\int_A T_i\cdot u_i\mathrm{d}s$ 是表面力的功. f_i 是体力分量, T_i 是表面力分量, $\mathrm{d}\tau$ 为体积微元, $\mathrm{d}s$ 为表面积微元. 体系的势能是关于位移场的函数, 根据最小势能原理, 对于所有可能的位移, 真实的位移场是使体系势能取得最小的一个. 从热力学第一定律可以得到, 当外荷载作用十分缓慢而保持体系的温度不变时, 有关系式 $V=G+C$, 其中 G 为 Gibbs 自由能, C 为除了机械荷载

作用外的其他可逆功. 下面建立一个简单的模型, 讨论体系势能是如何随着体系体积的微小改变而变化的.

考虑线弹性体系在外力 T_i 作用下的两种状态, 如图 15.2 所示, (a) 和 (b) 分别表示裂纹进行微小扩展前后的两个状态. 由于很多时候体积力的影响不是主要的, 所以讨论中将忽略体积力的影响. 并且假设裂纹的扩展是裂纹尖端处物质的损失 (此处表示为微小体积的减少), 裂纹扩展的过程并不影响其他边界的形状改变, 也不影响外力的大小和方向. 两种状态的体系势能分别是

$$V_a = \int_{v_a} W(\varepsilon_{ij}^a)\mathrm{d}\tau - \int_{A_a} T_i^a \cdot u_i^a \mathrm{d}s, \tag{15-26}$$

$$V_b = \int_{v_b} W(\varepsilon_{ij}^b)\mathrm{d}\tau - \int_{A_b} T_i^b \cdot u_i^b \mathrm{d}s. \tag{15-27}$$

考虑体系势能的表达式中的第二个积分项. 在如上的假设下, 在图 15.2(a) 和图 15.2(b) 相同的表面部分, 有 $T_i^a = T_i^b$, 对于新形成的表面上, 有 $T_i^b = 0$, 于是可以得到

$$\int_{A_a} T_i^a \cdot u_i^a \mathrm{d}s - \int_{A_b} T_i^b \cdot u_i^b \mathrm{d}s = -\int_{A_a} T_i^a \cdot (u_i^b - u_i^a)\mathrm{d}s, \tag{15-28}$$

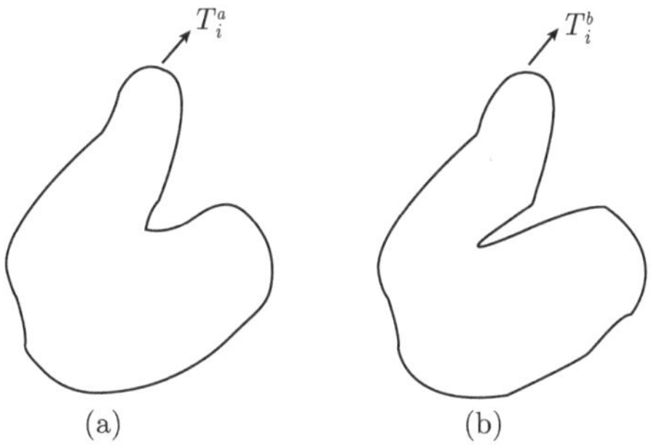

图 15.2　裂纹进行微小扩展前后的状态

结合方程 (15-26)~(15-28) 可以得到

$$V_b - V_a = \int_{v_b} W(\varepsilon_{ij}^b)\mathrm{d}\tau - \int_{v_a} W(\varepsilon_{ij}^a)\mathrm{d}\tau - \int_{A_a} T_i^a \cdot (u_i^b - u_i^a)\mathrm{d}s. \tag{15-29}$$

进一步可以整理为

$$\begin{aligned} V_b - V_a = &\int_{v_b - v_a} W(\varepsilon_{ij}^b)\mathrm{d}\tau + \left\{\int_{v_a} W(\varepsilon_{ij}^b)\mathrm{d}\tau - \int_{A_a} T_i^a \cdot u_i^b \mathrm{d}s\right\} \\ &- \left\{\int_{v_a} W(\varepsilon_{ij}^a)\mathrm{d}\tau - \int_{A_a} T_i^a \cdot u_i^a \mathrm{d}s\right\}. \end{aligned} \tag{15-30}$$

下面在裂纹尖端附近的微小区域进行分析, 如图 15.3 所示, v_i' 表示尖端附近的区域, Σ 表示边界. 于是方程 (15-30) 可以进一步写为

$$\begin{aligned}V_b - V_a =&\overline{W}(\varepsilon_{ij}^b)\int_{v_b'}\mathrm{d}\tau + \int_{v_b-v_b'}W(\varepsilon_{ij}^b)\mathrm{d}\tau - \int_{A_a}T_i^a\cdot u_i^b\mathrm{d}s - \overline{W}(\varepsilon_{ij}^a)\int_{v_a'}\mathrm{d}\tau\\&-\int_{v_a-v_a'}W(\varepsilon_{ij}^a)\mathrm{d}\tau + \int_{A_a}T_i^a\cdot u_i^a\mathrm{d}s\end{aligned}\tag{15-31}$$

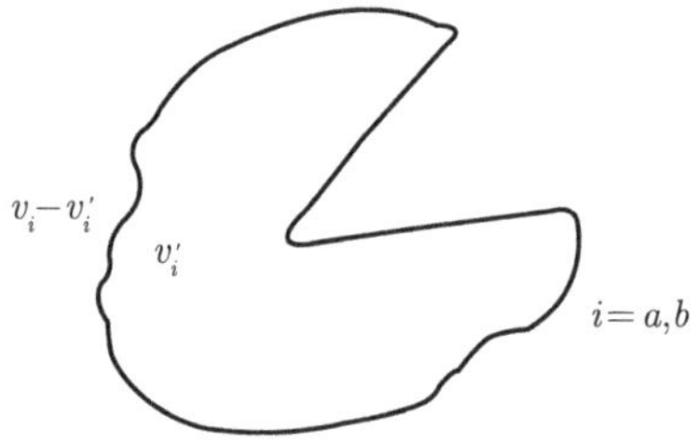

图 15.3　裂纹的微小区域示意图

我们的目的是计算 $v_b - v_a \to 0$ 的情况, 也就是计算由于物质的微小损失导致自由能的微小改变. 根据弹性体的功能关系, 将方程 (15-31) 写成如下形式:

$$\begin{aligned}V_b - V_a =&\overline{W}(\varepsilon_{ij}^b)v_b' + \int_{v_b-v_b'}W(\varepsilon_{ij}^b)\mathrm{d}\tau - \overline{W}(\varepsilon_{ij}^a)v_a' - \int_{v_a-v_a'}W(\varepsilon_{ij}^a)\mathrm{d}\tau\\&-\int_{v_b}\sigma_{ij}^a\varepsilon_{ij}^b\mathrm{d}\tau + \int_{v_a}\sigma_{ij}^a\varepsilon_{ij}^a\mathrm{d}\tau.\end{aligned}\tag{15-32}$$

同样, 由于讨论的问题是 $v_b - v_a \to 0$ 在情况下进行的, 可以认为 v_b 与 v_a 的差异极小, 所以将方程 (15-32) 中积分区域 v_a 和 v_a' 换成 v_b 和 v_b' 不会对积分结果造成明显影响, 最多是有一个高阶小的误差. 为了讨论问题的方便, 将方程 (15-32) 进一步写成如下形式:

$$\begin{aligned}V_b - V_a =&\overline{W}(\varepsilon_{ij}^b)v_b' - \overline{W}(\varepsilon_{ij}^a)v_a' + \int_{v_b}\left[W(\varepsilon_{ij}^b) - W(\varepsilon_{ij}^a) - \sigma_{ij}^a\varepsilon_{ij}^b + \sigma_{ij}^a\varepsilon_{ij}^a\right]\mathrm{d}\tau\\&-\int_{v_b'}\left[W(\varepsilon_{ij}^b) - W(\varepsilon_{ij}^a)\right]\mathrm{d}\tau.\end{aligned}\tag{15-33}$$

合并同类项, 因项 $\int_{v_b'}\{W(\varepsilon_{ij}^b) - W(\varepsilon_{ij}^a)\}\mathrm{d}\tau$ 相比其他项是一个高阶小量, 故省略. 在裂纹尖端附近可认为 $\overline{W}(\varepsilon_{ij}^b) = \overline{W}(\varepsilon_{ij}^a) \approx W(\varepsilon_{ij}^a)$, 因此方程 (15-33) 和如下方程等价:

$$V_b - V_a = W(\varepsilon_{ij}^a)(v_b' - v_a') + \int_{v_b}\int_{\varepsilon_{ij}^b}^{\varepsilon_{ij}^a}(\sigma_{ij}^a - \sigma_{ij})\mathrm{d}\varepsilon_{ij}\mathrm{d}\tau.\tag{15-34}$$

运用散度定律, 方程 (15-34) 可以进一步化为如下方程:

$$V_b - V_a = W(\varepsilon_{ij}^a)(v_b' - v_a') + \int_{\Delta A} \int_{u_i^b}^{u_i^a} (T_i^a - T_i) \mathrm{d}u_i \mathrm{d}A. \tag{15-35}$$

ΔA 是积分区域, 即 b 状态的表面, 然而在 b 状态和 a 状态共有的边界上, $T_i = T_i^a$, 积分值等于零, 于是只有在新形成的表面上积分才有意义. 故 ΔA 可以取为新形成的表面. 再次运用散度定律, 得到

$$V_b - V_a = W\left(\varepsilon_{ij}^a\right)\left(v_b' - v_a'\right) + \int_{v_a' - v_b'} \int_{\varepsilon_{ij}^b}^{\varepsilon_{ij}^a} \left(\sigma_{ij}^a - \sigma_{ij}\right) \mathrm{d}\varepsilon_{ij} \mathrm{d}\tau. \tag{15-36}$$

等式两边分别除以 $(v_b' - v_a')$, 得到如下结果:

$$\frac{V_b - V_a}{v_b' - v_a'} = \frac{\delta V}{\delta v} = W\left(\varepsilon_{ij}^a\right) + \int_{\varepsilon_{ij}^b}^{\varepsilon_{ij}^a} \left(\sigma_{ij}^a - \sigma_{ij}\right) \mathrm{d}\varepsilon_{ij} = W\left(\varepsilon_{ij}^a\right) + \sigma\left(\delta v^n\right). \tag{15-37}$$

上式中, $n > 0$. 在 $\delta v \to 0$ 的极限下, 方程 (15-37) 化为下式:

$$\frac{\partial V}{\partial v} = W\left(\varepsilon_{ij}^a\right). \tag{15-38}$$

以上结果表明, 由于物质的增加或减少导致的受力体系的体系势能的变化等于应变能密度, 又由于体系势能等于 Gibbs 自由能和非机械可逆功之和, 如果不考虑非机械可逆功, 就得到如下关系式:

$$\frac{\delta G}{\delta v} = W\left(\varepsilon_{ij}^a\right). \tag{15-39}$$

根据化学势的定义, 取 δv 为单原子的体积, 于是自由能的变化等于应变能密度乘以原子体积, 得到

$$\mu = W\left(\varepsilon_{ij}^a\right)\Omega_0. \tag{15-40}$$

上式中 Ω_0 为原子的体积. 再结合 Herring 关于化学势和表面自由能的关系, 可以写出考虑应变能时化学势的表达式, 也就是 Asaro-Tiller 公式为

$$\mu = \mu_0 + \left[W\left(\varepsilon_{ij}^a\right) + \gamma\kappa\right]\Omega_0, \tag{15-41}$$

其中 μ_0 为平直表面无应力状态弹性体的化学势, κ 为平均曲率. 式 (15-41) 在文献 [5] 中针对凸面所给出的 Asaro-Tiller 公式. 后来, 大量文献中将 Asaro-Tiller 公式习惯地表示为如下形式[7]

$$\mu = \mu_0 + \left[W\left(\varepsilon_{ij}^a\right) - \gamma\kappa\right]\Omega_0, \tag{15-42}$$

其中 μ_0 为平直表面无应力状态弹性体的化学势, 而对于平均曲率的约定为: 对于凸面取负值, 凹面取正值. 因此, (15-41) 和 (15-42) 两个表达式是完全一致的. 对于各向同性线弹性体, 应变能密度为 $W=\sigma_{ij}\varepsilon_{ij}/2$, 此时 (15-42) 式可表示为

$$\mu=\mu_0+\left(\frac{1}{2}\underline{\underline{\sigma}}:\underline{\underline{\varepsilon}}-\gamma\kappa\right)\Omega_0, \tag{15-43}$$

一般性地, 对于线性各向异性弹性体, 有

$$\mu=\mu_0+\left(\frac{1}{2}\underline{\underline{\varepsilon}}:\underline{\underline{\underline{\underline{C}}}}:\underline{\underline{\varepsilon}}-\gamma\kappa\right)\Omega_0, \tag{15-44}$$

式中 $\underline{\underline{\underline{\underline{C}}}}$ 为四阶刚度张量 (stiffness tensor).

15.1.4 电场对 Asaro-Tiller 公式的贡献

考虑应力场和外加电场的共同作用下的化学势表达式为

$$\mu=\mu_0+\left[W\left(\varepsilon_{ij}^a\right)-\gamma\kappa\right]\Omega_0+q\Phi. \tag{15-45}$$

$q\Phi$ 的物理概念十分清晰, 即电荷在电场中的电势能. 其中, Φ 为电势 (electric potential), $q=z^*e$ 为粒子电荷量 (particle charge)[8], 和 (3-18) 式相同, e 为单位电荷, z^* 为离子价、等效电量 (effective charge) 或等效价键数[8]. 等效电量是指一个多电子 (multi-electron) 粒子受某电子作用所具有的净正电荷数; 通过与内层电子的排斥作用, 该电子将会产生屏蔽效应, 阻碍高轨道电子受核的影响, "等效" 即来源于此. 通常等效化学键数值上小于裸电荷 (bare charge)[9]. 对于等效化学键, 文献上的取值不一, 其计算和测量可参考文献 [10].

15.2 Gibbs-Thomson 公式

平时在看相关表面和界面的文献和专著时 [1~4,11], 可能遇到的一个问题是 Gibbs-Thomson 方程与 Young-Laplace 方程具有相同的表达式:

$$\Delta P=\gamma\left(\frac{1}{R_1}+\frac{1}{R_2}\right). \tag{15-46}$$

式中, ΔP 为界面两端由于曲率所导致的压力差, γ 是界面张力, R_1、R_2 为界面的两个主曲率半径. 问题是: 为什么同样一个表达式有不同的公式名称? 是否有区别?

Young-Laplace 方程的提出早于 Gibbs-Thomson 方程, 两者虽然表达式相似, 但背景及推导不同. 一般地, (15-46) 式在流体相关学科研究中被称为 "Young-Laplace 方程", 用于描述液 (l)–气 (v) 界面两边压力差 (即 $\Delta P=P_l-P_v$) 与液滴尺寸之间

的关系; 而在材料的冶金学中人们则更常称为 "Gibbs-Thomson 方程", 用来说明固体中薄膜增长、小晶体熔点不同于大晶体等问题.

Gibbs-Thomson 方程通常有很多种表达式, 形式不尽相同:

$$\begin{cases} \Delta\mu = \gamma\left(\dfrac{1}{R_1}+\dfrac{1}{R_2}\right)\Omega_0, \\ \Delta P = \gamma\left(\dfrac{1}{R_1}+\dfrac{1}{R_2}\right), \\ \Delta T_m = T_{mB}-T_m = T_{mB}\dfrac{\gamma}{H_f\rho_s}\left(\dfrac{1}{R_1}+\dfrac{1}{R_2}\right), \\ \Delta c = -\dfrac{\gamma\Omega_0}{k_{\mathrm{B}}T}\left(\dfrac{1}{R_1}+\dfrac{1}{R_2}\right)c_0. \end{cases} \tag{15-47}$$

式中, μ 为化学势, Ω_0 为分子 (原子) 体积, T_{mB} 和 T_m 分别为晶体块 (bulk) 与小晶体的熔点, H_f 为晶体块的融化焓, ρ_s 为固体密度, c_0 为晶位空格的平衡浓度 (此处浓度定义为单位体积的晶位空格数[11]). Pimpinelli 和 Villain[12] 认为 Gibbs-Thomson 方程看上去像 Young-Laplace 方程, 但不同于 Young-Laplace 方程: 前者用于描述晶体尺寸对于晶体熔点的影响, 反映的是尺寸效应的作用, 而后者描述的是界面两边压力差与曲率的关系, 是两相之间的关系.

不论具体表现形式如何, Gibbs-Thomson 方程描述的是当地热力学强度量 (化学势、压力、温度、浓度) 增量对当地界面曲率的关系, 以及由此导致的小液滴或小颗粒的熔点及沸点不同于大块 (bulk) 液滴或大块固体 (即尺寸效应对于熔点、沸点的影响).

15.3 Shuttleworth-Herring 公式

1950 年, Shuttleworth 得到了如下固体的表面张力 γ、表面 Helmholtz 自由能 F 和表面面积 A 之间的关系式[13]

$$\gamma = F + A\frac{\mathrm{d}F}{\mathrm{d}A}. \tag{15-48}$$

经过仔细查阅原文, 可得出和文献 [14] 一致的结论: 事实上, Shuttleworth 给出的公式 (15-48) 只是表面应力公式的 "雏形 (primitive)". 而给出目前文献中最为常用形式 (2-25) 的, 恰恰是 Herring 在 1951 年在文献 [1] 中的公式 (30) 中明确地给出的. Herring 在文献 [1] 中还指出, 公式 (2-25) 中的最后一项只对固体表面成立, 而对流体而言, 该项为零. 有文献将 (2-25) 式直接称为 "Herring 公式"[15]. 从实际贡献来看, 本书著者认为: 目前许多文献中所称谓的 "Shuttleworth 公式" 被称为 "Shuttleworth-Herring 公式" 应该更为公正些.

本书在第 2 章中, 应用表面 Gibbs-Duhem 关系式, 在等温 ($\mathrm{d}T=0$)、等粒子数 ($\mathrm{d}N_k^s=0$) 情况下推导出目前最为常用的 Shuttleworth-Herring 关系式 (2-23).

为更直观起见, 这里给出 Mullins 于 1963 年在文献 [3] 中所给出的针对平直表面的 Shuttleworth-Herring 公式的推导方法. 如图 15.4 所示, 块体三个平行于直角坐标系的初始尺度为单位长度 (也就是 1). 考虑如下两个变形步骤:

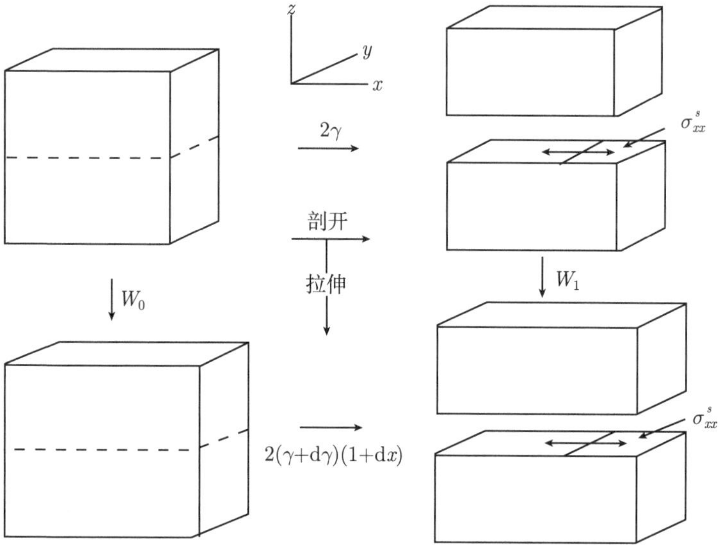

图 15.4 Shuttleworth-Herring 公式推导模型

1) 设该块体在 x 方向上施加一个可逆的伸长量 $\mathrm{d}x$, 在此伸长过程中所施加的约束为在 y 方向上块体的长度仍然保持单位长度, 而沿 z 方向无需保持单位长度, 该种变形中所需要做的功为 W_0.

2) 将块体恢复到开始的未变形状态, 再沿着 xy 平面将块体切开为两半, 然后在保持 y 方向上块体的宽度不变的情况下, 沿 x 方向伸长 $\mathrm{d}x$, 此种变形所需要做的功为 W_1.

一般而言, W_1 和 W_0 不同, 原因是沿 xy 平面所剖开平面上的表面应力 σ_{xx}^s 作用的结果. 考虑到块体原始尺度为单位长度, 此时有

$$\sigma_{xx}^s=\frac{W_1-W_0}{2\times 1\times \mathrm{d}x}=\frac{W_1-W_0}{2\varepsilon_{xx}^s}. \tag{15-49}$$

上式中的 2 来源于两个表面上的应力的贡献, 由于在 x 方向上由原来的单位长度施加伸长增量 $\mathrm{d}x$ 后, 表面应变分量为 $\varepsilon_{xx}^s=\mathrm{d}x/1$.

同理, 可以测量在 xy 平面沿 y 方向施加一个剪应变变形 $\varepsilon_{xy}^s=\mathrm{d}y/1$ 所需要做的功 W_0', 也可测得将块体剖为两半后施加同样剪切变形时所需要的功 W_1', 此时表

面剪应力为

$$\sigma_{xy}^s = \frac{W_1' - W_0'}{2 \times 1 \times \mathrm{d}y} = \frac{W_1 - W_0}{2\varepsilon_{xy}^s}. \tag{15-50}$$

以上的操作是在 y 方向对块体施加约束, 使在 y 方向上仍然保持尺度不变的情况下, 对块体进行沿 x 方向的伸长. 同理, 如果约束 x 方向, 而在 y 方向施加同样变形的情况下, 则可以获得分别对应于表面应变分量 ε_{yy}^s 和 ε_{yx}^s 的表面应力分量 σ_{yy}^s 和 σ_{yx}^s. 由于 $\varepsilon_{yx}^s = \varepsilon_{xy}^s$, 所以可以得出对各向同性的材料有 $\sigma_{yx}^s = \sigma_{xy}^s$ 的结论. 这样, 二阶表面对称应力张量可用下列矩阵来表示:

$$\left[\underline{\underline{\sigma}}^s\right] = \left[\underline{\underline{\sigma}}^s\right]^{\mathrm{T}} = \begin{pmatrix} \sigma_{xx}^s & \sigma_{xy}^s \\ \sigma_{xy}^s & \sigma_{yy}^s \end{pmatrix}. \tag{15-51}$$

为了得到二阶对称张量 $\underline{\underline{\sigma}}^s$、表面能 γ (标量) 与表面应变之间的关系, 按照 Shuttleworth 在文献 [13] 中所采用的路径: 路径 I, 块体先拉伸变形, 再剖为两半; 路径 II, 块体先剖开, 然后再发生拉伸变形. 对于路径 I, 有

$$W_{\mathrm{I}} = W_0 + 2 \times 1 \times (1 + \varepsilon_{xx}^s \times 1) \times (\gamma + \Delta\gamma) \approx W_0 + 2\gamma + 2\Delta\gamma + 2\gamma\varepsilon_{xx}^s, \tag{15-52}$$

上式中 $\Delta\gamma$ 为由于拉伸应变 ε_{xx}^s 所引起的表面能的改变. 另一方面, 对于路径 II 的变形有

$$W_{\mathrm{II}} = W_1 + 2\gamma. \tag{15-53}$$

由 $W_{\mathrm{I}} = W_{\mathrm{II}}$, 利用 $\Delta\gamma/\varepsilon_{xx}^s \approx \partial\gamma/\partial\varepsilon_{xx}^s$, 可以得到

$$\sigma_{xx}^s = \gamma + \frac{\partial\gamma}{\partial\varepsilon_{xx}^s}. \tag{15-54}$$

同样, 对于简单剪切情况, 由于 xy 平面的面积不变, 针对相应的两种路径, 分别有 $W_{\mathrm{I}}' = W_0' + 2\gamma + 2\Delta\gamma$ 和 $W_{\mathrm{II}}' = W_1' + 2\gamma$, 再令 $W_{\mathrm{I}}' = W_{\mathrm{II}}'$ 并利用近似关系式 $\Delta\gamma/\varepsilon_{xy}^s \approx \partial\gamma/\partial\varepsilon_{xy}^s$, 从而有

$$\sigma_{xy}^s = \frac{\partial\gamma}{\partial\varepsilon_{xy}^s}. \tag{15-55}$$

可将方程 (15-54) 和 (15-55) 联合写成 Shuttleworth-Herring 关系式 (2-23).

需要指出的是, 直到目前为止, Shuttleworth-Herring 公式并没有被系统的实验所证实[14].

15.4 表面扩散的 Nernst-Einstein 公式与表面演化方程

事实上, Herring 在文献 [1] 中的第 (7) 式中就给出过表面扩散通量和化学势梯度的关系式:

$$\boldsymbol{J} = -\frac{Dn_L}{k_{\mathrm{B}}T}\nabla\left(\mu - \mu_h\right), \tag{15-56}$$

上式中 $n_L = 1/\Omega_0$, D 为扩散系数.

1957 年, Mullins 在 Herring 公式 (15-13) 的基础上, 通过讨论表面扩散并应用 Nernst-Einstein 公式, 研究了晶界间热凹槽 (thermal grooving) 的形成机理[16], 该文的 SCI 引用迄今已经超过 1500 次, 已经成为表面扩散领域的经典文献之一. 1965 年, Nichols 和 Mullins 则利用该表面扩散模型分析了毛细诱导的表面扩散所引起的旋转表面的形貌变化[17].

表面扩散方程可一般性地表示为

$$\boldsymbol{J}_s = -\frac{D_s\nu}{k_\mathrm{B}T}\nabla_s\mu = -\frac{D_s\nu}{k_\mathrm{B}T}\nabla_s\left(\gamma\kappa\Omega_0\right) = -\frac{D_s\gamma\Omega_0\nu}{k_\mathrm{B}T}\nabla_s\kappa. \tag{15-57}$$

上式中 D_s 为表面自扩散系数, ν 为单位表面积扩散的原子数目, 固有关系式[16]: $\nu \equiv \Omega_0^{-2/3}$. 上式清楚地表明, 平均曲率的梯度提供了表面演化的驱动力, 由此可见, 对于表面能为常量的各项同性表面而言, 其演化过程始终朝着形成表面常平均曲率 ($\nabla_s\kappa = 0$) 的方向进行, 也就是朝着表面平坦化 (flattening) 的方向进行. (15-57) 式中的表面梯度算子 ∇_s 为

$$\nabla_s = \left(\underline{\underline{I}} - \boldsymbol{n}\otimes\boldsymbol{n}\right)\cdot\nabla, \tag{15-58}$$

上式中 $\underline{\underline{I}}$ 为单位二阶张量, $\boldsymbol{n}$ 则为表面的单位法矢量, $\underline{\underline{I}} - \boldsymbol{n}\otimes\boldsymbol{n}$ 为投影张量 (projection tensor), 如图 15.5 所示.

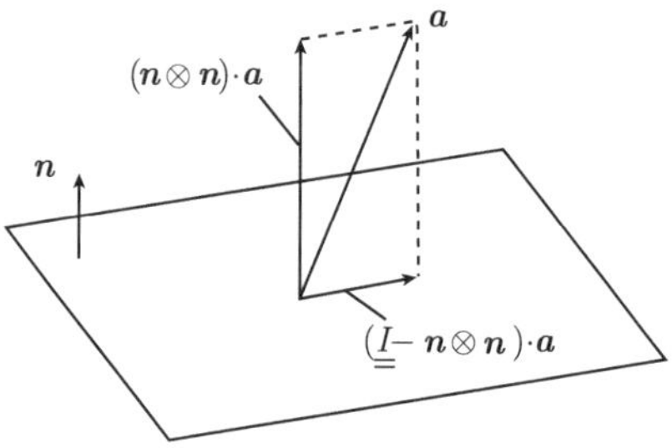

图 15.5　投影张量示意图

化学势沿表面的梯度和曲率的梯度有关, 而 Nernst-Einstein 公式给出的是在上述梯度作用下所引起的表面原子的平均迁移速度[16]:

$$\boldsymbol{V} = -\frac{D_s}{k_\mathrm{B}T}\nabla_s\mu = -\frac{D_s}{k_\mathrm{B}T}\nabla_s\left(\gamma\kappa\Omega_0\right) = -\frac{D_s\gamma\Omega_0}{k_\mathrm{B}T}\nabla_s\kappa. \tag{15-59}$$

比较 (15-57) 和 (15-59) 两式可以看出, 表面扩散通量是表面原子的平均迁移速度和单位表面积扩散的原子数目的乘积, 亦即 $\boldsymbol{J}_s = \nu\boldsymbol{V}$.

表面法线方向的演化速度和平均曲率之间的关系式[16]:

$$v_n = -\Omega_0\nabla_s\cdot\boldsymbol{J}_s = \frac{D_s\gamma\Omega_0^2\nu}{k_\mathrm{B}T}\nabla_s^2\kappa = B\nabla_s^2\kappa. \tag{15-60}$$

上式中表面 Laplace 算子可表示为[18]

$$\nabla_s^2 = \nabla^2 - \frac{\partial^2}{\partial \boldsymbol{n}^2} - \kappa \frac{\partial}{\partial \boldsymbol{n}}. \tag{15-61}$$

而式 (15-60) 中 $B = D_s \gamma \Omega_0^2 \nu / (k_{\rm B} T)$, 从量纲分析可知, $[B]$ =[长度]^4[时间]$^{-1}$, 其中 [*] 表示某个物理量的量纲.

当考虑 Asaro-Tiller 公式, 也即需要考虑应变能时, 以线弹性为例, 表面法线方向的演化速度则可以表示为[19]

$$v_n = \frac{D_s \Omega_0^2 \nu}{k_{\rm B} T} \nabla_s^2 \left(\frac{1}{2} \sigma_{ij} \varepsilon_{ij} - \gamma \kappa \right). \tag{15-62}$$

事实上, Nichols 和 Mullins 用表面法线方向的位移 n (请注意这里的 n 不是单位法线), 可将公式 (15-60) 表示为如下常用形式[11,17]

$$\frac{\partial n}{\partial t} = B \nabla_s^2 \kappa. \tag{15-63}$$

当然, 当考虑弹性应变能时, (15-62) 亦可表示为类似表达形式, 此不赘述.

为了进一步清晰概念, 这里介绍公式 (15-63) 的另一种推导方法[17]. 图 15.6 给出的是任意旋转表面单元示意图, 旋转轴为 z 方向. 考虑半径为 y_1 的边 δl_1 的通量为 J_1, 考虑半径为 y_2 的边 δl_2 的通量为 J_2, 则体积守恒要求:

$$(J_1 \delta l_1 - J_2 \delta l_2) \delta t \cdot \Omega_0 = \delta s \cdot \delta n \cdot \delta l. \tag{15-64}$$

上式中 δl 为单元体旋的平均长度, δn 为时间间隔 δt 内表面单元沿外法线方向的位移量, δs 为沿旋转轴 z 方向弧长的增量. 由于 δl_1 和 δl_2 对应着相同的角度 $\delta \psi$, 则 (15-64) 可表示为

$$(J_1 y_1 - J_2 y_2) \delta \psi \cdot \Omega_0 \cdot \delta t = -\delta (J_s y) \delta \psi \cdot \Omega_0 \cdot \delta t = \delta s \cdot \delta n \cdot \delta l, \tag{15-65}$$

利用下列关系式:

$$\delta \psi = \frac{\delta l_1}{y_1} = \frac{\delta l_2}{y_2} = \frac{\delta l}{\hat{y}},$$

上式中 $\hat{y}$ 为 δl 所对应的半径, 则 (15-65) 可进一步表示为

$$\frac{\delta n}{\delta t} = -\frac{\Omega_0}{\hat{y}} \frac{\delta (J_s y)}{\delta s}.$$

由式 (15-57) 并对上式的微小表面单元取极限, 可得下式:

$$\frac{\partial n}{\partial t} = \frac{B}{y} \frac{\partial}{\partial s} \left(y \frac{\partial \kappa}{\partial s} \right). \tag{15-66}$$

对于等半径的圆柱体或空洞, 则上式可退化为 (15-63) 式.

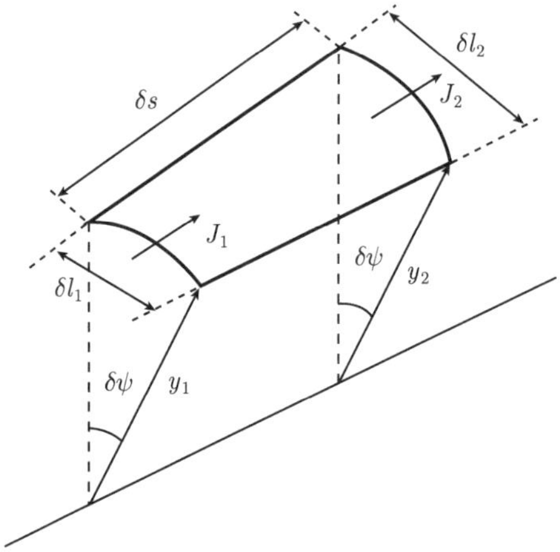

图 15.6　旋转表面单元示意图

在不考虑弹性应变能的贡献, 而只考虑曲率的贡献时, 作为表面演化动力学方程 (15-60) 或 (15-63) 的应用, 这里可立即给出薄膜生长演化中的膜厚 $h(x,y,t)$ 的方程, 当只考虑微小膜厚的扰动的情况下, 曲率为

$$\kappa_1 = -\frac{\partial^2 h}{\partial x^2}, \quad \kappa_2 = -\frac{\partial^2 h}{\partial y^2}, \tag{15-67}$$

膜厚沿法线方向的速度可近似表达为

$$v_n \approx \frac{\partial h}{\partial t}. \tag{15-68}$$

将 (15-67) 和 (15-68) 两式带回到表面演化动力学方程 (15-60) 或 (15-63) 中, 可得到如下薄膜厚度的演化动力学方程:

$$\frac{\partial h}{\partial t} = -B\left(\frac{\partial^4 h}{\partial x^4} + 2\frac{\partial^4 h}{\partial x^2 \partial y^2} + \frac{\partial^4 h}{\partial y^4}\right). \tag{15-69}$$

15.5　Nichols 和 Mullins 对无限长圆柱体表面稳定性的分析

1965 年, Nichols 与 Mullins 采用线性扰动方法, 应用公式 (15-63) 分析了表面张力驱动下无限长圆柱体表面稳定性[11]. 由于该解的重要性, 本节分为如下三个部分予以重点介绍.

15.5.1　表面扩散

对于半径为 R_0 无限长的圆柱体, 分别沿纵向 (longitudinal) 和周向 (circumferential) 给予如下正弦扰动:

$$\begin{cases} r = R_0 + \delta \sin \omega z, & \text{纵向}\,(\delta\omega \ll 1)\,, \\ r = R_0 + \delta \sin n\theta, & \text{周向}\,(n = 0, 1, 2, 3, \cdots)\,. \end{cases} \tag{15-70}$$

上式中 z 和圆柱体的轴线重合. 在小扰动的情况下对 δ 取一阶近似, 平均曲率为

$$\begin{cases} \kappa = \dfrac{1}{r} + \dfrac{\mathrm{d}^2 r}{\mathrm{d}z^2} \approx \dfrac{1}{R_0} - \dfrac{\delta \sin \omega z}{R_0^2} + \delta \omega^2 \sin \omega z, & \text{纵向}, \\ \kappa \approx \dfrac{1}{r} - \dfrac{1}{r^2} \dfrac{\mathrm{d}^2 r}{\mathrm{d}\theta^2} \approx \dfrac{1}{R_0} \left(1 + \dfrac{n^2 - 1}{R_0} \delta \sin n\theta \right), & \text{周向}. \end{cases} \tag{15-71}$$

应用 (15-63) 式并考虑到 $\partial n/\partial t \approx \partial r/\partial t$, 可对纵向和周向分别得到演化方程为

$$\begin{cases} \dfrac{\mathrm{d}r}{\mathrm{d}t} \approx B\delta\omega^2 \left(\dfrac{1}{R_0^2} - \omega^2 \right) \sin \omega z, & \text{纵向}, \\ \dfrac{\mathrm{d}r}{\mathrm{d}t} \approx -\dfrac{Bn^2 \left(n^2 - 1 \right)}{R_0^4} \delta \sin n\theta, & \text{周向}. \end{cases} \tag{15-72}$$

由 (15-70) 式还得如下关系:

$$\begin{cases} \dfrac{\mathrm{d}r}{\mathrm{d}t} \approx \dfrac{\mathrm{d}R_0}{\mathrm{d}t} + \dfrac{\mathrm{d}\delta}{\mathrm{d}t} \sin \omega z, & \text{纵向}, \\ \dfrac{\mathrm{d}r}{\mathrm{d}t} \approx \dfrac{\mathrm{d}R_0}{\mathrm{d}t} + \dfrac{\mathrm{d}\delta}{\mathrm{d}t} \sin n\theta, & \text{周向}. \end{cases} \tag{15-73}$$

令 (15-72) 和 (15-73) 两式中纵向和周向对应项的系数相等, 分别得到

$$\begin{cases} \dfrac{\mathrm{d}R_0}{\mathrm{d}t} = 0; \quad \dfrac{1}{\delta} \dfrac{\mathrm{d}\delta}{\mathrm{d}t} = B\omega^2 \left(\dfrac{1}{R_0^2} - \omega^2 \right), & \text{纵向}, \\ \dfrac{\mathrm{d}R_0}{\mathrm{d}t} = 0; \quad \dfrac{1}{\delta} \dfrac{\mathrm{d}\delta}{\mathrm{d}t} = -\dfrac{Bn^2 \left(n^2 - 1 \right)}{R_0^4}, & \text{周向}. \end{cases} \tag{15-74}$$

首先分析上式中的纵向扰动解: 第一式中的 $\mathrm{d}R_0/\mathrm{d}t = 0$ 表示圆柱的初始半径关于时间的不变性; 第二式表示对于各种频率的分数增长速率的色散关系, 零增长率所对应的波长为

$$\lambda_0 = \frac{2\pi}{\omega_0} = 2\pi R_0. \tag{15-75}$$

而对 (15-74) 式中有关纵向的第二个表达式对 ω 求偏导并令其等于零, 则可获得对应于最大增长率的频率为

$$\lambda_M = \frac{2\pi}{\lambda_M} = 2\pi\sqrt{2} R_0. \tag{15-76}$$

比较上面两式易知: $\lambda_M = \sqrt{2}\lambda_0$. 这些结果表明, 当波长大于 $\lambda_0 = 2\pi R_0$ 时, 圆柱体将失去稳定, 事实上, 该解的结论和 Lord Rayleigh 于 1878 年获得的有关毛细射流在轴对称扰动下破断成液滴的解是一致的[20], Lord Rayleigh 的结论是: 当纵向扰动的波长大于射流的周长 $\lambda_0 = 2\pi R_0$ 时, 射流将出现不稳定性. 对于本问题当扰动波长达到 $\lambda_M = 2\pi\sqrt{2} R_0$ 时, 圆柱体可认为将碎裂成颗粒[11].

再对 (15-74) 中有关周向解的分析表明, 圆柱对该类型的周向扰动完全稳定.

15.5.2　体内部扩散 (volume diffusion-internal)

此时需应用本章 (15-47) 中 Gibbs-Thomson 公式的第四个有关空位浓度变化的关系式. 在准静态假设下, Mullins 和 Sekerka 于 1963 年在处理由于扩散所诱导的表面形貌稳定性分析中[21], 做出了三个假定: ① 忽略界面性质的各向异性, 也就是假设表面和界面各向同性; ② 界面单元局部平衡; ③ 扩散场如空位浓度满足下列 Laplace 方程:

$$\nabla^2 c = 0. \tag{15-77}$$

在柱坐标对称情况下, 上式的解为[11]

$$\Delta c = \left[A' I_0(\omega r) + B' K_0(\omega r)\right](C\sin\omega z + D\cos\omega z) + E, \tag{15-78}$$

式中 $I_0(\omega r)$ 和 $K_0(\omega r)$ 分别为零阶第一类和第二类修正 Bessel 函数. 为满足 $r=0$ 处的边界条件需要 $B' = D = 0$. 这样, (15-78) 式可简化为

$$\Delta c = A'' I_0(\omega r)\sin\omega z + E. \tag{15-79}$$

对于纵向扰动 (15-70) 中的第一式, 将 (15-71) 中的第一式亦即纵向扰动时的平均曲率代入到用空位浓度表示的 Gibbs-Thomson 方程中, 可得空位浓度的变化:

$$\Delta c = -\frac{\gamma\Omega_0 c_0}{k_{\mathrm{B}}T}\left[\frac{1}{R_0} + \delta\left(\omega^2 - \frac{1}{R_0^2}\right)\sin\omega z\right]. \tag{15-80}$$

比较 (15-79) 和 (15-80) 两式, 可得待定系数:

$$\begin{cases} E = -\dfrac{\gamma\Omega_0 c_0}{k_{\mathrm{B}}TR_0}, \\ A'' = -\dfrac{\gamma\Omega_0 c_0}{k_{\mathrm{B}}T}\dfrac{\delta}{I_0(\omega R_0)}\left(\omega^2 - \dfrac{1}{R_0^2}\right). \end{cases}$$

将上面已经确定的待定常数代回到 (15-79) 中, 得到空位浓度表达式为

$$\Delta c = -\frac{\gamma\Omega_0 c_0}{k_{\mathrm{B}}T}\left[\frac{1}{R_0} + \delta\left(\omega^2 - \frac{1}{R_0^2}\right)\frac{I_0(\omega r)}{I_0(\omega R_0)}\sin\omega z\right]. \tag{15-81}$$

在圆柱体表面, 空位浓度满足如下 Fick 第一扩散定律:

$$J = -D'\frac{\partial\Delta c}{\partial r}\Big|_{r=R_0+\delta\sin\omega z}, \tag{15-82}$$

上式中 D' 为空位扩散系数. 由式 (15-81) 得到

$$\frac{\partial\Delta c}{\partial r} = -\frac{\gamma\Omega_0 c_0\omega}{k_{\mathrm{B}}T}\delta\left(\omega^2 - \frac{1}{R_0^2}\right)\frac{I_1(\omega r)}{I_0(\omega R_0)}\sin\omega z, \tag{15-83}$$

这里应用了 $\mathrm{d}I_0(x)/\mathrm{d}x = I_1(x)$. 将 (15-83) 式带入到 (15-82) 式中, 可得圆柱体边界处的空位通量 (保留到 δ 的一阶精度):

$$J = D'\frac{\gamma\Omega_0 c_0\omega}{k_{\mathrm{B}}T}\delta\left(\omega^2 - \frac{1}{R_0^2}\right)\frac{I_1(\omega R_0)}{I_0(\omega R_0)}\sin\omega z, \tag{15-84}$$

由于空位在边界处的通量垂直于边界, 故其法向速度为 $-\Omega_0 J$, 从而有

$$\frac{\partial n}{\partial t} \approx \frac{\mathrm{d}r}{\mathrm{d}t} = D'\frac{\gamma\Omega_0^2 c_0\omega}{k_{\mathrm{B}}T}\delta\left(\frac{1}{R_0^2} - \omega^2\right)\frac{I_1(\omega R_0)}{I_0(\omega R_0)}\sin\omega z. \tag{15-85}$$

将 (15-73) 中第一式和上式中所对应的系数相等, 得到

$$\frac{\mathrm{d}R_0}{\mathrm{d}t} = 0; \quad \frac{1}{\delta}\frac{\mathrm{d}\delta}{\mathrm{d}t} = D'\frac{\gamma\Omega_0^2 c_0}{k_{\mathrm{B}}T}\omega\left(\frac{1}{R_0^2} - \omega^2\right)\frac{I_1(\omega R_0)}{I_0(\omega R_0)}. \tag{15-86}$$

很显然, (15-75) 式, 亦即 $\lambda_0 = 2\pi/\omega_0 = 2\pi R_0$, 依然对于 $\frac{1}{\delta}\frac{\mathrm{d}\delta}{\mathrm{d}t} = 0$ 成立, 该结论和表面扩散的解完全相同. 但 (15-86) 所对应的最大波长

$$\lambda_M = \frac{2\pi}{\lambda_M} = 9.02R_0. \tag{15-87}$$

上式和表面扩散所对应的解 (15-76) 式有所不同.

对于体内扩散的周向扰动模式, 可得到浓度变化为

$$\Delta c = -\frac{\gamma\Omega_0 c_0}{k_{\mathrm{B}}TR_0}\left[1 + \frac{(n^2-1)r^n}{R_0^{n+1}}\delta\sin n\theta\right], \tag{15-88}$$

类似纵向扰动情形, 在边界处应用 Fick 第一扩散定律, 可得如下解:

$$\frac{\mathrm{d}R_0}{\mathrm{d}t} = 0; \quad \frac{1}{\delta}\frac{\mathrm{d}\delta}{\mathrm{d}t} = -D'\frac{\gamma\Omega_0^2 c_0}{k_{\mathrm{B}}T}\frac{n(n^2-1)}{R_0^3}, \quad n \geqslant 0. \tag{15-89}$$

和表面扩散情形类似, 圆柱体对于此周向扰动完全稳定.

15.5.3 体外部扩散 (volume diffusion-external)

对于纵向扰动而言, 和体内扩散类似, 边界条件需要 $A' = D = 0$, 此时空位浓度的 Laplace 方程的对于 δ 满足一阶精度的解为

$$\Delta c = \frac{\gamma\Omega_0 c_0}{k_{\mathrm{B}}T}\left[\frac{1}{R_0} + \delta\left(\omega^2 - \frac{1}{R_0^2}\right)\frac{K_0(\omega r)}{K_0(\omega R_0)}\sin\omega z\right]. \tag{15-90}$$

应用空位浓度在圆柱体边界处所满足 Fick 第一扩散定律 (15-82), 得到

$$\frac{\partial n}{\partial t} = \Omega_0 J \approx \frac{\mathrm{d}r}{\mathrm{d}t} = D'\frac{\gamma\Omega_0^2 c_0\omega}{k_{\mathrm{B}}T}\delta\left(\frac{1}{R_0^2} - \omega^2\right)\frac{K_1'(\omega R_0)}{K_0(\omega R_0)}\sin\omega z. \tag{15-91}$$

最后, 可得到针对纵向扰动的演化方程:

$$\frac{\mathrm{d}R_0}{\mathrm{d}t}=0;\quad \frac{1}{\delta}\frac{\mathrm{d}\delta}{\mathrm{d}t}=D'\frac{\gamma\Omega_0^2c_0}{k_\mathrm{B}T}\omega\left(\frac{1}{R_0^2}-\omega^2\right)\frac{K_1(\omega R_0)}{K_0(\omega R_0)}. \tag{15-92}$$

上述解再一次给出了圆柱状空洞失去稳定性的波长为: $\lambda_0>2\pi/\omega_0=2\pi R_0$; 而对于最大波长的解为

$$\lambda_M=\frac{2\pi}{\lambda_M}=12.96R_0. \tag{15-93}$$

对于体外扩散的周向扰动情形, 满足 Laplace 方程的空位浓度变化的解为

$$\Delta c=\frac{\gamma\Omega_0c_0}{k_\mathrm{B}TR_0}\left[1+\frac{(n^2-1)R_0^{n-1}}{r^n}\delta\sin n\theta\right], \tag{15-94}$$

可得如下演化方程:

$$\frac{\mathrm{d}R_0}{\mathrm{d}t}=0;\quad \frac{1}{\delta}\frac{\mathrm{d}\delta}{\mathrm{d}t}=-D'\frac{\gamma\Omega_0^2c_0}{k_\mathrm{B}T}\frac{n(n^2-1)}{R_0^3}. \tag{15-95}$$

比较 (15-89) 和 (15-95) 两式可知, 周向扰动对于体内和体外扩散的演化方程相同.

15.6 Nichols 和 Mullins 对球体表面稳定性的分析

在文献 [11] 中, Nichols 和 Mullins 也对球体的表面稳定性应用球形协调扰动进行了分析, 下面将从三个方面进行介绍.

15.6.1 表面扩散

对球体的半径进行如下球形协调扰动 (spherical harmonic perturbation):

$$r=R_0+\delta Y_{lm}(\theta,\varphi). \tag{15-96}$$

式中 $Y_{lm}(\theta,\varphi)$ 为球形协调函数, δ 为扰动幅值. 从而平均曲率可写为

$$\kappa(\theta,\varphi)=\frac{2}{r}-\frac{\delta}{r^2}\left[\frac{1}{\sin\theta}\frac{\partial}{\partial\theta}\left(\sin\theta\frac{\partial}{\partial\theta}\right)Y_{lm}+\frac{1}{\sin^2\theta}\frac{\partial^2Y_{lm}}{\partial\varphi^2}\right]. \tag{15-97}$$

Mullins 和 Sekerka 注意到下列等式成立:

$$\frac{1}{\sin\theta}\frac{\partial}{\partial\theta}\left(\sin\theta\frac{\partial}{\partial\theta}\right)Y_{lm}+\frac{1}{\sin^2\theta}\frac{\partial^2Y_{lm}}{\partial\varphi^2}=-l(l+1)Y_{lm}, \tag{15-98}$$

则 (15-97) 式可写为如下满足 δ 一阶精度的曲率关系式:

$$\kappa(\theta,\varphi)=\frac{2}{R_0}+\frac{(l-1)(l+2)}{R_0^2}\delta Y_{lm}. \tag{15-99}$$

参考上节有关圆柱体的表面稳定性分析, 在同样假设空位浓度满足 Laplace 方程的情况下, 扰动表面的法向速度方程可写为满足 δ 一阶精度的如下关系式:

$$\frac{\partial n}{\partial t} \approx \frac{\mathrm{d}r}{\mathrm{d}t} = -B\frac{l(l+1)(l-1)(l+2)}{R_0^4}\delta Y_{lm}. \tag{15-100}$$

最终表面演化方程可写为

$$\frac{\mathrm{d}R_0}{\mathrm{d}t} = 0; \quad \frac{1}{\delta}\frac{\mathrm{d}\delta}{\mathrm{d}t} = -B\frac{l(l+1)(l-1)(l+2)}{R_0^4}. \tag{15-101}$$

15.6.2 体内部扩散 (volume diffusion-internal)

和 15.6.1 节对应的圆柱体的体内部扩散采用同样的假设, 得到空位浓度为

$$\Delta c|_{\text{surface}} = -\frac{\gamma\Omega_0 c_0}{k_{\mathrm{B}}T}\left[\frac{2}{R_0} + \frac{(l-1)(l+2)}{R_0^2}\delta Y_{lm}\right]. \tag{15-102}$$

从而可以获得满足边界条件的空位浓度为

$$\Delta c = -\frac{\gamma\Omega_0 c_0}{k_{\mathrm{B}}TR_0}\left[2 + \frac{(l-1)(l+2)}{R_0^{l+1}}r^l\delta Y_{lm}\right]. \tag{15-103}$$

类似于圆柱体的情形, 可获得满足 δ 一阶精度的表面演化动力学方程:

$$\frac{\mathrm{d}R_0}{\mathrm{d}t} = 0; \quad \frac{1}{\delta}\frac{\mathrm{d}\delta}{\mathrm{d}t} = -D'\frac{\gamma\Omega_0^2 c_0}{k_{\mathrm{B}}T}\frac{l(l-1)(l+2)}{R_0^3}. \tag{15-104}$$

15.6.3 体外部扩散 (volume diffusion-external)

类似圆柱体对应的情况, Nichols 和 Mullins 针对该情形所获得的满足 δ 一阶精度的表面演化动力学方程如下:

$$\frac{\mathrm{d}R_0}{\mathrm{d}t} = 0; \quad \frac{1}{\delta}\frac{\mathrm{d}\delta}{\mathrm{d}t} = -D'\frac{\gamma\Omega_0^2 c_0}{k_{\mathrm{B}}T}\frac{(l-1)(l+1)(l+2)}{R_0^3}. \tag{15-105}$$

15.7 表面扩散引起的薄膜生长中的 Asaro-Tiller-Grinfeld 失稳

对于非平衡耗散系统而言, 有三种经典的模式 (或称: 斑图) 形成失稳 (pattern formation instabilities) 例子: ① 数学家 A. Turing 在 1952 年所发表的文章中所提出的如图 15.7 所示的 "Turing 模式"[22]; ② 本书 10.5 节讨论过的 "Rayleigh-Bénard 对流"(如图 15.8 所示); ③ 图 15.9 所示的晶体生长中界面动力学中的 Mullins- Sekerka 失稳模式[21]: 对于树状结构以及雪花状结构的形成具有重要意义.

在本书 15.1.3 节中, 已经介绍了 Asaro 和 Tiller 于 1972 年所给出的在化学势中考虑弹性应变能贡献的 Asaro-Tiller 公式[5]. Asaro 和 Tiller 首先研究了薄膜由于和基底之间的晶格失配 (misfit, mismatch) 所造成的残余应力作用下所引起薄膜生长中的粗糙 (roughness)、表面重构等稳定性问题[23], 建立了应力作用下半无限大弹性体表面稳定性二维理论模型, 给出了薄膜表面稳定的临界波长, 是一个重要的开创性工作.

苏联科学院莫斯科地球物理研究所的 Grinfeld 于 1986 年研究了表面张力对于非静水压力作用下 (nonhydrostatically stressed) 弹性体的和溶解相 (melt) 界面稳定性的作用, 利用界面边界线性谱问题 (linear spectral problem) 特征值的非负

图 15.7　图灵 (Alan M. Turing, 1912–1954) 化学失稳模式

图 15.8　Rayleigh-Bénard 对流

图 15.9 Mullins-Sekerka 失稳

性, 得到了界面边界稳定的临界波长, 还讨论了重力作用的影响. 目前, 薄膜生长的稳定性理论被广泛地称为 “Asaro-Tiller-Grinfeld (ATG) 失稳理论”.

考虑如图 15.10 所示的生长中原始厚度为 h_0 的平直薄膜, 由于薄膜材料和基底之间的晶格失配, 薄膜中存在应力, 在该应力的作用下, 薄膜的表面粗糙化. 为理论分析简便, 设薄膜在厚度方向做如下余弦展开:

$$h(x) = h_0 + q\cos\frac{2\pi x}{\lambda}. \tag{15-106}$$

式中 q 和 λ 分别为幅值和周期的波长, x 轴的方向沿薄膜方向. 从上式容易看出, 由于质量守恒的要求, (15-106) 式满足下列条件

$$\frac{1}{\lambda}\int_0^{\lambda} h(x)\,\mathrm{d}x = h_0. \tag{15-107}$$

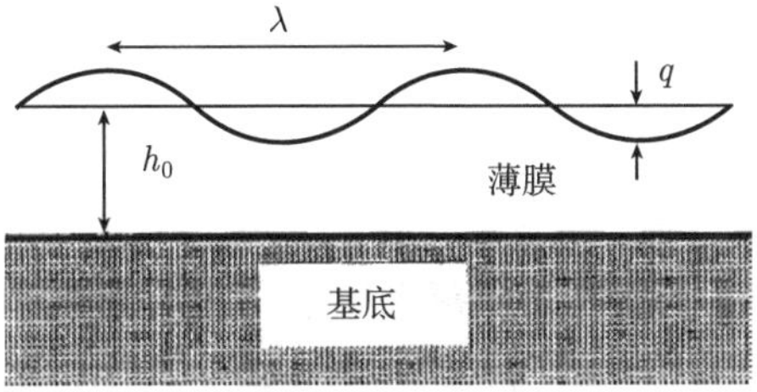

图 15.10 薄膜粗糙表面的余弦展开

对应 (15-106) 式的余弦展开, 在满足 $q \ll \lambda$ 的情况下, 沿 x 方向在每个周期内表面长度的增加量为

$$\begin{aligned}\Delta\lambda &= \int_0^\lambda \sqrt{1+\left(\frac{2q\pi}{\lambda}\right)^2 \sin^2\frac{2\pi x}{\lambda}}\mathrm{d}x-\lambda \\ &= 2\left(\frac{q\pi}{\lambda}\right)^2\int_0^\lambda \sin^2\frac{2\pi x}{\lambda}\mathrm{d}x = \pi^2\frac{q^2}{\lambda}.\end{aligned} \tag{15-108}$$

这样, 在满足一阶近似的条件下, 一个余弦展开周期内表面能的增加为

$$\Delta W_s = \pi^2\frac{\gamma q^2}{\lambda}, \tag{15-109}$$

式中 γ 为薄膜的表面能.

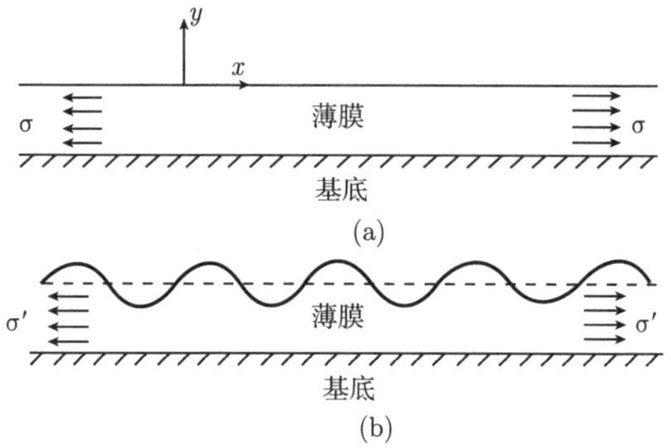

图 15.11　薄膜粗糙表面的余弦展开与应力的相互作用示意图

如图 15.11 所示, 平直薄膜在横向应力 σ 作用下发生表面粗糙化, 则针对余弦展开表面的应力满足一阶近似条件下其表达式为

$$\sigma' = \sigma\left(1-q\frac{4\pi}{\lambda}\exp\frac{2\pi y}{x}\cos\frac{2\pi x}{\lambda}\right), \tag{15-110}$$

式中 y 为纵坐标. 沿薄膜表面应力的切线分量为[24]

$$\sigma_{\tan} = \sigma_{\mathrm{tt}} = \sigma\left(1-\frac{4\pi q}{\lambda}\cos\frac{2\pi x}{\lambda}\right), \tag{15-111}$$

所以一个周期内的弹性应变能密度为

$$w(x) = \frac{\sigma_{\tan}^2}{2E} = \frac{\sigma^2}{2E}\left(1-\frac{8\pi q}{\lambda}\cos\frac{2\pi x}{\lambda}\right)+O\left(q^2\right), \tag{15-112}$$

上式中 E 为薄膜的弹性模量. 因此, 每个周期内弹性应变能的变化为

$$\Delta W_e = \int_0^q \mathrm{d}q\int_0^\lambda w(x)\cos\frac{2\pi x}{\lambda}\mathrm{d}x = -\pi\frac{\sigma^2}{E}q^2. \tag{15-113}$$

从上式看出, 单个周期内弹性应变能的变化和波长无关. 粗糙的临界波长可通过如下条件确定:

$$\frac{\partial}{\partial q}\left(\Delta W+\Delta W_e\right)=0. \tag{15-114}$$

得到临界扰动波长为

$$\lambda_{\mathrm{cr}}=\frac{\pi E\gamma}{\sigma^2}. \tag{15-115}$$

当实际扰动波长小于上述临界波长时, 薄膜才能稳定. 值得指出的是, 对于平面应变情况, 上式将变为

$$\lambda_{\mathrm{cr}}=\frac{\pi E\gamma}{\sigma^2\left(1-\nu^2\right)}, \tag{15-115$'$}$$

上式中 ν 为 Poisson 比.

下面给出该表面扩散问题的另外一种解的方法. 为分析简单起见, 考虑平面应变和各向同性的薄膜情形, 假设薄膜的弹性模量等不存在尺度效应. 此时, 薄膜表面的化学势可写为

$$\mu(x)=\mu_0+\gamma\kappa(x)+\frac{1-\nu^2}{2E}\left(\sigma_{\mathrm{tt}}-\sigma_{\mathrm{nn}}\right)^2, \tag{15-116}$$

上式中 μ_0 为初始化学势, $\kappa(x)$ 为曲率, σ_{tt} 和 σ_{nn} 分别为薄膜表面的切线和法向应力. 在表面扩散驱动下, 由 Nernst-Einstein 关系式, 表面法线方向的演化速度方程为

$$v_n=-\frac{\partial \bar{J}_s}{\partial s}=\frac{\partial}{\partial s}\left(M_s\frac{\partial\mu}{\partial s}\right)=\frac{\partial}{\partial s}\left\{M_s\frac{\partial}{\partial s}\left[\gamma\kappa(x)+\frac{1-\nu^2}{2E}\left(\sigma_{\mathrm{tt}}-\sigma_{\mathrm{nn}}\right)^2\right]\right\}. \tag{15-117}$$

上式中 M_s 为原子沿表面的迁移率 (atomic mobility along interface), $\partial/\partial s$ 为表面梯度. 当原子迁移率 M_s 为常数时, 薄膜厚度 $h(x,t)$ 满足方程:

$$\frac{\partial h}{\partial t}=\frac{M_s}{\sqrt{1+\left(\dfrac{\partial h}{\partial x}\right)^2}}\frac{\partial^2\mu}{\partial s^2}. \tag{15-118}$$

在做 ATG 稳定性时, 采用标准的步骤, 对薄膜厚度做正弦展开, 可以获得频率 ω 和波数 q 之间的色散关系[25]

$$\omega=M_s q^3\left(2\frac{1-\nu^2}{E}\sigma^2-\gamma q\right). \tag{15-119}$$

从而可获得薄膜稳定的临界波数

$$q_c=2\frac{1-\nu^2}{E\gamma}\sigma^2. \tag{15-120}$$

而临界波长为：$\lambda_c = 2\pi/q_c = \pi E\gamma/\left[\sigma^2\left(1-\nu^2\right)\right]$，该结果和 (15-115)$'$ 完全相同. 有关芯–壳软结构的表面失稳和褶皱的模式分析可进一步参阅文献 [26, 27].

参 考 文 献

[1] Herring C. Surface tension as a motivation for sintering//Kingston W E. The Physics of powder metallurgy. New York: McGraw Hill, 1951: 143–179.

[2] Herring C. The use of classical macroscopic concepts in surface-energy problems//Gomer R, Smith C S.Structure and properties of solid surfaces, The University of Chicago Press, 1953: 5–81.

[3] Mullins WW. Solid surface morphologies governed by capillarity//Gjostein NA, Robertson WD. Metal Surfaces: Structure, energetics and kinetics. American Society for Metals, Metals Park, Ohio., 1963: 17–66.

[4] Markov I V. Crystal growth for beginners (2nd Ed.). Singapore: World Scientific, 2003.

[5] Asaro R J, Tiller W A. Interface morphology development during stress corrosion cracking: Part I. Via surface diffusion. Metallurgical Transactions, 1972, 3: 1789–1796.

[6] Grinfeld M A. Instability of the separation boundary between a nonhydrostatically stressed elastic body and a melt. Soviet Physics-Doklady, 1986, 31: 831–834.

[7] Wu C H. The chemical potential for stress-driven surface diffusion. Journal of the Mechanics and Physics of Solids, 1996, 44: 2059–2077.

[8] 杨卫. 力电失效学. 北京：清华大学出版社, 2001.

[9] Aubouy M, Trizac E, Bocquet L. Effective charge versus bare charge: An analytical estimate for colloids in the infinite dilution limit. Journal of Physics A: Mathematical and General, 2003, 36: 5835–5840.

[10] Ho P S, Kwok T. Electromigration in metals. Reports on Progress in Physics, 1989, 52: 301–348.

[11] Nichols F A, Mullins W W. Surface (interface) and volume-diffusion contribution to morphological changes driven by capillarity. Transactions of the Metallurgical Society of the American Institute of Mechanical Engineers (AIME), 1965, 233: 1840–1847.

[12] Pimpinelli A, Villain J. Physics of crystal growth. Cambridge: Cambridge University Press, 1998.

[13] Shuttleworth R. The surface tension of solids. Proceedings of the Physical Society A, 1950, 63: 444–457.

[14] Marichev V A. The Shuttleworth equation: Its modifications and current state. Protection of Metals and Physical Chemistry of Surfaces, 2011, 47: 25–30.

[15] Rusanov A I. Thermodynamics of solid surfaces. Surface Science Reports, 1996, 23: 173–247.

[16] Mullins W W. Theory of thermal grooving. Journal of Applied Physics, 1957, 28: 333–339.

[17] Nichols F A, Mullins W W. Morphological changes of a surface of revolution due to capillarity induced surface diffusion. Journal of Applied Physics, 1965, 36: 1826–1835.

[18] Xu J J, Zhao H K. An Eulerian formulation for solving partial differential equations along a moving interface. Journal of Scientific Computing, 2003, 19: 573–594.

[19] Zhao Y P. Morphological stability of epitaxial thin elastic films by van der Waals force. Archive of Applied Mechanics, 2002, 72: 77–84.

[20] Lord Rayleigh. On the stability of jets. Proceedings of the London Mathematical Society, 1878, 10: 4–13.

[21] Mullins W W, Sekerka R F. Morphological stability of a particle growing by diffusion or heat flow. Journal of Applied Physics, 1963, 34: 323–329.

[22] Turing A M. The chemical basis of morphogenesis. Philosophical Transactions of the Royal Society of London B, 1952, 237: 37–72.

[23] Asaro R J, Lubarda V A. Mechanics of solids and materials. Cambridge: Cambridge University Press, 2006.

[24] Gao H J. A boundary perturbation analysis for elastic inclusions and interfaces. International Journal of Solids and Structures, 1991, 28: 703–725.

[25] Yeon D H, Cha P R, Grant M. Phase field model of stress-induced surface instabilities: Surface diffusion. Acta Materialia, 2006, 54: 1623–1630.

[26] Yin J, Cao Z X, Li C R, Sheinman I, Chen X. Stress-driven buckling patterns in spheroidal core/shell structures. Proceedings of the National Academy of Sciences of the United States of America, 2008, 105: 19132-19135.

[27] Li B, Jia F, Cao Y P, Feng X Q, Gao H J. Surface wrinkling patterns on a core-shell soft sphere. Physical Review Letters, 2011, 106: 234301.

第16章　表面与界面演化中的相场动力学方法

The Cahn-Hilliard equation has become a pillar of materials science and engineering.

http://www.nist.gov/public_affairs/releases/cahn.cfm

16.1　Cahn-Hilliard 方程与失稳分解

本书第 1 章已经简单地介绍了 Cahn-Hilliard 的有限扩散厚度的界面模型. 本节将详细介绍 Cahn-Hilliard 方程[1] 和失稳分解 (spinodal decomposition)[2,3]. 需要指出的是, "spinodal decomposition" 到目前为止并没有统一的汉语对应的专用名词, 也在中文文献中被称为 "旋节 (线) 分解"、"亚稳分解"、"调幅分解"、"spinodal 分解"[4] 等. 本书采用专著 [2,3] 中的 "失稳分解" 的非直译名词.

Cahn-Hilliard 方程是一类重要的四阶抛物型非线性扩散方程, 它来源于自然界中广泛存在的扩散现象, 最早针对热力学中两相物质之间相互扩散和界面演化现象而提出, 后来已经被广泛地应用到天体演化、生物种群的竞争与排斥现象、社会科学和金融中的很多和扩散相关的演化现象、河床迁移的过程、移动接触线等. 客观地说, Cahn-Hilliard 方程不但成为材料科学与工程的重要支柱之一, 而且在诸多领域发挥着越来越重要的作用. 本章将主要集中研究 Cahn-Hilliard 方程在表面与界面演化中的应用.

16.1.1　Cahn-Hilliard 方程

考虑一个非均匀溶液, 溶液中的各处的成分仅和平均成分差别很小, 类似本书第 1 章中的 (1-3) 式, 其自由能可表示为[1,5]

$$F = \int \left[f(c) + \varepsilon (\nabla c)^2 \right] \mathrm{d}V. \tag{16-1}$$

式中, $f(c)$ 为成分 c 均匀材料的自由能密度, 而 $\varepsilon(\nabla c)^2$ 则为浓度梯度所引起的自由能密度的附加项, 可称为 "浓度梯度能", 这里 ε 为梯度能量系数, 其量纲为 [长度]^2. 假设摩尔体积不依赖于成分. $f(c)$ 可在平均浓度 c_0 附近展开

$$f(c) = f(c_0) + (c - c_0) \frac{\partial f}{\partial c} + \frac{1}{2}(c - c_0)^2 \frac{\partial^2 f}{\partial c^2} + \cdots . \tag{16-2}$$

由于系统的质量守恒要求：

$$\int (c - c_0)\,\mathrm{d}V = 0, \tag{16-3}$$

则均匀溶液和非均匀溶液之间的自由能之差为

$$\Delta F = \int \left[\frac{1}{2}\frac{\partial^2 f}{\partial c^2}(c - c_0)^2 + \varepsilon(\nabla c)^2\right]\mathrm{d}V. \tag{16-4}$$

在上式中假设 $\varepsilon > 0$, 这样可知如果 $\partial^2 f/\partial c^2 > 0$, 溶液针对于小的浓度扰动是稳定的; 反之若 $\partial^2 f/\partial c^2 < 0$, 则溶液针对小的浓度扰动是不稳定的, 该情况将在下节中着重讨论.

由 (16-1) 式, 体系自由能对浓度 c 取变分可得

$$\delta F = \int_V \left\{\left[\frac{\partial f(c)}{\partial c} + \frac{\partial \varepsilon}{\partial c}(\nabla c)^2\right]\delta c + 2\varepsilon\nabla c\delta(\nabla c)\right\}\mathrm{d}V. \tag{16-5}$$

对 (16-5) 式右端第三项进行分部积分, 可得

$$\begin{aligned}\delta F &= \int_V \left[\frac{\partial f(c)}{\partial c} + \frac{\partial \varepsilon}{\partial c}(\nabla c)^2\right]\delta c\mathrm{d}V + 2\int_V \varepsilon\nabla c\mathrm{d}(\delta c)\\ &= \int_V \left[\frac{\partial f(c)}{\partial c} + \frac{\partial \varepsilon}{\partial c}(\nabla c)^2\right]\delta c\mathrm{d}V + 2\left[\varepsilon\nabla c\delta c|_V - \int_V \delta c\mathrm{d}(\varepsilon\nabla c)\right].\end{aligned} \tag{16-6}$$

而在 (16-6) 式的第二行的式子中, 由于特定的研究体系为一封闭系统, 自由能只是浓度以及浓度梯度的函数, 而整个体系中的成分保持守恒, 故上式第二行其中第三项在整个体积 V 中积分为零. 进一步展开、化简 (16-6) 中第二行的式子得到

$$\begin{aligned}\delta F &= \int_V \left[\frac{\partial f(c)}{\partial c} + \frac{\partial \varepsilon}{\partial c}(\nabla c)^2\right]\delta c\mathrm{d}V - 2\int_V \left[\frac{\partial \varepsilon}{\partial c}(\nabla c)^2 + \varepsilon\nabla^2 c\right]\delta c\mathrm{d}V\\ &= \int_V \left[\frac{\partial f(c)}{\partial c} - \frac{\partial \varepsilon}{\partial c}(\nabla c)^2 - 2\varepsilon\nabla^2 c\right]\delta c\mathrm{d}V.\end{aligned} \tag{16-7}$$

则根据化学势定义, 可以得到如图 16.1 所示的二元体系内 A 相与 B 相的化学势之差为

$$\mu_A - \mu_B = \frac{\partial f(c)}{\partial c} - \frac{\partial \varepsilon}{\partial c}(\nabla c)^2 - 2\varepsilon\nabla^2 c. \tag{16-8}$$

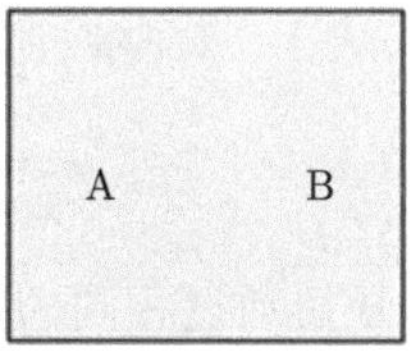

图 16.1 二元系统示意图

而在上式中, 默认将浓度 c 取为 A 相的浓度, 如果明确写出并略去高阶小量后, 可以得到如下的简化形式, 而该形式则由文献 [5] 给出

$$\mu_A - \mu_B = \frac{\partial f(c_A)}{\partial c} - 2\varepsilon\nabla^2 c_A. \tag{16-9}$$

对于如图 16.1 所示的二元系统, 根据统计力学, 化学势梯度是扩散的驱动力, 而不是浓度. 由 Darken 输运方程, 扩散通量正比于化学势的梯度, 但方向相反, 亦即扩散的方向由化学势高的位置向化学势低的位置进行, 得到

$$\boldsymbol{J}_A = -M\nabla\left(\mu_A - \mu_B\right), \tag{16-10}$$

上式中 $\boldsymbol{J}_A$ 为 A 成分的扩散通量, M 为输运系数, 亦称为 Onsager 系数.

质量守恒要求浓度随时间的变化率等于该处的扩散通量散度的负值:

$$\frac{\partial c}{\partial t} + \nabla\cdot\boldsymbol{J} = 0, \tag{16-11}$$

则从 (16-5)~(16-11) 得到 Cahn-Hilliard 方程, 亦称广义扩散方程:

$$\frac{\partial c}{\partial t} = M\frac{\partial^2 f}{\partial c^2}\nabla^2 c - 2M\varepsilon\nabla^4 c. \tag{16-12}$$

式中, $M\partial^2 f/\partial c^2$ 和扩散系数量纲一致, 为: [长度]^2[时间]$^{-1}$; $M\varepsilon$ 的量纲为: [长度]^4[时间]$^{-1}$. 而经典的 Fick 第二扩散方程 (1855 年) 为

$$\frac{\partial c}{\partial t} = D\nabla^2 c. \tag{16-13}$$

其中 D 为扩散系数, 上述方程为二阶抛物型方程, 描述的是负浓度梯度上的 "正扩散", 亦即从浓度高的位置往浓度低的位置扩散. 而 Cahn-Hilliard 方程中的右端第一项的系数可被称为 "有效扩散系数" $D_{\text{eff}} = M\partial^2 f/\partial c^2$, 当 $\partial^2 f/\partial c^2 > 0$ 时, $D_{\text{eff}} > 0$, 为 "正扩散", 或 "下坡扩散 (down-hill diffusion)"; 而当 $\partial^2 f/\partial c^2 < 0$ 时, $D_{\text{eff}} < 0$, 为 "负扩散", 亦即从浓度低的位置往浓度高的位置扩散, 也被称为 "上坡扩散 (up-hill diffusion)". 将在下节中进行更为详细的讨论.

应该特别指出的是, Cahn-Hilliard 方程 (16-12) 中含有特征尺度和特征时间, 这对所描述问题的深入认识有重要意义. 由该方程右端两项的量纲平衡可得

$$M\frac{\partial^2 f}{\partial c^2}\frac{c}{L^2} \sim M\varepsilon\frac{c}{L^4}. \tag{16-14}$$

上式中的 "~" 表示两端的量纲平衡, 则得到特征尺度的量级为

$$L \sim \sqrt{\frac{\varepsilon}{\left|\dfrac{\partial^2 f}{\partial c^2}\right|}}. \tag{16-15}$$

另外, 还可通过相同的方法得到 Cahn-Hilliard 方程中所含有的时间特征尺度, 由 (16-12) 左端和右端第一项 (或第二项) 的量纲相同, 并注意到 (16-15) 式, 可得特征时间的量级为

$$T \sim \frac{\varepsilon}{M\left(\dfrac{\partial^2 f}{\partial c^2}\right)^2}. \tag{16-16}$$

16.1.2 机械混合与理想溶液混合的自由能表达式

考虑如图 16.2 所示的机械混合 (mechanical mixing), 所谓机械混合, 就是假设粒子尺度足够大, 不需要考虑颗粒分子间的相互作用. 设 A 相和 B 相各自的摩尔自由能分别为 μ_A^0 和 μ_B^0, 设 B 相的摩尔分数为 x, 则 A 相和 B 相机械混合后的平均 Gibbs 自由能为

$$G\big|_{\text{机械混合}} = (1-x)\,\mu_A^0 + x\mu_B^0. \tag{16-17}$$

可见, 机械混合后的平均 Gibbs 自由能是混合分数的线性函数.

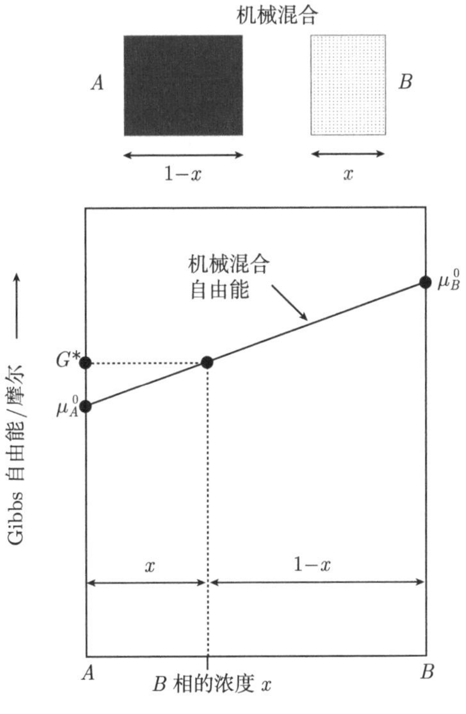

图 16.2 机械混合后自由能变化示意图

相对于机械混合, 溶液 (solution) 一般是指原子或分子间的混合, 由于化学键作用所诱导的构型熵的变化, 原子溶液的自由能总比机械混合的自由能要低, 如图 16.3 所示. 对于原子随机分布且处于平衡的理想溶液 (ideal solution), 相对于机械混合的自由能表达式 (16-13), 理想溶液的平均 Gibbs 自由能为

$$G\big|_{\text{混合溶液}} = (1-x)\,\mu_A^0 + x\mu_B^0 - T\Delta S_M. \tag{16-18}$$

上式中右端第三项中的 ΔS_M 为由于溶液混合导致的构型熵的变化. 由 Boltzmann

方程, 构型熵和构型数 (微观状态数) w 之间满足如下著名关系：

$$S = -k_{\mathrm{B}} \ln w. \tag{16-19}$$

假设 A 相和 B 相每个颗粒分别含有 n_A 和 n_B 个原子, 在 A 和 B 项未混合前的构型数为 1, 混合后设原子随机分布, 则每摩尔原子的可能状态数变为

$$w = \frac{\left[N_a\left(\dfrac{1-x}{n_A}+\dfrac{x}{n_B}\right)\right]!}{\left(N_a\dfrac{1-x}{n_A}\right)!\left(N_a\dfrac{x}{n_B}\right)!}. \tag{16-20}$$

上式中 N_a 为 Avogadro 常数. 由于溶液粒子数很大, 此时可利用阶乘的 Stirling 近似公式：$\ln y! \approx y(\ln y - 1)$, 则可获得溶液混合后的摩尔熵为

$$\begin{aligned}\frac{\Delta S_M}{k_{\mathrm{B}}N_a} =& \frac{n_B(1-x)+n_Ax}{n_An_B}\ln\left[N_a\frac{n_B(1-x)+n_Ax}{n_An_B}\right]\\ &-\frac{1-x}{n_A}\ln\left[\frac{N_a(1-x)}{n_A}\right]-\frac{x}{n_B}\ln\left[\frac{N_ax}{n_B}\right].\end{aligned} \tag{16-21}$$

为简化, 当假设 $n_A = n_B = 1$ 时, 上式退化为

$$\Delta S_M = -k_{\mathrm{B}}N_a\left[(1-x)\ln(1-x)+x\ln x\right], \tag{16-22}$$

则溶液混合的摩尔 Gibbs 自由能为

$$\Delta G_M = N_a k_{\mathrm{B}} T\left[(1-x)\ln(1-x)+x\ln x\right]. \tag{16-23}$$

上式的函数关系如图 16.3 所示. 每个分子在晶格点 (lattice point) R 处的构型熵 (configurational entropy) 为[1]

$$s(R) = -k_{\mathrm{B}}\left[(1-x)\ln(1-x)+x\ln x\right]. \tag{16-24}$$

当考虑所谓“正则溶液 (regular solutions)”, 即和上述理想溶液略有差别, 需要考虑溶液不同相的相互交换能 (interchange energy) 时, 此时单个分子的自由能可表示为

$$f_R(x) = \omega x(1-x) + k_{\mathrm{B}}T\left[(1-x)\ln(1-x)+x\ln x\right]. \tag{16-25}$$

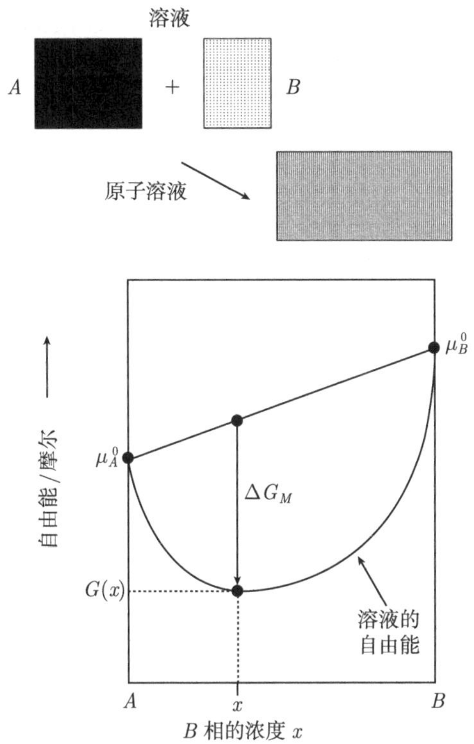

图 16.3 溶液混合后自由能变化示意图

上式中 ω 为正则溶液常数, 该常数一般而言是温度和溶液成分的函数. 上式还可无量纲化为

$$\hat{f}_R(x) = \frac{f_R(x)}{k_\mathrm{B}T} = \frac{\omega}{k_\mathrm{B}T}x(1-x) + (1-x)\ln(1-x) + x\ln x. \tag{16-26}$$

上式的一阶和二阶导数为

$$\begin{cases} \dfrac{\mathrm{d}\hat{f}_R(x)}{\mathrm{d}x} = \dfrac{\omega}{k_\mathrm{B}T}(1-2x) - \ln\left(\dfrac{1-x}{x}\right), \\ \dfrac{\mathrm{d}^2\hat{f}_R(x)}{\mathrm{d}x^2} = -2\dfrac{\omega}{k_\mathrm{B}T} + \dfrac{1}{x(1-x)}. \end{cases} \tag{16-27}$$

容易知道当 $\dfrac{\omega}{k_\mathrm{B}T}(1-2x) = \ln\left(\dfrac{1-x}{x}\right)$ 且 $\dfrac{\mathrm{d}^2\hat{f}_R(x)}{\mathrm{d}x^2} < 0$ 时, (16-26) 式有极大值; 而 $\dfrac{\omega}{k_\mathrm{B}T}(1-2x) = \ln\left(\dfrac{1-x}{x}\right)$ 且 $\dfrac{\mathrm{d}^2\hat{f}_R(x)}{\mathrm{d}x^2} > 0$ 时, (16-26) 式有极小值.

16.1.3 失稳分解、上坡扩散与下坡扩散

下面首先讨论单相和双相的混合体系的自由能. 如图 16.4 所示, 设两相的体积

和对应相中的 A 组分体积分数分别为 V_1、ϕ_1 和 V_2、ϕ_2, 而总体积为 V_0, 总体积中 A 组分的体积分数为 ϕ_0, 则由质量守恒有

$$V_0\phi_0 = V_1\phi_1 + V_2\phi_2. \tag{16-28}$$

由上式可得

$$\phi_0 = \alpha_1\phi_1 + \alpha_2\phi_2. \tag{16-29}$$

上式中 $\alpha_1 + \alpha_2 = V_1/V_0 + V_2/V_0 = 1$, 则有

$$\begin{cases} \alpha_1 = \dfrac{\phi_2 - \phi_0}{\phi_2 - \phi_1}, \\ \alpha_2 = \dfrac{\phi_0 - \phi_1}{\phi_2 - \phi_1}. \end{cases} \tag{16-30}$$

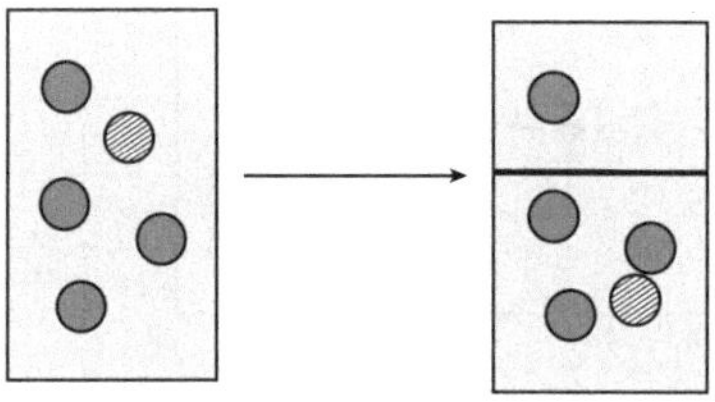

图 16.4　两相混合示意图

两相混合后所形成体系的机械混合自由能为

$$F_{\text{sep}} = \alpha_1 F_{\text{mix}}(\phi_1) + \alpha_2 F_{\text{mix}}(\phi_2), \tag{16-31}$$

将 (16-30) 代入上式, 有

$$F_{\text{sep}} = F_{\text{mix}}(\phi_1) + \left[\frac{F_{\text{mix}}(\phi_2) - F_{\text{mix}}(\phi_1)}{\phi_2 - \phi_1}\right](\phi_0 - \phi_1). \tag{16-32}$$

易知, 上式中中括号所包含的部分 $\dfrac{F_{\text{mix}}(\phi_2) - F_{\text{mix}}(\phi_1)}{\phi_2 - \phi_1}$ 为图 16.5 中连接点 $(\phi_1, F_{\text{mix}}(\phi_1))$ 和点 $(\phi_2, F_{\text{mix}}(\phi_2))$ 的弦线斜率. 从图 16.5 可以看出: ① 在特定温度下, 混合溶液对任意组分都是稳定的; ② 任何相的分离都会提高混合溶液的总自由能. 图 16.5 被称为 "稳定混合" 是因为混合后的体系总自由能总是小于机械混合后的自由能.

如图 16.6 所示, 由共同切线所确定的组分为 "共存组分 (coexisting compositions)". 当浓度变化时组分的包络线称为 "共存曲线 (coexistence curve)" 或 "双节 (binodal) 曲线".

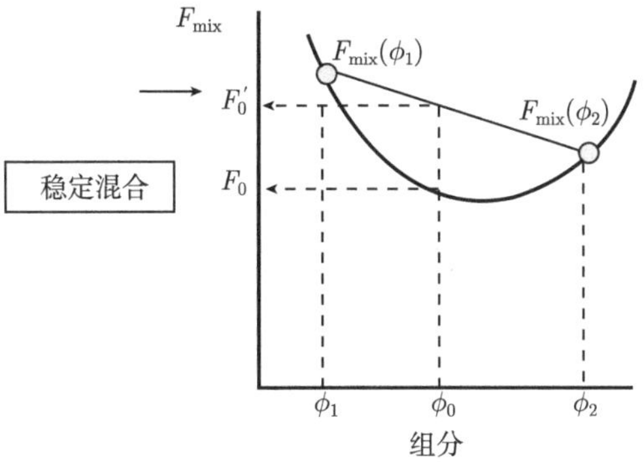

图 16.5 两相稳定混合体系的自由能示意图

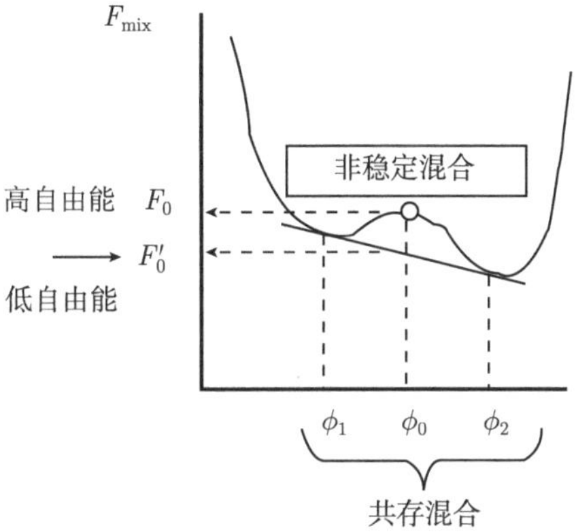

图 16.6 共存组分示意图

我们可以针对图 16.7 进行亚稳态和失稳分析. 图中, 自由能函数对于组分的二阶导数为负的凸函数部分 (即对于下标 b 部分), 由于形成的混合体系自由能大于机械混合体系的自由能, 所以对任意小的浓度的扰动, 处于该种状态下的混合体系都是不稳定的混合, 处于失稳状态; 而自由能函数对于组分二阶导数为正的凹函数部分, 则由于混合后的混合体系自由能小于机械混合的自由能, 则处于局部稳定状态.

在 16.7 图所示的自由能变化的过程中, 在自由能函数二阶导数从正到负或者从负到正的连续变化过程中, 总会出现导数为零的点. 而此点也正好是失稳状态与局部稳定状态的临界分界点. 图 16.8 是一个典型的两相共存混合体系的自由能分布函数, 该图中自由能对组分的二阶导数为零的点为拐点, 此拐点在材料相变动力学过程中被称为失稳点 (spinodal points), 而在整个随温度变化的自由能曲面上, 失稳点的连线会形成一条失稳线 (spinodal line). 如图 16.9 所示. 该点表征了在该特定温度下发生失稳的极限位置. 同时, 可以根据数学关系导出两相共存与失稳线的共存临界点:

$$\frac{\mathrm{d}^3 F}{\mathrm{d}\phi^3} \cdot \phi_c = 0. \tag{16-33}$$

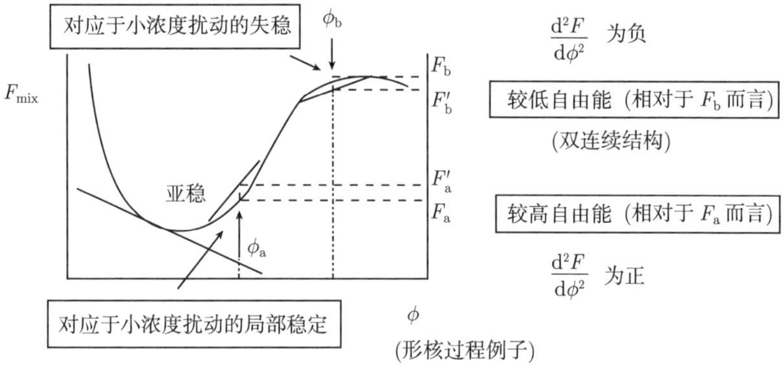

图 16.7 亚稳和失稳分析示意图

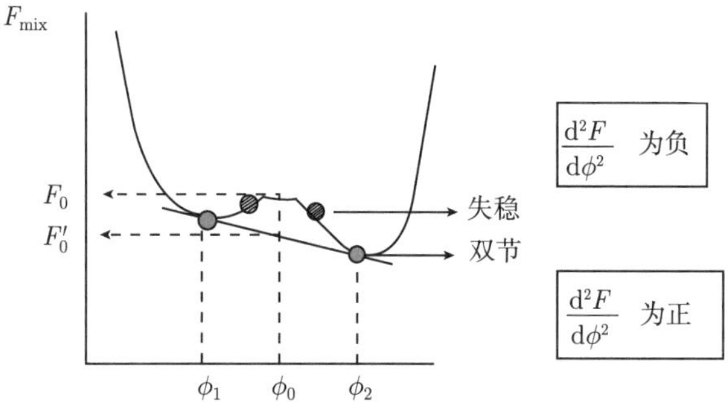

图 16.8 失稳分解示意图

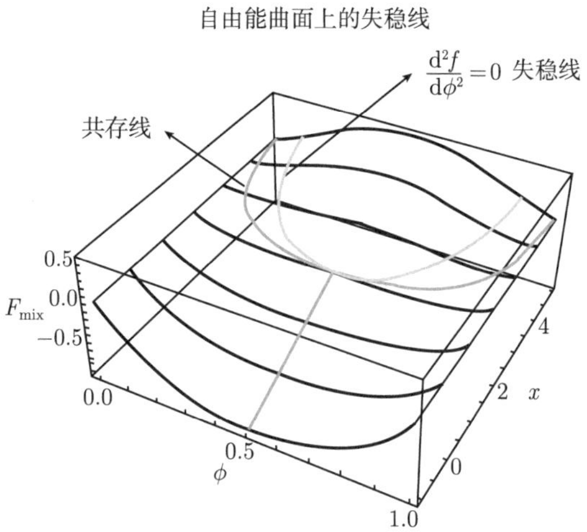

图 16.9 失稳线和共存曲线的交点

按照混合或分离过程在自由能曲线上所开始的位置, 可有两种情况：

1) 失稳分解 (spinodal decomposition)：如果过程开始于失稳区域, 则相分离 (phase separation) 按照组分连续变化的方式进行.

2) 各向同性形核 (homogeneous nucleation)：如果过程开始于亚稳区域, 组分连续变化的相分离不可能发生. 此时, 大的组分涨落在高能量代价下不得不发生, 相对而言大的形核点将不断长大. 各向同性形核是针对纯混合溶液而言的, 此种形核需要大的组分涨落和高的激活能; 而如果在溶液中人为地加入异种颗粒的话, 此种形核称为 "异质形核 (heterogeneous nucleation)", 此时需要的激活能较低.

对于上述提及的分解或形核过程, 具体到物理过程都是针对性的发生了粒子的物质扩散过程, 而从扩散的行为上讲, 都是趋于将物质的分布 "均匀化". 但是在固溶体当中, 均匀化过程还会受到很多因素影响, 比如晶体结构等因素. 这里主要讨论扩散行为的 "驱动力", 亦即 "化学势驱动". 同时对应两种扩散行为, 即 "上坡扩散" 与 "下坡扩散". 正常情况的 "正扩散" 或 "下坡扩散" 很容易理解, 扩散方向是从高浓度区到低浓度区, 扩散方向也是从高化学势区到低化学势区, 此时化学势的梯度方向与浓度的梯度方向是一致的. 如图 16.10 所示.

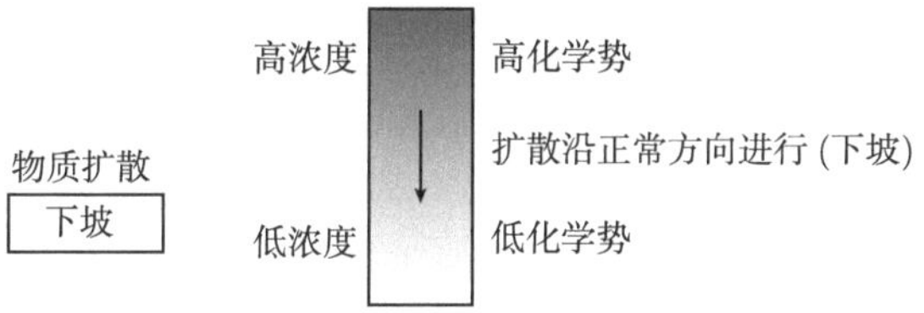

图 16.10　下坡扩散

而在 "失稳分解" 区域, 扩散将从低浓度区向高浓度区, 如图 16.11, 这也是 "上坡扩散" 或 "负扩散" 名称的来源. 但从化学势的角度来看, 扩散的方向还是从高化学势到低化学势区域. 此时化学势的梯度方向与浓度的梯度方向是相反的.

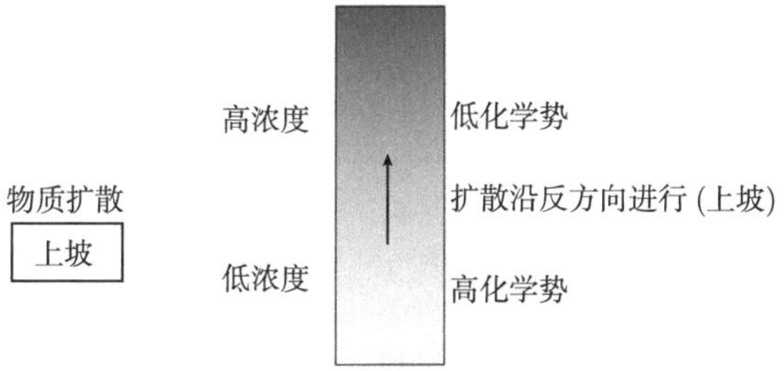

图 16.11　上坡扩散

因此, 我们对于扩散行为的发生, 可以得出如下重要结论：浓度不是控制扩散方向的基本量, 而化学势是控制扩散方向的基本量. 而在一定外加条件的约束下,可以将化学势扩散控制转化为浓度扩散控制.

16.2 Cahn-Hilliard 方程在弹性体中的应用

对于固溶体而言, 除存在如 (16-1) 式中的浓度梯度能 $\varepsilon(\nabla c)^2$ 外, 非均匀系统引起的附加能量还包括原子尺寸不同而产生的晶格畸变能[2]. 作为一阶近似, 可认为固溶体的晶格常数与其组成浓度成线性关系, 也就是晶格常数之差 $a-a_0$ 和浓度之差 $c-c_0$ 以及失配度之间满足下列关系:

$$a-a_0 \approx (c-c_0)\,\eta a_0. \tag{16-34}$$

在上式中为简便起见, 将本来各向异性的晶体假设为弹性各向同性, 并设沿 x 方向的成分按照正弦波进行调制, 此时 a_0 为 x 方向的晶格常数平均值, 因而不出现沿 x 方向的正应力, 也就是沿 x 方向的应变 $e_{xx}=0$, 为保持共格, y 和 z 方向上的正应变正好抵消成分调制所引起的晶格常数的变化, 亦即

$$e_{yy}=e_{zz}=-\frac{a-a_0}{a_0}=-(c-c_0)\,\eta, \tag{16-35}$$

上式中 η 为晶格失配度. 由对称性可知, 系统各剪应变和剪应力为零, 因此, 再考虑到 $e_{xx}=0$, 则由弹性理论可知, 系统的共格畸变能量密度为[6]

$$f_{\text{elastic}}=\frac{E\eta^2}{1-\nu}(c-c_0)^2, \tag{16-36}$$

上式中 E 和 ν 分别为晶体介质的弹性模量和 Poisson 比.

针对非均匀弹性体, (16-1) 式可修正为[6]

$$F=\int\left[\underbrace{f(c)}_{\substack{\text{均匀介质}\\\text{自由能密度}}}+\underbrace{\frac{E\eta^2}{1-\nu}(c-c_0)^2}_{\substack{\text{共格畸变}\\\text{能量密度}}}+\underbrace{\varepsilon\left(\frac{\mathrm{d}c}{\mathrm{d}x}\right)^2}_{\substack{\text{浓度梯度}\\\text{自由能密度}}}\right]\mathrm{d}x. \tag{16-37}$$

上式的约束条件为质量守恒 $\int(c-c_0)\,\mathrm{d}x=0$, 当系统达到平衡时, (16-37) 式自由能应取极小值, 该极值问题相当于应用 Lagrange 乘子方法解下列 Euler 方程:

$$\frac{\mathrm{d}}{\mathrm{d}x}\left[\frac{\partial I}{\partial\left(\dfrac{\mathrm{d}c}{\mathrm{d}x}\right)}\right]-\frac{\partial I}{\partial c}=0. \tag{16-38}$$

上式中

$$I=f(c)+\frac{E\eta^2}{1-\nu}(c-c_0)^2+\varepsilon\left(\frac{\mathrm{d}c}{\mathrm{d}x}\right)^2-\alpha(c-c_0), \tag{16-39}$$

α 为 Lagrange 乘子. 在 $E\eta^2/(1-\nu)$ 和 ε 均和浓度无关的情况下, 可由 Euler 方程 (16-38) 解得 Lagrange 乘子为

$$\alpha=\frac{\partial f(c)}{\partial c}+2\frac{E\eta^2}{1-\nu}(c-c_0)-2\varepsilon\frac{\mathrm{d}^2c}{\mathrm{d}x^2}; \tag{16-40}$$

将上式和 (16-9) 式相比较, 可知这里的 Lagrange 乘子扮演着化学势的角色, 亦即 $\alpha=\mu$, 这样利用扩散通量和化学势梯度的关系式 (16-10), 有

$$J=-M\cdot\frac{\partial\mu}{\partial x}=-M\left[\frac{\partial^2f(c)}{\partial c^2}\frac{\partial c}{\partial x}+2\frac{E\eta^2}{1-\nu}\frac{\partial c}{\partial x}-2\varepsilon\frac{\mathrm{d}^3c}{\mathrm{d}x^3}\right]. \tag{16-41}$$

再利用 Fick 第二定律 (16-41) 式, 有

$$\frac{\partial c}{\partial t}=-\frac{\partial J}{\partial x}=M\left[\frac{\partial^2f(c)}{\partial c^2}+2\frac{E\eta^2}{1-\nu}\right]\frac{\partial^2c}{\partial x^2}-2M\varepsilon\frac{\mathrm{d}^4c}{\mathrm{d}x^4}. \tag{16-42}$$

应该特别指出的是, 上式在推导过程中应用了限制条件 $\partial^2f(c)/\partial c^2$ 为常量, 也就是和浓度 c 无关. 上式中, $M\left[\dfrac{\partial^2f(c)}{\partial c^2}+2\dfrac{E\eta^2}{1-\nu}\right]$ 被称为考虑弹性效应的有效扩散系数, $-M\varepsilon$ 为初始平面的热力学修正因子 (thermodynamic correction factor for incipient surfaces)[6]. 三维情形时, (16-42) 式为如下形式[6]

$$\frac{\partial c}{\partial t}=-\nabla\cdot\boldsymbol{J}=M\left[\frac{\partial^2f(c)}{\partial c^2}+2\frac{E\eta^2}{1-\nu}\right]\nabla^2c-2M\varepsilon\nabla^4c. \tag{16-43}$$

方程 (16-42) 的特解可由 Fourier 变换求得

$$c(x,t)-c_0=A(\beta)\exp[R(\beta)t]\exp(\mathrm{i}\beta x), \tag{16-44}$$

上式是振幅为 $A(\beta)\exp[R(\beta)t]$ 的正弦 (或余弦) 周期函数, 它的各种线性组合均是方程 (16-42) 的解, $A(\beta)$ 为 $t=0$ 时波矢为 $\beta=2\pi/\lambda$ 浓度波的振幅[2], $R(\beta)$ 为增幅因子, 其表达式为

$$R(\beta)=-M\beta^2\left[\frac{\partial^2f(c)}{\partial c^2}+2\frac{E\eta^2}{1-\nu}+2\varepsilon\beta^2\right]. \tag{16-45}$$

可以看出, 当增幅因子 $R(\beta) < 0$ 时, 各种波长的浓度起伏均是不稳定的, 且随着时间的延长将迅速衰减消失[2]; 反之, 当调幅因子 $R(\beta) > 0$, 也就是

$$\frac{\partial^2 f(c)}{\partial c^2} + 2\frac{E\eta^2}{1-\nu} + 2\varepsilon\beta^2 < 0, \tag{16-46}$$

各种波长的浓度起伏将随时间延长而迅速增大, 此时系统将发生自发失稳分解. 从上式可确定发生失稳分解的临界波矢 β_c:

$$\beta_c = \sqrt{\frac{\left|\dfrac{\partial^2 f(c)}{\partial c^2} + 2\dfrac{E\eta^2}{1-\nu}\right|}{2\varepsilon}}, \tag{16-47}$$

则发生失稳分解的条件为 $\beta \leqslant \beta_c$. 当浓度起伏波长 $\lambda < \lambda_c$ 时, 起伏将受到抑制而迅速衰减, 只有当 $\lambda > \lambda_c$ 时, 浓度起伏才可得到加强.

16.3　Cahn-Hilliard 方程在纳米自组装中的应用

锁志刚和吕炜应用 Cahn-Hilliard 方法研究了纳米自组装中的驱动力[7~11], 本节主要介绍该方面的研究结果. 主要是回答下列问题: (1) 纳米自组装的驱动力是什么? (2) 纳米自组装中的控制方程和特征尺度.

16.3.1　相分离、相粗化、相细化

考虑由两类原子种类 A 和 B 所组成的纳米单层 (monolayer) 或外延层 (epilayer) 在半无限大基底 (原子种类为 S) 生长, 单层的相尺度为 10 纳米量级, 远大于原子尺度, 从而在分析中可不考虑在单层生长中单个原子的离散化.

当单层在基底上沉积时, 在原子碰到基底时, 他们初始的位置是随机的. 为了从整体上自组装成为纳米结构, 单个原子在基底上必须是可移动的 (mobile). 这里假设这些原子在基底上由于扩散而导致移动, 为了分析的简单, 还进一步假定这种扩散只在单层的最上层发生, 亦即: 单层中的原子既不扩散进入到基底中, 也不堆积成为三维岛状结构.

首先考虑相分离 (phase separation). 外延层单位面积的自由能 $f(c)$ 是其浓度 c 的函数. 当函数 $f(c)$ 为非凸时 (non-convex), 单层将分离成特定的相 (distinct phases). 考虑如图 16.12 左图所示的双势阱 (double-well) 自由能函数, 其两个局部极小值的公共切线所对应的浓度分别为 c_α 和 c_β, 对于平均浓度为 c_{ave} 介于 c_α 和 c_β 之间的单层, 将分离成浓度为 c_α 和 c_β 的两相. 因此, 具有双势阱函数的自由能曲线表示的是相分离.

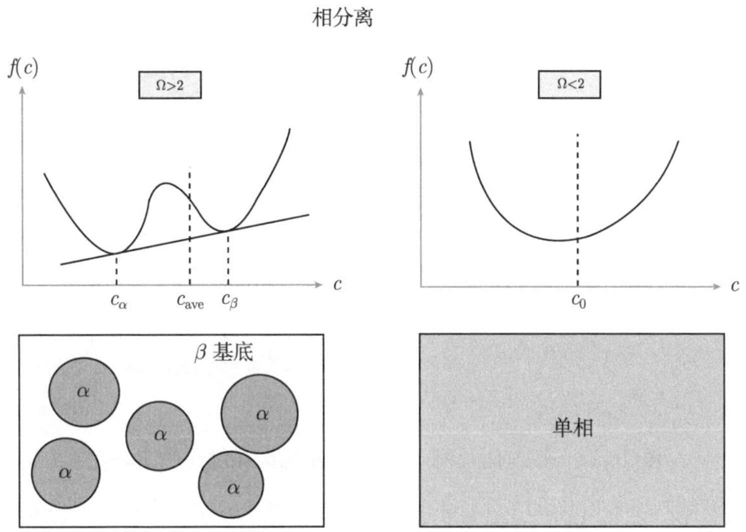

图 16.12 双势阱函数与相分离

为了避免分离的相一直细化到原子尺度, 模型中还需要如图 16.13 所示的相粗化 (phase coarsening). 相粗化的驱动力是相边界的自由能过剩量. 图 16.13 给出的是三个时刻的单层混合的快照 (snapshots), 由于自由能将随着相边界的总长度的增加而增加, 而在演化过程中, 相的面积保持为常量. 在 “Time 0” 时刻, 相边界的总长度很大, 为了降低自由能, 原子将进行扩散, 结果是大的相 (图中的 “圆盘” 所示) 将逐渐 “吃掉” 小的相, 当时间足够长时, 将最终形成一个相 (体相, bulk phase).

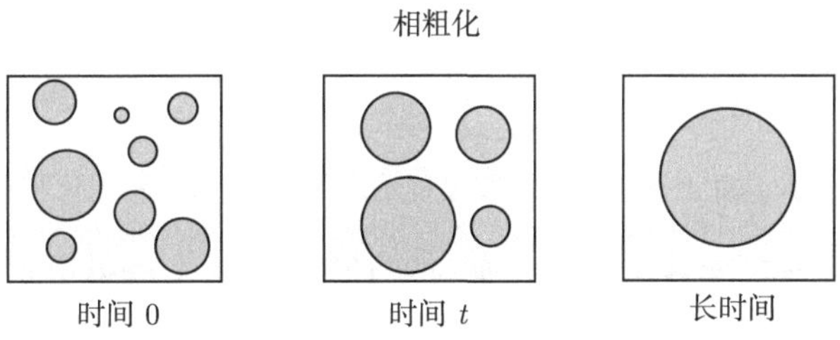

图 16.13 相粗化过程, 相边界长度的降低为相粗化过程的驱动力

为了避免在相粗化过程中最后形成如上所述的 “体相”, 还需要引入与之相平衡的 “相细化 (phase refining)”. 由于基底和外延层的晶格失配, 将在外延层的相中形成表面残余应力 (图 16.14), 弹性形变能将随着相的粗化过程而增大, 这将增加系统的自由能. 由此可见, 相粗化和相细化是两个相互竞争、相互平衡的过程. 这便是基底表面纳米自组装驱动力的来源.

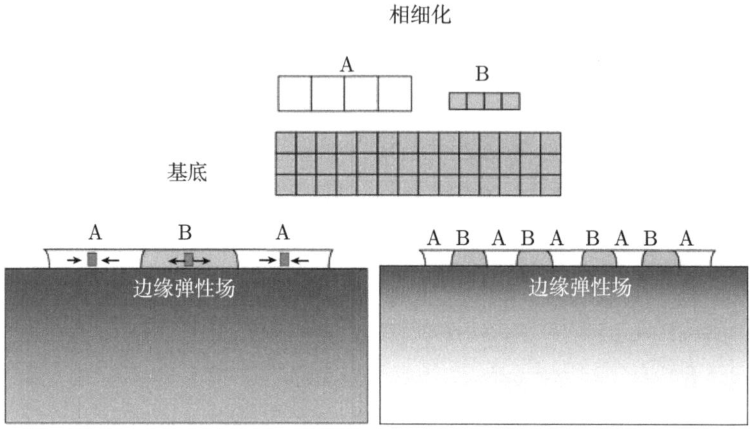

图 16.14　相细化过程, 表面残余应力为相细化的驱动力

16.3.2　运动学、动力学、能量学分析

通过 16.3.1 节的讨论, 已经明确了纳米自组装中相分离、相粗化和相细化的演化机理 (图 16.15). 锁志刚和吕炜通过对其进行运动学、动力学和能量学上的分析, 得到了纳米自组装的 Cahn-Hilliard 类型的非线性扩散方程[7~11].

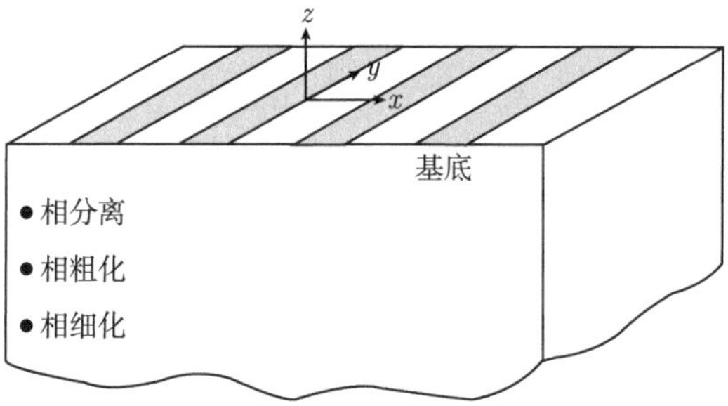

图 16.15　半无限大基底上的纳米自组装过程示意图, 相分离、相粗化和细化为演化机制

由图 16.16 所示, 系统的构型可通过两种途径变化：弹性变形和原子扩散. 系统的总自由能可表示为弹性应变能和表面能两部分之和：

$$F=\int W\mathrm{d}V+\int \Gamma\mathrm{d}A. \tag{16-48}$$

上式中单位体积的弹性应变能为

$$W=\frac{E}{2\left(1+\nu\right)}\left[\varepsilon_{ij}\varepsilon_{ij}+\frac{\nu}{1-2\nu}\left(\varepsilon_{kk}\right)^{2}\right]. \tag{16-49}$$

这里假定基底为各向同性线弹性体 (E 和 ν 分别为弹性模量和 Poisson 比), 有

$$\delta W=\sigma_{ij}\delta\varepsilon_{ij}. \tag{16-50}$$

这里还进一步应用了小变形假设, 即应变张量 ε_{ij} 和位移矢量 $\boldsymbol{u}$ 间满足如下关系：

$$\varepsilon_{ij}=\frac{1}{2}\left(\frac{\partial u_i}{\partial x_j}+\frac{\partial u_j}{\partial x_i}\right);\quad \underline{\underline{\varepsilon}}=\frac{1}{2}\left(\boldsymbol{u}\nabla+\nabla\boldsymbol{u}\right)\quad (i,j=1,2,3). \tag{16-51}$$

而在表面层的弹性应变张量的表达式为

$$\varepsilon_{\alpha\beta}=\frac{1}{2}\left(\frac{\partial u_\alpha}{\partial x_\beta}+\frac{\partial u_\beta}{\partial x_\alpha}\right)\quad (\alpha,\beta=1,2). \tag{16-52}$$

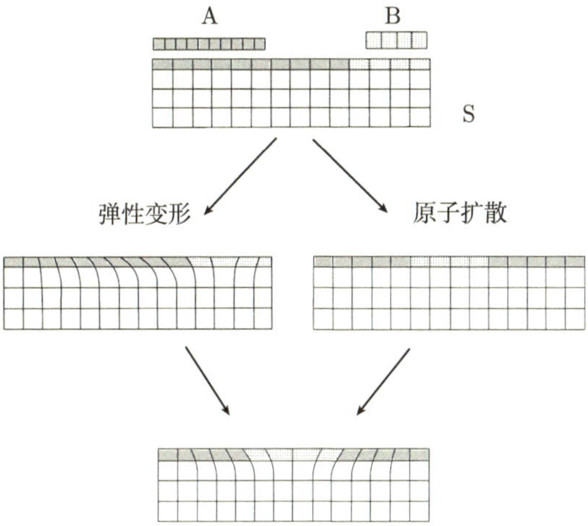

图 16.16　构型变化的两种机制：弹性变形和原子扩散

问题的难点在于表面自由能密度的处理. 设单位面积的表面能 Γ 是浓度 c, 浓度梯度 $\partial c/\partial x_\alpha$ 以及表面应变 $\varepsilon_{\alpha\beta}$ 的函数, 则有如下单位面积表面能的表达式：

$$\Gamma=\underbrace{f(c)}_{\text{相分离}}+\underbrace{h(c)\frac{\partial c}{\partial x_\beta}\frac{\partial c}{\partial x_\beta}}_{\text{相粗化}}+\underbrace{\sigma^s_{\alpha\beta}(c)\,\varepsilon_{\alpha\beta}}_{\text{相细化}}. \tag{16-53}$$

上式中自由能密度 $f(c)$ 对于正则溶液而言, 由 16.1.2 节中的相关讨论, 有下列表达式：

$$f(c)=\Lambda k_{\mathrm{B}}T\left[c\ln c+(1-c)\ln(1-c)+\Omega c(1-c)\right]. \tag{16-54}$$

上式中无量纲量 Ω 表征的是交换能 (exchange energy) 和 $k_{\mathrm{B}}T$ 的比值. 如图 16.12 所示, 当 $\Omega>2$ 时, 自由能函数非凸, 此时伴随有相分离; 而当 $\Omega<2$ 时, 自由能函数为凸函数.

(16-53) 式中的 $h(c)$ 被假定为常数 (量纲为能量), 亦即：$h(c)=h_0$, 其物理意义为在相边界处单个原子的能量, $h_0\sim10^{-19}$ J.

再来看 (16-53) 式中的最后一项. $\sigma_{\alpha\beta}^{s}(c)$ 为依赖于浓度 c 的表面应力, 量纲为单位长度的力. 为简单起见, 对浓度作 Taylor 展开时, 只保留到一阶, 有

$$\sigma_{\alpha\beta}^{s}(c) = \psi_{\alpha\beta}^{s} + \phi_{\alpha\beta}c. \tag{16-55}$$

上式中初值 $\psi_{\alpha\beta}^{s}$ 为单层只有一种纯原子时的表面应力, $\phi_{\alpha\beta}$ 为斜率.

对于如图 16.16 中所示的原子扩散机制, Fick 第二定律为

$$\Lambda\frac{\partial c}{\partial t} = -\frac{\partial J_\alpha}{\partial x_\alpha}. \tag{16-56}$$

上式中和公式 (16-54) 中的 Λ 为单位面积原子的位置数 (number of atomic sites per unit area). 上式还可表示为

$$\Lambda\delta c = -\delta\left(\frac{\partial I_\alpha}{\partial x_\alpha}\right). \tag{16-57}$$

由上两式可看出, 矢量 $\boldsymbol{I}$ 和 $\boldsymbol{J}$ 的关系类似位移和速度的关系, 前者为表面质量重新布置 (mass relocation) 矢量, 后者则为熟知的扩散通量.

综上, 将基底–外延单层作为一个热力学系统, 考虑到弹性变形和原子扩散的两种变化机制, 则系统的自由能的变分可表示为

$$\begin{aligned}\delta F = &\int \sigma_{\alpha\beta}^{s}\delta\left(\frac{\partial u_\alpha}{\partial x_\beta}\right)\mathrm{d}A + \int \sigma_{ij}\delta\left(\frac{\partial u_i}{\partial x_j}\right)\mathrm{d}V \\ &+ \int \frac{\partial}{\Lambda\partial x_\alpha}\left(\frac{\partial f}{\partial c} - 2h_0\nabla^2 c + \phi_{\alpha\beta}\varepsilon_{\alpha\beta}\right)\delta I_\alpha \mathrm{d}A.\end{aligned} \tag{16-58}$$

上式中右端前两项的积分对应于弹性变形中位移的变分, 而最后一项的积分则对应于表面原子重新布置矢量的变分.

由于扩散过程比较慢, 可认为系统在任意时刻弹性平衡均成立, 则有

$$\int \sigma_{\alpha\beta}^{s}\delta\left(\frac{\partial u_\alpha}{\partial x_\beta}\right)\mathrm{d}A + \int \sigma_{ij}\delta\left(\frac{\partial u_i}{\partial x_j}\right)\mathrm{d}V = 0. \tag{16-59}$$

对上式应用散度定理可得到表面平衡方程:

$$\sigma_{3\alpha} = \frac{\partial \sigma^s}{\partial x_\alpha}. \tag{16-60}$$

由于表面变形能两项的消失, (16-58) 式变为

$$\delta F = \int \frac{\partial}{\Lambda\partial x_\alpha}\left(\frac{\partial f}{\partial c} - 2h_0\nabla^2 c + \phi_{\alpha\beta}\varepsilon_{\alpha\beta}\right)\delta I_\alpha \mathrm{d}A, \tag{16-61}$$

由上式可知, 外延单层中原子扩散的化学势为

$$\mu = \frac{1}{\Lambda}\left(\frac{\partial f}{\partial c} - 2h_0\nabla^2 c + \phi_{\alpha\beta}\varepsilon_{\alpha\beta}\right). \tag{16-62}$$

从而可获得外延单层演化的驱动力为

$$\Xi_\alpha = -\frac{\partial \mu}{\partial x_\alpha} = -\frac{\partial}{\Lambda \partial x_\alpha}\left(\underbrace{\frac{\partial f}{\partial c}}_{\text{相分离}} - \underbrace{2h_0\nabla^2 c}_{\text{相粗化}} + \underbrace{\phi_{\alpha\beta}\varepsilon_{\alpha\beta}}_{\text{相细化}}\right). \tag{16-63}$$

事实上, Ξ_α 和 I_α 为一对广义力和广义位移, 为一对共轭量. 扩散通量和驱动力间满足下列关系:

$$J_\alpha = M\Xi_\alpha. \tag{16-64}$$

上式中 M 为外延单层中的原子迁移率. 通过结合 (16-56)、(16-62) 和 (16-63) 三个方程, 可得如下类似失稳分解的 Cahn-Hilliard 广义扩散方程:

$$\frac{\partial c}{\partial t} = \frac{M}{\Lambda^2}\nabla^2\left(\underbrace{\frac{\partial f}{\partial c}}_{\text{相分离}} - \underbrace{2h_0\nabla^2 c}_{\text{相粗化}} + \underbrace{\phi_{\alpha\beta}\varepsilon_{\alpha\beta}}_{\text{相细化}}\right). \tag{16-65}$$

下面讨论表面应变 $\varepsilon_{\alpha\beta}$ 的确定. 如图 16.17 所示, 在半无限大的基底表面取一单元体. 可得如下边界条件:

$$\sigma_{31} = \frac{\partial \sigma^s}{\partial x_1}, \qquad \sigma_{32} = \frac{\partial \sigma^s}{\partial x_2}. \tag{16-66}$$

因此, 对半无限大基底表面应变的确定退化为如图 16.18 所示的 Cerruti 问题 (1882), 也就是半无限大体表面作用有一个剪应力, 其解为

$$\varepsilon_{\beta\beta} = -\frac{\left(1-\nu^2\right)\phi_{\beta\beta}}{\pi E}\iint \frac{(x_1-\xi_1)\,\partial c/\partial\xi_1 + (x_2-\xi_2)\,\partial c/\partial\xi_2}{\left[(x_1-\xi_1)^2+(x_2-\xi_2)^2\right]^{3/2}}\mathrm{d}\xi_1\mathrm{d}\xi_2. \tag{16-67}$$

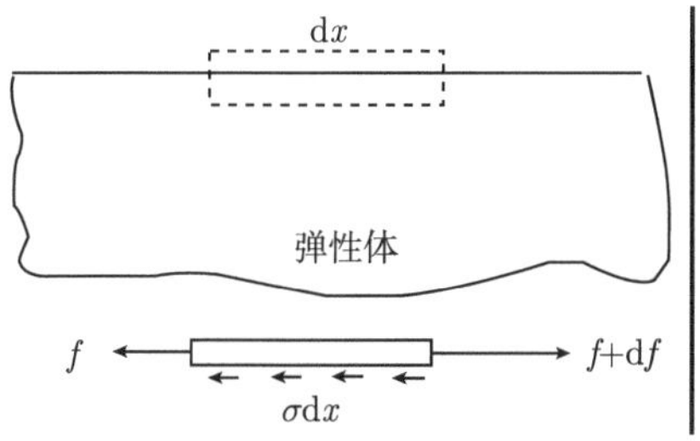

图 16.17 在半无限大体表面取一单元体

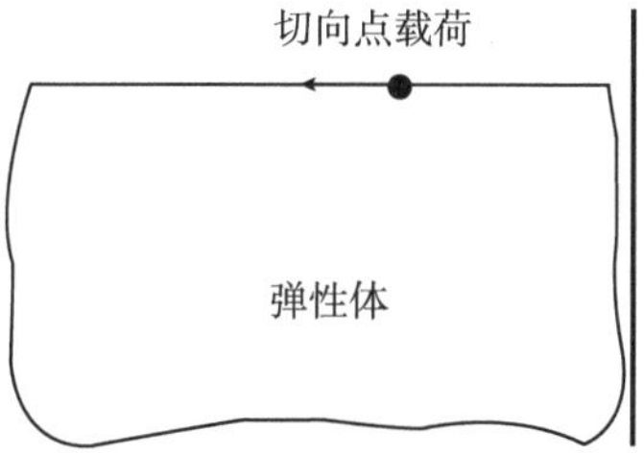

图 16.18 Cerruti 问题

16.3.3　相场动力学演化中的特征尺度

通过比较 (16-65) 中右端的前两项, 相分离和相粗化间的竞争可确定一个如图 16.19 所示的界面层厚度的特征尺度:

$$b = \sqrt{\frac{h_0}{\Lambda k_{\mathrm{B}} T}}. \tag{16-68}$$

由于 $h_0 \sim 10^{-19}$ J, $\Lambda \sim 5 \times 10^{19}\ \mathrm{m}^{-2}$ 和 $k_{\mathrm{B}}T \sim 5 \times 10^{-21}$ J (当 $T = 400$ K 时), 故可确定界面层的厚度在 $b = 0.6$ nm 量级.

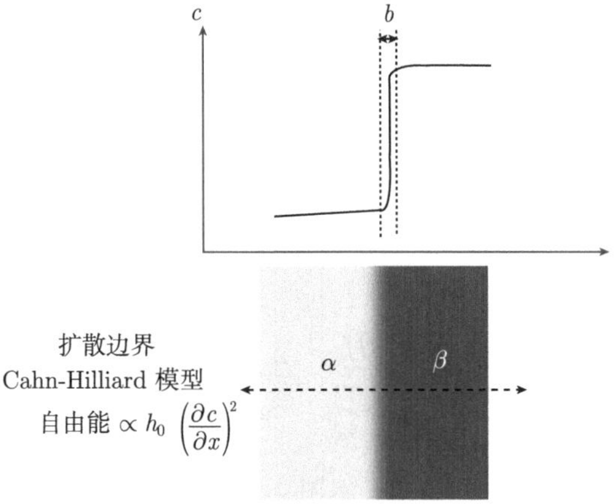

图 16.19　界面层的厚度

同理, (16-65) 中右端的后两项, 也就是相粗化和相细化之间的竞争同样可确定一个特征尺度:

$$l = \frac{E h_0}{(1-\nu^2)\,\phi^2}. \tag{16-69}$$

由基底的弹性模量 $E \sim 10^{11}\ \mathrm{N/m^2}$, 表面应力的斜率 $\phi \sim 4$ N/m, $h_0 \sim 10^{-19}$ J, 由此可确定上述特征尺度的量级为 $l \sim 0.6$ nm. 如图 16.20 所示, 相尺度 (phase size) 大约在 $4\pi l \sim 7.5$ nm 量级.

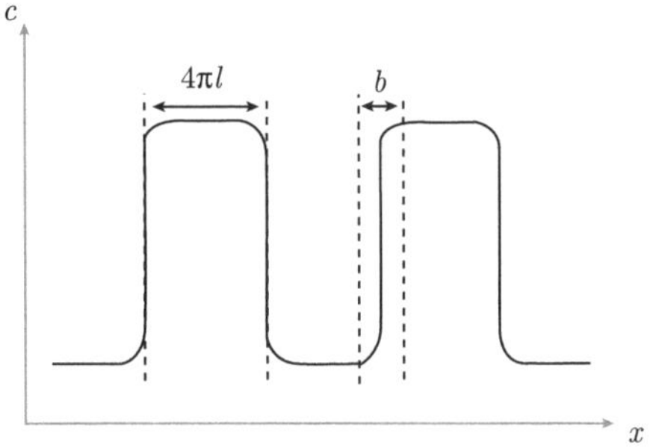

图 16.20　两个特征尺度示意图

图 16.21 给出了对方程 (16-65) 的数值模拟结果, 表明由弹性变形所导致的相细化的重要作用.

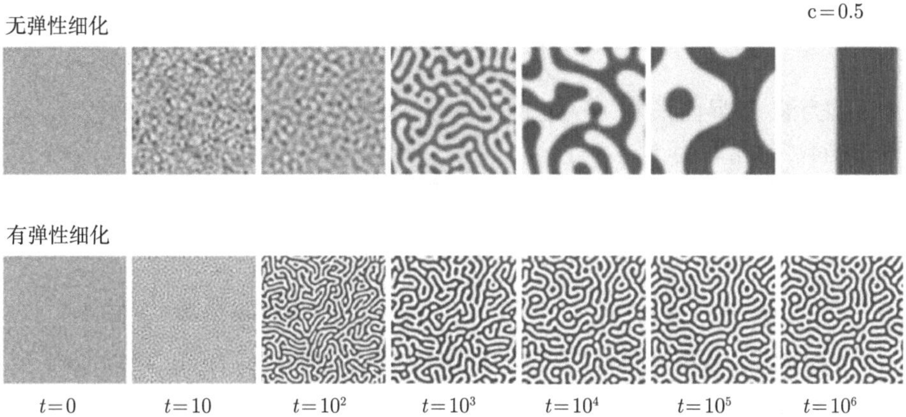

图 16.21 相场动力学的模拟结果, 表明由弹性变形所引起的相细化的重要性

16.4 润湿与电润湿中的相场动力学

Lippmann-Young (L-Y) 方程描述的是液滴表观接触角随外加电压的变化, 是一种静态表征方法. 液滴的初始接触角由 Young 方程描述, 施加电压后, 液滴接触角减小直至稳定, 这是一个动态过程. 相对于静态表征, 电润湿的动态过程包含了更多的物理细节, 对它的研究能够加深人们对电润湿现象的理解, 并能更好的投入应用, 因此近年来动态电润湿获得越来越多的关注, 逐渐成为相关领域的研究热点.

对置于固定形状基底上的电润湿系统, 液–气界面行为可以作为动态过程的一种描述方式. 应用连续介质理论和无滑移边界条件, 得出应力及能量耗散在三相接触点处奇异的结论, 这显然与实际相悖, 此即 Huh-Scriven 佯谬. 解决 Huh-Scriven 佯谬有多种方法, 例如使用非连续介质理论、可滑移边界条件、前驱膜、扩散界面等. 对应不同方法, 可以采用不同模型. 这里, 采用相场动力学方法[12,13], 用有限厚度的过渡界面取代无厚的数学界面, 即扩散界面 (diffuse-interface) 模型. 虽然在不同文献中具体的处理细节不尽相同, 但是基本思想保持一致.

电润湿中的相场动力学包含三个物理模型: 不可压缩流动、扩散界面、电场作用下的运动. 定义相场参数 ϕ 使得 $\phi=+1$ 与 $\phi=-1$ 分别代表液相与气相, 在常温假设下, 从自由能出发得出电润湿中的相场动力学方程.

将液滴、周围空气、绝缘层、导电基底和外加电源视为一个热力学系统, 在理想假设下, 即基底光滑, 液滴是良导体并对称置于基底上, 忽略接触角滞后, 系统总

的自由能为

$$F = F_{\phi} + F_{sf} + F_D + F_{\rho}. \tag{16-70}$$

上式中第一项为体自由能：

$$F_{\phi} = \gamma_{lv} \int_{\Omega} \left(\frac{\delta}{2} |\nabla \phi|^2 + \frac{W(\phi)}{\delta} \right) \mathrm{d}\Omega, \tag{16-71}$$

式中 γ_{lv} 为液–气界面张力, δ 为正的小参数, Ω 为液–气两相占据的空间, $W(\phi)$ 为双稳态函数, 通常取为 $\left(1-\phi^2\right)^2$.

(16-70) 式中第二项为固–液、固–气界面能：

$$F_{sf} = \int_S \gamma_{sf}(\phi)\, \mathrm{d}S. \tag{16-72}$$

式中, 下标 f 表示 l (液相) 或 v (气相), $\gamma_{sf}(\phi)$ 为光滑的插值函数, 取值在 $\gamma_{sf}(-1)$ 与 $\gamma_{sf}(+1)$ 之间, 根据具体问题可取为不同的形式, 例如 $\gamma_{sf}(\phi) = \frac{\Delta\gamma_{sf}}{2} \sin\frac{\pi\phi}{2}$, 其中 $\Delta\gamma_{sf} = \gamma_{sl} - \gamma_{sv}$.

(16-70) 式中第三项为电场的贡献：

$$F_D = \frac{1}{2} \int_{\Omega} \frac{|\boldsymbol{D}|^2}{\varepsilon(\phi)} \mathrm{d}\Omega, \tag{16-73}$$

式中, $\varepsilon(\phi)$ 为介电常数, $\boldsymbol{D} = \varepsilon(\phi)\boldsymbol{E} = -\varepsilon(\phi)\nabla V$ 为电位移矢量, V 为外加电压.

式 (16-70) 中的第四项与电荷扩散运动相关, 为便于描述模型而引入, 为空间分布电荷 ρ 的贡献：

$$F_{\rho} = \frac{\lambda}{2} \int_{\Omega} \rho^2 \mathrm{d}\Omega. \tag{16-74}$$

在近平衡状态下, 热力学过程不可逆, 自由能改变速率与能量耗散对表面扩散通量的变分应相互抵消：

$$\delta_{\boldsymbol{J}} \left(\dot{F}(\boldsymbol{J}) + \Phi(\boldsymbol{J}, \boldsymbol{J}) \right) = 0. \tag{16-75}$$

其中, 表面扩散通量包括质量扩散通量、相扩散通量、电扩散通量等, 这里为

$$\boldsymbol{J} = \left(\boldsymbol{v}, \dot{\phi}, \boldsymbol{J}_{\phi}, \boldsymbol{J}_D \right), \tag{16-76}$$

由 Lord Rayleigh 引入的耗散函数 (dissipation function) $\Phi(\boldsymbol{J}, \boldsymbol{J})$[14~17] 通常表示为表面扩散通量的二次项之和[12]

$$\begin{aligned} \Phi(\boldsymbol{J}, \boldsymbol{J}) = & \underbrace{\int_{\Omega} \frac{|\boldsymbol{J}_{\phi}|^2}{2M(\phi)} \mathrm{d}\Omega}_{\text{相场耗散}} + \underbrace{\int_S \frac{\dot{\phi}^2}{2\alpha^{-1}} \mathrm{d}S}_{\text{相场变化引起的耗散}} \\ & + \underbrace{\int_{\Omega} \frac{|\boldsymbol{J}_D|^2}{2K(\phi)} \mathrm{d}\Omega}_{\text{电场耗散}} + \underbrace{\int_{\Omega} \eta(\phi) \frac{\left|\underline{\underline{T}}(\boldsymbol{v})\right|^2}{2} \mathrm{d}\Omega}_{\text{体黏性耗散}} + \underbrace{\int_S \frac{\beta}{2} v_{\tau}^2 \mathrm{d}S}_{\text{与固体边界的黏性耗散}}. \end{aligned} \tag{16-77}$$

式中, $M(\phi)$、α^{-1}、$K(\phi)$ 为相应的扩散系数, $\eta(\phi)$ 为液体的体黏度系数, β 为固–液界面的摩擦系数, 可通过实验或数值拟合得到, $\underline{\underline{T}}(\boldsymbol{v})=\dfrac{1}{2}(\nabla\boldsymbol{v}+\boldsymbol{v}\nabla)$ 为速度梯度张量或应变率张量, v_τ 为速度在 S (固–液或固–气界面) 上的投影.

将 (16-75) 式中 $\boldsymbol{J}$ 分别取为 $\dot{\phi}$、$\boldsymbol{J}_\phi$、$\boldsymbol{J}_D$, 得到相应的扩散通量为

$$\begin{cases} \dot{\phi}=-\alpha^{-1}L(\phi)=-\left(\gamma'_{sf}(\phi)+\delta\dfrac{\partial\phi}{\partial n}\right), & \text{in } S,\\ \boldsymbol{J}_\phi=-M(\phi)\nabla\mu, & \text{in } \Omega,\\ \boldsymbol{J}_D=-K(\phi)(E-\lambda\nabla\rho), & \text{in } \Omega. \end{cases} \tag{16-78}$$

上式中在界面 “S” 用 “in” 的原因是界面具有一定的厚度. 上式中的 μ 为化学势, 定义为自由能 F 对相参数 ϕ 求变分:

$$\mu=\frac{\delta F}{\delta\phi}=\gamma_{lv}\left(-\delta\Delta\phi+\frac{W'(\phi)}{\delta}\right)-\frac{\varepsilon'(\phi)}{2\varepsilon^2(\phi)}|\boldsymbol{D}|^2. \tag{16-79}$$

将 (16-75) 式中 $\boldsymbol{J}$ 取为 $\boldsymbol{v}$, 可得到经典的 Stokes 方程及 Navier 边界条件:

$$\begin{cases} -\nabla p'+\nabla\cdot\left(\eta(\phi)\underline{\underline{T}}(\boldsymbol{v})\right)+\mu\nabla\phi+\rho\boldsymbol{E}-\lambda\rho\nabla\rho=0\\ \beta\boldsymbol{v}\cdot\boldsymbol{\tau}=-\eta(\phi)\left(\boldsymbol{n}\cdot\underline{\underline{T}}(\boldsymbol{v})\cdot\boldsymbol{\tau}\right)+L\dfrac{\partial\phi}{\partial\tau}, \quad \beta>0. \end{cases} \tag{16-80}$$

式中 $\boldsymbol{\tau}$ 为固–液界面单位切向量, $\boldsymbol{n}$ 为相应单位法向量, $\nabla p'$ 的出现是由于 $\nabla\cdot\left(\eta(\phi)\underline{\underline{T}}(\boldsymbol{v})\right)+\mu\nabla\phi+\rho\boldsymbol{E}-\lambda\rho\nabla\rho$ 为无旋场从而可以用标量梯度表示. 定义 $p=p'+\dfrac{\lambda}{2}\rho^2$, (16-80) 式中的第一式可简化为

$$-\nabla p'+\nabla\cdot\left(\eta(\phi)\underline{\underline{T}}(\boldsymbol{v})\right)+\boldsymbol{F}_{st}+\boldsymbol{F}_p+\boldsymbol{F}_e=0. \tag{16-81}$$

式中静电力、表面张力、质动力分别为

$$\begin{cases} \boldsymbol{F}_e=\rho\boldsymbol{E},\\ \boldsymbol{F}_{st}=\gamma_{lv}\left(-\delta\Delta\phi+\dfrac{W'(\phi)}{\delta}\right)\nabla\phi,\\ \boldsymbol{F}_p=-|\boldsymbol{E}|^2\dfrac{\nabla\varepsilon(\phi)}{2}. \end{cases} \tag{16-82}$$

前面提到电润湿中的相场动力学包含三个物理模型, 因此相场动力学方程包括如下 3 个方程及其相应的边界条件:

(a) 不可压缩流动方程:

$$-\nabla p'+\nabla\cdot\left(\eta(\phi)\underline{\underline{T}}(\boldsymbol{v})\right)+\boldsymbol{F}_{st}+\boldsymbol{F}_p+\boldsymbol{F}_e=0. \tag{16-83}$$

相应边界条件为

$$\begin{cases} \boldsymbol{v}\cdot\boldsymbol{n}=0 \quad \text{in } S, \text{不可穿透条件}, \\ \beta\boldsymbol{v}\cdot\boldsymbol{\tau}=-\eta(\phi)\left(\boldsymbol{n}\cdot\underline{\underline{T}}(\boldsymbol{v})\cdot\boldsymbol{\tau}\right)+L\dfrac{\partial\phi}{\partial\tau}, \quad \text{in } S, \text{Navier 条件}. \end{cases} \tag{16-84}$$

其中在边界 $\partial\Omega\backslash S$ (液–气界面) 上, 边界条件可能根据具体问题而不同, 为简便起见, 可取为与 S 上相同.

(b) 相场方程: 相场 ϕ 遵循 Cahn-Hilliard 方程:

$$\frac{\partial\phi}{\partial t}+\nabla\cdot(\phi\boldsymbol{v})=-\nabla\cdot\boldsymbol{J}_\phi, \tag{16-85}$$

相应边界条件为

$$\begin{cases} \boldsymbol{J}_\phi=0, & \text{in } S, \\ \alpha\dot{\phi}=-L=-\left(\gamma'_{sf}(\phi)+\delta\dfrac{\partial\phi}{\partial n}\right), & \text{in } S, \\ \dfrac{\partial\phi}{\partial n}=0, & \text{in } \partial\Omega\backslash S. \end{cases} \tag{16-86}$$

(c) 电场方程:

$$\frac{\partial\rho}{\partial t}+\nabla\cdot(\rho\boldsymbol{v})=\nabla\cdot(K(\phi)\boldsymbol{E}+D(\phi)\nabla\rho)+q(s,t)\,\delta_{S_0}, \tag{16-87}$$

相应边界条件为

$$\begin{cases} [K(\phi)\boldsymbol{E}+D(\phi)\nabla\rho]\cdot\boldsymbol{n}=0, & \text{at } \partial\Omega, \\ V=\overline{V}, & \text{at } \partial\Omega^*. \end{cases} \tag{16-88}$$

这里, $q(s,t)$ 为特定位置处的面电荷量, S_0 为电极占据的区域, Ω^* 为一个比 Ω 更大的空间 ($\Omega^*\backslash\Omega$ 内 $\rho=0$), 并且电压施加在其边界 $\partial\Omega^*$ 上.

润湿可认为是电润湿不加电时的特殊情形, 因此以上相场动力学分析过程也适用于润湿问题, 只需将与电场相关的项取为 0 即可.

电润湿是一个多场耦合问题, 这也可由以上相场动力学方程看出, 由于很难通过理论求得解析解, 可利用数值模拟方法来求解动态电润湿过程. 但是, 由于相场动力学方程及其边界条件本身的复杂性, 不同文献中有关具体物理模型及物理参数的选取一般还带有主观性, 这对于数值模拟电润湿过程都是很严峻的挑战. 利用相场动力学方法模拟电润湿仍在起步阶段, 亟待进一步研究工作的开展.

在相场动力学方法中, 对于边界并没有严格限制, 可依据具体情况选用无滑移边界条件或者滑移边界条件, 由于扩散界面的存在, 不会产生三相接触点处的应力奇异性, 相场动力学方法的扩散界面假设是解决 “Huh-Scriven” 佯谬的重要途径之一.

16.5 本章结束语

理解含内应力薄膜结构的变形状态和几何形态在柔性电子薄膜、外延薄膜生长、外延石墨烯等微纳电子器件中具有重要意义. 一方面, 具有典型微纳尺度的异质外延薄膜结构在显著高于室温下应力耦合扩散会导致薄膜发生非线性形貌失稳, 从而影响外延自组装纳米结构的形态; 另一方面, 软衬底上的受压薄膜会发生弹性屈曲失稳, 进而影响薄膜的形态. 研究这些薄膜中的应力不稳定性诱发的非线性形态演化不仅有利于探索应力驱动的微纳米结构自组装新机制而且对微电子器件稳定性与寿命的控制至关重要. 然而这两类问题涉及了运动边界、多场耦合、非线性演化、大变形. 基于相场方法在处理运动边界问题上的优势, 倪勇、何陵辉等近年来发展了系列细观相场动力学模型与模拟研究应变薄膜的形态与微结构演化. 先后提出了应变诱发外延二维量子点分支生长 [18]、衬底边缘应变场重叠驱动的有限厚度衬底上外延量子点竖直方向反向有序的新机制 [19]; 研究了六方有序的外延二维圆形量子点阵列的稳定性, 展现了量子点间距, 量子点尺寸对量子点阵列形貌演化的影响 [20]; 另外分析了多层量子点生长过程中的已生长层量子点对当前生长层量子点生长模式的影响, 发现已生长层量子点中失配应变在外延层表面形成的弹性场和非均匀表面应力之间存在竞争关系并决定了生长层量子点的排布规则, 通过数值模拟显示了外部应变调控下丰富多样的有序外延结构形成过程 [21~24]; 发现了组分量子点内量子点形状依赖的组分偏析现象 [25]; 揭示了扩散对非线性皱曲花样发展过程的影响 [26], 提出了衬底或薄膜的弹性模量梯度诱导皱曲波长分岔的机制 [27].

相场动力学方法在表面与界面问题中的应用研究方兴未艾, 著者相信该方法将在多场耦合跨尺度的复杂表面与界面演化动力学中发挥不可替代的作用.

参 考 文 献

[1] Cahn J W, Hilliard J E. Free energy of a nonuniform system. I. Interfacial free energy. Journal of Chemical Physics, 1958, 28: 258–267.

[2] 冯端, 师昌绪, 刘治国. 材料科学导论. 北京: 化学工业出版社, 2002.

[3] 陆坤权, 刘寄星. 软物质物理学导论. 北京: 北京大学出版社, 2006.

[4] 徐祖耀. Spinodal 分解浅介. 上海金属, 2010, 32(5): 1–7.

[5] Cahn J W. Phase separation by spinodal decomposition in isotropic systems. Journal of Chemical Physics, 1965, 42: 93–99.

[6] Cahn J W. On spinodal decomposition. Acta Metallurgica, 1961, 9: 795–801.

[7] Suo Z, Lu W. Forces that drive self-assembly on solid surfaces. Journal of Nanoparticles

Research, 2000, 2: 333–344.

[8] Suo Z, Lu W. Composition modulation and nanophase separation in a binary epilayer. Journal of the Mechanics and Physics of Solids, 2000, 48: 211–232.

[9] Lu W, Suo Z. Dynamics of nanoscale pattern formation of an epitaxial monolayer. Journal of the Mechanics and Physics of Solids, 2001, 49: 1937–1950.

[10] Lu W, Suo Z. Symmetry breaking in self-assembled monolayers on solid surfaces: Anisotropic surface stress. Physical Review B, 2002, 65: 085401.

[11] Lu W, Suo Z. Symmetry breaking in self-assembled monolayers on solid surfaces. II. Anisotropic substrate elasticity. Physical Review B, 2002, 65: 205418.

[12] Fontelos M A, Grun G, Kindelan U, Klingbeil F. Numerical simulation of static and dynamic electrowetting. Journal of Adhesion Science and Technology, 2012, 26: 1805–1824.

[13] Huang J J, Shu C, Feng J J, Chew Y T. A phase-field-based hybrid Lattice-Boltzmann finite-volume method and its application to simulate droplet motion under electrowetting control. Journal of Adhesion Science and Technology, 2012, 26: 1825–1851.

[14] Rayleigh L. Theory of sound. London: MacMillan, 1877.

[15] Onsager L. Reciprocal relations in irreversible processes. I. Physical Review, 1931, 37: 405–426.

[16] Onsager L. Reciprocal relations in irreversible processes. II. Physical Review, 1931, 38: 2265–2279.

[17] Qian T Z, Wang X P, Sheng P. A variational approach to moving contact line hydrodynamics. Journal of Fluid Mechanics, 2006, 564: 333–360.

[18] Ni Y, He L H. Ramified growth of two-dimensional islands due to misfit stress. Acta Materialia, 2003, 51: 4161–4170.

[19] Ni Y, He L H. Spontaneous formation of vertically anti-correlated epitaxial islands on ultrathin substrates. Applied Physics Letter, 2010, 97: 261911.

[20] Ni Y, He L H, Song J. Strain-driven instability of a single island and a hexagonal island array on solid substrates. Surface Science, 2004, 553: 189–197.

[21] Ni Y, He L H. Spontaneous ordering of composition pattern in an epitaxial monolayer by subsurfacial dislocation array. Thin Solid Films, 2003, 440: 285–292.

[22] Ni Y, Soh A K, He L H. Strain-mediated patterning of surface nanostructure by the buried island array. Journal of Crystal Growth, 2004, 269: 262–269.

[23] Ni Y, He L H, Soh A K. Three-dimensional phase field simulation of surface roughening of heteroepitaxial films with elastic anisotropy. Journal of Crystal Growth, 2005, 284: 281-292.

[24] He L H, Huang L G. Pattern formation on a stretchable substrate. International Journal of Solids and Structures, 2008, 45: 5879–5889.

[25] Liang X D, Ni Y, He L H. Shape-dependent composition profile in epitaxially alloy quantum dots: A phase-field simulation. Computational Materials Science, 2010, 48: 871–874.

[26] Ni Y, He L H, Liu Q H. Modeling kinetics of diffusion-controlled surface wrinkles. Physical Review E, 2011, 84: 051604.

[27] Ni Y, Yang D, He L H. Spontaneous wrinkle branching by gradient stiffness. Physical Review E, 2012, 86: 031604.

附　录

附录A　分子动力学模拟势函数

附录B　水模型

附录C　固体基底上润滑近似下液体薄膜运动方程的推导

附录D　Young-Laplace 方程的求解

附录E　基底上球冠型液滴的几何关系

附录F　表面与界面的微分几何关系

附录G　水与表面和界面相关的一些特性

附录 A 分子动力学模拟势函数

A.1 基本原理

分子力场主要是依照 Born-Oppenheimer 原理, 将计算体系中的电子运动予以忽略, 而将系统的能量视为原子核位置的函数. 由于力场是采用一系列简化或经验性形式来描述原子间作用, 在描述原子基本作用形式 (如原子间距变化、键角改变等) 的基础之上, 研究人员根据不同计算体系 (如生物大分子、金属晶体) 各自的特点, 对力场进行了重建及优化, 形成了很多具有针对性的力场, 如 AMBER[1,2], CHARMM[3], EAM[4] 等力场形式. 以下内容按照力场的适用范围对常用力场进行了分类汇总.

A.2 基本力场

分子的总能量等于动能与势能之和, 分子的势能通常可表示为原子坐标的函数. 经典力学的计算以力场为依据, 力场的完备性决定了计算的正确程度. 复杂的分子总势能可以分为各类型势能之和, 这些类型主要包括:

总势能 =键伸缩能 + 键角弯曲势能 + 二面角扭曲势能 + 离平面振动势能
+ 库仑静电势能 + 非键结势能

在实际问题的研究当中, 可以根据所研究的系统, 对上式提及的各项进行取舍. 如 Netz 等[5] 在研究界面水在亲、疏水表面上的吸附时, 就只取了上式中的最后两项库仑静电势以及非键结势能对系统进行描述, 而略去了其他键、角的相互作用.

A.2.1 键伸缩能 (bond stretch)

二次函数: $E\left(r_{ij}\right)=k\left(r_{ij}-r_0\right)^2$.

其中, r_{ij} 为成键两原子间距离, r_0 为平衡位置距离. 二次函数模型是简谐振动势, 以对称的形式描述平衡位置附近的键伸缩势能, 不太适用当键长偏离平衡位置较远的情况.

四次函数: $E\left(r_{ij}\right)=k\left[\left(r_{ij}-r_0\right)^2-2\left(r_{ij}-r_0\right)^3+\dfrac{7}{3}\left(r_{ij}-r_0\right)^4\right]$,

四次展开的函数可在较大范围中反映非简谐振动势.

Morse 非简谐振动势：$E\left(r_{ij}\right)=E_0\left\{\left\{1-\exp\left[-\alpha\left(r_{ij}-r_0\right)\right]\right\}^2-1\right\}$.

其中, E_0 为离解能, α 为与振动频率有关的参数. Morse 势函数更为全面的描述了非简谐振动势, 其缺点是计算速度较慢.

A.2.2　键角弯曲项 (angle bending)

分子中连续键结的三原子形成键角, 这些键角并非维持恒定不变, 而是在其平衡位置附近处存在小幅震荡.

二次函数：$E\left(\theta\right)=k\left(\theta-\theta_0\right)^2$.

该形式同键长伸缩类似, 为简谐振动势, 其中 k 为键角弯曲的弹力常数, θ 及 θ_0 分别表示第 i 个键角及其平衡键角的角度. 同样也可以增加高次非简谐项以提高计算的精度：

四次函数：$E\left(\theta\right)=k_2\left(\theta-\theta_0\right)^2+k_3\left(\theta-\theta_0\right)^3+k_4\left(\theta-\theta_0\right)^4$;

余弦二次函数：$E\left(\theta\right)=k\left(\cos\theta+\cos\theta_0\right)^2$;

多重余弦函数：$E\left(\theta\right)=k\left[1+\cos\left(m\theta-\theta_0\right)\right],\ (m=1,2,3,\cdots)$;

多重余弦函数具有 m 极小点, 适用于描述金属配位键角.

A.2.3　二面角扭转项 (torsion angle)

分子中连续成键的四个原子, 形成二面角. 在一般分子当中, 二面角易于扭动.

二次函数：$E\left(\phi\right)=k\left(\phi-\phi_0\right)^2$.

其中 k 为键角弯曲的弹力常数, ϕ 及 ϕ_0 分别表示瞬时二面角以及平衡二面角的角度. 此外, 也可用以下较为复杂的形式对二面角势能进行描述：

余弦谐振子函数：$E\left(\phi\right)=k\left(\cos\phi+\cos\phi_0\right)^2$.

多重余弦函数：$E\left(\phi\right)=k\left[1+\cos\left(m\phi-\phi_0\right)\right]\left(m=1,2,3,\cdots\right)$.

其中 m 为多重度, 是二面角在 $0^\circ\sim360^\circ$ 旋转的过程中出现的能量极小值的次数.

三次展开余弦函数：$E\left(\phi\right)=k_1\left(1+\cos\phi\right)+k_2\left(1-\cos2\phi\right)+k_3\left(1-\cos3\phi\right)$.

该形式实际上是 Fourier 级数展开, 可以表达一些较为复杂的势能曲面.

A.2.4　偏离平面振动项 (out-of-plane bending)

分子中有部分原子有共平面倾向, 如苯环上的碳氢原子等. 这些原子有形成共平面的倾向, 通常共平面的四个原子的中心原子离平面小幅振动. 定义其中一个化学键和其他三个原子形成的平面的夹角为离平面振动位移角 χ. 该振动势能可以表示成如下形式：

二次函数：$E\left(\chi\right)=k\left(\chi-\chi_0\right)^2$;

余弦谐振子函数：$E\left(\chi\right)=k\left(\cos\chi+\cos\chi_0\right)^2$;

余弦函数：$E\left(\chi\right)=k\left(1-\cos\chi\right)$;

其中, k 为离平面振动项的弹力常数, χ_0 为平衡时角度.

A.2.5 非正常二面角扭转项

离平面振动项也可以通过四个原子构成的二面角来表达, 一般称之为非正常二面角扭转. 它的表示形式也类似于上述离平面振动形式:

二次函数: $E(\chi) = k(\chi - \chi_0)^2$;

余弦谐振子函数: $E(\chi) = k(\cos\chi + \cos\chi_0)^2$;

三次展开余弦函数: $E(\chi) = k_1(1+\cos\chi) + k_2(1-\cos 2\chi) + k_3(1-\cos 3\chi)$;

偏倚余弦函数展开:

$$E(\chi) = k[1+\cos(m\chi - \chi_0)]\,(\chi_0 = 0, m = 1, 3, 5, \cdots; \chi_0 = \pi, m = 2, 4, 6, \cdots).$$

A.2.6 库仑作用项 (Coulombic interaction)

在离子以及分子中, 由于离子带电或者不同种原子的原子核吸引电子能力的不同而出现的电性偏移, 都会使得这些粒子间存在静电吸引或者排斥作用.

在存在有离子的体系当中, 离子间主要作用为点电荷作用

$$E(r_{ij}) = \sum_{i,j} \frac{q_i q_j}{D r_{ij}},$$

其中 q_i 及 q_j 为分子中第 i 个离子与第 j 个离子所带电荷; r_{ij} 为距离, D 为有效介电常数. 在不含离子的分子中, 特别是对于极性分子来说, 库仑作用主要是偶极 (dipole) 作用

$$E(r_{ij}) = \frac{\mu_i \mu_j}{D r_{ij}^3}(\cos\chi - 3\cos\alpha_i \cos\alpha_j),$$

其中 μ_i 和 μ_j 是分子中的偶极矩, χ 为偶极间夹角, α_i 与 α_j 分别为偶极中心连线与偶极 μ_i 和 μ_j 的夹角.

A.2.7 非键结作用项 (non-bonding interaction)

在一个分子力场中, 如果两个原子分别属于不同的分子或者属于同一分子但其相隔多于两个化学键连接的, 期间会存在有非键结的 van der Waals (vdW) 作用. 一般用以描述 vdW 作用的有如下几种常见的形式:

(1) Lennard-Jones (LJ 12-6)

$$E(r_{ij}) = \varepsilon\left[\left(\frac{r_{ij}^0}{r_{ij}}\right)^{12} - 2\left(\frac{r_{ij}^0}{r_{ij}}\right)^{6}\right].$$

式中, r_{ij} 为原子 i, j 间距离; r_{ij}^0 为两原子作用势阱的位置; ε 为势阱深度. 而对其中的参数 r_{ij}^0 与 ε 来说, 根据不同的分子作用由以下两种混合规则来确定: (a) Lorentz-

Berthelot 规则: $\varepsilon_{ij}=\sqrt{\varepsilon_i\varepsilon_j}, r_{ij}^0=\left(r_i^0+r_j^0\right)/2$, 其中 $\varepsilon_i, \varepsilon_j$ 以及 r_i, r_j 为不同原子的非键参数; (b) Geometric 规则 $\varepsilon_{ij}=\sqrt{\varepsilon_i\varepsilon_j}, r_{ij}^0=\sqrt{r_i^0 r_j^0}$.

(2) Lennard-Jones (LJ 9-6)

$$E\left(r_{ij}\right)=\varepsilon_{ij}\left[2\left(\frac{r_{ij}^0}{r}\right)^9-3\left(\frac{r_{ij}^0}{r}\right)^6\right].$$

其混合规则为

$$\begin{cases}\varepsilon_{ij}=2\sqrt{\varepsilon_i\varepsilon_j}\dfrac{\left(r_i^0\right)^3\left(r_j^0\right)^3}{\left(r_i^0\right)^6+\left(r_j^0\right)^6},\\ r_{ij}^0=\left(\sqrt{\dfrac{\left(r_i^0\right)^6+\left(r_j^0\right)^6}{2}}\right)^{\frac{1}{6}}.\end{cases}$$

(3) Buckingham 势

$$E\left(r_{ij}\right)=A\exp\left(\frac{-r_{ij}}{\rho}\right)-\frac{C}{r_{ij}^6}.$$

其混合规则为

$$\begin{cases}A=\sqrt{A_iA_j},\\ C=\sqrt{C_iC_j},\\ \rho=\dfrac{\rho_i+\rho_j}{2},\end{cases}$$

其中 A, C, ρ 等均为相互耦合参数.

(4) Morse 势

$$E\left(r_{ij}\right)=E_b\left\{\left\{1-\exp\left[-\alpha\left(r_{ij}-r_0\right)\right]\right\}^2-1\right\}.$$

其对应的混合规则为

$$\begin{cases}E_b=\sqrt{E_iE_j},\\ \alpha=\sqrt{\alpha_i\alpha_j},\\ r^0=\dfrac{r_i^0+r_j^0}{2}.\end{cases}$$

A.3　经验参数化方法

A.3.1　有机化合物适用力场

MM2[6]、MM3[7]、MM4[8] 等 MMX 系列力场

MMX 系列力场能够很好的预测分子的结构、构象能和生成热. 该系列力场仅限于分子内性质和晶体的静态结构而并没有考虑在液体中的作用. 此力场适用于

各种有机化合物、自由基、离子. MM3 力场 [7] 的函数形式为

$$E = E_{nb} + E_b + E_\theta + E_\phi + E_\chi + E_{el} + E_{\text{cross}}.$$

其中,

$$E_{nb}(r) = a\varepsilon \cdot \mathrm{e}^{-c\sigma/r} - b\varepsilon(\sigma/r)^6;$$

$$E_b(r) = \frac{k_b}{2}(r-r_0)^2[1-k_b'(r-r_0)-k_b''(r-r_0)^2-k_b'''(r-r_0)^3];$$

$$E_\theta(\theta) = \frac{k_\theta}{2}(\theta-\theta_0)^2[1-k_\theta'(\theta-\theta_0)-k_\theta''(\theta-\theta_0)^2-k_\theta'''(\theta-\theta_0)^3];$$

$$E_\phi(\phi) = \sum_{n=1}^{3}\frac{V_n}{2}(1+\cos n\phi);$$

$$E_\chi(\chi) = k(1-\cos 2\chi).$$

在此力场当中, E_{el} 为一般的库仑作用项; E_{cross} 为交叉作用项. 比如与同一原子键结的两个键, 其键长分别为 r_1 及 r_2. 则键与键的交叉作用项为

$$E(r_1,r_2) = \frac{k_{12}}{2}(r_1-r_{1,0})(r_2-r_{2,0}).$$

此三原子构成一个键角 θ, 则其键长与键角的交叉作用项为

$$E(r_1,r_2,\theta) = \frac{k_{12\theta}}{2}[(r_1-r_{1,0})+(r_2-r_{2,0})](\theta-\theta_0),$$

此外, 二面角所含的键为 r, 则键伸缩与二面角扭曲的交叉作用项为

$$E(r,\phi) = k(r-r_0)\cos n\phi.$$

A.3.2 生物及有机物体系模拟适用力场

1. AMBER 力场

AMBER (assisted model building with energy refinement) 力场是美国加州大学的 Peter Kollman 等[1,2] 发展的专注于研究蛋白质、核酸、多糖等生物大分子的力场. 后来, 该力场也适用于有机小分子的研究. AMBER 的函数形式为

$$\begin{aligned}E =& \sum_b k_b(b-b_0)^2 + \sum_\theta k_\theta(\theta-\theta_0)^2 \\ &+ \sum_\phi \frac{k_\phi}{2}[1+\cos(n\phi-\phi_0)] + \sum_\chi \frac{k_\chi}{2}[1+\cos(n\chi-\chi_0)] \\ &+ \sum \varepsilon\left[\left(\frac{r^*}{r}\right)^{12} - 2\left(\frac{r^*}{r}\right)^6\right] + \sum\frac{q_iq_j}{\varepsilon_{ij}r_{ij}} + \sum\left(\frac{C_{ij}}{r_{ij}^{12}} - \frac{D_{ij}}{r_{ij}^{10}}\right),\end{aligned}$$

其中, b、θ、ϕ 与 χ 分别为键长、键角、二面角与离面角; 第 5、6、7 项分别为 van der Waals 作用项、静电作用项以及氢键作用项.

2. CHARMM 力场

CHARMM (Chemistry at HArvard Macromolecular Mechanics) 力场[3] 为美国 Harvard 大学发展的力场. 其力场参数参照了实验结果以及量子计算的结果. 同 AMBER 力场类似, 重点研究生物大分子, 但同时也适用于多分子系统, 包括有机分子、溶液、聚合物、生化分子等. CHARMM 力场的函数形式为

$$
\begin{aligned}
E = & \sum_{b} k_b \left(r_{ij} - r_0\right)^2 + \sum_{\theta} k_\theta \left(\theta - \theta_0\right)^2 + \sum_{\phi} \left[\left|k_\phi\right| + k_\phi \cos n\phi\right] + \sum_{\chi} k_\chi \left(\chi - \chi_0\right)^2 \\
& + \sum_{i,j} \frac{q_i q_j}{4\pi\varepsilon_0 r_{ij}} + \sum \left(\frac{A_{ij}}{r_{ij}^{12}} - \frac{B_{ij}}{r_{ij}^{6}}\right) \mathrm{sw}\left(r_{ij}^2, r_{\mathrm{on}}^2, r_{\mathrm{off}}^2\right),
\end{aligned}
$$

在力场中计算氢键的能量式为

$$
\begin{aligned}
E' = & \left(\frac{A}{r_{AD}^{6}} - \frac{B}{r_{AD}^{9}}\right) \cos^m \left(\phi_{A-H-D}\right) \cos^n \left(\phi_{AA-A-H}\right) \mathrm{sw}\left(r_{AD}^2, r_{\mathrm{on}}^2, r_{\mathrm{off}}^2\right) \\
& \mathrm{sw}\left(\cos^2 \phi_{A-H-D}, \cos^2 \phi_{\mathrm{on}}, \cos^2 \phi_{\mathrm{off}}\right).
\end{aligned}
$$

在上述两式当中, sw 称为开关函数, 用以控制作用范围, 下标 “on” “off” 为开始计算与终止计算此函数的键长或者角度值.

3. CVFF 力场

CVFF (consistent valence force field) 力场[9] 为 Dauber Osguthope 等发展. 该力场的模拟最初以生化分子为主, 适用于计算氨基酸、水及含各种官能基团的分子体系. 经过不断的强化, CVFF 力场可适用于计算各种多肽、蛋白质与大量的有机分子. 其形式如下:

$$
\begin{aligned}
E = & \sum_{b} D_b \left[1 - \mathrm{e}^{-\alpha(b-b_0)^2}\right] + \sum_{\theta} k_\theta \left(\theta - \theta_0\right)^2 + \sum_{\phi} k_\phi \left[1 + \cos\left(n\phi\right)\right] \\
& + \sum_{\chi} k_\chi \chi^2 + \sum_{b}\sum_{b'} k_{bb'} \left(b - b_0\right)\left(b' - b_0'\right) + \sum_{\theta}\sum_{\theta'} k_{\theta\theta'} \left(\theta - \theta_0\right)\left(\theta' - \theta_0'\right) \\
& + \sum_{b}\sum_{\theta} k_{b\theta} \left(b - b_0\right)\left(\theta - \theta_0\right) + \sum_{\phi}\sum_{\theta}\sum_{\theta'} k_{\phi\theta\theta'} \cos\phi \left(\theta - \theta_0\right)\left(\theta' - \theta_0'\right) \\
& + \sum_{\chi}\sum_{\chi'} k_{\chi\chi'} \chi\chi' + \sum \varepsilon \left[\left(\frac{r^*}{r}\right)^{12} - 2\left(\frac{r^*}{r}\right)^{6}\right] + \sum \frac{q_i q_j}{\varepsilon_0 r_{ij}}.
\end{aligned}
$$

4. CFF 力场、MMFF 力场

CFF (consistent force field)[10,11] 与 MMFF (Merck molecular force field)[12] 力场均是基于量子化学计算得到的力场, 亦称之为第二代力场. 其形式远较上述的力场要复杂, 所需计算参数也更多. 这些力场能精确的计算分子的各种性质、结构、光谱、热力学等性质.

(1) CFF91、CFF95 力场

CFF91 力场[11] 适用于研究碳氢化合物、蛋白质、蛋白质–配位基的交互作用以及研究有机小分子的气态结构、振动频率、构象能、转动能垒和晶体结构等. 力场参数化元素有 H、Na、Ca、C、Si、N、P、O、S、F、Cl、Br、I 和 Ar 等. CFF95 力场[10] 特别是针对如多糖类、聚碳酸酯等有机高分子体系所设计, 较适用于生命科学的应用, 此力场含有卤素原子及 Li、Na、K、Rb、Cs、Mg、Ca、Fe、Cu 和 Zn 等金属原子的参数. CFF 系列的力场的函数形式为

$$
\begin{aligned}
E=&\sum_{\text{bond}}\left[K_{b2}(b-b_0)^2+K_{b3}(b-b_0)^3+K_{b4}(b-b_0)^4\right]\\
&+\sum_{\text{angle}}\left[K_{a2}(\theta-\theta_0)^2+K_{a3}(\theta-\theta_0)^3+K_{a4}(\theta-\theta_0)^4\right]\\
&+\sum_{\text{dihedral}}\left[K_{t1}(1-\cos\phi)+K_{t2}(1-\cos 2\phi)+K_{t3}(1-\cos 3\phi)\right]\\
&+\sum_{\text{OOPA}}K_{\chi}(\chi-\chi_0)^2+\sum_{\text{bond/bond}}K_{bb}(b-b_0)(b'-b'_0)\\
&+\sum_{\text{bond/angle}}K_{ba}(b-b_0)(\theta-\theta_0)\\
&+\sum_{\text{bond/torsion}}(b-b_0)\left[K_{bt1}\cos\phi+K_{bt2}\cos 2\phi+K_{bt3}\cos 3\phi\right]\\
&+\sum_{\text{angle/angle}}K_{aa}(\theta-\theta_0)(\theta'-\theta'_0)\\
&+\sum_{\text{angle/torsion}}(\theta-\theta_0)\left[K_{at1}\cos\phi+K_{at2}\cos 2\phi+K_{at3}\cos 3\phi\right]\\
&+\sum_{\text{angle/torsion angle}}(\theta-\theta_0)(\theta'-\theta'_0)(\phi-\phi_0)\\
&+\sum_{\text{nonbond}}\left\{\varepsilon_{ij}\left[2\left(\frac{r_{ij}^0}{r_{ij}}\right)^9-3\left(\frac{r_{ij}^0}{r_{ij}}\right)^6\right]+\frac{q_iq_j}{r_{ij}}\right\}.
\end{aligned}
$$

(2) MMFF[12] 系列力场

该力场为美国的 Merck 公司针对有机药物设计所发展的, 不仅适用于小型有机分子体系的性质计算, 而且可以用于大分子体系. 可得到很准确的几何结构, 振动频率与各种热力学性质. 其立场的函数形式为

$$
\begin{aligned}
E=&\sum_{\text{bond}}\frac{143.9325k_b}{2}\left[(b-b_0)^2-2(b-b_0)^3+\frac{7}{3}(b-b_0)^4\right]\\
&+\sum_{\text{angle}}\frac{0.043844k_a}{2}\left[(\theta-\theta_0)^2-0.4(\theta-\theta_0)^3\right]
\end{aligned}
$$

$$
\begin{aligned}
&+\sum_{\text{dihedral}}\frac{1}{2}\left[K_{t1}\left(1+\cos\phi\right)+K_{t2}\left(1-\cos 2\phi\right)+K_{t3}\left(1+\cos 3\phi\right)\right]\\
&+\sum_{\text{OOPA}}\frac{0.043844K_{\chi}}{2}\left(\chi-\chi_0\right)^2\\
&+\sum_{\text{bond/angle}}2.51210K_{ba}\left(b-b_0\right)\left(\theta-\theta_0\right)\\
&+\sum_{\text{nonbond}}\left\{\varepsilon_{ij}\left(\frac{1.07r_{ij}^0}{r_{ij}+0.07r_{ij}^0}\right)^7\left[\frac{1.12\left(r_{ij}^0\right)^7}{\left(r_{ij}\right)^7+0.12\left(r_{ij}^0\right)^7}-2\right]+\frac{q_iq_j}{\varepsilon\left(r_{ij}+\delta\right)^n}\right\}.
\end{aligned}
$$

A.3.3　嵌入原子势以及金属玻璃、锂–硅合金材料性质模拟

经典的 MD 力场, 是在 Newton 力学的框架内, 只考虑对势作用, 即原子间的两两相互作用, 并没有考虑多体之间的相互作用. 1983 年, Daw 和 Baskes 提出并发展了嵌入原子方法 (embedded atom method)[4]. 这是用来构造金属多体势模型的一种方法, 将传统的对势加入到嵌入电子密度函数中, 形式为

$$E=F_\alpha\left(\sum_{j\neq i}\rho_\alpha\left(r_{ij}\right)\right)+\frac{1}{2}\sum_{j\neq i}\phi_{\alpha\beta}\left(r_{ij}\right).$$

其中第一项 F_α 是原子嵌入能, 它由其他原子在该处的电子密度和决定; 第二项 ϕ 是通常的两体相互作用势. EAM 势多用于针对金属及陶瓷材料的 MD 模拟, 针对不同的元素, EAM 采用不同的参数, 具体可以参考以下网址:

http://xmd.sourceforge.net/eam.html

http://www.ctcms.nist.gov/potentials

http://cst-www.nrl.navy.mil/ccm6/ap

http://enpub.fulton.asu.edu/cms/potentials/main/main.htm

EAM 是一种半经验方法, 各微观参数都由材料的宏观性质决定, 其主要的参数都放在原子的电子密度表示及相关形式中. EAM 把原子对间的性质主要归结到原子的性质, 这是该方法的优点之一. 在嵌入原子法中, 原子的电子密度分布函数构成了主要的微观作用参数, 它也为这个半经验理论提供了一定的物理背景. 随着理论的进一步发展, 电子密度分布的方向性被考虑在内, 对应于电子的 s,p,d,f 轨道效应, 数学形式更加复杂, 常称为 MEAM (modified embedded-atom method)[13]. MEAM 将由于原子键合方向性而引起的电子密度方向部分加到原有的线性叠加项上, 其形式为

$$E=\sum_i\left\{F_i\left(\bar{\rho}_i\right)+\frac{1}{2}\sum_{i\neq j}\phi_{ij}\left(r_{ij}\right)\right\}.$$

金属玻璃又称非晶态合金, 近年来作为新材料在研究中得到广泛重视, EAM 势函数也可以应用于模拟金属玻璃[14]. 另外, 还有其他形式的势函数可用于金属玻璃的 MD 模拟, 如 Rosato-Guillope-Legrand (RGL)-type many-body force field[15], 其形式为

$$E = \sum_i E_i = \sum_i \left(E_B^i + E_R^i\right).$$

其中

$$E_B^i = -\left\{\sum_{i \neq j} c^2 \exp\left[-2q\left(\frac{r_{ij}}{r_0} - 1\right)\right]\right\}^{1/2},$$

$$E_R^i = \sum_{i \neq j} \frac{1}{2}\varepsilon \exp\left[-p\left(\frac{r_{ij}}{r_0} - 1\right)\right].$$

对于 $Cu_{46}Zr_{54}$ 中各元素的参数可由附表 A.1 给定:

表 A.1

	r_0/Å	ε/eV	c/eV	p	q
Zr-Zr	3.2100	0.3688	2.3365	2.0250	7.9273
Cu-Cu	2.6356	0.2149	1.3483	2.7490	10.2215
Cu-Zr	2.9086	0.3615	2.0100	2.7960	8.6020

MEAM 力场在大多数情况下能较为有效的模拟多数元素在不同晶体构型下的材料性质. 然而在模拟很多具有体心立方 (bcc) 结构的材料性质时, 却出现了较大的偏差, 最常见的问题就在于模拟得到的 (111) 表面的表面能比 (100) 表面的表面能小, 最稳定构型也不再是 bcc 结构. 这些都与实际的情况出现了明显的偏差. 在 MEAM 力场中, 只用一个作用很强的屏蔽函数 (screening function) 考虑了最近邻原子的影响, 而在实际的 bcc 晶体结构当中, 第二最近邻原子与中心原子的距离相较于最近邻原子与中心原子的距离只多出了 15%. 因此不能直接将 bcc 结构当中的第二最近邻原子的影响忽略. 进而有学者发展了第二最近邻原子修正的 MEAM 力场 (second nearest-neighbor modified embedded atom method). 在前述的 MEAM 力场当中, 对嵌入项的处理仍保持原形式, 而在对势的处理上, 则采用了如下形式:

$$E^u(R) = F\left[\bar{\rho}^0(R)\right] + \frac{Z_1}{2}\phi(R) + \frac{Z_2 S}{2}\phi(aR),$$

其中 E 为在原始参考结构当中的单原子能量, F 为嵌入函数, Z_1 则为最近邻原子数. 最近邻修正的 MEAM 势函数就只考虑到此项的影响. 而在第二最近邻修正中则加入了上式中的最后一项, 其中 Z_2 为第二最近邻原子数, S 为屏蔽函数, a 则为第二最近邻原子与第一最近邻原子相对于中心原子距离的比值. 对于屏蔽函

数 S 的具体形式则较为复杂, 可以参见有关 2NN MEAM 的相关文献中的推导形式[16,17]. 其后有学者基于此力场, 发展了一些过渡金属材料的力场参数以及一些合金参数的力场参数, 比如锂 - 硅合金的力场参数[18]. 基于该力场参数, 可以模拟锂–硅合金的相关性质以及硅基锂离子电池的中的相关材料性质与性能的研究, 相关参数列举于表 A.2 和表 A.3.

表 A.2 硅、锂单质的 2NN MEAM 模拟参数[18]

	E_c	r_e	α	d	A	$\beta^{(0)}$	$\beta^{(1)}$	$\beta^{(2)}$	$\beta^{(3)}$	$t^{(1)}$	$t^{(2)}$	$t^{(3)}$	$C_{\max}$	$C_{\min}$
Si	4.63	2.35	4.90	0.03	0.53	3.00	7.50	0.00	3.00	1.45	7.61	−2.10	2.60	0.75
Li	1.65	2.99	3.00	0.14	0.64	1.03	4.88	4.15	5.27	−1.46	4.13	−0.57	1.91	0.31

表 A.3 硅–锂合金的 2NN MEAM 参数[18]

E_c	r_e	α	D	$\rho_0(\rho_0^{\mathrm{Si}}/\rho_0^{\mathrm{Li}})$
2.45	2.75	4.10	0.10	3.0
	Li-Li-Si	Si-Si-Li	Li-Si-Li	Li-Si-Si
$C_{\max}$	2.81	2.20	2.40	2.40
$C_{\min}$	0.55	0.35	0.45	0.45

注: 其中 $\boldsymbol{E}_c$ 和 r_e 的单位分别为 eV 以及 Å.

A.3.4 多体作用势

1. Stillinger-Weber 势

对于 Si、Ge 等具有明显晶向性质差别的材料, 除了上述所提及的 EAM 势函数可以用以模拟 Si、Ge 与其他金属材料所形成的合金体系外, 就 Si 和 Ge 两种元素所形成的单质结构性质模拟, 目前所采用最多的则是 Stillinger-Weber (SW) 两体–三体相互作用势[19]. 采用 EAM 势函数模拟材料性质的前提是原子间的结合形式主要以金属键结合并且原子间存在放射形式的结合作用力, 这种作用形式主要体现在材料各个方向性质的差异上. 因此, 对于 Si 和 Ge 这类明显有晶向性质差异的材料, 在势函数当中就需要考虑键角和方向的影响. 在 SW 势函数中, 考虑到了两体作用与三体作用, 其表达式为

$$E=\sum_{i}\sum_{j>i}\phi_2\left(r_{ij}\right)+\sum_{i}\sum_{j\neq i}\sum_{k>j}\phi_3\left(r_{ij},r_{ik},\theta_{ijk}\right),$$

式中的求和是针对原子 i 在截断半径为 $a\sigma$ 的范围内所有近邻原子 j 和 k 所进行的. 其中, ϕ_2 和 ϕ_3 分别表示两体作用项和三体作用项, 具体表达式

$$\phi_2\left(r_{ij}\right)=A_{ij}\varepsilon_{ij}\left[B_{ij}\left(\frac{\sigma_{ij}}{r_{ij}}\right)^{p_{ij}}-\left(\frac{\sigma_{ij}}{r_{ij}}\right)^{q_{ij}}\right]\exp\left(\frac{\sigma_{ij}}{r_{ij}-a_{ij}\sigma_{ij}}\right),$$

$$\phi_3(r_{ij},r_{ik},\theta_{ijk}) = \lambda_{ijk}\varepsilon_{ijk}(\cos\theta_{ijk}-\cos\theta_{0ijk})^2 \exp\left(\frac{\gamma_{ij}\sigma_{ij}}{r_{ij}-a_{ij}\sigma_{ij}}\right)\exp\left(\frac{\gamma_{ik}\sigma_{ik}}{r_{ik}-a_{ik}\sigma_{ik}}\right).$$

ϕ_2 式表示一个完整的两体作用, 即对势作用. 其表达形式也类似于 Lennard-Jones 势函数的表达形式, 包括吸引项以及排斥项两部分. 其中的参数 ε 和 σ 也与 LJ 势函数作用类似, 分别表示能垒高度和原子间平衡间距, A 与 B 则是不同材料的拟合参数. ϕ_3 式中则包含了角度项 $\cos\theta_{ijk}$, 这是考虑以 i 原子为中心的 ij 原子成键与 ik 原子成键的键角作用项. 其中 λ_{ijk}, ε_{ijk} 和 γ 分别为三体作用中与键角 θ_{ijk} 以及 ij 原子成键、ik 原子成键有关的拟合参数.

SW 势函数能较好的计算得到具有金刚石晶体结构的材料的晶格常数、内聚能以及弹性常数等典型特征. 这正是由于在理想的金刚石结构当中, 三体相互作用消失, 只能通过两体作用势来计算平衡状态下晶体结构的材料常数. 而在非理想结构当中, 金刚石结构中的键角与其他晶体结构的键角不同, 因此需要此三体作用将键角作用考虑进来. 因此, 对于 Si 这种具有金刚石结构的材料来说, 采用 SW 势函数能较为统一的反映其在理想晶体结构以及非理想晶体结构下的材料性能以及原子间相互作用.

2. Tersoff 势

对 Si, Ge 材料模拟时, 另外一种用到较多的势函数为 Tersoff 势[20]. Tersoff 势函数是基于量子力学中键序的概念来考虑以共价键成键的原子间相互作用. 两个原子间的键强不再是常量而是取决于原子所处环境, 受到成键原子周围原子的影响. Tersoff 势函数是从 Morse 势函数发展而来, 可以较为准确的描述共价键原子间的相互作用. 相较于前述的 SW 势函数, Tersoff 势函数在描述 Si, Ge 熔态结构方面, 可以较好的给出与实验结果相近的径向分布函数. 而在晶体结构的模拟方面, 由于在 SW 势当中, 显式存在一个三体作用项, 而这个作用项可以有效的将晶体结构稳定在正四面体结构. 因此, 在研究 Si, Ge 的晶态、表面行为、缺陷时, 可以采用 SW 势来进行研究. 而对于团簇、液态的结构进行描述时, Tersoff 势能给出更符合实验的结果. 最原始的 Tersoff 势函数采用如下形式

$$E = \frac{1}{2}\sum_i\sum_{j\neq i}V_{ij} = \frac{1}{2}\sum_i\sum_{j\neq i}f_C(r_{ij})\left[f_R(r_{ij})+b_{ij}f_A(r_{ij})\right],$$

式中, V_{ij} 是原子 i, j 之间的交互作用能, f_R 和 f_A 分别表示排斥与吸引作用项, f_C 是一个光滑的截断函数, 它可以使得两原子间相互作用在距离较远的情况下能光滑的趋于零. b_{ij} 则为键序参数, 在物理上表征了对键序的测量, 反映了共价键的饱和性. 从直观上, 则表征了 i, j 原子间作用受到周围原子的影响程度. f_R 和 f_A 的表

达式可以参照 Morse 势的形式, 而 f_C 通常则可以取如下形式:

$$f_C(r_{ij}) = \begin{cases} 1, & r_{ij} < R, \\ 0.5 + 0.5\cos\left[(r_{ij} - R)/(S - R)\right], & R < r_{ij} < S, \\ 0, & r_{ij} > S, \end{cases}$$

式中的 R 与 S 分别为两个不同的截断半径.

Tersoff 势函数在使用中, 主要是针对第 IV 主族元素, 特别是 Si, Ge 的适用性较好. 但是在对 C 元素使用时, 尤其是在含有 C-H 键以及一个碳原子和四个碳原子成键的情况下, 会出现较大的偏差. Brenner[21] 则在 Tersoff 势的基础上, 考虑成键方向重叠而改进了键序参数 b_{ij}, 形成了 Tersoff-Brenner 势. 这个势函数能较好的反应碳元素所形成的金刚石结构, 并且近些年来也有不少学者将该势用以模拟碳纳米管行为当中. 具体对 b_{ij} 的修改, 可以参见文献 [21].

A.3.5　反应力场

传统的经典力场并不涉及化学反应过程, 在经典力场的描述当中, 假设分子的联结性是固定的, 无法处理化学键的生成与断裂. 然而, 为了描述有化学反应的体系, 不断有学者发展了可以描述化学反应的力场. 与经典力场相似, 反应力场的发展也是从早期针对特定体系而发展起来的. 比如早期, 为了模拟 $H+H_2$ 体系, Johnston 建立了 REBO 力场[22] 描述反应的势能面. 反应力场主要以键级 (bond order) 为基础, 建立模拟体系与键级的关系. 在反应力场中, 需要从原子角度出发, 将每种元素作为单独的模拟粒子存在, 无法用键长、键角等分子内坐标的能量函数来表示体系的势能变化. 而且, 在反应力场中, 需要着重处理的多体作用也无法简单用键长等来处理. 目前, 主要采用的反应力场主要包括 REBO 力场[23] 与 ReaxFF 力场[24], 以下主要介绍这两种反应力场.

1. REBO 力场

REBO 力场主要是基于 Abell-Tersoff 类型的势函数形式, 即如下式所表示:

$$E_{ij}^{\text{REBO}} = V_{ij}^R + b_{ij} V_{ij}^A,$$

式中, V_{ij}^R 与 V_{ij}^A 分别为原子的对相互作用的排斥和吸引能量项; b_{ij} 为体现多体作用的键级参数. V_{ij}^R 与 V_{ij}^A 具体可以写成如下形式:

$$V_{ij}^R = \omega_{ij}(r_{ij})\left(1 + \frac{Q_{ij}}{r_{ij}}\right) A_{ij} \mathrm{e}^{-\alpha_{ij} r_{ij}},$$

$$V_{ij}^A = -\omega_{ij}(r_{ij}) \sum_{n=1}^{3} B_{ij}^{(n)} \mathrm{e}^{-\beta_{ij}^{(n)} r_{ij}},$$

式中, $\omega_{ij}(r_{ij})$ 为原子对间距离 r_{ij} 的开关函数 $S'(t)$, 即

$$\omega_{ij}(r_{ij}) = S'\left[t_c(r_{ij})\right].$$

$S'(t)$ 的具体形式为

$$S'(t) = \Theta(-t) + \Theta(t)\,\Theta(1-t)\,\frac{1}{2}\left[1+\cos(\pi t)\right],$$

其中, $\Theta(t)$ 为 Heaviside 阶梯函数, 即

$$\Theta(t) = \begin{cases} 0, & t<0, \\ \dfrac{1}{2}, & t=0, \\ 1, & t>0. \end{cases}$$

其中参数 t 则由下式来计算

$$t_c(r_{ij}) = \frac{r_{ij} - r_{ij}^{\min}}{r_{ij}^{\max} - r_{ij}^{\min}}.$$

REBO 力场中的多体势效应由键级 b_{ij} 来体现. 而关于 b_{ij}, 由于其是一套非常复杂的多体势函数, 这里只作简单介绍. 详细的参数信息以及具体展开形式, 可参见 Brenner[23] 的原始文献:

$$b_{ij} = \frac{1}{2}\left(p_{ij}^{\sigma\pi} + p_{ji}^{\sigma\pi}\right) + \pi_{ij}^{rc} + \pi_{ij}^{dh}.$$

在该式中, $p_{ij}^{\sigma\pi}$ 和 $p_{ji}^{\sigma\pi}$ 分别为原子 i 和 j 的与本身共价配位数和键角有关的键级标识项; π_{ij}^{rc} 的作用为判断原子是否为自由基或者为共轭 π 键的一部分; π_{ij}^{dh} 是与共轭双键的二面角有关的函数.

REBO 力场主要用于处理固体, 在函数形式当中没有处理长程相互作用的函数. 2002 年 Brenner 又重新整合了该力场, 提出了第二代 REBO[25] 力场. 在此之前, 2000 年, Stuart 对 REBO 力场进行了补充, 在其中考虑了 LJ 长程相互作用相, 提出了 AI-REBO[26], 从而使其可以引用于凝聚项, 特别是液相化学性质的模拟研究工作. 在 REBO 与 AI-REBO 力场当中, 均是以元素为基本单位出发, 无任何预设的与原子氧化态、电子多重态、杂化态等有关的原子状态参考量, 因此该力场在理论上适用于任何在此力场范围之内的原子参与的化学反应, 但是对于含有激发态的反应, 却无法进行描述.

2. ReaxFF *力场*

ReaxFF 力场[24] 与 REBO 力场相似, 也是从基本元素出发, 来考虑力场形式的建立. 但区别于 REBO 的力场在于, ReaxFF 力场的建立着重考虑了其力场形式

与经典力场的结合, 但其出发点, 仍然是从键级的角度出发. 此力场已经成功的在以下几个方面, 二甲基硅氧烷高分子的热解过程[27] 以及石墨基锂离子电池[28] 的模拟以及碳氢化合物的燃烧[29], 但是该力场形式较为复杂, 目前使用该力场展开模拟工作的, 还是主要以力场的开发者为主.

该力场的一般形式为

$$\begin{aligned} E =& E_{\text{bond}} + E_{\text{lp}} + E_{\text{over}} + E_{\text{under}} + E_{\text{val}} + E_{\text{pen}} + E_{\text{coa}} + E_{\text{tors}} \\ &+ E_{\text{conj}} + E_{\text{Hbond}} + E_{\text{vdW}} + E_{\text{Coulomb}}. \end{aligned}$$

上式各项分别表示：键能项、孤对电子项、过配位的能量校正项、配位不足的能量校正项、键角能量项、键角能量罚项、三体共轭项、二面角旋转位垒、四体共轭项、氢键作用项以及非键作用的 vdW 作用与静电作用. 但是在上述所有能量项的具体表述当中, 区别于经典势函数的是, 所有的能量项全部都是键级 BO_{ij} 的函数, 而键级则只涉及原子本身的性质而与键长键角等无关.

ReaxFF 力场中, 将键级 BO_{ij} 定义为原子间距离 r_{ij} 的函数, 并且使用化学中单键 BO_{ij}^{σ}、双键 BO_{ij}^{π} 和三键 $BO_{ij}^{\pi\pi}$ 的定义将键级分为有化学意义上的三个部分的贡献：

$$BO_{ij} = BO_{ij}^{\sigma} + BO_{ij}^{\pi} + BO_{ij}^{\pi\pi}.$$

在此基础之上, 由于孤立的估计此三部分键级贡献之后, 会出现对键级的估计偏差, 因此还需要在此基础之上考虑引入中心原子过配位的校正项. 由于这些校正过程涉及到过多统计表达, 在此就不再详细展开. 具体可参阅 van Duin 等的关于 ReaxFF 力场[24] 的原始文献.

A.3.6 普遍适用的经验力场

前述的力场主要是针对有机分子或者氨基酸蛋白质体系以及特殊的金属材料等设计的, 每一类势函数有其比较明确的适用范围, 仅能包括元素周期表中的部分元素. 而为了能扩大模拟的范围, 后续有研究人员发展了从原子角度出发力场. 如 DREIDING 力场[30] 与 UFF (universal force field) 力场[31,32] 等. DREIDING 力场可计算分子聚集体的结构以及各项性质, 但其力场参数并未完全涵盖元素周期表中的所有元素. UFF 力场则涵盖了元素周期表中的所有元素, 适用于任何分子与原子系统. 具体的力场形式如下：

1. DREIDING *力场*[30]

$$E = \sum_{\text{bond}} \frac{K_b}{2} (b - b_0)^2 + \sum_{\text{angle}} \frac{K_\theta}{2} (\cos\theta - \cos\theta_0)^2 + \sum_{\text{dihedral}} \frac{K_\phi}{2} [1 - \cos n (\phi - \phi_0)]$$

$$+\sum_{\text{inversion}} E_\chi(\cos\chi)+\sum_{\text{nonbond}}\left\{\varepsilon_{ij}\left[\left(\frac{\sigma_{ij}}{r}\right)^{12}-2\left(\frac{\sigma_{ij}}{r}\right)^{6}\right]+\frac{q_iq_j}{r}\right\},$$

其中, E_χ 由体系的几何结构决定, 对于非平面结构 ($\chi_0\neq 0.0$)

$$E_\chi(\cos\chi)=K_\chi(\cos\chi-\cos\chi_0)^2;$$

对于平面结构 ($\chi_0=0.0$)

$$E_\chi(\cos\chi)=K_\chi(1-\cos\chi)^2.$$

对于不同体系的相互作用势函数, 则采用 Lorentz-Berthelot 混合规则确定其作用参数.

2. UFF 力场

对于 UFF 力场[31,32], 其函数形式与 DREIDING 大致相同:

$$\begin{aligned}E=&\sum_{\text{bond}}\frac{k_{ij}}{2}(r-r_{ij})^2+\sum_{\text{angle}}\left(k_\theta\sum_{n=0}^{m}C_n\cos n\theta\right)+\sum_{\text{dihedral}}\frac{V_\phi}{2}(1-\cos n\phi_0\cos n\phi)\\&+\sum_{\text{inversion}}E_\chi(C_0+C_1\cos\chi+C_2\cos 2\chi)\\&+\sum_{\text{nonbond}}\left\{\varepsilon_{ij}\left[\left(\frac{\sigma_{ij}}{r}\right)^{12}-2\left(\frac{\sigma_{ij}}{r}\right)^{6}\right]+\frac{q_iq_j}{r}\right\}.\end{aligned}$$

在 UFF 的力场中, 其参数确定具有较为标准的程序, 从元素的物理性质如共价键半径、离子半径、电离能以及极化率等以特定的混合规则导出. 对于 UFF 力场, 由于其涵盖整个元素周期表中的元素, 对不同的原子采用了统一的方法进行考虑, 所以在精确的测量能量等方面会出现偏差, 但是 UFF 力场能对模拟的体系给出一个比较合理的结构.

以上介绍了分子动力学模拟当中经常用到的势函数, 对于这些势函数的使用以及模拟对象, 可以参见文献 [33 ~ 45].

参 考 文 献

[1] Weiner S J, Kollman P A, Case D A, Singh U C, Ghio C, Alagona G, Profeta S, Weiner P. A new force field for molecular mechanical simulation of nucleic acids and proteins. Journal of the American Chemical Society, 1984, 106: 765–784.

[2] Weiner S J, Kollman P A, Nguyen D T, Case D A. An all atom force field for simulations of proteins and nucleic acids. Journal of Computational Chemistry, 1986, 7: 230–252.

[3] Brooks B R, Bruccoleri R E, Olafson B D, States D J, Swaminathan S, Karplus M. Charmm: A program for macromolecular energy, minimization, and dynamics calculations. Journal of Computational Chemistry, 1983, 4: 187–217.

[4] Daw M S, Baskes M I. Semiempirical, quantum mechanical calculation of hydrogen embrittlement in metals. Physical Review Letters, 1983, 50: 1285–1288.

[5] Janecek J, Netz R R. Interfacial water at hydrophobic and hydrophilic surfaces: Depletion versus adsorption. Langmuir, 2007, 23: 8417–8429.

[6] Allinger N L. Conformational analysis. 130. MM2. A hydrocarbon force field utilizing V1 and V2 torsional terms. Journal of the American Chemical Society, 1977, 99: 8127–8134.

[7] Allinger N L, Yuh Y H, Lii J H. Molecular mechanics. The MM3 force field for hydrocarbons. 1. Journal of the American Chemical Society, 1989, 111: 8551–8566.

[8] Allinger N L, Chen K S, Lii J H. An improved force field (MM4) for saturated hydrocarbons. Journal of Computational Chemistry, 1996, 17: 642–668.

[9] Dauberosguthorpe P, Roberts V A, Osguthorpe D J, Wolff J, Genest M, Hagler A T. Structure and energetics of ligand binding to proteins: Escherichia coli dihydrofolate reductase-trimethoprim, a drug-receptor system. Proteins-Structure Function and Genetics, 1988, 4: 31–47.

[10] Hagler A T, Ewig C S. On the use of quantum energy surfaces in the derivation of molecular force fields. Computer Physics Communications, 1994, 84: 131–155.

[11] Maple J R, Dinur U, Hagler A T. Derivation of force fields for molecular mechanics and dynamics from ab initio energy surfaces. Proceedings of the National Academy of Sciences of the United States of America, 1988, 85: 5350–5354.

[12] Halgren T A. Merck molecular force field. 1. Basis, form, scope, parameterization, and performance of MMFF94. Journal of Computational Chemistry, 1996, 17: 490–519.

[13] Baskes M I. Modified embedded-atom potentials for cubic materials and impurities. Physical Review B, 1992, 46: 2727–2742.

[14] Sopu D, Ritter Y, Gleiter H, Albe K. Deformation behavior of bulk and nanostructured metallic glasses studied via molecular dynamics simulations. Physical Review B, 2011, 83:100202.

[15] Duan G, Xu D H, Zhang Q, Zhang G Y, Cagin T, Johnson W L, Goddard W A. Molecular dynamics study of the binary Cu46Zr54 metallic glass motivated by experiments: Glass formation and atomic-level structure. Physical Review B, 2005, 71: 224208.

[16] Lee B J. A modified embedded atom method interatomic potential for silicon. Calphad-Computer Coupling of Phase Diagrams and Thermochemistry, 2007, 31: 95–104.

[17] Lee B J, Baskes M I. Second nearest-neighbor modified embedded-atom-method potential. Physical Review B, 2000, 62: 8564–8567.

[18] Cui Z, Gao F, Cui Z, Qu J. A second nearest-neighbor embedded atom method interatomic potential for Li–Si alloys. Journal of Power Sources, 2012, 207: 150–159.

[19] Stillinger F H, Weber T A. Computer simulation of local order in condensed phases of silicon. Physical Review B, 1985, 31: 5262–5271.

[20] Tersoff J. New empirical approach for the structure and energy of covalent systems. Physical Review B, 1988, 37: 6991–7000.

[21] Brenner D W. Empirical potential for hydrocarbons for use in simulating the chemical vapor deposition of diamond films. Physical Review B, 1990, 42: 9458–9471.

[22] Johnston H S, Parr C. Activation energies from bond energies. I. Hydrogen transfer reactions. Journal of the American Chemical Society, 1963, 85: 2544–2551.

[23] Brenner D W. Empirical potential for hydrocarbons for use in simulating the chemical vapor deposition of diamond films. Physical Review B, 1990, 42: 9458.

[24] Van Duin A C T, Dasgupta S, Lorant F, Goddard W A. ReaxFF: A reactive force field for hydrocarbons. Journal of Physical Chemistry A, 2001, 105: 9396–9409.

[25] Brenner D W, Shenderova O A, Harrison J A, Stuart S J, Ni B, Sinnott S B. A second-generation reactive empirical bond order (REBO) potential energy expression for hydrocarbons. Journal of Physics-Condensed Matter, 2002, 14: 783–802.

[26] Stuart S J, Tutein A B, Harrison J A. A reactive potential for hydrocarbons with intermolecular interactions. Journal of Chemical Physics, 2000, 112: 6472–6486.

[27] Chenoweth K, Cheung S, van Duin A C T, Goddard W A, Kober E M. Simulations on the thermal decomposition of a poly(dimethylsiloxane) polymer using the ReaxFF reactive force field. Journal of the American Chemical Society, 2005, 127: 7192–7202.

[28] Kim S-P, van Duin A C T, Shenoy V B. Effect of electrolytes on the structure and evolution of the solid electrolyte interphase (SEI) in Li-ion batteries: A molecular dynamics study. Journal of Power Sources, 2011, 196: 8590–8597.

[29] Chenoweth K, van Duin A C T, Goddard W A. ReaxFF reactive force field for molecular dynamics simulations of hydrocarbon oxidation. Journal of Physical Chemistry A, 2008, 112: 1040–1053.

[30] Mayo S L, Olafson B D, Goddard W A. Dreiding–A Generic Force-Field for molecular simulations. Journal of Physical Chemistry, 1990, 94: 8897–8909.

[31] Rappe A K, Casewit C J, Colwell K S, Goddard W A, Skiff W M. UFF, a full periodic table force field for molecular mechanics and molecular dynamics simulations. Journal of the American Chemical Society, 1992, 114: 10024–10035.

[32] Zhao Y P, Wang F C Chi M. Molecular dynamics simulation and molecular orbital method // da Silva L F M, Ochsner A, Adams R D. Handbook of Adhesion Technology. Springer, 2011: 1351–1384.

[33] 张永伟, 王自强. 分子动力学方法在研究材料力学行为中的应用进展. 力学进展, 1996, 26: 14–27.

[34] 丁家强, 陈致英. 纳米铁热力学性质的分子动力学计算. 力学学报, 2000, 32: 739–743.

[35] 文玉华, 朱如曾, 周富信, 王崇愚. 分子动力学模拟的主要技术. 力学进展, 2003, 33: 65–73.

[36] Yang Z Y, Lu Z X, Zhao Y P. Shape effects on the yield stress and deformation of silicon nanowires: A molecular dynamics simulation. Journal of Applied Physics, 2009, 106: 023537.

[37] Yang Z Y, Lu Z X, Zhao Y P. Atomistic simulation on size-dependent yield strength and defects evolution of metal nanowires. Computational Materials Science, 2009, 46: 142–150.

[38] Jiang M Q, Jiang S Y, Ling Z, Dai L H. Smaller Deborah number inducing more serrated plastic flow of metallic glass. Computational Materials Science, 2009, 46: 767–771.

[39] Li X Y, Wei Y J, Yang W, Gao H J. Competing grain-boundary and dislocation-mediated mechanisms in plastic strain recovery in nanocrystalline aluminum. Proceedings of the National Academy of Sciences of the United States of America, 2009, 106: 16108–16113.

[40] Li X Y, Wei Y J, Lu L, Lu K, Gao H J. Dislocation nucleation governed softening and maximum strength in nano-twinned metals. Nature, 2010, 464: 877–880.

[41] Liu F, Tang Q H, Shang B S, Wang T C. Simple optimized Brenner potential for thermodynamic properties of diamond. Philosophical Magazine, 2012, 92: 500–515.

[42] Liu X M, Yang X B, Wei Y G. Yielding behavior of copper nanowire in the presence of vacancies. Science China-Physics Mechanics & Astronomy, 2012, 55: 1010–1017.

[43] Shi X H, Yin Q F, Wei Y J. A theoretical analysis of the surface dependent binding, peeling and folding of graphene on single crystal copper. Carbon, 2012, 50: 3055–3063.

[44] Wang J, Lu C S, Wang Q, Xiao P, Ke F J, Bai Y L, Shen Y G, Liao X Z, Gao H J. Influence of microstructures on mechanical behaviours of SiC nanowires: a molecular dynamics study. Nanotechnology, 2012, 23: 025703.

[45] Wang J, Lu C S, Wang Q, Xiao P, Ke F J, Bai Y L, Shen Y G, Wang Y B, Liao X Z, Gao H J. Self-healing of fractured one-dimensional brittle nanostructures. EPL, 2012, 98: 16010.

附录 B　水　模　型

MD 模拟中许多重要的系统都含有水分子, 而目前针对水分子的力场模型有几十种. 这里仅列出最为常用的几种: SPC、SPC/E、TIP3P、TIP4P、TIP5P. 其他水模型的介绍可以参阅 http://www.lsbu.ac.uk/water/models.html.

SPC (simple point charge) 力场, 即简单点电荷力场. SPC/E 是在 SPC 的基础上发展起来的. TIP (transferable intermolecular potential) 力场, 后来陆续发展出 4 作用点的 TIP4P 与 5 作用点的 TIP5P. 此类力场将水分子视为刚性分子, 固定其键长键角. 以上提到的各种水模型 (图 B.1) 的参数如表 B.1 所示.

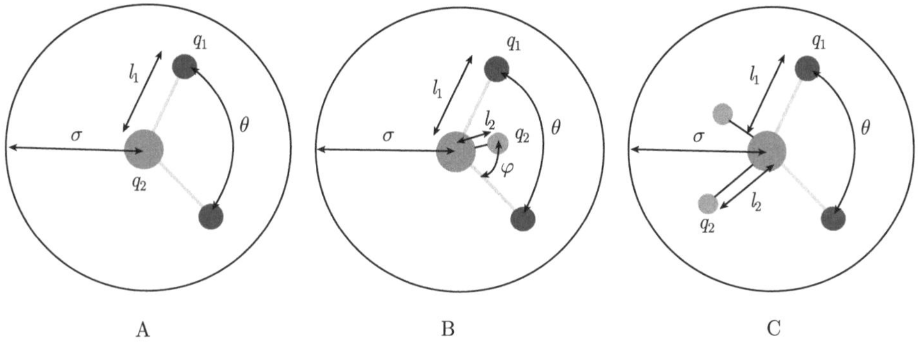

图 B.1　常用水模型示意图

表 B.1　常用水模型的力场参数

Model	Type	σ/Å	ε/(kJ/ mol^{-1})	l_1/Å	l_2/Å	q_1/e	q_2/e	θ/°	φ/°
SPC	A	3.166	0.650	1.0000	—	+0.410	−0.8200	109.47	—
SPC/E	A	3.166	0.650	1.0000	—	+0.4238	−0.8476	109.47	—
TIP3P	A	3.15061	0.6364	0.9572	—	+0.4170	−0.8340	104.52	—
TIP4P	B	3.15365	0.6480	0.9572	0.15	+0.5200	−1.0400	104.52	52.26
TIP5P	C	3.12000	0.6694	0.9572	0.70	+0.2410	−0.2410	104.52	109.47

不同水模型的力场参数一般是通过 MD 或者 MC 模拟的方法根据气态水或者液态水在一定条件下的物理性质 (如密度、径向分布函数以及扩散系数等) 优化得到的, 因此, 某一水模型一般只能准确地描述水的某些特定方面的性质. 例如 SPC/E 水模型在 SPC 水模型的基础上, 通过在势能函数中引入平均极化能修正项以及优化氧分子和氢分子所带电荷来获得与实验值更加接近的密度、径向分布函

数和自扩散系数[1], 然而其最大密度所在的温度值却与实验值相差很大. TIP4P 水模型相比 SPC, SPC/E, TIP3P 以及 TIP5P 水模型更加精确地描述水的相图[2], 但却不能准确地估计水的介电常数. 而 TIP5P 水模型的密度随温度的变化关系与实验更加接近[3]. 常用水模型的物理性质以及与实验值的比较如表 B.2 所示.

没有任何一个水模型能够准确地描述水的所有性质. 因此, 在模拟中应根据所研究物理问题的需要来选择能够准确描述水的某些特定性质的水模型. 另外, 在选择水模型时还应考虑计算量的大小. 计算量随水模型作用点个数的增加而增加. CPU 时间近似与所需计算的原子间相互作用的个数成正比. 对于一对水分子, 3 点水模型 (SPC, SPC/E, TIP3P), 4 点水模型 (TIP4P) 以及 5 点水模型 (TIP5P) 的原子间相互作用个数分别为 9, 10 和 17. 因此, 4 点水模型的计算量大于 3 点水模型的计算量, 而 5 点水模型的计算量大于 4 点水模型的计算量.

表 B.2 常用水模型的物理性质

Model	偶极矩 (D)	相对介电常数	自扩散系数 ($10^{-5}cm^2s^{-1}$)	密度 ($g\ cm^{-3}$)	最大密度 (°C)	构型能 ($kJ\ mol^{-1}$)
SPC	2.27[4]	65[5]	3.85[6]	0.970 [1]	−45[7]	−41.0[5]
SPC/E	2.35[8]	71[8]	2.49[6]	0.998[1]	−38[9]	−41.5[8]
TIP3P	2.35[3]	82[8]	5.19[6]	1.002[3]	−91[7]	−41.1[3]
TIP4P	2.18[3]	53[8]	3.29[6]	1.001[3]	−25[3]	−41.8[3]
TIP5P	2.29[3]	81.5[3]	2.62[6]	0.999 [3]	+4[3]	−41.3[3]
实验	2.95	78.4	2.30	0.997	+3.984	−41.5[3]

注: $T = 25°C$, $p = 1$ atm.

以上介绍了在分子动力学模拟当中经常用到的几种水模型, 对于采用这些水模型进行计算的一些结果以及研究进展, 可以参阅文献 [10 ~ 12].

参 考 文 献

[1] Berendsen H J C, Grigera J R, Straatsma T P. The missing term in effective pair potentials. Journal of Physical Chemistry, 1987, 91: 6269–6271.

[2] Vega C, Abascal J L F, Sanz E, MacDowell L G, McBride C. Can simple models describe the phase diagram of water? Journal of Physics: Condensed Matter, 2005, 17: S3283–S3288.

[3] Mahoney M W, Jorgensen W L. A five-site model for liquid water and the reproduction of the density anomaly by rigid, nonpolarizable potential functions. Journal of Chemical Physics, 2000, 112: 8910–8922.

[4] Kiyohara K, Gubbins K E, Panagiotopoulos A Z. Phase coexistence properties of polarizable water models. Molecular Physics, 1998, 94: 803–808.

[5] van der Spoel D, van Maaren P J, Berendsen H J C. A systematic study of water models for molecular simulation: Derivation of water models optimized for use with a reaction field. Journal of Chemical Physics, 1998, 108: 10220–10230.

[6] Mahoney M W, Jorgensen W L. Diffusion constant of the TIP5P model of liquid water. Journal of Chemical Physics, 2001, 114: 363–366.

[7] Vega C, Abascal J L F. Relation between the melting temperature and the temperature of maximum density for the most common models of water. Journal of Chemical Physics, 2005, 123: 144504.

[8] Kusalik P G, Svishchev I M. The spatial structure in liquid water. Science, 1994, 265: 1219–1221.

[9] Báez L A, Clancy P. Existence of a density maximum in extended simple point charge water. Journal of Chemical Physics, 1994, 101: 9837–9840.

[10] Qiu H, Shen R, Guo W L. Vibrating carbon nanotubes as water pumps. Nano Research, 2011, 4: 284–289.

[11] Zuo G, Shen R, Guo W L. Self-adjusted sustaining oscillation of confined water chain in carbon nanotubes. Nano Letters, 2011, 11: 5297–5300.

[12] Wang C L, Zhou B, Tu Y S, Duan M Y, Xiu P, Li J Y, Fang H P. Critical dipole length for the wetting transition due to collective water-dipoles interactions. Scientific Reports, 2012, 2: 358.

[13] Sun S, Wong J T Y, Zhang T Y. Molecular dynamics simulations of phase transition of lamellar lipid membrane in water under an electric field. Soft Matter, 2011, 7: 147–152.

附录 C 固体基底上润滑近似下液体薄膜运动方程的推导

C.1 一般形式液体薄膜运动方程的推导过程

考虑如图 C.1 所示的液体薄膜运动问题. 液膜的下表面为光滑的固体基底, 上表面为液–气界面. 同时考虑体力作用以及自由界面处的外力作用. 一般认为液膜在水平方向上的特征尺度要远远大于其在竖直方向上的特征尺度, 故在以下推导过程中将应用润滑近似 (lubrication approximation) 对控制方程及边界条件进行简化[1,2].

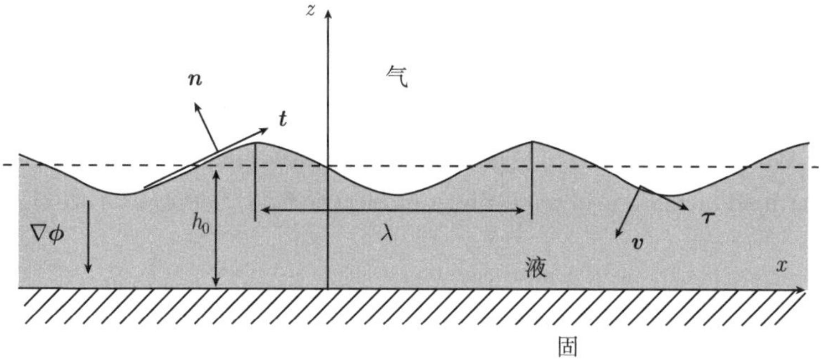

图 C.1 固体基底上液膜示意图. 其中, $\nabla\phi$ 表示体力, $\boldsymbol{\tau}$ 和 $\boldsymbol{v}$ 分别表示在界面处施加外力的切向和法向分量

针对以上问题, 二维情况下的 Navier-Stokes 方程和连续性方程可以写做

$$\rho\left(\frac{\partial u}{\partial t}+u\frac{\partial u}{\partial x}+w\frac{\partial u}{\partial z}\right)=-\frac{\partial p}{\partial x}+\eta\nabla^2 u-\frac{\partial \phi}{\partial x}, \tag{C-1a}$$

$$\rho\left(\frac{\partial w}{\partial t}+u\frac{\partial w}{\partial x}+w\frac{\partial w}{\partial z}\right)=-\frac{\partial p}{\partial z}+\eta\nabla^2 w-\frac{\partial \phi}{\partial z}, \tag{C-1b}$$

$$\frac{\partial u}{\partial x}+\frac{\partial w}{\partial z}=0, \tag{C-1c}$$

其中, u 和 w 分别是 x 和 z 方向上的速度分量, $\nabla^2=\partial^2/\partial x^2+\partial^2/\partial z^2$ 为二维 Laplace 算子, ρ 是液体的密度, η 是液体的黏度, p 是压强, ϕ 是跟体力相关的势.

边界条件为

(I) 在 $z=0$ 处, 有

$$w=0, \tag{C-2a}$$

$$u-\beta\frac{\partial u}{\partial z}=0. \tag{C-2b}$$

这里采用的是 Navier 滑移边界条件, β 为滑移长度. 如果采用无滑移边界条件, 则有 $u=0$.

(II) 在 $z=h(x,t)$ 处, 有

$$w=\frac{\partial h}{\partial t}+u\frac{\partial h}{\partial x}, \tag{C-3a}$$

$$\underline{\underline{T}}\cdot\boldsymbol{n}=\kappa\gamma_{lv}\boldsymbol{n}+\frac{\partial\gamma_{lv}}{\partial s}\boldsymbol{t}+\boldsymbol{f}, \tag{C-3b}$$

其中, $\underline{\underline{T}}$ 是流体的二阶应力张力, $T_{ij}=-p\delta_{ij}+2\eta e_{ij}$. δ_{ij} 是 Kronecker 符号, e_{ij} 是应变速率张力, $\boldsymbol{n}$ 是界面处的单位法向量, $\boldsymbol{t}$ 是界面处的单位切向量. $\boldsymbol{f}$ 是界面处施加的外力, 其切向分量和法向分量分别是 $\boldsymbol{\tau}$ 和 $\boldsymbol{\upsilon}$, κ 是界面的平均曲率, γ_{lv} 是液–气界面张力, $s=\sqrt{1+(\partial h/\partial x)^2}$ 是界面的弧长. 则有如下表达式:

$$\boldsymbol{n}=\frac{(-\partial h/\partial x,1)}{\left[1+(\partial h/\partial x)^2\right]^{1/2}},\quad \boldsymbol{t}=\frac{(1,\partial h/\partial x)}{\left[1+(\partial h/\partial x)^2\right]^{1/2}}, \tag{C-3c}$$

$$\kappa=-\nabla\cdot\boldsymbol{n}=\frac{\partial^2 h/\partial x^2}{\left[1+(\partial h/\partial x)^2\right]^{3/2}}, \tag{C-3d}$$

其中, $\nabla=(\partial/\partial x,\partial/\partial z)$.

边界条件 (C-3b) 包含在液膜自由表面切向和法向两个方向上的分量, 如图 C.2 所示, 可以分别写为

$$\boldsymbol{t}\cdot\underline{\underline{T}}\cdot\boldsymbol{n}=\frac{\partial\gamma_{lv}}{\partial s}+\tau, \tag{C-3e}$$

$$\boldsymbol{n}\cdot\underline{\underline{T}}\cdot\boldsymbol{n}=\kappa\gamma_{lv}+\upsilon, \tag{C-3f}$$

其中, 切向分量类似于表面应力中著名的 Shuttleworth-Herring 公式. 对于法向分量, 当不考虑外力 $\boldsymbol{\upsilon}$ 时, 则可以退化成经典的 Young-Laplace 方程. 以上边界条件可进一步展开为

$$\frac{\left[\eta\left(\frac{\partial u}{\partial z}+\frac{\partial w}{\partial x}\right)\right]\left[1-\left(\frac{\partial h}{\partial x}\right)^2\right]-4\eta\left(\frac{\partial u}{\partial x}\right)\left(\frac{\partial h}{\partial x}\right)}{1+\left(\frac{\partial h}{\partial x}\right)^2}=\frac{\frac{\partial\gamma_{lv}}{\partial x}}{\left[1+\left(\frac{\partial h}{\partial x}\right)^2\right]^{1/2}}+\tau, \tag{C-3g}$$

$$-p+\frac{2\eta\dfrac{\partial u}{\partial x}\left[\left(\dfrac{\partial h}{\partial x}\right)^2-1\right]-2\eta\left(\dfrac{\partial u}{\partial z}+\dfrac{\partial w}{\partial x}\right)\left(\dfrac{\partial h}{\partial x}\right)}{\left[1+\left(\dfrac{\partial h}{\partial x}\right)^2\right]}=\frac{\dfrac{\partial^2 h}{\partial x^2}}{\left[1+\left(\dfrac{\partial h}{\partial x}\right)^2\right]^{3/2}}\gamma_{lv}+\upsilon. \tag{C-3h}$$

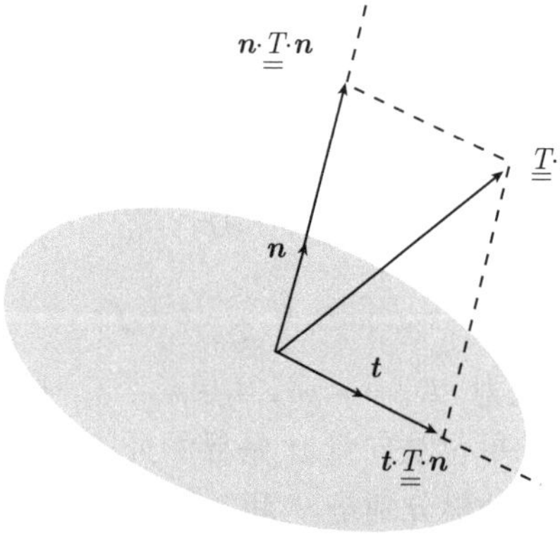

图 C.2　液膜自由表面处液体应力在液面切向和法向的分解

以上给出了固体基底上考虑体力和界面处外力的液体薄膜运动的控制方程及边界条件. 为进一步得到有关液膜厚度的演化方程, 需应用润滑近似对控制方程及边界条件进行简化. 首先对以上方程进行无量纲化, 引入以下无量纲量:

$$\varepsilon=\frac{2\pi h_0}{\lambda}\ll 1, \tag{C-4}$$

$$Z=\frac{z}{h_0};\quad X=\frac{\varepsilon}{h_0}x, \tag{C-5a}$$

$$U=\frac{u}{U_0};\quad W=\frac{w}{\varepsilon U_0}, \tag{C-5b}$$

$$T=\frac{\varepsilon U_0}{h_0}t, \tag{C-5c}$$

$$\boldsymbol{\tau}_0=\frac{h_0}{\eta U_0}\boldsymbol{\tau};\quad \boldsymbol{\upsilon}_0=\frac{\varepsilon h_0}{\eta U_0}\boldsymbol{\upsilon}, \tag{C-5d}$$

$$P=\frac{\varepsilon h_0}{\eta U_0}p;\quad \Phi=\frac{\varepsilon h_0}{\eta U_0}\phi, \tag{C-5e}$$

其中, h_0 是液膜的特征厚度, U_0 为 x 方向的特征速度, λ 是水平方向上的特征波长, 如图 C.1 所示. 于是, 对控制方程 (C-1) 无量纲化可得

$$\varepsilon\mathrm{Re}\frac{U_0^2}{h_0}\left(\frac{\partial U}{\partial T}+U\frac{\partial U}{\partial X}+W\frac{\partial U}{\partial Z}\right)=-\frac{\partial P}{\partial X}+\varepsilon^2\frac{\partial^2 U}{\partial X^2}+\frac{\partial^2 U}{\partial Z^2}-\frac{\partial \Phi}{\partial X}, \tag{C-6a}$$

$$\varepsilon^3\mathrm{Re}\left(\frac{\partial W}{\partial T}+U\frac{\partial W}{\partial X}+W\frac{\partial W}{\partial Z}\right)=-\frac{\partial P}{\partial Z}+\varepsilon^4\frac{\partial^2 W}{\partial X^2}+\varepsilon^2\frac{\partial^2 W}{\partial Z^2}-\frac{\partial \Phi}{\partial Z}, \tag{C-6b}$$

$$\frac{\partial U}{\partial X}+\frac{\partial W}{\partial Z}=0, \tag{C-6c}$$

其中, $\mathrm{Re}=\rho U_0 h_0/\eta$ 是 Reynolds 数.

对边界条件 (C-2a), (C-2b), (C-3a), (C-3g), (C-3h) 无量纲化可得

在 $Z=0$ 处, 有

$$W=0, \tag{C-7a}$$

$$U-\beta_0\frac{\partial U}{\partial Z}=0, \tag{C-7b}$$

其中, $\beta_0=\beta/h_0$ 是无量纲滑移长度.

在 $Z=H$ 处, 有

$$W=\frac{\partial H}{\partial T}+U\frac{\partial H}{\partial X}; \tag{C-8a}$$

$$\begin{aligned}&\left(\frac{\partial U}{\partial Z}+\varepsilon^2\frac{\partial W}{\partial X}\right)\left[1-\varepsilon^2\left(\frac{\partial H}{\partial X}\right)^2\right]-4\varepsilon^2\left(\frac{\partial H}{\partial X}\right)\left(\frac{\partial U}{\partial X}\right)\\&=\tau_0\left[1+\varepsilon^2\left(\frac{\partial H}{\partial X}\right)^2\right]+\frac{\partial \Sigma}{\partial X}\left[1+\varepsilon^2\left(\frac{\partial H}{\partial X}\right)^2\right]^{1/2};\end{aligned} \tag{C-8b}$$

$$\begin{aligned}&-P-\upsilon_0+\frac{2\varepsilon^2}{1+\varepsilon^2\left(\dfrac{\partial H}{\partial X}\right)^2}\left\{\frac{\partial U}{\partial X}\left[\varepsilon^2\left(\frac{\partial H}{\partial X}\right)^2-1\right]\right.\\&\left.-\frac{\partial H}{\partial X}\left(\frac{\partial U}{\partial Z}+\varepsilon^2\frac{\partial W}{\partial X}\right)\right\}=\frac{\mathrm{Ca}^{-1}\varepsilon^3\dfrac{\partial^2 H}{\partial X^2}}{\left[1+\varepsilon^2\left(\dfrac{\partial H}{\partial X}\right)^2\right]^{3/2}},\end{aligned} \tag{C-8c}$$

其中, $H=h/h_0$ 是无量纲膜厚, $\Sigma=\varepsilon\gamma_{lv}/(\eta U_0)$ 是无量纲表面张力, $\mathrm{Ca}=\eta U_0/\gamma_{lv}$ 是无量纲毛细数.

对连续性方程 (C-6c) 两侧对 Z 从 0 到 H 积分, 同时代入边值 (C-7a) 和 (C-8a), 可得

$$\frac{\partial H}{\partial T}+\frac{\partial\left(\displaystyle\int_0^H U\mathrm{d}Z\right)}{\partial X}=0. \tag{C-9}$$

假设在 $\varepsilon\to 0$ 时, $\mathrm{Re}=O(1)$, $\mathrm{C}=\mathrm{Ca}\varepsilon^{-3}=O(1)$. 根据润滑近似, 略去 (C-6)~(C-9) 式中的高阶小量, 可得

$$\frac{\partial^2 U}{\partial Z^2}=\frac{\partial P}{\partial X}+\frac{\partial \Phi}{\partial X}, \tag{C-10a}$$

$$0 = \frac{\partial P}{\partial Z} + \frac{\partial \Phi}{\partial Z}, \tag{C-10b}$$

$$\frac{\partial H}{\partial T} + \frac{\partial \left(\displaystyle\int_0^H U \mathrm{d}Z\right)}{\partial X} = 0. \tag{C-10c}$$

$$\text{在 } Z = 0 \text{ 处}, U - \beta_0 \frac{\partial U}{\partial Z} = 0. \tag{C-11}$$

$$\text{在 } Z = H \text{ 处}, \frac{\partial U}{\partial Z} = \tau_0 + \frac{\partial \Sigma}{\partial X}; \quad -P - \upsilon_0 = \mathrm{C}^{-1} \frac{\partial^2 H}{\partial X^2}. \tag{C-12}$$

在这里, 因为使用了 (C-10c) 式, 故舍掉了跟 W 相关的边界条件.

令

$$\bar{P} = P + \Phi, \tag{C-13}$$

由 (C-10b) 可知 $\partial \bar{P}/\partial Z = 0$, 根据边界条件 (C-12), 得

$$\bar{P} = \Phi|_{Z=H} - \mathrm{C}^{-1} \frac{\partial^2 H}{\partial X^2} - \upsilon_0. \tag{C-14}$$

故根据 (C-10a) 和边界条件 (C-11), (C-12), 可以解得

$$U = \left(\tau_0 + \frac{\partial \Sigma}{\partial X}\right)(Z + \beta_0) + \left(\frac{1}{2}Z^2 - HZ - \beta_0 H\right)\frac{\partial \bar{P}}{\partial X}. \tag{C-15}$$

将上式代入 (C-10c), 得到液膜运动方程的无量纲化形式为

$$\frac{\partial H}{\partial T} + \frac{\partial}{\partial X}\left[\left(\tau_0 + \frac{\partial \Sigma}{\partial X}\right)\left(\frac{1}{2}H^2 + \beta_0 H\right)\right] - \frac{\partial}{\partial X}\left[\left(\frac{1}{3}H^3 + \beta_0 H^2\right)\frac{\partial \bar{P}}{\partial X}\right] = 0. \tag{C-16}$$

式 (C-16) 的原始 (有量纲) 形式为

$$\begin{aligned} &\eta \frac{\partial h}{\partial t} + \frac{\partial}{\partial x}\left[\left(\tau + \frac{\partial \gamma_{lv}}{\partial x}\right)\left(\frac{1}{2}h^2 + \beta h\right)\right] \\ &- \frac{\partial}{\partial x}\left[\left(\frac{1}{3}h^3 + \beta h^2\right)\frac{\partial}{\partial x}\left(\phi|_{z=h} - \gamma_{lv}\frac{\partial^2 h}{\partial x^2} - \upsilon\right)\right] = 0. \end{aligned} \tag{C-17}$$

C.2 一般形式液体薄膜运动方程的几种特例

分别考虑以下几种情况:

C.2.1 仅有表面张力作用，且认为表面张力为常数

则有 $\tau = \upsilon = \phi = 0$, 且 $\partial\gamma_{lv}/\partial x = 0$. 如果不考虑边界滑移, 则 $\beta = 0$. (C-16) 和 (C-17) 两式可分别化为

$$\frac{\partial H}{\partial T} + \frac{1}{3}\mathrm{C}^{-1}\frac{\partial}{\partial X}\left(H^3\frac{\partial^3 H}{\partial X^3}\right) = 0, \tag{C-18}$$

$$\eta\frac{\partial h}{\partial t} + \frac{1}{3}\gamma_{lv}\frac{\partial}{\partial x}\left(h^3\frac{\partial^3 h}{\partial x^3}\right) = 0. \tag{C-19}$$

如果考虑边界滑移, 则有

$$\frac{\partial H}{\partial T} + \mathrm{C}^{-1}\frac{\partial}{\partial X}\left[\left(\frac{1}{3}H^3 + \beta_0 H^2\right)\frac{\partial^3 H}{\partial X^3}\right] = 0, \tag{C-20}$$

$$\eta\frac{\partial h}{\partial t} + \gamma_{lv}\frac{\partial}{\partial x}\left[\left(\frac{1}{3}h^3 + \beta h^2\right)\frac{\partial^3 h}{\partial x^3}\right] = 0. \tag{C-21}$$

C.2.2 仅考虑表面张力和重力作用

则有 $\tau = \upsilon = 0$, 且 $\partial\gamma_{lv}/\partial x = 0$. $\bar{p} = \rho g h - \gamma_{lv}\left(\partial^2 h/\partial x^2\right)$. 如果不考虑边界滑移, 则 $\beta = 0$. (C-16) 和 (C-17) 两式可分别化为

$$\frac{\partial H}{\partial T} - \frac{1}{3}G\frac{\partial}{\partial X}\left(H^3\frac{\partial H}{\partial X}\right) + \frac{1}{3}\mathrm{C}^{-1}\frac{\partial}{\partial X}\left(H^3\frac{\partial^3 H}{\partial X^3}\right) = 0, \tag{C-22}$$

$$\eta\frac{\partial h}{\partial t} - \frac{1}{3}\rho g\frac{\partial}{\partial x}\left(h^3\frac{\partial h}{\partial x}\right) + \frac{1}{3}\gamma_{lv}\frac{\partial}{\partial x}\left(h^3\frac{\partial^3 h}{\partial x^3}\right) = 0. \tag{C-23}$$

其中 $G = \varepsilon\rho g h_0^2/\left(\eta U_0\right)$.

如果考虑边界滑移, 则有

$$\frac{\partial H}{\partial T} - G\frac{\partial}{\partial X}\left[\left(\frac{1}{3}H^3 + \beta_0 H^2\right)\frac{\partial H}{\partial X}\right] + \mathrm{C}^{-1}\frac{\partial}{\partial X}\left[\left(\frac{1}{3}H^3 + \beta_0 H^2\right)\frac{\partial^3 H}{\partial X^3}\right] = 0, \tag{C-24}$$

$$\eta\frac{\partial h}{\partial t} - \rho g\frac{\partial}{\partial x}\left[\left(\frac{1}{3}h^3 + \beta h^2\right)\frac{\partial h}{\partial x}\right] + \gamma_{lv}\frac{\partial}{\partial x}\left[\left(\frac{1}{3}h^3 + \beta h^2\right)\frac{\partial^3 h}{\partial x^3}\right] = 0. \tag{C-25}$$

C.2.3 考虑分离压力和表面张力的共同作用

不考虑液膜自由表面处的外力作用, 则有 $\tau = \upsilon = 0$. 表面张力为常数, 即 $\partial\gamma_{lv}/\partial x = 0$. 将分离压力可以看做是体力项, 即 $\Pi = \phi = -A/\left(6\pi h^3\right)$, 其中 A 是 Hamaker 常数. $\bar{p} = \rho g h - A/\left(6\pi h^3\right) - \gamma_{lv}\partial^2 h/\partial x^2$. 如果不考虑边界滑移, 则 $\beta = 0$. (C-16) 和 (C-17) 两式可分别化为

$$\frac{\partial H}{\partial T} + A_0\frac{\partial}{\partial X}\left(\frac{1}{H}\frac{\partial H}{\partial X}\right) + \frac{1}{3}\mathrm{C}^{-1}\frac{\partial}{\partial X}\left(H^3\frac{\partial^3 H}{\partial X^3}\right) = 0, \tag{C-26}$$

$$\eta\frac{\partial h}{\partial t}+\frac{A}{6\pi}\frac{\partial}{\partial x}\left(\frac{1}{h}\frac{\partial h}{\partial x}\right)+\frac{1}{3}\gamma_{lv}\frac{\partial}{\partial x}\left(h^3\frac{\partial^3 h}{\partial x^3}\right)=0, \tag{C-27}$$

其中 $A_0=A\varepsilon/\left(6\pi\eta U_0h_0^2\right)$ 是无量纲 Hamaker 数.

如果考虑边界滑移, 则有

$$\frac{\partial H}{\partial T}+A_0\frac{\partial}{\partial X}\left(\frac{H+3\beta_0}{H^2}\frac{\partial H}{\partial X}\right)+\mathrm{C}^{-1}\frac{\partial}{\partial X}\left[\left(\frac{1}{3}H^3+\beta_0H^2\right)\frac{\partial^3 H}{\partial X^3}\right]=0. \tag{C-28}$$

式 (C-16) 的原始 (有量纲) 形式为

$$\eta\frac{\partial h}{\partial t}+\frac{A}{6\pi}\frac{\partial}{\partial x}\left(\frac{h+3\beta}{h^2}\frac{\partial h}{\partial x}\right)+\gamma_{lv}\frac{\partial}{\partial x}\left[\left(\frac{1}{3}h^3+\beta h^2\right)\frac{\partial^3 h}{\partial x^3}\right]=0. \tag{C-29}$$

C.2.4 考虑热毛细作用, 表面张力和重力作用

不考虑液膜自由表面处的外力作用, 则有 $\tau=\upsilon=0$. 表面张力是温度 ϑ 的函数 $\gamma_{lv}=\gamma_{lv}(\vartheta)$, 一般可以假设表面张力是温度的线性函数, $\gamma_{lv}(\vartheta)=\gamma_{lv}^0(1-\vartheta/\vartheta_c)$. 为考虑热毛细作用, 需要在控制方程组中引入流体能量方程及相应的边界条件:

$$\rho c\left(\frac{\partial\vartheta}{\partial t}+u\frac{\partial\vartheta}{\partial x}+w\frac{\partial\vartheta}{\partial z}\right)=\kappa_{\mathrm{th}}\left(\frac{\partial^2\vartheta}{\partial x^2}+\frac{\partial^2\vartheta}{\partial z^2}\right). \tag{C-30}$$

在 $z=0$ 处, 有

$$\vartheta=\vartheta_0. \tag{C-31}$$

在 $z=h(x,t)$ 处, 有

$$\kappa_{\mathrm{th}}\nabla\vartheta\cdot\boldsymbol{n}+\alpha_{\mathrm{th}}(\vartheta-\vartheta_\infty)=0. \tag{C-32}$$

其中 c 是流体的比热 (specific heat), κ_{th} 是热导率 (thermal conductivity), 壁面温度为 T_0. 自由液面的边界条件为 Newton 冷却定律 (Newton's Law of Cooling), α_{th} 是传热系数 (heat transfer coefficient), 描述了温度 ϑ_∞ 时液–气间的传热率 (rate of heat transfer).

对温度无量纲化为

$$\Theta=\frac{\vartheta-\vartheta_\infty}{\vartheta_0-\vartheta_\infty}, \tag{C-33}$$

结合 (C-5) 式, 可对 (C-30)~(C-32) 式无量纲化为

$$\varepsilon\mathrm{Re}\,\mathrm{Pr}\left(\frac{\partial\Theta}{\partial T}+U\frac{\partial\Theta}{\partial X}+W\frac{\partial\Theta}{\partial X}\right)=\varepsilon^2\frac{\partial^2\Theta}{\partial X^2}+\frac{\partial^2\Theta}{\partial Z^2}\quad. \tag{C-34}$$

在 $Z=0$ 处, 有

$$\Theta=1. \tag{C-35}$$

在 $Z=H$ 处, 有

$$\frac{\partial \Theta}{\partial Z}-\varepsilon^{2}\frac{\partial H}{\partial X}\frac{\partial \Theta}{\partial X}+B\Theta\left[1+\varepsilon^{2}\left(\frac{\partial H}{\partial X}\right)^{2}\right]^{1/2}=0. \tag{C-36}$$

其中 $\mathrm{Pr}=\eta c/\kappa_{\mathrm{th}}$ 为 Prandtl 数, $B=\alpha_{\mathrm{th}}h_0/\kappa_{\mathrm{th}}$ 为 Biot 数.

假设在 $\varepsilon\to 0$ 时, $\mathrm{Re}=O(1)$, $\mathrm{Pr}=O(1)$, $B=O(1)$. 根据润滑近似, 略去 (C-28)~(C-30) 各式中的高阶小量, 可得

$$\frac{\partial^{2}\Theta}{\partial Z^{2}}=0. \tag{C-37}$$

在 $Z=0$ 处, 有

$$\Theta=1. \tag{C-38}$$

在 $Z=H$ 处, 有

$$\frac{\partial \Theta}{\partial Z}+B\Theta=0. \tag{C-39}$$

可得解为

$$\Theta=1-\frac{BZ}{1+BH}. \tag{C-40}$$

表面温度为

$$\Theta_s=\frac{1}{1+BH}. \tag{C-41}$$

根据链式法则

$$\frac{\partial \Sigma}{\partial X}=\left.\frac{\partial \Sigma}{\partial \Theta}\right|_{\Theta=\Theta_s}\left(\left.\frac{\partial \Theta}{\partial X}\right|_{Z=H}+\left.\frac{\partial \Theta}{\partial Z}\right|_{Z=H}\frac{\partial H}{\partial X}\right)=M\frac{B}{(1+BH)^{2}}\frac{\partial H}{\partial X}, \tag{C-42}$$

$M=\varepsilon\Delta\gamma_{lv}/(\eta U_0)$ 是 Marangoni 数, 其中 $\Delta\gamma_{lv}=\gamma_{lv}(\vartheta_\infty)-\gamma_{lv}(\vartheta_0)$.

如果不考虑边界滑移, 则 $\beta=0$. (C-16) 和 (C-17) 两式可分别化为

$$\frac{\partial H}{\partial T}+\frac{1}{2}MB\frac{\partial}{\partial X}\left[\frac{H^{2}}{(1+BH)^{2}}\frac{\partial H}{\partial X}\right]-\frac{1}{3}G\frac{\partial}{\partial X}\left(H^{3}\frac{\partial H}{\partial X}\right)+\frac{1}{3}\mathrm{C}^{-1}\frac{\partial}{\partial X}\left(H^{3}\frac{\partial^{3} H}{\partial X^{3}}\right)=0. \tag{C-43}$$

$$\eta\frac{\partial h}{\partial t}+\frac{\alpha_{\mathrm{th}}\Delta\gamma_{lv}}{2\kappa_{\mathrm{th}}}\frac{\partial}{\partial x}\left[\frac{h^{2}}{(1+\alpha_{\mathrm{th}}h/\kappa_{\mathrm{th}})^{2}}\frac{\partial h}{\partial x}\right]-\frac{1}{3}\rho g\frac{\partial}{\partial x}\left(h^{3}\frac{\partial h}{\partial x}\right)+\frac{1}{3}\gamma_{lv}\frac{\partial}{\partial x}\left(h^{3}\frac{\partial^{3} h}{\partial x^{3}}\right)=0. \tag{C-44}$$

如果考虑滑移边界条件, 则有

$$\begin{aligned}&\frac{\partial H}{\partial T}+\frac{1}{2}MB\frac{\partial}{\partial X}\left[\frac{H^{2}+2\beta_0 H}{(1+BH)^{2}}\frac{\partial H}{\partial X}\right]\\&-G\frac{\partial}{\partial X}\left[\left(\frac{1}{3}H^{3}+\beta_0 H^{2}\right)\frac{\partial H}{\partial X}\right]+\mathrm{C}^{-1}\frac{\partial}{\partial X}\left[\left(\frac{1}{3}H^{3}+\beta_0 H^{2}\right)\frac{\partial^{3} H}{\partial X^{3}}\right]=0.\end{aligned} \tag{C-45}$$

$$
\begin{aligned}
&\eta\frac{\partial h}{\partial t}+\frac{\alpha_{\mathrm{th}}\Delta\gamma_{lv}}{2\kappa_{\mathrm{th}}}\frac{\partial}{\partial x}\left[\frac{h^2+2\beta h}{(1+\alpha_{\mathrm{th}}h/\kappa_{\mathrm{th}})^2}\frac{\partial h}{\partial x}\right]\\
&-\rho g\frac{\partial}{\partial x}\left[\left(\frac{1}{3}h^3+\beta h^2\right)\frac{\partial h}{\partial x}\right]+\gamma_{lv}\frac{\partial}{\partial x}\left[\left(\frac{1}{3}h^3+\beta h^2\right)\frac{\partial^3 h}{\partial x^3}\right]=0.
\end{aligned}\tag{C-46}
$$

C.2.5 考虑表面张力, 重力, 离心力和分离压力共同作用[3]

在旋涂 (spin coating) 中, 起主要作用的是表面张力、重力、离心力以及分离压力. $\tau=\upsilon=0$. 离心力可以写做 $-\frac{1}{2}\rho\omega^2r^2$, 其中 ω 是旋涂的角速度, r 是到转轴的距离. 在旋涂问题中的体力势是 $\phi=\rho gh-\frac{A}{6\pi h^3}-\frac{1}{2}\rho\omega^2r^2$. 并且认为液膜在旋涂过程中和固体基底无相对滑动, 所以采用无滑移的边界条件, 即 $\beta=0$. (C-16) 和 (C-17) 两式可分别化为

$$
\begin{aligned}
&\frac{\partial H}{\partial T}-\frac{1}{3}G\frac{\partial}{\partial X}\left(H^3\frac{\partial H}{\partial X}\right)+A_0\frac{\partial}{\partial X}\left(\frac{1}{H}\frac{\partial H}{\partial X}\right)\\
&+\frac{1}{3}\mathrm{C}^{-1}\frac{\partial}{\partial X}\left(H^3\frac{\partial^3 H}{\partial X^3}\right)+\frac{1}{3}S_0\frac{\partial}{\partial X}\left(H^3R\frac{\partial R}{\partial X}\right)=0.
\end{aligned}\tag{C-47}
$$

$$
\begin{aligned}
&\eta\frac{\partial h}{\partial t}-\frac{1}{3}\rho g\frac{\partial}{\partial x}\left(h^3\frac{\partial h}{\partial x}\right)+\frac{A}{6\pi}\frac{\partial}{\partial x}\left(\frac{1}{h}\frac{\partial h}{\partial x}\right)\\
&+\frac{1}{3}\gamma_{lv}\frac{\partial}{\partial x}\left(h^3\frac{\partial^3 h}{\partial x^3}\right)+\frac{1}{3}\rho\omega^2\frac{\partial}{\partial x}\left(h^3r\frac{\partial r}{\partial x}\right)=0.
\end{aligned}\tag{C-48}
$$

以上即是旋涂过程中液膜厚度的演化方程, 其中 $S_0=\varepsilon\rho\omega^2h_0R_0^2/(\eta U_0)$ 是跟旋涂有关的无量纲数.

C.3 圆柱内和圆柱外的液体薄膜运动方程

分别考虑圆柱外流和内流两种情况:

C.3.1 圆柱内 (凹面) 液体薄膜运动方程

如图 C.3 所示, 只考虑表面张力影响并在润滑近似下, 内径为 R 的圆柱内 (凹面) 液膜方程为[1]

$$
\eta\frac{\partial h}{\partial t}+\frac{\gamma_{lv}}{3R^2}\frac{\partial}{\partial x}\left[h^3\frac{\partial}{\partial x}\left(h+R^2\frac{\partial^2 h}{\partial x^2}\right)\right]=0.\tag{C-49}
$$

当 $R\to\infty$ 时, (C-49) 式退化为平面液膜方程 (C-19) 或 (7-58).

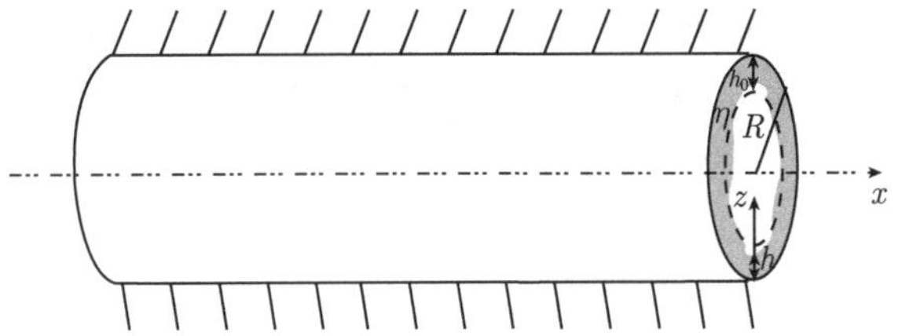

图 C.3 薄膜润滑下圆柱内 (凹面) 的液膜铺展

C.3.2 圆柱外 (凸面) 液体薄膜运动方程

如图 C.4 所示, 只考虑表面张力影响并在润滑近似下, 外径为 R 的圆柱外 (凸面) 液膜方程为[4]

$$\eta\frac{\partial h}{\partial t}+\frac{\gamma_{lv}}{6R^2}\frac{\partial}{\partial x}\left\{h^2\frac{\partial}{\partial x}\left[h^2+R^2\frac{\partial^2}{\partial x^2}\left(h^2\right)\right]\right\}=0. \tag{C-50}$$

将上式化为关于膜厚 h 的方程:

$$\eta\frac{\partial h}{\partial t}+\frac{\gamma_{lv}}{3R^2}\frac{\partial}{\partial x}\left[h^3\frac{\partial}{\partial x}\left(h+R^2\frac{\partial^2 h}{\partial x^2}\right)+3R^2h^2\frac{\partial h}{\partial x}\frac{\partial^2 h}{\partial x^2}\right]=0, \tag{C-51}$$

对比 (C-49) 与 (C-51) 两式, 可以发现, 凸面膜厚方程比凹面多出一项 $3R^2h^2\dfrac{\partial h}{\partial x}\dfrac{\partial^2 h}{\partial x^2}$, 该项相对于前一项 $R^2h^3\dfrac{\partial}{\partial x}\left(\dfrac{\partial^2 h}{\partial x^2}\right)$ 是个高阶小量, 这可由以下数量级分析得出: 提出公因式 R^2h^2 后, 上述两项分别为 $\dfrac{\partial h}{\partial x}\dfrac{\partial^2 h}{\partial x^2}$ (由于系数不影响量级分析, 故此处略去系数 3, 直接列出与 h 有关的项进行比较)、$h\dfrac{\partial^3 h}{\partial x^3}$, 可以看出, 两者主项分别为 $\dfrac{\partial h}{\partial x}$ 与 h, 由润滑近似知 $\dfrac{\partial h}{\partial x}\ll h$, 于是可得 $3R^2h^2\dfrac{\partial h}{\partial x}\dfrac{\partial^2 h}{\partial x^2}$ 相对于 $R^2h^3\dfrac{\partial}{\partial x}\left(\dfrac{\partial^2 h}{\partial x^2}\right)$ 是高阶小量.

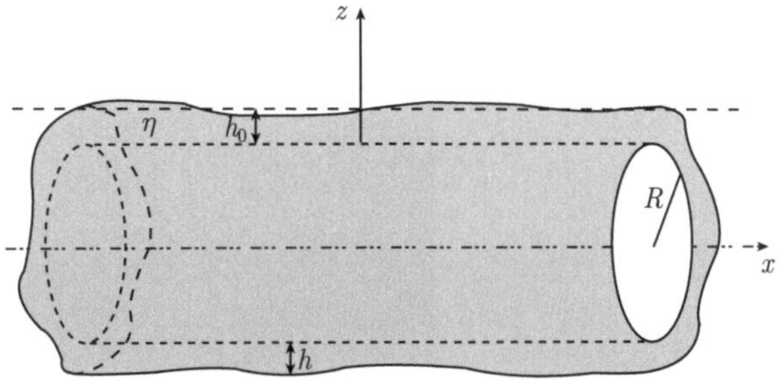

图 C.4 薄膜润滑下圆柱内外 (凸面) 的液膜铺展

由 (C-49) 式和 (C-50) 式看出, 凹面膜厚方程与凸面表达形式不同, 这源于不同的推导方法: 前者是通过 Navier-Stokes 方程联合无滑移等边界条件给出, 而后者是由控制体积方法导出. Oron 等在文献 [4] 中指出, 凸面与凹面上的差别仅在 h/R 的高阶项.

参 考 文 献

[1] Oron A, Davis S H, Bankoff D S G. Long-scale evolution of thin liquid films. Reviews of Modern Physics, 1997, 69: 931–980.

[2] 王奉超. 纳尺度固–液界面力学中的边界滑移与接触角滞后. 北京: 中国科学院力学研究所博士学位论文, 2012 年 5 月.

[3] Schwartz L W, Roy R V. Theoretical and numerical results for spin coating of viscous liquids, Physics of Fluids. 2004, 16: 569–584.

[4] Yarin A L, Oron A, Rosenau P. Capillary instability of thin liquid film on a cylinder. Physics of Fluids A, 1993, 5: 91–98.

附录 D Young-Laplace 方程的求解

Young-Laplace 方程是表面润湿的三大基本方程之一, 其基本表达式是

$$\Delta p = 2\gamma_{lv} H, \tag{D-1}$$

其中, Δp 表示附加压力差, γ_{lv} 表示表面张力, H 表示表面的平均曲率.

Young-Laplace 方程联系着界面的压力差和界面的几何曲率, 在不同的问题中, 压力差和曲面的平均曲率的表达式不同, 所以得到方程的形式也不同, 因此能否求得解析解以及求解的难易程度也各异. 下面主要讨论 Young-Laplace 方程在两个问题中的应用. 第一个是垂直管中液面高度的计算; 第二个则是圆柱漂浮在液体表面时, 液面形状的确定.

D.1 垂直管中液面高度的计算

垂直管中液面高度的表面用 $u(x, y)$ 表示, 根据微分几何, 曲面的平均曲率可以表示为

$$2H = a\frac{\partial^2 u}{\partial x^2} + 2b\frac{\partial^2 u}{\partial x \partial y} + c\frac{\partial^2 u}{\partial y^2}, \tag{D-2}$$

其中

$$\begin{cases} a = \dfrac{1 + (\partial u/\partial y)^2}{\left(1 + |\nabla u|^2\right)^{3/2}}, \\ b = \dfrac{-(\partial u/\partial x)(\partial u/\partial y)}{\left(1 + |\nabla u|^2\right)^{3/2}}, \\ c = \dfrac{1 + (\partial u/\partial x)^2}{\left(1 + |\nabla u|^2\right)^{3/2}}. \end{cases} \tag{D-3}$$

于是得到该种情况下的 Young-Laplace 方程的表达式为

$$a\frac{\partial^2 u}{\partial x^2} + 2b\frac{\partial^2 u}{\partial x \partial y} + c\frac{\partial^2 u}{\partial y^2} = ku, \tag{D-4}$$

其中, k 是一个物理常量. 这是一个非线性偏微分方程, 要想从这个方程中得到解析解是非常困难的.

1830 年, Guass 从平衡状态系统能量最低的基本原理出发重新建立了该问题的控制方程. 假设液体表面所在的区域是 Ω, 液体表面用 $u(x,y)$ 表示, 那么系统的总能量可以表示为

$$E = \gamma_{lv}\left[\int_{\Omega}\sqrt{1+\left(\frac{\partial u}{\partial x}\right)^2+\left(\frac{\partial u}{\partial y}\right)^2}\mathrm{d}w + \frac{\rho g}{\gamma_{lv}}\int u\mathrm{d}w + \lambda\int_{\Omega} u\mathrm{d}w\right], \tag{D-5}$$

其中 λ 是 Lagrange 乘子. 给曲面一个微小的变化, $\tilde{u}(x,y,\varepsilon) = u(x,y) + \varepsilon\eta(x,y)$, 通过能量极值原理可得到相应的控制方程. 在液面的区域内, 控制方程为

$$\nabla\cdot\frac{1}{\sqrt{1+|\nabla u|^2}}\nabla u = \frac{\rho g}{\gamma_{lv}}u + \lambda, \tag{D-6}$$

而在液面的边界上, 其边界条件为

$$\boldsymbol{n}\cdot\frac{1}{\sqrt{1+|\nabla u|^2}}\nabla u = \cos\theta. \tag{D-7}$$

其中, θ 是液体和壁面的接触角, $\boldsymbol{n}$ 为壁面法线矢量. 上式是一个很难求解的复杂的非线性偏微分方程. 到目前为止, 只有在两种情况下能得到解析解[1]. 一种是单个垂直墙壁的半无限区域情况, 另一个是两个垂直墙壁所夹区域的情况. 下面将分别讨论.

D.1.1　单个垂直壁面半无限区域的情况

如图 D.1 所示, 此时 Young-Laplace 方程的解析解为

$$x = -\frac{a}{\sqrt{2}}\cosh\left(-\frac{\sqrt{2}a}{z}\right) + a\sqrt{2-\frac{z^2}{a^2}} + x_0, \tag{D-8}$$

其中

$$h = a\sqrt{1-\sin\theta}. \tag{D-9}$$

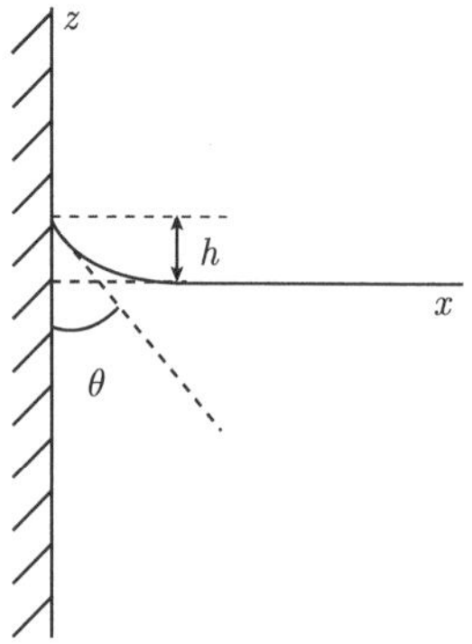

图 D.1　垂直亲水壁面的润湿

D.1.2 两个垂直壁面所夹区域的情况

如图 D.2 所示, 此时 Young-Laplace 方程的解析解为

$$x = \frac{1}{2}a\int_0^{a\sqrt{A-\cos\zeta}} \frac{\cos\zeta \mathrm{d}\zeta}{\sqrt{A-\cos\zeta}}, \tag{D-10}$$

其中, ζ 与 z 的关系为 $z = a\sqrt{A-\cos\zeta}$, $a = \sqrt{2\gamma_{lv}/(\rho g)}$, 并且 γ_{lv} 为表面张力.

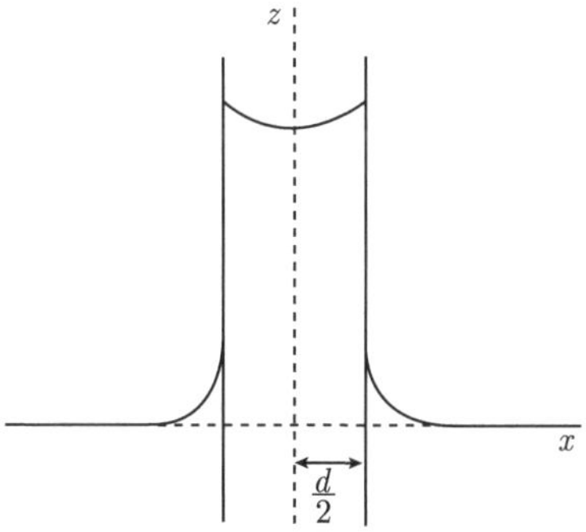

图 D.2 两个垂直壁面所夹区域的润湿

其他情况是很难得到解析解的. Anderson 从数学角度出发, 通过所谓边界追踪的数学手段对以上两个解析解进行改造, 得到适合于墙壁面具有粗糙度的情况[2]. 值得注意的是, 当壁面是楔形时, 而且楔形的角度 $0 < \alpha < \pi/2 - \theta$, 液体将沿楔形角爬升, 高度是不受限制的, 问题成为一个动力学过程, Young-Laplace 方程无法运用在该问题上. 这就是所谓的 Concus-Finn 条件[3]. 当楔形的角度 $\alpha > \pi/2 - \theta$ 时, 液面的高度是有限的, 它的控制方程就是 Young-Laplace 方程, 但是解析解是极其难求的, 一般用级数展开或者数值求解的办法.

D.2 圆柱漂浮在液体表面时, 液面形状的确定

如图 D.3 所示, 对于计算水黾在水面漂浮时, 将其腿简化为一个圆柱与水面接触的模型, 运用 Young-Laplace 方程的基本形式, 可以得到此时液面的形状[4]. 简化为二维问题, 液面的曲率可以用分析学中的曲率表达式表示, 其基本的控制方程为

$$\frac{\mathrm{d}^2x/\mathrm{d}z^2}{\left[1+(\mathrm{d}x/\mathrm{d}z)^2\right]^{3/2}} = k^2 z, \tag{D-11}$$

其中 $k^{-1} = \sqrt{\gamma_{lv}/(\rho g)}$ 为毛细尺度. 该方程是一个非线性常微分方程, 可以得到该

情况下的解析解. 将方程积分一次得到

$$\frac{\mathrm{d}x}{\mathrm{d}z}=\frac{\frac{1}{2}k^2z^2-c_1}{\sqrt{1-\left(\frac{1}{2}k^2z^2-c_1\right)^2}},\tag{D-12}$$

其中 c_1 是待定常数, 通过边界条件 $z\to0$ 时, $x\to\infty$, $\mathrm{d}x/\mathrm{d}z\to-\infty$, 得到 $c_1=1$. 所以液面的形状满足如下方程:

$$\frac{\mathrm{d}x}{\mathrm{d}z}=\frac{\frac{1}{2}k^2z^2-1}{\sqrt{1-\left(\frac{1}{2}k^2z^2-1\right)^2}}.\tag{D-13}$$

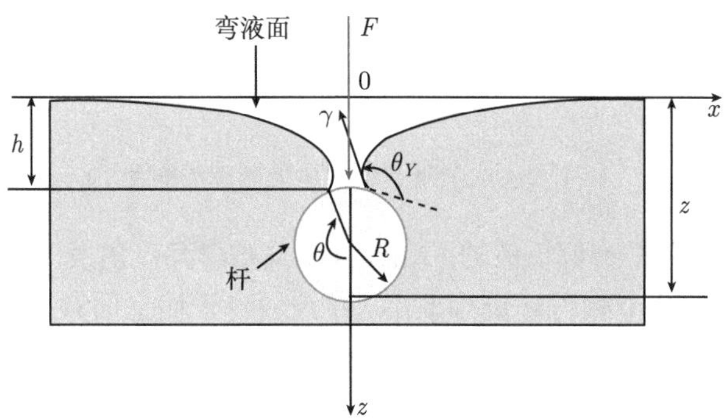

图 D.3　圆柱与水的接触模型

进一步通过复杂的整理, 得到方程的通解为

$$x=k^{-1}\cosh^{-1}\left(\frac{2}{zk}\right)-\sqrt{4k^{-2}-z^2}+c_2,\tag{D-14}$$

其中待定常数 c_2 可以由边界条件 $z=h=\sqrt{2}k^{-1}\sqrt{1+\cos(\theta+\theta_Y)}$ 时, $x=R\sin\theta$ 得到

$$c_2=R\sin\theta-k^{-1}\cosh^{-1}\left(\frac{2}{kh}\right)+2k^{-1}\sqrt{1-\frac{k^2h^2}{4}}.\tag{D-15}$$

所以, 该问题的解析解为

$$x=k^{-1}\cosh^{-1}\left(\frac{2}{zk}\right)-\sqrt{4k^{-2}-z^2}+R\sin\theta-k^{-1}\cosh^{-1}\left(\frac{2}{kh}\right)+2k^{-1}\sqrt{1-\frac{k^2h^2}{4}}.\tag{D-16}$$

参考文献

[1] Landau L D, Lifshitz E M. Fluid mechanics (2nd Edition). Oxford: Pergamon Press, 1987.

[2] Anderson M L, Bassom A P, Fowkers N. Exact solutions of Laplace-Young equation. Proceedings of the Royal Society A, 2006, 462: 3645–3656.

[3] Concus P, Finn R. On a class of capillary surfaces. J. Analyse Math., 1970, 23: 65–70.

[4] Liu J L, Feng X Q, Wang G F. Bouyant force and sinking conditions of a hydrophobic thin rod floating on water. Physical Review E, 2007, 76: 066103.

附录 E　基底上球冠型液滴的几何关系

当液滴体积小于毛细尺度时, 液滴自重的影响一般可忽略, 此时, 基底上的液滴可近似认为是球冠状.

对于平面基底上的液滴, 如图 E.1(a), 其主要参数为液滴半径 r、接触面半径 a、接触角 θ 和液滴高度 h, 它们之间满足如下关系式:

$$\begin{cases} r = \dfrac{a^2+h^2}{2h}, \\ h = \dfrac{a}{\sin\theta}\left(1-\cos\theta\right). \end{cases} \tag{E-1}$$

因此可选择上述参数中的任意两个作为独立变量来研究液滴的相关问题.

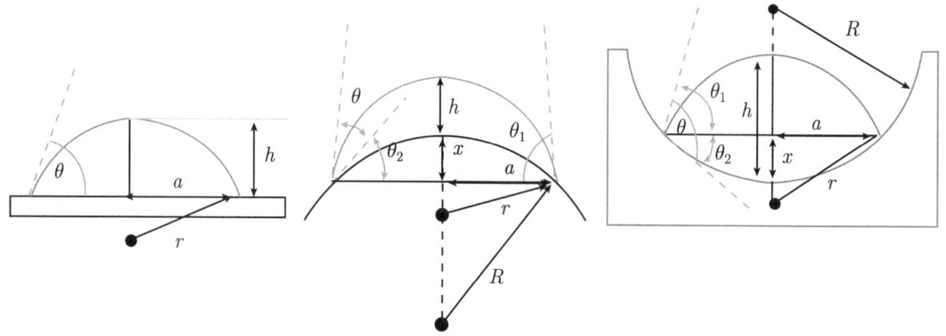

图 E.1　基底上的球冠形液滴: (a) 平面基底; (b) 凸球面基底; (c) 凹球面基底

对于如图 E.1(b) 所示的凸球面基底上的液滴, 其主要参数为基底球面半径 R、液滴半径 r、接触面半径 a、接触角 θ ($\theta=\theta_1-\theta_2$, 其中 θ_1 为球冠液滴与平面的接触角, θ_2 为基底球面与平面的接触角), 以及液滴高度 h, 它们之间满足如下关系式:

$$\begin{cases} x = R-\sqrt{R^2-a^2} = r-h-\sqrt{r^2-a^2}, \\ R = \dfrac{a^2+x^2}{2x}, \\ a = r\sin\theta_1 = R\sin\theta_2. \end{cases} \tag{E-2}$$

因此可选择上述参数中的任意三个作为独立变量来研究液滴的相关问题.

对于凹球面基底上的液滴, 如图 E.1(c), 其主要参数与凸球面基底相同, 但要

注意接触角 θ 的定义不同, $\theta=\theta_1+\theta_2$, 它们之间满足如下关系式:

$$\begin{cases} x=R-\sqrt{R^2-a^2}=\sqrt{r^2-a^2}-(r-h)\,, \\ R=\dfrac{a^2+x^2}{2x}, \\ a=r\sin\theta_1=R\sin\theta_2. \end{cases} \tag{E-3}$$

平面和球面基底上的液滴体积及液–气界面面积可分别根据表 E.1 和表 E.2 来表示. 具体推导见表后推导过程.

表 E.1　平面基底上的液滴体积及液–气界面面积

	A_{lv}	V
(a,h)	$\pi\left(a^2+h^2\right)$	$\dfrac{\pi h}{6}\left(3a^2+h^2\right)$
(r,h)	$2\pi rh$	$\dfrac{\pi h^2}{3}(3r-h)$
(r,θ)	$2\pi r^2(1-\cos\theta)$	$\dfrac{1}{3}\pi r^3(1-\cos\theta)^2(2+\cos\theta)$
(a,θ)	$\dfrac{2\pi a^2}{1+\cos\theta}$	$\dfrac{1}{3}\pi a^3\dfrac{(1-\cos\theta)^2(2+\cos\theta)}{\sin^3\theta}$

表 E.2　球面基底上的液滴体积及液–气界面面积

A_{lv}	V
$\dfrac{2\pi a^2}{1+\cos\theta_1}$	$\dfrac{1}{3}\pi a^3\dfrac{(1-\cos\theta_1)^2(2+\cos\theta_1)}{\sin^3\theta_1}\mp\dfrac{1}{3}\pi R^3(1-\cos\theta_2)^2(2+\cos\theta_2)$

注: 表达式中的 $\mp$ 分别对应凸、凹球面基底, 即凸球面基底取 $-$, 凹球面基底取 $+$.

E.1　平面上球冠状液滴的几何关系

从几何上讲, 如果一个球体被一个平面分开, 平面以上及以下的球体部分均可视为一个球冠, 如图 E.2 所示. 如果这个平面经过球心, 那么得到的球冠就被称为半球.

对于一个半径 r, 基面半径 a, 高度 h 的球冠: 若截面位于上半球, 如图 E.2(a), 则 $h=r-\sqrt{r^2-a^2}$; 若截面位于下半球, 如图 E.2(b), 则 $h=r+\sqrt{r^2-a^2}$. 无论哪种情形, 球冠的体积均可表示为

$$V=\frac{\pi h}{6}\left(3a^2+h^2\right). \tag{E-4}$$

球冠的液–气界面面积为

$$A=\pi\left(a^2+h^2\right). \tag{E-5}$$

由于参数 a, r, h 不相互独立, 它们之间满足：

$$r = \frac{h^2 + a^2}{2h}. \tag{E-6}$$

因此球冠体积与其液–气界面面积也可以表示成关于其他任意两个参数的关系式.

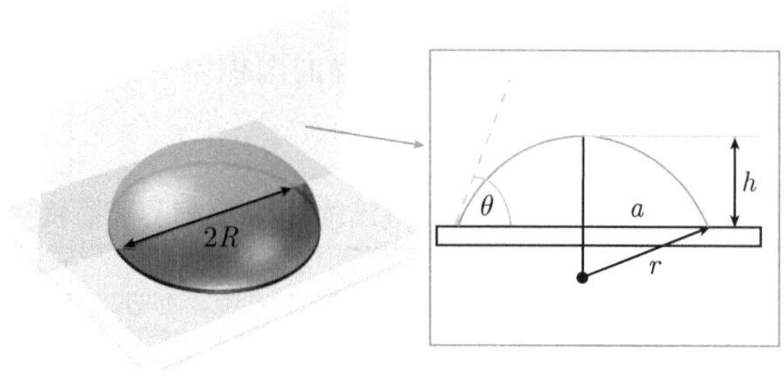

(a)

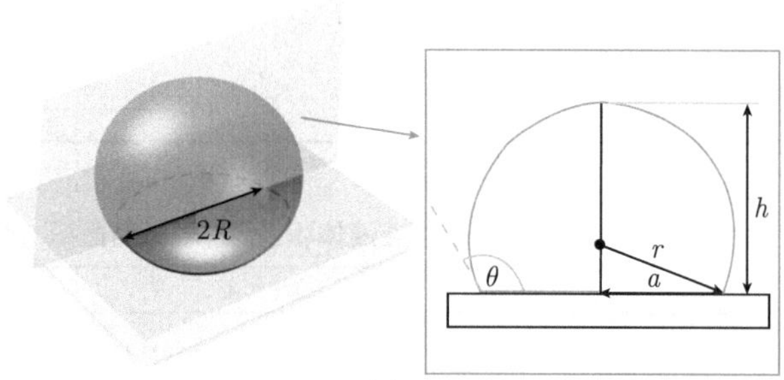

(b)

图 E.2　平面上球冠液滴的几何关系示意图

➤ **液滴蒸发**有两种模式：固定接触面积 (constant contact area) 模式与固定接触角 (constant contact angle) 模式[1,4].

1) 对于液滴的固定接触面积蒸发模式, a (液滴与基底的接触面半径) 在蒸发过程中保持不变. 液滴高度 $h(t) = a[1-\cos\theta(t)]/\sin\theta(t)$, 因此蒸发过程中液滴体积可以表示为关于 a 与 $\theta(t)$ 的表达式

$$V(t) = \frac{1}{3}\pi a^3 [1-\cos\theta(t)]^2 [2+\cos\theta(t)]/\sin^3\theta(t).$$

2) 对于液滴的固定接触角蒸发模式, θ (液滴与基底的接触角) 在蒸发过程中保持不变. 由于 $a(t) = r(t)\sin\theta$, 故蒸发过程中液滴体积可以表示为关于 $r(t)$ 与 θ 的表达式：

$$V(t) = \frac{1}{3}\pi r(t)^3 (1-\cos\theta)^2 (2+\cos\theta).$$

当接触角 $\theta \ll 1$ 时, $\sin\theta \approx \theta$, 由于 $1-\cos\theta = 2\sin^2\dfrac{\theta}{2}$, 于是 $V \approx \dfrac{\pi}{4} r^3 \theta^4$[2].

➤ 对于平面上的球冠形液滴, 表面张力在图 E.3 中标出, 系统的总表面能为 $E_T = (\gamma_{sl} - \gamma_{sv})\left(\dfrac{6V - \pi h^3}{3h}\right) + \gamma_{lv}\left(\dfrac{2V}{h} + \dfrac{2\pi h^2}{3}\right) + \gamma_{sv}S$, 式中 V 为液滴的体积, 可由表 E.1 查得, S 为平板的总面积. 保持 V 与 S 不变, 当 $h^3 = \dfrac{3V}{\pi}\dfrac{(\gamma_{sl} + \gamma_{lv} - \gamma_{sv})}{(-\gamma_{sl} + 2\gamma_{lv} + \gamma_{sv})}$ 时, 表面能最小 ($\mathrm{d}E_T/\mathrm{d}h = 0$). 液滴高度 h 的表达式与图 E.3 给出的表面张力平衡图一致: 即 $\theta = 0°$ 时完全润湿 ($h = 0$) 和 $\theta = 90°$ 时形成半球形液滴 ($h = R$)[3].

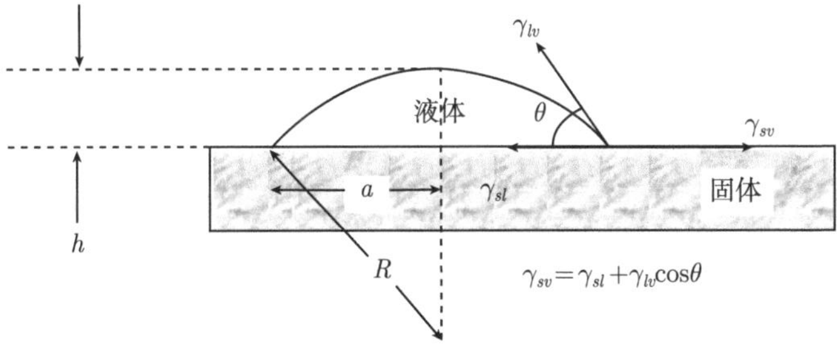

图 E.3 平面上球冠形液滴的平衡[3]

E.2 球面 (凸、凹) 上球冠液滴的几何关系

假设液滴对称地置于半径为 R 的凸球面上, 如图 E.1(b), 球冠液滴的半径为 r, 基面半径为 a, 高度为 h, 液滴与凸球面基底接触角 $\theta = \theta_1 - \theta_2$. 凸球面上的球状液滴可看做两个平面上的液滴的叠加, 根据表 E.1, 其体积可表示为

$$V = \frac{1}{3}\pi a^3 \frac{(1 - \cos\theta_1)^2 (2 + \cos\theta_1)}{\sin^3\theta_1} - \frac{1}{3}\pi R^3 (1 - \cos\theta_2)^2 (2 + \cos\theta_2), \tag{E-7}$$

球冠的液–气界面面积为

$$A = \frac{2\pi a^2}{1 + \cos\theta_1}, \tag{E-8}$$

由于参数 a, r, h, R, θ_1, θ_2 不相互独立, 故球冠体积 V 与其液–气界面面积 A 也可以表示成关于其他任意三个参数的关系式.

对于凹球面上的球状液滴, 如图 E.1(c), 液滴与基底接触角为 $\theta = \theta_1 + \theta_2$. 与凸基底类似, 可推得其体积与液–气界面面积分别为

$$V = \frac{1}{3}\pi a^3 \frac{(1 - \cos\theta_1)^2 (2 + \cos\theta_1)}{\sin^3\theta_1} + \frac{1}{3}\pi R^3 (1 - \cos\theta_2)^2 (2 + \cos\theta_2) \tag{E-9}$$

$$A = \frac{2\pi a^2}{1 + \cos\theta_1}. \tag{E-10}$$

参 考 文 献

[1] Picknett R, Bexon R. The evaporation of sessile or pendant drops in still air. Journal of Colloid and Interface Science, 1977, 61: 336–350.

[2] Poulard C, Guéna G, Cazabat A. Diffusion-driven evaporation of sessile drops. Journal of Physics: Condensed Matter, 2005, 17: S4213–S4227.

[3] Tu K N, Mayer J W, Feldman L C. Electronic thin film science. Prentice Hall, 1992.

[4] Chen X M, Ma R Y, Li J T, Hao C L, Guo W, Luk B L, Li S C, Yao S H, Wang Z K. Evaporation of droplets on superhydrophobic surfaces: Surface roughness and small droplet size effects. Physical Review Letters, 2012, 109: 116101.

附录 F　表面与界面的微分几何关系

平面是特殊的曲面. 随着研究对象尺度的减小, 曲率效应更加显著. 因此, 曲率的研究具有重要意义. 下面先给出与曲率相关的一些概念, 然后举例 (容器中的液面高度) 说明曲率在具体问题中的应用.

➢ 曲面的切线、法线 (normal)、副法线 (bi-normal)

切线：过曲面上一点 p 的切平面中, 任意一条过 p 点的直线都是曲面在 p 点处的切线.

法线：过曲面上一点 p, 垂直于 p 点切平面的直线.

副法线：过曲面上一点 p, 同时垂直于切线与法线的直线.

如果单位切向量记为 $\boldsymbol{T}$, 单位法向量记为 $\boldsymbol{N}$, 单位副法向量记为 $\boldsymbol{B}$, 则 $\boldsymbol{T}\cdot\boldsymbol{N}=\mathbf{0}$, $\boldsymbol{B}=\boldsymbol{T}\times\boldsymbol{N}$. 切线、法线、副法线两两垂直, 可以构成一个移动的空间坐标系, 如图 F.1 所示.

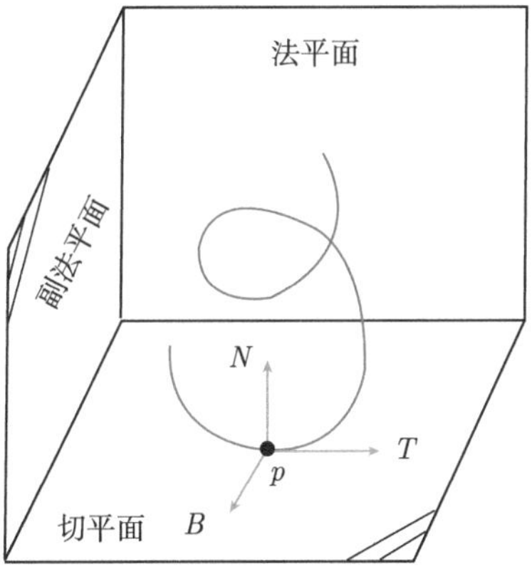

图 F.1　曲面上一点切线、法线、副法线示意图

➢ 主曲率、Gauss 曲率、平均曲率

主曲率：曲面上一点 p, 过 p 点会有很多法平面 (包含法线的平面), 每个法平面与曲面相交于一曲线, 这些曲线中, 曲率最大和最小的就是曲面在 p 点的主曲率, 分别记为 $\kappa_1=1/R_1$ 和 $\kappa_2=1/R_2$, R_1、R_2 分别是对应的主曲率半径.

Gauss 曲率：曲面上一点 p 的 Gauss 曲率定义为 p 点主曲率的乘积, 即 $K=\kappa_1\kappa_2$.

平均曲率：曲面上一点 p 的平均曲率定义为 p 点主曲率的平均值, 即 $H=$

$\frac{1}{2}(\kappa_1 + \kappa_2)$.

➤ 曲率能 (curvature energy)、曲率变形 (curvature deformations)、曲率模量 (curvature moduli)[1]

对于小曲率的薄膜, 单位面积的曲率自由能 f_c 的一般表达式为

$$f_c = 2k(H - c_0)^2 + \bar{k}K. \tag{F-1}$$

对其进行展开, 可以写成

$$f_c = 2kc_0^2 - 4kH + 2kH^2 + \bar{k}K. \tag{F-2}$$

式中, k 称为弯曲或曲率模量 (bending or curvature modulus), $\bar{k}$ 称为鞍展开模量 (saddle-splay modulus), 它们与曲率有关. 对于一个面积为 Σ 的薄膜系统, 其总的自由能可以表示为

$$f(\Sigma, H, K) = f_0(\Sigma) + f_1(\Sigma)H + f_2(\Sigma)H^2 + \bar{f}_2(\Sigma)K. \tag{F-3}$$

自由能最小时达到平衡, 若薄膜面积 Σ 可变, 并假设当 $\Sigma = \Sigma_0$ 时平面薄膜系统自由能最小, 那么当平面变形为曲面时, 为使自由能最小, 薄膜面积应为

$$\Sigma^* = \Sigma_0 - \left(\frac{f_1'}{f_0''}\right)H, \tag{F-4}$$

其中 $f_1' = \left(\frac{\partial f_1}{\partial \Sigma}\right)_{\Sigma_0}$, $f_0'' = \left(\frac{\partial^2 f_0}{\partial \Sigma^2}\right)_{\Sigma_0}$. 此时, 相应的曲面系统自由能为

$$f(\Sigma^*, H, K) = g_0 + g_1 H + g_2 H^2 + \bar{g}_2 K. \tag{F-5}$$

式中 $g_0 = f_0(\Sigma_0)$, $g_1 = f_1(\Sigma_0)$, $\bar{g}_2 = \bar{f}_2(\Sigma_0)$, $g_2 = f_2(\Sigma_0) - \frac{1}{2}\frac{f_1'^2}{f_0''}$. 对比 (F-1) 式与 (F-5) 式, 注意到 f_c 是单位面积的自由能, 可以得到参数 c_0, k, $\bar{k}$ 的表达式:

$$c_0 = -\frac{g_1}{2g_2}, \quad k = \frac{g_2}{2\Sigma_0}, \quad \bar{k} = \frac{\bar{g}_2}{\Sigma_0}. \tag{F-6}$$

对于一个当地平坦 (locally flat) 的表面 $\mathrm{d}A$, 沿着它的法线方向移动 δ 距离, 形成一个与原表面平行的曲面 $\mathrm{d}A'$, 则变换后的曲面与原曲面间有如下关系:

$$\begin{cases} \mathrm{d}A' = \mathrm{d}A\left[1 + 2H\delta + K\delta^2\right], \\ H' = \dfrac{H + K\delta}{1 + 2H\delta + K\delta^2}, \\ K' = \dfrac{K}{1 + 2H\delta + K\delta^2}. \end{cases} \tag{F-7}$$

这些关系式对理解有限厚度表面的性质有重要意义.

例子: 容器中的液面高度 (Young-Laplace 方程与边界条件).

三维空间中, 液体的表面通常是曲面, 如图 F.2 所示. 设液–气界面可以表示成关于 x 和 y 的关系式 $z = S = u(x,y)$, p 是 S 表面上的一点, 则 $p \in u(x,y)$ 点处的平均曲率为

$$H = \frac{1}{2}(\kappa_1 + \kappa_2) = \frac{1}{2}\left(\frac{1}{R_1} + \frac{1}{R_2}\right). \tag{F-8}$$

液–气界面平均曲率 H 与界面单位法向量 $\boldsymbol{N}_S$ 有如下关系:

$$2H = \nabla \cdot \boldsymbol{N}_S, \tag{F-9}$$

其中, 液–气界面的单位法向量 $\boldsymbol{N}_S$ 为

$$\boldsymbol{N}_S = \frac{\nabla(u-z)}{|\nabla(u-z)|} = \frac{\nabla u}{\sqrt{1+(\nabla u)^2}}. \tag{F-10}$$

将其代入 (F-9) 式, 得到

$$2H = \nabla \cdot \left[\frac{\nabla u}{\sqrt{1+(\nabla u)^2}}\right] = \frac{\left[1+\left(\frac{\partial u}{\partial x}\right)^2\right]\frac{\partial^2 u}{\partial y^2} - 2\frac{\partial u}{\partial x}\frac{\partial u}{\partial y}\frac{\partial^2 u}{\partial x \partial y}\left[1+\left(\frac{\partial u}{\partial y}\right)^2\right]\frac{\partial^2 u}{\partial x^2}}{\left[1+\left(\frac{\partial u}{\partial x}\right)^2+\left(\frac{\partial u}{\partial y}\right)^2\right]^{3/2}}. \tag{F-11}$$

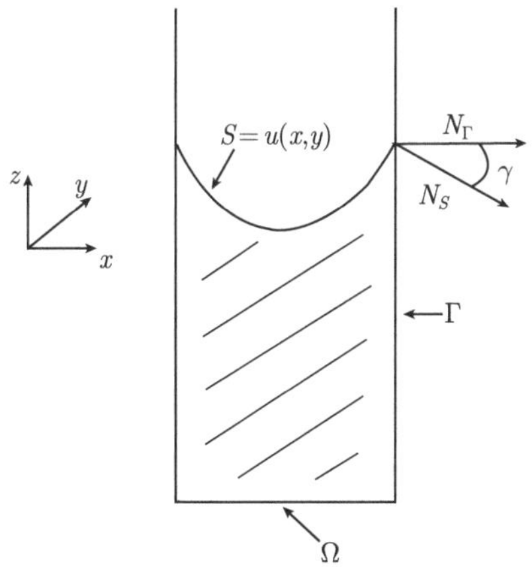

图 F.2　表面与界面的微分几何关系示意图

在表面张力作用下, 弯曲液面两边存在压强差 Δp, 称为附加压强差, 会产生 Laplace 压力. 附加压强差的方向总是指向曲率中心, 以容器底面作为参考面, 其与

表面张力 γ_{lv} 有如下关系:

$$\begin{aligned}\Delta p+\rho g u &= \gamma_{lv}\nabla\cdot\boldsymbol{N}_S = 2H\gamma_{lv}\\ &= \gamma_{lv}\left(\frac{1}{R_1}+\frac{1}{R_2}\right)=\gamma_{lv}\nabla\cdot\left(\frac{\nabla u}{\sqrt{1+(\nabla u)^2}}\right),\end{aligned}\tag{F-12}$$

上式即为 Young–Laplace 方程. 引入 $\kappa=\rho g/\gamma_{lv}$, $\lambda=\Delta p/\gamma_{lv}$, 上式可表示为

$$\nabla\cdot\left(\frac{\nabla u}{\sqrt{1+(\nabla u)^2}}\right)=\kappa u+\lambda \tag{F-13}$$

再通过引入数学算符 $\bar{T}$:

$$\bar{T}u=\frac{\nabla u}{\sqrt{1+(\nabla u)^2}}, \tag{F-14}$$

Young-Laplace 方程可以表示成十分简洁的形式:

$$\mathrm{div}\bar{T}u=\kappa u+\lambda. \tag{F-15}$$

Young-Laplace 方程给出了液体表面的控制方程表达式, 为求液面高度, 还需给出其边界条件. 液体的边界为容器壁面, 壁面朝外方向的单位法向量记为 $\boldsymbol{N}_\Gamma$, 如图 F.2 所示, 则

$$\boldsymbol{N}_\Gamma\cdot\boldsymbol{N}_S=\cos\gamma, \tag{F-16}$$

式中 γ 为液–气界面与壁面的接触角, 也即 $\boldsymbol{N}_\Gamma$ 与 $\boldsymbol{N}_S$ 的夹角, 对于容器壁为曲面的情况 (图 F.3) 也同样成立. 将 $\boldsymbol{N}_S$ 的表达式 (F-10) 代入 (F-16) 式中, 得到边界条件:

$$\nabla u\cdot\boldsymbol{N}_\Gamma=\sqrt{1+(\nabla u)^2}\cos\gamma. \tag{F-17}$$

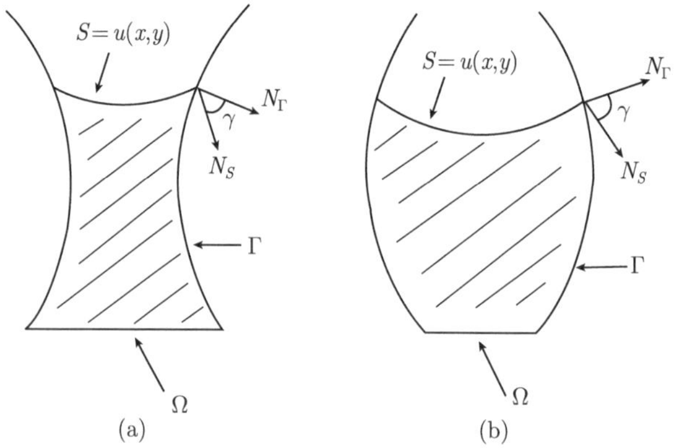

图 F.3　(a) 凸壁面容器; (b) 凹壁面容器

文献 [2] 定义了变形曲率和其梯度, 并认为微纳米曲面上的驱动力来源于曲率梯度, 感兴趣者可参阅.

参 考 文 献

[1] Safran S A. Statistical thermodynamics of surfaces, interfaces, and membranes. New York: Addison-Wesley, 2003.

[2] 殷雅俊, 陈超, 吕存景, 郑泉水. 曲率的形状梯度和经典梯度: 微纳米曲面上的驱动力 . 应用数学和力学, 2011. 32: 509–521.

附录 G　水与表面和界面相关的一些特性

表面张力	$\gamma_{lv} = 0.0738$ N/m
黏度	$\eta = 1.0214\times10^{-3}$ Pa·s
饱和蒸气压	$p = 2339.2836$ Pa
气化焓	$H_{\mathrm{vap}} = 4.4047\times10^{4}$ J/mol
毛细特征速度①	$V_{\mathrm{capillary}} = \gamma_{lv}/\eta = 72.25$ m/s
液滴的惯性特征尺度②	$l_{\mathrm{inertia}} = \eta^2/(\rho\gamma_{lv}) = 14.19$ nm
毛细尺度③	$l_c = \sqrt{\gamma_{lv}/\rho g} = 2.7493$ mm
液滴的黏性特征时间④	$\tau_{\mathrm{viscous}} = l_{\mathrm{inertia}}/V_{\mathrm{capillary}} = 0.1964$ ns
水分子的弛豫时间⑤	$\tau = l_{\mathrm{water}}/V_{\mathrm{capillary}} = 3.46$ ps
分离压力尺度⑥	$l_{\mathrm{vdw}} = \sqrt{A/\gamma_{lv}} = (0.74 \sim 2.33)$ nm
热涨落尺度⑦	$l_{\mathrm{thermal}} = \sqrt{k_{\mathrm{B}}T/\gamma_{lv}} = 0.23$ nm

温度 $T = 20^\circ$C.

注:

① 可通过毛细数 $\mathrm{Ca} = \eta V/\gamma_{lv}$ 获得.

② 可通过 Ohnersorge 数 $\mathrm{On} = \eta/\sqrt{\rho l \gamma_{lv}}$ 获得, 大于该尺度液滴惯性的重要性开始显现.

③ 可由 Bond 数 $\mathrm{Bo} = \rho g l^2/\gamma_{lv}$ 获得, 液滴小于该尺度时, 重力的影响可近似忽略.

④ 当时间尺度比该尺度长时, 水的黏性效应开始凸显.

⑤ 水分子尺度 $l_{\mathrm{water}} = 2.5\times10^{-10}$ m.

⑥ Hamaker 常数的取值范围一般在 $(0.4\sim4)\times10^{-19}$ J. 在该尺度时分离压力将发挥重要作用.

⑦ 水的热涨落尺度是液滴表面在热涨落 $k_{\mathrm{B}}T$ 作用下的波动量级. 在水滴的分子动力学计算中, 选取的水滴尺度要远大于该尺度. 水的热涨落尺度和水分子尺度在同一个量级.

索　　引

T

U

V